普通高等学校材料科学与工程类专业新编系列教材

Thermal Fundamentals in Ceramics

无机非金属材料热工基础

（第2版）

主　编　姜洪舟　田道全

副主编　周竹发　邱树恒　李娟娟
　　　　赵蔚琳　裴新美　刘怀艺

主　审　王志峰　傅正义　林发森

武汉理工大学出版社
Wuhan University of Technology Press

内 容 提 要

本教材是“从广泛与新颖的视角、以科学与逻辑的次序、用实用与丰富的内容”来论述无机非金属材料热工基础各方面的知识。重点是强调：基本概念、相关理论、计算方法；新知识、新视野、新思路，尤其是将目前关于“节能减排”与“环境保护”的理念与知识融入其中，以扩展读者的视野，更新人们的观念。

若无特别说明，本教材所给出的物理量单位和量纲均为国际单位制(SI 制)下的单位和量纲。对于热工领域内的一些概念或术语，放弃了传统热工基础教材中直接从前苏联翻译而来的称谓，而采用与我国现行国家标准相一致的称谓。当然，为了避免引起不必要的误解，在出现这些多称谓概念的地方也尽量注解了这些概念的其他称谓。例如，理论空气量(或称：化学计量空气量)；热导率(或称：导热系数，也称：导热率)；热扩散率(或称：热扩散系数，曾称：导温系数)；湍流(曾称：紊流)；发射率(或称：辐射率，曾称：黑度)等。而且，按照国家新闻出版行业的最新标准以及规范，对于本教材中有关物理量与单位的符号也进行了广泛的修订。

本教材是普通高等学校无机非金属材料工程专业(或材料科学与工程专业无机非金属材料专业方向)本科生的教学用书，也可以作为该专业相关热工设备课程设计的教学参考书，还可以作为有关专业研究生教育的教学用书。当然，也希望成为有关科技人员在热工计算方面的良师益友。

本教材也配备有教材网站 http://rg.wutp.com.cn/rgjc，欢迎读者上网浏览。另外，也欢迎浏览与之相关教材《无机非金属材料热工设备》的网站 http://rg.wutp.com.cn/rgsb。

图书在版编目(CIP)数据

无机非金属材料热工基础/姜洪舟，田道全主编. —2 版. —武汉：武汉理工大学出版社，2017.5
ISBN 978-7-5629-5534-4

Ⅰ.① 无…　Ⅱ.① 姜…　② 田…　Ⅲ.① 无机非金属材料-热工学　Ⅳ.① TB321

中国版本图书馆 CIP 数据核字(2017)第 086214 号

项目负责人：田道全　　**责 任 编 辑**：彭佳佳
责 任 校 对：徐　环　　**封 面 设 计**：翰之林
出 版 发 行：武汉理工大学出版社
社　　　址：武汉市洪山区珞狮路 122 号
邮　　　编：430070
网　　　址：http://www.wutp.com.cn　本教材网站 http://rg.wutp.com.cn/rgjc
经　　　销：各地新华书店
印　　　刷：崇阳文昌印务股份有限公司
开　　　本：880×1230　1/16
印　　　张：32
彩　　　插：6
字　　　数：943 千字
版　　　次：2017 年 5 月第 2 版
印　　　次：2017 年 5 月第 1 次印刷
印　　　数：3501—6500 册
定　　　价：58.00 元

凡购本书，如有缺页、倒页、脱页等印装质量问题，请向出版社发行部调换。
本社购书热线电话：027-87515778　87515848　87785758　87165708(传真)

普通高等学校材料科学与工程类专业
新编系列教材编审委员会

出版说明

材料是社会文明和科技进步的物质基础和先导，材料科学与能源科学、信息科学一并被列为现代科学技术的三大支柱，其发展水平已成为一个国家综合国力的主要标志之一。教育部颁布《普通高等学校本科专业目录》(修订版)以后，为促进我国高等工程教育改革，培养适应21世纪需要的未来卓越人才，相继组织实施了面向21世纪高等工程教育教学内容和课程体系改革计划、世界银行贷款21世纪初高等理工科教育教学改革项目，以及高等工程教育卓越工程师教育培养计划，部分高等学校承担了其中材料科学与工程专业教学改革项目的研究与实践。已经拓宽了专业面的材料科学与工程专业，相应的业务培养目标、业务培养要求、主干学科、主要课程、主要实践性教学环节等都有了不同程度的新变化。原有的教材已经不能适应新专业的人才培养目标和教学要求，组织编写出版新的材料科学与工程专业系列教材已成为众多院校的翘首之盼。武汉理工大学出版社在教育部高等学校材料科学与工程专业教学指导委员会的指导和支持下，经过大量的调研，组织了国内几十所大学材料科学与工程学科的知名教授组成“普通高等学校材料科学与工程类专业新编系列教材编审委员会”，共同编写了这套系列教材。

本套教材的主、参编人员及编委会顾问，遵照教育部材料科学与工程专业教学指导委员会的有关会议及文件精神，经过充分研讨，决定首先编写出版本专业的“专业主干课程”教材，以尽快满足全国众多院校的教学需要，然后再根据不同专业方向的培养目标和教学需要，逐步编写出版“专业方向课程”教材，并将研制与专业教学和课程教材相配套的“数字化教学资源”。本套新编系列教材的编写具有以下特色：

教材体系体现人才培养目标——本套系列教材的编写体现了高等学校材料科学与工程专业的人才培养目标和教学要求，从整体上考虑材料科学与工程专业的课程设置和各门课程的内容安排，按照教学改革方向要求的学时统一协调与整后合，组成了一套完整的、各门课程有机联系的系列化教材。本套教材的编写除正文以外，还增加了本章内容提要、本章小结、思考题与习题等内容，以使教材既适合于教学需要，又便于学生自学。

教材内容反映教改成果——本套系列教材的编写坚持“少而精”的原则，紧跟教学内容和课程体系改革的步伐，教材内容注重更新，反映教学改革的阶段性成果，以适应21世纪材料科学与工程专业人才的培养要求。本套系列教材的编写中，凡涉及材料科学与工程学科的技术规范与标准，全部采用国家最新颁布实施的技术规范和标准。

教材出版实现立体化——本套教材努力应用和推广现代化教育技术和教学手段，实现出版方式的立体化。本套系列教材的编写出版，都将根据人才培养目标和课程教学需要，相继研制和建设相配套的“数字化教学资源”，以适应新时期高等工程教育人才培养和知识传播方式的变革。

本套教材是在教育部颁布实施《普通高等学校本科专业目录》(修订版)以后，组织全国多所高等学校材料科学与工程学科的具有丰富教学经验的教授们共同编写的一套面向新世纪、适应新专业的全新的系列教材。能够为新世纪我国材料科学与工程专业的教材建设贡献微薄之力，自是我们应尽的责任和义务，我们感到十分欣慰。然而，因其为一套开创性的系列教材，所以尽管我们的编审者、编辑出版者夙兴夜寐、尽心竭力，不敢稍有懈怠，但它仍然还会存在着缺点和不足。嘤其鸣矣，求其友声，我们诚恳希望选用本套教材的广大师生在使用过程中给我们多提宝贵的意见和建议，以便使我们不断地修改、完善全套教材，共同为我国高等教育事业的发展作出贡献。

武汉理工大学出版社

《无机非金属材料热工基础》编写人员名单

主　编:姜洪舟[1a]　田道全[1b]

副主编:周竹发[2]　邱树恒[3]　李娟娟[1c]

赵蔚琳[4]　裴新美[1a]　刘怀艺[5]

1——武汉理工大学

（a-材料科学与工程学院;b-出版社;c-国家实验教学示范中心）

2——苏州大学材料与化学化工学部

3——广西大学材料科学与工程学院

4——济南大学材料科学与工程学院

5——武汉长利玻璃有限责任公司

参　编:

唐山学院环境与化学工程系:刘进强　郝斌

长沙理工大学材料科学与工程学院:叶昌

济南大学材料科学与工程学院:刘晓杰

西南科技大学材料科学与工程学院:吕淑珍　陈雅斓　任雪潭

广西大学材料科学与工程学院:张波

武汉理工大学

材料科学与工程学院:何峰　李应开　李洪斌　陈潇　文进　吉晓莉

硅酸盐建筑材料国家重点实验室:李相国　李福洲　王征平

材料复合新技术国家重点实验室:周建　刘桂珍

《无机非金属材料热工基础》
主审专家

主　审:王志峰　中国科学院研究员、博士生导师,入选中国科学院百人计划,
中国科学院太阳能热利用与光伏系统重点实验室主任

傅正义　武汉理工大学材料科学与工程学科首席教授、博士生导师,
教育部"长江学者奖励计划"特聘教授

林发森　武汉理工大学能源与动力学院教授

前　言

Dedicated to diligent scientists and technicians in the field of ceramics!

将此书奉献给无机非金属材料领域内那些默默奉献的人们!

本教材的编写宗旨就是将无机非金属材料领域内热工基础方面崭新而丰富的知识奉献给读者，强调科学性、逻辑性、先进性、实用性。它的编写是在华南理工大学余其俊教授(教育部材料科学与工程专业教学指导委员会委员、无机非金属材料工程分委员会副主任委员)、济南大学程新教授(教育部材料科学与工程专业教学指导委员会无机非金属材料工程分委员会副主任委员)以及济南大学芦令超、陶珍东、王志、张学旭等教授们的热情关心下完成的。在编写工作中也得到了武汉理工大学国家级名师谢峻林教授、材料科学与工程学院董丽洁、赵春霞、赵青林等领导、武汉理工大学出版社杨学忠总编的有力支持。所以，它的编写凝聚了许多人的心血，也是我们全体编者共同努力的结果。

具体来说，本教材的“绪论”由姜洪舟、李应开编写；第 1.1.1 ～ 第 1.1.3 由吕淑珍编写；第 1.1.4 由何峰编写；第 1.1.5 由姜洪舟、田道全编写；第 1.1.6、第 1.1.7 由李洪斌编写；第 1.1.8 由姜洪舟编写。第 1.2 节与第 1.3.1 ～ 第 1.3.3 由周竹发编写；第 1.3.4 由周建、刘桂珍编写；第 1.4 节与 1.5节由姜洪舟、田道全编写。第 2.1.1～第 2.1.4 由赵蔚琳、刘晓杰、叶昌、田道全编写；第 2.1.5 由李相国、姜洪舟编写；第 2.2 节由邱树恒、姜洪舟、田道全、张波编写；第 2.3 节由姜洪舟、陈潇、田道全编写；第 2.4 节由李娟娟编写。第 3.1 节由刘进强、郝斌、田道全编写；第 3.2 节由姜洪舟、王征平编写；第 3.3 节由刘怀艺、陈雅斓、李娟娟编写；第 3.4 由裴新美、任雪谭、田道全编写。第 4.1.1～第 4.3.1与第 4.3.3～第 4.3.11由姜洪舟、田道全编写，第 4.3.2 由文进编写，第 4.4 由吉晓莉编写。第 5 章与附录由姜洪舟、田道全、李福洲编写。另外，本教材内容的整体编排以及全文统稿由姜洪舟负责。本教材封面的基调设计，由田道全、姜洪舟提供。

本教材按照 54～66 学时编写，建议各章的授课学时数如下：第 1 章，10～12 学时；第 2 章，20～24 学时；第 3 章，8～10 学时；第 4 章，10～12 学时；第 5 章，6～8 学时。当然，关于第 4 章、第 5 章，有的院校在本课程之前就开设有关课程(例如，“流体力学、风机及泵”课程，或“工程流体力学”课程)，也有一些院校在本课程之后又开设了相关课程(例如，“耐火材料”课程)。因此，请任课教师自行决定这两章内容的取舍。

为了便于读者理解本教材在自然科学中的“坐标”，这里有必要简单地回顾一下“无机非金属材料热工基础”的发展史：热工基础也被称为：热工学，尽管早期的物理学家对于热工学中的问题做过大量的理论研究和实验探索，但是，真正将热工学应用于无机非金属材料领域中，并且建立起一套较为完整的热工理论体系，还是在化工行业(Chemical Engineering)充分发展以后，人们才从中得到了借鉴与启迪。

早期的化工行业是按照产品种类的差异来各自发展的。后来，有关的科技工作者发现：化工产品尽管是种类繁多，但是，它们的生产工艺过程却也都是由燃料燃烧、流体流动、传热、蒸馏、吸收、萃取、相变、结晶、过滤等最基本的操作单元(Operation Unit)按照不同的方式组合而成。这样，人们便具体研究每一个“单元操作”(Unit Operation)。于是，就形成了一门新学科，被称为“化工原理”或者称为“化学工程”。

与化工行业有所区别的是：无机非金属材料产品生产过程的几个主要操作单元却都与“热”有关，所以人们专门将其从化工领域单元操作的概念中分离出来，形成该行业内具有特色的“热工学”，或者称为：热工基础。当然，在对于该学科的具体研究过程中也大量借鉴了相邻领域(例如，化工、动力、金属冶炼等)在热工方面的研究成果和成功经验，从而形成了较为完备的热工基础理论体系。该理论体系主要包括：有关的“热工理论”与“热工计算”。如果从更广泛的分类学上来看，该理论体系则主要隶属于物理学的范畴(尽管在该体系中也会涉及到某些化学反应及其过程、规律)；在现代工程学上，人们将该理论体系归纳为：动量传递(主要指工程流体力学)、热量传递(简称：传热)、质量传递(简称：传质)和反应工程(包括燃烧反应以及原料被制备为产品过程中的各种化学反应)，简称“三传一反”。因此，本教材的核心内容也是围绕着“三传一反”而展开的，只是关于传质理论的介绍已经包括在其他课程(例如，“材料科学基础”课程)之中，因此本教材就不再重述。但是，也要注意：现代的“三传一反”工程领域中所涉及的范围比热工基础更广，而无机非金属材料热工基础中涉及的一些问题也超出了“三传一反”的范畴。

至于本教材在无机非金属材料领域内的“坐标”，可以进行这样的比拟：如果将目前的无机非金属材料领域比拟成一棵根深叶茂、树枝繁多、硕果累累的“参天大树”，那么“热工基础”就是这棵大树的一个重要根系。对于将要迈向或者已经迈向该领域的科技工作者——未来的科学家、未来的工程师或未来的企业家而言，只有通过这个根系汲取足够的营养，将来才能够会结出丰硕的果实。这也正是从事无机非金属材料专业方向学习的学生以及有关的科技人员需要学习“无机非金属材料热工基础”这部分知识的重要意义所在。

为了保证本教材的质量，使其内容具备“新、广、深”的特点，在编撰过程中，我们查阅了大量的相关资料，并进行了有关调研工作。本教材主编之一在日本研修期间的主讲教师锅田恒之、佐藤哲等专家的讲课资料也给予了很大的启迪。对于所有前辈们所做的开拓性工作，我们表示由衷的钦佩和敬意。在本教材脱稿即将完成之际，我们也衷心地感谢武汉理工大学出版社的领导、编辑们以及所有为本教材的出版提供过帮助的人们。

另外，也感谢武汉理工大学王怀德以及济南大学刘明亮、周宗辉等老师曾经给予的帮助，也还要感谢武汉理工大学材料科学与工程学院的陈平方和帕丽娜等同学们在校稿方面所做的细致工作。

作为材料学科无机非金属材料专业方向完备教学体系中的一个重要环节，本教材的编者们特别注意与本专业其他课程教材的衔接，也就是：尽可能减少有关的交叉点，也尽可能避免有关的空白点。当然，虽然我们这些编者们都是长期在无机非金属材料领域内从事教学、科研、工程技术工作的人员，但是由于编写经验不足，虽加倍努力，但是个别错误在所难免。如果读者在阅读本教材时发现有什么问题，或者有什么更好的建议，欢迎和我们联系，我们将会不胜感激。

《无机非金属材料热工基础》全体编者
电子邮箱：tiandaoquan@126.com

目　录

柴薪之火

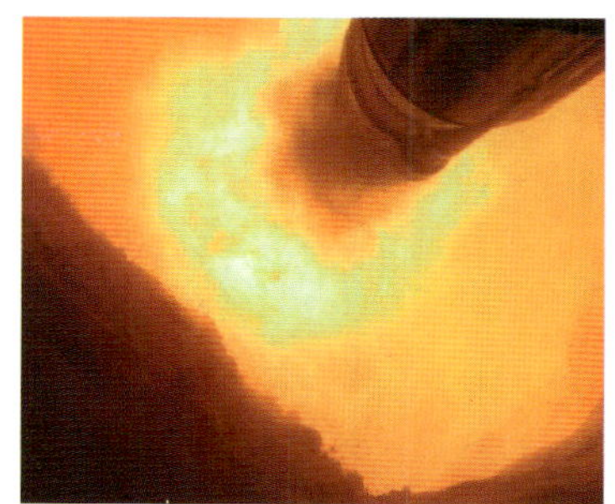

回转窑内煤粉喷燃

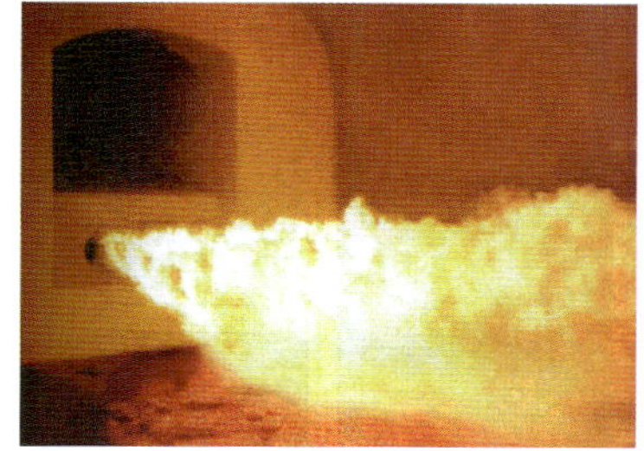

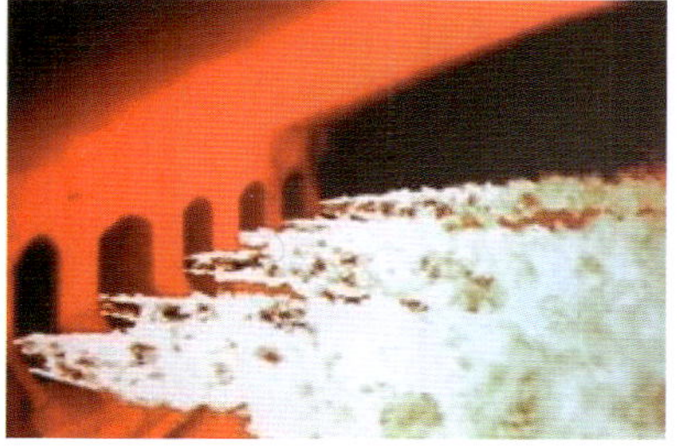

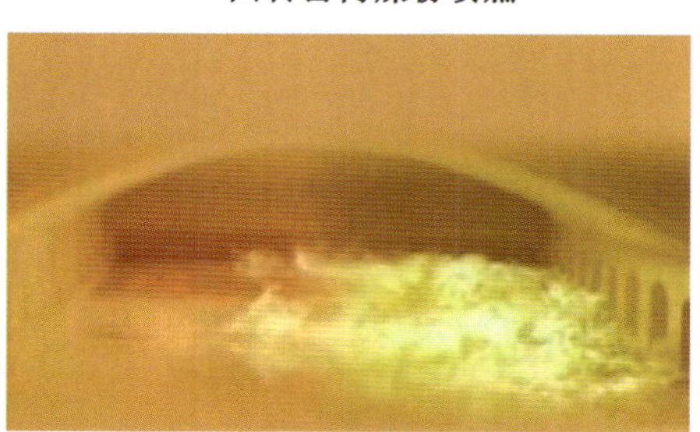

玻璃窑内的火焰

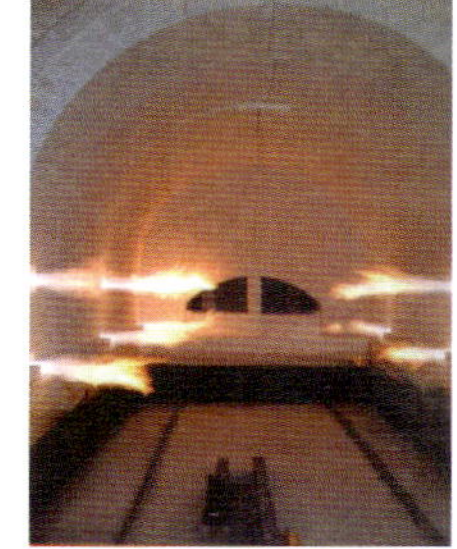

陶瓷窑内的火焰

燃烧产热及其利用

电阻加热（焦耳热）

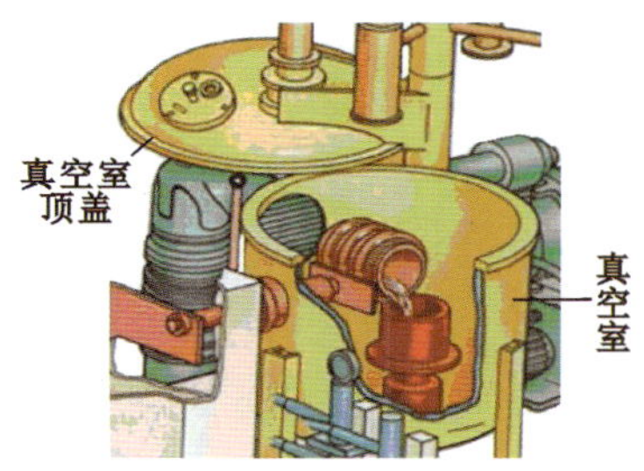

电磁感应产热（涡流热）

电弧加热器

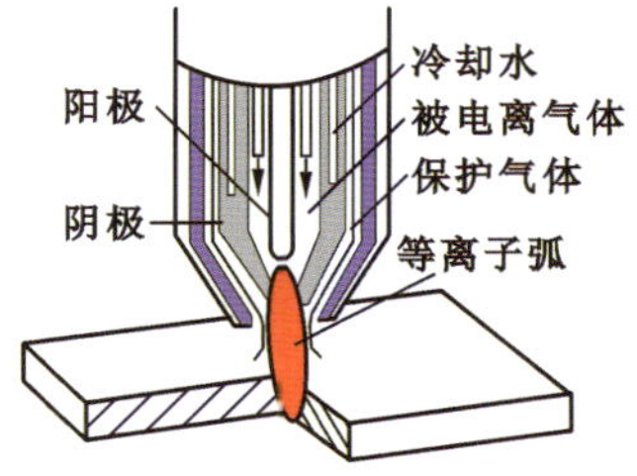

等离子体热切割的原理

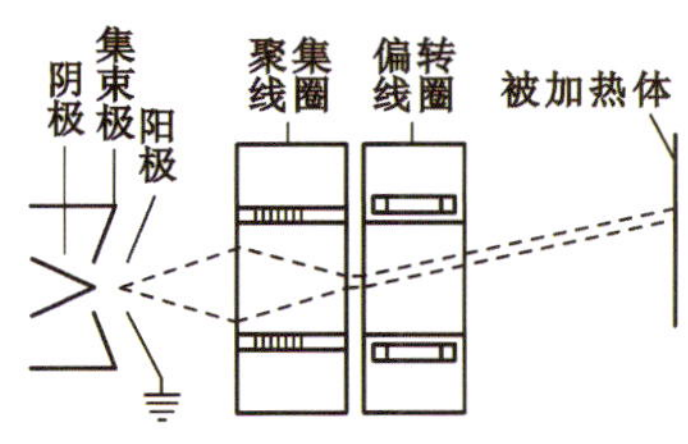

电子束加热的原理

电能产热及其利用

太阳能聚焦产热及其利用

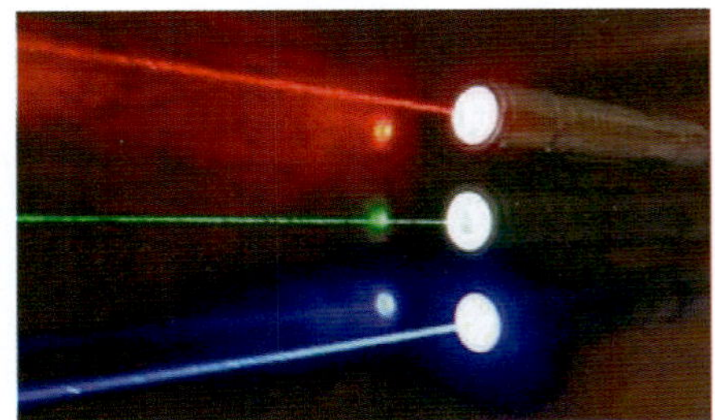

激光产热

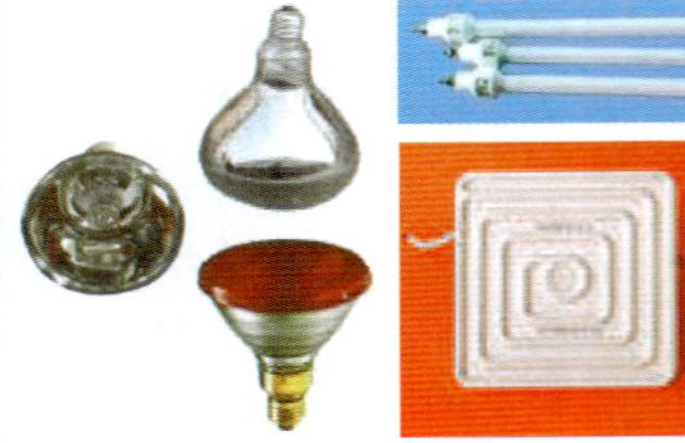

红外线加热源

红外线加热炉

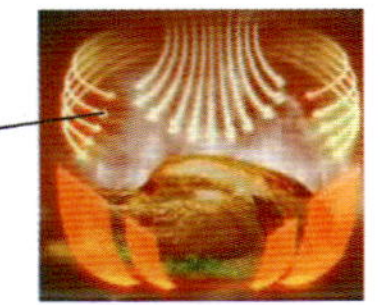

工作原理

间歇式微波炉

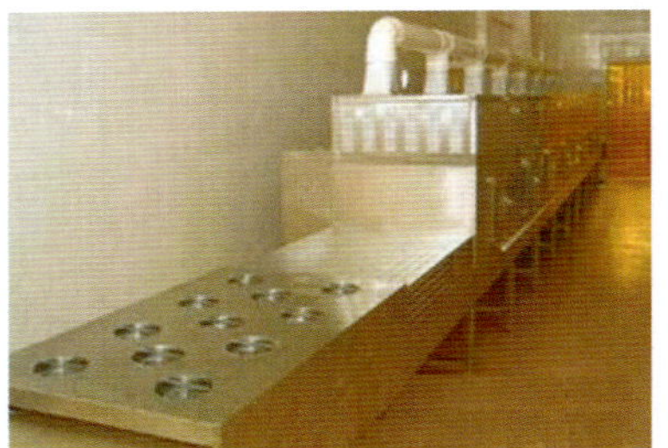

连续式微波炉

电磁波产热及其利用

核裂变武器（原子弹）

核裂变产热来发电

核聚变武器（氢弹）

将来用核聚变产热发电

核能产热

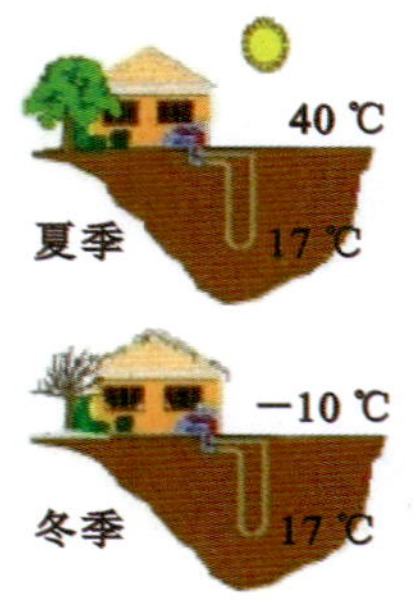

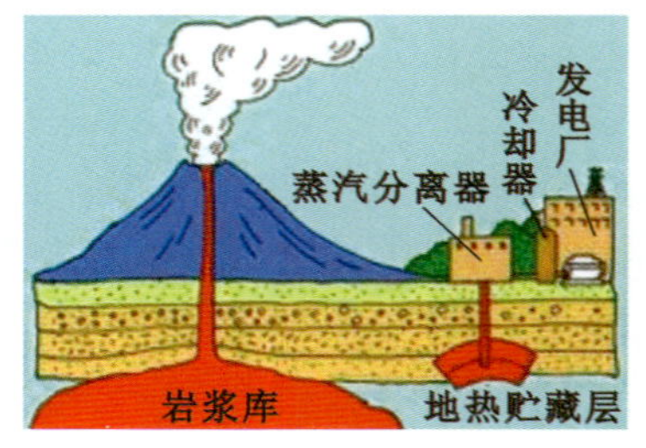

地下产热（地质热）及其利用

绪　　论

材料由"材"与"料"两字所组成。顾名思义，这里"**材**"乃"有用之物"或"精制之物"；"**料**"则指"可塑之物"，即"可制造与可加工之物"。因此材料可以被理解为：（合理配比的）原料通过人为控制的制备与加工而获得的那些具有专门用途的有用物质。这也就是说，材料需要由原料经过制备与加工而成。材料产品通常是以制品、元件、器件的形式来呈现，它们构成了人类赖以生存生活与发展进步的重要物质基础。

无机非金属材料（Ceramics①）是三大基础材料体系之一，另外的两大基础材料体系是（无机）金属材料与有机（高分子）材料。当然，基于上述三大基础材料体系的复合材料也构成了材料领域的重要分支。在无机材料中，由于金属材料往往单独作为一个材料体系，因此也有人将无机非金属材料简称为：无机材料，它们对于国民经济建设至关重要。在国内，该类材料的名称曾经从窑业材料、陶业材料、陶瓷材料、矽酸盐材料②、硅酸盐材料逐渐演变为无机非金属材料。这类材料中的分子主要是通过共价键、离子键、共价/离子混合键结合而成。这些化合键具有很高的键能、键强度，尽管该特点是赋予了这类材料某些优良的性能，但是在制备这类材料时，破坏原料中原有的化合键而形成材料中新的化合键就需要很大的能量。这个能量往往是由热量来提供，通常需要高温才能够来完成。因此，无机非金属材料的特点之一就是该材料体系中几乎所有的产品都需要经过高温制备而成。

既然无机非金属材料的制备过程需要高温与热量，因此就需要弄清楚热量的来源、热量的传递、热量的应用这些关于"热量"的基本问题，然后才能够真正地掌握它们、优化地控制它们、高效地利用它们。这也正是无机非金属材料专业方向的本科教学需要设置与"**热工**"相关的课程之重要意义所在。基于上述理由，本教材从逻辑的角度将其内容按照以下的次序进行排布。

第 1 章的核心内容为**热量的产生**（简称：**热源**）。它的主要内容包括：① 燃料燃烧型热源；② 电能生热型热源；③ 介质吸收电磁波型热源。对于这三种热源，第一种热源（即燃料燃烧热）的来源丰富、价格低廉，这是工业规模生产的主要热源，但是常用的化石燃料属于不可再生的资源，而且燃烧产物对于环境污染程度较大；第二种热源（即电能产热）的利用率高、易实现严格和精确的自动控制、操作条件好、环保程度高，更重要的是有利于提高产品质量，但是其成本较高，而且无法满足烧成工艺上的还原气氛要求；第三种热源（即吸收电磁波产热）在材料领域中目前主要用于材料的实验研究过程。

第 2 章的核心内容为**热量的传递**（简称：**传热**），这是因为热源所产生的热量只有按照工艺的要求，有效且高效地传给被加热物料才能够最终加热制备出合格的产品。本章的教学目的是：让读者掌握热量传递的规律，从而为将来合理设计与正确操作传热系统打下牢固的理论基础。具体的传热方式包括：传导、对流和辐射。因此本章主要讲述这三种传热方式的规律。这里，需要特别指出：对流换热与流体流动密切相关，因此，本章在"对流换热"这一节中还设置了有关流体力学基础知识的附加内容。另外，第 1 章中涉及的液态燃料、气体燃料、助燃空气（或氧气）、燃烧生成的烟气均属于流体，关于它们的规律可以参考阅读材料 1（第 4 章）。阅读材料 2（第 5 章）则是关于热工材料的简介。

第 3 章的核心内容为**热量**在无机非金属材料领域内的**应用**（简称：**热利用**），这是由于热源产生的热量经过有效与高效的传递，最终还要得到有效的应用才能够发挥其应有的作用。本章的主体内容

---

① Ceramics 这个词来源于古希腊的单词 Keramos，原指用火烧制而成的器物（陶器、陶制品），可以理解为"火之物"。

② 我国曾经将元素 Silicon 翻译为"矽"（现在，我国的台湾地区仍称之为：矽），后来改译为"硅"。

包括:① 热量在物料干燥方面的应用;② 热量在水泥熟料烧成过程中的应用;③ 热量在玻璃液熔制过程中的应用;④ 热量在陶瓷制品烧制过程中的应用。

清楚了本教材的主要内容以后,在具体学习时还必须注意以下两点:第一,作为热工过程的讲述,肯定与热力学的规律有关(尤其是热力学第一定律、热力学第二定律):热力学第一定律是关于热量、内能、功之间的关系,该定律将在本教材第 1 章中用到;热力学第二定律则是有几种表述方式,其中,“高温体会自发地向低温体传热”这一表述将是本教材第 2 章的基础。另外,由热力学第二定律引申而来的“㶲”这一概念将在本教材第 3 章中被提到。第二,关于本教材中所涉及问题的研究方法,不能不提到数学,这是因为数学乃是一切科学的工具,一门科学只有通过数学的“装饰”才能够算是完美的。作为一门学科,热工基础当然也需要数学这一个强有力的工具作其后盾。在热工基础领域,对于每一个现象、每一个规律的定量描述最终都要归结到一个或一组方程。这里所说的方程可能是常规公式,也可能是只有一个自变量的常微分方程,更有可能是自变量较多的偏微分方程。这一点是初次接触该课程的读者所必需认识的。不过,微分方程(尤其是偏微分方程)有时很难甚至无法求解出来,但是这种研究方法的方向并没有错,因为数学本身也在不断地进步与发展之中。根据具体的问题来求解这些微分方程就是寻找热工基础领域内有关规律的过程。至于具体求解过程,人们当然会首选解析方法(数学推导方法),这是因为解析方法在数学上较为严格。但是,解析方法的缺点是:所能够解决的问题有限,一般只能够解决一些较为规范、较为简单的问题。随着计算机普及和发展,计算机的运算速度和容量已经大幅度提高,这就使得较为复杂的问题也可以利用数值计算方法由计算机来完成相关的数值求解计算。现在,市面上也有一些专门用于计算机数值求解的软件供选用,有些计算软件完全可以用于流动与传热方面实际问题的数值模拟计算。然而,在传统上人们是利用相似模拟的方法来研究流体力学与传热学中相关规律。利用相似模的拟方法得到的是一些经验数据或者经验公式。由此可以看出:数学理论、数值计算方法、计算机编程技术、有关计算机软件的使用、相似模拟及其工程测试都与热工基础息息相关。尽管本教材在对于有关内容叙述上会采取深入浅出的方式、也使用较为通俗的语言,以便于初学者的学习与掌握,但是,读者若能够事先学习并掌握上述知识,然后,再来学习本教材的话,那将会取得事半功倍的效果。

希望读者在阅读完本绪论以后,能够对本教材的设置有一个整体的了解。然后,可以有意识、有目的、有重点地学习各章节,真正地做到举一反三和相互融通,从而为以后的学习和工作打下牢固的基础。

1 热量产生

本章的内容是关于怎样有效地产生热量。在工业生产过程中，燃料**燃烧产热**因其价格低、气氛控制方便而获得广泛的应用，所以它构成了本章的主要内容。在无机非金属材料领域内，其他一些产热方法也有一定的应用，这些产热方法包括：**电能产热**（通过电阻通电、电磁感应、电弧、等离子体、电子束等方法来产生热量）、**电磁波产热**（利用太阳能、红外线、激光、微波等电磁波来产生热量）、**核能产热**（利用核裂变能、核聚变能产生热量）、**地热**（利用地球内部产生的热量）等。

本章中用**楷体字**印刷的内容为更深层次的**内容**，教学上可不作要求，**仅供**读者需要时阅读**参考**。

热量是**能量**的一种，要想弄清楚热量的来源，首先有必要知道能量产生的根源。为此，读者可以按照以下的思路进行思考：

首先来思考这样一个实例：你站在一条铁路的交叉路口旁等待一辆疾驰的火车通过该路口。当火车朝向你而来时，你会听到“嘟……嘟……”的尖叫声；当火车经过你面前然后背离你而去时，你则会听到“昂轰……咔叱……”的低沉声。现在需要弄清楚的是：同一个你、同一辆火车、同一个声源，然而，为什么你会听到两种不同的声音呢？这是因为火车朝向你而来时，你所听到的声音频率比火车所发出的声音频率要高；反之，当火车背离你而去时，你听到的声音频率比火车实际发出的声音频率要低。这就是物理学上的**多普勒效应**（Doppler① Effect）之基本原理。

按照多普勒效应的原理，如果有一个波源发射体与一个波源接收体，当前者朝向后者移动时，后者接收的真实频率比前者实际发出的频率要高，即增加一个频率差 Δf；而当前者背离后者而去时，后者接收到的真实频率比前者发出的实际频率要低，即要减去一个频率差 Δf。Δf 的大小与所发射的频率以及发射体与接收体之间的相对速度有关。

在人类探索宇宙奥秘的过程中，美国天文学家哈勃②经过长期的观测、思考、研究后发现：人类在地球上接收到的星体辐射光谱比星体实际发出的辐射光谱要向长波方向偏移，在可见光中，红光的波长最长（即频率最低），所以该现象被称为**光谱红移**。该结果用多普勒效应解释就是：人类所观测的星体在离我们而去，这也就是所谓的宇宙“膨胀”现象。假如我们用逆向思维来考虑这个问题，那便是宇宙起源于某一处，这也就是已经被大多数科学家所公认的宇宙起源的“大爆炸”理论（Big Bang）。在爆炸瞬间，是非常非常小的微观粒子，后来微观粒子组成了中子、质子、电子这样的基本粒子，中子与质子等组成了原子核，原子核与电子又组成了原子，原子再按照一定的规则排列就组成了分子，而分子就是构成物质的基本单元。于是，大约 30 万年以后产生了氢分子，它代表了通常意义上的物质

---

① 克里斯琴·安德斯·多普勒[Christian Andreas Doppler（曾长期被误写为：Christian Johann Doppler），1803—1853]为奥地利历史上知名的物理学家及数学家。

② 爱德温·鲍威尔·哈勃（Edwin Powell Hubble，1889—1953）为美国历史上伟大的天文学家之一，重点研究星云、超新星，并首次发现银河系以外的星系以及宇宙膨胀，美国航空航天局（NASA）后来发射的一个环绕地球旋转的天文望远镜就以他的姓氏来命名——哈勃太空望远镜（Hubble Space Telescope，简称：HST）。

时代到来，后来的超新星爆炸等因素导致了自然界中其他物质产生[①]，有了物质就有了能量，这就是历史上最伟大的科学家之一阿尔伯特·爱因斯坦（Albert Einstein）提出的**质能公式**：$E=mc^2$，其中，E 为能量（单位：J）；m 为质量（单位：kg），c 为真空中的光速，$c\approx3\times10^8$ m/s。

能量转换遵循两个最基本的原则：一是**质能守恒原则**；二是**最低能量原则**。质能守恒取决于上述质能公式 $E=mc^2$。但是，因为 c^2 数值巨大（约 9×10^{16} m²/s²），所以质量"缺损"将会导致巨大的能量释放，例如，核爆炸（包括核裂变、核聚变）；反过来，在能量转变导致热损失时，按照该质能公式，质量也会发生"缺损"，但是因为 $1/c^2$ 的值极小（约 1.1×10^{-17} s^2/m^2），所以在核能以外的领域，能量转换所导致的质量变化非常小（小到将其忽略也不会造成明显的误差），于是质能守恒就简化为能量守恒与质量守恒。最低能量原理则是指任何能量状态总是具有自发地向着比它更低能量状态进行转变的趋势，即低能态比高能态能够更稳定地存在。

由以上叙述，则可以引申出以下两个推论：第一，在地球上，除了核能与地质能以外，所有的能量均来自太阳能（实质上，太阳能就是核聚变能的释放）；第二，地球上的能量在通常的转换过程中，都会遵循以下两个基本原理——**能量守恒原理**与**能量最低原理**。

热量属于能量（热量实质上是较低品位的能量，参见第 2 章首页的页末注释），所以热量也会遵循这两个基本原理。在热学领域内，能量守恒原理（Energy Conservation Principle）可以用热力学第一定律[②]来描述；而能量最低原理（Minimum Energy Principle）则存在于热力学第二定律之中。

按照热力学第一定律，在热力过程中，系统从系统以外（环境）所吸收的**热量** Q（该定律规定：系统吸热为正，系统放热为负）**等于**系统对外所做的**功** W（该定律规定：系统对外做功为正，对内做功为负）**加上**系统**内能增量** ΔU（该定律规定：内能增加为正，内能减少为负），即 $Q=W+\Delta U$。该定律如果再拓展一些，即这里的 W 是更广泛意义上的功，它不仅包括所做的功，也包括能（例如，电能、电磁能、势能、变形能、动能等）。于是，按照这三个物理量之间的相互转换关系，可以分为以下六种基本情况：

(1) $\boldsymbol{Q\to W}$：这就是热机工作的基本原理与目的，这种转换在动力驱动、热力发电、余热发电等领域最为常见。当然，根据热力学第二定律，这种转换的效率一定是小于 100%（最大转换效率就是卡诺循环效率 η_c）。

(2) $\boldsymbol{Q\to \Delta U}$：这就是很多储热系统的工作原理与目的，这种转换最常见的实例有：物质的受热升温过程、物质的相变吸热过程、晶体的某些晶格转变中之吸热过程、化学分解反应的吸热过程等。

(3) $\boldsymbol{W\to \Delta U}$：这就是动力贮存的原理与目的。这种转换最常见的实例有：蓄电池的充电过程、等离子体的产生过程、物质吸收电磁波能量以后的内能增加过程、气体被压缩过程、水泵向上提水的过程、弹簧变形的储存能量过程等。

(4) $\boldsymbol{\Delta U\to W}$：这就是工作介质对外做功的过程，该转换最常见的实例是：蓄电池的放电做功过程、燃料电池的对外发电做功、被压缩气体的膨胀做功过程、水流向下的流动过程、弹簧恢复形状时的释放能量过程等。

(5) $\boldsymbol{\Delta U\to Q}$：这就是系统内能转换为热量的过程，也是热量产生的最重要来源之一。该转换最常见的实例包括：核能产热过程、地热能释放过程、燃料燃烧过程[燃烧就是一种急剧的氧化反应过程，氧化反应是属于化合反应（放热反应），该实例所涉及的内容也正是本章中最主要的内容]、介质吸收电磁波能量后的放热升温过程（该实例涉及的内容也是本章中的部分内容）、物质的冷却过程、物质的相变放热过程、晶体的某些晶格转变中之放热过程等。

(6) $\boldsymbol{W\to Q}$，这就是做功（或能量）转换为热量的过程，这是热量产生的另一个重要来源。该转换最常见的实例有：摩擦生热、电流经过电阻时的发热过程（该热量也称为：焦耳热，该实例也是本章中

---

① 从核能的角度来说，自然界中能量最低的元素是铁（Fe），地球上自然存在的最重元素是铀（U），包括 ^{235}U 和 ^{238}U。

② 在无机非金属材料专业方向的教学体系中，热力学的内容包括在"物理化学"这门课程之中。

的重要内容)、其他电能产热过程等。

由上述可以看出:热量的产生来自于上述最后两种转换过程或者是这两种转换过程的综合效果。具体来说,热量来源主要在两个方面:其一是化学反应的生成热,这一热源的最重要内容就是燃料的燃烧,这正是**第 1.1 节**(燃料燃烧产热)的核心内容;其二是电能生热,这一热量来源正是**第 1.2 节**(电能产热)的主要内容。另外,电磁波携带的能量转化为热量就构成了本章**第 1.3 节**(电磁波产热);**第 1.4 节**(核能产热)是简单地介绍原子能产热方法;**第 1.5 节**(地下产热)则是概括地介绍地球内部所产生的地热能(或称:地质热)。以上所述就构成了本章的主要内容。

按照热力学第二定律,高温处物质向低温处物质的传热是自发的过程,实质上这就是传导传热、对流换热的本质与根源,关于它们的规律正是第 2 章中的重要内容。

1.1 燃料燃烧产热

燃料燃烧是最传统、最常用的高效产热方式,直到现在,燃烧产热方法还普遍应用于无机非金属材料产品的工业生产过程。即便是在高科技的新能源领域与新材料领域,尽管某些物质或某些过程与燃料燃烧无关,但是仍然会借用燃料燃烧领域中的某些术语,例如,核反应堆中的“核燃料”;新能源领域中的“燃料电池”;材料热制备中的“烧结”过程。还有,反应烧结技术是材料的热制备方法之一,其中,SHS技术(Self-Propagating High Temperature Synthesis,材料的自蔓延高温合成技术)是利用放热反应热来加热制备材料,这些放热反应也被称为:燃烧反应,所以 SHS 技术也曾经被称为:燃烧合成技术(Combustion Synthesis,简称:CS 技术)。

目前,在无机非金属材料工业领域之中,在燃烧过程以及燃烧热能够满足产品热制备工艺要求的前提下,燃烧产热仍然是主要的热量来源,这是因为相对于其他的热源而言,燃料的价格较低,这对于注重产品成本竞争的工业界来说,显得特别重要。

传统的燃料是化石燃料(Fossil Fuel),其燃烧过程中带来的最大负面效应就是环境污染。然而,值得庆幸的是,这个问题已经引起人们的普遍重视。“节能减排”、“低碳社会”已经成为当今世界普遍追求的目标之一,人们甚至正在研发人造光合过程[①](模仿植物的光合作用)直接利用太阳能而将 H_2O 变成 H_2 和 O_2,该方法产生的 H_2 叫做地球上的太阳燃料(Solar Fuel),其最大的优点就是燃烧无污染,而且取材方便、广泛。如果能够工业化生产该太阳燃料,将彻底解决世界的能源问题和环境污染问题。当然,在工业上燃烧该太阳燃料来产生热量还是非常遥远的事情。目前,人们在燃烧领域内广泛使用的还是化石燃料,简称:燃料。

在无机非金属材料工业领域,就燃料燃烧而言,正确地掌握各种化石燃料的热工特性与燃烧特点,学会燃料燃烧计算的方法,力求合理地组织燃料燃烧过程,从而达到优质、高产、低耗、环保的目的,不仅有利于优化无机非金属材料生产过程本身,也有利于整个社会的可持续发展。

1.1.1 燃料的种类与组成

燃料按其状态的不同,可以分为固体燃料、液体燃料、气体燃料。关于燃料的组成及其表示方法,则随其种类的不同而有所差异,以下将**固体燃料**、**液体燃料**与**气体燃料**分开加以论述。然后,还将就一些新型的燃料给予适当的简介。

---

① 这里所说的人造光合过程是指:人们通过研究已经获知了植物叶绿素的分子结构,再根据此分子结构人们研制出了(类似于叶绿素的)催化剂来用于人造光合过程,该过程可以利用太阳能将地球上丰富的水资源转化为洁净的氢燃料,这便是“太阳燃料”。与植物的光合作用有所不同的是,人造光合过程没有 CO_2 分子参与。所以其产物只有 H_2 和 O_2。当然,如果从化学反应的角度来说,人造光合过程被称为“光分解过程”或“光解过程”更为合理。另外,纳米晶 TiO_2 或石墨烯或 g-C_3N_4 等作为光催化剂也会进行“光解过程”。

1.1.1.1　固体燃料

固体燃料（也称：固态燃料，Solid Fuel）包括煤、可燃页岩、木柴以及固态可燃废弃物等。这其中，煤的使用最为普遍。煤是埋于地下的古代生物在缺氧、高温、高压的条件下，经过长期的地质、生物与化学变化后而形成的天然可燃矿物。它属于化石燃料，是不可再生的宝贵资源。

根据煤化程度的不同，可以将煤简单地分为无烟煤、烟煤、褐煤和泥煤等几个煤种，国内关于煤的更细致分类参见附录1。当然，因为煤的组成、结构和性质极其复杂，所以国际上还没有一种分类法能够包括所有煤的全部物化特性及其用途。在无机非金属材料工业中，烟煤、无烟煤的利用较普遍。当然，人们也在探求怎样更为有效地扩大劣质煤的可利用范围。

尽管固体燃料本身是由结构复杂的有机化合物所组成，但是，人们习惯上用其元素组成来表征，具体包括：碳C、氢H、氧O、氮N、硫S这五种元素以及矿物杂质（称为：灰分A）、（物理）水分M，用该组成表征的分析方法叫做**元素分析法**（英、美等国称为：终分析法，Ultimate Analysis）。元素分析的过程复杂，需要使用专门的精密仪器[20,22]（价格相对较高），请查阅国家标准《**煤的元素分析方法**》（GB/T 476—2001）。在以上五种元素组分中，C、H是有益的可燃成分；O、N是不可燃成分（它们在高温时形成的氮氧化物还有危害）；以硫化物或有机硫形式存在的S则是有害的可燃成分。

固体燃料煤还有一种表征其组成的简易方法，称为**工业分析法**（英、美等国则称为：近似分析法，Proximate Analysis），其组成由挥发分V、固定碳Fc、灰分A及（物理）水分M来表示（其中，Fc表征的是固态可燃物；V表征的则是煤在着火燃烧时可挥发的气体，包括CO、H_2、烃等可燃成分以及N_2、SO_2、CO_2、H_2O等不可燃成分）。其测试方法请查阅国家标准《**煤的工业分析方法**》（GB/T 212—2008）。常规的工业分析方法是比较简单，一般的工厂均能够进行，而且其测试结果对于人们了解所用煤的使用性能也基本上能够满足，因而该方法在国内工厂中获得了广泛的应用。当然，也有专门用于煤工业分析的精密测试仪器，它能够准确地记录煤样在实验燃烧过程中的各种实验曲线[21]。

另外，对于煤来说，由于其开采、运输和贮存的条件不同，即便是同一类型的煤，其成分往往也会有较大的变动，特别是其中的水分和灰分。因此，在表征煤的组成时，就必须先指明所选用的煤基准，才能够确切地说明问题。表示煤组成的常用基准有：

（1）**收到基**（**a**s-**r**eceived，其下标为ar）：这是指使用煤的场地实际收到煤的组成。在个别情况下，也是煤实际使用状态下的组成，其含量（质量分数，%）的关系式为：

$$w(\mathrm{C_{ar}})+w(\mathrm{H_{ar}})+w(\mathrm{O_{ar}})+w(\mathrm{N_{ar}})+w(\mathrm{S_{ar}})+w(\mathrm{A_{ar}})+w(\mathrm{M_{ar}})=100(\%) \quad (1.1)^{①}$$

或

$$w(\mathrm{V_{ar}})+w(\mathrm{Fc_{ar}})+w(\mathrm{A_{ar}})+w(\mathrm{M_{ar}})=100(\%) \quad (1.1a)$$

（2）**空气干燥基**（**a**tmospheric **d**rying，其下标为ad）：这是指煤中的（物理）水分与大气中的水分在达到平衡状态时煤的组成。具体进行煤样定量分析前，需要先将煤样在温度为20 ℃、相对湿度为70%的空气中连续干燥1 h，如果煤样的前、后两次称重结果之相对变化值不超过0.1%，那么就可以认为该煤样已经达到空气干燥状态，其含量（质量分数，%）的关系式为：

$$w(\mathrm{C_{ad}})+w(\mathrm{H_{ad}})+w(\mathrm{O_{ad}})+w(\mathrm{N_{ad}})+w(\mathrm{S_{ad}})+w(\mathrm{A_{ad}})+w(\mathrm{M_{ad}})=100(\%) \quad (1.2)$$

或

$$w(\mathrm{V_{ad}})+w(\mathrm{Fc_{ad}})+w(\mathrm{A_{ad}})+w(\mathrm{M_{ad}})=100(\%) \quad (1.2a)$$

将“收到基煤”与“空气干燥基煤”对比，不难看出：煤中的物理水分可以分为两部分，一部分是在空气干燥状态下残留在煤中的物理水分，即$\mathrm{M_{ad}}$，也称为：内在水分$\mathrm{M_{ar,inh}}$；另一部分则是在空气干燥

① 根据图书出版的最新国家标准和规范，关于“煤的组分含量”的表达方式，应采用该式及下式中的符号体系。但在现行有关煤的国家标准中，仍然采用C_{ar}、H_{ar}、……C_{ad}、H_{ad}、……C_d、H_d、……C_{daf}、H_{daf}…… 等符号表示“煤的组分含量”。请读者在阅读有关文献时加以注意。另外，在现行有关国家标准中[25,26]，对于“煤的收到基水分”采用煤的全水分符号“$\mathrm{M_t}$”（total moisture in coal）来表示。但为了保持符号表达的一致性，本教材中仍然采用符号“$\mathrm{M_{ar}}$”来表示“煤的收到基水分”。请读者在阅读时加以注意。

过程中逸出的物理水分，称为：外在水分（也称：自由水分，参见第 3.4.4.1）$M_{ar,f}$。所以，若将这两种水分换算到同一基准（收到基），再相加就是**收到基**水分，即，其含量（质量分数，%）的关系式为：

$$w(M_{ar}) = w(M_{ar,f}) + \frac{w(M_{ad}) \cdot [100 - w(M_{ar,f})]}{100} \quad (\%) \tag{1.3}$$

在工业领域内，收到基煤大都需要经过热空气干燥后才入窑炉内燃烧，以尽量减少煤中水分蒸发会导致的耗热损失（例如，水泥工业的回转窑系统就属于该情况），此时煤的使用状况可以近似地按照空气干燥基(ad)来进行计算。

(3) **干燥基**（**d**rying，其下标为 d）：这是指绝对干燥煤的组成，其含量（质量分数，%）的关系式为：

$$w(C_d) + w(H_d) + w(O_d) + w(N_d) + w(S_d) + w(A_d) = 100(\%) \tag{1.4}$$

或

$$w(V_d) + w(Fc_d) + w(A_d) = 100(\%) \tag{1.4a}$$

这种基准不受煤在开采、洗煤、运输和贮存过程中水分变动的影响，所以能够比较稳定地反映出一批煤的真实组成。

(4) **干燥无灰基**（**d**rying and **a**sh-**f**ree，其下标为 daf）：这是指一种假想的无水、无灰煤的组成。其含量（质量分数，%）的关系式为：

$$w(C_{daf}) + w(H_{daf}) + w(O_{daf}) + w(N_{daf}) + w(S_{daf}) = 100(\%) \tag{1.5}$$

或

$$w(V_{daf}) + w(Fc_{daf}) = 100(\%) \tag{1.5a}$$

煤中的灰分在开采、洗煤、运输和贮存过程中都要发生变化，而去除了灰分和（物理）水分后的煤组成可以排除客观条件的影响，即同一矿区煤的干燥无灰基组成一般不会有很大的变化。所以，煤矿的煤质资料通常是以干燥无灰基组成来表示。上述煤组成的四种基准之间的关系则如图 1.1 所示。不同基准煤的组成需要进行换算，其换算关系见表 1.1。

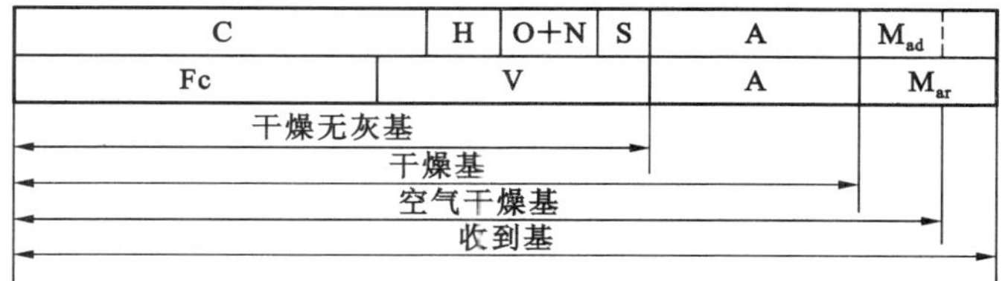

图 1.1 煤组成的四种基准之间的关系

表 1.1 四种煤基准之间成分的换算系数*

已知的"基"	所要换算的"基"			
	收到基	空气干燥基	干燥基	干燥无灰基
收到基	1	$\frac{100-w(M_{ad})}{100-w(M_{ar})}$	$\frac{100}{100-w(M_{ar})}$	$\frac{100}{100-[w(M_{ar})+w(A_{ar})]}$
空气干燥基	$\frac{100-w(M_{ar})}{100-w(M_{ad})}$	1	$\frac{100}{100-w(M_{ad})}$	$\frac{100}{100-[w(M_{ad})+w(A_{ad})]}$
干燥基	$\frac{100-w(M_{ar})}{100}$	$\frac{100-w(M_{ad})}{100}$	1	$\frac{100}{100-w(A_d)}$
干燥无灰基	$\frac{100-[w(M_{ar})+w(A_{ar})]}{100}$	$\frac{100-[w(M_{ad})+w(A_{ad})]}{100}$	$\frac{100-w(A_d)}{100}$	1

注＊：① 该表适用于除水分以外的各种成分以及高位发热量（参见第 1.1.2.1）的换算，低位发热量的换算系数参见表 1.3。

② 该表也可以用一个通式来表示：

$$w(X_j) = w(X_i)\frac{100 - w(M_j)[-w(A_j)]}{100 - w(M_i)[-w(A_i)]} \quad (\%)$$

式中 j、i = ar、ad、d、daf（该通式的中括号内一项只有在 j、i 之一为 daf 时才考虑，否则无该项）；

X = C、H、O、N、S、Fc、V、Q_{gr}、A（灰分 A 只能在没有 daf 的"基"之间换算）。

表 1.1 中的换算系数是根据物料平衡关系计算得到的。例如,收到基与空气干燥基之间的转换系数推导如下:

【例 1.1】 已知 $w(C_{ad})=69.0\%$[①]、$w(M_{ar})=9.1\%$、$w(M_{ad})=2.9\%$,求 $w(C_{ar})$。

【解】 该例题尽管可以直接利用表 1.1 进行换算,但是,为了让读者弄清楚表 1.1 中换算系数的来历,这里还是根据质量守恒原理来进行计算。

由物料平衡关系可知,100 kg 收到基的煤在转换到干燥基的煤时只有$[100-w(M_{ar})]$kg,但是,在这两种基准下,碳的质量是不变的,所以有以下的关系式成立:

$$100\cdot\frac{w(C_{ar})}{100}=[100-w(M_{ar})]\cdot\frac{w(C_d)}{100}\quad\longrightarrow\quad w(C_d)=w(C_{ar})\frac{100}{100-w(M_{ar})}$$

同理,可以推导出:

$$w(C_d)=w(C_{ad})\frac{100}{100-w(M_{ad})}\quad\text{,于是得:}\quad\frac{w(C_{ar})}{100-w(M_{ar})}=\frac{w(C_{ad})}{100-w(M_{ad})}$$

整理后,得:

$$w(C_{ar})=w(C_{ad})\frac{100-w(M_{ar})}{100-w(M_{ad})}=69.0\times\frac{100-9.1}{100-2.9}=64.6(\%)$$

—毕—

1.1.1.2 液体燃料

液体燃料(也称:液态燃料,Liquid Fuel)一般是指石油产品,所以,通常称为:燃料油,或简称:**油**。石油在常压下蒸馏可以分别提炼出汽油、煤油、柴油等高品质的液体燃料,剩下的残渣便是直馏重油(或称:常压渣油)。如果将直馏重油再减压蒸馏,其残留物就是减压重油(或称:减压渣油);若将直馏重油进一步裂化,便可以得到裂化煤气和裂化汽油等,其残渣则为裂化重油(或称:裂化渣油)。上述三种渣油统称为:重油。在无机非金属材料工业中,**重油**和轻质**柴油**的**利用**较为**普遍**。

同固体燃料一样,尽管液体燃料的化学结构很复杂,但是,习惯上也是用元素组成来表征其成分,具体包括:碳 C、氢 H、氧 O、氮 N、硫 S 这五种元素以及矿物杂质(称为:灰分 A)、(物理)水分 M。用这种组成表征的分析方法就叫做**元素分析法**(英、美等国则称之为终分析法,Ultimate Analysis),具体请查阅石油化工行业标准《**石油产品及润滑剂中碳、氢、氮测定法(元素分析仪法)**》(SH/T 0656—1998)。

1.1.1.3 气体燃料

气体燃料也称:气态燃料(Gaseous Fuel),简称:燃气,其类型主要有两大类:**天然气**及**人造煤气**。天然气是从靠近油田或煤田的地层中逸出的可燃气体,为优质的气体燃料,简称 NG(Natural Gas),其主要成分是甲烷,也伴有其他气态烃类($C_{1\sim8}$)。开采出来的天然气被洗涤、除尘后通常用管道输送到其使用处。为了便于输送,还可以将其先清洁处理后再加压处理为压缩天然气(Compressed NG,简称:CNG)或液化天然气(Liquefied NG,简称:LNG)。人造煤气的种类很多,常见的人造煤气有:焦炉煤气、高炉煤气、水煤气、发生炉煤气、城市煤气、液化石油气等。焦炉煤气是煤炼焦时的副产品;高炉煤气是高炉炼铁时的副产品;水煤气则是水蒸气与赤热的无烟煤或者焦炭在煤气发生炉内反应生成的煤气(参见第 1.1.8);发生炉煤气是空气及少量水蒸气与煤或焦炭在煤气发生炉中反应生成的煤气(参见第 1.1.8);城市煤气(也称:城镇煤气)是用烟煤干馏或石油裂化等方法而制取的煤气。这里需要特别指出的是:液化石油气(Liquefied Petroleum Gas,简称:LPG)是炼制石油时的副产品,主要成分是丙烷和丁烷等烃类,为了便于输送,对其加压使之成为液态,其应用较为广泛。在无机非金属材料工业领域,所用的气体燃料以天然气(NG)、液化石油气(LPG)和发生炉煤气居多。

气体燃料的组成通常包括两部分气体:**可燃气体**与**不可燃气体**。可燃气体主要有:H_2、CO、CH_4

---

① 在"工程热力学与传热学"的计算过程中,通常将表示物质成分含量的物理量"数据"中的百分数符号"%"理解为一个"特殊单位"而不是一个"数学符号"(即,将含有"%"的物理参数理解为以"1%"为倍数来进行计算)。例如,"煤中碳成分含量 $w(C_{ad})$"为"36%",在计算过程中是代入数据"36"而不是代入"0.36"进行计算。请读者加以特别注意。对于表示物质的质量分数的"$w(i)$"、体积分数的"$\varphi(i)$"和物质的量分数(曾称为:摩尔分数)的"$x(i)$",在相关计算公式中代入相应物理参数进行计算时,都是如此。

与其他烃类(包括:饱和烃类,例如 C_2H_6、C_3H_8 等;不饱和烃类,例如,C_2H_4、C_2H_2、C_3H_6、C_4H_8 等)以及 H_2S 等。不可燃气体主要有:CO_2、H_2O(水蒸气)、N_2、O_2 及 SO_2 等。

与固体燃料、液体燃料的组成含量采用质量分数(w,%)表示法不同的是,气体燃料的组成含量一般是采用体积分数(φ,%)[在数量上等于物质的量分数(x,%)]来表示。另外,在表明气体燃料的组成时,必须标明其基准,表示气体燃料组成的基准有两种(或称:燃气的两种成分表示法):**湿成分**(一般用上角标 v 表示,v=vapour)与**干成分**(一般用上角标 d 表示,d=dry)。它们含量(体积分数,%)的关系式为:

$$\varphi^{v}(CO_2)+\varphi^{v}(CO)+\varphi^{v}(H_2)+\varphi^{v}(CH_4)+\varphi^{v}(C_mH_n)+\varphi^{v}(H_2S)+\varphi^{v}(N_2)+\varphi^{v}(O_2)+\varphi^{v}(H_2O)=100(\%) \tag{1.6}$$

$$\varphi^{d}(CO_2)+\varphi^{d}(CO)+\varphi^{d}(H_2)+\varphi^{d}(CH_4)+\varphi^{d}(C_mH_n)+\varphi^{d}(H_2S)+\varphi^{d}(N_2)+\varphi^{d}(O_2)=100(\%) \tag{1.6a}$$

在进行其成分的实际分析时,气体燃料的组成是用数据比较稳定的干成分。但是,在进行燃料的燃烧计算时,则需要使用气体燃料的湿成分作为计算依据。湿成分(φ^{v})、干成分(φ^{d})之间的换算关系也可以由质量守恒原理来导出,具体如下:

$$\varphi_i^{v}=\varphi_i^{d}\frac{100-\varphi^{v}(H_2O)}{100} \quad (\%) \tag{1.7}$$

式中 $\varphi^{v}(H_2O)$——湿燃气中的水蒸气含量(体积分数,%)。

$\varphi^{v}(H_2O)$与煤气的温度有关。发生炉煤气(参见第 1.1.4)中水蒸气含量可以由煤气发生炉内的物料平衡关系推算出来。一般来说,发生炉煤气的出口温度为 500~600 ℃,其水蒸气含量大约为5%。但是,对于经过洗涤后的发生炉煤气(简称:冷煤气,参见第 1.1.8.4),则可以认为其内所包含的是饱和水蒸气,其饱和水蒸气量可以查阅表 1.2。

表 1.2 煤气在不同温度下的饱和水蒸气含量

气体温度/℃	$\varphi^{v}(H_2O)$(%)	气体温度/℃	$\varphi^{v}(H_2O)$(%)
−25	0.062	15	1.68
−20	0.101	20	2.30
−15	0.163	25	3.13
−10	0.256	30	4.19
−5	0.395	35	5.55
0	0.602	40	7.27
5	0.86	45	9.46
10	1.21	50	12.18

1.1.1.4 生物质燃料

上述的煤、石油、天然气等燃料属于化石燃料,这是不可再生的燃料。随着化石燃料资源的日趋减少以及环境保护日益受到重视,可再生的生物质燃料(Biomass Fuel)逐渐出现在人们的视野中。化石燃料是来源于远古代生物的光合作用,而生物质燃料则主要来源于现代生物的光合作用。

目前,被大批量应用的生物质燃料主要是生物柴油与生物乙醇。生物柴油是利用含油的植物或动物油脂加工制造而成,可以作为轻质柴油的替代品,而且在储存、运输、安全、抗爆以及润滑性、燃烧充分等方面更具有优势。生物乙醇是利用含糖量较高的农作物(例如,甘蔗、玉米、甜菜、大麦、小麦等)通过发酵与糖分转化等工序而制成的酒精,它可以作为石油添加剂或者与汽油等燃料混合使用。它对于燃料充分燃烧、减少硫的排放量以及环境保护均有利。另外,通过人造光合作用而用水制造的太阳燃料(H_2)在本质上也可以归结到生物质燃料一类。

另外,需要指出的是,将煤通过生物与化学作用转变为油也是值得人们重视的燃料新技术。

1.1.1.5　“清洁燃料”的概念

清洁燃料(也称为:洁净燃料)是指工业领域内常用的煤油、柴油、天然气、CNG、LNG、LPG、城市煤气、洗涤后的发生炉煤气、焦炉煤气、高炉煤气、煤制油、油制气(石油或者其蒸馏产品经过热裂解、催化裂解、部分氧化或加氢裂解而制得的气体燃料)等在燃烧时产生污染物极少的燃料。

另外,目前人们正在竞相勘探或开发的天然气水合物(俗称:可燃冰,参见图 1.2)是下一代的清洁燃料。

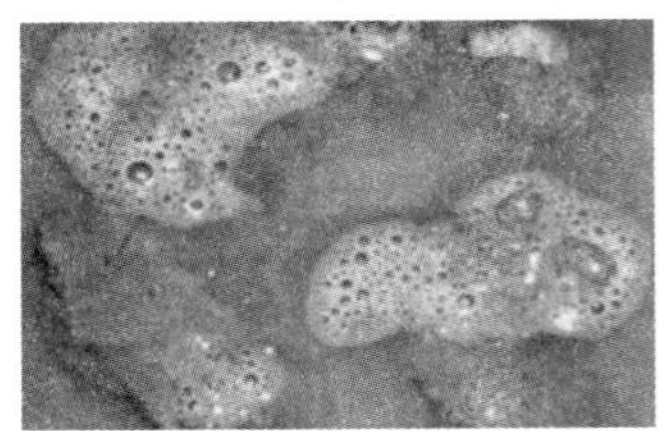

图 1.2　可燃冰的外观

清洁燃料是燃料应用的一个发展方向,尤其是应用在无机非金属材料领域内的陶瓷工业中(参见第 3.3 节)。尽管价格相对较高,但是其燃烧效率也较高,这不仅对于环境保护有利,而且还会提高烧制品的质量与档次,所以,它是人类文明生产的一个重要体现,因此其综合效益较高。

1.1.1.6　可燃废弃物与其他可替代燃料的应用

可燃废弃物(Burnable Waste Disposal)是指其他行业或者社会上大量丢弃物中含有可燃成分的那些废弃物,也叫做:垃圾衍生物燃料(Refuse Derived Fuel),它是属于二次燃料[Secondary Fuel,或称为:可替代燃料(Alternative Fuel)]。在无机非金属材料工业之中,可燃废弃物常作为水泥回转窑(参见第 3.1 节)的煤粉替代燃料。回转窑内的高温、高粉尘以及碱性氛围可以有效地消解与固化(废弃物燃烧产生的)有害成分,回转窑内的负压也会防止任何污染物外泄。这样,不仅大大降低了其他行业废弃物对于社会的环境负担,水泥生产过程本身也没有增加新的污染源。这是利人又利己的措施,也是水泥工业的发展方向之一。

其他的可替代燃料主要包括:石油焦[Petroleum Coke,将重油再进行热解而得到的黑色块状物或颗粒物(用专门的磨机可将其制成粉状),其成分主要是 C(>80%),其余是 H、N、O、S 与某些金属元素,$w(S)\leqslant 3\%$的低硫石油焦是化工原料,$w(S)>3\%$的高硫石油焦才作为燃料,其热值比煤要高(大约是煤热值的 1.5 倍)]、低热值煤(Low-Calorific Coal)、煤矸石(Coal Gangue,煤层伴生的黑灰色岩石块,在采煤过程与洗煤过程中被剔除出来,其主要成分是煤质与一些无机化合物以及微量的稀有金属元素。它既可以用作建筑材料,也可以作为低质燃料)等。在无机非金属材料领域的水泥工业(参见第 3.2 节)、玻璃工业(参见第 3.3 节),石油焦都有所应用。低热值煤、煤矸石常用作一些工业原料烘干时(参见第 3.1 节)所需的燃料。

1.1.2　燃料的热工性质

1.1.2.1　发热量

燃烧产热是化学能的一种,这也就是说,燃烧的本质就是燃料释放其化学能的过程。在该过程中能够完全释放出来的化学能就是燃料的发热量(Calorific① Value),也称为:热值(Heating Value)。在无机非金属材料工业领域,使用燃料的最主要目的就是为了获得热量,所以,发热量是燃料的一个很重要指标,它被定义为:单位质量(固体燃料或液体燃料)或者单位标准状态体积(气体燃料)的燃料在完全燃烧后,而且当燃烧产物冷却到燃烧之前的温度时所释放出的总热量。常用的单位为 kJ/kg

① 在英制单位体系中,热量的单位是卡(Calorie,简称 cal,或译作“卡路里”,是指:每 1 g 水升温 1 ℃需要的热量)以及 BTU[也称:Btu,British Thermal Unit(英国热量单位),是指:1 磅水升温 1 ℉需要的热量],换算关系为:1BTU =251.9958 cal≈252 cal;1 cal≈4.2 J[包括:1 cal_{th}(热力学卡)= 4.184 J;1cal_4(4 ℃卡)≈ 4.204 J;1 cal_{15}(15 ℃卡)≈4.1855 J;1 cal_{20}(20 ℃卡)≈ 4.182 J;1 cal_{mean}(0~100 ℃平均卡)≈ 4.190 J;1 cal_{TT}(国际蒸汽卡)=4.1868 J(其准确值为 1 $Mcal_{TT}$=1.163 kW·h);1 cal_{th}(热化学卡)=4.184 J(准确值);1 cal_{IUNS}(国际营养学联盟卡)=4.182 J]。

(固体燃料或液体燃料)或者 kJ/m^3(气体燃料,这里,m^3 是指标准状态体积单位①)。(1) 两种发热量的概念以及两种发热量之间的换算

值得注意的是,燃料的发热量有高位发热量 Q_{gr}(Higher Heating Value,HHV;也称:Gross Calorific Value,这可直译为:总发热量;或称:Gross Energy,Upper Heating Value)和低位发热量 Q_{net}(Lower Heating Value,LHV;也称:Net Calorific Value,这可直译为:净发热量;也称:Net Energy)之分。**高位发热量**指燃料完全燃烧后,而且燃烧产物中的水蒸气全部冷凝为水时所释放的总热量;而**低位发热量**则是指燃料完全燃烧后,并且燃烧产物中的水蒸气仍为气态时所释放的热量。由此不难得出,两者之间的差别就在于燃烧产物中水的汽化热。

实际燃烧时,温度很高,因此燃烧产物中的水蒸气均以气态存在,不可能凝结为水而放出汽化热。因此,燃烧计算中通常是以燃料的低位发热量来作为计算的基准。

由上述高位发热量和低位发热量的定义可知,两者之间的差别也就在于燃烧产物中水的汽化热,这也就是说,燃料的低位发热量应当等于燃料的高位发热量再减去其燃烧产物中水的汽化热。

对于**固体燃料或液体燃料**而言,1 kg 燃料燃烧后生成的水量为$\left(\frac{w(\mathrm{M_{ar}})}{100}+\frac{w(\mathrm{H_{ar}})}{100}\times\frac{18}{2}\right)$kg,而水的汽化热在不同温度下是有差异的(参见附录 4 中附表 4.2),按照有关国家标准[24,26]推荐,水的汽化热近似为 2300② kJ/kg。由此,有关国家标准[24,26]规定:(恒容)高位发热量与(恒容)低位发热量③之差为:

$$Q_{net}=Q_{gr}-206^{④}w(H)-23w(\mathrm{M})\qquad(\mathrm{kJ/kg})\tag{1.8}$$

式中 Q_{gr},Q_{net}——分别为燃料的高位发热量与低位发热量,kJ/kg;

$w(\mathrm{M})$,$w(\mathrm{H})$——分别为燃料中的(物理)水分与氢的含量(质量分数,%)。

就固体燃料煤来说,它的组成表示法通常用如式(1.1)、式(1.2)、式(1.4)和式(1.5)所示的四种基准,于是,式(1.8)就转变为以下四个公式:

$$Q_{net,ar}=Q_{gr,ar}-206w(\mathrm{H_{ar}})-23w(\mathrm{M_{ar}})\qquad(\mathrm{kJ/kg})\tag{1.8a$_1$}$$

$$Q_{net,ad}=Q_{gr,ad}-206w(\mathrm{H_{ad}})-23w(\mathrm{M_{ad}})\qquad(\mathrm{kJ/kg})\tag{1.8a$_2$}$$

$$Q_{net,d}=Q_{gr,d}-206w(\mathrm{H_{d}})\qquad(\mathrm{kJ/kg})\tag{1.8a$_3$}$$

$$Q_{net,daf}=Q_{gr,daf}-206w(\mathrm{H_{daf}})\qquad(\mathrm{kJ/kg})\tag{1.8a$_4$}$$

式中 $Q_{net,ar}$,$Q_{net,ad}$,$Q_{net,d}$,$Q_{net,daf}$——分别为收到基、空气干燥基、干燥基、干燥无灰基时煤的低位发热量,kJ/kg;

$Q_{gr,ar}$,$Q_{gr,ad}$,$Q_{gr,d}$,$Q_{gr,daf}$——分别为收到基、空气干燥基、干燥基、干燥无灰基时煤的高位发热量,kJ/kg;

$w(\mathrm{H_{ar}})$,$w(\mathrm{H_{ad}})$,$w(\mathrm{H_{d}})$,$w(\mathrm{H_{daf}})$——分别为收到基、空气干燥基、干燥基、干燥无灰基时煤中氢的含量(质量分数,%);

$w(\mathrm{M_{ar}})$,$w(\mathrm{M_{ad}})$——分别为收到基、空气干燥基时煤中(物理)水分的含量(质量分数,%)。

固体燃料煤采用不同基准时,高位发热量的转换参见表 1.1,低位发热量的转换则要依据表 1.3[也可以先将低位发热量 Q_{net} 用式(1.8a_1)~式(1.8a_4)换算为高位发热量 Q_{gr},再利用表 1.1进行不同

---

① 根据最新的国家图书出版标准和规范,标准状态下气体体积的单位符号为"m^3",而在一些传统学术文献中,该单位的符号是采用"Nm^3"表示。请读者在阅读相关文献时加以注意。

② 在以往的相关文献中,该参数值为 2500 kJ/kg,但在现行的有关国家标准中[24,26],该参数值为 2300 kJ/kg。请读者在阅读相关文献加以注意。

③ 式(1.8)为有关国家标准[26]推荐的计算公式,是针对煤的恒容发热量。然而,实际工业中的燃烧往往处于恒压状态(或压强变化不大的过程)。因此,工业燃烧计算应该使用煤的恒压低位发热量,只是工程计算时不需要很高的计算精度而已。所以,本教材以及水泥行业的有关国家标准[24]对于这两种发热量则不加以区分。关于这两种低位发热量的差异,参见附录 1 中附 1.2.3。

④ 这里,氢含量前面的系数为"206",而不是按照计算式"2300×[$w(\mathrm{H_{ar}})$/100]×(18/2)"得到的"207",这是由于"2300"本身就是一个近似值而非精确值。

基准之间的 Q_{gr} 转换，然后，利用式(1.8a_1)～式(1.8a_4)将换算后的 Q_{gr} 再转换为相应基准下的 Q_{net}]。

表 1.3　煤四种基准之间低位发热量的换热系数*

已知"基"	所要换算的"基"			
	收到基	空气干燥基	干燥基	干燥无灰基
收到基	1	$[Q_{net,ar}+23w(M_{ar})]\cdot\dfrac{100-w(M_{ad})}{100-w(M_{ar})}-23w(M_{ad})$	$[Q_{net,ar}+23w(M_{ar})]\cdot\dfrac{100}{100-w(M_{ar})}$	$[Q_{net,ar}+23w(M_{ar})]\cdot\dfrac{100}{100-[w(M_{ar})+w(A_{ar})]}$
空气干燥基	$[Q_{net,ad}+23w(M_{ad})]\cdot\dfrac{100-w(M_{ar})}{100-w(M_{ad})}-23w(M_{ar})$	1	$[Q_{net,ad}+23w(M_{ad})]\cdot\dfrac{100}{100-w(M_{ad})}$	$[Q_{net,ad}+23w(M_{ad})]\cdot\dfrac{100}{100-[w(M_{ad})+w(A_{ad})]}$
干燥基	$Q_{net,d}\cdot\dfrac{100-w(M_{ar})}{100}-23w(M_{ar})$	$Q_{net,d}\cdot\dfrac{100-w(M_{ad})}{100}-23w(M_{ad})$	1	$Q_{net,d}\cdot\dfrac{100}{100-w(A_d)}$
干燥无灰基	$Q_{net,daf}\cdot\dfrac{100-[w(M_{ar})+w(A_{ar})]}{100}-23w(M_{ar})$	$Q_{net,daf}\cdot\dfrac{100-[w(M_{ad})+w(A_{ad})]}{100}-23w(M_{ad})$	$Q_{net,daf}\cdot\dfrac{100-w(A_d)}{100}$	1

注 *：该表也可以用一个通式来表示：

$$Q_{net,j}=[Q_{net,i}+23w(M_i)]\frac{100-w(M_j)[-w(A_j)]}{100-w(M_i)[-w(A_i)]}-23w(M_j)$$

式中　j、i=ar、ad、d、daf(该通式的中括号内一项只有在 j、i 之一为 daf 时才考虑，否则无该项)。

对于**气体燃料**，每 1 m^3(标准状态体积)湿气体燃料燃烧后所生成的水量为：

$$\frac{1}{100}[\varphi^v(H_2)+2\varphi^v(CH_4)+\varphi^v(H_2S)+\frac{n}{2}\varphi^v(C_mH_n)+\varphi^v(H_2O)]\times\frac{18}{22.4}\quad(kg/m^3)$$

所以，$Q_{gr}-Q_{net}=2300\{\frac{1}{100}[\varphi^v(H_2)+2\varphi^v(CH_4)+\varphi^v(H_2S)+\frac{n}{2}\varphi^v(C_mH_n)+\varphi^v(H_2O)]\times0.804\}$ (kJ/m^3)。于是，就有了以下的换算公式：

$$Q_{gr}-Q_{net}=18.5[\varphi^v(H_2)+2\varphi^v(CH_4)+\varphi^v(H_2S)+\frac{n}{2}\varphi^v(C_mH_n)+\varphi^v(H_2O)]\quad(kJ/m^3)\tag{1.9}$$

(2) 发热量的测定与计算

燃料的发热量可以通过量热计直接测量出：**固体燃料**或**液体燃料**最常用的量热计是氧弹量热计，所测得的发热量被称为：氧弹发热量 Q_b(或称：弹筒发热量，b 是 Oxygen Bomb 的简写)，Q_b 减去燃烧产物中 SO_3 生成硫酸的热效应与 N_2 生成硝酸的热效应(前者约为 94.4 kJ/kg，而后者约为 0.0015Q_b)就是燃料的高位发热量 Q_{gr}；气体燃料发热量的测定则需要用专门的气体量热计。

当然，燃料的发热量也可以根据其化学成分的测定结果来计算得出：

例如，对于**固体燃料**，如果已知其元素分析的测定结果，传统上是应用式(1.11)这样一个半经验半理论的公式来计算其低位发热量(若是煤，则要写上相应"基"的下角标)。现在，则建议使用有关的国家标准推荐的式(1.10a)或式(1.10b)来计算煤的低位发热量[若已知煤的全硫分析结果 $w(S_{t,al})$，则使用式(1.10a)；若没有煤的全硫分析结果，则利用式(1.10b)][24]：

$$Q_{net,ad}=6984+275.0w(C_{ad})+805.7w(H_{ad})+60.7w(S_{t,al})-142.9w(O_{ad})-74.4w(A_{ad})-129.2w(M_{ad})\quad(kJ/kg)\tag{1.10a}$$

$$Q_{net,ad}=12807.6+216.6w(C_{ad})+734.2w(H_{ad})-199.7w(O_{ad})-132.8w(A_{ad})-188.3w(M_{ad})\quad(kJ/kg)\tag{1.10b}$$

式中　$w(C_{ad})$，$w(H_{ad})$，$w(S_{t,al})$，$w(O_{ad})$，$w(A_{ad})$，$w(M_{ad})$——分别为空气干燥基煤中相应组分(C，H，S，O，A，M)的质量分数(%)。

另外，对于固体燃料煤而言，如果已知其工业分析的测定结果，也可以利用一些经验公式来计算其发热量，具体请参见附录1中的附1.2。

对于**液体燃料**，如果已知其元素分析的测定结果，建议使用有关的国家标准[24]推荐的式(1.11)这个半经验半理论公式来计算其低位发热量。

$$Q_{net} = 339w(C) + 1030w(H) - 109[w(O) - w(S)] - 25w(M) \quad (kJ/kg) \tag{1.11}$$

式中 $w(C)$，$w(H)$，$w(O)$，$w(S)$，$w(M)$——液体燃料中相应组分(C，H，O，S，M)的质量分数(%)。

对于**气体燃料**，则可以利用其成分组成来计算其低位发热量，具体的计算公式为：

$$Q_{net}^{v} = \sum_{i=1}^{n} k_i \varphi^{v}(i) \quad (kJ/m^3) \tag{1.12}$$

式中 Q_{net}^{v}——气体燃料的低位发热量(湿基)，kJ/m^3(这里，m^3 为标准状态体积单位)；

k_i——气体燃料中各种可燃成分的热效应，kJ/m^3(这里，m^3 为标准状态体积单位)；

$\varphi^{v}(i)$——气体燃料中各种可燃成分的湿基含量(体积分数，%)。

式(1.12)通常被具体转换为式(1.12a)：

$$Q_{net}^{v} = 126.3\varphi^{v}(CO) + 107.9\varphi^{v}(H_2) + 358.0\varphi^{v}(CH_4) + 590.5\varphi^{v}(C_2H_4) + 637\varphi^{v}(C_2H_6) + 806\varphi^{v}(C_3H_6) + 912\varphi^{v}(C_3H_8) + 1187\varphi^{v}(C_4H_{10}) + 1460\varphi^{v}(C_5H_{12}) + 231.3\varphi^{v}(H_2S) \quad (kJ/m^3) \tag{1.12a}$$

式中 $\varphi^{v}(CO_2)$，$\varphi^{v}(H_2)$，$\varphi^{v}(CH_4)$，$\varphi^{v}(C_2H_4)$，$\varphi^{v}(C_2H_6)$，$\varphi^{v}(C_3H_6)$，$\varphi^{v}(C_3H_8)$，$\varphi^{v}(C_4H_{10})$，$\varphi^{v}(C_5H_{12})$，$\varphi^{v}(H_2S)$——气体燃料中各个相应组分的湿基含量(体积分数，%)。

1.1.2.2 标准燃料的概念

不同种类的燃料，其发热量差别很大，即便是同一种燃料也会因为水分、灰分的不同而有所差异，为了便于统计和评价热量的消耗量，人们便引进了“标准燃料”的概念：

标准煤(也称：标准煤当量，ce①)是指 Q_{net} 为 29270 kJ/kg(即 7000 kcal/kg)的煤。

标准油(也称：标准油当量，oe)是指 Q_{net} 为 41820 kJ/kg(即 10000 kcal/kg)的油。

标准气(也称：标准气当量，ge)是指 Q_{net} 为 41820 kJ/m^3(即 10000 $kcal/m^3$)的燃气。

1.1.2.3 燃料的其他热工性质

除了发热量(热值)以外，燃料的其他热工性质也会影响其燃烧过程以及设备运行，这些热工性质随着燃料种类的不同而异，以下以无机非金属材料工业领域中所用的三种最为典型的燃料(煤、重油、煤气)为例，分别加以叙述：

(1) 固体燃料——煤

按照煤化程度的不同，煤可以分为若干煤种，其常用的分类方法参见附录1。

无烟煤(Anthracite)的煤化程度最高，形成年代最久远。其特点是：固定碳的含量高、挥发分少、水分和灰分较低、发热量一般为 25000～29000 kJ/kg、致密坚硬、呈金属或者半金属的光泽(灰色或者黑色)、密度较大、呈块状、无自燃危险、便于长期储存。

烟煤(Bituminous Coal)的挥发分含量较高，发热量一般为 21000～29000 kJ/kg。实际上，烟煤是作为一大类的煤，它还可以细分为许多小类煤(包括：贫煤、贫瘦煤、瘦煤、焦煤、肥煤、气肥煤、气煤、中黏煤、弱黏煤、不黏煤、长焰煤等)，具体参见附录1。

工业上通常把发热量较低(一般小于 12600 kJ/kg)的固体燃料称为：**劣质固体燃料**(Poor-quality Solid Fuels)，包括：褐煤、泥煤、石煤、煤矸石、可燃页岩等。

褐煤(Lignite)的煤化程度介于泥煤和烟煤之间。它和烟煤的主要区别就在于含碳量较少以及含氧量较多。新开采褐煤的水分大(约为 20%～40%)，需要在露天风干后再使用(风干后的水分为 12%～30%)，其发热量较低(13000～17000 kJ/kg)。褐煤容易破碎、风化，也容易自燃，因此，储存时要尽量减少煤堆与空气的接触面积，限制煤堆的高度，经常检查煤堆的温度。

① “标准煤”是我国从俄语中直接翻译过来的称呼，现在仍在沿用，而在英语中，这个概念是“煤当量”(ce=coal equivalent)，与之类似的还有“标准油”(或称：油当量，oe=oil equivalent)、“标准气”(或称：煤气当量，ge=gas equivalent)。

泥煤(Peat)是指各种植物的分解产物与分解植物的原质而共同构成的含水混合物。新开采的泥煤含水多(55%～85%),需要在露天风干后才可以使用(风干后的水分为30%～40%)。

石煤具有高灰分(>60%)、高硫(>1%)、低碳(<20%)和低热值(一般小于或等于8400 kJ/kg,个别高达17000～21000 kJ/kg)等特点。**煤矸石**是开采煤时或洗煤时挑剔出来的煤废料。**可燃页岩**是指一些含有可燃成分的页岩。这三种煤中的灰分成分与黏土相似,因此可以作为黏土的替代料,也可以用作(烘干机)沸腾炉的燃料,其灰渣则作为水泥活性混合材。

① 挥发分对于煤燃烧性能的影响:一般来说,煤中的挥发分较高时火焰长、着火温度低、易着火。

② 灰分组成对于煤质的影响:煤中的灰分是煤中不能燃烧的杂质矿物,其主要成分为SiO_2、Al_2O_3、Fe_2O_3、CaO、MgO、少量的碱($R_2O=K_2O$、Na_2O)以及以硫酸盐形式存在的SO_3。作为不可燃组分,对于煤中的灰分当然要限制,然而,这些组分属于无机非金属材料成分的范畴,所以烧煤时,其灰分往往会残留在所烧制的产品中,这对于其性能并没有明显的影响(请记住:烧煤时,真正对于无机非金属材料产品的外观与性能有明显不利影响的往往是未燃尽的碳粒,而不是煤中的灰分)。

但是,煤中灰分的组成却会影响着煤灰的熔融性,灰分中SiO_2、Al_2O_3较多时,煤灰的软化温度较高;灰分中FeO、Na_2O、K_2O较多时,煤灰的软化温度较低。灰分的软化温度还与燃烧气氛有关:氧化气氛时,由FeO氧化而成的Fe_2O_3和Fe_3O_4会与SiO_2形成软化温度较高的硅酸盐质矿物;还原气氛时,由Fe_2O_3还原成的FeO会与SiO_2形成软化温度较低的硅酸盐质矿物。通常采用三角锥法测定煤灰的几个关键温度点:将煤灰粉末制成小三角锥(边长7 mm,高20 mm)后放于底座上(参见图5.1),再送至电炉内按照规定的升温速度加热,锥顶部尖端开始变圆或开始弯曲时的温度就叫做:变形温度(Deformation Temperature,*DT*)。锥尖端刚好弯倒到接触底平面时的温度为:软化温度(Soften Temperature,*ST*)。锥完全熔融在底平面时的温度便是:熔化温度(Fuse Temperature,*FT*)。判断煤灰是否结渣(也称:结焦)时,*ST*是重要的煤质指标;而判断煤质是否能够液态排渣时,则常根据*FT*。易结渣的煤,燃烧时操作困难、不易稳定,灰渣中易带走未燃尽的碳粒,增加热损失。

③ 水分对于煤燃烧性能的影响:煤中的水分总体上是不利的,因为水分汽化时会浪费大量的燃烧热,也不利于着火,还会增加废气量及其热损失。此外,水分也会加速管道与设备的腐蚀。所以,在制备煤粉时(煤粉的燃烧效率较高,该燃烧方式使用普遍)要同时干燥(或称:烘干)。当然,干燥后也会残留少量水分(少量水分因为其催化燃烧作用反而对于燃烧有利,参见第1.1.5.3)。烧碎煤时,加入适量水分(<8%)可以减少煤的机械不完全燃烧热损失,也会使煤渣疏松、便于处理。

④ 可燃硫和微量氯对于燃烧、生产、环境的影响:煤中的硫有三种存在形式,一是有机硫,它与有机烃类结合在一起;二是硫化物(主要是FeS_2、H_2S);三是硫酸盐(例如,$CaSO_4$、$MgSO_4$、$FeSO_4$、Na_2SO_4、K_2SO_4等)。有机硫与硫化物中的硫都能够燃烧,故而称为:可燃硫,但是因为其燃烧产物SO_2或SO_3(它们与烟气中的水蒸气结合会形成硫酸蒸气或亚硫酸蒸气)会引起酸雨而污染环境以及腐蚀金属设备、管道,所以可燃硫是煤中的有害成分,应当将其去除,工业上去除煤中硫的过程被称为脱硫(Desulphur)。烟道中用石灰脱硫的产物叫做脱硫石膏。硫酸盐除了小部分在高温下会分解出SO_3以外,大部分则是残留在灰渣中,这对于环境几乎无污染,故而一般不考虑硫酸盐的脱硫问题。按照煤中硫含量的不同,煤质分为5个等级:高硫煤(>4%);富硫煤(2.5%～4%);中硫煤(1.5%～2.5%);低硫煤(1.0%～1.5%);特低硫煤(≤1%),其测定方法参见国家标准**《煤中全硫的测定方法》**(GB/T 214—2007)。

在无机非金属材料工业中,煤中的可燃硫、微量氯对于新型干法水泥回转窑系统极为有害,它们对于该系统中某些部位的结皮堵塞有促进作用。微量氯也容易形成酸雾,从而腐蚀金属管道、设备。

⑤ 煤中成分对于其比热容的影响:不同煤质的比热容也有差异,尤其是随着挥发分含量的变化而变,参见附录1中的附表1.7。

(2) 液体燃料——重油

在无机非金属材料工业中,重油的使用较为广泛。重油是由各种饱和烃、不饱和烃所组成,其中,不饱和烃的化学稳定性很差，容易氧化成高分子的胶状沥青物质，并在容器或管路中沉积而生成堵塞物，所以重油不宜长期加热、贮存，而且要定期地清洗油罐和管路。重油的发热量较高(38000～44000 kJ/kg)，其元素组成及其含量大致为：C，84%～87%；H，11%～13%；N+O，1%～2%；S的含量则波动较大。另外，重油中还含有微量的钒(V)，它在燃烧时生成的 V_2O_5 会污染玻璃液，也会侵蚀耐火砖，并且对于人体有害。钒含量>0.01%的重油不宜用于熔制高质量的玻璃制品。

就燃烧过程而言，重油中的三个最有害的组分是：硫、水分与灰分。

按照重油中的硫含量之差异，重油也被分为：高硫重油(>4%)、中硫重油(0.5%～4%)、低硫重油(<0.5%)。

从汽化会耗热以及废气量及其热损失会增大的角度来说，重油中的水分是不利组分，如果出现油、水分层，还会使火焰脉动，易熄火。重油中水分过大也会产生“气塞”现象，造成火焰不稳。重油中的水分一般小于或等于0.6%。但是，也应当知道，将少量水分均匀地分散在重油中(可以用超声波等技术使重油与水均匀混合成为乳化油)是有益的：第一，对于燃烧过程有一定的催化作用；第二，可以改善高黏度重油的雾化性能(油雾会增大与 O_2 的接触面积从而提高燃烧效率)、减低 NO_x 浓度。但是，也需要注意：燃油掺水与重油含水完全是两回事。

重油中的灰分与机械杂质的存在不仅会磨损油泵及堵塞管路或喷嘴，也会影响燃烧的稳定性。因此，热工设备对于重油中的灰分与机械杂质要严格地加以限制(参见表1.4)，而且，重油进油泵以及进入烧嘴之前都需要先经过“过滤器”来去除机械杂质，参见图1.18与图1.19。

重油的主要理化性能指标包括以下几个：

① 黏度：黏度对于重油的装卸、贮存、过滤、输送以及雾化均有较大影响。我国重油常用的黏度标准是恩氏黏度E[参见第2.2.1(3)]，我国重油的牌号就是按照重油50 ℃时的恩氏黏度来划分的，具体参见附录1中的附图1.2。

重油的黏度不仅和油质有关，还受到温度的影响(参见附录1中的附图1.2)：温度升高，重油的黏度会降低。所以，选择合理的加热温度，使重油达到一定的黏度以满足各种条件下的要求则是极为重要的。若重油的温度过低，黏度过大，则会使装卸、输送困难，且雾化不良；若重油温度过高，则容易使油剧烈汽化，造成油罐冒顶，从而发生事故，而且还容易使烧嘴发生气阻现象，造成燃烧不稳定。

② 闪点、燃点、着火点：油被加热到一定的温度后，其表面便会挥发出油蒸气。油温越高，油蒸气就越多，油表面附近空气中油蒸气浓度也就越大。当有火源接近时，若出现蓝色闪光，则此时的油温被称为油的“闪点”。如果油温超过闪点，则油蒸发速度加快，以至于当火源接近油表面时蓝火闪现后还能够持续燃烧(≥5 s)，此时的油温叫做油的“燃点”。如果再继续提高油温，则油表面的蒸气即使无火源接近也会发生自燃，相应的油温就是油的“着火点”。

油类的这三个温度点关系到油的安全性与燃烧条件。例如，储油罐中的油温要严格控制不高于“闪点−10 ℃”，以防火灾。另外，炉膛内的温度应当不低于燃油着火点，否则不容易稳定燃烧。

燃油的闪点与其组成密切相关：油的密度越小，它的闪点就越低。闪点的测定方法有：开口杯法(油表面暴露在大气中)和闭口杯法(油表面封闭在空气中)。前者通常是用于测定闪点较高的油类(例如，重油、润滑油等)；后者一般用于测定闪点较低的油类(例如，原油、汽油等)。开口杯法的测定值一般比闭口杯法高15～25 ℃。重油的开口杯法闪点测定值为80～130 ℃。油类的燃点与闪点一般相差不大，重油的燃点一般比其闪点约高10 ℃。重油的着火点为500～600 ℃。

③ 凝固点：油类完全失去流动性时的最高温度称为凝固点。此时若将盛放油类的器皿倾斜45°，则其内的油面可以在1 min之内保持不动。油的凝固点越高，它的流动性就越差。当其温度低于其凝固点时，燃油则无法在管道中输送。生产上常根据重油的凝固点来选用储运时的保温防凝措施。

油类的凝固点与其组成有关，含蜡量高的油，凝固点较高；重油中的水分对于凝固点也有影响，水分增加会使其凝固点略有提高。国内重油的凝固点一般为30～45 ℃，但是也有其凝固点低于

15 ℃的高蜡重油。对于凝固点和闪点比较接近的油类(例如,原油),则在防凝的同时还应当注意防火。原油的卸油温度一般只比凝固点约高 10 ℃。

④ 密度:重油的密度通常随着温度升高而略为降低,具体可以按照下式进行计算:

$$\rho_t = \frac{\rho_{20}}{1+\beta_T(t-20)} \qquad (\mathrm{t/m^3}) \tag{1.13}$$

式中　ρ_t、ρ_{20}——分别为 t ℃、20 ℃时重油的密度,$\mathrm{t/m^3}$($\rho_{20}\approx 0.9\sim 1.0\ \mathrm{t/m^3}$);

t——重油的温度,℃;

β_T——重油的体积膨胀系数,$℃^{-1}$,其经验公式为 $\beta_T = 0.0025 - 0.002\rho_{20}$,也可以查阅附录 1 中的附表 1.8。

⑤ 比热容和热导率:重油的比热容 c 一般随着其密度的增加而减少,随温度的上升而增大,通常在 1.88～2.0 kJ/(kg·℃)的范围。一般来说,可以用下式来近似地计算其大小。

$$c_t = 1.74 + 0.0025t \qquad [\mathrm{kJ/(kg \cdot ℃)}] \tag{1.14}$$

式中　c_t——油温为 t ℃时重油的比热容,kJ/(kg·℃);

其他一些燃料油的比热容可以查阅附录 1 中的附表 1.10。

重油的热导率 κ 与其品质及温度有关(热导率的概念参见第 2.1 节),一般在 0.128～0.163 W/(m·℃)之间。对于无水的黏性油,当温度在 20～135 ℃之间时,可以按下式来进行计算:

$$\kappa_t = \kappa_{20} - b(t-20) \qquad [\mathrm{W/(m \cdot ℃)}] \tag{1.15}$$

式中　κ_t——油温为 t ℃时重油的热导率,W/(m·℃);

κ_{20}——20 ℃时重油的热导率,W/(m·℃),对于高黏度的裂化重油,$\kappa_{20}\approx 0.158$ W/(m·℃),对于较低黏度的直馏重油,$\kappa_{20}\approx 0.145$ W/(m·℃);

b——系数,对于裂化重油,$b\approx 0.000209$,对于直馏重油,$b\approx 0.000128$。

⑥ 残碳含量:该指标表征着重油燃烧时积炭与结焦的倾向。在测定时,残碳是指油类的样品按照规定的条件加热到油蒸发分解后而形成的焦黑色残留物,其测定方法有两种:电炉法和康氏法(Conradson Method)。通常使用后一种方法,参见国家标准**《石油产品残碳测定法》**(GB/T 268—1987)。

残碳既"有益"也"有害"。有益的一面是,残碳量较高的重油,其燃烧火焰的发射率(也称为:辐射率,曾称为:黑度)较大,从而有益于火焰的有效辐射传热;有害的一面是,大量的残碳不仅会造成燃烧困难,而且也会结焦堵塞燃油喷嘴,还会使重油的雾化质量降低,从而恶化燃烧条件。

我国关于重油质量的部分标准参见表 1.4。

表 1.4　我国重油的质量标准

测试项目		质量指标			
		20 号重油	60 号重油	100 号重油	200 号重油
恩氏黏度 /°E	80 ℃时	≤5.0	≤11.0	≤15.0	—
	100 ℃时	—	—	—	≤5.5～9.5
闪点(开口法)/℃		≥80	≥100	≥120	≥130
凝固点/℃		≤15	≤20	≤25	≤36
硫含量(质量分数,%)		≤1.0	≤1.5	≤2.0	≤3.0
水分含量(质量分数,%)		≤1.0	≤1.5	≤2.0	≤2.0
灰分含量(质量分数,%)		≤0.3	≤0.3	≤0.3	≤0.3
机械杂质含量(质量分数,%)		≤1.5	≤2.0	≤2.5	≤2.5

(3) 气体燃料——煤气

① 密度：煤气在温度为 t(℃)、表压(或称：相对压强，参见图 4.3)为 p(Pa)时密度 ρ 的计算式为：

$$\rho=\rho_0\cdot\frac{273.15}{273.15+t}\cdot\frac{p_a+p}{101325}\quad(\text{kg/m}^3)\tag{1.16}$$

式中 ρ_0——煤气在标准状态下的密度，kg/m^3；

p_a——当时、当地的大气压强，Pa；

273.15，101325——标准状态(0 ℃，1 atm)时的绝对温度值(273.15 K)和绝对压强值(101325 Pa)。

ρ_0 可以用公式 $\rho_0=M_{r,gas}/22.4$ 来进行计算，其中，$M_{r,gas}$ 可以按照式(1.17)来进行计算：

$$M_{r,gas}=0.01\sum\varphi(i)\cdot M_{r,gas,i}\tag{1.17}$$

式中 $\varphi(i)$——煤气中各种气体成分的含量(体积分数，%)；

$M_{r,gas,i}$——煤气中各种气体成分的相对分子质量。

② 比热容：煤气的定压比热容 c_p 可以按下式来进行计算：

$$c_p=0.01\sum\varphi(i)\cdot c_{p,i}\quad[\text{kJ/(m}^3\cdot℃)]\tag{1.18}$$

式中 $\varphi(i)$——煤气中各种气体成分的含量(体积分数，%)；

$c_{p,i}$——煤气中各种成分的定压比热容，kJ/(m³·℃)，参见附录 3 中附表 3.2、表 3.4、表 3.8。

值得注意的是：发生炉煤气中的 N_2 含量约为 50%，空气中的 N_2 含量约为 79%，所以发生炉煤气燃烧后产生的氮氧化物(简称：NO_x，主要是 NO、NO_2)含量很高，NO_x 是大气污染物(参见第 1.1.6.1)，遇到水蒸气便形成“酸雾”，所以如何降低煤气中的 NO_x 污染，要必须给予足够的重视。

1.1.3 燃料的选用原则

在无机非金属材料工业中，可以用的燃料比较多。在具体燃料的选用上，则要遵循以下四条基本原则(注意：这四条基本原则，在本质上也是相互联系、相互补充的)。

第一，要树立能源危机意识与环境保护意识。这是因为目前无机非金属材料工业所用的燃料多数是不可再生且燃烧时有一定污染的化石燃料。因此，在选择所需要的燃料时，在条件允许的前提下，要尽量使用几乎无污染的清洁燃料以保证无机非金属材料工业的可持续发展，而且注重环保效果。

第二，所选用的燃料要能够满足产品生产过程中具体工艺的要求，以确保产品的质量，并且还要为机械化、自动化生产提供条件。

第三，所选用燃料的供应量要充足，要确保正常地、连续不断地供应且价格较低。

第四，所选用燃料要符合国家的有关政策和法规，而且应当坚持就地取材以及物尽其用的原则，鼓励充分利用当地资源和工业废料，并且尽可能设法利用低质燃料、劣质燃料。

在无机非金属材料工业，一旦选定某种燃料，在整个生产周期之内，希望它的各项物理指标、化学指标都能够保持均衡稳定，这样对于稳定和优化生产操作、保证稳定且优质的产品质量以及提高生产设备的运转率都是十分有利的。

1.1.4 燃烧计算

在无机非金属材料工业中，燃料燃烧计算的主要目的是**设计**热工设备的需要。需要指出的是：对于现代化热工设备的**操作**来说，其燃烧计算的内容与设计时燃烧计算的内容大同小异，但是，对于一些传统热工设备的人工操作来说，其燃烧计算的内容与设计时燃烧计算的内容却有一定的差异。此外，无机非金属材料工业中的大多数热工设备是在负压条件下工作(设备内的绝对压强低于外界的大气压强)，因此外界空气不可避免地要向设备内漏入，这给热工设备的操作及热效率带来了不利影响，因此热工设备的**漏风量计算**也非常重要。

1.1.4.1 燃料燃烧的设计计算

设计热工设备通常需要预先知道**燃料燃烧**所需要的**空气量**、生成的**烟气量**、**烟气组成**。这是因为设计热工设备时，要依据这些数据以及单位时间内的燃料消耗量来确定空气管道（简称：风管）、烟道、烟囱与相关热工设备的尺寸以及进行有关风机的选型。另外，还应当重视燃料燃烧后产生的烟气温度（简称：**燃烧温度**），这是因为通过燃烧产生高温是无机非金属材料工业利用燃料的最主要目的。

(1) 空气量、烟气量以及烟气组成的计算

要计算燃料燃烧时所需要的空气量以及燃烧后产生的烟气量，就必需首先计算出燃料燃烧时所需要的理论空气量以及燃料燃烧后所产生的理论烟气量。

理论空气量是指纯粹从化学反应的角度出发，使燃料中的可燃组分完全氧化所需要的空气量。也就是根据化学方程式计算所得到的空气量，所以，理论空气量在英、美等国家也称：化学计量空气量(Stoichiometric Air)。**理论烟气量**是指纯粹从化学反应的角度出发，使燃料中的可燃组分完全氧化所生成的燃烧产物量（俗称：烟气）与燃料中不能燃烧的气态组分量以及助燃空气中氮气量的总和［为了简化计算，这里设定：氮气(N_2)并未参与燃烧反应］。

计算燃料燃烧所需理论空气量与生成理论烟气量的方法主要有三种：一是根据燃料成分（固体、液体燃料的元素分析结果，气体燃料的化学分析结果）来计算空气量和烟气量，被称为：分析计算法，其计算结果比较准确，还能够计算出烟气的组成。二是在燃料成分无法获得或缺乏时，则根据燃料的种类和发热量来近似地计算出空气量和烟气量，被称为：近似计算法，既然是近似计算，那就必然会有一定的误差。三是在燃料成分、发热量等必备的数据都缺乏时，还可以利用经验估算空气量和烟气量，被称为：估算法，当然，由于是估算，其误差肯定较大。

① 用分析计算法计算固体燃料燃烧时的理论空气量 V_a^0、理论烟气量 V^0 以及烟气组成

固体燃料燃烧的**分析计算法**以固体燃料的元素分析组成为计算基础。在固体燃料煤的收到基[①]成分 C_{ar}、H_{ar}、O_{ar}、N_{ar}、S_{ar}、A_{ar}、M_{ar}之中，可燃成分只有 C_{ar}、H_{ar}、S_{ar}（为了简化计算，假定其中的氢均为净氢，即可燃氢[②]；其中的硫均为可燃硫[③]）。

从化学反应的角度来看，固体燃料中各种可燃成分完全燃烧时，按照下列氧化反应方程来进行：

$$C+O_2 = CO_2 \quad \text{即 1 kmol 的 C 需要 1 kmol 的 } O_2 \tag{1.19}$$

$$H_2+\frac{1}{2}O_2 = H_2O \quad \text{即 1 kmol 的 } H_2 \text{ 需要 } \frac{1}{2} \text{ kmol 的 } O_2 \tag{1.19a}$$

$$S+O_2 = SO_2 \quad \text{即 1 kmol 的 S 需要 1 kmol 的 } O_2 \tag{1.19b}$$

所以，100 kg 固体燃料完全燃烧所需要理论氧气量的千摩尔数 $V^{mol}(O_2)$为：

$$V^{mol}(O_2)=\frac{w(C_{ar})}{12}+\frac{1}{2}\times\frac{w(H_{ar})}{2}+\frac{w(S_{ar})}{32}-\frac{w(O_{ar})}{32} \quad (\text{kmol}) \tag{1.20}$$

式中 12,2,32,32——分别为 C、H_2、S、O_2 的相对分子质量。

我们知道：在标准状态（Normal State＝0 ℃、101325 Pa）下，每 1 kmol 气体占据22.4 m^3体积，所以，每 1 kg 固体燃料完全燃烧所需要的理论氧气量（标准状态体积）$V^0(O_2)$为：

$$V^0(O_2)=V^{mol}(O_2)\times\frac{22.4}{100}=\left(\frac{w(C_{ar})}{12}+\frac{w(H_{ar})}{4}+\frac{w(S_{ar})}{32}-\frac{w(O_{ar})}{32}\right)\times\frac{22.4}{100} \quad (m^3) \tag{1.20a}$$

式中，各个符号的意义同前所述。

---

① 工业上的用煤大都是经过热空气干燥后才入炉燃烧，以减少煤中水分蒸发而导致的耗热损失（例如，水泥回转窑系统就属于这种情况），此时，煤的燃烧计算则近似地按照空气干燥基(ad)而不是依据收到基(ar)来进行。

② 煤中的氢有两种存在形式：一是与煤中的氧结合成水的化合氢，它不能燃烧；二是和碳、硫结合在一起的可燃氢，这被称为：净氢，它可以燃烧并且放出大量的热量。

③ 煤中的可燃硫是指硫化物中的硫与有机硫；不可燃硫是指硫酸盐中的硫。

通常，固体燃料燃烧所需要的 O_2 量是由空气来提供，按照体积比来计算，则空气中近似有 21%的 O_2 与 79%的 N_2。故而，每 1 kg 固体燃料完全燃烧所需要的**理论空气量**(标准状态体积)V_a^0 为：

$$V_a^0=V^0(O_2)\times\frac{100}{21}=0.089w(C_{ar})+0.267w(H_{ar})+0.033[w(S_{ar})-w(O_{ar})]\quad (m^3/kg)\quad(1.21)$$

式中，各个符号的意义同前所述。

通过式(1.21)计算所得到的 V_a^0 值应为理论干空气量，在工程计算过程中，空气中的水蒸气含量极低(每 1 kg 干空气中含有的水蒸气质量，一般小于 0.01 kg)，所以，在一般的燃烧计算中都将空气作为干空气处理。然而，若确实需要考虑空气所带入的水蒸气量，则需要预先知道空气的含湿量 x[每1 kg干空气中含有的水蒸气质量(kg)，其定义参见第 3.1.1]，于是，每 1 kg 固体燃料完全燃烧时所需要的理论湿空气量(标准状态体积)$V_{a,wet}^0$ 为：

$$V_{a,wet}^0=V_a^0+V_a^0\cdot\frac{29}{22.4}\cdot x\cdot\frac{22.4}{18}=V_a^0(1+1.61x)\quad (m^3/kg)\quad(1.21a)$$

式中 29,18——分别为干空气、水蒸气的相对分子质量。

关于理论烟气量以及烟气组成的计算，若将空气当作干空气处理，按照式(1.19)～式(1.19b)，每1 kg固体燃料完全燃烧所产生的理论烟气量 V^0 包括以下几项：

燃烧产生的 CO_2 量(标准状态体积)：

$$V^0(CO_2)=\frac{w(C_{ar})}{12}\times\frac{22.4}{100}\quad (m^3/kg)$$

燃烧产生以及燃料带入的 H_2O(水蒸气)量(标准状态体积)：

$$V^0(H_2O)=\left(\frac{w(H_{ar})}{2}+\frac{w(M_{ar})}{18}\right)\times\frac{22.4}{100}\quad (m^3/kg)$$

燃烧产生的 SO_2 量(标准状态体积)：

$$V^0(SO_2)=\frac{w(S_{ar})}{32}\times\frac{22.4}{100}\quad (m^3/kg)$$

燃料以及助燃空气带入的 N_2 量(标准状态体积)：

$$V^0(N_2)=\frac{w(N_{ar})}{28}\times\frac{22.4}{100}+V_a^0\times\frac{79}{100}\quad (m^3/kg)$$

所以，每 1 kg 固体燃料完全燃烧所产生的**理论烟气量**(标准状态体积)V^0 为：

$$\begin{aligned}V^0&=V^0(CO_2)+V^0(H_2O)+V^0(SO_2)+V^0(N_2)\\&=\left[\frac{w(C_{ar})}{12}+\left(\frac{w(H_{ar})}{2}+\frac{w(M_{ar})}{18}\right)+\frac{w(S_{ar})}{32}+\frac{w(N_{ar})}{28}\right]\times\frac{22.4}{100}+V_a^0\times\frac{79}{100}\\&=0.089w(C_{ar})+0.323w(H_{ar})+0.012w(M_{ar})+0.033w(S_{ar})\\&\quad+0.008w(N_{ar})-0.0263w(O_{ar})\quad (m^3/kg)\end{aligned}\quad(1.22)$$

将以上各个组成量再除理论烟气总量后再乘以 100%，便得到了理论烟气量中各个组成的含量(体积分数，%)，即

$$\varphi(CO_2)=\frac{V^0(CO_2)}{V^0}\times100\%;\quad \varphi(H_2O)=\frac{V^0(H_2O)}{V^0}\times100\%;$$

$$\varphi(SO_2)=\frac{V^0(SO_2)}{V^0}\times100\%;\quad \varphi(N_2)=\frac{V^0(N_2)}{V^0}\times100\%$$

② 用分析计算法计算液体燃料燃烧时的理论空气量 V_a^0、理论烟气量 V^0 以及烟气组成

用分析计算法进行液体燃料燃烧时所需要理论空气量 V_a^0 的计算以及计算所产生的理论烟气量 V^0(包括烟气组成的计算)与上述固体燃料的燃烧计算在原理和过程上是完全相同的，只是由于液体燃料没有固体燃料中“基”的概念，所以其计算公式在表述上更为简洁，具体如下所述：

标准状态体积：$V_a^0=0.089w(C)+0.267w(H)+0.033[w(S)-w(O)]\quad (m^3/kg)\quad(1.23)$

标准状态体积：$V_{a,wet}^0=V_a^0(1+1.61x)\quad (m^3/kg)\quad(1.23a)$

标准状态体积：$V^0=0.089w(C)+0.323w(H)+0.012w(M)+0.033w(S)+0.008w(N)-0.0263w(O)\quad (m^3/kg)\quad(1.24)$

CO_2 量(标准状态体积):$V^0(CO_2)=\frac{w(C)}{12}\times\frac{22.4}{100}$ (m^3/kg)

H_2O 量(标准状态体积):$V^0(H_2O)=\left(\frac{w(H)}{2}+\frac{w(M)}{18}\right)\times\frac{22.4}{100}$ (m^3/kg)

SO_2 量(标准状态体积):$V^0(SO_2)=\frac{w(S)}{32}\times\frac{22.4}{100}$ (m^3/kg)

N_2 量(标准状态体积):$V^0(N_2)=\frac{w(N)}{28}\times\frac{22.4}{100}+V_a^0\times\frac{79}{100}$ (m^3/kg)

理论烟气中 CO_2 的含量(体积分数):$\varphi(CO_2)=\frac{V^0(CO_2)}{V^0}\times 100\%$;

理论烟气中 H_2O 的含量(体积分数):$\varphi(H_2O)=\frac{V^0(H_2O)}{V^0}\times 100\%$;

理论烟气中 SO_2 的含量(体积分数):$\varphi(SO_2)=\frac{V^0(SO_2)}{V^0}\times 100\%$;

理论烟气中 N_2 的含量(体积分数):$\varphi(N_2)=\frac{V^0(N_2)}{V^0}\times 100\%$

③ 用**分析计算法**计算气体燃料燃烧时的**理论空气量** V_a^0、**理论烟气量** V^0 以及**烟气组成**

气体燃料中的可燃组成主要是 CO、H_2、CH_4、C_mH_n(烃)及 H_2S。从化学反应的角度来看,这些可燃组分完全燃烧时,按照下列氧化反应方程式来进行各自的化学反应:

$CO+0.5O_2 \longrightarrow CO_2$ 每 1 m^3(标准状态体积)CO 需要 0.5 m^3(标准状态体积)O_2 (1.25)

$H_2+0.5O_2 \longrightarrow H_2O$ 每 1 m^3(标准状态体积)H_2 需要 0.5 m^3(标准状态体积)O_2 (1.25a)

$CH_4+2O_2 \longrightarrow CO_2+2H_2O$ 每 1 m^3(标准状态体积)CH_4 需要 2 m^3(标准状态体积)O_2 (1.25b)

$C_mH_n+(m+0.25n)O_2 \longrightarrow mCO_2+0.5nH_2O$

每 1 m^3(标准状态体积)C_mH_n 需要 $(m+0.25n)m^3$(标准状态体积)O_2 (1.25c)

$H_2S+1.5O_2 \longrightarrow SO_2+H_2O$ 每 1 m^3(标准状态体积)H_2S 需要 1.5 m^3(标准状态体积)O_2 (1.25d)

所以,每 1 m^3(标准状态体积)气体燃料完全燃烧所需要的理论氧气量(标准状态体积)为:

$$V^0(O_2)=[0.5\varphi(CO)+0.5\varphi(H_2)+2\varphi(CH_4)+(m+0.25n)\varphi(C_mH_n)+1.5\varphi(H_2S)-\varphi(O_2)]\times\frac{1}{100} \quad (m^3/m^3) \tag{1.26}$$

式中 $\varphi(CO)$,$\varphi(H_2)$,$\varphi(CH_4)$,$\varphi(C_mH_n)$,$\varphi(H_2S)$,$\varphi(O_2)$——燃料中各个可燃组分的湿基含量(体积分数,%)。

一般情况下,燃料燃烧需要的 O_2 由空气提供,这样,相应的**理论空气量**(标准状态体积)V_a^0 为:

$$\begin{aligned} V_a^0 &= V^0(O_2)\times\frac{100}{21} \\ &= 0.0238[\varphi(CO)+\varphi(H_2)]+0.0952\varphi(CH_4)+0.0476(m+0.25n)\cdot\varphi(C_mH_n) \\ &\quad +0.0714\varphi(H_2S)-0.0476\varphi(O_2) \quad (m^3/m^3) \end{aligned} \tag{1.27}$$

另外,如果还要考虑空气中的水蒸气量,则可以参考上面的公式(1.21a)。

关于理论烟气量以及烟气组成的计算,如果将空气当作干空气处理,则按照式(1.25)~式(1.25d),每 1 m^3(标准状态体积)气体燃料完全燃烧所产生的理论烟气量(标准状态体积)V^0 包括以下几项:

每 1 m^3(标准状态体积)燃料燃烧产生的 CO_2 量(标准状态体积):

$$V^0(CO_2)=[\varphi(CO_2)+\varphi(CO)+\varphi(CH_4)+m\cdot\varphi(C_mH_n)]\times\frac{1}{100} \quad (m^3/m^3)$$

每 1 m^3(标准状态体积)燃料燃烧产生的以及气体燃料带入的水蒸气量(标准状态体积):

$$V^0(H_2O)=[\varphi(H_2O)+\varphi(H_2)+2\varphi(CH_4)+0.5n\cdot\varphi(C_mH_n)+\varphi(H_2S)]\times\frac{1}{100} \quad (m^3/m^3)$$

每 1 m^3(标准状态体积)燃料燃烧产生的 SO_2 量(标准状态体积):

$$V^0(SO_2)=\varphi(H_2S)\times\frac{1}{100} \quad (m^3/m^3)$$

每 1 m^3(标准状态体积)燃料及其相应助燃空气带入的 N_2 量(标准状态体积):

$$V^0(N_2)=\varphi(N_2)\times\frac{1}{100}+V_a^0\times\frac{79}{100}\qquad (m^3/m^3)$$

所以,每 1 m^3(标准状态体积)气体燃料完全燃烧所产生的**理论烟气量**(标准状态体积)为:

$$\begin{aligned}V^0&=V^0(CO_2)+V^0(H_2O)+V^0(SO_2)+V^0(N_2)\\&=[\varphi(CO_2)+\varphi(CO)+3\varphi(CH_4)+(m+0.5n)\cdot\varphi(C_mH_n)\\&\quad+\varphi(H_2)+\varphi(H_2O)+2\varphi(H_2S)+\varphi(N_2)]\times\frac{1}{100}+V_a^0\times\frac{79}{100}\qquad (m^3/m^3)\end{aligned}\tag{1.28}$$

将以上各个组成量除以理论烟气量再乘以 100%,就得到了理论烟气中**各个组分**的含量(体积分数,%),即

$$\varphi^0(CO)=\frac{V^0(CO_2)}{V^0}\times100\%;\qquad \varphi^0(H_2O)=\frac{V^0(H_2O)}{V^0}\times100\%;$$

$$\varphi^0(SO_2)=\frac{V^0(SO_2)}{V^0}\times100\%;\qquad \varphi^0(N_2)=\frac{V^0(N_2)}{V^0}\times100\%$$

④ 用近似计算法计算燃料燃烧时的理论空气量 V_a^0、理论烟气量 V^0

当燃料的元素分析结果无法获得时,也可以根据燃料的种类及其低位发热量再利用经验公式来近似地计算其燃烧时的理论空气量 V_a^0 以及理论烟气量 V^0。

由以上有关的计算公式可以看出:理论空气量 V_a^0、理论烟气量 V^0 与发热量 Q_{net} 的计算均与燃料的化学元素组成有关,所以若燃料的种类及组成一定,理论空气量 V_a^0、理论烟气量 V^0 与低位发热量 Q_{net} 之间必然会存在着一种函数关系。通过大量的实验,可以找到这种近似的函数关系。只是各个研究者进行实验和整理数据的方法有所差异,因此整理出的经验公式也不尽相同。具体来说,其形式与系数会略有出入,表 1.5 列出的是国家标准化委员会推荐的一些经验公式[14](同分析计算法一样,在这里忽略空气中的水蒸气量,将其作干空气处理)。下面就列举一个例题来说明这些经验公式的应用。

表 1.5　燃料燃烧的理论空气量 V_a^0(标准状态体积)、理论烟气量 V^0(标准状态体积)经验计算式

燃料	$V_a^0/(m^3\cdot kg^{-1}$ 或 $m^3\cdot m^{-3})$	$V^0/(m^3\cdot kg^{-1}$ 或 $m^3\cdot m^{-3})$
每 1 kg 煤	$0.241\times\frac{Q_{net,ar}}{1000}+0.5$	$0.213\times\frac{Q_{net,ar}}{1000}+1.65$
每 1 kg 重油	$0.203\times\frac{Q_{net}}{1000}+2$	$0.265\times\frac{Q_{net}}{1000}$
每 1 m^3(标准状态体积)煤气($Q_{net}\leqslant12560\ kJ/m^3$)	$0.209\times\frac{Q_{net}}{1000}$	$0.173\times\frac{Q_{net}}{1000}+1$
每 1 m^3(标准状态体积)煤气($Q_{net}>12560\ kJ/m^3$)	$0.261\times\frac{Q_{net}}{1000}-0.25$	$0.272\times\frac{Q_{net}}{1000}+0.25$
每 1 m^3(标准状态体积)天然气	$0.264\times\frac{Q_{net}}{1000}+0.02$	$0.264\times\frac{Q_{net}}{1000}+1.02$

【例 1.2】 某种烟煤,其工业分析结果如下:

组分	Fc	V_{ad}	A_{ad}	M_{ad}	焦渣特征(*CRC*)
含量(质量分数,%)	59.4	20.2	18.3	2.1	6#

燃烧 1 kg 烟煤(空气干燥基)所需的理论空气量 V_a^0(忽略空气中的水蒸气量)以及所产生的理论烟气量 V^0 是多少?

【解】 根据该烟煤的工业分析结果,查附录 1 中的式(6),便可以得到:

$$Q_{net,ad}=35860-73.7w(V_{ad})-395.7w(A_{ad})-702.0w(M_{ad})+173.6CRC$$

$= 35860 - 73.7 \times 20.2 - 395.7 \times 18.3 - 702.0 \times 2.1 + 173.6 \times 6$

$= 26697(kJ/kg)$

于是，查表 1.5 后再通过计算，就可以得到理论空气量 V_a^0 与理论烟气量 V^0 的计算结果：

标准状态体积：$V_a^0 = 0.241 \times \frac{Q_{net,ad}}{1000} + 0.5 = 0.241 \times \frac{26697}{1000} + 0.5 = 6.934(m^3/kg)$

标准状态体积：$V_0 = 0.213 \times \frac{Q_{net,ad}}{1000} + 1.65 = 0.213 \times \frac{26697}{1000} + 1.65 = 7.336(m^3/kg)$ —毕—

⑤ 用估算法估算燃料燃烧时的理论空气量 V_a^0、理论烟气量 V^0

当燃料的化学组成及其发热量都无法获得时，只能够根据燃料的种类按照表 1.6 来粗略地估算燃料燃烧时所需的理论空气量 V_a^0 以及所产生的理论烟气量 V^0。

表 1.6 每 1 kg 固体燃料或液体燃料[或每 1 m^3（标准状态体积）气体燃料]燃烧时 V_a^0 与 V^0 的大致范围[14]

V_a^0（标准状态体积）或 V^0（标准状态体积）	烟煤	重油	发生炉煤气	天然气
理论空气量 $V_a^0/(m^3 \cdot kg^{-1})$或$(m^3 \cdot m^{-3})$	6～8	10～11	1.05～1.4	9～14
理论烟气量 $V^0/(m^3 \cdot kg^{-1})$或$(m^3 \cdot m^{-3})$	6.5～8.5	10.5～12	1.9～2.2	10～14.5

【例 1.3】 试解释：为什么煤的理论空气量与理论烟气量在数值上较为接近？后者只是比前者多一点？

【答】 由煤中可燃成分的化学反应方程式可以看出：煤中除了 H 之外，而其他的可燃组分都是按照这样的规律燃烧：1 kmol（标准状态体积 22.4 m^3）助燃空气中的 O_2 等量产生 1 kmol（标准状态体积 22.4 m^3）的相应烟气组分。只是就煤中 H 来说，0.5 kmol（标准状态体积 11.2 m^3）O_2 产生 1 kmol（标准状态体积 22.4 m^3）的水蒸气。另外，进入烟气中还有煤中少量的 N 和水分。而且助燃空气中的 N_2 是等量地进入到烟气中（NO_x 量很少，在燃烧计算中可以不予考虑），空气中水分也是等量地进入烟气中。所以，每 1 kg 煤的理论烟气量只是比理论空气量略大[多了$11.2w(H)/100$（单位：m^3，标准状态体积）的水蒸气，也多了煤中的 N 以及水分]。但是，由于燃料中 H、N 以及水分的含量一般不高，所以理论空气量与理论烟气量之间的差值一般不大。 —毕—

⑥ 实际空气量 V_a 的计算

就理论空气量和理论烟气量来说，它们仅仅是依据化学反应方程式而得出的结果。这也就是说，它们的计算前提是：助燃空气中的 O_2 与燃料中所有可燃物都能够充分地、均匀地混合并进行完全的燃烧反应（即每个可燃物分子都能够充分地与 O_2 分子接触并进行氧化反应）。但是，在实际的燃烧过程中，这种完美的燃烧条件是无法达到的。实际的燃烧条件是：只有部分可燃物分子能够接触到 O_2 分子，这些可燃物分子氧化反应后又在可燃物的周围形成一个燃烧产物层（例如，CO_2 层）。于是，要完成其他可燃物分子的燃烧，O_2 分子就需要利用其浓度差通过自身扩散作用穿过燃烧产物层才会接触到可燃物分子。从实现完全燃烧的角度出发，为了使 O_2 分子能够更充分地扩散到可燃物处来防止不完全燃烧现象的发生，在实际燃烧过程中所提供的实际空气量 V_a 一定要大于理论空气量 V_a^0。两者之间的比值称为**空气过剩系数** α（或称：过剩空气系数，Excess Air Factor），即：

$$\alpha = \frac{V_a}{V_a^0} \tag{1.29}$$

或

$$V_a = \alpha V_a^0 \tag{1.29a}$$

空气过剩系数 α 的选择，与燃料的种类、燃烧方式、燃料和氧气的混合程度、燃烧设备以及燃烧气氛的要求等众多因素有关。α 取值过小或过大对于燃烧都不利：α 过小，会有不完全燃烧现象出现，从而降低燃烧效率；α 过大，会有较多的多余冷空气进入热烟气中，从而浪费了很多热量，也降低了燃烧效率。所以，从燃烧角度来看，α 取值原则是：在保证燃料完全燃烧的前提下，α 值越小（越接近1）越好。此外，α 的取值也还与燃烧过程的自动化控制水平有关，在同等的条件下，自动化控制水平越高，α 值就越接近 1，这样可以保证燃烧条件始终处于最佳状态，以优化燃料燃烧的效果。

在工业上，为了保证燃料的完全燃烧，空气过剩系数 α 的以下经验数据可以供给设计热工设备时参考：**气体燃料燃烧**，$\alpha=1.01\sim1.05$；**液体燃料雾化燃烧**，$\alpha=1.05\sim1.10$；**块状固体燃料燃烧**，$\alpha=1.3\sim1.7$；**煤粉燃烧**，$\alpha=1.06\sim1.10$。

但是，在无机非金属材料领域中，也有 $\alpha<1$ 的情况，这是因为：有些无机非金属材料的生产工艺（尤其是某些陶瓷工艺）要求烟气呈还原气氛。还原气氛可以让燃料中的 C 通过不完全燃烧而生成具有还原性的 CO 来实现。要生成 CO，就需要使劫燃空气中的 O_2 供给不足，也就是采用所谓的还原气氛操作（Reduction Atmosphere Operation，即烟气中存在具有还原性的 CO），此时的空气过剩系数 $\alpha<1$。相对来说，$\alpha>1$ 的燃烧条件就是所谓的氧化气氛燃烧（Oxidization Atomosphere Combustion，即烟气中有过剩的 O_2 存在①）。

在合理地选择出了空气过剩系数 α 的优化值以及根据上述①～⑤中的计算方法确定理论空气量 V_a^0 以后，按照式(1.29a)就可以进一步计算出实际空气量 V_a。

⑦ 实际烟气量以及实际烟气组成的计算

(a) **固体燃料煤**燃烧的实际烟气量以及实际烟气组成的计算（**液体燃料**的计算方法与之类同，只是去掉其中表示“基”的下角标 ar）

依据式(1.29a)与理论烟气量的定义，可以推导出：当 $\alpha>1$ 时，每 1 kg 固体燃料或液体燃料燃烧所产生的实际烟气量 V（标准状态体积）的计算公式为：

$$V=V^0+(\alpha-1)V_a^0 \qquad (\mathrm{m^3/kg}) \tag{1.30}$$

再参考式(1.19)～式(1.19b)，也就可以确定实际烟气中各组分的量（标准状态体积）及其含量（体积分数，%）为：

$$CO_2\text{ 量（标准状态体积）}:V(CO_2)=\frac{w(C_{ar})}{12}\times\frac{22.4}{100} \qquad (\mathrm{m^3/kg})$$

$$H_2O\text{ 量（标准状态体积）}:V(H_2O)=\left(\frac{w(H_{ar})}{2}+\frac{w(M_{ar})}{18}\right)\times\frac{22.4}{100} \qquad (\mathrm{m^3/kg})$$

$$SO_2\text{ 量（标准状态体积）}:V(SO_2)=\frac{w(S_{ar})}{32}\times\frac{22.4}{100} \qquad (\mathrm{m^3/kg})$$

$$N_2\text{ 量（标准状态体积）}:V(N_2)=\frac{w(N_{ar})}{28}\times\frac{22.4}{100}+\alpha V_a^0\times\frac{79}{100} \qquad (\mathrm{m^3/kg})$$

$$O_2\text{ 量（标准状态体积）}:V(O_2)=(\alpha-1)V_a^0\times\frac{21}{100} \qquad (\mathrm{m^3/kg})$$

$$\varphi(CO_2)=\frac{V(CO_2)}{V}\times100\%;\quad \varphi(H_2O)=\frac{V(H_2O)}{V}\times100\%;\quad \varphi(SO_2)=\frac{V(SO_2)}{V}\times100\%;$$

$$\varphi(N_2)=\frac{V(N_2)}{V}\times100\%;\quad \varphi(O_2)=\frac{V(C_2)}{V}\times100\%$$

同样可以推出，当 $\alpha<1$ 时，实际烟气量（标准状态体积）V 为：

$$V=V^0-(1-\alpha)V_a^0\times\frac{79}{100} \qquad (\mathrm{m^3/kg}) \tag{1.31}$$

然而，实际上，关于 $\alpha<1$ 时，烟气中各组分的量之计算方法则要复杂一些，这是因为与“$\alpha>1$ 时的情况”主要的不同就是 CO_2 量减少，而增加了 CO 量，这是由于空气量供应不足，会有部分可燃物

① 因为在燃料燃烧过程中，不可能所有的燃料分子都与 O_2 分子充分地接触，所以有时也会出现整体上 O_2 过剩、但是局部 O_2 不足的情况（具体表现为烟气中 O_2 与 CO 共存），这也就是说，即便有时 α 略大于 1，也会出现不完全燃烧现象（即烟气中仍然有还原成分 CO）。因此，更严格地来说，$\alpha<1$ 的燃烧情况应当称为：低于理论空气量燃烧（Understochiometric Combustion）。

不能完全燃烧。另外，此时的燃烧产物中可能还会含有 H_2、CH_4 等未燃尽的可燃气体，确定这些未燃尽气体含量的计算方法十分复杂。所以，在一般的工程计算中，则采用简化的计算方法，即近似地认为不完全燃烧产物中只含有 CO 这一种可燃气体（即假定：O_2 不足只是使得燃料中的 C 不能全部氧化为 CO_2，一部分 C 生成 CO_2，另一部分 C 则生成 CO）。

在此简化条件下，从定量的角度来看，由于缺乏了氧气量（标准状态体积）$(1-\alpha)V(O_2)$（单位：m^3/kg）就会导致部分的碳燃烧后没有生成 CO_2 而生成 CO。这个缺乏的氧气量与将 C 氧化生成 CO 所需要的氧气量在数值上相等，这样根据 $2C+O_2 = 2CO$ 的关系，就可以将该氧气量换算为相应的 CO 量，于是，得到：

CO 量（标准状态体积）为：$V(CO)=2(1-\alpha)V^0(O_2) \quad (m^3/kg)$

由此，可以推导出：

CO_2 量（标准状态体积）为：$V(CO_2)=\dfrac{w(C_{ar})}{12}\times\dfrac{22.4}{100}-2(1-\alpha)V^0(O_2) \quad (m^3/kg)$

H_2O 量（标准状态体积）为：$V(H_2O)=\left(\dfrac{w(H_{ar})}{2}+\dfrac{w(M_{ar})}{18}\right)\times\dfrac{22.4}{100} \quad (m^3/kg)$

SO_2 量（标准状态体积）为：$V(SO_2)=\dfrac{w(S_{ar})}{32}\times\dfrac{22.4}{100} \quad (m^3/kg)$

N_2 量（标准状态体积）为：$V(N_2)=\dfrac{w(N_{ar})}{28}\times\dfrac{22.4}{100}+\alpha V_a^0\times\dfrac{79}{100} \quad (m^3/kg)$

所以，$\alpha<1$ 时的实际烟气量（标准状态体积）为：

$$
\begin{aligned}
V &= V(CO)+V(CO_2)+V(H_2O)+V(SO_2)+V(N_2)\\
&=\left(\frac{w(C_{ar})}{12}+\frac{w(H_{ar})}{2}+\frac{w(M_{ar})}{18}+\frac{w(S_{ar})}{32}+\frac{w(N_{ar})}{28}\right)\times\frac{22.4}{100}+\alpha V_a^0\times\frac{79}{100} \quad (m^3/kg)
\end{aligned}
$$

根据式(1.22)，$V^0=\left(\dfrac{w(C_{ar})}{12}+\dfrac{w(H_{ar})}{2}+\dfrac{w(M_{ar})}{18}+\dfrac{w(S_{ar})}{32}+\dfrac{w(N_{ar})}{28}\right)\times\dfrac{22.4}{100}+V_a^0\times\dfrac{79}{100} (m^3/kg)$

据此，上式就可以整理为：$V=V^0-(1-\alpha)V_a^0\times\dfrac{79}{100}$，这就是式(1.31)。

同样，也可以进一步获知：当 $\alpha<1$ 时，烟气中各组分含量（体积分数，%）的计算方法如下所述：

$$\varphi(CO)=\frac{V(CO)}{V}\times100\%;\quad \varphi(CO_2)=\frac{V(CO_2)}{V}\times100\%;\quad \varphi(H_2O)=\frac{V(H_2O)}{V}\times100\%;$$

$$\varphi(SO_2)=\frac{V(SO_2)}{V}\times100\%;\quad \varphi(N_2)=\frac{V(N_2)}{V}\times100\%$$

（b）**气体燃料**燃烧时实际烟气量以及实际烟气组成的计算

不难推导出，当 $\alpha>1$ 时，实际烟气量（标准状态体积）V 为：

$$V=V^0+(\alpha-1)V_a^0 \quad (m^3/m^3) \tag{1.32}$$

参考式(1.25)～式(1.25d)，便可以确定：每 1 m^3（标准状态体积）气体燃料燃料时，实际烟气中各个组分的量（标准状态体积）及其含量（体积分数，%）如下：

CO_2 量（标准状态体积）：$V^0(CO_2)=[\varphi(CO_2)+\varphi(CO)+\varphi(CH_4)+m\varphi(C_mH_n)]\times\dfrac{1}{100} \quad (m^3/m^3)$

H_2O 量（标准状态体积）：$V^0(H_2O)=[\varphi(H_2)+2\varphi(CH_4)+0.5n\varphi(C_mH_n)+\varphi(H_2S)+\varphi(H_2O)]\times\dfrac{1}{100} \quad (m^3/m^3)$

SO_2 量（标准状态体积）：$V^0(SO_2)=\varphi(H_2S)\times\dfrac{1}{100} \quad (m^3/m^3)$

N_2 量（标准状态体积）：$V(N_2)=\varphi(N_2)\times\dfrac{1}{100}+\alpha V_a^0\times\dfrac{79}{100} \quad (m^3/m^3)$

O_2 量(标准状态体积):$V(O_2)=(\alpha-1)V^0(O_2)$ (m^3/m^3)

各组分的含量(体积分数,%)为:

$$\varphi(CO_2)=\frac{V(CO_2)}{V}\times100\%;\quad \varphi(H_2O)=\frac{V(H_2O)}{V}\times100\%;\quad \varphi(SO_2)=\frac{V(SO_2)}{V}\times100\%;$$

$$\varphi(N_2)=\frac{V(N_2)}{V}\times100\%;\quad \varphi(O_2)=\frac{V(O_2)}{V}\times100\%$$

当 $\alpha<1$ 时,若按比例燃烧,则实际烟气量 V(标准状态体积)为:

$$V=(1-\alpha)+\alpha V^0 \quad (m^3/m^3) \tag{1.33}$$

式中 $(1-\alpha)$——未燃烧的气体燃料量(标准状态体积),m^3/m^3;

αV^0——气体燃料燃烧生成的烟气量(标准状态体积),m^3/m^3。

当然,由式(1.33),再参考式(1.25)～式(1.25d),也可以推导出:$\alpha<1$ 时,烟气中各组成分的量(标准状态体积)及其含量(体积分数,%),具体请读者自己推导(只是要注意:这时,烟气中的未燃物不仅有 CO,也有 H_2、H_2S、CH_4 以及其他烃类气体)。

下面就来举例说明上述公式的应用。

【例 1.4】 已知某种煤的空气干燥基组成之元素分析结果如下:

组分	C_{ad}	H_{ad}	O_{ad}	N_{ad}	S_{ad}	A_{ad}	M_{ad}
含量(质量分数,%)	78.0	4.4	8.0	1.4	0.3	5.9	2.0

若空气过剩系数 $\alpha=1.1$,求每 1 kg(空气干燥基)煤燃烧所需要的空气量、所产生的烟气量以及烟气组成(忽略空气中的水蒸气量,H 均按净氢处理,S 均按可燃硫处理)。

【解】 理论空气量(标准状态体积)$V_a^0=\left(\frac{w(C_{ad})}{12}+0.5\times\frac{w(H_{ad})}{2}+\frac{w(S_{ad})}{32}-\frac{w(O_{ad})}{32}\right)\times\frac{22.4}{100}\times\frac{100}{21}$

$$=\left(\frac{78.0}{12}+0.5\times\frac{4.4}{2}+\frac{0.3}{32}-\frac{8.0}{32}\right)\times\frac{22.4}{100}\times\frac{100}{21}$$

$$=7.85(m^3/kg)$$

实际空气量(标准状态体积)$V_a=\alpha V_a^0=1.1\times7.85=8.635(m^3/kg)$

理论烟气量(标准状态体积)$V^0=\left(\frac{w(C_{ad})}{12}+\frac{w(H_{ad})}{2}+\frac{w(M_{ad})}{18}+\frac{w(S_{ad})}{32}+\frac{w(N_{ad})}{28}\right)\times\frac{22.4}{100}+V_a^0\times\frac{79}{100}$

$$=\left(\frac{78.0}{12}+\frac{4.4}{2}+\frac{2.0}{18}+\frac{0.3}{32}+\frac{1.4}{28}\right)\times\frac{22.4}{100}+7.85\times\frac{79}{100}$$

$$=8.188(m^3/kg)$$

实际烟气量(标准状态体积)$V=V^0+(\alpha-1)V_a^0=8.188+(1.1-1)\times7.85=8.973(m^3/kg)$

实际烟气中各组分的量(标准状态体积)及其含量(体积分数,%)为:

标准状态体积:$V(CO_2)=\frac{w(C_{ad})}{12}\times\frac{22.4}{100}=\frac{78.0}{12}\times\frac{22.4}{100}=1.456(m^3/kg)$

含量(体积分数):$\varphi(CO_2)=\frac{V(CO_2)}{V}\times100\%=\frac{1.456}{8.973}\times100\%=16.2\%$

标准状态体积:$V(H_2O)=\left(\frac{w(H_{ad})}{2}+\frac{w(M_{ad})}{18}\right)\times\frac{22.4}{100}=\left(\frac{4.4}{2}+\frac{2.0}{18}\right)\times\frac{22.4}{100}=0.518(m^3/kg)$

含量(体积分数):$\varphi(H_2O)=\frac{V(H_2O)}{V}\times100\%=\frac{0.518}{8.973}\times100\%=5.8\%$

标准状态体积:$V(SO_2)=\frac{w(S_{ad})}{32}\times\frac{22.4}{100}=\frac{0.3}{32}\times\frac{22.4}{100}=0.0021(m^3/kg)$

含量(体积分数):$\varphi(SO_2)=\frac{V(SO_2)}{V}\times100\%=\frac{0.0021}{8.973}\times100\%=0.023\%$

标准状态体积：$V(N_2)=\frac{w(N_{ad})}{28}\times\frac{22.4}{100}+V_a\times\frac{79}{100}=\frac{1.4}{28}\times\frac{22.4}{100}+8.635\times\frac{79}{100}=6.833(m^3/kg)$

含量（体积分数）：$\varphi(N_2)=\frac{V(N_2)}{V}\times100\%=\frac{6.833}{8.973}\times100\%=76.2\%$

标准状态体积：$V(O_2)=(\alpha-1)V_a^0\times\frac{21}{100}=(1.1-1)\times7.85\times\frac{21}{100}=0.165(m^3/kg)$

含量（体积分数）：$\varphi(O_2)=\frac{V(O_2)}{V}\times100\%=\frac{0.165}{8.973}\times100\%=1.9\%$　　—毕—

【例 1.5】 某窑炉使用发生炉湿煤气作为燃料，其干基组成为：

组分	CO_2	CO	H_2	CH_4	C_2H_4	H_2S	N_2
含量 $\varphi^d(i)$（体积分数，%）	4.0	30.6	13.2	3.0	0.1	0.2	48.9

该湿煤气的含水量为 3.0%。当 $\alpha=1.05$ 时，请计算每 1 m^3（标准状态体积）湿煤气燃烧所需要的空气量（标准状态体积）V_a 以及所产生的烟气量（标准状态体积）V，忽略空气中的水蒸气量。

【解】 第一步，按照式(1.8)：$\varphi^v(i)=\varphi^d(i)\frac{100-\varphi^v(H_2O)}{100}=\varphi^d(i)\times\frac{100-3}{100}=0.97\varphi^d(i)$，将煤气的干基组成换算成湿基组成，其计算结果如下：

组分	CO_2	CO	H_2	CH_4	C_2H_4	H_2S	N_2	H_2O
含量 $\varphi^v(i)$（体积分数，%）	3.88	29.68	12.80	2.91	0.10	0.19	47.43	3.0

第二步，计算理论空气量（标准状态体积）V_a^0 和实际空气量（标准状态体积）V_a

$$V_a^0=\left[\frac{\varphi(CO)}{2}+\frac{\varphi(H_2)}{2}+2\varphi(CH_4)+3\varphi(C_2H_4)+\frac{3}{2}\varphi(H_2S)\right]\times\frac{1}{100}\times\frac{100}{21}$$

$$=(0.5\times29.68+0.5\times12.80+2\times2.91+3\times0.10+1.5\times0.19)\times\frac{1}{100}\times\frac{100}{21}$$

$$=1.316(m^3/m^3)$$

$$V_a=\alpha V_a^0=1.05\times1.316=1.382(m^3/m^3)$$

第三步，计算理论烟气量（标准状态体积）V^0 和实际烟气量（标准状态体积）V

$$V^0=[\varphi(CO_2)+\varphi(CO)+3\varphi(CH_4)+4\varphi(C_2H_4)+\varphi(H_2)+\varphi(H_2O)+2\varphi(H_2S)+\varphi(N_2)]\times\frac{1}{100}+V_a^0\times\frac{79}{100}$$

$$=(3.88+29.68+3\times2.91+4\times0.10+12.80+3.0+2\times0.19+47.43)\times\frac{1}{100}+1.316\times\frac{79}{100}$$

$$=2.103(m^3/m^3)$$

$$V=V^0+(\alpha-1)V_a^0=2.103+(1.05-1)\times1.316=2.169(m^3/m^3)$$　　—毕—

(2) 燃烧温度的计算

燃料燃烧时所释放的热量会使燃烧产物（俗称：烟气）的温度升高，然后利用高温烟气去加热物料或用作其他用途，这是无机非金属材料工业利用燃料燃烧热之真正目的所在。燃料燃烧时，燃料产物的温度被称为：燃烧温度。燃烧温度则可以通过燃烧过程中的热量输入和热量输出之间的平衡关系（简称：热平衡关系）来求出。

计算基准：1 kg 固体燃料（或液体燃料），或 1 m^3（标准状态体积）气体燃料；0 ℃。

燃烧过程中的热平衡项目如下：

① 收入热量

(a) 燃料的化学热 Q_{net}（也称：燃料的燃烧热，即燃料的低位发热量）

(b) 燃料带入的物理热 $Q_f=1\cdot c_{p,f}\cdot t_f=c_{p,f}\cdot t_f$（对于固体燃料或液态燃料，$c_{p,f}$要改为 c_f）

(c) 助燃空气带入的物理热 $Q_a=V_a\cdot c_{p,a}\cdot t_a$

② 支出热量

(a) 燃烧产物(俗称:烟气)中所含的物理热 $Q=V\cdot c_p\cdot t_p$

(b) 燃烧产物传给周围环境的热量 Q_{loss}(俗称:散热量)

(c) 由于机械不完全燃烧所造成的热损失 Q_{me}

(d) 由于化学不完全燃烧所造成的热损失 Q_{ch}

(e) 燃烧产物中因为部分 CO_2 和 H_2O 在高温下热分解所消耗的热量 Q_{dp}

(f) 灰渣带走的物理热 Q_{ash}

根据上述列出的热量收入项目与热量支出项目,便可以得到燃烧过程中的热平衡方程式为:

$$Q_{net}+Q_f+Q_a=Q+Q_{loss}+Q_{me}+Q_{ch}+Q_{dp}+Q_{ash}$$

移项,并且将各自的表达式代入上式,便可以得到实际燃烧温度 t_p 为:

$$t_p=\frac{Q_{net}+c_{p,f}t_f+V_a c_{p,a}t_a-(Q_{loss}+Q_{me}+Q_{ch}+Q_{dp}+Q_{ash})}{V\cdot c_p}\quad (℃) \tag{1.34}$$

式中 V_a——每 1 kg 固体(或液体)燃料[或者每 1 m^3(标准状态体积)气体燃料]实际燃烧所需要的空气量(标准状态体积),m^3/kg,或 m^3/m^3;

V——每 1 kg 固体(或液体)燃料[或者每 1 m^3(标准状态体积)气体燃料]实际燃烧所产生的烟气量(标准状态体积),m^3/kg,或 m^3/m^3;

$c_{p,f}$——燃料在 0 ℃~t_f 这一温度范围内的平均比热容 c_f(可以查阅附录 1),kJ/(kg·℃)或者平均定压比热容 $c_{p,f}$(请查阅附录 1 或附录 3),kJ/(m^3·℃)(这里,m^3 为标准状态体积单位);

$c_{p,a}$——空气在 0 ℃~t_a 这一温度范围内的平均定压比热容(可以查阅附录 3 中的附表 3.2),kJ/(m^3·℃)(这里,m^3 为标准状态体积单位);

c_p——燃烧产物(俗称:烟气)在 0 ℃~t_p 这一温度范围内的平均定压比热容(可以查阅附录 3 中的附表 3.5),kJ/(m^3·℃)(这里,m^3 为标准状态体积单位);

t_f,t_a——分别为燃料和助燃空气进入燃烧室时的温度,℃;

t_p——燃烧产物的实际温度(也称:实际燃烧温度),℃。

由式(1.34)可以看出:影响**实际燃烧温度** t_p 的因素很多,而且这些因素还会随着热工设备的工艺过程、热工过程以及设备结构的不同而有所变化,所以直接用上式进行计算来得到实际燃烧温度在实际工程计算中那将是十分困难的。为了简化其计算过程,这里特提出另外两个燃烧温度的概念:量热计式燃烧温度和理论燃烧温度。

量热计式燃烧温度 t_m 的计算:假定燃料在绝热系统中完全燃烧,并且不考虑燃烧产物在高温下的热分解,那么按照式(1.35)所计算出的燃烧温度就叫做:量热计式燃烧温度。其名称的由来是因为该温度是在量热计(测量燃料发热量的仪器)内所能够达到的(理论上)最高温度,具体为:

$$t_m=\frac{Q_{net}+c_{p,f}t_f+V_a c_{p,a}t_a}{Vc_p}\quad (℃) \tag{1.35}$$

当 t_f、t_a 均为 0 ℃,而且过剩空气系数 $\alpha=1$ 时,根据式(1.35)所计算出来的燃烧温度便被称为:燃料的理论发热温度,或称为:发热温度、产热度,用符号 t_m^0 来表示,即

$$t_m^0=\frac{Q_{net}}{V\cdot c_p}\quad (℃) \tag{1.36}$$

显然,t_m^0 只与燃料的性质有关,它是从燃烧温度的角度来评价燃料性质的一个指标,t_m^0 越大的燃料,其实际燃烧温度也就越高。

理论燃烧温度 t_{th}:假定燃料在绝热系统中完全燃烧,那么按照式(1.37)所计算出的燃烧温度也就称为:理论燃烧温度。与量热计式燃烧温度不同的是,理论燃烧温度需要考虑高温时(>1600 ℃)燃烧产物中会有部分 CO_2 和 H_2O 分解从而消耗一定的热量,所以,有:

$$t_{th}=\frac{Q_{net}+c_{p,f}t_f+V_a c_{p,a}t_a-Q_{dp}}{V\cdot c}\quad (℃) \tag{1.37}$$

Q_{dp}与燃烧产物中 CO_2 和 H_2O 的分解程度有关，而分解程度与燃烧产物的温度以及 CO_2、H_2O 的分压有关，其变化规律为：温度越高、分压越小，则分解程度就越大，即燃烧温度的降低值也就越大。

燃料在无机非金属工业热工设备内燃烧时，CO_2 和 H_2O 的分解量极少，故而式(1.37)中 Q_{dp} 这一项可以忽略(即理论燃烧温度与理论发热温度相等)。这样，式(1.37)就可以改写为：

$$t_{th}=\frac{Q_{net}+c_{p,f}t_f+V_a c_{p,a}t_a}{V\cdot c_p}\quad (℃) \tag{1.37a}$$

当已知燃料的性质时，看起来利用式(1.37a)很容易求得 t_{th}。但是，在真正计算 t_{th}时，由于烟气的平均比热容 c_p 随着烟气温度的变化而变化，因此，在按照式(1.37a)来进行计算时，也就需要采用"试差法"(Trial and Error Method)，即先假定一个 t_{th}'值，查出相应温度的烟气比热容 c_p' 值，再来计算烟气的物理热 $Q_1=Vc_p' t_{th}'$，看其是否与收入热量的总和 $Q=Q_{net}+c_{p,f}t_f+V_a' c_{p,a}' t_a$ 相等。如果 $Q_1>Q$，则将 t_{th}值再取小一些，这样不断尝试直至得到两者相等时的 t_{th}值，即为理论燃烧温度 t_{th}。

在实际计算时，为了减少计算次数，在试差法的基础上，还可以利用"内插法"，即先假设 t_1，查得 $c_{p,1}$值后计算 Q_1；若 $Q_1>Q$，再另设一个较小的 t_2，查出 $c_{p,2}$，使 $Q_2<Q$，此时，t_{th}值必定在 t_1 与 t_2 之间，然后用"线性内插法"求出 t_{th}值，其计算公式为：

$$\frac{t_1-t_{th}}{t_1-t_2}=\frac{Q_1-Q}{Q_1-Q_2} \tag{1.38}$$

由于 Q_1、Q_2、Q、t_1 以及 t_2 均为已知，所以，利用式(1.38)就可以方便地求出 t_{th}。为了计算方便，通常是使(t_1-t_2)之值为 100 ℃。具体过程请参阅【例 1.6】。

另外，根据式(1.38)亦可以利用图解法来求得 t_{th}值，如图 1.3 所示。具体步骤为：已知 t_1 及 Q_1，可以得到 B 点；已知 t_2 及 Q_2，可以得到 A 点。连接 AB 两点成直线，而后由 Q 值的大小就可以求得 t_{th}的值。

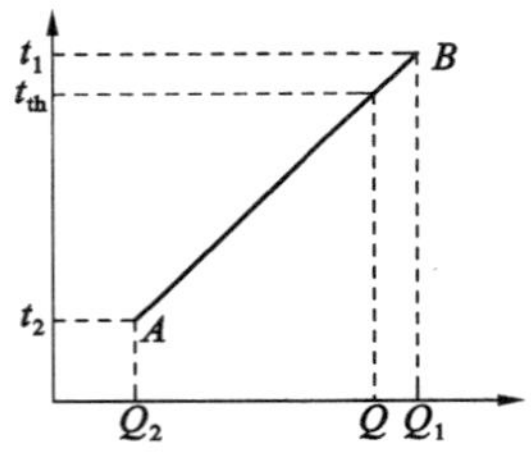

图 1.3 图解法求 t_{th}

实际燃烧温度可以在理论燃烧温度的基础上进行估算，这是因为实际在燃烧温度计算式(1.34)中各项热损失的数据较难获得。但是，实际燃烧温度本身却较易测定，于是，人们从不同热工设备的实际操作中，总结出了实际燃烧温度 t_p 与理论燃烧温度 t_{th}的比值，这一比值就被称为热工设备的**高温系数**，一般用符号 η 来表示。于是，就得到以下计算公式：

$$t_p=\eta\cdot t_{th}\quad (℃) \tag{1.39}$$

高温系数 η 是与热工设备的类型以及结构、所用燃料的种类以及燃烧方式、所加热制品的种类、操作条件、机械化以及自动化程度等因素有关。表 1.7 则列出了在无机非金属材料工业领域中常用几种窑炉内不同燃料燃烧时的高温系数 η，以供参考。

表 1.7 几种燃烧条件下的高温系数 η[14]

窑炉类型		所使用的燃料	高温系数 η
水泥窑	回转窑	煤粉、燃气或重油	0.70～0.75
	立窑	煤	0.52～0.62
玻璃窑	池窑	重油	0.65～0.75(窑体未保温时)
	坩埚窑	重油	0.60～0.70(窑体保温时)
陶瓷窑	隧道窑	固体燃料	0.67～0.73
		燃气或重油	0.78～0.83
	倒焰窑	固体燃料	0.66～0.70
		燃气或重油	0.73～0.78

在设计窑炉时，一般是先根据燃料组成以及燃烧条件来计算出理论燃烧温度，然后，再根据不同的窑炉结构以及条件来选择合适的高温系数 η，最后，便可以求得实际燃烧温度 t_p。

【例 1.6】 在【例 1.5】中，设高温系数 $\eta=0.80$，发生炉煤气的温度 t_f 与空气温度 t_a 均为20 ℃，试计算实际燃烧温度 t_p 是多少？

【解】 先计算理论燃烧温度 t_{th}：

$$t_{th}=\frac{Q_{net}+c_{p,f}t_f+V_a c_{p,a}t_a}{V\cdot c_p}$$

每 1 m³（标准状态体积）发生炉煤气的湿基低位发热量可以按式(1.12a)来进行计算：

$$\begin{aligned}Q_{net}&=126.3\varphi^v(CO)+107.9\varphi^v(H_2)+358.0\varphi^v(CH_4)+590.5\varphi^v(C_2H_4)+231.3\varphi^v(H_2S)\\&=126.3\times29.68+107.9\times12.80+358.0\times2.91+590.5\times0.10+231.3\times0.19\\&=6274.5(kJ/m^3)\end{aligned}$$

关于发生炉煤气和空气的平均定压比热容，查附录 3 中附表 3.5 和附表 3.2 后，得：

$$c_{p,f}=1.323\ kJ/(m^3\cdot℃),\quad c_{p,a}=1.296\ kJ/(m^3\cdot℃)$$

（这两个参数单位中的 m³ 为标准状态体积单位）

从【例 1.5】中计算结果，可以获知：每 1 m³（标准状态体积）的实际空气量（标准状态体积）V_a 与实际烟气量（标准状态体积）V 分别为：

$$V_a=1.382\ m^3/m^3,\quad V=2.169\ m^3/m^3$$

所以，$t_{th}=\dfrac{6274.5+1.323\times20+1.382\times1.296\times20}{2.169c_p}$

整理得：$2.169c_pt_{th}=6337(kJ/m^3)$

设 t'_{th}=1800 ℃，查附录 3 中附表 3.5，得：$c'_p=1.68\ kJ/(m^3\cdot℃)$（这里，m³ 为标准状态体积单位），则：

$$2.169\times1.68\times1800=6559>6337(kJ/m^3)$$

再设 t''_{th}=1700 ℃，$c''_p=1.665\ kJ/(m^3\cdot℃)$（这里，m³ 为标准状态体积单位），则：

$$2.169\times1.665\times1700=6139<6337(kJ/m^3)$$

利用“线性内插法”计算，得：$\dfrac{1800-t_{th}}{1800-1700}=\dfrac{6559-6337}{6559-6139}$

求解得：$t_{th}=1747$ ℃

所以，$t_p=\eta\cdot t_{th}=0.80\times1747=1398$ ℃，即实际燃烧温度为 1398 ℃。 —毕—

在通过计算得到实际燃烧温度以后，还要看其是否能够满足工艺要求，如果燃料的实际燃烧温度过低，还应当采取相应的有效措施来提高 t_p。在实际生产中，提高实际燃烧温度的方法很多。在一般情况下，可以从下列几个方面来考虑：**第一**，选用发热量高的燃料：Q_{net} 增加，可以使 t_p 提高。但是，也应当注意：当 Q_{net} 增加时，烟气量也会增加，当两者的增加速度相当时，增加 Q_{net} 对于提高 t_p 的效果则不显著。**第二**，控制适当的空气过剩系数 α：$\alpha<1$ 时，因为助燃空气不足，便会产生化学不完全燃烧，这必将使 t_p 降低；反之，若 α 过大，则生成烟气量过多，也会降低 t_p。因此，在保证完全燃烧的前提下，要尽可能采用较小的 α 值（即 α 值应当略大于 1）。**第三**，提高助燃空气的温度 t_a、提高燃料的温度 t_f：提高 t_a、t_f，会增加燃料和空气带入的热量，从而提高总的收入热量，因此而提高燃料的实际燃烧温度（玻璃窑炉中设置蓄热室或换热器就是该措施的具体体现[7]）。**第四**，减少热工设备向外界的散热量 Q_{loss}：加强热工设备的保温可以减少其散热损失，从而提高燃料的实际燃烧温度 t_p。

【例 1.7】 在【例 1.6】中，如果工艺上要求燃烧温度为 1450 ℃，则助燃空气需要预热到多高温度才能够满足这个要求？

【解】 当要求 t_p=1450 ℃时，如果其他条件不变，则 $t_{th}=t_p/0.8=1813$ ℃

$$Vc_pt_{th}=Q_{net}+c_{p,f}t_f+V_ac_{p,a}t_a$$

$$2.169\times1.681\times1813=6274.5+1.323\times20+1.382c_{p,a}t_a$$

整理,得:$1.382c_{p,a}t_a=309(kJ/m^3)$

设 $t_a'=150$ ℃,查附录 3 中的附表 3.2 得:$c_{p,a}'=1.304$ kJ/(m^3 · ℃)(这里,m^3 为标准状态体积单位),则:

$$1.382\times1.304\times150=270<309(kJ/m^3)$$

设 $t_a''=200$ ℃,查附录 3 中的附表 3.2 得:$c_{p,a}''=1.308$ kJ/(m^3 · ℃)(这里,m^3 为标准状态体积单位),则:

$$1.382\times1.308\times200=362>309(kJ/m^3)$$

利用"线性内插法"计算,得:

$$\frac{200-t_a}{200-150}=\frac{362-309}{362-270}$$

求解,得:$t_a=171$ ℃,所以空气需要预热至 171 ℃。 —毕—

1.1.4.2 燃料燃烧的操作计算

对于正在生产的热工设备,为了判断其燃烧操作是否合理、各部位漏风情况如何,通常也需要根据对其测定的结果进行一些计算与分析,以便及时地对于生产来进行优化调节,从而达到优质、高效和稳定生产之目的,这就是所谓的"燃料燃烧的操作计算"。

操作计算就是根据在实际生产的燃烧设备或热工设备上测得的一些数据,再利用一些平衡关系计算出空气量和烟气量,以便与经验值、设计值和优化值进行对比,然后进行合理的调节,从而尽可能使热工设备保持在优质、高效与稳定生产的状态。

在运转的热工设备上,空气量与烟气量可以利用测量仪器直接测定。但是,有时若没有测定流量仪器的话,也可以根据测出的燃料与烟气的化学成分来计算出空气量与烟气量。另外,即便是可以直接测定空气量和烟气量,也需要计算出空气过剩系数 α,这对于了解燃料与空气的配比是否正常,分析燃烧操作是否合理都具有重要的实际意义。还有,通过测定热工设备在不同负压处的烟气成分还可以计算漏入热工设备内的空气量(简称:漏风量)。

(1) 实际烟气量和实际空气量的计算

已知燃料组成与烟气组成,按照碳平衡(即 C 的质量守恒定律),在燃烧过程中,存在以下等式:燃料中的 C 量=烟气中的 C 量+灰渣中的 C 量,该等式可以用来计算燃料燃烧时实际产生的烟气量以及烟气组成。

然后,利用上述的分析计算法,或者根据氮平衡(即 N 的质量守恒定律,也就是在燃烧过程中,存在以下等式:燃料中 N 量+空气中 N 量=烟气中 N 量)来计算燃料燃烧时所需要的实际空气量。下面,通过两个例题来具体说明这一计算方法。

【例 1.8】 某传统窑炉以块煤为燃料,已知所用块煤的收到基组成如下:

组分	C_{ar}	H_{ar}	O_{ar}	N_{ar}	S_{ar}	A_{ar}	M_{ar}
含量(质量分数,%)	68.0	5.1	6.0	1.1	0.0	11.8	8.0

另外:(1) 块煤燃烧时有机械不完全燃烧现象存在,这使得灰渣中的含 C 量①为 11%;

(2) 产品的烧成工艺要求还原焰,通过烟气分析得知,干烟气中的 CO 含量为 3.4%;

(3) 不考虑空气带入的水蒸气量,H 都按净氢来计算,S 全部按可燃硫考虑。

试计算:① 干烟气成分与湿烟气成分;

② 每 1 kg(收到基)煤燃烧时所需要的空气量(标准状态体积);

③ 每 1 kg(收到基)煤燃烧时所产生的(湿)烟气量(标准状态体积)。

【解】 第一步,计算干烟气成分与湿烟气成分

以 100 kg 煤为计算基准,由已知条件可知,落入灰渣中的 C 量为:

---

① 灰渣中的**含 C 量**是通过测量灰渣样品的灼烧减量(LOI,Loss on Ignition,也称:烧失量)来确定的。

$$11.8\times\frac{11}{100-11}=1.458(\mathrm{kg})$$

依据质量守恒的原理，100 kg 煤燃烧后到达烟气中的 C 量为：

$$68.0-1.458=66.542(\mathrm{kg})$$

$$\frac{66.542}{12}=5.545(\mathrm{kmol})$$

设这其中 x kmol 的 C 生成了 CO，则 $(5.545-x)$ kmol 的 C 生成 CO_2。这样，由已知条件可知，燃烧后生成的烟气组成（摩尔数）为：

$n(CO)$	x	kmol
$n(CO_2)$	$5.545-x$	kmol
$n(H_2O)$	$\frac{5.1}{2}+\frac{8.0}{18}=2.994$	kmol
$n(O_2)$	—	kmol
$n(N_2)$	$\frac{1.1}{28}+\left[\frac{x}{2}+(5.545-x)+\frac{5.1}{2\times2}-\frac{6.0}{32}\right]\times\frac{79}{21}=24.990-1.881x$	kmol

所以总的干烟气量（摩尔数）为：

$$x+(5.545-x)+24.990-1.881x=30.535-1.881x(\mathrm{kmol})$$

由于干烟气中 CO 含量（体积分数）为 3.4%（气体的体积分数与摩尔分数相等），所以，得到：

$$\frac{x}{30.535-1.881x}=0.034$$

求解，得：$x=0.976(\mathrm{kmol})$

由此，便得到以下的计算结果：

烟气成分	CO	CO_2	N_2	H_2O
烟气量(kmol)	0.976	4.569	23.154	2.994
干烟气成分含量(体积分数，%)	3.4	15.9	80.7	—
湿烟气成分含量(体积分数，%)	3.1	14.4	73.1	9.4

第二步，计算实际空气量

根据化学方程式 $C+0.5O_2=CO$ 以及式(1.19a)～式(1.19c)，便可以得到每 1 kg 煤燃烧所需要的实际空气量（标准状态体积）V_a 为：

$$V_a=\left[0.5x+(5.545-x)+\frac{5.1}{2\times2}-\frac{6.0}{32}\right]\times\frac{100}{21}\times\frac{22.4}{100}=6.554(\mathrm{m^3/kg})$$

第三步，计算湿烟气量

每 1 kg 煤燃烧后所产生的（湿）烟气量（标准状态体积）V 为：

$$V=(0.976+4.569+23.154+2.994)\times\frac{22.4}{100}=7.099(\mathrm{m^3/kg})$$

—毕—

【例 1.9】 某传统窑炉所用块煤的收到基组成含量（质量分数，%）为：

组分	C_{ar}	H_{ar}	O_{ar}	N_{ar}	S_{ar}	M_{ar}	A_{ar}
含量(质量分数，%)	73.0	5.0	3.9	1.0	0.2	3.1	13.8

在高温阶段，在窑底排烟处测定其干烟气成分含量（体积分数，%）为：

干烟气成分	CO_2	O_2	N_2
含量(体积分数，%)	14.0	4.9	81.1

由灰渣的取料样品测定结果得：$w(C)=16\%$，$w(A)=84\%$。高温阶段烧煤量为550 kg/h，计算高温阶段每1 h的烟气生成量（标准状态体积）与空气需求量（标准状态体积，忽略空气中水蒸气量）。

【解】 第一步，计算每1 h产生的烟气量（标准状态体积，m^3/h）

根据C的平衡关系式：煤中的C量＝烟气中的C量＋灰渣中的C量

选取计算基准：100 kg煤，则

煤中的C量为：73.0 kg

灰渣中的C量为：$13.8\times\frac{16}{100-16}=2.63(kg)$

设100 kg煤燃烧后生成的干烟气量（标准状态体积）为x（单位：m^3），则根据C平衡关系式（燃料中的C量＝烟气中的C量＋灰渣中的C量），得：

$$73.0=\frac{14.0}{100}\cdot x\cdot\frac{12}{22.4}+2.63$$

求解，得：$x=938.27(m^3$，标准状态体积)

另外，计算燃烧后得到的烟气中水蒸气量（标准状态体积）为：$\left(\frac{5.0}{2}+\frac{3.1}{18}\right)\times 22.4=59.86(m^3)$

于是，湿烟气量（标准状态体积）为：$938.27+59.86=998.13(m^3)$

换算为每1 h的湿烟气生成量（标准状态体积）为：$550\times\frac{998.13}{100}=5490(m^3/h)$

第二步，计算每1 h需要的空气量（标准状态体积，m^3/h）

根据N平衡关系式：空气中的N量＋燃料中的N量＝烟气中的N量

取基准：100 kg煤，则

煤中的N量（按燃烧后进入烟气的N_2量计，标准状态体积）为：$\frac{1.0}{28}\times 22.4=0.8(m^3)$

设燃烧每100 kg煤所需要的空气量（标准状态体积）为y m^3，则：

空气中的N量（标准状态体积）为：$\frac{79}{100}y=0.79y(m^3)$

烟气中的N量（标准状态体积）为：$\frac{81.1}{100}x=0.811\times 938.27=760.94(m^3)$

根据N平衡关系式，则有：$0.8+0.79y=760.94$，求解，得：$y=962.20(m^3)$

这样，就可以计算出在高温保温阶段每1 h的空气需要量（标准状态体积）为：

$$550\times\frac{962.20}{100}=5292(m^3/h)$$

【简化计算法的讨论】 从上面的数据则可以看出，煤中的N量与空气中的N量相比是很少的，可以忽略，即可以忽略煤中的N量。于是，上述的N平衡关系式就可以简化为：

$$0.79y=760.94(m^3)$$

这样，便可以求得：$y=\frac{760.94}{0.79}=963.22(m^3)$

$$其相对误差为：\frac{|963.22-962.20|}{962.20}\times 100\%=0.1\%$$

由于误差很小，所以在工程计算中完全可以忽略煤中的N含量。 —毕—

(2) 空气过剩系数α的计算

根据实际测定的烟气组成还可以计算出空气过剩系数α。这类计算方法较多，常用的有：氧平衡方法（适用于在空气中、富氧空气中或纯氧中燃烧时）和氮平衡方法（仅适用于在空气中燃烧时）。

① 氧平衡法

氧平衡法的原理是根据空气过剩系数的定义，即：

$$\alpha=\frac{实际空气量}{理论空气量}=\frac{实际空气量\times 21/100}{理论空气量\times 21/100}=\frac{实际需氧量}{理论需氧量}=\frac{理论需氧量+过剩氧量}{理论需氧量} \quad (1.40)$$

（注：富氧空气中或纯氧中燃烧时，O_2含量尽管不是21%，但是分子、分母相约，所以，该式不变）

以下分两种情况加以讨论：

(a) **燃料完全燃烧时**

当燃料完全燃烧时，理论上所需要的 O_2 量全部用于燃料燃烧，所以，如果令 $\varphi(RO_2)$ 表示烟气中 CO_2 与 SO_2 的含量(体积分数，%)之和[即 $\varphi(RO_2)=\varphi(CO_2)+\varphi(SO_2)$]，$\varphi(H_2O)$ 为烟气中的水蒸气含量(体积分数，%)，$V'(O_2)$ 和 $V''(O_2)$ 分别表示生成 1 m^3(标准状态体积)的 RO_2 和 H_2O 所需的 O_2 量(m^3，标准状态体积)，则 1 m^3(标准状态体积)烟气的理论需氧量(m^3，标准状态体积)为：$V'(O_2)\cdot\varphi(RO_2)+V''(O_2)\cdot\varphi(H_2O)$。如果相应的过剩 O_2 量(标准状态体积)用符号 $V(O_2)$ 表示[不难看出，与 $V'(O_2)\cdot\varphi(RO_2)+V''(O_2)\cdot\varphi(H_2O)$ 的计算基准相对应的过剩 O_2 量在数值上就等于烟气中 O_2 含量 $\varphi(O_2)$(体积分数，%)]，则根据式(1.40)，得：

$$\alpha=\frac{V'(O_2)\cdot\varphi(RO_2)+V''(O_2)\cdot\varphi(H_2O)+\varphi(O_2)}{V'(O_2)\cdot\varphi(RO_2)+V''(O_2)\cdot\varphi(H_2O)} \tag{1.41}$$

式中 $\varphi(RO_2)$，$\varphi(O_2)$，$\varphi(H_2O)$——分别表示烟气中相应成分的含量(体积分数，%)。

若令 K 为燃料燃烧时的理论需氧气量与相应烟气中 RO_2 的含量(体积分数，%)之比值，即：

$$K=\frac{V'(O_2)\cdot\varphi(RO_2)+V''(O_2)\cdot\varphi(H_2O)}{\varphi(RO_2)} \tag{1.42}$$

式中，各个符号的意义同前所述。

那么，将式(1.42)代入式(1.41)中，得：

$$\alpha=\frac{K\cdot\varphi(RO_2)+\varphi(O_2)}{K\cdot\varphi(RO_2)} \tag{1.43}$$

式中，各个符号的意义同前所述。

实践表明：对于化学成分变动不大的同种燃料而言，K 值近似为常数。常用燃料的 K 值参见表 1.8。

表 1.8 常用燃料的 K 值(近似值)

燃料的种类		K 值	燃料的种类	K 值
焦炉煤气		2.15	炭	1.0
高炉煤气		0.36	焦炭	1.05
焦炉煤气与高炉煤气的混合煤气	当混合比为 3：7 时	0.72	无烟煤	1.05～1.10
	当混合比为 4：6 时	0.82	贫煤	1.12～1.13
天然气		2.0	气煤	1.14～1.16
发生炉煤气	由无烟煤制得	0.64	长焰煤	1.14～1.15
	由烟煤制得	0.75	褐煤	1.05～1.06
重油		1.35	泥煤	1.09

(b) **燃料不完全燃烧时**

当由于空气量供应不足或者燃料与空气没有充分混合而导致燃料不完全燃烧时，烟气中仍有 CO、H_2、CH_4 和碳粒等可燃成分(有时也会存在因为接触不到可燃物分子而残留的 O_2)。于是依据式(1.43)，此时 α 值的计算式应为：

$$\alpha=\frac{K\cdot[\varphi(RO_2)+\varphi(CO)+\varphi(CH_4)]+\varphi(O_2)-[0.5\varphi(CO)+0.5\varphi(H_2)+2\varphi(CH_4)]}{K\cdot[\varphi(RO_2)+\varphi(CO)+\varphi(CH_4)]} \tag{1.44}$$

式中 $\varphi(RO_2)$，$\varphi(O_2)$，$\varphi(CO)$，$\varphi(H_2)$，$\varphi(CH_4)$——烟气中相应组分的含量(体积分数，%)。

② 氮平衡法

氮平衡法的原理也是根据空气过剩系数的定义，即：

$$\alpha=\frac{\text{实际空气量}}{\text{理论空气量}}=\frac{\text{实际空气量}}{\text{实际空气量}-\text{过剩空气量}}$$

$$=\frac{\text{实际空气量}\times 0.79}{\text{实际空气量}\times 0.79-\text{过剩空气量}\times 0.79}$$

$$=\frac{\text{实际空气中 }N_2\text{ 量}}{\text{实际空气中 }N_2\text{ 量}-\text{过剩空气中 }N_2\text{ 量}} \tag{1.45}$$

以下按照燃料种类的不同分别加以讨论。

(a) **固体燃料、液体燃料**

探讨固体燃料或液体燃料的燃烧时，应当注意：与助燃空气中的含 N 量相比，燃料中的 N 含量是很小，可以忽略(参见【例 1.9】中关于简化计算法的讨论)，于是，可以近似地认为烟气中的 N_2 量完全来自于空气。这样，式(1.45)就可以转换为：

$$\alpha=\frac{\varphi(N_2)}{\varphi(N_2)-\left(\varphi(O_2)-\frac{1}{2}\varphi(CO)\right)\cdot\frac{79}{21}} \tag{1.46}$$

式中　$\varphi(N_2)$，$\varphi(O_2)$，$\varphi(CO)$——烟气中相应成分的含量(体积分数，%)。

(b) **气体燃料**

气体燃料燃烧时，尤其是当燃料中的 N_2 含量较高时(例如，燃烧发生炉煤气等气体燃料时)，燃料中的 N_2 量就不能被忽略，而且有时烟气中同时含有 CO、H_2、C_mH_n 以及 O_2。于是，式(1.46)就转换为：

$$\alpha=\frac{\varphi(N_2)-\varphi_{fuel}(N_2)}{\varphi(N_2)-\varphi_{fuel}(N_2)-\left\{\varphi(O_2)-\left[\frac{1}{2}\varphi(CO)+\frac{1}{2}\varphi(H_2)+\left(m+\frac{n}{4}\right)\varphi(C_mH_n)\right]\right\}\times\frac{79}{21}} \tag{1.47}$$

式中　$\varphi(N_2)$，$\varphi(O_2)$，$\varphi(CO)$，$\varphi(H_2)$，$\varphi(C_mH_n)$——烟气中相应成分的含量(体积分数，%)；

$\varphi_{fuel}(N_2)$——燃料中的 N_2 含量换算为烟气中的 N_2 含量(体积分数，%)[即燃料中的 N_2 含量(体积分数，%)再除以实际烟气量 V]。

【例 1.10】 某隧道窑所使用的燃料是由烟煤制得的发生炉煤气(参见第 1.1.8)，其湿基成分为：

组分	CO_2	CO	H_2	CH_4	C_2H_4	O_2	N_2	H_2O
含量(体积分数，%)	5.0	28.4	15.4	2.5	0.4	0.8	47.5	0.0

在该隧道窑[7]的烧成带处取烟气试样进行分析，经过测定后，得到其干烟气的成分为：

组分	CO_2	O_2	N_2
含量(体积分数，%)	18.0	3.0	79.0

试计算空气过剩系数 α。

【解】 第一步，利用氧平衡法进行计算

由于所用的燃料是由烟煤制成的发生炉煤气，查表 1.8 得：$K=0.75$。

于是，得：$\alpha=\frac{0.75\times 18+3.0}{0.75\times 18}=1.222$

第二步，利用氮平衡法进行计算

由于燃料中的 N_2 含量较高，不能忽略，故而就需要用式(1.47)来进行计算，即 $\alpha=\frac{\varphi(N_2)-\varphi_{fuel}(N_2)}{\varphi(N_2)-\varphi_{fuel}(N_2)-\varphi(O_2)\times\frac{79}{21}}$。

为此，先来计算生成 100 m^3(标准状态体积)干烟气所需要的燃料量(标准状态体积)V_{fuel}，具体则可以运用C 平衡关系(燃料中 C 量＝烟气中 C 量)。

于是，得到C平衡方程：

$$V_{\text{fuel}}\times\frac{5.0+28.4-2.5+0.4\times2}{100}=18.0$$

求解，得：$V_{\text{fuel}}=49.05$（m^3，标准状态体积）

即，燃料燃烧生成的实际干烟气量（标准状态体积）为：$V=\frac{100}{49.05}$（m^3）

这样，就得到氮平衡法的计算结果如下：[注：对于式(1.46)、式(1.47)而言，如果使用干烟气成分含量代入，则分子、分母都要乘干烟气成分转换为(湿)烟气成分的换算因子，该换算因子可以参考式(1.7)。但是，按照分子、分母乘相同数其分数的大小不变之原理，所以，式(1.46)、式(1.47)可以直接代入干烟气成分含量来进行计算。]

$$\alpha=\frac{79-\frac{49.05}{100}\times47.5}{\left(79-\frac{49.05}{100}\times47.5\right)-3.0\times\frac{79}{21}}=1.254$$

对比上述氧平衡法与氮平衡法的计算结果可知，这两种计算方法的计算结果相差不大。 —毕—

1.1.4.3 漏风量的计算

如果热工设备内的压强（相对压强）为负压，则必然会有外界空气漏入到设备内（简称：漏风①）。在实际生产中，直接测量漏风量比较困难，因而多采用计算的方法：对于内部含有烟气的热工设备，可以利用漏风区域两个端点1、2处的气体成分进行计算。具体来说，工程上计算漏风量的常用方法有两种。

第一种方法是根据燃料燃烧所需要的理论空气量（标准状态体积）与空气过剩系数来计算所考虑区域内的漏风量（标准状态体积）V_{lok}，具体的计算公式为：

$$V_{\text{lok}}=(\alpha_2-\alpha_1)V_a^0m_f\quad(m^3/h)\tag{1.48}$$

式中 V_a^0——理论空气量：每1 kg固体燃料或液体燃料[或每1 m^3（标准状态体积）气体燃料]燃烧所需要的空气量（标准状态体积），m^3/kg（固体燃料或液体燃料）[或者m^3/m^3（气体燃料），这里，m^3为标准状态体积单位]；

m_f——燃料的消耗速率：每1 h消耗的燃料量，kg/h（固体燃料或液体燃料），或者m^3/h（气体燃料），这里，m^3为标准状态体积单位；

α_1,α_2——所考虑区域两侧端点处的空气过剩系数：其中，点1在气流的上游，点2在气流的下游，α_1和α_2分别按照点1、点2处的气体成分，利用式(1.43)、式(1.44)、式(1.46)或式(1.47)来进行计算。

第二种方法是根据所研究区域下游末端处的气流量以及所研究区域的漏风系数（参见图1.4）来计算漏风量（标准状态体积）V_{lok}，具体的计算方法为：

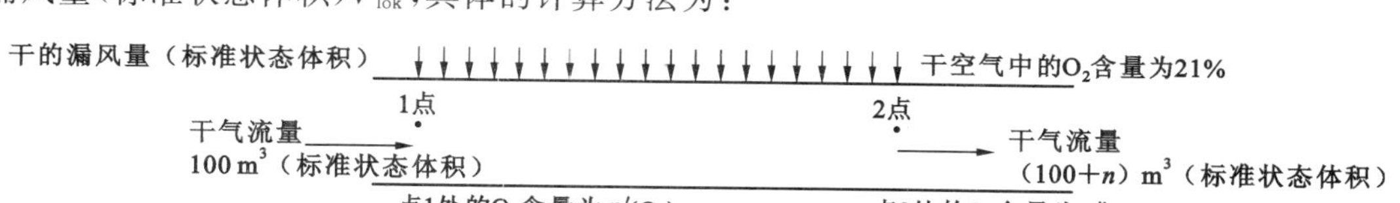

干的漏风量（标准状态体积）
干空气中的O_2含量为21%
1点
2点
干气流量
100 m^3（标准状态体积）
干气流量
$(100+n)$ m^3（标准状态体积）
点1处的O_2含量为$\varphi'(O_2)$
点2处的O_2含量为$\varphi''(O_2)$

图1.4 漏风系数n的导出图

按照图1.4中所示的氧平衡关系，则：

$$100\cdot\frac{\varphi'(O_2)}{100}+n\cdot\frac{21}{100}=(100+n)\cdot\frac{\varphi''(O_2)}{100}$$

整理后，得：

① 如果热工设备内的压强（相对压强）为正压，则其内的热气体便会通过设备边壁上的小孔、炉门等开口处而向外溢气。关于溢气量的计算方法参见第4.3.6.2(1)、(2)。

$$n = 100 \cdot \frac{\varphi''(O_2) - \varphi'(O_2)}{21 - \varphi''(O_2)} \tag{1.49}$$

$$\text{标准状态体积}: V_{lok} = V_2 \cdot \frac{100 - \varphi(H_2O)}{100} \cdot \frac{n}{100 + n} \quad (m^3/h) \tag{1.50}$$

式中　V_2——所考虑区域下游边界点(点 2)处的气流量(标准状态体积),m^3/h;

$\varphi(H_2O)$——所考虑区域的下游边界点(点 2)处气流中水蒸气的含量(体积分数,%),在设计计算时,参照【例 1.4】中的方法来计算,工程测量时,其计算公式参照式(3.10);

n——漏风系数,其意义以及计算公式参见式(1.49)。

在工程上,一般将漏风(空气)按照干空气处理,也就是忽略空气中的水蒸气量。这样,漏风量就按式(1.50)来进行计算。然而,如果计算精度要求考虑漏风中的水蒸气量,则可以参考式(1.21a)。

以上两种漏风量的计算方法相比较,前一种方法较为简单,因此,在工程设计时,常用该方法;而后一种方法则比较繁琐,但是由于计算结果较为准确,所以在工程测量中被较多地采用。

1.1.5　燃料燃烧理论简介

燃料燃烧是**指**燃料中的**可燃物**与**氧气**在一定的温度与浓度条件下,发生**剧烈**的**化合反应**,从而**产生**大量的**热量**并伴随着强烈的**发光**现象的过程。

燃料的种类很多,依其状态来分,有三大类:固体燃料、液体燃料及气体燃料。尽管各类燃料的化学组成各不相同,但是,从燃烧的角度来看,不同**燃料**中的**可燃成分**均可以归纳为**两种基本组成**:一种是**可燃气体**(简称:燃气),例如 H_2、CO 及 C_mH_n(C_mH_n 被称为:烃类或碳氢化合物)等;另一种是**固定碳**。例如,**固体燃料**受热时,挥发分(主要是一些可燃气体)逸出后,剩下的可燃物就只有固定碳,因此,固体燃料的燃烧,实质上就是可燃气体的燃烧以及固定碳的燃烧;**液体燃料**受热后首先气化出气态烃类,然后在高温缺氧时,有一部分烃类裂解成为固体碳粒以及分子量较小的烃类或 H_2,所以,液体燃料的燃烧,也可以看作是可燃气体的燃烧以及固定碳的燃烧;**气体燃料**的燃烧本身也就是可燃气体的燃烧。由此可以看出:研究各种燃料的燃烧过程,可以先从研究上述两种基本燃料组成的燃烧过程着手,这样就使得对于燃料燃烧的研究更加方便。

燃料的**燃烧有两种类型**:一种是**普通燃烧**(或称:正常的燃烧现象),它是依靠燃烧层中的热气体将其热量传递给邻近(含有可燃成分与 O_2 的)冷混合物层后再进行火焰传播。正常燃烧的火焰传播速度较小(每秒几米),燃烧时压强变化也较小,一般可以视为等压过程。另一种是**爆炸性燃烧**,通常是在高温、高压下进行,它是依靠压力波来将含有可燃成分与 O_2 的冷混合物加热至着火温度以上而燃烧,其火焰传播速度很大(1000~4000 m/s)。在**一般**的**工业窑炉中**,燃料**燃烧**都是**属于普通燃烧**,因此以下只考虑前一种燃烧现象,即正常的燃烧现象。

根据有关的研究结果可知:燃烧过程是一个极其复杂的物理与化学过程。它不仅涉及物质混合、热量传递、流体流动和着火条件,而且还与氧化反应速率、火焰形成与火焰传播等一系列问题密切相关。为了合理地组织燃烧,有效地利用资源和节约燃料,首先就有必要对燃料燃烧过程的基本原理进行探讨。下面是按照燃料燃烧的一般进程对其进行的分析。

1.1.5.1　燃烧前的准备阶段

燃烧必需有一定的前提条件,例如,可燃物与 O_2 的混合、可燃物在燃烧系统中具有一定的浓度、可燃物与助燃气体的混合物需要预热到一定温度等。各类燃料为了满足这些条件所采取的措施虽然不尽相同,但是,其过程却有着许多基本共性。

以燃料与空气的混合为例:如果在着火以前,燃料与空气已经充分地混合,则会形成预混动力火焰(短焰或无焰);如果点火后还在进一步混合(边混合、边燃烧)则会形成扩散火焰(长焰)。这两类火焰无论是在燃烧器的结构上还是在火焰本身的特点上都有着显著的区别。

1.1.5.2　着火阶段

任何燃料的燃烧过程,都有“着火”和“燃烧”这两个阶段,着火过程是指含有一定比例的燃料与

O_2 的可燃混合物从开始发生氧化反应到温度升高到发生激烈燃烧反应之前的一段过程①。实际生产中,通常有以下两种方法可以使可燃混合物发生着火燃烧。

① 自燃着火法:当可燃混合物同时被加热到某一温度时,可燃混合物本身便会自动地、不需外界帮助地而达到激烈的燃烧状态,这个过程被称为:**自燃着火**,简称:**着火**(Ignition)。

② 强制点火法:在冷的可燃混合物中,用一个很小的点热源,使局部区域首先着火燃烧并且放热升温,然后热量就会自动且迅速地向其相邻区域传递,从而使整个容器中的可燃物着火燃烧,该过程被称为:**强制点火**,简称:**点火**(Spark Ignition)。

无论是"着火"还是"点火",实质上都是使燃烧反应能够自动地加速。而产生这种加速过程的原因主要是高温。因此,可以用热平衡的观点来研究着火过程。下面就以燃气/空气的可燃混合物为例,从热源的角度来简要地说明着火过程和点火过程。

(1) 着火过程

① "着火温度"的概念

由缓慢的氧化反应转变为剧烈氧化反应(即燃烧)的瞬间便发生着火,该转变发生时的最低温度被称为:**着火温度**。

② 着火过程及其表征

假设某容器内盛有可燃气体与空气的混合物,由于氧化反应是放热反应,该反应所产生的大量热量便使混合气体的温度上升。当该混合气体的温度高于周围空气的温度时,便会有热量通过容器的器壁向外界散失。单位时间内氧化反应产生的热量 Q_g(简称:**放热速率**)与可燃混合气体温度 T 之间的关系符合化学反应动力学中的阿累尼乌斯②公式[4];而单位时间内向外界散失的热量 Q_d(简称:**散热速率**)与可燃混合气体温度 T 之间的关系符合传热学中的相关规律(参见第 2.4 节),具体为:

$$Q_g = K \cdot \exp\left(-\frac{E}{RT}\right) \qquad (\text{kJ/kmol}) \tag{1.51}$$

$$Q_d = K' \cdot (T - T_0) \qquad (\text{kJ/kmol}) \tag{1.52}$$

式中 E——氧化反应的活化能,kJ/kmol;

R——气体普适常数,$R \approx 8.314\ \text{kJ/(mol} \cdot \text{K)}$;

T——混合气体的(绝对)温度,K;

T_0——器壁的绝对温度,K;

K, K'——系数。

上述两个公式所描述的规律可以用如图 1.5 所示的曲线Ⅰ和曲线Ⅱ来表示。

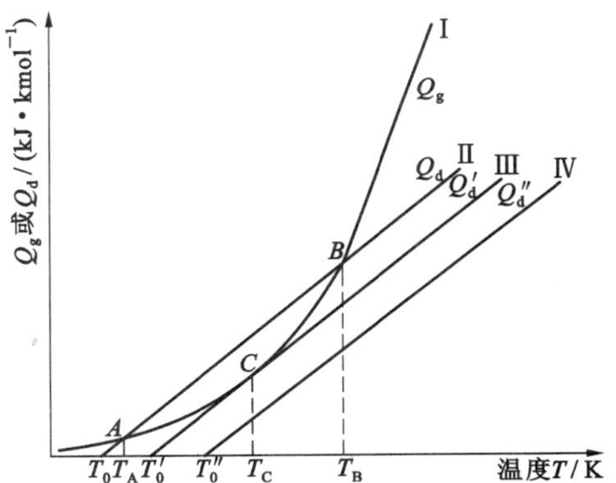

图 1.5 放热曲线与散热曲线

Ⅰ—放热速率与温度之间的关系曲线(称为:放热曲线);
Ⅱ、Ⅲ、Ⅳ—不同环境温度时的散热曲线
(曲线Ⅰ与曲线Ⅱ相交于点 A、点 B;
曲线Ⅰ与曲线Ⅲ相切于点 C)

关于点 A、点 B 的讨论:就曲线Ⅰ与曲线Ⅱ而言,若可燃混合气体的温度 T 在 T_A 与 T_B 之间,因为散热速率大于放热速率,T 必然会不断下降,直至到达 T_A 才停止;而当可燃混合气体的温度 $T < T_A$ 时,因为放热速率大于散热速率,T 会不断地上升,直至到达 T_A 为止,因此说:点 A 是**稳定点**。然而,点 B 的情况则是相反,一旦可燃混合气体的温度 T 略高于 T_B,则由于放热速率大于散热速率,温度 T 便会不断上升而偏离点 B 越来越远;反之,一旦混合气体的温度 T 略低于 T_B,由于散热速率大于放热速率,温度 T 又会不断下降也偏离点 B,

① 在工业热工设备内,关于固体燃料或液体燃料的燃烧,从燃料喷出一直到发生激烈燃烧反应之前这一段被称为:**黑火头**,这是因为在激烈燃烧反应所发出亮光的映照下,这一段射流呈现黑色的缘故。

② 斯瓦特·奥斯特·阿累尼乌斯(Svante August Arrhenius,1859—1927),瑞典物理化学家,对宇宙化学、天体物理和生物化学也有研究。1903 年获得诺贝尔化学奖。

直至到达点 A。因为在任何的情况下，偶然的偏差总是不可避免的，这就使得可燃混合气体的温度 T 很容易偏离点 B，因此说：点 B 是**不稳定点**。

关于**环境温度** T_0 的**讨论**：当周围环境的温度 T_0 逐渐升高时，散热曲线Ⅱ就会不断地向右移动，当 T_0 达到 T_0' 时，散热曲线Ⅲ与放热曲线Ⅰ会相切于点 C，所以说：点 C 是稳定情况存在的极限点。这也就是说，如果周围环境的温度 T_0 比 T_0' 略高，则稳定情况就不可能存在(即这时的发热速率总是大于散热速率)。这样，温度升高，反应速度就加快，于是发生“自燃着火”现象(自燃着火是一种特殊的着火燃烧情况)。

放热曲线Ⅰ与散热曲线Ⅲ相切的**点** C 叫做：**着火点**，该点所对应的混合气体温度 T_C 被称为：**着火温度**。该温度是指在一定的条件下，燃料能够**稳定燃烧**的**最低温度**。

从上述的分析亦可以看出：**着火温度**并**不是**一个**定值**，当氧化反应速率加快(即放热速率提高时，例如，**富氧燃烧**、**全氧燃烧**)或散热速率降低(例如，对于器壁**强化保温**、对于可燃气体或助燃气体进行**预热**)时，都会**使着火温度降低**。所以，着火温度不仅与可燃混合物的组成及其参数有关，也是与散热条件有关。另外，将燃料与接近理论需要量的空气混合，提高混合气体的压强或提高周围介质的温度等，均可以使着火温度降低。在1个大气压下一些典型燃料在空气中的着火温度范围参见表1.9。

表1.9　1 atm下一些典型燃料在空气中的着火温度范围

种类	H_2	CO	CH_4	C_2H_6	C_2H_2	发生炉煤气
着火温度/℃	510～590	610～658	645～685	530～594	335～500	～530
种类	天然气	石油	重油	无烟煤	烟煤	褐煤
着火温度/℃	～530	360～400	300～350	350～500	250～400	250～350

③ 着火浓度范围

对于气体燃料，它与空气的比例也必需在一定的范围内时，才能够进行燃烧，这一范围被称为：**着火浓度范围**，或称：着火浓度极限。可燃气体的组成不同，其着火浓度范围也会有所差异。

如果燃气与空气的混合物在容器内混合均匀，而且处于着火浓度范围以内，则一旦有火花或明火存在，瞬间之内就会产生温度很高的燃烧产物，压强也会因此而急剧增加，于是产生“爆炸”现象，故而着火浓度极限又称为：**爆炸极限**。工业上常用的燃气在空气中的着火浓度范围参见表1.10。当然，可燃混合物的着火温度范围还与其初始温度及其所含中性气体量有关。可燃混合气的预热温度高、氧含量高时，着火浓度范围就会有所扩大。例如，纯氧气助燃时，其着火浓度范围就比空气助燃时的着火浓度范围要大。

表1.10　工业上常用的燃气在空气中的着火浓度范围

煤 气 种 类	煤气/空气混合物中的煤气含量(体积分数,%)	
	下限	上限
发生炉煤气	21	31
焦炉煤气	6	31
天然气	4	15

从表1.10可以看出，天然气的着火浓度范围较窄。所以，还必需保证天然气含量在一定的浓度范围之内时才能够着火燃烧。另外，由于天然气在空气中的浓度达到4%～5%时就有爆炸的危险，因而**输送天然气**的管道、测量仪表以及燃烧装置等处必须封闭严密，**不能有漏气点**。

由以上论述也可知，若可燃混合气中可燃物的含量低于着火浓度范围的下限或者高于着火浓度范围的上限，均不能着火燃烧，这是因为可燃物过少(低于下限)或空气含量过少(高于上限)时，着火初期的氧化反应所产生的热量不足以将邻近层气体加热到着火温度以上，所以燃烧无法延续。需要进一步说明的是：着火浓度范围是针对着火过程或点火过程而言的，若是**可燃混合物**喷入**高温炉膛**内，则其**着火浓度范围**就**不受**上述**着火浓度范围**的**限制**。

(2) 点火过程

① “点火温度”的概念

在工业燃烧技术中，通常是采用强制点火的办法来使燃料开始燃烧，**点火源**包括：局部火焰、高温物体、电火花等。**点火过程**的**特点**是：点火源使得局部点或局部区域首先开始燃烧，然后通过热传递过程使其周围的可燃物快速升温，从而不断地加速其氧化反应，这样就进入燃烧阶段。

点火源在能够成功地完成点火过程的前提下所具有的最低临界温度被称为：**点火温度**。

② 点火过程与点火温度的表征

点火过程可以用如图1.6所示的一个简图来表示。假设某容器内存在着可燃混合物，可燃混合物的初始温度为 T_0，以器壁处的某点作为点火源。如果点火源的温度为 T_1($T_1>T_0$)，邻近点火源的可燃混合物将会因为点火源的热传导而升温，如该图中 T_1A_1 实线所示。再考虑到靠近点火源的一层可燃物已经被引燃放热，因而点火源周围的实际温度分布会高于 T_1A_1(如虚线 T_1A_1' 所示)。尽管如此，由于点火源温度 T_1 不够高，引燃作用不强，最终达不到点火燃烧的目的。若将点火源温度提高至 T_2，这时其附近的可燃混合物由于热传导而将温度曲线升高为 T_2A_2 实线，而且邻近点火源的区域内已经被引燃的可燃物分子也较多，所以其放热量增多而使升高后的温度曲线变为虚线 T_2A_2'。这就是说，稍微远离点火源处可燃物温度也能够达到 T_2，这就使得燃烧反应能够得以继续进行，直至整个容器内的可燃混合物都能够自动地加速其氧化反应而进行燃烧。T_2 是实现容器内可燃物燃烧所需要的最低临界温度，即“点火温度”，该临界条件可以用下式来表述：

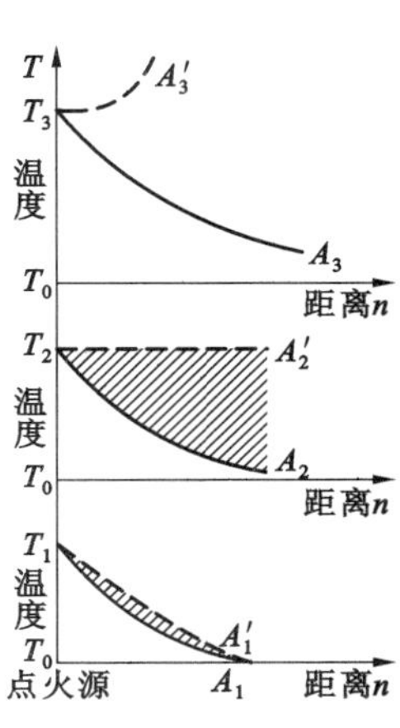

图1.6 点火过程的示意图

$$\left.\frac{\mathrm{d}T}{\mathrm{d}n}\right|_{n=0}=0 \tag{1.53}$$

式中 n——点火源表面法线方向上的坐标值。

式(1.53)的物理意义是：当点火源的表面温度在达到点火温度 T_2 时，如果其表面上的温度梯度为零，则其引燃的可燃物所放出的热量刚好可以保证全部可燃物的燃烧反应能够自动地进行。当然，若点火源温度 T_3 更高(即 $T_3>T_2$)，则其邻近的实际温度曲线为虚线 T_3A_3'，燃烧便可以加速进行。

点火温度在数值上**略高于着火温度**，但是**也不是**一个**固定值**，而是与点火源的性质有关。点火源的表面积愈小，则其点火温度就愈高。

1.1.5.3 燃烧阶段

(1) 可燃气体 H_2、CO 以及烃类的燃烧

近代一些研究与实践表明：可燃气体的燃烧过程并不像以下所述的三个化学反应方程式所表示

$$H_2+0.5O_2 = H_2O$$

$$CO+0.5O_2 = CO_2$$

$$C_mH_n+2(m+0.25n)O = mCO_2+0.5nH_2O$$

的那样简单，而是按照链锁反应的形式来进行。产生链锁反应需要有链锁刺激物(也称：中间活性物，例如 H、O 以及 OH)存在。这些链锁刺激物是由于分子之间的互相碰撞、气体分子在高温时的分解、电火花的激发等因素而产生。下列各式所表示的是产生链锁刺激物的反应：

$$H_2 \longrightarrow 2H$$

$$O_2 \longrightarrow 2O$$

$$H+O_2 \longrightarrow OH+O$$

$$O+H_2 \longrightarrow OH+H$$

氢气燃烧是典型的链锁反应过程，它是按照分支链锁反应而进行的，其中 H 为链锁刺激物，整个燃烧过程的链锁反应按照下式所表示的机理来进行：

$$H_2 \rightarrow H+O_2 \rightarrow \begin{cases} O+H_2 \rightarrow \begin{cases} H \\ OH+H_2 \rightarrow \begin{cases} H_2O \\ H \end{cases} \end{cases} \\ OH+H_2 \rightarrow \begin{cases} H_2O \\ H \end{cases} \end{cases}$$

$$H_2 \rightarrow H$$

总的化学反应为：

$$H+3H_2+O_2 \longrightarrow 2H_2O+3H$$

即 1 个活性氢原子经过链锁反应以后能够产生 3 个活性氢原子，因此氢气的燃烧速度增加极快。

一氧化碳的燃烧机理与氢气的燃烧机理类似，其燃烧链锁反应过程可以用下式来表示：

$$H+O_2 \rightarrow \begin{cases} O+CO \rightarrow CO_2 \\ OH+CO \rightarrow \begin{cases} CO_2 \\ H \end{cases} \end{cases}$$

从上述反应机理可知，H_2 和 CO 的燃烧都需要 H、OH 这样的链锁刺激物。因此燃烧时就需要有氢气或水蒸气的存在。它们产生出这些链锁刺激物以后，才能够加速燃烧反应进行。H_2 燃烧时，其反应本身就能够产生链锁刺激物，从而能够保证所需链锁刺激物的持续产生。然而，CO 燃烧过程本身却不能够产生这种刺激物，所以，对于 CO 的燃烧过程而言，加入适量的水蒸气对于其燃烧进程是有利的，这已经在实践中得到了验证。

气态烃类的燃烧机理比氢气的燃烧机理或一氧化碳的燃烧机理更为复杂。以甲烷为例，它的燃烧链锁反应过程如下式所示：

$$CH_4+O \rightarrow CH_4O+O_2 \rightarrow \begin{cases} O \\ CH_4O_2 \rightarrow \begin{cases} H_2O \\ HCHO+O_2 \rightarrow \begin{cases} HCOOH \rightarrow \begin{cases} H_2O \\ CO+O \rightarrow CO_2 \end{cases} \\ O \rightarrow (CO+O) \end{cases} \end{cases} \end{cases}$$

在上式中，O 活性原子是链锁刺激物。甲醛的存在能够产生单原子 O，这对于烃类的燃烧是有利的。

综上所述，气体燃料的燃烧是按照链锁反应来进行的，当气体燃料与空气的混合物加热至着火温度后，要经过一定的感应期，才能够迅速地燃烧。在此感应期内，会不断产生高能态的链锁刺激物，但是，这并不能放出大量的热量，故而不能够迅速地使邻近燃气层的温度升高而使其燃烧，这种现象被称为：**延迟着火现象**。延迟着火的时间不仅与气体燃料的种类有关，也与温度以及压强有关。温度越高，压强越大，则延迟着火的时间就越短。

(2) 固态碳的燃烧

固态碳的燃烧是两相(气相—固相)反应的物理化学过程，O_2 扩散至碳粒表面后与碳发生氧化反应，反应生成的产物 CO 气体与 CO_2 气体再从碳粒的表面扩散出来，以便让新的 O_2 也扩散至碳粒表面从而继续进行氧化反应。

关于固定碳与氧气反应的机理，曾经有如下几种观点(当然，被人们普遍接受的是第三种观点)。

【第一种观点】 早期的部分学者认为，固态碳的燃烧机理是：O_2 扩散到碳粒表面后，先被氧化成 CO_2，当表面温度较高时，则 CO_2 又被还原为 CO，其过程是：

$$C+O_2 = CO_2 \quad \text{一次反应}$$

$$CO_2+C = 2CO \quad \text{二次反应}$$

【第二种观点】 后来的有些学者认为，固态碳的燃烧机理是：当 O_2 扩散到碳粒表面后，先将碳氧化生成 CO，CO 在扩散过程中遇到氧气又生成 CO_2，其过程是：

$$2C+O_2 = 2CO \quad \text{一次反应}$$

$$2CO+O_2 = 2CO_2 \quad \text{二次反应}$$

【第三种观点】 现在的学者们则普遍地认为，固态碳的燃烧机理是：当 O_2 扩散至碳粒表面后，并不立即进行化学反应，而是被碳粒表面吸附从而生成结构不确定的吸附络合物 C_xO_y，当温度升高或者有新的氧分子冲击时，这些络合物分子便会分解出 CO 及 CO_2，其过程是：

$$xC+\frac{y}{2}O_2 = C_xO_y$$

$$\left.\begin{array}{l} C_xO_y \\ C_xO_y+O \end{array}\right\} = aCO+bCO_2$$

所生成的 CO 和 CO_2 比例（即 a、b 的具体数值）与燃烧温度有关。从有关的实验结果得知，如果燃烧温度在 900～1200 ℃之间时，所生成的 CO 与 CO_2 的比例是 1：1；当燃烧温度大于 1450 ℃时，所生成的 CO 与 CO_2 的比例为 2：1，如果用化学方程式来表示，则具体如下：

$$4C+3O_2 = 2CO+2CO_2 \quad \text{燃烧温度为 900～1200 ℃时}$$

$$3C+2O_2 = 2CO+CO_2 \quad \text{燃烧温度大于 1450 ℃时}$$

上述的三种观点尽管都是理论假说，而且其机理也不一致，但是有一点却是共同的，那就是：要使固定碳的原子迅速地燃烧，O_2 分子必需能够快速地扩散至碳粒表面，然后，在高温下碳粒表面的原子便被氧化成碳氧化物的气态分子，其后这些碳氧化物的气态分子又必需迅速地从碳粒表面扩散出来，使新的 O_2 再顺畅地扩散至碳粒表面。所以说，固定碳的燃烧过程就是氧化反应过程与扩散过程的综合过程，因此其燃烧速度应当与化学反应速度以及扩散速度有关。

固态碳燃烧的**化学反应速度**可以近似地按式(1.54)来进行计算（即其反应机理近似地按照一级反应来进行处理）：

$$V_c = k \cdot c(O_2) \qquad [\text{mol}/(\text{m}^2 \cdot \text{s})] \tag{1.54}$$

式中 V_c——单位时间内、单位碳粒表面积上氧化反应所消耗的氧气量，mol/(m²·s)；

$c(O_2)$——邻近碳粒表面的气相中之氧气浓度，mol/m³；

k——化学反应速度系数，m/s 。

扩散速度可以按式(1.55)来进行计算：

$$V_d = \alpha_d[c'(O_2) - c(O_2)] \qquad [\text{mol}/(\text{m}^2 \cdot \text{s})] \tag{1.55}$$

式中 V_d——单位时间内扩散到单位碳粒表面上的氧气量，mol/(m²·s)；

$c'(O_2)$——气流中心处的氧气浓度，mol/m³；

α_d——扩散速度系数，m/s 。

在平衡条件下，$V_c=V_d$，所以，$V_c=\alpha_d[c'(O_2)-c(O_2)]$。

于是，由式(1.54)，得：

$$c(O_2) = \frac{V_c}{k} \qquad (\text{mol}/\text{m}^3) \tag{1.56}$$

由式(1.55)，得：

$$c'(O_2) - c(O_2) = \frac{V_d}{\alpha_d} \qquad (\text{mol}/\text{m}^3) \tag{1.57}$$

将式(1.56)和式(1.57)相加，再考虑到 $V_c=V_d=V$（V 为固定碳的总燃烧速度），得：

$$c'(O_2) = V\left(\frac{1}{k}+\frac{1}{\alpha_d}\right) \qquad (\text{mol}/\text{m}^3) \tag{1.58}$$

由此可知，**固定碳的总燃烧速度** V 为：

$$V=\frac{c'(O_2)}{\frac{1}{k}+\frac{1}{\alpha_d}}=K\cdot c'(O_2)\qquad [mol/(m^2\cdot s)] \tag{1.59}$$

式中　K——固定碳的总燃烧速度系数，m/s。

$$K=\frac{1}{\frac{1}{k}+\frac{1}{\alpha_d}}\qquad (m/s) \tag{1.60}$$

固定碳的**燃烧速度**通常是用**单位时间内、单位碳粒表面积上所燃烧的碳量**（即 V_{carbon}）来表示，而固定碳消耗量与氧气消耗量之比则决定着燃烧产物中 CO 与 CO_2 的数量。

设 $V_{carbon}/V=m$，则 $V_{carbon}=mV$，故而可以得到：

$$V_{carbon}=\frac{m\cdot c'(O_2)}{\frac{1}{k}+\frac{1}{\alpha_d}}\qquad [mol/(m^2\cdot s)] \tag{1.61}$$

在式(1.61)中，m 的值在 0.375～0.75 的范围内变化，这是因为：

若当燃烧产物中只有 CO 时，m＝碳的摩尔质量（其数值等于其相对原子质量）/氧的摩尔质量（其数值等于氧的相对原子质量）＝12/16＝0.75；

当燃烧产物中只有 CO_2 时，m＝碳的摩尔质量（其数值等于其相对原子质量）/两倍氧的摩尔质量（其数值等于两倍氧的相对原子质量）＝12/32＝0.375。

低温时（约 800℃以下），化学反应的速度系数非常小，即 $k\ll\alpha_d$，所以此时 $\frac{1}{k}\gg\frac{1}{\alpha_d}$，故 $\frac{1}{\alpha_d}$ 这一项可以忽略，于是 $\left(\frac{1}{k}+\frac{1}{\alpha_d}\right)\approx\frac{1}{k}$，这样，式(1.61)就可以简化为：

$$V_{carbon}=m\cdot k\cdot c'(O_2)\qquad [mol/(m^2\cdot s)] \tag{1.62}$$

此时，总的燃烧速度取决于化学反应速度系数（即化学反应能力的大小）。此时，燃烧速度随着温度的升高而急剧增加，而与气流的流速无关，即燃烧速度服从于**化学反应的规律**。所以，这一阶段被称为：**动力燃烧区**。由此可见：当燃料的燃烧过程处于“动力燃烧区”时，任何有利于加快燃烧反应的措施对于完善燃烧过程都十分有效，例如，那些通过催化来加速燃烧反应的“助燃剂”，在这个燃烧阶段的作用效果（完善燃烧、节能减排、降低环境污染）就尤为明显。

当**温度升高到一定**的**程度时**（约 1000 ℃以上），化学反应速度系数已变得很大，即 $k\gg\alpha_d$，所以此时 $\frac{1}{k}\ll\frac{1}{\alpha_d}$，因此 $\frac{1}{k}$ 这一项可以忽略。于是，$\left(\frac{1}{k}+\frac{1}{\alpha_d}\right)\approx\frac{1}{\alpha_d}$，这样，式(1.61)就可以简化为：

$$V_{carbon}=m\cdot\alpha_d\cdot c'(O_2)\qquad [mol/(m^2\cdot s)] \tag{1.63}$$

此时，总的燃烧速度取决于扩散速度系数（即扩散能力的大小）。因此，这时的燃烧速度不随燃料性质的改变而改变，而且与温度的关系也不大，而是与气流速度（这是指气流与碳粒之间的相对速度）密切相关，即燃烧速度服从于**扩散规律**。所以，这一阶段被称为：**扩散燃烧区**。由此可见：当燃料燃烧过程处于“扩散燃烧区”时，任何有利于加快可燃粒子与 O_2 接触的措施对于完善燃烧过程都是十分有效的，例如，其一，良好的通风措施在这一燃烧阶段就十分重要；其二，对于那些能够向可燃粒子的表面不断提供氧原子的“助燃剂”，在这一燃烧阶段的作用效果便会十分明显。

在**动力燃烧区**与**扩散燃烧区**这两种极限情况之间的状况被称为：**过渡区**。此时，扩散速度与化学反应速度相差不大，即燃烧速度与化学反应能力以及扩散能力均有关系。所以，**过渡区**内的规律最为复杂，即所有影响化学反应速度以及扩散速度的因素都会对于燃烧速度有所影响。

以上三个燃烧区内的规律可以用固定碳的燃烧速度与其温度以及气流速度（这里的气流速度是指气流与碳粒之间的相对速度）之间的关系来表征，如图 1.7所示。

但是，在实际情况下，固定碳的燃烧过程要复杂得多，这是因为在实际燃烧过程中，不仅有氧化反应存在，而且还存在二次反应 $CO_2+C=2CO$；不仅会在碳粒的表面燃烧，也会在其内部的孔隙中燃烧；

而且，碳粒的形状、气流的性质均对于燃烧速度有所影响。

在无机非金属材料工业领域，燃料在燃烧室内或热工设备内燃烧时，固定碳的燃烧规律一般处在扩散区，因此，如何很好地使空气与燃料更充分地混合或接触，并且具有较大的相对速度是强化燃料燃烧的主要途径。

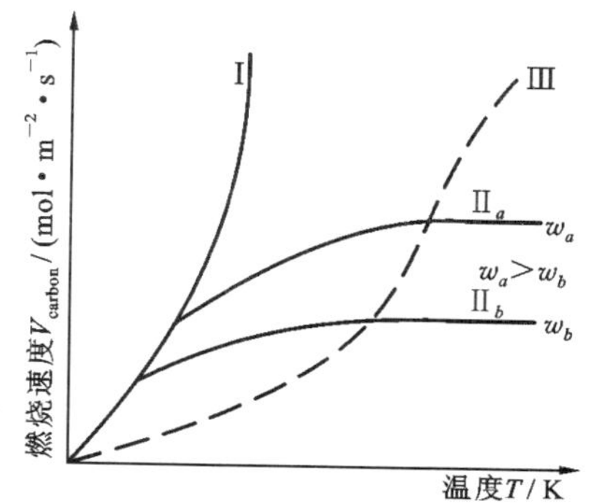

图 1.7 固定碳的燃烧速度 V_{Carbon} 与温度 T 及气流的相对速度 w 之间的关系

动力区：曲线Ⅰ的左侧；

过渡区：曲线Ⅰ与曲线Ⅲ之间；

扩散区：曲线Ⅲ的右侧

(3) 火焰的形成、传播及其稳定性

一般的燃烧室或热工设备中的火焰是由于燃料和空气混合物在燃烧空间内连续燃烧和连续流动从而形成的高温发光体。通常，可以观察到一定形状和某些颜色的火焰。如果简单地从一维方向（流动方向）来考察，“火焰长度”则会覆盖从燃料着火燃烧一直到燃烧反应完成所经历的全过程。**火焰长度**也可以理解为：可燃混合物在给定环境中受到物理、化学等因素的综合影响而达到完成燃烧反应所需要的**时间**与其在流动方向上的**流速之乘积**。

如果可燃混合物能够连续地、稳定地供给，而且环境条件和操作参数也相对稳定，那么燃烧产物的组成、数量、状态和流动条件也会保持一定。这时，火焰就将会较稳定地位于燃烧空间内相对固定的位置上。而且，在沿流动方向的任意截面上，温度、流速、各成分的浓度等参数的平均值也都会保持相对稳定，这也就是说，燃烧反应能够安全地、连续地进行，而且有一个相对稳定的火焰。

稳定的火焰实质上**是**一个**动态平衡过程**：每个燃烧的质点在其自身向前移动的过程中也为其后填补该位置的另一燃烧质点创造了着火、燃烧的准备条件。这个动态平衡过程也可以理解为：火焰本身向着与流动方向相反的方向传播。下面将用一个更为简洁的物理模型来阐述火焰形成及其传递机理。

在静止的燃气与空气的可燃混合物中，当某一局部区域着火后，在燃烧处就形成了一个燃烧焰面。由于燃烧产生了大量的热量，这使得该处的温度升高，升温后再以热传导的方式传热给邻近层的可燃混合物，使其达到着火温度而着火燃烧，这样就形成了一个新的燃烧焰面，这种火焰会不断地向未燃气体方向移动的现象被称为：**火焰的传播现象**（也称：火焰扩散现象）。其传播速度被称为：**火焰传播速度**（或称：扩散速度），其传播方向与燃烧的焰面相垂直，故而又称为：**法向火焰传播速度**，单位：m/s。

从另一个角度来看，火焰传播速度就是指单位时间内、单位火焰面积上所烧掉的可燃混合物的体积，单位为 $m^3/(m^2 \cdot s)$。因此，火焰传播速度也可以被称为：**燃烧速度**。若可燃混合物以一定速度流动，当其流速与火焰传播速度大小相等但是方向相反时，便可以得到一个相对稳定的火焰，这时所进行的火焰传播过程和在静止状态下的火焰传播过程相同。

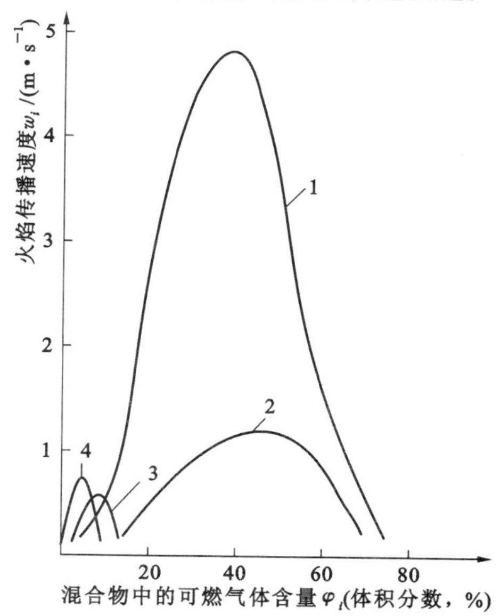

图 1.8 在 1″管内某些单一可燃气体与空气的混合物之火焰传播速度

1—H_2；2—CO；

3—CH_4（甲烷）；4—C_2H_6（乙烷）

火焰传播速度与可燃混合物的组成、温度以及燃烧管的尺寸等因素有关。图 1.8 所表示的就是各种单一可燃气体与空气的混合物在 1″管[①]内进行着火燃烧时，可燃气体的

① ″是英寸的符号（1 英寸≈25.4 mm）。所以，1″管是指公称直径为 1 英寸的管道，其具体尺寸请查阅附录 11 中的附表 11.1 和附表 11.2，或者查阅有关管道的技术手册。

含量与火焰传播速度之间的关系。

从图 1.8 中则可以看出：

第一，H_2 的火焰传播速度远比 CH_4 的火焰传播速度要大，这主要是由于H_2的热扩散率较 CH_4 的热扩散率要大(有关“热扩散率”的概念参见第 2.1 节)。

第二，对于可燃气体混合物，只有在一定的浓度范围内，火焰才能够传播，也就是说，存在着火焰传播的浓度极限值。火焰传播的浓度上、下极限值是指：可燃气体与空气的混合物中可燃气体的最高含量与最低含量。当可燃气体与空气的混合物中增加非可燃气体(例如，CO_2、N_2 等)的含量时，一般会将下限提高、上限降低，即火焰可以传播的浓度范围缩小，这是由于当增加非可燃气体后，可燃气体原子与空气中氧原子碰撞的几率会有所降低。

第三，火焰传播速度随着可燃混合物中可燃气体含量的变化而改变，而且会存在着一个极大值，通常是在空气过剩系数 α 接近于 1(但略大于 1)时，火焰传播速度会达到其极大值。

另外，需要指出的是：提高可燃混合物的初温(即对其进行预热)、增加燃烧管的尺寸，都可以提高火焰的传播速度。

当可燃气体与空气的混合物经燃烧器喷入燃烧设备内或热工设备内时，气体流速就会逐渐降低，同时因为接收到该设备内燃烧产物传出的热量，所以温度会逐渐升高至着火温度而燃烧。如果气体喷出速度相比火焰传播速度太小，则火焰根部就可能会进入燃烧管内，从而发生所谓的“回火”现象(这会导致燃烧管受热爆炸)；反之，如果气体喷出速度相比于火焰传播速度太大，则火焰根部便可能远离烧嘴，从而引发“脱火”现象(这会导致火焰熄灭，所以也称为“熄火”现象或“断火”现象)。因此，火焰传播速度是决定可燃混合物最合适喷射速度的必要条件。

对于由几种可燃气体所组成的气体燃料，其最大的法向火焰传播速度可以利用式(1.64)来进行计算。

$$w_{n,f}=\frac{\sum \frac{\varphi(i)}{c(i)}w_i}{\sum \frac{\varphi(i)}{c(i)}} \qquad (m/s) \tag{1.64}$$

式中　$w_{n,f}$——气体燃料的最大法向火焰传播速度[关于该速度的修正，参见式(1.65)～式(1.67)]，m/s；

$\varphi(i)$——不含非可燃气体的气体燃料中某一可燃气体的含量(体积分数，%)；

w_i——某单一可燃气体的最大法向火焰传播速度，m/s(可以查阅图 1.8 或表 1.11)；

$c(i)$——某单一可燃气体在最大火焰传播速度时的含量或浓度(体积分数，%)，可以查阅表 1.11。

表 1.11　某些单一可燃物的最大法向火焰传播速度 w_i 以及 w_i 最大时所对应的气体浓度 c_i

气体种类	空气助燃下火焰传播速度及燃气浓度	
	最大法向火焰传播速度 $w_i/(m\cdot s^{-1})$ (静态试验，1″管)	最大法向火焰传播速度时的气体浓度 $c(i)$(体积分数，%)
CO	1.25	45.0
H_2	4.83	38.5
CH_4(甲烷)	0.67	9.8
C_2H_6(乙烷)	0.85	6.5
C_3H_8(丙烷)	0.82	4.6
C_4H_{10}(丁烷)	0.82	3.6
C_2H_4(乙烯)	1.42	7.1

但是，也请注意以下几点：

① 当燃气中含有非可燃气体 CO_2 与 N_2 时，其火焰传播速度应当根据式(1.65)来作出修正。

$$w_{n,f}' = w_{n,f}[1.0 - 0.01\varphi(N_2) - 0.012\varphi(CO_2)] \quad (m/s) \tag{1.65}$$

式中 $w_{n,f}'$——对于非可燃气体 CO_2 与 N_2 修正后的火焰传播速度，m/s；

$w_{n,f}$——由式(1.64)所计算出的、纯可燃气体的火焰传播速度，m/s；

$\varphi(N_2)$，$\varphi(CO_2)$——可燃气体中 N_2、CO_2 的含量(体积分数，%)。

② 关于可燃气体混合物的温度对于火焰传播速度的影响，可以用式(1.66)来进行计算。

$$w_{n,f}^t = w_{n,f}\left(\frac{273.15+t}{273.15}\right)^2 \quad (m/s) \tag{1.66}$$

式中 $w_{n,f}^t$——温度为 t ℃时的火焰传播速度，m/s；

$w_{n,f}$——由式(1.64)所计算出的、温度为 0 ℃时的火焰传播速度，m/s。

③ 管径对于火焰传播速度的影响，可以用式(1.67)来进行计算。

$$w_{n,f}^d = m_d \cdot w_{n,f} \quad (m/s) \tag{1.67}$$

式中 $w_{n,f}^d$——燃烧器所使用管道的直径公称尺寸为 d 英寸时的火焰传播速度，m/s；

$w_{n,f}$——由式(1.64)计算出的、使用 1″管(读作“1 英寸管”，1 英寸≈25.4 mm)燃烧器时的火焰传速度，m/s；

m_d——管径校正系数，其值可以根据图 1.9 来查得。

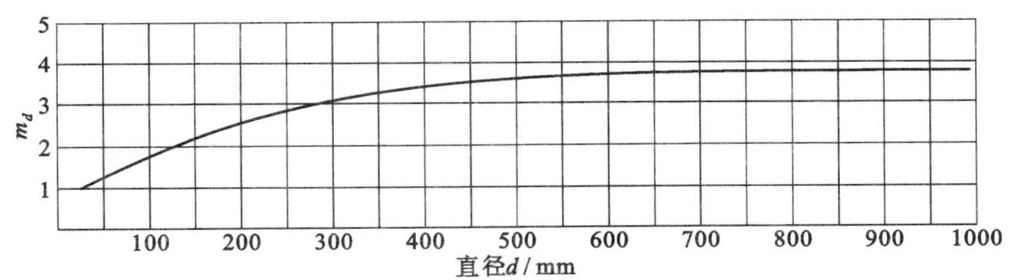

图 1.9 m_d 与管径 d 之间的关系

【例 1.11】 某发生炉煤气的温度为 50 ℃，其组成为：

组分	CO	H_2	CH_4	N_2	O_2
含量(体积分数，%)	31.8	13.1	4.1	50.7	0.3

所用的燃烧器为 2″管，即管道直径的公称尺寸为 50 mm。试计算该煤气燃烧时的最大法向火焰传播速度。

【解】 该发生炉煤气中的可燃物含量为：

$$100-(50.7+0.3)=49(\%)$$

不考虑非可燃气体的影响时，则各个可燃气体组分的含量(体积分数，%)$\varphi(i)$分别为：

$$\varphi(CO)=\frac{31.8}{49}\times 100\%=64.9\%；\varphi(H_2)=\frac{13.1}{49}\times 100\%=26.7\%；\varphi(CH_4)=\frac{4.1}{49}\times 100\%=8.4\%。$$

若不考虑非可燃气体的影响，当该煤气的温度为 0 ℃时，在 1″管内的最大法向火焰传播速度 $w_{n,f}$ 可以利用式(1.64)进行计算：其中，w_i 值可以通过表 1.11 查得，分别为 $w_{CO}=1.25$ m/s、$w_{H_2}=4.83$ m/s、$w_{CH_4}=0.67$ m/s。$c(i)$值也是通过表 1.11 查得，分别为 $c(CO)=45.0\%$、$c(H_2)=38.5\%$、$c(CH_4)=9.8\%$。于是，根据式(1.64)可以计算出 $w_{n,f}$ 为：

$$w_{n,f}=\frac{\sum\frac{\varphi(i)}{c(i)}w_i}{\sum\frac{\varphi(i)}{c(i)}}=\frac{\frac{64.9}{45.0}\times 1.25+\frac{26.7}{38.5}\times 4.83+\frac{8.4}{9.8}\times 0.67}{\frac{64.9}{45.0}+\frac{26.7}{38.5}+\frac{8.4}{9.8}}=1.912(m/s)$$

再根据式(1.65),可以计算出在考虑非可燃气体后的火焰传播速度 $w'_{n,f}$为:

$$w'_{n,f}=w_{n,f}[1.0-0.01\varphi(N_2)-0.012\varphi(CO_2)]$$
$$=1.912\times(1.0-0.01\times50.7-0.012\times0)=0.943(m/s)$$

进而根据式(1.66),可以计算出煤气温度为 50 ℃时的火焰传播速度 $w_{n,f}^{50\ ℃}$ 为:

$$w_{n,f}^{50\ ℃}=w'_{n,f}\left(\frac{273.15+t}{273.15}\right)^2=0.943\times\left(\frac{273.15+50}{273.15}\right)^2=1.320(m/s)$$

由 $d=50$ mm,查图 1.9,得 $m_d=1.3$。再根据式(1.67),就可以计算出使用 2″燃烧管时,其火焰传播速度 $w_{n,f}^{50\ mm}$为:

$$w_{n,f}^{50\ mm}=1.3\times1.320=1.716(m/s)$$

— 毕 —

1.1.5.4　燃烧室内的燃烧过程理论分析

对于连续操作的燃烧室而言,其内燃烧过程的特点就是:反应物(燃料和氧化剂)的输入、燃料的燃烧以及燃烧产物的排出都是连续、稳定的。因此,在正常的操作条件下,可以近似地认为燃烧室内各处反应物的浓度是不随时间而变化,而且反应物在燃烧空间内有一定的停留时间。另一方面,可燃物与氧化剂的混合、预热以及氧化反应各自又都需要一定的时间。所以要完成整个燃烧过程所需要的总时间 τ_T 为:

$$\tau_T=\tau_M+\tau_P+\tau_R\qquad(s)\tag{1.68}$$

式中　τ_T——可燃物与氧化剂完成整个燃烧过程所需要的总时间,s;

τ_M——可燃物与氧化剂充分混合所需要的总时间,s;

τ_P——可燃物与氧化剂预热到着火点所需要的总时间,s;

τ_R——可燃物与氧化剂进行氧化反应所需要的总时间,s。

使用不同方法来组织的燃烧过程,其各个阶段所需要时间的绝对值和相对值均有所不同。但是,总体来说,要求可燃物在燃烧室内的平均停留时间能够满足燃烧过程所需要的总时间,这样才有可能使燃料在燃烧过程中反应完全。

根据燃烧过程中各个阶段所需时间的长短,可以将燃烧过程划分为以下三种燃烧类型:

① 反应动力学控制条件下的燃烧,其特点为:$\tau_M\ll\tau_P+\tau_R$,即燃烧速度由化学反应动力学的因素所控制。

② 扩散控制条件下的燃烧,其特点为:$\tau_M\gg\tau_P+\tau_R$,即燃烧速度由扩散速度所控制。

③ 中间型燃烧,其特点介于以上两种燃烧类型之间。

以下就分别来讨论这三种燃烧类型的一些特点[11]。

(1) 反应动力学控制条件下的燃烧

反应动力学控制条件下燃烧的前提是可燃物与氧化剂已经充分地混合,燃烧过程由化学反应速度控制。为此,人们对于该燃烧类型提出了**零维模型**(全称为:预混式燃烧室的零维模型,该模型是以绝热系统为假设条件进行讨论的),该模型中涉及的各个参数所用符号的物理意义如图 1.10 所示。

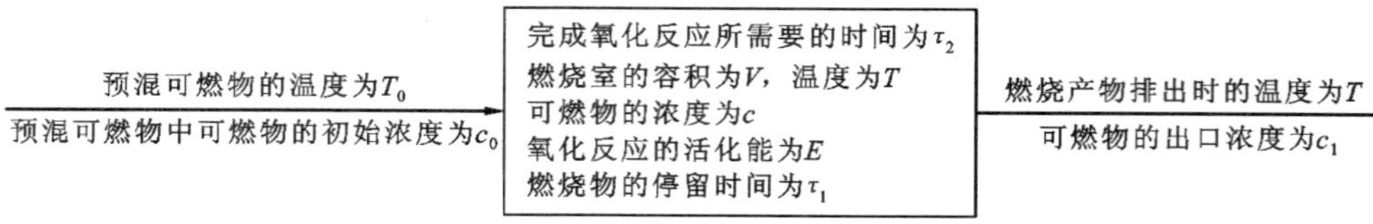

预混可燃物的温度为T_0
预混可燃物中可燃物的初始浓度为c_0
完成氧化反应所需要的时间为τ_2
燃烧室的容积为V,温度为T
可燃物的浓度为c
氧化反应的活化能为E
燃烧物的停留时间为τ_1
燃烧产物排出时的温度为T
可燃物的出口浓度为c_1

图 1.10　预混式燃烧室的零维模型

对于此模型,所定义的无量纲准数如式(1.69)～式(1.71)所示。

燃烧完全准数 ψ:

$$\psi=\frac{c_0-c}{c_0}=1-\frac{c}{c_0}\tag{1.69}$$

燃烧反应无量纲温度 θ:

$$\theta = \frac{RT}{E} \tag{1.70}$$

这里,R 为气体普适常数,$R=8.314510\ \mathrm{J \cdot mol^{-1} \cdot K^{-1}}$。

燃烧反应无量纲时间 τ_{12}:

$$\tau_{12} = \frac{\tau_1}{\tau_2} \tag{1.71}$$

第一,从氧化反应的角度考虑[其标记为下角标(1)]:令 k 为可燃物氧化反应的速度,单位为 $\mathrm{kmol/(m^3 \cdot s)}$;$q$ 为可燃物进行氧化反应时单位浓度的发热量,单位为 $\mathrm{kJ/(kmol \cdot m^{-3})}$,如果将氧化反应近似为一级反应,根据化学反应速度与温度之间关系的阿累尼乌斯定律,则单位时间内可燃混合物进行氧化反应所放出的热量 $Q_{(1)}$ 为:

$$Q_{(1)} = k \cdot q = \frac{c_0 - c}{\tau_1} \cdot q = k_0 \cdot c \cdot \exp\left(-\frac{E}{RT}\right) \cdot q \qquad (\mathrm{kJ/s}) \tag{1.72}$$

因为近似为一级反应,所以可以近似地认为:反应速度常数 $k_0 \approx 1/\tau_2$,于是,得:

$$Q_{(1)} = \left(\frac{1}{\tau_2}\right) \cdot c \cdot \exp\left(-\frac{E}{RT}\right) \cdot q = \frac{c_0 - c}{\tau_1} \cdot q \qquad (\mathrm{kJ/s}) \tag{1.73}$$

根据式(1.69)~式(1.71)定义的无量纲准数,经过整理后就可以得到相应的准数方程(关于准数的概念参见第 2.2.2.4)。当发热量 q 给定时,则可以得到关于燃烧完全准数的超越方程为:

$$\tau_{12} \cdot (1 - \psi_{(1)}) \exp\left(-\frac{1}{\theta}\right) = \psi_{(1)} \tag{1.74}$$

求解后,得:

$$\psi_{(1)} = \frac{1}{1 + \dfrac{\exp\left(\dfrac{1}{\theta}\right)}{\tau_{12}}} \tag{1.74a}$$

该函数所表征的是"化学反应热的曲线"。

第二,从热平衡关系的角度考虑[其标记为下角标(2)]:在绝热的条件下,燃料燃烧所放出的热量可以全部转化为燃烧产物的热焓 $Q_{(2)}$。于是,$Q_{(2)}$ 的计算公式为:

$$Q_{(2)} = \frac{c_p (T - T_0)}{\tau_1} = \frac{c_0 - c}{\tau_1} \cdot q \qquad (\mathrm{kJ/s}) \tag{1.75}$$

将式(1.69)所示的完全燃烧准数 $\psi = \frac{c_0 - c}{c_0}$、式(1.70)所示的燃烧反应无量纲温度 $\theta = \frac{RT}{E}$ 的关系代入式(1.75),经过整理后,就可以得到如下的准数方程:

$$\psi_{(2)} = \frac{c_p}{q c_{\mathrm{C}}} \cdot \frac{E}{R} \cdot (\theta - \theta_0) \tag{1.76}$$

由式(1.76)可以看出,$\psi_{(2)}$ 与 θ 之间的关系是直线关系,此式所表征的是"热焓曲线"。若将 $\psi_{(1)}$ 与 $\psi_{(2)}$ 绘制在同一坐标图上(参见图 1.11~图 1.13),便可以用来分析反应动力学控制的条件下燃烧室稳定操作的条件。这是因为稳定工作状况的燃烧室内,必然会达到一个热平衡,即 $Q_{(1)} = Q_{(2)}$,或 $\psi_{(1)} = \psi_{(2)} = \psi$。也就是说,燃烧室内应该有一个稳定的 ψ 值,该值的稳定水平反映了实际燃烧状态,若 ψ 值很小,则有可能还没有达到着火状态。而 ψ 值越大,也就说明燃烧强度就越大(ψ 的最大值为 1)。下面,就利用图1.11来说明反应动力学控制条件下燃料燃烧的稳定条件。

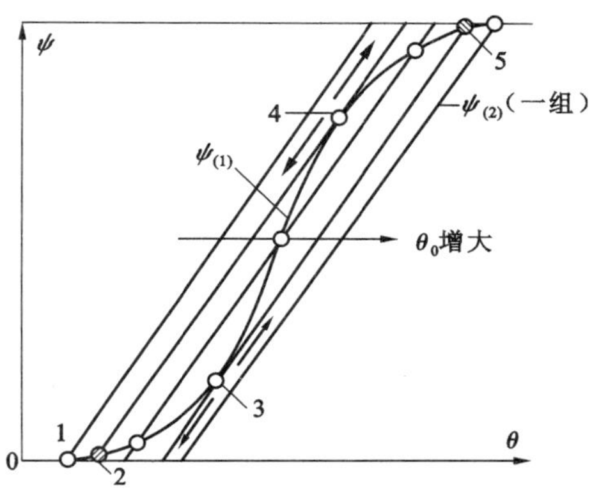

图 1.11 改变 θ_0 时的 ψ-θ 图

当可燃混合物的条件不变时，即 T 与 τ_{12} 恒定时，图 1.11中的 $\psi_{(1)}$-θ 曲线只有一条。如果只改变燃烧物的初始温度 T_0（即改变 θ_0），则可以得到一组平行的 $\psi_{(2)}$-θ 直线。当 θ_0 很小时，$\psi_{(2)}$-θ 直线与 $\psi_{(1)}$-θ 曲线就会相交于点 2，这是一个低温稳定点（未达到着火状态，请参考图 1.5 中的点 A）。如果可燃烧物初始温度 θ_0 不断提高，$\psi_{(2)}$-θ 直线会因此向右移动，直到与 $\psi_{(1)}$-θ 曲线相切于点 3。点 3 是一个临界点（也就是"着火点"，请参考图 1.5 中的点 C），此时，若 θ_0 再略微升高，$\psi_{(2)}$ 还会增大，但是因为此时 $\psi_{(1)} > \psi_{(2)}$，故而 $\psi_{(1)}$ 与 $\psi_{(2)}$ 最后会相交于点 5，该点是高温燃烧状态下的稳定点。反之，如果在燃烧状态下，由于某种原因使 $\psi_{(2)}$ 向左移动，则它又会与 $\psi_{(1)}$ 相切于点 4，此时因为 $\psi_{(2)} > \psi_{(1)}$，只要 $\psi_{(2)}$ 略有减少，燃烧状态就会迅速地恢复到低温稳定点（即点 2），从而使燃烧反应中止。因此点 4 也是一个临界点，可以认为：点 4 就是使燃烧中止的"熄火点"。由此，便可以归纳为：燃烧室内"着火"与"熄火"的临界条件是两条曲线相切于一点，其数学表达式为：

$$\psi_{(1)} = \psi_{(2)} \tag{1.77}$$

$$\frac{d\psi_{(1)}}{d\theta} = \frac{d\psi_{(2)}}{d\theta} \tag{1.78}$$

由式(1.76)与式(1.74a)，还可以分别绘出图 1.12 和图 1.13，由图 1.12 可以看出可燃物的单位浓度发热量 q 的变化对于 $\psi_{(2)}$ 的影响；由图 1.13 可以看出 τ_{12} 的变化对于 $\psi_{(1)}$ 曲线的影响。

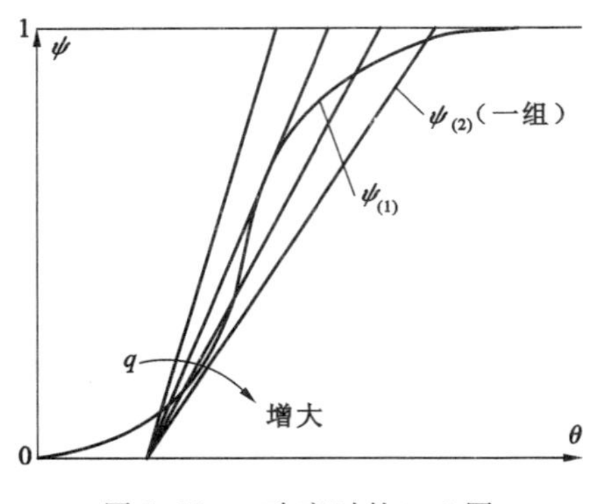

图 1.12　q 改变时的 ψ-θ 图

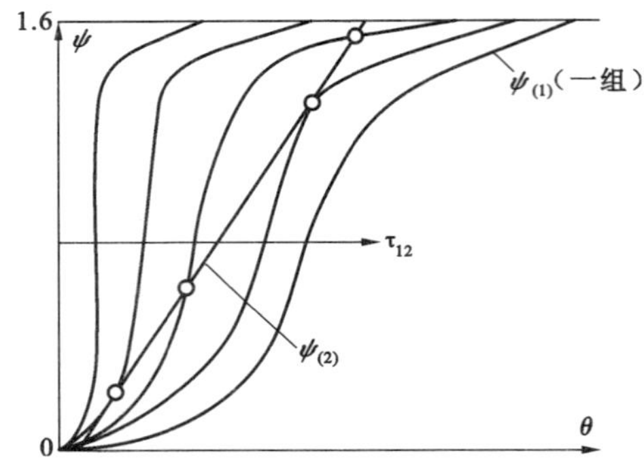

图 1.13　τ_{12} 变化时对 ψ-θ 线的影响

综上所述，提高可燃物的初始温度 T_0（即提高 θ_0）和可燃物的单位浓度发热量 q，或者增加燃料在燃烧室内的停留时间均有利于反应动力学控制条件下的着火，并且使燃烧过程稳定在较高的水平上，从而有利于提高完全燃烧系数。其进一步的推论是：如果采取一些措施将高温燃烧产物回流加入到初期混合物中，则会使 T_0 升高，也就是使 θ_0 提高，因而是提高燃烧稳定性的一项有效措施（实现回流的方法很多[1~3,5,7,17,19]，例如，在燃烧器上设置钝体、热气流旋转造成离心力、让两股气流之间存在着很大的速度差等）。

但是，如果燃烧过程不是绝热过程（或者说，火焰有向外辐射或溢流的热损失时），则上述曲线的位置（甚至曲线的形状）都将发生变化。所以，这里讲解上述这个较为简洁的零维燃烧模型的用途就在于向读者介绍如何简单地、定性地来分析燃烧过程的一些特点。然而，对于实际问题的定量计算，则还需要作进一步的理论分析和数值计算（参见第 2.1.5）。

(2) 扩散控制条件下的燃烧

设有一个绝热系统，针对该系统提出了纯粹受扩散速度控制的燃料燃烧室模型，如图 1.14 所示。在该模型中，可燃混合物中可燃物的初始虚拟浓度为 c_0（即假想可燃物与氧化剂已经充分地混合时的计算浓度，单位为 kmol/m^3），按照燃烧室全容积平均值计算出可燃物的平均浓度为 c_m（单位：kmol/m^3）、燃烧带内可燃物的浓度为 c（单位：kmol/m^3）。这样，从燃烧的角度进行研究时[其标记为下角标(1)]，燃烧室内平均燃烧完全系数 $\psi_{(1)}$ 如式(1.79)所示。

$$\psi_{(1)} = 1 - \frac{c_m}{c_0} \tag{1.79}$$

从燃烧的角度来看，燃烧速度的定义如式(1.80)所示。

$$V_{burn} = \frac{c_m - c}{\tau_1} \qquad [\mathrm{kmol/(m^3 \cdot s)}] \tag{1.80}$$

式中 τ_1——可燃混合物在燃烧室内进行燃烧反应的时间，s。

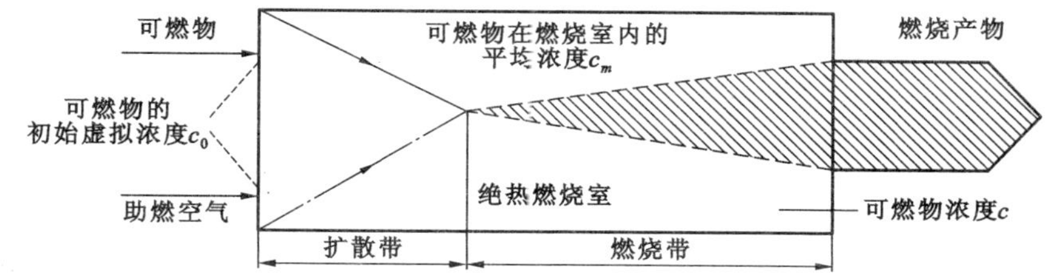

图 1.14 扩散控制条件下燃烧的绝热燃烧室模型

再从扩散的角度来看燃烧速度。根据传质原理，扩散速度正比于浓度差，而反比于扩散时间。所以，可以得到扩散控制条件下燃烧速度的计算公式为：

$$V_{burn} = \frac{c_0 - c_m}{\tau_3} \qquad [\mathrm{kmol/(m^3 \cdot s)}] \tag{1.81}$$

式中 τ_3——在燃烧室内可燃氧化剂进行相互混合的时间，s。

令 $\tau_{31} = \tau_3/\tau_1$ 为扩散速度控制下燃烧的无量纲时间，对照式(1.80)和式(1.81)，再考虑到：燃烧完全时，$c \to 0$，于是，就可以得到扩散控制条件下燃烧的发热曲线表达式，具体如式(1.82)所示。

$$\psi_{(1)} = \frac{1}{1 + \frac{1}{\tau_{31}}} \tag{1.82}$$

由此可知，扩散速度控制条件下的燃烧过程，其燃烧完全系数与温度无关。若将式(1.82)绘成图 1.15，则可以清楚地看出：其曲线的斜率 $d\psi/d\tau$ 是由大变小的。这表示当 τ_{31} 较低时，适当地增加燃烧室的长度，或者采取一些强化混合的措施，对于提高燃料完全燃烧的程度很有效。

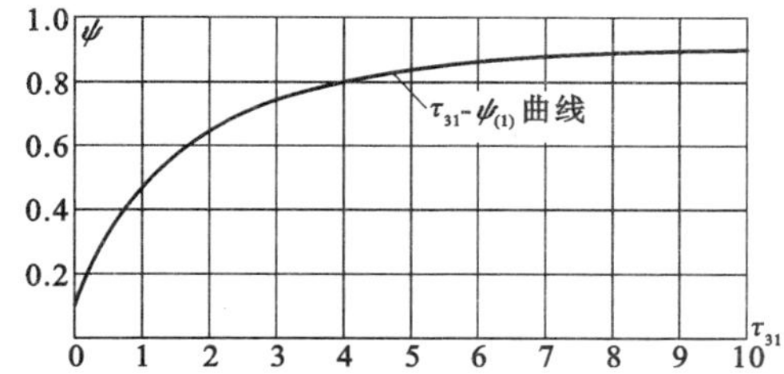

图 1.15 扩散速度控制条件下的 τ_{31}-$\psi_{(1)}$ 曲线

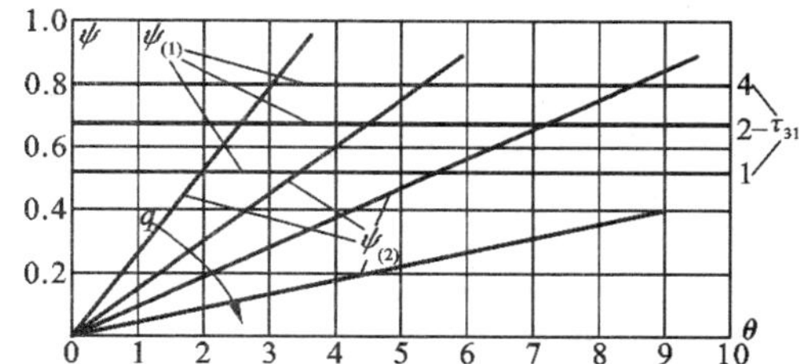

图 1.16 扩散速度控制条件下燃烧时的 ψ-θ 曲线

同样，在绝热条件下，从热平衡的角度进行研究时[其标记为下角标(2)]，可以从式(1.75)得到式(1.76)。仍在同一图上绘出的 $\psi_{(1)}$-θ 曲线及 $\psi_{(2)}$-θ 曲线，如图 1.16 所示。由于燃烧只受扩散速度的控制，所以 $\psi_{(1)}$ 与 θ 无关，而只取决于 τ_{31}，因此该图中 $\psi_{(1)}$-θ 曲线是一组随 τ_{31} 不同而异的水平线。$\psi_{(2)}$-θ 曲线则与图 1.11 相同，基本是直线。

由图 1.16 可以看出：对于任意一条 $\psi_{(1)}$-θ 由线与任意一条 $\psi_{(2)}$-θ 直线来说，只可能出现一个交点，因此只可能存在一个稳定点，不会存在临界点。另外，只要 $\psi_{(1)}$ 一定，燃烧室内的 ψ 值就是一个常数，这是因为就扩散速度控制条件下的燃烧而言，完全燃烧程度则仅仅取决于燃料与氧化剂的混合过程，而且混合愈充分，燃烧就愈完全。

至于燃烧室的温度水平，则取决于热量的输入和输出情况，例如，提高可燃混合物单位浓度的发热量q 或者通过预热来提高其初始温度 T_0(即提高 θ_0)均能够提高燃烧室内的温度。要强调的是：当 $\psi_{(2)}$ 一定时，改变 $\psi_{(1)}$，则燃烧室内稳定的 ψ 值和 θ 值就会同时改变，这是因为当散热条件一定时，提高燃料燃烧的完全程度必然会提高燃烧温度。

综上所述，对于扩散速度控制条件下的燃烧来说，强化其燃烧的主要措施就是加速燃料与氧化剂的混合过程。

(3) 中间型燃烧

以上从理论上定性地分析了反应动力学控制条件下和扩散速度控制条件下的燃烧规律与特点。然而，在实际生产过程中，很可能会出现既受反应动力学控制又受扩散速度控制的中间型燃烧过程。这时，影响燃料燃烧稳定过程的因素就将包括上述这两种燃烧类型中的全部参数。虽然此时的情况比较复杂，但是，如果按照上述理论分析方法的基本原理进行分析，同样也可以获得一些较为清晰的概念、规律以及特点。

1.1.6 燃烧过程中所产生污染物的防治

燃料燃烧给人类社会带来了文明，给近代工业化带来了动力，给无机非金属工业带来了热源，这是其有益的一面。但是，我们也应该清楚地看到问题的另一方面，这就是燃料燃烧所带来的负面影响——燃烧产物的环境污染问题。

燃料燃烧的产物主要是 CO_2，它是目前人们最为关注的“温室气体”(Green House Effect Gas)，它使得地球气候逐渐变暖，有时还会带来巨大的生态灾难与气候灾难，对此必须引起足够的重视，所以“节能减排”、“低碳工业”、“低碳生活”、“可持续发展”越来越成为人们的自觉行为。

实际上，CO_2 并不是燃料燃烧过程中产生的唯一污染物，例如，由于化学不完全燃烧所产生的 CO、CH_4、C_mH_n(烃)等不仅是污染物，也是温室气体，这些气体可以通过改善燃料燃烧的完全程度来得以消除。另外，由于机械不完全燃烧所产生的炭黑(会造成黑烟尘污染)也可以通过改善燃料燃烧的完全程度来得以消除。而燃烧过程中所产生的粉尘则可以通过收尘器来捕集。

相对来讲，燃料燃烧过程中所产生的两种最严重的污染物是氮氧化物(NO_x)和硫氧化物(SO_3、SO_2)。它们对于环境、人体、动植物都极其有害，应尽量减少、根除。减少 NO_x 生成量、减低烟气中 NO_x 浓度的过程被称为**脱硝措施**(Denitration，也称：脱氮措施)；降低烟气中 SO_3 浓度与 SO_2 浓度的过程被称为**脱硫措施**(Desulfurization)。

1.1.6.1 脱硝措施

作为污染物的 NO_x 是 N_2O、NO、NO_2、NO_3、N_2O_4 和 N_2O_5 等氮氧化物的总称，其中，主要是 NO 和 NO_2。气态 NO 无色无味，气态 NO_2 呈茶褐色，它们的密度均比空气大，而且毒性极大。

NO_x 在常温和低温下并不产生，只有在高温时才大量生成。各种氮氧化物在高温时都有一定的热稳定性，但是各不相同。一般来说，当温度大于 1100 ℃时，NO 最稳定。所以，研究高温燃烧过程时，可以近似地认为仅仅生成 NO。当然，燃烧火焰中也会生成少量 NO_2，这主要是由 NO 氧化生成，其反应机理有多种，其中，主要有：

$$O_2+M = O+O+M$$

$$O+NO+M = NO_2+M$$

$$NO+O_2 = NO_2+O$$

$$HOO+NO = NO_2+OH$$

由此可见，当有过剩的 O_2 时，燃烧产物中容易生成 NO_2。

关于 NO_x 生成机理的提法很多，迄今为止，较为公认的研究成果是由泽尔道维奇[①]等人提出的

① 雅科夫·波利舍维奇·泽尔道维奇(Yakov Borisovich Zel'dovich，1914-1987)，生于白俄罗斯首都明斯克，犹太裔，是前苏联知名的多产型科学家，在吸收与催化、激波、核物理学、粒子物理学、天体物理学、物理宇宙学、相对论等多个领域内都取得了非凡的成就。

NO_x 生成理论。该理论认为，在 O_2—N_2—NO 系统中存在着下列反应：

$$N_2 + O_2 \rightleftharpoons 2NO - Q$$

其机理是设想存在着下列平衡关系：

$$N_2 + 1/2O_2 \rightleftharpoons NO + N$$

$$N + O_2 \rightleftharpoons NO + O$$

上述反应基本上服从阿累尼乌斯定律，其中，NO 的生成速度为：

$$\frac{d[c(NO)]}{d\tau} = \frac{8.333\times10^{12}}{\sqrt{c(O_2)}}\cdot\exp\left(-\frac{86000}{RT}\right)\left\{c(O_2)\cdot c(N_2)\cdot\frac{64}{3}\cdot\exp\left(\frac{43000}{RT}\right)-[c(NO)]^2\right\}$$

$$[\mathrm{mol}/(\mathrm{m}^3\cdot\mathrm{K})] \qquad (1.83)$$

式中 $[c(NO)]$——NO 的瞬时浓度，mol/m^3；

$c(O_2)$，$c(N_2)$——分别为 O_2 的浓度、N_2 的浓度，mol/m^3。

由上式可以看出，NO 生成速度与燃烧过程中的最高温度 T 以及氧气和氮气的浓度 $c(O_2)$、$c(N_2)$有关，而与燃烧产物的其他性质无关。当燃烧过程中有水蒸气时，燃烧产物中会有 OH 存在，此时，NO 也可以按下式生成：

$$N + OH \rightleftharpoons H + NO$$

大多数研究结果表明，生成 NO 主要在主燃烧区之后（最高温度附近）的燃烧产物中进行。但是，也有一些研究指出，在燃烧区中，生成 NO 反应就已经进行。请注意：不管燃烧反应已经结束还是正在进行，NO 浓度均与燃烧产物的温度有关，而且，最强烈地生成 NO 的地方就是在最高温度区。虽然 O、N 和 H 等原子在燃烧区存在的时间很短，但是因为其极为活泼，故而对于 NO 生成有促进作用。

在燃料燃烧方面的脱硝措施可以从以下三个角度来考虑：第一，降低火焰最高温度区的温度；第二，缩短燃烧产物的高温停留时间；第三，适当地降低过剩空气系数。常用的有关燃烧技术方面的脱硝措施有：分级燃烧（也称：多级燃烧，或称：多重燃烧），即分几处设置燃烧器，或者燃烧器分段喷出燃料（称为：燃料分级）或分段喷出空气（称为：空气分级）。分级燃烧可以降低燃烧的峰值温度，也会造成局部的还原气氛，从而可以降低或抑制 NO_x 的生成；浓淡燃烧（Dense-lean Combustion，也称：浓淡偏差燃烧），例如，首先在较高温度下还原燃烧再在较低温度下氧化燃烧；烟气循环燃烧，即利用循环气流烧嘴、利用燃烧器上设置的钝体（也称：不良流线体或稳焰器）的尾迹效应、利用旋转气流的卷吸效应、利用两股气流之间的大速度差效应来将少部分烟气回流到燃烧区，这样可以降低燃烧区内的峰值温度以及 O_2 浓度来降低或抑制 NO_x 生成；低过剩空气燃烧、高温低氧燃烧：低过剩空气燃烧是指燃料在过剩空气系数略低于 1 的情况下燃烧。高温低氧燃烧（High Temperature Air Combustion，HTAC）则是指将燃料喷射到高温①（>800 ℃）、低氧②（O_2 浓度为 2%～15%）的助燃气体中燃烧，这两种燃烧技术都是为了降低燃烧区内的 O_2 浓度来减少或抑制 NO_x 生成；全氧燃烧是指使用氧气（O_2 浓度大于 95%）助燃燃烧，由于 NO_x 中的 N 主要来自于空气中的 N_2，因此提高助燃气体中的 O_2 浓度来降低其 N_2 浓度有利于减少或抑制 NO_x 的生成。

除了燃烧技术本身的脱硝措施以外，现在也有其他方面的一些脱硝措施（例如，SNCR 法、SCR 法等）[7]问世。

1.1.6.2 脱硫措施

烟气中污染物 SO_3、SO_2 中的 S 主要来自于燃料本身（低温下生成的 SO_2 较多，高温时生成的 SO_3 较多），由于固体燃料煤中的 S 含量相对于其他燃料要大许多，因此在工业中的脱硫主要是针对煤的燃烧过程。为此，首先应当尽可能选用低硫煤，因为 S 的存在不仅会产生污染物 SO_2、SO_3，也会

---

① 可以利用蓄热室[7]或者利用换热器[7]来实现高温废气预热助燃空气，从而使其升温到较高的温度。

② 将已经排往炉外的少部分烟气回流到助燃空气中（即利用部分循环烟气为稀释剂）来降低助燃空气中的 O_2 浓度。

对新型干法水泥回转窑系统[7]中结皮堵塞事故的发生起到促进作用；其次是采取一些脱硫措施，主要有两种：燃烧过程中固硫与烟气脱硫。

燃烧过程中固硫：该脱硫措施的本质是将燃料中的硫利用碱性氧化物（例如，石灰、石灰石）转化为对于环境无害的硫酸盐后再排出。较为有效的一种固硫技术就是沸腾燃烧固硫技术，具体流程为：将约 2%的煤破碎成 6～7 mm 的碎煤，然后将其与石灰石、炉渣混合后加入沸腾床，在 800～850 ℃时将会发生如下反应：

$$CaCO_3 = CaO + CO_2$$

$$CaO + SO_2 + 0.5O_2 = CaSO_4$$

但是，要注意，当温度 $t \geqslant 1000$ ℃时，$CaSO_4$ 会重新分解为 CaO 和 SO_3；当然，在温度 $t \leqslant 750$ ℃时，$CaCO_3$ 也不能分解。所以，该固硫技术操作的温度范围为 750～1000 ℃。这里有必要特别指出的是：在新型干法水泥回转窑系统中，分解炉内（其内有煤粉燃烧，有含石灰石的水泥生料，温度范围也为 850～900 ℃）发生的反应与上述过程类似，而且水泥生料中大量的 $CaCO_3$ 与一定量的 Fe_2O_3、Al_2O_3、MgO 也共同构成复合脱硫剂。但是，令人遗憾的是，水泥生料从分解炉出来后要立即入高温的回转窑内煅烧为水泥熟料，其内温度范围为 1000～1450 ℃，在如此高温下，固硫的 $CaSO_4$ 会重新分解为 CaO 和 SO_3，SO_3 随窑气返回预热/预分解系统，它与其他一些组分共同作用会在预热系统中造成结皮、堵塞从而影响正常生产。所以，在新型干法水泥回转窑系统中要对于燃料中S含量严格地加以限制。

烟气脱硫（Flue Gas Desulphogypsum，简称：FDG）：最常用的烟气脱硫方法有两种：一是利用碱性化合物将其最终转化为石膏（简称：**转化法**），其原理类似于上述的固硫技术；二是吸附法（也称：**回收法**）。转换法的典型产品是脱硫石膏，该方法工艺成熟、脱硫效率高，所以应用广泛，但是其投资费用较大，所产生的废水、废渣如果不进一步加以处理，会造成二次污染。回收法的产品是液态 SO_2 或硫酸、硫磺等，由于该方法的投资与运行费用较高、经济效益低，所以未得到广泛的应用。另外，**膜吸收脱硫法**（简称：MCED 法）是一种将气体膜分离技术与气体吸收技术相结合的烟气脱硫方法，其原理是：将流动的气相和液相通过膜来接触，烟气中的 SO_2 透过膜进入液相，并与该溶液中吸收剂反应而被脱除。其中，中空纤维膜（简称：HFM）具有比表面积大、易于制作成膜组件、重现性好、易于放大等优点，因此在膜吸收法中获得广泛应用。膜吸收法实质上是基于电渗析再生的原理，所以其装置是由膜分离系统和电渗析再生系统所组成。该装置可以实现闭路循环，它只需要补充工艺水就能够按照需要来得到高浓度的液态 SO_2、稀硫酸、硫磺等脱硫产物。其优点是：可以在较宽的范围内对气液两相的流速独立控制，而且气液两侧的压降较小，气液的接触面积较大，传质较快，能耗较低，吸收器的体积小、质量轻。与转化法相比，膜吸收法没有液泛、雾沫、夹袋、沟流、鼓泡等不利的现象发生，其总投资可以节省 30%以上，操作费用大约降低一半。

目前，应用广泛的回收法**脱硫技术**有**三种工艺**：湿法（液态吸收剂洗涤，生成液态脱硫产物）、干法（经过粉状或颗粒状的吸收剂、吸附剂或催化剂处理后便生成固态脱硫产物）、半干法（由液态吸收剂吸收，生成固态脱硫产物）。其中，**湿法工艺**的脱硫率高、设备较小，但是脱硫后的烟气温度低，这难以在空气中扩散。为此，有时需要将脱硫后的烟气再加热，这又要浪费了一定的能量；**干法工艺**的优点则是流程短、无污水排出、无污酸排出，脱硫后的烟气温度仍较高，这会有利于在空气中扩散。但是，干法工艺因为烟气与吸收剂的接触时间短，因此传质效果差，造成脱硫率低、所需设备庞大。**半干法工艺**的特点介于上述两种工艺之间。

湿法脱硫工艺的原理是利用含有碱性化合物的吸收剂来洗涤烟气。常用的吸收剂有：钙基吸收剂（例如，石灰石、石灰、消石灰等）、钠基吸收剂（例如，NaOH、Na_2CO_3、$NaHCO_3$、Na_2SO_3 等）、氨基吸收剂（例如，氨水、氨液等）。所以，具体的湿法脱硫工艺有石灰石（石灰）洗涤法、双碱法、氨法等。其中，双碱法是用钠基吸收剂的水溶液吸收 SO_2、SO_3 后，再在另一个反应器中用石灰或石灰石将该吸收液中的钠基吸收剂还原出来，所以，能够再生循环使用。

干法脱硫工艺是利用粉状或粒状的吸收剂、吸附剂或催化剂来吸收烟气中的 SO_2、SO_3，最常用的吸收剂是石灰石或石灰。具体的方法主要有两大类：炉内喷钙法和循环流化床排烟脱钙法。

半干法工艺是利用喷雾干燥技术进行烟气脱硫处理。在传统喷雾干燥烟气脱硫技术的基础上，相关的一些技术公司又根据各自的研究成果与科研理念开发了一些改进型喷雾干燥烟气脱硫工艺。在这其中，较为典型的有 Flakt Drypac 公司的 Drypac 工艺、Niro 公司的 NID 工艺(这项工艺更接近干法脱硫工艺)等。

烟气脱硫后生成的**脱硫石膏**(湿法脱硫时则生成二水石膏 $CaSO_4 \cdot 2H_2O$)，再经过适当的处理后就可以成为一种重要的建材原料。

1.1.7 燃料的燃烧方法简介

燃料的种类不同，其燃烧方法差异很大，下面就分别针对固体燃料、液体燃料、气体燃料来简单地介绍一下燃料燃烧的方法。

1.1.7.1 固体燃料煤的燃烧方法简介

在无机非金属材料工业中，水泥工业使用固体燃料煤最为普遍(尽管在油丰富地区也有使用重油的实例、在天然气丰富地区也有使用天然气的实例、某些先进的水泥回转窑也有使用可燃废弃物的实例)。关于煤的燃烧，以煤粉"喷燃"燃烧方式最为广泛使用，这是因为其高效与控制方便。传统上的煤粉燃烧器(也称：喷煤管，或称：煤粉烧嘴)是单通道式，现在则普遍采用多通道式喷煤管(具体的有：三通道式、双通道式、四通道式)，关于多通道式喷煤管的详细介绍请查阅有关的参考资料[7]。

煤粉燃烧技术首先是将煤在煤磨(Coal Mill)中磨成一定细度的煤粉(Pulverized Coal 或 Coal Powder)。为了减少煤粉燃烧过程中因为煤中多余水分蒸发吸热所造成的热损失及其对于煤粉燃烧过程的其他不利影响，在煤粉的制备过程中，要对其进行烘干(也称：干燥)，以便尽可能多地除掉煤中的多余水分。所以，煤磨具备烘干和粉磨这双重功能，为此常用的煤磨是风扫式(Wind-Swept)球磨或立磨，所用的干燥风是来自于相应热工设备中产生的余风，所以该干燥风又称为：热抽风(热工设备刚启动时，因为余风温度不够高，所以这时的余风不能作为干燥风，为此可以启动热抽风管道上的备用燃油热风炉来产生(干燥所需要的)热烟气，在正常生产以后再关闭热风炉)。如图 1.17 所示的就是某煤粉燃烧系统的流程图。

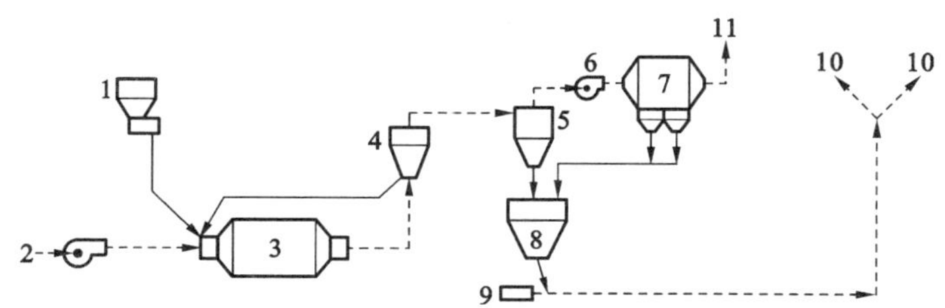

图 1.17 某煤粉燃烧系统的流程

1—原煤仓；2—热抽风；3—风扫磨；4—粗细粉分离器(也称：选粉机)；5—旋风分离器；6—排风机；7—电收尘器(或袋收尘器)；8—煤粉仓；9—煤粉输送泵；10—煤粉送往若干燃烧器；11—排向大气

虚线——气流或气料流；实线——固态料流

1.1.7.2 液体燃料重油、柴油的燃烧方法简介

在无机非金属材料工业领域内，玻璃工业使用液体燃料油最为普遍(尽管有时也使用天然气、煤气等气体燃料，或者使用其他的可替代燃料)。对于液体燃料油(简称：燃油)来说，则广泛使用雾化燃烧方式，这是因为将燃油雾化成微小的雾滴以后，会极大地增大燃油的比表面积(雾滴的表面就是燃料油与空气接触的界面)。关于燃油燃烧器(也称：燃油烧嘴，或称：油枪)的介绍，另请查阅有关的参考资料[7]。

如图 1.18 所示的是两种重油燃烧系统的流程图，其中，如图 1.18(a)所示的为一段式供油系统，其优点是结构简单，适合于燃油处距离贮油罐很近而且没有其他燃油处的情况；如图1.18(b)所示的则为两段式供油系统，适合于燃油处多且分散，或者燃油处距离贮油罐较远的情况，这种供油系统的优点是可以保证燃油烧嘴供油压强(简称：油压)与供油温度(简称：油温)的稳定，而且各个燃油点都可以各自计量油压与油温，回油路线也较近且调节方便(烧重油时，为了保证供油量的稳定以及便于调节烧嘴前的油压，所以需要采用回油路线，回油量一般为用油量的 0.5～4 倍。而烧其他更优质的油类时，如果能够保证供油量与烧嘴前油压的稳定，也可以不设置回油路线，参见图 1.19)。

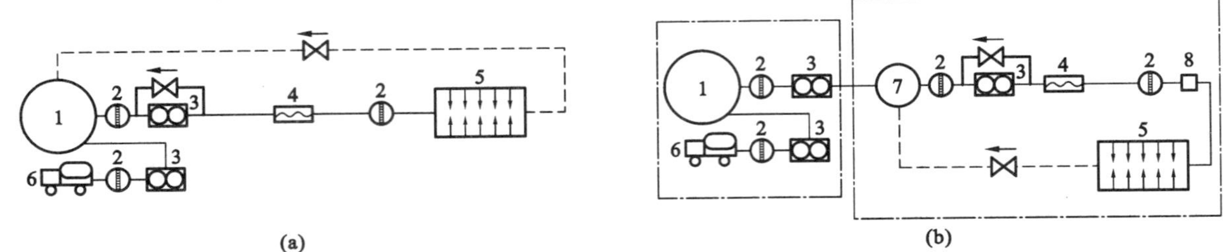

图 1.18　两种重油燃烧系统的流程

(a) 一段式供油系统；(b) 两段式供油系统

1—贮油罐；2—过滤器；3—油泵；4—油加热器；5—重油烧嘴处；6—送油的油罐车；7—工作油罐；8—油压稳压器

如图 1.18 所示的重油燃烧系统实质上包括以下几个重要环节：卸油、贮油、加热、过滤、输送以及加压。**卸油**是指将从炼油厂或中转站运输来的重油卸入贮油罐，在卸油之前还需要将重油加热到 80～90 ℃，其目的是降低重油的黏度，提高其流动性来使重油顺利地流出；**贮油**是指将送来的重油贮存于工作油罐内或工作油池内，以备燃烧所用；**加热**是指把由工作油泵送到管道中的重油加热到 90～120 ℃，以向燃油烧嘴提供低黏度的重油来提高其雾化质量，既可以用水蒸气管加热，也可以用电加热(包括：油管内电热棒加热、油管外缠绕电阻丝加热)；**过滤**是指将重油中的杂质经过多级过滤(过滤器主要有：网状、片状与线隙式)得以清除(从炼油厂出来的重油，所含机械杂质是很少的，但是，在输送与卸油的过程中则会混入一些杂质，重油在加热过程中也会析出某些沥青胶质和碳化物，这样会堵塞以及磨损管道、泵、烧嘴，因此要将杂质过滤清除)；**输送**是通过油管来输送(管内流速太大，会产生静电而增大阻力损失；流速太小，会增大重油的温度降，管内也会沉淀出沥青从而堵塞管道，还会增大管道成本)，一般油管的内径≥10 mm，而且为了保证重油的低黏度，还要将油管外表面覆盖保温层，有时还需要用水蒸气伴热或者电伴热(管内设置电热棒、管外缠绕电阻丝)保温；**加压**是为了提供重油输送以及重油雾化所需要的压强和流量，通过使用油泵来加压，油泵主要有三种：齿轮泵、螺旋泵与离心泵，参见阅读材料 1 中第 4.3.8。

如图 1.19 所示是某轻质柴油燃烧系统的流程图，由该图看出：柴油燃烧系统比重油燃烧系统要简单许多，其油管一般为 ϕ20 mm 的镀锌无缝钢管或塑钢管。

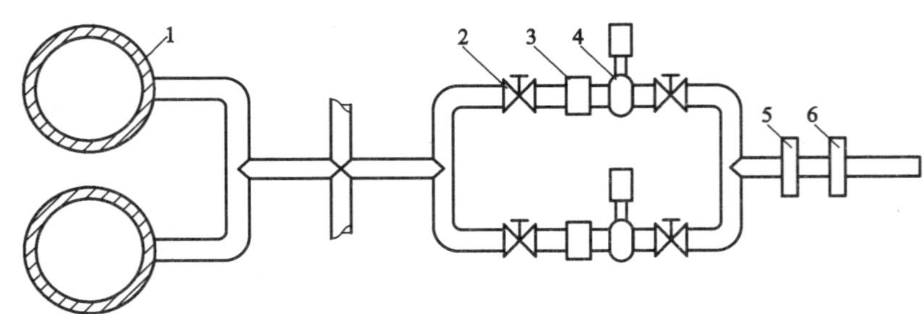

图 1.19　某柴油燃烧系统的流程

1—工作油罐；2—球阀；3—过滤器；4—油泵；5—压力表；6—流量表

1.1.7.3 气体燃料的燃烧方法简介

在无机非金属工业领域内，陶瓷工业使用气体燃料（简称：燃气）最为普遍，尽管有时也使用轻质柴油（某些传统的隔焰式陶瓷窑还在烧重油甚至烧煤、烧木柴等）。具体安装燃气燃烧系统时，燃气管要在地面以上（高度大于或等于 2 m），燃气管离开墙壁有一定的距离（法兰盘、阀门、保温层等凸出物与墙壁之间的空隙应当大于或等于 100 mm），以便于检查。燃气管道应当为镀锌无缝钢管（连接处尽量焊接）或塑钢管，为了防止燃气管内淤积的冷凝水会影响燃气烧嘴的正常工作，燃气分管应当从燃气总管的侧方或上方引出。传统的燃气燃烧器有长焰烧嘴、短焰烧嘴、无焰烧嘴，目前先进的燃气燃烧器则是高速调温烧嘴、脉冲烧嘴等[7]，其中，脉冲烧嘴是目前最先进的烧嘴（最节能且环保）。

如图 1.20 所示的是某燃气燃烧系统的流程图。在该图中，**安全阀**的作用是：当燃气的压强降至某限定值或助燃风机停转或出现停电等异常情况时能够迅速、自动地切断燃气的供给，以确保安全。**流量控制阀**的作用是：当燃烧温度偏离给定值时，能够自动地增、减各个燃气分管中的燃气流量。**旁通阀**的作用是：当需要检修燃气总管的测控管件时，通过开启该阀门能够保证正常供气。平时，旁通阀则处于关闭状态。**压力开关**的作用参见图 1.21。

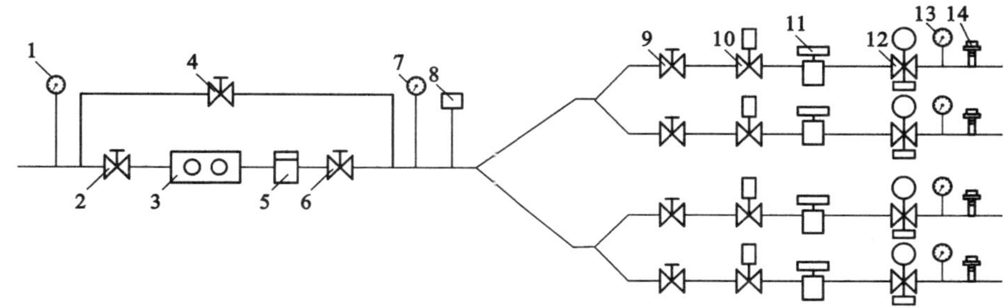

图 1.20 某燃气燃烧系统的流程

1,7,13—压力表；2—截止阀；3—控制开关；4—旁通阀；5—安全阀；6,9—调节阀；8—压力开关；10—压力调节阀（简称：调压阀）；11—流量控制阀；12—电磁阀（或称：电动控制阀）；14—流量表

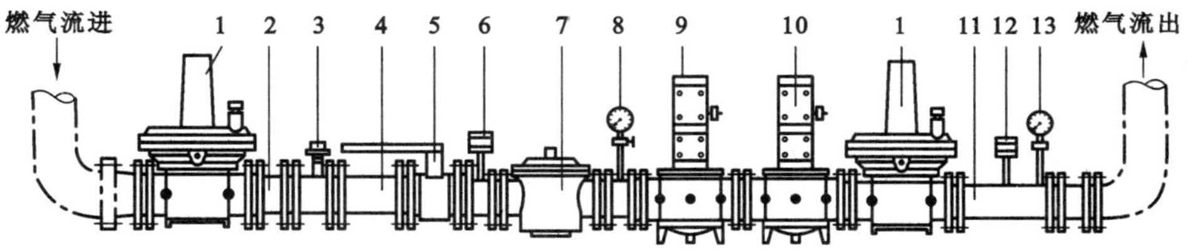

图 1.21 某燃气降压、稳压安全保护系统的组成与外形图

1—压力调节器；2,4,11—联接管；3—流量表；5—手动球阀；6,12—压力开关；7—过滤器；8,13—压力表；9,10—电磁阀

燃气燃烧系统还必需设置安全阀、燃气放散阀、防爆阀等安全装置。另外，还要设置燃气的稳压、降压装置，这是因为所供给的燃气受到各种因素的影响，其压强时常会波动；长距离输送燃气时，为了克服阻力损失，所供给的燃气压强往往高于燃气烧嘴所需要的燃气压强，因此需要稳压、降压。如图 1.21所示的是一种燃气降压、稳压的安全保护系统[7]：燃气由燃气总管进入一级**压力调节器**进行压强初调，然后通过燃气流量表对于燃气消耗累加记录，再通过手动球阀执行动作，**手动球阀**的作用是用于停窑时对燃气进行安全切断。在手动球阀后还设置有燃气一级**压力开关**来对燃气的一级压强进行检测与控制，当燃气的一级压强低于设定值时，压力开关将向主控柜发出一个电信号，使**电磁阀**全部关闭，切断燃气。如果一级压强正常，燃气便会经由过滤器以及两个电磁阀进入二级压力调节器进行二级降压、稳压。通过二级压力调节器的燃气压强必须满足燃气烧嘴所需要的压强，为了保证这一目标，在二级压力调节器后面又增设了一个压力开关来对二级压强进行检测与控制。如果二级燃气压强高于设定值，则说明压强调节系统出现了问题，这时该压力开关便会向主控柜发出一个

电信号，使前面的电磁阀都关闭。这里，双重设置电磁阀是为了增加燃气自动保护系统的安全系数，这两个电磁阀受到如下几个因素的影响便会动作：第一，停电时，支持电磁阀常开的电源消失以后，阀内的强力弹簧将会起作用，使阀门关闭；第二，两个压力调节器中的任何一个出现了问题都会影响其对于燃气压强的调节结果，使得一级压强或二级压强偏离设定值，从而触发压力开关来发出电信号而会令主控柜关闭电磁阀；第三，排烟机停转或者助燃空气的压强不足时，也会使电磁阀关闭。

1.1.8　煤气发生炉

煤作为一种相对廉价的化石燃料，目前在燃料领域中的应用仍然较广泛。但是，直接燃烧煤的最大问题就是污染程度严重。所以，国家的产业政策以及有关产品的质量也要求对煤进行深加工。将煤通过一系列物理、化学变化转换为洁净的油(称为：煤制油，或称：煤变油，也称为：煤液化合成油)或甲烷(称为：煤制天然气，或称：合成天然气)在目前是煤最好的深加工方式。但是，这种转化工艺的设备成本很高，而且其化学转化过程也较为耗时。

煤转换为较为清洁燃料的最简单方法就是将煤通过不完全燃烧变为煤气，这种转换的成本较低，但是，所生成煤气的热值并不高，而且，还会产生一定数量的污染物。在无机非金属材料工业领域中，在缺油、缺气、富煤的地区，可以考虑该作法(但是，不推荐该作法，因为它产生的污染物较难处理)。这种煤气主要包括半煤气和发生炉煤气：半煤气是用在玻璃坩埚窑上[7]；发生炉煤气可以作为玻璃窑与陶瓷窑[7]所用的燃料。

煤气发生炉(Gas Generator)是将煤通过不完全燃烧而气化为煤气的热工设备。其气化剂主要是空气、水蒸气，它们分别产生"空气煤气"和"水煤气"。若以空气与水蒸气的混合物为气化剂，则可以生产"混合煤气"。表1.12为这三种煤气的大致组成及其热值范围。

表1.12　三种发生炉煤气的组成及其热值

名称	组成及其含量(体积分数，%)							低位热值(kJ/m^3)
	CO_2	CO	H_2	CH_4	C_mH_n	N_2	O_2	
空气煤气	0.5～1.5	32～33	0.5～0.9	—	—	64～66	—	3765～4395
水煤气	5.0～7.0	35～40	47～52	0.3～0.6	—	2.6～6.0	0.1～0.2	11035～11460
混合煤气	5.0～7.0	24～30	12～15	0.5～3.0	0.2～0.4	46～55	0.1～0.3	4810～6400

生成理想化的空气煤气之化学反应为：

$$C+O_2+3.76N_2 \xlongequal{} CO_2+3.76N_2+408763\ kJ/kmol$$

$$C+CO_2 \xlongequal{} 2CO-162375\ kJ/kmol$$

第一个反应是放热反应，所以使得炉内温度很高，于是，煤灰会部分地熔融结渣从而影响气化。另外，空气煤气的热值也较低，所以很少使用。

制取水煤气主要是利用碳与水蒸气之间的反应，其化学方程式为：

$$C+H_2O \xlongequal{} CO+H_2-118798\ kJ/kmol$$

$$C+2H_2O \xlongequal{} CO_2+2H_2-75222\ kJ/kmol$$

$$C+CO_2 \xlongequal{} 2CO-162375\ kJ/kmol$$

$$CO+H_2O \xlongequal{} CO_2+H_2+43576\ kJ/kmol$$

这些反应主要为吸热反应。因此，如果只通入水蒸气，则会因为降温而使气化减慢，甚至中断。所以，需要间歇式送风法：先通入空气(称为：制气阶段)，使 O_2 与 C 反应而放热升温，所生成的 CO_2 和 N_2 排向大气；当升温到一定程度后再停送空气而改送水蒸气(称为：吹汽阶段)，于是 C 会与 H_2O 反应产生 CO 和 H_2(都是可燃气体)，但是，因为反应吸热而降温；当降温到一定的程度后又进入制气阶段，如此循环往复。水煤气的热值虽然较高，但是却要消耗优质的无烟煤或焦炭，而且其操作过程复杂、气化率较低、生产成本较高，因此一般也不采用。

空气煤气和水煤气都具有一定的缺点，而混合煤气在很大的程度上则可以克服这些缺点。所以，就发生炉煤气而言，主要是混合煤气，因此以下所述的发生炉煤气就是指混合煤气。

在理想条件下，混合煤气的气化反应按照以下的化学方程式来进行。

$$2C+O_2+3.76N_2 = 2CO+3.76N_2+246388\ kJ/kmol$$

（这里，3.76＝79/12，为空气中 N_2 与 O_2 的体积比，也等于相应的摩尔比）

$$C+H_2O = CO+H_2-118798\ kJ/kmol$$

由这两个化学反应方程式可以看出：在理论上，每 2 kmol 的 C 与空气中 O_2 发生第一个（氧化）反应所释放的热量能够满足 246388/118798＝2.07 kmol 的 C 与水蒸气（H_2O）发生第二个反应。所以，2 kmol＋2.07 kmol＝4.07 kmol 的 C 与“空气＋水蒸气”的混合气（作为气化剂）发生化学反应可以得到4.07 kmol的 CO＋2.07 kmol 的 H_2＋3.76 kmol 的 N_2＝9.9 kmol 的混合煤气。所以，如果在理想条件下，煤气发生炉所生产的混合煤气之化学组成及其含量（体积分数，%）则为：

$$\varphi(CO)=\frac{4.07}{9.9}\times100\%=41.1\%;\varphi(H_2)=\frac{2.07}{9.9}\times100\%=20.9\%;\varphi(N_2)=\frac{3.76}{9.9}\times100\%=38.0\%$$

于是，每 1 kg 碳的煤气产量为：$V=\frac{1}{12}\times\frac{9.9}{4.07}\times22.4=4.54(m^3/kg)$

在实际生产过程中，水蒸气的分解和 CO_2 的还原反应进行得并不完全，而且也不可避免地会有许多热损失存在，因此实际煤气的组成必然会与上述理想条件的计算值有所差异（参见表 1.12）。

当然，混合煤气的热值也是较低的。为此，还可以利用氧气或富氧空气来替代气化剂中的空气。当然，这需要较为复杂的制氧设备，其设备投资较大，故而很少应用。

1.1.8.1 煤气发生炉的工作原理

煤气发生炉的炉体大都呈圆筒形，其外壳为薄钢板，外壳内用耐火砖砌成炉膛。煤通过其上方的加煤口投入炉内。位于炉膛下部的炉箅子（也称：风汽帽）则是支撑着整个燃料层。气化剂（空气＋水蒸气）从炉箅子的下面送入炉膛，在燃料层进行气化反应而生成煤气，煤气不断地向上流动，最后，通过燃料层上面的煤气出口被引出。煤在炉膛内不断燃烧且逐渐下移，最后成为灰渣而落在炉箅子的上面，然后通过水封盘被逐步清除出去。

按照煤在炉内发生的物理化学变化过程，煤气发生炉通常被分为空层、干燥层与干馏层、还原层（两级还原层：第一还原层和第二还原层）、氧化层和灰层，如图 1.22 所示。

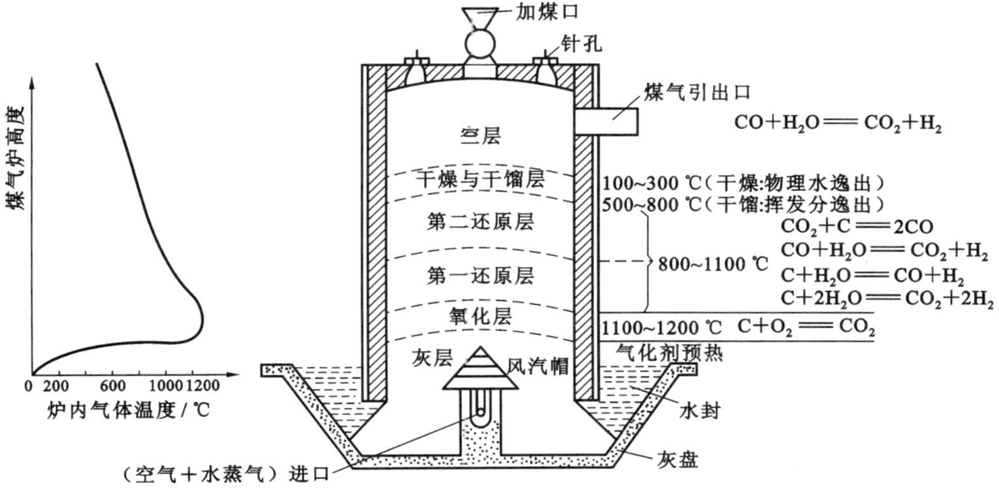

图 1.22 煤气发生炉内的气化过程

气化剂从煤气发生炉下部的送风口入炉后，首先通过炉箅子上面的灰层。因为灰渣的温度较高，气化剂便被预热，并继续向上流动而进入正在燃烧的氧化层。于是，煤中的C与气化剂中的O_2反应生成CO_2与少量CO。气化剂中的H_2O与氧化层内生成的气体一起上升到还原层中，在遇到炽热的碳粒后，CO_2被还原为CO，H_2O被还原为H_2。氧化层和还原层是煤发生气化的主要区域，所以这两层统称为：气化层。出还原层的热气体继续上升而且加热上层的煤，使其干馏为半焦炭或焦炭。干馏气体与气化后的热气体互相混合就成为发生炉煤气。煤气再将煤预热、干燥后进入空层，最后，便从煤气出口被引出。在上述过程中，煤气和煤在总体上是逆向而行。

固定床(关于固定床的概念，参见第2.4.3)煤气发生炉内各层的特点见表1.13。

表1.13 固定床煤气发生炉内各层*的过程、作用与反应

名称	进行的过程及作用	化学反应
灰层	支撑煤层 分配气化层 防止风汽帽(或炉栅)免受高温 利用灰渣的物理热预热气化剂	
氧化层	碳被气化剂中的O_2氧化成CO_2以及CO，并放出热量以维持必要的反应温度	$C+O_2 = CO_2$ $2C+O_2 = 2CO$
还原层	CO_2还原为CO H_2O分解为H_2和O_2	$CO_2+C = 2CO$ $H_2O+C = CO+H_2$ $2H_2O+C = CO_2+2H_2$ $CO+H_2O = CO_2+H_2$
干馏层	煤进行热分解，析出CO_2、CO、H_2O、CH_4、H_2、N_2、NH_3、H_2O以及焦油等	
干燥层	蒸发煤中的水分	
空层	聚集煤气	有时，煤气中有部分CO会与H_2O发生反应： $CO+H_2O = CO_2+H_2$

* 实际生产时，煤气发生炉内的分层情况并不是十分明显，这是因为层与层之间参差不齐。并且各个气化反应也不是在上述各层中被截然地分开进行的，而理论上分层主要是为了研究的方便。

1.1.8.2 煤气发生炉的气化指标

评价气化过程的指标主要有：煤气质量、煤气产率(也称：气化率)、比消耗量、气化强度和气化过程的效率，它们可以反映出煤气发生炉的产量、质量以及热能利用率方面的情况。所使用煤的物化性质、气化过程的操作与炉体构造是影响上述气化指标的主要因素。

(1) 煤气质量：煤气质量指标是指煤气组成及其热值，在煤气组成中，CH_4、CO、C_2H_2、H_2为可燃组分，N_2为中性组分，CO_2、H_2O等为杂质。通常用“可燃气体的含量”来衡量煤气的质量：可燃气体含量愈高，则煤气热值愈高。煤中的挥发分含量越高，所制得煤气的热值就越高。但是，煤气的热值大小并不与煤中挥发分含量的多少呈线性关系。所以，不同的煤所制得的煤气，其组成也有所差异。

(2) 煤气产率：煤气产率是指气化每1 kg煤所获得的煤气量，该指标通过煤的碳平衡方程求得，即：煤中的C量－灰渣中的C量－飞灰中的C量－焦油中的C量＝煤气中的C量。

(3) 气化强度：气化强度是煤气化过程的评价指标，也是一项很重要的操作参数。它是指在单位时间内，煤气发生炉单位面积横截面上所气化的(干燥基)煤量，单位为$kg/(m^2 \cdot h)$。

(4) 比消耗量：比消耗量是指气化每1 kg煤所消耗的气化剂量。由于供给或制造气化剂都需要消耗能量，所以气化剂的用量也是一项重要的技术经济指标。

(5) 气化效率和热效率：气化效率η_g是指每1 kg煤的发热量转变为煤气发热量的百分数，即：

$$\eta_g = \frac{m_g \cdot Q_{net,g}}{Q_{net,c}} \times 100\% \tag{1.84}$$

式中 m_g——每 1 kg 煤所能够产生的煤气之质量,kg;

$Q_{net,g}$、$Q_{net,c}$——分别为煤气与煤的低位热值,kJ/kg。

热效率 η_h 表征着所有进入气化过程中的热量之利用程度(焦油可以作为化工产品)。

$$\eta_h=\frac{m_g \cdot Q_{net,g}+m_{tar} \cdot Q_{net,tar}}{Q_{net,c}+m_v \cdot i_v}\times 100\% \tag{1.85}$$

式中 m_{tar}——每 1 kg 煤所产生焦油的质量,kg;

$Q_{net,tar}$——焦油的低位热值,kJ/kg;

m_v——每 1 kg 煤所需要的饱和水蒸气的质量,kg;

i_v——单位质量饱和水蒸气的热焓值,kJ/kg。

对于热煤气,煤气与焦油的物理热也都被利用,于是 η_h 的计算式就更改为:

$$\eta_h=\frac{m_g \cdot Q_{net,g}+m_g \cdot c_{p,g} \cdot t_g+m_{tar} \cdot Q_{net,tar}+m_{tar} \cdot (i_{tar}+c_{tar} \cdot t_g)}{Q_{net,c}+m_v \cdot i_v}\times 100\% \tag{1.85a}$$

式中 $c_{p,g}$——热煤气的定压比热容,kJ/(kg · ℃);

t_g——热煤气的温度,℃;

i_{tar}——0 ℃时单位质量焦油的热焓值,kJ/kg;

c_{tar}——焦油的比热容,kJ/(kg · ℃)。

如果煤气发生炉体还围有水套,则上述两式的分子中还要加上水套带走热量,这是因为该热量也被用来产生(作为气化剂的)水蒸气。

1.1.8.3 煤气发生炉的炉型与发展

最初的煤气发生炉断面呈正方形,采用水平式固定炉箅。同期也出现了无炉箅式气化木炭的煤气发生炉,无炉箅式煤气发生炉是液态排渣式煤气发生炉的雏型。再后来出现的回转炉箅式煤气发生炉不但能够较好地分配气化剂,还可以机械排灰。1922 年,德国人温克勒(Winkler)首次提出流化床(也称:沸腾床式)气化法的设想。1926 年,第一台温克勒气化炉投入工业生产。此后几十年又派生出不少新的气化方法与炉型,特别是在一段式(Single Stage)固定床煤气发生炉的基础上,经过改进于 20 世纪 60 年代以后出现了两段式固定床煤气发生炉(Double Stage Gas Generator),其较为常见的炉型有:英国的 Wellman 式、意大利的 IGI 式、法国的 LGI 式以及美国的 F. W-Stoic 式。

两段式与一段式在结构上的主要区别是:在一段式煤气发生炉中,煤的干馏和气化在同一炉床内进行;两段式煤气发生炉的干燥层和干馏层较厚,其炉膛可以分为两个区域(上段区域为干馏段;下段区域是气化段)。因此,煤的干馏和气化是分开进行的,如图 1.23 所示。

煤从炉顶加入后,在下降过程中被缓慢加热,到达 300～600 ℃的干馏层内便发生低温分解,析出发热量约为 29400 kJ/m^3 的干馏气和相对分子质量较低的轻质烃类蒸气。干馏气、轻质烃类蒸气与进入干馏段热煤气中的混合气从上部引出,称为:上段煤气。上段煤气中的轻质烃类蒸气冷凝后变为轻质焦油。轻质焦油在静电除焦器(也称:电滤清器)中很容易与煤气进行分离。干馏段的另一部分产物(含有重质烃的半焦)则落入 900～1200 ℃的气化段。半焦中的重质烃在气化段发生高温裂解,这可以基本上避免重质焦油产生。所生成煤气的成分主要为 CO、H_2、CO_2 和 CH_4,由于不含有焦油,故而称为:净化煤气,或称:下段煤气。下段煤气简单除尘后便可以使用。上段煤气约占煤气总量的 40%,温度为 120～200 ℃,热值约为 7650 kJ/m^3;下段煤气约占总煤气量的 60%,温度为 600～700 ℃,热值约为6090 kJ/m^3。

与一段式煤气发生炉相比,两段式煤气发生炉的优点如下:① 可以使用的燃料范围较广;② 所产生煤气的热值高、质量好,也较为稳定;③ 气化强度大、气化效率高、单炉产量大;④ 对于操作条件变化的缓冲能力较大,其荷载可以在较大的范围内变化;⑤可以生产不同热值、不同用途的煤气,

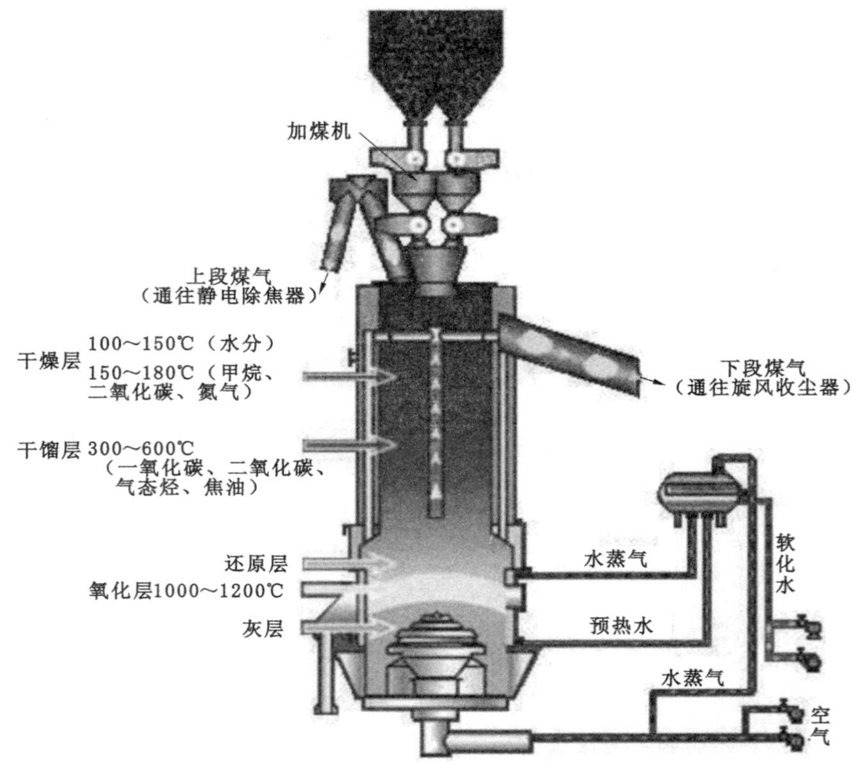

图 1.23　两段式煤气发生炉的结构

从而满足多种用户的需要；⑥ 两段式煤气发生炉需要进行净化处理的含酚废水较少。但是，两段式煤气发生炉对于煤的粒度要求比较严格，这使得大量粉煤不能被利用。此外，其炉体较高，上段、下段煤气被分别冷却及净化，这也增加了设备和土建的投资。

通常的气化过程是在常压下进行的，而加压气化法（提高气化剂的压强）则大幅度地提高了煤气发生炉的生产能力，碳的转化率和热效率也较高，而且因为煤气的热值较高，所以可以制得符合城市燃料标准的中等热值煤气。有关的试验表明：当气化剂的压强从 0.1 MPa 提高到 2.6 MPa 时，它的转化反应为：

$$CO+H_2O=CO_2+H_2+43576\ kJ/kmol$$

这个转化反应的 CO 转化率会提高 9 倍，从而增加 H_2 含量，也为合成甲烷创造良好的条件，这是因为，该反应一般还伴随着以下几个化学反应：

$$C+2H_2=CH_4 \qquad CO+3H_2=CH_4+H_2O$$

$$CO_2+4H_2=CH_4+2H_2O \qquad 2CO+2H_2=CH_4+CO_2$$

$$2C+2H_2O=CH_4+CO_2$$

上述反应均是体积缩小的放热反应，所以高压、低温有利于甲烷的生成（尽管化学方程式 $CO+H_2O=CO_2+H_2$ 的等号两边其总分子数相等，似乎不受压强变化的影响。但是，炉内压强提高时，炉内的 CO 和 H_2O 总分子数会增加，这就使得该反应速度迅速增加）。

加压气化炉也分为固态排渣法与液态排渣法。它对于煤的粒度要求较宽，但是其炉体结构复杂，附属装置较多，因此基建费用大，所消耗的水蒸气较多，所产生焦油以及酚的处理也较为困难。

1.1.8.4　煤气发生炉煤气的净化

发生炉煤气中也含有各种杂质，包括：固体悬浮物（烟尘、灰尘等）、液体产物（焦油、醋酸等）以及气体产物（H_2S、NH_3 和 H_2O 等）。煤气净化过程就是根据具体工艺要求来将其中的杂质分离出去。

净化煤气需要冷却、脱水、除尘与除焦油等过程。当然,并非所有的煤气都必须经历这些净化过程。例如,玻璃灯工所用或明焰裸烧型隧道窑所用的煤气需要加以冷却,并使焦油和尘粒的含量降到最低程度(许用浓度以下);而玻璃池窑所用煤气则不必冷却,只需要粗除尘。通常,不冷却而只是经过了粗除尘后便以热状态供应的煤气被称为:热煤气(其温度通常在400 ℃以上);经过冷却、除尘、除焦油后再使用的煤气则称为:冷煤气。

(1) 热煤气的净化

生产热煤气时,要避免煤气中焦油蒸气的冷凝以减少煤气的物理热损失,而且要求煤气生产车间要尽量建在所用设备的附近,并且对于所有管道(内衬耐火材料)进行保温。煤气输送的距离通常是不超过60 m。如果有多个煤气发生炉,一般将它们集中在一个区域来组成"煤气发生站",从而做到"集中管理、降低成本、提高生产率"。但是,若厂区内使用煤气的设备分散而且相距较远,也可以分散建设多个煤气发生炉或小型煤气发生站。热煤气净化的费用少,也不像净化冷煤气那样会有"含酚的废水"这一问题。但是,管道造价较高。热煤气不能用鼓风机加压,所以使用压强很低。煤气管道内的流速也较低(2～3 m/s),因此就很难测定煤气流量,这也就很难实现计算机控制。生产热煤气通常使用弱黏性煤,所产生的煤气热值较低,而且要求煤中水分不超过 15%,这是因为水多就容易冷凝。净化热煤气的工艺流程为:煤气发生炉→旋风收尘器(排尘)→盘形阀(放散)→管道→烟斗(排尘)→管道→使用热煤气的设备。

(2) 冷煤气的净化

净化冷煤气时需要洗涤、除焦油、脱硫等设备,其工艺复杂,投资是净化热煤气法的 2～3 倍。但是,冷煤气较为纯净。也可以加压,从而可以向许多相距较远的设备输送,其管道内可以设置计量设备,从而实现计算机控制。

冷煤气的净化工艺依据所用的燃料而定:焦炭和无烟煤气化时产生的焦油很少,洗涤水中的酚也很少,一般不需要复杂的除焦油装置和特殊的废水处理设备。而烟煤和褐煤气化时产生的焦油较多,洗涤水中也含有很多有毒的化合物,所以存在废水处理的难题,这也是影响冷煤气使用的主要因素。使用焦炭或使用无烟煤气化时,净化工艺相对简单,其流程为:煤气发生炉→竖管冷却器→洗涤塔→排送机→使用煤气的设备;若使用烟煤或褐煤进行气化,则还要在竖管冷却器和洗涤塔之间增设焦油净化装置(通常是电除尘器),经过电除尘器以后,煤气中仍然含有少量的轻馏分焦油和水分,再通过洗涤塔洗涤以后方可去除部分轻质焦油并使水蒸气凝结。因此,洗涤水中的酚含量较高。

含酚废水的处理一直是一个难题,虽然有一些解决方法,但是都不够理想。例如,采用废水完全封闭循环系统(竖管冷却器的用水、洗涤塔的用水要封闭循环使用,不让其外流而污染环境)。要达到完全封闭循环必须做到循环水只能减少而不能增加,即需要确保污水循环。然而,经过长时间循环后,废水中挥发酚的含量会逐渐趋于饱和,此后,煤气中的酚便不会再溶解于水,而是被煤气所带走。另外,废水中挥发酚也会弥散到周围空气中而污染环境。为此,要做到废水完全封闭循环,可以采取下列措施:第一,严格地清污分流,要将煤气洗涤冷却用水与生活污水、煤气设备冷却水以及水蒸气的冷凝水严格地分开:第一种废水纳入循环水系统,后三种废水则可以外排。第二,厂区和站区的煤气管道以及设备冷凝下来的水(来自于煤气)要定期集中,纳入循环水系统。第三,要防止雨水或者其他用水进入循环系统。第四,要设置循环水调节池来作为清理池内污物和特殊情况下的备用池以防止污水外泄。所以,废水完全封闭循环系统的投资费用很大,而且,实际操作中也不能绝对保证大气中的酚量不超过规定标准,同时循环水的水质恶化也容易堵塞设备,而且对于金属部件还有腐蚀作用。尽管如此,该系统在目前统仍不失为一种可行的方法。

1.2　电能产热

电能产热是指将电能高效地转换为可利用的热能，其常用的产热方式主要有：电阻加热、电极加热、电磁感应加热、电弧加热、等离子体加热、电子束加热等。

1.2.1　电阻加热

电阻加热法是指利用电流通过电阻时的焦耳热效应（$I^2R=U^2/R$）将电能转变成为热能，再将其用以加热待加热的物料。电阻加热法通常分为两种加热方式：间接加热法和直接加热法。

间接电阻加热法是指利用专门的合金材料或非金属材料制成电热体（也称：发热元件）来产生热量，故而也称为：电热体加热法，如图 1.24 所示。电热体通电后所产生的焦耳热再通过辐射、对流、传导的方式传热给被加热料使其制备成材料，所以，该加热方式属于外部加热（燃烧产热的加热方式也属于外部加热）。在该加热法中，由于热量来自于电热体，因此被加热料的种类一般不受限制，而且该加热法操作简便。

图 1.24　实验室常用的几种电炉（电热体通电后即可产生热量）

直接电阻加热法是指将电源电动势通过电极而直接加到可以导电的原料体上，因而也叫做：电极加热法。在该加热法中，被加热料本身也就是导电的电阻（电热体）从而产生了焦耳热。由于该加热方式的根本是热量产生于被加热料自身，所以属于内部加热，其热效率很高。

1.2.1.1　电热体加热

间接电阻加热法所用电热体的形状有：丝状、带状、棒状、管状等，如图 1.25 所示。对于电热体的材质之一般要求是：电阻率（也称：电阻系数，或称：比电阻）大，电阻温度系数小，在高温下变形小而且不易脆化。其具体要求有以下几点：第一，发热温度要能够满足工艺要求（其允用最高使用温度应当比炉膛温度高50～100 ℃）；第二，比电阻较大，电阻温度系数较小，以保证供电电路（通常为交流电）较为稳定；第三，化学稳定性要好；第四，机械性能良好（尤其是要求其塑性、韧性、高温强度都要好），以便于加工成型；第五，热膨胀系数较小；第六，取材容易，价格便宜。

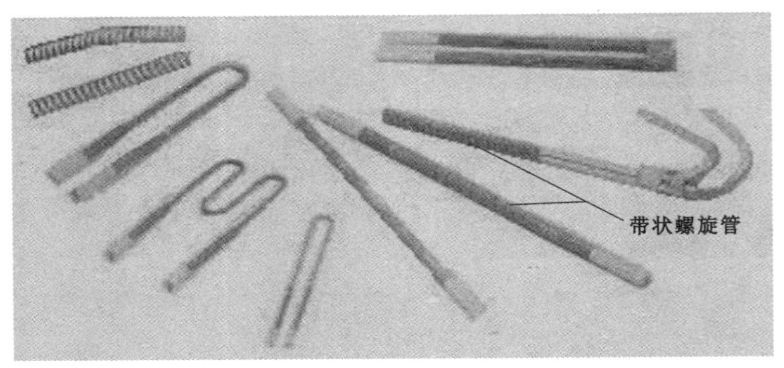

图 1.25　几种典型形状的电热体

常用的电热体材质[7]有：镍铬电阻丝、铁铬铝电阻丝、硅碳棒（或硅碳带）、硅钼棒、钼丝、钨丝（或钨棒）、石墨、铂丝等。其最高使用温度按照材质的不同从 1000 ℃到超过 2000 ℃不等。

有的电热体（例如，钼丝、钨丝、石墨等）由于高温时极易被氧化，所以需要在保护气氛中使用或者在一定的真空度中使用。保护气氛包括：中性气氛（N_2）或还原气氛（H_2）。

有些电热体（例如，硅碳棒、硅钼棒、钼丝、钨丝等）在升温过程中其电阻值变化很大，所以就需要用变压器来调节供电的电压，从而减慢升温速度，以免因为其热惯性而使炉温上冲，甚至超过所要求的温度。另外，电热体长期使用后其电阻值会有所改变，这时也需要利用变压器来调节供电的电压。当然，现代化电阻炉利用微机（控制计算机）指令温控装置（内有：变压器、接触器、可控硅等元、器件）来进行温度的可编程序控制。使用者只需要将预先制定的加热升温曲线（若干个关键的温度点及其对应的升温时间）输入微机内，就可以按照此温度曲线进行精确的、平稳的炉内温度调节控制。

1.2.1.2 电极加热

电极加热法不设置电热体，外部电源通过电极将电压加在被加热原料体的两端，以通电的原料体为电阻来产生热量。所用电源可以是交流电源，也可以是直流电源。如果制备一些特殊成分的材料，施加直流电场后，所制备的材料还可能具有一些特殊的磁学特性或压电特性。

在电极加热法中，常用的电极材料有：钼电极、氧化锡（SnO_2）电极、碳电极等，这其中，钼电极和氧化锡电极在电助熔玻璃池窑或全电熔玻璃池窑上的应用较为广泛。

1.2.1.3 高频电加热

电极加热法只有在被加热的物质是导体的情况下才能够实现（然而有的物质只有在较高温度时才会表现出导电性，这时需要先用火焰将其加热到适当的温度后才能够实现电极加热，例如，玻璃），如果被加热的物质是绝缘体，则无法让其导电，这时可以选择高频电加热法来产热。

高频电加热法实质上是介于电极加热法（参见第 1.2.1.2）和微波加热法（参见第1.3.4）之间的一种加热方法。它与电极加热法的相同点是：它们都是将电极设置在原料体的两端来实现电加热。但是，不同点是：电极加热法所用的电源频率要么为 0（直流电），要么是工频（我国的工频为50 Hz），而高频电加热法所用的电源频率为极高频或超高频（1～200 MHz）。它与微波加热法的相同点是：它们的加热机理都是通过被加热物质的微观极化（参见第 1.3.4）来产生热效应，即所谓的介电损耗（Dielectric Loss）加热方式。但是，它们的不同点是：微波加热法是电源施加能量给微波源，微波源再向被加热物质发射微波来实现耦合加热，微波频率在 300 MHz～300 GHz 的范围；高频电加热法则是电源直接向被加热物质施加能量，其频率也比微波频率要低。

高频电加热的具体频率与其所需功率以及被加热体的尺寸有关，利用电子管振荡器（电子管也称：真空管）来产生如此高频。另外，如果以被加热体的厚度计，则施加在电极上的电压通常为6～15 V/mm。

1.2.2 电磁感应加热

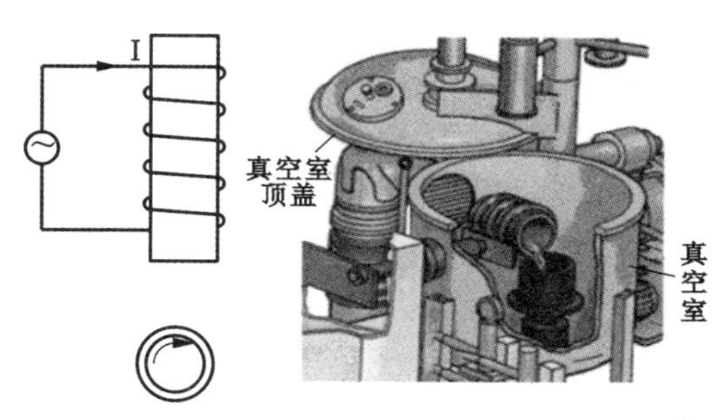

图 1.26 电磁感应加热的原理与某电磁感应炉的结构

将可导电的物体放入交变电磁场中，在该导电体内就会产生感应电流（因为集肤效应[7]及电流流向的变化特性，该感应电流叫做：涡流，Eddy Current），感应电流流经该导电体时便会产生焦耳热，这就是电磁感应加热的原理。根据不同的加热要求，电磁感应加热所使用的交流电源频率有三个频段：工频（50～60 Hz）、中频（60～10000 Hz）和高频（高于10000 Hz）。工频电源就是通常所用的交流电电源，世界上各国使用的工频大都为50 Hz或60 Hz（我国为 50 Hz）。加到感应装置上的电压也必需是可调的。按照加热功率与供电网的不同，可以利用高压电源（6～10 kV）通过变压器供电，也可直接连接到 380 V 或 220 V 的电源，如图 1.26所示的是电磁感应的原理与某电磁感应加热炉的内部结构。

中频电源传统上曾经采用中频发电机组来获得，现在多使用可控硅变频装置的中频电源（也称：中频逆变器），它的工作原理就是：先把工频交流电整流为直流电，然后再把直流电逆变为所需频率的交流电。其优点是体积小、自重轻、无噪声、运行可靠等。

高频电源通常先用变压器把三相 380 V 的电源升压到约 20 kV，然后，再用高压硅整流装置将其整流为直流电，最后用电子振荡管把直流电逆变为高频率、高电压的交流电。

1.2.3　电弧加热与弧像加热

1.2.3.1　电弧加热

电弧是两个电极之间的气体被电离后的放电现象。产生电弧的电压不高但是电流很大，其强大的电流依靠电极上蒸发的大量离子来维持，因而电弧易受周围磁场的影响。

当两个电极之间形成电弧时，电弧的温度会高达 4000～6000 K，因此可以利用电弧产生的高温来加热原料从而制备材料或者进行材料体的热加工，如图 1.27 所示。

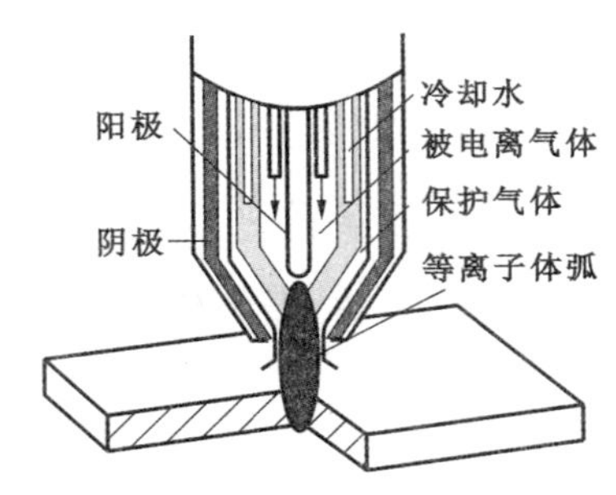

图 1.27　电弧加热切割的原理

直流电、交流电均可以产生电弧，只是直流电弧要比交流电弧稳定。这是因为若使用交流电，当在真空中或者气体密度很小时，在两电极之间的交流电压等于零的瞬间，电弧便容易熄灭。所以，电弧加热时一般采用直流电源。而如果非要使用交流电源，为了保持电弧的稳定，在电弧电流为零的瞬时，电路电压的瞬时值也要大于电弧的电压值。另外，为了限制短路电流，在电源回路中，还必需串接一定数值的电阻器。

电弧加热的优点是：电弧温度高，能量集中。而其缺点是：电弧的噪声大，其伏安特性为负阻特性（下降特性）。

电弧加热的方式有三种：电弧直接加热、电弧间接加热、电弧/电阻加热[7]。电弧直接加热方式中的电弧电流直接通过被加热料，这时被加热料必需是电弧的一个电极或是媒质。电弧间接加热方式中的电弧电流不通过被加热料，主要依靠电弧辐射热来实现对于物料的加热。电弧/电阻加热方式中的电极插入被加热料之中，电弧发出的热量与电流通过被加热料时产生的焦耳热共同来加热。

请注意：电弧放电使其所在区域中的气体电离为“等离子体”，所以电弧加热法与第 1.2.4中所述的等离子体加热法在广义上属于同类。

1.2.3.2　弧像加热

弧像加热法仍以电弧为热源，但是需要将电弧的辐射能再通过适当的光学方法聚集到被加热料上，即形成一个辐射圆锥，从而使热源在辐射圆锥的尖端处成像来形成局部高温。

与弧像加热法属于同一些类型的其他成像加热法，还有：聚焦太阳能加热法、聚焦激光加热法、聚焦红外线（由 Kr 灯、Xe 灯产生）加热法等，它们的工作原理都是利用光学系统聚焦辐射能来实现局部高温加热。

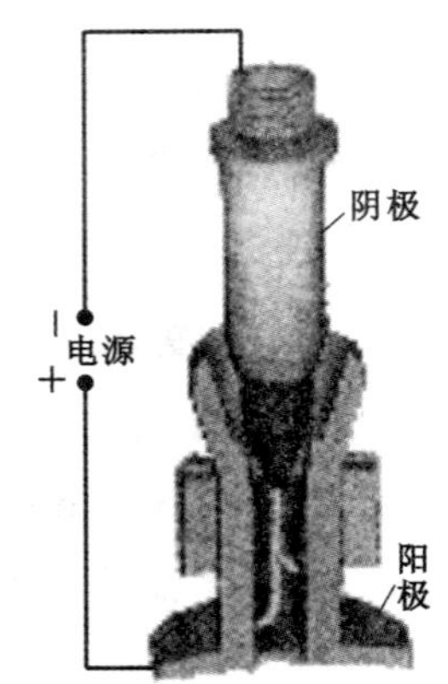

图 1.28　由电弧放电法产生等离子体

1.2.4　等离子体加热

等离子体（Plasma，我国的台湾地区将其直译为：电浆）也就是电离后的气体，其内含有分子、原子、离子、电子和自由基组分，这些组分各自以一定的速度移动。等离子体有低温等离子体和高温等离子体之分。用“微波激发法”可以在较低的温度下获得等离子体，即**低温等离子体**。**高温等离子体**通常利用“电弧放电法”来获得，参见图 1.28，当然，也可以通过“高频感应法”(常用的频率范围为:4～20 MHz)来获得。

等离子体加热法是利用高温等离子体的能量来进行加热,其主要优点是:等离子体是利用了部分气体的电离能,故而很容易达到其他加热方法不易达到、甚至不能够达到的高温,一般大于 10000 ℃(利用电能所产生的等离子体温度可以高达 10000 ℃以上;利用核能等其他高能方法还可以获得几十万摄氏度至几千万摄氏度的高温;热核聚变所产生的等离子体,其核心处的最高温度有几亿摄氏度);等离子体中的热能还极易被气体所传递,在高于大气压(正压)或低于大气压(负压)的系统内部也都能够进行,在工业生产中其条件也很容易得到满足而且比较安全,设备寿命也很长。因此,等离子体加热法不仅可以用在实验室中,也能够用于实际生产。

1.2.5 电子束加热

电子束加热指:利用电场作用下高速运动的电子去轰击被加热料的表面,使之被加热。图 1.29 便是电子束加热的原理图,进行电子束加热的主要部件是电子束发生器,又称:电子枪。电子枪主要由阴极、聚束极、阳极、电磁透镜和偏转线圈等部件所组成。阳极接地,阴极接负高电位(聚焦束通常和阴极同电位),阴极和阳极之间就形成了加速电场。由阴极发射的电子,在电场的作用下加速到极快的速度以后,再通过电磁透镜聚焦,然后经过偏转线圈控制,使电子束按照一定的方向射向被加热料的表面。

电子束加热的优点是:① 通过控制电子束的电流值,就可以方便而迅速地改变加热功率,例如,通过增加功率密度,可以使被轰击点处的杂质在瞬间就蒸发掉;② 利用电磁透镜,可以自由地改变被加热区域的面积(或者说,可以自由地调整电子束轰击区域的面积)。

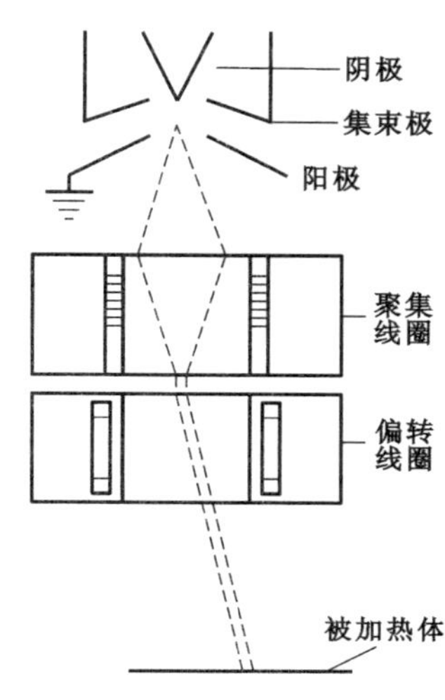

图 1.29 电子束加热的原理

1.3 电磁波产热

电磁波的范围很广,其理论波长从 0 到∞。这包括:从波长为0.2 nm的宇宙射线一直到波长为几十 km 的无线电波(也称为:射电)。但是,就其用于加热的波长而言,则主要包括以下波段:可见光(波长为 0.39～0.76 μm)、红外线(波长为 0.76～1000 μm)以及微波(波长为1 mm～1 m)。

1.3.1 太阳能加热

太阳能辐射包括各个波段的电磁波(波长为 0.2 nm～超过 10^2 km),但是,其主要的能量则集中在可见光与红外波段,而且经过大气层中电离层、臭氧层的过滤,到达地面上太阳能的波长主要在 0.3～100 μm 的波段范围(波长在 0.3～2.6 μm 范围内的辐射能占 95%以上)。

到目前为止,人们利用太阳能的有效方法主要是体现在三个方面:光—热转换、光—化(化学能)转换、光—电转换(也称:光伏发电)。光—热转换是利用太阳能来产生热能[例如,各种太阳能集热器(Solar Energy Collector)、太阳能热水器、太阳能热力制冷器等],太阳能集热器通过聚焦装置把太阳热辐射集中加热空气或水后还可以利用所产生热气体(例如,热空气、水蒸气)来驱动发电机进行热力发电(Concentrating Solar Power,简称:CSP 技术)或者用作其他的用途;对于光—化转换来说,目前最有发展前途的就是利用太阳能制氢[太阳能光化学制氢(例如,太阳能光解水制氢)、太阳能热化学制氢(例如,太阳能热水解制氢)、太阳能光电化学制氢(例如,太阳能电解水制氢)等];光—电转换则是利用半导体材料将太阳能直接转化为电能,目前主要有两种方式:其一是利用太阳能电池(也称:光伏电池)将太阳能直接转换为电能;其二是利用热电材料将太阳能中的热量直接转换为电能(由于大部分的红外辐射能对于光伏发电没有贡献[7]，而红外辐射正是在热辐射的核心区，因此可以用光学方法将太阳能中的大部分红外辐射能分离出来，再利用热电材料进行发电[7]）。另外，白天可以利用蓄热材料[7]将太阳能的热量储存起来，晚上再释放出来，进而进行热力发电或者用作其他用途，从而解决太阳能利用率的昼夜不均衡问题。

利用太阳能的最简单方法是直接吸收太阳能，但是，这样的效率不高，其应用范围也是极其有限。高效太阳能利用法是将太阳能聚焦后再利用。聚焦的方法有两类：点聚焦法和线聚焦法。点聚焦法主要包括：塔式聚焦技术、碟式聚焦技术、菲涅尔法聚焦技术，前两种属于反射式聚焦，最后一种属于透射式聚焦。线聚焦法主要是槽式聚焦技术（属于反射式聚焦）。如图 1.30 所示。

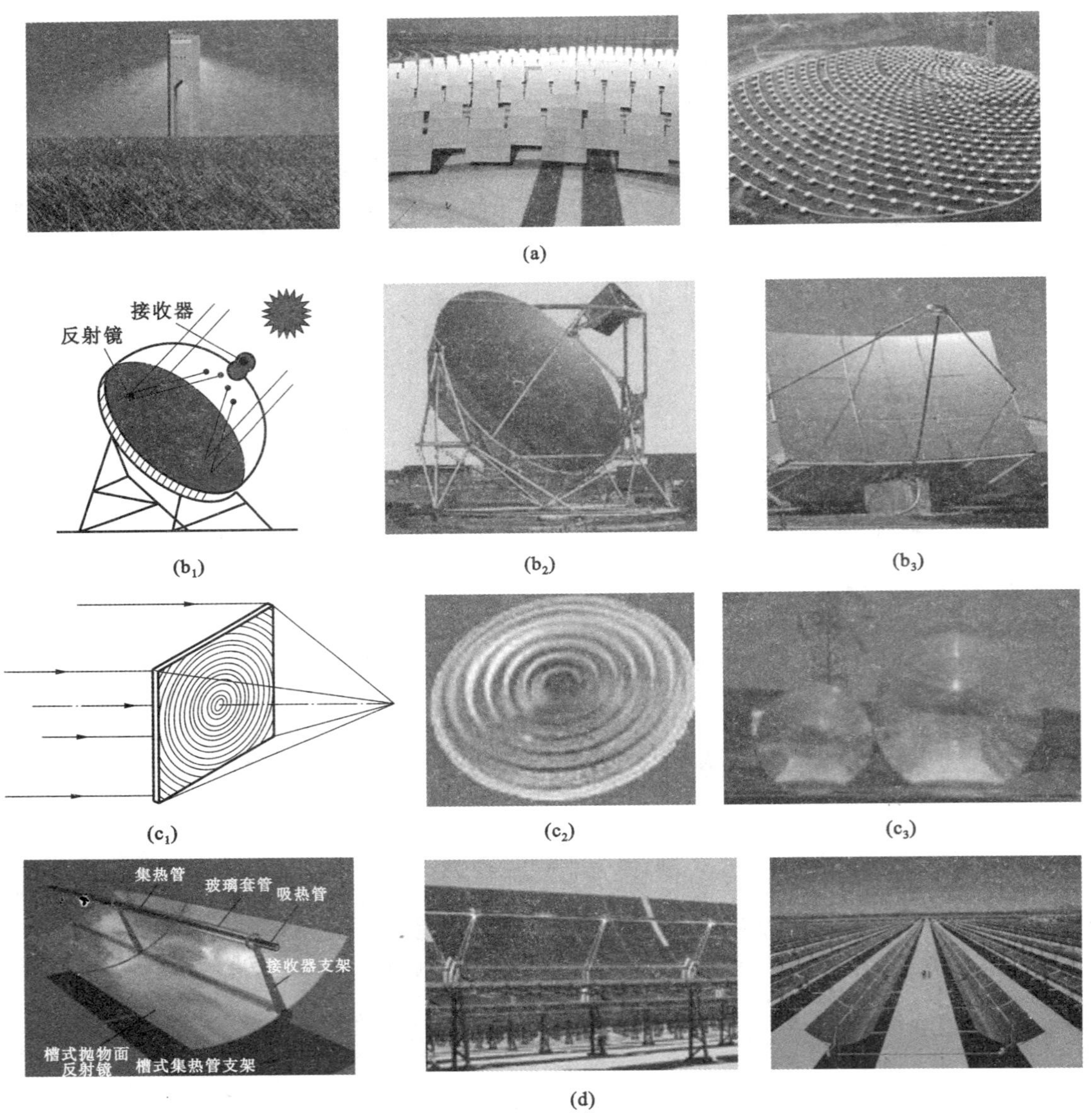

图 1.30　太阳能辐射的几种聚焦利用方法及其利用

(a) 塔式聚焦的高温集热器（聚焦处的热量传给管道内流经此处的熔盐*，受热后的熔盐再去加热水使其变为蒸气来驱动汽轮机发电）；(b_1) 碟式聚焦的原理；(b_2) 碟式聚焦的热力发电法[焦点处为斯特林(Stirling)发动机]；(b_3) 碟式聚焦的光伏发电法（焦点处为 GaAs 电池）；(c_1) 菲涅尔透镜聚焦的原理；(c_2) 菲涅尔透镜的结构；(c_3) 菲涅尔透镜的外观；

(d) 槽式聚焦的中温集热器（所集聚的热传给管道内流动的熔盐，受热后的熔盐*再去加热水使其变为水蒸气来驱动汽轮机发电）

注：*高温集热器利用二元熔盐（60%硝酸钠＋40%硝酸钾）；中温集热器利用三元熔盐（53%硝酸钾＋40%亚硝酸钠＋7%硝酸钠）

塔式聚焦技术的原理是：(围成若干圈的)许多反射镜共同射向聚焦塔上的同一点，从而实现集中收集太阳能热辐射。

碟式聚焦技术是利用抛物面能够反射聚焦的原理来实现太阳能热辐射的集中收集。

菲涅尔聚焦技术是利用菲涅尔透镜(Fresnel Len)，其作用相当于凸透镜。与塔式聚焦或碟式聚焦是利用反射光聚焦有所不同的是，凸透镜是利用折射光来聚焦(放大镜就是利用凸透镜聚焦光线的一个最典型应用)。然而，凸透镜很厚因此需要使用光学玻璃或光学晶体来加工而成，这就使得其加工成本昂贵。而菲涅尔透镜的一面为光面，另一面则刻录了由小到大的若干同心圆环。这些圆环在厚度方向上的曲率与凸透镜相同，因此其效果非常接近于凸透镜，如图 1.31 所示。菲涅尔透镜的优点是能够做得更薄、更大，参见图 1.30(c_3)，所以，其成本比凸透镜低很多[①]。

槽式聚焦技术的工作原理与碟式相同，都是利用抛物面反射聚焦的原理来实现太阳能的集中收集。

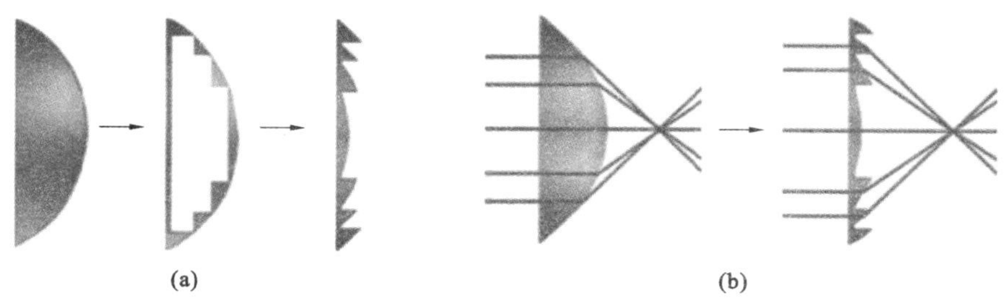

图 1.31 菲涅尔透镜的结构起源与聚焦原理

(a) 结构来历；(b) 聚焦原理

在材料热制备领域，太阳能加热的主要应用实例就是太阳能加热炉(或称：太阳炉)，它是利用碟式或槽式聚焦技术在其焦点处产生最高可达3500 ℃的高温。而且，因为太阳能高温炉内部是没有电场、磁场和烟气的干扰，因此，在加热或冷却过程中(甚至在极高温时)都能够清楚地观察到试样。太阳能加热炉的结构由抛物面反射镜、受热腔、支持装置、转动机械以及调整装置构成，如图 1.32 所示。

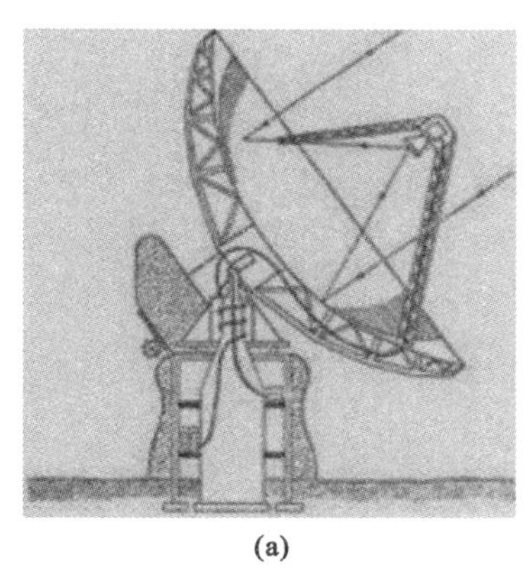
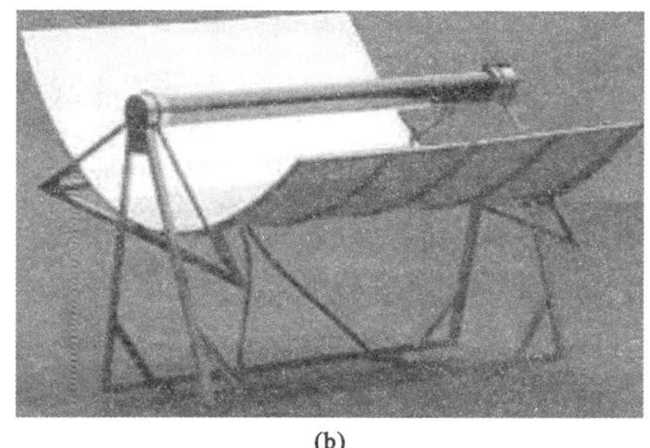

(a) (b)

图 1.32 太阳能加热炉的原理与结构

(a) 高温型太阳能加热炉的工作原理；(b) 中温型太阳能加热炉的外观

1.3.2 激光加热

激光最主要的两个特点是：第一，方向准确专一；第二，频率准确单一。激光的发射频率通常集中

① 菲涅尔透镜大多是用聚烯烃材料通过注压成型的薄片。菲涅尔透镜除了具有聚焦可见光与红外线的作用以外，还可以用于探测领域，它能够将探测区域内分为若干个明区和暗区，从而使进入探测区域的移动物体会以温度变化形式在 PIR 装置(被动红外线探测器)上产生热释红外线的变化信号，这样就可以实现探测移动的目标。

在可见光波段以及红外线波段。激光加热的主要优点是：能够实现精密的加热控制，其加热点的温度也很高。激光加热的缺点是：对于不透明物质的穿透能力不强，因此，只能够加热这类材料的表面。但是，对于透明材料则不同，激光可以穿透材料，甚至能够对于透明材料内部进行热加工，例如，玻璃制品的激光内雕技术，其产品如图 1.33 所示。

图 1.33　用激光束加热而成的“玻璃内雕”艺术品

1.3.3　红外加热

红外线的波长范围为 0.76～1000 μm，在工业应用中，通常又将**红外光谱**划分为**若干个分波段**：0.76～3.0 μm 为近红外线区；3.0～6.0 μm 为中红外线区；6.0～15.0 μm 为远红外线区；15.0～1000 μm 为极远红外线区。在常温以及中温、低温时，常规物体的热辐射能主要集中在红外波段。

红外线加热方法是指将红外线向被加热料进行辐射，物料吸收红外辐射能后，便将辐射能转变为热能而被加热。红外线对于物质具有一定的穿透能力，易于被物质吸收后产生热量。红外线加热的优点是：加热前、后的能量损失小，温度容易控制，加热质量高。

不同物体对于红外线的吸收能力是不同的，既便是同一物体，对于不同波长红外线的吸收能力也是不一样的。因此，应用红外线加热时，需要根据被加热物体的种类，选择合适的红外线辐射源，从而使其辐射能量集中在被加热物体的吸收波长范围以内，这样，就能够得到良好的加热效果。

在实验室内或工厂内所使用的电能产生红外线加热方式实质上是电阻加热的一种特殊形式，它是以可导电材料作为电热体，通电后便成为辐射源。对于电能产生红外线的**辐射源**而言，常用的**形状**共有三种：灯型（或称：反射式）、管型（或称：石英管式）以及板型（或称：平面式）三种，如图 1.34 所示。**灯型**是一种红外线灯泡，以钨丝为辐射源，钨丝被密封在充有中性气体的玻璃泡壳内。钨丝通电后发射出大量波长为 1.2 μm 左右的红外线。若在玻璃壳的内壁镀上反射层膜，则红外线还可以集中向一个方向辐射，所以灯型红外线辐射源也称为：反射式红外线辐射器。**管型**红外线辐射源的管子是用石英玻璃做成，中间是一根钨丝，故而也被称为：石英管式红外线辐射器。灯型和管型辐射源所发射的红外线波长范围为 0.7～3 μm，它的工作温度较低。**板型**红外线辐射源的辐射表面是一个平面，它是由扁平的电阻板组成，电阻板的正面涂有反射率较大的材料，反面涂有反射率较小的材料，这样可以保证大部分热能都从电阻板的正面辐射出去，其工作温度可以达到 1000 ℃以上。

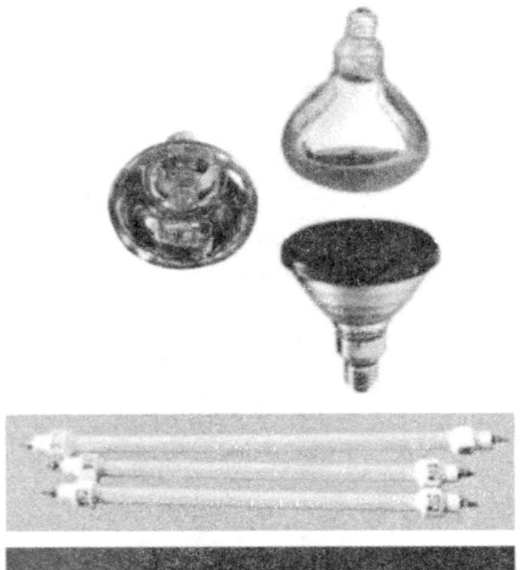

图 1.34　三种电加热辐射源的外观

1.3.4 微波加热

微波是指波长范围在 1 mm～1 m 的电磁波(所对应的频率约为 300 GHz～300 MHz,更低频率的加热方法参见第 1.2.1.3 和第 1.2.2)。按照波长范围不同,微波又分为:毫米波、厘米波、分米波。与太阳能加热、红外线加热、激光加热的最大不同就在于:太阳能加热、红外加热、激光加热只能够在大多数物体的表面层进行,而微波对于物质的穿透能力很强,它能够在物质的内部产生热能。因此,微波加热的优点包括:物质内部加热(简称:内加热,Internal Heating)、物质整体加热(简称:体加热,Bulky Heating)。所以,微波加热的速度快,热效率高而且加热均匀(加热均匀是指物质内部的温度分布均匀)。微波加热的原理以及两个典型的微波加热设备如图 1.35所示。

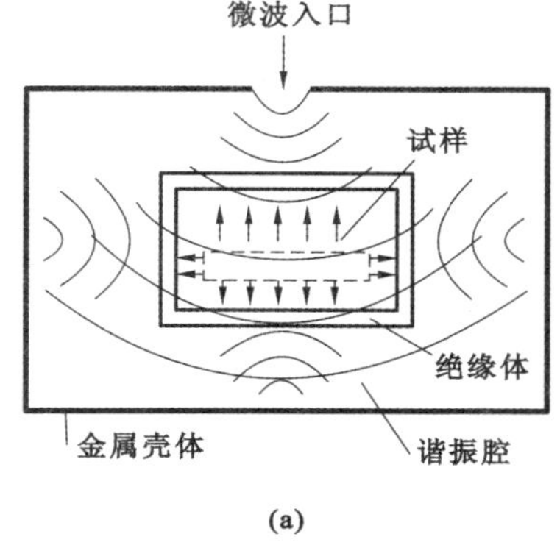

(a)

(b)

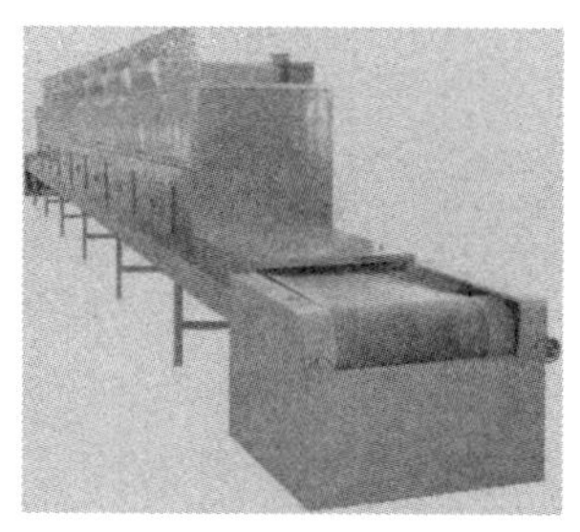

(c)

图 1.35 微波加热的原理与微波加热设备的结构

(a) 微波加热的原理;(b) 某高温微波烧结炉的内部;(c) 某微波干燥机的外观

在材料领域内,微波加热通常用于材料的合成、材料的烧结、材料的萃取、原料的干燥、有害物的降解等方面。材料的微波加热过程往往是在专门设计的加热腔内进行,而且主要采用谐振腔,谐振腔又有多模(谐振)腔和单模(谐振)腔之分[7]。

微波加热的原理是:微波利用其高频电场能够使电介质反复极化(极化现象是指电介质在电场的作用下,其表面或内部出现等量但是极性相反的电荷。极化的方式主要有四种:电子极化、原子极化、偶极矩定向排列、空间电荷极化。其中,后两种极化方式产热的贡献较大),从而就将微波能转变成为热能。这也就是通常所说的吸波物质能够将所吸收的微波能转化为热能的本质所在。所以说,能够吸收微波的物质是电介质。吸波物质的介质损耗越大,它的加热效率就越高。

在材料微波加热的理论计算中,两个参数最为重要,分别是:单位时间内、单位体积加热体吸收的微波能 P(或称:**微波吸收功率**)与微波在加热体中的渗透深度 D(或称:**穿透深度**)。

微波加热时,在某时刻单位体积加热体的微波吸收功率 P 可以用以下两式来进行计算:

$$P = \pi f \varepsilon_r' \varepsilon_0 E^2 \tan\delta \qquad (\mathrm{W/m^3}) \tag{1.86}$$

或

$$P = \pi f \varepsilon_r'' \varepsilon_0 E^2 \qquad (\mathrm{W/m^3}) \tag{1.86a}$$

而在一个正弦波周期内,单位体积加热体微波吸收功率 P 的平均值 $\bar{P}$ 则要用以下两式进行计算:

$$\bar{P} = 2\pi f \varepsilon_r \varepsilon_0 \bar{E}^2 \tan\delta \qquad (\mathrm{W/m^3}) \tag{1.87}$$

或

$$\bar{P} = 2\pi f \varepsilon_r'' \varepsilon_0 \bar{E}^2 \qquad (\mathrm{W/m^3}) \tag{1.87a}$$

式中 f——微波频率,Hz;

ε_0——真空中的介电常数(空气中的介电常数与之近似相等),$\varepsilon_0 \approx 8.85 \times 10^{-12}$ F/m;

ε_r'——物质的相对介电常数，无量纲量；

ε_r''——物质的微波耗损因子，无量纲量；

$\tan\delta$——物质介电常数耗损角的正切值，$\tan\delta=\varepsilon_r''/\varepsilon_r'$，无量纲量；

E——吸波物质内部在某一时刻的电场强度，V/m；

$\bar{E}$——吸波物质内部在一个正弦波周期内的平均电场强度，V/m，对于 TE_{10} 波型的微波来说，可以根据下列方法来计算 $\bar{E}$：$\bar{E}=\dfrac{E_0}{\sqrt{\varepsilon_r'}}$，其中，$E_0$ 为矩形波导管内的电场强度（单位：V/m），它的平方值 $\bar{E}_0^2$ 可以按下式计算：$\bar{E}_0^2=\dfrac{480\pi P_0}{ab\sqrt{1-\lambda/2a}}$，这里，$P_0$ 为微波源的功率，a、b 分别为矩形波导管的横断面尺寸（宽边的边长、窄边的边长，单位：m），λ 则为微波源所发射微波的波长（单位：m）。对于微波源发射频率为 0.915 Hz 的微波炉来说，也有人推荐以下近似公式来计算 $\bar{E}$，$\bar{E}=\dfrac{\sqrt{P_0 Z}}{b}$，这里，$Z$ 表示波导管的阻抗（对于矩形波导管，$Z\approx376.7\ \Omega$）。

在微波加热制备材料的过程中，一些电场参量基本上不会受温度变化的影响，而材料的介电特性却是随着温度而变。对于无机非金属材料领域内的大多数物质而言，在低温阶段，ε_r''和 $\tan\delta$ 都较小，然而，当温度达到某一临界温度以后，由于晶体软化、熔融以及非晶态等因素则会引起局部导电性的急剧增强，这时，ε_r''和 $\tan\delta$ 随着温度升高而呈指数形式的急剧增加，这对于微波加热的本身是有利的，但是，若增加过快，将会导致升温极快，从而发生加热失控（Heat Out）现象，这应当避免。另外，要避免的还有：因为试样受热后所挥发蒸气的电离从而导致的"试样放电"现象，该现象对于微波源有损坏。

渗透深度 D 表征着微波对于材料的穿透能力，它也会影响到材料内部的温度均匀性。一般可以用下式来计算 D 值的大小。

$$D=\frac{\lambda}{\pi\sqrt{\varepsilon_r'\tan\delta}}=\frac{\lambda\sqrt{\varepsilon_r'\tan\delta}}{\pi\varepsilon_r'\tan\delta}\quad(\mathrm{m}) \tag{1.88}$$

式中 λ——微波的波长，m；

其他符号意义同前所述。

由式(1.88)可知：渗透深度 D 与微波波长 λ 通常在同一个数量级。由式(1.86)～式(1.87a)也可以看出：提高微波频率可以加大材料的微波吸收功率；但是，由式(1.88)可知：在高频率时，因为波长缩短，渗透深度 D 会变小。所以，微波频率 f 要适中，微波加热最常用的两个频率是 0.915 GHz 和2.45 GHz，所对应的波长分别为 33 cm 和 12.2 cm。这就是说：其渗透深度 D 通常是在几厘米至几十厘米。

同样可以推理出以下结论：由于可见光、红外线的波长较短（可见光：0.39～0.76 μm；红外线：0.76～1000 μm），所以这些辐射线的渗透深度很浅（在微米级），这就是为什么在第1.3.2中所述的激光加热法和第 1.3.3 中所述的红外线加热法只能用于加热材料表面层的缘由所在。

1.4 核能产热

核能产热是指利用核能所释放的巨大能量来产生热量，具体包括：核裂变（Fisson）与核聚变（Fusion）。能够产生核裂变的元素有 ^{235}U、^{238}U、^{239}Pu 等①，核裂变是以链式反应来进行的，所释放的巨大能量被称为：裂变能。该能量大到它是普通煤燃烧热的近 300 万倍。核聚变是指 ^{2}H（氘）、

① 铀是地球上最重的天然元素，它有 ^{235}U、^{238}U 这两种同位素（在自然铀资源中，两者的含量之比大约为 0.7∶99.3）。地球上没有天然的钚元素 ^{239}P，因此地球上的钚元素都是通过核反应而获得的（例如，在快中子核裂变堆中，就是通过消耗 ^{238}U 来增殖 ^{239}P）。

^3H(氚)、^3He(氦^3)①等同位素原子发生聚变反应，其释放的巨大能量被称为：聚变能。核聚变能比核裂变能更加巨大(是普通煤燃烧热的几千万倍)。

核能产热的利用主要在两个方面：军事用途与和平用途。在军事用途方面，核裂变装置被称为：原子弹或裂变核武器。核聚变的装置则被称为：氢弹或聚变核武器。而在和平利用方面，核裂变发电已经进行了半个多世纪的时间，但是，由于核聚变发电技术极其困难，尽管世界上几十个技术发达的国家(包括中国在内)正在通力合作研发，但是，要真正实现核聚变发电技术的实用化可能还要再等上半个多世纪的时间。

原子弹、氢弹等核武器是瞬时释放巨大的核能，即核爆炸；而和平利用核能则是在可控的条件下缓慢地释放核能，这是核能和平利用的基础。

核裂变产热在地面上的最主要应用就是利用核反应堆内所产生的核裂变能来把水加热成为过热水蒸气从而驱动汽轮机(Steam Turbine)来实现热力发电；在航天领域则是利用热电转换材料或利用热离子反应堆[7]等方法来产生航天所需要的电能。

就地面上的核裂变反应堆发电而言，其工作原理是：冷却剂通过核反应堆时，有两个作用：一则使核燃料棒冷却从而保持其温度稳定；二则吸收核反应所产生的热量后其自身变为载热体，载热体再去进行热动力发电。常用的冷却剂(Coolant)有：轻水(为了与重水相区分，在核领域中将普通水称为：轻水，用于沸水堆、压水堆)、重水、超临界水[超临界水是指在水的临界点(374 ℃、22.1 MPa)以上时的高温高压水，它既有液体的性质，也有气体的性质]、有机物、气体(例如，He、Ar、N_2、空气、CO_2)、液态金属(例如，Na、Pb、Pb/Bi 低共熔体)、熔盐(例如，熔融的氟化盐)。这其中，轻水冷却的核裂变反应堆(简称：轻水堆)在技术上最成熟：轻水吸收核裂变所产生的热量以后其自身就变为高温高压的水蒸气。该水蒸气可以直接驱动发电机的汽轮机来动力发电[称为：沸水堆，Boiling Water Reactor，简称：BWR，图 1.36 是美国通用电气公司(General Electric Company，简称：GE 公司)的一款② BWR 内部结构图]，也可以作为热介质去加热其他循环水来产生过热水蒸气以后再进行动力发电(这就是：压水堆，Pressurized Water Reactor，简称：PWR，“压水”指将轻水加压使其始终处于液态)，这样由于液态水始终处于封闭的循环系统内，从而彻底避免了放射性物质通过发电机械的缝隙扩散到环境中的可能)。其他的冷却剂受热后，也不能直接进行动力发电，只能作为热介质去加热循环水使其成为过热水蒸气后再让过热水蒸气去进行动力发电。

轻水堆尽管在技术方面最成熟，但是其效率不高(约 1%)，因为它是利用能量水平较低的热中子(或称：慢中子，其能量小于 0.5 kev，常温下约为 0.025 kev，该能量所对应的速度为 2200 m/s)轰击原子核来产生核裂变，而且需要利用低度的浓缩铀，也只是能够利用铀矿中含量很少的^{235}U。另外，重水冷却堆(简称：重水堆)可以直接使用天然铀矿，但是其造价昂贵，而且效率没有实质性的增加。

快中子堆(或称：快中子增殖堆，快中子是指其能量大于 100 kev 的中子，“增殖”是指由^{238}U 增殖为^{239}Pu)消耗的是铀矿中丰富的^{238}U(^{238}U 约占自然铀资源的 99.3%，^{235}U 只占其约 0.7%)，对环境

① 海洋中富含氘，只需要使用精馏法从海水中提取重水，再电解重水就能够得到氘。只是由于引发氘-氚反应所需要的温度极高、其反应烈度极大(可以用于氢弹)，故而很难控制它。和平利用核聚变则是依靠氘-氚反应。但是，地球上极度缺乏氚，为此需要由锂来获得氚(中子轰击^6Li、^7Li 后会裂变成氚和氦，例如，锂靶件植入重水反应堆中可以制造氚、含锂物质通入核聚变堆中也可以增殖氚)。若利用^2H-^3He 反应(所需的反应温度更高)则只会产生没有放射性的质子，于是核聚变的环境危害大大降低。只是地球上的氦-3(^3He)资源也很稀少(总量不会超过几百 kg)，然而，月球表面的月壤中却富含氦-3，这是未来获得它的一个方向。

② 该 BWR 核发电装置中的**核反应炉**是罩在一个**干井**内(Drywell，由钢筋水泥浇注而成)，干井内的空气经由较粗的管道到达一个圆圈状的、中空的压力控制池内。该控制池中的水保持半满，因此称为**湿井**(Wetwell，或称：Torus)。万一核反应炉发生意外，冷却水流失导致水量减少而蒸气压上升，则部分蒸气就通过干井被导入湿井内凝结，这样可以避免屏蔽体所受压力过大。而且，为了避免屏蔽体无法降压而崩溃，还必须加装排气系统，以便在气体压强过高时能够将高压气体直接排到空中，该排气减压设备多半装在湿井的部分。尽管这些排放的高压蒸气因为含有放射性物质而对环境有害，但是能够确保屏蔽体的完整，从而不会导致更大的环境灾难。

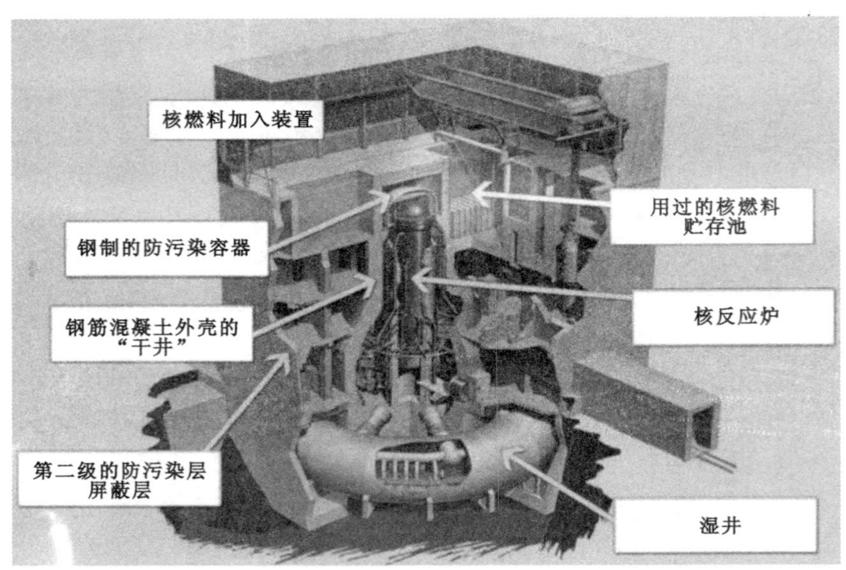

图 1.36　湿井型 BWR 核发电装置

也无不良影响。气冷快中子堆利用快中子轰击原子核引起核裂变，其效率达 40%～45%。液态金属快中子冷却堆（全称为：液态金属快中子增殖反应堆，Liquid Metal Fast Breeder Reactor，LMFBR）则被公认是核裂变发电的最佳能源体系之一，也是新一代（第四代）核裂变发电系统的标志之一，LMFBR的效率为 60%～70%。

核聚变发电的困难在于两个方面：一是需要极高温（>10^8 K，约 10 kev 的能量）；二是需要寻找约束如此高温的方法（因为没有任何一种材料能够与如此高温相接触而不气化）。就聚变核武器来说，氢弹所需要的极高温可以通过先引爆原子弹来实现，而且核爆炸就是为了破坏与摧毁，因此便不需要约束材料。但是，在和平利用核聚变能时，这两个困难则难以解决。为了克服这两个困难，人们构思：极高温可以用特殊的电磁波，或用高能粒子流，或用高能激光束去加热等离子体来实现，而约束的方法有两种：**磁约束**（Magnetic-confinement Thermonuclear Fusion）与**惯性约束**（Inertial Confinement Fusion）。

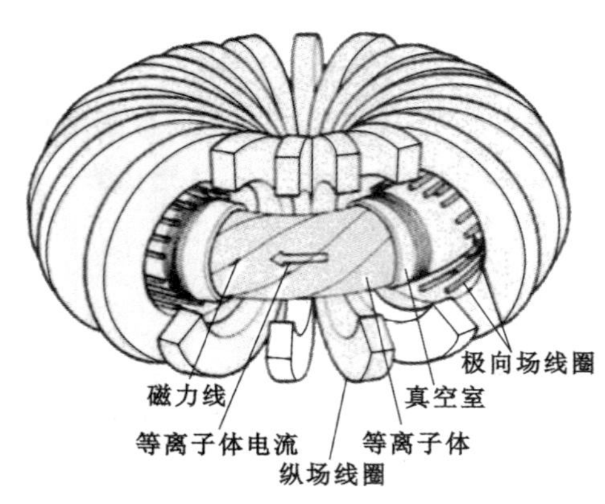

图 1.37　托卡马克的工作原理

磁约束的原理是通过强大的磁场来形成一个封闭的环绕型磁力线，于是在洛伦兹力作用下，等离子体只能够沿磁力线运行而不会穿过磁力线向外飞散，从而实现了与容器的隔离。磁约束的最典型装置就是托卡马克（Tokamak），参见图 1.37。它是由前苏联莫斯科的库尔恰托夫研究所的有关科技人员所发明的，因此，Tokamak 这个词源于俄语，是环形（Toroidal）、真空室（Kamera）、磁（Magnit）、线圈（Kotushka）这四个单词的首写字母之组合，它的中文大意是"环形磁笼真空放电器"。

鉴于核聚变发电的极其复杂性，于是，世界上十几个技术先进的国家（包括中国在内）联手在法国南部 Saint-Paul-lez-Durance 区的小城卡达拉舍（也译为：卡达哈什，Cadarache，在马赛市附近）着手建造核聚变试验发电站 ITER-FEAT **核聚变实验装置**（International Thermonuclear Experimental Reactor-Fusion Energy Adanced Tokamak），如图 1.38 所示。

图 1.38 ITER-FEAT 核聚变实验装置的地点与结构

当然，各国也在积极地研发各自的核聚变实验装置，例如，中国科学院等离子体物理研究所（在安徽省合肥市，参见 www.ipp.cas.cn）研制的"东方超环（简称：EAST）"（EAST＝Experimental Advanced Superconducting Tokamak，它是"全超导非圆截面托卡马克核聚变实验装置"，如图 1.39 所示）就在许多方面获得了很大的技术突破，以它的研究成果为基础，中国正力争建造世界上第一个核聚变发电试验装置。另外，中国核工业西南物理研究院（在四川省成都市，参见 www.swip.ac.cn）研制的"中国环流器 2 号 A 装置（简称：HL-2A）"也取得了很多科研成果与技术突破。

(a)

(b)

图 1.39 中国研制的两台核聚变发电实验装置的外观

(1)"东方超环"的外观；(2)"中国环流器 2 号 A 装置"的外观

惯性约束的原理（参见图 1.40）就是将很多高能脉冲激光束的能量再通过核反应器的内壁涂层在极短时间内聚焦到一个含有氘与氚的靶丸（Pellet）上，这使得靶丸表面产生高温、高压的等离子体，并且产生爆裂。等离子体向外的喷射则利用瞬时过渡现象来约束。等离子体向外喷射的反作用力会形成激波向靶丸内部传播从而造成内爆，于是压缩靶丸内部的氘、氚形成高温、高压与连锁反应，最终诱发核聚变。在这方面，美国劳伦斯利弗莫尔国家实验（Laurence Livermore National Laboratory,

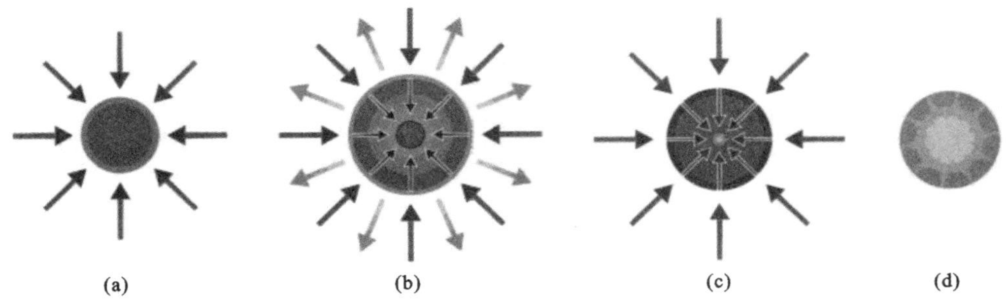

图 1.40 惯性约束核聚变的工作原理

(a) 烧蚀靶丸表面而且在其周围形成等离子体；(b) 靶丸表面爆裂的反作用力压缩靶丸内部；(c) 靶丸的核燃料温度达到上亿度时引发核聚变；(d) 核聚变产生的热量快速向外辐射

参见www.llnl.gov)研制的 NIF 装置(National Ignition Facility Project,国家点火装置)取得了很大成就。它是将含有核燃料的靶丸放在一个环形真空器内(Hohlraum,简称:环空器),192 束紫外脉冲激光束由环空器两端的孔洞射入,然而却不是直接照射靶丸,而是照射环空器内壁使其被加热到发射强烈的 x 光束,再由 x 光束照射靶丸使其表面烧蚀继而内爆从而导致了核聚变(x 光束可以更均匀、更有效地照射靶丸表面)。与 NIF 装置类似的还有法国在波尔多附近建造的 Laser Mégajoule 装置(简称:LMJ),也是激光驱动的惯性约束核聚变发电装置(简称:LIFE,Laser-driven Inertial Fusion Energy),使用 240 束紫外脉冲激光束。

就无机非金属材料本身而言,核能发电所需要的很多材料就属于此类材料(例如,核裂变发电堆最外层的屏蔽材料主要是由防辐射水泥制成的混凝土构成;一些裂变核废料往往需要用特殊的玻璃材料以及防辐射混凝土来固化封存)。但是,就核能在无机非金属材料领域的应用方面来说,除了在材料的微观测试方面有应用的实例以外,核能在材料制备方面鲜有应用。

1.5 地下产热

地球的内部贮存着巨大的能量,地热(也称:地质热,或称:地下热)就是其中的一种。地热是指在地壳内所蕴藏的巨大热量,这个热量的来源较为复杂,一般认为:该热量来自于地球内部的加热以及地壳内放射性同位素久远以来不断衰变所释放出的热量。

尽管认识到地下产热是巨大的热源,但是,人们迄今也没有找到一种高效利用它的方法与手段。目前,地热能的作用除了用于采暖、取热、洗浴等方面以外,还被用来进行热力发电(地热产生的高压过热水蒸气驱动汽轮机转动的发电设施如图 1.41 所示)。另外,人们也在积极地开发直接利用热电材料[7]来实现地热能发电的技术。然而,鲜有将地热能用于材料热制备方面的报道。

图 1.41 地热能发电厂

本章小结

本章的要点就是介绍各种热源的本质与规律。就广泛性而言,在无机非金属材料领域,燃料燃烧产热方式的使用最为广泛,其次是电能产热方式,再次之是电磁波产热方式。其他产热方式的使用则较为鲜见。

因此,本章的学习重点就是上述三种主要的产热方式,尤其是要学习以及掌握与燃料燃烧相关的概念、计算原理;燃烧过程以及燃烧系统中的主要规律;燃烧污染物的防治等。

而关于其他的产热方式,简单地了解一下即可。另外,本章中用楷体字印刷的文字是为读者以后需要时能够进一步深入学习的内容,在教学上可以不作要求。

思 考 题

1.1 固体燃料、液体燃料的元素分析结果是碳、氢、氧、氮、硫、灰分、水分。是否可以这样理解:这些燃料也就是由这些单一的元素或物质机械地混合而生成的?为什么?

1.2 用回转窑烧制水泥熟料时,燃料煤在进入回转窑燃烧之前要经过一个烘干兼粉磨的磨机(称为:风扫磨),问:人们在进行水泥回转窑系统的热工计算时,关于回转窑所用煤粉的计算基准,是选用“收到基”?还是选用“空气干燥基”?为什么?

1.3 在固体燃料煤的元素分析结果中,氢是否都是可燃的?硫是否都是可燃的?氧是否都是氧化剂?

1.4 在固体燃料煤的元素分析结果中,哪一种元素在燃料燃烧后对于环境的危害最大?

1.5 为什么燃料煤中的水分在各个基准之间转换时,不能用表1.1中的换算系数?

1.6 有人在仔细地研究表1.1后,发现表中的换算系数也可以用以下的通式来表述:

$$w(\mathrm{X}_i) = w(\mathrm{X}_j)\,\frac{100 - w(\mathrm{M}_i)}{100 - w(\mathrm{M}_j)} \qquad \text{不涉及干燥无灰基时}$$

$$w(\mathrm{X}_i) = w(\mathrm{X}_j)\,\frac{100 - [w(\mathrm{M}_i) + w(\mathrm{A}_i)]}{100 - [w(\mathrm{M}_j) + w(\mathrm{A}_j)]} \qquad \text{涉及干燥无灰基时}$$

式中 $w(\mathrm{X}_i)$、$w(\mathrm{X}_j)$都代表的是C、H、N、O、S、V、Fc、Q_{gr}的含量(质量分数,%);

i,j=ar、ad、d、daf。

请思考一下该通式的推导过程。

1.7 煤在运出其生产地之前,为什么要经过洗煤处理以尽可能去掉其中的灰分和杂质?(这样做有何益处?)

1.8 如何正确地理解无机非金属材料工业在燃料使用方面的可持续发展?

1.9 何谓标准燃料?为什么要定义标准燃料?

1.10 重油在使用之前为什么要对其进行加热和过滤?

1.11 重油中含水对其燃烧是否有利?如果不利,为什么在乳化油燃烧技术中还要向其中掺水?

1.12 气体燃料通常是无色无味的气体,为什么还要向其中加入一些对人的嗅觉有刺激性气味的气态物质?

1.13 为什么有的无机非金属材料工业领域(像水泥工业),常选择煤作为燃料?而在有的无机非金属材料工业领域(像玻璃工业、陶瓷工业)却不能选择煤作为直接与产品相接触的燃料?

1.14 何谓燃料燃烧的氧化气氛,它是在助燃空气过剩($\alpha>1$)时获得的,还是在助燃空气不足($\alpha<1$)时获得的?

1.15 何谓燃料燃烧的还原气氛,一般它是在空气过剩($\alpha>1$)时获得的,还是在助燃空气不足($\alpha<1$)时获得的?

1.16 燃烧设备或热工设备内的“高温系数”与燃烧设备或热工设备内的“燃烧效率”是否是同一指标?两者在定义上是否有区别?

1.17 为什么用同样的热工设备,一些低热值的气本燃料需要在燃烧之前将其预热才能够满足产品烧制工艺的要求?而一些高热值的气体燃料却不用被预热就能够满足产品烧制工艺的要求?

1.18 重油在燃烧之前,为了降低黏度以便于流动和雾化,需要将其依次加热到一定的温度。请问:为了提高燃烧温度,是否可以在重油燃烧之前就将其预热到尽可能高的温度?为什么?

1.19 固体燃料煤在燃烧之前,是否可以将其预热到很高的温度?为什么?

1.20 “着火”和“点火”有什么相同之处?又有什么区别?

1.21 从表1.9可以看出,固体燃料、液体燃料的着火温度均比气体燃料的着火温度要低,但是人们的经验却是气体燃料的着火比固体燃料的着火要容易得多,为什么会有这种错觉?

1.22 为什么燃料中有微量的水对于燃烧反而有利?

1.23 “回火”与“断火”分别是在什么情况下才会发生?如何设计才能够防止这两种事故的发生?

1.24 有时为了加强火焰的稳定性,在燃烧喷嘴上设置了一个“钝体”(也称:不良流线体),其目的是让燃烧后的部分高温烟气回流到喷嘴的根部,你认为这种做法合理吗?为什么?

1.25 有时人们为了加强燃料与助燃空气的混合,在燃烧喷嘴上设置了很多可转动的风翅,你认为这样做是否有利于燃料的燃烧?请给出理由。

1.26 为什么人们发现在空气过剩系数α略大于1时,烟气中的NO_x含量最高?

1.27 目前限制工业上大规模使用电能产热方式的主要因素是什么?

1.28 电阻加热法的优点是什么？其缺点又包括哪些方面？

1.29 电磁感应加热法的优点是什么？逆变器是具有什么作用的装置？

1.30 电弧加热法为什么常用直流电的电弧？与电弧加热法相比，弧像加热法的优点是什么？

1.31 等离子体加热的优点是体现在哪些方面？

1.32 电子束加热的优点包括哪些方面？

1.33 在电磁波产热法中，常用的波段是哪些？

1.34 目前，人们有效利用太阳能的方法有哪些？

1.35 太阳能利用装置的最大劣势在哪些方面？

1.36 激光和激光加热法的优点各包括哪些？

1.37 红外线加热法的优点包括哪些？在电能产生的红外线辐射源中，常用形状有哪几种？

1.38 微波加热法的优点有哪些？

1.39 核能产热的方法有哪两种？

1.40 快中子堆的优点有哪些？

1.41 在核聚变产热发电方面，磁约束和惯性约束的原理各是什么？

1.42 目前，地下热的应用主要在哪些方面？

习　题

注意：在以下的习题中，如果涉及氢(H)，均按**净氢**处理；如果涉及硫(S)，均按**可燃硫**处理；如果涉及氧(O)，均按**氧化剂**处理；如果涉及空气，均按**干空气**处理，而且将空气组成的体积分数作为：为 O_2 21%，N_2 79%。

1.1 已知某烟煤的干燥无灰基组成为：

组分	C_{daf}	H_{daf}	N_{daf}	O_{daf}	S_{daf}
含量 $w(i)$(质量分数，%)	82.6	6.0	1.6	9.2	0.6

另外，已知该煤的空气干燥基组成之部分测试结果为：$w(M_{ad})=3.0\%$；$w(A_{ad})=15.0\%$。该煤的收到基水分为：$w(M_{ar})=5.0\%$。要求计算：

(1) 将 1 kg 干燥无灰基的该烟煤折合为“空气干燥基”的煤和“收到基”的煤，则各为多少千克？

(2) 计算该烟煤的收到基组成(质量分数，%)。

(3) 该烟煤的收到基和空气干燥基的低位发热量、高位发热量各是多少？

(4) 1 kg 的该烟煤相当于多少千克的标准煤？

1.2 已知某重油的干燥无灰基组成为：

组分	C	H	N	O	S	A	M
含量 $w(i)$(质量分数，%)	86.52	10.74	0.31	0.30	0.32	0.80	1.01

求：(1) 该重油的低位发热量。

(2) 该重油的高位发热量。

(3) 1 kg 的该重油相当于多少千克的标准油？

1.3 某烟煤空气干燥基的工业分析结果为：

组分	V_{ad}	Fc_{ad}	A_{ad}	M_{ad}
含量 $w(i)$(质量分数，%)	20.0	55.1	22.8	2.1

其焦渣特性(CRC)为 7#，求该烟煤空气干燥基的低位发热量为多少？

1.4 某天然气的组成(干基)为：

组分	H_2	CH_4	C_2H_6	C_3H_8	C_4H_{10}
含量 $w(i)$(体积分数，%)	1.9	70.1	9.2	5.7	13.1

另外，已知 H_2O(水蒸气)的含量(体积分数)为 0.5%，求：

(1) 该天然气的湿基组成以及其干基、湿基在标准状态下(0 ℃，1 atm)的密度各为多少？

(2) 该天然气在湿基下的低位发热量和高位发热量各是多少?

(3) 1 m^3(标准状态体积)的该天然气相当于多少 m^3(标准状态体积)的标准气?

1.5 已知某烟煤的收到基组成为:

组分	C_{ar}	H_{ar}	N_{ar}	O_{ar}	S_{ar}	A_{ar}	M_{ar}
含量 $w(i)$(质量分数,%)	76.3	4.1	1.6	3.6	3.8	7.6	3.0

另知,已知空气过剩系数 $\alpha=1.15$,求:

(1) 在收到基下,每 1 kg 该烟煤完全燃烧所需要的理论空气量、实际空气量以及所生成的理论烟气量、实际烟气量。[注:这 4 个量的单位都为 m^3/kg,这里,m^3 为标准状态体积单位]

(2) 如果由于工艺需要,要求空气过剩系数 $\alpha=0.95$,请重新计算(1)中各个量的大小。

1.6 已知某重油的组成为:

组分	C	H	N	O	S	A	M
含量 $w(i)$(质量分数,%)	87.0	11.5	0.7	0.1	0.5	0.1	0.1

某窑炉使用该重油作为燃料,且空气过剩系数 $\alpha=1.15$,用油量为 200 kg/h 。请计算:

(1) 每小时所需的实际空气用量(标准状态体积,m^3/h)。

(2) 每小时产生的实际湿烟气量(标准状态体积,m^3/h)。

(3) 干烟气的组成(体积分数,%)及其标准状态下(0 ℃,1 atm)的密度(kg/m^3)。

(4) 湿烟气的组成(体积分数,%)及其标准状态下(0 ℃,1 atm)的密度(kg/m^3)。

1.7 某窑炉使用发生炉煤气为燃料,其湿基组成为:

组分	CO_2	CO	H_2	CH_4	C_2H_4	O_2	H_2S	N_2
含量 $w(i)$(体积分数,%)	5.6	28.9	13.5	2.5	0.6	0.6	1.4	46.9

燃烧时的空气过剩系数 $\alpha=1.1$,要求计算:

(1) 每 1 m^3(标准状态体积)该煤气燃烧所需要的实际空气量(标准状态体积,m^3/m^3)

(2) 每 1 m^3(标准状态体积)该煤气燃烧实际生成的湿烟气量(标准状态体积,m^3/m^3)。

(3) 干烟气与湿烟气的组成(体积分数,%)以及它们各自在标准状态(0 ℃,1 atm)下的密度(kg/m^3)。

1.8 已知某液化石油气(LPG)的组成为:

组分	C_3H_8	C_4H_{10}
含量 $w(i)$(质量分数,%)	30	70

燃烧时的空气过剩系数 $\alpha=1.1$,另外,已知燃料中有 80%(质量分数)的 C 生成了 CO_2,其余的生成了 CO,而 H_2 全部生成 H_2O。以燃烧 1 kg 的该燃料为计算基准,求:

(1) 气化后的该物料在 1 atm(绝对压强)、20 ℃状态下的体积密度(kg/m^3)及其组成(体积分数,%)。

(2) 干烟气的组成(体积分数,%)和干烟气量(标准状态体积,m^3/kg)。

(3) 湿烟气的组成(体积分数,%)和湿烟气量(标准状态体积,m^3/kg)。

1.9 已知某无烟煤的工业分析结果为:

组分	V_{ad}	Fc_{ad}	A_{ad}	M_{ad}
含量 $w(i)$(质量分数,%)	7.0	80.0	11.0	2.0

另外,已知收到基水分 $w(M_{ar})=8\%$。请用经验公式计算每 1 kg 该无烟煤燃烧所需要的理论空气量(标准状态体积)以及所产生的理论烟气量(标准状态体积)。

1.10 某热工设备使用煤为燃料,其收到基组成如下:

组分	C_{ar}	H_{ar}	N_{ar}	O_{ar}	S_{ar}	A_{ar}	M_{ar}
含量 $w(i)$(质量分数,%)	78.0	4.0	1.4	3.6	1.0	7.0	5.0

实测燃烧后的干烟气组成为:

组分	CO_2	O_2	N_2
含量(体积分数,%)	13.4	6.1	80.5

另外,实测煤灰渣样品的灼烧减量(也称:烧失量)为30%(即煤灰渣中含C 30%,含灰分70%)。求:

(1) 燃烧所需要的实际空气量(m^3/kg,标准状态体积)。

(2) 燃烧后生成的实际湿烟气量(m^3/kg,标准状态体积)。

1.11 已知某煤中的部分组成为:$w(C_{ar})=70.1\%$,$w(A_{ar})=8.0\%$,$w(M_{ar})=6.9\%$,而且该煤中的N_{ar}、S_{ar}含量可以忽略。该煤是利用一个高效的燃烧设备燃烧,所以燃烧非常完全,无机械不完全燃烧损失(也就是煤灰渣为纯的灰分,无C),燃烧后的干烟气成分为:

组分	CO_2	O_2	CO	N_2
含量(体积分数,%)	10.5	8.6	0.1	80.8

计算:(1) 该煤中的氢含量$w(H_{ar})$和该煤中的氧含量$w(O_{ar})$。

(2) 列出在空气干燥基[$w(M_{ad})=1.0\%$]下,该煤的元素分析结果。

1.12 某工厂的窑炉以发生炉冷煤气为燃料,煤气的绝对压强为1 atm,煤气的温度为25 ℃,其干基组成为:

组分	CO_2	CO	H_2	O_2	CH_4	H_2S	N_2
含量(体积分数,%)	5.5	28.0	13.4	0.4	0.5	0.2	52.0

生产时,用气体成分测定仪测得有关位置的干烟气组成为:

组分	CO_2	O_2	N_2
离窑前的含量(体积分数,%)	18.1	2.3	79.6
进烟囱前的含量(体积分数,%)	12.6	7.9	79.5

求:(1) 湿煤气的组成。

(2) 在出窑至烟囱之间的烟道上,燃烧每1 m^3(标准状态体积)的湿煤气所产生的湿烟气中漏入的空气量(标准状态体积,m^3/m^3)。

(3) 如果测得进烟囱的废气量(标准状态体积)为9650 m^3/h,该废气中水蒸气(H_2O)的含量为10%,请计算该窑炉每小时所消耗的湿煤气量(标准状态体积,m^3/h)。

1.13 某工厂在设计一台石灰立窑,已知其产品的理论耗热(碳酸钙分解耗热)为6.1×10^6 kJ/h,所用燃料煤的资料为:

组分	C_{ad}	H_{ad}	N_{ad}	O_{ad}	S_{ad}	A_{ad}	M_{ad}
含量(质量分数,%)	81.2	4.9	1.4	3.4	0.4	6.4	2.3

煤的收到基水分$w(M_{ar})=6\%$。另外,从同类设备操作过程中获得的调查结果如下:

① 烟气中的相关成分(体积分数)之比为:$\varphi(CO)/[\varphi(CO)+\varphi(CO_2)]=10\%$;

② 空气过剩系数$\alpha=1.3$;

③ 每小时的用煤量为410 kg;

④ 灰渣中的含碳量为20%;

⑤ $CaCO_3$分解热为1.66×10^6 kJ/kg;

⑥ 出窑废气温度为400 ℃,压强按1 atm计。

试计算:(1) 每小时所需要的助燃空气量(标准状态体积,m^3/h)。

(2) 出石灰窑的废气量(标准状态体积,m^3/h)和实际状态的废气量(标准状态体积,m^3/h)以及废气中的各组分含量(体积分数,%)。

1.14 某热工设备利用烟煤作为燃料,已知该烟煤的工业分析结果为:

组分	V_{ad}	FC_{ad}	A_{ad}	M_{ad}
含量(质量分数,%)	21.72	56.30	20.03	1.95

该烟煤焦渣特性(CRC)为 6#。另外,已知该烟煤的收到基水分(质量分数)$w(M_{ar})=3\%$,空气过剩系数 $\alpha=1.1$,该烟煤以及助燃空气的温度均为 20 ℃,其燃料室的高温系数 $\eta=0.85$。求:

(1) 产热度。

(2) 理论燃烧温度。

(3) 实际燃烧温度。

(4) 如果空气被预热到 1050 ℃,实际燃烧温度又是多少?

1.15 已知某燃料油的热值为 42500 kJ/kg,该燃料油 20 ℃时的密度为 800 kg/m^3,使用该燃料油的热工设备中空气过剩系数 $\alpha=1.15$,进热工设备时,该燃料油的温度和助燃空气的温度均为25 ℃。求:

(1) 该热工设备内的实际燃烧温度。

(2) 如果将空气温度预热到 800 ℃,实际燃烧温度又是多少?

1.16 某热工窑炉利用天然气(NG)作为燃料,已知所用天然气(以标准状态体积为计算基准)的湿基低位发热量为36000 kJ/m^3,该窑炉内的空气过剩系数 $\alpha=1.1$,该窑炉内的高温系数 $\eta=0.9$,进入该窑炉时,天然气的温度和助燃空气的温度均为 25 ℃。求:

(1) 该窑炉内的实际燃烧温度。

(2) 如果将该天然气预热到 120 ℃,将空气预热到 600 ℃,实际燃烧温度又是多少?

1.17 已知某气体燃料(发生炉煤气)的温度为 60 ℃,其组成及其含量为:

组分	CO	H_2	CH_4	CO_2	N_2	O_2
含量(体积分数,%)	26.1	13.0	1.0	6.6	53.1	0.2

燃烧喷嘴的内径为 75 mm,求该气体燃料燃烧时的最大法向火焰传播速度为多少?

参考文献

[1] 常弘哲,沈际群,张永廉.燃料及燃烧[M].上海:上海交通大学出版社,1993.

[2] 傅维标,卫景彬.燃烧物理学基础[M].北京:机械工业出版社,1984.

[3] 韩昭沧.燃料及燃烧[M].2 版.北京:冶金工业出版社,1994.

[4] 胡英.物理化学[M].5 版.北京:高等教育出版社,2008.

[5] 霍然.工程燃烧概论[M].合肥:中国科技大学出版社,2001.

[6] 建筑材料学研究院.水泥窑热工测量[M].2 版.北京:中国建筑工业出版社,1987.

[7] 姜洪舟.无机非金属材料热工设备[M].5 版.武汉理工大学出版社,2015.

[8] 林宗寿.无机非金属材料工学[M].4 版.武汉:武汉理工大学出版社,2014.

[9] 刘圣华,姚明宇,张宝剑.洁净燃烧技术[M].南京:东南大学出版社,2006.

[10] 陕西第一建筑设计院.建筑陶瓷隧道窑设计[M].北京:中国建筑工业出版社,1979.

[11] 沈慧贤,胡道和.硅酸盐热工工程[M].武汉:武汉工业大学出版社,1991.

[12] SMOOT I D,PRATT D T.傅维标,卫景彬译.粉煤燃烧与气化[M].北京:清华大学出版社,1983.

[13] 孙承绪.玻璃窑炉热工计算与设计[M].北京:中国建筑工业出版社,1983.

[14] 孙晋涛.硅酸盐工业热工基础[M].武汉:武汉工业大学出版社,1992.

[15] 徐德龙,谢峻林.材料工程基础[M].武汉:武汉理工大学出版社,2008.

[16] 陈超,姚强.洁净煤技术[M].北京:化学工业出版社,2005.

[17] 许晋源,徐通模.燃烧学[M].北京:机械工业出版社,1980.

[18] 张美杰.材料热工基础[M].北京:冶金工业出版社,2008.

[19] 张松寿.工程燃烧学[M].上海:上海交通大学出版社,1987.

[20] LECO Inc. Instruction manual of (LECO)sulfur systems determinate (SC-132)[R]. LECO Inc.,1992.

[21] LECO Inc. Instruction manual of (LECO)Mac-500[R]. LECO Inc.,1992.

[22] PERKIN ELMER Inc. Instruction manual of (PERKIN ELMER) series Ⅱ CHNS10 analyzer, 2400[R]. PERKIN ELMER Inc. ,1992.

[23] ROBERT H P ,Chilton C H. Chemical Engineers' Handbook[M]. 5th edition. Tokyo: McGraw-Hill Kogakusha,Ltd. ,1973.

[24] 全国水泥标准化技术委员会. 水泥回转窑热平衡测定方法:GB/T 26282—2010[S]. 北京:中国标准出版社,2011:1-36.

[25] 全国煤炭标准化技术委员会. 煤中全水分的测定方法:GB/T 211—2007[S]. 北京:中国标准出版社,2008:1-6.

[26] 全国煤炭标准化技术委员会. 煤的发热量测定方法:GB/T 213—2008[S]. 北京:中国标准出版社,2008:1-23.

物质内部微观运动产生导热现象

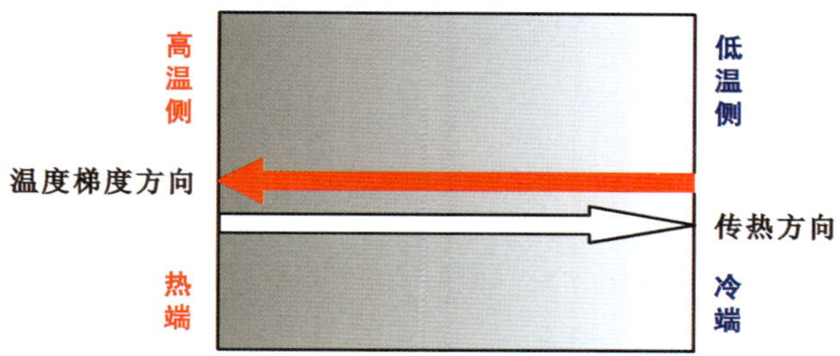

导热现象发生在物质的内部（以温度差为其驱动力）

传导传热（简称：导热）

对流
（冷、热流体之间的相向流动）

自然的对流现象源于流体内部的宏观流动（以温度差为其驱动力）

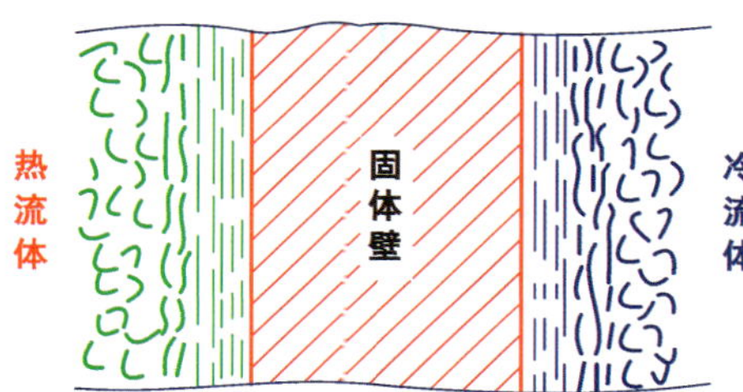

对流换热
（流体与壁面之间的热交换）

对流换热现象发生在流体与固体壁面的交界处（以温度差为其驱动力）

对流换热

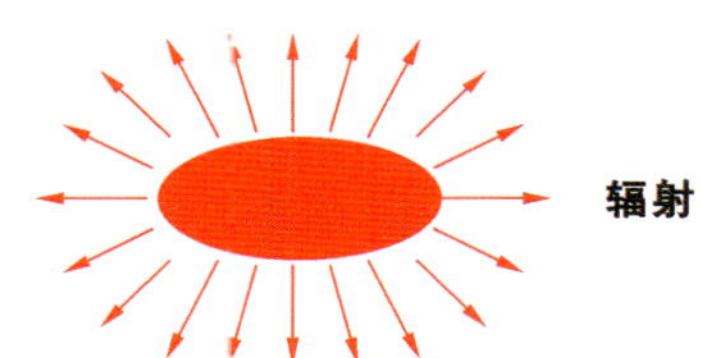

辐射是物质本身发射的电磁波

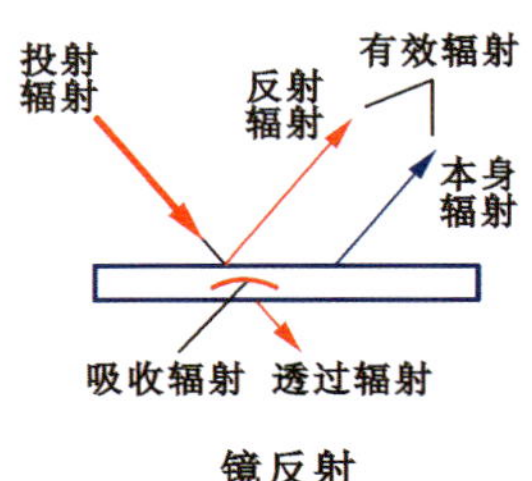

镜反射

漫反射

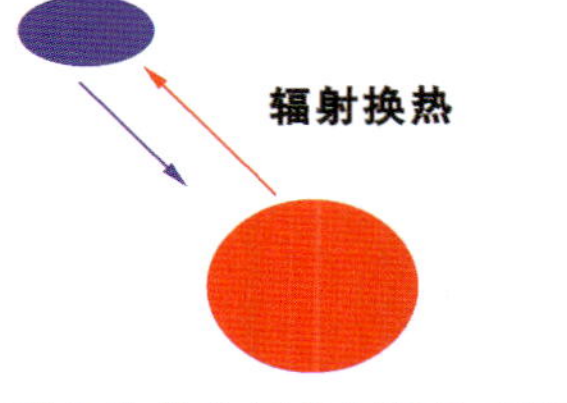

两个物体之间的辐射热交换

辐射换热是物质之间的辐射热交换（与温度差无关，即便净辐射热为0，辐射热交换仍在进行）

辐射换热

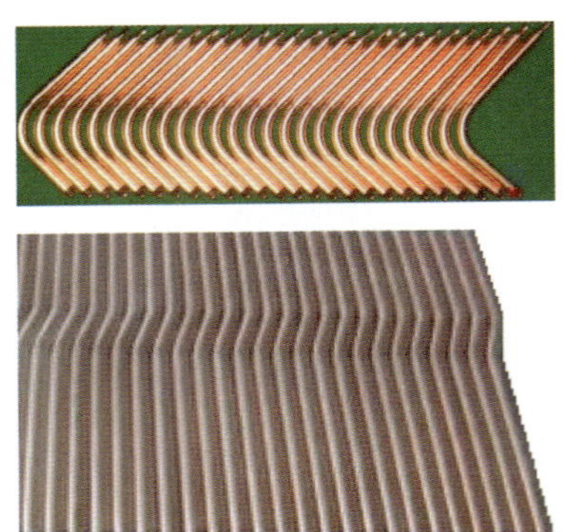

导热最快的微热管元件

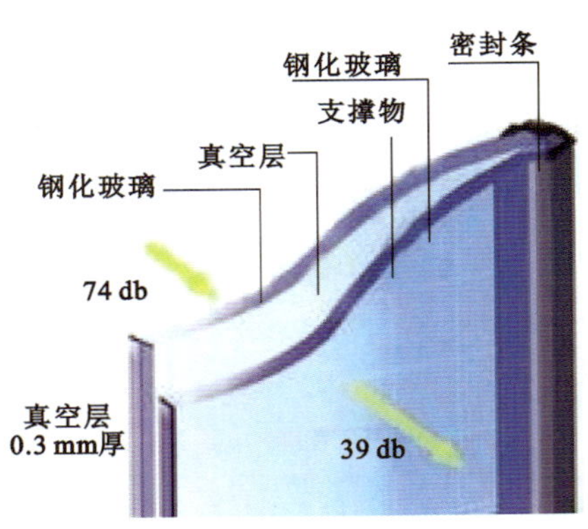

保温、隔音效果都很优异的真空玻璃

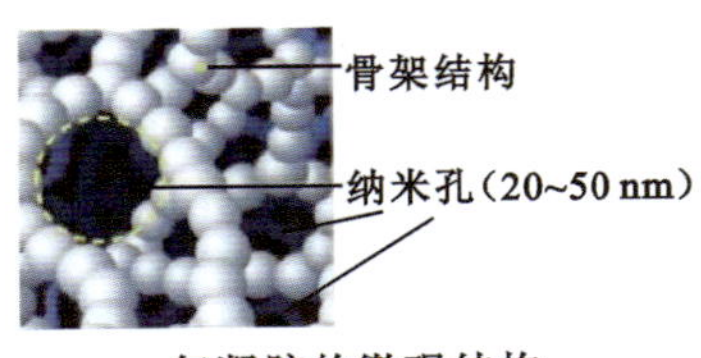

气凝胶的微观结构

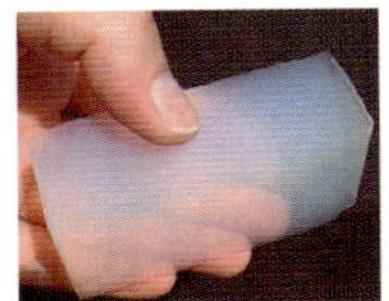

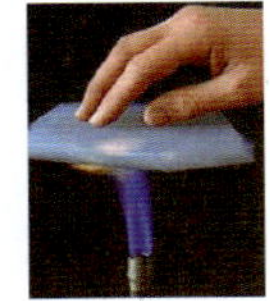

隔热效果极佳的气凝胶

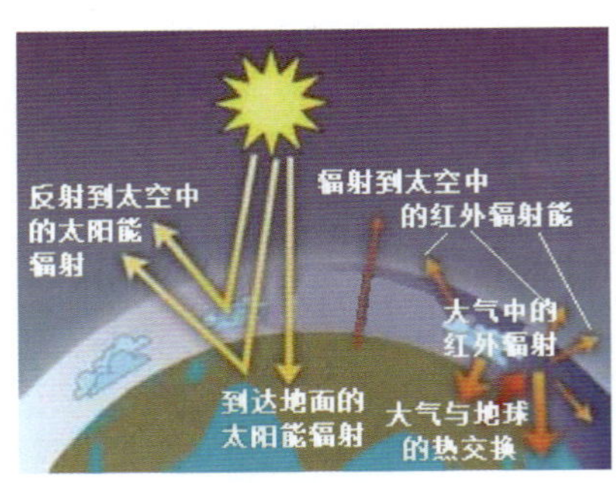

太阳能辐射、大气层与地球之间的热交换

建筑物内、外的对流及其热交换

水泥回转窑与冷却机的测温仪器设置与相关气流场状况

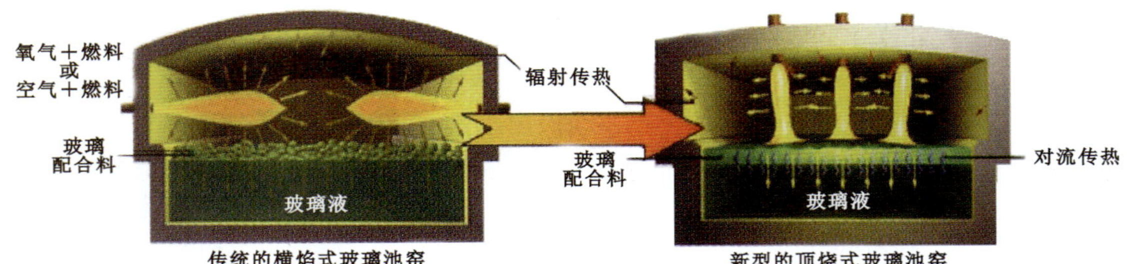

传统的横焰式玻璃池窑

新型的顶烧式玻璃池窑

两种玻璃池窑内的传热分析

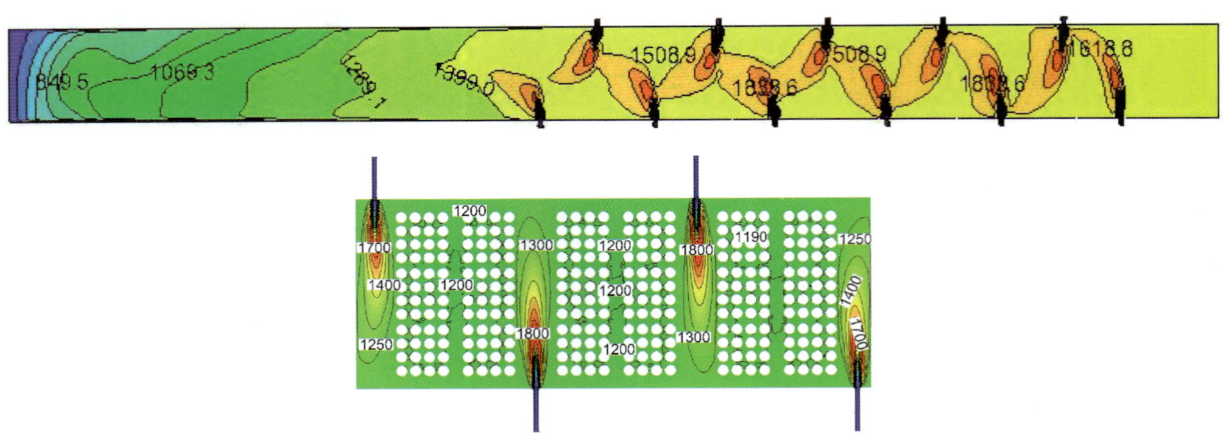

两种陶瓷窑内在某时刻、某高度处的等温线分布
（数值计算结果，单位：K，上图：辊道窑内的预热带与烧成带；下图：梭式窑内）

2 热量传递

本章的内容是关于热量的传递规律。在自然界中，存在三种最基本的传热方式，它们分别是：导热、对流和辐射。然而，自然界中的实际传热过程往往是这三种基本传热方式的组合，被称为：综合传热过程（实质上，对流换热也是流体本身的对流过程与近壁层处导热过程的综合作用效果）。因此，**传导传热**、**对流换热**、**辐射换热**以及**综合传热**的规律就构成了本章的核心内容。另外，因为对流过程、对流换热过程与流体的流动有关，所以，本章中也包括有介绍流体力学基本知识的部分内容，以便有助于"对流换热"内容的学习。

本章中**楷体字**印刷的**内容**为更深层次的内容，教学上可以不作要求，**仅供**读者需要时阅读**参考**。

在无机非金属材料领域，热量产生以后，一般还不能够被材料制备与加工过程所直接利用，这就需要热量的有效传递过程（简称：有效传热，或称：**有益传热**）才可以转化为有效的能量。既然提到了有效传热，就会有无效传热（或称：**有害传热**）[①]。人们所希望的就是提高有效传热的份额，降低无效传热的份额，从而提高热工设备的热利用率，达到优质、高产、低消耗、低污染的目的，这也是学习本章内容的真正目的所在。但是，要达到这一点，就必需首先弄清楚传热的规律。研究热量传递客观规律的科学分支也被称为：**传热学**。

从微观的角度来说，热量在本质上是微观粒子运动的动能与势能之宏观综合体现，物质温度的高低便是物质所含热量在宏观上最为重要的表现形式之一。热量从高温到低温的传热过程[②]是自发过程[③]，这是热力学第二定律所指出的热量传递方向。由此便可以得到以下推论：就具体物质而言，传热过程将会使物质的温度自发地趋向均匀，例如，就以下将要所述的导热方式来说，表征物质这种温度趋向均匀能力的参数被称为：热扩散率 a（或称：热扩散系数，曾称为：导温系数，单位为 m^2/s）。a 越大，表示物体内部温度趋向均匀的速度越快，反之则慢，例如，一个铁块的 a 值就比一个砖块的 a 值要大，而一个砖块的 a 值则比一个木块的 a 值大。

从传热的本质来看，热量传递有三种基本的传热方式：传导传热（简称：**导热**，Heat Conduction）、对流传热（简称：**对流**，Convection）与辐射传热（简称：**辐射**，Radiation）。这三种传热方式就构成本章内容的主体。

---

① "有效传热"与"无效传热"也是相对的，情况不同，其划分也不相同。例如，就物体的表面散热而言，它对于热工窑炉来说，往往是无效的传热；而当以取暖、采热为目的时，表面散热却是有效传热。另外，对于绝大多数电器而言，其表面散热也是有效传热。

② 对于辐射传热而言，只要物质的温度大于 0 K，就会有热辐射（但是，**净**传热量仍然是从高温向低温）；而对于传导传热、对流传热，热量则是自发地从高温物质传给低温物质。这也就是说，导热、对流一定需要"温度差"和"物质"；辐射不需温度差，甚至在没有物质的真空中辐射也能够传播。

③ 从能量的角度来看，作为一切运动的表征，能量分为**有序能**与**无序能**：有序能是由宏观的有序运动（例如，各种机械能）或微观粒子的定向运动（例如，电流）所产生；无序能则是由微观粒子的无序运动所产生。热量属于无序能。请注意：有序能比无序能的品位更高。这里所说的"品位"是指能量的有效做功能力，通常用能量的"㶲"值来表征。一种能量，能态越高，其品位就越高，所以就热量而言，温度越高，其品位越高，即其"㶲"值越大。有关的理论研究表明：从**高品位能**向**低品位能**的**转化**或**传递**是**自发过程**；反方向的转换则是非自发过程。

从传热的途径来说，可以通过物质内部微观粒子的运动来进行热量的传递（导热），也可以通过流体的宏观流动来实现热量的传递（对流），还可以通过电磁波的传播来完成热量的传递（热辐射）。

导热在本质上是由于物质内部的微观运动所导致的宏观传热现象。具体来说，就是物质内部原子或分子的运动、自由电子的运动、晶格的振动（这种振动从传热方面来说，可以用弹性波来描述，因此晶格振动传热也称：弹性波传热）等微观粒子运动所引起的热能从温度高处向温度低处的转移。物质内部存在温度差的各部分之间或者存在温度差的物质接触面的两端都会发生导热现象。

对流的本质是流体各部分在宏观上发生相对位移所引起的热能从高温区向低温区转移，即依靠流体微团的宏观运动而进行的热量传递。由于流动是对流的先决条件，因此对流只能够发生在流体之中。当然，流体内部仍然有微观运动，所以在对流的同时，流体各部分之间还存在着导热。这也就是说，纯粹的对流传热现象是不存在的，它实际上是流体的对流与导热共同作用的结果，只是在通常的流体流动情况下，导热对于传热的贡献远小于对流对于传热的贡献。

在地球上，由于流体都有固体壁面作为其边界，因此，通常遇到的问题是“流体流过固体壁面时的流体与固体壁面之间换热问题”。该问题被称为对流换热，它是流体内部的对流传热作用和近壁层处导热作用的综合效果。因此，本章在这一部分内容中，只讨论对流换热的规律，而不介绍单纯的对流规律。

导热和对流、对流换热的区别就在于：导热是物体内部依靠微观粒子的热运动而产生的热量传递现象；对流是流体各个部分之间发生宏观相对位移而导致冷、热流体相互掺混从而实现热量传递的现象；对流换热则是流体与其相接触的固体壁面之间的热量传递现象[注：某些流体与固体壁面之间还可能存在辐射换热（尤其是高温时），关于该部分内容将在辐射换热部分中进行讨论]。

辐射在本质上是电磁波传播能量的现象。能够明显引起热传递的辐射被称为：热辐射。辐射时不仅有能量的转移还伴随有能量形式的转换（例如，物体 A 的热能转化为辐射能后，经过空间传播后便投射到物体 B 上，所投射的辐射能被物体 B 吸收后又转化为物体 B 的热能，反之亦然）。物体发射辐射的规律符合量子物理学的原理。该传热现象与导热以及对流有着本质的区别：第一，导热和对流都是在有物质存在时才能够实现，而辐射则不然，即使在真空当中，辐射照样能够传播；第二，导热和对流都需要有温度差时才能够实现，辐射则不同，只要温度大于绝对零度（或称：开氏零度，简写为 0 K），辐射就能够进行，即使当两个物体之间的净辐射交换量为零时，它们之间仍然在进行着辐射能的交换。由于自然界不存在温度等于或小于绝对零度的情况，因此，辐射是自然界普遍存在的规律。

于是，**传导传热**、**对流换热**和**辐射换热**也就作为本章第 2.1 节、第 2.2 节、第 2.3 节的主要内容。另外，在大多数实际问题中，纯粹的一种传热方式很鲜见，常常是一种传热形式伴随着另一种或两种传热形式同时出现，只是哪些传热形式所占的比重更大一些罢了。有时，一种传热形式占有很大的比重，另外两种所占的比重较小；有时，是两种传热形式占有很大的比重，而第三种所占的比重较小；有时，三种传热形式都占有相当的比重。因此，第 2.4 节的主要内容是**综合传热**。

2.1 传导传热

传导传热一般简称：导热，以下将首先介绍有关导热的几个基本概念。

2.1.1 传导传热的基本概念

由于导热是物质内部的微观运动所表现出的宏观传热现象，而温度又是物质内部微观运动的能量在宏观上的综合表征。因此，传导传热的基本概念就与温度分布密切相关。

2.1.1.1 *温度场*

温度场（Temperature Field）是指物质内部的温度随时间与空间的分布情况。温度是一个数量，所以温度场是一个数量场。在直角坐标系中，温度场可以用下式来表示：

$$t = f(\tau, x, y, z) \qquad (\text{K 或 ℃}) \tag{2.1}$$

按照温度场的分布是否与时间 τ 有关，温度场又分为两种：非稳态温度场（Unsteady Temperature Field，也称：不稳定温度场）和稳态温度场（Steady Temperature Field，或称：稳定温度场）。

非稳态温度场是指 $\partial t/\partial\tau \neq 0$ 的温度场：$\partial t/\partial\tau > 0$ 为加热过程的温度场，$\partial t/\partial\tau < 0$ 为冷却过程的温度场。

稳态温度场是指 $\partial t/\partial\tau = 0$ 的温度场：由于 $\partial t/\partial\tau = 0$，所以该温度场的温度分布也就不再与时间变量有关。在直角坐标系下，稳态温度场的表达式为：

$$t = f(x, y, z) \qquad (\text{K 或 ℃}) \tag{2.2}$$

在无机非金属材料工业领域，连续式热工设备内的温度分布尽管会有所波动，但是其时均温度场是稳定的，所以基本上被视为稳态温度场。如果用数学上的严格语言来说，则称为**准稳态温度场**（Quasi-Steady Temperature Field），即可以近似地当作稳态温度场处理。这种近似处理在工程上是完全允许的，当然，连续式热工设备正常的均衡稳定操作是保持其内温度场准稳态的前提。

按照温度分布与空间坐标之间的关系，温度场也可以分为三种类型：一维温度场（One Dimension Temperature Field）、二维温度场（Two Dimension Temperature Field）、三维温度场（Three Dimension Temperature Field）。

一维温度场是指温度分布只与一个空间坐标有关。一维温度场的特征是温度在另外两个方向上的偏导数均为零，例如，$\partial t/\partial y = \partial t/\partial z = 0$，于是式(2.1)就简化为式(2.3)。对于一维稳态温度场，则进一步简化为式(2.3a)。

$$t = f(\tau, x) \qquad (\text{K 或 ℃}) \tag{2.3}$$

$$t = f(x) \qquad (\text{K 或 ℃}) \tag{2.3a}$$

二维温度场是指温度分布仅与两个空间坐标有关。二维温度场的特征是温度在另外一个方向上的偏导数为零，例如，$\partial t/\partial z = 0$，那么，式(2.1)就简化为式(2.4)。对于二维稳态温度场，则进一步简化为式(2.4a)。

$$t = f(\tau, x, y) \qquad (\text{K 或 ℃}) \tag{2.4}$$

$$t = f(x, y) \qquad (\text{K 或 ℃}) \tag{2.4a}$$

三维温度场则与三个空间坐标都有关，参见式(2.1)。对于三维稳态温度场，其数学表达式也就简化为式(2.2)。

如果物质的温度分布与时间以及空间坐标都无关，则这种温度场就被称为**恒定均匀的温度场**。在该温度场中，不存在导热的问题。

2.1.1.2 等温面、等温线和温度梯度

将温度场中温度相同的点都连接起来，所形成的面就称为：等温面。由于在同一温度场中，同一时刻、同一点不会有两个温度值，因此两个温度不同的等温面彼此是不会相交的。

若一个等温面与一个平面相交，其交界线就是等温线。和等温面一样，两条温度值不同的等温线也不会相交。

由此可知：沿着等温线移动，不会觉察到温度的变化，而只有沿着能够穿过等温线的方向移动，才可以觉察到温度的变化（如图 2.1 中的 x 方向）。其中，温度值变化最大的方向就是该点处的等温线之正法线方向[①]，例如，图 2.1 中 n 方向。在 n 方向上，单位长度上的温度变化值称为：温度梯度（Temperature Gradient），符号为 **grad** t。由其定义可以看出：温度梯度是一个矢量，其方向朝着温度升高最大的方向，其大小等于沿着该方向上单位长度增值所对应的温度值增加量（即该方向上的方向

---

① 正法线方向是指温度升高的法线方向；温度降低的法线方向则称为：负法线方向，两者的方向刚好相反。在第 2.1.2中，将会指出：等温线的负法线方向就是传热速率最大的方向。

导数)，于是可以得到式(2.5)所述的数学关系式：

$$\mathbf{grad}\ t=\left(\lim_{\Delta n\to 0}\frac{\Delta t}{\Delta n}\right)\boldsymbol{n}=\frac{\partial t}{\partial n}\boldsymbol{n}=\nabla t \qquad (\mathrm{K/m}\ 或\ ℃/\mathrm{m}) \tag{2.5}$$

式中 $\boldsymbol{n}$——等温面正法线方向上的单位矢量；

∇——哈米尔顿算子(Hamilton's Operator)，也称：矢量微分算子，它是一个数学符号，在直角坐标系下，该符号的数学表达式为：$\nabla=\frac{\partial}{\partial x}\boldsymbol{i}+\frac{\partial}{\partial y}\boldsymbol{j}+\frac{\partial}{\partial z}\boldsymbol{k}$，其中，$\boldsymbol{i}$、$\boldsymbol{j}$、$\boldsymbol{k}$ 分别代表着 x、y、z 这三个坐标轴方向上的单位矢量。

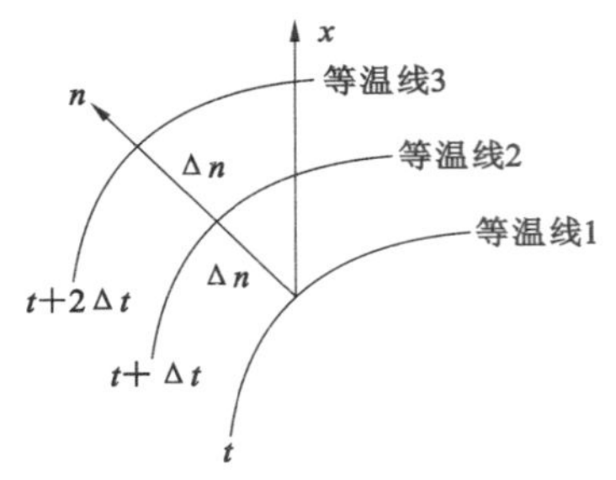

图 2.1 温度梯度与等温面之间的关系

参考图 2.1，再根据式(2.5)以及式(2.7)便可以得到以下**两个推论**：第一，如图 2.1 所示的等温线簇之疏密程度乃是与热流量有关，等温线分布密则表征热流量大，等温线分布稀疏则表示热流量小。第二，如果对于等温线簇画出其正交线簇(正交线是指相互垂直的线)，这些线的方向若是从低温到高温，则为温度梯度线簇；而若是从高温到低温，则为热流线簇。

2.1.1.3 热流和传热量

根据热力学第二定律，当温度场内有温度差存在时，热量将会自发地从高温区域传向低温区域。在工程上，一般应用“热流密度”和“传热量”这两个指标来表征传热的多少。

热流密度(简称：**热流**)，是指：沿温度降低值最大的方向上，单位时间内、通过单位面积所传递的热量，用符号 $\boldsymbol{q}$ 来表示。热流也是一个矢量，其方向与温度梯度的方向刚好相反，所以又被称为：**热流矢量**。热流的模(即大小)被称为：热流量，其符号为 q，单位为 $\mathrm{W/m^2}$。

传热量是指单位时间内，通过某断面的总热量，用符号 Q 来表示，单位为 W。与热流不同的是，传热量是一个数量而非矢量。具体来说，两者之间的关系为：

$$Q=|\boldsymbol{q}|A=q\cdot A \qquad (\mathrm{W}) \tag{2.6}$$

式中 A——以传热方向为法向的横断面面积，被称为：传热面积，$\mathrm{m^2}$。

2.1.2 传导传热的基本定律及有关参数

2.1.2.1 傅里叶定律(Fourier's law)

导热基本定律是法国科学家傅里叶[①]在实验基础上提出的，该定律便被称为：傅里叶定律。具体为：导热的热流 $\boldsymbol{q}$ 与温度梯度 $\mathbf{grad}\ t$ 的大小成正比，但是其方向却与温度梯度的方向刚好相反，即：

$$\boldsymbol{q}=-\kappa\cdot\mathbf{grad}\ \mathrm{t} \qquad (W/m^2) \tag{2.7}$$

式中，负号是由于两者的方向刚好相反。

式(2.7)中的比例系数 κ 被称为**热导率**(也称：导热系数[②]，或称：导热率，Thermal Conductivity)，单位为 W/(m·K)或 W/(m·℃)。由式(2.7)可以看出：物质的热导率表征着其导热能力的大小，它是一个物性参数，参见第 2.1.2.2。其物理意义是：单位时间内，在等温面法线方向的单位长度上温度降低 1 ℃时，单位横截面积上所通过的热量。注意：这里所说的横截面积是指等温面上的面积。

① 珍·巴颇斯特·约瑟夫·傅里叶(Jean Baptiste Joseph Fouier，1768—1830)男爵，法国数学家、物理学家。在数学中，傅里叶级数、傅里叶变换至今还发挥其重要作用。在物理学领域，其代表作是《热的解析理论》(Théorieanalytique de la Chaleur，译为英文，则是：Analytical Theory of Heat)。另外，由于他对于太阳辐射加热地球的研究结果，后来他被公认为是地球“温室效应”的发现者。

② “导热系数”是我国学者从俄语直译的名称，该称呼仍在使用。然而，该物理量在英语中称为：Thermal Conductivity，直译为：热导率，或称：导热率。有关的国家标准规定：该物理量的首选符号为 λ，次选符号为 κ(希腊小写字母，读作：开泊，国际音标：kæpə)，本教材选用 κ，以免与沿程阻力系数的符号[参见本教材第 4 章中第 4.3.5.3(1)]相混淆。在国内，上述几种称呼、上述两个符号仍在并存，有的参考文献甚至用英语小写字母 k 作为其符号。

如果所研究的传热方向不是等温面的法线方向，其传热面积等于所研究传热方向的横截面积再乘以该传热方向与等温面负法线方向之间夹角的余弦值。

2.1.2.2 热导率

热导率是衡量物质导热能力的一个重要物性指标。不同物质的热导率相差很大。一般来说，金属的热导率很大，无机非金属的热导率次之，液体、有机物的热导率更低，气体的热导率很小。物质的热导率通常不是常数(尽管有时为了简化计算将其当作常数处理，或者取其平均值)。它与物质的组成、微观结构、气孔率、气孔内的组成以及压强、外界的温度、湿度、压强等诸多因素有关。如图 2.2 所示的是常温、常压下各类物质热导率的大致范围[20]。

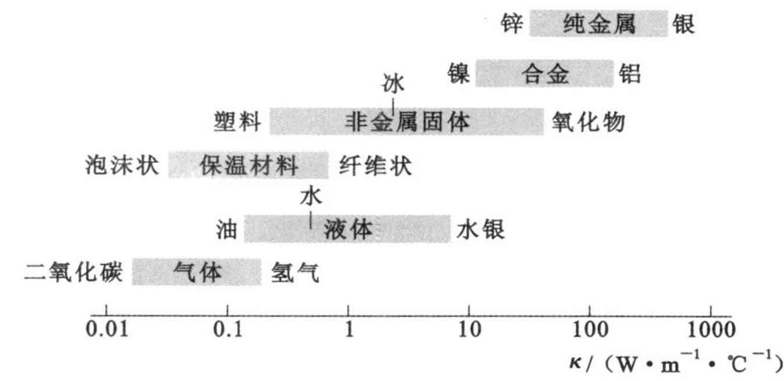

图 2.2 常温、常压下各类物质热导率 κ 的大致范围

各种物质的热导率都可以用实验方法来测定，值得庆幸的是，前人在这方面做了大量的工作，而且将测量结果整理成各种图表：读者可以从附录 1、附录 2、附录 3、附录 4 中或其他相关的手册中查取。但是，请注意：这些数据的测量条件与实际使用条件会有所差异，因此应当参照其具体的条件(温度、压强、湿度等)加以修正。当然，对于精度要求较高的热工计算或新开发的材料，其热导率的值还是应该通过实验测量来确定。

(1) 固体的热导率

固体材料有金属(Metal)和非金属(Non-metal)之分。对于金属材料，由于其导热机理与导电机理相类似(导热、导电都主要是由于自由电子的运动所引起)，因此，金属材料的导电性能较好，其导热性能也较佳。具体来说，金属的热导率普遍在 2.3～420 W/(m·℃)的范围，其中银的热导率最大①，其次是铜、金、铝等。当金属内有杂质时，其热导率会大大降低，所以合金的热导率比纯金属低。另外，随着温度升高，晶格振动对于自由电子运动的阻力会变大，因此，金属的热导率随着温度的升高而降低。

非金属材料的热导率比金属材料要小得多：就非金属材料而言，无机材料的热导率又比有机材料高许多(后者的大小与液体、气体相当)。无机非金属材料主要是依靠晶格振动来进行导热。

耐火材料(Refractory)热导率值的波动幅度很大，一般为 1.1～16 W/(m·℃)。除了镁砖和铬镁砖以外，大部分耐火材料的热导率都是随着温度的升高而增大。这是由于晶体的热导率与绝对温度成反比(有关固体物理的理论和实验都验证了该结论)；而非晶体的热导率却是随着温度升高而增大。因此，在组分复杂的耐火材料中，结晶成分对于热导率的影响与非晶态成分的影响刚好相反。由于镁砖和铬镁砖主要是由结晶体组成，所以它们便会显示出与其他一些耐火材料不同的热导率随温度变化特征，参见图 2.3[38]和附录 2 中的附表 2.3[15]。

传统上将热导率不大于 0.22 W/(m·℃)的材料称为：保温材料(而现在的国家标准[60]则规定：250 ℃时其热导率不大于 0.080 W/(m·℃)的材料是保温材料)。保温材料也叫做：隔热材料、隔热保温材料、绝热材料(有的绝热材料也称为：保冷材料[60])，其正式称呼为：热绝缘材料(Thermal

① 在传统材料中，银的热导率是最大。但是，利用一些高科技手段(例如，微热管技术)制备与加工出来的超级导热器件(俗称“超级导热材料”，或称“超导热材料”)，其热导率却可以达到银热导率的几倍～几万倍。当然，这些超级导热材料的导热规律并不遵循式(2.7)所示的傅里叶定律，当然也就不遵循式(2.10)～(2.12)所示的导热微分方程。

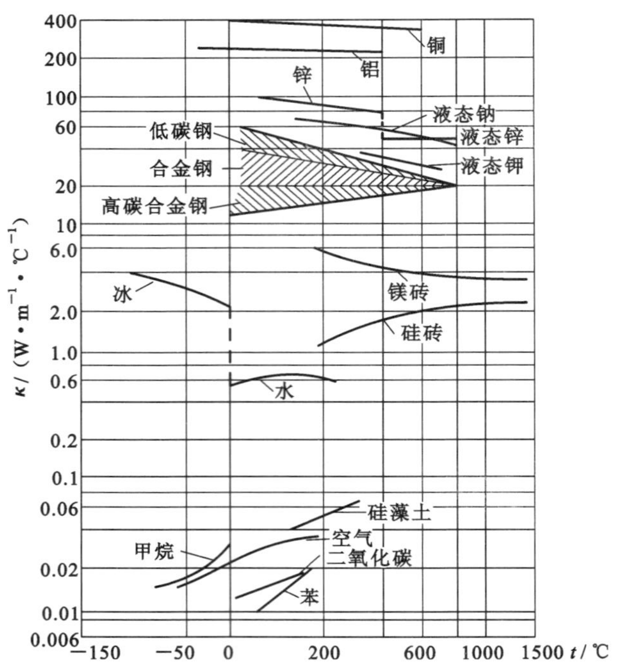

图 2.3　一些典型物质的热导率 κ 与温度之间的关系

Insulate Material)。现代陶瓷工业更多使用保温耐火材料(参见第 5.1.6),它既耐高温又保温。保温材料内部为多孔结构,从而利用气孔内的空气来保温(气体的热导率很低)。当然,由于其多孔结构,便降低了该类材料的容积密度,为此其前面通常要加上"轻质(light)"两字,例如,轻质保温材料,轻质保温耐火材料。这类材料的抗压强度也较低,这在具体应用时要注意。

建筑材料的热导率一般为 0.16～2.2 W/(m·℃)。这里,还需要指出,含水率对于多孔状建筑材料的热导率影响很大。具体来说,湿材料的热导率比水和干材料的热导率都要高。例如,0 ℃时,干砖的热导率约为 0.33 W/(m·℃),水的热导率为0.551 W/(m·℃),而潮湿砖的热导率则约为 0.99 W/(m·℃),这主要是因为固体材料的热导率比液态水大,液态水的热导率又比空气大。

大多数固体材料的热导率随着温度变化而变的幅度较大(参见图 2.3),其变化规律一般可以近似地用线性关系来描述,具体为:

$$\kappa_t = \kappa_0 + bt \qquad [\mathrm{W/(m\cdot K)}\ 或\ \mathrm{W/(m\cdot ℃)}] \tag{2.8}$$

或

$$\kappa_t = \kappa_0(1+\beta t) \qquad [\mathrm{W/(m\cdot K)}\ 或\ \mathrm{W/(m\cdot ℃)}] \tag{2.8a}$$

式中　κ_t——t ℃时材料的热导率,W/(m·℃);

κ_0——0 ℃时材料的热导率,W/(m·℃);

b,β——温度系数,可以为正,也可以为负,若 b 或 β 为正,表示热导率随着温度的升高而增大;当 b 或 β 为负时,表示热导率随着温度的升高而降低。

在进行导热计算时,作为常数处理的热导率值可以按照导热体两端的算术平均值计算,例如,假设导热体两端的温度分别为 t_1 和 t_2,则可利用以下两式来计算其平均热导率 κ_{av}。

$$\kappa_{av} = \kappa_0 + b\frac{t_1+t_2}{2} \qquad [\mathrm{W/(m\cdot K)}\ 或\ \mathrm{W/(m\cdot ℃)}] \tag{2.9}$$

或

$$\kappa_{av} = \kappa_0\left[1+\beta\frac{t+t_2}{2}\right] \qquad [\mathrm{W/(m\cdot K)}\ 或\ \mathrm{W/(m\cdot ℃)}] \tag{2.9a}$$

该方法可以用于稳态导热问题的求解,这得到了有关的理论证明[参见关于式(2.16)的讨论]。

此外，需要指出的是：有些固体材料（尤其是大多数单晶体材料）是各向异性材料，这时需要考虑不同传热方向上热导率的变化。

(2) 液体的热导率

液体的导热机理与非晶态材料的导热机理在本质上是相同的。除了液态金属的热导率较高以外[1.7～87 W/(m·℃)]，大部分液体的热导率在0.093～0.7 W/(m·℃)的范围。除了水和甘油以外，大部分液体的热导率均随着温度升高而略微降低。另外，有机材料的热导率也与液体、气体相当。

(3) 气体的热导率

气体导热来源于气体分子的热运动以及气体分子之间的相互碰撞。随着温度的升高，气体的热导率会增大。就压强来说，增大压强一方面会使气体收缩而有利于导热；但是，另一方面，气体分子热运动的平均自由程会有所降低。所以，基本上认为气体的热导率与压强无关。而且，大多数气体的热导率在0.0058～0.58 W/(m·℃)的范围。这里，请注意：混合气体的热导率不遵循"加和法则"，而需要进行实验测定后确定或者查阅有关的资料(尤其是有关的技术手册[12])。

气体的热导率很低也给保温领域带来了很大的便利(例如，保温效果极佳的气凝胶内几乎全都是气孔；中空玻璃、双层玻璃窗都是利用空气层来达到保温或隔热之目的)。当然，保温效果最好的还是真空(热水瓶玻璃壳体中间抽真空以及真空玻璃板都是利用真空层来实现保温的)。

2.1.3 导热微分方程

理论上研究导热问题的主要任务就是求解出温度场内的温度分布。在直角坐标系下，就是求出$t=f(\tau,x,y,z)$的具体函数关系式，进而求出热流量和传热量。

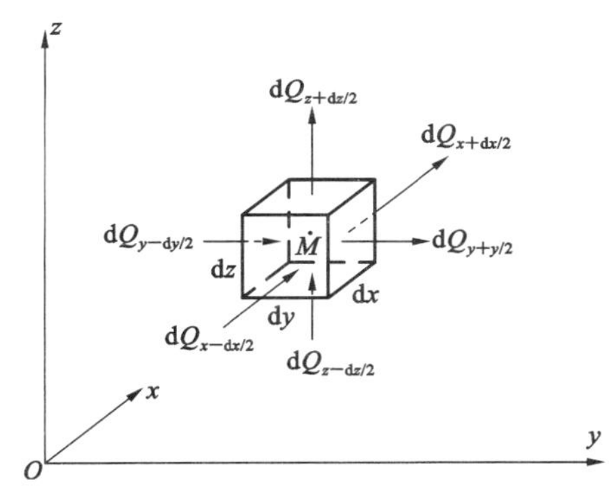

图 2.4 推导固体导热微分方程所取的微元六面体

作为一个数学物理问题，要解决导热的问题，首先就要建立描述温度分布的微分方程式，被称为：导热微分方程。推导该微分方程式的基本原则就是**能量守恒原理**。

根据能量守恒定律，如果物质的内部没有热源，那么，在同一时间内，传入与传出的热量差就应该等于物体本身热焓的增加。其热平衡关系式为：

热焓的增加量＝传入物体的热量－传出物体的热量

以下就来推导固体的导热微分方程。首先，在温度场中选用直角坐标系。为了不失一般性，在温度场中任取一点M，任取一时刻τ，进而研究点M在$\tau \sim \tau+\Delta\tau$时间间隔内的导热情况，为此，围绕点$M$取一个微元六面体，其边长分别为$dx$、$dy$、$dz$，如图2.4所示。

2.1.3.1 关于无内热源且各向同性固体的导热微分方程

在工程上，各向同性的固体材料占大多数，因此，这里首先考虑各向同性的情况，即各个方向上的热导率κ都相等($\kappa_x=\kappa_y=\kappa_z=\kappa$)。

(1) 无内热源的情况

先来考虑x轴方向的情况，根据式(2.7)所述的傅里叶定律，在$d\tau$时间间隔内沿x轴方向传入图2.4中微元六面体的热量为：

$$dQ_{x-dx/2}=-\kappa\frac{\partial}{\partial x}\left[t-\frac{\partial t}{\partial x}\left(\frac{dx}{2}\right)\right]dydzd\tau=-\kappa\frac{\partial t}{\partial x}dydzd\tau+\frac{\kappa}{2}\frac{\partial^2 t}{\partial x^2}dxdydzd\tau \quad (W)$$

相应地，传出该微元六面体的热量为：

$$dQ_{x+dx/2}=-\kappa\frac{\partial}{\partial x}\left[t+\frac{\partial t}{\partial x}\left(\frac{dx}{2}\right)\right]dydzd\tau=-\kappa\frac{\partial x}{\partial t}dydzd\tau-\frac{\kappa}{2}\frac{\partial^2 x}{\partial^2 t}dxdydzd\tau \quad (W)$$

于是，对于该微元六面体而言，在 $\mathrm{d}\tau$ 时间间隔内沿 x 轴方向传入热量与传出热量之差(即传入的净热量)为：

$$\mathrm{d}Q_{x-\mathrm{d}x/2}-\mathrm{d}Q_{x+\mathrm{d}x/2}=\kappa\frac{\partial^2 t}{\partial x^2}\mathrm{d}x\mathrm{d}y\mathrm{d}z\mathrm{d}\tau \qquad (\mathrm{W})$$

同理，可以推导出：在 $\mathrm{d}\tau$ 时间间隔内，沿 y 轴方向、沿 z 轴方向传入该微元六面体的净热量分别为：

$$\mathrm{d}Q_{y-\mathrm{d}y/2}-\mathrm{d}Q_{y+\mathrm{d}y/2}=\kappa\frac{\partial^2 t}{\partial y^2}\mathrm{d}x\mathrm{d}y\mathrm{d}z\mathrm{d}\tau \qquad (\mathrm{W})$$

$$\mathrm{d}Q_{z-\mathrm{d}z/2}-\mathrm{d}Q_{z+\mathrm{d}z/2}=\kappa\frac{\partial^2 t}{\partial z^2}\mathrm{d}x\mathrm{d}y\mathrm{d}z\mathrm{d}\tau \qquad (\mathrm{W})$$

这样，在 $\mathrm{d}\tau$ 时间间隔内，传入上述微元六面体总的净热量应该为沿三个坐标轴方向上传入的净热量之和，即为：

$$\mathrm{d}Q=\kappa\left(\frac{\partial^2 t}{\partial x^2}+\frac{\partial^2 t}{\partial y^2}+\frac{\partial^2 t}{\partial z^2}\right)\mathrm{d}x\mathrm{d}y\mathrm{d}z\mathrm{d}\tau \qquad (\mathrm{W})$$

从另一个角度来看，在 $\mathrm{d}\tau$ 时间间隔内，由于净热量传入的结果，该微元六面体内的温度将会发生变化，相应的热焓增量(也称：物理热，或称：显热)为：

$$m\cdot c\cdot \mathrm{d}t=\rho\mathrm{d}x\mathrm{d}y\mathrm{d}z\cdot c\cdot\frac{\partial t}{\partial \tau}\mathrm{d}\tau=\rho\cdot c\cdot\frac{\partial t}{\partial \tau}\mathrm{d}x\mathrm{d}y\mathrm{d}z\mathrm{d}\tau \qquad (\mathrm{W})$$

根据上述的热平衡关系式，则有以下的方程式成立：

$$\rho\cdot c\cdot\frac{\partial t}{\partial \tau}\mathrm{d}x\mathrm{d}y\mathrm{d}z\mathrm{d}\tau=\kappa\left(\frac{\partial^2 t}{\partial x^2}+\frac{\partial^2 t}{\partial y^2}+\frac{\partial^2 t}{\partial z^2}\right)\mathrm{d}x\mathrm{d}y\mathrm{d}z\mathrm{d}\tau \qquad (\mathrm{W})$$

将该方程式的两边同除以 $\rho c\mathrm{d}x\mathrm{d}y\mathrm{d}z\mathrm{d}\tau$，然后取 $\mathrm{d}x\to 0$、$\mathrm{d}y\to 0$、$\mathrm{d}z\to 0$、$\mathrm{d}\tau\to 0$ 的极限，于是，得：

$$\frac{\partial t}{\partial \tau}=\frac{\kappa}{\rho\cdot c}\left(\frac{\partial^2 t}{\partial x^2}+\frac{\partial^2 t}{\partial y^2}+\frac{\partial^2 t}{\partial z^2}\right) \qquad (\mathrm{K/s}\ \text{或}\ ℃/\mathrm{s}) \qquad (2.10)$$

尽管这样所得到的方程式(2.10)是针对图 2.4 中微元六面体在 $\tau\sim\tau+\Delta\tau$ 时间间隔之内的情况，但是，在取极限后，该微元六面体会无限地趋向于点 M，$\tau+\Delta\tau$ 也会无限地趋向于 τ。正如以上所述，图 2.4 中的点 M 是温度场中任取的一点，τ 是任取的一时刻，所以上述微分方程适合于上述温度场中的每一点、每一时刻，即式(2.10)是一个通用的微分方程。

按照人们的习惯，将 $\frac{\kappa}{\rho\cdot c}$ 写成符号 a，将 $\frac{\partial^2 t}{\partial x^2}+\frac{\partial^2 t}{\partial y^2}+\frac{\partial^2 t}{\partial z^2}$ 写成 $\nabla^2 t$，于是，微分方程式(2.10)就可以简写为：

$$\frac{\partial t}{\partial \tau}=a\nabla^2 t \qquad (\mathrm{K/s}\ \text{或}\ ℃/\mathrm{s}) \qquad (2.10\mathrm{a})$$

式中 ∇^2——拉普拉斯算子(Laplacian Operator)，$\nabla^2=\mathbf{\nabla}\cdot\mathbf{\nabla}$，在直角坐标系中，其具体表达式为：

$$\nabla^2=\frac{\partial^2}{\partial x^2}+\frac{\partial^2}{\partial y^2}+\frac{\partial^2}{\partial z^2};$$

a——热扩散率(Thermal Diffusity，或称：热扩散系数，曾经称为：导温系数)，$\mathrm{m^2/s}$，它是一个热物性参数，其物理意义是：在非稳态导热过程中(即物体升温过程中或降温过程中)，物体内部各部分的温度趋向于均匀一致的能力。若物体的热扩散率大，说明物体内部各部分趋于均匀的能力强(或者说，在同样的外部加热或外部冷却条件下，热扩散率大的物体，其内部各处之间的温度差就小，反之亦然)。所以，在讨论非稳态导热过程中，热扩散率 a 具有重要的意义。

式(2.10a)被称为导热微分方程(或称：傅里叶导热微分方程)。该微分方程仅适用于无内热源的各向同性固体的导热问题。

2.1.3.2 关于有内热源且各向同性固体的导热微分方程

式(2.10)和式(2.10a)是关于无内热源且各向同性固体的导热微分方程。尽管大多数固体都是属于这种情况，但是，固体内部具有内热源的导热情况还是存在的，例如，混凝土浇筑后会释放水泥的水化热；埋入固体内部的电阻通电后会释放焦耳热；某些固体的化学反应有放热效应或者吸热效应；高频电加热或者微波加热都会在固体内产生热量等。如果将这些内热源都看作是均匀的内热源，而且假设单位体积固体的放热速率(或吸热速率)为 q_v(发热为正，吸热为负)，则同样可以根据能量守恒的原理，利用与上述相同的推导方法来得到"有内热源存在情况下"的(各向同性)固体导热微分方程为：

$$\frac{\partial t}{\partial \tau}=a\nabla^2 t+\frac{q_v}{\rho\cdot c}\qquad (\text{K/s 或 ℃/s})\tag{2.11}$$

在直角坐标系下，式(2.11)就变为：

$$\frac{\partial t}{\partial \tau}=a\left(\frac{\partial^2 t}{\partial x^2}+\frac{\partial^2 t}{\partial y^2}+\frac{\partial^2 t}{\partial z^2}\right)+\frac{q_v}{\rho\cdot c}\qquad (\text{K/s 或 ℃/s})\tag{2.11a}$$

因为考虑到了内热源，所以该导热微分方程具有更广泛的适用范围①。它构成了本节(第 2.1 节)的核心理论基础。

除了直角坐标系以外，导热微分方程式(2.11)还可以推广到柱坐标系(r,φ,z)和球坐标系(r,φ,θ)中去(关于这两种坐标系的定义，参见有关的数学教材或数学手册)：在柱坐标系中，$x=r\sin\varphi$，$y=r\cos\varphi$，$z=z$；在球坐标系中，$x=r\sin\theta\sin\varphi$，$y=r\sin\theta\cos\varphi$，$z=r\cos\theta$。于是，可以得到在柱坐标系中、在球坐标系中(有内热源且各向同性)固体的导热微分方程，分别如式(2.11b)、式(2.11c)所示：

$$\frac{\partial t}{\partial \tau}=a\left(\frac{\partial^2 t}{\partial r^2}+\frac{1}{r}\frac{\partial t}{\partial r}+\frac{1}{r^2}\frac{\partial^2 t}{\partial \theta^2}+\frac{\partial^2 t}{\partial z^2}\right)+\frac{q_v}{\rho\cdot c}\qquad (\text{K/s 或 ℃/s})\tag{2.11b}$$

$$\frac{\partial t}{\partial \tau}=a\left[\frac{1}{r^2}\frac{\partial}{\partial r}\left(r^2\frac{\partial t}{\partial r}\right)+\frac{1}{r^2\sin^2\varphi}\frac{\partial^2 t}{\partial \varphi^2}+\frac{1}{r^2\sin\theta}\frac{\partial}{\partial \theta}\left(\sin\theta\frac{\partial t}{\partial \theta}\right)\right]+\frac{q_v}{\rho\cdot c}\qquad (\text{K/s 或 ℃/s})\tag{2.11c}$$

关于上述两个方程的来源，也可以分别在柱坐标系中和在球坐标系中来取微元体，然后利用与第 2.1.3.1 中相同的方法推导出来。

2.1.3.3 关于有内热源且各向异性固体的导热微分方程

对于各向异性材料(Anisotropic Material)，还应该考虑 x、y、z 这三个方向上(需要沿三个晶轴方向建立坐标系)热导率的差异，即 κ_x、κ_y、κ_z 有所不同。利用与第 2.1.3.1 中一样的推导原则而且相同的推导方法，便可以得到有内热源且各向异性固体的导热微分方程如下：

$$\frac{\partial t}{\partial \tau}=\frac{1}{\rho\cdot c}\left(\kappa_x\frac{\partial^2 t}{\partial x^2}+\kappa_y\frac{\partial^2 t}{\partial y^2}+\kappa_z\frac{\partial^2 t}{\partial z^2}\right)+\frac{q_v}{\rho\cdot c}\qquad (\text{K/s 或 ℃/s})\tag{2.12}$$

由于在实际工程中，各种的导热问题是以各向同性固体(Isotropic Material)的导热问题为居多，所以，关于各向异性固体的导热问题也就不作进一步的探究了(即以下的导热计算都是针对各向同性物质的)。

2.1.4 几种典型导热问题的简化与计算方法

2.1.4.1 稳态导热

在稳态温度场内发生的导热被称为：稳态导热(或称：稳定导热)。相对于非稳态温度场内的导热问题(即非稳态导热，或称：不稳定导热)来说，稳态导热问题的求解比较简单。

(1) 无内热源情况下的稳态导热问题

在无机非金属材料领域，常会遇到类似于无限大平壁、无限长圆筒壁、球壁以及其他不规则形状

① 尽管该导热微分方程的适用范围很广，但是对于一些特殊情况还是不适用。例如，(1) 利用激光对材料进行热加工时，极短的时间内($10^{-10}\sim10^{-8}$ s)会产生极大的热流；(2) 在极低温度下(几个 K 的数量级)会发生异常的导热现象；(3) 石墨烯材料的导热规律会显示出其异常之处。追其根源，是因为这些特殊的导热现象根本不符合式(2.7)所示的傅里叶定律，所以这些特殊的导热问题被称之为：非傅里叶导热现象。另外，对于各向异性固体，还应当考虑在不同方向上的导热差异，参见微分方程式(2.12)；对于流体，还应当考虑流体流动的因素，参见微分方程式(2.82)。

固体的导热问题，以下就依次来讨论这些形状固体在无内热源情况下稳态导热问题的简化及其求解等问题。

① 无限大平壁在无内热源情况下的稳态导热问题

第一，首先研究最简单的无限大平壁导热问题——**单层无限大平壁**的无内热源稳态**导热问题**。

无限大平壁(Infinite Plate)是指在横断面上的两维尺寸为无限大，即只有厚度的尺寸，而且厚度方向为导热的热流方向(即一维导热问题)。在实际工程问题中，如果固体在横断面两个垂直方向上的尺寸远比厚度方向上的尺寸要大，就基本上认为这是无限大平壁的导热问题。这类情况很多，例如，窑炉墙壁的导热问题、建筑物墙壁的导热问题、窗户的导热问题等。

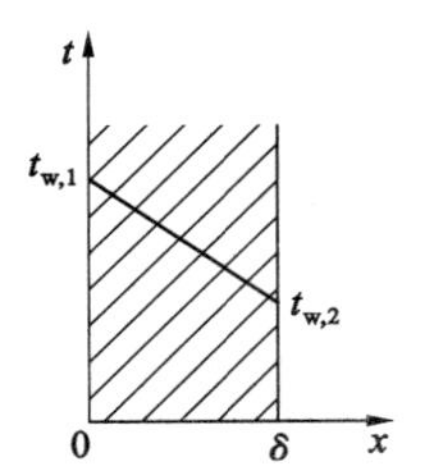

图 2.5　单层无限大平壁

假设有一个厚度为 δ 的无限大平壁，其温度只沿垂直于壁面的 x 轴方向上变化。该平壁的热导率为 κ(κ 不随温度而变)，该平壁的两个表面各自都维持均匀而稳定的温度 $t_{w,1}$、$t_{w,2}$($t_{w,1}>t_{w,2}$)，如图 2.5 所示。

显然，这是无内源的一维稳态温度场。对于稳态温度场，$\partial t/\partial\tau=0$。于是，无内热源的各向同性固体的导热微分方程式(2.10)就简化为：$\nabla^2 t=0$，此方程式在数学上则被称为：拉普拉斯方程(Laplacian Equation)。再根据一维温度场的特点($\partial t/\partial y=\partial t/\partial z=0$)，于是，导热微分方程也就最终简化为：$\mathrm{d}^2 t/\mathrm{d}x^2=0$。

积分，得：$\dfrac{\mathrm{d}t}{\mathrm{d}x}=c_1$，再积分，得：$t=c_1x+c_2$。

在两个边壁上的温度(称为：边界条件)为：当 $x=0$ 时，$t=t_{w,1}$；当 $x=\delta$ 时，$t=t_{w,2}$。由此可以求出：$c_1=\dfrac{t_{w,2}-t_{w,1}}{\delta}$；$c_2=t_{w,1}$。这样，便可以得到无限大平壁内的温度分布方程为：

$$t=\frac{t_{w,2}-t_{w,1}}{\delta}x+t_{w,1}\qquad(\text{K 或 ℃})\tag{2.13}$$

这是一个直线方程，它表明平壁内的温度分布为一条直线，如图 2.5 所示。同时，根据傅里叶定律[式(2.7)以及式(2.6)]，得：

$$q=-\kappa\frac{\mathrm{d}t}{\mathrm{d}x}=\kappa\frac{t_{w,1}-t_{w,2}}{\delta}=\frac{\Delta t}{\delta/\kappa}\qquad(\mathrm{W/m^2})\tag{2.14}$$

$$Q=q\cdot A=A\frac{t_{w,1}-t_{w,2}}{\delta/\kappa}=\frac{\Delta t}{\delta/\kappa A}\qquad(\mathrm{W})\tag{2.15}$$

将式(2.14)、式(2.15)与电学中直流电路的欧姆定律 $I=\dfrac{U}{R}$ 相比较，则不难发现：它们的形式完全相对应，具体为：热流量 q(或传热量 Q)对应着电流 I；温度差 Δt 对应着电势差(即电压)U；$\dfrac{\delta}{\kappa}$(或$\dfrac{\delta}{\kappa A}$)对应着电阻 R，因此，$\dfrac{\delta}{\kappa}$(或$\dfrac{\delta}{\kappa A}$)就被称为：热阻(Thermal Resistance，习惯上用符号 R_t 代表$\dfrac{\delta}{\kappa}$，而用符号 R_{th} 表示$\dfrac{\delta}{kF}$)。这样，式(2.14)和式(2.15)就分别改写为：

$$q=\frac{\Delta t}{R_t}\qquad(\mathrm{W/m^2})\tag{2.14a}$$

$$Q=\frac{\Delta t}{R_{th}}\qquad(\mathrm{W})\tag{2.15a}$$

利用这两个公式就可以求解许多实际工程导热问题，例如，其一，先测量出 κ、$t_{w,1}$、$t_{w,2}$ 和 δ，然后再根据这两个公式计算出单位面积窑墙的散热损失 q(或窑墙的总散热损失 Q)；其二，先测量出 κ、$t_{w,1}$、$t_{w,2}$ 和 q(或 Q)，再根据这两个公式计算出窑墙所需的保温层厚度 δ；其三，先测量出 κ、$t_{w,1}$(或

$t_{w,2}$)、δ 和 q(或 Q),而后由这两个公式推算出窑墙另一个壁面的温度 $t_{w,2}$(或 $t_{w,1}$);其四,先测定出 q(或 Q)、$t_{w,1}$、$t_{w,2}$ 和 δ,最后根据这两个公式计算出所测定材料的热导率 κ。

式(2.13)~式(2.15)是在热导率 κ 不随温度变化的情况下得到的解,它对于某些工程导热问题是适用的。但是,如果热导率 κ 随着温度 t 变化的关系很显著,而且两个壁面温度相差很大,这时就必需考虑热导率 κ 随温度 t 的变化,其求解方法如下:

根据式(2.7)所述的傅里叶定律$\left(即\ q=-\kappa\dfrac{dt}{dx}\right)$,再利用式(2.8a)[即 $\kappa=\kappa_0(1+\beta t)$],经过整理后,得:$\dfrac{dt}{dx}=-\dfrac{q}{\kappa}=-\dfrac{q}{\kappa_0(1+\beta t)}$,再将该式分离变量后,得:$-\dfrac{q}{\kappa_0}dx=(1+\beta t)dt$。

对于稳态导热(即温度不随时间而变),按照能量守恒的原理,q 应当为不变量(否则将会有热量积蓄或者热量释放,热量积蓄会使温度不断升高,热量释放则会使温度不断降低)。这样,将上述微分方程 $-\dfrac{q}{\kappa_0}dx=(1+\beta t)dt$ 积分后,得:$-\dfrac{q}{\kappa_0}x=t+\dfrac{\beta}{2}t^2+c_3$。为了求解这个方程,还需要利用边界条件:当 $x=0$ 时,$t=t_{w,1}$。于是,求出 $c_3=-t_{w,1}-\dfrac{\beta}{2}t_{w,1}^2$。将 c_3 代入方程 $-\dfrac{q}{\kappa_0}x=t+\dfrac{\beta}{2}t^2+c_3$ 中,再整理后,得:$t^2+\dfrac{2}{\beta}t+\dfrac{2}{\beta}\left[\dfrac{q}{\kappa_0}x-\left(t_{w,1}+\dfrac{\beta}{2}t_{w,1}^2\right)\right]=0$。求解此一元二次方程后,得:

$$t=\pm\sqrt{\left(\frac{1}{\beta}+t_{w,1}\right)^2-\frac{2q}{\kappa_0\beta}x}-\frac{1}{\beta}\qquad(\text{K 或 ℃})\tag{2.16}$$

对于式(2.16)中的±号,$\beta>0$ 时为正;$\beta<0$ 时为负;若 $\beta=0$,则需要利用式(2.13)。

式(2.13)和式(2.16)所表示的是无内热源的无限大单层平壁内的温度分布。这里,利用图2.6来说明 $\beta=0$ 时、$\beta<0$ 时、$\beta>0$ 时这三种情况下的温度分布特点。当 κ 与 t 无关时(即 $\beta=0$ 时),其温度分布为直线。当 κ 与 t 有关时,则其温度分布为曲线,设 $\kappa=\kappa_0(1+\beta t)$;若 $\beta>0$,则为向上凸的曲线;若 $\beta<0$,则为向下凹的曲线。这是因为由 $q=-\kappa\dfrac{dt}{dx}$ 得,$\dfrac{dt}{dx}=-\dfrac{q}{\kappa}$,若 $\beta>0$,表示高温区的 κ 大于低温区的 κ,于是,高温区内温度梯度的绝对值会小于低温区内温度梯度的绝对值,因而温度分布曲线会向上凸;反之,若 $\beta<0$,则温度分布曲线会向下凹。

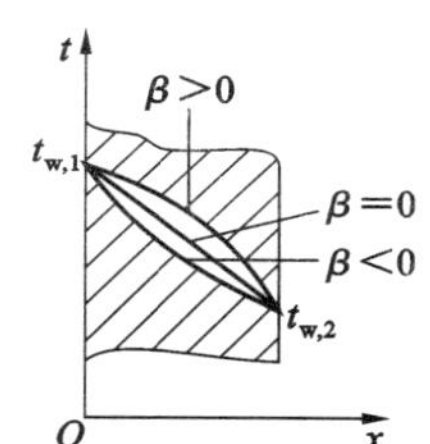

图2.6 单层无限大平壁内的温度分布

为了求得热流 q,还需要利用另一个边界条件:当 $x=\delta$ 时,$t=t_{w,2}$。这样,上述积分式 $t^2+\dfrac{2}{\beta}t+\dfrac{2}{\beta}\left[\dfrac{q}{\kappa_0}x-\left(t_{w,1}+\dfrac{\beta}{2}t_{w,1}^2\right)\right]=0$ 就变为:$t_{w,2}^2+\dfrac{2}{\beta}t_{w,2}+\dfrac{2}{\beta}\left[\dfrac{q}{\kappa_0}\delta-\left(t_{w,1}+\dfrac{\beta}{2}t_{w,1}^2\right)\right]=0$

整理后,得:

$$q=\frac{\kappa_0}{\delta}\left[(t_{w,1}-t_{w,2})+\frac{\beta}{2}(t_{w,1}^2-t_{w,2}^2)\right]=\frac{\kappa_0\left(1+\beta\dfrac{t_{w,1}+t_{w,2}}{2}\right)}{\delta}(t_{w,1}-t_{w,2})=\frac{\kappa_{av}}{\delta}\cdot\Delta t$$

式中,κ_{av} 是在平均温度为 $t=\dfrac{t_{w,1}+t_{w,2}}{2}$ 的条件下计算出来的平均热导率。这也就证明了式(2.9)、式(2.9a)的正确性。

【例2.1】 某窑炉的窑墙壁厚度为0.46 m,其内壁温度为1200 ℃、外壁温度为20 ℃,其耐火砖的热导率为 $\kappa=1.52+0.181\times10^{-3}t$ W/(m·℃),求通过该窑墙的热流量 q。

【解】 窑墙的平均温度 t_{av} 为:

$$t_{av}=\frac{t_{w,1}+t_{w,2}}{2}=\frac{1200+20}{2}=610(℃)$$

相应的热导率 $\kappa_{av}=1.52+0.181\times10^{-3}\times610=1.63\ W/(m\cdot℃)$。于是，得到：

$$q=\frac{\Delta t}{\frac{\delta}{\kappa_{av}}}=\frac{1200-20}{\frac{0.46}{1.63}}=418(W/m^2)$$

— 毕 —

第二，再来研究在无内热源且稳态导热的情况下，**多层无限大平壁**的导热问题。

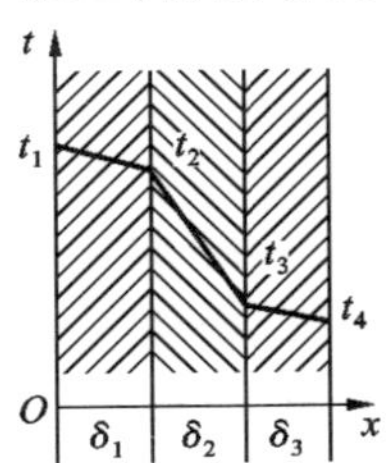

图 2.7　多层无限大平壁

所谓多层无限大平壁是指由几种不同材料的无限大平壁串联而组成的多层无限大平壁，如图 2.7所示的是由三种材料组成的无限大平壁。如果再假设每层材料的壁面绝对光滑，各层表面之间没有接触热阻（"接触热阻"的概念参见图 2.13），那么，按照稳态导热的前提，各层材料的热流量 q 就应该相等（否则将会有热量积蓄或者热量释放，热量积蓄会使温度不断升高，热量释放则会使温度不断降低）。于是，根据式(2.14)便可以得到下式：

$$q=\frac{t_{w,1}-t_{w,2}}{\frac{\delta_1}{\kappa_1}}=\frac{t_{w,2}-t_{w,3}}{\frac{\delta_2}{\kappa_2}}=\frac{t_{w,3}-t_{w,4}}{\frac{\delta_3}{\kappa_3}}\quad(W/m^2)\qquad(2.17)$$

再根据数学上的合比定理，于是，由式(2.17)便可以得到下式：

$$q=\frac{t_{w,1}-t_{w,4}}{\frac{\delta_1}{\kappa_1}+\frac{\delta_2}{\kappa_2}+\frac{\delta_3}{\kappa_3}}\quad(W/m^2)\qquad(2.18)$$

如果将其推广到 n 层无限大平壁，即可以得到以下计算公式：

$$q=\frac{t_{w,1}-t_{w,(n+1)}}{\sum_{i=1}^{n}\frac{\delta_i}{\kappa_i}}\quad(W/m^2)\qquad(2.19)$$

由此可以知道：对于多层无限大平壁，如果各层材料的热导率近似为不随着温度而变，则只需要知道最内层和最外层这两个壁面处的温度以及各层材料的厚度及其热导率就可以根据式(2.19)来计算出通过整个多层平壁的热流量 q。

但是，当必须考虑到各层材料的热导率随着温度的变化而变化时，则必需先计算出各个交界层处温度 $t_{w,2}$、$t_{w,3}$、…、$t_{w,n}$，才能够确定各层材料的平均热导率 $\kappa_{av,1}$、$\kappa_{av,2}$、…、$\kappa_{av,n}$，从而才可以求出热流量 q 的值。这时，一般需要用尝试误差法（简称：试差法，Trial-error Method）才能够求解。下面就举例来说明一下该方法。

【例 2.2】 有一个窑墙是用耐火黏土砖和建筑红砖这两种材料砌筑而成，黏土砖的厚度为 0.23 m，红砖的厚度为 0.24 m，窑墙内表面的温度为 1230 ℃，窑墙外表面的温度为 110 ℃。试求：每平方米窑墙的散热损失。已知该黏土砖的热导率为 $0.835+0.58\times10^{-3}t$[W/(m·℃)]。该红砖的热导率为 $0.467+0.51\times10^{-3}t$[W/(m·℃)]。另外，如果该红砖的允许使用温度为700 ℃以下，那么该红砖能否使用？如果不能够使用，应该采取什么措施？

【解】 先假定耐火黏土砖和建筑红砖之间交界处的温度为 800 ℃，于是可以计算出黏土砖的热导率 κ_1 与红砖的热导率 κ_2 分别为：

$$\kappa_1=0.835+0.58\times10^{-3}t=0.835+0.58\times10^{-3}\times\frac{1230+800}{2}=1.424[W/(m\cdot℃)]$$

$$\kappa_2=0.467+0.51\times10^{-3}t=0.467+0.51\times10^{-3}\times\frac{800+110}{2}=0.699[W/(m\cdot℃)]$$

这样，由式(2.18)，得：

$$q=\frac{t_{w,1}-t_{w,2}}{\frac{\delta_1}{\kappa_1}+\frac{\delta_2}{\kappa_3}}=\frac{1230-110}{\frac{0.23}{1.424}+\frac{0.24}{0.699}}=2218(W/m^2)$$

由于两种砖交界面处的温度是假设的，不一定正确，所以必须进行验证：

$$t_{w,2}=t_{w,1}-q\cdot\frac{\delta_1}{\kappa_1}=1230-2218\times\frac{0.23}{1.424}=872(℃)$$

由于所求出的界面温度与其假设值相差较大，这表示其假设值不正确，而需要重新假设该温度。于是，重新假设黏土砖和红砖之间交界面处的温度为 870 ℃，则可以得到：

$$\kappa_1=0.835+0.58\times10^{-3}t=0.835+0.58\times10^{-3}\times\frac{1230+870}{2}=1.444[W/(m\cdot ℃)]$$

$$\kappa_2=0.467+0.51\times10^{-3}t=0.467+0.51\times10^{-3}\times\frac{870+110}{2}=0.717[W/(m\cdot ℃)]$$

$$q=\frac{t_{w,1}-t_{w,2}}{\dfrac{\delta_1}{\kappa_1}+\dfrac{\delta_2}{\kappa_3}}=\frac{1230-110}{\dfrac{0.23}{1.444}+\dfrac{0.24}{0.717}}=2267(W/m^2)$$

再次校验上述两种砖交界处的温度：

$$t_{w,2}=t_{w,1}-q\cdot\frac{\delta_1}{\kappa_1}=1230-2267\times\frac{0.23}{1.444}=869(℃)$$

由于所求出的温度与原假设的温度值相差不大，这就表示假设值是正确的。由此，可以得出以下结论：通过该窑墙的热流量为 2267 W/m^2，而且建筑红砖在此条件下不宜使用（如果不得不使用，则需要在耐火黏土砖与建筑红砖之间加填一定厚度的保温材料）。 —毕—

当然，该例题所列举的仅仅是两层导热壁这种最简单的情况，若是更多层的导热壁，计算原理仍相同，只是其计算过程略微复杂：以三层导热壁（且内壁温度较高）为例，共有四个壁面温度，分别是：内、外壁面的温度（$t_{w,1}$、$t_{w,4}$），两个交界面的温度（$t_{w,2}$、$t_{w,3}$）。其计算过程为：先假定第一个交界面处的温度为 $t_{w,2}$，于是得到第一层材料内的平均温度 $t_{av,1}=\frac{t_{w,1}+t_{w,2}}{2}$ 及其热导率 $\kappa_{av,1}=\kappa_0\pm bt_{av,1}$ 或 $\kappa_{av,1}=\kappa_0(1\pm\beta t_{av,1})$，然后求出：

$$q_1=\frac{t_{w,1}-t_{w,2}}{\dfrac{\delta_1}{\kappa_{av,1}}}$$

再假定 $t_{w,3}$，于是得到第二层材料内的平均温度 $t_{av,2}=\frac{t_{w,2}+t_{w,3}}{2}$ 及其热导率 $\kappa_{av,2}=\kappa_0\pm bt_{av,2}$ 或 $\kappa_{av,2}=\kappa_0(1\pm\beta t_{av,2})$，以及第三层材料内的平均温度 $t_{av,3}=\frac{t_{w,3}+t_{w,4}}{2}$ 及其热导率 $\kappa_{av,3}=\kappa_0\pm bt_{av,3}$ 或 $\kappa_{av,3}=\kappa_0(1\pm\beta t_{av,3})$，进而求出：

$$q_2=\frac{t_{w,2}-t_{w,3}}{\dfrac{\delta_2}{\kappa_{av,2}}}\quad 和 \quad q_3=\frac{t_{w,3}-t_{w,4}}{\dfrac{\delta_3}{\kappa_{av,3}}}$$

取 $q_{max}=\max(q_1,q_2,q_3)$；$q_{min}=\min(q_1,q_2,q_3)$，若 $\frac{|q_{max}-q_{min}|}{2}\times100\%<4\%$，就可以认为所假定的各个交界面温度是合理的，并可以通过进一步的计算来得到其计算值。

第三，再来研究在无内热源稳态导热的情况下，**复合平壁的导热问题**。

复合平壁是指一些大平壁，它在高度和宽度的方向上都是由几种不同的材料所组成，如图 2.8(a)所示。这里，需要指出的是：如果严格地考究，复合平壁的导热问题应该是一个二维导热的问题。例如，在图 2.8(a)中，除了左右方向上的纵向传热以外，平壁 B、C、D 之间，平壁 F、G 之间也会有垂直方向上的横向传热。但是，若平壁 B、C、D 三种材料之间，平壁 F、G 两种材料之间的热导率相差不大，这时就可以将该导热问题近似地按照一维导热问题处理[参见图 2.8(b)]，即只存在左右方向上的纵向传热。当然，如果上述各个平壁材料之间的热导率是相差很大，那就会产生明显的二维热流，这时就必需按照二维导热的方法来求解。

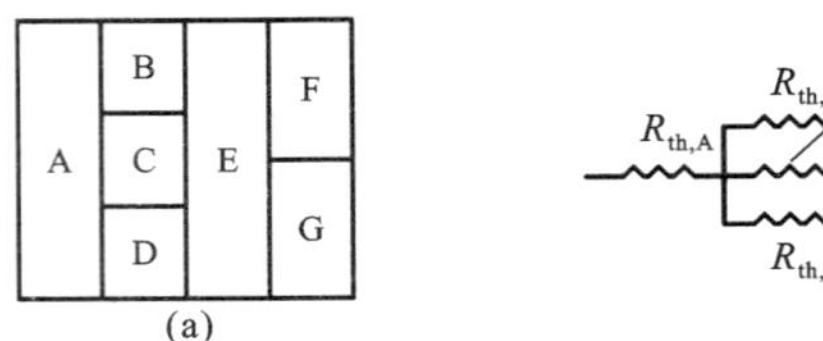

图 2.8 复合壁的导热

(a) 复合壁;(b) 复合壁的模拟电路图

如果所研究的复合平壁导热问题可以近似为一维稳定导热的问题，那么，将会使得计算过程大为简化。尽管由于各种固体的热导率不同，热流在垂直壁面方向上的分布是不均匀的，然而，如果应用如式(2.20)所述的电热类比法来进行计算却很方便，其基本原理是：先利用热阻串、并联的原则，求出"当量总热阻"$\sum R_{th}$，然后，再根据式(2.20)求出其传热量 Q，即：

$$Q=\frac{\Delta t}{\sum R_{th}} \quad (W) \tag{2.20}$$

下面再结合一个例题来简单地介绍该计算方法。

【例 2.3】 某现代陶瓷窑的窑壁是由耐火纤维(也称：陶瓷棉)和低碳钢板所组成。用耐火螺栓将耐火纤维固定在低碳钢板上，耐火纤维层的厚度为 0.25 m，热导率为0.2 W/(m·℃)；低碳钢板的厚度为 6.4 mm，热导率为 36.7 W/(m·℃)；耐火螺栓的热导率为20 W/(m·℃)，每 1 m^2 的窑墙上平均有 18 个 ϕ19 mm 耐火螺栓，窑墙的内壁温度为 1250 ℃，窑墙的外壁温度为50 ℃。求：每 1 m^2 窑墙的传热量。

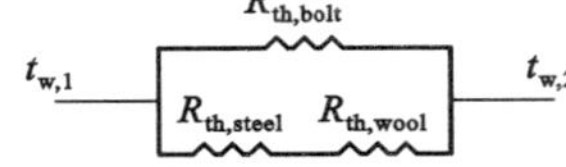

图 2.9 例 2.3 的附图

【解】 画出该导热问题的模拟电路图，如图 2.9 所示。

由原题中的已知条件可知：

$$R_{th,bolt}=\frac{\delta_{steel}+\delta_{wool}}{\kappa_{th,bolt}A}=\frac{0.0064+0.25}{20\times 18\times \frac{\pi}{4}\times 0.019^2}=2.5117(℃/W)$$

$$R_{th,steel}+R_{th,wool}=\frac{\delta_{steel}}{\kappa_{th,steel}A'}+\frac{\delta_{wool}}{\kappa_{th,wool}A'}=\frac{1}{A'}\left(\frac{\delta_{steel}}{\kappa_{th,steel}}+\frac{\delta_{wool}}{\kappa_{th,wool}}\right)$$

$$=\frac{1}{1-18\times\frac{\pi}{4}\times 0.019^2}\times\left(\frac{0.0064}{36.7}+\frac{0.25}{0.2}\right)=1.2566(℃/W)$$

根据其模拟电路图(参见图 2.9)所示的串、并联关系，便可以求出"当量总热阻"$\sum R_{th}$，其计算过程与计算结果具体为：

$$\sum R_{th}=\frac{1}{\frac{1}{R_{th,bolt}}+\frac{1}{R_{th,steel}+R_{th,wool}}}=\frac{1}{\frac{1}{2.5117}+\frac{1}{1.2566}}=0.8376(℃/W)$$

再根据式(2.20)，便可以得到：

$$Q=\frac{t_{w,1}-t_{w,2}}{\sum R_{th}}=\frac{1250-50}{0.8376}=1433(W)$$

— 毕 —

在该题中，尽管耐火纤维与螺栓的热导率相差很大，即严格地来说，应该按照二维导热问题来处理，但是，由于螺栓的横断面积相对于陶瓷棉的横断面积小很多，因此完全可以将其近似为一维导热。此外，如果还必须考虑各种材料的热导率随温度的变化，则还需要采用类似于【例 2.2】中的试差法。

② 无限长圆筒壁在无内热源情况下的稳态导热问题

第一，首先研究在无内热源且稳态导热的情况下，无限长**单层圆筒壁**的**导热问题**。

无限长单层圆筒壁(Infinite Cyclinder)如图 2.10 所示，设其内半径和外半径分别为 r_1 和 r_2，其内壁表面、外壁表面的温度分别为 $t_{w,1}$ 和 $t_{w,2}$，其材料的热导率为 κ(一般按常数处理)。

根据圆筒壁的几何特点，选用柱坐标系(r,φ,z)，而且无限长的圆筒壁在长度方向上(z方向上)的导热可以忽略不计，再根据圆筒壁的轴对称特点，沿圆周方向(φ方向)上的导热也可以忽略不计，这样，温度也就只是沿径向(r方向上)变化，因此，这也是一个无内热源情况下的一维稳态导热问题。于是，在柱坐标系下的导热微分方程式(2.11b)就可以简化为：

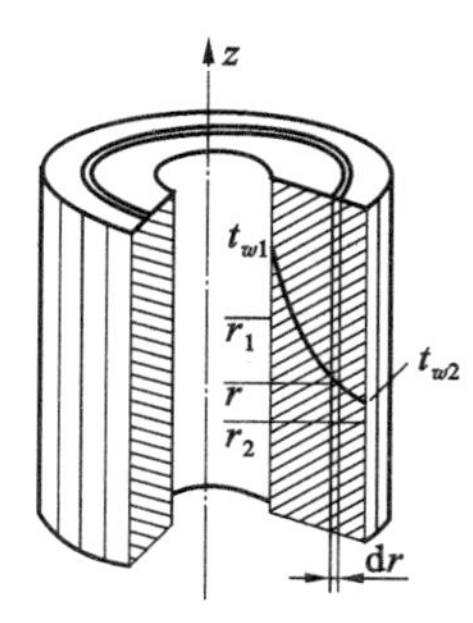

图 2.10 单层圆筒壁

$$\frac{\mathrm{d}^2t}{\mathrm{d}r^2}+\frac{1}{r}\frac{\mathrm{d}t}{\mathrm{d}r}=0$$

将该微分方程进行一次积分，然后，根据该问题的其边界条件($r=r_1$时，$t=t_{w,1}$；$r=r_2$时，$t=t_{w,2}$)来确定其积分常数，于是，经过整理后，得：

$$\frac{\mathrm{d}t}{\mathrm{d}r}=-\frac{t_{w,1}-t_{w,2}}{\ln\frac{r_2}{r_1}}\frac{1}{r}$$

再按照上述边界条件($r=r_1$时，$t=t_{w,1}$；$r=r_2$时，$t=t_{w,2}$)来求解该一阶微分方程，得：

$$t=t_{w,1}-\frac{t_{w,1}-t_{w,2}}{\ln\frac{r_2}{r_1}}\ln\frac{r}{r_1}=t_{w,1}-\frac{t_{w,1}-t_{w,2}}{\ln\frac{d_2}{d_1}}\ln\frac{d}{d_1}\quad(\text{K 或 ℃})\tag{2.21}$$

根据傅里叶定律，$Q=-\kappa A\frac{\mathrm{d}t}{\mathrm{d}r}$(其中，$A=2\pi rl$)以及以上所述“对于稳态导热问题，则各个热流量$q$应该相等”这一原理，便可以得到：

$$Q=\frac{t_{w,1}-t_{w,2}}{\frac{1}{2\pi\kappa l}\ln\frac{r_2}{r_1}}=\frac{t_{w,1}-t_{w,2}}{\frac{1}{2\pi\kappa l}\ln\frac{d_2}{d_1}}\quad(\text{W})\tag{2.22}$$

对于圆筒壁，常常使用“单位长度圆筒壁的传热量”这一概念，其符号为q_l，单位为 W/m。于是，由式(2.22)便可以得到：

$$q_l=\frac{t_{w,1}-t_{w,2}}{\frac{1}{2\pi\kappa}\ln\frac{r_2}{r_1}}=\frac{t_{w,1}-t_{w,2}}{\frac{1}{2\pi\kappa}\ln\frac{d_2}{d_1}}\quad(\text{W/m})\tag{2.23}$$

若将式(2.22)、式(2.23)与式(2.15a)、式(2.14a)相对照，则不难看出，可以将$\frac{1}{2\pi\kappa l}\ln\frac{d_2}{d_1}$、$\frac{1}{2\pi\kappa}\ln\frac{d_2}{d_1}$作为单层圆筒壁的热阻。

第二，再研究在无内热源且稳态导热的情况下，**多层圆筒壁**的导热问题。

按照前面在平壁稳态导热的电热类比计算法中所引入的“热阻”概念，多层圆筒壁也可以看作是由多个单层圆筒壁的“热阻”串联而成。这样，就可以得到以下两个计算公式：

$$Q=\frac{t_{w,1}-t_{w,(n+1)}}{\frac{1}{2\pi\kappa l}\sum_{i=1}^{n}\frac{1}{\kappa_i}\ln\frac{d_{i+1}}{d_i}}\quad(\text{W})\tag{2.24}$$

$$q_l=\frac{t_{w,1}-t_{w,(n+1)}}{\frac{1}{2\pi\kappa}\sum_{i=1}^{n}\frac{1}{\kappa_i}\ln\frac{d_{i+1}}{d_i}}\quad(\text{W/m})\tag{2.25}$$

下面还是用一个例题来说明式(2.24)或式(2.25)的用法。

【例 2.4】 某水蒸气管道内流过 540 ℃的过热水蒸气。该管道为 10 英寸管(内径为254.0 mm，外径为 267.1 mm)。管道的外面包有两层材料：保温层材料、保护层材料。保温材料的热导率$\kappa_1=0.105$ W/(m·℃)；保护层的厚度为 15 mm，其材料热导率$\kappa_2=0.192$ W/(m·℃)。按照有关规定的要求，保护层外侧的温度t_3不能超过 48 ℃。若要求整个管道的单位长度热损失仅为 400 W/m，求：所需要的保温层厚度δ(单位：mm)。

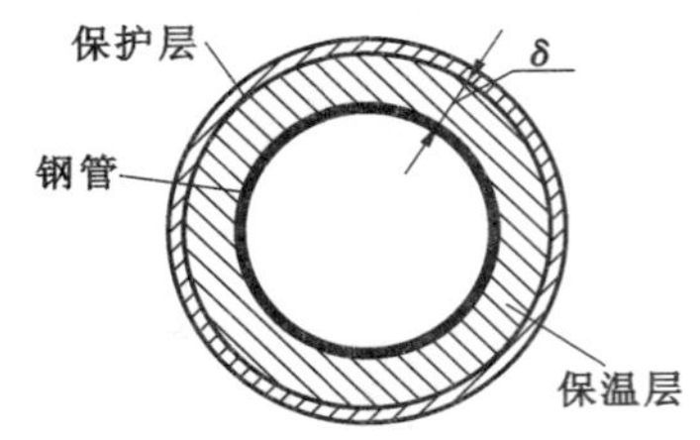

图 2.11 【例 2.4】的图例

【解】 如图 2.11 所示，该管道的横断面实质上是由三层材料所组成，只是由于金属管壁的热导率很大，因此，可以近似地认为金属管壁的温度均一。这样，就可以近似地认为保温层内表面温度等于水蒸气的温度，即540 ℃（当然，这个温度实际上略低于 540 ℃。按 540 ℃的计算结果更能够保证安全）。按照这个近似来处理，只需要考虑两层材料的圆筒壁导热问题，于是，式(2.24)就变为：

$$q_l = \frac{t_{w,1} - t_{w,3}}{\frac{1}{2\pi k_1}\ln\frac{d_2}{d_1} + \frac{1}{2\pi k_2}\ln\frac{d_3}{d_2}} \quad (\text{W/m})$$

将本例题中的已知条件代入上式，得：

$$400 = \frac{540 - 48}{\frac{1}{2\pi\times 0.105}\ln\frac{267.1 + 2\delta}{267.1} + \frac{1}{2\pi\times 0.192}\ln\frac{267.1 + 2\delta + 2\times 15}{267.1 + 2\delta}}$$

这是一个对数方程，直接求解则比较困难①，因此，还是使用试差法。先假设 δ=200 mm，于是，

$$\text{方程右边} = \frac{540-48}{\frac{1}{2\pi\times 0.105}\ln\frac{267.1+2\times 200}{267.1} + \frac{1}{2\pi\times 0.192}\ln\frac{267.1+2\times 200+2\times 15}{267.1+2\times 200}} = 346(\text{W/m})。$$

由于此时，346＜400，这说明 δ 选得过大，需要重新假设 δ。重复上述的计算，经过多次试算后，假定 δ=154 mm，这样方程右边＝408≈400 W/m，即方程右边≈方程左边。于是，确定保温层厚度为 154 mm。

—毕—

③ 球壁在无内热源情况下的稳态导热问题

第一，首先研究在无内热源的情况下，**单层球壁**的稳态**导热**问题。

单层球壁（即球形壳体）结构如图 2.12 所示，球壁的内半径、外半径分别为 r_1 和 r_2，其内、外表面的温度分别为 $t_{w,1}$ 和 $t_{w,2}$，球壁材料的热导率为 κ（可以按常数处理）。

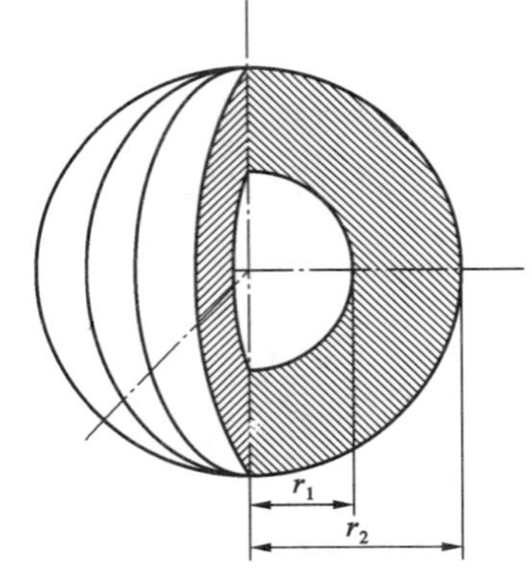

图 2.12 单层球壁的简图

按照球壁的形状特征，便选用球坐标系来研究该导热问题。再考虑到球壁的球对称性，则单层球壁内的温度只沿径向而变化，于是，球坐标系下的导热微分方程式(2.11c)就简化为：

$$\frac{1}{r^2}\frac{\mathrm{d}}{\mathrm{d}r}\left(r^2\frac{\mathrm{d}t}{\mathrm{d}r}\right) = 0 \quad 或 \quad \frac{\mathrm{d}^2 t}{\mathrm{d}r^2} + \frac{2}{r}\frac{\mathrm{d}t}{\mathrm{d}r} = 0$$

对于该微分方程进行积分，而且根据边界条件（当 $r=r_1$ 时，$t=t_{w,1}$；当 $r=r_2$ 时，$t=t_{w,2}$）来确定其积分常数，从而可以得到：

$$\frac{\mathrm{d}t}{\mathrm{d}r} = -\frac{\frac{1}{r^2}(t_{w,1} - t_{w,2})}{\frac{1}{r_1} - \frac{1}{r_2}} \quad (\text{K/m 或 ℃/m}) \tag{2.26}$$

再积分，得：

$$t = t_{w,1} - \frac{t_{w,1} - t_{w,2}}{\frac{1}{r_1} - \frac{1}{r_2}}\left(\frac{1}{r_1} - \frac{1}{r}\right) \quad (\text{K 或 ℃}) \tag{2.27}$$

---

① 传统的解方程方法求该方程的确很困难，现在则有专门的解方程网站（网址：www.wolframalpha.com），这给人们求解此类方程带来很大的方便。

将式(2.26)代入式(2.6)以及式(2.7)，得：

$$Q=-\kappa A\frac{\mathrm{d}t}{\mathrm{d}r}=-\kappa\cdot 4\pi r^2\frac{\mathrm{d}t}{\mathrm{d}r}=\frac{t_{w,1}-t_{w,2}}{\frac{1}{4\pi\kappa}\left(\frac{1}{r_1}-\frac{1}{r_2}\right)}\qquad(\mathrm{W})\tag{2.28}$$

由此，将该式与式(2.15a)对照，则不难看出：可以将$\frac{1}{4\pi\kappa}\left(\frac{1}{r_1}-\frac{1}{r_2}\right)$作为单层球壁的“热阻”。

第二，再来研究在无内热源且稳态导热的情况下，**多层球壁**的**导热问题**。

同样，借助于“热阻”的概念，再利用式(2.28)就可以得到多层球壁导热量的计算公式为：

$$Q=\frac{t_{w,1}-t_{w,(n+1)}}{\frac{1}{4\pi}\sum_{i=1}^{n}\frac{1}{\kappa_i}\cdot\left(\frac{1}{r_i}-\frac{1}{r_{i+1}}\right)}\qquad(\mathrm{W})\tag{2.29}$$

④ 形状不规则物体在无内热源情况下的稳态导热问题

在工程上，除了会遇到像平壁、圆筒壁和球壁这样形状规则且形状简单的物体之导热问题以外，还会碰到许多形状尽管规则但是却较为复杂或者形状不规则物体的导热计算问题。这些问题大都不便于用积分法来求解，或者用积分法求解的过程太复杂。而是需要将大量的实验数据(或者是复杂的理论研究成果)进行总结归纳后再衍生出一些简单的计算公式。

第一，首先研究在无内热源且稳定导热的情况下，**接近**于**平壁**、**圆筒壁**、**球壁**等形状的**某些物体**之**导热问题**。具体可以利用引入“核算面积”的方法来计算其传热量，其计算公式为：

$$Q=\frac{t_{w,1}-t_{w,2}}{\frac{\delta}{\kappa A_x}}\qquad(\mathrm{W})\tag{3.30}$$

式中　Q、$t_{w,1}$、$t_{w,2}$、κ 的意义，同上所述；

δ——物体的厚度(沿传热方向上的尺寸)，m；

A_x——物体的核算面积，它的大小取决于物体的形状，具体来说，一般可以按照下列方法来计算A_x。

对于两侧面积不等的平壁或者 A_1/A_2 接近于 1 的部分圆筒壁，A_x 的计算公式为：

$$A_x=\frac{A_1+A_2}{2}\qquad(\mathrm{m^2})$$

式中　A_1，A_2——分别为该物体的内侧面积、外侧面积，$\mathrm{m^2}$。

对于形状接近于圆筒的物体(例如，方形管道的保温层)，A_x 的计算公式为：

$$A_x=\frac{A_2-A_1}{\ln\frac{A_2}{A_1}}\qquad(\mathrm{m^2})$$

对于长、宽、高三个方向上尺寸相差不大的中空物体(例如，形状接近于空心球壁的物体)，A_x 的计算公式为：

$$A_x=\sqrt{A_1A_2}\qquad(\mathrm{m^2})$$

对于中空长方体(或正方体)的边角和端角：两面墙壁的交角被称为：**边角**，设边角的横向(垂直于传热方向)尺寸为 y，如果 $y>\delta/5$，则边角的核算面积 $A_x=0.54\delta\cdot y(\mathrm{m^2})$；三面墙壁相交而成的角被称为：**端角**，端角的核算面积 $A_x=0.15\delta^2(\mathrm{m^2})$。

任何一个中空长方体共有 12 个边角(分为 3 组，每组有 4 个边角的 y 尺度相同)，8 个端角。如果内壁面积为 A_1，内壁的三个尺度分别为 y_1、y_2、y_3，则整个中空长方体的核算面积 A_x 为：

$$\begin{aligned}A_x&=A_1+4\times0.54\delta(y_1+y_2+y_3)+8\times0.15\delta^2\\&=A_1+2.16\delta(y_1+y_2+y_3)+1.2\delta^2\qquad(\mathrm{m^2})\end{aligned}$$

该公式适合于所有 $y>\delta/5$ 的场合。当 $y\leqslant\delta/5$ 时，则可以从表 2.1 中来查得有关的计算公式；而

当所有的 $y>10\delta$ 时，A_x 也可以近似地按照 $A_x=(A_1+A_2)/2$ 来进行计算。

表 2.1 中空长方体(或正方体)的核算面积

形 状	A_x
全部 $y>10\delta$ 时	$(A_1+A_2)/2$
全部 $y<\delta/5$ 时	$0.79\sqrt{A_1A_2}$
全部 $y>\delta/5$ 时	$A_1+2.16\delta(y_1+y_2+y_3)+1.2\delta^2$
在 3 个尺寸中，$y_1<\delta/5$，而 y_2 或 $y_3>\delta/5$ 时	$A_1+1.86\delta(y_2+y_3)+0.35\delta^2$
在 3 个尺寸中，y_1 或 $y_2<\delta/5$，而 $y_3>\delta/5$ 时	$2.78y_3\delta/\lg(A_2/A_1)$

第二，再来介绍在无内热源且稳态导热的情况下，其他一些典型形状物体之导热问题

其他一些典型形状物体的导热问题计算也可以利用在传热量计算公式中引入"形状因子 S"方法来实现，其传热量的计算公式为：

$$Q=\kappa S(t_{w,1}-t_{w,2}) \quad (W) \tag{2.31}$$

式中 κ——传热材料的热导率，W/(m·℃)；

S——导热体的形状因子，m^2，其计算公式参见表 2.2；

$t_{w,1}-t_{w,2}$——所涉及的两个热、冷表面之间的温度差(高温值－低温值)，℃；

Q——意义同上所述。

表 2.2 几种典型形状导热体的"形状因子 S"

类型	图形	计 算 公 式
地下管道与地面之间的导热	$t_{w,2}$；$t_{w,1}$；d；h；l	当 $d\ll h$ 且 $h\ll l$ 时，有：$S=\dfrac{2\pi l/\ln\left(\dfrac{2l}{d}\right)}{1+\dfrac{\ln(2h/l)}{\ln(2h/d)}}$
		当 l 无限长时，每米管长的导热形状因子 S 为：$S=\dfrac{2\pi l}{\mathrm{arcch}\left(\dfrac{2h}{d}\right)}$ 特别是，当 $h>2d$ 时，可简化为：$S=\dfrac{2\pi l}{\ln\left(\dfrac{4h}{d}\right)}$
	$t_{w,2}$；$t_{w,1}$；h；$h=l$；d	当 $d\ll l$ 时 $(h=l)$，有：$S=\dfrac{2\pi l}{\ln\left(\dfrac{4l}{d}\right)}$
	$t_{w,2}$；d；$t_{w,1}$；h；s；s；s	当 $h>d$，$d\ll l$ 时（l 为管子长度，n 为管子的根数），对于每根管，有：$S=\dfrac{2\pi l}{\ln\left[\dfrac{2s}{nd}\mathrm{sh}\left(2\pi\dfrac{h}{s}\right)\right]}$

续表 2.2

类型	图形	计算公式
地下深埋双管道之间的导热		当管长 $l \gg d_1(d_1=2r_1)$，且 $d_1 \geqslant d_2(d_2=2r_2)$时，有：$S=\dfrac{2\pi l}{\operatorname{arcch}\left(\dfrac{s^2-r_1^2-r_2^2}{2r_1r_2}\right)}$
偏心管道之间的导热		当管长 $l \gg d_2$，且 $d_2 > d_1$ 时，有：$S=\dfrac{2\pi l}{\ln\dfrac{\sqrt{(d_2+d_1)^2-4s^2}+\sqrt{(d_2-d_1)^2-4s^2}}{\sqrt{(d_2+d_1)^2-4s^2}-\sqrt{(d_2-d_1)^2-4s^2}}}$
圆形管道的外表面与其矩形保温层之间的导热		当管长 $l \gg d$ 时，有：$S=\dfrac{2\pi l}{\ln\left(1.08\dfrac{b}{d}\right)}$
地下埋球		$S=\dfrac{2\pi d}{1+\dfrac{d}{4h}}$
深埋地下的圆薄片		当 $h \gg d, \delta \ll d$ 时，有：$S=4d$

⑤ 导热体表面温度的计算与“接触热阻”的概念

第一，首先**介绍表面**温度不均匀时**平均温度**的**计算方法**。在有关传热的理论分析和计算中，为了简化计算，往往设定物体表面的温度呈均匀分布。但是，实际物体表面温度分布不均匀的情况却更为常见。为此，如果将物体表面划分为若干个小块（或称：小区域），因为每个小块的面积较小，于是就可以近似地认为每个小块内的表面温度是均一的。这样，如果以每个小块的面积作为其“权值（Weight）”，然后对**所有小块**的**温度**进行**加权平均计算**，就可以**得到**整个物体**表面**的**平均温度** t_{av}，其计算公式为：

$$t_{av}=\frac{t_1A_1+t_2A_2+\cdots+t_nA_n}{A_1+A_2+\cdots+A_n} \quad (\text{K 或 ℃}) \tag{2.32}$$

式中 $A_1,A_2,\cdots,A_n$——各个小块的面积，m^2；

$t_1,t_2,\cdots,t_n$——所对应的各个小块的温度，℃。

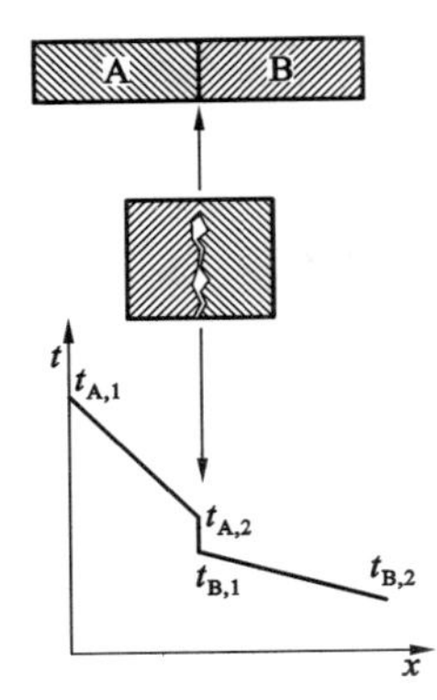

图 2.13　物体交界面处的接触热阻

第二，再来**介绍一下“接触热阻”的概念**。以上在讨论多层平壁、复合平壁、多层圆筒壁、多层球壁的导热问题时，都是假定不同材料层之间的界面极其光滑、充分接触、十分严密。但是，这只是一种理想情况，实际中，两种材料的接触面一般不是这样：两层固体壁面往往由于其粗糙而造成部分接触，不接触部位就形成了空隙，空隙中充满着气体。由于气体的热导率要比固体的热导率小得多，从而在界面处就产生一个附加“热阻”，于是，就会引起该处会存在温度降。该热阻被称为：**接触热阻**(Contact Resistance)，如图 2.13所示。

由于接触热阻存在，在实际计算多层壁的导热问题时，实际的传热量与利用上述理论计算公式所得到的值相比要略低一些。当然，由于接触热阻涉及的传热情况比较复杂，所以迄今为止还不能够从理论上推导出可靠的计算公式，这里也只能够作一些定性的介绍。

接触热阻的大小主要**取决于表面粗糙程度**：物体表面的粗糙度越大，其接触时的空隙就会越大，其内的介质(一般为气体)就越多，接触热阻也就越大。此外，接触热阻的大小还会与接触部位的压强、温度以及空隙内介质的性质有关：压强越大，接触热阻就越小，这是由于压强增大时，界面上凸出的部分会变形，从而使接触面积增大；温度升高，接触热阻会降低，这是由于在固体壁面通过空隙传热时，传导、对流和辐射这三种传热方式都存在，这三种传热方式的传热量都会因为温度的升高而增大，尤其是辐射传热量会显著增加；由于空隙内的介质会参与传热，因此，其性质对于接触热阻的大小也会有所影响。

在无机非金属材料工业领域，减少墙壁的散热量，提高保温效果是其主要目的。从这个意义上来讲，接触热阻是其有利的一面，对其不必采取什么措施。当然，在具体的实际工作中，有时也会涉及强化导热的问题，这时如果为了增加导热量而需要降低接触热阻的话，则可以考虑在接触面上塞一层较软(硬度小，延展性好)且热导率较大的薄片(例如，铝片和铜片等)，也可以考虑涂一层硅油。这些措施对于降低“接触热阻”都能够起到良好的效果。

以上讨论的是在无内热源情况下的一维稳定导热问题。尽管无内热源导热问题是经常遇到的，但是，在无机非金属材料领域，有内热源情况下的导热问题也是存在的，因此，本教材有必要对其进行适当的论述。

(2) 有内热源情况下的稳态导热问题

在有内热源的情况下，导热问题将变得复杂一些。为了尽可能用深入浅出的语言来向读者介绍有内热源情况下的稳态导热问题求解方法，这里只讨论一维导热情况。而且，请注意：对于有内热源情况下的稳态导热问题，通过各断面的传热量不再相等。因此，对于这类导热问题的求解，不再是来寻求传热量或热流量的具体计算公式，而是只考虑温度分布。

① 具有内热源的单层无限大平壁的稳态导热问题

设某厚度为 δ 的无限大平壁，其热导率为 κ(κ 不随温度而变)，而且该平壁具有均匀的内热源，其单位体积的放热速率(或吸热速率)为 q_v(放热为正，吸热为负)。该平壁的两个表面都维持均匀的、稳定的温度 $t_{w,1}$ 和 $t_{w,2}$($t_{w,1} \geqslant t_{w,2}$)。

针对该导热问题，可以选用直角坐标系，于是按照以上的具体条件，有内热源情况下的导热微分方程式(2.11a)就简化为：

$$\frac{d^2 t}{dx^2} + \frac{q_v}{\kappa} = 0$$

将上述微分方程进行积分求解(边界条件为：当 $x=0$ 时，$t=t_{w,1}$；当 $x=\delta$ 时，$t=t_{w,2}$)，其结果为：

$$t = \frac{q_v}{2\kappa}(\delta \cdot x - x^2) + \frac{t_{w,2} - t_{w,1}}{\delta}x + t_{w,1} \qquad (\text{K 或 ℃}) \tag{2.33}$$

该方程所表示的温度分布曲线为抛物线，有一个极值(放热时为极大值，吸热时为极小值)。令其一阶导数为0，便可以得到其极值点的坐标为：

$$x_{\max}=\frac{\delta}{2}+\frac{t_{w,2}-t_{w,1}}{\delta}\cdot\frac{\kappa}{q_v}\qquad(\mathrm{m})\tag{2.34}$$

【例2.5】 有一个用混凝土浇筑的1 m厚墙壁，其两个壁面始终保持温度为25 ℃，混凝土中的水泥水化会释放水化热，设单位体积混凝土所释放的热量为100 W/m³，混凝土的热导率为$\kappa=$ 1.637 W/(m·℃)。试求：浇筑时，该墙壁内的温度最高点和最高温度值。

【解】 因该题中$t_{w,1}=t_{w,2}=25$ ℃，因此，由式(2.33)，得：

$$t=\frac{q_v}{2\kappa}(\delta\cdot x-x^2)+t_{w,1}=\frac{100}{2\times1.637}(1\cdot x-x^2)+25=30.54(x-x^2)+25$$

令$\frac{dt}{dx}=30.54(1-2x_{\max})=0$，求解，得：$x_{\max}=0.5$(m)

所以，该墙壁内的温度最高点在$x=0.5$ m处(即墙壁的正中间)。其最高温度值为：

$$t_{\max}=30.54(x_{\max}-x_{\max}^2)+25=30.54\times(0.5-0.5^2)+25=32.7(℃)$$ —毕—

② 具有内热源的无限长圆柱体和无限长圆筒壁的稳态导热问题

这里，圆柱体是指实心的固态圆柱体；圆筒壁是指空心的固态圆柱体。假设它们都具有均匀的内热源(其单位体积的放热速率或吸热速率为q_v，规定：放热为正，吸热为负)，热导率都为κ。只是边界条件各不相同：对于圆柱体，已知其半径为r、表面温度为t_w；对于圆筒壁，已知其内、外壁的半径分别为r_1、r_2，内、外壁的表面温度分别为$t_{w,1}$、$t_{w,2}$。

按照圆柱体的几何特征，选用柱坐标来进行研究，根据以上的已知条件，并考虑到长径比很大以及轴对称的特点，在有内热源的情况下，柱坐标系中的导热微分方程(2.11b)就简化为：

$$\frac{d^2t}{dr^2}+\frac{1}{r}\frac{dt}{dr}+\frac{q_v}{\kappa}=0$$

对其整理，得：

$$\frac{1}{r}\frac{d}{dr}\left(r\frac{dt}{dr}\right)+\frac{q_v}{\kappa}=0$$

对其积分，得：$r\frac{dt}{dr}=-\frac{q_v}{2\kappa}r^2+c_1$，再积分便可以得到上述微分方程的通解，具体为：

$$t=-\frac{q_v}{4\kappa}r^2+c_1\ln r+c_2$$

其积分常数可以由具体的边界条件来确定。

对于无限长圆柱体，通过其边界条件$\left.\frac{dt}{dr}\right|_{r=0}=0$(由温度分布的轴对称性得到)、$t|_{r=r_0}=t_w$来确定其积分常数后，便可以得到其内的温度分布为：

$$t=t_w+\frac{q_vr_0^2}{4\kappa}\left[1-\left(\frac{r}{r_0}\right)^2\right]\qquad(\mathrm{K}或℃)\tag{2.35}$$

由式(2.35)不难看出，无限长圆柱体内的轴心处($r=0$处)温度最高，其温度值为：

$$t_0=t_{\max}=t_w-\frac{q_vr_0^2}{4\kappa}\qquad(\mathrm{K}或℃)\tag{2.36}$$

对于无限长圆筒壁，通过其边界条件$t|_{r=r_1}=t_{w,1}$、$t|_{r=r_2}=t_{w,2}$，确定其积分常数后，也可以得到其中的温度分布为：

$$t=t_{w,2}+\frac{q_vr_2^2}{4\kappa}\left(1-\frac{r^2}{r_2^2}\right)+c_1\ln\frac{r}{r_2}\qquad(\mathrm{K}或℃)\tag{2.37}$$

其中，$c_1=\dfrac{t_{w,1}-t_{w,2}-\dfrac{q_v r_2^2}{4\kappa}\left[1-\left(\dfrac{r_1}{r_2}\right)^2\right]}{\ln\dfrac{r_1}{r_2}}$。

【例 2.6】 某电加热用的硅碳棒，其发热部分的直径 $d=8$ mm，长度 $L=150$ mm，若其内通入 7.9 A的电流，电阻为 3.6 Ω，该硅碳棒的表面温度维持在 1400 ℃，其热导率为 $\kappa=23.3$ W/(m·℃)，请计算该硅碳棒轴心处的温度。

【解】 第一步，硅碳棒的电功率为：

$$P=I^2R=7.9^2\times3.6=224.7(\text{W})$$

第二步，单位体积硅碳棒发热部分的发热速率为：

$$q_v=\frac{P}{\frac{\pi}{4}d^2L}=\frac{224.7}{\frac{\pi}{4}\times0.008^2\times0.15}=2.98\times10^7(\text{W/m}^3)$$

第三步，根据式(2.36)，得：

$$t_0=t_w+\frac{q_v}{4\kappa}r_0^2=1400+\frac{2.98\times10^7}{4\times23.3}\times\left(\frac{0.008}{2}\right)^2=1405(℃)$$

—毕—

③ 具有内热源的球体和球壁的稳态导热问题

这里，球体是指实心的固态球体，球壁是指空心的固态球体。这里假设它们都具有均匀的内热源(单位体积的放热速率或吸热速率为 q_v，规定：放热为正，吸热为负)，且其热导率为 k。只是边界条件各不相同：对于球体，已知其半径为 r_0、表面温度为 t_w；对于球壁，已知其内、外半径分别为 r_1、r_2，内、外壁面温度分别为 $t_{w,1}$、$t_{w,2}$。

按照球体的几何特征，选用球坐标系进行研究，根据以上的已知条件，并考虑到球对称的特点，于是，在有内热源情况下，球坐标系中的导热微分方程式(2.11c)就简化为：

$$\frac{1}{r^2}\frac{\text{d}}{\text{d}r}\left(r^2\frac{\text{d}t}{\text{d}r}\right)+\frac{q_v}{\kappa}=0$$

对其整理，得：

$$r^2\frac{\text{d}t}{\text{d}r}=-\frac{q_v}{3\kappa}r^3+c_1$$

对其进行积分，就可以得到上述微分方程的通解，具体为：

$$t=-\frac{q_v r^2}{6\kappa}-\frac{c_1}{r}+c_2$$

其积分常数可以分别由各自的边界条件来确定。

对于球体，通过其边界条件$\left.\dfrac{\text{d}t}{\text{d}r}\right|_{r=0}=0$(由温度分布的球对称性得到)、$t|_{r=r_0}=t_w$，确定其积分常数后，便可以得到球体内的温度分布为：

$$t=t_w+\frac{q_v}{6\kappa}(r_0^2-r^2)\qquad(\text{K 或 ℃})\tag{2.38}$$

由式(2.38)所述的抛物线方程，不难看出：球体内球心处($r=0$)的温度最高，其温度值为：

$$t=t_w+\frac{q_v}{6\kappa}r_0^2\qquad(\text{K 或 ℃})\tag{2.39}$$

对于球壁，利用其边界条件：$t|_{r=r_1}=t_{w,1}$、$t|_{r=r_2}=t_{w,2}$，确定其积分常数后，便可以得到球壁内中的温度分布为：

$$t=t_{w,2}+\frac{q_v}{6\kappa}(r_2^2-r^2)+\frac{q_v}{6\kappa}r_1r_2(r_1+r_2)\left(\frac{1}{r_2}-\frac{1}{r}\right)+\frac{r_1r_2}{r_2-r_1}(t_{w,2}-t_{w,1})\left(\frac{1}{r_2}-\frac{1}{r}\right)\qquad(\text{K 或℃})\tag{2.40}$$

2.1.4.2 非稳态导热问题

在非稳态温度场内发生的导热现象称为：非稳态导热问题，也称：不稳定导热问题（Unsteady Heat Conduction）。相对于稳态导热问题来说，非稳态导热问题更为复杂。为了能够深入浅出地探讨该问题，这里，只讨论在无内热源情况下的非稳态导热问题之求解方法。

在非稳态导热过程中，物体温度会随着时间而变化，其温度分布及传热量与稳态导热过程都有着很大的区别。如图 2.14 所示，下面以通过无限大平壁的非稳态导热过程为例，定性地说明在非稳态导热过程中温度分布与热量变化的趋势。设有一个单层平壁，它的初始温度为 t_0，若在 τ_0 时刻时其左侧表面的温度突然升高到 t_1，而右侧仍然与温度为 t_0 的空气接触。在这种条件下，平壁内的温度经历了以下变化过程：在开始的一段时间内，物体内部靠近高温表面（左侧部分）的温度上升很快，而其余部分仍保持为原来的温度 t_0，温度分布如图 2.14(a)中的曲线 HA 所示；随着时间的推移，温度上升所波及的范围不断扩大，平壁内温度分布曲线也逐渐升高，具体如图 2.14(a)中的曲线 HB、HC、HD 所示；最终，平壁内的整体温度分布就逐渐趋于稳定，如图 2.14(a)中的温度分布曲线 HE 所示。此后，便会呈现出基本稳定的导热状态。

对于图 2.14 中的温度变化曲线进行进一步的分析，便可以看出：物体中的温度分布可以划分为两种类型，在初始阶段，物体中温度分布受到初始温度分布的影响较大，例如，在该图中 HC 之前的这一阶段中，物体内的温度分布主要受到初始温度分布的控制，该阶段被称为：非正规状况阶段。当传热过程进行到一定深度时，物体初始温度分布的影响会逐渐消失，以后不同时刻的温度分布主要受到边界条件的影响，如图 2.14中的曲线 HD、HE 所示，这个阶段被称为：正规状况阶段。

在该实例所述的非稳态导热过程中，物体内的导热量随时间的变化规律如图 2.14(b)所示。图中的 q_1 为从左侧导入的热流量，q_2 为从右侧导出的热流量。在整个非稳态导热过程之中，这两个热流量是不相等的，其差值（即图中的阴影部分）表示该平壁所积蓄的热量。随着传热过程的进行，当物体的蓄热量达到饱和以后，左侧导入的热量与右侧导出的热量逐渐趋近于相等，此后基本上就为稳态传热过程。

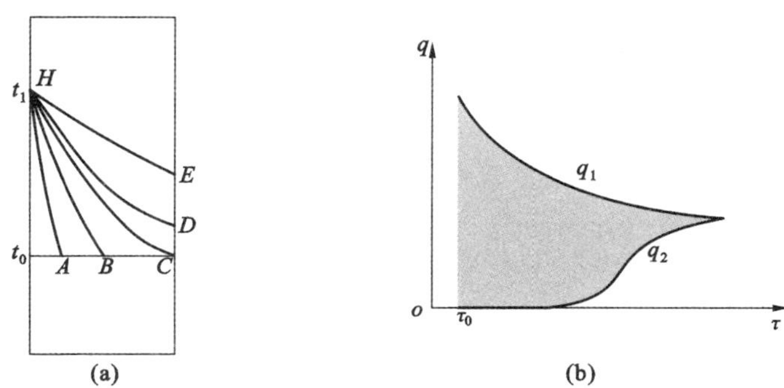

图 2.14 非稳态导热过程中温度、热流量随时间的变化规律

(a) 温度的变化规律；(b) 导热量的变化规律

(1) 一维非稳态导热问题的求解结果及其应用

正如在第 2.1.1.1 中所述，就一维非稳态温度场而言，尽管$\partial t/\partial\tau\neq0$，但是由于只有一个方向的传热，因此温度沿其他两个方向上的偏导数为 0。于是，再参考在三种坐标系中的导热微分方程式[式(2.11a)、式(2.11b)、式(2.11c)]后，便可以知道，式(2.10a)可以简化为：

直角坐标系：

$$\frac{\partial t}{\partial\tau}=a\frac{\partial^2 t}{\partial x^2}\qquad(\mathrm{K/s}\ 或\ ℃/\mathrm{s})\tag{2.41}$$

柱坐标系：

$$\frac{\partial t}{\partial \tau}=a\left(\frac{\partial^2 t}{\partial r^2}+\frac{1}{r}\frac{\partial t}{\partial r}\right)\qquad (\text{K/s 或 ℃/s})\tag{2.42}$$

球坐标系：

$$\frac{\partial t}{\partial \tau}=\frac{a}{r}\frac{\partial}{\partial r}\left(r^2\frac{\partial t}{\partial r}\right)\qquad (\text{K/s 或 ℃/s})\tag{2.43}$$

对于简单的非稳态导热问题，常常利用前人在**分析求解法**（也称：解析求解法，或称：理论求解法）方面的大量研究成果。但是，对于复杂的非稳态导热问题，随着时代的进步，人们越来越多地借助于**数值求解方法**（参见第 2.1.5）。另外，对于其他曾经在历史上有一定贡献的某些**近似求解方法**（例如，电热模拟法、集总参数法等），现在则极少采用。所以，以下只介绍分析求解法及其结果的应用，关于数值求解方法可以参考第 2.1.5。

分析求解法是利用严格的数学推导来求解微分方程的精确方法。常见的非稳态导热问题有两种类型：一是物体的温度随着传热时间的延长很快地或者逐渐地趋向于一个恒定值，这称为瞬态导热型（Transient Heat Conduction）；二是物体的温度随时间呈现周期性的变化，被称为周期性导热型（Periodic Heat Conduction）。在无机非金属材料领域，前者较为常见，而且其传热量主要取决于传热初期的传热量。后者多数是由于导热体边界条件的周期性变化所引起，在无机非金属材料领域较为鲜见（例如，玻璃池窑蓄热室中格子体内部的温度分布就可以归结为此类型）。

这里，以最常见的一维无限大平壁在第三类边界条件下（关于边界条件的分类参见第 2.1.5.1）的非稳态导热问题为例来简单地介绍一下该求解方法，然后重点介绍其求解结果的应用。按照上述的微分方程式(2.41)，该导热问题可以用以下的数学模型来描述：

微分方程：

$$\frac{\partial t}{\partial \tau}=a\frac{\partial^2 t}{\partial x^2}\qquad (\text{K/s 或 ℃/s})\tag{2.41}$$

初始条件：

$$当\ \tau=0\ 时，t=t_0\qquad (\text{K 或 ℃})\tag{2.41a}$$

边界条件：

$$当\ x=0\ 或\ x=\delta\ 时，\frac{\partial t}{\partial x}=\frac{h}{\kappa_w}(t_f-t_w)\qquad (\text{K/m 或 ℃/m})\tag{2.41b}$$

式中 a——热扩散率（或称：热扩散系数，曾经被称为：导温系数），m^2/s，参见第 2.1.3.1；

h——无限大平壁两个边壁处（$x=0$、$x=\delta$ 处）的对流传热系数或综合传热系数，$W/(m^2 \cdot K)$ 或 $W/(m^2 \cdot ℃)$，参见第 2.2.2 或第 2.4.1；

κ_w——无限大平壁的两个边壁处（$x=0$、$x=\delta$ 处）固体边壁的热导率（或称：导热系数），$W/(m \cdot K)$ 或 $W/(m \cdot ℃)$。

如果令 $\theta=t-t_f$，则以上三个方程式就变为：

微分方程：

$$\frac{\partial \theta}{\partial \tau}=a\frac{\partial^2 \theta}{\partial x^2}\qquad (\text{K/s 或 ℃/s})\tag{2.44}$$

初始条件：

$$当\ \tau=0\ 时，\theta=\theta_0，其中，\theta_0=t_0-t_f\qquad (\text{K 或 ℃})\tag{2.44a}$$

边界条件：

$$当\ x=0\ 或\ x=\delta\ 时，\frac{\partial \theta}{\partial \tau}=-\frac{h}{\kappa_w}\theta_w\qquad (\text{K/m 或 ℃/m})\tag{2.44b}$$

根据推导，这一数学模型的解是一个比较复杂的数学公式[18,21]，这里就不再列出。

为了便于应用，人们常用准数（Standard Number，也称：相似准则，国内正式名称为：特征数，它在本质上是由若干物理量所组成的“无量纲组合量”，参见第 2.2.2.4～2.2.2.6）方程来表示其求解结果。对于上述问题，经过有关的数学推导，可以得到以下形式的准数方程：

$$\Theta = f(Fo, Bi, L_1/L) \tag{2.45}$$

式中 Θ——**过余温度准数**，$\Theta=\dfrac{\theta}{\theta_0}$；

Fo——**傅里叶数**（Fourier Number），$Fo=\dfrac{a\tau}{L^2}$（参见第 2.2.2.5 与第 2.2.2.7）；

Bi——**毕奥数**（Biot Number），$Bi=\dfrac{hL}{\kappa}$①（这里 L 为特征长度，参见第 2.2.2.7）；

$\dfrac{L_1}{L}$——**几何准数**（参见第 2.2.2.5 与第 2.2.2.7）。

不仅由直角坐标系所用的式（2.41）可以得到式（2.45）所述的准数方程，由柱坐标系所用的式（2.42）、球坐标系所用的式（2.43）也可以得到类似的准数方程。

以下的几种情况是前人根据求解结果所整理出来的一些研究成果，可以供读者方便地查阅与应用。

① 无限大平壁在恒温介质中的非稳态导热问题计算方法

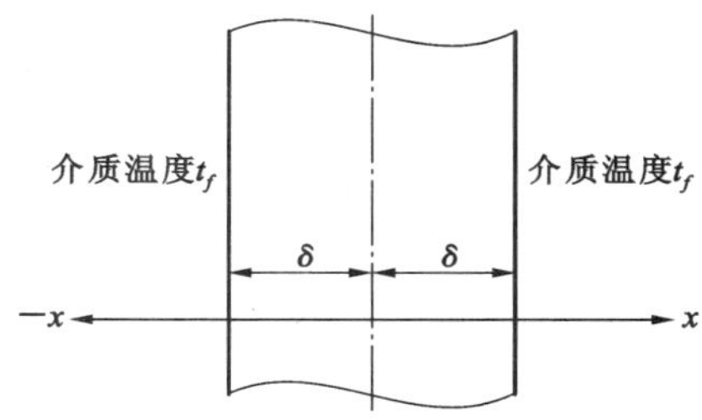

图 2.15 无限大平壁处于恒温介质之中

图 2.15 所示的是无限大平壁在恒温介质中的情况。如图 2.16 所示的是无限大平壁在恒温介质中进行一维非稳态导热时，它在中心处的无量纲过余温度准数 $\Theta_c=f(Fo,Bi)$之计算图。如图 2.17 所示的则为无限大平壁内任意一点处的过余温度与中心处过余温度之比$\dfrac{\theta}{\theta_c}=f(Bi,x/\delta)$的计算图。利用这两张图就可以求得无限大平壁内任意一点处在任何时刻的温度值。

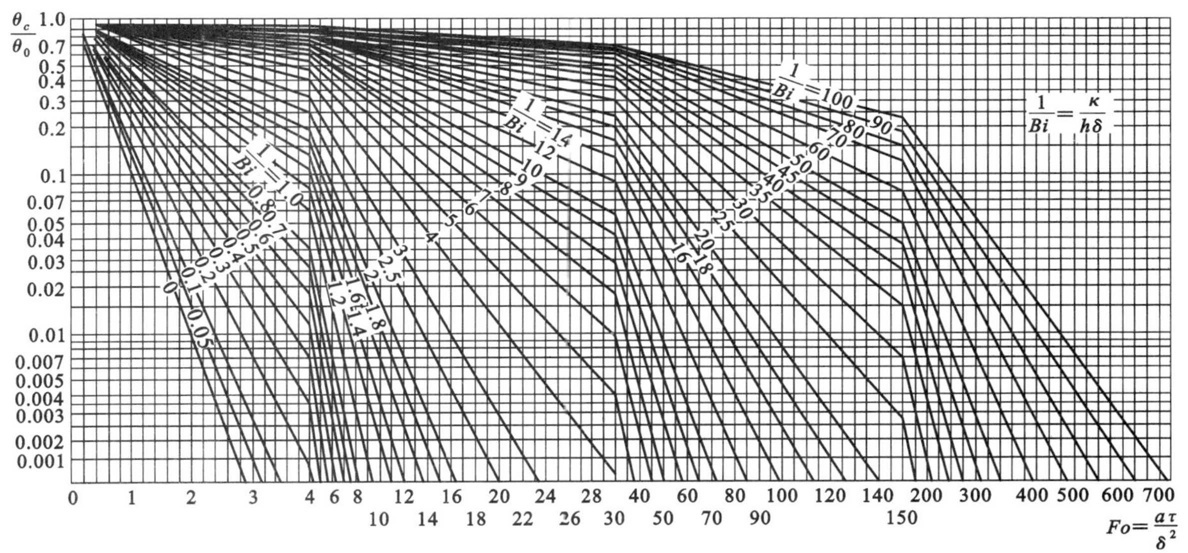

图 2.16 无限大平壁中心处的无量纲过余温度准数 $\Theta_c=\dfrac{\theta_c}{\theta_0}=f(Fo,Bi)$之计算图

① 关于对流传热系数 h 的定义，参见第 2.2.2。

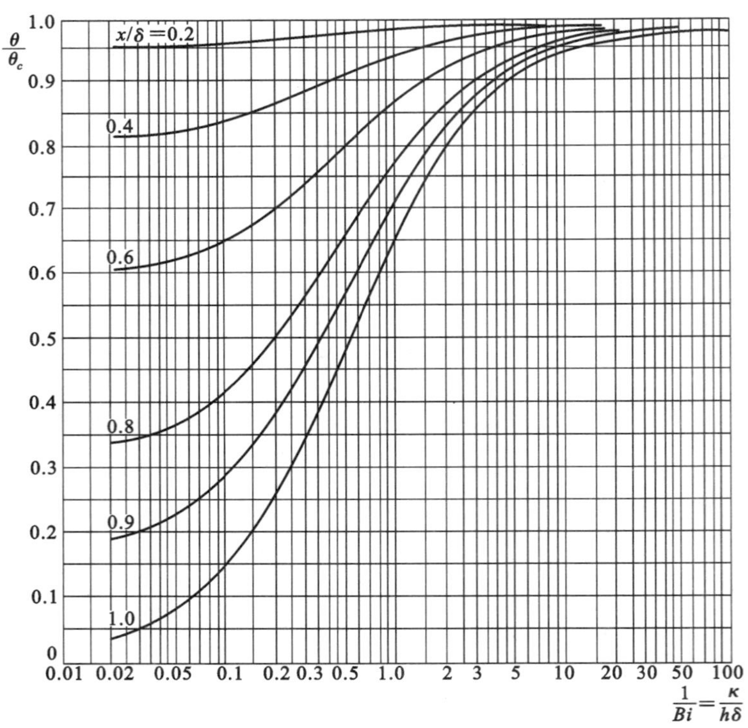

图 2.17　无限大平壁内某指定处的过余温度与中心处过余温度之比$\frac{\theta}{\theta_c}=f(Bi,x/\delta)$的计算图

研究非稳态导热问题的另一个目的就是为了计算出：经过一定的时间，通过加热物体所得到的（或者通过冷却所失去的）热量 Q_τ，即所谓的“蓄热量”（或“散失热量”）。若假设 $\theta=0$（即 $t=t_f$）时物体的热焓量为零，则对于单位截面积的无限大平壁，其初始状态时所具有的热焓量为 $Q_0=2\delta\rho c\theta_0$。图 2.18所示的就是无限大平壁的 Q_τ 与 Q_0 之比$\frac{Q_\tau}{Q_0}=f_Q(Fo,Bi)$的计算图。

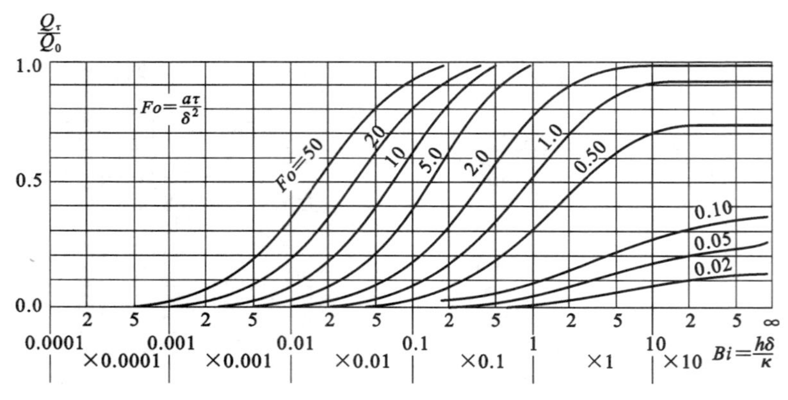

图 2.18　无限大平壁的 $Q_\tau/Q_0=f_Q(Fo,Bi)$计算图

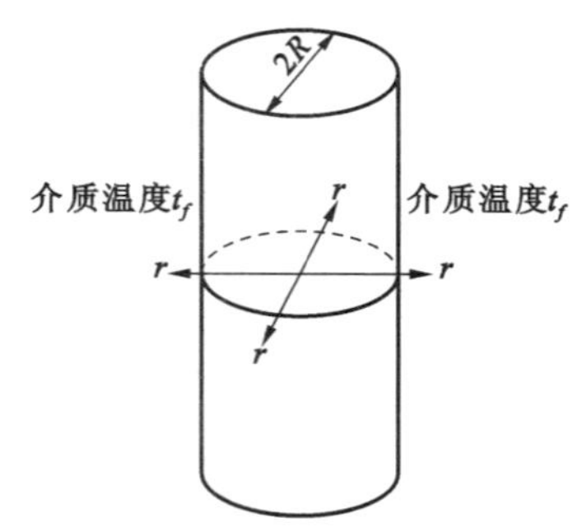

图 2.19　无限长圆柱体处于恒温介质之中

② 无限长圆柱体在恒温介质中非稳态导热情况的计算方法

无限长圆柱体在恒温介质中的情况如图 2.19 所示。由该图可以看出，无限长圆柱体在恒温介质中进行非稳态导热时，由于长度很长以及轴对称的原因，温度只会沿半径方向上变化。在该情况下，无限长圆柱体在轴心处的过余温度准数 $\Theta_c=\frac{\theta_c}{\theta_0}=f(Fo,Bi)$之计算图如图 2.20 所示，圆柱体内任意

一点的过余温度与轴心处的过余温度之比$\frac{\theta}{\theta_c}=f(Bi,r/R)$之计算图如图 2.21所示。利用这两张图就可以求得无限大平壁内任意一点处在任何时刻的温度值。

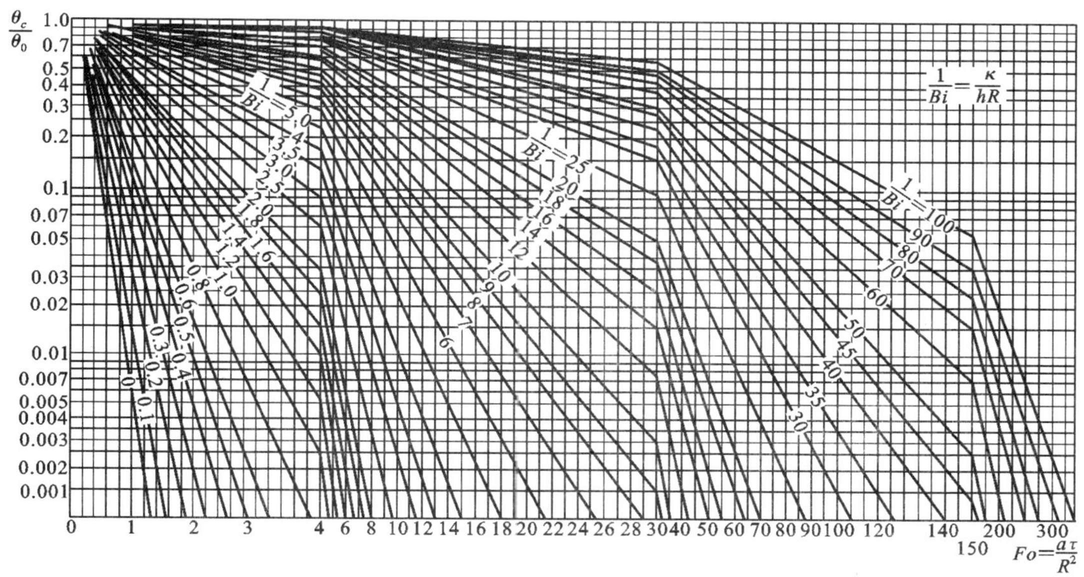

图 2.20 无限长圆柱轴心处的过余温度准数 $\Theta_c=\frac{\theta_c}{\theta_0}=f(Fo,Bi)$之计算图

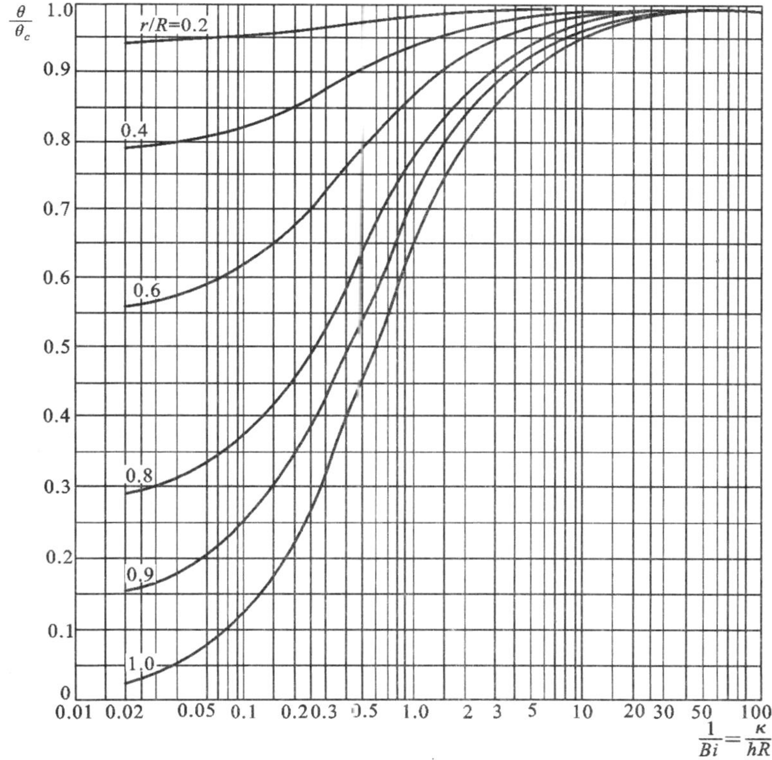

图 2.21 无限长圆柱体内某指定点的过余温度与轴心处的过余温度之比$\frac{\theta}{\theta_c}=f(Bi,r/R)$之计算图

单位长度的圆柱体在加热一段时间后的蓄热量 Q_τ 或冷却一段时间后所散失的热量 Q_τ 之计算图 $\frac{Q_\tau}{Q_0}=f_Q(Fo,Bi)$ 如图 2.22 所示。

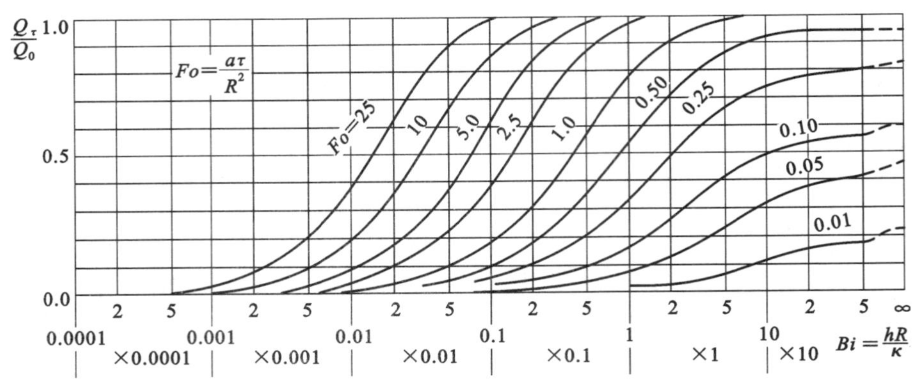

图 2.22 无限长圆柱体 $\frac{Q_\tau}{Q_0}=f_Q(Fo,Bi)$ 的计算图

③ 球体在恒温介质中非稳态导热情况的计算方法

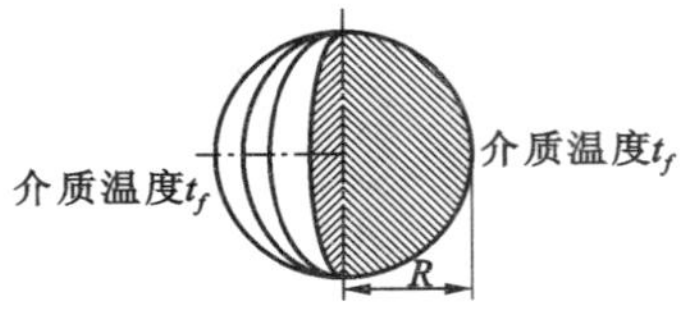

球体在恒温介质中的情况如图 2.23 所示。由该图可以看出：球体在恒温介质中进行非稳态导热时，因为球对称原因，温度只会沿半径方向上变化。球体在这种情况下球心处的过余温度准数 $\Theta_c=\frac{\theta_c}{\theta_0}=f(Fo,Bi)$ 之计算图如图 2.24 所示，球体内任意一点的过余温度与球心处过余温度之比 $\frac{\theta}{\theta_c}=f(Bi,r/R)$ 的计算图如图 2.25 所示。利用这两张图就可以求得球体内任意一点处在任何时刻的温度值。

介质温度 t_f　　介质温度 t_f　　R

图 2.23 圆球体处于恒温介质之中

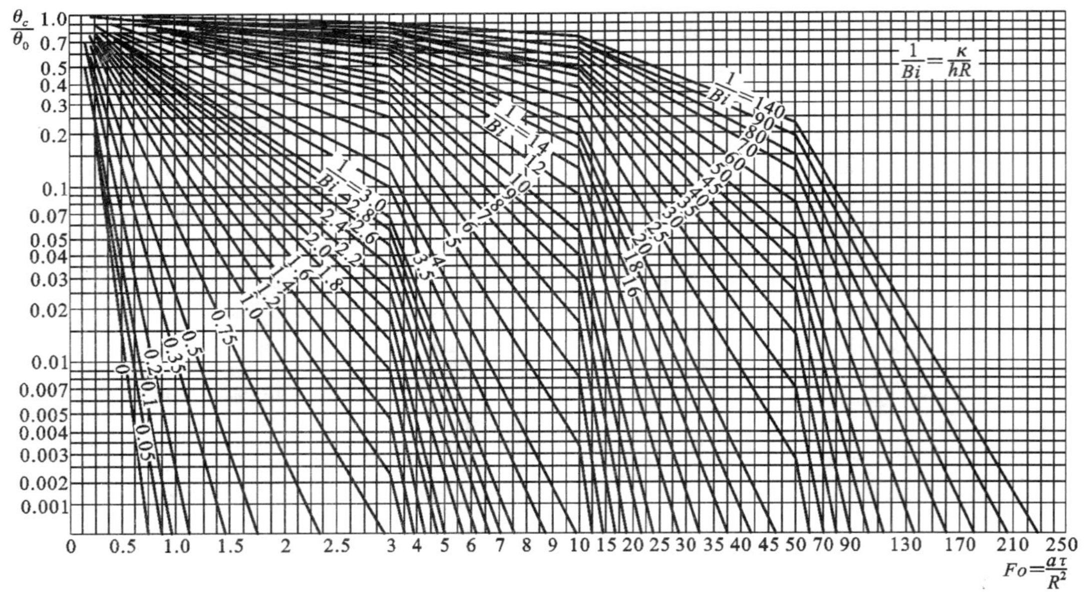

图 2.24 球体无量纲球心处的过余温度准数 $\Theta_c=\frac{\theta_c}{\theta_0}=f(Fo,Bi)$ 之计算图

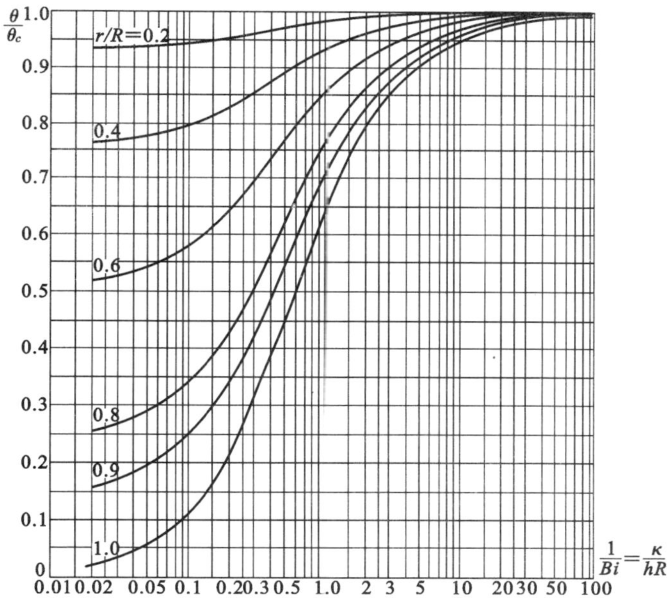

图 2.25 球体内某指定点的过余温度与球心处过余温度之比$\frac{\theta}{\theta_c}=f(Bi,r/R)$的计算图

(2) 二维、三维非稳态导热问题的求解

以上是关于一维非稳态导热的研究成果，该研究成果还可以推广到某些具有规则形状的二维、三维非稳态导热体中，这一点对于使用者来说是非常方便的。以下就以直角柱体、平行六面体、短圆柱体这几种典型形状的导热体在恒温介质中的非稳态导热情况为例来说明其计算方法。

直角柱体如图 2.26 所示。由该图可以看出，对于长度×宽度$=2\delta_x\times2\delta_y$ 的直角柱体，可以看作是由一个厚度为 $2\delta_x$ 的无限大平壁与另一个厚度为 $2\delta_y$ 的无限大平壁垂直相交所形成的几何体。根据有关理论研究成果，有以下的数学关系式存在：$\Theta_{立柱}=\Theta_{2\delta_x}\cdot\Theta_{2\delta_y}$。该公式及其类似公式被称为：**纽曼**(Neumann)**乘积定理**。只要根据这个公式，查阅图 2.16与图 2.17后，再通过计算就可以得到直角柱体的相应计算结果。

同样，对于长度×宽度×高度$=\delta_x\times\delta_y\times\delta_z$ 的平行六面体，也可以看成是由厚度分别为 $2\delta_x$、$2\delta_y$、$2\delta_z$ 的无限大平壁彼此垂直相交所形成的几何体，如图 2.27 所示。根据有关的理论研究成果，便有下列数学关系式存在：$\Theta_{六面体}=\Theta_{2\delta_x}\cdot\Theta_{2\delta_y}\cdot\Theta_{2\delta_z}$，只要根据这个公式，查阅图 2.16 以及图 2.17 以后，再通过计算就可以得到平行六面体相应的计算结果。

同理，短圆柱体可以看成是由一个厚度为 2δ 的无限大平壁和一个半径为 R 的无限长圆柱体垂直相交所形成的几何体，如图 2.28 所示。根据有关理论研究成果，则有以下的数学关系式存在：$\Theta_{短圆柱}=\Theta_{2\delta}\cdot\Theta_R$，只要根据这个公式，查阅图 2.16、图 2.17与图 2.20 及图 2.21后，通过计算就可以得到相应的计算结果。

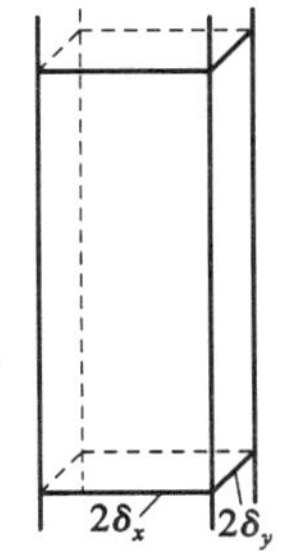

图 2.26 直角柱体的几何结构

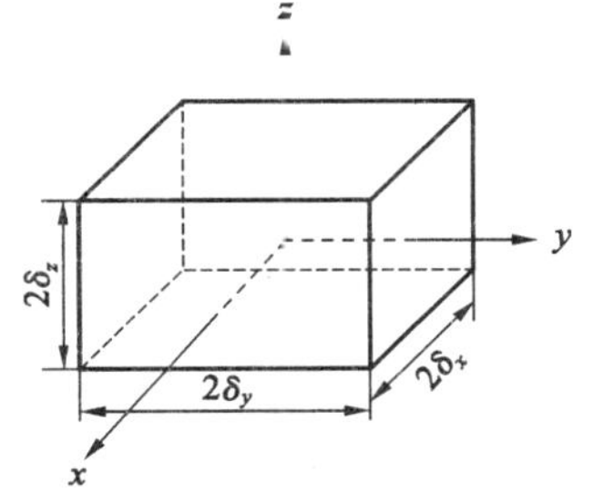

图 2.27 平行六面体的几何结构

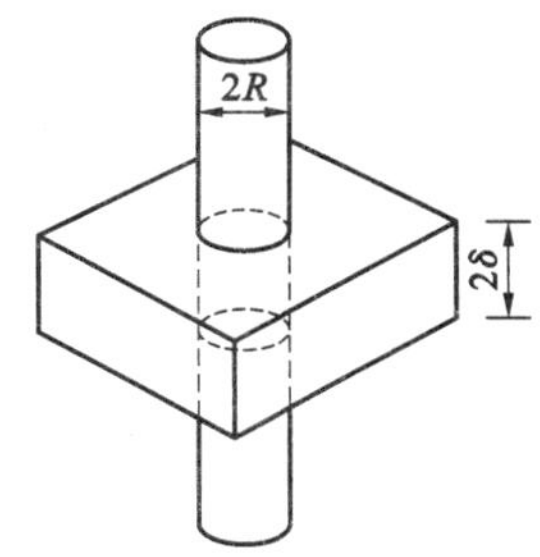

图 2.28 短圆柱体的几何结构

【例 2.7】 某耐火材料圆柱体的初始温度是 20 ℃，这种耐火材料的物性参数为：热导率 $\kappa=1.63\ \mathrm{W/(m\cdot ℃)}$，比热容 $c=980\ \mathrm{J/(kg\cdot ℃)}$，密度 $\rho=2350\ \mathrm{kg/m^3}$，炉内气体对于该圆柱体的传热系数 $h=92\ \mathrm{W/(m^2\cdot ℃)}$。试求直径 $D=0.3$ m、长度 $L=0.6$ m 的该圆柱体，被送入炉膛温度为 1200 ℃的加热炉中 10 h 后，在离端面 0.2 m、半径为 $r=0.1$ m 处的温度。

【解】 该圆柱体可以看作是由一个厚度为 $2\delta=0.6$ m 的无限大平壁与一个半径为 $R=D/2=0.15$ m的无限长圆柱体垂直相交而形成。

对于无限大平壁：

$$a=\frac{\kappa}{\rho c}=\frac{1.63}{2350\times 980}=7.08\times 10^{-7}(\mathrm{m^2/s})$$

$$Bi=\frac{h\delta}{\kappa}=\frac{92\times 0.3}{1.63}=16.93$$

$$Fo=\frac{a\tau}{\delta^2}=\frac{7.08\times 10^{-7}\times 10\times 3600}{0.3^2}=0.28$$

$$\frac{x}{\delta}=\frac{0.3-0.2}{0.3}=0.33$$

由$\frac{\kappa}{h\delta}=\frac{1}{Bi}=0.06$，$Fo=0.28$，查图 2.16 得：$\left(\frac{\theta_c}{\theta_0}\right)_1=0.65$

由$\frac{\kappa}{h\delta}=\frac{1}{Bi}=0.06$，$\frac{x}{\delta}=0.33$，查图 2.17 得：$\left(\frac{\theta}{\theta_c}\right)_1=0.88$

对于无限长圆柱体：

$$Bi=\frac{h\delta}{\kappa}=\frac{92\times 0.15}{1.63}=8.47$$

$$Fo=\frac{a\tau}{\delta^2}=\frac{7.08\times 10^{-7}\times 10\times 3600}{0.15^2}=1.13$$

$$\frac{r}{R}=\frac{0.1}{0.15}=0.67$$

由$\frac{\kappa}{hR}=\frac{1}{Bi}=0.12$，$Fo=1.13$，查图 2.20，得：$\left(\frac{\theta_c}{\theta_0}\right)_2=0.009$

由$\frac{\kappa}{hR}=\frac{1}{Bi}=0.12$，$\frac{r}{R}=0.67$，查图 2.21，得：$\left(\frac{\theta_c}{\theta_0}\right)_2=0.53$

所以，对于该圆柱体：

$$\frac{\theta}{\theta_0}=\left(\frac{\theta_c}{\theta_0}\right)_1\cdot\left(\frac{\theta}{\theta_c}\right)_1\cdot\left(\frac{\theta_c}{\theta_0}\right)_2\cdot\left(\frac{\theta}{\theta_c}\right)_2=0.65\times 0.88\times 0.009\times 0.53=0.0027$$

$$\theta=0.0027\times\theta_0=0.0027\times(20-1200)=-3.2(℃)$$

$$t=\theta+t_f=-3.2+1200=1196.8\approx 1197(℃)$$

— 毕 —

2.1.5 传热问题的数学模型建立与数值求解法简介

2.1.5.1 建立数学模型的单值性条件简介

在第 2.1.3 中，经过理论上的推导，得到了几种情况下的**导热微分方程**。然而，由相关的数学知识可知，任何一个微分方程的求解都会产生积分常数。这就意味着微分方程会有无数个解（称为：通解）。所以，仅仅对于导热微分方程进行求解，只能够得到其通解。要使导热问题的解实现唯一化，还需要有**单值性条件**。

单值性条件也称为：定解条件，包括四种：物理条件、几何条件、初始条件、边界条件。

物理条件（Physical Condition）是指已知物质在导热时的一些物性参数。例如，以上在第 2.1.4.1、第 2.1.4.2 中给出的热导率 κ、密度 ρ、比热容 c 等，有内热源时也包括单位体积导热体的放热速率(或者,吸热速率)Q_v——放热为正、吸热为负。

几何条件(Geometrical Condition)是指已知:所研究导热体的几何形状、取向、尺寸。例如,以上在第 2.1.4.1、第 2.1.4.2 中指定的无限大平板及其厚度,无限长圆筒壁及其内径、外径,球壁及其内径、外径等。

初始条件(Initial Condition)是指已知:刚开始研究的瞬间(一般为:所指定的某时刻),所研究的导热体内的温度分布情况。注意:对于稳态导热问题,不需要初始条件。

边界条件(Boundary Condition)是指已知:所研究导热体边界上的温度分布情况,或者是已知:所研究导热体的边界与周围介质(或称:环境)之间的换热规律。例如,以上在第 2.1.4.1、第 2.1.4.2 中所给出的边壁温度(内壁温度、外壁温度)等。如果从更广的范围来看,共有三类边界条件:

第一类边界条件是指已知所研究导热体的表面温度分布规律或者其随时间的变化规律。如果导热体表面的温度相同,则该边界条件也称为:等温边界条件。

第二类边界条件是指已知:所研究导热体表面的热流分布规律或者其随时间的变化规律,也称:热流边界条件。因为根据傅立叶定律,热流方向是沿导热体表面的负法线方向(正法线方向为温度梯度的方向),其大小与该方向上的导数(温度梯度的绝对值)成正比,所以,该边界条件也可以描述为:已知导热体表面上温度分布的法向导数,或者表述为:已知导热体表面上的温度梯度$\left.\frac{\partial t}{\partial n}\right|_{w}$。如果所研究导热体表面的热流量恒等于零(即导热体表面处的温度梯度为零),则称为:绝热边界条件。

第三类边界条件是指已知所研究导热体与环境之间的换热规律。若已知所研究导热体与周围流体之间的对流换热条件,而且相应的辐射换热量可以忽略,则该边界条件也称为:对流边界条件。从更广泛的角度来看,所研究导热体与环境之间的辐射换热量也可以换算到综合换热系数之中(参见第 2.4 节),经过这样处理后也可以近似称为:对流边界条件。**注**:已知导热体表面的对流换热条件(参见第 2.2.2)是指:已知周围流体温度 t_f 以及导热体表面与周围流体之间的换热系数 h。请读者注意:第三类边界条件最为复杂,这里进行一下简单的理论分析:

根据能量守恒原理,导热体表面的导热传热量应该等于同一时刻导热体表面与周围流体之间的换热量,即$-\kappa_w\left.\frac{\partial t}{\partial n}\right|_{w}dA=h(t_f-t_w)dA$。再经过简化后,得:

$$\left.\frac{\partial t}{\partial n}\right|_{w}=\frac{h}{\kappa_w}(t_f-t_w)$$

式中 κ_w——导热体表面上(或称:边壁处)的热导率,W/(m·K)或 W/(m·℃);

$\left.\frac{\partial t}{\partial n}\right|_{w}$——导热体表面上的温度梯度,K/m 或℃/m;

dF——在导热体表面上围绕所研究点所取的微元面之面积,m^2;

h——导热体表面与周围流体之间的换热系数,W/(m^2·K)或 W/(m^2·℃);

t_f——导热体周围流体的温度,℃;

t_w——导热体表面上的温度,℃。

微分方程(参见第 2.1.3)与单值性条件就组成所研究问题的数学模型。对于导热数学模型进行求解,就可以得到具体导热问题的解。在第 2.1.4 中所用的求解方法是解析法(或称:分析求解法)。对于简单的导热问题,可以采用该方法,因为利用该方法所得到的计算结果与结论准确、严谨。但是,对于复杂的导热问题,该方法便无能为力。为此,就需要借助于其他求解方法来求解复杂的导热问题。

2.1.5.2 导热问题的其他求解方法以及传热问题数值求解法简介

导热问题的其他常用的求解方法有:电热模拟法、集总参数法、图解法、数值解法等几种方法。

电热模拟法(Electro-thermal Simulation Method)是利用某些导热问题和某些导电问题在数学上具有相同的微分方程这一原理(例如,无内热源、各向同性固体的二维稳态温度场与无源稳态直流电场在数学上具有相同的微分方程，只是相应变量的物理意义有所不同）。所以，可以利用测量电位（或称：电势）分布的方法来间接地确定导热体内的温度分布，这是因为电场参数比较容易测量。当然，严格地来说，电热模拟法是一种实验方法，而不是一种理论求解法。

集总参数法（Lumped Parameter Method）实质上是一种近似方法，它忽略了导热体内部温度的空间分布（即近似地认为导热体内部的温度均一），该求解方法仅适合于材料体内部的热阻远远小于其表面换热热阻的情况。

图解法（Graphical Method）是应用前人的研究成果，通过查图、查表来获得所研究问题的解（例如，查阅图 2.16～图 2.25 来得到一些非稳态导热问题的解）。该方法较为简单，适用于一些较为通用的导热问题。但是，对于一些更具体、更复杂或者新遇到的导热问题，该方法就显得无能为力。

在计算机非常普及的今天而且其性能还在不断提高的环境下，数值解法（Numerical Method）就显得非常重要，具有巨大的应用潜力以及应用前景。将数值解法应用于传热学，则称为：计算传热学（也称为：数值传热学，简称：NHT，Numerical Heat Transfer）。同理，将数值解法应用于流体力学，就是所谓的“计算流体力学”（或称：计算流体动力学，简称：CFD，Computational Fluid Dynamics），这其中，在其组织迭代方面，“SIMPLE 算法（Semi-Implicit Method for Pressure Linked Equations，即半隐式压强校正算法）”及其系列改进法被广泛地采用。

数值解法的本质就是先将数学上连续的微分方程进行“离散化”处理（将连续的变量区域划分为很多、很小的分隔区域，参见图 2.29、图 2.33），然后，就可以得到相应的代数方程组（也称：一组离散方程），再利用“线性代数”知识并且借助于计算机对于这些代数方程组进行矩阵计算求解便可以得到所研究问题的数值解。离散化的区域（包括：空间间距与时间间距）越小，数值解就越接近于理论值，即计算结果越精确。

最常用的数值解法有三种，分别是：有限差分法、有限元法与有限容积法。[①]

有限差分法（Finite Difference Method，简称：FDM 法）是根据以下的原理：微分乃是相应差分的极限值，导数是相应两个差分比的极限值。当差分的间距很小时（参见图 2.29），若用差分来替代微分进行数值计算，则误差很小，而且差分的间距越小，其计算误差就越小。

有限元法（或称：有限元素法，也称为：有限单元法 或 有限基元法，Finite Element Method，简称：FEM 法）则基于以下的原理：泛函（泛函是指以函数为自变量的函数）的极值点对应着相应微分方程的解。所以，只要得到某微分方程所对应泛函的极值点就可以获得该微分方程的解。当然，微分方程所对应的泛函也比较难找，为此可以在各个离散化的小区域内（例如，很多小三角形内，参见图 2.33）用一些简单函数（例如，线性代数方程）的组合来近似地作为相应的泛函，对其进行极值计算，便可以得到所研究问题的数值解。

有限容积法（或称：有限体积法，Finite Volume Method，简称：FVM 法，也称：控制体积法），其基本原理如下：将自变量区域划分为一系列不重复的控制体积（参见图 2.33），使得每个网格点周围都有一个控制体积。然后，将微分方程对于每个控制体积进行积分，从而得到一组离散方程（方程的未知数是网格点上的因变量）。当然，为了求得对于控制体积的积分，就必需先假定因变量在网格点之间的变化规律（其分段的分布规律）。所以，从积分区域的选取方法看来，FVM 法属于加权剩余法中的子区域法（即子区域法属于 FVM 法的基本方法）。若从因变量的近似方法看来，FVM 法又属于采用局部近似的离散方法。由 FVM 法所得到的离散方程要求因变量的积分守恒对于每组控制体积

---

① 这三种方法（尤其后两种）可以完成绝大多数传热问题或流体问题的数值计算。然而，对于不连续界面或急剧变化界面等个别位置[例如，液体的自由面（Free Surface，即液体与气体的交界面）、固体的断裂面、极度弯曲的固体、几种材料组合体的交界面、其性能非线性化显著的材料]，修补节点就会很棘手或者计算误差很大。为此，有人创立了无网格法（Meshfree Methods）来解决，但是其计算成本太大（个别情况也会不稳定）。为此，有人创建了“光滑点插值法”（简称：S-PIM 法，Smoothed Point Interpolation Method）。S-PIM 法综合了有限元法与无网格法的优点，能够实现自动建模、自动计算与自动模拟（这也是下一代数值解法的特点之一）。

都能够满足(该守恒原理与微分方程就表示:因变量对于无穷小的点所具有的守恒原理是一样的),于是,对于整个自变量区域的积分守恒,便会自然得到满足,这是其最显著的优点,因为它与FDM法相比,FDM法只有当网格划分得非常细密时,离散方程才能够满足积分守恒;而FVM法即便是对于粗网格,也会表现准确的积分守恒。实质上,FVM法可以看作是介于FEM法和FDM法之间,例如,FEM法就需要假定因变量在网格点之间的变化规律(即插值函数),然而,FDM法只考虑网格点上的因变量值而不考虑因变量在网格点之间的变化规律,FVM法也只是寻求网格点上的因变量值,因此在这方面,FVM法与FDM法相类似;但是,FVM法在对于控制体进行积分时,则需要先假定因变量在网格点之间的分布规律,这又与FEM法相类似,而且比FEM法更具有优势,这是因为:FVM法的插值函数只用于对于控制体的积分计算,在得到离散方程组之后,便可以抹掉插值函数,若需要的话,还可以对于微分方程中的不同项采用不同的插值函数。

由以上所述可知:有限差分法简单易懂,因此以下(第2.1.5.3和第2.1.5.4)就简单地介绍一下该解法。对于后两种数值解法,若感兴趣,读者可以查阅其专著。而且,基于这两种数值解法所开发的计算机软件也比较多,参见第2.1.5.5。

2.1.5.3 一维非稳态导热问题有限差分法的简介

非稳态导热问题的自变量包括空间变量和时间变量,因此,其离散化也就要涉及空间分隔和时间分隔,如图2.29所示。按照惯例,时间网格数用“上角标”表示,空间网格数用“下角标”表示。另外,因为涉及时间变量,所以,便会有**显式差分法**(Explicit Difference Method)与**隐式差分法**(Implicit Difference Method)之分。

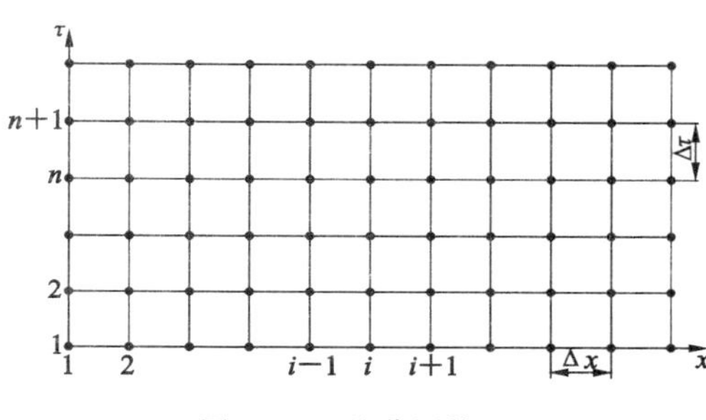

图2.29 差分网格

(1) 显式差分法

按照第2.1.4.2中所述,一维无限大平壁的非稳态导热问题之微分方程式如式(2.41)所示,其单值性条件可以参考式(2.41a)与式(2.41b)。

显式差分法(也称:前向差分法,Forward Difference Method)的本质就是用$\dfrac{t_i^{n+1}-t_i^n}{\Delta\tau}$来近似地代替空间第$i$个节点处(注:网格点也称为节点,或称:结点)、第$n\Delta\tau$时刻的偏导数$\left(\dfrac{\mathrm{d}t}{\mathrm{d}\tau}\right)_i^n$($\Delta\tau$越小,就越精确)以及利用$\dfrac{\Delta}{\Delta x}\left(\dfrac{\Delta t}{\Delta x}\right)=\dfrac{\left(\dfrac{\Delta t}{\Delta \tau}\right)_i^n-\left(\dfrac{\Delta t}{\Delta x}\right)_{i-1}^n}{\Delta x}=\dfrac{1}{\Delta x}\left(\dfrac{t_{i+1}^n-t_i^n}{\Delta x}-\dfrac{t_i^n-t_{i-1}^n}{\Delta x}\right)=\dfrac{t_{i+1}^n+t_{i-1}^n-2t_i^n}{(\Delta x)^2}$来近似地代替$\dfrac{\mathrm{d}^2t}{\mathrm{d}x^2}$($\Delta x$越小,越精确)。将这些近似公式代入上述微分方程后,就可以得到:

$$t_i^{n+1}=\frac{a\Delta\tau}{(\Delta x)^2}t_{i+1}^n+\left[1-\frac{2a\Delta\tau}{(\Delta x)^2}\right]t_i^n+\frac{a\Delta\tau}{(\Delta x)^2}t_{i-1}^n \quad (\text{K 或 ℃}) \tag{2.46}$$

这就是在非稳态导热情况下一维无限大平壁内部的节点方程(实质上是“节点方程组”)。

而对于**边界节点**上的**差分方程**,则需要根据边界条件的具体情况而定:

当给定**第一类边界条件**时,先确定边界点上的温度,然后,再利用内部节点方程,也就可以计算出全部节点的温度。

对于**第二类**或**第三类边界条件**,还需要根据热平衡关系来建立边界节点上的节点方程,如图2.30所示。对于该图中的边界节点1,在$\Delta\tau$时间内,从周围介质传递给节点1的热量与节点2传递给节点1的热量之和等于其热焓的增量。所以,有以下的热平衡方程存在:

$$h(t_f^n-t_1^n)+\kappa\frac{t_2^n-t_1^n}{\Delta x}=\rho\cdot c\cdot\frac{\Delta x}{2}\cdot\frac{t_1^{n+1}-t_1^n}{\Delta\tau} \quad (\text{W/m}^2) \tag{2.47}$$

整理后，便可以得到关于节点 1 的节点方程[其中，$a=\kappa/(\rho c)$，参见式(2.10a)]：

$$t_1^{n+1}=\frac{2a\Delta\tau}{(\Delta x)^2}\left(t_2^n+\frac{h\Delta x}{\kappa}t_f\right)+\left[1-\frac{2ah\Delta\tau}{\kappa\Delta x}-\frac{2a\Delta\tau}{(\Delta x)^2}\right]t_1^n \quad (\text{K 或 ℃}) \tag{2.48}$$

按同样的原理，也能够推导出在另一个边界点上($x=\delta$ 处)的节点方程。

有了这些节点方程(代数方程组)以后，就可以利用 FORTRAN、VB 或 VC 等编程语言进行计算机的编程计算，或者用 MATLAB、Maple、Mathematica 等**商业**数学**软件**来帮助计算。其具体的计算步骤是：根据初始条件计算出 $\tau=\Delta\tau$ 时刻时的各个节点温度，然后再根据 $\tau=\Delta\tau$ 时刻的各个节点温度来依次计算 $\tau=2\Delta\tau、3\Delta\tau、\cdots、n\Delta\tau$ 各个时刻的各个节点温度。

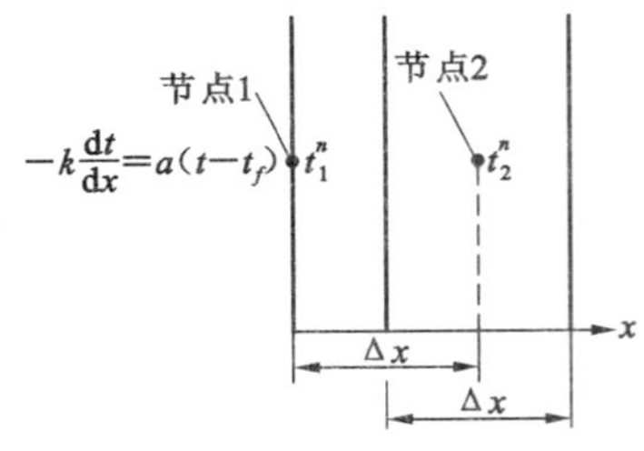

图 2.30　边界节点的能量平衡

但是，需要注意的是，为了保证差分方程的正常收敛，必需使

$$1-\frac{2a\Delta\tau}{(\Delta x)^2}\leqslant 0 \quad (\text{对于内部节点的节点方程}) \tag{2.49}$$

$$1-\frac{2ah\Delta\tau}{\kappa\Delta x}-\frac{2a\Delta\tau}{(\Delta x)^2}\leqslant 0 \quad (\text{对于边界节点的节点方程}) \tag{2.50}$$

前向差分法所必需遵守的这个条件被称为：**稳定性条件**。这也就是说，当 Δx 选定以后，$\Delta\tau$ 不是可以任意选取的，而必需利用上面两个公式计算后，才能够选定 $\Delta\tau$。由于根据边界节点方程求出的 $\Delta\tau$ 一般来说较小，所以通常是根据边界节点方程的稳定性条件来选出 $\Delta\tau$。另外，如果是一种以上的材料共同组成多层无限大平壁，在第一种材料的 $\Delta\tau$ 确定后，由于 $\Delta\tau$ 必需相同，因此，第二种材料的 Δx 也就不能随意选定，而是需要根据由 $\frac{a_1\Delta\tau}{(\Delta x_1)^2}=\frac{a_2\Delta\tau}{(\Delta x_2)^2}$ 推导出来的公式 $\Delta x_2=\Delta x_1\sqrt{\frac{a_2}{a_1}}$ 来确定。而且，交界面处的差分方程(节点方程)也要进行专门的推导，对此感兴趣的读者请自己根据上述原理来推导有关的节点方程。

(2) 隐式差分法

与显式差分法相比，隐式差分法(也称：后向差分法，Backward Difference Method)是用 $\frac{t^{n+1}-t_1^n}{\Delta\tau}$ 来近似地代替空间第 i 个节点、第 $(n+1)\Delta\tau$ 时刻的偏导数 $\left(\frac{\partial t}{\partial\tau}\right)_i^{n+1}$。这样，一维非稳态导热微分方程式(2.41)就近似地转变为 $\frac{t_i^{n+1}-t_i^n}{\Delta\tau}=a\frac{t_{i+1}^{n+1}-2t_i^{n+1}+t_{i-1}^{n+1}}{(\Delta x)^2}$，经过整理后，得：

$$t_i^n=-\frac{a\Delta\tau}{(\Delta x)^2}t_{i-1}^{n+1}+\left[1+\frac{2a\Delta\tau}{(\Delta x)^2}\right]t_i^{n+1}-\frac{a\Delta\tau}{(\Delta x)^2}t_{i+1}^{n+1} \quad (\text{K 或 ℃}) \tag{2.51}$$

同显式差分格式一样，对于第一类边界条件，边界节点温度是已知值。对于第二类、第三类边界条件，边界节点上的温度方程可以根据热平衡关系式来导出。例如，在第三类边界条件下之边界 $x=0$ 处的节点方程为：

$$t_1^n=\left[1+\frac{2ah\Delta\tau}{\kappa\Delta x}+\frac{2a\Delta\tau}{(\Delta x)^2}\right]t_1^{n+1}-\frac{2a\Delta\tau}{(\Delta x)^2}\left(t_2^{n+1}+\frac{h\Delta x}{\kappa}t_f\right) \quad (\text{K 或 ℃}) \tag{2.52}$$

同理，也可以推导出在边界 $x=\delta$ 处的节点方程。另外，对于由两种或两种以上材料所组成的多层无限大平壁，其交界面处的方程也要进行专门的推导。这些工作，请感兴趣的读者自己去完成。

提醒读者注意的是：通过以上的节点方程并不能够直接求出节点 i 在 $(n+1)\Delta\tau$ 时刻的温度，这是因为节点 $(i-1)$ 和节点 $(i+1)$ 在 $(n+1)\Delta\tau$ 时刻的温度值也是待定的未知量，所以，只有在获得所有节点在 $n\Delta\tau$ 时刻的温度以后，列出各节点在 $(n+1)\Delta\tau$ 时刻的温度方程组(代数方程组)，再联立求解该方程组，才能够计算出各节点在 $(n+1)\Delta\tau$ 时刻的温度。

在具体求解时，可以先利用“线性代数”的知识将该方程组转化为一个对角线型方程组，然后采用“追赶法”利用 FORTRAN、VB 或 VC 等编程语言进行编程计算，具体步骤是：首先计算出系数矩阵中的各元素值，然后求解方程组来得到 $n\Delta\tau$ 时刻各节点的温度值；再重新计算出系数矩阵中各元素值，从而组成 $(n+1)\Delta\tau$ 时刻的方程组，再一次求解计算。每计算一个时间步长 $\Delta\tau$ 都必需求解一次代数方程组，如此循环，一直到所需计算的时刻为止。当然，这些繁杂计算工作也可以利用 MATLAB、Maple、Mathematica 等商业软件来完成。

隐式差分法是无条件的稳态，或称：绝对稳态，即 $\Delta\tau$ 和 Δx 的划分从可以不受限制地任意选定，只是当所选取的 $\Delta\tau$ 很大时，则会由于差分代替微分所引起的截断误差增大而降低计算精度。所以，在具体应用时，对于 $\Delta\tau$ 的选择还要考虑到计算精度。与显式差分法相比，隐式差分法的缺点就在于其计算工作量较大，但是在计算机技术已经十分发达的当今，这个缺点已经不再是一个问题。而且，由于在该差分法中，$\Delta\tau$ 和 Δx 的选择不受限制，所以它得到了广泛的应用。从截断误差的角度来看，显式差分法与隐式差分法的截断误差具有相同的“阶”，因此，其计算精度大体上也差不多。

2.1.5.4　二维稳态导热问题有限差分法的简介

二维稳态导热问题的有限差分法就是将被研究物体均匀地划分成网格。例如，在直角坐标系下，各网格的边长分别为 Δx 和 Δy，如图 2.31所示。

根据有限差分法的原理，在节点 (i,j) 处，温度 t 对于 x 和 y 的二阶导数可以分别表示为：

$$\left(\frac{\partial^2 t}{\partial x^2}\right)_{i,j} = \frac{t_{i+1,j} + t_{i-1,j} - 2t_{i,j}}{(\Delta x)^2};$$

$$\left(\frac{\partial^2 t}{\partial y^2}\right)_{i,j} = \frac{t_{i,j+1} + t_{i,j-1} - 2t_{i,j}}{(\Delta y)^2}$$

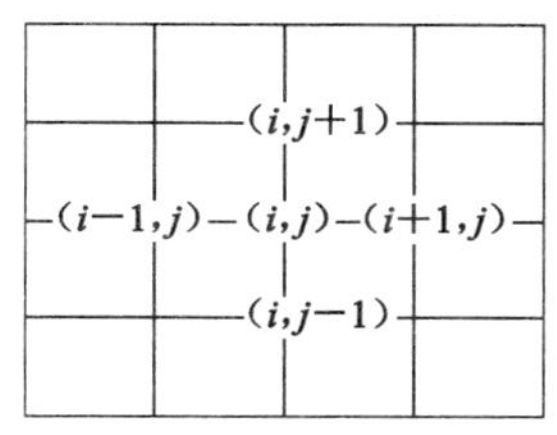

图 2.31　二维稳态温度场的差分网格

将其代入(无内热源情况下)二维稳态导热微分方程 $\frac{\partial^2 t}{\partial x^2}+\frac{\partial^2 t}{\partial y^2}=0$，便可以得到其节点温度方程为：

$$t_{i,j} = \frac{1}{4}(t_{i+1,j} + t_{i-1,j} + t_{i,j+1} + t_{i,j-1}) \qquad (\text{K 或 ℃}) \tag{2.53}$$

这是内部节点上的节点方程。关于边界节点，对于第一类边界条件，边界节点的温度为已知值。对于第二类、第三类边界条件，则需要通过热平衡法推导边界节点上的节点方程。如图 2.32所示的就是几种典型的边界节点。

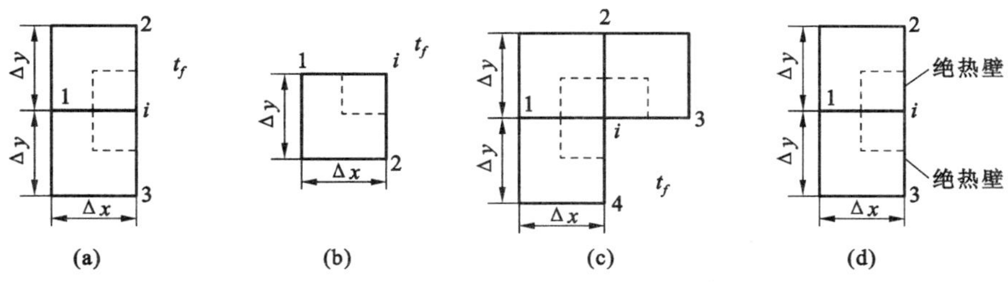

图 2.32　几种典型的第二类、第三类边界节点

对于任何一个节点，传向该节点的热量之和应该为 0，否则就不是稳态传热，因此，关于图 2.32(a)所示的第三类边界条件(对流边界条件)的节点，有下列等式成立：

$$\kappa\frac{t_1 - t_i}{\Delta x}\times\Delta y\times 1 + \kappa\frac{t_2 - t_i}{\Delta y}\times\frac{\Delta x}{2}\times 1 + \kappa\frac{t_3 - t_i}{\Delta y}\times\frac{\Delta x}{2}\times 1 + h(t_f - t_i)\times\Delta y\times 1 = 0$$

如果 $\Delta x=\Delta y$，则该节点方程就可以简化为：

$$2\frac{h\Delta x}{\kappa}t_f + 2t_1 + t_2 + t_3 - \left(\frac{2h\Delta x}{\kappa} + 4\right)t_i = 0 \qquad (\text{K 或 ℃}) \tag{2.54}$$

同理，如果 $\Delta x=\Delta y$，则对于图 2.32(b)所示的第三类边界条件(对流边界条件)，其节点(换热边界的边角点)方程为：

$$2\frac{h\Delta x}{\kappa}t_f+t_1+t_2-\left(\frac{2h\Delta x}{\kappa}+2\right)t_i=0 \qquad (\text{K 或 ℃}) \tag{2.55}$$

如果 $\Delta x=\Delta y$，则对于图 2.32(c)所示的第三类边界条件(对流边界条件)，其节点(换热边界的边角点)方程为：

$$2\frac{h\Delta x}{\kappa}t_f+2t_1+2t_2+t_3+t_4-\left(\frac{2h\Delta x}{\kappa}+6\right)t_i=0 \qquad (\text{K 或 ℃}) \tag{2.56}$$

如果 $\Delta x=\Delta y$，则对于图 2.32(d)所示的第二类边界条件，其节点(绝热边界节点)方程为：

$$2t_1+t_2+t_3-4t_i=0 \qquad (\text{K 或 ℃}) \tag{2.57}$$

综合起来讲，求解二维稳态温度场的基本步骤是：

第一步，把导热体的温度场划分为均匀的网格(简称：**区域离散化**)；第二步，将每个节点按照行、列进行统一编号(简称：**节点编码**)；第三步，写出所有节点上的节点方程，从而得到一个线性方程组(简称：**矩阵方程**)；第四步，求解此方程组，就可以求得各个节点上的温度(简称：**求解**)，该矩阵方程可以采用迭代法(Iterative Method)利用 FORTRAN、VB 或 VC 等编程语言来编程求解，也可以利用 MATLAB、Maple 等**商业**化数学**软件**来直接求解；第五步，获得导热体内的温度场往往不是最终目的。就实际问题来讲，所计算出的温度场一般还要用于计算热流量从而为热工设备的设计、操作、管理所用。当然，也可以用于实际零部件或构件的热应力计算及其分析、热变形计算及其分析(简称：**解的分析**)。

当然，以上介绍的只是二维稳态导热情况利用有限差分法的数值解法，至于三维稳态导热问题的有限差分解法，在原理上完全相同，只是节点方程有所不同。具体的节点方程，读者可以自行推导。

2.1.5.5 相关大型数值计算软件包的列举

微分方程的数值解法也称为：数值模拟计算(或称：数值仿真计算，简称：数值计算，或简称：模拟计算 或 仿真计算)。正如在第 2.1.5.2 中所述，数值解法主要包括：有限差分法(FDM 法)、有限元法(FEM 法)以及有限容积法(FVM 法)。在第 2.1.5.3 和第 2.1.5.4 中，简单地介绍了有限差分法在两种导热问题中的应用。然而，有限差分法也有一些缺点，例如，它只是对于矩形、方形边界较为适合(参见图 2.29)。若是遇到具有斜形边界(例如，三角形边界)或曲线形边界(例如，圆柱形边界、球形边界等)或者具有更为复杂边界(参见图 2.33)的物体之导热问题，有限元法或者有限容积法则更为有效(有时还可能用到“边界元法”，简称：BEM 法，Boundary Element Method)。特别是有限容积法，它继承了有限差分法的丰富格式，具有良好的守恒性；又能够像有限元法那样采用各种形状的网格以适应复杂的几何边界形状，而且又比有限元法简便得多。有限容积法特别适合于牛顿型流体在流动、传热、反应等方面的数值计算①。

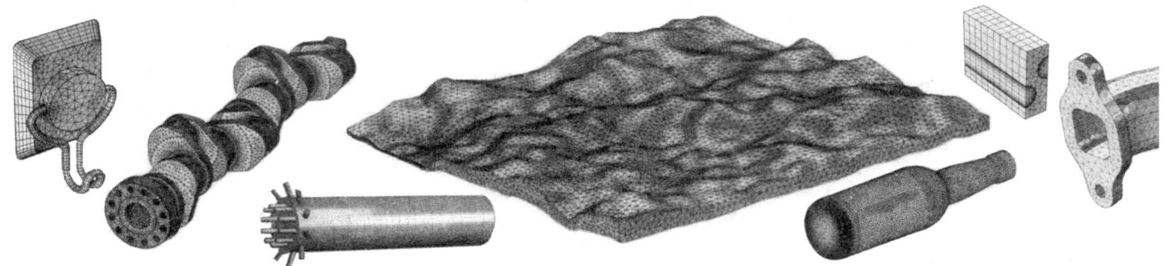

图 2.33 FEM 法、FVM 法能够适合各种复杂边界条件的图例

① 然而，对于低速黏性流体流动、非牛顿型流体流动，或者对于“流体力学与固体力学的耦合问题”，则更适合于运用有限元法，因为有限元法对于高阶导数的离散精度更高 。

当然,有限元法、有限容积法本身及其编程过程可能会更复杂一些。然而,令人高兴的是:在流体力学、传热学等领域,已经有了若干大型的(商业化)数值计算软件包(Software Package)可以供人们购买使用。其中,在无机非金属材料领域应用广泛的大型数值计算软件包有:ANSYS**软件**(综合计算软件包,基于"有限元法",由美国 ANSYS 公司开发,参见网站 www. ansys. com 或 www . ansys. com/zh_cn,用于电、磁、热、流动、反应、结构等过程的数值模拟计算及其相互耦合计算)、ANSYS-FLUENT **软件**(CFD① 通用软件包,基于"有限容积法",由美国FLUENT公司开发,2006 年该公司被美国 ANSYS 公司并购,而英国基于"有限元法"的 Fidap 软件早在 1996 年就被 FLUENT 公司收购。ANSYS-FLUENT 软件包用于流动、传热、反应、燃烧等过程的数值模拟计算及其相互耦合计算)、ANSYS CFX 软件(CFD 通用软件包,基于"有限容积法",由英国 AEA Technology 公司开发,2003 年被美国 ANSYS 公司并购。该软件与 ANSYS-FLUENT 软件相比,各有千秋)、PHOENICE**软件**(CFD 通用软件包,基于"有限容积法",由英国 CHAM 公司开发,参见网站 www. cham. co. uk, PHOENICE = Parabolic Hyperbolic Or Elliptic Numerical Integration Code Series ②。该软件包用于流动、传热、反应、燃烧等过程的数值模拟计算及其相互耦合计算)、COMSOL Multiphysics**软件**(综合计算软件包,基于"有限元法",参见网站 www. comsol. com 或 http://comsol. cntech. com. cn 或 www. cntech. com. cn ,用于电、磁、热、流动、传质、反应、结构、化工、材料等方面的数值模拟计算及其相互耦合计算)等。以上这些大型数值模拟计算软件包的问世与应用就给我们的各项工作带来了很大的便利。

图 2.34 所展示的是:在无机非金属材料领域内,利用上述数值计算软件包所得到的几种情况下流场、温度场、浓度场、电磁场的数值模拟计算结果。当然,该图只是展示了这些大型计算软件包可以得到的计算结果中很少很少一部分成果。

另外,读者也应该认识到:这里之所以列出图 2.34,其一是为了让读者了解上述大型计算软件包能够解决什么问题、能够得到什么样式的数值模拟计算结果。至于你怎样利用这些大型计算软件包来得到你所需要解决问题的计算结果,那还需要针对具体软件进行专门的学习与培训。然后,才可以得心应手、为你所用;其二是让读者知道这些软件包的输出结果形式是多种多样的,它们能够以数据、以图表、以曲线、以矢量线、以彩色图片、甚至以动画等各种形式来输出以及展示(正是由于利用这些大型计算软件包可以得到动态、科学、逼真的计算结果,因此数值计算技术便被称为"计算机模拟仿真技术",简称:计算机仿真技术,或简称:数字仿真技术)。当然,在完成有关数值计算以后,有时还需要进行必要的后处理才能够得到你所希望的输出形式或展示方式。

除了上述大型计算软件包之外,也还有其他一些用于传热学、流体力学数值计算的综合软件包,例如,STAR-CD 软件(CFD 通用软件包)、STAR-CCM$^+$ 软件(CFD 通用软件包,参见网络 www. cd-adpco. com)、NUMECA 软件(CFD 通用软件包,参见网站:www. numeca. com 或 网站:www. numeca-beijing. com)、OpenFOAM 软件(CFD 通用软件包,OpenFOAM=Open Field Operation and Manipulation③,参见网站:www. totalsimulation. co. uk)、Autodesk Simulation CFD 软件、KIVA 软件(主要用于燃烧过程的仿真计算)、AVL-Fire 软件(CFD 软件包)、CONVERGE 软件(CFD 软件包)、SU2 软件(CFD 软件包)等。

在无机非金属材料领域的各个行业中也有一些专用的数值计算软件包[例如,用于玻璃工业数值仿真计算的 GS 软件包(捷克 GSL 公司开发,参见网站 www. gsl. cz)、用于建筑物性能分析的 Autodesk Ecotect Analysis 软件包、可以用于混凝土制品仿真计算的 Abaqus 软件、Algor FEAS 软件包、Midas 软件包等]。关于这些软件包的情况,需要读者自己在具体工作实践活动中去不断地了解、学习与掌握,这里就不再逐一列举了。

---

① CFD=Computational Fluid Dynamics(计算流体力学)。

② 这一段英文可以翻译为:抛物线型、双曲线型或椭圆型(微分方程式)的数值积分编码系列(软件包)。

③ 这一段英文可以翻译为:外流流场的操作与操控。

图 2.34 的相关文字说明：

(a_1)、(a_2)、(a_3)、(a_4)——天津水泥工业设计研究院有限公司研发的四种分解炉内部[5]有关气流温度分布（单位：K）的数值计算结果[57]（基于 CFD 软件）；

(b_1)——对于某管道式分解炉内部[5]有关参数的分布进行数值计算所需预先划分的网格图[55]（基于 CFD 软件）；

(b_2)、(b_3)、(b_4)、(b_5)——图(b_1)所示的管道式分解炉内部关于气流的速度矢量、气流中的 CO_2 浓度、气流中的 O_2 浓度、气流温度（单位：K）这四个参数分布的数值计算结果[55]（基于 CFD 软件）；

(c_1)——对于某水泥回转窑内部[5]有关参数的分布进行数值计算所需要预先划分的网格图[56]（基于 CFD 软件）；

(c_2)——某水泥回转窑的窑头罩内部[5]与燃烧带内部[5]气流速度矢量分布的数值计算结果[56]（基于 CFD 软件）；

(d_1)——某水泥回转窑内部及其若干断面上的气流温度分布（单位：K）之数值计算结果[56]（基于 CFD 软件）；

(d_2)——某水泥回转窑内部及其若干断面上的轴向气流速度分布之数值计算结果[56]（基于 CFD 软件）；

(e_1)——某篦冷机内[5]某小颗粒熟料（假定熟料颗粒为 ϕ98 mm 的球体）在一定冷却条件下内部若干圆环面处的温度（℃）随冷却时间（s）变化的数值计算结果[47]（基于 ANSYS 软件）；

(e_2)——某篦冷机内某大颗粒熟料（假定熟料颗粒为 ϕ135 mm 的球体）在一定冷却条件下内部若干圆环面处的温度（℃）随冷却时间（s）变化的数值计算结果[47]（基于 ANSYS 软件）；

(e_3)——在(e_1)、(e_2)中各条曲线所对应圆环的半径位置[47]（相对值）；

(f_1)、(f_2)——某浮法平板玻璃池窑[5]碹顶内侧的温度分布（单位：K）之数值计算结果[49]（基于 FLUENT 软件）（计算条件为：生产规模 600 t/d，火焰空间长 39.7 m、宽 12.7 m、胸墙高2.265 m、碹股高 1.701 m；所用的天然气之热值为 35600 kJ/m^3、天然气的消耗量（标准状态体积）5584 m^3/h，助燃空气预热到 1100 ℃，6 对小炉，燃料分配 0.21/0.21/0.21/0.11/0.17/0.09，即按照“双高型热负荷”[5]来分配燃料，底烧式，喷枪直径0.035 m）：(f_1)——喷枪仰角为 5°、(f_2)——喷枪仰角为 9°；

(g)——某浮法玻璃池窑内玻璃液表面的速度矢量分布之数值计算结果（基于 FLUENT 软件）；

(h)——某日用玻璃池窑的供料道内[5]玻璃液表面速度矢量分布的数值计算结果[54]（基于 CFD 软件）；

(i)——对于某器皿玻璃制品内部进行热应力数值计算所划分的网格及其计算结果[53]（基于 ANSYS 软件，对于计算结果，浅色表示温度较高，深色表示温度较低）；

(j_1)、(j_2)——某陶瓷辊道窑内[5]分别在空气助燃与富氧空气助燃的条件下，（烧成带的上一排）烧嘴中心线所在的（俯视）纵截面上的温度分布之计算结果（单位：K）[50]（基于 FLUENT 软件）：

(j_1)——空气[$\varphi(O_2)=21\%$]助燃，(j_2)——富氧空气[$\varphi(O_2)=27\%$]助燃；

(k)——某陶瓷辊道窑内在富氧空气助燃[$\varphi(O_2)=27\%$]的条件下，（烧成带）某一对烧嘴中心线所在的（侧视）横截面上气流流速矢量分布之计算结果[50]（基于 FLUENT 软件）；

(l)——某陶瓷辊道窑内在富氧空气助燃[$\varphi(O_2)=27\%$]的条件下，（烧成带）某一对烧嘴中心线所在的（侧视）横截面上之 NO_x 浓度分布云图[50]（基于 FLUENT 软件）；

(m)——气流绕流某板状障碍物时流线分布的数值计算结果[51]，注意：在气流的作用下该板状障碍物会前后摆动（基于 COMSOL Multiphysics 软件）；

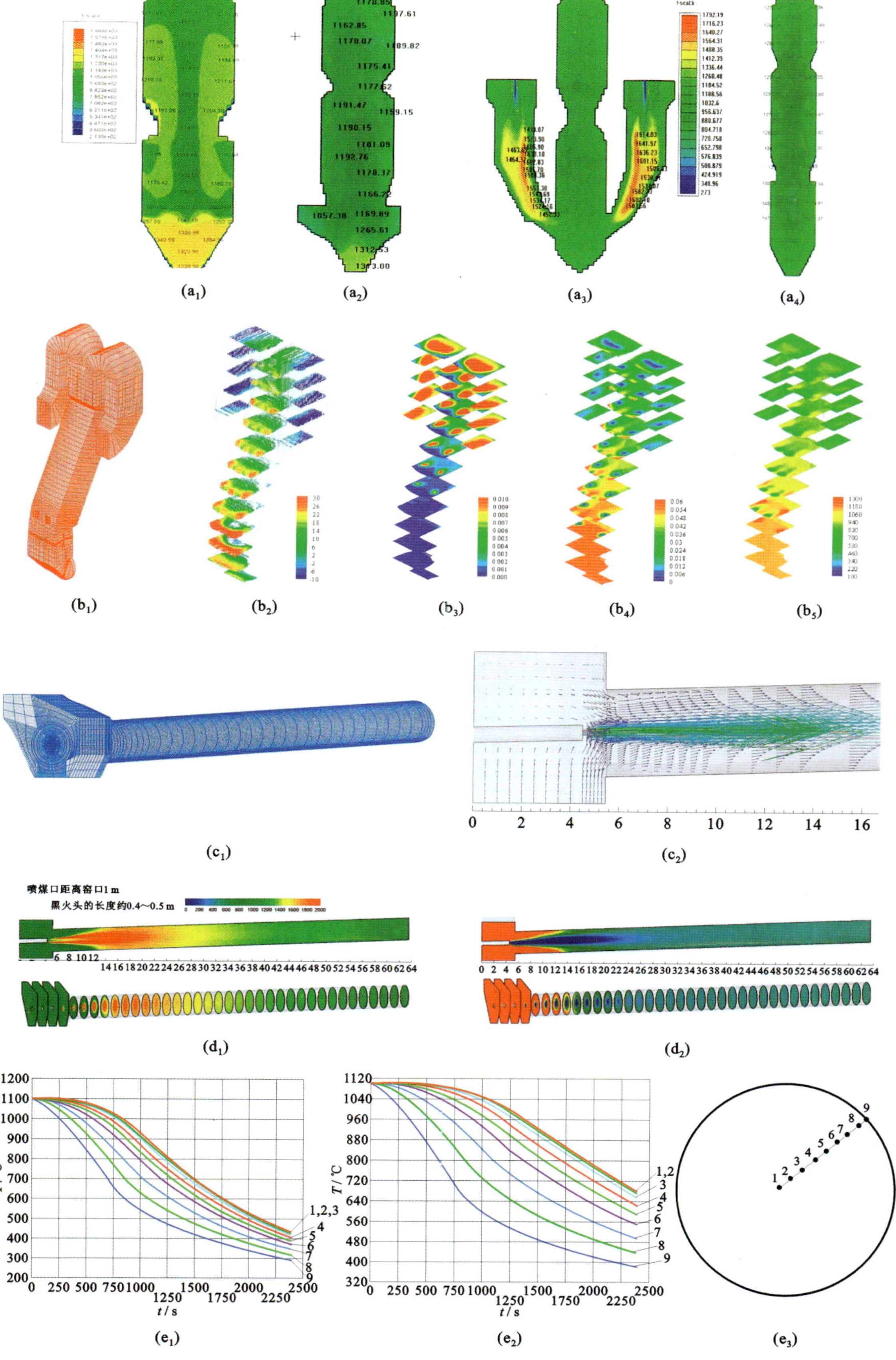
喷煤口距离窑口1 m
黑火头的长度约0.4～0.5 m
(a1)
(a2)
(a3)
(a4)
(b1)
(b2)
(b3)
(b4)
(b5)
(c1)
(c2)
(d1)
(d2)
T/℃
t/s
1,2,3
(e1)
1,2
(e2)
(e3)

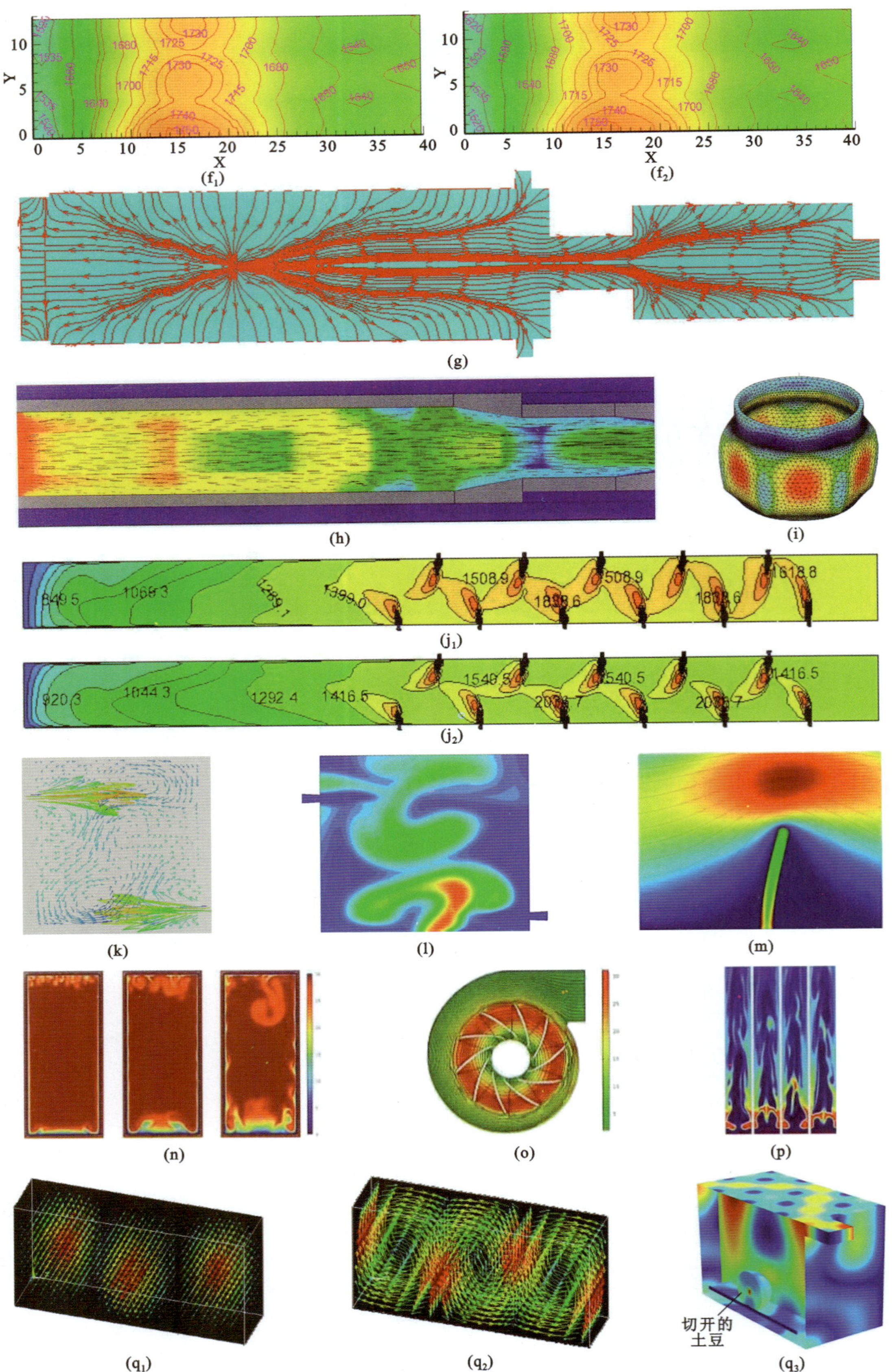

图2.34　利用几个大型数值计算软件所得到的极少部分模拟计算结果的举例展示

(n)——某密闭充气容器内，在其底面被加热后所导致的自然对流换热过程之数值计算结果[51]（基于 COMSOL Multiphysics 软件）；

(o)——某离心式风机（参见第 4.3.8.1）工作时，其流线分布的数值计算结果[51]（基于COMSOL Multiphysics 软件）；

(p)—— 某流化床（参见第 2.4.3）内流型的数值计算结果[51]（基于 COMSOL Multiphysics 软件）；

(q_1)——微波加热的单模腔在空载时电场矢量分布的数值计算结果[52]（基于 ANSYS 软件）；

(q_2)——微波加热的单模腔在空载时磁场矢量分布的数值计算结果[52]（基于 ANSYS 软件）；

(q_3)——微波炉（属于多模腔）在空载时微波能分布的数值计算结果[51]（基于 COMSOL Multiphysics软件）。

2.2 对流换热

顾名思义，**对流**是由“对”和“流”这两个字所组成。在这个词汇中，“流”字是主语、是根本，本意为“流体的流动”；而“对”是其定语，是“对着”、“方向相对”的意思，表示两种流体相向流动。确切地讲，这里所说的两种流体是指冷、热两种流体。

由上述词义可知，对流是指冷、热两种流体的相向交换流动（有“热流体”向“冷流体”区域的流动，也有“冷流体”向“热流体”区域的流动）。对流的效果也会导致具有温度差的固体壁面与其接触的流体之间进行热交换，该现象被称为：对流换热（也称：对流传热）。在“对流换热”这个词汇中，“换热”是主语、是根本；而“对流”是其定语。

综上所述，对流（Convection）是指冷、热流体之间的交换流动，同时也伴随着热流体向冷流体的传热现象；对流换热（Convective Heat Exchange）是指对流所导致的流体与（和其接触且有温度差的）固体壁面之间的热交换（简称：流固热交换）。

由此可知，对流的本质是“流动”，而流动是流体才可能具有的物理现象。关于流体的流动，这是属于“流体力学”的范畴。为了有助于学习“对流换热”的实际规律，这里先简单地介绍一下有关流体力学的一些基础知识，以供本节（第 2.2 节）的学习之需。关于工程流体力学更多的知识，请读者阅读本教材的阅读材料 1（4 工程流体力学简介）。

2.2.1 关于流体力学的基础知识

在流体力学以及热工领域，流体都被作为“连续介质”来进行研究（参见第 4.1.1）。流体的“流动性”造成了流体和固体之间的差异：对于固体，当其承受的应力＜它的屈服力应力时，它的变形大小与外界施加给它的作用力大小成正比，而与变形快慢基本上无关。但是，流体在这一方面却与固体有所不同，例如，任何微小的剪切力都会使得流体发生连续不断的变形，这也就是流体的“流动性”。所以说，流体是除了固体以外的其他物质，具体包括：液体、气体、等离子体、磁流体。

在无机非金属材料领域中，等离子体、磁流体有所应用[5]，但是其应用范围却不广泛。这也就是说，无机非金属材料领域内（尤其在工程上）所涉及的流体主要是液体和气体。因此，以下所讨论的也就是这两种流体。

2.2.1.1 流体的主要物理性质

(1) “密度”、“比容”、“重度”和“比重”的概念

流体的**密度** ρ(Density)：是指单位体积内流体的质量，单位：kg/m³。根据该定义，流体中某一点的密度 ρ 为：

$$\rho = \lim_{\Delta V \to 0} \frac{\Delta m}{\Delta V} = \frac{dm}{dV} \qquad (kg/m^3) \tag{2.58}$$

式中 Δm——微元体的质量,kg;

ΔV——微元体的体积,m^3。

流体的平均密度 ρ_m 为:

$$\rho_m = \frac{m}{V} \qquad (kg/m^3) \tag{2.59}$$

式中 m——流体的质量,kg;

V——流体的体积,m^3。

对于均匀流体来说,某点的流体密度 ρ 与流体平均密度 ρ_m 是相等的,此时两者不需要区分。

流体的**比体积**(也称:质量体积,曾称为:比容)v(Specific Volume):是指流体密度的倒数,单位:m^3/kg,即

$$v = \frac{V}{m} = \frac{1}{\rho} \qquad (m^3/kg) \tag{2.60}$$

流体的**重度** γ(Specific Weight):是指作用在单位体积的流体上的重力,单位:N/m^3。根据该定义,流体某一点的重度 γ 为:

$$\gamma = \lim_{\Delta V \to 0} \frac{\Delta(mg)}{\Delta V} = \frac{d(mg)}{dV} \qquad (N/m^3) \tag{2.61}$$

式中符号的意义同上所述。

流体的平均重度 γ_m 为:

$$\gamma = \frac{mg}{V} \qquad (N/m^3) \tag{2.62}$$

同理,均匀流体某点的流体重度 γ 与流体平均重度 γ_m 相等,此时两者不需要区分。

不难推导出,流体的重度 γ 与其密度 ρ 之间的关系为:

$$\gamma = \rho g \qquad (N/m^3) \tag{2.63}$$

式中 g——当地的重力加速度(Gravitational Acceleration),一般按 9.81 m/s^2 来考虑。

流体的**比重** s(Specific Gravity):是指流体的密度 ρ 与(1 标准大气压下、4 ℃时)纯水的密度(其数值为 1000 kg/m^3)之比,无量纲量。

$$s = \frac{\rho}{\rho_{water}} = \frac{\rho}{1000} \tag{2.64}$$

通常,只有液体才会用到"比重"这个概念,例如,水银(汞)的比重一般按 13.6 考虑。酒精(乙醇)的比重约为 0.8。

(2) 压缩性和膨胀性

当作用在流体上的压强增加时,流体所占据的体积就会减少(密度则会相应地增大),这就是流体的压缩性,通常使用压缩性系数 β_p 来表示流体的该特性。β_p 的意义就是,当温度不变时,压强每增加 1 Pa 所导致的流体体积的相对变化率,单位:Pa^{-1}(或 m^2/N)。具体公式为:

$$\beta_p = -\frac{1}{V}\left(\frac{\partial V}{\partial p}\right)_T \qquad (Pa^{-1}) \tag{2.65}$$

再根据式(2.58),则不难推导出:$\beta_p = \frac{1}{\rho}\left(\frac{\partial \rho}{\partial p}\right)_T \quad (Pa^{-1})$。

压缩性系数 β_p 的倒数被称为(其等温过程中的)弹性模量 E,单位:Pa(或 N/m^2),弹性模量的定义为:物质发生单位变形量所需要承受的压强大小,它是表征着物质抗压变形的能力。请读者注意:弹性模量也是固体材料的一个重要性能指标,其值越大,材料的压应变就越小(即材料越不易变形)。

温度升高会导致流体的体积增大,其密度则会相应地降低,这就是流体的膨胀性,通常用膨胀系数 β_T 来表示。β_T 的意义是,当压强保持不变时,温度每升高 1K 所导致的流体体积的相对变化率,单位:K^{-1}(或 ℃$^{-1}$)。具体公式为:

$$\beta_T = \frac{1}{V}\left(\frac{\partial V}{\partial T}\right)_p \qquad (\mathrm{K}^{-1} 或 ℃^{-1}) \tag{2.66}$$

再根据公式(2.58),则不难推导出:$\beta_T = -\frac{1}{\rho}\left(\frac{\partial \rho}{\partial T}\right)$ (K^{-1}或$℃^{-1}$)。

液体的压缩性系数或膨胀性系数都很小(参见第4.3.2),可以忽略。然而,气体的压缩性系数或者膨胀性系数却较大。不难推导出,(低速流动的)理想气体压缩性系数为 $\beta_p = \frac{1}{p}$(单位:Pa^{-1}),理想气体的膨胀性系数为 $\beta_T = \frac{1}{T} = \frac{1}{273.15+t}$(单位:$\mathrm{K}^{-1}$或$℃^{-1}$)。

(3) 黏滞性及三种"黏度"的概念

凡是流体都具有流动性,然而,不同流体的流动性却是差异很大(例如,油的流动性就比水差,也比空气差)。造成该现象的原因是流体的黏滞性,表征流体黏滞性的物理量是流体的黏度。描述流体黏度最经典公式是"牛顿黏性定律"。该定律可以用图2.35来表述:假设两块足够大而且彼此有一定间距的平行平板A和B(平板A静止不动、平板B则以流速 u_0 匀速运动)。在这两块平板之间充满着某流体。那么,由于流体的黏滞性,最靠近平板A的流体黏附层便会与平板A一样而静止不动;最靠近平板B的流体黏附层会与平板B一样以流速 u_0 匀速运动。于是,平板A和平板B之间的流体内部会产生分层的流动现象,参见图2.35,这就在流体内部产生"内摩擦力"。单位接触面积上的内摩擦力被称为:内摩擦应力(或称为:剪切应力,简称:切应力)。

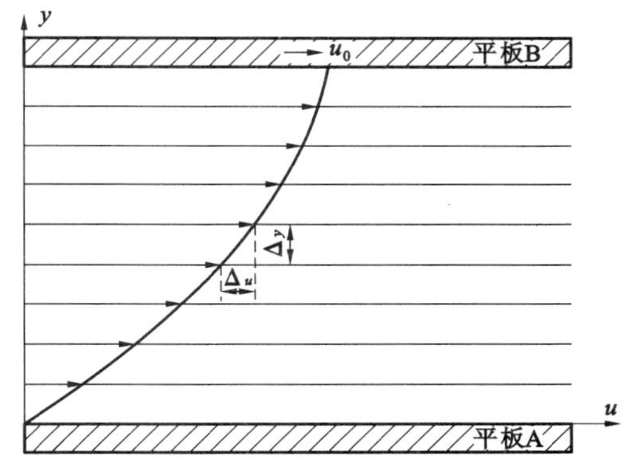

图2.35 流体内部的分层流动

英国科学家牛顿[①]于1686年提出:流体内部某点处的内摩擦应力大小 τ(单位:$\mathrm{N/m^2}$)与该点处流体的速度梯度 $\frac{\mathrm{d}u}{\mathrm{d}y} = \lim\limits_{\Delta y \to 0}\frac{\Delta u}{\Delta y}$(单位:1/s)成正比,如式(2.67)所示。

$$\tau = \mu \frac{\mathrm{d}u}{\mathrm{d}y} \qquad (\mathrm{N}) \tag{2.67}$$

式(2.67)称为:牛顿内摩擦力定律,也叫做:牛顿黏性定律。符合牛顿黏性定律的流体叫做:牛顿型流体(简称:牛顿流体,Newtonian Fluid);不符合该定律的流体统称为"非牛顿流体"(Non-Newtonian Fluid)。在无机非金属材料领域之中,绝大多数流体(例如,空气、烟气、水、油、水银、酒精、玻璃液)都属于牛顿流体,只有部分的有机物液体以及泥浆等少数流体就属于非牛顿流体。在本教材中,只涉及到牛顿流体。关于非牛顿流体的相关规律,请查阅《流变学》(Rheology)或者《非牛顿流体力学》教材。

由式(2.67)也可以看出:如果流体的速度梯度为零,那么无论流体的黏度有多大,则其内摩擦应力始终为零。由此可以得到以下推论:静止的或相对静止的流体并不表现出其黏度。

在牛顿黏性定律[即式(2.67)]中的比例系数被称为流体的"动力黏滞系数",也叫做:流体的"**动力黏度**"(Dynamic Viscosity,简称:**黏度**:Viscosity),符号:μ[②],其单位为:Pa·s。另外,国外的动力黏度单位也用到:P[P=Poise,读作:泊(该单位实质上是:达因·秒/厘米^2,因此1 P=0.1 Pa·s)]。

关于流体的黏度,还有"**运动黏度**"的概念,它就是指:动力黏度 μ 与同温度、同压强下的流体密度 ρ

① 艾萨克·牛顿爵士(Sir Issac Newton,1642—1728),英格兰数学家、物理学家、天文学家、哲学家,在数学方面,他作为发明人之一而创建的微积分方法构成近代高等数学的基础。在物理学中,他的著作《自然科学之数学原理》(Philosophia Naturalis Principia Mathematica)奠定了经典物理学的基础。他在力学、光学、热学等领域内的非凡成果使他成为影响深远的科学巨匠。

② 有关的国家标准规定:η 为动力黏度的首选符号,μ 为该参数的次选符号。在本教材中,选用 μ 作为其符号,以便与热工设备的热效率之符号 η(参见第3.2.3.2、第3.3.3.3、第3.4.3.3)区分开来。

之比，符号为：ν，单位为：m^2/s。在国外，运动黏度的单位也会用到：斯托克斯（或者称为：池，Stokes，这个单位在实质上是：厘米²/秒，因此 1 Stokes $= 10^{-4}\ m^2/s$），即

$$\nu = \frac{\mu}{\rho} \qquad (m^2/s) \tag{2.68}$$

流体的动力黏度、流体的运动黏度都与流体的性质有关，它们都是流体的重要物性参数。

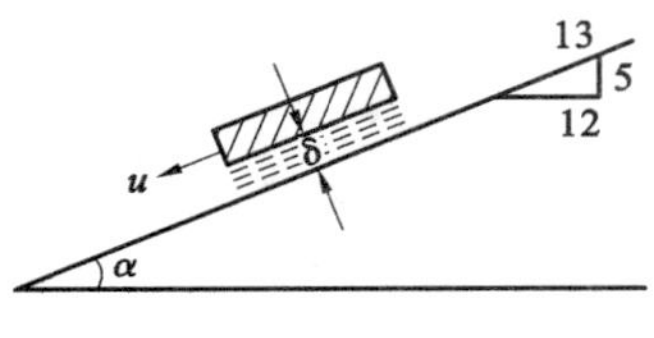

图 2.36 【例 2.8】图

【例 2.8】 如图 2.36 所示，一块木板的底面积为 $40\times45\ cm^2$，它的质量为 5 kg。该木板沿着涂有润滑油的斜面以匀速度 $u = 1$ m/s 等速下滑，油层的厚度为 $\delta = 1$ mm，求：该润滑油的动力黏度。

【解】 由于木块等速下滑，这说明合外力为零。即木块的下滑力与润滑油的内摩擦力大小相等、方向相反，所以，$mg\cdot\sin\alpha = \tau\cdot A$，于是，得：

该润滑油的内摩擦应力 τ 为：

$$\tau = \frac{mg\cdot\sin\alpha}{0.4\times0.45} = \frac{5\times9.81\times\frac{5}{13}}{0.4\times0.45} = 104.78(N/m^2)$$

由于 $\delta = 1$ mm 很小（即油层很薄），故而，$\frac{du}{dy}\approx\frac{\Delta u}{\Delta y}=\frac{u-0}{\delta}=\frac{1-0}{0.001}=10^3(1/s)$

于是，根据牛顿黏性定律，得：$\mu=\tau/\frac{du}{dy}=\frac{104.78}{10^3}\approx0.105(Pa\cdot s)$　　—毕—

对于液体的黏滞性，还有一种黏度的概念，这就是便于测量的**恩氏黏度** E（单位：°E）（Engler Degree）。它是指：200 cm^3 待测液体流出恩氏黏度计所需时间 τ 与 200 cm^3、20 ℃的蒸馏水流出同一个恩氏黏度计所需要的时间 τ_0（$\tau_0\approx52$ s）之比，即

$$E = \frac{\tau}{\tau_0} \tag{2.69}$$

液体的恩氏黏度 E（单位：°E）与其运动黏度 ν 之间换算的经验公式为：

$$\nu = (0.0731E - 0.0631/E)\times10^{-4} \qquad (m^2/s) \tag{2.70}$$

关于外界因素对于流体黏滞性的影响，实验表明，只要压强不是特别高，压强对于流体动力黏度的影响很小。所以，工程上一般不考虑压强对于流体动力黏度的影响，而只考虑温度对于流体动力黏度的影响：当温度升高时，液体的动力黏度降低；但是，气体的情况却刚好相反（气体的动力黏度随着温度的升高而增大）。这是由于液体的黏滞性主要是由于分子之间的内聚力所造成的，温度升高，分子之间的内聚力减弱，于是 μ 值降低；气体的黏滞性则是由于气体分子的紊乱运动所造成，温度升高，则分子运动加快，于是不同流速的相邻气体会因此而加快彼此的动量交换，故而 μ 值增大。另外，由于流体的运动黏度 ν 还与密度 ρ 有关，所以气体的运动黏度既与温度有关，也与压强有关。

一些典型流体的黏度值参见附录 1、附录 3 以及附录 4。另外，常见气体的动力黏度值也可以利用公式（2.76）来估算。

$$\mu_t = \mu_0\left(\frac{273.15+c}{273.15+t+c}\right)\cdot\left(\frac{273.15+t}{273.15}\right)^{1.5} \qquad (Pa\cdot s) \tag{2.71}$$

式中 μ_t——t ℃时某气体的动力黏度，Pa·s；

μ_0——0 ℃时该气体的动力黏度，Pa·s，参见表 2.6；

c——与气体种类有关的常数，℃，参见表 2.6。

表 2.6 常用气体的 μ_0 值和 c 值

空气	μ_0/(Pa·s)	c/℃	烟气	μ_0/(Pa·s)	c/℃	发生炉煤气	μ_0/(Pa·s)	c/℃
0～300 ℃	1.72×10^{-6}	122	0～300 ℃	1.51×10^{-6}	173	0～300 ℃	1.48×10^{-6}	150

2.2.1.2 作用在流体上的力

作用在任何流体上的力，如果按照其作用方式来分，都可以分为两类：表面力和质量力。

(1) 表面力及“压强”的概念

表面力是指作用在流体表面上、其大小与表面积 S 成正比的力。当然，表面力不仅包括作用在流体真实表面上的表面力，也包括作用在假想表面上的表面力。例如，为了便于理论研究，人们可以假想地从物体内部取出一块流体来进行理论分析，如图 2.37 所示。但是，必需考虑的是：该流体块在流体内部时存在着内聚力，现在假想地将其从流体内部取出来以后，也必需假想在该流体块的表面上作用着一些与原内聚力等价的表面力。如果再从力学角度进行分析，则这些表面力被分解为：法向力（与流体表面相垂直）与切向力（与流体表面相切）。静止的流体只有法向表面力，没有切向表面力（否则就会流动）。就法向表面力而言，流体也不能承受拉应力，因此只有压应力。流体表面上的压应力（即单位表面积上的压力）也就被称为流体的“静压强”[如式(2.72)所示]，或者称之为：压强（关于流体运动时的压强与流体静压强之间异同的有关讨论，参见第 4.1.3.1）。

$$p=\frac{\iint \mathrm{d}p}{S}\qquad (\mathrm{Pa})\qquad (2.72)$$

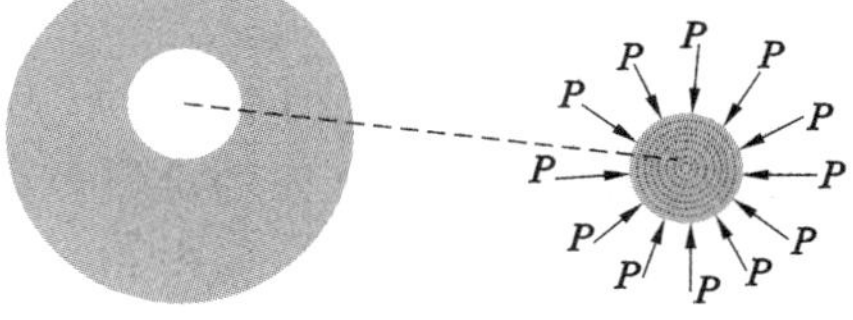

图 2.37 “压强”概念的引出

在 SI 制中，压强的单位为：Pa（读作：帕斯卡，$\mathrm{Pa}=\mathrm{N/m^2}$）。但是，在科研以及工程领域之中，压强单位还有很多，它们之间的换算关系参见阅读材料 1 中的表 4.9。另外，在工程领域内，还普遍使用“相对压强”的概念，参见第 4 章中图 4.3。

(2) 质量力的概念

质量力是指作用在流体内部的每个质点上，其大小与流体的质量 m 成正比的力。

质量力大小通常用单位质量力来量度。单位质量力 $\boldsymbol{R}$ 是指作用在单位质量流体上的质量力。假设某均质流体的质量为 m，所受到的质量力为 $\boldsymbol{G}$，用 G_x, G_y, G_z 分别表示质量力 $\boldsymbol{G}$ 在 x、y、z 这三个坐标轴方向上的分量，如果用 R_x、R_y、R_z 分别表示单位质量力 $\boldsymbol{R}$ 在相应三个坐标轴方向上的分量。则 $R_x=\frac{G_x}{m}$，$R_y=\frac{G_y}{m}$，$R_z=\frac{G_z}{m}$。由此，再根据牛顿第二定律，就不难看出：单位质量力的三个分量分别等于流体微团的加速度 $\boldsymbol{a}$ 在 x、y、z 这三个坐标轴上的分量。在重力场之中，质量力只有重力，所以 $R_x=0, R_y=0, R_z=-g$，其中，负号表示重力的方向垂直向下，与 z 轴的正方向刚好相反。

对于液体而言，除了上述介绍的几个物性参数以外，其他的物性参数还包括表面张力 σ（单位：N/m），由于表面张力的概念及其毛细管现象在《物理化学》教材中已经介绍过，这里就不再重述。

2.2.1.3 流态的概念及其分类

流体在外力的作用下会进行流动，但是在不同的流动条件下，其流动状态（简称；流态）会发生变化。

英国科学家雷诺[①]曾经做过关于流态变化的一个实验，被称为：雷诺实验。通过该实验，雷诺发现：当流速很小时，流体呈分层流动，互不掺混，流速大小也没有脉动[参见图 2.38(a)]，该流态被称为：层流(Laminar Flow[②])；然而，随着流速的逐渐增加，流线开始出现波浪状的摆动，摆动的频率及其振幅随着流速增大而增大，此种流态被称为：临界过渡流（Transient Flow，有时也称：临界流，Critical Flow，它是一种极其不稳定的流态）；当流速增加到很大时，则流线不再清楚可辨，而且流场中会存在着许多小漩涡，这时，相邻流层之间不但有滑动，而且还会有相互掺混，即这时的流体在进行非常不规则的流动，不仅有

① 奥斯伯恩·雷诺(Osborne Reynolds, 1842-1912)，英国杰出的流体力学家，因为他所做的关于流体流动时流态变化的“雷诺实验”而使他闻名于世。

② “Laminar Flow”被广泛地翻译为“层流”；也可能有个别文献译为：“稳流”或“片流”，但是，这两个称谓非常鲜见。

垂直流线方向上的分速度产生,并且流速大小也在其时均速度值的上下进行高频脉动[参见图 2.38(b)],这种流态被称为:湍流(也称:紊流,Turbulence 或 Turbulent Flow①)。

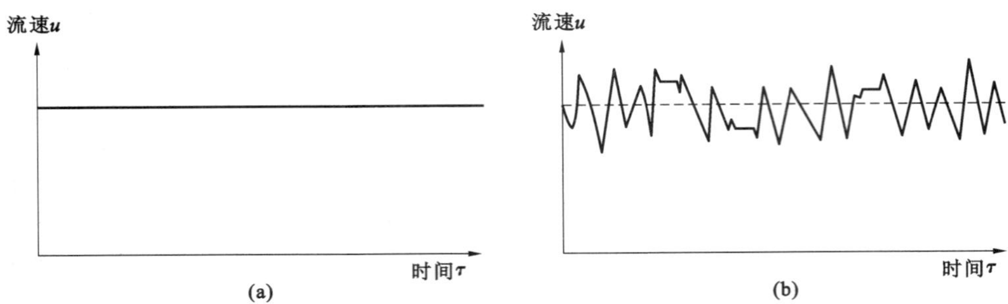

图 2.38 在流场条件恒定时流场中某点的流速 u 在两种流态中随时间 τ 的变化情况

(a) 层流;(b) 湍流(图中的虚线表示时均速度)

从层流发展到湍流的流态转变现象被称为:转捩(Flow Transition)。对于强制流动(参见第 2.2.2.1)来说,判断流态的准则就是所谓的"雷诺数Re②":例如,关于管道内部的流动(简称:管流,Pipe Flow),$Re<2320$ 时为层流;$Re = 2320 \sim 10000$ 时为:过渡流;$Re>10000$ 时为湍流。雷诺数 Re 的计算式为:

$$Re = \frac{\rho w d}{\mu} = \frac{wd}{\nu} \tag{2.73}$$

式中 ρ——流体的密度,kg/m^3;

μ——流体的动力黏度,$Pa \cdot s$;

ν——流体的运动黏度,m^2/s,$\nu = \mu/\rho$;

w——流体的时均流速,m/s;

d——管道的内直径(简称:管径),如果管道为非圆形管道,则 d 要用其当量直径 d_e(Equivalent Diameter)来代替:当量直径 d_e 为水力半径 r_H 的 4 倍,水力半径 r_H 则等于管道内流动的有效面积 A 除以管道内的润湿周长 L,即

$$d_e = 4\,\frac{A}{L} \qquad (\mathrm{m}) \tag{2.74}$$

2.2.1.4 描述流体流动规律的微分方程

就牛顿型流体而言,描述流体流动之本质规律的微分方程组是如公式(2.75)所示的微分型**连续性方程**(Differential Continuity Equation)以及如公式(2.76)所示的**纳维-斯托克斯方程**(简称:N-S 方程,Navier-Stokes Equation),这里的 $\boldsymbol{u}$(矢量)表示流场中某点的流速(单位:m/s),ρ 表示流体的密度(单位:kg/m^3),$\boldsymbol{R}$(矢量)代表单位质量力[参见第 2.2.1.2(2),单位:m/s^2],p 表示压强(单位:Pa),μ 表示流体的动力黏度(单位:$Pa \cdot s$),τ 表示时间(单位:s)。

$$\frac{\partial \rho}{\partial \tau} + \nabla \cdot (\rho \boldsymbol{u}) = 0 \qquad (1/\mathrm{s}) \tag{2.75}$$

$$\rho \frac{\mathrm{d}\boldsymbol{u}}{\mathrm{d}\tau} = \rho \boldsymbol{R} - \nabla p + \mu \left[\nabla^2 u + \frac{1}{3} \nabla (\nabla \cdot \boldsymbol{u}) \right] \qquad [\mathrm{kg}/(\mathrm{m}^2 \cdot \mathrm{s}^2)] \tag{2.76}$$

---

① 关于"Turbulence"或"Turbulent Flow",最早我国将其译为:"**紊流**"。但是,我国大陆的流体力学专家们在讨论以后逐渐形成了共识:"紊"有"紊乱"之意,紊乱乃指无规律可寻。然而,这种流态尽管是非常复杂,但是也是有一定的变化规律可探索。因此,这种流态是中国大陆普遍称为:"**湍流**",而且湍流这个称呼也与其英语的原文"Turbulence"谐音。当然,在中国台湾地区,仍然沿用"紊流"称谓。在同样使用"漢字"的日本语中,该流态被称之为"乱流"。另外,个别文献也称之为:扰流,只是这个称谓非常鲜见。

② 用于判别流态的该准数是奥斯伯恩·雷诺(Osborne Reynolds)于 1883 年首先提出,但是,它却一直未得到人们的重视,一直到 1908 年该准数才被命名为:雷诺数(也称:雷诺准则,或称:雷诺准数,Reynolds Number,参见第 2.2.2.6)。

对于不可压缩流体，由于其密度 ρ= 常数，因此，微分型连续性方程式(2.75)就简化为式(2.75a)。再将式(2.75a)代入式(2.76)则得到式(2.76a)：

$$\nabla \cdot \boldsymbol{u} = 0 \qquad (1/\mathrm{s}) \tag{2.75a}$$

$$\rho \frac{\mathrm{d}\boldsymbol{u}}{\mathrm{d}\tau} = \rho \boldsymbol{R} - \nabla p + \mu \nabla^2 u \qquad [\mathrm{kg/(m^2 \cdot s^2)}] \tag{2.76a}$$

式(2.75a)、式(2.76a)便是关于不可压缩流体的微分型连续性方程与纳维-斯托克斯方程。在上述四个微分方程中，符号 ∇ 为哈密尔顿算子，其含义参见第 2.1.1.2；∇^2 为拉普拉斯算子，其含义参见第 2.1.3.1。另外，请读者注意：式(2.76)、式(2.76a)是矢量方程，如果将它们均写成三个坐标轴方向上分量的形式，则式(2.76)、式(2.76a)都将变成三个分量方程。

然而，微分型连续性方程与纳维-斯托克斯方程却非常复杂，尤其在湍流时(湍流流态在工程上普遍存在)，为此，需要进行一定的简化或者根据一些简化后的湍流模型①才能够求解。在工程流体力学中，则利用“理想流体”的概念来简化其理论分析(参见本教材的第 4.1.3.3)。

在对流换热问题的研究中，微分方程式(2.75a)、式(2.76a)可以用来推导对流换热过程中的相似准数。具体参见第 2.2.2。

2.2.2 对流换热

如前所述，**对流换热**是指流体和固体壁面直接接触且有温度差时彼此之间的热交换过程。然而，在实质上，对流换热既包括流体本身对流所导致的传热，又包括流体本身的导热作用。这也就是说，对流换热过程是导热和对流的综合作用过程，其结果是实现了流体与接触壁面之间的对流传热。

2.2.2.1 对流换热的基本定律及其影响因素

经典物理学奠基人艾萨克·牛顿(Isaac Newton)针对“对流换热”现象进行了分析研究后曾经指出：对流换热的传热量是与(流体和固体壁面之间的)温度差成正比。该规律后来便被称为：**牛顿冷却定律**(Newton's Law of Cooling)。该定律是“对流换热”的最基本定律，其数学表达式为：

$$q=h(t_w-t_f)^{②} \quad 或 \quad q=h(t_f-t_w) \qquad (\mathrm{W/m^2}) \tag{2.77}$$

$$Q=h(t_w-t_f)A \quad 或 \quad Q=h(t_f-t_w)A \qquad (\mathrm{W}) \tag{2.78}$$

式中 t_f——流体的温度，K 或℃；

t_w——固体壁面的温度，K 或℃；

A——换热面积，$\mathrm{m^2}$；

h——对流传热系数(Convective Coefficient)③，$\mathrm{W/(m^2 \cdot K)}$或 $\mathrm{W/(m^2 \cdot ℃)}$。

---

① 湍流时是高频脉动的流场，为此，可以将流速、压强看作是其“时均值”+其“脉动值”。这样，经过相关的推导以后就得到了湍流“时均流场”的纳维-斯托克斯方程[称为：(湍流流动的)雷诺方程]。然而，雷诺方程中增加了“雷诺应力”这个新未知量(它是二阶张量，共9个分量，由密度与脉动流速构成)，这样，使得原来封闭的微分方程组(即方程的数目=未知量的数目)变得不再封闭。因此，需要有“湍流模型”将雷诺应力与时均流场联系起来以后才能够求解，关于**具体的湍流模型**，先后有人提出过**零方程模型**(也称：混合长度理论)、**单方程模型**(也称为：k 模型)、**双方程模型**(例如，k-ε 模型及其各种修正型或改进型、k-ω 模型、k-g 模型、B-L 模型、J-K 模型等)、**多方程模型**。于是，在使用第 2.1.5.5 中提到的那些 CFD 软件时，在它们操作过程中的电脑屏幕上也会有相应的“选择框”显示以供用户选用那种湍流模型来进行计算。

② 由于传热始终是从温度高的物质传向温度低的物质，因此，在计算对流传热量时，所对应的**温度差**始终是温度**高**的温度值**减**去温度**低**的温度值，而不能简单地看待该公式中的“被减数”和“减数”，以下同。

③ 对流换热的效果在很大程度上取决于紧靠固体壁面的热边界层内流体的导热规律(参见第 2.2.2.3)。为此，人们曾经提出过“有效膜”的概念。有效膜乃是一种假想的、靠近壁面的薄流体层(它既非热边界层，也非速度边界层)。所以，在英语中，这个系数也称 Film Coefficient 或 Film Coefficient of Heat Transfer，于是有人将其直译为：膜系数，或译为：膜传热系数。该译法不太确切，应该意译为：对流传热系数，或译作：表面传热系数。其符号在有的资料上用 κ，而另一些资料用 α(我国有关国家标准规定其名称为：对流传热系数，h 是其首选符号，α 为其次选符号)。在本教材中，则选用 h(**注意**：如果在计算对流传热量的同时，还必需考虑辐射传热量，那么此时的对流传热系数的符号为 h_c，参见【例 2.26】)。选用符号 h 是为了方便与过剩空气系数(参见第 1.1.4.1)的符号 α 相区分。

对流传热系数 h 是表征流体(Fluid)与接触的固体壁面(Wall)之间对流换热能力大小的一个参数，它的大小等于单位时间内、当流体和壁面之间的温度差为 1 K(或1 ℃)时，每单位面积上所传递的热量。以上这两个公式看起来是十分简单，但是，实际上并没有使问题简化，只是把影响对流换热过程的所有其他因素都集中到对流换热系数 h 之中。有关研究结果表明，对流传热系数 h 涉及到对流换热过程中很多的因素。它是形状系数 Φ，三维尺寸 L_1、L_2、L_3，壁面温度 t_w，流体流速 w，流体温度 t_f 以及流体物性参数(例如，热导率 κ、比热容 c、密度 ρ、动力黏度 μ 等)等许多因素的复杂函数，即：

$$h = f(\Phi, L_1, L_2, L_3, t_w, t_f, w, \kappa, \cdots, c, \rho, \mu) \quad [\mathrm{W/(m^2 \cdot K)}\text{ 或 }\mathrm{W/(m^2 \cdot ℃)}] \tag{2.79}$$

因此，确定对流传热系数h 也就成为研究对流换热问题的核心内容。这就是讲，所有影响对流传热系数 h 的因素都会影响到对流换热的效果。所以说，对流换热是一个极其复杂的过程，它的影响因素有很多，归纳起来主要有如下几个方面的因素：

① 流体发生流动的动力

流体的流动可以分为自然流动(Natural Flow)和强制流动(Forced Flow)。

自然流动(也称：自由流动)是指流体内部有温度差时会导致密度差从而引起流动：浮力大于重力时使其向上流动；重力大于浮力时使其向下流动。因此，所受周围流体浮力与其自身重力之间的大小对比就决定着某处流体流动的方向：热流体因为密度小，所受浮力大于其自身的重力，所以向上流动；冷流体因为密度大，其自身的重力大于周围流体所给予的浮力，因此会向下流动，这两种流动的综合效果及其所伴随的热流体向冷流体传热的现象就是所谓的自然对流(Natural Convection)。在自然对流情况下，流体与接触的固体壁面之间的对流换热现象被称为：**自然对流换热**。

强制流动(也称：受迫流动，或称：机械流动)是指在外力作用下的流动，这里的外力是指流体机械(例如，泵、风机、烟囱、喷射器等)、高度差或压力差等外界因素能够提供给流体流动的动力。动力给予流体后往往增大或者减少了其所在区域流体的压强，从而使得该处的流体与其他区域的流体之间产生压强差(鉴于此，强制流动还称为：有压流动)，这就导致强制流动。该流动及其伴随的热流体向冷流体的传热现象就称为：强制对流(Forced Convection)。在强制对流情况下，流体与接触的固体壁面之间的对流换热过程就被称为：**强制对流换热**。

这里，必需指出的是：流体在进行强制流动时，实际上也伴随着自然流动现象，即两者会同时存在。只是当强制流动相当强烈时，自然对流换热的影响程度可以忽略；但是，当强制流动比较弱时，自然对流对于换热的影响就不能被忽略，这时被称为：**混合对流换热**过程。

② 流态

对流换热就要涉及到流体流动，而流动有两种流态：层流(Laminar Flow)和湍流(Turbulent Flow)，又因为这两种流态的本质规律不同，所以导致其对流换热规律有着很大的差异。

层流时，对流换热的效果主要是依靠流体本身的导热以及换热强度相对较弱的自然对流；湍流时，流体与壁面之间的热交换效果是依靠流体内部的涡流及其扰动所导致的冷、热流体之间的热交换以及热边界层内的导热。由于涡流热交换的"热阻"很小，因此，在湍流时，对流换热效果的关键主要取决于热边界层内的导热效果。关于"热边界层"的概念，参见第 2.2.2.3。

③ 流体的物理性质

流体的物理性质简称：流体的物性。

由于各种流体的物性不同，因此其进行的对流换热过程也有所不同。影响对流换热过程的流体之主要物性参数有：热导率 κ、比热容 c、密度 ρ 和动力黏度 μ 等。

④ 传热面的形状、取向及其大小

放热面的形状、取向及其大小对于对流换热过程的影响也很大。即便是同一类型的放热面，例如，平板，也会因为取向不同(例如，平放、竖放或斜放)而造成对流换热效果的差异，所以要给予重视。

⑤ 流体的相态变化

对于有相变存在情况下的对流换热问题，相变、相变热对于流体与接触的固体壁面之间的对流换热效果影响很大，所以，必需对其进行专门的研究。关于有相变存在时的对流换热过程，通常受到重视的相变现象是“沸腾”与“冷凝”。

综上所述，对流换热现象可以分为如图 2.39 所示的几种情况。

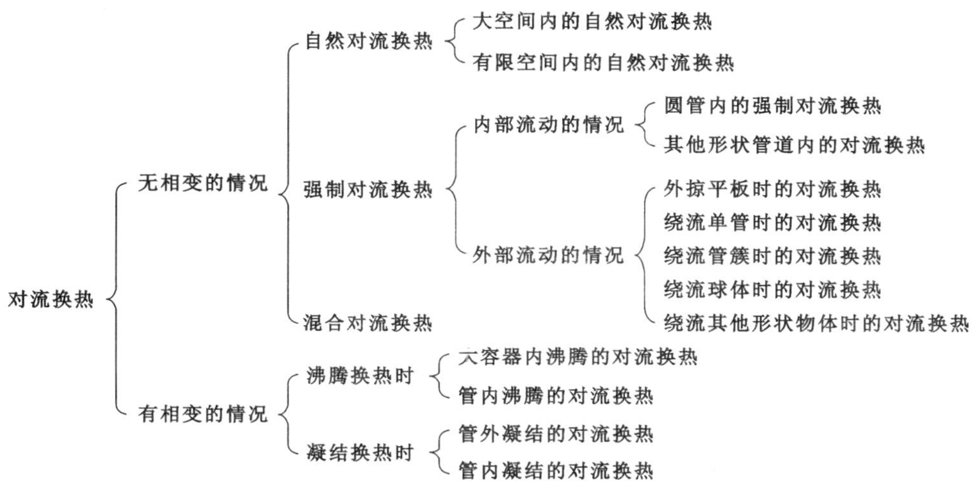

图 2.39 对流换热现象的几种情况

对流换热的情况不同，对流换热系数的大小也会相差很大，表 2.3 中所列举出的是几种典型情况下对流传热系数 h 的大致范围，以供读者参考。

表 2.3 对流传热系数 h 的大概范围

换热情况	$h/(\mathrm{W\cdot m^{-2}\cdot ℃^{-1}})$	换热情况	$h/(\mathrm{W\cdot m^{-2}\cdot ℃^{-1}})$
空气的自然对流	3～10	水的沸腾	2500～25000
气体的强制对流	20～100	高压水蒸气的强制对流	500～3500
水的自然对流	200～1000	水蒸气的冷凝	5000～150000
水的强制对流	1000～15000	有机蒸气的凝结	500～2000

2.2.2.2 描述对流换热过程的微分方程组

如上所述，对流换热过程是一个极其复杂的过程，涉及到流体的流动、流体内部的传热以及流体与接触的固体壁面之间的热交换。所以，它不仅取决于热传递现象，还取决流体流动本身的规律。因此，必需用一组微分方程来共同描述，它们被称为：对流换热过程的微分方程组。

基于对流换热产生的机理和进行的过程，对流换热过程的微分方程组应当包括描述以下三个过程的微分方程：描述“流体流动规律”的微分方程、描述“流体内部传热规律”的微分方程、描述“流体与固体交界面处传热规律”的微分方程。这里，将这些微分方程分类叙述如下：

(1) 描述“流体流动规律”的微分方程

描述“流体流动规律”的微分方程实质上则是一组微分方程式，被称为描述“流体流动规律”的微分方程组。该方程组包括：能够表征流体质量守恒规律的**连续性**(微分)**方程**和能够表征流体流动规律的**纳维-斯托克斯方程**(Navier-Stocks 方程，简称：N-S 方程)。在流体密度 ρ= 常量(即所涉及的流体为不可压缩、等温流体)、质量力只有重力的条件下，这两个微分方程式的表达式为式(2.75a)、式(2.76a)，只是要注意：式(2.76a)是一个矢量方程，它可以分解成3个坐标轴方向上的分量(微分)方程。

(2) 描述“流体内部传热规律”的微分方程

描述“流体内部传热规律”的微分方程为**傅里叶-克希荷夫**(Fourier-Kirchhoff)**导热微分方程**。推导该微分方程的前提条件是：第一，流体为不可压缩的牛顿型流体，质量力只有重力；第二，常物性，即流体的物性参数(例如，热导率κ、比热容c、密度ρ和动力黏度μ等)都是不随温度而变化；第三，没有内热源；第四，流体流动时因为黏性耗损所产生的耗散热可以忽略不计。另外，由于流体本身肯定是各向同性，因此各向异性的导热问题就不必考虑。

推导傅里叶-克希荷夫导热微分方程的过程类似于式(2.10)的推导过程。只是式(2.10)是针对固体导热的，而傅里叶-克希荷夫导热微分方程是针对流体导热的。就流体内部的传热过程而言，既有流体本身的导热现象，又有与对流相关的流体流动现象。因此，式(2.10)等号左边的偏导数也就应该换成“既包含温度随时间的变化规律，又包含温度随流动变化规律”的全导数。全导数的概念来自于全微分，就流动的流体而言，关于其温度变化的全微分$\mathrm{D}t$在直角坐标系中的数学表达式为：

$$\mathrm{D}t=\frac{\partial t}{\partial \tau}\mathrm{d}\tau+\frac{\partial t}{\partial x}\mathrm{d}x+\frac{\partial t}{\partial y}\mathrm{d}y+\frac{\partial t}{\partial z}\mathrm{d}z \qquad (\text{K 或 ℃}) \tag{2.80}$$

根据式(2.80)，可以推导出温度变化的全导数$\mathrm{D}t/\mathrm{d}\tau$在直角坐标系中的数学表达式为：

$$\begin{aligned}\frac{\mathrm{D}t}{\mathrm{d}\tau}&=\frac{\partial t}{\partial \tau}+\frac{\partial t}{\partial x}\frac{\partial x}{\partial \tau}+\frac{\partial t}{\partial y}\frac{\partial y}{\partial \tau}+\frac{\partial t}{\partial z}\frac{\partial z}{\partial \tau}\\&=\frac{\partial t}{\partial \tau}+u_x\frac{\partial t}{\partial x}+u_y\frac{\partial t}{\partial y}+u_z\frac{\partial t}{\partial z} \qquad (\text{K/s 或 ℃/s})\end{aligned} \tag{2.81}$$

这里，u_x、u_y、u_z分别为流体内所研究点处的流速在x、y、z这三个坐标轴上的分量，它们也被称为：流体内所研究点处的流体在这三个坐标轴上的分速度。

于是，基于导热微分方程式(2.10a)，就可以得到描述“流体内部传热规律”的微分方程(傅里叶-克希荷夫导热微分方程)的数学表达式为：

$$\frac{\mathrm{D}t}{\mathrm{d}\tau}=a\nabla^2 t \qquad (\text{K/s 或 ℃/s}) \tag{2.82}$$

将微分方程式(2.82)与微分方程式(2.10a)进行对比后，便可以知道：“适合于各向同性固体的导热微分方程”(也称：傅里叶导热微分方程)也是“适合于流体的导热微分方程”(或称：傅里叶-克希荷夫导热微分方程)的一个特例。

(3) 描述“流体与固体交界面处传热规律”的微分方程

在流体与固体交界面处任取一个微元面，它的面积为$\mathrm{d}A$，就该微元面朝向流体一侧的法线方向而言，根据牛顿冷却定律[式(2.78)]，便可以得到以下的换热微分方程：

$$\mathrm{d}Q=h(t_\mathrm{f}-t_\mathrm{w})\mathrm{d}A=h\Delta t_{\mathrm{f,w}}\mathrm{d}A \qquad (\text{W}) \tag{2.83}$$

从另一个方向来看，即从该微元面朝向固体一侧的法线方向来看，再根据傅里叶定律[式(2.7)]以及式(2.6)，对于微元面积$\mathrm{d}A$，也可以得到另一个换热微分方程：

$$\mathrm{d}Q=-\kappa\left(\frac{\partial t}{\partial n}\right)\bigg|_{n=0}\mathrm{d}A \qquad (\text{W}) \tag{2.84}$$

由于上述两个微分方程是针对同一微元面而列出的传热方程，因此这两个微分方程中传热量就应该相等。于是，对比这两个公式就可以得到以下描述**流体与固体交界面处传热**规律的(微分)**方程**：

$$h=-\frac{\kappa}{\Delta t_{\mathrm{f,w}}}\left(\frac{\partial t}{\partial n}\right)\bigg|_{n=0} \qquad [\text{W/(m}^2\cdot\text{℃)}] \tag{2.85}$$

(4) 对流换热的微分方程组

综上所述，完整地描述对流换热过程的**对流换热微分方程组**是：

$$\nabla \cdot \boldsymbol{u} = 0 \qquad (1/\text{s}) \tag{2.75a}$$

$$\rho \frac{\text{D}\boldsymbol{u}}{\text{d}\tau} = \rho \boldsymbol{R} - \nabla p + \mu \nabla^2 \boldsymbol{u} \qquad [\text{kg}/(\text{m}^2 \cdot \text{s}^2)] \tag{2.76a}$$

$$\frac{\text{D}t}{\text{d}\tau} = a \nabla^2 t \qquad (\text{K/s 或 ℃/s}) \tag{2.82}$$

$$h = -\frac{\kappa}{\Delta t_{\text{f,w}}}\left(\frac{\partial t}{\partial n}\right)\bigg|_{n=0} \qquad [\text{W}/(\text{m}^2 \cdot \text{K}) \text{ 或 } \text{W}/(\text{m}^2 \cdot ℃)] \tag{2.85}$$

于是，关于对流换热过程的微分方程组就建立起来了。尽管该方程组是一个封闭的方程组(指：变量的数目=方程的数目)，这表示该微分方程组肯定有解，但是，实质上这个微分方程组极其复杂。迄今，除了个别问题可以对其直接求解而获得解析解以外(参见第 2.2.2.3)，绝大部分的工程问题都无法通过解析求解该微分方程组来获得答案。因此，必需另辟途径来寻求解决问题的方法。

目前，其他的解决方法主要有两种[①]：

其一是利用第 2.1.5.5 中所提到的大型 CFD 软件由计算机来进行数值模拟计算，该方法的优点是：能够获得所需解决问题的数值解，而且其计算结果精确、直观、全面。然而，该方法也存在着一些问题，例如，该方法需要预先知道具体的定解条件(也称：单值性条件，参见第 2.1.5.1)，定解条件的准确性将会直接影响到其数值计算结果的可靠性。另外，湍流时还要选用合适的湍流模型(参见第 2.2.1.4中的注释)才能够进行数值计算，要知道：没有通用的湍流模型，你所选用的湍流模型是否就一定适合于你所需要解决的问题，那还需要试验与实践的检验。所以，计算机数值计算方法适合于针对所需解决问题进行理论预测或者理论计算结果的演示(参见图 2.34)，其计算结果与实际情况的吻合程度如何？那还需要具体试验的验证以及进一步的实践检验。

其二是通过模型试验来获得相关的计算公式(称为：准数方程式，参见第 2.2.2.4)，由这些公式所得到的计算结果尽管没有计算机模拟计算所得到的计算结果那样精确，但是却比较实用，因为这些准数方程式是前人通过大量的、专门的模拟实验而得到的。而且，这些准数方程式也都经历了长期的实践检验，所以比较可靠(但是，要注意其使用范围)。当然，其计算结果有一定的误差，只是其精度在工程上已经足够，因为工程问题不需要那么高的精确度。

简单地来说，上述三种方法求解的要点是：解析方法是在几种简单情况下将对流换热微分方程组大大简化后才能够进行数学求解，所利用的是数学推导以及简单的代数运算；数值计算法则能够求解更为广泛的对流换热问题(只是对于湍流问题，还需要选择合适的湍流模型)，所利用的方法是计算机按照有关软件的指令来进行程序运算；模型试验法在传统上对于解决工程上的对流换热问题是较为有效，所利用的是(基于对流换热微分方程组且在相似论指导下进行的)模型实验与实验结果的整理以及简单的代数运算。

但是，读者也应当意识到：这三种求解法都有一定的限制：解析方法只是对于几种简单的情况才能够求解；数值计算法对于湍流问题则需要因地制宜地选择合适的湍流模型后其计算结果才精确、合理；模型实验法首先是受到相似论本身缺陷的限制(例如，边界层的厚度就不能够按比例扩大或者按比例缩小)，其次是各个实验者在实验条件以及实验数据整理等方面也存在着较大的差异。

当然，无论是使用那种解决方法(数学解析法、数值计算法、模拟实验法)，我们都要借助于前人的劳动成果(理论思路、软件开发、实验结果)才能够解决具体的对流换热问题。因此，我们应当为所有前辈们的辛勤工作表示由衷的谢意。

① 对流换热问题的传统求解法还包括由雷诺、普朗特、冯·卡门等人先后提出的“(热量传递与动量传递的)类比法”，具体就是用流动阻力来比拟所对应场合的对流换热过程，参见第 2.2.2.9(1)③B。现已很少使用。

2.2.2.3　利用边界层理论得到解析解

边界层(Boundary Layer)也被称为:近壁层(Wall Layer),具体又有"速度边界层"(也称:流动边界层)和"热边界层"(也称:温度边界层)之分。

边界层的概念是由普朗特①于1904年首次提出的,当然,他提出的是"速度边界层"的概念。1921年,波尔豪森(Pohlhausen E)受到此启发,将此概念再拓展到对流换热问题的研究中,并且进而提出了"热边界层"的概念,此后也成功地得出"外掠平板稳态层流换热问题"的解析解。

(1)"速度边界层"的概念

流体因为其黏性作用,使得流体与固体壁面交界面处的速度与固体的移动速度完全相同(若固体不动,则其与流体交界面处一层流体的流速也为零)。但是,在该交界面以外的流体内,其速度值变化很大,即该层内的法向速度梯度很大,这一层就被称为:**速度边界层**,也称为:流动边界层,简称:边界层,或称:近壁层。速度边界层以外的区域则为主流区(主流区内的速度梯度很小)。边界层的存在是流体黏滞力作用的结果。为了便于定量分析,人们一般将"从壁面起一直到流速为99%主流区速度的流体面止"那一层流体区域被定量地规定为边界层的区域。边界层的厚度一般很薄,通常用符号δ来表示,如图2.40所示。

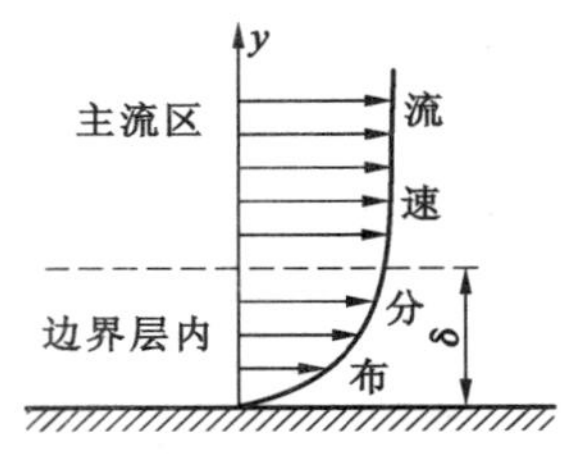

图2.40　边界层与主流区

若流体是在平壁上做稳定流动,则其边界层的厚度δ可以用下式进行计算:

$$\frac{\delta}{x}=\frac{4.64}{\sqrt{Re_x}} \tag{2.86}$$

式中　δ——边界层的厚度,m;

x——所计算处一直到平壁前端(平壁前端为来流的起始点)的纵向距离,m;

Re_x——距平壁前端纵向x处的雷诺数[Re_x按照式(2.73)来进行计算,只是要用纵向长度x来替代该式中的直径d(具体原因参见第2.2.2.7)],无量纲量。

当然,边界层内的流态也有"层流"和"湍流"之分,而且,在湍流边界层内,在壁面附近总是存在着这样一层流体,其特点是:无论主流区内的雷诺数为多少,在该层内的雷诺数总是足够小到可以维持该层内的流态为层流。这一层流体就被称为:层流底层(Laminar Sublayer),如图2.41所示。如果将此概念适当地延伸,则可以得到以下推论:对于层流边界层,其边界层的厚度δ_{la}就是层流底层的厚度δ_b;对于湍流边界层δ_{tu},其边界层的厚度则大于层流底层的厚度δ_b。

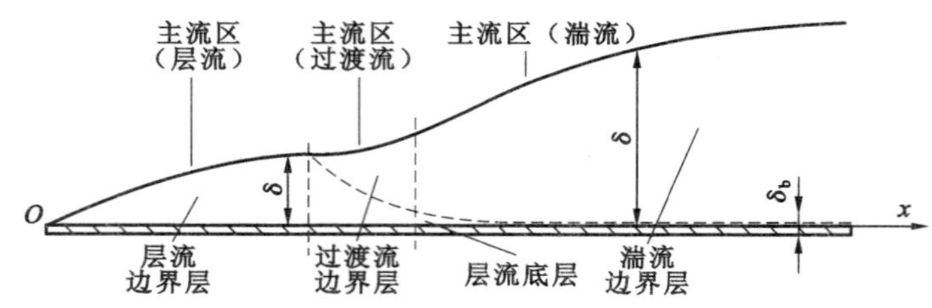

图2.41　层流底层的概念

当流体掠过平壁进行稳态流动时,则湍流边界层的厚度δ_{tu}(单位:m)就可以用式(2.87)来进行计算;而湍流边界层内的层流底层厚度δ_b(单位:m)与湍流边界层厚度δ_{tu}(单位:m)之比则可以按照式(2.88)来进行计算。

① 路德维格·普朗特(Ludwig Prandtl,1875—1953),德国力学家,他在"论黏性很小的流体之流动"(Fluid Flow in Very Little Friction)这篇论文中首次提出"边界层"的概念,从而奠定了近代流体力学的理论基础。另外,与他人合作在超音速流动方面所取得的卓越成就也使他被尊称为:现代空气动力学之父。

$$\frac{\delta_{tu}}{x}=\frac{0.376}{Re_x^{0.2}} \tag{2.87}$$

$$\frac{\delta_b}{\delta_{tu}}=\frac{194}{Re_x^{0.7}} \tag{2.88}$$

若流体是在内直径为 d(单位为 m)的长管道内流动，则其层流底层的厚度 δ_b(单位为：m)可以用式(2.89)来进行计算。

$$\frac{\delta_b}{d}=\frac{63.5}{Re_x^{7/8}} \tag{2.89}$$

这里，需要特别指出：尽管层流底层很薄，但是该层却在对流换热过程中起到至关重要的作用。这是因为在湍流时，因为旋涡的“搅拌”作用而使得对流传热的“热阻”很小；而在层流底层内，没有横向对流，只能依靠流体自身的导热作用来进行横向传热，而导热的“热阻”远大于湍流区对流的“热阻”。所以，对流换热的热阻主要取决于层流底层内的“热阻”，如图 2.42所示。

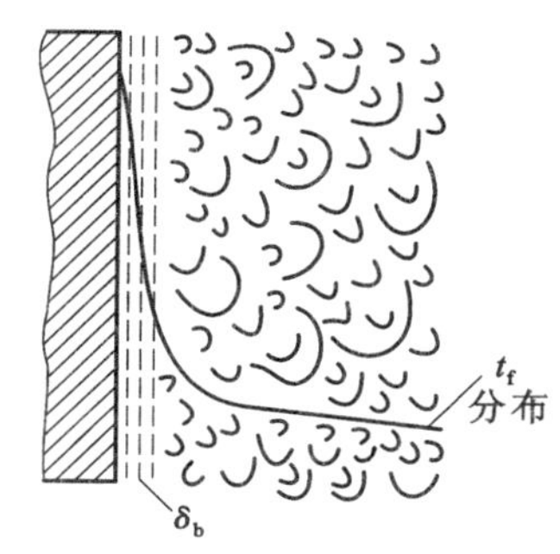

图 2.42 对流换热过程在层流底层内的导热作用与在旋涡区内的对流作用(该图中，δ_b 为层流底层的厚度；t_f 为流体温度。该图中的传热方向是从壁面向流体传热)

由式(2.88)、式(2.89)以及雷诺数 Re 的定义[参见式(2.73)]可以看出：增大流速可以增大雷诺数，雷诺数增大则会减薄层流底层，从而降低了层流底层内的导热热阻[参见式(2.14a)或式(2.15a)]，这样就导致对流换热的“热阻”降低，于是，对流换热的速率会增大。这就是为什么在吹风时人体会感到凉快的根本原因。

所以，**请读者记住**：在工业上，加强鼓风或者强化通风来提高流体与固体之间的相对速度，便能够起到强化对流换热效果的作用！

(2)“热边界层”的概念

热边界层(Thermal Boundary Layer)也称为：温度边界层。其定义与速度边界层相类似，当流体主流区与壁面之间存在温度差时，在贴近壁面的一个很薄的流体层内，法向温度梯度很大，这一薄层被称为：热边界层，其厚度通常用 δ_t 来表示。若从定量的角度来看，热边界层是指流体的温度从壁面温度 t_w 变化到 $0.99t_f$(t_f 为流体主流区内的温度)之区域。波尔豪森不仅提出了“热边界层”的概念，而且，将上述对流换热微分方程组[式(2.75a)、式(2.76a)、式(2.82)、式(2.85)]也应用于“外掠平板稳态层流的边界层内”，再经过简化与求解，便成功地得到了该换热问题的解析解。

当然，也有人从积分的角度来进行求解：在热边界层以内，由于存在着较大的温度梯度，导热量和对流传热量属于同一数量级；在速度边界层以外，由于法向温度梯度几乎为零，因此壁面法线方向上的导热量可以忽略不计，而是主要以对流传热方式为主。于是，按照冯·卡门[①]于 1921 年推导出的层流边界层内动量积分方程(Momentum Integral Equation in Boundary Layer)以及克鲁齐林于 1936 年所提出的求解方法，在设定热边界厚度 δ_t 是小于速度边界层厚度 δ 这个条件下，便推导出了如式(2.90)的 δ_t 与 δ 之间的函数关系。δ_t 与 δ 的关系也如图 2.43所示。

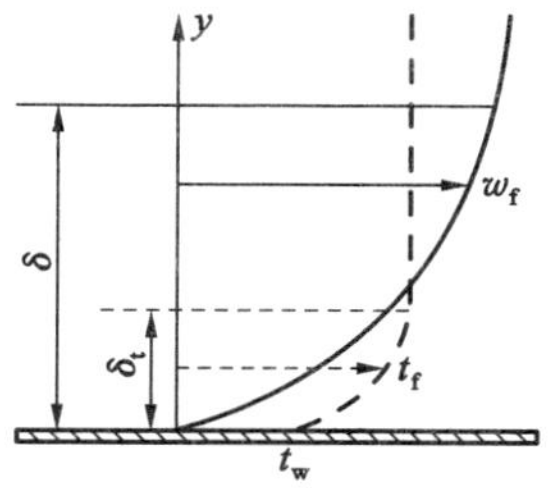

图 2.43 热边界层与速度边界层的比拟

$$\frac{\delta_t}{\delta}=\frac{1}{1.026}Pr^{-1/3} \tag{2.90}$$

① 西奥多·冯·卡门(Theodore von *Kármán*,1881—1963)，生于奥匈帝国时布达佩斯的一个犹太家庭，他是美国赫赫有名的力学家，他在超音速、高超音速气流表征方面的卓越成果对于亚音速与超音速航空航天器的设计与建造具有重大的指导作用。他是普朗特的学生，也是世界知名华人科学家钱学森、郭永怀、胡宁、林家翘的导师。

式中　Pr——普朗特数(参见第 2.2.2.5)。

严格来说,当 $Pr<1$ 时,由于 $\delta_t>\delta$,因此式(2.90)并不适用。然而,对于气体,如果 $Pr<1$,但是又不是很小($\geqslant 0.6$)的话,此式仍然近似可以用;只是对于液态金属或者熔融态金属,由于 Pr 很小,式(2.90)就不再适用。

热边界层很薄,对于湍流边界层,从其形成机理来看,热边界层的厚度与层流底层的厚度相当。

在理论上获得了热边界层厚度的计算公式后[例如,式(2.90)],就可以按照传导传热的规律[式(2.14)或(2.15)]来计算对流传热量,进而再利用牛顿冷却定律[式(2.77)或者式(2.78)]来计算对流传热系数。

2.2.2.4　"相似模拟"和"相似准数"的概念

由以上所述可知:对流换热的影响因素很多,这是一个极其复杂的过程。迄今未知,人们还不能用数学推导的理论方法来求解大多数对流换热问题。一些较为有效的理论(例如,边界层理论等)也只能够用来定性地解释一些现象以及定量地解决少数对流换热的问题。当然,现在人们也可以利用数值模拟计算技术通过计算机来得到这方面的一些计算成果,但是,数值模拟计算需要相关大型模拟计算软件的支持(参见第 2.1.5.5),而且也需要有足够多测量数据的帮助(确定单值性条件)与验证(通过试验与实践)。

以前,在缺乏计算机或缺乏大型模拟计算软件支持的时代,为了解决对流换热的问题,人们则是另辟奚径,具体是利用相似模拟实验的方法来解决工程领域内的对流换热问题,因此,该研究方法在传统上曾经被称为:工程研究方法(请注意:现代的工程研究方法则是依据针对具体问题的计算机数值模拟计算,参见图 2.33 与图 2.34)。由于该方法得到的研究成果直观、简单、实用,所以,目前在对流换热的计算过程中,这些研究成果至今仍旧获得了应用。基于此,关于本节(第 2.2 节)以下的内容,首先是简单地介绍一下相似模拟实验方法的基本思路与基本原理,然后再来详细地讲解前人利用该方法在解决对流换热问题方面所取得的丰硕成果。

关于相似模拟实验的来历,应该说,这在一定的程度上受到了"几何相似"(尤其是"三角形相似")概念的启发:人类早期测定一个很高物体的高度时,往往采用三角形相似的方法,如图 2.44所示。由该图就可以得出以下的几何关系式:$b_2/a_2=b_1/a_1\Rightarrow b_2=a_2b_1/a_1$。后来,人们又发现,$b/a$ 与角度 α 有关,即 $b/a=b_2/a_2=b_1/a_1=f(\alpha)$。于是,人们通过实验测定就可以得到如下式所述的具体函数关系式:

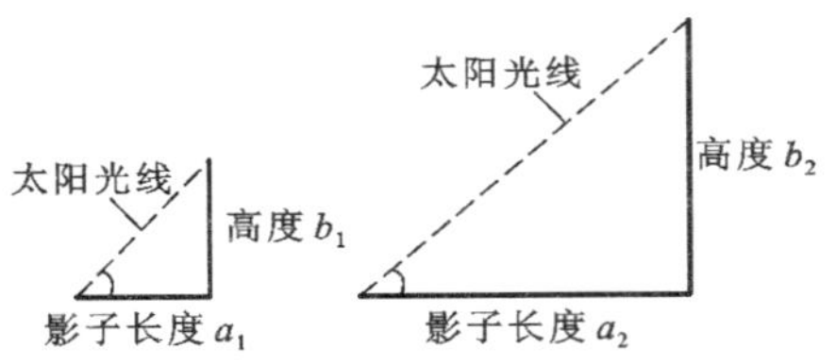

图 2.44　人类早期测定高物体的高度时所用的相似方法

$$\frac{b}{a}=f(\alpha) \tag{2.91}$$

该方程[式(2.91)]具有"可推广性"和"无量纲性"这两个特性。第一,该方程尽管是在小三角形上通过实验研究得到的,但是对于同类型的三角形(即"直角三角形")都适用,所以具有"可推广性"。第二,该公式中的两个变量 b/a 和 α 实质上都是"无量纲量":两个长度之比 b/a 为"无量纲量";角度 α 是弧长与半径之比,也是"无量纲量"。

"可推广性"和"无量纲性"这两种表述可以作为副词或形容词。如果将这两种表述都经过整理与浓缩后变为名词,那么"可推广性"对应的名词为"标准",这是因为只有符合标准的事物才会被推广;"无量纲性"所对应的名词则为"数",这是因为任何一个物理量的大小都是由一个数字以及一个单位所组成,无量纲就表示具有量纲性质的单位没有了,于是就剩下一个数。"标准"所对应的英语单词是 Standard,"数"所对应的英语单词是 Number。这样,在"相似模拟"领域中就有了一个科技术语:Standard Number,该术语被翻译为:**相似准数**(也被翻译为:相似准则,现在也译作:**特征数**)。例如,第 2.2.1.3 中提到的雷诺数 Re 实质上就是一个相似准数(称为:雷诺数,也称:雷诺准则)。于是,相似准数这个具有可推广和无量纲性质的术语就构成了相似模拟领域的基本单元。相似准数本质上是由若干个物理量所组成的无量纲组合量，它在相似模拟实验中得到了广泛应用。

相似模拟实验的本质就是：在较小的模型上进行实验，并得到所需要的测量结果，然后再将实验结果整理成“准数方程”的形式，该准数方程就可以推广到与模型实验相似的同类型大实体中应用。这个实体则被称为：原型(Protype)，原型往往是实际工程中的工作设备。于是，有关模型与原型的“相似模拟实验”也被称为：**物理相似**。

当然，物理相似并没有几何相似那样简单，但是也是有一定的规律可循。关于相似模拟实验的理论是“相似论”。在相似论之中，有相似三定律(相似第一定律、相似第二定律、相似第三定律)[11,35]以及若干种相似准数的推导方法①等内容[11,13,15,35]。

2.2.2.5　对流换热准数方程及其简化

对于对流换热过程，根据第 2.2.2.2 中所述的对流换热微分方程组，再利用相似论中相似准数的推导方法[11,35]，可以导出以下几个相似准数[13,15,35]，分别是：

均时性准数(Harmonic Number)，$Ho=\dfrac{w\tau}{L}$；

弗劳德数(这是现在国家规定的标准译名，曾译为：弗鲁德准数，Froude Number)，$Fr=\dfrac{gL}{w^2}$；

欧拉数(这里现在国家规定的标准译名，曾译为：欧拉准数，Euler Number)，$Eu=\dfrac{\Delta p}{\rho w^2}$；

雷诺数(这里现在国家规定的标准译名，曾译为：雷诺准数，Reynolds Number)，$Re=\dfrac{\rho wL}{\mu}$；

傅里叶数(这里现在国家规定的标准译名，曾译为：傅里叶准数，Fourier Number)，$Fo=\dfrac{a\tau}{L^2}$；

贝克来数(这是现在国家规定的标准译名，曾译为：贝克列准数，Péclete Number)，$Pe=\dfrac{wL}{a}$；

努塞尔数(这是现在国家规定的标准译名，曾译为：努谢尔特准数，Nusselt Number)，$Nu=\dfrac{hL}{\kappa}$；

几何准数(Geometrical Number)，$\dfrac{L_1}{L}$。

请读者注意：在这些准则之中，w 为流体的平均流速(例如，管内流动时为截面平均流速，但对于掠流平板时为来流的平均流速，绕流圆柱体时也为来流的平均流速)；而关于特征长度 L 的讨论参见第 2.2.2.7。

在以上相似准数中，就对流换热问题而言，努塞尔数 Nu 是**待定准数**，因为它包含求解对流换热问题的未知量，这个未知量就是对流传热系数 h。按照相似论中的相似第二定律(关于该定律，参见含有相似论或相似模拟实验内容的参考文献[11])，Nu 应该是其他相似准数的函数，即：

$$Nu = f(Ho, Fr, Eu, Re, Fo, Pe, L_1/L) \tag{2.92}$$

另外，根据工程流体力学方面[1,2,7,26]的相似模拟理论，经过推导可知：Eu 是 Fr 和 Re 的函数，即 $Eu=f(Fr,Pe)$。因此，式(2.92)就可以缩变为：

$$Nu = f(Ho, Fr, Re, Fo, Pe, L_1/L) \tag{2.93}$$

在工程上，一般的对流换热问题都是稳态传热。对于稳态传热，那么，与时间 τ 有关的两个准数(均时性准数 Ho 和傅里叶数 Fo)可以忽略不考虑。于是，式(2.93)就可以简化为：

① 传统上，推导相似准数的方法有两大类：(基于微分方程式的)**方程分析法**和[基于量纲一致性原则(或称：量纲齐次性原则)的]**量纲分析法**[11,35]。前者包括[11]：相似转换法、积分类比法；后者包括[11]：瑞利法(Rayleigh Method)、布金汉法(Buckingham Method，也称：π 定理法)。然而，随着 CFD 软件的日益丰富与成熟，工程问题则越来越依靠计算机的数值计算并结合现场测试数据来进行研究、解决与验证。所以，在工程流体力学以及对流换热方面，现在人们所继承的是前人的研究成果(有关的准数以及相关的准数方程)，而不是上述推导方法。这也就是说，这些推导方法已经逐渐退出了其历史舞台。

$$Nu = f(Fr, Re, Pe, L_1/L) \tag{2.94}$$

对于弗劳德数 Fr，它代表着重力与惯性力之比(参见第2.2.2.6)。当以自然对流换热为主时，该相似准数的影响很大。然而，由于流体自然流动时，流速 w 较难测量，为此可以采取该准数与其他准数之间的合理组合来约掉速度 w，具体推导过程如下：

$$Fr \cdot Re^2 = \frac{gL}{w^2} \cdot \left(\frac{\rho w L}{\mu}\right)^2 = \frac{g\rho^2 L^3}{\mu^2} \tag{2.95}$$

这个新准数就被称为为：伽利略数 Ga(Galilei Number)。Ga 尽管有效地避开了自然流动时流速难测量这一问题，但是它却没有直接表征出“自然流动是由于温度差引起密度差才使得流体发生自然流动”这一事实。为此，人们又对于 Ga 进行了转换，具体是：用一个表征密度差的无量纲量$\frac{\rho-\rho_0}{\rho}$与 Ga 相乘来得到新的相似准数，该准数被称为：阿基米德数(Archimedes Number) $Ar=\frac{\rho-\rho_0}{\rho} \cdot Ga$。另外，根据有关推导，得$\frac{\rho-\rho_0}{\rho} \approx \beta_T \Delta t$①。由于 $\beta_T \Delta t$ 计算起来较为方便，于是，人们将无量纲量 $\beta_T \Delta t$ 与 Ga 相乘又得到了一个新准数，此准数称为：葛拉晓夫数(Grashof Number) Gr，具体为：

$$Gr = Ga \cdot \beta_T \Delta t = \frac{g\rho^2 L^3}{\mu^2}\beta_T \Delta t = \frac{gL^3}{\nu^2}\beta_T \Delta t \tag{2.96}$$

葛拉晓夫数 Gr 被广泛地应用于只涉及自然流动的对流换热问题之中。在式(2.96)中，Δt 为流体与固体之间的温度差，单位为 K 或℃；β_T 为流体的体积膨胀系数，单位为 K^{-1} 或 $℃^{-1}$，对于理想气体，$\beta_T = \frac{1}{T} = \frac{1}{273.15+t}$。

对于雷诺数 Re，由于它只在强制对流时被涉及，而在强制对流时，流速的测量是很方便的，因此该相似准数不需要作任何的变换。

对于贝克来数 Pe，无论是自然对流换热过程还是强制对流换热过程，该相似准数都将被用到。由于涉及自然对流换热的问题，所以也存在着“流体在自然流动时，流速 w 较难测量”的问题。为此，也需要用准数合理组合的方法来得到一个没有流速 w 的新准数，该准数被称为：普朗特数(Prantl Number) Pr，其具体表达式为：

$$Pr = \frac{Pe}{Re} = \frac{\frac{wl}{a}}{\frac{\rho w l}{\mu}} = \frac{\mu}{\rho a} = \frac{\nu}{a} \tag{2.97}$$

式中　μ——流体的动力黏度，Pa·s；

ν——流体的运动黏度，m^2/s；

a——流体的热扩散率[曾经称为：导温系数，参见式(2.10a)]。

经过上述关于两个相似准数 Fr 和 Pe 的转换，这样，准数方程式(2.94)就转变为：

$$Nu = f(Gr, Re, Pr, L_1/L) \tag{2.98}$$

以上在探讨对流换热的影响因素时，根据流体发生流动的动力不同，而将对流换热过程分为两种方式：自然对流换热和强制对流换热。

就准数方程式(2.98)而言，对于自然流动，葛拉晓夫数 Gr 起主要作用，雷诺数 Re 可以被忽略。因此，关于自然对流换热的准数方程式(2.98)就简化为：

---

① 流体体积膨胀系数的定义为：$\beta_T = -\frac{1}{\rho}\left(\frac{\partial \rho}{\partial T}\right)_p$[参见式(2.66)的导出式]。按照数学上导数的定义，可以用差分近似地代替微分，于是就可以得到：$\beta_T \Delta T \approx \frac{\Delta\rho}{\rho} \approx \frac{\rho-\rho_0}{\rho}$，又因为 $\Delta T = \Delta t$，所以得到 $\beta_T \Delta t \approx \frac{\rho-\rho_0}{\rho}$，即$\frac{\rho-\rho_0}{\rho} \approx \beta_T \Delta t$。

$$Nu = f(Gr, Pr, L_1/L) \tag{2.99}$$

另外，有关的实验研究结果表明：在自然对流换热时，几何准数 L_1/L 对于努塞尔数 Nu 的影响不大。于是，便得到了进一步简化后的**自然对流换热准数方程式**：

$$Nu = f(Gr, Pr) \tag{2.100}$$

对于强制对流换热，雷诺数 Re 起主要作用。当流体的流速很大时，葛拉晓夫准数 Gr 的作用就可以被忽略，这时，关于强制对流换热的准数方程式(2.98)就简化为：

$$Nu = f(Re, Pr, L_1/L) \tag{2.101}$$

对于某些强制对流换热问题，几何准数 L_1/L 的影响不大，于是可以忽略。所以，在这种情况下的**强制对流换热准数方程式**(2.101)就可以进一步简化为：

$$Nu = f(Re, Pr) \tag{2.102}$$

对于有些强制对流换热问题，当符合一定的条件后，努塞尔数 Nu 与几何准数 L_1/L 无关，在这种情况下，强制对流换热的准数方程式也是式(2.102)的形式。

更为特别的是，对于原子数目相同的气体来说，Pr 则近似为一常数(参见附录 3 中的附表 3.6～附表 3.8)，于是就得到了强制对流换热最简单的准数方程形式：

$$Nu = f(Re) \tag{2.103}$$

由以上的叙述可以看出：关于对流换热微分方程组的求解，利用相似准数与模拟实验的方法，可以避免极其繁琐的微积分运算，甚至可以解决无法得到数学解的难题。

相似模拟实验的本质是：首先根据微分方程组或利用量纲分析的方法推导出所研究现象的相似准数及其方程式。准数方程式中的系数、指数通过具体的模型实验结果来确定。但是，请注意：具体准数方程式的获得受到相似条件的限制，所以它只能够在与模型实验条件相近的范围内使用，而不能任意超越其使用范围[由模型实验所得到的准数方程式不能够无限制推广使用的原因在于：模型实验无法保证模型的边界层厚度与原型中边界层厚度成比例(而边界层厚度对于对流换热效果起着关键作用)]。今后，在应用有关的准数方程式进行相关计算时，要关注这些限制，以免计算出错。

2.2.2.6 几个典型相似准数的物理意义

在第 2.2.2.5 中，其核心式[式(2.94)和式(2.98)]所涉及的几个相似准数都是典型的相似准数，关于这几个相似准数的来历和物理意义简介如下：

(1) Nu

Nu 是按照德国杰出科学家 Wilhelm Nusselt(1882—1957)的姓氏来命名的，在我国相关的国家标准中，译为：努塞尔数。其物理意义是：边界层内的温度梯度与一个平均温度梯度之比。该准数是表征了换热强度与边界层内温度分布之间的关系。

(2) Fr、Ga 和 Gr

Fr 准数是按照英国有开拓性贡献的造船师 William Froude(1810—1879)的姓氏来命名的，我国相关的国家标准将其译为：弗劳德数。其物理意义是：反映了流体的重力与惯性力之比。

Ga 是按照意大利杰出科学家 Galileo Galilei(1564—1642)的姓氏来命名的，在我国相关的国家标准中，译为：伽利略数。其物理意义是：反映了流体的重力与黏滞力之比。

Ar 是按照古希腊科学家 Archimedes of Syracuse(公元前 287—公元前 212)的姓氏来命名的，在我国相关的国家标准中，译为：阿基米德数。其物理意义是：反映了流体的浮升力与黏滞力之比。

Gr 是按照德国杰出科学家 Franz Grashof(1826—1893)的姓氏来命名的，我国相关的国家标准将其译为：葛拉晓夫数。其物理意义是：反映了流体的浮升力与黏滞力之比。

(3) Re

Re 是按照英国杰出流体力学家 Osborne Reynolds(1842—1912)的姓氏来命名的，在我国相关的国家标准中，译为：雷诺数。在流体力学领域，这是一个非常重要的相似准数，被用来判断流态(参见第 2.2.1.3)。其物理意义是:反映了流体的惯性力与黏滞力之比。

(4) Pe 和 Pr

Pe 是按照法国杰出物理学家 Jean Claude Eugène Péclet(1793—1857)的姓氏来命名的,在我国相关的国家标准中,译为:贝克来数。其物理意义是:反映了流体的对流传热与热扩散的相对比例。

Pr 是按照德国杰出流体力学家 Ludwig Prandtl(1875—1953)的姓氏来命名的,我国相关的国家标准将其译为:普朗特数。该准数实质上是一个物性参数,因为它完全是由物性参数所组成,其物理意义是:流体的运动黏度与其热扩散率的比值;该准数也表征了温度场与速度场之间的相似程度,当 $Pr=1$ 且 $\frac{\partial p}{\partial x}=\frac{\partial p}{\partial y}=\frac{\partial p}{\partial z}=0$ 以及不考虑质量力的影响时,则温度场与速度场相似[将式(2.76a)与式(2.82)进行对比,便可以得到此结论]。

2.2.2.7 定性温度和特征长度

在第 2.2.2.5 和第 2.2.2.6 中所涉及的各个相似准数中,均包含了流体的一些物性参数,这些物性参数受到温度的影响较大(温度不同,物性参数的大小会有很大差异)。因此,在实际的具体计算过程中,必需选定一个有代表性的温度来作为取值的依据,这个有代表性的温度被称为:**定性温度**,其定义为:决定相似准数中物性参数值的那个温度。

另外,有些相似准数中还含有一个具有长度量纲的尺度 L,被称为:**特征长度**(Characteristic Length,也称:特征尺度,或称:特征尺寸)。

(1) 定性温度的选择

关于对流换热的问题,一般来说,将流动边界层内的平均温度 t_b 作为对流换热计算的定性温度(ReferenceTemperature)是较为合理的[t_b 可以近似地取流体(平均)温度与壁面(平均)温度的算术平均值,即 $t_b=\frac{t_f+t_w}{2}$],这是因为,按照第 2.2.2.3 中所述,对流换热的效果主要取决于流动边界层内的传热效果。

当然,如果简单地来看,将流动边界层内的平均温度 t_b 作为定性温度时,流体无论是被加热还是被冷却,如果换热条件相同,则对流传热系数 h 也应该是相同的。但是,从有关实验的结果来看,在 t_b 相同的条件下,对流传热系数 h 的值还是受到传热方向的影响,这是由于流体的黏度受到温度变化的影响所致(参见图 2.47)。为了修正传热方向对于对流换热系数的影响,在进行强制对流换热问题的计算时,要以流体平均温度 t_f 作为其定性温度,当然还要再乘以一个由实验数据确定的修正因子 $(Pr_f/Pr_w)^n$ 或 $(\mu_f/\mu_w)^n$,这里,Pr_w,μ_w 分别为:在管壁温度 t_w 时流体的普朗特数与流体的动力黏度。

因此,以下在进行具体对流换热问题的计算时(参见第 2.2.2.8~2.2.2.10),通常会遇到采用不同定性温度的准数方程式。为了不会产生混淆,会在有关相似准数的右下角,标记出下角标(例如,Re_b、Re_f、Re_w 分别表示以边界层内温度 t_b、流体温度 t_f、壁面温度 t_w 作为定性温度来计算雷诺数 Re 的值)。

(2) 特征长度的选择

特征长度也称:特征尺度(或称:特征尺寸,曾经称为:定性尺寸),它应该是最能够表征出所研究物体最典型体特征的那个尺寸。一般来说,对于圆管内流动,采用直径(内径)d 作为特征长度;对于非圆形管道内流动,则以当量直径 d_e[参见式(2.74)]作为特征长度;对于绕流单管或者绕流管簇的流动,则取管子的外径(直径)作为特征长度;对于绕流球体的流动,需要取球体的外径(直径)来作为特征长度;对于掠过平板的流动,则取沿流动方向上的壁面长度(即纵向长度)作为特征长度。

以下(第 2.2.2.8~第 2.2.2.12)就将分门别类地介绍几种典型情况下对流换热的具体规律及其准数方程式。

但是,这里提醒读者注意:关于对流换热的准数方程式,前人经过大量的模拟实验研究,曾给出了两种情况下的准数方程式;其一是恒壁温 t_w 条件下(大多数工程对流换热问题都属于该情况,该情况属于第一类边界条件或第二类边界条件,参见第 2.1.5.1);其二是恒热流 q 条件下(例如,以恒定的功率对于管壁进行电加热,该情况属于第二类边界条件,参见第 2.1.5.1)。在无机非金属材料领域之内,第一种情况(即恒壁温条件下)非常广泛,因此,以下(第 2.2.2.8～2.2.2.10,第 2.2.2.12)所介绍的准数方程式(包括有关表格中的那些准数方程式)只是针对恒壁温的条件下,而且,还假定:来流是以均匀的流速分布(即无边界层)与固体壁面开始接触。如果想了解恒热流条件下的相关准数方程式,请读者查阅有关的专著或者手册[12]。当然,在本教材网站的相关栏目中也会列举一些典型情况下在恒热流时的准数方程式或者数据,以作为对于本教材的有效补充。

2.2.2.8　自然对流换热的计算公式

在工程上,通常将自然对流换热分为以下两种类型:无限空间内的自然对流换热和有限空间内的自然对流换热。

(1) 无限空间内自然对流换热的规律与计算公式

工程上所谓无限空间,实际上是指物体周围的流体空间之尺寸比物体本身的尺寸大得多的情况,从而使得物体自身的放热结果或吸热结果不至于引起其周围空间内流体主流区的温度变化。例如,在无机非金属材料工业中,(无风速时)露天放置的热工设备或者在大厂房内放置的热工设备,它们在工作时的对流散热过程就可以归属为无限空间内自然对流换热的情况。另外,有关的研究结果表明:对于距离为 δ、高度为 H 的两个平行热竖壁之间的气体层(参见图 2.45),只要 $\delta/H>0.28$,则其对流换热问题也可以当作是无限空间内的自然对流换热问题来处理。

就无限空间内的自然对流换热过程而言,不均匀的温度场仅仅发生在换热面附近的流体薄层内(其温度分布如图 2.46 所示的那样,温度是从壁面温度 t_w 变化到 t_f。关于该变化规律参见第 2.2.2.3中关于"热边界层"的介绍)。在该薄层内,不均匀的温度场造成了不均匀的密度场从而就引起了流体的自然流动。如果壁面是冷壁面,则薄层内的流体便因为冷却而导致密度增大,于是由于重力大于浮力而沿冷壁面向下流动;若壁面是热壁面,薄层内的流体因为受热而导致密度降低,于是由于受到的浮力大于其自身的重力而沿热壁面上升。

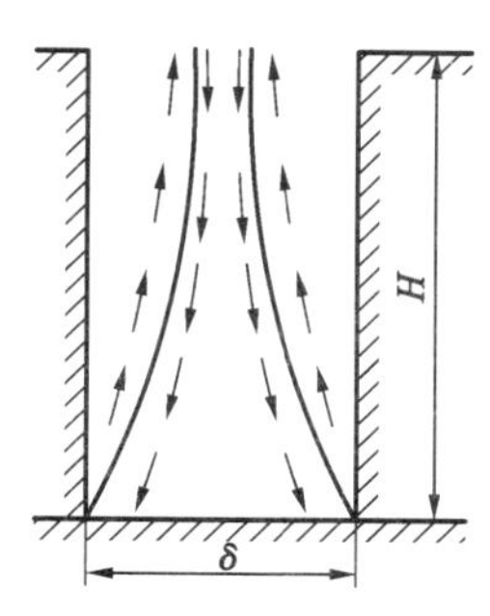

图 2.45　两平行竖壁之间的对流换热情况

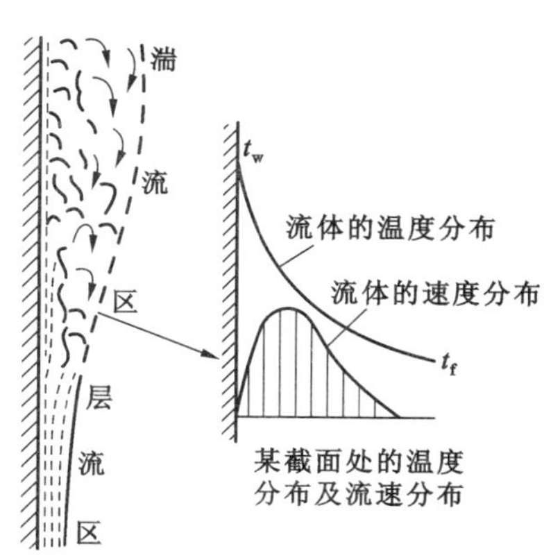

图 2.46　竖直热表面附近的对流情况

下面就以置于空气中的热竖直表面所引起的自然对流换热为例来探讨一下自然对流换热的具体规律。在这种情况下,紧靠壁面处的空气因为受到附近冷气体的浮升力作用而向上流动,阻碍其流动的力是黏滞力。作为一种流动,自然流动时的流态也有层流与湍流之分。

靠近热壁面的空气沿着热表面向上流动时,近壁层内的空气会不断地从壁面吸收热量,于是它的温度不断升高,并加热其邻近流体,使之一起上升,于是流动层沿板面自下而上逐渐增厚。这就是说,从壁面最下端刚开始流动算起,再往上的一段流动层内因为流速低、尺度小而处于层流状态。然而,越往上,流速越大,流动层也就越厚,于是逐渐从过渡流发展成为湍流,如图 2.46 所示。通过进一步分析,人们获知:自然对流时,浮升力和黏滞力的相对大小决定着流态。

正如在第 2.2.2.5 中所述，强制对流换热时，表征流体惯性力与黏滞力之比的雷诺数 Re 起主要作用[参见式(2.101)]，但是，自然对流换热时，则是表征浮升力和黏滞力之比的弗劳德数 Fr 起主要作用，当然，为了测量与计算的方便，人们通常将弗劳德数 Fr 转化为葛拉晓夫数 Gr[参见式(2.96)]。

Gr 越大，自然对流换热就越强烈，当流体沿着热壁面作自然对流时，流动与换热是密切相关的，因此流体的热物性参数对于流动状态也有影响。实验表明，判别自然对流时流态是层流还是湍流的依据是"葛拉晓夫数 Gr 与普朗特数 Pr 的乘积 $Gr \cdot Pr$"，例如，当流体沿竖壁流动或者绕流水平圆管时，层流与湍流的分界点为：$Gr \cdot Pr=10^9$，而其他自然对流换热情况下的分界点则列于参见表 2.4 之中。

当然，相关的模拟实验研究结果也表明，关于自然对流换热的准数方程式(2.100)可以简化为：

$$Nu_b = f(Gr_b \cdot Pr_b) \tag{2.104}$$

在式(2.104)中，下角标 b 表示该方程中的各个准数都是以边界层内的平均温度 t_b（近似为流体温度 t_f 和壁面温度 t_w 的平均值，即 $t_b=\dfrac{t_f+t_w}{2}$）为定性温度。

按照一般的数学处理方法，自然对流换热准数方程式(2.104)可以写成如下式所示的指数形式：

$$Nu_b = c(Gr_b \cdot Pr_b)^n \tag{2.105}$$

在无限空间内的自然对流换热情况下，几种典型形状①换热体的特征长度以及对应式(2.105)中系数 c 和指数 n 的值列于表 2.4 中。

表 2.4 式(2.105)中系数 c 与指数 n 的值

加热表面的形状与取向	图示	实例	系数 c 及指数 n			特征长度	$Gr \cdot Pr$ 的范围
			流态	c	n		
垂直平板及竖直圆柱*		窑墙	层流	0.59	$\frac{1}{4}$	高度 H	$10^4 \sim 10^9$
			湍流	0.12	$\frac{1}{3}$		$10^9 \sim 10^{12}$
水平圆柱		蒸气管道	层流	0.53	$\frac{1}{4}$	外直径 d	$10^3 \sim 10^9$
			湍流	0.13	$\frac{1}{3}$		$10^9 \sim 10^{12}$
水平板热面向上		窑顶	层流	0.54	$\frac{1}{4}$	正方形取其边长；长方形取其长度与宽度的平均值；圆盘取其直径的 0.9 倍；狭长条取其短边的长度	$10^5 \sim 2\times10^7$
			湍流	0.14	$\frac{1}{3}$		$2\times10^7 \sim 3\times10^{10}$
水平板热面向下		窑底	层流	0.27	$\frac{1}{4}$		$3\times10^5 \sim 3\times10^{10}$

* 竖直圆柱体只有满足 $\dfrac{d}{H} \geqslant \dfrac{35.0}{Gr^{1/4}}$，才能够按照竖直平壁处理。否则，需要用公式 $Nu_b=0.686(Gr_b Pr_b)^n$（层流时，$n=0.25$，湍流时，$n=\dfrac{1}{3}$）来进行计算。

由表 2.4 还可以得到以下推论：当流态为湍流时，$n=1/3$，这样，再对照第 2.2.2.5 中 Nu 和 Gr 的定义，便可以将式(2.105)左边和右边中的特征长度 L 约掉，这就意味着当湍流流态时，无限空间内的自然对流换热系数 h 与壁面的尺寸无关。

【例 2.9】 某水平放置的高压水蒸气管道，其外面包有保温层。该保温层的外直径为 583 mm，该保温层的外壁温度为 48 ℃，周围空气的温度是 23 ℃。请计算：该管道单位长度上的自然对流散热量。

---

① 若想获知更广泛情况下无限空间内自然对流的换热公式，还需要查阅专门的技术手册[12]或者本教材的网站。

【解】 第一步，计算定性温度 t_b：

$$t_b = \frac{t_f + t_w}{2} = \frac{48 + 23}{2} = 35.5\ ℃$$

第二步，确定有关参数的值：按照定性温度 $t_b = 35.5$ ℃来查阅附录 3 中的附表 3.6，便可以得到空气在该温度时的有关物性参数（0 ℃～t_b 范围内的平均值）为：

运动黏度 $\nu = 16.53 \times 10^{-6}\ m^2/s$；

普朗特数 $Pr = 0.700$；

热导率 $\kappa = 0.0272 W/(m \cdot ℃)$。

再计算在定性温度下空气的体积膨胀系数 β_T 以及温度差 Δt：

$$\beta_T = \frac{1}{T_b} = \frac{1}{t_b + 273.15} = \frac{1}{35.5 + 273.15} = \frac{1}{308.65}(K^{-1})$$

$$\Delta t = 48 - 23 = 25\ ℃ \quad (\text{即}\ \Delta T = \Delta t = 25\ K)$$

第三步，计算葛拉晓夫数与普朗特数之乘积 $Gr_b \cdot Pr_b$ 的值，并用以判断流态：

$$Gr_b \cdot Pr_b = \frac{gL^3}{\nu^2}\beta_T \Delta t \cdot Pr = \frac{9.807 \times 0.583^3}{(16.53 \times 10^{-6})^2} \times \frac{1}{308.65} \times 25 \times 0.700$$
$$= 4.03 \times 10^8 < 10^9$$

由此可知，该流动是处于层流流态。

第四步，计算努塞尔数 Nu_b：

查表 2.4，得 $c = 0.53$，$n = \frac{1}{4}$，所以，得到以下的计算结果：

$$Nu_b = c(Gr_b \cdot Pr_b)^n = 0.53 \times (4.03 \times 10^8)^{\frac{1}{4}} = 75.09$$

第五步，计算对流传热系数 h：

根据表 2.4 中的指示，本题中的特征长度 $L = d = 0.583$ m

所以，对流换热系数 $h = \frac{\kappa}{L} \cdot Nu_b = \frac{\kappa}{d} \cdot Nu_b = \frac{0.0272}{0.583} \times 75.09 = 3.503[W/(m^2 \cdot ℃)]$

第六步，计算单位长度管道的对流散热量 q_l：

$$q_l = \pi d \cdot l \cdot h\Delta t = 3.142 \times 0.583 \times 1 \times 3.503 \times 25 = 160.4(W/m^2)$$

当然，就该水蒸气管道的散热量而言，它除了具有对流传热量外，还应该包括辐射传热量。这个问题将在第 2.3 节与第 2.4 节中去讨论。

—毕—

(2) 有限空间内自然对流换热的规律

有限空间内的自然对流换热是指在较小的空间里，流体的受热或冷却是在彼此靠得很近的热、冷物体的壁面之间发生的。靠近热壁面的流体因为受热而上升，靠近冷壁面的流体因为冷却而下降。由于热、冷壁面之间靠得较近，热、冷流体的流股互相干扰，所以要区分热、冷表面处的自然对流换热是很困难的，这就是它与无限空间内自然对流换热过程的根本不同。

就有限空间内的自然对流换热过程而言，热、冷壁面之间的热交换过程是热面放热于流体和冷面受热自流体的综合作用结果。为了方便计算，通常把两个对流换热过程均按照导热计算的方式处理，其热导率采用当量热导率 κ_e(Equivalent Thermal Conductivity)。于是，参考式(2.14)与式(2.15)，便可以得到热壁面与冷壁面之间热流量、传热量的计算公式如下：

$$q = \frac{\Delta t}{\frac{\delta}{\kappa_e}} \qquad (W/m) \tag{2.106}$$

$$Q = \frac{\Delta t}{\frac{\delta}{\kappa_e A}} \qquad (W) \tag{2.107}$$

式中 κ_e——当量热导率，W/(m · K)或 W/(m · ℃)；

δ——热壁面与冷壁面之间的夹层厚度，m（注：δ 也作为本问题的特征长度）；

Δt——热壁面与冷壁面之间的温度差，K 或℃。

在有的文献资料中，将 κ_e 与流体热导率 κ 的比值整理成以下准数方程式的形式：

$$\frac{\kappa_e}{\kappa} = f(Gr \cdot Pr) \tag{2.108}$$

在该式中，$\frac{\kappa_e}{\kappa}$ 的意义就相当于两壁面之间的对流换热的准数 Nu，这是因为，根据牛顿冷却定律[参见式(2.77)]得：$q=h\Delta t$，所以该式可以改写为 $q=\frac{h\delta}{\kappa}\cdot\frac{\kappa}{\delta}\Delta t=Nu\cdot\frac{\kappa}{\delta}\Delta t=\frac{\Delta t}{\frac{\delta}{Nu\cdot\kappa}}$。再将该公式与式(2.106)相比较，便可以得到：

$$Nu = \frac{\kappa_e}{\kappa} \tag{2.109}$$

关于$\frac{\kappa_e}{\kappa}$的值，则可以按照表 2.5① 中所列出的相关公式来进行计算。在该表中的所有公式中，其特征长度为夹层厚度 δ，定性温度为夹层中流体的平均温度 $t_f=\frac{t_{w,1}+t_{w,2}}{2}$；计算 Gr 时的 Δt 为 $t_{w,1}$ 和 $t_{w,2}$ 之差。

从表 2.5 中所列的计算式可知，当空气的 $Gr<2000$ 时，$\frac{\kappa_e}{\kappa}=1$，这说明夹层中的空气几乎是静止的，没有对流换热，即从热表面到冷表面的传热完全取决于流体的导热性。

表 2.5　有限空间内一些典型情况的自然对流换热计算公式

夹层形状	图示	换热量	当量热导率 κ_e	适用范围	流态
竖夹层（当 $\frac{\delta}{H}>0.33$ 时可以按无限大空间计算）	δ, H, $t_{w,1}$, $t_{w,2}$	单位面积的换热量：$q=\frac{\kappa_e}{\delta}(t_{w,1}-t_{w,2})$ $t_{w,1}$ 为热面温度；$t_{w,2}$ 为冷面温度；δ 为夹层的厚度	$\frac{\kappa_e}{\kappa}=1$	$Gr<2000$（空气）	几乎不动
			$\frac{\kappa_e}{\kappa}=0.18Gr^{1/4}\left(\frac{\delta}{H}\right)^{1/9}$	$Gr=6\times10^3\sim2\times10^5$（空气）	层流
			$\frac{\kappa_e}{\kappa}=0.065Gr^{1/3}\left(\frac{\delta}{H}\right)^{1/9}$	$Gr=2\times10^5\sim1.1\times10^{10}$（空气）	湍流
横夹层（热面在下方）	$t_{w,2}$, δ, $t_{w,1}$		$\frac{\kappa_e}{\kappa}=0.195Gr^{1/4}$	$Gr=10^4\sim4\times10^5$（空气）	层流
			$\frac{\kappa_e}{\kappa}=0.068Gr^{1/4}$	$Gr=3\times10^{10}$（空气）	层流
			$\frac{\kappa_e}{\kappa}=0.073(Gr\cdot Pr^{1.14})^{1/3}$	$(Gr\cdot Pr^{1.65})>1.6\times10^6$	湍流
环形夹层（热面在内侧，内径为 d_1，外径为 d_2）	d_2, $t_{w,1}$, d_1, $t_{w,2}$	单位管长的换热量：$q=\frac{2\pi\kappa_e(t_{w,1}-t_{w,2})}{\ln\frac{d_2}{d_1}}$ $t_{w,1}$ 为热面温度；$t_{w,2}$ 为冷面温度	$\frac{\kappa_e}{\kappa}=0.018(Gr\cdot Pr)^{1/4}$	$(Gr\cdot Pr)=10^3\sim10^8$	

① 表 2.5 中只是列举了一些典型情况，若想知道更多情况下有限空间内自然对流的换热公式，请查阅专门的技术手册[12]或者本教材的网站。

【例 2.10】 请计算某传热系统中两个平板之间空气夹层的当量热导率以及相应的对流传热量。已知该夹层的厚度为 25.0 mm，高度为 200 mm，热表面的温度为 150 ℃，冷表面的温度为 50 ℃。

【解】 第一步，计算夹层中空气的平均温度

$$t_f = \frac{t_{w,1} + t_{w,2}}{2} = \frac{150 + 50}{2} = 100(℃)$$

第二步，通过附录 3 中的附表 3.6，按照 $t_f = 100$ ℃查得该温度时空气的有关物性参数为：

运动黏度 $\nu = 2.31 \times 10^{-5}$ m²/s

普朗特数 $Pr = 0.688$

热导率 $\kappa = 0.0321$ W/(m·℃)

第三步，计算 Gr_f

在本题中，特征长度 $L = \delta = 200$ mm $= 0.2$ m

$$Gr_f = \frac{gL^3}{\nu^2}\beta_T \Delta t = \frac{9.807 \times (0.025)^3}{(2.31 \times 10^{-5})^2} \times \frac{1}{273.15 + 100} \times 100 = 7.7 \times 10^4$$

第四步，根据表 2.5 中的计算式，计算出 κ_e

$$\frac{\kappa_e}{\kappa} = 0.18 Gr_f^{1/4}\left(\frac{\delta}{h}\right)^{1/9} = 0.18 \times (7.7 \times 10^4)^{1/4} \times \left(\frac{0.025}{0.2}\right)^{1/9} = 2.38$$

$$\kappa_e = 2.38\kappa = 2.38 \times 0.0321 = 0.0764 \ [\mathrm{W/(m \cdot ℃)}]$$

第五步，计算对流传热量

$$q = \frac{\Delta t}{\frac{\delta}{\kappa_e}} = \frac{100}{\frac{0.025}{0.0764}} = 305.6(\mathrm{W/m^2})$$

— 毕 —

2.2.2.9 强制对流换热的计算公式

这里所说的强制对流换热是指流体流速很高的情况，也就是式(2.101)所表征的情况：流速很大，以至于自然对流换热的效果可以忽略(关于流速较低时的情况，请参见第 2.2.2.10)。

式(2.101)指出了描述强制对流换热规律的函数关系式(准数方程式的形式)。因此，以下所介绍强制对流换热的计算公式就是基于这个函数关系式，然后根据具体的实验结果整理而成的计算公式(准数方程式)。

就流体的强制流动而言，主要有两种典型的流动：内部流动(Inner Flow)和外部流动(Outer Flow)。

常见的内部流动是管道内部流动，称为：管内流动(简称：管流，Pire Flow)；常见的外部流动有：掠过平面的流动(Flow along a Plate)、绕流管的流动、绕流圆球的流动、流过充填床的流动、圆柱体在流体中旋转等情况。以下就分别来介绍在这几种情况下强制对流换热的计算公式。如果读者想获知更多情况下的强制对流换热计算公式，请查阅专门的技术手册[12]。

(1) 流体在管内流动的强制对流换热计算公式

关于流体在管内流动时强制对流换热的计算，首先需要清楚以下两点：一是关于入口段的影响；二是关于传热方向的处理。

关于入口段的影响：流体从一个大空间进入管道以后，从入口开始就会形成边界层，该边界层的厚度从零逐渐增厚，直到交汇于管子中心处(该截面之前的区域则被称为：入口段，该截面以后的区域被称为：充分发展段)。因此，管内强制流动时各部位的对流传热系数也在不断变化着，入口处最大，然后逐渐下降，最后趋于稳定。整个管道内的平均对流传热系数 h 也因此而有所变化。但是，当管长 l 与管径(内直径)d 之比 $l/d \geqslant 50$ 以后，对流传热系数 h 基本上就不再随着管长 l 而变。

因此，通常把 $l \geqslant 50d$ 作为一个判别式来判断管内强制对流换热是属于长管道内的换热还是属于短管道内的换热。长管道内的换热便不需要考虑入口段的影响；短管道内的换热则要考虑入口段的效应(Entrance Effect)。

关于传热方向的处理：尽管牛顿冷却定律[即式(2.77)、式(2.78)]中并没有涉及传热方向。然而，流体的黏度却是随着温度的变化而变化，这种变化将会改变速度分布(参见图 2.47)，这是因为流体的温度分布与流体是"被加热"还是"被冷却"有关，而且液体和气体的黏度会表现出不同的随温度的变化规律(参见第 2.2.1)。例如，液体黏度随着温度降低而升高，所以液体冷却时，近壁处的黏度较管心处为高，这造成近壁处的速度降低，从而变成曲线 3；若液体被加热，则速度分布变成曲线 1，即近壁处的流速增大。近壁处的流速增大便会加强换热，反之会减弱换热，这说明不均匀物理场对于对流换热影响的基本规律。对于气体，由于黏度随着温度的升高而会增大，所以在近壁处气体的规律与液体的规律刚好相反。

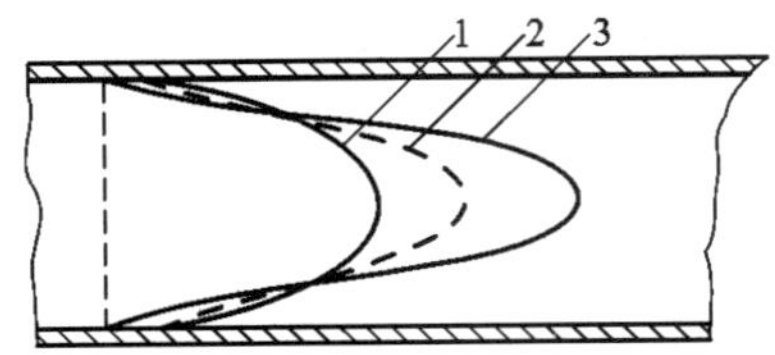

图 2.47　流体因传热方向导致其黏度分布变化而对于流速分布的影响

1—液体受热或气体被冷却的情况；

2—恒温的情况；

3—液体被冷却或气体受热的情况

在实际的计算公式之中，往往是在准数方程中引入$(\mu_f/\mu_w)^n$ 或者$(Pr_f/Pr_w)^n$ 这样的修正因子来修正传热方向对于具体换热效果的影响。

在探讨了入口段以及传热方向对于强制对流换热效果的影响以后，读者还应该知道：流态对于强制对流换热效果的影响也很大，所以不同的流态需要应用不同的强制对流换热计算公式。

① 管内流动在层流时的强制对流换热计算公式

当雷诺数 $Re_f < 2300$ 时，管内流动的流态便为层流。当然，只有在小直径的厚管道内流动，而且仅当流体的温度差很小时才会得到严格意义上的层流现象。

管内层流流动时的强制对流换热情况较为复杂，甚至比以下将要介绍的湍流时的对流换热情况更为复杂。这是因为，管内层流时自然对流换热的影响程度变得更大。为此，学者们提出了许多不同的计算公式(准数方程式)，但是，它们计算结果的误差却都较大。式(2.110)与式(2.111)是两个关于圆形管道内在层流时强制对流换热的计算公式；几种非圆管道内在层流时强制对流换热计算公式或数值大小参见表 2.6与表 2.7[12]；若管道形状在这两个表中没有，则以其当量直径 d_e[参见式(2.74)]为特征长度，再选择一个与之最接近的管形(圆形或表中的非圆形)，然后利用式(2.110)、式(2.111)或表 2.6、表 2.7来进行计算。

表 2.6　非管道内入口段在层流时强制对流换热的准数方程式

截面形状	特征长度	定性温度	准数方程式	适用范围
三角形(边长 b)	$d_e = \frac{b}{\sqrt{3}}$	t_f	$Nu_f = 1.5\left(Re_f \cdot Pr_f \cdot \frac{d_e}{l}\right)^{1/3}$	$Re_f \cdot Pr_f \cdot \frac{d_e}{l} > 7$
平行平板(间距 δ)	$d_e = 2\delta$	t_f	$Nu_x = 1.849\left(Re_f \cdot Pr_f \cdot \frac{d_e}{l}\right)^{1/3} + 0.6$	$167 < Re_f \cdot Pr_f \cdot \frac{d_e}{x} < 2000$
		t_f	$Nu_x = 0.0235 Re_f \cdot Pr_f \cdot \frac{d_e}{l} + 7.541$	$Re_f \cdot Pr_f \cdot \frac{d_e}{x} < 167$
		t_f	平均：$Nu_f = 1.85\left(Re_f \cdot Pr_f \cdot \frac{d_e}{l}\right)^{1/3}$	$Re_f \cdot Pr_f \cdot \frac{d_e}{l} > 70$

注：① 在表 2.6 中，t_f 为管道内流体的平均温度(进、出管道的流体温度之算术平均值)；l 为管道的长度。

② 表 2.6 仅列举了几种情况下恒壁温时的实验结果，至于恒热流时的实验结果，请查阅专门的手册[12]或本教材的网站。

表 2.7 非圆管道内充分发展段在层流时强制对流换热的努塞尔数 Nu_f 之函数关系或数值大小

<table>
<tr><th>截面形状</th><th>特征长度</th><th colspan="11">关于 Nu_f 的函数关系或数值大小(定性温度:t_f)</th></tr>
<tr><td rowspan="6"></td><td rowspan="6">$d_e=d_2-d_1$</td><td colspan="11">内管壁传热而外管绝热时</td></tr>
<tr><td>d_1/d_2</td><td>0</td><td>0.01</td><td>0.04</td><td>0.05</td><td>0.10</td><td>0.20</td><td>0.40</td><td>0.60</td><td>0.80</td><td>1.0</td></tr>
<tr><td>Nu_f</td><td>—</td><td>—</td><td>—</td><td>—</td><td>—</td><td>8.0</td><td>6.15</td><td>5.42</td><td>5.05</td><td>4.86</td></tr>
<tr><td colspan="11">外管壁传热而内管绝热时</td></tr>
<tr><td>d_1/d_2</td><td>0</td><td>0.01</td><td>0.04</td><td>0.05</td><td>0.10</td><td>0.20</td><td>0.40</td><td>0.60</td><td>0.80</td><td>1.0</td></tr>
<tr><td>Nu_f</td><td>—</td><td>—</td><td>—</td><td>—</td><td>4.10</td><td>4.18</td><td>4.33</td><td>4.50</td><td>4.70</td><td>4.86</td></tr>
<tr><td rowspan="2"></td><td rowspan="2">$d_e=\dfrac{2yb}{1.5(y+b)-\sqrt{yb}}$</td><td colspan="3">$y/b$</td><td colspan="4">0.1</td><td colspan="4">0.4</td></tr>
<tr><td colspan="3">Nu_f</td><td colspan="4">3.79</td><td colspan="4">3.82</td></tr>
<tr><td rowspan="2"></td><td rowspan="2">$d_e=\dfrac{2yb}{y+b}$</td><td>y/b</td><td>0.1</td><td>0.2</td><td>0.3</td><td>0.4</td><td>0.5</td><td>0.6</td><td>0.7</td><td>0.8</td><td colspan="2">1.0</td></tr>
<tr><td>Nu_f</td><td>5.89</td><td>4.80</td><td>4.11</td><td>3.67</td><td>3.38</td><td>3.20</td><td>3.08</td><td>3.01</td><td colspan="2">2.97</td></tr>
<tr><td></td><td>$d_e=\dfrac{b}{\sqrt{3}}$</td><td colspan="11">$Nu_f=2.68$</td></tr>
<tr><td></td><td>$d_e=\sqrt{3}b$</td><td colspan="11">$Nu_f=3.36$</td></tr>
<tr><td rowspan="2"></td><td rowspan="2">$d_e=2\delta$</td><td colspan="11">$Nu_f=7.54$(两个平面壁同温时)</td></tr>
<tr><td colspan="11">$Nu_f=4.86$(只有一个壁面被加热或被冷却时)</td></tr>
</table>

注:① 在表 2.7 中,以管道内流体的平均温度 t_f 为定性温度。

② 表 2.7 仅列举了几种情况下恒壁温时的实验结果,至于恒热流时的实验结果请查阅专门的手册[12]或本教材的网站。

式(2.110)是赛德尔-泰特(Sieder-Tate)提出的圆管内层流时强制对流换热的准数方程式:

$$Nu_f = 1.86(Re_f \cdot Pr_f)^{1/3}\left(\frac{d}{l}\right)^{1/3}\left(\frac{\mu_f}{\mu_w}\right)^{0.14} \tag{2.110}$$

该公式的适用范围为:$Re_f<2300$,$Pr_f>0.6$ 以及 $Re_f \cdot Pr_f \cdot \dfrac{l}{d}>10$。

式(2.111)则考虑到了管内层流时自然对流换热的影响[即使用式(2.98)所述的准数函数关系式来表述]。

$$Nu_f = 0.15Re_f^{0.33} \cdot Pr_f^{0.43} \cdot Gr^{0.1}\left(\frac{Pr_f}{Pr_w}\right)^{0.25} \tag{2.111}$$

该公式的适用范围为:$Re_f<2300$,由于同时考虑到了 Re_f 和 Gr_f,所以该公式在其他方面的使用条件放得较宽。

在式(2.110)、式(2.111)中,除了 μ_w(μ_w 是指在温度为管壁温度 t_w 时流体的动力黏度)、Pr_w(Pr_w 是指在管壁温度 t_w 时流体的普朗特数)以外,均以流体进、出口温度的算术平均值为定性温度,以管道的内直径 d 为特征长度。

【例 2.11】 10 ℃的水以 90 kg/h 的流量流入一个内直径为 106 mm、长度为 6 m 的普通水管中(4 英寸管)。水管的外壁因为受到外界介质的加热而使其管壁温度会高于水温,经过测定,流出水的温度为57 ℃,求管壁的温度 t_w。

【解】 第一步，求管道内水（水是流体，fluid）的平均温度

$$t_f = \frac{10+57}{2} = 33.5(℃)$$

第二步，根据 $t_f=33.5$ ℃，查附录 4 中的附表 4.1，便得到该温度时水的有关物性参数如下：

动力黏度 $\mu_f=0.747\times10^{-3}$ Pa·s

密度 $\rho_f=994.5$ kg/m³

热导率 $\kappa_f=0.620$ W/(m·℃)

比热容 $c_f=4187$ J/(kg·℃)

由此，可以计算出水温为 33.5 ℃时的普朗特数 Pr_f：

$$Pr_f = \frac{\nu_f}{a_f} = \frac{\dfrac{\mu_f}{\rho_f}}{\dfrac{\kappa_f}{\rho_f c_f}} = \frac{\mu_f c_f}{\kappa_f} = \frac{0.747\times10^{-3}\times4187}{0.620} = 5.04$$

第三步，计算水的平均速度

$$w = \frac{\dfrac{m}{\rho}}{\dfrac{\pi}{4}d^2} = \frac{\dfrac{90/3600}{994.5}}{\dfrac{\pi}{4}\times0.016^2} = 2.85\times10^{-3}(\text{m/s})$$

第四步，计算雷诺数 Re_f 来判断流态

取特征长度 $L=d=106$ mm$=0.106$ m

$$Re_f = \frac{\rho_f w d}{\mu_f} = \frac{994.5\times2.85\times10^{-3}\times0.106}{0.747\times10^{-3}} = 402$$

由于 $Re_f<2300$，故而流态为层流。另外，由于

$$Pr_f = 5.04 > 0.6$$

$$Re_f \cdot Pr_f \cdot \frac{l}{d} = 402\times5.04\times\frac{0.106}{6} = 35.8 > 10$$

所以，可以选用式(2.110)来进行计算。

第五步，计算努塞尔数 Nu_f 以及对流传热系数 h

$$Nu_f = 1.86(Re_f\cdot Pr_f)^{1/3}\left(\frac{d}{l}\right)^{1/3}\left(\frac{\mu_f}{\mu_w}\right)^{0.14}$$

$$= 1.86\times(402\times5.04)^{1/3}\times\left(\frac{0.106}{6}\right)^{1/3}\times\left(\frac{0.747\times10^{-3}}{\mu_w}\right)^{0.14} = \frac{hL}{\kappa_f}$$

由于特征长度 $L=d=0.106$ m，水温在 35.5 ℃时的热导率 $\kappa_f=0.620$ W/(m·℃)，所以，将上式经过整理后，得：

$$h = 35.85\left(\frac{0.747\times10^{-3}}{\mu_w}\right)^{0.14}$$

因为管壁温度 t_w 为未知数，所以不能够直接确定 μ_w，这就无法直接计算 h，因而，只能够使用尝试误差法。在经过多次尝试误差后，假定管壁温度 t_w 为 95 ℃，查附录 4 中附表 4.1，得 $\mu_w=0.32\times10^{-3}$ Pa·s，于是，得：

$$h = 35.85\times\left(\frac{0.747\times10^{-3}}{0.32\times10^{-3}}\right)^{0.14} = 40.37\ [\text{W/(m}^2\cdot℃)]$$

然后，按照热平衡关系来计算管壁温度 t_w，以验证管壁温度 t_w 的假定值是否合理。根据热量守恒的原理，得：

$$h(t_w - t_f)\cdot\pi d\cdot l = m c_f(t_{f,1} - t_{f,2})$$

$$40.37\pi\times(t_w-33.5)\times0.106\times6=\frac{90}{3600}\times4187\times(57-10)$$

求解，得 $t_w=94.5$ ℃。

经过核算得知，计算出的管壁温度值与假定的管壁温度值非常接近，故而不必重算。最后，确定管壁温度为 95 ℃。

—毕—

② 管内流动在过渡流时的强制对流换热计算公式

对于 $Re_f=2300\sim10000$ 范围内的过渡流态管内流动，豪森(Hausen)提出的准数方程式为：

$$Nu_f=0.116(Re_f^{2/3}-125)Pr_f^{1/3}\left[1+\left(\frac{d}{l}\right)^{2/3}\right]\left(\frac{\mu_f}{\mu_w}\right)^{0.14}\tag{2.112}$$

当然，由于过渡流态时强制对流换热的规律非常复杂，因此这方面的计算公式也较多，例如，第一，据有的资料介绍，可以将湍流时的计算公式(2.114)再乘一个修正因子 $c_{tr}=1-\dfrac{6\times10^5}{Re_f^{1.8}}$，其计算结果就可以适用于 $Re_f=2300\sim10000$ 范围内强制对流换热的计算；第二，有的资料上则推荐了格尼林斯基(Gnielinski)公式(其适用范围是 $Re_f=2300\sim10000$，$Pr_f=0.5\sim200$)，其计算公式为：

$$Nu_f=\frac{(f/8)(Re-100)Pr_f}{1+12.7\sqrt{f/8}(Pr_f^{2/3}-1)}\left[1+\left(\frac{d}{l}\right)^{2/3}\right]c_t\tag{2.113}$$

在该计算公式中，系数 c_t 的计算公式为：

对于液体，$c_t=\left(\dfrac{Pr_f}{Pr_w}\right)^{0.11}$ (适用范围：$\dfrac{Pr_f}{Pr_w}=0.05\sim20$)

对于气体，$c_t=\left(\dfrac{t_f}{t_w}\right)^{0.45}$ (适用范围：$\dfrac{t_f}{t_w}=0.5\sim1.5$)

在式(2.113)中，f 为达西阻力系数，无量纲。f 的计算公式为：$f=(1.82\lg Re_f-1.64)^{-2}$，该公式被称为：弗罗年柯(Filonenko)公式。

式(2.112)、式(2.113)都是以流体进、出口温度的算术平均值为定性温度，以圆管的内直径或非圆管的当量直径 d_e[参见式(2.74)]为特征长度。

【例 2.12】 重油在一个内径为 350 mm、长度为 10 m 的圆管内流动，流速 $w=2.5$ m/s，重油温度$t_f=63$ ℃(重油是流体，fluid)。在该温度下，重油的运动黏度 $\nu_f=2.92\times10^{-4}$ m^2/s，密度 $\rho_f=928$ kg/m^3，比热容 $c_f=1898$ J/(kg·℃)，热导率 $\kappa_f=0.149$ W/(m·℃)。管壁外有保温层，因此，管壁温度仅比重油温度低3 ℃，即 $t=60$ ℃。在该温度下，重油的运动黏度为 $\nu_w=3.65\times10^{-4}$ m^2/s，密度 $\rho_w=973$ kg/m^3。请计算重油在管道内流动时与管壁之间的对流传热系数 h。

【解】 第一步，计算雷诺数 Re_f 来判断流态

取特征长度 $L=d=350$ mm$=0.350$ m，于是，得：

$$Re_f=\frac{wd}{\nu_f}=\frac{2.5\times0.350}{2.92\times10^{-4}}=2997$$

因为 $2300<Re_f<10000$，所以圆管内的重油流动处于过渡流态。因此，可以选用式(2.112)来进行计算。

第二步，计算努塞尔数 Nu_f 以及对流传热系数 h

$$Pr_f=\frac{\nu_f}{a_f}=\frac{\nu_f}{\dfrac{\kappa_f}{\rho_f c_f}}=\frac{\nu_f\rho_f c_f}{\kappa_f}=\frac{2.92\times10^{-4}\times928\times1898}{0.149}$$

$$\frac{d}{l}=\frac{350/1000}{10}=\frac{0.350}{10}$$

$$\frac{\mu_f}{\mu_w}=\frac{\rho_f\nu_f}{\rho_w\nu_w}=\frac{928\times2.92\times10^{-4}}{973\times3.65\times10^{-4}}$$

$$Nu_f = 0.116(Re_f^{2/3} - 125)Pr_f^{1/3}\left[1+\left(\frac{d}{l}\right)^{2/3}\right]\left(\frac{\mu_f}{\mu_w}\right)^{0.14}$$

$$= 0.116 \times (2997^{2/3} - 125) \times \left(\frac{2.92 \times 10^{-4} \times 928 \times 1898}{0.149}\right)^{1/3}$$

$$\times \left[1+\left(\frac{0.350}{10}\right)^{2/3}\right] \times \left(\frac{928 \times 2.92 \times 10^{-4}}{973 \times 3.65 \times 10^{-4}}\right)^{0.14}$$

$$= 0.116 \times 82.870 \times 15.113 \times 1.107 \times 0.963 = 154.875$$

由于特征长度 $L=d=0.350$ m，故：

$$\alpha = Nu_f \frac{\kappa_f}{d} = 154.875 \times \frac{0.149}{0.350} = 65.933[\text{W}/(\text{m}^2 \cdot ℃)]$$

— 毕 —

③ 管内流动在湍流时的强制对流换热计算公式

关于管道内部的流动，在层流或过渡流时，黏滞力作用的影响很大，故而此时管道内壁的粗糙度对于流动的影响可以忽略。但是，在湍流时，黏滞力作用的影响退居次要，惯性力的影响则占据主导（参见图 4.29），这时就必需考虑管道内壁粗糙度对于流体流动的影响（请参考附录 11 中附图 11.1）。与此对应，这时也必需考虑管道内壁的粗糙度对于强制对流换热效果的影响。因此，以下分别就光滑管（Smooth Pipe）和粗糙管（Rough Pipe）这两种管内的流动情况来分别介绍管内流动在湍流时强制对流换热的有关计算方程式。

A. 光滑管内湍流时的情况

对于光滑管内湍流时的强制对流换热问题，实际上使用最广泛的准数方程式是迪图斯-贝尔特（Dittus-Boelter）公式，如式（2.114）所述：

$$Nu_f = 0.023Re_f^{0.8} \cdot Pr_f^n \tag{2.114}$$

在该式中，加热流体（即 $t_w > t_f$）时，$n=0.4$；冷却流体（即 $t_f > t_w$）时，$n=0.3$。而且，以流体进、出口温度的算术平均值为定性温度，以圆管的内直径或非圆管的当量直径 d_e［参见式（2.74）］为特征长度。

式（2.114）适用于流体与壁面之间具有中等温度差以下的场合（一般来说，$\Delta t_{气体} \leqslant 50$ ℃，$\Delta t_{水} \leqslant$ 20～30 ℃，$\Delta t_{油} \leqslant 10$ ℃），该式经过实验验证后的适用范围为：$Re_f = 10^4 \sim 1.2 \times 10^5$，$Pr_f = 0.7 \sim 120$，$l/d > 60$。

若当温度差超过以上的幅度时，则可以利用米海耶夫（Mnxeeb M A）所提出的准数方程式，具体如式（2.115）所述：

$$Nu_f = 0.021Re_f^{0.8} \cdot Pr_f^{0.43}\left(\frac{Pr_f}{Pr_w}\right)^{0.25} \tag{2.115}$$

在该式中，除了 Pr_w（Pr_w 是指在管壁温度 t_w 时流体的普朗特数）以外，均采用流体进、出口温度的算术平均值为定性温度。而且，以圆管的内直径 d 或非圆管的当量直径 d_e［参见式（2.74）］为特征长度。该公式的适用范围为：$Re_f = 10^4 \sim 5 \times 10^6$，$Pr_f = 0.6 \sim 2500$。

当然，当温度差较大时，对于高黏度的液体，也可以使用赛德尔-泰特（Sieder-Tate）所提出的准数方程式，如式（2.116）所述：

$$Nu_f = 0.023Re_f^{0.8} \cdot Pr_f^{1/3}\left(\frac{\mu_f}{\mu_w}\right)^{0.14} \tag{2.116}$$

在该式中，除了 μ_w（μ_w 是指在管壁温度 t_w 时流体的动力黏度）以外，均以流体进、出口温度的算术平均值为定性温度，以圆管的内直径 d 或非圆管的当量直径 d_e［参见式（2.74）］为特征长度。该公式的适用范围为：$Re_f > 10^4$，$Pr_f = 0.7 \sim 700$，$l/d > 60$。

当然，关于光滑管内在湍流时强制对流换热的问题，还有其他一些研究者针对各自的实验结果所提出的几个准数方程式，具体参见表 2.8[12]。

表 2.8 光滑管内在湍流时强制对流换热的其他准数方程式

准数方程式	适用范围
$Nu_f=\dfrac{\dfrac{f}{8}\cdot Re_f Pr_f}{1+\dfrac{900}{Re_f}+12.7\sqrt{\dfrac{f}{8}}(Pr_f^{2/3}-1)}\varepsilon_t c_1$	$10^4<Re_f<5\times10^6, 0.5<Pr_f<2000$
其中，$f=(1.82\lg Re_f-1.64)^{-2}$；	$Re_f>2.5\times10^3$
$\varepsilon_t=\left(\dfrac{\mu_f}{\mu_w}\right)^n$(加热液体，$n=0.11$；冷却液体 $n=0.25$)	$10^4<Re_f<1.25\times10^5, 2<Pr_f<140$
$\varepsilon_t=\left(\dfrac{T_f}{T_w}\right)^n$(加热气体，$n=0.5$；冷却气体 $n=0.36$)	$10^4<Re_f<5\times10^6, 0.25\leqslant T_f/T_w\leqslant2.5$
若需要计算 Nu_f 沿流向(x 方向)的变化规律 $Nu_{f,x}=f(x)$： $c_1=0.86+0.54\dfrac{d}{x}\left(若\dfrac{x}{d}<15\right)$；$c_1=1\left(若\dfrac{x}{d}\geqslant15\right)$ 若需要计算 Nu_f 沿流向的平均值$\overline{Nu_f}$(下式中 l 为管长)： $c_1=0.86+0.90\dfrac{d}{l}\left(若 15<\dfrac{l}{d}<60\right)$；$c_1=1\left(若\dfrac{l}{d}\geqslant15\right)$	
$Nu_f=5+0.015Re_f^m Pr_f^n$ 其中，$m=0.88-0.24/(4+Pr_f)$ $n=0.333+0.5\exp(-0.6Pr_f)$	$10^4<Re_f<10^6$ $0.1<Rr_f<10^4$
$Nu_f=0.021Re_f^{0.8}Pr_f^{0.5}$	$10^4<Re_f<10^5$ 适合于气体：$0.6<Rr_f<0.8$
$Nu_f=4.8+0.0156Re_f^{0.85}Pr_f^{0.93}$	适合于液态金属或熔融态金属：$Pr_f<0.03$
$Nu_f=4.5+0.0156Re_f^{0.85}Pr_f^{0.86}$	适合于液态金属或熔融态金属：$Pr_f<0.03$
$Nu_f=4.8+0.025Pe_f^{0.5}$ $Pe_f=Re_f\cdot Pr_f$	适合于液态金属或熔融态金属： $Pe_f>100$，$l/d>60$

注：该表中的各个准数方程式均以流体进、出口温度的算术平均值 t_f 为定性温度，以圆管内直径 d 或非圆管的当量直径 d_e[参见公式(2.74)]为特征尺寸。

另外，在计算精度要求不是太高的场合，还可以通过式(2.117)来直接计算光滑管内湍流流动时的对流传热系数 h[15]：

$$h=A_n\frac{w^{0.8}}{d^{0.2}}\qquad[\mathrm{W/(m^2\cdot ℃)}]\tag{2.117}$$

式中 A_n——系数，随着流体种类的不同而有所差异，具体数值从表 2.9 中来查得；

w——流体在管道内的标准状态平均流速，m/s；

d——圆管的内直径[非圆管道则使用其当量直径 d_e，参见式(2.74)]，m。

表 2.9 在常用温度下某些流体的 A_n 值

水	温度	0 ℃	20 ℃	40 ℃	60 ℃	80 ℃	100 ℃
	A_n	1425	1850	2330	2760	3080	3370
重油	温度	40 ℃	60 ℃	80 ℃	100 ℃	120 ℃	140 ℃
	A_n	31.4	52.4	88.5	119	146.5	179.0
空气	温度	0 ℃	200 ℃	400 ℃	600 ℃	800 ℃	1000 ℃
	A_n	3.97	4.32	4.68	4.96	5.16	5.35
废气	温度	0 ℃	200 ℃	400 ℃	600 ℃	800 ℃	1000 ℃
	A_n	3.96	4.63	5.35	5.76	6.42	6.65
水蒸气	温度	100 ℃	150 ℃	200 ℃	250 ℃	300 ℃	350 ℃
	A_n	4.07	4.13	4.30	4.53	4.72	4.99

另外，关于强制对流换热问题的计算，还需要知道有两种情况需要进行修正：一是关于入口段的修正；二是关于弯管的修正。

关于入口段的修正问题：以上的式(2.114)～式(2.117)以及表2.6～表2.9中的公式或数据可以直接应用于长管道($l/d>50$)，这是因为入口段对于长管道内强制对流换热的影响可以忽略。然而，对于短管道($l/d<50$)来说，入口段对于管道内对流换热的影响较大，这时的管长 l 将成为对流换热过程的一个重要因素，此时准数函数关系式将是基于式(2.101)而得来的准数关系式(2.118)。

$$Nu_f = f(Re_f, Pr_f, l/d) \tag{2.118}$$

所以，在通过计算得到对流传热系数 h 的值以后，还必需再乘以关于管长的修正系数 ε_l 后才是短管内湍流时真正的强制对流传热系数 h，该修正系数 ε_l 可以利用式(2.119)通过计算得到，或者从表2.10[15]中查得。

$$\varepsilon_l = 1 + \sqrt[3]{\frac{2700}{Re_f}}\exp\left(-\frac{0.08l}{d}\right) \tag{2.119}$$

表2.10　短管内湍流时对流传热系数 h 关于管长的校正系数 ε_l 值

Re_f \ l/d	1	2	5	10	15	20	30	40	50
1×10^4	1.65	1.50	1.34	1.23	1.17	1.13	1.07	1.03	1
2×10^4	1.51	1.40	1.27	1.18	1.13	1.10	1.05	1.02	1
5×10^4	1.34	1.27	1.18	1.13	1.10	1.08	1.04	1.02	1
1×10^5	1.28	1.22	1.15	1.10	1.08	1.06	1.03	1.02	1
1×10^6	1.14	1.11	1.08	1.05	1.04	1.03	1.02	1.01	1

关于弯管的修正问题：流体在流经弯管时，离心力会使得弯管外侧与其内侧之间存在着压强差，这就会在弯管的横截面上造成二次流(Secondary Flow)。二次流的存在会强化在弯管处的对流换热效果，所以，其对流换热系数也需要乘一个修正系数 c_r。弯管修正系数 c_r 的计算公式通常为：

$$c_r = 1 + 1.77\frac{d}{r}\quad（对于气体）\tag{2.120}$$

$$c_r = 1 + 10.3\left(\frac{d}{r}\right)^3\quad（对于液体）\tag{2.121}$$

式中　d——管道的内直径，m；

r——弯管中心线的曲率半径，m。

【例2.13】　2个大气压和200 ℃的空气流过一个光滑管(内直径为27.00 mm)，管内流速为10 m/s。如果受到加热的管壁温度沿管长方向上比空气温度始终高20 ℃，请计算一下单位长度的该管道与空气之间的对流传热量以及空气在管内流经1 m后，其平均温度升高了多少？

【解】　第一步，计算空气的密度 ρ

根据气体状态方程 $pV=nRT$(即 $pV=\frac{m}{M_r}RT$)，经过整理后，得：

$$\rho = \frac{pM_r}{RT} = \frac{2\times101325\times29}{8315\times(273.15+200)} = 1.494(\text{kg/m}^3)$$

第二步，根据 $t_f=200$ ℃与 $t_w=220$ ℃，查附录3中附表3.6，便得到空气的有关物性参数为：

动力黏度 $\mu_f=26.0\times10^{-6}$ Pa·s

热导率 $\kappa_f=0.0393$ W/(m·℃)

比热容 $c_{p,f}=1.026$ kJ/(kg·℃)

普朗特数：$Pr_f=0.680$，$Pr_w=0.6788$

第三步，计算雷诺数 Re_f 来判断流态

$$Re_{\mathrm{f}} = \frac{\rho_{\mathrm{f}} w d}{\mu_{\mathrm{f}}} = \frac{1.494 \times 10 \times 0.027}{26.0 \times 10^{-6}} = 15515 > 10000$$

所以,空气在该管道内流动时的流态为湍流。另外,由于 $10^4 < Re_{\mathrm{f}} < 5 \times 10^6$ 且 $0.6 < Pr_{\mathrm{f}} < 2500$,因此,我们可以选用式(2.115)来进行计算。

第四步,计算努塞尔数 Nu_{f} 以及对流传热系数 h

$$Nu_{\mathrm{f}} = 0.021 Re_{\mathrm{f}}^{0.8} \cdot Pr^{0.43} \left(\frac{Pr_{\mathrm{f}}}{Pr_{\mathrm{w}}}\right)^{0.25}$$

$$= 0.021 \times 15515^{0.8} \times 0.680^{0.43} \times \left(\frac{0.680}{0.6788}\right)^{0.25} = 40.086$$

$$h = \frac{\kappa_{\mathrm{f}}}{d} \cdot Nu_{\mathrm{f}} = \frac{3.93 \times 10^{-2}}{0.027} \times 40.086 = 58.347[\mathrm{W/(m^2 \cdot ℃)}]$$

第五步,计算单位长度上管道与空气之间的对流传热量 q_l

$$q_l = h \cdot \pi d \cdot (t_{\mathrm{w}} - t_{\mathrm{f}}) = 58.347 \times 3.142 \times 0.027 \times 20 = 98.996(\mathrm{W/m})$$

第六步,根据热平衡关系,可以计算出经过 1 m 后空气平均温度的增量,该热平衡关系为:

$$\rho \cdot w \cdot (\pi/4) d^2 \cdot c_{p,\mathrm{f}} \cdot \Delta t_{\mathrm{f}} = 1 \cdot q_l$$

式中 $\rho \cdot w \cdot (\pi/4) d^2$——质量流量,kg/s。

$$\rho \cdot w \cdot (\pi/4) d^2 = 1.494 \times 10 \times \frac{\pi}{4} \times 0.027^2 = 8.555 \times 10^{-3}(\mathrm{kg/s})$$

于是,得到:

$$\Delta t_{\mathrm{f}} = \frac{1 \cdot q_l}{\rho \cdot w \cdot (\pi/4) d^2 \cdot c_{p,\mathrm{f}}} = \frac{1 \times 98.996}{8.555 \times 10^{-3} \times 1.026 \times 10^3} = 11.278 \approx 11(℃)$$ —毕—

B. 粗糙管内湍流时的情况

粗糙管分两种情况[参见第 4 章中第 4.3.5.3(1)]:一是利用涂黏法或机械加工法在管道内壁上制造人工粗糙壁,这就是“人工粗糙管”;二是管道长期使用后会形成自然粗糙内壁,这便是“自然粗糙管”。前者具有均匀粗糙度;后者的粗糙度则很不均匀。

关于人工粗糙管内在湍流时的强制对流问题,可以利用如式(2.122)所述的准数方程式进行计算,在该式中,以流体进、出口温度的算术平均值为定性温度,以圆管的内直径 d 或非圆管的当量直径 d_{e}[参见公式(2.74)]为特征长度。该式的适用范围为:$6 \times 10^3 < Re_{\mathrm{f}} < 4 \times 10^6$,$0.7 < Pr_{\mathrm{f}} < 80$。

$$Nu_{\mathrm{f}} = 0.021 Re_{\mathrm{f}}^{0.8} Pr^{0.43} \left(\frac{Pr_{\mathrm{f}}}{Pr_{\mathrm{w}}}\right)^{0.25} \varepsilon_m \tag{2.122}$$

其中,ε_m 为粗糙度校正系数,$\varepsilon_m = 1.04 Pr_{\mathrm{f}}^{0.04} \exp\left(0.85 \frac{s/\varepsilon}{13}\right)$,若 $6 < s/\varepsilon < 13$

$$\varepsilon_m = 1.04 Pr_{\mathrm{f}}^{0.04} \exp\left(0.85 \frac{13}{s/\varepsilon}\right)$$,若 $s/\varepsilon > 13$

这里,s 为两个粗糙凸点之间的中心距,单位:m; ε 则为粗糙凸点到管壁内表面的高度(简称:粗糙度),单位:m;

另外,科尔伯恩(Colburn)通过建立管内流动时流体内摩擦过程与强制对流换热过程之间的比拟关系,提出了如式(2.123)准数方程式,而且用斯坦顿准数 St 来进行表征。

$$St = Pr^{-2/3} \cdot \frac{\lambda}{8} \tag{2.123}$$

式中 St——斯坦顿数(Stanton Number),$St = \frac{Nu}{Re \cdot Pr} = \frac{h}{\rho c_p w}$,无量纲量;

λ——沿程阻力系数(也称:摩擦阻力系数),可以从附录 11 中附图 11.1 中查得,无量纲量。

在该准数方程式中,以边界层内的平均温度 t_{b}(近似为流体温度 t_{f} 和管壁温度 t_{w} 的算术平均值,即 $t_{\mathrm{b}} = \frac{t_{\mathrm{f}} + t_{\mathrm{w}}}{2}$)为定性温度。以圆管的内直径[非圆管道则使用其当量直径 d_{e},参见式(2.74)]为特征

长度。当然，根据式(2.123)所计算出的对流传热系数比其实际值要大一些。

【例 2.14】 100 ℃的空气以 15 m/s 的流速进入一个直径为 0.3 m、长 10 m 的粗糙管，沿程阻力系数 λ 为 0.02，管壁温度 t_w 为 50 ℃，求空气向该管壁的对流传热量。

【解】 由定性温度 $t_b=\dfrac{100+50}{2}=75$ ℃，查附录 3 中附表 3.6，便可以得到空气的有关物性参数，具体为：

密度 $\rho=1.0145\ \mathrm{kg/m^3}$

比热容 $c_p=1.009\ \mathrm{kJ/(kg\cdot ℃)}$

普朗特数 $Pr=0.693$

对于该粗糙管管道，这里选用式(2.123)来进行强制对流换热的计算。

$$St = Pr^{-2/3}\cdot\frac{\lambda}{8} = 0.693^{-2/3}\times\frac{0.02}{8} = 3.192\times10^{-3}$$

再根据斯坦顿数 St 的定义 $St=\dfrac{h}{\rho c_p w}$，便可以计算出对流传热系数 h 的值：

$$h = St\cdot\rho c_p w = 3.192\times10^{-3}\times1.0145\times1.009\times15 = 0.049[\mathrm{W/(m^2\cdot ℃)}]$$

最后，得到空气向管壁的对流传热量 Q 为：

$$Q = h(t_f - t_w)\pi d\cdot l = 0.049\times(100-50)\times3.142\times0.3\times10\approx 23(\mathrm{W})$$ 　—毕—

(2) 流体沿平壁表面流动的对流换热计算公式

这一换热过程(也称：流体外掠平壁的强制对流换热过程)可以用如式(2.102)所述的准数函数关系式来表示，即 $Nu=f(Re,Pr)$。根据有关模型试验的研究，该函数关系式的几个具体准数方程式如表 2.11[12,15]中所示。在这些准数方程式中，以来流温度为定性温度，以沿流动方向上的平壁长度(即纵向长度)为特征长度。

表 2.11　流体外掠平壁强制流动时对流换热的准数方程式

掠流的流型	准数方程式	适用范围
来流为层流，掠流后仍为层流 w_0　t_f	$Nu_f=0.68Re_f^{0.5}\cdot Pr_f^{0.33}\left(\dfrac{Pr_f}{Pr_w}\right)^{0.25}$ $Nu_f=0.664Re_f^{0.5}\cdot Pr_f^{1/3}\left(\dfrac{Pr_f}{Pr_w}\right)^{0.25}$ $Nu_{f,x}=0.332Re_{f,x}^{0.5}\cdot Pr_f^{1/3}\left(\dfrac{Pr_f}{Pr_w}\right)^{0.25}$ $Nu_{f,x}=0.565Re_{f,x}^{0.5}\cdot Pr_f^{0.5}$	$Re_f<10^5$，$0.6\leqslant Pr_f\leqslant15$ $Re_f<Re_c$，$0.6<Pr_w<500$ $0.62\leqslant t_w/t_f\leqslant2.5$ 液态金属
来流为层流、掠流后逐渐变为湍流 w_0　t_f	$Nu_f=[0.664Re_c^{0.5}\cdot Pr^{0.33}+0.037(Re_f^{0.8}-Re_c^{0.8})Pr_f^{0.43}]\left(\dfrac{Pr_f}{Pr_w}\right)^{0.25}$	
来流为湍流、掠流后仍为湍流 w_0　t_f	$Nu_f=0.037Re_f^{0.8}\cdot Pr_f^{0.43}\left(\dfrac{Pr_f}{Pr_w}\right)^{0.25}$ $Nu_{f,x}=0.0296Re_{f,x}^{0.8}\cdot Pr_f^{0.43}\left(\dfrac{Pr_f}{Pr_w}\right)^{0.25}$	$10^5<Re_f<3\times10^7$ $0.6\leqslant Pr_f\leqslant100$

注：① 在表 2.11 中，t_f 为来流的流体温度(t_f 也为定性温度)。

② 表 2.11 仅列举了几种情况下恒温壁时的准数方程式。至于恒热流时的准数方程式，请查阅专门的手册[12]或本教材的网站。

③ 该表中，这里的 Re_c 为层流边界层向湍流边界层转换的临界雷诺数，就掠流平板而言，Re_c 通常在 $3\times10^5\sim3\times10^6$ 之间，具体值与来流状况、板面粗糙度以及换热强度等因素有关。例如，若来流扰动很大而且板面很粗糙，则 Re_c 可能会低于 3×10^5；反之，Re_c 则可能会接近于 3×10^6。Re_c 一般取 5×10^5。

【例 2.15】 80 ℃的空气以 2 m/s 的流速流过一个长度为 3 m、温度为 20 ℃的平板，请计算空气对于该平板的对流传热系数 h。

【解】 在该题中，特征长度 $L=3$ m

查附录 3 中附表 3.6，得到 $t_f=80$ ℃时空气的有关物性参数为：

热导率 $\kappa_f=0.0305$ W/(m·℃)

运动黏度 $\nu_f=21.09\times10^{-6}$ m/s

普朗特数 $Pr_f=0.692$

查附录 3 中附表 3.6，得到 $t_w=20$ ℃时空气的普朗特数 $Pr_w=0.703$

根据上述数据，可以计算出雷诺数 Re_f 的值：

$$Re_f=\frac{\rho_f wL}{\mu_f}=\frac{wL}{\nu_f}=\frac{2\times3}{21.09\times10^{-6}}=2.845\times10^5$$

由于 $10^5<Re_f<3\times10^7$，因此，选用表 2.11 中的准数方程 $Nu_f=0.037Re_f^{0.8}\cdot Pr_f^{0.43}\left(\frac{Pr_f}{Pr_w}\right)^{0.25}$ 来进行计算：

$$Nu_f=0.037Re_f^{0.8}\cdot Pr_f^{0.43}\left(\frac{Pr_f}{Pr_w}\right)^{0.25}$$

$$=0.037\times(2.845\times10^5)^{0.8}\times0.692^{0.43}\times\left(\frac{0.692}{0.703}\right)^{0.25}=726.107$$

最后，通过计算，得：$h=Nu_f\cdot\frac{\kappa_f}{L}=726.107\times\frac{3.05\times10^{-2}}{3}=7.382$[W/(m^2·℃)] —毕—

(3) 流体绕流管子流动的强制对流换热的计算公式

流体强制绕流管子时分为两种情况：绕流单管与绕流管簇。以下分别叙述之：

① 流体绕流单管时的强制对流换热计算公式

流体横向掠过单根圆管流动(简称：绕流单管)时具有两个特点：第一，流动边界层有两种类型：层流边界层和湍流边界层；第二，流动边界层与管面之间会出现分离现象，在分离点之后也会有回流以及横向来回摆动的旋涡(称为：卡门涡街，von Kármán Vortex Street，参见图 2.48)，其流态与 Re 的大小密切相关。

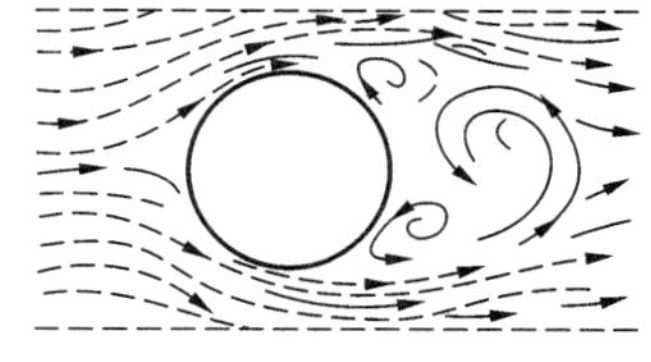

图 2.48 流体绕流单管的流型

这两个特点使得对流传热系数 h_x 会沿圆管表面的圆周方向上发生变化(随着边界层厚度增加，h_x 会逐渐降低，而在层流转变为湍流以及在流动边界层与管面分离以后，对流传热系数又会急剧地增大)。当然，如果仅仅关注管壁与流体之间的整体对流换热效果，那么就只需要知道圆管表面上的平均对流传热系数 h 即可。

对于在有限空间内绕流单管时(参见图 2.43)的对流换热规律，楚考斯克斯(Zhukauskas)等一些研究者提出了以下两个较为实用的计算公式：

$$Nu_f=(0.43+0.05Re_f^{0.5})\cdot Pr_f^{0.38}\left(\frac{Pr_f}{Pr_w}\right)^{0.25}\text{(层流时，适用范围：}1<Re_f\leqslant10^3\text{)}\quad(2.124)$$

$$Nu_f=0.25Re_f^{0.6}\cdot Pr_f^{0.38}\left(\frac{Pr_f}{Pr_w}\right)^{0.25}\text{(过渡流时，适用范围：}10^3<Re_f\leqslant2\times10^5\text{)}\quad(2.125)$$

在这两个准数方程式中，均以圆管的外直径 d 为特征长度、以来流温度 t_0 为定性温度、用来流的流速 w 来计算雷诺数 Re_f。

另外，对于无限空间内绕流圆柱体、绕流非圆形柱体时的对流换热规律也可以用式(2.126)所述的准数方程函数形式[12]描述，而且以“来流温度 t_f”为定性温度；圆柱体以“截面圆直径 d”为特征长度[(注意：对于式(2.126)，非圆柱形柱体的特征长度并不是通常的当量直径，而是表 2.12 中所指示的特征长度(按照其截面周长与圆周长相等的原则确定的)[12]],用来流的流速 w_0 来计算雷诺数 Re_f。

$$Nu_f = kRe_f^m Pr_f^n \left(\frac{Pr_f}{Pr_w}\right)^p \text{(流体受热时},p=0.25\text{;流体冷却时},p=0.20\text{)} \quad (2.126)$$

在绕流几种典型柱体的情况下,式(2.126)中的系数 k 与指数 m、n 就列在表 2.12 之中。另外,**请注意**:若来流被风扇、隔板等物体扰动成湍流,对流传热系数的实际值会比式(2.126)的计算值增大 50%～60%;如果冲击角 φ(来流方向与柱体轴线之间的夹角)小于 90°,对流传热系数的计算值还应该再乘以一个校正系数 ε_φ($\varepsilon_\varphi=1-0.54\cos^2\varphi$)。

表 2.12　公式(2.126)中系数与指数的值

图例	特征长度	系数 k 值与指数 m、n 值	适用范围
w_0 t_0 → 圆形 d	d	$k=0.76;m=0.4,n=0.37$ $k=0.52;m=0.5,n=0.37$ $k=0.26;m=0.6,n=0.37$ $k=0.023;m=0.8,n=0.4$	$1\leqslant Re_f\leqslant 40$ $40<Re_f\leqslant 10^3$ $10^3<Re_f\leqslant 2\times10^5$ $2\times10^5<Re_f\leqslant 10^7$
w_0 t_0 → 菱形 a	$\frac{4a}{\pi}$	$k=0.29;m=0.624,n=0.37$ $k=0.245;m=0.588,n=0.37$	$2.5\times10^3\leqslant Re_f\leqslant 7.5\times10^3$ $7.5\times10^3<Re_f\leqslant 10^5$
w_0 t_0 → 正方形 a	$\frac{4a}{\pi}$	$k=0.178;m=0.699,n=0.37$ $k=0.102;m=0.675,n=0.37$	$2.5\times10^3\leqslant Re_f\leqslant 8\times10^3$ $8\times10^3<Re_f\leqslant 10^5$
w_0 t_0 → 六边形 a	$\frac{6a}{\pi}$	$k=0.156;m=0.638,n=0.37$	$5\times10^3\leqslant Re_f\leqslant 10^5$
w_0 t_0 → 六边形 a	$\frac{6a}{\pi}$	$k=0.162;m=0.638,n=0.37$ $k=0.0395;m=0.782,n=0.37$	$5\times10^3\leqslant Re_f\leqslant 1.95\times10^4$ $1.95\times10^4<Re_f\leqslant 10^5$
w_0 t_0 → 矩形 a b	$\frac{2(a+b)}{\pi}$	$k=0.227;m=0.731,n=0.37$	$4\times10^3\leqslant Re_f\leqslant 1.5\times10^4$
w_0 t_0 → 三角形 a	$\frac{3a}{\pi}$	$k=0.276;m=0.610,n=0.37$	$3\times10^3<Re_f<2\times10^4$

② 流体绕流管簇时的强制对流换热计算公式

流体绕流管簇时的对流传热系数 h 与管簇(Tube Banks)的排列方式有关。管簇的排列式有多种,其中最普遍的排列方式有两种:顺排(in-line Arrangement,或 Banks of in-line Tubes)与叉排(也称:错排,Staggered Arrangement,或 Banks of Staggered Tubes),分别如图 2.49(a)、(b)所示。有关的理论和实验结果都表明,管簇之中最初几排的对流传热系数 h 是各不相同,第一排的 h 较小,第二排的 h 要大一些,第三排的 h 就更大,再以后便逐渐成为定值。h 之所以会有这样的变化规律,主要是由于流体绕过管簇时产生的旋涡区(参见图 2.50)所引起的。计算绕流管簇时有关平均对流传热系数的准数方程式很多,一般均整理成如式(2.127)所示的幂函数形式[具体的准数方程式参见表 2.13,关于式(2.127)中定性温度与特征长度的规定,也参见表 2.13 下方的注①][12,15]:

$$Nu_f = cRe_f^n \cdot Pr_f^m \left(\frac{Pr_f}{Pr_w}\right)^{0.25} \left(\frac{x_1}{x_2}\right)^p \varepsilon_z \quad (2.127)$$

式中　$\frac{x_1}{x_2}$——管簇的相对间距比,参见图 2.49;

ε_z——排数对于对流换热系数影响的校正系数,请查阅表 2.14[12]。

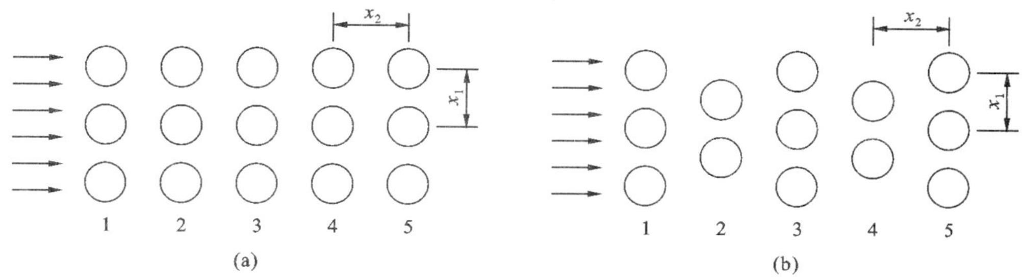

图 2.49 管簇的两种排列方式

(a) 顺排方式；(b) 叉排方式

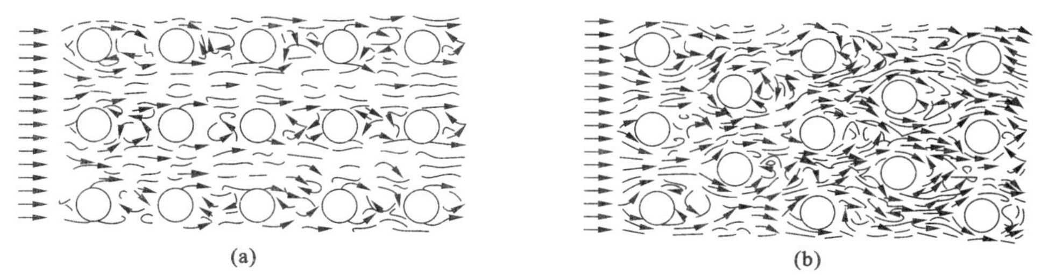

图 2.50 流体绕流管簇时的流型

(a) 顺排时；(b) 叉排时

表 2.13 平均对流传热系数准数方程式

排列方式	适用范围		准数方程式	空气或烟气的简化式（因为 $Pr\approx0.7$）
顺流	$Re\leqslant100$		$Nu=0.9Re^{0.4}\ Pr^{0.36}(Pr/Pr_w)^{0.25}\cdot\varepsilon_z$	$Nu=0.79Re^{0.4}\cdot\varepsilon_z$
	$100<Re\leqslant10^3$		$Nu=0.52Re^{0.5}\ Pr^{0.36}(Pr/Pr_w)^{0.25}\cdot\varepsilon_z$	$Nu=0.46Re^{0.5}\cdot\varepsilon_z$
	$10^3<Re\leqslant2\times10^5$		$Nu=0.27Re^{0.63}\ Pr^{0.36}(Pr/Pr_w)^{0.25}\cdot\varepsilon_z$	$Nu=0.24Re^{0.63}\cdot\varepsilon_z$
	$Re>2\times10^5$		$Nu=0.033Re^{0.8}\ Pr^{0.4}(Pr/Pr_w)^{0.25}\cdot\varepsilon_z$	$Nu=0.029Re^{0.8}\cdot\varepsilon_z$
			$Nu=0.021Re^{0.84}Pr^{0.36}(Pr/Pr_w)^{0.25}\cdot\varepsilon_z$	$Nu=0.018Re^{0.84}\cdot\varepsilon_z$
叉流	$Re\leqslant50$		$Nu=1.04Re^{0.4}\ Pr^{0.36}(Pr/Pr_w)^{0.25}\cdot\varepsilon_z$	$Nu=0.91Re^{0.4}\cdot\varepsilon_z$
	$50<Re\leqslant10^3$		$Nu=0.071Re^{0.5}\ Pr^{0.36}(Pr/Pr_w)^{0.25}\cdot\varepsilon_z$	$Nu=0.62Re^{0.5}\cdot\varepsilon_z$
	$10^3<Re\leqslant2\times10^5$	$\frac{x_1}{x_2}\leqslant2$	$Nu=0.35Re^{0.6}\ Pr^{0.36}(Pr/Pr_w)^{0.25}(x_1/x_2)^{0.2}\cdot\varepsilon_z$	$Nu=0.31Re^{0.6}\left(\frac{x_1}{x_2}\right)\cdot\varepsilon_z$
		$\frac{x_1}{x_2}>2$	$Nu=0.40Re^{0.6}\ Pr^{0.36}(Pr/Pr_w)^{0.25}\cdot\varepsilon_z$	$Nu=0.35Re^{0.4}\cdot\varepsilon_z$
	$Re>2\times10^5$		$Nu=0.031Re^{0.8}\ Pr^{0.4}(Pr/Pr_w)^{0.25}(x_1/x_2)^{0.2}\cdot\varepsilon_z$	$Nu=0.027Re^{0.4}\left(\frac{x_1}{x_2}\right)^{0.2}\cdot\varepsilon_z$
			$Nu=0.022Re^{0.84}\ Pr^{0.36}(Pr/Pr_w)^{0.25}\cdot\varepsilon_z$	$Nu=0.019Re^{0.84}\cdot\varepsilon_z$

注：① 对于表 2.13 中所列准数方程中的定性温度，液体取流体的平均温度 t_f，气体则取边界层内的平均温度 t_b[近似为流体平均温度 t_f 和壁面温度 t_w 的平均值，即 $t_b=(t_f+t_w)/2$]。关于其特征长度，取圆管的外径 d。另外，雷诺数 Re 中的流速 w 取最窄处的流速。

② 表 2.13 中所列的准数方程对于绕流管簇时强制对流换热问题的工程计算已经足够。当然，另外还有一些关于该换热问题的准数方程式，如果读者想了解其具体形式，请查阅有关的技术手册[12]或本教材的网站。

表 2.14 排数校正系数 ε_z 的值

排数	1	2	3	4	5	6	8	12	16	20
顺排	0.69	0.80	0.86	0.90	0.93	0.95	0.96	0.98	0.99	1.00
叉排	0.62	0.76	0.84	0.88	0.92	0.95	0.96	0.98	0.99	1.00

注:个别参考文献[15]中的 ε_z 值与表 2.14 中的 ε_z 值略有差异。

当然,表 2.13 中的各个公式都是针对流体流动方向与管簇的轴向成 90°角的情况(简称:冲击角为 90°)。若流体的冲击角 φ 小于 90°时,对流传热系数 h 则因此会相应地减少,所以需要再乘以一个冲击角度修正系数 ε_φ(参见表 2.15[15]),如式(2.128)所示。

$$h_\varphi = h \cdot \varepsilon_\varphi \qquad [\mathrm{W/(m^2 \cdot ℃)}] \tag{2.128}$$

表 2.15 冲击角修正系数 ε_φ 的值

冲击角 φ	90°	80°	70°	60°	50°	40°	30°	20°	10°
ε_φ	1.0	1.0	0.98	0.94	0.88	0.78	0.67	0.52	0.42

如果对表 2.13 进行进一步的分析,还可以看出:对于一定的流体而言,温度越高、流速越大、管径越大,则流体与管簇之间的对流传热量就越大。另外,在一般的情况下,叉排式管簇比顺排式管簇的对流传热量要大。

【例 2.16】 某余热锅炉中设置了由 4 排圆管组成的一个顺排管簇,圆管的外直径 $d=114$ mm,$\frac{x_1}{d}=\frac{x_2}{d}=2$,废气的平均温度 $t_f=650$ ℃,管壁温度 $t_w=120$ ℃,废气通过最窄截面处的平均流速为 $w=10$ m/s,冲击角 $\varphi=75°$,请计算该管簇的对流传热系数 h。

【解】 第一步,确定废气的有关物性参数

由于废气主要来自于高温烟气,因此废气的物性参数类同于烟气。于是,按照定性温度为:$t_b=\frac{t_f+t_w}{2}=\frac{650+120}{2}=385$ ℃,查附录 3 中附表 3.7 便得到该温度下废气的有关物性参数为:

热导率 $\kappa=0.05571$ W/(m·℃)

运动黏度 $\nu=58.1945\times10^{-6}$ m²/s

普朗特数 $Pr=0.6415$,$Pr_w=0.686$

第二步,计算雷诺数 Re

由于特征长度 $L=d=114$ mm$=0.114$ m,于是,得:

$$Re = \frac{wd}{\nu} = \frac{10\times0.114}{102.855\times10^{-6}} = 19589.48$$

第三步,计算努塞尔数 Nu

由于 $10^3<Re\leqslant2\times10^5$,查表 2.13 后,选用以下计算公式来进行计算:

$$\begin{aligned} Nu &= 0.27Re^{0.63}Pr^{0.36}(Pr/Pr_w)^{0.25}\cdot\varepsilon_z \\ &= 0.27\times19589.48^{0.63}\times0.6415^{0.36}\times(0.6415/0.686)^{0.25}\cdot\varepsilon_z \\ &= 114.458\varepsilon_z \end{aligned}$$

由于该管簇有 4 排顺排的圆管,查表 2.14,得 $\varepsilon_z=0.90$。于是,得:

$$Nu = 114.458\times0.9 = 103.0122$$

第四步,计算对流传热系数 h

$$h = \frac{\kappa}{d}\cdot Nu = \frac{0.05571}{0.114}\times103.0122 = 49.8366[\mathrm{W/(m^2\cdot ℃)}]$$

由于冲击角 φ 不是 90°，而是 75°，所以还要进行冲击角的修正，查表 2.15，得 $\varepsilon_\varphi=0.99$。于是，最终得到的对流传热系数为：

$$h_\varphi = h \cdot \varepsilon_\varphi = 50.34 \times 0.99 = 49.8366[\mathrm{W/(m^2 \cdot ℃)}]$$ —毕—

(4) 流体绕流圆球流动的强制对流换热计算公式

当流体强制绕流球面时，其对流换热过程的规律推荐使用以下的准数方程式来表征。

对于液体，其准数方程为：

$$Nu = 2.0 + 0.60Re^{1/2}Pr^{1/3} \tag{2.129}$$

该公式的适用范围为：$Re=1\sim7\times10^4$。

对于气体，其准数方程为：

当 $1\leqslant Re<25$ 时，

$$Nu = (2.2 + 0.48Re^{1/2})Pr^{1/3} \tag{2.130}$$

当 $25\leqslant Re<1.5\times10^5$ 时，

$$Nu = 0.37Re^{0.6}Pr^{1/3} \tag{2.131}$$

如果气体是空气，由于其普朗特数 $Pr\approx0.7$，这时，便得到式(2.131)的简化式为：

$$Nu = 0.33Re^{0.6} \tag{2.132}$$

该式的适用范围为：$Re=25\sim1.5\times10^5$。

在式(2.129)～式(2.132)中，均以边界层内的平均温度 t_b（近似为流体温度 t_f 和壁面温度 t_w 的平均值，即 $t_b=\frac{t_f+t_w}{2}$）为定性温度，以球体的外径 d 为特征长度，用来流速度来计算雷诺数 Re。

另外，还有两个关于流体绕流球面时强制对流换热的准数方程式[12]，分别如式(2.133)、式(2.134)所示。

$$Nu = 2 + (0.4Re_f^{1/2} + 0.06Re_f^{2/3})Pr_f^{0.4}\left(\frac{\mu_f}{\mu_w}\right)^{1/4} \tag{2.133}$$

该式的适用范围是：$3.5<Re_f<8\times10^4$，$0.7<Pr_f<380$

$$Nu = 2 + 0.03Re_f^{0.54}Pr_f^{0.33} + 0.35Re_f^{0.58}Pr_f^{0.36} \tag{2.134}$$

该式的适用范围是：$Re_f\leqslant3\times10^5$，$0.6\leqslant Rr_f<8000$

式(2.133)、式(2.134)也都是以球体直径 d 为特征长度，利用“来流速度”来计算雷诺数 Re_f。然而，与式(2.129)～式(2.132)有所不同的是：式(2.133)、式(2.134)是以流体温度 t_f 为定性温度。

【例 2.17】 0 ℃的冰块被装在一个钢球罐中，外直径 $d=0.75$ m 的该钢球罐被放置在20 ℃的空气之中。由于风能而导致空气绕过该钢球罐的外壁流动，其流速为 2 m/s。请计算空气传给该钢球罐的热量。

【解】 第一步，确定钢球罐外壁的温度

空气通过钢球罐传给冰的热量会被部分的冰吸收，然后，被用于将部分冰融化为水的吸热消耗。因为这是发生在相变点的相变过程，所以，冰、水的温度都为 0 ℃，即这是一个稳态传热问题。另外，由于钢的热导率很大，因此可以近似地认为该钢球罐的内、外壁温度相等，都为冰的温度(0 ℃)。

第二步，确定定性温度、特征长度以及有关的物性参数

定性温度为：$t_b=\frac{t_0+t_f}{2}=\frac{0+20}{2}=10$(℃)；特征长度 $L=d=0.75$ m。

根据 $t_b=10$ ℃，查附录 3 中附表 3.6，便可以得到流动空气的相关物性参数如下：

热导率 $\kappa=0.0251$ W/(m · ℃)

运动黏度 $\nu=14.16\times10^{-6}$ m²/s

普朗特数 $Pr=0.705$

第三步，计算雷诺数 Re

$$Re = \frac{\rho wd}{\mu} = \frac{wd}{\nu} = \frac{2 \times 0.75}{14.16 \times 10^{-6}} = 105932 < 1.5 \times 10^5$$

第四步，计算努塞尔数 Nu

由于 $25 \leqslant Re < 1.5 \times 10^5$，所以选用式(2.131)来进行计算：

$$Nu = 0.37Re^{0.6} \cdot Pr^{1/3} = 0.37 \times 105932^{0.6} \times 0.705^{1/3} = 341$$

若利用其简化式(2.132)来进行计算，则可以得到：

$$Nu = 0.33Re^{0.6} = 0.33 \times 105932^{0.6} = 342$$

由此可以看出，这两个公式的计算结果相差很小。

第五步，计算对流传热系数 h

$$h = \frac{\kappa}{d} \cdot Nu = \frac{2.51 \times 10^{-2}}{0.75} \times 341 = 11.412[\mathrm{W/(m^2 \cdot ℃)}]$$

第六步，计算空气向钢球罐的传热量 Q

$$Q = \alpha(t_f - t_w)\pi d^2 = 11.412 \times (20 - 0) \times 3.142 \times 0.75^2 \approx 403(\mathrm{W})$$ —毕—

(5) 流体在充填床内绕流填料流动的强制对流换热计算公式

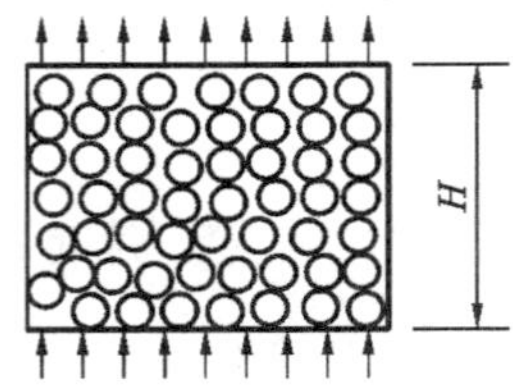

图 2.51　充填床内部的充填料

这里所说的“充填床内填料”是指固定床的情况（有关“流化床”内的传热计算，参见第 2.4.3），如图 2.51 所示。其主要特点是：流体在固体颗粒之间的孔隙中流动。由于孔隙的尺寸很小，因此流体会发生很多次的收缩流动、扩张流动，也会不断地发生流体从固体颗粒的表面脱离、掺混等现象。

在固定床的情况下，流体绕流充填床内填料流动的强制对流换热效果与充填床的孔隙率 ε_{pore}（孔隙的体积与充填床的总容积之比，其理论范围在 0.259～0.677，球形颗粒自由堆积的孔隙率为 0.30～0.40）、颗粒的直径 d_p（或当量直径 d_e）、充填床的高度 H 等因素有关。

描述充填床内流体流动的理论模型包括：Darcy 模型、Ergun 模型、Brinkman-Forechheimer 修正模型（应用最广泛的正是 Darcy-Brinkman-Forechheimer 模型）等。描述充填床（固定床）内对流换热过程的理论模型一般包括两类：考虑弥散作用的局部热平衡模型与局部非热平衡模型。流体绕流充填床内的填料流动时其对流换热的准数方程式如表 2.16 所示[12]。

表 2.16　充填床(固定床)中流体与颗粒之间对流换热的准数方程

定性长度	准数方程*	适用范围
d_p	$Nu_f = [1 + 1.5(1 - \varepsilon_{pore})](2 + \sqrt{Nu_l^2 + Nu_t^2})$ 其中，$Nu_l = 0.664 Pr_f^{1/3} \sqrt{Re_f/\varepsilon_{pore}}$ $Nu_t = \frac{0.037(Re_f/\varepsilon_{pore})^{0.8} Pr_f}{1 + 2.443(Re_f/\varepsilon_{pore})^{-0.1}(Pr_f^{2/3} - 1)}$	$1 < Re_f/\varepsilon_{pore} < 7.7 \times 10^5$ $0.7 < Pr_f < 10^4$ $0.26 < \varepsilon_{pore} < 0.935$ Nu_f 为流体与颗粒对流换热的努塞尔数
	$Nu_f = [(1.18Re_f^{0.58})^4 + (0.23Re_h^{0.75})^4]^{1/4}$ 其中，$Re_h = Re_f/(1 - \varepsilon_{pore})$	$1 < Re_f < 10^6$，$Pr_f = 0.7$
	$Nu_f = 0.30[(1 - \varepsilon_{pore})^{0.35}/\varepsilon_{pore}^{1.225}]Re_f^{0.65}$	$2 \times 10^3 < Re_f < 10^4$
	$Nu_f = 0.18[(1 - \varepsilon_{pore})^{0.3}/\varepsilon_{pore}^{1.25}]Re_f^{0.7}$	$10^4 < Re_f < 2.5 \times 10^5$
$d_p = \sqrt[3]{6V/\pi}$ （V—颗粒体积，m^3）	$Nu_f = 0.106Re_f$	$20 < Re_f < 200$，$d_p = 0.4 \sim 5$ mm
	$Nu_f = 0.62Re_f^{0.67}$	$200 < Re_f < 1700$，$d_p = 0.4 \sim 5$ mm
d_p	$Nu_w = (1 - d_p/D)Re_f^{0.61} Pr_f^{1/3}$ （D—充填床的直径或边长，m）	$50 < Re_f < 2 \times 10^4$ Nu_w 为流体与管壁对流换热时的努塞尔数

注＊：对于该表中的准数方程，Nu_f、Nu_w 都是以来流的温度为定性温度，用“来流速度”来计算雷诺数 Re_f。但是，Nu_f 的特征长度为 d_p，Nu_w 的特征长度为 D。

(6) 圆柱体在流体中旋转时的强制对流换热计算公式

在静止的流体(液体或气体)中,一个直径为 d(单位:m)的圆柱体围绕某轴线公转[两者平行且相距 R(单位:m)]。这时流体与该圆柱体表面之间强制对流换热的准数方程式[12]如式(2.135)所述。

$$Nu_f = cRe_f^m Pr_f^{0.33}\left(\frac{d}{R}\right)^{0.1} \tag{2.135}$$

式中 Re_f——$Re_f=\dfrac{2\pi Rnd}{v}$,其中 n 为公转的频率(单位:s^{-1});

c,m——分别为系数、指数,具体的数值与 Re_f 有关:如果 $Re_f<2\times10^3$,则 $c=0.92$,$m=0.47$;如果 $2\times10^3<Re_f<3\times10^4$,则 $c=0.34$,$m=0.60$;如果 $Re_f>3\times10^4$,则 $c=0.045$,$m=0.80$。

在静止的流体(液体或气体)中,一个直径为 d(单位:m)的圆柱体围绕其中心轴自转,这时,流体与该圆柱体表面之间强制对流换热的准数方程式[12]如式(2.136)所述:

$$Nu_f = cRe_f^m Pr_f^{0.37} \tag{2.136}$$

式中 $Re_f=\dfrac{2\pi\dfrac{d}{2}\cdot n\cdot d}{\nu}=\dfrac{\pi nd^2}{\nu}$,其中 n 为自转的频率(单位:s^{-1}),ν 为流体的运动黏度(单位:m^2/s);

c,m——系数、指数,其具体的数值与 Re_f 有关:如果 $Re_f<10^3$,则 $c=10.6$,$m=0$;如果 $10^3<Re_f<2\times10^3$,则 $c=0.051$,$m=0.76$;如果 $Re_f>3\times10^4$,则按照绕流单管时强制对流换热的有关准数方程式来进行计算,参见式(2.124)或式(2.125)。

就式(2.135)与式(2.136)这两个准数方程式而言,都是以流体温度 t_f 为定性温度,以圆柱体的直径 d 为特征长度。

2.2.2.10 混合对流换热规律的探讨

请读者注意,在第 2.2.2.9 中所介绍的强制对流换热计算公式(准数方程式)中,忽略了自然对流换热的贡献(即公式中并没有将准数 Gr 包括在内)。如果流体的流速较大,这种忽略对于计算结果的影响不大。但是,当流体的流速很小时,自然对流换热也将有很大的贡献(提示:流动方向对于自然对流换热的影响很大)。这时,如果忽略 Gr,其计算结果与实际情况将会有较大的误差。

人们通常将 Gr/Re^2 作为自然对流换热贡献程度的一个判据:一般来说,当 $Gr/Re^2<0.1$时,自然对流换热的贡献可以忽略;若 $Gr/Re^2\geqslant10$,强制对流换热的贡献可以忽略;当 $Gr/Re^2=0.1\sim10$ 时,这两种对流换热的贡献都不能够忽略,这就是所谓的“混合对流换热”的情况。

关于混合对流换热的规律,建议按照式(2.98)所述的函数关系式进行计算:例如,利用式(2.111)进行计算。当然,式(2.111)适合于等壁温管内层流时强制对流换热的情况,式(2.137)、式(2.138)则适合于更广范围的水平等壁温圆管内混合对流换热问题的计算。

$$Nu = 1.75[Gz+0.012(Gz\cdot Gr^{1/3})^{4/3}]^{1/3}\left(\frac{\mu_f}{\mu_w}\right)^{0.14} \tag{2.137}$$

$$Nu = 1.75[Gz+0.12(Gz\cdot Ra^{1/3}Pr^{0.03})^{0.88}]^{1/3}\left(\frac{\mu_f}{\mu_w}\right)^{1/4} \tag{2.138}$$

在以上两式中,$Gz=Re\cdot Pr\cdot(d/l)$,被称为:格雷茨数(Graetz Number);$Ra=Gr\cdot Pr$,被称为:瑞利数(Rayleight Number)。这两式都是以边界层内的平均温度(近似为流体温度 t_f 和壁面温度 t_w 的平均值,即 $t_b=\dfrac{t_f+t_w}{2}$)为定性温度,以管道的内直径 d 为特征长度。这两个准数方程的适用范围是:$28<l/d<193$,$10<Gz<456$,$30<Gr<2\times10^7$。

关于外部流动时混合对流换热的计算则需要查阅更多的参考文献[9]。

在实际工作之中,还有一种近似地解决混合对流换热问题的方法[20],其具体的计算过程为:同时按照自然对流换热的准数方程式与强制对流换热的准数方程式计算两次,从而会得到两个 Nu 准数的值，这两个 Nu 值依据自然流动与强制流动的相对方向来进行加法或减法等运算：方向相同（该情况被称为：助流）就加，方向相反（该情况被称为：反流）则减，方向交叉则取其较大值。在确定了准数 Nu 的值以后，就可以很方便地计算对流传热系数 h。

2.2.2.11 流化床内强制对流传热和悬浮态强制对流传热的情况

在无机非金属材料工业中，**流化床**和**悬浮态**是气（高温烟气或高温废气）、固（粉体料或颗粒料）之间对流换热速度极高的两种情况。然而，在这两种情况的热工设备内，气体温度一般高达 800 ℃以上。由于高温时气、固之间辐射换热不能够被忽略，因此"对流换热"与"辐射换热"这两种换热方式都要考虑。所以，本教材将它们放在第 2.4 节（综合传热）中进行讨论（参见第 2.4.3、第 2.4.4）。

2.2.2.12 有相变情况下对流换热的计算

在工程上，也常常会遇到液体在热固体的表面沸腾（Boiling）或蒸气在冷固体的表面凝结（Condensation）的情况，这两种情况也都属于对流换热的范畴，只是其规律与前面所讨论的对流换热情况有所不同，其关键原因就在于：这些情况在进行对流换热时伴随有相变过程。

（1）沸腾换热的情况

沸腾换热（Boiling Heat Transfer）是指液体在固体的热表面（简称：热壁面）产生汽化时的对流换热现象。这时，液体在吸收热壁面对流传热量的同时也吸收了大量的汽化热，汽化现象所产生的气泡也会使热壁面附近的液体发生剧烈的搅动，所以沸腾换热时的对流传热系数比无相变时的对流传热系数要大得多，例如，水在无相变时的对流传热系数 $h<1.2\times10^4$ W/(m^2 · ℃)，而在常压下沸腾时，水的对流传热系数 h 高达 5.2×10^4 W/(m^2 · ℃)，在高压下沸腾时，水的对流传热系数 h 甚至会高达 2.3×10^5～3.5×10^5 W/(m^2 · ℃)。

液体在热壁面上的沸腾有"过冷沸腾"和"饱和沸腾①"这两种沸腾类型。

过冷沸腾（Subcooled Boiling）是指当液体温度 t_l 低于相应压强下的饱和温度 t_s，但是热壁面的温度 t_w 却高于 t_s 时，在热壁面上产生沸腾气泡的现象。然而，这些气泡有的并没有脱离热壁面，有的还会重新凝结到液体中，因此过冷沸腾的机理非常复杂，在这方面的研究也不充分。基于这种现状，以下就不再对其进行介绍。

饱和沸腾（Saturated Boiling）是指液体沸腾产生气泡时，液体的主流温度 t_l 已经达到或者超过②其饱和温度 t_s。以下所重点介绍的正是饱和沸腾现象。

液体沸腾也分成"大容器内沸腾（Pool Boiling）"和"管内沸腾（Boiling in Tube）"这两大类情况，前者对应于自然对流换热的情况，后者对应于强制对流换热的情况。

① 大容器内沸腾换热的情况

大容器内沸腾是指热壁面被无宏观流速（不包括自然对流）的液体所沉浸，液体在热壁面上产生的沸腾现象。热壁面上所产生的气泡也能够脱离表面而自由浮升，液体的流动仅仅是由于自然对流与气泡的扰动所引起。

以下就来简单地说明一下大容器内沸腾的机理。如图 2.52所示的为常压下某液体在电热丝的表面沸腾时所得到的实验结果。该图表明，随着 Δt（壁温 t_w 与液体温度 t_l 之差，称为：沸腾温差，即

---

① 将液体加热到其沸点温度时，从液相大量蒸发出蒸气的现象称为：饱和沸腾。这时，由于热量被大量地用于相变吸热过程，所以，液相温度、气相温度均不变（等于沸点温度，Boiling Temperature，也称：饱和温度，Saturation Temperature）。这也就是说，液体的最高温度就是其饱和温度。饱和沸腾时所产生的蒸气被称为：**饱和蒸气**。若对于饱和蒸气再加热，则可以得到温度高于沸点温度的**过热蒸气**。反之，在低于饱和温度的情况下所蒸发出的蒸气则被称为：**过冷蒸气**。

② 这里所说的"饱和沸腾"实质上并不是通常所认为的液相处于饱和状态，而是处于稍许的过热状态[一般来说，除了热壁面附近的一薄层外，其余液体的过热度（t_l-t_s）都很小]。请读者注意：过热度是沸腾时产生气泡的动力源，但是，由于在此时其值较小，所以，在实际工程计算中，可以近似地按照饱和状态处理（即在沸腾时近似地取饱和状态下的物性参数，例如 $t_l\approx t_s$，$p_l\approx p_s$，$\rho_l\approx\rho_s$，$\mu_l\approx\mu_s$，$Pr_l\approx Pr_s$ 等，以下同）。

$\Delta t=t_w-t_l$)的不同,有以下三种状态:在 B 点以前的区段(即图 2.52中的 AB 段),Δt 较小,约小于3~5 ℃,此时传给液体的热流量较少,热壁的表面也没有气泡产生,即没有沸腾现象。此时,热壁面上的热量只能够依靠自然对流换热过程而传递给液体,蒸发则在水表面上进行,该状态叫做表面蒸发(Surface Evaporation)。随着 Δt 的增大,热壁面上便产生气泡,气泡会逐渐长大,最后受到浮力作用脱离热壁面而上升到液体表面,一直会到冲破液体而进入大气空间,这就是图 2.52中 BC 段。在该区段中,气泡会产生、脱离和浮升,这就使得液体受到剧烈的扰动,所以对流传热系数 h 和热流量 q 都将急剧增大,直至到达点 C。若是常压下的水处在 BC 区段中,气化核心所产生的气泡对于换热过程将会起着决定性的影响,因此该状态被称为:泡状沸腾(也称:泡核沸腾),在一般工业设备内的沸腾态对流传热都是在该状态下进行。在过了点 C 以后,由于生成的气泡太多,于是在加热面上就形成气膜,气膜会阻碍传热,所以,在点 C 以后,h 反而随着 Δt 增大而降低,因此,点 C 就被称为:临界点(由泡状沸腾向膜状沸腾过渡的转折点)。在点 D 之前的气膜尚不稳定,它会突然裂开变成大气泡而离开壁面;在点 D 以后,热壁面几乎全部被一层气膜所覆盖。所以,点 C 后的状态被称为:膜状沸腾(Film Boiling,CD 段是不稳定的膜状沸腾,DE 段为稳定的膜状沸腾)。值得注意的是:在 D 点以后,汽化只能在膜的气/液交界上进行,汽化潜热则依靠导热、对流和辐射的传热方式通过气膜来传递,因此,D 点以后的 q 曲线会迅速回升,这是因为壁温过高,而辐射换热量又与绝对温度 T_w 的 4 次方成正比(参见第 2.3 节)的缘故。当 Δt 大于 1000 ℃时,热壁面就将处于炽红的状态。

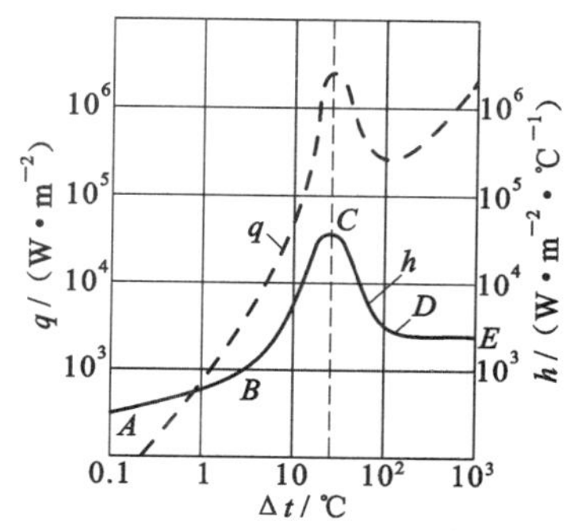

图 2.52 某液体大容器内沸腾时的规律

h—对流传热系数;q—热流量

由于泡状沸腾状态下的对流传热系数 h 比膜状沸腾状态下的 h 要大,所以工业生产中一般总是设法控制在泡状沸腾状态下操作。因此,确定不同液体在临界点(点 C)下的有关参数具有实际意义。

由以上的分析可知,影响沸腾换热的因素很多,尽管不少研究者做出了大量工作,但是对其规律尚未完全掌握。关于泡沫沸腾,罗斯若(Rohsenow)建议采用如下的经验公式[15]:

$$\frac{c_l(t_w-t_l)}{rPr_l^{1.7}}=C_{w,l}\left[\frac{q}{\mu_l r}\cdot\sqrt{\frac{\sigma}{g(\rho_l-\rho_v)}}\right]^{0.33} \tag{2.139}$$

式中 $C_{w,l}$——常数,无量钢量,其值由实验结果来确定,它主要取决于液体与热壁材料的组合情况,就液态水而言,它与热壁面材料组合体的 $C_{w,l}$ 数据可以从表 2.17中查出[15,21];

t_w——热壁面的温度,℃;

t_l——液体的温度,℃,可以取液体的饱和温度 t_s(水在不同压强下的饱和温度 t_s 可以查附录 4 中附表 4.3);

r——汽化潜热(Evaporation Latent),J/kg,它等于"液体/蒸气"饱和线上蒸气的焓减去液相的焓(就水而言,其汽化热的值也可以查附录 4 中附表 4.2);

g——重力加速度,一般取 9.807 m/s²;

c_l,μ_l,ρ_l,Pr_l——沸腾时液体的物性参数,分别为:比热容、动力黏度、密度、普朗特数,它们的单位均使用 SI 单位制下的单位,可以取液体在饱和温度 t_s 时的物性参数(就水而言,其在饱和温度 t_s 时的这些物性参数可以查附录 4 中附表 4.3);

ρ_v——蒸气的密度,kg/m³(在饱和温度 t_s 时水蒸气的密度可以查附录 4 中附表 4.4);

σ——"液体/蒸气"界面上的表面张力,N/m,当温度在 100~373.9 ℃之间时,水的 σ 值基本上与温度呈线性关系[15]:$\sigma=8.462\times10^{-2}\times(1-0.00374t)$(单位:N/m)。当然,饱和水的 σ 值也可以通过查附录 4 中附表 4.3 来获知。

表 2.17　水与不同热壁材料组合体的 $C_{w,l}$ 值

“水/热壁材料”的组合体	$C_{w,l}$	“水/热壁材料”的组合体	$C_{w,l}$
水/镍	0.0016	水/自然磨光的不锈钢	0.0080
水/铜	0.0130	水/化学腐蚀的不锈钢	0.0132
水/黄铜	0.0016	水/机械磨光的不锈钢	0.0132
水/铂	0.0130		

【例 2.18】 绝对压强为 1 个物理大气压(atm)的水在 117 ℃的铜质壁面上作泡状沸腾，请计算单位面积壁面上的传热量、表面对流传热系数和汽化率。

【解】 该题属于大容器内沸腾换热的情况，查表 2.11，得：

$$“水 / 铜”组合体的常数\ C_{w,l} = 0.0130$$

由于绝对压强 $p_a=1\ \text{atm}=101325\ \text{Pa}$，查附录 4 中附表 4.3 以及附表 4.4 可知，该压强所对应的水饱和温度(沸腾温度)$t_s=100$ ℃，饱和水与饱和水蒸气的物性参数分别为：

$c_l = 4.220\ \text{kJ/(kg·℃)}$； $\mu_l = 282.5 \times 10^{-6}\ \text{Pa·s}$； $Pr_l = 1.75$； $\rho_l = 958.4\ \text{kg/m}^3$；

$\sigma = 58.86 \times 10^{-3}\text{N/m}$； $r = 2257.1\text{kJ/kg}$； $\rho_v = 0.5977\ \text{kg/m}^3$

将上述参数代入式(2.139)，得：

$$\frac{4.220\times10^3\times(117-100)}{2257.1\times10^3\times1.75^{1.7}} = 0.013\times\left[\frac{q}{282.5\times10^{-6}\times2257.1\times10^3}\times\sqrt{\frac{58.86\times10^{-3}}{9.807\times(958.4-0.5977)}}\right]^{0.33}$$

求解得，单位面积壁面上的传热量为：$q=2.141\times10^5(\text{W/m}^2)$

于是，得：对流传热系数 $h=\dfrac{q}{\Delta t}=\dfrac{2.141\times10^5}{117-100}=1.259\times10^4[\text{W/(m}^2\cdot℃)]$

$$汽化率\ m=\frac{q}{r}=\frac{2.141\times10^5}{2257.1\times10^3}=0.095[\text{kg/(m}^2\cdot℃)]$$

—毕—

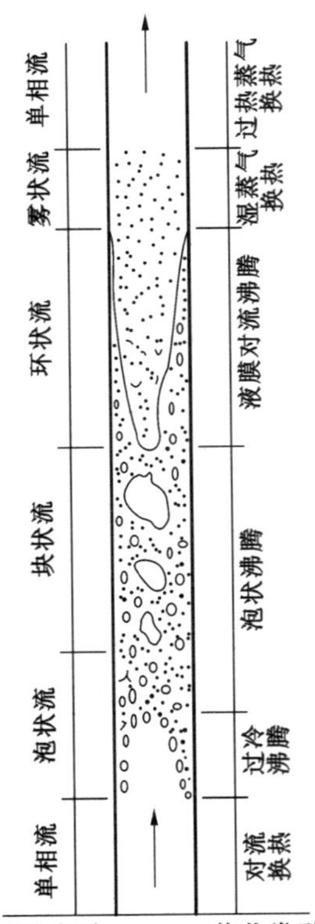

图 2.53　竖管内的沸腾状况

② 管内沸腾换热时的情况

如果流体在压力差的作用下，以一定的速度流过一个热管道内，同时在管道内发生沸腾，则称为：管内沸腾(水在水管锅炉中沸腾就是最典型的管内沸腾)。

由于管内沸腾发生在受限制空间内，所以产生的蒸气和液体混合在一起而组成“气/液两相混合物”，从而产生气/液两相流动，此时的流动、汽化以及传热的机理十分复杂。这里，简单地分析一根垂直圆管道内的液体沸腾情况，如图 2.53 所示。

假设刚开始进入管道内的液体之温度 t_l 小于饱和温度 t_s，此时不会发生气化，属于单相液体流的对流换热。此后，随着液体温度的升高，达到饱和温度 t_s 时，会发生汽化而造成小气泡不断增加，这种气泡小而分散的流动状态就被称为：泡状流。其后，随着气泡的增多，小气泡变成大气泡，此时被称为：块状流。再以后，液体中的气体量所占比例会增大，于是在管内中心处形成气芯，从而就把液体排挤到管壁附近而呈现环状液膜，被称为：环状流。环状流时，热管道主要以对流换热方式通过液膜传热给管内，汽化过程发生在气/液交界面上。液体不断汽化的结果也就使得液膜减薄，一直到汽化完毕而全部变成饱和蒸气，此时被称为：雾状流。湿蒸气再进一步就变成为过热蒸气，于是，又进入到单相蒸气流的对流换热过程。

当管道内液体的流速较大时，水平管内的沸腾情况与垂直管内的

沸腾情况基本上是相类似的。但是，当管道内液体的流速较小时，水平管内的蒸气便会积聚在管内的上部，从而出现气、液分层流动的特征。其结果是管道上部壁温大于管道下部壁温（被称为：上部壁温过热现象）。

根据以上情况的分析可知，管内沸腾比大容器内的沸腾更为复杂。对于以上所述的竖管内沸腾状态下的强制对流传热系数，一般采用由雅克布（Jakob）所推荐的公式（2.140）来进行计算[15,21]：

$$h = 2.54(\Delta t)^3 \exp(p/1.551) \qquad [\mathrm{W/(m^2 \cdot ℃)}] \tag{2.140}$$

式中 Δt——管道壁温度与饱和液体温度之差，℃；

p——饱和液体的（绝对）压强，MPa（1 MPa = 10^6 Pa）。

式（2.140）的压强适用范围为 5～170 atm。

【例 2.19】 绝对压强为 5 atm 的水，流过一个内径为 27.00 mm 的直立圆管。受到外界加热的该直立圆管的管壁，其温度（壁温）比水的饱和湿度始终高出 10 ℃，请计算：在沸腾情况下，每 1 m 长的该管道内相应的对流传热量。

【解】 该题为管内沸腾时的换热情况，由原题所给出的已知条件，可知：

$$\Delta t = 10\ ℃;\ p = 5 \times 101325 = 0.5066 \times 10^6\ \mathrm{Pa} = 0.5066\ \mathrm{MPa}$$

按照式（2.140），得：

$$\text{对流传热系数 } h = 2.54(\Delta t)^3 \exp(p/1.551) = 2.54 \times 10^3 \times \exp(0.5066/1.551)$$
$$= 3.521 \times 10^3 [\mathrm{W/(m^2 \cdot ℃)}]$$

再根据牛顿冷却定律[即式（2.78）]，便可以得到：

对流换热量 Q 为：

$$Q = h\Delta tA$$
$$= h\Delta t \cdot \pi dl = 3.521 \times 10^3 \times 10 \times 3.142 \times 0.027 \times 1$$
$$= 2987(\mathrm{W}) = 2.987(\mathrm{kW})$$

—毕—

（2）凝结换热的情况

当蒸气与固体的冷表面（简称：冷壁面）接触时，如果蒸气的温度 t_v 低于其饱和蒸气温度 t_s，就会在冷壁面上发生凝结现象，具体为：蒸气释放出冷凝热后会凝结成液体并且附着于冷壁面。其液相之冷凝的形态有两种："膜状凝结（Film Condensation）"和"珠状凝结（Dropwise Condensation）"，如图 2.54 所示。

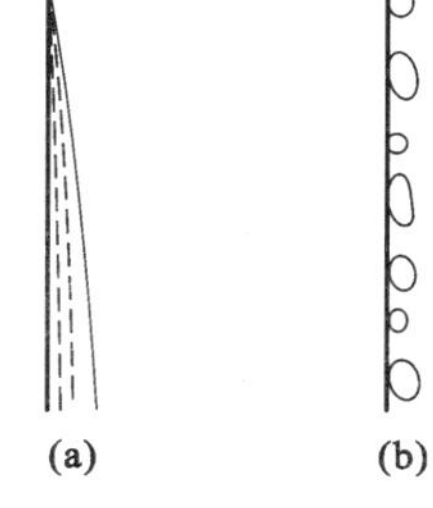

图 2.54 蒸汽凝结的两种形态
(a) 膜状凝结；(b) 珠状凝结

膜状凝结是指当凝结的液相能够润湿壁面时，凝结液就会在固体壁面上形成了一层液膜，而且当液膜达到一定的厚度后，由于重力大于黏滞力便会向下流动。膜状凝结的特点是：冷壁面有了液膜以后，后来的蒸气只能够在液膜表面上凝结，冷凝热也必需通过这层液膜才能够传给冷壁面，于是液膜就成为对流换热的主要"热阻"，例如，水蒸气在常压下进行膜状凝结时，它的对流传热系数 h 只有 6×10^3 W/(m² · ℃)。

珠状凝结（也称：球状冷凝，或称：滴状冷凝）是指当凝结液不能够润湿冷壁面时（例如，当水蒸气遇到有油的冷壁面时），凝结液就不能够完全覆盖冷表面，而只能够聚集成一个一个的液珠，而且在重力的作用下，较大的液珠会不断地落下。珠状凝结的特点是：由于凝结液只能够覆盖小部分的冷表面，后来的蒸气也可以直接在冷壁面上冷凝，因此，珠状凝结比膜状凝结的对流换热系数要高出许多。例如，水蒸气在常压下发生珠状凝结时，它的对流传热系数 h 就会高达 $4 \times 10^4 \sim 4 \times 10^5$ W/(m² · ℃)。

需要指出的是：在实际工程中，尽管上述两种冷凝形态都会发生，但是，在大多数情况下所发生的冷凝还是膜状凝结，因此，以下只讨论膜状凝结时的对流换热计算。为此，引入"凝结准数"的概念[15]，其符号为 C_0。

$$C_0 = h\left[\frac{\mu^2}{\kappa^3\rho(\rho-\rho_v)g}\right]^{1/3} \tag{2.141}$$

式中　h——膜状凝结时的对流传热系数，W/(m^2 · ℃)；

μ——冷却液的动力黏度，Pa · s；

k——冷却液的热导率，W/(m · ℃)；

ρ——冷凝液的密度，kg/m^3

ρ_v——饱和蒸气的密度，kg/m^3；

g——重力加速度，一般取 9.807 m/s^2。

以下就来讨论在两种典型冷壁面（“垂直壁”和“横管”）情况下关于准数 C_0 的方程式（或称：膜状凝结情况下的对流换热准数方程式）。

① 垂直壁的情况

层流（Re_f＜1800）时，膜状凝结情况下的对流换热准数方程式为[15]：

$$C_0 = 1.47Re_f^{-1/3} \tag{2.142}$$

湍流（Re_f≥1800）时，膜状凝结情况下的对流换热准数方程式为[15]：

$$C_0 = 0.0077Re_f^{0.4} \tag{2.143}$$

② 横管的情况

层流时，膜状凝结情况下的对流换热方程式为[15]：

$$C_0 = 1.51Re_f^{-1/3} \tag{2.144}$$

在横管膜状凝结的情况下，不可能达到湍流流态。

在式(2.142)、式(2.143)、式(2.144)中，Re_f 为冷凝液流动时的雷诺数，其计算公式为：$Re_f = \rho w d_e/\mu$，在该式中，以冷凝液膜层的当量直径 d_e 为特征长度，如图 2.55 所示。关于 d_e 与 Re_f 的计算方法简介如下：

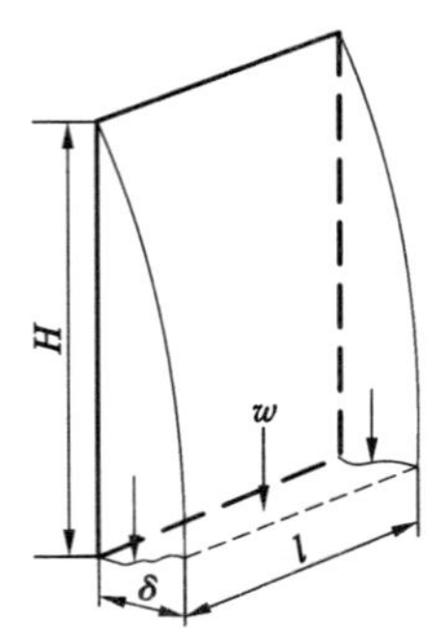

图 2.55　冷凝液膜层的尺寸

从图 2.55 会看出：对于“长度为 l、宽度为 δ 的冷凝液膜层”截面而言，它的润湿周长 $L=l$，截面积 $A=l\delta$。于是，根据式(2.74)便得到它的当量直径 $d_e=4A/L=4\delta$，所以，雷诺数 $Re_f=4\rho w\delta/\mu$。然而，由于冷凝液膜层的厚度 δ 不好测量，所以必需再对雷诺数 Re_f 的计算公式进行相应的转换。

同样，由图 2.55 可以看出，$\rho w \delta$ 为单位时间内通过单位长度（1 m）的冷壁底部截面之冷凝液量[单位：kg/(m · s)]。按照热平衡的原理（产生的热量＝传出的热量），冷凝液 $\rho w\delta$ 所放出的冷凝热就应该等于向“高度为 H、长度为 1 m”固体冷壁面的对流传热量。即：

$$r \cdot \rho w\delta = h(t_s - t_w) \cdot H \times 1 \tag{2.145}$$

将式(2.145)代入到 $Re_f=4\rho w\delta/\mu$ 中，便可以得到关于雷诺数 Re_f 的一个较为实用的计算公式：

$$Re_f = \frac{4h(t_s - t_w) \cdot H}{r \cdot \mu} \tag{2.146}$$

式中　H——冷凝液膜层的高度，m；

r——饱和蒸气的冷凝热（在数值上等于汽化热，也等于在饱和温度 t_s 下饱和蒸气的焓与饱和液相的焓之差），J/kg，对于水而言，水的汽化热可以查附录 4 中附表 4.2；

t_s——饱和蒸气的温度，℃；

t_w——冷壁面的温度，℃；

其他符号的意义同前。

在以上的式(2.142)～式(2.146)中，所用的定性温度均采用液膜温度 t_b。t_b 可以按照饱和蒸气温度 t_s 与壁面温度 t_w 的平均值来考虑，即 $t_b=\dfrac{t_s+t_w}{2}$。

【例 2.20】 温度为 120 ℃的饱和水蒸气在外径为 60 mm 的垂直管外壁面上凝结，该垂直管的长度为 3 m，管壁温度为 100 ℃，求该垂直管外壁在膜状凝结情况下的对流传热系数。

【解】 第一步，先假设冷凝液在垂直管外壁面上的流态为湍流，即利用式(2.143)来进行计算。

第二步，计算液膜温度 t_b 来作为定性温度

$$t_b = \frac{t_s + t_w}{2} = \frac{120 + 100}{2} = 110(℃)$$

由 $t_b = 110$ ℃，查附录 4 中附表 4.3 以及附表 4.4，便可以得到在该温度下饱和水与饱和水蒸气的有关物性参数为：

饱和水的热导率 $\kappa = 0.685$ W/(m · ℃)

饱和水的密度 $\rho = 95.10$ kg/m^3

饱和水的动力黏度 $\mu = 259.0 \times 10^{-6}$ Pa · s

饱和水的汽化热 $r = 2229.9$ kJ/kg $= 2229.9 \times 10^3$ J/kg

饱和水蒸气的密度 $\rho_v = 0.8265$ kg/m^3

第三步，计算雷诺数

由式(2.146)，得：

$$Re_f = \frac{4h \times 3 \times (120 - 100)}{2229.9 \times 10^3 \times 259.0 \times 10^{-6}} = 0.41555h$$

第四步，根据式(2.141)，来计算冷凝准数 C_0

$$\begin{aligned} C_0 &= h\left[\frac{\mu^2}{\kappa^3 \rho(\rho - \rho_v) g}\right]^{1/3} \\ &= h \times \left[\frac{(259.0 \times 10^{-6})^2}{0.685^3 \times 951.0 \times (951.0 - 0.8265) \times 9.807}\right]^{1/3} \\ &= 2.8664 \times 10^{-5} h \end{aligned}$$

第五步，计算膜状凝结情况下的对流传传热系数 h

将 Re_f 和 C_0 代入式(2.143)，得：

$$2.8664 \times 10^{-5} h = 0.0077 \times (0.4155h)^{0.4}$$

求解该方程，便可以得到所求的对流传热系数 h 为：$h = 6228$ W/(m^2 · ℃)

第六步，校核 Re_f

根据式(2.146)，得：

$$Re_f = \frac{4 \times 6228 \times (120 - 100) \times 3}{2229.9 \times 10^3 \times 259.0 \times 10^{-6}} = 2588$$

— 毕 —

由于 $Re_f > 1800$，因此其流态为湍流，这就意味着本例题第一步中的假设成立，所以不必重算。

本小节(第 2.2.2)中的核心内容就是利用具体的准数方程式来表征各种具体条件下的对流换热规律。这些具体准数方程式是基于相似模拟实验的结果，再按照相似理论推导出来的准数方程函数关系式而整理出来的。既然准数方程式是来自于实验，那么它就存在着以下两个缺陷：第一，不同的研究人员所得到的实验结果会略有差异，因此关于对流换热过程的准数方程式便很多，而且每个准数方程式偏重不同的情况、不同的条件、不同的参数范围(即各个准数方程式的适用范围会有所差异)。以上所介绍的只是目前较为公认的、应用较为普遍的一些准数方程式。关于更多的准数方程式，读者可以查阅相关的参考文献，尤其是一些专门的手册[12]。第二，实验结果不可避免地会有一些误差。所以，应该提醒读者的是，上述关于对流换热计算公式的误差大约是在±25%以内，这样的计算结果一般能够满足工程计算的要求。

但是，关于极低速的高黏度液体流动、高速的气体流动、金属液体的流动与高黏度的非牛顿流体等个别情况来说，上述准数方程式并不适用(其误差太大)。

高黏度液体在极低速流动(简称:蠕流,Creeping Flow)时,其对流换热量的计算可以不考虑流体对流的贡献,而只考虑其导热的结果。

高速气体流动时,其对流换热过程会呈现一些自身特点,若不考虑这些特点则会引起较大的计算误差。此时的对流换热过程涉及到气流的动力学过程、热力学过程,具体包括:气流动能与热力学能的相互转换以及气体膨胀等。所以,在研究高速气流的对流换热问题时,必需考虑以下的两个现象:其一是机械能转变为热能的耗散现象,它使得壁面温度比主流温度高很多,这是因为壁面处滞止流动的动能转换为热能以及高速气流黏性耗散所引起的加热效应所导致;其二是极高的温度变化则将会引起气流物性的显著变化,例如,分子离析为原子、原子团等。而且,当温度超过 1000 ℃时,气体还会电离为"等离子体"。另外,高温气流也会对壁面有烧蚀作用。

金属液体则属于普朗特数 Pr 很低的情况(一般来说,$Pr<0.03$),而且液态金属的热导率很大。所以,即使在流动时,其传热方式仍以热传导为主,因此,其流态无论是层流还是湍流其传热效果差别不大。另外,液态金属由于其饱和蒸气压很小,所以特别适合于热流密度很大以及温度较高的场合。在无机非金属材料领域内,浮法玻璃成型工艺中的锡液就是液态金属;在核裂变发电领域,新一代的快中子堆 LMFBR(Liquid Metal Fast Breeder Reactor)所用的冷却剂(液态钠、液态铅、液态的铅/铋共熔体)也属于液态金属。对于管内流动的无相变液态金属而言,则可以利用表 2.8 中的有关公式。当然,有关这一方面更为详细的资料,请读者查阅相关的专著。

高黏度的**非牛顿流体**一般是指一些有机聚合物。正是由于聚合物的高黏度,就导致其流动很慢:它的流动规律属于流变学(Rheology)的范畴而不属于流体力学的研究范围;它的对流换热规律可以近似地按照上述"蠕流"情况来处理(即只考虑导热的效果而不考虑对流的贡献)。就无机非金属材料而言,高黏度的非牛顿流体通常是指含有机材料(包括"无机材料/有机材料"复合材料)的情况,如果此类材料是液态,那么它与周围壁面之间的对流换热也可以只考虑导热效果而忽略对流的贡献。

2.3 辐射换热

2.3.1 辐射的本质

物质向外辐射是其微观结构中微观粒子振动、激发的结果。只要物质的温度大于 0 K,其微观结构中就会有振动。随着温度升高,这种振动也在加剧,这会使许多微观粒子发生碰撞。碰撞的结果会使电子得到能量补充从而变成激发态,于是,不同轨道上(严格地来说,微观结构中的"轨道"应该被称为:状态)的电子便会到达不同的、更高的能级上。但是,高能级上的电子状态则是不稳定的,随时都有返回基态的趋势,换句话说,就是:电子具有从不稳定的高能态(激发态)返回原来低能态(基态)的趋势。任何能级的电子返回低能态一次就会放出一个量子能(Quantum Energy,这是能量的最小单位),从而释放出一份辐射能,被称为:辐射量子能 $\varepsilon=h\nu$[这里,h 为普朗克常数,$h\approx4.13566743\times10^{-15}$ eV·s $\approx6.626\times10^{-34}$ J·s,其精确值为$(6.6260755\pm0.0000040)\times10^{-34}$ J·s;ν 为辐射的频率])。

辐射的量子能与其频率成正比(微观世界具有波粒二象性,任何微观粒子都有波动性,所以辐射在本质上就是电磁波)。我们知道,物质内部含有数目极其巨大的、具有各种能级的电子,因此,各种频率都会存在。这就意味着:物质可以辐射出各种频率、但是强度各有不同的辐射能。由于波长 λ 与频率 ν 成反比,即一个波长对应着唯一的频率,因此,也可以说:任何的物质都可以辐射出各种波长的辐射能,只是在不同波长下的辐射能强度会有差异。

基于辐射的上述机理,人们便可以知道:辐射能的大小是取决于辐射波长和温度。所有波长的总辐射能则与物体的种类及其温度有关。

作为电磁波的辐射能,按其波长从长到短的次序,分为以下几个波段:无线电波(或称:射电波段,

Radio Wave)、微波(Microwave,简称:MW)、红外线(Infrared Ray,简称:IR)、可见光(Visible Light)、紫外线(Ultraviolet Ray,简称:UR)、x 射线(x-ray)和 γ 射线(γ-ray)等,如图 2.56 所示。

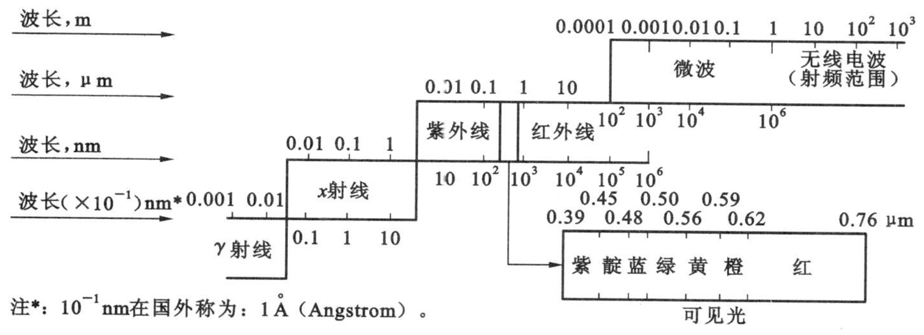

图 2.56 各种辐射能的波段范围

不同波段的电磁波具有不同的性质。在工程辐射的换热计算过程中,人们最为关注的是被物体吸收后重新转变为热能的那些辐射能(即具有"热效应"波段的电磁波),它们称为:热辐射(Thermal Radiation,有时也称为:热射线)。热辐射主要是波长从 0.39~1000 μm 范围内的辐射能,这是位于可见光和红外线的范围。在常温下的热辐射主要是红外线,简称:红外辐射。

2.3.2 辐射的性质

辐射的速度等于光速 c①,在热辐射之中,可见光波段也扮演着极其重要的作用,而且,可见光的传播、反射、吸收和透射等规律较为直观,为了便于理解,以下便会用"光辐射"比拟"辐射"来进行探讨。

假设投射到某物体表面上的总辐射能为 Q,如图 2.57 所示,被该物体吸收的那一部分辐射能是用 Q_α 来表示;被该物体表面反射的那一部分辐射能是用 Q_ρ 来表示;透射过该物体的那部分辐射能是用 Q_τ② 来表示。于是,就有了以下的等式成立:

$$Q_\alpha + Q_\rho + Q_\tau = Q \tag{2.147}$$

整理,得:

$$\frac{Q_\alpha}{Q} + \frac{Q_\rho}{Q} + \frac{Q_\tau}{Q} = 1 \tag{2.148}$$

整理,得:

在式(2.148)中,第一项 Q_α/Q 叫做物体的**吸收率**(Absorptivity),符号:α;第二项 Q_ρ/Q 叫做物体的**反射率**(漫反射率为 Albedo,镜反射率则是 Reflectivity),符号:ρ;第三项 Q_τ/Q 叫做物体的**透射率**(曾称:透过率,Transmissivity),符号:τ。这样,式(2.148)就转变为:

$$\alpha + \rho + \tau = 1 \tag{2.149}$$

式中,α、ρ、τ 的数值介于 0~1 之间。

这里,需要指出,辐射能的反射分为两种情况(如图 2.58 所示):如果物体表面是很粗糙的,那么

---

① 在真空中,$c \approx 2.99792458 \times 10^8$ m/s,而在具体介质中的光速则为该数值再除以介质的折射率 n。所以,辐射线从一种介质进入另一种介质时,其频率不变,但是其速度、波长都将发生变化。

② 光从物体透射出来后会有偏转(Deflection),这称为:折射(Refraction)。另外,请注意:在目前的高科技水平下,在微纳光学领域内(Nanophotonics)也发现了一些奇特的光学现象,例如,① 其微观结构经过恰当设计的**光子晶体**(Photonic Crystal,它的折射率与波长在同一数量级且呈周期性空间分布)可以使得光子在其内的作用类似于普通晶体中自由电子的作用,从而产生光子带隙效应、慢光效应、场局域等奇特现象。② 其微观结构经过恰当设计的**超材料**(Metamaterial,它的微观单元远小于入射光的波长)可以使得介电常数(Permittivity)、磁导率(Permeability)等参数呈现负值,从而让光波产生负折射、超聚焦、负多普勒效应等奇特现象。③ **表面等离子激元**(Surface Plasmon Polariton,简称:SPP)是光波与金属表面的自由电子相互作用而形成的共振激发,它会在金属表面呈现局域场增强现象,对其所进行的相关研究便形成了"表面等离子激元学"(Plasmonics)。

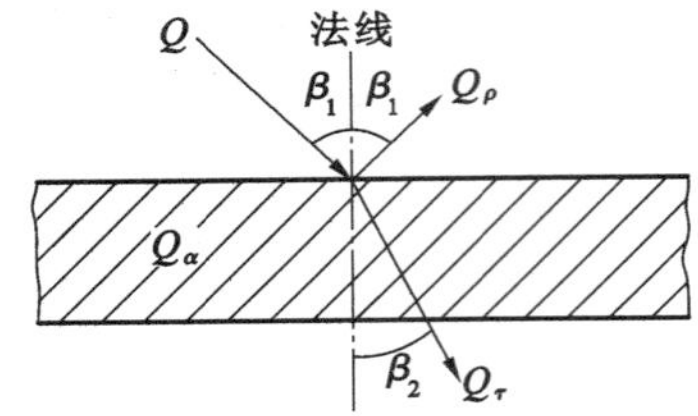

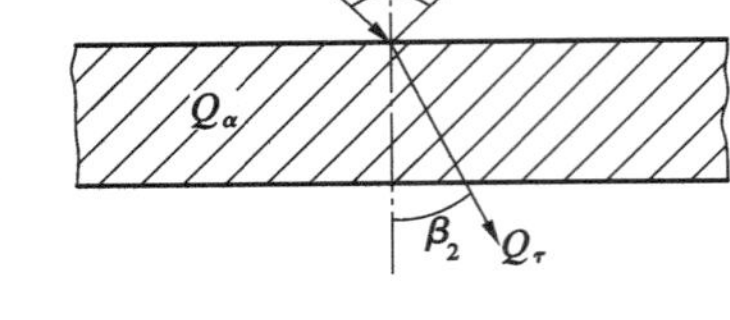

图 2.57　物体对于辐射能的反射、吸收和透射

图 2.58　反射辐射的两种类型

(a) 漫反射；(b) 镜面反射

向物体表面半球空间内各个方向的反射都会有，这种反射被称为：**漫反射**(Diffusive Reflection)；如果物体表面是绝对光滑，则只有沿着反射角等于投射角的方向反射，这种反射被称为：镜面反射，简称：**镜反射**(Specular Reflection)。请注意：在工程材料中，表面粗糙的情况居多，所以，以下进行辐射换热计算时，便将辐射体均当作：漫反射体(Diffusive Body)。

以下再来讨论三种极限的情况：

① 如果 $\alpha=1,\rho=0,\tau=0$，则表示：投射到物体表面上的辐射能全部被其吸收，该物体被称为：绝对黑体(简称：**黑体**，Black Body)。

② 如果 $\alpha=0,\rho=1,\tau=0$，则表示：投射到物体表面上的辐射能全部被其反射，这种情况被称为：全反射——如果全部是漫反射，则将该物体称为：绝对白体(简称：**白体**，White Body)；而如果全部是镜反射，那么该物体就被称为：绝对镜体(简称：**镜体**，Mirror Body)。

③ 如果 $\alpha=0,\rho=0,\tau=1$，则表示：投射到物体表面上的辐射能会全部透射过该物体，该物体便被称为：绝对透体(简称：**透体**，Transpant Body)。

当然，在上述几种极限情况下的辐射体[即黑体、白体(或镜体)、透体]，在自然界中则是不存在的。任何天然的物体都有一定的反射能力、吸收能力和透射能力，只是在某方面的能力会更强些或更弱些。

对于绝大多数固体，几乎都不能让热辐射透射过。到达固体表面的外界热辐射能，除了被反射的一部分以外，其余的热辐射能则在其表面之下微米级的薄层内被全部吸收：例如，投射到导电体表面上的热辐射能，除了被反射的部分以外，其余的能量会在 0～1 μm 厚的表面薄层内被全部吸收；投射到非导电体表面上的热辐射能，除了极少数非导电体外，绝大多数会在 0～0.1 μm 厚的表面薄层内被几乎全部吸收。于是，就绝大多数固体而言，式(2.149)就简化为：$\alpha+\rho=1$。

然而，气体的热辐射规律与固体的情况则有着很大的差别：气体对于辐射能几乎没有反射能力，即 $\rho\approx0$，所以只有吸收率和透射率。于是，就气体而言，式(2.149)就简化为：$\alpha+\tau=1$。

虽然，自然界中并不存在着真正的黑体、白体(或镜体)或透体，但是，通过人们的专门制备、加工与处理等措施，可以得到在某些波段范围内具有接近于单一辐射功能的材料。关于这方面的探讨如下：

尽管地球上不存在真正的“黑体”($\alpha=1$)，但是，黑体模型却是可以用人工制得，如图 2.59所示。具体为：在空心体的壁面上开一个很小很小的孔口(小孔尺寸越小越接近黑体)，该孔口就具有黑体的性质。这是因为，射入小孔的辐射能经过物体内壁的多次反射之后，几乎全部被吸收。此外，在目前的高科技条件下，如果将变换光学(Transformation Optics，这是指利用坐标转换而且恰当设计的材料可以使光波沿着能够满足某些特定转换条件的路径传播)应用于某些超材料(Metamaterial)，也能够制造出光学黑洞、完美吸收体等光学器件。但是，注意：黑体并不仅是在颜色上呈“黑色”，黑色只表示对于可见光波段全部吸收，而黑体表示对于波长 0～∞所有波段的辐射能全部吸收。这也就是说：物体的颜色只能够表征着它对于可见光波段

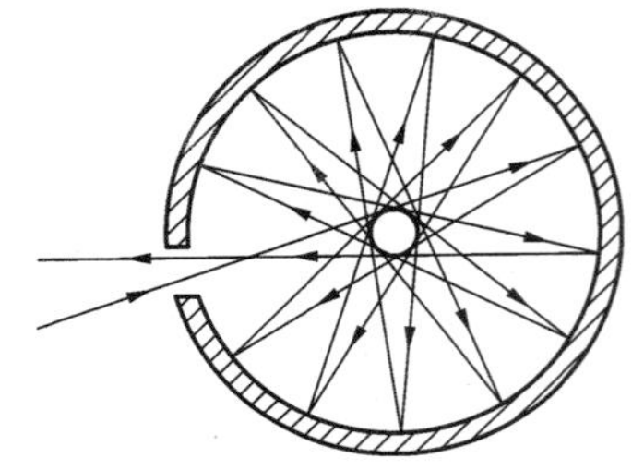

图 2.59　人造黑体模型

辐射能的吸收情况，而不能说明它对于其他波段辐射能的吸收情况。例如，雪是白色，这只能够说明它几乎不吸收可见光，但是，雪对于红外线的吸收率 α 却高达 0.985(所以说，雪对于红外波段的辐射非常接近于黑体)。除了颜色以外，物体的吸收率 α 还与其物性、表面状况以及温度等因素有关，尤其是表面状态：粗糙表面的吸收率要比光滑表面大很多，这是因为粗糙表面凸凹处大大增加了吸收面积以及反复吸收的性能，从而大大提高了表面的吸收率。研究黑体的热辐射规律，对于研究物体的辐射性能与吸收性能以及解决物体之间的辐射换热计算问题都有着极其重要的意义。为此，以下将有关黑体的所有参数量均标注下角标“b”，意为 Black Body，以示与一般物体的相区别。

尽管不存在自然的“白体”或“镜体”($\rho=1$)，但是人们通过研究发现：若将两种不同的特殊材料(低折射率的皮材料与高折射率的芯材料)结合在一起，当这两种材料的折射率满足一个特定的函数关系时，则在这两种材料的界面上会产生“全反射”。当前，在 IT 行业中广泛使用的光学纤维(简称：光纤，参见图 2.60)就是利用该原理来实现光信号的超长距离传输。另外，通过对于玻璃等材料进行镀膜等表面改性措施，还可以使其在某些波段成为具有高反射率的材料：例如，① 玻璃镜对于可见光具有高反射率；② 一些对于可见光具有高反射率的镀膜玻璃，若被用作建筑物的窗户玻璃，则会具有单向可视性(Half Mirror，白天在室外看不见室内，晚上则从室内看不见室外)；③ 一些镀膜玻璃对于红外线、紫外线具有高反射率，对于可见光却具有高透射率，这就是玻璃行业中所谓的 Low-E 玻璃(或称：低辐射玻璃，Low-Emission Glass，参见图 2.61)。

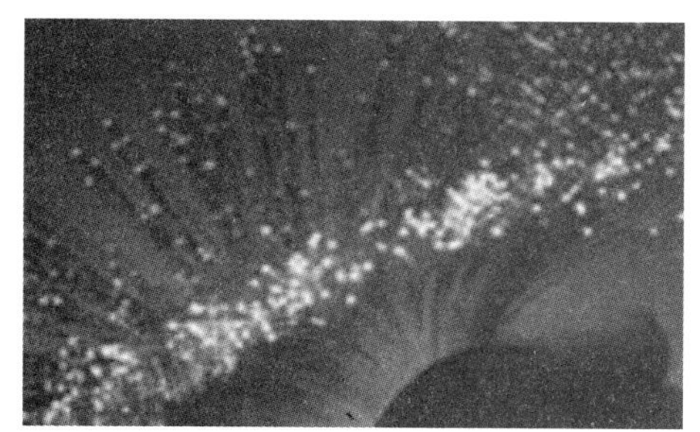

图 2.60 光学纤维构成光缆

图 2.61 Low-E 玻璃(其遮阳型也称：Sun 玻璃)

尽管自然界不存在专门的透体($\tau=1$)，然而，人们所制造的玻璃对于可见光波段却是具有很高的透射率。而且，一些新技术还可以进一步优化玻璃的透光率：① 将“变换光学”应用于某些超材料也可以制造出超透镜、平板透镜、隐形斗篷(Optical Cloak)等光学器件；② 通过对于玻璃原料的处理，可以制得透光率大于 90% 的所谓“超白玻璃”(Ultrawhite Glass，参见图 2.62)；③ 对于玻璃表面来进行改性处理可以获得所谓的“减反射玻璃”(也称：增透玻璃，或称：AG 玻璃，Anti-reflection Glass、Dereflection Glass 或 Reflectance Reducing Glass)：普通玻璃的折射率约为 1.52，在其表面镀上折射率小于 1.52、光程差为 1/4 波长的透明膜便可以使得该膜上下两面的反射光相互干涉从而最大限度地提高透光率，甚至使透射的影像清晰到好像玻璃本身被隐形，所以有“隐形玻璃”之称；④ 一些特别的激光技术还可以控制某些波长在玻璃内的透射率，从而将特殊波长的辐射能保持在玻璃制品的内部，这也就是所谓的“玻璃内雕”技术，关于玻璃内雕技术的产品参见第 1 章中图 1.32。

图 2.62 超白玻璃板

2.3.3 有关辐射的几个基本概念

(1) 全辐射力

全辐射力(也称：辐射能力，简称：辐射力，Emissive Power)是指：单位时间内从物体单位表面积向其半球空间内所发射出去的总能量，用符号 E 来表示（如果物体是黑体，则用符号 E_b 来表示），单位：W/m^2。这里说的“总能量”是指：从物体表面向其半球空间内各个方向上发射出去的、全频谱（波长从零到无穷大）的总能量。

描述黑体的全辐射力 E_b 与温度 T 之间关系的规律是在第 2.3.4 中所介绍的斯蒂芬-波耳兹曼定律（也译作：斯蒂芬-波尔茨曼定律）。

（2）单色辐射力

单色辐射力（也称：单色辐射能力，Monochromatic Emissive Power，或称：光谱辐射力[58]，Spectral Emissive Power）是指：单位时间内从物体单位表面积上向其半球空间各个方向上所发射的在某波长 λ 附近单位波长间隔内的辐射能总和，用符号 E_λ 来表示（如果物体是黑体，则用符号 $E_{b,\lambda}$ 来表示），单位：W/m^3。

根据其定义，单色辐射力 E_λ 与全辐射力 E 之间的关系为：

$$E_\lambda = \left.\frac{dE}{d\lambda}\right|_{\lambda=\lambda} \quad (W/m^3) \tag{2.150}$$

$$E_{b,\lambda} = \left.\frac{dE_b}{d\lambda}\right|_{\lambda=\lambda} \quad (W/m^3) \tag{2.150a}$$

或

$$E = \int_0^\infty E_\lambda d\lambda \quad (W/m^2) \tag{2.151}$$

$$E_b = \int_0^\infty E_{b,\lambda} d\lambda \quad (W/m^2) \tag{2.151a}$$

描述黑体的单色辐射力 $E_{b,\lambda}$ 与温度 T 及波长 λ 之间相互关系的规律就是第 2.3.4 中所介绍的普朗克定律。

（3）方向辐射力和辐射强度

方向辐射力（或称：定向辐射力，也称：方向辐射能力，Directional Emissive Power）就是指：单位表面积的物体，在单位时间内，在所研究的方向上（记作：Φ 方向上），单位立体角①内所发射的全频谱总能量，参见图 2.63，用符号 E_Φ 来表示（如果是黑体，则用符号 $E_{b,\Phi}$ 来表示），单位：$W/(m^2 \cdot sr)$。

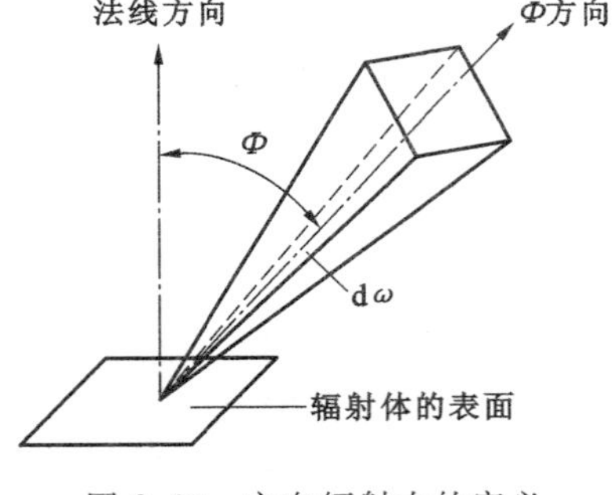

图 2.63　方向辐射力的定义

根据其定义，方向辐射力与全辐射力之间的关系为：

$$E_\Phi = \left.\frac{dE}{d\omega}\right|_\Phi \quad [W/(m^2 \cdot sr)] \tag{2.152}$$

$$E_{b,\Phi} = \left.\frac{dE_b}{d\omega}\right|_\Phi \quad [W/(m^2 \cdot sr)] \tag{2.152a}$$

或

$$E = \int_0^{2\pi} E_\Phi d\omega \quad (W/m^2) \tag{2.153}$$

$$E_b = \int_0^{2\pi} E_{b,\Phi} d\omega \quad (W/m^2) \tag{2.153a}$$

辐射强度②（Directional Radiation Intensity）是指：单位表面积的物体、单位时间内，在其法线方向上、在单位立体角内所发射的全频谱总能量，用符号 I 表示（如果是黑体，则用符号 I_b 来表示），单位：W/sr。

描述黑体辐射时 $E_{b,\Phi}$、I_b 及 E_b 之间的相互规律就是在第 2.3.4 中所介绍的兰贝特定律。

---

①　在平面几何中，角度（Angle）的定义为：圆周上的弧长与半径之比，单位：弧度（符号：rad）；在立体几何中，**立体角**（Solid Angle）的定义为：**圆球体表面上的面积与其半径的二次方之比**，符号为 ω，单位：球面度（符号：sr）。由该定义可以推导出：全球空间内的立体角为 4π（单位：sr）；半球空间内的立体角为 2π（单位：sr）。

②　在某些领域内也会涉及“受射强度”（也称：辐射照度，或称：辐照强度）的概念，这是从受射体的角度来表述的这个概念。

(4) 发射率

发射率(也称:辐射率,曾经称为:黑度①,Emissivity)的定义为:物体表面的全辐射力与同温度下黑体的全辐射力之比,用符号 ε 来表示,无量纲量,其计算公式为:

$$\varepsilon = \frac{E}{E_{\mathrm{b}}} \tag{2.154}$$

任何物体发射率 ε 的值都处于 0～1 之间。描述物体的发射率 ε 与其吸收率 α 之间关系的定律是在第 2.3.4 中所介绍的克希荷夫定律(也译作:基尔霍夫定律)。

(5) 单色发射率

单色发射率(也称:单色辐射率,曾经称为:单色黑度,Monochromatic Emissivity)的定义为:物体表面的单色辐射力与同温度、同波长下黑体的单色辐射力之比,用符号 ε_λ 来表示,无量纲量,其计算公式为:

$$\varepsilon_\lambda = \frac{E_\lambda}{E_{\mathrm{b},\lambda}} \tag{2.155}$$

和发射率 ε 一样,任何物体在任何频率下的单色发射率 ε_λ 也处于 0～1 之间。

(6) 灰体的概念

如果某物体在任何波长下的单色辐射率都相等,那么这个物体就被称为:**灰体**(Gray Body)。既然灰体在任何波长下的单色发射率都相等,那么,灰体的单色发射率就应该等于其发射率,即:

$$\varepsilon_{\lambda_1} = \varepsilon_{\lambda_2} = \cdots = \varepsilon_\lambda = \varepsilon \tag{2.156}$$

所以,灰体有着与黑体相类似的规律,只是数值有所不同。

和黑体一样,自然界中没有绝对的灰体存在,但是在工程上,为了使有关辐射换热问题的计算过程得到有效的简化,一般将真实的物体近似地按照灰体来处理。这种近似的处理方法当然有一定的计算误差,但是,这种误差对于工程计算来说是允许的。

2.3.4　辐射的五大基本定律

应该说,正是人们对于辐射规律的研究,才导致近代物理学的出现。这个里程碑式的事件便是"量子论"的问世,这就是 19 世纪末和 20 世纪初爆发的"量子革命"。这场革命的影响之深远,以至于人们现在还在享受其丰硕的成果以及巨大的收益。

在辐射的早期研究中,人们认识到了黑体辐射的重要意义并且用人工黑体进行实验研究,这对于建立辐射的理论起到了极其重要的作用。1889 年,**卢默**[Otto Lummer(奥托 · 卢默),1860—1925,德国物理学家,在光学与热辐射等领域颇有成就]等人通过测定得到了黑体辐射光谱能量分布的实验数据。1879 年,**斯蒂芬**[Joseph Stefan(约瑟夫 · 斯蒂芬),1835—1893,奥地利科学家,在热动力学、传热学、电磁学、光学、数学等领域取得了非凡成就]基于杜隆[Pierre Louis Dulong(皮埃尔 · 路易斯 · 杜隆),1785—1838,法国科学家]、珀蒂[Alexis Thérèse Petit(阿列克西 · 泰雷兹 · 珀蒂),1791—1820,法国物理学家]、泰恩达尔[John Tyndall(约翰 · 泰恩达尔),1820—1893,爱尔兰裔英国物理学家]等人的有关测量结果而推演出了黑体的辐射力与其绝对温度的四次方成正比的规律。该规律于 1884 年被他的学生**玻耳兹曼**[Ludwig Eduard Boltzmann(路德维格 · 埃德乌尔德 · 玻耳兹曼),1844—1906,德裔奥地利物理学家、哲学家,在气体分子运动论、统计力学以及建立原子与分子的概念等方面取得非凡成就]通过热力学理论推导所证实,并且将其推广到灰体辐射计算中。于是,该规律被称为:斯蒂芬-玻耳兹曼定律(也译作:斯蒂芬-波尔茨曼定律,或译作:斯忒藩-玻耳兹曼定律[58])。

① "黑度"是国内从俄语中直译过来的名称,该名词曾经在国内普遍使用过。然而,这个概念在英语中被称为:Emissivity,直译过来就是:发射率,或译作:辐射率。

然而，辐射基础理论研究中的最大挑战就在于如何从理论上确定黑体辐射的频谱能量分布。1896 年，**维恩**[Wilhelm Carl Werner Otto Fritz Franz Wien(威廉·维恩)，1864—1928，德国物理学家，在黑体辐射规律的研究上颇有成就，荣获 1911 年诺贝尔物理学奖]从热力学的角度采用半理论、半经验的方法推导出了一个相关的公式。该公式虽然在短波波段(参见图 2.64 中曲线的左半部分)与黑体辐射的频谱能量分布实验结果比较符合，但是，在长波波段(参见图 2.64 中曲线的右半部分)则与实验结果显著不符。几年后，**瑞利**[Lord Rayleigh(尊称：瑞利男爵三世，Third Baron Rayleigh，真名：John William Strutt)，1842—1919，英国物理学家，在辐射以及声学领域颇有成就，因为与他人共同发现氩元素而荣获 1904 年诺贝尔物理学奖]从固体晶格振动的角度出发也推导出了一个相关的理论公式，此公式在 1905 年又经过**金斯**[James Hopwood Jeans(詹姆斯·荷普伍德·金斯)，1877—1946，英国科学家，在辐射、星系演化、量子论等研究领域都有所成就]改进。所以，后人将其称之为：瑞利-金斯公式。该公式在长波波段(参见图 2.64 中曲线的右半部分)与实验结果比较符合，但是，在短波波段(参见图 2.64 中曲线的左半部分)则与实验结果差距很大，而且，依据该公式，会得到“随着频率不断增高，辐射能量将增至无穷大”的结论，该结论显然是十分荒谬的。于是，瑞利-金斯公式在高频部分(即紫外部分)遇到无法克服的困难，因此称为辐射理论上的“紫外灾难”。于是，人们强烈地意识到，原先以为已经相当完美的经典物理学理论确实存在着一些问题。这些问题的解决就需要在物理学观念上的新突破。

普朗克[①]决心找到一个与实验结果能够符合的理论公式。经过努力，他在 1900 年便提出了一个公式。其后的相关实验也证实了该公式与黑体辐射的实验结果在整个频谱段内完全符合。后来，在寻求对于该公式进行物理解释的过程中，普朗克则大胆地提出了与经典物理学中连续性能量分布的概念完全不同的新假说，这就是所谓的“量子假说”。该假说认为：物体发射辐射和吸收辐射时，能量不是连续变化，而是跳跃式变化，即能量是一份一份地发射、一份一份地吸收。每一份能量都有一定的数值，这些能量单元被称为：量子(Quantum)。

然而，科学发展的道路往往是曲折的。普朗克公式因为缺乏理论依据而在当时不被人们所接受。普朗克本人对于他所提出的新假说在认识上也曾经有过反复。直到 1905 年，在爱因斯坦[②]的光量子研究成果得到公认后，普朗克公式才逐渐地被人们所认可，被后人称为：普朗克定律。按照量子假说所确立的普朗克定律正确地揭示了黑体辐射能量的频谱分布规律，从而奠定了辐射的理论基础。

正是由于普朗克定律是所有辐射理论的基础，因此以下首先介绍该定律。

(1) 普朗克定律

普朗克定律(Plank's Law)从理论上揭示了黑体单色辐射力在不同温度下按照波长分布的具体规律，即 $E_{b,\lambda}=f(T,\lambda)$，其数学表达式如式(2.157)所述[对于灰体，只需要在该方程的右边乘以一个常数即可，参见式(2.155)、式(2.156)]。

$$E_{b,\lambda}=\frac{c_1\lambda^{-5}}{\exp[c_2/(\lambda T)]-1}\qquad (\mathrm{W/m^3})\tag{2.157}$$

式中 λ——辐射的波长，m；

T——绝对温度，K；

c_1——普朗克定律第一常数，$c_1=(3.7417749\pm0.0000022)\times10^{-16}\ \mathrm{W\cdot m^2}$；

c_2——普朗克定律第二常数，$c_2=(1.438769\pm0.0000022)\times10^{-2}\ \mathrm{m\cdot K}$。

---

① 麦克思·普朗克(Max Karl Ernst Ludwig Planck，1858—1947)，德国理论物理学家，在热力学、黑体辐射等研究领域颇有成就，他因为创建量子论而荣获 1918 年诺贝尔物理学奖。

② 阿尔伯特·爱因斯坦(Albert Einstein，1879—1955)，生于德国一个犹太家庭，理论物理学家，他的成就非凡，其中最显著的成就包括：成功解释了光电效应、布郎运动以及创建了狭义相对论与广义相对论。解释光电效应使他荣获 1921 年的诺贝尔物理奖。创建相对论使他成为科学史上最伟大的科学家之一。

普朗克定律所描述的黑体在不同温度下单色辐射力随波长的分布规律如图 2.64 所示。灰体的单色辐射力与黑体的单色辐射力之比(即单色发射率)是一个常数,如式(2.155)、式(2.156)所述,所以灰体的上述分布规律也与黑体类似[只需将式(2.157)的左边换成 E_λ,再将该方程的右边乘以发射率 ε 即可],参见图 2.65。

然而,实际的物体则没有灰体那么简单。实际材料的单色发射率也与辐射的波长有关,因此它们的单色辐射力随波长的分布规律要更复杂一些,参见图 2.66。

从图 2.64 可以看出:在工业窑炉的温度范围内(工业窑炉内的最高温度约为 1600～2000 K),单色辐射力的最大范围在波长为 0.76～10 μm 的波段(属于近红外线、中红外线的波段范围)。对于波长在 0.39～0.76 μm 范围的可见光而言,其单色辐射力很小。尽管很小,但是随着温度的升高,可见光在辐射能中的份额却在不断地增加,所以其亮度也在逐渐加强,而且随着温度上升,辐射光的颜色最先呈暗红色,再呈红色,以后依次呈橙色、亮橙色、黄色、亮黄色、炽白色、鲜亮的炽白色。由于可见光可以用人的肉眼观察到的,所以有经验的操作工人便会根据热工设备内物体加热后呈现的颜色变化来近似地判断该物体的温度。然而,也需要指出:由于普朗克定律适用于黑体、灰体或者类似于灰体的物体,但是,对于表面反射率很大的物体(例如,金属银等)就不符合该规律。所以,只能说可以用加热后物体颜色的变化来判断某些物体的温度,而不能用此来作为判断一切物体温度的依据。

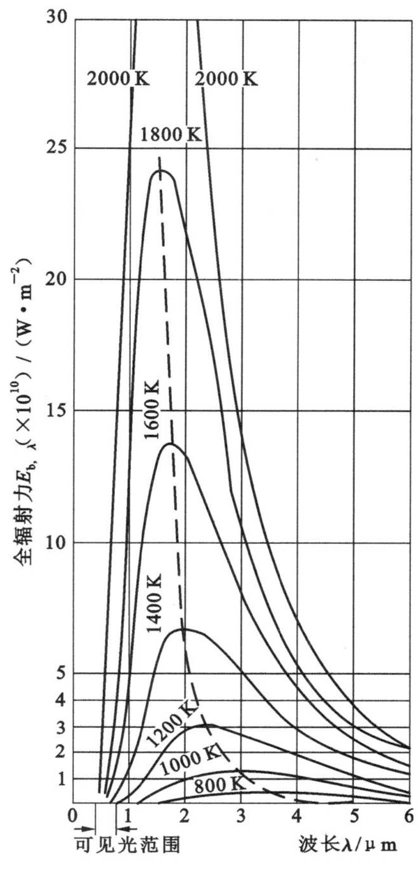

图 2.64 普朗克定律所表述的单色辐射能在不同温度下沿波长的分布规律

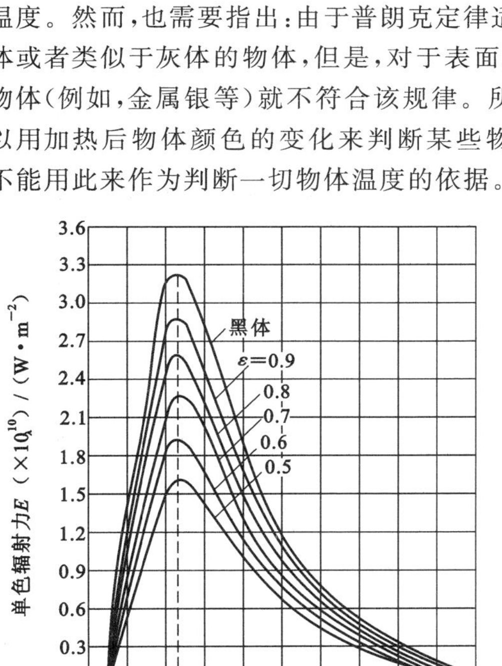

图 2.65 黑体和灰体在 T=1200 K 时的辐射光谱

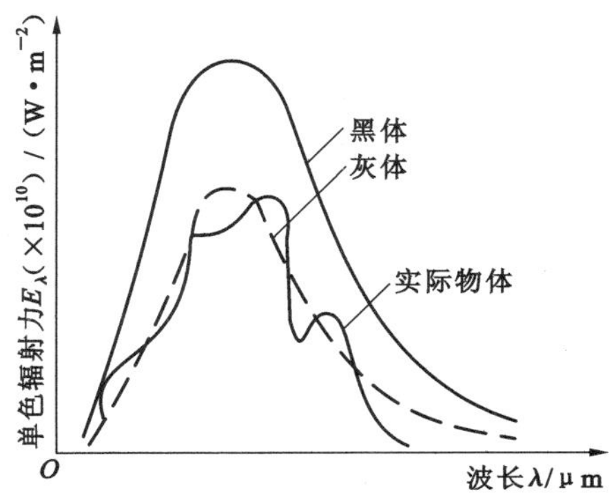

图 2.66 黑体、灰体、实际物体在某温度时其辐射光谱之间的对比

(2) 维恩偏移定律

维恩偏移定律(也称:维恩位移定律,Wien's Displacement Law)是描述黑体的单色辐射力沿波长分布中的极大值点所对应的波长 λ_m 与绝对温度 T 之间的关系,具体为:

$$T \cdot \lambda_m = 2896 \qquad (K \cdot \mu m) \tag{2.158}$$

由该式可以看出:随着温度 T 升高,黑体辐射力极大值点的横坐标位置 λ_m 会向短波的方向移动(灰体的 λ_m 与黑体的 λ_m 完全相同),如图 2.67 中的曲线 a 所示。

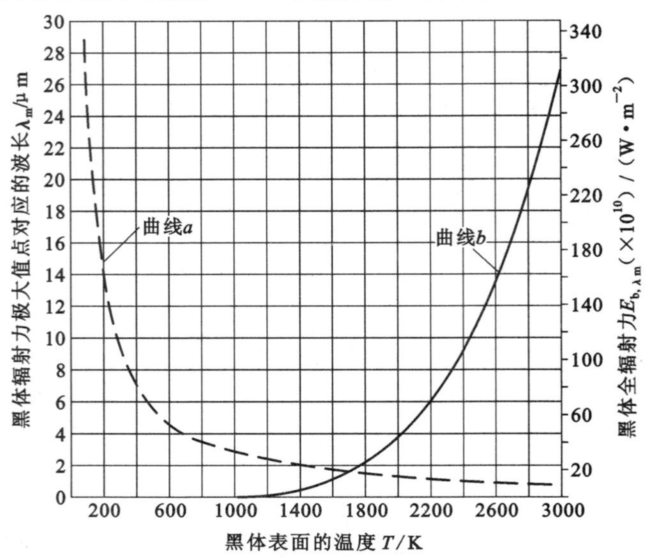

图 2.67　维恩偏移定律的结果

曲线 a—λ_m 与温度 T 之间的关系;曲线 b—E_{b,λ_m} 与温度 T 之间的关系

尽管早在 1893 年(比普朗克定律的提出早 7 年),维恩从热力学的观点出发,推导出了此定律,但是,因为普朗克定律揭示了辐射的本质规律,所以此定律也可以利用对普朗克定律求极值的方法来获得:将式(2.157)对波长 λ 求一阶导数,然后令其为零,便可以得到式(2.158)。

维恩偏移定律的重要应用之一就是:如果通过频谱分析仪测定出某物体辐射频谱分布的 λ_m,再利用此定律就可以计算出该物体的表面温度。例如,太阳的表面温度就是人们利用该定律估算出来:用频谱分析仪测定出太阳光辐射频谱的极大值所对应的波长 λ_m 为 0.5 μm,然后,根据维恩偏移定律计算得出太阳表面的温度大概是 5792 K(约 5519 ℃)。

注意:维恩偏移定律适用于黑体,对于灰体也是适用的,但是,对于实际物体则有一定的(甚至是明显的)误差。

若将维恩偏移定律中的 $\lambda_m = 2896/T$ 代入普朗克定律[式(2.157)]中,就可以得到已知某温度 T 时,黑体最大单色辐射力 E_{b,λ_m} 的计算公式为:

$$E_{b,\lambda_m} = 1.268 \times 10^{-5} T^5 \qquad (W/m^3) \tag{2.159}$$

灰体的相应公式与此类似,具体为:

$$E_{\lambda_m} = 1.268 \times 10^{-5} \varepsilon \cdot T^5 \qquad (W/m^3) \tag{2.160}$$

由此可知,黑体或灰体的最大单色辐射力与其绝对温度的 5 次方成正比(具体请参见图 2.67中的曲线 b)。然而,真实物体的情况与这一结论还有一定的差别。

(3) 斯蒂芬-玻耳兹曼定律

斯蒂芬-玻耳兹曼定律(也称:斯忒藩-玻耳兹曼定律[58],或称:斯蒂芬-波尔茨曼定律,Stefan-Boltzmann's Law)所描述的则是黑体的全辐射力与其绝对温度之间的数学关系,具体为:

$$E_b = c_b \left(\frac{T}{100}\right)^4 \qquad (W/m^2) \tag{2.161}$$

式中 c_b——黑体辐射常数[①]，$c_b \approx 5.67\ \mathrm{W/(m^2 \cdot K^4)}$；

T——黑体的绝对温度，K。

由该式不难看出，黑体的辐射力与其绝对温度的 4 次方成正比，所以该定律又称为：4 次方定律。

尽管早在 1879 年（比普朗克提出普朗克定律早 21 年）和 1884 年（比普朗克提出普朗克定律早 16 年），斯蒂芬和玻耳兹曼就分别用实验的方法和热力学方法得到了斯蒂芬-玻耳兹曼定律。但是，由于普朗克定律所揭示的是辐射的本质规律，所以按照规律式（2.153），对式（2.157）进行积分[②]，即 $E_b = \int_0^\infty E_{b,\lambda} d\lambda$，也可以推导出斯蒂芬-玻耳兹曼定律。

斯蒂芬-玻耳兹曼定律是辐射换热计算中一个非常重要的定律。由此可知：黑体的全辐射力 E_b 仅仅与温度 T 有关，与其他因素无关。

尽管斯蒂芬-玻耳兹曼定律是针对黑体辐射的规律，然而，对于其他物体，只需要将式（2.161）的左边改为 E，而将该公式的右边再乘以物体的发射率 ε 即可，具体为：

$$E = \varepsilon \cdot c_b \left(\frac{T}{100}\right)^4 \qquad (\mathrm{W/m^2}) \tag{2.161a}$$

式中 ε——发射率（也称：辐射率，emissivity，曾经称为：黑度，无量纲量），参见式（2.154）。ε 在 0～1 之间。对于黑体 $\varepsilon=1$，于是，黑体的该公式就简化为式（2.161）。

由于灰体的发射率 ε 是处于 0～1 之间的一个常数，因此灰体的全辐射力也与绝对温度的 4 次方成正比。但是，实际物体的单色发射率尽管也是在 0～1 的范围，然而，却不是常数，而是随着温度 T、波长 λ 和表面状态（指氧化程度、粗糙程度等，表面越粗糙则 ε 越大）而变。因此，实际物体辐射力 E 与温度 T 之间的关系并不是 4 次方的关系。但是，在工程上为了方便计算，却是将一般的工程材料近似地按照灰体处理，即其发射率近似为 0～1 范围内的一个常数。

若辐射换热计算的精度要求较高，或者使用新开发的材料时，则必需实际测定出所涉及物体的发射率。

大多数工程材料的发射率 ε 也可以通过查阅有关的图表来获得。只是由于具体材料的发射率与其表面的实际状态密切相关，因此在引用数据时应当谨慎。附录 5 中附表 5.1 列出了一些常用材料的法向发射率，但是，在进行辐射换热计算（参见第 2.3.4）时，所需要的则是“沿物体表面之外半球面空间内各个方向上发射率的平均值”，于是，这也就有所差异。一般来说，对于表面粗糙的材料，可以直接引用附录 5 附表 5.1 中的数据；对于表面平滑的材料，还需要再乘以一个校正系数，表面光滑金属的校正系数一般为 1.2。

由斯蒂芬-玻耳兹曼定律可知：物体的全辐射力 E 随着温度 T 的升高按 4 次方的规律急剧增大。所以，在进行工程换热计算时，对于 $T<1000$ K 的低温段，一般不需考虑辐射换热，而只需重点考虑对流换热量和热传导量。但是，当涉及到 $T \geqslant 1000$ K 的高温时，就需要重点考虑辐射换热量。这种“在不同的温度段其侧重点有所差异”的方法，不仅可以使整个问题得到简化，还能够抓住主要矛盾，从而有助于提出合理的、可靠的建议和措施。

（4）兰贝特定律

兰贝特[③]定律（Lambert's Law）所描述的是黑体表面在其半球空间内各个方向上辐射能的分布问题。

---

① c_b 的精确值为 5.67051±0.00019。另外，在有的教科书中，将斯蒂芬-玻尔兹曼定律写成 $E_b = \sigma_b T^4$ 的形式，该式中的 σ_b 则称为斯蒂芬-玻尔兹曼常数，$\sigma_b = (5.67051 \pm 0.00019) \times 10^{-8}\ \mathrm{W/(m^2 \cdot K^4)}$。

② 对式（2.157）中的函数直接积分是无法得到其积分函数的，为此，需要先将该函数用泰勒级数展开（为了推导的方便，可以先令 $1/\lambda = x$），然后逐项积分，最后对积分后的级数再进行求和，这样就可以得到式（2.161）。

③ 约翰·海因里希·兰贝特（Johann Heinrich Lambert，1728—1777），瑞士科学家，在数学、物理学、哲学、天文学与逻辑学领域都有显著成就，例如，他首次证明圆周率 π 是无理数，他首次将双曲函数引入到三角几何学中。在传热学领域，他引入“漫反射率”的概念、他推导兰贝特定律以及他推导与总结了郎伯-比尔定律（参见第 2.3.6.2）便是这位科学家对于辐射传热的三大贡献。

瑞士科学家兰贝特经过理论推导，得出以下结论：黑体表面辐射时，在其半球空间内各个方向上的辐射强度都相等。该结论也被后来的实验结果所证实，其数学表达式为：

$$I_{b,\Phi_1} = I_{b,\Phi_2} = I_{b,\Phi_3} = \cdots = I_{b,\Phi_n} = \cdots = I_b = 常量 \quad [W/(m^2 \cdot sr)] \tag{2.162}$$

这也是兰贝特定律的第一种表达形式。它指出了黑体的辐射强度 I_b 在其表面之外半球空间内各个方向上的分布规律，即 I_b 沿各个方向上是均匀分布的。

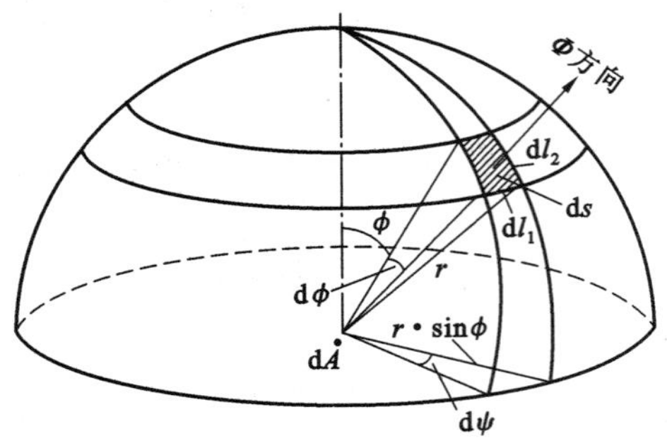

图 2.68　球坐标系与立体角

为了寻求兰贝特定律的第二种表述形式，还需要建立如图 2.68 所示的球坐标系（r,ψ,ϕ）。

在如图 2.68 所示的球坐标系中，设单位时间内从微元面积 dA 向 Φ 方向上发射的辐射能为 dQ。那么，再按照方向辐射力 E_Φ 的定义[参见式(2.152)]，从微元面积 dA 所发射的、在 Φ 方向上的方向辐射力 E_Φ 可以用式(2.163)来表述：

$$E_\Phi = \frac{dQ}{dA \cdot d\omega} \quad [W/(m^2 \cdot sr)] \tag{2.163}$$

在如图 2.68 所示的球坐标系中，按照辐射强度 I 的定义[参见第 2.3.3(3)]，从微元面积 dA 所发射的、在 Φ 方向上的辐射强度 I_Φ 则可以用式(2.164)来表述：

$$I_\Phi = \frac{dQ}{dA \cdot \cos\phi \cdot d\omega} \quad [W/(m^2 \cdot sr)] \tag{2.164}$$

在式(2.164)中，$dA \cdot \cos\phi$ 是微元面积 dA 以 Φ 方向为法线方向的面积（请读者按照立体几何的投影关系来理解这个问题）。

将式(2.163)和式(2.164)相对比，不难看出：$E_\Phi = I_\Phi \cdot \cos\phi$。再根据兰贝特定律第一种表述形式[式(2.162)]，就得到了兰贝特定律的第二种表述形式：

$$E_{b,\Phi} = I_b \cdot \cos\phi \quad [W/(m^2 \cdot sr)] \tag{2.165}$$

兰贝特定律的第二种表述形式指出了黑体的方向辐射力 E_Φ 在其表面之外的半球空间内不同方向上的分布规律，即按照余弦的规律分布。因此，兰贝特定律的第二种表述形式又被称为：兰贝特余弦定律(Lambert's Consine Law)。

兰贝特定律的第一种、第二种表述方式也可以用图 2.69 所示的图形来表示（读者要把该图想象为一个三维的空间立体图，即从半球空间的角度来看该图）。在该图中，指向较大半球面的箭头表示黑体辐射强度 I_b 的分布规律（均匀分布）。在该图中，指向较小全球面的箭头表示黑体的方向辐射力 $E_{b,\Phi}$ 之分布规律（余弦函数分布规律）：方向辐射力的最大值是在黑体表面的法线方向上，这是因为 cos0°=1（最大）；而方向辐射力的最小值在黑体表面的切线方向上，这是因为 cos90°=0（最小）。

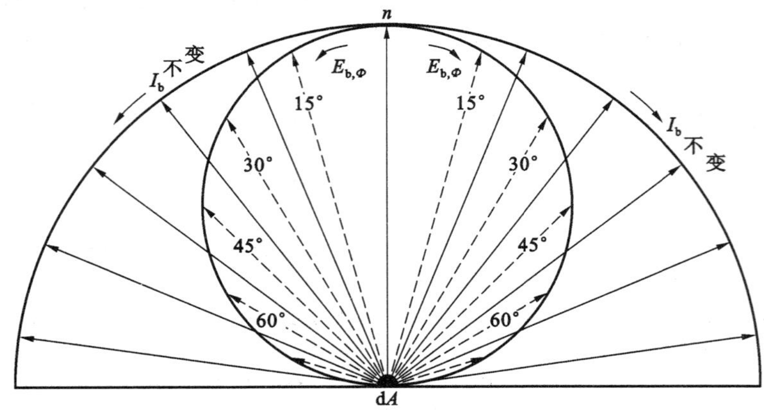

图 2.69　兰贝特定律的图形表示方法

就地球来说，其表面的热量来自于太阳的热辐射。在地球的赤道处，太阳的热辐射线与地面的法线之间的夹角 $\phi=0°$（太阳的辐射线垂直于地面直射），由于 $\cos0°=1$（最大值），因此地球上的赤道地区最为炎热。而在两极的极点上，太阳的热辐射线与地面法线之间的夹角 ϕ 几乎为 $90°$，由于 $\cos90°=0$（最小值），因此南极地区、北极地区最为寒冷。对于赤道（热带）和极地（寒带）之间的广大地区，因为地球在围绕着太阳旋转的过程中，太阳热辐射线与地面的法线之间的夹角会呈现周期性的变化。所以，在这些地区便有春、夏、秋、冬的四季周期性变化。

下面再来寻求兰贝特定律的第三种表述形式，那就是找出：黑体的全辐射力 E_b 与其辐射强度 I_b 之间的关系。根据式(2.153a)，有以下的积分方程式成立。

$$\begin{aligned} E_b &= \int_0^{2\pi} E_{b,\Phi}\,d\omega \\ &= \int_0^{2\pi} I_b\cos\phi\,d\omega \qquad [\text{根据式(2.165)}, E_{b,\Phi} = I_b\cos\phi] \\ &= I_b\int_0^{2\pi}\cos\phi\,d\omega \qquad [\text{根据式(2.165)}, I_b = \text{常量}] \end{aligned} \tag{2.166}$$

按照上述立体角 ω 的定义，在图 2.68 中，Φ 方向上的微元立体角 $d\omega=\frac{ds}{r^2}$。再按照图2.68中所示的几何关系，可知：

$$\begin{aligned} dl_1 &= r d\phi \\ dl_2 &= r\sin\phi d\psi \\ ds &= dl_1 \cdot dl_2 = (r d\phi)\cdot(r\sin\phi d\psi) = r^2\cdot\sin\phi\cdot d\phi\cdot d\psi \end{aligned}$$

于是，就有：$d\omega=\frac{ds}{r^2}=\sin\phi d\phi\cdot d\psi$。再将 $d\omega$ 的该公式代入式(2.166)，得：

$$\begin{aligned} E_b &= I_b\cdot\int_0^{2\pi}\cos\phi\cdot d\omega \\ &= I_b\cdot\int_0^{\pi/2}\cos\phi\cdot\sin\phi\cdot d\phi\cdot\int_0^{2\pi}d\psi \\ &= I_b\cdot\int_0^{\pi/2}\frac{1}{2}\sin(2\phi)\cdot\frac{d(2\phi)}{2}\cdot 2\pi \\ &= I_b\cdot\frac{1}{4}\int_0^{\pi/2}\sin(2\phi)\cdot d(2\phi)\cdot 2\pi \\ &= I_b\cdot\frac{1}{4}\left\{-\int_0^{\pi/2}d[\cos(2\phi)]\right\}\cdot 2\pi \\ &= I_b\cdot\frac{1}{4}\cdot\left\{-\left[\cos\left(2\times\frac{\pi}{2}\right)-\cos(2\times 0)\right]\right\}\cdot 2\pi \\ &= I_b\cdot\frac{1}{4}\cdot[-(-1-1)]\cdot 2\pi = I_b\cdot\pi \end{aligned}$$

这样，就得到了兰贝特定律的第三种表述形式，如式(2.167)所述。该表述形式指出了黑体的辐射强度 I_b 与其全辐射力 E_b 之间的关系。

$$E_b = I_b\cdot\pi \qquad (W/m^2) \tag{2.167}$$

兰贝特定律对于黑体是正确的，对于灰体也是适用的。所以，在有了兰贝特定律上述三种表述形式以后，就可以很方便地进行黑体或灰体的辐射参数计算。

例如，已知黑体的温度 $T=t+273.15(K)$，根据式(2.161)，就可以计算出黑体的全辐射力 E_b，然后，根据式(2.167)就可以计算出黑体的辐射强度 $I_b=E_b/\pi$，再根据式(2.165)便可以计算出黑体在某个方向上（例如，Φ 方向上）的方向辐射力 $E_{b,\Phi}=I_b\cdot\cos\phi$。

对于灰体，已知其温度 T 与发射率 ε，根据式(2.161a)就可以计算出灰体的全辐射力 E。然后，

根据公式 $E=I\cdot\pi$ 就可以计算出灰体的辐射强度 $I=E/\pi$，再根据公式 $E_{\Phi}=I\cos\phi$，便可以计算出灰体在某个方向上(例如，Φ 方向上)的方向辐射力 E_{Φ}。

然而，对于实际的物体，兰贝特定律仅仅在一定的角度范围内适用。如图 2.70 所示的是黑体、灰体以及实际物体的定向发射率(或称：方向发射率)$\varepsilon_{\Phi}=E_{\Phi}/E_{b,\Phi}$ 与角度 ϕ 之间关系的对比图(读者要将该图设想成一个立体图，即从半球空间的角度来阅读这个图)。关于具体材料的定向发射率 ε_{Φ} 与方向 Φ 之间的关系参见附录 5 中附图 5.1、附图 5.2 或其他有关的参考文献。

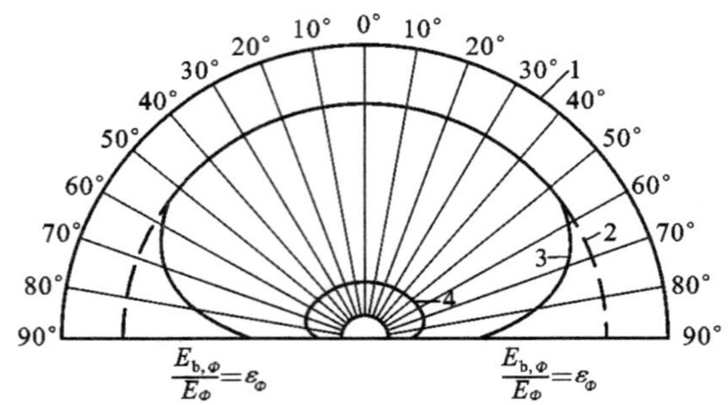

图 2.70 实际物体与黑体、灰体在方向发射率方面的比较

1—黑体；2—灰体；3—无机非金属材料；4—金属材料

如果某物体遵守兰贝特定律，那么无论角度 ϕ 是何值，ε_{Φ} 都保持不变。但是，实际上，ε_{Φ} 的大小与物质的微观结构及其表面状态有关。对于黑体，$\varepsilon_{\Phi}=1$；对于灰体，$\varepsilon_{\Phi}<1$，然而，却是常数；对于无机非金属材料，ε_{Φ} 值在较大范围内(约 $\phi<60°$)为常数，而当 $\phi>60°$ 时，ε_{Φ} 却是随着角度 ϕ 的增加而急剧减低，所以，无机非金属材料在半球空间内各个方向上的平均辐射率一般取其法向发射率的 0.9 倍；对于金属材料，ε_{Φ} 在较小的范围内(约 $\phi<40°$)为常数，然而，在大约 $40°<\phi<80°$ 的范围内时，ε_{Φ} 随着角度 ϕ 的增大而增大，但是，当 $\phi>80°$ 时，ε_{Φ} 值又随着角度 ϕ 的增加而急剧降低，其综合效果是：金属材料在半球空间内各个方向上的平均发射率要大于其法向发射率，一般取其法向发射率的 1.2 倍。

(5) 克希荷夫定律

1859 年和 1860 年，克希荷夫①所发表的两篇论文为“物体发射率 ε[参见式(2.154)]与吸收率 α[参见式(2.149)]之间的关系”提供了解答。虽然他在 1860 年所发表论文中的推导是针对单色、偏振辐射的，然而，它的重要意义却在于其结论可以推广到全频谱辐射。于是，物体的发射率与其吸收率之间的关系便被称为：克希荷夫定律(Kirchhoff's Law)。

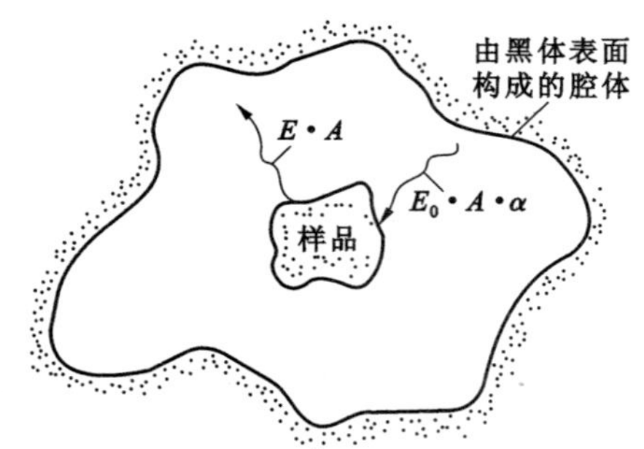

图 2.71 推导克希霍夫定律的原理

克希荷夫定律可以通过以下的方法来推导：

设想有一个如图 2.71 所示的、而且由黑体构成的空腔，由于它是黑体表面，所以该空腔的内壁能够吸收投射到其上的全部辐射能。同时，该空腔也是按 4 次方定律发射辐射能，其全辐射力为 E_b。若再设想：该空腔中放置一个表面积为 A 的物体，该物体的吸收率为 α、全辐射力为 E。在该物体温度与空腔体内壁温度相等的情况下(即处于热平衡状态时)，则

① 古斯塔夫·罗伯特·克希荷夫(也译作：古斯塔夫·罗伯特·基尔霍夫，Gustav Robert Kirchhoff，1824—1887)，德国物理学家，在电路、光谱学领域都有重要贡献，因此在这两个领域都有用他姓氏命名的基本定律。1847 年他所发表的两个电路定律发展了欧姆定律，从而对电路理论具有重大的促进作用。1859 年，他成功研制了分光仪，并与德国化学家罗伯特·威廉·本生(Robert Wilhelm Bunsen，1811—1899)共同创立了光谱化学分析法，从而发现了铯和铷这两种元素。在辐射领域，他于 1959 年和 1960 年提出了辐射领域内的克希荷夫定律，1862 年，他又创造了“黑体”一词，从而对于辐射领域的研究起到了奠基石的作用。

该物体所吸收的能量必然等于其发射的能量，于是，便可以写出其能量平衡方程式，具体为：

$$（物体辐射的总能量）E \cdot A = E_b \cdot \alpha \cdot A（物体吸收的总辐射能） \tag{2.168}$$

如果再设想把空腔内的物体取出，换入一个与原物体形状相同、尺寸一样的黑体，而且让该黑体与空腔内壁达到与原物体同样的平衡温度，则也可以列出能量平衡方程式，具体为：

$$（黑体辐射的总能量）E_b \cdot A = E_b \cdot 1 \cdot A（黑体吸收的总辐射能） \tag{2.169}$$

将式(2.168)除以式(2.169)，可得：

$$\frac{E}{E_b} = \alpha \tag{2.170}$$

式(2.170)就是克希荷夫定律的第一种表述形式，当然，图 2.71 中的样品也可以是其他物体，即：

$$\frac{E_1}{E_b} = \frac{E_2}{E_b} = \frac{E_3}{E_b} = \cdots = \frac{E}{E_b} = \alpha \tag{2.170a}$$

将式(2.170)与式(2.155)相对比，便可以得到克希荷夫定律的第二种表述形式：

$$\alpha = \varepsilon \tag{2.171}$$

此公式也适合于其他任何物体，即：

$$\alpha_1 = \varepsilon_1, \alpha_2 = \varepsilon_2, \alpha_3 = \varepsilon_3, \cdots, \alpha_n = \varepsilon_n \tag{2.171a}$$

由克希荷夫定律的这种表述方式则可以知道：任何物体的吸收率都等于其同温度下的发射率。由于黑体的吸收率等于 1，所以其发射率也等于 1。

无论是克希荷夫定律的哪种表述方式，该定律都是指出：善于吸收（吸收率 α 较大）的物体也善于辐射（发射率 ε 较大）。显然，在同一温度下，黑体具有最大的辐射能力以及最大的（对于外界辐射的）吸收能力。反之，善于反射的物体，其辐射能力也较弱。对于白体或镜体，其全辐射力 $E=0$。

克希荷夫定律同样也适用于单色辐射，这也就是说，某物体的单色辐射力 E_λ 与同温度下黑体的单色辐射力 $E_{b,\lambda}$ 之比（即单色发射率 ε_λ），等于该物体的单色吸收率 α_λ，即：

$$\frac{E_\lambda}{E_{b,\lambda}} = \varepsilon_\lambda = \alpha_\lambda \tag{2.172}$$

单色吸收率 α_λ（Monochromatic Absorptivity）所表示的是投射到某物体表面上、波长在 $\lambda \sim (\lambda + d\lambda)$ 范围内的辐射能量当中，被该物体所吸收的份额。

对于黑体，在任何温度、任何波长下的单色吸收率 $\alpha_{b,\lambda}$ 均为 1；对于灰体，其单色吸收率 α_λ 也与温度、波长无关，它是一个小于 1 的常数。

然而，对于实际物体，其单色吸收率 α_λ 不是常数，它与辐射的波长 λ 有关，如图 2.72 所示。

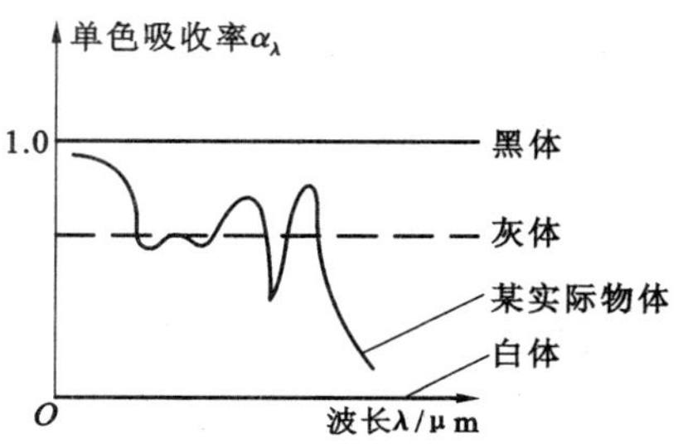

图 2.72 在某温度时单色吸收率 α_λ 与波长 λ 的关系

实际物体的吸收率也与温度有关，这就使得当投射物体的温度 T_2 与受射物体的温度 T_1 不相等时，受射体的发射率 ε 与其吸收率 α 就不相等了。

对于温度不同的两个物体，如何来表达受射体的吸收率、发射率以及两者之间的关系呢？为此，便假设在一个辐射换热体系中，只有 2 个物体（“投射体”与“受射体”），而且投射体的辐射能可以 100%地投射到受射体上。另外，还假定投射体的温度为 T_2、单色辐射力为 $E_\lambda(\lambda, T_2)$；受射体温度为 T_1、单色吸收率为 $\alpha_\lambda(\lambda, T_1)$。于是，单位时间内、投射体的单位表面积发射辐射能之中能够投射到受射体表面上的波长在 $\lambda \sim (\lambda + d\lambda)$ 范围内的辐射能为 $E_\lambda(\lambda, T_2)d\lambda$。其中，受射体吸收的辐射能便是 $\alpha_\lambda(\lambda, T_1) \cdot E_\lambda(\lambda, T_2)d\lambda$。于是，按照吸收率的定义，经过积分就可以得到全辐射频谱范围内受射体的吸收率，具体为：

$$\alpha = \frac{\int_0^{\infty} \alpha_\lambda(\lambda, T_1) \cdot E_\lambda(\lambda, T_2) \cdot \mathrm{d}\lambda}{\int_0^{\infty} E_\lambda(\lambda, T_2) \mathrm{d}\lambda} \tag{2.173}$$

若再假设投射体为黑体，其温度为 T_1、单色辐射力为 $E_{b,\lambda}(\lambda, T_1)$；受射体的温度仍为 T_1、单色发射率为 $\varepsilon_\lambda(\lambda, T_1)$。根据发射率的定义，则单位时间内、受射体单位表面积上所发射的波长在 $\lambda \sim (\lambda + \mathrm{d}\lambda)$ 范围内的辐射能是 $\varepsilon_\lambda(\lambda, T_1) \cdot E_\lambda(\lambda, T_1)\mathrm{d}\lambda$。于是，在全辐射频谱范围内，受射体的发射率为：

$$\varepsilon = \frac{\int_0^{\infty} \varepsilon_\lambda(\lambda, T_1) \cdot E_{b,\lambda}(\lambda, T_1) \cdot \mathrm{d}\lambda}{\int_0^{\infty} E_{b,\lambda}(\lambda, T_1) \mathrm{d}\lambda} \tag{2.174}$$

比较式(2.171)和式(2.172)可知：物质的发射率 ε 只是与它本身的特性有关；而物体的吸收率 α 既与其本身特性有关，也与外界投射物体的特性有关。因此，只有当 $E_\lambda(\lambda, T_2) = E_{b,\lambda}(\lambda, T_1)$，而且当 $\alpha_\lambda(\lambda, T_1) = \varepsilon_\lambda(\lambda, T_1)$ 时，式(2.171)才能够与式(2.172)完全相同。

这也就是说，对于实际物体，只有当投射体是黑体，而且其温度 T_1 与受射体的温度 T_2 是相等，并且要求其单色吸收率 $\alpha_\lambda(\lambda, T_1)$ 与单色发射率 $\varepsilon_\lambda(\lambda, T_1)$ 均与波长无关时，ε 才能够与 α 相等。

由此可见：真实物体的辐射计算是十分复杂的。但是，如果把真实物体当作灰体来处理，则问题就可以大为简化。这是因为灰体的单色吸收率 α_λ 和单色发射率 ε_λ 均与波长无关，所以即使投射物体的温度 T_2 和受射物体的温度 T_1 不同，等式 $\varepsilon = \alpha$ 仍然能够成立，这也将使得第 2.3.5 中的辐射换热计算大为简化。

将物体近似地当作灰体处理后，所涉及材料的吸收率 α 就取其发射率，部分材料的法向发射率 ε（关于各个方向发射率平均值的计算，请参见以上关于图 2.70 的注解）可以从附录 5 中的附表 5.1 中查出，而更为详细的资料则需要从有关辐射换热的手册中查出。但是，应该注意，这些图表中的值是全频谱发射率在一定温度范围内的平均值。为此，正确查表方法是：对于温度为 T_1 的非金属材料，其吸收率 α 近似地等于按投射体温度 T_2 查取的该材料发射率 ε；而对于温度为 T_1 的金属材料，它们的吸收率近似地等于按照两个温度乘积的方根值 $T_m = \sqrt{T_1 \cdot T_2}$（$T_2$ 为投射物体的温度）来查取的该材料发射率 ε。

2.3.5　辐射换热过程

在自然界中，除了部分气体（参见第 2.3.6）以外，大部分物质都具有发射（Emit）热辐射的能力，同时也具有吸收（Absorb）外界热辐射的能力。这也就是说，参与热辐射的物质每时每刻都在不断地向其周围的空间发射热辐射，同时每时每刻又在不停地吸收其他物质投射给它的热辐射（Thermal Radiation）。热辐射的发射过程与吸收过程的综合作用就造成了物质之间的辐射热交换过程，简称：辐射换热过程。其综合辐射的净结果是实现了热物体向冷物体的辐射传热。

一个辐射体是在放热还是在吸热，取决于同一时刻所发射的热辐射能与所吸收的热辐射能之差。只要参与辐射换热的各个物体之间的温度不同，这种热辐射能差也就不会为零。即便是各个辐射体都处于同一温度，它们之间的辐射换热也仍然在进行，只是在该情况下每个辐射体所发射的热辐射能与所吸收的热辐射能在数值上相等，即净辐射换热量为零（或者说，各个辐射体此时处于辐射动平衡状态），但是，请读者记住：这时，该物体的热辐射发射过程与吸收过程仍在持续不断地进行。

2.3.5.1　辐射换热的有关概念

为了使辐射换热的问题分析起来较为简便，这里需要提出几个有关辐射换热的新概念：

① 本身辐射（Emitted Radiation）：单位时间内，从某物体单位表面积上向其周围半球空间内所发射的总辐射能，单位：W/m²。“本身辐射”实质上就是第 2.3.3 中所述的“全辐射力”概念（所以

也是用符号 E 来表示)：黑体的本身辐射 E_b 则可以用式(2.161)所述的斯蒂芬-玻耳兹曼定律来进行计算；灰体的本身辐射 $E=\varepsilon E_b$。

② 投射辐射(Incident Radiation，也称：Projected Radiation 或 Irradiation)：单位时间内，所有的外界辐射体投射到某物体单位表面积上的总辐射能，符号为 G，单位：W/m^2。

③ 吸收辐射(Absorbed Radiation)：单位时间内，某物体单位表面积所吸收的投射辐射能，符号为 G_α，单位：W/m^2。

$$G_\alpha = \alpha \cdot G \qquad (W/m^2) \tag{2.175}$$

式中 α——该物体的吸收率，无量纲量，参见式(2.149)。

④ 反射辐射(Reflected Radiation)：单位时间内，某物体单位表面积所反射的投射辐射能，符号为 G_ρ，单位：W/m^2。

$$G_\rho = \rho \cdot G \qquad (W/m^2) \tag{2.176}$$

式中 ρ——该物体的反射率，无量纲量，参见式(2.149)。

⑤ 有效辐射(Effective Radiation 或 Radiosity)：单位时间内，从某物体单位表面积上辐射出去的总辐射能(包括它的本身辐射和反射辐射)，符号为 J，单位：W/m^2。

$$J = E + G_\rho = \varepsilon E_b + \rho \cdot G \qquad (W/m^2) \tag{2.177}$$

即

$$J = \varepsilon \cdot c_b \left(\frac{T}{100}\right)^4 + \rho \cdot G \qquad (W/m^2) \tag{2.178}$$

式中 ε——该物体的发射率，无量纲量；

c_b——黑体辐射常数，$c_b \approx 5.67\ W/(m^2 \cdot K^4)$；

其他符号的意义如上所述。

2.3.5.2 辐射换热计算

进行物体之间辐射换热计算的最主要目的就是计算物体之间的辐射换热量。影响物体之间辐射换热的因素，除了物体的温度以及发射率、反射率、吸收率等物性参数以外，还有物体的尺寸、形状和相对位置等几何参数。

如果利用“热阻”的概念来分析辐射换热的问题，则不难发现：辐射换热的热阻由两部分热阻所组成：其一，由于两个物体的尺寸、形状以及相对位置的不同，以至于一个物体所发射的辐射能不可能全部到达另一个物体的表面上。与这个过程相对应的热阻就称为：**空间热阻**；其二，由于物体表面不是黑体，所以它不能够全部吸收投射到它表面上的辐射能，相对于黑体来说，这也可以看作是一种热阻，被称为：**表面热阻**。显然，对于黑体来说，表面热阻为零。

以下首先就来讨论“两个黑体置于任意位置时的辐射换热计算”问题，这是因为：在这种情况下的表面热阻为零，所以计算起来比较简单。

(1) 两个黑体置于任意位置时的辐射换热计算

假设存在两个黑体(黑体 1 和黑体 2)，其温度分别为 T_1、T_2，在这两个黑体表面上分别取出微元面积 dA_1 和 dA_2：两者之间的距离为 r，这两个微元面的法线 n_1、n_2 与其连线 r 之间的夹角分别为 ϕ_1 和 ϕ_2，参见图 2.73。

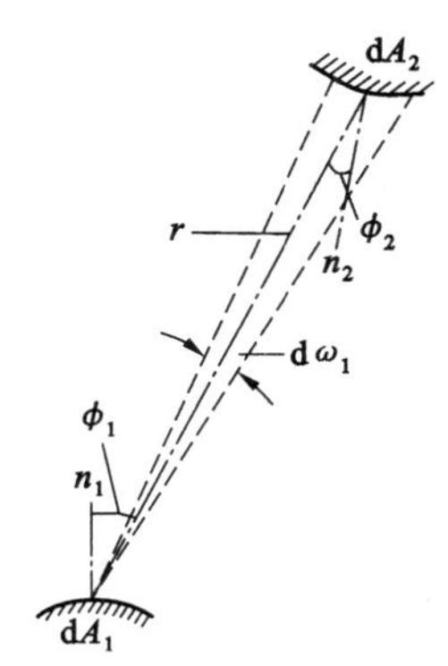

图 2.73 任意放置的两个黑体之间进行辐射换热的计算图

根据兰贝特定律，单位时间内、从黑体微元面 dA_1 的单位面积上所发射的、在指向黑体微元面 dA_2 方向上单位立体角内的辐射能量为：

$$E_{b1,\Phi} = I_{b1} \cdot \cos\phi_1 = \frac{E_{b1}}{\pi} \cdot \cos\phi_1 \tag{a}$$

将以上根据方向辐射力 E_Φ 之定义所得到的式(2.163)引入这里，则为：

$$E_{b1,\Phi} = \frac{dQ_{1,2}}{dA_1 \cdot d\omega_1} \tag{b}$$

再根据兰贝特定律，于是，单位时间内从黑体微元面 dA_1 投射到黑体微元面 dA_2 上的辐射能为：

$$dQ_{1,2} = I_{b1} \cdot \cos\phi_1 \cdot dA_1 \cdot d\omega_1 = \frac{E_{b1}}{\pi} \cdot \cos\phi_1 \cdot dA_1 \cdot d\omega_1 \tag{c}$$

同理可以得到，单位时间内从黑体微元面 dA_2 投射到黑体微元面 dA_1 上的辐射能为：

$$dQ_{2,1} = I_{b2} \cdot \cos\phi_2 \cdot dA_2 \cdot d\omega_2 = \frac{E_{b2}}{\pi} \cdot \cos\phi_2 \cdot dA_2 \cdot d\omega_2 \tag{d}$$

为了计算出立体角 $d\omega_1$，这里以 dA_1 为圆心，作一半径为 r 的半球面，则 dA_2 在该半球面上的投影面积为 $dA_2\cos\phi_2$，于是根据立体角 ω 的定义，可以得到：

$$d\omega_1 = \frac{\cos\phi_2 \cdot dA_2}{r^2} \tag{e}$$

同理，可以得到立体角 $d\omega_2$ 的计算式为：

$$d\omega_2 = \frac{\cos\phi_1 \cdot dA_1}{r^2} \tag{f}$$

将式(e)、式(f)分别代入式(c)、式(d)中，则可以得到：

$$dQ_{1,2} = \frac{E_{b1}\cos\phi_1\cos\phi_2 dA_1 dA_2}{\pi r^2} \tag{g}$$

$$dQ_{2,1} = \frac{E_{b2}\cos\phi_1\cos\phi_2 dA_1 dA_2}{\pi r^2} \tag{h}$$

将上述这两式相减，就可以得到：任意放置的两个黑体微元面 dA_1 和 dA_2 之间的净辐射换热量(传热量) $dQ_{net,12}$ 的计算公式，具体为：

$$dQ_{net,12} = (E_{b1} - E_{b2})\frac{\cos\phi_1\cos\phi_2 dA_1 dA_2}{\pi r^2} \tag{i}$$

对式(i)进行积分运算，就可以得到任意放置的两个黑体表面之间的净辐射换热量 $Q_{net,12}$ 的计算公式。具体的推导过程如下：

该积分方程的左边 $=\int dQ_{net,12} = Q_{net,12}$

该积分方程的右边 $= \iint\limits_{A_1A_2}(E_{b1} - E_{b2})\frac{\cos\phi_1\cos\phi_2 dA_1 dA_2}{\pi r^2} = (E_{b1} - E_{b2})\iint\limits_{A_1A_2}\frac{\cos\phi_1\cos\phi_2 dA_1 dA_2}{\pi r^2}$

于是，得到 $Q_{net,12}$ 的计算公式为：

$$Q_{net,12} = (E_{b1} - E_{b2})\iint\limits_{A_1A_2}\frac{\cos\phi_1\cos\phi_2 dA_1 dA_2}{\pi r^2} \tag{j}$$

在式(j)中，积分系数 $\iint\limits_{A_1A_2}\frac{\cos\phi_1\cos\phi_2 dA_1 dA_2}{\pi r^2}$ 乃是一个几何参数，它只取决于物体表面积的大小以及它们之间的相互位置。为了求得该积分系数，特进行以下的推导：

若对式(g)进行积分，便可以得到：单位时间内，从黑体 1 表面向黑体 2 表面所发射的辐射能为：

$$Q_{1,2} = E_{b1}\iint\limits_{A_1A_2}\frac{\cos\phi_1\cos\phi_2 dA_1 dA_2}{\pi r^2} \tag{k}$$

按照第 2.3.3 中所述的全辐射力之定义，便可以得到：

$$Q_{b1} = E_{b1} \cdot A_1 \tag{l}$$

将式(k)除以式(l)，得：

$$\frac{Q_{1,2}}{Q_{b1}} = \frac{1}{A_1}\iint\limits_{A_1A_2}\frac{\cos\phi_1\cos\phi_2 dA_1 dA_2}{\pi r^2} \tag{m}$$

从式(m)的左边可以看出，Q_{b1}为黑体1表面发射的总能量，$Q_{1,2}$为从黑体1表面发射而到达黑体2表面的能量。因此，$Q_{1,2}/Q_{b1}$表示黑体1表面向其半球空间内所发射的辐射能中能够到达黑体2表面上的份额，它是一个无量纲量，被定义为：**辐射角系数**，简称：角系数(View Factor、Angle Factor或Configuration Factor)，常用符号φ_{12}来表示。请读者记住：角系数是一个纯粹的几何量，由式(m)可知，其计算式为：

$$\varphi_{12}=\frac{1}{A_1}\iint_{A_1A_2}\frac{\cos\phi_1\cos\phi_2\,\mathrm{d}A_1\,\mathrm{d}A_2}{\pi r^2} \tag{n}$$

另外，$A_1\varphi_{12}=\iint_{A_1A_2}\frac{\cos\phi_1\cos\phi_2\,\mathrm{d}A_1\,\mathrm{d}A_2}{\pi r^2}$被称为：辐射角系数$\varphi_{12}$的核算面积，符号为：$A_{12}$，单位：$\mathrm{m}^2$。所以，$A_{12}=A_1\varphi_{12}$。

这样，式(j)中的积分系数就可以表述为：

$$\iint_{A_1A_2}\frac{\cos\phi_1\cos\phi_2\,\mathrm{d}A_1\,\mathrm{d}A_2}{\pi r^2}=\varphi_{12}A_1 \tag{o}$$

同理，对于式(h)积分，再考虑从黑体表面2向黑体表面1的辐射，经过相同的推导过程，也可以得到：

$$\iint_{A_1A_2}\frac{\cos\phi_1\cos\phi_2\,\mathrm{d}A_1\,\mathrm{d}A_2}{\pi r^2}=\varphi_{21}A_2 \tag{p}$$

对照式(o)和式(p)，便可以得到：

$$\varphi_{12}A_1=\varphi_{21}A_2 \tag{q}$$

或

$$A_{12}=A_{21} \tag{r}$$

式(q)所表示的是两个物体表面之间在相互辐射时角系数的相对性。而关于角系数的其他性质，请参见以下条目：“(2)角系数的确定”中的“③代数计算法”。

经过了上述推导，就可以将任意放置的两个黑体表面之间的辐射换热计算公式(j)改写成：

$$Q_{\mathrm{net},12}=(E_{b1}-E_{b2})\cdot\varphi_{12}A_1=(E_{b1}-E_{b2})\cdot\varphi_{21}A_2 \tag{2.179}$$

式中，各个符号的意义如上所述。另外，需要指出的是，该式中的角系数φ_{12}或φ_{21}都是平均角系数。

(2) 角系数的确定

由以上的推导过程，可知：角系数在辐射换热计算过程中起到了至关重要的作用，这是因为如果要计算出辐射体之间的辐射换热量，首先就需要计算出辐射体之间的角系数。确定角系数大小的实际方法一般有三种：积分计算法、查表获得法、代数计算法。

① 积分计算法

积分计算法就是根据角系数的定义[参见上述的式(o)]，直接进行积分运算来求出角系数大小，这里用一个例题来介绍一下该方法的运算步骤及其要点。

【例2.21】 如图2.74所示，请确定一个微元面$\mathrm{d}A_1$对于另一个和它平行、距离为R的、直径为D的圆面积A_2之辐射角系数$\varphi_{\mathrm{d}A_1,A_2}$。

【解】 在A_2上取一个半径为x，宽度为$\mathrm{d}x$的环形微元面积$\mathrm{d}A_2=2\pi x\cdot\mathrm{d}x$。图2.74中的夹角$\phi_1$和$\phi_2$为几何学中内错角，因此它们相等。再根据几何学中的勾股定理，得：$r^2=R^2+x^2$，于是，有：

$$\cos\phi_1=\cos\phi_2=\frac{R}{\sqrt{R^2+x^2}}$$

按照上述公式(n)中所示的辐射角系数之定义，便得到以下关于辐射角系数$\varphi_{\mathrm{d}A_1,A_2}$的积分结果：

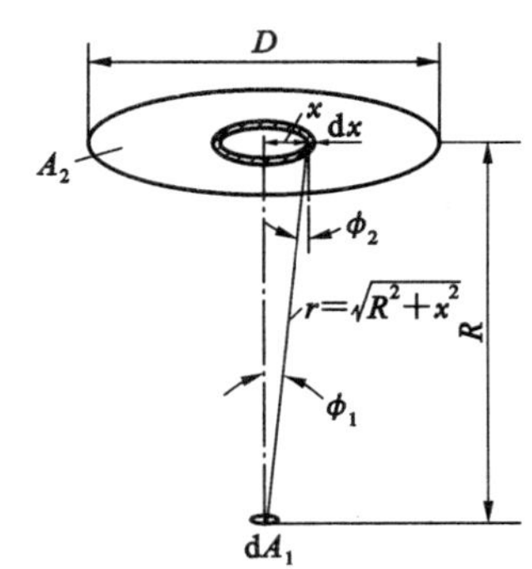

图2.74 例2.21的插图

$$\begin{aligned}
\varphi_{dA_1,A_2} &= \frac{1}{dA_1}\iint\limits_{A_1A_2}\frac{\cos\phi_1\cos\phi_2\,dA_1\,dA_2}{\pi r^2} \\
&= \frac{dA_1}{dA_1}\iint\limits_{A_2}\frac{\cos\phi_1\cos\phi_2}{\pi r^2}dA_2 = \iint\limits_{A_2}\frac{\cos^2\phi_1}{\pi r^2}dA_2 \\
&= \iint\limits_{A_2}\left[\frac{\dfrac{R^2}{R^2+x^2}}{\pi r^2}\right]\cdot dA_2 = \iint\limits_{A_2}\frac{R^2\cdot dA_2}{\pi(R^2+x^2)^2} \\
&= R^2\cdot\int_0^{D/2}\frac{2x\,dx}{(R^2+x^2)^2} = R^2\cdot\int_0^{D/2}\frac{d(x^2)}{(R^2+x^2)^2} \\
&= R^2\cdot\int_0^{D/2}\frac{d(R^2+x^2)}{(R^2+x^2)^2} = -R^2\cdot\int_0^{D/2}d\left(\frac{1}{R^2+x^2}\right) \\
&= -R^2\left[\frac{1}{R^2+(D/2)^2}-\frac{1}{R^2+0^2}\right] \\
&= \frac{D^2}{4R^2+D^2}
\end{aligned}$$

— 毕 —

② 查表获得法

积分计算法是获得辐射角系数的最基本方法，只是其积分运算比较复杂，有时也很难找到合适的积分函数，这便给实际辐射换热问题的计算带来很大的不便。然而，值得庆幸的是：我们的前人对于若干典型情况下辐射角系数的计算公式已经用理论的方法推导出来了（或者得到了精确的计算结果，然后制成图表）。所以，我们现在便可以直接参阅这些前辈们的研究成果，附录 6 中附表 6.1 列出了这方面的部分结果。当然，对于更为详细的资料，请读者参阅有关辐射换热方面的技术手册。

③ 代数计算法

用积分计算法求解辐射角系数是非常烦琐的，对于复杂的情况，可以通过查表来获得。但是，也有一些较为简单的情况，则可以根据辐射角系数的一些基本性质利用代数的方法推导出来，这就是“代数计算法”。利用代数计算法来获得较为简单的辐射换热问题之角系数，一则是有利于读者掌握辐射角系数基本性质的本质；二则也有利于读者对于一些简单情况下的辐射角系数进行记忆。

角系数的基本性质有以下几个：

第一，相对性。辐射角系数的相对性在上述推导过程中已经推导出来[参见上述公式(q)、(r)]，由此进行推广，那就是如下所述的函数关系式：

$$\left.\begin{array}{lll}
\varphi_{12}A_1=\varphi_{21}A_2 & \text{或} & A_{12}=A_{21}\\
\varphi_{13}A_1=\varphi_{31}A_3 & \text{或} & A_{13}=A_{31}\\
\varphi_{23}A_2=\varphi_{32}A_3 & \text{或} & A_{23}=A_{32}\\
\cdots\cdots\cdots & &
\end{array}\right\}\tag{2.180}$$

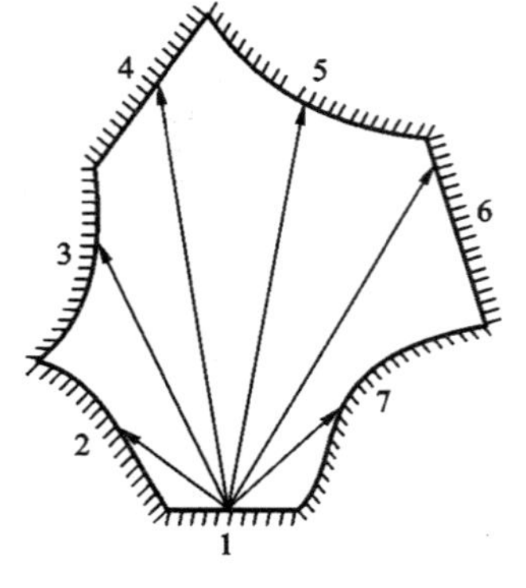

图 2.75　辐射角系数完整性的示意图

从角系数的相对性可知：任意两个辐射体之间的角系数不是独立的，它们之间都受到式(2.180)的约束。

第二，自见性。辐射角系数的自见性是指一个辐射体的表面所辐射出的能量中，投向自身表面的份额。对于平面或凸面，其自见性等于零，即 $\varphi_{ii}=0$；对于凹面，其自见性不等于零，即 $\varphi_{ii}\neq 0$。

第三，完整性。对于由几个辐射体表面组成的封闭体系而言（参见图 2.75），任何一个辐射体表面辐射出去的能量将全部分配到体系内的各个辐射体表面上，以表面 1 为例，有：

$$Q_{11}+Q_{12}+Q_{13}+\cdots+Q_{1n}=Q_1$$

将该式的两边同时除以 Q_1，得：

$$\frac{Q_{11}}{Q_1}+\frac{Q_{12}}{Q_1}+\frac{Q_{13}}{Q_1}+\cdots+\frac{Q_{1n}}{Q_1}=1$$

所以，关于封闭体系中的辐射角系数，有以下的关系式成立：

$$\varphi_{11}+\varphi_{12}+\varphi_{13}+\cdots+\varphi_{1n}=1 \tag{2.181}$$

另外，开口部分（例如，窑炉墙壁上所开设的各种小孔）也可以看作是一个封闭体系中的一个表面，因为辐射能也会通过开口向外投射出去（参见【例 2.24】）。

第四，兼顾性。假设在任意两个辐射体（物体 1 和物体 3）之间，有一个透射体 2，如图 2.76所示，当不考虑路程对于辐射能的影响时，则 $\varphi_{12}=\varphi_{13}$。

这是因为，从物体 1 辐射到物体 2 上的能量为：

$$Q_{12}=E_1\cdot A_1\cdot\varphi_{12}$$

从物体 1 辐射到物体 3 上的能量为：

$$Q_{13}=E_1\cdot A_1\cdot\varphi_{13}$$

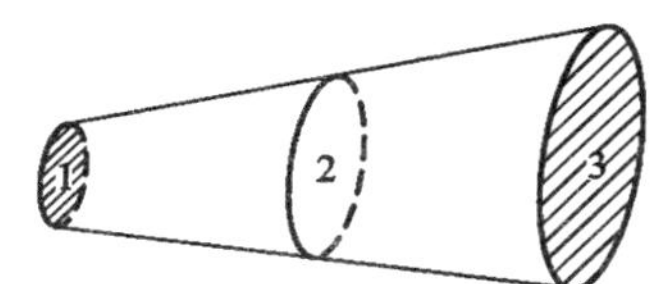

图 2.76　辐射角系数兼顾性的展示图

由于不考虑路程对于辐射能的影响，于是，则有：

$$Q_{12}=Q_{13}$$

故而，有：

$$\varphi_{12}=\varphi_{13} \tag{2.182}$$

当然，如果在物体 1 与物体 3 之间有一个不透射体，则 $\varphi_{13}=0$。

第五，分解性。当两个辐射体表面（表面 A_1、表面 A_2）之间进行辐射换热时，如果把某个表面进行分解，例如，将表面 A_1 分解成表面 A_3 和表面 A_4，如图 2.77(a)所示，则有以下的函数关系式成立。

$$A_1\cdot\varphi_{12}=A_3\cdot\varphi_{32}+A_4\cdot\varphi_{42} \tag{2.183}$$

或

$$A_{12}=A_{32}+A_{42} \tag{2.183a}$$

如果单独地把表面 A_2 分解为 A_5 和 A_6，如图 2.77(b)所示，则有：

$$A_1\cdot\varphi_{12}=A_1\cdot\varphi_{15}+A_1\cdot\varphi_{16} \tag{2.184}$$

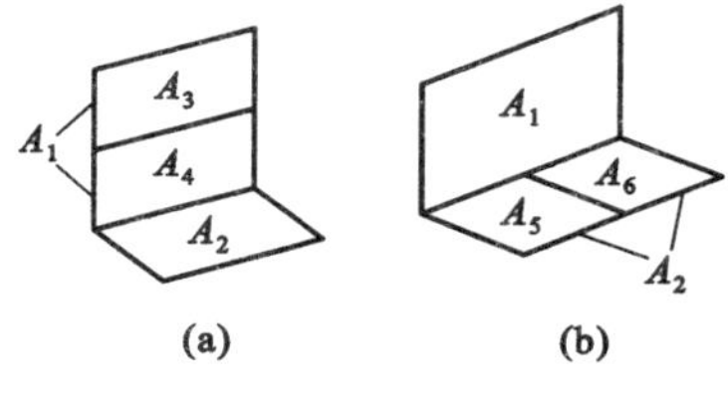

图 2.77　辐射角系数分解性的示意图

或

$$A_{12}=A_{15}+A_{16} \tag{2.184a}$$

根据辐射角系数的上述性质，就能够用代数方法推导出某些简单情况下辐射体表面之间的辐射角系数之计算公式。有关这方面的实例参见表 2.18。

表 2.18　几种简单情况下辐射角系数的推导方法

名　称	图　示	推导方法
(1) 由两个无限大平行平面组成的封闭体系	A_1 A_2	根据完整性，$\varphi_{11}+\varphi_{12}=1$ 根据自见性，$\varphi_{11}=0$ 故而，得：$\varphi_{12}=1$ 同理，得：$\varphi_{21}=1$

续表 2.18

名　　称	图　　示	推导方法
(2) 一个物体被另一个物体所包围而组成的封闭体系	A_1 A_2	对于物体 1： 根据完整性，$\varphi_{11}+\varphi_{12}=1$ 根据自见性，$\varphi_{11}=0$ 故而，得：$\varphi_{12}=1$ 对于物体 2： 根据完整性，$\varphi_{22}+\varphi_{21}=1$ 根据相对性，$A_1\varphi_{12}=A_2\varphi_{21}$ 故而，得：$\varphi_{21}=\dfrac{\varphi_{12}A_1}{A_2}=\dfrac{A_1}{A_2}$ $\varphi_{22}=1-\varphi_{21}=\dfrac{A_2-A_1}{A_2}$
(3) 由一个平面和一个曲面所组成的封闭体系	A_2 A_1	根据完整性，$\varphi_{11}+\varphi_{12}=1$ 根据自见性，$\varphi_{11}=0$ 故而，得：$\varphi_{12}=1$ 根据相对性，$A_1\varphi_{12}=A_2\varphi_{21}$ 故而，得：$\varphi_{21}=\dfrac{A_1}{A_2}$ $\varphi_{22}=1-\varphi_{21}=\dfrac{A_2-A_1}{A_2}$
(4) 由两个曲面所组成的封闭体系	A_2 f A_1	根据兼顾性，$\varphi_{12}=\varphi_{1,f}=\dfrac{f}{A_1}$ 从上例中，已知：$\varphi_{11}=\dfrac{A_1-f}{A_1}$ 同理，可以得到：$\varphi_{21}=\varphi_{2,f}=\dfrac{f}{A_2}$ $\varphi_{22}=\dfrac{A_2-f}{A_2}$
(5) 求：平面 1 与平面 3 之间的角系数(图中平面 1 与平面 2、3 之间相互垂直)	A_1 A_2 A_3 $A_{(2,3)}$	根据分解性，得： $A_{(2,3)}\varphi_{(2,3)1}=A_2\varphi_{21}+A_3\varphi_{31}$ 再根据相对性，得： $A_1\varphi_{1(2,3)}=A_1\varphi_{12}+A_1\varphi_{13}$ 故而，得： $\varphi_{13}=\varphi_{1(2,3)}-\varphi_{12}$

注：在本表的栏目(5)中，$\varphi_{1(2,3)}$ 和 φ_{12} 的计算式可以根据表面尺寸从附录 6 中附表 6.1 中查阅。

除了以上 3 种方法以外，确定辐射角系数的方法还有实验方法。然而，由于会受到周围辐射体等一些不可避免因素的影响，故而实验结果的误差会较大，因此很少采用，除非是非常复杂而且用理论方法无法得到辐射角系数的情况(这时只能用实验方法)。

(3) 灰体之间的辐射换热计算

灰体之间的辐射换热计算要比黑体之间的辐射换热计算复杂很多。这是因为，在进行黑体之间的辐射换热计算时，由于投射到黑体上的辐射能会被黑体全部吸收，所以，只要能够确定所涉及辐射体系中有关的角系数，就可以很方便地进行辐射换热计算。

但是，灰体表面的辐射情况则不然，灰体只能够吸收外界投射辐射能中的一部分，其余的部分则被反射出去（反射到另一表面，或者反射到体系以外）。这样，灰体之间就可能形成无数次的反复辐射和逐次吸收（即无穷次反射、逐次削弱的现象），从而使问题变得相当复杂。所以，就灰体之间的辐射换热现象而言，其计算方法有着特殊重要的意义。为此，很多科学家在这方面进行了卓有成效的研究工作，提出了许多行之有效的计算方法。

波略克于1935年借鉴商务结算中一些方法提出“净辐射法”。美国科学家霍特尔（Hottel H C）于1954年提出“交换因子法”（1967年他又将该方法加以改进）。奥本亥姆（Antoni Oppenheim，1915—2007）提出“模拟网络法”。这三种受到普遍重视的计算法都为完善灰体之间辐射换热问题的计算而作出了贡献，尤其是“模拟网络法”，它在解决工程辐射换热问题中被普遍采用。以下所介绍的正是这种方法。

按照有效辐射 J 的定义[参见式(2.175)]，灰体的有效辐射就等于灰体本身辐射与其反射辐射之和（参见图2.78）。于是，根据式(2.175)以及绝大多数的固体会在 0～1 μm厚度的表面薄层内将进入其内的热辐射几乎全吸收的特点（即 $\alpha+\rho=1$），便可以得到以下关于灰体表面有效辐射 J 的计算公式：

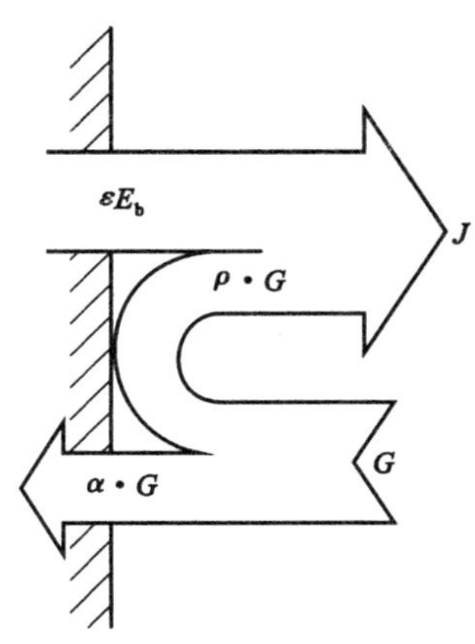

图 2.78 有效辐射的示意图

$$J=\varepsilon E_b+\rho\cdot G=\varepsilon E_b+(1-\alpha)G \quad (\mathrm{W/m^2}) \tag{2.185}$$

式中 G——外界向灰体表面的投射辐射，W/m²；

α——灰体的吸收率，无量纲量；

ρ——灰体的反射率，无量纲量。

下面对于灰体表面建立能量平衡关系式，根据投射辐射和有效辐射的定义，离开单位面积灰体表面的净辐射能量应当等于该表面的有效辐射与投射辐射之差，即：

$$\begin{aligned}\frac{Q}{A}&=J-G=\varepsilon E_b+(1-\alpha)G-G\\&=\varepsilon E_b-\alpha G \quad (\mathrm{W/m^2})\end{aligned} \tag{2.186}$$

将式(2.185)中的 G 代入式(2.186)中，且由于 $\alpha=\varepsilon$（根据第2.3.4中的克希荷夫定律），于是，便得到以下的计算公式：

$$Q=A\left[\varepsilon E_b-\alpha\cdot\frac{J-\varepsilon E_b}{1-\alpha}\right]=\frac{A\varepsilon}{1-\varepsilon}(E_b-J)=\frac{E_b-J}{\dfrac{1-\varepsilon}{A\varepsilon}} \quad (\mathrm{W}) \tag{2.187}$$

式(2.187)为灰体表面之间辐射换热的“电网络模拟”计算方法提供了理论依据，具体来说，如果将该式的右边分母部分 $\frac{1-\varepsilon}{A\varepsilon}$ 看作是“电阻”（辐射换热中的“表面热阻”），而将该式右边的分子部分 (E_b-J) 比拟作“电势差”，传热量 Q 比拟为“电流”，就可以画出一个如图2.79所示的“电模拟网络单元”。

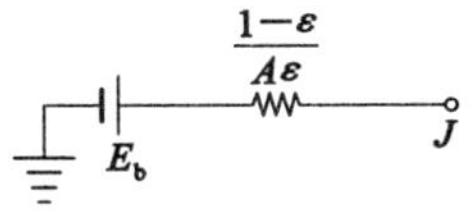

E_b —— $\frac{1-\varepsilon}{A\varepsilon}$ —— J

图 2.79 表面热阻的电模拟网络单元

因此，不难看出：灰体表面的吸收率 α 越大（即发射率 ε 越大），其表面热阻 $\frac{1-\varepsilon}{A\varepsilon}$ 就越小（对于黑体，其表面热阻 $\frac{1-\varepsilon}{A\varepsilon}$ 为零，此时，$J=E_b$）。

以下进一步讨论两个灰体表面 A_1 和 A_2 之间的辐射换热情况：离开表面 A_1 的总能量之中到达表面 A_2 上的那一部分能量为 $J_1A_1\varphi_{12}$，离开表面 A_2 的总能量中到达表面 A_1 上的那一部分能量为 $J_2A_2\varphi_{21}$，这样两个灰体表面之间的净辐射换热量 $Q_{\text{net},12}$ 就为：

$$Q_{\text{net},12}=(J_1-J_2)A_1\varphi_{12}=(J_1-J_2)A_2\varphi_{21}\quad(\text{W})\tag{2.188}$$

再根据角系数的相对性（即 $A_1\varphi_{12}=A_2\varphi_{21}$），得：

$$Q_{\text{net},12}=\frac{J_1-J_2}{\dfrac{1}{A_1\varphi_{12}}}\quad(\text{W})\tag{2.189}$$

如果把 $\dfrac{1}{A_1\varphi_{12}}$ 比作“电阻”（即辐射换热的“空间热阻”），则依据上式也可以绘制电模拟网络单元的形式，如图 2.80 所示。

这样，对于某一个特定的辐射换热电模拟网络来说，只需要对于每个物体表面确定一个“表面热阻 $\dfrac{1-\varepsilon}{A\varepsilon}$”以及在两个有效辐射电位差之间确定一个“空间热阻 $\dfrac{1}{A_m\varphi_{mn}}$”就可以了。

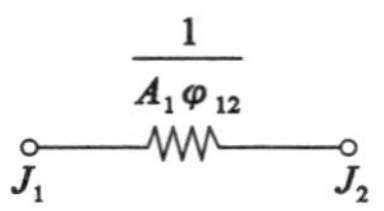

图 2.80　“空间热阻”的电模拟网络单元

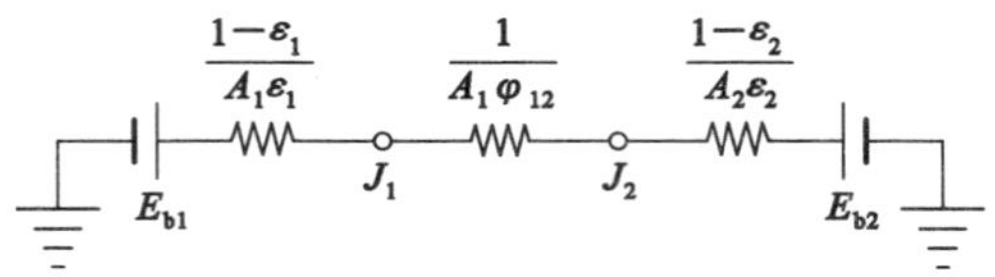

图 2.81　两个灰体表面之间的辐射换热电模拟网络图

对于仅有两个灰体表面组成的辐射换热体系，可以用图 2.81 所示的辐射网络（Radiation Network）来表示。

在这种情况下（即仅有两个灰体表面组成一个封闭的辐射换热体系之情况），可以直接按照串联电路的计算方法进行计算，从而得出两个灰体表面之间净热辐射 $Q_{\text{net},12}$ 的计算式为：

$$Q_{\text{net},12}=\frac{E_{b1}-E_{b2}}{\dfrac{1-\varepsilon_1}{A_1\varepsilon_1}+\dfrac{1}{A_1\varphi_{12}}+\dfrac{1-\varepsilon_2}{A_2\varepsilon_2}}=\frac{(E_{b1}-E_{b2})\cdot A}{\left(\dfrac{1}{\varepsilon_1}-1\right)+\dfrac{1}{\varphi_{12}}+\dfrac{A_1}{A_2}\left(\dfrac{1}{\varepsilon_2}-1\right)}\quad(\text{W})\tag{2.190}$$

同样，对于三个灰体表面组成的辐射换热体系和四个灰体表面组成的辐射换热体系，其辐射换热的电模拟网络图分别如图 2.82 和图 2.83 所示。而对于更多灰体表面组成的辐射换热体系，其辐射换热的电模拟网络图，请读者依据上述原理自行绘制，并根据有关的直流电路定律（像电学中的克希荷夫定律与欧姆定律）来建立线性方程组。线性方程组再转化为一个矩阵方程，通过求解该矩阵方程就可以获得有关问题的解。当然，现在也有专门的 MATLAB 软件来帮助人们进行矩阵运算。以下就是关于相关方面若干具体问题或计算方法的一些讨论。

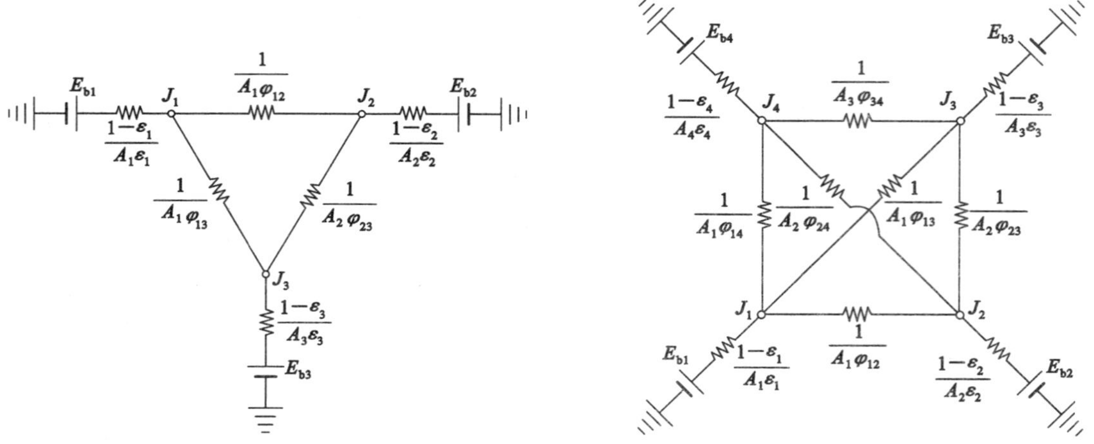

图 2.82　三个灰体表面之间的辐射换热电模拟网络图　　图 2.83　四个灰体表面之间的辐射换热电模拟网络图

【讨论 1】 导来发射率计算法

在有的传热学教科书中，将式(2.190)改写成如下形式：

$$Q_{net,12} = \varepsilon_{12} c_b \left[\left(\frac{T_1}{100} \right)^4 - \left(\frac{T_2}{100} \right)^4 \right] \varphi_{12} A_1 \quad (W) \tag{2.191}$$

$$\varepsilon_{12} = \frac{1}{1 + \varphi_{12}\left(\frac{1}{\varepsilon_1} - 1 \right) + \varphi_{21}\left(\frac{1}{\varepsilon_2} - 1 \right)} \tag{2.192}$$

式中 ε_{12}——两灰体表面之间的导来发射率，也称：系统的导来发射率，或称：系统的综合发射率；

c_b——斯蒂芬-玻耳兹曼定律[参见式(2.161)]中的黑体辐射常数，$c_b \approx 5.67\ W/(m^2 \cdot K^4)$。

从式(2.192)可以看出：两个灰体之间的温度差、角系数与系统的导来发射率是影响辐射换热的三个基本因素。如果需要增大辐射换热量，那就要提高热物体的温度、增大热物体的表面积或者采用发射率更大的材料；反之，如果需要减少辐射换热量，则必需降低辐射体的温度、缩小辐射体的表面积或者降低系统的导来发射率。

式(2.191)、式(2.192)所表述的两个灰体之间的辐射换热量计算公式是适用于一般情况下两个灰体之间的辐射换热量计算，具有一定的普适性。而对于一些特殊的情况，这两个公式还可以进一步简化。以下就是两种特殊的情况：

① 两个灰体均为无限大平行平板的情况，如图 2.84 所示，在此种情况下，因为 $\varphi_{12} = \varphi_{21} = 1$、$A_1 = A_2$，故而，得：

$$\varepsilon_{12} = \frac{1}{\frac{1}{\varepsilon_1} + \frac{1}{\varepsilon_2} - 1} \tag{2.193}$$

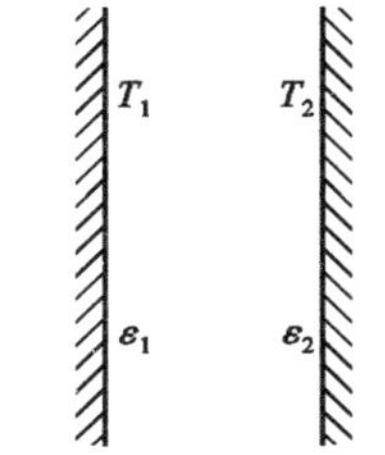

图 2.84 两个无限大平行平板灰体的情况

将式(2.193)代入式(2.191)，便可以得到：

$$q_{net} = \frac{Q_{net,12}}{A} = \frac{c_b}{\frac{1}{\varepsilon_1} + \frac{1}{\varepsilon_2} - 1} \left[\left(\frac{T_1}{100} \right)^4 - \left(\frac{T_2}{100} \right)^4 \right] \quad (W/m^2) \tag{2.194}$$

② 如果两个灰体之中，有一个为凸面或平面，而另一个为凹面，如图 2.85 所示，在这种情况下，由于 $\varphi_{12} = 1$、$\varphi_{21} = \frac{A_1}{A_2}$，故而，可以得到以下的计算公式：

$$\varepsilon_{12} = \frac{1}{\frac{1}{\varepsilon_1} + \frac{A_1}{A_2}\left(\frac{1}{\varepsilon_2} - 1 \right)} \tag{2.195}$$

$$Q_{net,12} = \frac{c_b}{\frac{1}{\varepsilon_1} + \frac{A_1}{A_2}\left(\frac{1}{\varepsilon_2} - 1 \right)} \left[\left(\frac{T_1}{100} \right)^4 - \left(\frac{T_2}{100} \right)^4 \right] A_1 \quad (W) \tag{2.196}$$

如果在如图 2.85 所示的辐射换热系统之中，有一个灰体的表面积很大，比如说，若 $A_2 \gg A_1$，则 $\varepsilon_{12} \approx \varepsilon_1$。这说明，大面积表面的发射率对于系统的导来发射率之影响很小，以至于可以忽略不计。

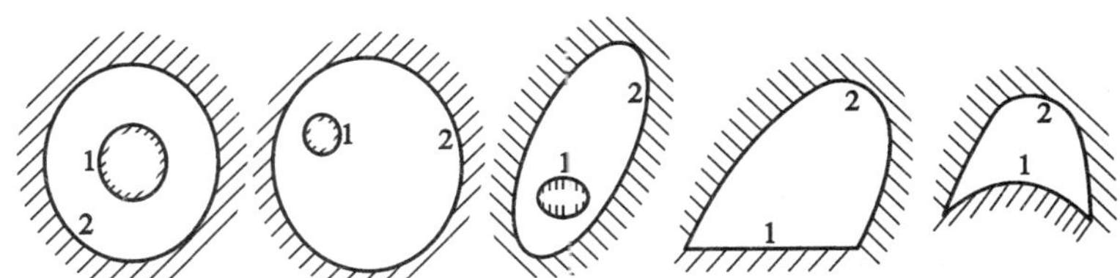

图 2.85 一个凸面灰体(或平面灰体)与一个凹面灰体组成的辐射换热系统

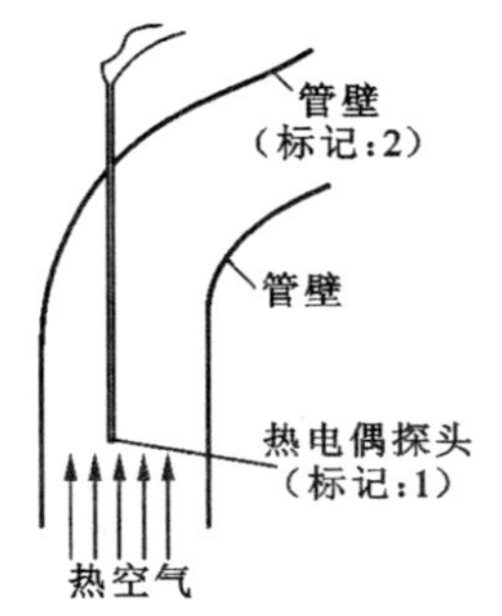

图 2.86 【例 2.22】中用热电偶测量管道内的空气温度

【例 2.22】 用热电偶可以测量管道内空气温度,如图 2.86所示,由于管道内的空气温度与管道壁的温度有差异,所以,热电偶与管道壁之间因为辐射换热而会产生测温误差,试计算:当管道壁温度 $t_2=100$ ℃,热电偶读数温度 $t_1=200$ ℃时的测温误差。假设热电偶探头处的对流传热系数 $h=46.52\ \mathrm{W/(m^2\cdot ℃)}$,发射率 $\varepsilon_1=0.9$。

【解】 热电偶探头与管壁相比是很小的,具体在式(2.196)之中,就是 $A_2\gg A_1$,所以探头与管壁之间(以单位探头面积计)的辐射换热量可以按照下式进行计算:

$$q_{\mathrm{net},12}=\varepsilon_1 c_{\mathrm{b}}\left[\left(\frac{T_1}{100}\right)^4-\left(\frac{T_2}{100}\right)^4\right]$$

再根据牛顿冷却定律[参见式(2.77)],管道内的热空气通过对流换热的方式传递给热电偶探头单位面积上的热量为:

$$q_{\mathrm{net,a1}}=h(t_{\mathrm{a}}-t_1)$$

式中 t_{a}——空气的真实温度,℃。

按照热量守恒的原理,当热电偶探头达到热稳定状态时,其热平衡关系式为:

$$q_{\mathrm{net,a1}}=q_{\mathrm{net},12}$$

再将上述 $q_{\mathrm{net},12}$、$q_{\mathrm{net,a1}}$ 的计算式都代入上式,得:

$$h(t_{\mathrm{a}}-t_1)=\varepsilon_1 c_{\mathrm{b}}\left[\left(\frac{T_1}{100}\right)^4-\left(\frac{T_2}{100}\right)^4\right]$$

由上式可以推算出热电偶的读数误差为:

$$\begin{aligned}\delta_t&=t_{\mathrm{a}}-t_1=\frac{\varepsilon_1 c_{\mathrm{b}}}{h}\left[\left(\frac{T_1}{100}\right)^4-\left(\frac{T_2}{100}\right)^4\right]\\&=\frac{\varepsilon_1 c_{\mathrm{b}}}{h}\left[\left(\frac{t_1+273.15}{100}\right)^4-\left(\frac{t_2+273.15}{100}\right)^4\right]\\&=\frac{0.9\times 5.67}{46.52}\left[\left(\frac{200+273.15}{100}\right)^4-\left(\frac{100+273.15}{100}\right)^4\right]\\&=33.7(℃)\end{aligned}$$

由此得出,管道内空气的真实温度 $t_{\mathrm{a}}=233.7$ ℃。　　—毕—

此例题说明,利用热电偶在管道内测量热透性气体(指辐射的透射率 $\tau=1$ 的气体,即不参与辐射的气体)的温度时,其测温误差较大。从该例题中热电偶的读数误差之计算公式可以看出,热电偶的测温误差与下列几个因素有关:

第一,测温误差与热电偶探头保护套管外表面的发射率成正比。因此,在实际测量时,宜采用外表面光滑、发射率较小的热电偶保护套管。

第二,测温误差与对流传热系数 h 成反比。根据第 2.2.2 中所述的对流换热规律,管道内气流的流速愈快,h 就愈大,于是测温误差就愈小。为此,测温热电偶必须装设在流速较快处,或者在热电偶的安装处造成人为的缩颈以提高测量处的流速,或者采用抽气式热电偶来提高热电偶探头处的流速,从而降低热电偶的测量误差,提高测量精度。

第三,测温误差随着 T_1 与 T_2 四次方差值的减少而降低,为了提高温度 T_2,可以在装设热电偶的管道部位包裹保温层,或者在热电偶的外面增设遮热罩。增设遮热罩后,辐射换热便在探头与遮热罩的之间进行,而遮热罩的温度比管壁要高,这就使得热电偶探头的辐射散热损失大为减少,测温误差也因此而变小。有关遮热罩的问题,将在以下的【讨论 4】中进行专门的探讨。

【讨论 2】 关于三个灰体所组成的辐射换热系统之辐射换热计算问题

在该系统中,每个物体都与其他两个物体之间进行着辐射热交换。为此,需要确定辐射换热网络图中各个节点的“电位”(相当于各个灰体的有效辐射)。计算方法是采用直流电路中的克希荷夫定律(即流入每个节点的电流之代数和等于零)。这样,再根据欧姆定律就可以列出各个节点的方程式,从而得到一个线性方程组。联立求解此方程组,便能够得到各个节点的“电位”。在各个节点的“电位”确定以后,就可以十分方便地计算辐射换热量。

【例 2.23】 已知 3 个灰体表面的面积分别为 $A_1=0.1\ \text{m}^2$、$A_2=0.2\ \text{m}^2$ 和 $A_3=0.3\ \text{m}^2$;它们的发射率分别为 $\varepsilon_1=0.5$、$\varepsilon_2=0.6$ 和 $\varepsilon_3=0.7$;其平均角系数分别为 $\varphi_{12}=0.5$、$\varphi_{13}=0.3$和 $\varphi_{23}=0.4$;其温度分别为 $t_1=200$ ℃、$t_2=230$ ℃和 $t_3=300$ ℃.试问:这三个灰体表面的净换热量各为多少?

【解】 与此题相对应的辐射换热网络图如图2.87所示。

该图中各个热阻值的计算过程分别如下:

$$\frac{1-\varepsilon_1}{A_1\varepsilon_1}=\frac{1-0.5}{0.1\times0.5}=10 \qquad \frac{1-\varepsilon_2}{A_2\varepsilon_2}=\frac{1-0.6}{0.2\times0.6}=3.33$$

$$\frac{1-\varepsilon_3}{A_3\varepsilon_3}=\frac{1-0.7}{0.3\times0.7}=1.43 \qquad \frac{1}{A_1\varphi_{12}}=\frac{1}{0.1\times0.5}=20$$

$$\frac{1}{A_1\varphi_{13}}=\frac{1}{0.1\times0.3}=33.33 \qquad \frac{1}{A_2\varphi_{23}}=\frac{1}{0.2\times0.4}=12.50$$

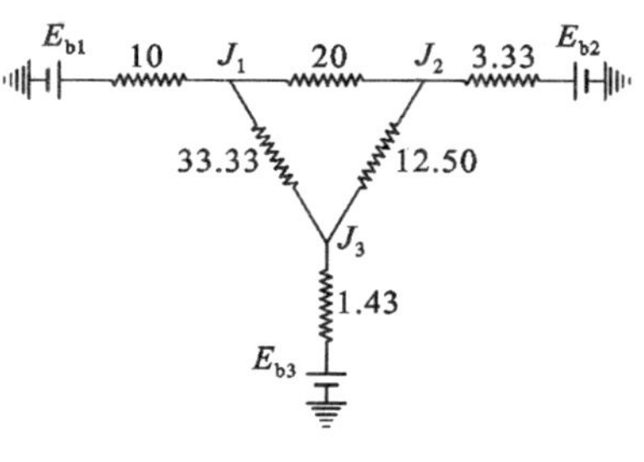

图 2.87 【例 2.23】中的辐射换热电模拟网络图

为了方便计算,将各个热阻的计算结果也标注在如图 2.87 所示的辐射换热网络图上。然后,再按照欧姆定律对于各个节点列出克希荷夫方程式:

对于 J_1

$$\frac{E_{b1}-J_1}{10}+\frac{J_2-J_1}{20}+\frac{J_3-J_1}{33.33}=0$$

对于 J_2

$$\frac{J_1-J_2}{20}+\frac{E_{b2}-J_2}{33.33}+\frac{J_3-J_2}{12.50}=0$$

对于 J_3

$$\frac{J_1-J_3}{33.33}+\frac{J_2-J_3}{12.50}+\frac{E_{b3}-J_3}{1.43}=0$$

在以上三式中

$$E_{b1}=5.67\times\left(\frac{200+273.15}{100}\right)^4=2842(\text{W/m}^2)$$

$$E_{b2}=5.67\times\left(\frac{230+273.15}{100}\right)^4=3634(\text{W/m}^2)$$

$$E_{b3}=5.67\times\left(\frac{300+273.15}{100}\right)^4=6119(\text{W/m}^2)$$

联立求解以上三式,得:

$$J_1=3670(\text{W/m}^2);\quad J_2=4040(\text{W/m}^2);\quad J_3=5826(\text{W/m}^2)$$

于是,3 个灰体表面的净换热量为:

$$Q_{\text{net},1}(\text{吸热})=\frac{3670-2842}{10}=82.8(\text{W})$$

$$Q_{\text{net},2}(\text{吸热})=\frac{4040-3634}{33.33}=121.9(\text{W})$$

$$Q_{\text{net},3}(\text{放热})=\frac{6119-5826}{1.43}=204.9(\text{W})$$

—毕—

对于两个以上灰体所组成的辐射换热体系,还有两种特殊情况:第一,如果其中的一个灰体 i 是绝热的(或者是全反射的“白体”),这时尽管它与其他物体之间仍然有辐射热交换,但是 E_{bi} 和 J_i 之间却没有净辐射换热,这也就是说:此时,该节点 J_i 是一个“浮动节点”。第二,如果其中的一个灰体 i 为全吸收的黑体,则 E_{bi} 与 J_i 之间没有“热阻”,或者说两者是重合的。对于这两种情况,它们的求解过程要简便很多。读者不妨通过对于【例 2.24】的求解过程来加深对于这两种情况的理解。

【例 2.24】 如图 2.88 所示,有一窑炉的窑墙厚 500 mm,窑墙上有一直径为 150 mm 的观察孔,炉内的温度为 1400 ℃,车间内的室温为 30 ℃。试计算通过观察孔向外界辐射的热损失。

【解】 此题中所涉及的辐射换热系统可以看成是由三个表面所组成,它们分别是 A_1(观察孔在窑墙内壁的端面)、A_2(观察孔在窑墙外壁的端面)与 A_3(观察孔在窑墙内的侧面)。其中,观察孔侧面 A_3 与窑墙近似为同温度(即仅沿窑墙厚度方向上有温度变化,而沿窑墙横断面上温度不变)。于是,A_3 就可以看作是一个绝热面。所以,在电模拟网络电路中,代表 A_3 的节点 J_3 便是一个“浮动节点”,这样,该辐射换热体系的辐射换热电模拟网络图如图 2.89所示。

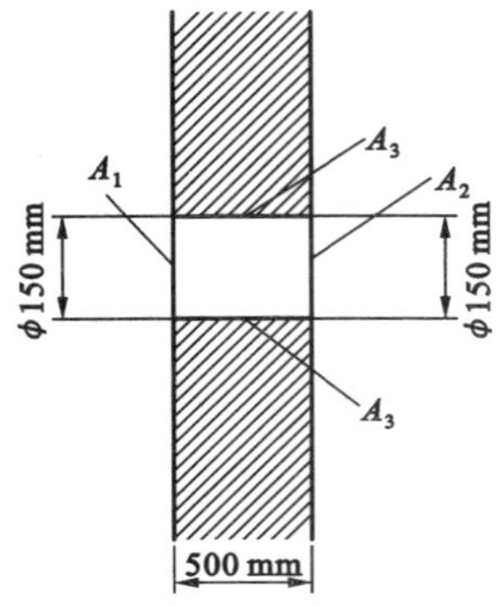

图 2.88 【例 2.24】的附图

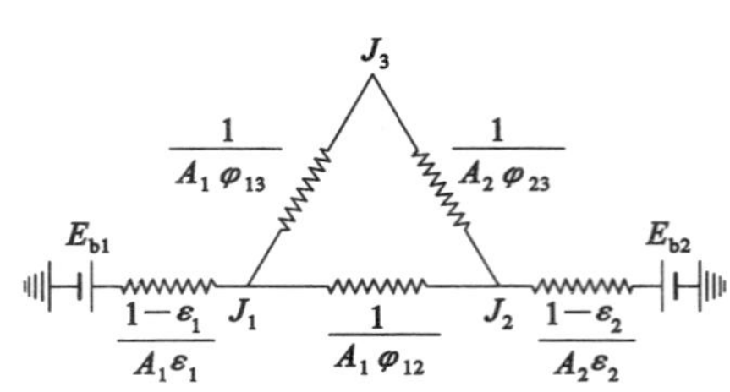

图 2.89 【例 2.24】中的辐射换热电模拟网络图

图 2.89 还可以进一步被简化,因为 A_1 位于窑炉内表面,窑炉的内表面积一般比 A_1 大得多。A_2 也被厂房所包围,而厂房的内表面积也远大于 A_2,所以从 A_1 观看 A_2,或者从 A_2 观看 A_1 都类似于如图 2.59所示的小孔黑体辐射模型。这也就是说,A_2 和 A_1 均可以看作是黑体表面。于是,图 2.89就可以进一步简化为图 2.90(即 $J_1=E_{b1}$,$J_2=E_{b2}$)。

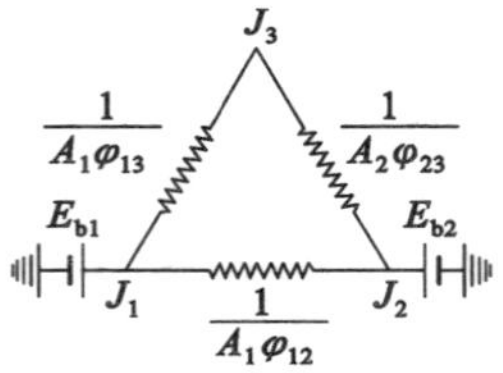

图 2.90 【例 2.24】中经简化后的辐射换热电模拟网络图

在图 2.90 中,各个量的计算结果为:

$$E_{b1}=c_b\left(\frac{T_1}{100}\right)^4=5.67\times\left(\frac{1400+273.15}{100}\right)^4=444347(\mathrm{W/m^2})$$

$$E_{b2}=c_b\left(\frac{T_2}{100}\right)^4=5.67\times\left(\frac{30+273.15}{100}\right)^4=479(\mathrm{W/m^2})$$

$$A_1=A_2=\frac{1}{4}\pi d^2=\frac{1}{4}\times\pi\times0.15^2=0.01767(\mathrm{m^2})$$

对于角系数,查附录 6 中的附表 6.1 中(12)的情况,两个圆心在同一法线上的等径平行圆的辐射角系数为:$\varphi_{12}=\varphi_{21}=\dfrac{2+D^2-2\sqrt{1+D^2}}{D^2}$,在本题中,$D=\dfrac{150}{500}=0.3$。于是,得 $\varphi_{12}=\dfrac{2+0.3^2-2\times\sqrt{1+0.3^2}}{0.3^2}=0.0215$,再根据角系数的完整性,$\varphi_{11}+\varphi_{12}+\varphi_{13}=1$,而且,按照角系数的自见性,$\varphi_{11}=0$,所以 $\varphi_{13}=1-\varphi_{12}=1-0.0215=0.9785$。按照同样的方法可以得到:$\varphi_{21}=0.0215$,$\varphi_{23}=0.9785$,再根据图 2.89 中的串、并联关系,便可以求出 E_{b1} 和 E_{b2}之间的“总热阻”为:

$$R = \cfrac{1}{\cfrac{1}{\cfrac{1}{A_1\varphi_{13}} + \cfrac{1}{A_2\varphi_{23}}} + A_1\varphi_{12}}$$

$$= \cfrac{1}{\cfrac{1}{\cfrac{1}{0.01767 \times 0.9785} + \cfrac{1}{0.01767 \times 0.9785}} + 0.01767 \times 0.0215}$$

$$= 110.80(\mathrm{m}^{-2})$$

所以，窑内通过观察孔向外的辐射散热损失（即 A_1 向 A_2 辐射的净热量）为：

$$Q_1 = Q_{\mathrm{net},12} = \frac{E_{\mathrm{b1}} - E_{\mathrm{b2}}}{R} = \frac{444347 - 479}{110.80} = 4006(\mathrm{W})$$

—毕—

在【例 2.24】中，提到了窑内通过小孔向外界的辐射散热问题，利用该题中的计算方法较为科学，但是，该方法也是基于一些假定与简化（例如，将墙壁上的小孔简单地一律假定为黑体，而实际情况是：墙壁上的小孔并非黑体，其发射率 ε 肯定<1，具体的数值也与小孔的形状有关），并且其计算过程也较为烦琐，其计算结果也有一定的偏差。为了计算方便，关于窑内通过小孔向外辐射散热的问题，人们推出了以下的简便计算公式：

$$Q_1 = 5.67\left[\left(\frac{T_1}{100}\right)^4 - \left(\frac{T_2}{100}\right)\right] \cdot \Phi \cdot A \qquad (\mathrm{W}) \tag{2.197}$$

式中 Q——窑内通过窑墙上的小孔向外界的辐射散热量，W；

T_1——窑内的炉膛温度，K，$T_1 = t_1 + 273.15$(℃)；

T_2——窑体周围的环境温度，K，$T_2 = t_2 + 273.15$(℃)；

A——小孔的孔口面积，m²；

Φ——门孔系数，与小孔的形状、尺寸以及窑墙厚度有关，具体可以从图 2.91 中查取。

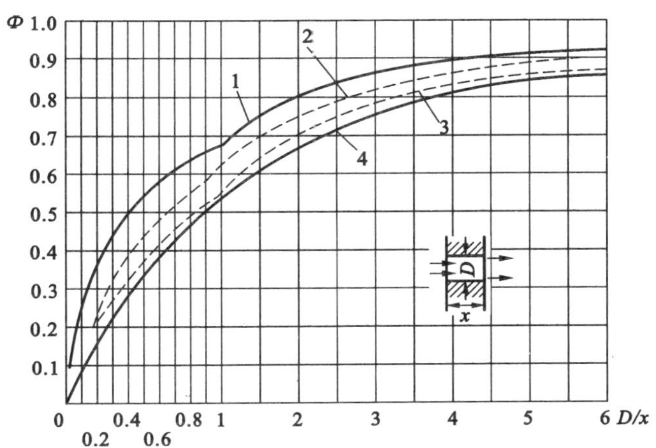

图 2.91 式(2.190)中门孔系数的计算图

1—狭长的长方形；2—矩形（长宽比为 2∶1）；3—正方形；4—圆形

【讨论 3】 有镜反射参与的辐射换热问题

在以上的灰体表面之间辐射换热计算中，实质上将灰体表面的反射均按照漫反射处理，对于粗糙表面，这种处理方法无疑是合理的、正确的，如图 2.58(a)所示。但是，对于比较光滑的表面，其反射就不能够纯粹地按照漫反射处理，这时可以考虑将反射率 ρ 分为两部分——漫反射[见图 2.58(a)]分量 ρ_{d} 和镜反射[见图 2.58(b)]分量 ρ_{s}，具体为：

$$\rho = \rho_{\mathrm{d}} + \rho_{\mathrm{s}} \tag{2.198}$$

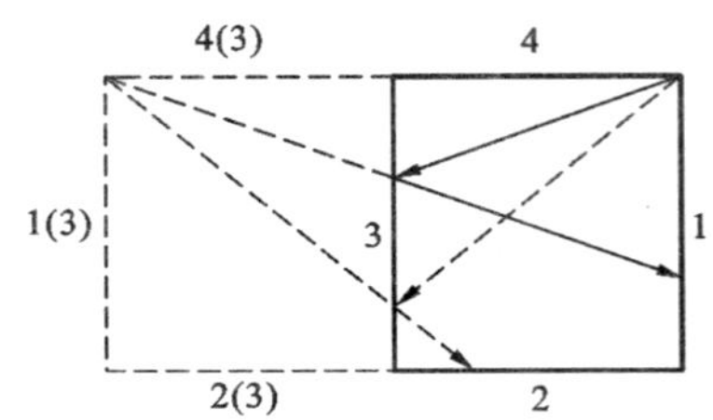

图 2.92　只有一个平面具有镜反射分量的情况

与漫反射率 ρ_d 对应的"有效辐射力 J"被称为：有效漫辐射力 J_d。需要提醒读者注意的是，在这种情况下，辐射换热的计算过程很复杂。一种较为简单的情况是：当具有镜反射分量的表面为平面时，可以直接利用平面镜的基本性质——"成像法"来简化该情况下辐射换热的分析。例如，假设由四个灰体平面所组成的某封闭体系，其中，平面 1、2、4 均为漫反射面，只有平面 3 是同时具有漫反射及镜像，如图 2.92所示。经过有关的分析以及推导，其相应的辐射换热电模拟网络图如图 2.93 所示。

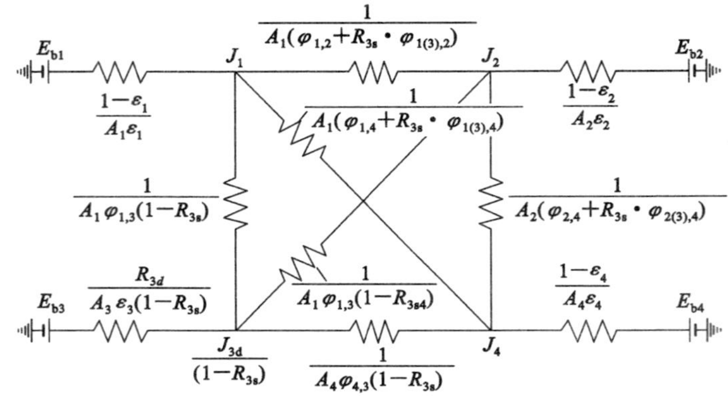

图 2.93　在图 2.92 情况下的辐射换热电模拟网络图

图 2.92 所述的情况还算是比较简单的，当两个以上的平面都具有镜反射分量时，其分析和计算将会进一步复杂化，有时可能还会有无穷多个镜像，当然其解还是有的，因为它是收敛很快的级数。对此感兴趣的读者可以查阅相关的参考文献[18]。

【讨论 4】　辐射遮热板和辐射遮热罩的作用

以上已经提到过，要削弱辐射换热或减少辐射热损失，可以考虑降低辐射体的温度，或者降低辐射体系的导来发射率。但是，如果辐射物的温度不能够改变，还可以采用遮热板（也称：隔热板，Radiation Shield）或遮热罩（也称：隔热罩，Radiation Muffle）来削弱辐射换热，该措施被称为：辐射换热的隔热法。

另外，在陶瓷工业生产过程中，为了将较脏燃料的燃烧过程与外观清洁度要求较严的产品隔开，人们也利用辐射隔焰板（简称：隔焰板，或称：马弗板，Muffle Plate，Muffle 含有"包覆、包裹、隔开"的意思），但是，请注意：这种情况下的传热过程是有益的、是需要设法尽量加强的[5]。

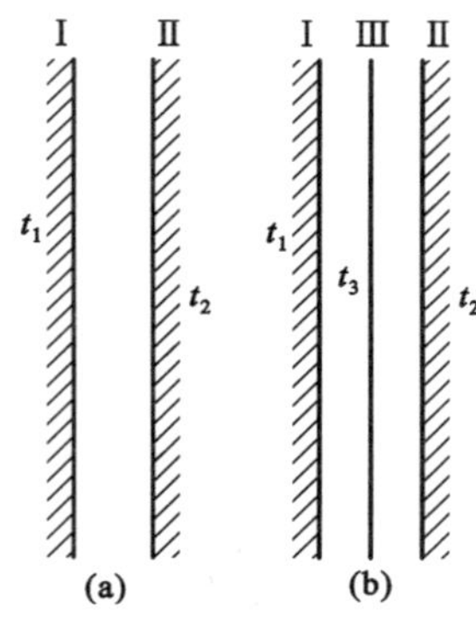

图 2.94　遮热板作用的原理
(a) 无遮热板时；(b) 有遮热板时

假设有两块无限大平板Ⅰ和Ⅱ，如图 2.94(a)所示，它们的温度、发射率分别为 T_1、ε_1 和 T_2、ε_2，而且 $T_1>T_2$。根据式(2.194)，在未加遮热板时的辐射换热量可以按下式来进行计算：

$$q_{\text{net},12}=\frac{c_b}{\dfrac{1}{\varepsilon_1}+\dfrac{1}{\varepsilon_2}-1}\left[\left(\frac{T_1}{100}\right)^4-\left(\frac{T_2}{100}\right)^4\right]\quad(\text{W/m}^2)\qquad(2.199)$$

而当在两块平板之间加入遮热板Ⅲ以后，如图 2.94(b)所示，情况将会发生变化。假定放入的遮热板是由热导率很大且厚度很薄的材料制成，则可以认为遮热板两表面的温度都等于 T_3，它的发射率为 ε_3，由于遮热板本身并不发热，也不带走热量，它仅仅是在热量传递过程中附加了传热的阻力，所以，此时的辐射传热量不再是由平板Ⅰ直接辐射给平板Ⅱ，而是平板Ⅰ辐射给遮热板Ⅲ，再由遮热板Ⅲ辐射给平板Ⅱ。

这样，由式(2.194)可以分别写出平板Ⅰ与遮热板Ⅲ之间以及遮热板Ⅲ与平板Ⅱ之间净辐射换热量 $q_{net,13}$、$q_{net,32}$ 的计算公式。

$$q_{net,13}=\frac{c_b}{\frac{1}{\varepsilon_1}+\frac{1}{\varepsilon_3}-1}\left[\left(\frac{T_1}{100}\right)^4-\left(\frac{T_3}{100}\right)^4\right]\quad(\mathrm{W})\tag{2.200}$$

$$q_{net,32}=\frac{c_b}{\frac{1}{\varepsilon_3}+\frac{1}{\varepsilon_2}-1}\left[\left(\frac{T_3}{100}\right)^4-\left(\frac{T_2}{100}\right)^4\right]\quad(\mathrm{W})\tag{2.201}$$

在稳态辐射换热时，$q_{net,13}=q_{net,32}=q'_{net,12}$，该式中的 T_3 是未知数。于是，一旦求得 T_3，传热量便可以计算出来。为了便于简单的对比，假定三块平板的发射率均相等，即 $\varepsilon_1=\varepsilon_2=\varepsilon_3$，这样，就可以得到以下的简单关系式：

$$T_3^4=\frac{1}{2}(T_1^4+T_2^4)\quad(\mathrm{K})\tag{2.202}$$

把式(2.202)代入到式(2.200)或式(2.201)中，再考虑到 $q_{net,13}=q_{net,32}=q'_{net,12}$，便可以得到：

$$q'_{net,12}=\frac{1}{2}\frac{c_b}{\frac{1}{\varepsilon_1}+\frac{1}{\varepsilon_2}-1}\left[\left(\frac{T_1}{100}\right)^4-\left(\frac{T_2}{100}\right)^4\right]\quad(\mathrm{W})\tag{2.203}$$

对比式(2.199)和式(2.203)，可以知道：在加入一块发射率与板面发射率相同的遮热板以后，便可以使板面之间的辐射换热量减少到原来的1/2。由此，也可以得到推论：当加入 n 块发射率均相同的遮热板后，则辐射换热量将减少为原来的 $1/(n+1)$。这表明遮热板的层数越多，遮热效果越好。

以下再根据辐射网络模拟电路图进行计算，这样可以得到更具体、更广泛的定量结果。图2.95所表示的是对应于图2.94(b)的辐射换热电模拟网络图，它是由4个“表面热阻”和2个“空间热阻”串联而成。当各个表面的发射率不同时，则由该图所推导出的辐射换热量 $q'_{net,12}$ 计算公式为：

$$\begin{aligned}q'_{net,12}&=\frac{E_{b1}-E_{b2}}{\frac{1-\varepsilon_1}{\varepsilon_1}+\frac{1}{\varphi_{13}}+2\frac{1-\varepsilon_3}{\varepsilon_3}+\frac{1}{\varphi_{23}}+\frac{1-\varepsilon_2}{\varepsilon_2}}=\frac{E_{b1}-E_{b2}}{\frac{1}{\varepsilon_1}+\frac{1}{\varepsilon_2}+2\left(\frac{1}{\varepsilon_3}-1\right)}\\&=\frac{c_b}{\frac{1}{\varepsilon_1}+\frac{1}{\varepsilon_2}+2\left(\frac{1}{\varepsilon_3}-1\right)}\left[\left(\frac{T_1}{100}\right)^4-\left(\frac{T_2}{100}\right)^4\right]\quad(\mathrm{W})\end{aligned}\tag{2.204}$$

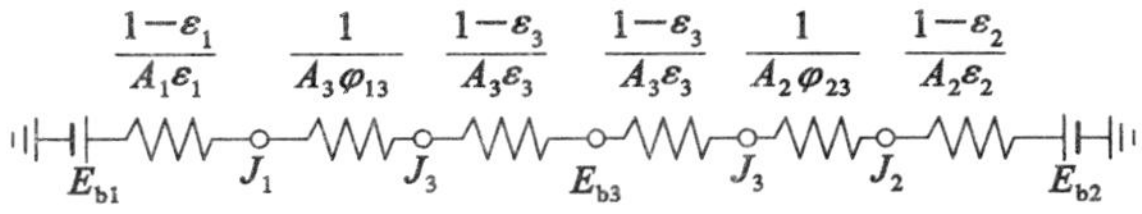

$\frac{1-\varepsilon_1}{A_1\varepsilon_1}$ $\frac{1}{A_3\varphi_{13}}$ $\frac{1-\varepsilon_3}{A_3\varepsilon_3}$ $\frac{1-\varepsilon_3}{A_3\varepsilon_3}$ $\frac{1}{A_2\varphi_{23}}$ $\frac{1-\varepsilon_2}{A_2\varepsilon_2}$

E_{b1} J_1 J_3 E_{b3} J_3 J_2 E_{b2}

图2.95 关于图2.94(b)情况下的辐射换热电模拟网络图

将式(2.199)与式(2.204)相比较，可知：在两个辐射平面之间设置遮热板后与未设置遮热板情况的净辐射换热量之比值为：

$$\frac{q'_{net,12}}{q_{net,12}}=\frac{\frac{1}{\varepsilon_1}+\frac{1}{\varepsilon_2}-1}{\frac{1}{\varepsilon_1}+\frac{1}{\varepsilon_2}+2\left(\frac{1}{\varepsilon_3}-1\right)}\tag{2.205}$$

从式(2.205)可以知道：降低遮热板的发射率 ε_3，也能够降低辐射换热量。例如，当两个平行平板与遮热板的发射率均为0.8时，可以使净辐射换热量降低1/2；而如果遮热板的发射率为0.05时，则净辐射换热量仅为原来的1/27。因此，为了减少散热损失，常常选用磨光的、高反射率(即低发射率)的板材作为遮热板。然而，在陶瓷工业中，如果所用燃料较脏而对产品质量有影响时，便不得不使用隔焰板(也称：马弗板)，这时，由于隔焰板的辐射换热是有益的，因此马弗板是用粗糙的、发射率高且

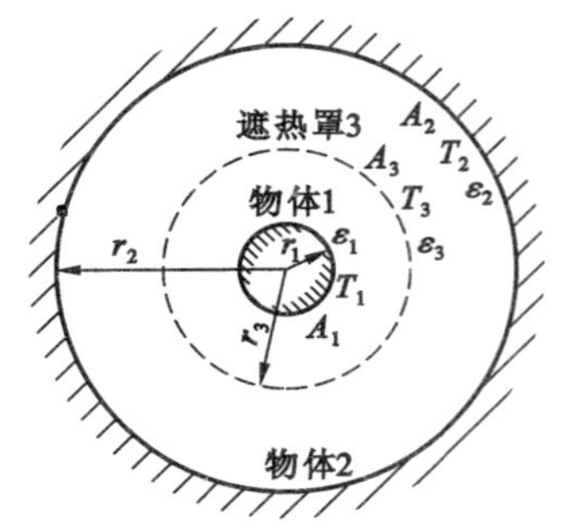

图 2.96　在圆柱形物体之间设置遮热罩

热导率大的材料，从而保持较高的辐射换热效率。

另外，需要指出：在两个无限大平行平板之间设置遮热板时，其遮热效果与遮热板设置的位置无关。但是，在球形或者圆柱形体系中设置遮热罩时，其隔热效果却与遮热罩的位置有关，这是因为当遮热罩在它们之间改变位置时，遮热罩的表面积会有所改变，因此相关的几个角辐射系数都会作相应的改变，如图 2.96 所示。

当圆柱形物体 1 和 2 之间不设置遮热罩时，依据式(2.196)，其净辐射换热量可以根据式(2.206)来进行计算：

$$Q_{\mathrm{net},12}=\frac{c_{\mathrm{b}}}{\dfrac{1}{\varepsilon_1}+\dfrac{A_1}{A_2}\left(\dfrac{1}{\varepsilon_2}-1\right)}\left[\left(\frac{T_1}{100}\right)^4-\left(\frac{T_2}{100}\right)^4\right]A_1\qquad(\mathrm{W})\tag{2.206}$$

当圆柱形物体 1 和 2 之间设置了遮热罩 3 以后(参见图 2.96)，如果假设遮热罩很薄而且热导率很大，这样，便可以近似地认为遮热罩内表面、外表面的温度都是相同的。在这种情况下的辐射网络模拟电路图如图 2.97所示。

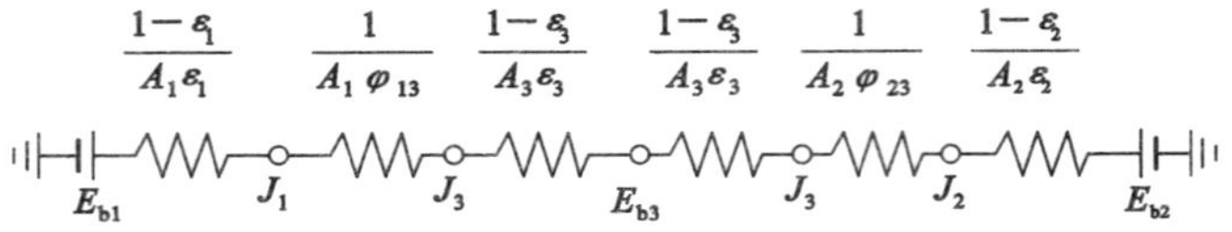

$\dfrac{1-\varepsilon_1}{A_1\varepsilon_1}$　$\dfrac{1}{A_1\varphi_{13}}$　$\dfrac{1-\varepsilon_3}{A_3\varepsilon_3}$　$\dfrac{1-\varepsilon_3}{A_3\varepsilon_3}$　$\dfrac{1}{A_2\varphi_{23}}$　$\dfrac{1-\varepsilon_2}{A_2\varepsilon_2}$

E_{b1}　J_1　J_3　E_{b3}　J_3　J_2　E_{b2}

图 2.97　关于图 2.96 情况下的辐射换热电模拟网络图

根据图 2.97 中所表述的“热阻”串联关系，便可以求得其净辐射换热量 $Q'_{net1,2}$为：

$$Q'_{\mathrm{net},12}=\frac{E_{\mathrm{b1}}-E_{\mathrm{b2}}}{\dfrac{1-\varepsilon_1}{A_1\varepsilon_1}+\dfrac{1}{A_1\varphi_{13}}+\dfrac{2(1-\varepsilon_3)}{A_3\varepsilon_3}+\dfrac{1}{A_2\varphi_{23}}+\dfrac{1-\varepsilon_2}{A_2\varepsilon_2}}\qquad(\mathrm{W})\tag{2.207}$$

在图 2.97 中，按照表 2.18 中(2)的计算方法，可以得到 $\varphi_{13}=1$、$\varphi_{23}=\dfrac{A_3}{A_2}$，将这两个关系式再代入式(2.207)，经过进一步的整理后，得：

$$Q'_{\mathrm{net},12}=\frac{(E_{\mathrm{b1}}-E_{\mathrm{b2}})A_1}{\dfrac{1}{\varepsilon_1}+\dfrac{A_1}{A_2}\left(\dfrac{1}{\varepsilon_2}-1\right)+\dfrac{A_1}{A_3}\left(\dfrac{2}{\varepsilon_3}-1\right)}\qquad(\mathrm{W})\tag{2.208}$$

或

$$Q'_{\mathrm{net},12}=\varepsilon'_{12}c_{\mathrm{b}}\left[\left(\frac{T_1}{100}\right)^4-\left(\frac{T_2}{100}\right)^4\right]A_1\qquad(\mathrm{W})\tag{2.209}$$

式中　ε'_{12}——有遮热罩时圆柱形物体之间辐射传热系统的导来发射率(也称：综合发射率)，

$$\varepsilon'_{13}=\frac{1}{\dfrac{1}{\varepsilon_1}+\dfrac{A_1}{A_2}\left(\dfrac{1}{\varepsilon_2}-1\right)+\dfrac{A_1}{A_3}\left(\dfrac{2}{\varepsilon_3}-1\right)}\tag{2.210}$$

于是，便可以得到设置遮热罩后与未设置遮热罩情况的净辐射热量之比为：

$$\frac{Q'_{\mathrm{net},12}}{Q_{\mathrm{net},12}}=\frac{\dfrac{1}{\varepsilon_1}+\dfrac{A_1}{A_2}\left(\dfrac{1}{\varepsilon_2}-1\right)}{\dfrac{1}{\varepsilon_1}+\dfrac{A_1}{A_2}\left(\dfrac{1}{\varepsilon_2}-1\right)+\dfrac{A_1}{A_3}\left(\dfrac{2}{\varepsilon_3}-1\right)}\tag{2.211}$$

从上式可以看出：对于一个位置已经固定的圆柱形物体来说，当 ε_3 为常数时，遮热罩越靠近物体 1(即 A_1/A_3 越大)，其遮热效果越好；而当 A_1/A_3 为常数时，ε_3 越小，其遮热效果越好。

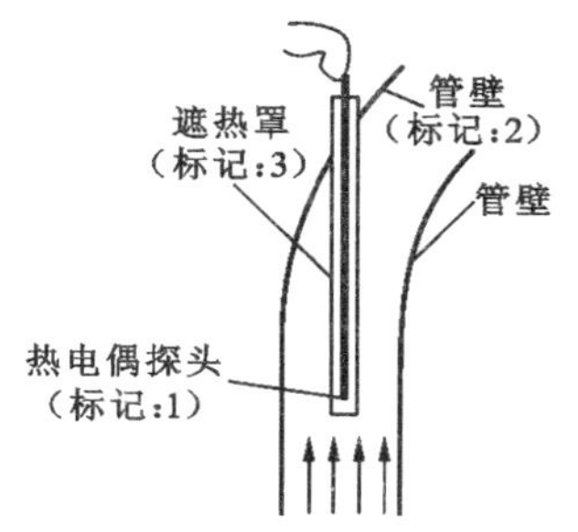

图 2.98 【例 2.25】的附图

【例 2.25】 如图 2.98 所示，为了减少如【例 2.22】之中所述的由于辐射换热而引起的热电偶读数误差，人们在热电偶的探头周围设置了一个遮热罩。如果空气的温度为 233.7 ℃，其他各个给定值仍与【例 2.22】中的对应参数值相同。另外，已知遮热罩表面与气流之间的对流传热系数 $h'=11.63\ \mathrm{W/(m^2 \cdot ℃)}$，遮热罩的发射率 $\varepsilon_3=0.8$。试求此时的热电偶的读数应为多少？测量误差又是多少？请将测量误差与【例 2.22】中的计算结果进行对比。

【解】 第一步，假设遮热罩的温度为 t_3，它的表面积为 A_3。于是，由牛顿冷却定律[见式(2.78)]可知：管道内的热空气以对流传热方式传递给热电偶探头的热量为：$hA_1(t_g-t_1)$；同理，管道内热空气以对流传热方式传递给遮热罩两个表面的热量为：$2h'A_3(t_g-t_3)$。再根据式(2.206)，热电偶探头以辐射传热方式传递给遮热罩的净热量为：$\varepsilon_{13}'c_b\left[\left(\frac{T_1}{100}\right)^4-\left(\frac{T_3}{100}\right)^4\right]A_1$；同理，遮热罩以辐射传热方式传递给管道壁的净热量为：$\varepsilon_{32}'c_b\left[\left(\frac{T_3}{100}\right)^4-\left(\frac{T_2}{100}\right)^4\right]A_3$。

第二步，当热电偶探头达到稳定的换热状态时，其热平衡方程式为：

$$hA_1(t_g-t_1)=\varepsilon_{13}'c_b\left[\left(\frac{T_1}{100}\right)^4-\left(\frac{T_3}{100}\right)^4\right]A_1$$

另外，因为 $A_3\gg A_1$ 以及由于 $A_2\gg A_1$，所以，由式(2.210)可知：$\varepsilon_{13}'\approx\varepsilon_1$。这样，关于热电偶探头的热平衡方程式就可以改写成：

$$h(t_g-t_1)=\varepsilon_1 c_b\left[\left(\frac{T_1}{100}\right)^4-\left(\frac{T_3}{100}\right)^4\right] \tag{a}$$

第三步，当遮热罩达到稳定的热平衡状态时，其热平衡方程式为：

$$2h'A_3(t_g-t_3)+\varepsilon_{13}'c_b\left[\left(\frac{T_1}{100}\right)^4-\left(\frac{T_3}{100}\right)^4\right]A_1=\varepsilon_{32}'c_b\left[\left(\frac{T_3}{100}\right)^4-\left(\frac{T_2}{100}\right)^4\right]A_3$$

因为 $A_2\gg A_3$，根据式(2.194)以及表 2.18(2)则可得：$\varepsilon_{32}'\approx\varepsilon_3$。又因为 $A_3\gg A_1$，因此，$\varepsilon_{13}'c_b\left[\left(\frac{T_1}{100}\right)^4-\left(\frac{T_3}{100}\right)^4\right]A_1\approx 0$。于是，上述关于遮热罩的热平衡方程式就可以简化为：

$$2h_c'(t_g-t_3)=\varepsilon_3 c_b\left[\left(\frac{T_3}{100}\right)^4-\left(\frac{T_2}{100}\right)^4\right] \tag{b}$$

第四步，将本题中的各个已知数据代入上述方程(a)和方程(b)中，得：

$$\begin{cases}46.52\times(233.7-t_1)=0.9\times5.67\left[\left(\frac{T_1}{100}\right)^4-\left(\frac{T_3}{100}\right)^4\right]\\2\times11.63\times(233.7-t_3)=0.8\times5.67\left[\left(\frac{T_3}{100}\right)^4-\left(\frac{100+273.15}{100}\right)^4\right]\end{cases}$$

(其中，$T_1=t_1+273.15$；$T_3=t_3+273.15$)

利用"试差法"联立求解上述方程组，得：

$$t_1=218.2\ ℃;\quad t_3=185.2\ ℃$$

第五步，由上述计算结果可知，设置遮热罩后，热电偶的测量误差为：

$$\delta_t=t_a-t_1=233.7-218.2=15.5(℃)$$

这说明加遮热罩后，热电偶测量误差比原来(【例 2.22】的情况)减少 33.7－15.5＝18.2(℃)。—毕—

2.3.6 气体辐射

以上固体辐射规律的研究结果也适合于液体，但是不适合于气体，因为气体辐射(Gas Radiation)

的规律与固体辐射的规律有着很大的不同，气体辐射有其自身的一些特点。

2.3.6.1　气体辐射的特点

(1) 气体辐射具有选择性

① 气体辐射对于气体的种类具有选择性

气体辐射对于气体种类的选择性主要体现在：只有其化学式中含有 2 个以上原子的多原子气体才有较强的辐射能力和较强的吸收辐射能力，例如，CO_2、H_2O(水蒸气)、SO_2、SO_3、CH_4 等；对于分子结构呈非对称排列的双原子气体(例如，CO 等)，即便具有一定程度的辐射能力或者吸收辐射的能力，也极其微弱；而对于具有对称分子结构的双原子气体以及单原子气体，在工程上常见温度范围内并没有发射辐射能的能力也没有吸收辐射能的能力，例如，H_2、O_2、N_2 以及惰性气体(He、Ar 等)等气体就属于这一类的气体，这类气体可以认为是热辐射的透体。由于空气中的主要成分是 O_2 和 N_2，所以在工程上也将空气当作热辐射的透体①。这也就是说，在讨论固体之间的辐射换热时，如果固体之间的介质是空气，则它的存在并不影响固体之间的辐射换热。但是，如果固态辐射体之间的介质是烟气，由于烟气中含有一定浓度的 CO_2 和 H_2O(水蒸气)，此时就必需来考虑气体辐射对于固体之间辐射换热的影响，也就是说，此时就要考虑气体对于辐射能的吸收以及气体与固体之间辐射换热的问题。由于 CO_2 和 H_2O(水蒸气)是烟气中的主要辐射源，而烟气又是除了空气以外在工程上最为常见的气体，所以 CO_2 和 H_2O(水蒸气)的辐射对于工程计算来说，尤为重要，因此，以下就将重点地介绍有关 CO_2 和 H_2O(水蒸气)辐射的研究结果。

② 气体辐射对于波长具有选择性

固体的辐射频谱是连续的，然而气体辐射则不然，即便是能够参与辐射的气体，其辐射频谱也是不连续的②，这也就是说，通常温度下的辐射气体也只是在某些波段范围内才具有辐射能力，相应地也只是在同样的波段范围内才具有吸收辐射的能力。通常把这种具有辐射能力的波段称为“光带”。这也就是说，在光带以外的气体既不辐射也不吸收辐射能(即在热辐射方面就会呈现透体的性质)。如图 2.99所示的是 CO_2 和 H_2O(水蒸气)的吸收频谱，从该图可以看出，CO_2 的主要光带有 3 段：2.65～2.80 μm、4.15～4.45 μm、13.0～17.0 μm；H_2O(水蒸气)的主要光带也有 3 段：2.3～3.4 μm、4.4～8.5 μm、12～30 μm。

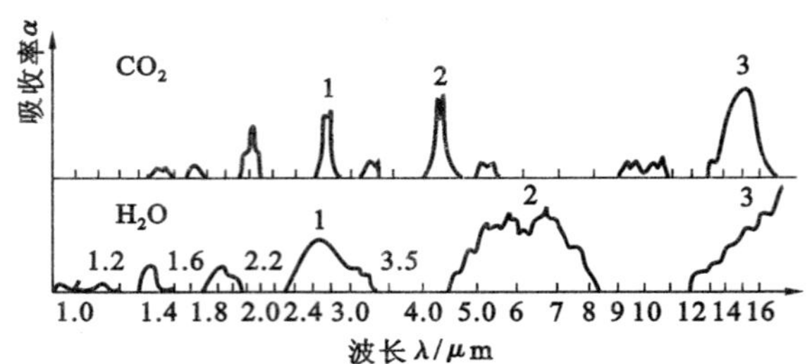

图 2.99　二氧化碳和水蒸气的吸收频谱

由图 2.99 可知：这些光带均位于红外线的波段(某段波长范围被称为：波段，红外线的波段为 0.76～1000 μm)。当然，与 CO_2 相比，H_2O(水蒸气)的发射率和吸收率要大一些。另外，请注意：

① 这里需要指出的是，空气只是作为“热辐射”的透体。实质上，除了某些气体具有辐射能力以及吸收辐射的能力以外，气体还具有分子散射的功能。例如，以 O_2 和 N_2 为主要成分的空气并不参与辐射，但是却具有散射功能，而且对于紫光的散射最为强烈。例如，晴日时天空中出现的蔚蓝色就是空气中的分子散射掉紫光的结果[18]。

② 当气体的温度低于约 1500 ℃时，其热辐射主要是由于气体分子的转动以及原子的振动，于是会发射出波长 λ=1～30 μm的红外辐射。当温度更高时，由于气体分子之间相互碰撞而导致其电子运行轨道的异变作用会逐渐显著，这时也会发射可见光，并使得辐射能谱更多地向短波方向移动。若气体的温度更高，还将会使较多的气体分子发生解离而变成“等离子体”状态，于是，这时气体内的原子与离子的浓度占有优势，在这种情况下，就会因为原子与离子的电子状态改变而发射出连续的辐射能谱。

CO_2 和 H_2O(水蒸气)的光带在几个波段是相互重叠的。正是由于气体的辐射频谱是不连续的频谱，因此，一般不能够将参与辐射的气体当作灰体来处理。

(2) 气体的辐射是在整个气体容积空间内进行

在第 2.3.2 中曾经论述过，绝大多数固体的辐射和吸收是在其表面下的极薄层内完成的，即固体的辐射和吸收是在其表面上进行的。然而，气体辐射则不然：一方面，任何气体对于辐射能都没有反射能力，当外界的辐射能投射到气体中时，这个能量将在穿过气体的行程中被可以辐射的气体成分所吸收、削弱；另一方面，当有辐射气体层存在时，固体表面接收到的气体辐射能应该为全部体积气体的辐射能中到达该表面的辐射能之和。这两种情况都说明，气体的吸收辐射能和发射辐射能都是与气体所在空间或容器的形状及体积有关，因此，在涉及气体的发射率和吸收率时，除了其他条件需要指定以外，还必需说明气体空间或气体容器的形状和容积。

2.3.6.2 辐射能穿过热透性气体与穿过热吸收性气体的规律

(1) 辐射能穿过热透性气体的规律

在常物性、不发射辐射能、不吸收辐射能的气体(此类气体以下简称"热透性气体")中，在给定方向上沿途的辐射强度将不会发生变化。其证明过程如下：

如图 2.100(a)所示，在位于左侧的辐射源 dA_s 所发射的辐射能之中，假设其单色辐射强度为 $I_{\lambda s}$，在不吸收辐射能的热透性气体之中，经过 s_1 的距离而到达假想面 dA_1 的单色辐射强度为 $I_{\lambda 1}$。如果再设想将假想面从 s_1 移到 s_2，其所受到的单色辐射强度为 $I_{\lambda s}$。于是，按照兰贝特定律[式(2.162)～式(2.165)]，辐射源dA_s 所发射的辐射能离开 dA_s 后经过距离 s_1 而被 dA_1 所拦截的部分为：

$$dQ_{\lambda 1} = I_{\lambda s} \cdot dA_s \cdot \cos\theta_s \cdot \frac{dA_1 \cos\theta_1}{s_1^2} d\lambda \tag{a}$$

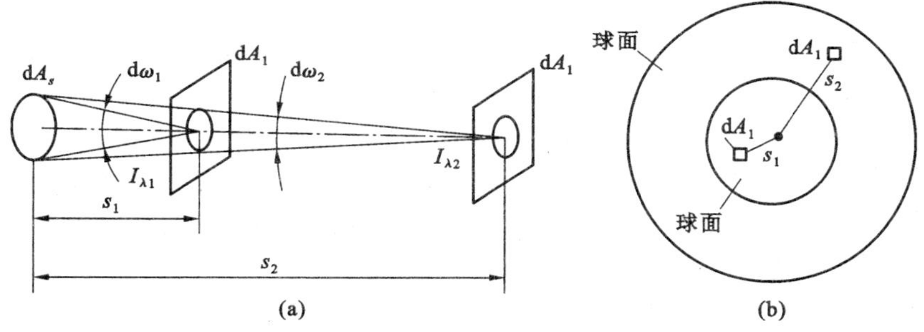

图 2.100 辐射强度的特性

当角度 $\theta_s = \theta_1 = 0°$时，式(a)便可以简化为：

$$dQ_{\lambda 1} = I_{\lambda s} \cdot dA_s \cdot \frac{dA_1}{s_1^2} d\lambda \tag{b}$$

同理，辐射能经过 s_1 到达 dA_1 的那一部分辐射能为：

$$dQ_{\lambda 1} = I_{\lambda 1} \cdot dA_1 \cdot \frac{dA_s}{s_1^2} d\lambda \tag{c}$$

比较式(b)与式(c)，得：

$$I_{\lambda 1} = I_{\lambda s} \tag{2.212}$$

同样，辐射能经过 s_2 到达 dA_1 的那一部分辐射能为：

$$dQ_{\lambda 2} = I_{\lambda 2} \cdot dA_1 \cdot \frac{dA_s}{s_2^2} d\lambda \tag{d}$$

将式(c)除以式(d)，得：

$$\frac{dQ_{\lambda 1}}{dQ_{\lambda 2}} = \frac{I_{\lambda 1} \cdot s_2^2}{I_{\lambda 2} \cdot s_1^2} \tag{e}$$

再假设有一个微元辐射源 $dQ_{\lambda s}$，它均匀地向周围发射辐射能。为此，绘制两个半径分别为 s_1 和 s_2 的同心球面，如图 2.100(b)所示。于是，通过这两个球面上的微元面积 dA_1 之辐射能比值为：

$$\frac{dQ_{\lambda 1}}{dQ_{\lambda 2}} = \frac{\dfrac{dQ_{\lambda s}}{4\pi s_1^2}dA_1}{\dfrac{dQ_{\lambda s}}{4\pi s_2^2}dA_1} = \frac{s_2^2}{s_1^2} \tag{f}$$

比较式(e)和式(f)，得：

$$I_{\lambda 1} = I_{\lambda 2} \quad (\mathrm{W/sr}) \tag{2.213}$$

由此可以看出：辐射强度在经过辐射“热透体”的进程中保持不变。单原子气体或对称的双原子气体[例如，N_2、O_2、H_2、空气（主要由 N_2 和 O_2 组成）等气体]在工业窑炉温度范围内被认为是辐射能的不吸收性气体（即辐射“热透体”），所以，这些气体便符合式(2.213)所述的规律。这就是说，在进行固体的辐射换热计算时可以不考虑这些气体的存在。

(2) 辐射能穿过热吸收性气体的规律

能够吸收辐射能的气体（以下简称：热吸收性气体）的吸收辐射能力或发射辐射能力都与气体的形状及其体积有关，因此，在讨论热吸收性气体的辐射率与吸收率时，必需同时考虑气体的形状和体积。

当辐射能通过热吸收性气体层时，因为沿途被热吸收性气体所吸收而被削弱，其削弱的程度显然取决于辐射能在途中所碰撞到的气体分子之数目。气体的分子数目与气体的密度以及射线行程长度[一般用平均射线行程(Mean Beam Length)来表征]有关。而气体密度又取决于气体的状态（温度和压强），由此可见：气体辐射比固体辐射要复杂得多。

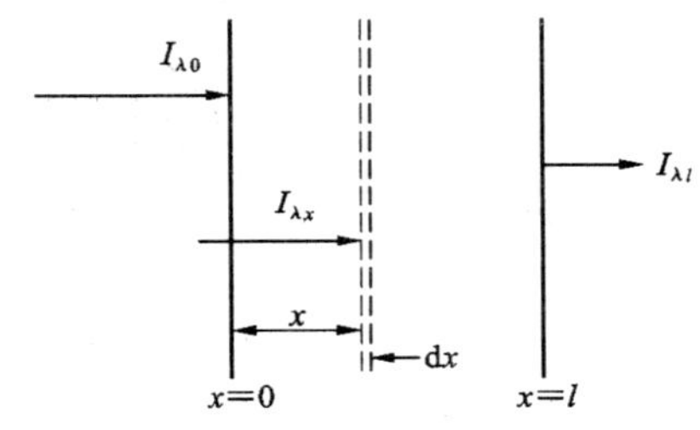

图 2.101　辐射能在发射途中被热吸收性气体所吸收的情况

参见如图 2.101 所示的体系，下面讨论一下热吸收性气体对于辐射能的吸收问题。假设波长为 λ、单色辐射强度为 $I_{\lambda 0}$ 的单色辐射线投射到厚度为 l 的热吸收性气体层的界面上（$x=0$ 的界面），经过一段距离后，该单色辐射强度减弱到 $I_{\lambda x}$。再通过微元气层 dx 后，单色辐射强度 $I_{\lambda x}$ 减少了 $dI_{\lambda x}$。假定热吸收性气体的吸收作用所导致的辐射强度降低值与热吸收性气体层的厚度以及该处的辐射强度成正比，于是，得：

$$dI_{\lambda x} = -k_\lambda I_{\lambda x} dx \tag{a}$$

式中　k_λ——单色辐射强度的减弱系数，m^{-1}，它取决于热吸收性气体的种类、密度和波长。

当热吸收性气体的温度和压强为常数时，对于上式进行积分，便可以得到：

$$\int_{I_{\lambda 0}}^{I_{\lambda l}} \frac{dI_{\lambda x}}{I_{\lambda x}} = -\int_0^l k_\lambda dx \tag{b}$$

积分，得：

$$I_{\lambda l} = I_{\lambda 0}\exp(-k_\lambda l) \quad (\mathrm{W/sr}) \tag{2.214}$$

式(2.214)所表达的是：当单色辐射能在热吸收性气体中传播时，其辐射强度是按照指数的规律衰减的。该规律被称为：朗伯-比尔定律(Lambert-Beer Law)①。该定律也可以写成如下形式：

$$\frac{I_{\lambda l}}{I_{\lambda 0}} = \exp(-k_\lambda l) \quad (\mathrm{W/sr}) \tag{2.215}$$

根据透射率的定义[参见式(2.149)]，式(2.215)左边所表述的正是厚度为 l 的气体层之单色透射率 $\tau_{\lambda l}$，因此，有：

---

① 该定律也有以下几个名称：比尔-朗伯定律(Beer-Lambert Law)、比尔定律（或称：比耳定律，Beer's Law)、布格-朗伯-比尔定律(Bouguer-Lambert-Beer Law)。

$$\tau_{\lambda l} = \exp(-k_\lambda l) \tag{2.216}$$

一般认为，气体对于辐射能没有反射能力（即 $\rho_{\lambda l}=0$），故而，根据式(2.149)得：

$$\tau_{\lambda l} + \alpha_{\lambda l} = 1 \tag{2.217}$$

于是，有：

$$\alpha_{\lambda l} = 1 - \exp(-k_\lambda l) \tag{2.218}$$

再根据第2.3.4中所述的关于热辐射的克希荷夫定律[式(2.172)]可知：$\varepsilon_\lambda=\alpha_\lambda$，这样关于气体层辐射率的计算公式就变为：

$$\varepsilon_{\lambda l} = \alpha_{\lambda l} = 1 - \exp(-k_\lambda l) \tag{2.219}$$

从式(2.219)可知：当气体层的厚度 l 趋于无穷大时，$\alpha_{\lambda l}$ 和 $\varepsilon_{\lambda l}$ 将等于1，此时，气体层就具有黑体的性质。

热吸收性气体各个光带中单色发射率的总和（或单色吸收辐射率的总和）即为该气体的发射率 ε_g（或吸收率 α_g）。但是，在实际工程中，要应用式(2.219)来计算气体的发射率或吸收率，那将是十分困难。为此，不得不借助很多实验来测定出气体的辐射力 E_g，然后再除以同温度的黑体辐射力 E_b，便可以得到热吸收性气体的辐射率 ε_g。在这方面，美国学者霍德尔（Hottel H C）等人[23]所做的工作值得后人称赞。以下就来讨论在实际工程中，怎样来确定热吸收性气体的发射率和吸收率。

2.3.6.3 热吸收性气体的发射率和吸收率

(1) 热吸收性气体发射率的确定方法

有关的实验结果指出：所有三原子气体的辐射力都与气体的温度、分压（或浓度）以及气体层的厚度有关。注意：气体辐射力并不遵循斯蒂芬-玻耳兹曼定律所述的4次方关系。美国学者沙克（Schack A）曾经利用哈杰利与埃克尔特的实验数据而提出以下公式来计算二氧化碳和水蒸气的辐射力[23]：

$$E_{CO_2} = 4.07(p_{CO_2} l_g)^{\frac{1}{3}} \left(\frac{T_g}{100}\right)^{3.5} \quad (\mathrm{W/m^2}) \tag{2.220}$$

$$E_{H_2O} = 4.07(p_{H_2O} l_g^{0.6})^{\frac{1}{3}} \left(\frac{T_g}{100}\right)^{3} \quad (\mathrm{W/m^2}) \tag{2.221}$$

式中 p_{CO_2}，p_{H_2O}——分别为气体中二氧化碳和水蒸气的分压，atm；

T_g——气体的温度，K；

l_g——气体辐射层的有效厚度（或称：气体的平均射线行程），m，一般可以用式(2.222)来计算或查阅表2.19[15]。

表2.19 某些气层形状气体辐射的有效厚度 l_g

气层形状	l_g/m
直径为 d 的球体内部	$0.65d$
边长为 a 的正方体内部	$0.6a$
直径为 d 的无限长圆筒体内部	$0.9d$
厚度为 δ 的两个平行无限长平板之间	1.8δ
直径为 d 且管与管之间的中心矩为 x 的管簇中	
顺排式（当 $x=2d$ 时）	$3.5d$
叉排式（当 $x=2d$ 时）	$2.8d$
叉排式（当 $x=4d$ 时）	$3.8d$
半径为 R 的无限长半圆柱侧面与无限长的平板侧面之间	$1.26R$

$$l_g = m\frac{4V}{A} \quad (\mathrm{m}) \tag{2.222}$$

式中　m——气体辐射的有效系数，该系数是表示气体的辐射能经过自身吸收后到达器壁上的份额，当 $l_g>1$ m时，$m=0.9$；当 $l_g<1$ m 时，$m=0.85$；

V——气体的体积，m^3；

A——气体层的表面积，m^2。

在实际的工程计算过程中，为了理论计算的方便，人们仍以斯蒂芬-玻耳兹曼定律所述的 4 次方关系作为计算基础，为此需要对于气体发射率 ε_g 加以适当的修正，即：

$$E_g = \varepsilon_g c_b \left(\frac{T_g}{100}\right)^4 \quad (W/m^2) \tag{2.223}$$

$$\varepsilon_g = f(T_g, p \cdot l_g) \tag{2.224}$$

为了根据气体温度 T_g、气体分压 p_{CO_2} 或 p_{H_2O} 以及气体层有效厚度 l_g 来计算发射率 ε_{CO_2} 或 ε_{H_2O}，美国学者霍德尔根据有关的实验数据而制成了二氧化碳与水蒸气的发射率计算图(参见图 2.102～图 2.105)。

由图 2.102 和图 2.104 可以看出，气体发射率 ε_g 随着气体分压与气体层有效厚度乘积的增加而增大。这是由于气体所发射的辐射能与气体中的分子数目相关：在一定的温度下，当气体分压(浓度)以及气体层有效厚度增大时，气体中的分子数便增多，这就导致气体辐射力与“气体分压乘以气体层有效厚度的积”成正比。气体发射率 ε_g 也与气体温度 T_g 有关，当气体温度升高时，两个因素会影响到气体的发射率：一是因为黑体辐射频谱的最高峰会向左移动，这也就造成了气体辐射带在黑体辐射的 $E_{b,\lambda}$-λ 曲线下所占的面积会有所改变，因此，气体发射率 ε_g 将随之增大或减少；二是当气体的分压一定时，温度升高就意味着单位体积的气体中分子数目的减少，因此，气体发射率将会随着温度升高而降低。这两个因素的共同作用就决定了气体发射率随温度的变化规律。

由图 2.102 得到的二氧化碳发射率 ε'_{CO_2} 是混合气体总压强 $p_g=101325$ Pa(即 1 个物理大气压)时的发射率。当 $p_g\neq101325$ Pa 时，还需要再乘以通过查阅图 2.103 而得到的校正系数 β_{CO_2}，即：

$$\varepsilon_{CO_2} = \beta_{CO_2} \cdot \varepsilon'_{CO_2} \tag{2.225}$$

从图 2.103 可以看出，当 $p_g=101325$ Pa 时，$\beta_{CO_2}=1$，$\varepsilon_{CO_2}=\varepsilon'_{CO_2}$；当 $p_g<101325$ Pa 时，$\beta_{CO_2}<1$，$\varepsilon_{CO_2}<\varepsilon'_{CO_2}$ 且 β_{CO_2} 而随着 $p_{CO_2}\cdot l_g$ 的增大而增大；当 $p_g>101325$ Pa 时，$\beta_{CO_2}>1$，$\varepsilon_{CO_2}>\varepsilon'_{CO_2}$ 且 β_{CO_2} 随着 $p_{CO_2}\cdot l_g$ 的增大而降低。

ε_{H_2O}的计算图较难制作，这是因为 p_{H_2O}与 l_g 不是同次方[参见式(2.221)]，所以水蒸气的发射率不仅与 $p_{H_2O}\cdot l_g$ 的乘积有关，还与水蒸气的分压 p_{H_2O}有关。图 2.104 则是根据 p_{H_2O}和 l_g 为同次方来制作的 ε'_{H_2O}计算图。然而，ε'_{H_2O}则需要再乘以由图 2.105 查得的校正系数 β_{H_2O}才会是水蒸气的实际发射率 ε_{H_2O}，即：

$$\varepsilon_{H_2O} = \beta_{H_2O} \cdot \varepsilon'_{H_2O} \tag{2.226}$$

校正系数 β_{H_2O}与参数 $\delta=0.5\times(p_g+p_{H_2O})$及 p_{H_2O}有关，从图 2.105 可以看出：当 $\delta=0.5$ atm时，$\beta_{H_2O}=1$，$\varepsilon_{H_2O}=\varepsilon'_{H_2O}$；当 $\delta<0.5$ atm 时，$\beta_{H_2O}<1$，$\varepsilon_{H_2O}<\varepsilon'_{H_2O}$而且 β_{H_2O}随着 $p_{H_2O}\cdot l_g$ 的增大而增大；当 $\delta>0.5$ atm时，$\beta_{H_2O}>1$，$\varepsilon_{H_2O}>\varepsilon'_{H_2O}$，而且 β_{H_2O}随着 $p_{H_2O}\cdot l_g$ 的增大而降低。

此外，当混合气体中 SO_2 和 CO 的含量很少时，可以忽略 SO_2、CO 对于混合气体发射率的影响，这样，似乎混合气体的发射率就应该等于 ε_{CO_2} 与 ε_{H_2O}之和。然而，由于在二氧化碳和水蒸气的频谱中有一部分“光带”则是相互重合的，如图 2.99 所示，当两者同时存在时，二氧化碳所辐射的能量将会有一部分被水蒸气所吸收。同时，水蒸气所辐射的能量也会有一部分被二氧化碳所吸收，因此混合气体的总发射率 ε_g 实际上比它们在单独存在时的发射率之和要小，所以还需要用校正发射率 $\Delta\varepsilon$ 来修正，其具体公式为：

$$\varepsilon_g = \varepsilon_{CO_2} + \varepsilon_{H_2O} - \Delta\varepsilon \tag{2.227}$$

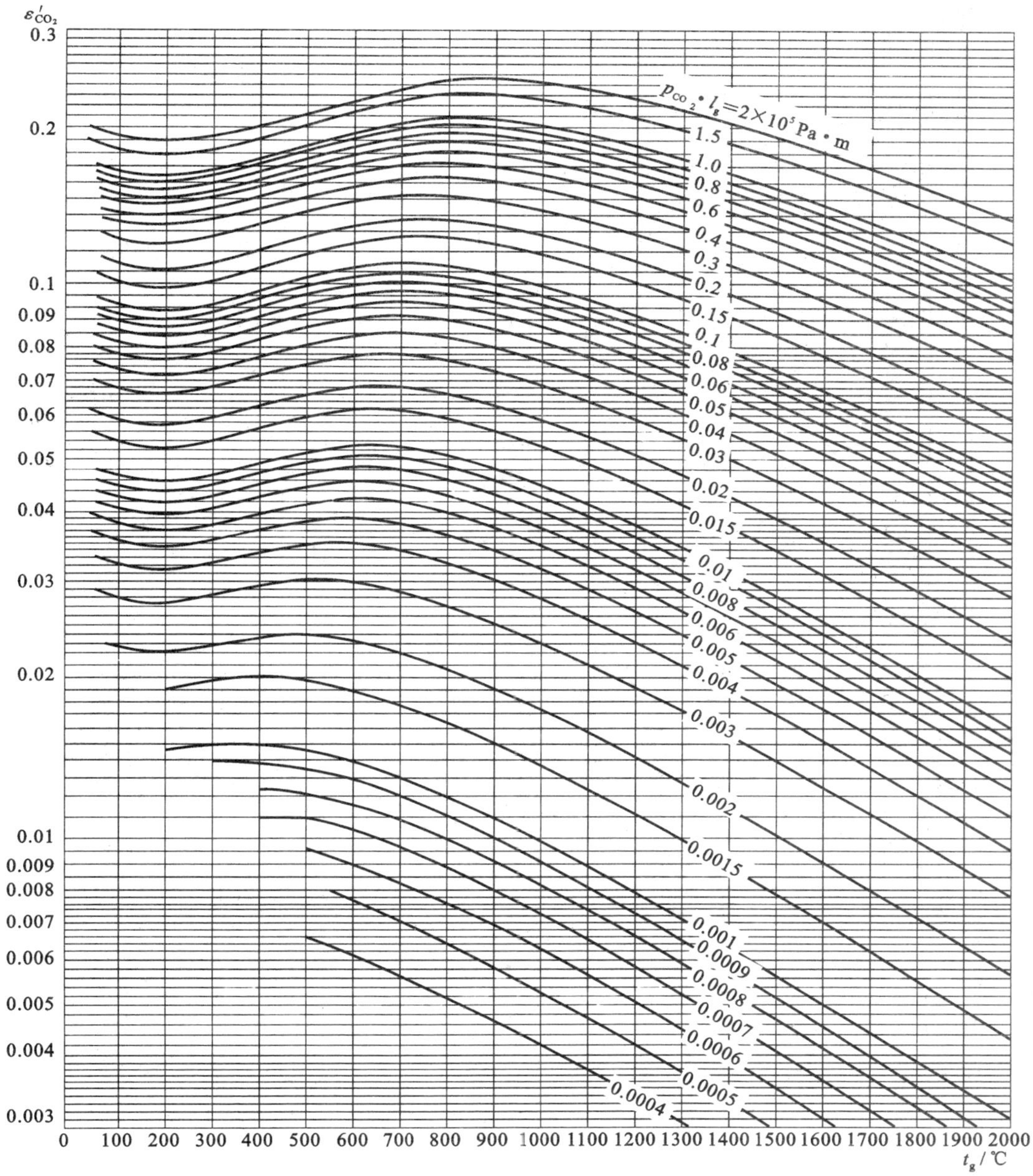

图 2.102 ε'_{CO_2}的计算图

（具体查表时，要记住：该图中其他各条曲线的数字也应当乘以 10^5，单位：Pa·m）

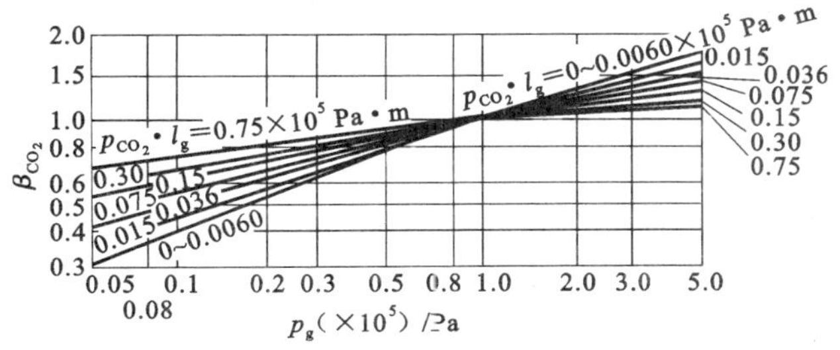

图 2.103 β_{CO_2}的计算图

（具体查表时，要记住：该图内其他各条曲线中的数字也应当乘以 10^5，单位：Pa·m）

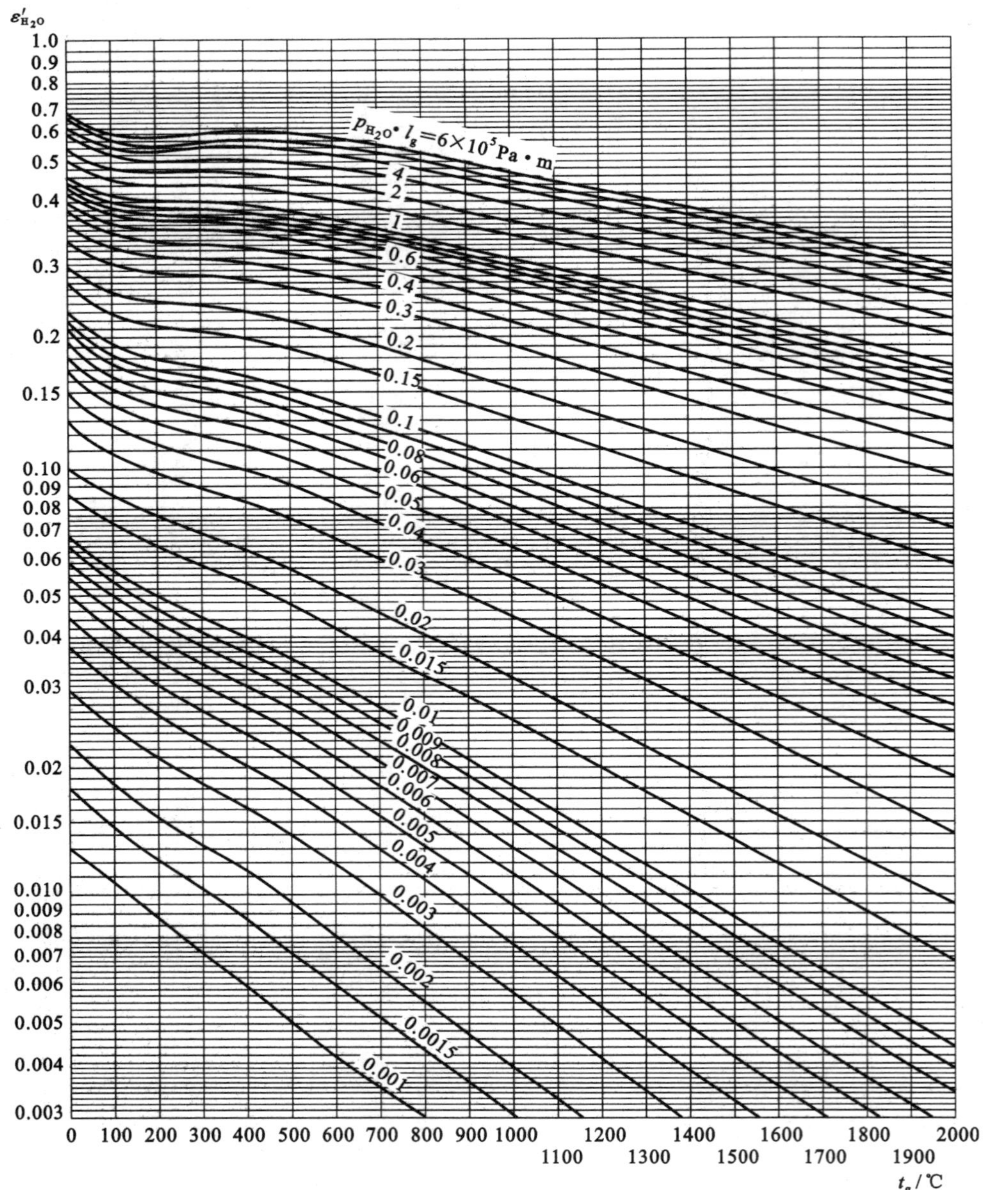

图 2.104　ε'_{H_2O}的计算图

（具体查表时，要记住：该图中其他各条曲线的数字也应当乘以 10^5，单位：Pa · m）

式(2.227)中的校正发射率 $\Delta\varepsilon$ 可以根据图 2.106 来估算，该图中的最高温度为927 ℃，当气体温度大于 927 ℃时仍然可以利用 927 ℃时的 $\Delta\varepsilon$，或者是用二氧化碳和水蒸气发射率的乘积来近似地代替 $\Delta\varepsilon$。

$$\Delta\varepsilon = \varepsilon_{CO_2} \cdot \varepsilon_{H_2O} \tag{2.228}$$

在一般的情况下，校正发射率 $\Delta\varepsilon$ 的数值较小，通常不会超过混合气体总发射率 ε_g 的 2%～4%，因此在工程计算中一般可以忽略 $\Delta\varepsilon$，即混合气体的总发射率 ε_g 可以用以下的近似公式来计算：

$$\varepsilon_g = \varepsilon_{CO_2} + \varepsilon_{H_2O} \tag{2.229}$$

(2) 气体吸收率的确定方法

对于气体辐射，只有在平衡辐射的情况下，克希荷夫定律[式(2.171)、式(2.171a)或式(2.172)]才能够有效。这也就是说，气体的吸收率与其发射率是不同的。它不仅与其温度 T_g（$T_g = t_g +$

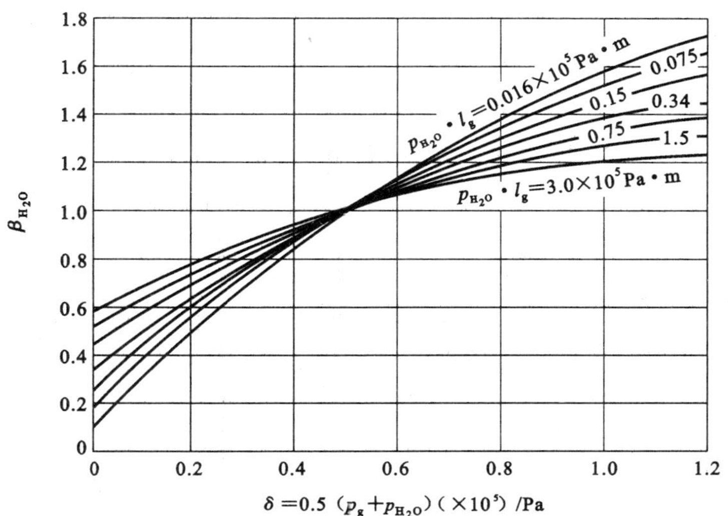

图 2.105 β_{H_2O}的计算图

(具体查表时,要记住:该图内其他各条曲线中的数字也应当乘以 10^5,单位:Pa·m)

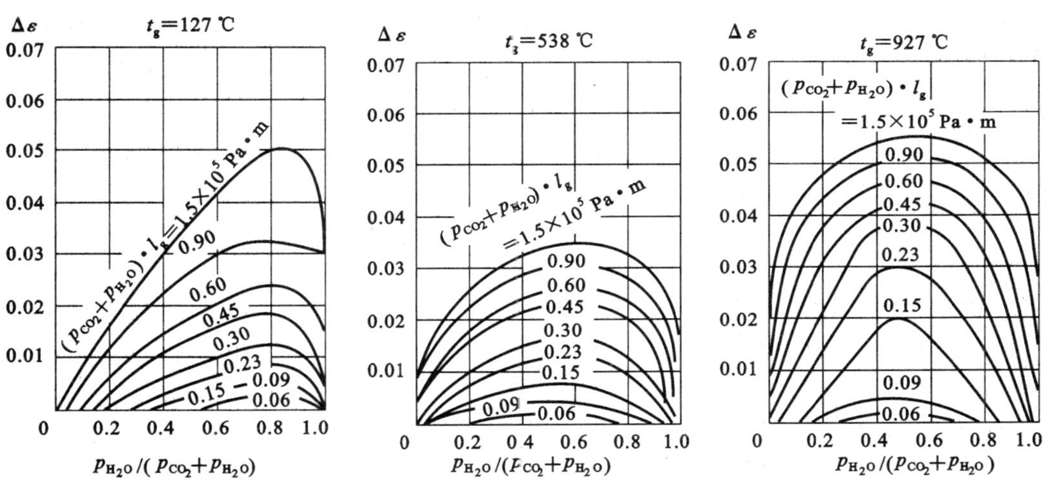

图 2.106 $\Delta\varepsilon$ 的计算图

(具体查阅时,要记住:这三个图内其他各条曲线中的数字也应当乘以 10^5,单位:Pa·m)

273.15)有关,还与投射辐射能的频谱组成有关,而投射在气体中的辐射频谱又与周围壁面的温度 $T_w(T_w=t_w+273.15)$有关,因此,气体的吸收率不仅与其自身温度 T_g 有关,而且还与固体壁温度 T_w 有关。美国学者霍德尔指出:当气体的温度 T_g 与其周围固体壁温度 T_w 不同时,二氧化碳和水蒸气的吸收率可以利用以下两式来进行计算:

$$\alpha_{CO_2}=\varepsilon_{CO_2}\cdot\left(\frac{T_g}{T_w}\right)^{0.65} \tag{2.230}$$

$$\alpha_{H_2O}=\varepsilon_{H_2O}\cdot\left(\frac{T_g}{T_w}\right)^{0.45} \tag{2.231}$$

式中 $\varepsilon_{CO_2}=f\left(T_w,p_{CO_2}\cdot l_g\cdot\frac{T_w}{T_g}\right)$——二氧化碳的条件发射率,该参数可以通过图 2.102 和图 2.103 来确定。查图时,要用 t_w 代替图中的 t_g,而用 $p_{CO_2}\cdot l_g\cdot\frac{T_w}{T_g}$代替图中的 $p_{CO_2}\cdot l_g$;

$\varepsilon_{H_2O}=f\left(T_w, p_{H_2O}\cdot l_g\cdot \frac{T_w}{T_g}\right)$——水蒸气的条件发射率，这个参数可以根据图 2.104 和图 2.105 确定，查图时，用 t_w代替图中的 t_g，用 $p_{H_2O}\cdot l_g\cdot \frac{T_w}{T_g}$代替图中的$p_{H_2O}\cdot l_g$。

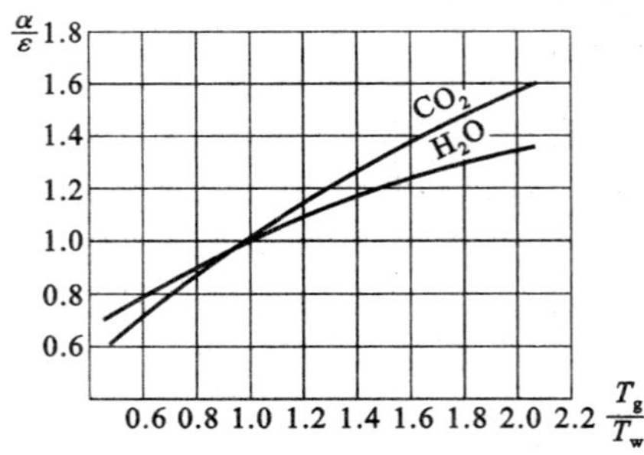

图 2.107　$\frac{\alpha}{\varepsilon}$与$\frac{T_g}{T_w}$之间的关系

式(2.230)和式(2.231)也可以用图 2.107 来表示。由该图可知，当 $T_g=T_w$ 时，$\varepsilon_g=\alpha_g$(即气体的吸收率等于其同温度时的发射率)。这也是克希荷夫定律适用于气体的情况。

和发射率的计算相类似，含有二氧化碳和水蒸气的混合气体之吸收率可以用下式来进行计算：

$$\alpha_g=\alpha_{CO_2}+\alpha_{H_2O}-\Delta\alpha \tag{2.232}$$

式中　$\Delta\alpha=f(T_w)$——混合气体的校正吸收率，即考虑二氧化碳与水蒸气之间相互影响时引入的修正值，可以查阅图 2.106，但是，需要用 t_w 代替该图中 t_g。一般情况下，可以忽略 $\Delta\alpha$。

2.3.6.4　气体与外壳之间的辐射换热

高温烟气在管道内流动时，烟气与管道之间会发生辐射换热。烟气在窑炉内时，与周围受热面或窑壁之间也会发生辐射换热。当然，如果将外壳当作黑体，则辐射换热的计算就简单很多。

这里考虑一个温度为 T_w 的黑体外壳，其中充满着温度为 T_g 的热吸收性气体，该气体的发射率与吸收率分别为 ε_g 和 α_g。此时，气体与黑体外壳之间的净辐射换热量等于气体本身辐射减去从黑体外壳投射而来又被气体吸收的辐射能，即：

$$Q_{net,gw}=(\varepsilon_g E_{b,g}-\alpha_g E_{b,w})\cdot A=c_b\cdot\left[\varepsilon_g\left(\frac{T_g}{100}\right)^4-\alpha_g\left(\frac{T_w}{100}\right)^4\right]\cdot A \quad (W) \tag{2.233}$$

在生产实际中，作为外壳的炉墙或烟道，其辐射率很大，因此，由式(2.233)计算出的辐射换热量一般能够满足工程上的精度要求。

如果将外壳假定为灰体，则情况就变得复杂一些，这是因为气体辐射到外壳上的能量中会有部分被吸收，另一部分则被反射。被反射的部分中又有部分辐射能被气体所吸收，另一部分辐射能则穿透气体层再一次辐射到外壳上，如此无限往返，逐次被削弱，以至于无穷。为此，需要用到第 2.3.5.1 中引入的“有效辐射 J”概念来分析此问题。根据有效辐射的定义和公式，可以分别推导出气体与外壳的有效辐射计算公式。为此，首先来推导气体有效辐射 J_g 的计算公式：

因为$\left(\frac{Q}{A}\right)_g=J_g-G$，又因为$\left(\frac{Q}{A}\right)_g=\varepsilon_g E_{b,g}-\alpha_g G$

于是，可以得到气体有效辐射 J_g 的计算公式为：

$$J_g=\frac{\varepsilon_g E_{b,g}}{\alpha_g}-\left(\frac{1}{\alpha_g}-1\right)\cdot\left(\frac{Q}{A}\right)_g$$

同理，可以得到灰体外壳有效辐射 J_w 的计算公式为：

$$J_w=\frac{\varepsilon_w E_{b,w}}{\alpha_w}-\left(\frac{1}{\alpha_w}-1\right)\cdot\left(\frac{Q}{A}\right)_w$$

由于该系统中只有气体与外壳，所以气体失去的热量必然等于外壳得到的热量，也就是等于气体对外壳的净辐射热量，即：

$$\left(\frac{Q}{A}\right)_{net,gw}=-\left(\frac{Q}{A}\right)_w=\left(\frac{Q}{A}\right)_g$$

而气体对于外壳的净辐射热量应该等于气体与外壳之间的有效辐射之差，即：

$$\left(\frac{Q}{A}\right)_{net,gw}=J_g-J_w=\left[\frac{\varepsilon_g E_{b,g}}{\alpha_g}-\left(\frac{1}{\alpha_g}-1\right)\cdot\left(\frac{Q}{A}\right)_g\right]-\left[\frac{\varepsilon_w E_{b,w}}{\alpha_w}-\left(\frac{1}{\alpha_w}-1\right)\cdot\left(\frac{Q}{A}\right)_w\right]$$

于是,可以得到:

$$\left(\frac{Q}{A}\right)_{net,gw}=\frac{c_b\cdot\left[\frac{\varepsilon_g}{\alpha_g}\cdot\left(\frac{T_g}{100}\right)^4-\frac{\varepsilon_w}{\alpha_w}\cdot\left(\frac{T_w}{100}\right)^4\right]}{\frac{1}{\alpha_g}+\frac{1}{\alpha_w}-1}\quad (W/m^2) \tag{2.234}$$

对于外壳,根据克希荷夫定律,$\varepsilon_w=\alpha_w$,然后令:

$$\varepsilon_{gw}=\frac{1}{\frac{1}{\alpha_g}+\frac{1}{\varepsilon_w}-1} \tag{2.235}$$

则式(2.234)可以写成:

$$\left(\frac{Q}{A}\right)_{net,gw}=\varepsilon_{gw}\cdot c_b\cdot\left[\frac{\varepsilon_g}{\alpha_g}\cdot\left(\frac{T_g}{100}\right)-\left(\frac{T_w}{100}\right)^4\right]\quad (W/m^2) \tag{2.236}$$

ε_{gw}被称为气体与外壳之间的导来发射率。它表征着气体与外壳之间的辐射换热能力。在工程计算中,可以近似地认为$\alpha_g\approx\varepsilon_g$,于是式(2.236)就可以简化为:

$$\left(\frac{Q}{A}\right)_{net,gw}=\varepsilon_{gw}\cdot c_b\cdot\left[\left(\frac{T_g}{100}\right)-\left(\frac{T_w}{100}\right)^4\right]\quad (W/m^2) \tag{2.236a}$$

上式便是热吸收性气体(具有辐射能力的气体)与固体壁面之间辐射换热的基本计算公式。各种换热管道内或者烟道内的热吸收性气体与固体壁面之间的辐射换热、蓄热室内的高温废气与格子体之间的辐射换热、换热器内的高温废气与管壁之间的辐换热均可以利用此公式来进行计算。

为了计算方便,式(2.236a)还可以改写成为与对流换热相类似的公式形式,具体为:

$$q_{net,gw}=h_r(t_g-t_w)\quad (W/m^2) \tag{2.237}$$

其中,$h_r=\dfrac{\varepsilon_{gw}\cdot c_b\cdot\left[\left(\frac{T_g}{100}\right)^4-\left(\frac{T_w}{100}\right)^4\right]}{t_g-t_w}$,被称为:辐射传热系数,单位:W/(m^2·℃)。

【例 2.26】 某烟道为圆形管道,其内衬有耐火砖,其内径为 0.8 m。高温废气从该烟道中流过,流速为:$w_0=2.0$ m/s(以标准状态计),废气中的可辐射成分(体积分数)为:CO_2,8%;H_2O,10%。已知废气的进口温度$t_g'=800$ ℃,废气的出口温度$t_g''=600$ ℃,该烟道进口处的内壁温度$t_w'=475$ ℃,出口处的内壁温度$t_w''=425$ ℃。计算废气对于烟道壁的净辐射换热量以及废气对于烟道壁的辐射传热系数、对流传热系数、对流辐射综合传热系数以及单位长度烟道内对流辐射传热的总量。

【解】 第一步,计算辐射传热系数

由表 2.19 查得圆形烟道中废气的有效厚度为 $l_g=0.9d=0.9\times0.8=0.72$(m)

假设烟道内的废气压强为 1 atm,则:

$$p_{CO_2}\cdot l_g=0.08\times0.72=0.0576(\text{m}\cdot\text{atm})$$

$$p_{H_2O}\cdot l_g=0.10\times0.72=0.072(\text{m}\cdot\text{atm})$$

废气在烟道内的平均温度 t_g 为:

$$t_g=\frac{t'_g+t''_g}{2}=\frac{800+600}{2}=700(℃)$$

烟道内壁的平均温度 t_w 为:

$$t_w=\frac{t'_w+t''_w}{2}=\frac{475+425}{2}=450(℃)$$

$$\delta=0.5(p_g+p_{H_2O})=0.5\times(1+0.10)=0.55(\text{atm})$$

废气压强近似地按 1 个大气压计,于是,根据以上数据查图 2.102、图 2.104 和图 2.105,得:

$$\varepsilon'_{CO_2} = 0.095,\quad \varepsilon'_{H_2O} = 0.12,\quad \beta_{H_2O} = 1.08$$

按式(2.227)和式(2.228)计算而得到废气的发射率 ε_g 为：

$$\varepsilon_g = 0.095 + 1.08 \times 0.12 - 0.095 \times 1.08 \times 0.12 = 0.212$$

又因为

$$p_{CO_2} \cdot l_g \cdot \frac{T_w}{T_g} = 0.0576 \times \frac{450 + 273.15}{700 + 273.15} = 0.0428(\text{m} \cdot \text{atm})$$

$$p_{H_2O} \cdot l_g \cdot \frac{T_w}{T_g} = 0.072 \times \frac{450 + 273.15}{700 + 273.15} = 0.0535(\text{m} \cdot \text{atm})$$

查图 2.102、图 2.104 和图 2.105 也可得到二氧化碳、水蒸气的条件发射率，分别为：

$$\varepsilon_{CO_2} = f\left(T_w, p_{CO_2} \cdot l_g \cdot \frac{T_w}{T_g}\right) = 0.08$$

$$\varepsilon_{H_2O} = f\left(T_w, p_{H_2O} \cdot l_g \cdot \frac{T_w}{T_g}\right) = 1.08 \times 0.123 = 0.133$$

由此，可以得到二氧化碳和水蒸气的吸收率分别为：

$$\alpha_{CO_2} = \varepsilon_{CO_2} \cdot \left(\frac{T_g}{T_w}\right)^{0.65} = 0.08 \times \left(\frac{700 + 273.15}{450 + 273.15}\right)^{0.65} = 0.097$$

$$\alpha_{H_2O} = \varepsilon_{H_2O} \cdot \left(\frac{T_g}{T_w}\right)^{0.45} = 0.133 \times \left(\frac{700 + 273.15}{450 + 273.15}\right)^{0.45} = 0.152$$

另外，按照上述数据查图 2.106，得 $\Delta\alpha = 0.012$，再由这些数据可以得到：

$$\alpha_g = \alpha_{CO_2} + \alpha_{H_2O} - \Delta\alpha = 0.097 + 0.152 - 0.012 = 0.237$$

由上述计算结果，可知：$\varepsilon_g \approx \alpha_g$。

根据附录 5 中附表 5.1 所展示的有关数据，取烟道内衬耐火砖的发射率 $\varepsilon_w = 0.80$，则气、固之间的导来发射率 ε_{gw} 为：

$$\varepsilon_{gw} = \frac{1}{\dfrac{1}{\varepsilon_g} + \dfrac{1}{\varepsilon_w} - 1} = \frac{1}{\dfrac{1}{0.212} + \dfrac{1}{0.80} - 1} = \frac{1}{4.967}$$

于是，可以得到废气向烟道壁的净辐射换热量 $q_{net,gw}$ 为：

$$\begin{aligned} q_{net,gw} &= \varepsilon_{gw} \cdot c_b \cdot \left[\left(\frac{T_g}{100}\right)^4 - \left(\frac{T_w}{100}\right)^4\right] \\ &= \frac{5.67}{4.967} \times \left[\left(\frac{700 + 273.15}{100}\right)^4 - \left(\frac{450 + 273.15}{100}\right)^4\right] \\ &= 7116(\text{W/m}^2) \end{aligned}$$

由此，也可以得到废气向烟道壁的辐射传热系数 h_r 为：

$$h_r = \frac{q_{net,gw}}{t_g - t_w} = \frac{7116}{700 - 450} = 28.61[\text{W/(m}^2 \cdot ℃)]$$

第二步，计算对流传热系数

废气在烟道内的流动状态可以根据雷诺数来判断：

查附录 3 中的附表 3.7，可知：700 ℃时烟气的运动黏度 $\upsilon = 112.1 \times 10^{-6}\ \text{m}^2/\text{s}$。

又因为废气流速 w 为：

$$w = w_0 \times \frac{T_g}{273.15} = 2.0 \times \frac{700 + 273.15}{273.15} = 7.13(\text{m/s})$$

于是，可以得到废气流动时雷诺数的计算结果为：

$$Re_f = \frac{wd}{\upsilon} = \frac{7.13 \times 0.8}{112.1 \times 10^{-6}} = 50883 > 10000$$

由此便可以判断废气在烟道内呈湍流流态，所以，这里选用式(2.115)来计算对流传热系数 h_c。

为了与辐射传热系数 h_r 在书写上有所区别，这里将对流传热系数用符号 h_c 来表示)，具体为：

查附录 3 中附表 3.7，可以得到：

$t_g = 700$ ℃时废气的状态参数为：$\kappa_f = 8.27 \times 10^{-2}$ W/(m·℃)，$Pr_f = 0.61$

$t_w = 450$ ℃时废气的普朗特数为：$Pr_w = 0.635$

由此，可以得到：

$$Nu_f = 0.021 Re_f^{0.8} \cdot Pr_f^{0.43} \left(\frac{Pr_f}{Pr_w}\right)^{0.25} = 0.021 \times 50883^{0.8} \times 0.61^{0.43} \times \left(\frac{0.61}{0.635}\right)^{0.25}$$
$$= 97.9$$

于是，可以得到废气对于烟道壁的对流传热系数 h_c 为：

$$h_c = 97.9 \times \frac{\kappa_f}{d} = 97.9 \times \frac{8.27 \times 10^{-2}}{0.8} = 10.12[\mathrm{W/(m^2 \cdot ℃)}]$$

第三步，计算对流辐射综合传热系数

由上述计算结果可以得到废气对于烟道壁的对流辐射综合传热系数 h 为：

$$h = h_c + h_r = 10.12 + 28.46 = 38.58[\mathrm{W/(m^2 \cdot ℃)}]$$

第四步，计算对流辐射传热量

根据上述计算结果，最后得到废气对于单位长度烟道壁的对流辐射传热量 Q 为：

$$Q = h(t_g - t_w) \cdot \pi \cdot d \times 1$$
$$= 38.58 \times (700 - 450) \times 3.142 \times 0.8 \times 1$$
$$= 24243.67(\mathrm{W/m})$$

—毕—

2.3.7 火焰辐射

纯洁的气体燃料完全燃烧时，其燃烧产物中的主要辐射成分是二氧化碳(CO_2)和水蒸气(H_2O)，因为固体微粒很少。由于二氧化碳和水蒸气的辐射频谱中不包括可见光频谱，如图 2.99所示，所以火焰颜色接近于无色而略带蓝色，其亮度很小，发射率也较小，这种火焰被称为：暗焰(Dark Flame)，或称：不发光火焰。不发光火焰的辐射与吸收具有选择性，属于气体辐射的范围(例如，天然气在完全燃烧时的火焰辐射就类似于气体辐射)，一般可以用气体辐射的有关公式来计算其发射率和吸收率。

但是，如果是发生炉煤气、重油或煤粉等燃料直接喷入燃烧室或喷入窑炉内燃烧，其燃烧产物中不仅含有 CO_2、H_2O(水蒸气)等辐射气体成分，而且还有悬浮的灰分、炭黑和焦炭等固体颗粒。由于固体的辐射频谱是连续的，它包含可见光频谱，因此，这种情况下的火焰有一定的颜色，其亮度较大、发射率也较大，被称为：发光火焰(Luminous Flame)，有些特殊发光火焰也被称为：辉焰(Glow Flame)。即使是天然气等纯洁气体燃料，在缺氧条件下而进行不完全燃烧时，由于有炭黑产生，也会因此而产生发光火焰。

发光火焰也会因为燃料的不同而有所差异：

第一，当采用含有碳氢化合物的气体燃料或液体燃料燃烧时，会产生发光火焰，其主要的原因是有炭黑存在。炭黑是碳氢化合物热分解后产生的小微粒，直径大约为 0.01～0.05 μm，呈颗粒状、链状或絮状。它可以在可见光频谱和红外频谱的范围内连续发射辐射能，因而火焰明亮。炭黑发射的辐射能比三原子气体发射的辐射能大 2～3 倍。如图 2.108所示的就是液体燃料发光火焰的辐射频谱，在该图中的阴影部分是二氧化碳和水蒸气都不能辐射的波段，但是炭黑却能够在此波段辐射。根据图 2.108 还可以计算出火焰的单色发射率 $\varepsilon_{\lambda,f}$ 以及炭黑的单色发射率 $\varepsilon_{\lambda,c}$，如图 2.109 所示。由图 2.109也可以看出：炭黑的单色发射率 $\varepsilon_{\lambda,f}$ 随着波长 λ 的增大而降低，并且接近于线性关系。

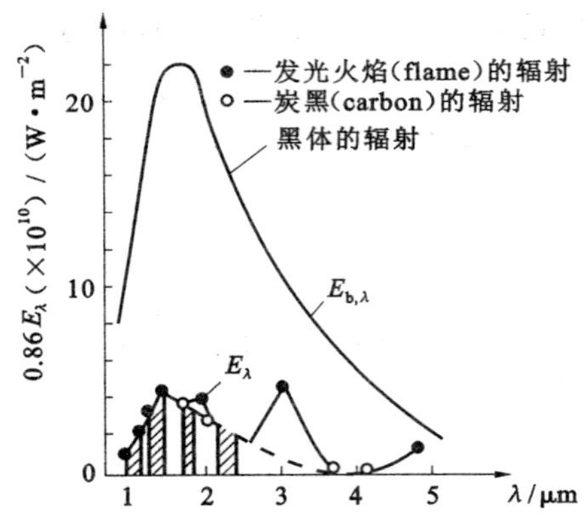

图 2.108　液体燃料发光火焰的单色辐射力与波长之间的关系

(辐射层厚度为 400 mm,离燃烧器出口距离为 450 mm,空气过剩系数为 1.35,温度为 1820 K)

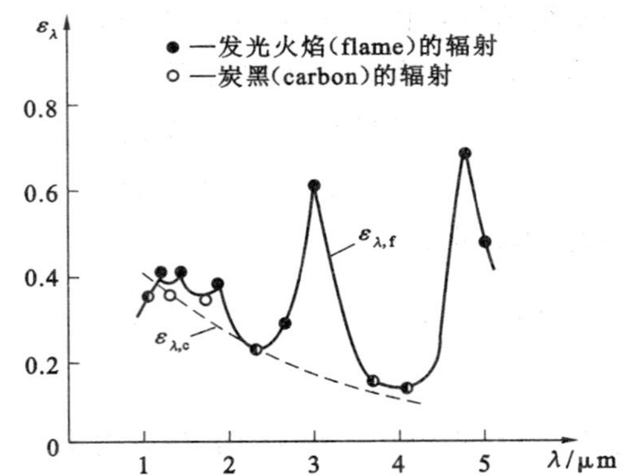

图 2.109　发光火焰与炭黑的单色发射率与波长之间的关系

(辐射层厚度为 400 mm,离燃烧器出口距离为 450 mm,空气过剩系数为 1.12)

发光火焰的发射率与喷嘴的距离也有关系:离喷嘴越远时,由于二氧化碳和水蒸气的分压增加,其发射率也会因此而有所增加,但是,由于炭黑燃烬,又会使发射率降低。发光火焰中炭黑的生成量与燃料中碳-氢的摩尔量之比[$n(C)/n(H)$]以及燃烧条件等有关:$n(C)/n(H)$的值越高,炭黑生成量就越少;如果燃料与空气混合不好,则炭黑生成量将会急剧增加。

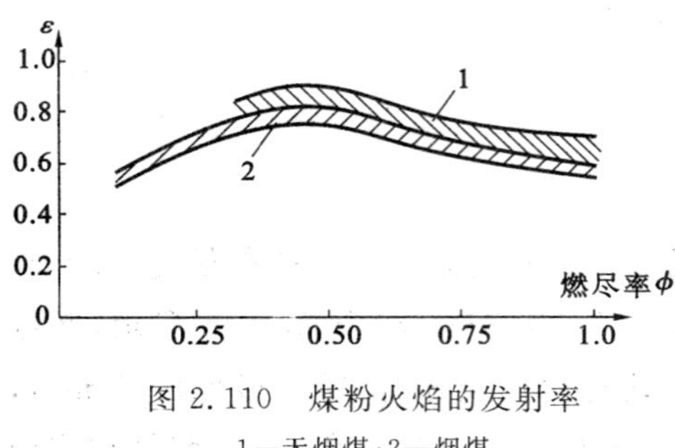

图 2.110　煤粉火焰的发射率

1—无烟煤;2—烟煤

第二,在煤粉火焰中,除了含有 CO_2、H_2O(水蒸气)等辐射气体成分以外,也还有炭黑、焦炭颗粒和灰粒等成分。如图 2.110 所示的是煤粉的火焰发射率与其燃尽率 ϕ 之间的关系,由该图可以看出,发射率最大值位于燃尽率 $\phi=0.4\sim0.5$ 处,因为在火焰的前半部分,气流中心处的煤粉也是在着火燃烧,所以发射率也在不断增加;在火焰的后半部分,发射率却在逐渐降低,这是因为:有关试验表明,焦炭微粒对于火焰发射率的贡献远比炭黑微粒大得多。因此,火焰中有焦炭微粒时,可以不考虑炭黑发射率的贡献。无烟煤火焰中的焦炭浓度几乎比烟煤火焰中大 3 倍,所以无烟煤火焰的发射率大于烟煤火焰的发射率。

另外,灰尘的存在对于火焰辐射有阻挡作用,从而导致火焰辐射的衰减程度增大,灰分颗粒越多,其衰减系数越大。

由上述可知,火焰辐射是一种十分复杂的现象,要想用理论分析的方法来得到火焰发射率的计算公式是十分困难的。为了将复杂的问题简单化,在实际的热工计算过程中,仍然是利用气体发射率的计算公式来计算火焰的发射率,即:

$$\varepsilon_f=\beta[1-\exp(-K_f l_g)] \tag{2.238}$$

式中　β——考虑了火焰在窑炉内的充满程度以及温度场的特性系数,可以从表 2.20 中来查得;

表 2.20　火焰特性系数 β 值

火焰的种类	不发光火焰	发光火焰	
		液体燃料	固体燃料
β	1.00	0.75	0.65

K_f——辐射能在火焰中的减弱系数,m^{-1};

l_g——气体辐射层的有效厚度,参见表 2.19 或式(2.222),m。

对于不发光火焰：

$$K_f = K_g \cdot p_g = K_g \cdot (p_{CO_2} + p_{H_2O}) \tag{2.239}$$

式中 K_g——辐射能在气体中的减弱系数，可以用以下公式来进行计算：

$$K_g = \frac{0.8 + 1.1 \times p_{H_2O}}{p_g \cdot l_g} \cdot (1 - 0.38 \times 10^{-3} T) \tag{2.240}$$

式中 $p_g = (p_{CO_2} + p_{H_2O})$——二氧化碳和水蒸气的分压之和；

T——混合气体的绝对温度，K。

对于发光火焰：

$$K_f = 1.6 \frac{T''_f}{100} - 0.5 \tag{2.241}$$

式中 T''_f——烟气出窑炉时的温度，K。

当 $l_g > 2.5$ m 时，可以取 $K_f = 1$。

表 2.21 中列出了几种燃料的火焰发射率之近似值，可以供读者参考。当然，火焰的发射率也可以通过实际测定来得到。

表 2.21 几种燃料的火焰发射率

燃料种类	平均射线行程			
	1 m	1.5 m	2～3 m	∞
高炉煤气	0.15	0.20	0.3～0.35	—
天然气 无焰燃烧（暗焰）	—	—	0.20	—
天然气 有焰燃烧（辉焰）			0.60～0.70	
高炉煤气与焦炉煤气的混合煤气	0.20	0.25	—	—
净化后的发生炉煤气	0.20	0.25	0.32～0.35	—
未净化的发生炉煤气	0.25	0.30	0.40～0.50	—
挥发分含量高的固体燃料	0.30	0.35	0.50～0.60	0.70
重油	0.30	0.40	0.70～0.80	0.85

当发光火焰被外壳包围时，火焰与外壳之间的净辐射换热量 $Q_{net,fw}$ 可以用以下经验公式来进行计算：

$$Q_{net,fw} = \varepsilon_{fw} \cdot c_b \left[\left(\frac{T_f}{100} \right)^4 - \left(\frac{T_w}{100} \right)^4 \right] \cdot A_w \quad (W) \tag{2.242}$$

式中 ε_{fw}——火焰与外壳之间的导来发射率，具体为：

$$\varepsilon_{fw} = \frac{1}{\frac{1}{\varepsilon_f} + \frac{1}{\varepsilon_w} - 1} \tag{2.243}$$

式中 T_w——外壳的平均温度，K；

A_w——外壳的内表面积，m^2；

T_f——火焰的平均温度，K。

例如，对于火焰式玻璃池窑，T_f 可以用下式来进行计算：

$$T_f = k_w \sqrt{T_{th} T'_g} \quad (K) \tag{2.244}$$

式中 k_w——温度修正系数（例如，对于平板玻璃池窑，$k_w = 0.5$；对于烧油的日用玻璃池窑，$k_w = 0.61$；对于小型烧煤气的玻璃池窑，$k_w = 0.44$）；

T_{th}——理论燃烧温度，K；

T'_g——高温废气离窑时的温度，K。

由于在火焰式玻璃池窑内存在着火焰、窑墙和物料(配合料与玻璃液),所以情况比较复杂,假如窑墙的壁面温度与物料的表面温度接近,发射率也相差不大,这样也就可以将窑墙与物料看作是同一物体来考虑,这时便可以应用式(2.242)来进行近似计算(更详细的计算方法见第3.3.4.1)。

2.4 综合传热

在本章的以上三节中,将传热过程划分为三种基本传热方式来进行分类叙述——传导换热、对流换热和辐射换热,这主要是为了方便研究与方便理解。但是,在实际情况下,这三种传热方式往往是同时发生的,而且它们之间也相互影响。上述三种传热方式同时起作用的传热过程被称为:综合传热过程。绝大多数工程传热问题都属于综合传热过程,它在生产实践中普遍存在,即便是日常生活中的大多数传热现象也往往属于综合传热的范畴。

综合传热是一个十分复杂的传热过程。为了便于读者能够掌握综合传热规律以及加深对于这些规律的理解,以下就选择有代表性的几种综合传热现象及其规律来进行介绍。至于更多的、具有实用意义的综合传热问题,读者可以查阅有关的专著或手册[12]。

2.4.1 无限大平壁的综合传热计算

首先讨论的传热问题是:某器壁为单层(无限大)平壁,其两侧的流体温度不同,于是根据热力学第二定律,就存在着高温流体通过该平壁自发地向低温流体进行综合传热的问题。

假定该平壁两侧的流体温度分别为 t_1 和 t_2(且 $t_2>t_1$),如图2.111所示。这个传热现象包括了以下三个传热过程:① 高温流体与平壁热表面之间的对流换热过程和辐射换热过程;② 平壁内部的导热过程;③ 平壁冷表面与低温流体之间的对流换热过程和辐射换热过程。

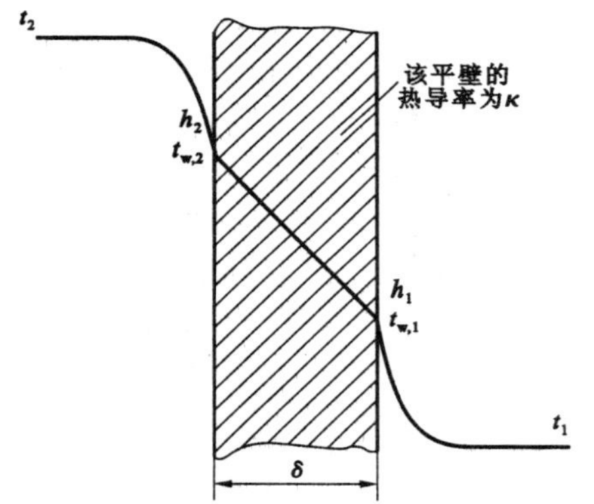

图2.111 单层平壁的综合传热

如果传热过程是稳态传热,则可以分别写出上述这三个传热过程的计算公式:

$$q = h_2 \cdot (t_2 - t_{w,2}) = \frac{t_2 - t_{w,2}}{\dfrac{1}{h_2}} \tag{a}$$

$$q = \frac{\kappa}{\delta} \cdot (t_{w,2} - t_{w,1}) = \frac{t_{w,2} - t_{w,1}}{\dfrac{\delta}{\kappa}} \tag{b}$$

$$q = h_1 \cdot (t_{w,1} - t_1) = \frac{t_{w,1} - t_1}{\dfrac{1}{h_1}} \tag{c}$$

按照数学上的合比定理,在对于式(a)、(b)、(c)这三个方程进行数学处理后,得:

$$q = \frac{t_2 - t_1}{\dfrac{1}{h_2} + \dfrac{\delta}{\kappa} + \dfrac{1}{h_1}} \quad (\mathrm{W/m^2}) \tag{2.245}$$

式中 t_2, t_1——分别为高温流体的温度和低温流体的温度,℃;

δ——平壁的厚度,m;

κ——平壁的平均热导率,W/(m·℃);

h_2, h_1——分别为高温流体、低温流体与平壁热、冷表面之间的(对流辐射)综合传热系数,W/(m²·℃),即

$$h_2 = h_{c2} + h_{r2} \quad [\mathrm{W/(m^2 \cdot ℃)}] \tag{2.246}$$

$$h_1 = h_{c1} + h_{r1} \quad [\mathrm{W/(m^2 \cdot ℃)}] \tag{2.247}$$

式中 h_{c2}，h_{r2}——分别为高温流体与热壁表面之间的对流传热系数和辐射传热系数，W/(m^2·℃)；

h_{c1}，h_{r1}——分别为冷壁表面与低温流体之间的对流传热系数和辐射传热系数，W/(m^2·℃)。

若令

$$K=\frac{1}{\frac{1}{h_2}+\frac{\delta}{\kappa}+\frac{1}{h_1}}\qquad [\mathrm{W/(m^2\cdot ℃)}] \tag{2.248}$$

式中 K——综合传热系数(或者用符号 U 表示，简称：U 值①)，W/(m^2·℃)，它表征着高温流体向低温流体传热能力的大小。

综合传热系数的倒数被称为：综合热阻，通常是用符号 $\sum R_t$ 来表示其计算式，具体为：

$$\sum R_t=\frac{1}{K}=\frac{1}{h_2}+\frac{\delta}{\kappa}+\frac{1}{h_1}\qquad [\mathrm{(m^2\cdot ℃)/W}] \tag{2.249}$$

上式中的$\frac{1}{h_2}$、$\frac{1}{h_1}$被称为：外热阻，$\frac{\delta}{\kappa}$就叫做：内热阻。由此可以看出：要提高如图 2.111 所示的平壁之综合传热能力，就必需降低热阻。这样，式(2.245)就可以改写为：

$$q=\frac{t_2-t_1}{\sum R_t}=\frac{\Delta t}{\sum R_t}\qquad (\mathrm{W/m^2}) \tag{2.250}$$

式(2.245)和式(2.250)是针对单层(无限大)平壁综合传热问题所得到的热流量计算公式。但是对于一侧流体通过多层(无限大)平壁向另一侧流体的综合传热问题，该问题增加的只是若干层平壁的导热热阻。最后，所得到的关于多层平壁热流量的计算公式为：

$$q=\frac{t_2-t_1}{\frac{1}{h_2}+\sum_{i=1}^{n}\frac{\delta_i}{\kappa_i}+\frac{1}{h_1}}\qquad (\mathrm{W/m^2}) \tag{2.251}$$

令综合传热系数 K 为：

$$K=\frac{1}{\frac{1}{h_2}+\sum_{i=1}^{n}\frac{\delta_i}{\kappa_i}+\frac{1}{h_1}}\qquad [\mathrm{W/(m^2\cdot ℃)}] \tag{2.252}$$

这样，多层平壁综合传热问题的综合热阻 $\sum R_t$ 计算公式就变成为：

$$\sum R_t=\frac{1}{h_2}+\sum_{i=1}^{n}\frac{\delta_i}{\kappa_i}+\frac{1}{h_1}\qquad [\mathrm{(m^2\cdot ℃)/W}] \tag{2.253}$$

利用式(2.245)或式(2.251)来计算时必需预先知道公式中的各个参数值，这就带来了很多不便。例如，当需要计算窑炉壁面的散热损失时，就要预先确定窑内的 h_2 和 t_2，这往往是很困难的，因此，通常不用窑内的气体温度而是利用窑炉的外壁面温度来计算散热损失，其计算公式为：

$$q=h_1(t_{w,1}-t_1)\qquad (\mathrm{W/m^2}) \tag{2.254}$$

式中 h_1——外壁面与周围空间之间的对流辐射综合传热系数，也称：散热系数(或称：传热系数，还称为：总传热系数)，W/(m^2·℃)。

当周围空气静止不动时(例如，窑墙外壁面是位于封闭的厂房内)，则窑墙外表面与周围空气之间的对流换热只是自然对流换热，另外，这时如果窑墙的辐射率近似按 0.8 计算，那么，就建议利用式(2.255)来计算 h_1 或者从图 2.112 中查出 h_1。

① 这个系数在欧洲国家普遍称为：传热系数，且用符号 K 来表示，其大小也被简称为：K 值。然而，在美国，这个概念被称为：总传热系数(Overall Heat Transfer Coefficient 或 Total Heat Transfer Coefficient)，且用符号 U 来表示，其大小简称：U 值(U-value)。在国内，普遍使用“综合传热系数”的概念及其符号 K。但是，在某些领域，例如，“中空玻璃”、“真空玻璃”领域，这个概念在国内有时也用 U 值来表示[48]。

$$h_1 = A_w \sqrt[4]{t_w - t_1} + \frac{4.54\left[\left(\frac{T_{w,1}}{100}\right)^4 - \left(\frac{T_1}{100}\right)^4\right]}{t_{w,1} - t_1} \quad [W/(m^2 \cdot ℃)] \tag{2.255}$$

式中　A_w——取决于散热面位置的系数，$W/(m^2 \cdot ℃^{5/4})$，按表 2.22 来选取。

表 2.22　系数 A_w 的数值

散热面的位置	表面向上的平壁	垂直的平壁	表面向下的平壁
A_w	3.26	2.56	2.1

在式(2.255)中，前一项被称为：对流传热系数 h_{c1}(Convective Heat Exchange Coefficient)，后一项称为：辐射传热系数 h_{r1}(Radiation Heat Exchange Coefficient)

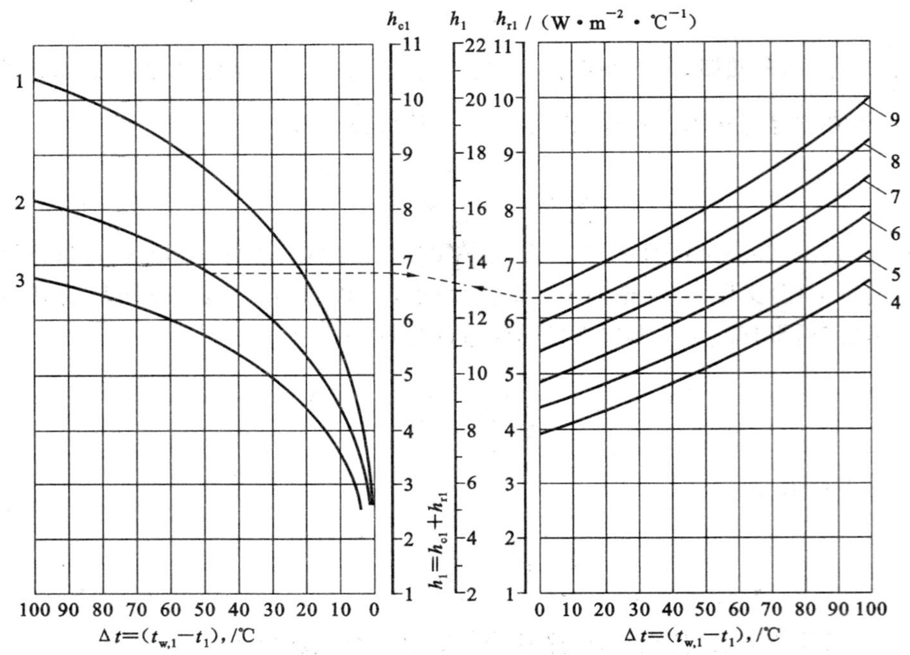

图 2.112　窑墙外壁与空气之间的(对流辐射)综合传热系数

1—垂直壁面；2—散热面向上；3—散热面朝下

4—$t_1 = 0$ ℃；5—$t_1 = 10$ ℃；6—$t_1 = 20$ ℃；7—$t_1 = 30$ ℃；8—$t_1 = 40$ ℃；9—$t_1 = 50$ ℃

但是，关于窑墙外壁与空气之间“对流辐射综合传热系数 h_1”的计算式(2.255)或图 2.112 都是在周围空气处于静止状态时才适用。然而，周围的空气往往处于流动状态，例如，当外壁不是在室内而是处于敞开的空间中，这时由于有环境风速的影响，外壁表面向周围空气的对流换热就不仅有自然对流换热，还有强制对流换热。此时的计算方法是：如果是垂直壁面，h_1 可以近似地从表 2.23 中来查得[注意：由于是实验结果，该表中的部分数据可能与式(2.255)或图 2.112 的结果之间略有差异]；如果是顶面(面朝上的平壁)或底面(面朝下的平壁)，当环境风速较低时，仍然可以用式(2.255)或者图 2.112 来进行计算或查取；但是，当环境风速较大时，辐射传热系数 h_{r1} 仍要用式(2.255)中第二项或者图 2.112 中右侧图来确定，对流传热系数 h_{c1} 则要用表 2.11 中有关公式来进行计算。

【例 2.27】　已知某连续操作窑炉的垂直窑墙外表面温度为 $t_{w,1} = 75$ ℃，周围的环境温度为 $t_1 = 25$ ℃，试计算单位面积该窑墙外表面的散热量 q。如果窑墙处于敞开空间，而且外界风速为 4 m/s，请问：其散热量大约增加了百分之几？

【解】　利用式(2.255)来计算，得：$h_1 = 13.10$ $W/(m^2 \cdot ℃)$，从图 2.112 中可以查得：$h_1 = 13.10$ $W/(m^2 \cdot ℃)$，两者几乎相等。再利用式(2.254)进行计算，得：

$$q = h_1(t_{w,1} - t_1) = 13.10 \times (75 - 25) = 13.10 \times 50 = 655 (\mathrm{W/m^2})$$

如果窑墙处于敞开空间，且外界风速为 4 m/s，则近似地查表 2.23，具体得：$h_1 = 99.1\ \mathrm{W/(m^2 \cdot ℃)} = 27.5\ \mathrm{kJ/(h \cdot m^2 \cdot ℃)}$，再利用式(2.254)进行计算，得：

$$q' = 27.5 \times (75 - 25) = 27.5 \times 50 = 1375 (\mathrm{W/m^2})$$

由以上的计算结果可以计算传热量增加的百分比，其结果为：$\left|\dfrac{q' - q}{q}\right| \times 100\% = \left|\dfrac{1375 - 655}{655}\right| \times 100\% = 109.9\%$，近似为 1 倍。 —毕—

另外，当窑墙表面有液体流过时(例如，下雨时或者为了保护耐火材料而对窑墙浇水冷却时)，由于液体的热导率远大于空气的热导率，而且还会伴随有部分液体汽化的现象，因此，这时窑墙表面的散热量会大大增加。在此种情况下，通过液体的散热量要单独计算，还要考虑液体的汽化耗热。

对于多层平壁，在计算出热流量以后，再参考式(2.245)之前的式(a)、式(b)、式(c)这三个公式与【例 2.2】中的计算方法，还可以计算出各个壁层交界面的温度，以便于为窑墙内各层材料的选材提供科学的依据。

2.4.2 圆筒壁的综合传热计算

2.4.2.1 无限长圆筒壁的综合传热计算

首先探讨单层无限长圆筒壁的情况：某单层无限长圆筒壁内、外两侧周围的流体温度有所不同，从而使得高温流体通过圆筒壁向低温流体传热。

假设该单层圆筒壁的内直径和外直径分别为 $d_2 = 2r_2$ 和 $d_1 = 2r_1$，圆筒壁的内部为高温流体(温度为 t_2)，圆筒壁的外部为低温流体(温度为 t_1)。该圆筒壁内侧、外侧与它们周围流体之间的(对流辐射)综合换热系数分别为 h_2 和 h_1，单位：$\mathrm{W/(m^2 \cdot ℃)}$，如图 2.113 所示。

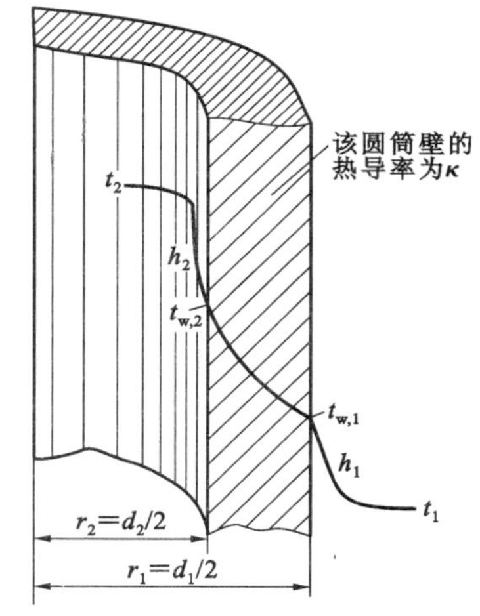

图 2.113 单层圆筒壁的综合传热

如果传热过程处于稳态，则圆筒内部的高温流体通过单位长度圆筒壁的传热量 q_l 可以利用以下三个公式来进行计算。

$$q_l = \frac{Q}{l} = h_2 \pi d_2 (t_2 - t_{w,2}) = \frac{t_2 - t_{w,2}}{\dfrac{1}{h_2 \pi d_2}} \tag{a}$$

$$q_l = \frac{2\pi\kappa (t_{w,2} - t_{w,1})}{\ln \dfrac{d_1}{d_2}} = \frac{t_{w,2} - t_{w,1}}{\dfrac{1}{2\kappa\pi} \ln \dfrac{d_1}{d_2}} \tag{b}$$

$$q_l = h_1 \pi d (t_{w,1} - t_1) = \frac{t_{w,1} - t_1}{\dfrac{1}{h_1 \pi d}} \tag{c}$$

按照数学上的合比定理，对式(a)、式(b)、式(c)这三个方程进行处理后，得：

$$q_l = \frac{t_2 - t_1}{\dfrac{1}{h_2 \pi d_2} + \dfrac{1}{2\kappa\pi} \ln \dfrac{d_1}{d_2} + \dfrac{1}{h_1 \pi d_1}} \quad (\mathrm{W/m}) \tag{2.256}$$

令单位长度圆筒壁的综合传热系数 K_l 为：

$$K_l = \frac{1}{\dfrac{1}{h_2 \pi d_2} + \dfrac{1}{2\kappa\pi} \ln \dfrac{d_1}{d_2} + \dfrac{1}{h_1 \pi d_1}} \quad [\mathrm{W/(m \cdot ℃)}] \tag{2.257}$$

K_l 的倒数 $\dfrac{1}{K_l} = \sum R_{t,l}$，被称为：单位长度圆筒壁的综合热阻，其计算式为：

$$\sum R_{t,l}=\frac{1}{h_2\pi d_2}+\frac{1}{2\kappa\pi}\ln\frac{d_1}{d_2}+\frac{1}{h_1\pi d_1}\qquad [(m\cdot ℃)/W] \tag{2.258}$$

上式中的$\frac{1}{h_1\pi d_1}$、$\frac{1}{h_2\pi d_2}$被称为：外热阻，$\frac{1}{2\kappa\pi}\ln\frac{d_1}{d_2}$被称为：内热阻。由此可以看出：要想提高图 2.113所示的圆筒壁之综合传热能力，就必需降低热阻。于是，式(2.256)就被改写为：

$$q_l=\frac{t_2-t_1}{\sum R_{t,l}}=\frac{\Delta t}{\sum R_{t,l}}\qquad (W/m) \tag{2.259}$$

式(2.256)和式(2.259)是针对无限长单层圆筒壁综合传热问题所得到的单位长度圆筒壁传热量q_l的计算公式。而对于流体通过无限长的多层圆筒壁向另一侧流体的综合传热问题，所增加的只是若干圆筒壁层的导热热阻。最后，所得到的多层圆筒壁热流量的计算公式为：

$$q_l=\frac{t_2-t_1}{\frac{1}{h_2\pi d_{n+1}}+\sum_{i=1}^{n}\frac{1}{2\kappa_i\pi}\ln\frac{d_i}{d_{i+1}}+\frac{1}{h_1\pi d_1}}\qquad (W/m) \tag{2.260}$$

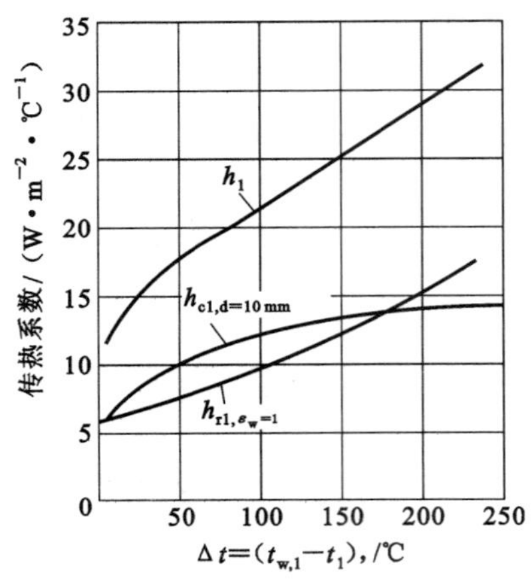

图 2.114　圆筒壁外侧的传热系数

当然，式(2.260)也可以用“综合热阻”的概念来表示，读者可以参照式(2.256)～式(2.259)自己写出。

在利用式(2.256)或式(2.260)计算传热量时必需预先知道公式中的各参数值，这在通常情况下是比较困难的，而比较容易的方法是利用圆筒体外壁的温度来进行计算，即：

$$q_l=h_1\cdot(t_{w,1}-t_1)\cdot\pi d_1\qquad (W/m) \tag{2.261}$$

该式中，h_1是圆筒体外壁与周围空气之间的(对流辐射)综合传热系数(或称为：散热系数)，单位为：W/(m^2·℃)，具体可以查阅图 2.114 来查得，但是，要注意：该图中的h_1是在d=10 mm、t_1=20 ℃、ε_w=1 时的实验数据。当计算不同管径、不同表面发射率ε_w的散热损失时必需进行修正，以下便是两个具体的修正公式(这两个公式适用于水平圆管在大空间内而且空气处于层流流态的自然对流换热情况)：

$$h_{c1,d}=h_{c1,d=10mm}\cdot\left(\frac{d}{10}\right)^{-0.25}\qquad [W/(m^2\cdot ℃)] \tag{2.262}$$

$$h_{r1,\varepsilon_w}=\varepsilon_w\cdot h_{r1,\varepsilon_w=1}\qquad [W/(m^2\cdot ℃)] \tag{2.263}$$

当然，上述所讨论的是外界风速为零的情况下，圆筒壁外侧(对流辐射)综合传热系数h_1(或称：散热系数)的确定方法。然而，周围空气往往在流动中，例如，当垂直圆筒壁的外表面是位于室外时，由于环境风速的影响，外表面向周围空气的对流换热就不仅有自然对流换热，还有强制对流换热。此时，就需要从表 2.23[59]中查得h_1(注意：该表中的数据为实验结果，它的部分数据可能与上述一些公式的计算结果略有差异)。

表 2.23　垂直圆筒体的外壁面在不同风速、不同温度差时的对流辐射综合传热系数 h_1/(kJ·h^{-1}·m^{-2}·℃$^{-1}$)

风速 w/(m·s^{-1}) 温度差 Δt/℃	0	2.0	4.0	6.0	8.0
40	35.13	75.27	96.18	113.74	129.67
50	37.63	78.20	99.10	116.67	132.98
60	40.14	81.12	102.03	119.18	135.48
70	42.65	83.63	104.96	122.52	138.83
80	45.16	86.14	108.30	125.45	142.17

续表 2.23

风速 $w/(m \cdot s^{-1})$ / 温度差 Δt/℃	0	2.0	4.0	6.0	8.0
90	47.67	89.49	111.23	128.79	145.10
100	50.18	92.00	114.58	132.14	148.03
110	52.69	94.92	117.92	135.07	151.79
120	55.20	97.85	120.85	138.41	155.14
130	57.71	100.78	124.19	141.34	158.06
140	60.22	103.70	127.12	144.68	160.99
150	62.72	105.79	130.47	148.03	164.76
160	65.23	109.56	133.81		
170	67.74	112.49	136.74		
180	70.25	115.41	140.08		
190	72.76	117.92	143.01		
200	75.27	120.85	146.36		
210	77.78				
220	80.29				
230	82.80				
240	85.31				
250	87.81				

作为圆筒壁的一种特殊情况，当圆筒被水平放置（或者近似地水平放置）而且进行转动时（例如，回转窑、水泥熟料单筒冷却机、回转烘干机），其外壁的（对流辐射）综合传热系数（或称为：散热系数）可以通过查阅表 2.24[59] 来确定。

表 2.24 旋转的水平圆筒体在不同风速、不同温度时的（对流辐射）综合传热系数 $h_1/(kJ \cdot h^{-1} \cdot m^{-2} \cdot ℃^{-1})$

风速 $w/(m \cdot s^{-1})$ / 温度差 Δt/℃	0	0.24	0.48	0.69	0.90	1.20	1.50	1.75	2.00
40	45.16	50.60	56.03	61.47	66.92	75.69	84.47	93.25	102.03
50	47.67	53.11	58.54	63.98	69.42	78.61	87.40	96.18	104.54
60	50.18	56.03	61.47	66.91	71.92	81.42	89.90	98.69	107.47
70	52.69	58.54	64.40	69.83	74.85	84.05	92.83	101.61	110.39
80	54.78	61.05	66.91	72.34	77.36	86.56	95.34	104.12	112.90
90	57.29	63.56	69.42	74.85	79.87	89.07	97.85	106.63	115.83
100	59.80	66.07	72.34	77.78	82.80	92.00	100.78	109.56	118.34
110	62.31	68.58	74.85	80.29	85.31	94.50	103.29	112.07	120.85
120	64.82	71.09	77.36	82.80	88.23	97.43	106.21	114.99	123.30
130	67.32	74.01	80.29	85.72	90.74	99.94	109.14	117.50	124.19
140	70.25	76.52	82.30	88.23	93.25	102.45	111.23	120.01	124.61
150	72.34	79.03	85.72	91.16	96.18	105.38	114.58	120.85	125.45

续表 2.24

温度差 Δt/℃ \ 风速 w/(m·s^{-1})	0	0.24	0.48	0.69	0.90	1.20	1.50	1.75	2.00
160	74.85	81.54	88.23	93.67	99.10	108.30	115.83	121.27	125.87
170	76.94	84.05	91.16	96.60	101.61	110.81	116.25	121.69	126.28
180	79.45	86.56	93.67	99.10	104.54	111.23	116.67	122.10	126.70
190	82.00	89.07	96.18	101.61	106.63	112.07	117.09	122.52	127.12
200	84.47	92.00	99.10	104.12	107.05	112.90	117.92	122.94	127.54
210	86.98	94.50	101.61	104.54	107.89	113.32	118.34	123.36	127.90
220	89.49	97.01	102.03	105.38	108.72	114.16	118.76	123.78	128.30
230	92.00	97.85	102.49	105.79	109.14	114.58	119.18	124.19	128.79
240	94.50	98.69	102.87	106.21	109.56	114.99	119.59	124.61	129.63
250	96.88	99.53	103.31	106.62	109.98	115.41	120.01	125.03	130.08
260	99.34	100.37	103.73	107.04	110.40	115.82	120.42	125.44	130.64
270	101.80	101.21	104.16	107.45	110.82	116.24	120.84	125.86	131.21
280	104.26	102.05	104.58	107.87	111.24	116.65	121.25	126.27	131.78
290	106.73	102.89	105.01	108.28	111.66	117.07	121.67	126.69	132.35
300	109.19	103.73	105.43	108.70	112.08	117.48	122.08	127.11	132.92

表 2.24 中的散热系数 h_1 是在气流垂直地冲击水平圆筒体的情况下(也就是:风向与水平放置的圆筒体垂直时,或者说空气冲击角为 90°时)用实验方法获得的。如果空气冲击角 $\varphi \neq 90°$,则还应当利用冲击角校正系数 ε_φ(无量纲量)来进行修正,具体的计算公式为:

$$\varepsilon_\varphi = \frac{h_\varphi}{h_{90°}} \tag{2.264}$$

或

$$h_\varphi = \varepsilon_\varphi h_{90°} \quad [\mathrm{W/(m^2 \cdot ℃)}] \tag{2.264a}$$

式中　h_φ——冲击角为 φ 时的传热系数,kJ/(h·m^2·℃);

$h_{90°}$——冲击角为 90°时的传热系数,kJ/(h·m^2·℃),即从表 2.24 中所查得的 h_1。

冲击角校正系数 ε_φ 与冲击角 φ 之间的关系见表 2.25。

表 2.25　冲击角的校正系数 ε_φ 的值

φ	10°	15°	20°	25°	30°	35°	40°	45°	50°	55°～90°
ε_φ	0.75	0.80	0.83	0.86	0.90	0.93	0.96	0.97	0.98	1.00

当然,表 2.24 中的数据是针对单个水平圆筒体单独放置的情况,如果是几个水平圆筒体并行地排列放置,则每个水平圆筒壁的散热系数大约为上述数据或计算结果的 0.8 倍。

和平面壁的情况一样,当圆筒壁的外表面上有液体(例如,水)流过时,还要考虑部分液体的汽化耗热等因素,此时所增加的散热量是要单独计算。

在(单位长度的)传热量 q_l 计算出来后,还可以参照式(2.256)之前的式(a)、式(b)、式(c)这三个公式以及【例 2.2】来计算出各壁层的交界面温度,以便于为窑墙内各层材料的选材提供科学的依据。

2.4.2.2　保温管道的表面散热计算

现在,人们很重视“节能减排”,利用保温材料(第 5.2 节)来减少设备散热损失就是其措施之一。

保温后，设备表面散热量的计算公式没有变化[例如，大平壁按照式(2.254)计算，长圆筒体按照式(2.261)计算]，只是散热系数 h_1 会降低。

对于一般的设备(不包括窑炉类的高温设备)实施保温后的散热系数 h_1，这里以保温管道为例：保温后，其外表面温度 t_w 将会降低(也较稳定)，这样就可以忽略 t_w 对于散热系数 h_1 的影响。于是，按照有关国家标准的推荐[60]，$h_1 \approx 11.63\ \mathrm{W/(m^2 \cdot ℃)}$[或者，按照式(2.262)计算得到]。

$$h = 1.163(6 + \sqrt[3]{w}) \qquad [\mathrm{W/(m^2 \cdot ℃)}] \tag{2.265}$$

式中，w 为外界的风速，m/s。

当然，如果散热量计算所要求的精度较高，那么散热系数 h_1 仍需要利用式(2.255)[或表 2.23、表 2.24 以及式(2.264a)与表 2.25]来确定。

2.4.3 流化床内的传热计算

流化床是指气体①以一定的速度自下而上流经固体颗粒堆(小颗粒物料堆或者粉状物料堆)时形成的一种特殊气固流态，如图 2.115 所示。这里来简单地分析一下流化床的形成过程。当表观流速为 u 的气流通过固体颗粒层时，如果 u 小于临界速度，则此阶段被称为：**固定床阶段**，它的特点是：因为流速较小，气体只能够从颗粒之间的缝隙穿过。但是，随着流速逐渐增大，颗粒的排列会发生变动，床层也有所松动，然而，固体颗粒仍然相互接触，床层的高度也没有变化，而且床层整体没有明显的运动，整个床层的压(强)降则随着流速的增大而增大。其后，当 u 大于临界速度但是小于极限速度时，整个床层就处于**流化床阶段**(也称：流态化阶段，Fluidization)。当然，如果 u 大于极限速度，那便到了**气力输送阶段**。

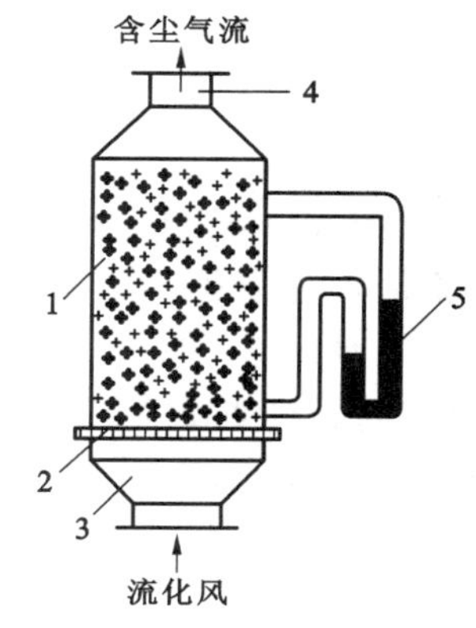

图 2.115 流化床的原理与结构

1—流化床；2—布风板；3—进风口；4—排气管；5—压差计

在流化床阶段，床层开始膨胀和变松，颗粒被气体鼓起而悬浮在上升气流中，而且自由地在各个方向做剧烈运动，当气流速度继续增加时，床层颗粒的运动会加剧，还做上下翻滚运动，整个床层具有类似于液体的性质，如图 2.116 所示。另外，流化床阶段还有一大特点，这就是：进入流化床阶段后，若流速再增大，床层高度会变高，但是其压强降却不变。当然，如果 u 大于极限速度，则固体颗粒就会被带出容器，也就是进入了所谓的“气力输送阶段”，这时整个床层的压强降(也称：压损)在急剧下降以后，又符合管内流体力学规律[参见第 4 章中的式(4.38)以及公式 $p_w = \rho g h_w$]。

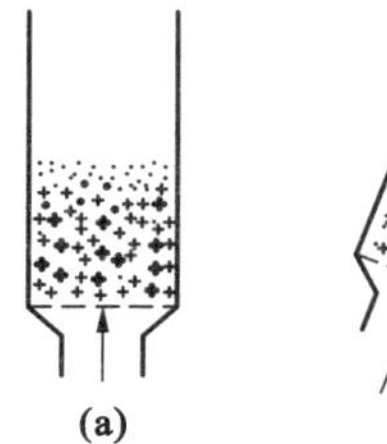

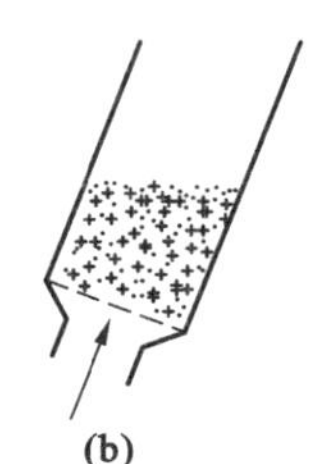

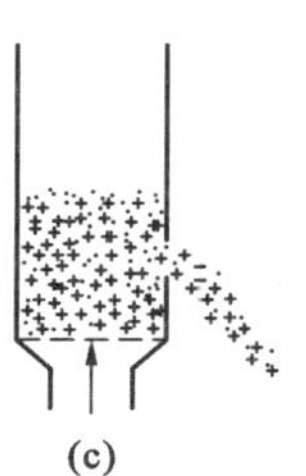

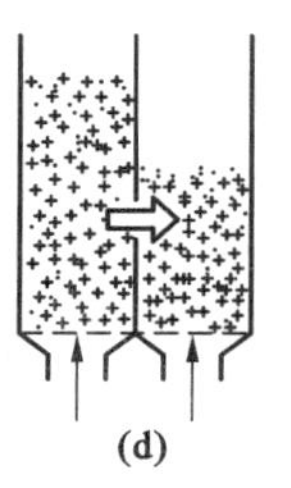

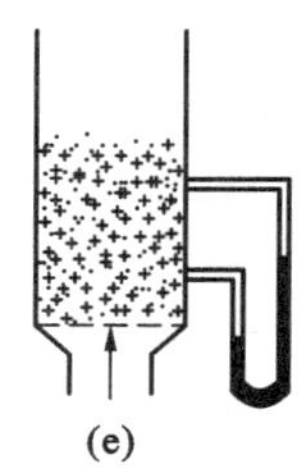

图 2.116 气体流化床所具有的一些类似于液体的性质

(a) 轻质颗粒被浮起；(b) 流化床表面保持水平；(c) 颗粒会从孔口流出；(d) 连通的流化床会自动拉平；(e) 低断面处的压强大于高断面处的压强

流化床内的传热是一个既迅速又复杂的过程，由于它传热迅速，所以流化床内的温度就很均匀。具体为：如果不同温度的气体和固体颗粒同时进入流化床中，则气体在刚刚离开布风板(将气流均匀分布的装置，常见的包括：多孔式布风板和风帽式布风板)后很短的距离内其温度就会发生急剧变化，

① 流化床内的流体也可以是液体，但是，由于液体流化床在无机非金属材料行业中的应用并不广泛，所以这里只是论述气体流化床的问题。

如图 2.117 所示。然后，气体温度大致可以达到与颗粒温度近似相等，所以气体和颗粒之间传热只是在离开布风板很短的一段区域内进行的。超过此区域，气体和颗粒之间就会达到相对热平衡状态。该传热区域的高度 H_a（单位：m）可以近似地按照下式来进行计算。

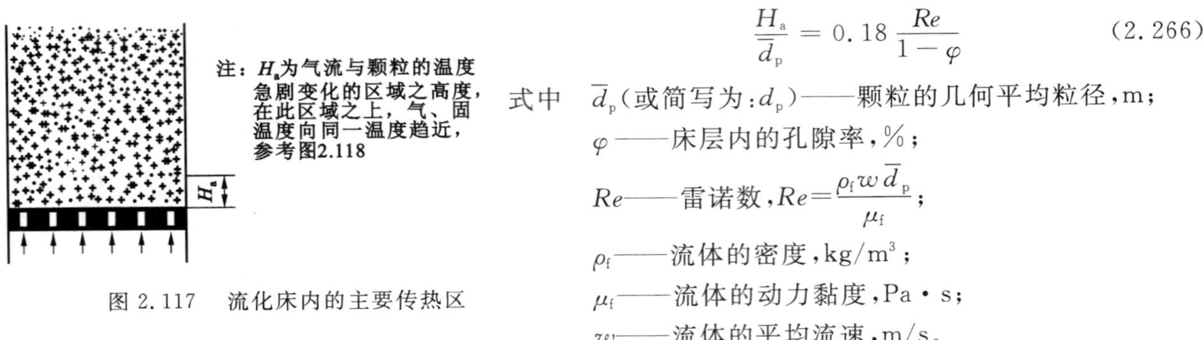

图 2.117　流化床内的主要传热区

$$\frac{H_a}{\overline{d}_p} = 0.18\frac{Re}{1-\varphi} \tag{2.266}$$

式中　$\overline{d}_p$（或简写为：d_p）——颗粒的几何平均粒径，m；

φ——床层内的孔隙率，%；

Re——雷诺数，$Re=\frac{\rho_f w \overline{d}_p}{\mu_f}$；

ρ_f——流体的密度，kg/m^3；

μ_f——流体的动力黏度，Pa·s；

w——流体的平均流速，m/s。

工程上，H_a 的值一般在几毫米到几十毫米之间，这说明气、固之间的传热是很快的。这主要是由于流化床内固体颗粒与气流能够充分地接触从而导致传热面积极大的缘故。

请读者注意：如果气体是空气，则气、固之间的传热只有对流换热。然而，如果气体是热烟气，则气、固之间的热交换除了对流换热之外还会有辐射换热。由于其问题较为复杂，所以迄今尚无统一的理论方法来确切地描述其规律。在工程上，只能够借助于一些经验公式。

前人曾经根据大量的实验结果，用数学回归的方法得出下列两个用于计算其对流传热系数 h 的准数方程式：

$$Nu = 0.015Re^{1.6}\cdot Pr^{0.67} \tag{2.267}$$

$$Nu = 0.016Re^{1.3}\cdot Pr^{0.67} \tag{2.268}$$

式中　Nu——努塞尔数，$Nu=\frac{h\overline{d}_p}{\kappa_f}$，其中：$h$ 为对流传热系数，W/(m²·℃)，κ_f 为流体的热导率，W/(m·℃)；

Pr——普朗特数，$Pr=\frac{c_p\mu_f}{\kappa_f}$，其中 c_p 为流体的定压比热容，J/(kg·℃)。

据悉，以上的两个准数方程式既适合于气、固流化床内的热交换，也适合于液、固流化床内的传热规律。另外，如果气体中还含有可辐射的成分，则还需要考虑辐射传热系数。

这两个准数方程式的适用粒径范围为 0.36～1.1 mm。若超过此粒径范围，则参考日本研究者白井等人根据实验结果提出的修正方法，如式(2.269)所示。

$$Nu = \frac{h\overline{d}_p}{\kappa_f} \propto \overline{d}_p^2 \tag{2.269}$$

另外，需要指出的是：测量流体温度时要使用抽气式热电偶以提高测量的精确度，具体请参见【例 2.22】后面的讨论。

在确定了传热系数 h 以后，再利用牛顿冷却定律[参见式(2.78)]便可以计算出流体与固体颗粒之间的换热量。

【例 2.28】　平均粒径为 0.5 mm、平均温度为 900 ℃的颗粒群，在温度为 20 ℃、流速为 0.8 m/s 的流化风作用下形成流化床，试计算在传热作用范围之内，单位传热面积的传热量 q（单位：kW/m^2）。

【解】　查附录 3 中附表 3.6，可以得到 20 ℃空气的有关物性参数为：

$$\rho_f = 1.205\ kg/m^3,\ \mu_f = 1.81\times10^{-5}\ Pa\cdot s,\ \kappa_f = 0.0259\ W/(m^2\cdot ℃),\ Pr = 0.703$$

于是，可以计算出雷诺数 Re 为：

$$Re = \frac{\rho_f w\overline{d}_p}{\mu_f} = \frac{1.205\times0.8\times0.5\times10^{-3}}{1.81\times10^{-5}} = 26.63$$

由式(2.267)可以计算出：

$$Nu = 0.015Re^{1.6} \cdot Pr^{0.67} = 0.015 \times 26.63^{1.6} \times 0.703^{0.67} = 2.260$$

由式(2.268)可以计算出：

$$Nu = 0.016Re^{1.3} \cdot Pr^{0.67} = 0.016 \times 26.63^{1.3} \times 0.703^{0.67} = 0.901$$

取两者的平均值，得：

$$Nu = \frac{2.260 + 0.901}{2} = 1.581$$

则可以得到：

$$h = Nu \frac{\kappa_f}{d_p} = 1.581 \times \frac{0.0259}{0.5 \times 10^{-3}} = 81.90[\mathrm{W/(m^2 \cdot ℃)}]$$

最后，就可以得到：

$$q = h(t_p - t_f) = 81.90 \times (900 - 20) = 72072(\mathrm{W/m^2}) \approx 72(\mathrm{kW/m^2})$$ —毕—

2.4.4 悬浮态内的传热特点

这里所说的悬浮态是指固体小颗粒悬浮在气流之中，所以也称为：气固悬浮态，具体为：粉状或小颗粒(在工程上，主要是粉状)固体物料撒入气流后，便会充分地分散在气流当中，从而形成了对流换热条件和传质条件都极好的气固流态(通常是稀相气、固体系)。

与流化床的气固流态相比，它们的不同点是：悬浮态实际上处于气力输送阶段(并且是稀相)，而流化床处于流态化阶段(而且是浓相)。也正是由于悬浮态处于气力输送阶段，因此悬浮态则存在着气固换热后还要进行气固分离的问题。

气固悬浮态与流化床气固流态相似的特点是：这两种气固流动状态内的气固换热都是既迅速又复杂，它们之所以传热迅速是由于固体颗粒充分地分散在气流当中，每个颗粒表面都是与气流充分接触的传热面。而粉状物料、小颗粒状物料本身具有极大的比表面积，所以其气固传热面积极大。根据牛顿冷却定律[参见式(2.78)]，传热量则是与传热面积成正比，它们的气固传热速率极快。根据对悬浮态传热规律的有关研究，人们则获知：经过百分之几秒以后，气、固温度就会达到相对平衡状态[5]，如图 2.118所示。

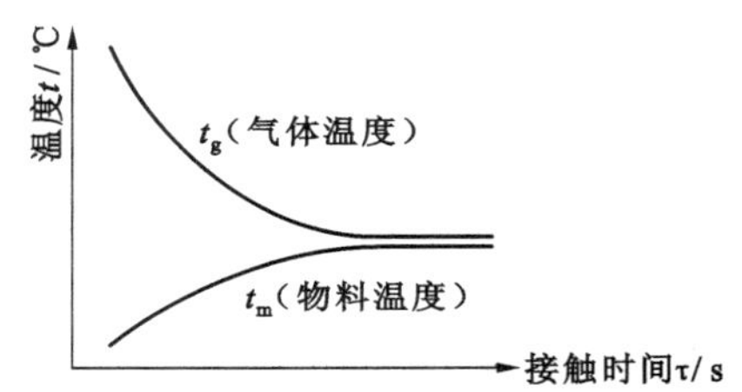

图 2.118 悬浮态内气、固温度的变化规律($t_g > t_m$ 的情况)

在悬浮态很快达到热平衡状态以后，气、固之间的温度差较小，这时再继续进行气固接触，其传热意义已经不太大，所以必需及时地进行气固分离；然后，实现新一次固、气相接触来再一次进行悬浮态换热才较为有效。因此，气固悬浮态传热系统都是设计成多级换热单元相串联形式(例如，新型干法水泥回转窑系统中旋风预热器系统就是如此[5])。从传热的角度来看，串联的级数越多越好。然而，级数越多，电耗(流动阻力损失增加会引起电耗增加)和其他费用(例如，建筑成本)也会增加。因此，工程上需要经过综合考虑以后，再来确定一个优化的串联级数(现在，一般为 5 级或 6 级)。

综上所述，要提高悬浮态气固换热系统的换热效果，需要从强化分散、强化换热、强化分离这三个方面来考虑。

除了对流换热以外，若气体中还含有可辐射成分，则气、固之间的换热过程还有辐射热交换，这样就使得问题更加复杂，不过，当气体温度较低时，仍以对流换热方式为主，据有关资料[5]介绍，当气体温度小于 1000 ℃时，气固之间的对流传热量占其总传热量的 70%～90%。由于悬浮态气固传热的规律极为复杂，迄今还没有一套公认的完整理论来描述它，而只能够利用牛顿冷却定律来估算其气固传热量，具体为：

$$Q = h \cdot \Delta t \cdot A \qquad (\mathrm{W}) \tag{2.270}$$

式中 h ——气固之间的传热系数，W/(m^2 · ℃)；

A——固体颗粒与气流之间的接触面积，m^2；

Δt ——气固之间的对数平均温度差，℃，其计算式为：

$$\Delta t = \frac{\Delta t_1 - \Delta t_2}{\ln \dfrac{\Delta t_1}{\Delta t_2}} \tag{2.271}$$

式中 Δt_1，Δt_2——换热刚开始时与换热终了时气固之间的温度差。

关于传热系数 h，有的资料提出 h 在 0.8～1.4 W/(m^2 · ℃)的范围。关于气固之间的温度差($t_g - t_m$)，刚开始接触时较大，接近于热平衡状态时会趋于 10～20 ℃，所以它的平均值变化也不大。然而，换热面积 A 对于气固传热量 Q 的影响却很大。如果颗粒能够充分地分散在气流当中，其换热面积将接近于其比表面积，这时，它比结团状态时或堆积状态时的换热面积则要增大 800～1000 倍，这也就是为什么悬浮态时气固相之间传热迅速的真正原因所在。

本章小结

本章中的内容是关于热量的传递规律。自然界存在着三种最基本的传热方式——传导传热(简称：导热)、对流传热(简称：对流)与辐射传热(简称：辐射)。自然界中的实际传热过程却往往是这三种传热方式的组合而非单一的传热方式，即“综合传热”过程(实质上，对流换热过程也是流体本身的对流过程与近壁层处导热过程的综合作用效果)。因此，本章中这四节的内容分别是：**传导传热**、**对流换热**、**辐射换热**、**综合传热**。

本章中的内容是本教材的**重点**和**难点**。本章中，用**楷体字**印刷的**内容**乃是更深层次的内容，所以，它们在教学上不作要求，**仅供**读者将来需要时阅读**参考**。

思考题

2.1 为什么导热的热流方向与温度梯度的方向是刚好相反？

2.2 傅里叶定律能否用于非稳态导热？

2.3 为什么多层平壁的温度分布曲线不是一条连续的直线，而是一条折线？

2.4 为什么衣服在弄湿后，穿衣服的人会感到很冷？为什么棉织品在晒干后再使用会让人感到暖和？为什么将晒干后的棉被进行拍打后，其保暖效果会更好？

2.5 寒冷地区的玻璃窗往往采用双层结构，这样是有利于冬季时房间的保暖，为什么？

2.6 中空玻璃、真空玻璃都是由两块玻璃板构成的组件，两块玻璃板之间有一定的间隙，中空玻璃的间隙内是空气，而真空玻璃则是将该间隙内的空气抽出从而使该间隙内形成一定的真空度。请分析一下这两种节能型玻璃产品的节能保温原理。

2.7 暖水瓶是由两层表面镀有银镜膜的玻璃所组成，其中间的空隙内被抽成真空，请分析其保温的原理。

2.8 用锅做饭时，往往要盖上锅盖，这样升温速度会更快，为什么？(提示：空气、水蒸气的热导率都很低)。

2.9 长期使用的锅炉，它的内壁会有一层水垢(主要是水中碳酸盐的沉积物)，水垢的存在会大大降低水的传热速率，从而降低锅炉的传热效率，为什么？

2.10 为什么保温材料多为轻质多孔材料？为什么温度对其导热性能的影响非常大？

2.11 用平板法测定材料的热导率时，为什么被测样品的两个表面都需要非常光滑？

2.12 在非稳态导热时，物体热扩散率的大小对于其内温度分布有何影响？

2.13 在利用有限差分法计算温度场时，网格划分得越细其计算结果越准确，为什么？

2.14 为什么热导率是一个物性参数，而对流传热系数却不是？

2.15 在发生对流换热的同时必然伴随着导热，这句话对否？

2.16 为什么强制对流传热系数一般要大于自然对流传热系数，而且速度越大，对流传热系数越大？

2.17 准数 Nu 在关于对流换热的准数方程中是待定准数，为什么？准数 Nu 和准数 Bi 有什么不同？这两个准数各自的物理意义是什么？

2.18 计算准数 Nu 的目的是为了计算哪一个物理量？

2.19 用平板法测定液体的热导率时，加热面要放在液体的上面，冷面要放在液体的下面，为什么？

2.20 为什么层流时的对流传热系数比同等条件下湍流时的对流传热系数要小？

2.21 约 900 ℃的赤热钢板，将冷水流到其上面时，板面上会马上产生许多跳动着的小水滴，并且能够保持一段时间而不汽化掉，为什么？从沸腾曲线上找到开始形成这一状态的对应点。

2.22 珠状凝结的传热系数比膜状凝结的传热系数要高，为什么？

2.23 辐射的本质是什么？为什么物体的单色辐射力会与物体的波长和温度有关？

2.24 是不是所有的物体都发射辐射能？

2.25 人们在太阳光下会感到很灼热，这种传热方式叫什么？

2.26 辐射传热与传导传热、对流换热相比，有什么根本的区别？

2.27 黑体和白体是不是根据物体的颜色来命名的？自然界中存不存在着自然的黑体或自然的白体？

2.28 用人工的方法能否制得黑体和光学上的镜体？

2.29 镜体与白体有什么区别？

2.30 温室的顶盖是由光学透明材料(例如，玻璃或塑料薄膜)所构成，但是，这些材料对于红外线却具有很大的反射率。问：为什么温室内的温度比环境温度要高？温室内的温度会不会无限制地升高？温室内的温度是否与温室墙壁的保温状况有关？

2.31 辐射的五大基本定律所描述的都是什么规律？

2.32 如何根据普朗克定律来推导出维恩偏移定律和斯蒂芬-玻耳兹曼定律？

2.33 兰贝特定律有几种表述方式？

2.34 空气主要由不参与辐射的 O_2 与 N_2 组成，因此可以将空气近似地看作是透体。但是，为什么地球上除了赤道附近以外的大部分地区都会有夏天热、冬天冷的现象，而春秋的温度则处于这两者之间？(提示：用兰贝特定律来解释)

2.35 灰体的本质是什么？其最显著的特征是什么？为什么要提出灰体的概念？

2.36 将满盆的凉水放在太阳下晒，问：敞开口时升温快，还是盖上一个黑铁盖以后升温快？为什么？

2.37 为什么物体的发射率或吸收率会与物体表面的粗糙度有关？

2.38 两个物体之间的辐射角系数是一个几何量，它与哪些因素有关？是否与物体的温度有关？如何理解辐射角系数的五个基本性质？

2.39 为什么两个黑体之间的辐射热交换量比两个灰体之间的辐射热交换量要大？

2.40 辐射网络模拟电路图中的一个节点在什么条件下可以成为一个“浮点”？

2.41 遮热板或遮热罩为什么能够隔热？

2.42 除了采用增设遮热罩的方法可以提高热电偶的测量精度以外，采用抽气的方法是否也可以提高热电偶的测量精度？为什么？

2.43 气体辐射与固体辐射、液体辐射相比，有什么本质上的区别？

2.44 为什么气体辐射中会有平均射线行程(也称：气体辐射层的有效厚度)的概念，而固体辐射中则没有这一概念？

2.45 太阳是通过什么方式传热给地面的？又主要是通过什么方式传热给空气的？

2.46 大气中的二氧化碳含量增多会造成气候逐渐变暖，这种现象称为“温室效应”(关于“温室”的概念参见思考题2.30)，试从气体辐射的角度来解释为什么会出现“温室效应”现象。

2.47 纯粹的火焰辐射应该是无色的，但是为什么我们经常会看到鲜亮的发光火焰？

2.48 将盛有冷水的铝壶放在火炉上加热，发生热传递的三种传热方式的先后顺序是什么？

2.49 棉花为多孔介质，所以是不良的热导体，具有保温效果；棉花不易在空中飞舞，所以也不易作为热对流的介质，因此，棉花的传热主要是依靠“热辐射”，这种说法对否？

2.50 Low-E 玻璃(也称：低辐射玻璃)是一种节能型镀膜玻璃，该膜层对红外线有很高的反射率，而对于可见光又具有很高的透射率，请分析一下这种建筑玻璃产品的节能原理(也分析为什么膜面在室内)。

2.51 如果用 Low-E 玻璃做成中空玻璃产品、真空玻璃产品，其节能效果是否会更好，为什么？为了更好的节能效果，膜面相对(膜面在夹层内)好还是相背(膜面在夹层外)好？

2.52 现代化的陶瓷窑炉，其外表面往往都覆盖上一层白色光滑的金属薄板。这样做除了具有美化环境的功效以外，更重要的是其节能效果显著，请分析这其中的原因。

2.53 在流化床内，为什么流体与物料颗粒之间的传热很快，而且物料颗粒的温度分布也很均匀？

2.54 为什么悬浮态传热通常要进行多级换热单元的串联？

习 题

2.1 某玻璃池窑，其池壁砖的热导率为 2.5 W/(m·℃)，该池壁的内表面平均温度为 1400 ℃，外表面平均温度为 300 ℃，池壁厚度为 300 mm，面积为 25 m^2，求通过该池壁的散热损失(注：池壁导热可以按照无限大平壁计)。

2.2 某截面积很大的窑墙用热导率为 1.038 W/(m·℃)的耐火砖砌成，厚度为 230 mm。其外表面再包以热导率为 0.069 W/(m·℃)的保温材料层，厚度为 100 mm。该窑墙的内侧热面温度为 1300 ℃，保温材料的外侧温度为 48 ℃，求：在热稳定状态下，每 1 m^2 该窑墙的导热量以及耐火砖与保温材料交界面处的温度(不考虑接触热阻)。

2.3 在习题 2.2 中，如果耐火砖的热导率为$(1.52+0.18\times10^{-3}\,t)$[W/(m·℃)]，保温材料的热导率为$(0.058+0.16\times10^{-3}t)$[W/(m·℃)]，而其他条件不变。请你重新求出每 1 m^2 该窑墙的导热量以及交界面处的温度(注：用试差法计算)。

2.4 厚度为 230 mm 的大面积窑墙，它的砌筑材料的热导率为 1.45 W/(m·℃)，为了使通过该窑墙的热流量 q 不超过 1850 W/m^2，在该窑墙的外表面再覆盖一层热导率为 0.08 W/(m·℃)的保温材料，已知此复合壁的两侧温度分别为1200 ℃和 30 ℃，试确定所需保温层的最小厚度(不考虑接触热阻)。

2.5 在习题 2.4 中，如果窑墙材料的热导率为$(0.835+0.58\times10^{-3}t)$[W/(m·℃)]，而且将保温材料的热导率改为$(0.07+0.16\times10^{-3}t)$[W/(m·℃)]，其他条件不变，请重新确定所需保温层的最小厚度(用试差法计算)。

2.6 某混凝土空心砌块，如图 2.119 所示，该砌块下侧表面的平均温度为 100 ℃，上侧表面的平均温度为 20 ℃。该砌块实心部分的热导率为 0.79 W/(m·℃)，空心部分的当量热导率为 0.14 W/(m·℃)。求通过该砌块的导热量(假设该砌块很大，而且温度只是在垂直壁面的方向上变化)。

2.7 如图 2.120 所示，某传统隧道窑冷却带的窑顶为拱形(半圆拱)，该窑顶是由热导率为$(0.835+0.58\times10^{-3}t)$[W/(m·℃)]的耐火黏土砖砌成，拱厚为 230 mm，拱顶内、外表面的平均温度分别为 700 ℃和 100 ℃，求每 1 m窑长拱顶的散失热量(注：隧道窑很长)。

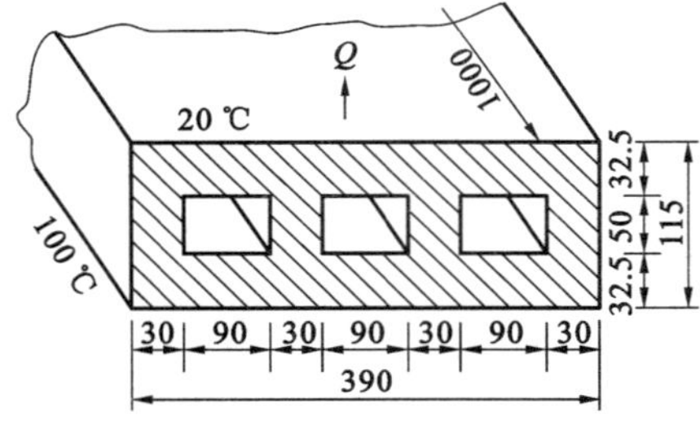

图 2.119 习题 2.6 的附图

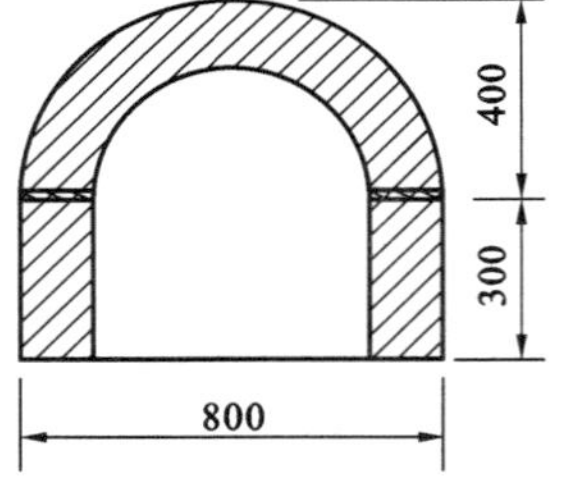

图 2.120 习题 2.7 的附图

2.8 某水泥回转窑内的烧成带用镁砖作为窑衬，窑衬被镶砌在回转窑的壳体上，窑衬的表面又挂有一层窑皮(高温黏结的熟料)以保护窑衬，如图 2.121 所示。如果窑皮热面的平均温度为 1400 ℃，窑皮的平均厚度为 30 mm，热导率为 1.5 W/(m·℃)；窑壳体冷面的平均温度为 200 ℃，窑壳体的内径为 4.0 m，钢板的厚度为32 mm，该钢板的热导率为35 W/(m·℃)，窑衬厚度为 200 mm，该窑衬的热导率为$(4.3-5.1\times10^{-3}t)$[W/(m·℃)]，求该回转窑的烧成带每 1 m 长度上的散热量(注：回转窑很长)。

图 2.121 习题 2.8 的附图

2.9 某中空铁球，其内径为 150 mm，其外径为 300 mm，该铁球的热导率为 73 W/(m·℃)。该铁球内部装载有某种化学混合物，从而造成其内表面温度为 248 ℃、其外表面温度为 38 ℃，求该化学混合物单位时间释放的热量。

2.10 某电炉的炉膛尺寸为：长×宽×高＝250 mm×150 mm×100 mm，炉衬为 230 mm 厚的轻质黏土砖，它的热导率为$(0.26+0.23\times10^{-3}t)$[W/(m·℃)]。炉内壁的平均温度为 1300 ℃，炉体外表面的温度为80 ℃。求该电炉的散热量。

2.11 浇筑大型混凝土砌块时，由于水泥的水化热所产生的热量会使砌块中心的温度升高从而导致砌块开裂，因此，砌块制作得不能太大。现欲浇筑某混凝土墙，水泥水化时释放的水化热为 100 W/m^3(以单位体积混凝土计)，混凝土的热导率为1.5 W/(m·℃)，此墙的两侧壁面温度为 20 ℃，如果限制此墙体中心的温度不能够超过 50 ℃，求该墙体的厚度不得超过多少毫米？

2.12 直径为 3.2 mm、长度为 300 mm 的不锈钢导线，其上的电压降为 10 V，该导线的外表面温度被维持在 93 ℃，该导线的电阻率为 70 Ω·cm、其热导率为 22.5 W/(m·℃)，求该不锈钢导线中心处的温度。

2.13 一个由纯铜制成的球体，其直径为 50 mm，热导率为 398 W/(m·℃)，将其通电(20 V，0.1 A)后加热达到热平衡稳定状态时，球体的表面温度为 20 ℃，求该球内的最高温度。

2.14 将一块温度为 20 ℃、厚度 $2\delta=400$ mm 的金属板(可以按无限大平板考虑)放在大型加热炉内，其两侧面被对称地加热。已知该金属的热导率为 39 W/(m·℃)，它的热扩散率 $\alpha=0.7\times10^{-3}$ m^2/s，传热系数(该传热系数是包括了对流和辐射的综合传热系数)为 300 W/(m·℃)，炉内温度为 1400 ℃。求该金属板中心分别达到 800 ℃、1000 ℃和 1200 ℃时所需要的时间。

2.15 在习题 2.14 中，请计算将金属板送入炉内 10 min 时，在 $x=\delta/4$、$\delta/2$ 和 δ 处的温度以及整个金属板的吸热量。

2.16 一个无限长圆柱体，它的直径为 60 mm，它的初始温度为 1200 ℃，将其放入温度为 30 ℃的恒温流体内冷却，该圆柱体向周围流体的传热系数为 140 W/(m^2·℃)，该圆柱体的热导率为 9 W/(m·℃)，它的热扩散率为 4.6×10^{-6} m^2/s，求30 min后该圆柱体的中心温度降低了多少？在此段时间内圆柱体散失了多少热量？

2.17 一个直径为 0.6 m 的球体，其初始温度为 20 ℃。该球体的热导率为 40 W/(m·℃)，它的热扩散率为 3.6×10^{-6} m^2/s，将该球体放在炉温为 1000 ℃的窑炉内，其传热系数为 80 W/(m^2·℃)，问：在 1 h 后，位于该球体之内直径 $d=0.4$ m 处的温度是多少？

2.18 一个尺寸为 60 mm×50mm×40 mm、温度为 20 ℃的钢块被放到加热炉内加热，该钢块悬在空中受到 1000 ℃热气体的加热，其传热系数为 90 W/(m^2·℃)。该钢块的热导率为 40 W/(m·℃)，其热扩散率为 9.6×10^{-6} m^2/s，试问：在加热 40 min 以后，该钢块的中心温度是多少？

2.19 一个直径为 120 mm、长度为 500 mm 的圆柱体，其热导率为 35 W/(m·℃)，其热扩散率为8.6×10^{-6} m^2/s，它的初始温度为 20 ℃，将其放在加热炉内加热，其传热系数为 85 W/(m^2·℃)。请问：在加热30 min以后，该圆柱体端点与该圆柱体中心处的温度各为多少？

2.20 有两根使用同样材料制成的等长度水平横管，具有相同的表面温度，在同一空气中自然散热，两根管子的直径比为 1∶2，而且它们的自然对流换热均在层流的区域范围，求这两根管子散失的热量之比。

2.21 有一竖立式圆筒形热工设备，其外径为 2.9 m，其高度为 10 m，它的外表面平均温度为 80 ℃，周围大气的温度为 30 ℃。如果只考虑自然对流换热，求该热工设备每 1 h 的侧表面散热量。

2.22 某水平放置的过热水蒸气管道之外侧包覆有保温层，保温层的外表面温度为 80 ℃，其外直径为200 mm，周围空气的温度为 20 ℃，求每 1 m 管长上的自然对流散热损失。

2.23 有一个被水平放置的空气夹层双板，其中的空气夹层厚度为 5 mm，热面温度为 100 ℃，冷面温度为 50 ℃，计算：(1) 热面板在下、冷面板在上时，单位面积的对流传热量；(2) 热面板在上、冷面板在下时，每单位面积的对流传热量。

2.24 温度为 35 ℃的水在内径为 47 mm 的某光滑管内流动，水的流速为 3.5 m/s，管壁温度为 65 ℃，管长为 20 m，求管壁向水的对流传热量。

2.25 在习题 2.24 中，如果水的流速增加到 7 m/s，而其他条件不变，请重新计算管壁向水的对流传热量。

2.26 空气在内径为 128 mm 的某光滑管内流动，流速为 15 m/s，壁面温度为 25 ℃，管长为 2 m，空气温度为 200 ℃，试求空气向管壁的对流传热量。如果管子的长度为 10 m，其他条件不变，那么对流传热量又为多少？

2.27 温度为 200 ℃、绝对压强为 1 atm 的空气，以 15 m/s 的流速在列管换热器的管子之间沿着管轴方向流动，管内有水流，管壁的外表面温度和换热器外壳内表面温度均为 20 ℃，管壁的外径为 17 mm，共有 37 根，换热器外壳的内径为 19 mm，换热器的长度为 2 m，求空气对管壁与空气对换热器外壳的总对流传热量。

2.28　空气以 6000 m^3/h 的流量（以标准状态体积计）流过一个直径为 0.3 m 的粗糙管，该粗糙管内壁面的当量粗糙度为1.5 mm，管长为 10 m，管壁温度为 30 ℃，求空气向该管壁的对流传热量。

2.29　已知每根钢管的外径为 $d=13.5$ mm，管壁温度为 $t_w=160$ ℃，管子的间距参见图 2.99(b)，$x_1=1.8d$，$x_2=2.3d$，空气在最窄截面处的流速为 5 m/s，空气温度为 20 ℃，冲击角为 60°。求由 7 排管子叉排所组成的某空气加热器的平均对流传热系数。

2.30　一块 200 mm×200 mm 的平板，该平板的温度为 $t_w=60$ ℃，它被水平放置在 20 ℃的空气中，空气的水平流速为 12 m/s，求整个平板的对流散热量。

2.31　一个直径为 0.3 m 的球体通电加热后达到热平衡时，其表面温度为 100 ℃，若这时外界空气的流速为 4 m/s、温度为 20 ℃。求该球体的散热量。

2.32　一直径为 50 mm 的黄铜圆棒，水平浸没在 1 atm、100 ℃的沸水中，铜棒的表面温度保持在123 ℃，请计算泡状沸腾时，该铜棒的表面传热系数、每 1 m 管长的对流传热量以及汽化率的大小。

2.33　绝对压强为 6 atm 的水，流过一个内径为 53.0 mm、受到电加热的竖圆管，其管壁温度为168 ℃。请计算在沸腾的情况下，每 1 m 长的该圆管向沸腾水的对流传热量。

2.34　一个竖直放置的直径为 60 mm 的钢管，其表面温度为 75 ℃，用以凝结 125 ℃的饱和水蒸气，凝结量为 0.025 kg/s，求所需钢管的最小长度。

2.35　请计算 727 ℃、1727 ℃、2727 ℃、5727 ℃时，在黑体辐射的能量中，可见光波段（波长为 0.39～0.76 μm）和红外线波段（波长为 0.76～1000 μm）辐射能的百分数。（提示：一个函数如果积分起来十分困难，可以考虑用泰勒级数展开，然后对多项式积分；或者查阅有关的数学手册）

2.36　某玻璃允许波长 0.33～2.6 μm 的辐射能透过 92%，而不允许其他波段的射线透过，将此玻璃放在太空中，将有多少份额的太阳能通过该玻璃？太阳光的明亮温度为 5792 K，太阳的发射率按 1 考虑。（提示：见习题 2.35）

2.37　计算当温度为 1727 ℃、3727 ℃、5727 ℃时，黑体的最大单色辐射力所对应的波长。

2.38　计算当温度为 800 ℃、1400 ℃时，黑体的全辐射力以及表面积为 0.5 mm^2 的黑体表面在单位时间内向外所辐射的总能量。

2.39　有一根电阻丝，通入单相电（相电压的平均值为 220 V）后温度为 847 ℃，测得其通过的电流为 4.545 A。如果该炉丝的长度为 0.3 mm、直径为 10 mm、发射率为 0.95，求该炉丝的辐射效率。（注：炉丝的辐射效率是指炉丝辐射能量与输入的电功率之比值）

2.40　三个由凸状物体组成的封闭体系（假设这三个物体的长度是无限长），如图 2.122 所示，三个体系的表面积分别为 A_1、A_2 和 A_3。试利用角系数的相对性、自见性和完整性推导出角系数 φ_{11}、φ_{12}、φ_{13}、φ_{21}、φ_{22}、φ_{23}、φ_{31}、φ_{32} 和 φ_{33} 的计算式。（提示：$\varphi_{11}=0$，$\varphi_{22}=0$，$\varphi_{33}=0$）

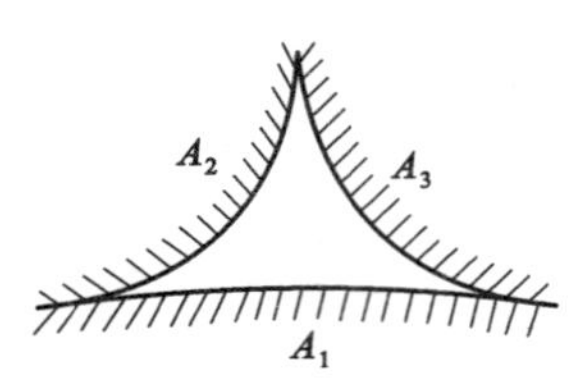

图 2.122　习题 2.40 的附图

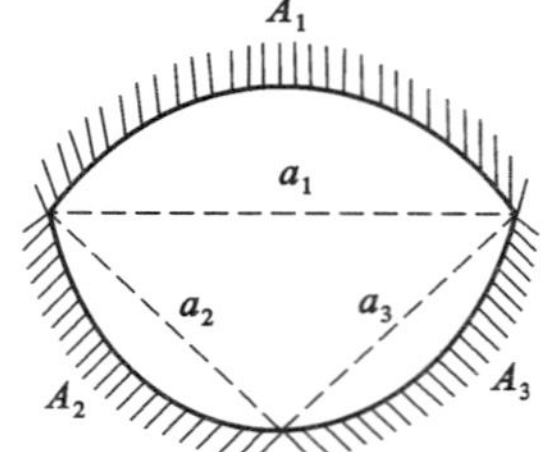

图 2.123　习题 2.41 的附图

2.41　由三个凹状物体组成的封闭体系，如图 2.123 所示，三个体系的表面积分别为 A_1、A_2 和 A_3，与之相对应的弦面积分别为 a_1、a_2 和 a_3，试根据习题 2.40 推导结果以及角系数的兼顾性和分解性，再推导 φ_{11}、φ_{22} 和 φ_{33} 的计算式。

2.42　两个平行的长方形平面，它们相距 1 m，两平面中心点的连线与两平面相垂直，两平面的面积均为 0.4 m×2 m，试用查表法（查附录 6 中附表 6.1）求出它们之间的相互辐射角系数 φ_{12} 和 φ_{21}。

2.43　两个无限大的平行平面，它们的表面温度分别为 20 ℃和 60 ℃，它们的发射率均为 0.8，试求这两块平行平面的以下几个辐射参数值：(1) 本身辐射；(2) 有效辐射；(3) 投射辐射；(4) 反射辐射；(5) 净辐射。

2.44　两个长度很长的同心圆柱体表面，它们的直径分别为 80 mm 和 300 mm，它们的温度分别为 800 ℃和

200 ℃,它们的发射率分别为 0.8 和 0.6,试求这两个圆柱体表面之间的净辐射换热量。安装时,如果这两个圆柱体的轴心有所偏移,那么对于它们之间的辐射传热量是否会有所影响?

2.45 用热电偶测量出某热工设备内空气的温度为 800 ℃,另外,已知某炉墙的内壁温度为 600 ℃,热空气对于热电偶接点表面的对流传热系数为 50 W/(m^2·℃),热电偶接点表面的发射率为 0.3,求热空气的真实温度以及测量温度差各为多少?

2.46 一个直径为 0.3 m、发射率为 0.8 的热钢管,它的表面温度为 440 ℃,周围环境的温度为 10 ℃,求其单位长度上的辐射传热量。

2.47 有一物体放在电炉内加热,已知炉膛对物体的净辐射热量为 700 W,物体对炉内空气的对流传热系数为 10 W/(m^2·℃),炉内空气的温度为 600 ℃。另外,物体的表面积为 A=0.5 m^2,该表面积 A 远小于加热炉的内表面积,加热炉内壁的发射率和物体的发射率均为 0.8,求:(1)达到热平衡时物体的温度;(2)达到热平衡时,加热炉内壁的温度。

2.48 某加热炉的炉壁上有 1 个直径为 60 mm 的看火孔,炉内的温度为 1300 ℃,炉外环境的温度为 40 ℃,计算通过看火孔的辐射传热量。

2.49 在习题 2.40 中,如果已知 A_1=3 m^2、A_2=3 m^2、A_3=4 m^2,ε_1=0.7、ε_2=0.6、ε_3=0.8,t_1=200 ℃、t_2=300 ℃、t_3=400 ℃,求这三个表面各自向外辐射的能量以及它们之间的净辐射传热量。

2.50 在习题 2.49 中,如果表面 1 为白体(ε=0),求表面 2 和表面 3 之间的净辐射传热量为多少?

2.51 有两个平行放置的长方形平板,尺寸为 1 m×2 m,相距 1 m,平板 1 两表面的发射率均为 ε_1=0.2,它们的温度均为 t_1=827 ℃;平板 2 两表面的发射率均为 ε_2=0.5,温度均为 t_2=327 ℃,这两个平板被放在一个发射率为 ε=0.8、t=30 ℃的大房间内,试求:这两个平板之间的净辐射换热量以及它们各自与房间之间的净辐射换热量(假定这两个平板的热导率都非常大,所以其温度分布是均匀的)。

2.52 在习题 2.51 中,如果房间壁是完全绝热的,请再一次计算这两个平板之间的净辐射换热量。

2.53 一个很长的四面直角棱柱体,四个面的面积分别为 0.8 m^2、0.6 m^2、0.8 m^2 和 0.6 m^2,四个面的温度分别为 800 ℃、700 ℃、600 ℃和 500 ℃,四个面的发射率分别为 0.8、0.7、0.7 和 0.8。试编制求解这四个平面各自辐射出去的热量以及它们之间辐射传热量的源程序,并给出运行结果。(提示:第一,先画出这四个平面之间辐射换热的电模拟网络图,并计算出各自的辐射热阻值;第二步,根据电路中的克希荷夫定律列出各个节点的方程;第三步,按照数学中求解多元线性方程组的方法,编制出求解节点方程的程序和计算各个辐射平面之间净辐射换热量的源程序;第四步,在计算机上运行源程序并得出运算结果)

2.54 一个长、宽、高分别为 a、b、c 的空心长方体,各个内表面的发射率分别为 ε_1、ε_2、ε_3、ε_4、ε_5、ε_6,相应的摄氏温度为 t_1、t_2、t_3、t_4、t_5、t_6,试编制求解这六个内表面之间净辐射换热量的源程序。(提示:绘制这六个内表面辐射换热的电模拟网络图,并计算出各自的辐射热阻值,其后的方法类同于习题 2.53)

2.55 在习题 2.43 中,如果在两个无限大平板之间插入一块发射率为 0.05 的磨光镍薄片后,求两个平板之间的净辐射换热量。

2.56 在习题 2.44 中,如果在这两个圆柱体之间插入一个由发射率为 0.28 的薄铝片制作的圆筒体,其直径为 120 mm,问内、外圆筒体之间的净辐射换热量将减少多少?

2.57 在习题 2.45 中,为了提高测量精度,在热电偶的周围加装了一个薄层隔热罩,隔热罩的发射率为 0.8,热空气对隔热罩的对流传热系数为 50 W/(m^2·℃),求热电偶测得的温度和测量误差。在加装隔热罩后的测量误差比习题 2.45 中不加装隔热罩时的测量误差减少了多少?

2.58 在习题 2.46 中,如果钢管被套在一个发射率为 0.1 的隔热罩内,问其辐射散热量可以减少百分之几?

2.59 有一个平板被水平放置在太阳光下,已知太阳投射到该平板上的热流量为 700 W/m^2,周围环境温度为 25 ℃,如果忽略对流换热,试计算下列两种情况下平板的表面温度:(1) 平板表面涂上白漆;(2) 平板表面再涂上无光黑漆。已知白漆对于太阳辐射的吸收率为 0.14,无光黑漆对于太阳的发射率为 0.96。

2.60 试求在 1600 ℃的温度下,具有不同有效厚度的气层(l_g=0.1 m;l_g=1 m;l_g=5 m)之辐射力。已知该气体中含有 13%的 CO_2、10%的 H_2O,气体的总压强为 1 atm(即 101325 Pa)。

2.61 含有 CO_2 7%、H_2O 8%的某烟气以 2 m/s 的流速流过一个内径为 500 mm 的导管,其进口温度为 1100 ℃、出口温度为 700 ℃;导管进口处的管内壁表面温度为 700 ℃,导管出口处的管内壁表面温度为 650 ℃,导管内表面的辐射率为 0.8,求烟气对于该导管内壁的(对流辐射)综合传热系数以及对流辐射总传热量。

2.62　如图2.49(b)所示，烟气横向流过叉排的管簇，已知管外径为83 mm，沿流动方向上换热管与换热管之间的间隔为$x_1=200$ mm、$x_2=350$ mm。另外，已知烟气中含CO_2 15%、H_2O(水蒸气)7.5%，烟气进入该设备的温度为1020 ℃、出该设备的温度为950 ℃，换热管的外表面温度为500 ℃、辐射率为0.8。计算横向流动的烟气对于管簇的辐射传热系数。[提示：对于本题情况下的烟气气层，其气体辐射的有效厚度根据下式来计算$l_g=1.08\cdot d\cdot(x_1\cdot x_2/d^2-0.785)$]

2.63　已知某金属炉壁，其厚度$\delta=20$ mm，热导率$\kappa=58$ W/(m·℃)，热端的烟气温度为1000 ℃，其(对流辐射)传热系数为116 W/(m²·℃)；冷端的水温度为90 ℃，对流传热系数为2320 W/(m²·℃)，请计算：(1) 单位炉壁面积上的传热量以及两端壁面的温度；(2) 如果在水流过的一侧壁面上附有一层厚度$\delta=2$ mm的水垢，水垢的热导率$\kappa=1.16$ W/(m·℃)，那么其传热量会降低百分之几？

2.64　某板式换热器的壁厚为2 mm，热导率$\kappa=50$ W/(m·℃)。两侧流体的平均温度差为60 ℃，热端的(对流辐射)综合传热系数为$h_2=400$ W/(m²·℃)，冷端的(对流辐射)综合传热系数为$h_1=800$ W/(m²·℃)。要求计算该换热器单位面积上的传热量。

2.65　在习题2.64中，如果分别将κ、h_2、h_1都增大1倍，则传热量会增大几倍？

2.66　某窑墙由三层材料组成：第一层为耐火材料，第二层为保温材料，第三层为建筑材料。这三层材料的厚度分别为$\delta_1=230$ mm、$\delta_2=100$ mm、$\delta_3=240$ mm，其热导率分别为$\kappa_1=1.36$ W/(m·℃)、$\kappa_2=0.16$ W/(m·℃)、$\kappa_3=0.6$ W/(m·℃)，窑内的烟气温度为1000 ℃，烟气与热面的(对流辐射)综合传热系数为$h_2=50$ W/(m²·℃)，外界的空气温度为20 ℃，冷面的传热系数为$h_1=12$ W/(m²·℃)，求通过单位面积窑墙的热损失以及这三种材料各自承受的最高温度(不考虑接触热阻)。

2.67　在习题2.66中，如果还要考虑三种材料的热导率会随温度变化，具体为$\kappa_1=(0.835+0.58\times10^{-3}t)$[W/(m·℃)]，$\kappa_2=(0.058+0.16\times10^{-3}t)$ [W/(m·℃)]，$\kappa_3=(0.47+0.51\times10^{-3}t)$ [W/(m·℃)]。请重新计算通过单位面积窑墙的热损失以及三种窑墙材料各自承受的最高温度。[提示：此题需要用试差法求解]

2.68　一个跨度为2.2 m、股跨比为1/8的窑炉拱顶，其外表面的平均温度为300 ℃，外界空气的温度为36 ℃，求该拱顶单位长度的散热量(注：假定外界空气处于静止状态)。

2.69　一座正在设计的窑炉，其侧墙用耐火黏土砖砌成，该耐火黏土砖的热导率$\kappa=(0.835+0.58\times10^{-3}t)$ [W/(m·℃)]，它的侧墙内表面的温度为1000 ℃，现要求该窑炉侧墙的外表面温度不超过120 ℃。另外，已知环境温度为20 ℃。问其厚度应不小于多少毫米？

2.70　某双层玻璃窗，高度×宽度×厚度=1.2 m×1.1 m×3 mm，玻璃的热导率为1.05 W/(m·℃)，中间层内的空气厚度为5 mm，空气的热导率按0.026 W/(m·℃)计。室内空气的温度为25 ℃，在玻璃表面上的传热系数为20 W/(m·℃)；室外空气的温度为−10 ℃，玻璃表面的传热系数为15 W/(m·℃)。求通过该双层玻璃窗的散热量。

2.71　在习题3.70中，若室内、外的空气温度以及窗玻璃内、外表面的传热系数不变，请计算单层玻璃窗的散热量，并与双层玻璃窗散热量的计算结果进行对比。

2.72　今测得某玻璃池窑池壁表面一部分区域的平均温度为120 ℃，环境温度为30 ℃，请计算该区域单位面积的散热量？如果为了保护耐火材料而对该区域吹风冷却，风速为6 m/s，其表面散热会增加百分之几？[注：按无限大平壁计]

2.73　使用非接触式测温仪器测得某玻璃池窑池底外表面一部分区域的平均温度为80 ℃，环境温度为30 ℃，求该区域单位面积的散热量为多少？[注：按无限大平壁计]

2.74　一根铝芯导线，其外径为3.2 mm，该导线的外面用热导率$\kappa=0.18$ W/(m·℃)的聚氯乙烯薄层作为电绝缘层，而且要求电绝缘层的温度不允许超过80 ℃。如果环境温度按25 ℃计算，电绝缘层的外表面与环境之间的对流辐射综合传热系数为10 W/(m²·℃)时，求每1 m长该导线之散热量。

2.75　某水蒸气管道的外直径为60 mm，壁厚为2.5 mm，热导率$\kappa_1=50$ W/(m·℃)，其外包有厚度为30 mm的保温层，该保温层材料的热导率$\kappa_2=(0.07+0.002t)$[W/(m·℃)]。该管道内的水蒸气温度$t_f=145$ ℃，它对管壁的平均对流辐射综合传热系数为$h_2=240$ W/(m²·℃)，保温层的外表面对于周围环境的对流传热系数之平均值为$h_1=7.6$ W/(m²·℃)，周围空气的温度为20 ℃，求每1 m长度管道上的散热量与管壁及保温层所承受的最高温度。

2.76　一根内径为20 mm、壁厚为5 mm的钢管，其外表面包有一层厚度为20 mm的保温层，保温材料的热导率为0.57 W/(m²·℃)，保温层外表面的发射率为0.7，要求保温层的内壁温度不允许超过200 ℃，另外，周围环境温度为20 ℃，求每1 m长该钢管的最大散热损失以及此时保温层外表面的温度。

2.77 一座石灰立窑(垂直不动的圆柱形设备)外表面一段区域的平均温度为 110 ℃,其环境温度为25 ℃,计算该段区域内单位长度的散热量? 如果外界风速为 5.5 m/s,则散热损失会增加百分之几? [注:按无限长圆柱体计]

2.78 一座外径(直径)为 4.8 m 的水泥回转窑(计算时,可以近似地按照水平放置的回转圆筒体来处理),有人分三段测量了其表面的部分区域,第一段的长度为 1.5 m,平均温度为 160 ℃;第二段的长度为 2.5 m,平均温度为 250 ℃;第三段的长度为 3 m,平均温度为 255 ℃。若环境温度为 25 ℃,而且无风,求该测量区域的表面散热量。另外,如果风速为 0.5 m/s,其方向与回转窑的轴线成 45°的夹角,求此时上述测量区域的散热损失增加的百分数。

2.79 流速为 1 m/s 的热空气自下而上通过其密度为 2070 kg/m^3、其粒径为 0.65 mm、其温度为 20 ℃的均匀球状颗粒群,从而形成流化床。已知热空气的温度为 1000 ℃,在此温度下空气的密度为 0.277 kg/m^3,它的动力黏度为4.9×10^{-5} Pa·s,它的热导率为 0.0807 W/(m·℃),它的普朗特数为 $Pr=0.719$,请计算:在传热的有效作用范围之内,热空气向单位质量颗粒群的传热量 Q_m。

2.80 由温度为 40 ℃的粉料与温度为 1000 ℃的热气体组成的一个悬浮态传热单元(在该传热单元内,固、气的质量比为 $m_m/m_g=0.5$,固、气的比热容之比为 $c_m/c_g=0.95$,这其中的下角标含义为:m 是指固体物料,g 是指气体)。从理论上讲,经过无限长时间的气固悬浮态接触以后,气、固的温度便会达到热力学上的均一,请计算:这个热力学极限温度 t_{cri}(即在一级悬浮态传热单元中,粉料的最高极限温度 $t_{m,max}$ 和气体的最低极限温度 $t_{g,min}$)。(提示:计算时,以每1 kg气体为基准,然后进行热平衡计算)

参考文献

[1] 陈景仁.流体力学及传热学[M].北京:国防工业出版社,1984.
[2] 陈礼,吴勇华.流体力学与热工理论基础[M].北京:清华大学出版社,2002.
[3] 奥齐西克 M N.热传导[M].俞昌铭译.北京:高等教育出版社,1984.
[4] 胡英.物理化学[M].5 版.北京:高等教育出版社,2008.
[5] 姜洪舟.无机非金属材料热工设备[M].5 版.武汉:武汉理工大学出版社,2015.
[6] 姜金宁.硅酸盐工业热工过程及设备[M].2 版.北京:冶金工业出版社,1994.
[7] 孔珑.流体力学[M].北京:高等教育出版社,2003.
[8] 李启云.热工基础及设备[M].南京:南京工学院出版社,1988.
[9] 罗森诺 W M.传热学基础手册[M].齐欣译.北京:科学出版社,1992.
[10] 梅飞鸣,任泽霈,王中铮,等.传热学[M].2 版.北京:中国建筑工业出版社,1984.
[11] 曲祖源.工程研究基础[M].武汉:武汉理工大学出版社,2002.
[12] 蔡睿贤,任泽霖.热工手册[M].北京:机械工业出版社,2002.
[13] 沈慧贤,胡道和.硅酸盐热工工程[M].武汉:武汉工业大学出版社,1991.
[14] 孙承绪.玻璃窑炉热工计算与设计[M].北京:中国建设工业出版社,1983.
[15] 孙晋涛.硅酸盐工业热工基础[M].武汉:武汉工业大学出版社,1992.
[16] 陶文铨.数值传热学[M].西安:西安交通大学出版社,2001.
[17] 天津大学,等.化工传递过程[M].北京:化学工业出版社,1980.
[18] 王补宣.工程传热传质学:上册[M].北京:科学出版社,1982.
[19] 威尔蒂 J R.工程传热学[M].罗棣庵、任泽霈,等译.北京:人民教育出版社,1983.
[20] 徐德龙,谢峻林.材料工程基础[M].武汉:武汉理工大学出版社,2008.
[21] 杨世铭.传热学[M].2 版.北京:高等教育出版社,1987.
[22] 王瑞君,姚仲鹏,张习军.传热学[M].2 版.北京:北京理工大学出版社,2008.
[23] 杨贤荣,马庆芳,原庚新,等.辐射换热角系数手册[M].北京:国防工业出版社,1982.
[24] 伊萨琴科 B П.传热学[M].王丰,冀守礼,周筠清,等译.北京:高等教育出版社,1987.
[25] 俞昌铭.热传导及其数值分析[M].北京:清华大学出版社,1982.
[26] 张国强,吴家鸣.流体力学[M].北京:机械工业出版社,2006.
[27] 张美杰.材料热工基础[M].北京:冶金工业出版社,2008.
[28] 张正荣.传热学[M].北京:高等教育出版社,1982.
[29] 张正荣.传热学[M].北京:高等教育出版社,1989.

[30] ADAMS J A,ROGERS D F. Computer-aided heat transfer analysis[M]. New York:McGraw-Hill Book Company,1973.

[31] CHAPMAN A J. Heat transfer[M]. London:Macmillan Press,1960.

[32] GRAY W A, MULLER R. Engineering calculation in radiative heat transfer[M]. New York:Pergamon Press,1974.

[33] HOLMAN J P. Heat transfer[M]. 4th ed. New York:McGraw-Hill Book Company,1976.

[34] ISOCHENKO V P,OSIPOVA V A, SUKOMEL A S. Heat transfer[M]. Moscow:Mir Publishers,1977.

[35] LANGHAAR H L. Dimensional analysis and theory of models[M]. New York:John Wiley &Sons,1967.

[36] MCADAMS W H. Heat transfer[M]. 3rd ed. New York:McGraw-Hill Book Company,1954.

[37] ÖZISIK N M. Basic heat transfer[M]. New York:McGraw-Hill Book Company,1977.

[38] ROBERT H, CHILTON P/C H. Chemical engineers' handbook [M]. 5th ed. Tokyo: McGraw-Hill Kogakusha,Ltd. ,International Student Edition,1973.

[39] ROHSENOW W M,HARTNETT J P. Handbook of heat transfer[M]. New York:McGraw-Hill Company,1973.

[40] SCHNEIDER P J. Conduction heat transfer[M]. New Jersey:Addison Wesley Publishing Company,1955.

[41] SIMONSON J P. Engineering heat transfer[M]. London:Macmillan Press,1975.

[42] WELTY J R. Engineering heat transfer[M]. New York:John Wiley &Sons,1978.

[43] WIELBELT J A. Engineering radiation heat transfer[M]. Austin:Holt,Rinehart and Winston Inc. ,1966.

[44] WONG H Y. Handbook of essential formulae and data on heat transfer for engineers[M]. London:Longman,1977.

[45] WHITAKER S. Fundamental principles of heat transfer[M]. New York:Pergamon Press Inc. ,1977.

[46] WHITAKER S. Elementary heat transfer[M]. Analysis. New York:Pergamon Press Inc. ,1976.

[47] 陈平方. R1001 型篦冷机中熟料内部温度变化规律的研究[D]. 武汉:武汉理工大学,2012.

[48] 胡斌,李会平. Low-E 玻璃 U 值及其影响因素的计算分析[J]. 玻璃与搪瓷,2010,38(1):7～13.

[49] 金明芳,何峰,谢峻林,等. 优化玻璃熔窑底烧式喷枪仰角的数值模拟研究[J]. 武汉理工大学学报,2013,35(8):24-28.

[50] 何峰,郭东建,金明芳,等. 辊道窑富氧燃烧的数值模拟研究[J]. 武汉理工大学学报,2014,36(2):26-31.

[51] 中仿科技公司. COMSOL Multiphysics 流动、传热与化学反应工程仿真[R]. 中仿科技公司技术白皮书,2013.

[52] 周献庭. TE103 单模微波加热腔的谐振特性和场强分布研究[D]. 武汉:武汉理工大学,2007.

[53] Glass Technology Service Ltd. (Sheffield, UK). Container glass stands up to legal and brand challenges [J]. Glass international, 2013, 36(4): 59-60.

[54] GROESSLER J, SIMS R. A practical guide to forehearth operation[J]. Glass international, 2012,35(3): 27-29.

[55] ABBAS T, LOWES T. Optimization of the thermal substitution rate[J], Part 1. ZKG International, 2012, (5): 70-78.

[56] ABBAS T, LOWES T. Optimization of the thermal substitution rate[J], Part 2 ZKG International, 2012, (7): 54-62.

[57] TAO CONGXI, et al. A Correlation between the combustion of fuels and the design of calciners[J]. ZKG International, 2010, (4): 59-67.

[58] 全国能源基础与管理标准化技术委员会. 热辐射术语:GB/T 17050—1997[S]. 北京:中国标准出版社,1998:1-10.

[59] 全国水泥标准化技术委员会. 水泥回转窑热平衡、热效率、综合能耗计算方法:GB/T 26281—2010[S]. 北京:中国标准出版社,2011:1-33.

[60] 全国能源基础与管理标准化技术委员会. 设备及管道绝热设计导则:GB/T 8175—2008[S]. 北京:中国标准出版社,2008:1-5.

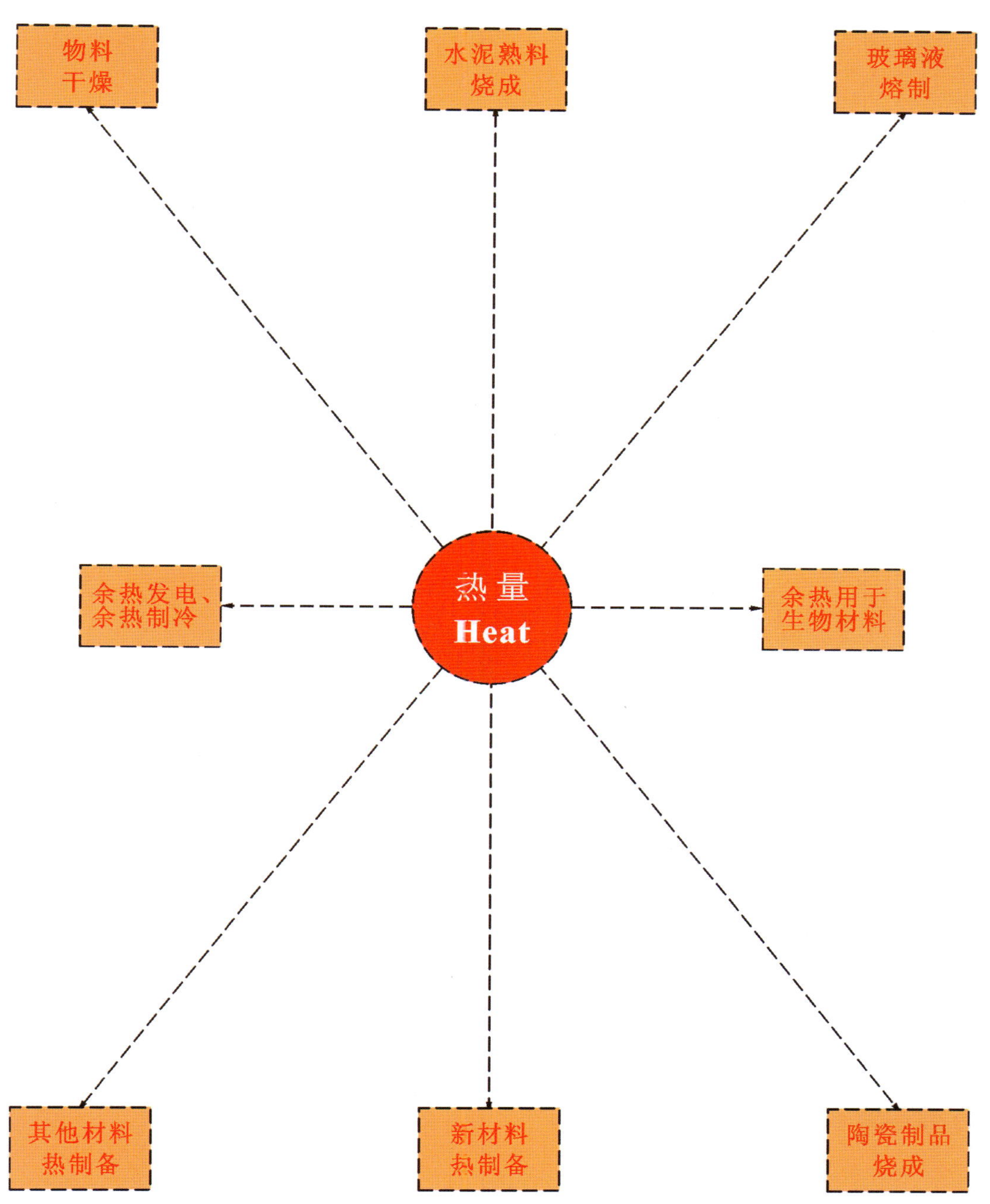

热量在无机非金属材料领域中的应用

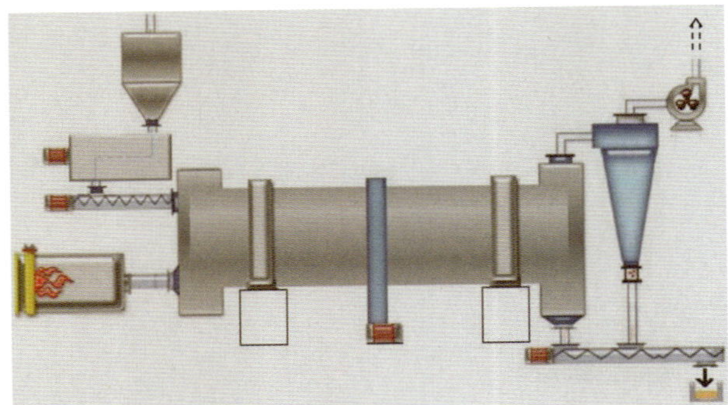
回转烘干机

流态化烘干机

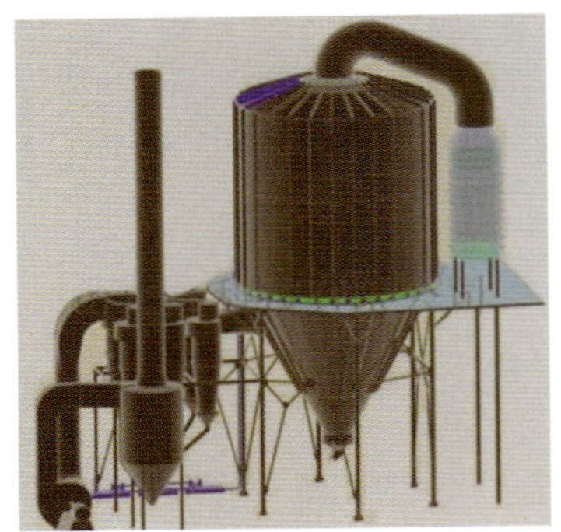
喷雾干燥机

微波干燥器

新型干法水泥生产线

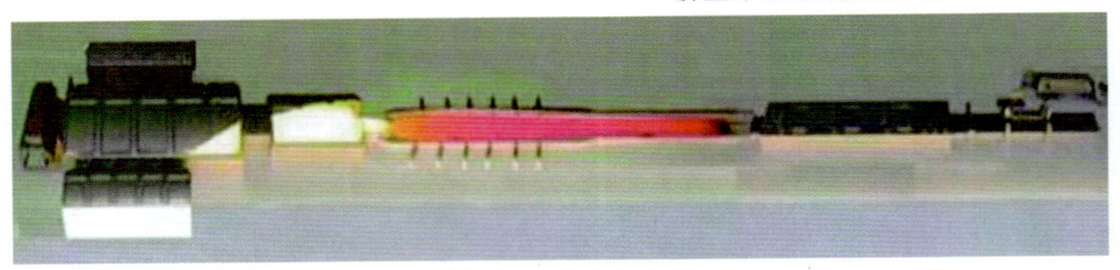
浮法平板玻璃生产线

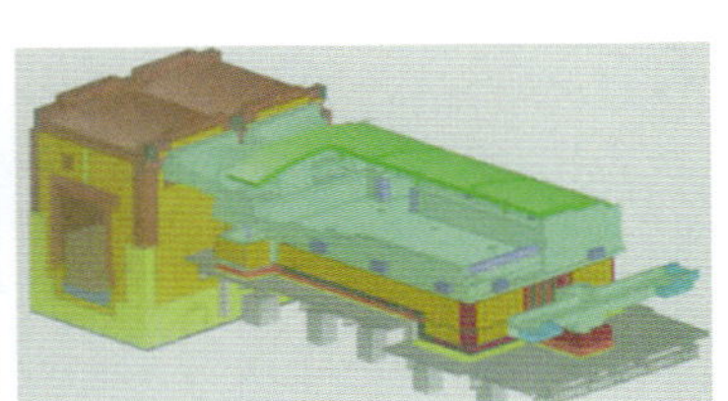
马蹄焰玻璃池窑

隧道窑

辊道窑

3 热量应用

本章的内容是关于热量在无机非金属材料领域中的应用，主要体现在以下几个方面的热量应用：物料干燥过程、水泥熟料的烧成过程、玻璃液的熔制过程、陶瓷制品的烧成过程等。其中，**最主要的内容**就是关于这些热工过程的**热平衡计算**以及**其他热工计算**等。

本章中所有使用**楷体字**印刷的**内容**为更深层次的内容，在教学上可以不作要求，**仅供**读者需要时阅读**参考**。

正如在本教材的"绪论"中所述，**材料**是由"材"与"料"这两个字组成：这里，**材**乃"有用之物"、**料**指"可塑之物"。因此，材料通常是指：合理配比的优选原料经过人为的制备、加工后，能够成为对于人类有用的那些制品或元件、器件。由此看来，材料的本质可以用以下三个字及其转换式来诠释。

$$料\xrightarrow{制}材$$

上式中的"料"，就是人们常说的"原料"；上式中的"材"，就是人们常说的"产品"；上式中的"制"，则是指材料的制备[①]、加工过程。

就无机非金属材料而言，其制备过程又分为三个主要阶段：一是原料的预处理阶段；二是材料的热制备阶段；三是烧制品的后处理阶段。

在原料的预处理阶段，某些原料[②]（或者由原料成型后的坯体）需要进行干燥，干燥的动力源往往是热量。材料热制备阶段也需要热量来产生高温，热量与高温用以满足材料热制备阶段中有关物理化学过程的需要。所以，热量在无机非金属材料领域中的应用，主要体现在对于原料（或坯体）的干燥以及对于热制备阶段的贡献上。当然，有些烧制品在后处理阶段也需要热量，但是其原理却较为简单与专一化，所以，本章就不再给予讲解。如果将来需要了解，读者可以查阅专门的文献资料。

基于以上所述，本章的内容分为两大部分：其一是**热量**在干燥过程中的应用。其二是**热量**在无机非金属材料热制备阶段的应用。

热量在**干燥过程**中的**应用**，参见第 **3.1** 节。

关于**热量**在无机非金属材料**热制备阶段中**的**应用**，参见**第 3.2 节～第 3.6 节**。具体来说，就是：热量能够产生高温，而高温能够使材料进行烧结（Sinter）或者进行熔化（Melt），这也就是无机非金属材料制备过程的最核心阶段。

材料烧结的本质就是：在物料温度低于其熔化温度的高温条件下，物料内部产生致密化的过程。具体的烧结过程又有"固相烧结"与"液相烧结"之分：固相烧结（Solid Phase Sintering，简称：Sintering）是指在高温阶段将物料中的气孔排出，使气孔率下降、物料颗粒之间黏合、物料收缩而产生致密化、晶粒长大、晶界移动、烧结体的强度提高以及化学稳定性提高等现象，也可以有部分固相反应存在，还允许有晶型转变以及固溶体存在，但是，不会出现液相。液相烧结（Liquid Phase Sintering，

① 规模化的产品制备过程（Fabricating），则被称为：生产（Production）。

② 这里所说的"原料"，也包括几种原料按照一定配比调配的混合料（例如，水泥生料）。另外，某些燃料也需要干燥。

简称:LPS;或 Vitrification Sintering,简称:Vitrification)是指在高温阶段除了具有固相烧结的上述特征以外,也还会有部分液相出现,其产品中也因此会存在玻璃相。材料熔化则是指在材料的热制备过程中,需要将其原料加热到完全熔融。显然,通过熔化所制备的材料,它的致密度要大于通过液相烧结所制备的材料;通过液相烧结所制备的材料,其致密度又大于通过固相烧结所制备的材料。

无机非金属材料通常分为水泥、玻璃、陶瓷[①]、新材料、其他材料等具体类型的材料。

水泥、玻璃、陶瓷是无机非金属材料工业领域内三种最典型的材料。在它们的生产过程中,热量是主要用于水泥熟料烧成(最终实现熟料的液相烧结)、玻璃液熔制(最终实现玻璃液的熔化、澄清和均化)以及陶瓷制品烧成(陶器最终实现固相烧结、瓷器最终实现液相烧结)。以上内容就构成本章的主体。

就高科技的新材料来说,热量应用主要体现在材料的热制备过程与热加工过程。而就其他材料(例如,石灰、石膏、保温材料、搪瓷、釉料、色素、碳素材料、磨料等)而言,热量应用主要在其热制备过程。

就热量的应用而言,这里需要**特别指出**的是:热量的应用一般用相应体系的热平衡计算来表征,**热平衡**的概念来源于"能量守恒"这一普遍规律。如果将所研究的对象称为:系统,系统以外的称为:环境,从环境到系统称为:输入,从系统到环境称为:输出,那么根据能量守恒的原理,对于一个稳定的生产系统,则"输入热量之和"应该等于"输出热量之和",即:

$$\sum_{i=1}^{m}(\text{热量输入}) = \sum_{j=1}^{n}(\text{输出热量}) \qquad (\text{J 或 kJ})$$

这个关系式就称为:热平衡方程,简称:热平衡。

生产上的连续式设备基本上都可以作为一个稳定的生产系统。因此,完全可以利用热平衡的原理进行计算。进行热平衡计算主要有以下三个方面之目的:

① 就设计方面来说,利用热平衡这个等式可以计算出一个待确定的量。例如,在进行一个热工设备的设计计算时,可以利用热平衡方程计算出单位产品的热量消耗量或燃料消耗量,从而为进一步进行燃烧设备或加热设备的设计或选型提供必要的数据。所以说,热平衡计算是热工设备设计计算的一个重要环节。

② 就测量方面来说,进行热平衡计算可以验证测试数据的可靠性如何。如果根据测试数据计算所得到的结果与热平衡相差太远,即"输入热量之和"与"输出热量之和"相差太大,超过了允许的测量误差,就说明该测试过程要么有漏项,要么在测试过程或计算过程中有误,于是会促使测试人员回过头来仔细检查,直到找到错误并且改正到正确为止。

③ 就优化操作、自动控制和科学管理等方面来说,进行热平衡测试与计算,可以知道热量的分配是否合理,如果不合理,应当如何及时地与合理地调整。另外,某热工设备实施新技术前后,在相同的工况条件下来进行热平衡测试,可以通过实施该新技术前、后"测试与计算"结果的对比来科学地判断该新技术对于节能是否有益?如果有益,那么体现在哪些热流项目上?

尽管以上三个方面都需要进行热平衡计算,然而其着重点却还是有差异的。

对于设计过程而言,其根本目的是:基于当前的科技发展水平,根据手头所收集的资料(包括理论资料和具体厂家的现场资料),再结合自己的一些经验,科学、合理、优化地选取有关的参数来进行热平衡计算,并最后计算出燃料消耗量或热量消耗量等待定参数,这些待定参数的确定对于热工设备的设计来说至关重要。因此,设计过程的热平衡计算强调的是科学、先进、优化!

对于测量计算而言,进行热平衡计算的根本目的就在于:在借助有关的测试仪器、仪表,确保能够真实、准确、实时地获得有关参数的前提下,用热平衡计算来检验测试数据是否可靠。因此,测试过程的热平衡计算强调的是真实、准确、客观!

---

① 这里所说的"陶瓷",是指普通的陶瓷制品,而"特种陶瓷"则属于新材料。与普通陶瓷同类的材料产品还有:耐火材料以及砖、瓦等结构型建筑材料。

对于操作、控制与管理方面而言，进行热平衡计算的根本目的是：针对具体的生产设备，根据实时得到的测量数据，利用热平衡计算的结果来绘制热流的具体走向与分配图，然后用科学的方法来判断热流的走向与分配是否合理，是否处于最优化的运行状态，从而为科学、合理、优化地制定操作、控制与管理方面的决策提供可靠的依据。因此，用于操作、控制与管理方面的热平衡计算强调的是及时、可靠、挖潜！

附："炯平衡"的概念简介

热平衡的本质是能量守恒，即热力学第一定律。但是，从热力学角度来看，更为实用的是热力学第二定律，该定律也可以用另一种方式来表述，即有用能——"炯"的平衡。

然而，由于炯平衡的计算方法和计算过程较为复杂，迄今为止，尽管人们在热工过程的炯平衡计算方面所取得的研究成果有很多，但是所有这些成果还不能够说是很完备的。相对来讲，热平衡的方法较为简单、直观和易于掌握，也比较符合人们的传统理念。所以，尽管将来"热平衡"的分析对于节能的指导作用可能会逐渐让位于"炯平衡"分析（尤其是在利用热量产生动力的领域），但是，目前在无机非金属材料领域，人们广泛采用的还是"热平衡"的概念。

3.1 物料干燥过程中热量的应用

在无机非金属材料领域（尤其是无机非金属材料工业领域），生产或制备产品所用的天然原料、天然燃料中不可避免地会带有一些水分。另外，在某些原料的粉磨过程或精选过程中，或者某些中间产品（例如，陶瓷制品的坯体）的成型过程中，由于工艺要求也需要添加一些水分。诸如此类的原因都会使得材料生产或制备所需的原料或中间产品中以及某些燃料中都含有较高的水分。然而，在进入某些设备（尤其是热工设备）之前，通常需要除去大多数多余的水分，这就涉及到物料的脱水问题。

脱水的方法通常有三种：机械脱水、吸附脱水、加热脱水。

① 机械脱水是指用压榨、离心分离、过滤、压滤等机械手段脱去物料中较多的水分。这类方法只是在物料中水分含量很大时才较为高效，否则其能耗太高，即在经济方面不合算。

② 吸附脱水是指将一些能够吸收水分的干燥剂（例如，$CaCl_2$、硅胶等，干燥剂的平衡水分分压很低）与湿料放在一起后，物料中的水分就会因为蒸发或被吸附而降低。该脱水方法由于脱水较慢，常常是用于实验样品的干燥或者某些精密仪器、设备的防潮，在工业生产中很少采用。

③ 加热脱水是指通过加热物料使其中的水分汽化逸出。该脱水方法就是人们常说的干燥工艺（或称：烘干工艺）。

干燥的本质就是：物料中的水分在温度差、湿度差的驱动下从物料表面向周围气体中扩散。最为常见的气体便是空气。当湿物料置于空气中，只要其表面的水蒸气分压大于空气中水蒸气的分压，则物料表面的水蒸气就会向空气中扩散，这个过程被称为：外扩散。物料表面的水蒸气扩散后，表面的水分又会汽化同时从空气中吸收热量。与此同时，物料内部与物料表面之间原有的水分浓度平衡便被破坏，从而造成物料内部的水分浓度大于物料表面的水分浓度，在此浓度差的推动下，物料内部的水分向物料表面扩散，此过程被称为：内扩散。由此可见，物料的干燥过程是包含连续的内扩散过程、外扩散过程同时伴随着热量传递过程。显然，想加速干燥就必需有相应的传热效率。在稳定蒸发时，物料表面获得的热量被消耗于水的汽化热以及水蒸气的升温。

物料的干燥方法分为两种：自然干燥和人工干燥。自然干燥就是将湿物料堆置于露天或室内的场地上，借助于风吹和日晒的自然条件来使物料脱水。这种干燥方法的特点是：不需要专用的设备，也不消耗动力和燃料，操作简单，但是干燥速度慢、产量低、劳动强度高、受气候条件的影响大。人工干燥是指将湿物料放在专用设备——"干燥设备"中进行加热，使物料干燥。人工干燥的特点是：干燥速度快、产量大、不受气候条件的限制、便于实现自动化，但是，需要消耗动力和燃料。

就人工干燥的加热方式而言，按照物料的受热特征来分，则有“外热源法”和“内热源法”这两种类型。所谓“外热源法”是指在物料外部对物料表面进行加热，其具体的加热方式主要有以下三种：

(1) 对流加热：通常用热空气或热烟气作为载热介质以对流换热方式来对物料的表面进行加热。

(2) 辐射加热：利用红外灯或灼热金属表面或高温陶瓷表面产生的红外线来向物料的表面进行辐射加热。

(3) 对流-辐射加热：上述两种加热方式的综合，既有对流加热方式又有辐射加热方式。

当然，除了上述加热方式以外，个别的干燥设备也会采用导热加热方式。

外热源法加热的特点是：物料的表面温度高于其内部的温度，因此在物料内部，热量传递的方向与水分内扩散的方向是相反的。

所谓“内热源法”是指：要么将湿物料放在交变的电磁场之中，从而使物料本身的分子产生剧烈的热运动而发热；要么让电流通过物料从而产生焦耳热效应。

内热源法加热的特点是：物料的内部温度高于其表面的温度，因此在物料内部，热量传递的方向与水分内扩散的方向是一致的，这样就能够增大水分的内扩散速率。

上述各种加热方式在不同物料或坯体的干燥过程中都有应用，在无机非金属材料工业领域，应用最为广泛的还是对流加热。其载热介质通常是热空气或热烟气，它们也是干燥介质。

不同的物料，其性质各异，干燥制度的差别也很大。例如，砂子和石灰石可以在较高的温度以及较高的干燥速率下进行干燥，而黏土的干燥温度不宜高于 400 ℃，否则黏土也会因此失掉结晶水从而失去塑性。再比如，煤的干燥温度不宜高于 200 ℃，否则煤中的挥发分会大量挥发而会在干燥设备中发生爆炸。对于陶瓷坯体、耐火材料坯体、砖瓦坯体等半成品坏体的干燥，要求严格的干燥制度，否则坯体会产生变形或者发生开裂。

在干燥设备方面，块状制品宜采用室式干燥机等；颗粒状物料通常采用回转烘干机等干燥设备；泥浆类物料可以采用喷雾干燥机、闪蒸干燥器等干燥设备。大型的或异型的陶瓷坏体、耐火材料坯体通常采用自然干燥或者辅之以内热源加热，这样使其缓慢干燥，避免开裂。

粉状或颗粒状物料的干燥还可以与破碎、粉磨以及选粉过程同时进行，从而简化工艺流程与设备，减少能源消耗。风扫式煤磨或者水泥生料磨便属于此类。但是，该系统一般只适合于含水率较低的物料。含水率较高的物料仍然适宜采用专门设立的烘干设备，以确保粉磨系统的作业效率。

3.1.1 湿空气的性质

作为干燥介质的热空气或热烟气不仅是载热体，也是载湿体。研究对流加热的干燥过程必需首先研究干燥介质的性质。当然，烟气和空气在干燥方面的物理性质都是相似的，因此，在干燥方面，对于烟气与空气可以不加以区分。

3.1.1.1 干空气与水蒸气的分压

湿空气可以认为是干空气和水蒸气的混合体，或者说：干空气对于水蒸气有一定的“承载能力”，其“承载能力”随着温度的上升而增大，但是有一定的极限：当湿空气达到饱和状态时，就认为干空气对于水蒸气的“承载能力”达到了极限。由生活经验可知，当湿空气达到饱和状态后，如果再增加其中的水蒸气含量，湿空气就会结露(Dew)。湿空气中所含水蒸气的量被称为：空气的湿度。然而，要研究空气的湿度就必需先研究干空气以及水蒸气的分压。

如果令 p 代表大气压强，即湿空气的总压，p_a 和 p_v 分别代表干空气分压及水蒸气分压，则按照道尔顿①分压定律，有：

---

① 约翰·道尔顿(John Dalton，1766—1844)，英国历史上一位非常知名的化学家、物理学家，被誉为“现代化学之父”。

$$p = p_a + p_v \qquad (Pa) \tag{3.1}$$

干空气(Air)和水蒸气(Vapor)可以近似地看作是理想气体，于是，按照理想气体状态方程，则有：

$$p_a = \frac{m_a R}{VM_{r,a}} T = \rho_a R_a T \qquad (Pa) \tag{3.2}$$

$$p_v = \frac{m_v R}{VM_{r,v}} T = \rho_v R_v T \qquad (Pa) \tag{3.3}$$

式中 T——湿空气的温度，K；

V——湿空气的体积，m^3；

R——气体普适常数，$R \approx 8314.3$ J/(kmol · K)；

m_a, m_v——干空气及水蒸气的质量，kg；

$M_{r,a}, M_{r,v}$——干空气及水蒸气的千摩尔质量(其数值等于相对分子质量)，kg/kmol：$M_{r,a} = 28.9$ kg/kmol，$M_{r,v} = 18$ kg/kmol；

ρ_a, ρ_v——干空气及水蒸气在相应分压下的密度，kg/m^3；

R_a, R_v——干空气及水蒸气的气体常数，J/(kg · K)；

其中，$R_a = \frac{R}{M_{r,a}} = \frac{8314.3}{28.9} \approx 287.7$ J/(kg · K)，$R_v = \frac{R}{M_{r,v}} = \frac{8314.3}{18} \approx 462$ J/(kg · K)。

3.1.1.2 空气的湿度

湿空气中所含水蒸气的量被称为：空气的湿度。空气的湿度可以用以下三种方式来表示：

(1) 绝对湿度

单位体积的湿空气中所含有的水蒸气质量，被称之为空气的**绝对湿度**(Absolute Humidity)，用 ρ_{ah} 表示，单位：kg/m^3。

由上述定义可知，空气的绝对湿度就是在空气温度及水蒸气分压下的水蒸气密度 ρ_v，按照式(3.3)，则有：

$$\rho_{ah} = \rho_v = \frac{p_v}{R_v T} = \frac{1}{462} \frac{p_v}{T} \qquad (kg/m^3) \tag{3.4}$$

当空气中的水蒸气含量超过某一限度时，便会有部分水蒸气凝结而从空气中析出(这就是“露”)。在一定的条件下，含有最大水蒸气量的空气被称为：饱和空气，相应的水蒸气分压被称为：饱和水蒸气分压，用 p_{sv} 表示。饱和空气的绝对湿度用 ρ_{sv} 来表示，于是：

$$\rho_{sv} = \frac{1}{462} \frac{p_{sv}}{T} \qquad (kg/m^3) \tag{3.5}$$

水在 1 个物理大气压下的饱和蒸气分压则仅仅是温度的单值函数。在 0～100 ℃的温度范围内以及 1 个物理大气压下，水的饱和蒸气压可以较为准确地由下式来求得：

$$p_{sv} = 610.8 + 2674.3\left(\frac{t}{100}\right) + 31558\left(\frac{t}{100}\right)^2 - 27645\left(\frac{t}{100}\right)^3 + 94124\left(\frac{t}{100}\right)^4 \qquad (Pa) \tag{3.6}$$

式中 t——水的温度，℃。

饱和空气可以看成是由绝干空气与同温度的饱和水蒸气所组成的混合物，因此，湿空气饱和蒸气分压就是同温度时水的饱和蒸气压。当饱和空气的温度已知时，则可以由式(3.5)及式(3.6)来求得饱和蒸气压所对应的绝对湿度。当然，这也可以从表 3.1 中来查得。

表 3.1　饱和空气的绝对湿度及其水蒸气分压

饱和温度/℃	绝对湿度 ρ_{sv}/(kg·m^{-3})	水的饱和蒸气分压 p_{sv}/kPa	饱和温度/℃	绝对湿度 ρ_{sv}/(kg·m^{-3})	水的饱和蒸气分压 p_{sv}/kPa
−15	0.00139	0.1652	45	0.06524	9.5840
−10	0.00214	0.2599	50	0.08294	12.3338
−5	0.00324	0.4012	55	0.10428	15.7377
0	0.00484	0.6106	60	0.13009	19.9163
5	0.00680	0.8724	65	0.16105	25.0050
10	0.00940	1.2278	70	0.19795	31.1567
15	0.01282	1.7032	75	0.24165	38.5160
20	0.01720	2.3379	80	0.29299	47.3465
25	0.02303	3.1674	85	0.35323	57.8102
30	0.03036	4.2430	90	0.42307	70.0970
35	0.03959	5.6231	95	0.50411	84.5335
40	0.05113	7.3764	99.4	0.58625	99.3214

(2) 相对湿度

湿空气的绝对湿度(ρ_v)与同温度同总压下饱和空气的绝对湿度(ρ_{sv})之比，被称为：湿空气的**相对湿度**(Relative Humidity)，无量纲量，用符号 φ 表示(在日常生活中，这个参数的符号则常用 RH)：

$$\varphi = \frac{\rho_v}{\rho_{sv}} = \frac{p_v}{p_{sv}} \times 100\% \tag{3.7}$$

对于绝干空气，$p_v=0$，$\varphi=0$；对于饱和空气，$\varphi=100\%$。相对湿度越大的空气其吸湿能力越小，在 $\varphi=100\%$ 的饱和空气中，湿物料便不能够被干燥。

(3) 含湿量

湿物料在空气中干燥时，随着物料中水分的蒸发，空气中的湿度将会逐渐增大，但是，绝干空气的质量不变。因此，在干燥过程中，采用 1 kg 绝干空气作为计算基准就比较方便。

1 kg 绝干空气所含有的水蒸气质量，被称为空气的**含湿量**，用 x 表示[①]，单位：kg/kg。若令 ρ_s 为单位体积湿空气在总压为 p 以及温度为 T 时的质量(即湿空气的密度)，则根据质量平衡关系式，有以下的等式成立：

$$\rho_s = \rho_a + \rho_v \qquad (\mathrm{kg/m^3}) \tag{3.8}$$

式中　ρ_a，ρ_v——分别为同温度而且对应于绝干空气分压 p_a 以及水蒸气分压 p_v 时，绝干空气以及水蒸气的密度，kg/m³。

按照含湿量的定义，则有：

$$x = \frac{\rho_v}{\rho_a} = \frac{\dfrac{p_v}{R_v T}}{\dfrac{p_a}{R_a T}} = \frac{R_a \cdot p_v}{R_v \cdot p_a} = \frac{R_a}{R_v} \cdot \frac{p_v}{p - p_v} = \frac{287.7}{462} \cdot \frac{p_v}{p - p_v}$$

$$= 0.622 \frac{\varphi \cdot p_{sv}}{p - \varphi \cdot p_{sv}} \qquad (\mathrm{kg/kg}) \tag{3.9}$$

由此可知，当总压一定时，空气的含湿量 x 是温度 T 及相对湿度 φ 的函数。

空气湿度的三种表达方式都代表着空气中水蒸气的含量有多少，可以在不同的场合使用：在实测空气中的水蒸气含量时，用绝对湿度来表示较为方便；然而，若是为了表示空气的干燥能力，则用相对

① “含湿量”曾经称为：湿含量，其符号传统上用 x 表示，现在则常用 d 表示。在本教材中，考虑到人们的习惯而用符号 x。

湿度的概念就比较方便；另外，在进行干燥计算时，用含湿量表示湿度能够使计算工作更为简便。实质上，上述三种湿度是可以相互换算的。另外，若已知空气的含湿量，也可以根据式(3.10)计算出空气中水蒸气的含量(体积分数，%)$\varphi(H_2O)$。

$$\varphi(\mathrm{H_2O})=\frac{\dfrac{x}{0.804}}{\dfrac{1}{\rho_{a0}}+\dfrac{x}{0.804}}\times 100\% \qquad (3.10)$$

式中 ρ_{a0}——空气在标准状态下的密度，约为 1.293 kg/m³。如果不是空气而是其他气体，则该密度可以查阅附录 3 中附表 3.1，也可以利用其相对分子质量除以 22.4 来近似计算得到；

0.804——水蒸气在标准状态下的密度(18/22.4≈0.804)，kg/m³。

3.1.1.3 湿空气的密度和比体积

(1) 密度

湿空气的密度可以根据式(3.8)与式(3.9)，再经过一系列的推导，得：

$$\rho_s=\rho_a+\rho_v=\frac{1}{T}\left(\frac{p_a}{R_a}+\frac{p_v}{R_v}\right)=\frac{1}{T}\left(\frac{p-p_v}{R_a}+\frac{p_v}{R_v}\right)=\frac{1}{T}\left[\frac{p}{R_a}-\frac{p_v(R_v-R_a)}{R_aR_v}\right]$$

$$=\frac{p(1+x)}{R_v\left(\dfrac{R_a}{R_v}+x\right)T}=\frac{p(1+x)}{462(0.622+x)T}\quad (\mathrm{kg/m^3}) \qquad (3.11)$$

(2) 比体积

单位质量的湿空气之体积被称为：比体积(又称：质量体积，曾称为：比容)，用 v_s 表示，显然它是密度的倒数，即：

$$v_s=\frac{1}{\rho_s}=\frac{462(0.622+x)T}{p(1+x)}\quad (\mathrm{m^3/kg}) \qquad (3.12)$$

当总压 p 一定时，湿空气的密度或比体积与温度以及含湿量有关。

3.1.1.4 湿空气的热焓量

湿空气的热焓量是指单位质量的绝干空气所具有的焓(在常压下，以 0 ℃为基准)，它是用符号 I 来表示①，单位：kJ/kg。I 与含湿量 x 之间的关系为：

$$I=c_{p,a}t+(c_{p,v}t+2497.5)x=(c_{p,a}+c_{p,v}x)t+2497.5x \qquad (3.13)$$

式中 $c_{p,a}$、$c_{p,v}$——绝干空气与水蒸气在 0～t ℃范围内的平均定压比热容，它们都是温度的函数，在<200 ℃的干燥过程中，常取 $c_{p,a}$=1.006 kJ/(kg·℃)，$c_{p,v}$=1.930 kJ/(kg·℃)；

t——空气的温度，℃；

2497.5——水在 0 ℃时的汽化热，kJ/kg。

3.1.1.5 湿空气的温度参数

(1) 干球温度 t

干球温度就是湿空气的实际温度，用符号 t 表示，可以用普通的玻璃(液柱式)温度计来进行测量。

(2) 露点温度 t_d

未饱和的湿空气在含湿量 x 不变的条件下，冷却到饱和状态(φ=100%)时，就称之为：露点(Dew Point)。露点温度用符号 t_d 表示。当空气温度低于露点温度时，空气中的水蒸气就会冷凝成水珠而析出。设 p_d 表示露点时空气中的饱和水蒸气分压，则由式(3.9)可知：

$$p_d=\frac{xp}{0.622+x}\quad (\mathrm{Pa}) \qquad (3.14)$$

当湿空气的总压 p 和含湿量 x 已知时，便能够计算出 p_d，再由表 3.1 可以查得相应的 t_d(℃)。

① “热焓量”曾经称为：热含量，其符号传统上用 I 表示，现在则多用 H 表示。在本教材中，考虑到人们的习惯而用符号 I。

(3) 湿球温度 t_{wb}

在玻璃温度计的温包上裹以湿纱布，纱布的另一端浸入水中，在平衡状态下，该温度计所指示的温度，就称之为空气的**湿球温度**(Wet Bulb Temperature)，用符号 t_{wb} 表示。干湿球温度计(Psychrometer)的测定原理如图 3.1 所示。

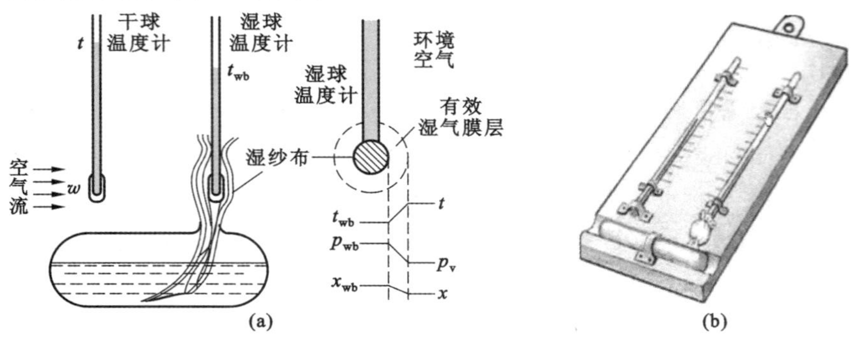

图 3.1　干湿球温度计的测定原理及实物图

(a) 测定机理；(b) 实物图

设干球温度为 t、水蒸气分压为 p_v、含湿量为 x 的不饱和空气在以一定的速度 w 通过湿球温度计的湿纱布表面时，湿纱布的初温是高于空气的露点温度。由于湿纱布表面的水蒸气压强比空气中的水蒸气分压要高，水分便会从湿纱布表面汽化，并通过湿气膜层扩散到空气中，水分的汽化耗热首先取自于湿纱布中水的物理热，因而使水温下降；一旦湿纱布中的水温低于干球温度，热量便从空气传入湿纱布的水之中，它的传热速率随着两者温度差的增大而提高，直至由空气传入湿纱布的传热速率恰好等于湿纱布表面汽化水分所需的传热速率，这时湿纱布中的水温便保持稳定，这就是空气的湿球温度 t_{wb}。空气的相对湿度 φ 越低，湿纱布表面的水蒸气压强与空气中水蒸气分压之差就越大，则水分的汽化就越快，湿球温度也就越低，参见附录 8 中附表 8.1。由此可知，空气的干球温度 t、湿球温度 t_{wb} 和露点 t_d 这三个温度参数之间的关系，对于不饱和空气，是：$t>t_{wb}>t_d$；而对于饱和空气，是：$t=t_{wb}=t_d$。

(4) 绝热饱和温度 t_{ac}

假设一定量的不饱和空气连续通入绝热容器内而与大量喷洒水密切接触，如图 3.2 所示。因为是绝热系统，所以水的汽化耗热只能来自于空气的物理热，因此空气在绝热饱和过程中，湿度会逐渐增大而温度会下降，其焓值则略有增加。当空气被水蒸气饱和($\varphi=100\%$)时，其温度就不再下降而等于循环水的温度，这个温度便被称为空气的**绝热饱和温度**，用符号 t_{ac} 表示，其对应的饱和含湿量为 x_{ac}。

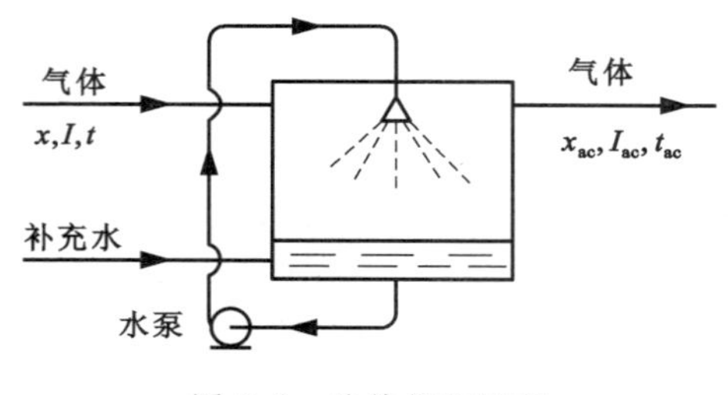

图 3.2　绝热饱和过程

由此可见，t_{ac} 是空气在热焓量 I 不变的情况下增湿冷却而达到的饱和温度。

理论与实验都表明，在空气-水系统中，空气的绝热饱和温度近似地等于其湿球温度，即 $t_{ac}\approx t_{wb}$。

【例 3.1】 已知某空气的干球温度 $t=30$ ℃，湿球温度 $t_{wb}=25$ ℃，大气压强 $p=99325$ Pa，试求该空气的绝对湿度 ρ_v、相对湿度 φ、水蒸气分压 p_v、含湿量 x、热焓量 I、露点 t_d 以及密度 ρ_s。

【解】 由表 3.1 查得：空气在 30℃时的饱和水蒸气分压为 $p_{sv}=4.243$ kPa，其饱和绝对湿度 $\rho_v=0.03036$ kg/m³。再由附录 7 中附表 7.1 查得：空气在干球温度为 30 ℃、湿球温度为 25 ℃时的相对湿度 $\varphi=66\%$。于是，该空气的绝对湿度 ρ_v 以及水蒸气分压 p_v 分别为：

$$\rho_v = R_h \cdot \rho_{sv} = 0.66 \times 0.03036 = 0.02(\text{kg/m}^3)$$

$$p_v = R_h \cdot p_{sv} = 0.66 \times 4243 = 2800(\text{Pa})$$

该空气的含湿量 x 为：

$$x=0.622\,\frac{p_v}{p-p_v}=0.622\times\frac{2800}{99325-2800}=0.01804(\text{kg/kg})$$

该空气的热焓量 I 为：

$$I=(c_{p,a}+c_{p,v}x)t+2497.5x=(1.006+1.930\times0.01804)\times30+2497.5\times0.01804$$
$$=76.1(\text{kJ/kg})$$

露点温度所对应的饱和水蒸气分压 p_d 为：

$$p_d=\frac{xp}{0.622+x}=\frac{0.01804\times99325}{0.622+0.01804}=2800(\text{Pa})$$

由 p_d 的值再查表 3.1(用线性内插法查表)就可以得到所对应的饱和温度(即露点温度)为 $t_d\approx$ 22.8 ℃。另外，湿空气的密度 ρ_s 为：

$$\rho_s=\frac{p(1+x)}{462(0.622+x)T}=\frac{99325\times(1+0.01804)}{462\times(0.622+0.01804)\times(273.15+30)}$$
$$=1.129(\text{kg/m}^3)$$

—毕—

3.1.2 湿空气的 I-x 图

利用上述理论计算法来计算空气的状态参数很烦琐。为了简化计算过程，人们便将上述的有关湿空气性质之数学计算式制成湿度图。湿度图有多种表示法，例如，以温度为横坐标，湿度为纵坐标所绘制的湿度图(称为：湿度-温度图)；以热焓量 I 为纵坐标，含湿量 x 为横坐标的湿度图(被称之为：焓-湿度图，也称：I-x 图①)等。考虑到无机非金属材料领域内使用的广泛程度，这里，只介绍 I-x 图。

3.1.2.1 I-x 图的组成

I-x 图是以空气的含湿量 x 为横坐标，热焓量 I 为纵坐标，它由等含湿量线、等热焓量线、等干球温度线、等湿球温度线、等相对湿度线以及水蒸气分压线组成。为了使各种图线能够较好地分布，不至于聚集在一起而看不清楚，绘制该图时采用夹角为 135°的斜坐标系，即如图 3.3(a)所示的 Iox' 坐标系，然而，斜坐标系使用时不方便，所以又另外作辅助横轴 ox 与纵轴正交，而且还将斜横轴 ox' 上的数值投影在 ox 轴上。在实际使用时，仍使用正交直角坐标系 Iox，如图 3.3(b)所示，而 ox' 轴仅在绘制 I-x 图时采用，然后去掉。I-x 图上各线簇的意义如下(具体参见附录 9 或附录 10)：

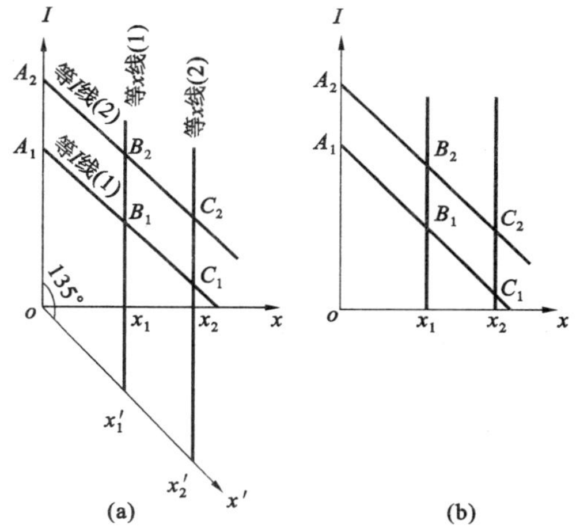

图 3.3 I-x 图的构成

(1) 等含湿量线(简称：等 x 线)

等含湿量线就是一簇平行于纵轴的直线，例如，图 3.3中的直线$\overline{B_2x_1}$、直线$\overline{C_2x_2}$等。在等 x 线上，空气的含湿量 x 是常数。如果令 R_x 代表横轴 ox 的比例尺$\left(\frac{\text{kg/kg}}{\text{mm}}\right)$，则线段$\overline{ox_1}$ 所代表的含湿量值为 $x=R_x\cdot\overline{ox_1}$(kg/kg)，其中，$\overline{ox_1}$ 以 mm 计。

(2) 等热焓量线(简称：等 I 线)

等热焓量线则是一簇平行于斜横轴 ox'，与水平横轴 ox 成 45°交角的直线，例如，图 3.3 中直线$\overline{A_1C_1}$和直线$\overline{A_2C_2}$等。在等热焓量线上，空气热焓量 I 相同。若令 R_I 代表纵轴的比例尺$\left(\frac{\text{kJ/kg}}{\text{mm}}\right)$，则通过点 A_1 的等热焓量线的 $I=R_I\cdot\overline{oA_1}$(kJ/kg)，其中，$\overline{oA_1}$ 以 mm 计。关于比例尺 R_x 和 R_I，在作图

① I-x 图，现在也称：H-d 图，即“热焓量”用符号 H 表示，‘含湿量”用符号为 d 表示。

时均要标明，通常$\frac{R_I}{R_x}=2000$。

（3）等干球温度线（简称：等 t 线，或简称：等温线）

湿空气的热焓量 I，由式(3.13)给出：

$$I = c_{p,a}t + (2497.5 + c_{p,v}t)x$$

当湿空气的干球温度给定时，$c_{p,a}$、$c_{p,v}$ 均为已知数，所以上式是一条直线。但是，在温度不同时，该直线的截距和斜率也有所不同。由此可知：等干球温度线就是一簇从左开始向右上方倾斜的直线（附录 8 中的温度范围为－10～200 ℃，附录 9 中的温度范围为 0～1450 ℃）。

（4）等相对湿度线（简称：等 φ 线）

由式(3.9)可知：

$$p_{sv}(t) = \frac{xp}{(0.622 + x)\cdot\varphi} \quad (\text{Pa})$$

当空气的总压 p 及其相对湿度 φ 都给定以后，上式所表述的便是一簇向上微凸的曲线。然而，在沸点处[即 $p_{sv}(t)=p$ 时]，等 φ 线便突变为垂直向上的直线。$\varphi=100\%$ 的等 φ 线则被称为湿空气的饱和线。饱和线以下的区域，空气处于不稳定的过饱和状态，这时的湿空气已成雾状。饱和线以上的区域是未饱和区：相对湿度 φ 越小，则离饱和线就越远，这说明此时湿空气的干燥能力也就越大。

在 I-x 图上，通常标明作图时的空气总压 p 值。如果实际使用时的当地大气压强值 p' 与 I-x 图上所标注的大气压值 p 有较大的偏差，还要把通过 I-x 图所查得的 φ 值用下式来进行修正：

$$\varphi' = \varphi \cdot \frac{p'}{p} \tag{3.15}$$

式中 φ'——对应于实际大气压强值 p' 时的相对湿度，%。

（5）水蒸气分压线

由式(3.9)，也可以得到空气中水蒸气分压 p_v 与含湿量 x 之间的关系为：

$$p_v = \varphi \cdot p_{sv} = \frac{xp}{0.622 + x} \quad (\text{Pa}) \tag{3.16}$$

当湿空气总压 p 已知时，上式所表述的是一条通过原点并向上微凸的曲线，人们将其绘制在过饱和区内。水蒸气分压 p_v 的纵坐标则位于 I-x 图中的右侧。

（6）等湿球温度线（等 t_{wb} 线）

如前所述，湿空气的湿球温度 t_{wb} 近似地等于其绝热饱和温度 t_{ac}，故而湿球温度 t_{wb} 与含湿量 x 及热焓量 I 之间的关系可以由空气的绝热饱和方程给出：

$$I = I_{ac} - (x_{ac} - x)c_{p,v}t_{ac} = (I_{ac} - x_{ac}c_{p,v}t_{ac}) + c_{p,v}t_{ac}x \tag{3.17}$$

若绝热饱和温度 t_{ac}（即湿球温度 t_{wb}）给定时，水的比热容 $c_{p,v}$ 为已知数，湿空气在绝热饱和温度 t_{ac} 时的含湿量 x_{ac} 和热焓量 I_{ac} 则可以通过 $t=t_{ac}$ 的等温线与 $\varphi=100\%$ 的等 φ 线之交点来获得，因而亦为已知数，于是，湿空气在绝热增湿过程中，其热焓 I 与含湿量 x 之间的关系是线性的，如附录 8 或附录 9图中虚线所示。当空气温度较低或者计算精度要求不高时，也可以使用等热焓量线（等 I 线）来近似地代替等湿球温度线（等 t_{wb} 线）。

有些高温 I-x 图中还附有等比体积线。由式(3.12)可知，以 1 kg 干空气[即以 $(1+x)$kg湿空气为基准的湿空气]的比体积为：

$$v=(1+x)v_s=\frac{462\times(0.622+x)T}{p} \quad (\text{m}^3/\text{kg}) \tag{3.18}$$

或

$$x = \frac{pv}{462T} - 0.622 = \frac{pv}{462\times(t + 273.15)} - 0.622 \quad (\text{kg/kg}) \tag{3.19}$$

将式(3.18)代入空气热焓量表达式(3.13)中,则可以得到:

$$I = c_{p,v}t + (c_{p,v}t + 2497.5) \times \left[\frac{pv}{462 \times (t + 273.15)} - 0.622\right] \quad (\text{kJ/kg}) \qquad (3.20)$$

当空气的总压 p 和比体积 v 给定时,就等比体积线而言,热焓量 I 与温度 t 的关系是一簇曲率很小的曲线。如附录 9 中的近似为水平线的一簇曲线就是等比体积线(曾称为:等比容线)。

3.1.2.2 *I-x* 图的应用

(1) 湿空气状态参数的图解法

【例 3.2】 试用附录 8 中的 *I-x* 图重新求解【例 3.1】。

【解】 第一步,如图 3.4 所示,由 $t=30$ ℃的等干球温度线与 $t_{wb}=25$ ℃的等湿球温度线相交于点 A,通过点 A 的等 x 线和等 I 线分别在横轴和纵轴上截得 $x=0.018$ kg/kg 以及$I\approx 77$ kJ/kg。

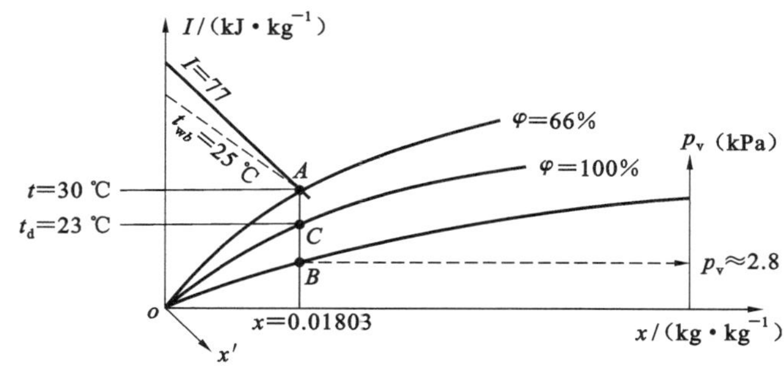

图 3.4 【例 3.1】的附图——*I-x* 图应用的案例一

第二步,由 $x\approx 0.018$ kg/kg 的等 x 线与 $\varphi=100\%$的等 φ 线交于点 C,过点 C 的等干球温度 $t\approx$ 23 ℃,该温度即为露点 t_d。

第三步,由上述的等 x 线与分压线相交于点 B,通过点 B 可以在右侧的纵轴上读得 $p_v\approx$ 2.8 kPa=2800 Pa。

第四步,由通过点 A 的等 φ 线,可以得到:$\varphi\approx 66\%$。

由于附录 8 中没有等比体积线,故而空气的比体积和密度未能够得到图解。 —毕—

将上述图解的结果与通过计算法求解的结果相比较,可以看出,图解结果的精度能够满足于工程计算的精确度要求。

(2) 空气经过加热器预热后其状态参数的图解法计算

设空气进加热器前的状态参数为 t_0、φ_0、x_0、I_0,出加热器的参数为 t_1、φ_1、x_1、t_1,则空气加热前、后的状态参数以及从加热器中获得的热量均可以用 *I-x* 图通过图解法来求得。

【例 3.3】 将 $t_0=20$ ℃,$\varphi_0=60\%$的空气经过加热器预热到 $t_1=95$ ℃。求:(1) 空气进入加热器之前的含湿量 x_0、热焓量 I_0;(2) 空气在被预热之后的状态参数值以及空气从加热器中获得的热量。

【解】 (1) 由 $t_0=20$ ℃的等 t 线和 $\varphi_0=60\%$的等 φ 线在 *I-x* 图上相交于点 A(如图 3.5所示),点 A 的参数值为 $x_0\approx 0.009$ kg/kg,$I_0=42$ kJ/kg。

(2) 空气在加热器中被加热,其含湿量不变,即 $x_1=x_0$,故而空气出加热器的状态点是由 $x_1=x_0$ 的等 x 线与 $t_1=95$ ℃的等 t 线之交点(点 B)来获得;再由通过点 B 的等热焓量线可以得到:$I_1\approx 120$ kJ/kg,$\varphi_1<5\%$。

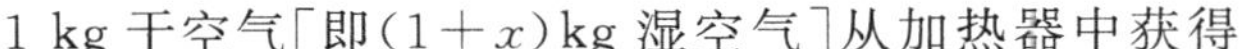

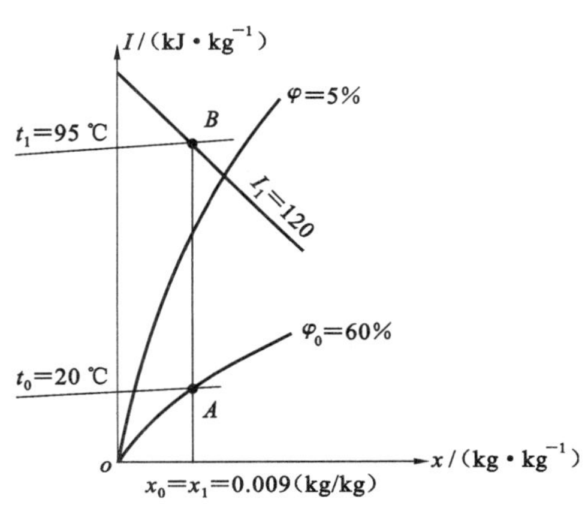

图 3.5 【例 3.3】的附图——*I-x* 图应用案例二

1 kg 干空气[即(1+x)kg 湿空气]从加热器中获得

的热量为：

$$q=I_1-I_0=120-42=78(\text{kJ/kg})$$

—毕—

(3) 热烟气与冷空气混合后的状态参数之图解法计算

① 热烟气的含湿量及其热焓量之计算

除了可以用空气作为干燥介质以外，工业上还经常使用专门设立的燃烧室所产生的高温烟气(Flue Gas)来作为干燥介质。高温烟气的性质虽然与空气有所不同，但是在干燥性能方面其差异并不大。此外，因为燃烧产物的温度通常在1000 ℃以上，从而需要掺入一定量的冷空气，以使混合气的温度降至符合工艺的要求。因此，可以将热烟气近似地看作与空气的性质相似，并且利用 I-x 图进行图解法计算。这种计算法能够满足工程上的精度要求。

令 t_{f1}、x_{f1}、I_{f1}代表出燃烧室的高温烟气之实际燃烧温度、含湿量以及热焓量，则 x_{f1}、I_{f1}可以由燃烧计算求得：

燃烧**固体燃料**或**液体燃料**时：

$$x_{\text{f1}}=\frac{1.293\alpha V_{\text{a}}^{0}x_0+[9w(\text{H}_{\text{ar}})+w(\text{M}_{\text{ar}})]/100\ [+M_{\text{a}}/100]}{1.293\alpha V_{\text{a}}^{0}+1-[w(\text{A}_{\text{ar}})+9w(\text{H}_{\text{ar}})+w(\text{M}_{\text{ar}})]/100}\quad(\text{kg/kg})\tag{3.21}$$

上式中的分母是每 1 kg 燃料完全燃烧时的干烟气生成量(kg/kg)；其分子是每 1 kg 燃料完全燃烧所生成烟气中的水蒸气质量(kg/kg)，其中，方框号内的一项表示该项可能有，也可能没有。

式中 V_a^0——每 1 kg 燃料燃烧时所需要的理论空气量(标准状态体积)，m^3/kg；

α——空气过剩系数；

$w(\text{H}_{\text{ar}})$，$w(\text{M}_{\text{ar}})$，$w(\text{A}_{\text{ar}})$——燃料(固体燃料用“收到基”；液体燃料则将下角标“ar”删除)的氢元素、水分以及灰分的含量(质量分数，%)；

M_{a}——用水蒸气雾化每 1 kg 液体燃料时的水蒸气耗量，kg/kg，该符号前后的方框号表示该项可能有，也可能没有(固体燃料没有，液体燃料可能有)。

$$I_{\text{f1}}=\frac{\eta Q_{\text{gr,ar}}+c_{\text{f}}t_{\text{f}}+1.293\alpha V_{\text{a}}^{0}I_0}{1.293\alpha V_{\text{a}}^{0}+1-[w(\text{A}_{\text{ar}})+9w(\text{H}_{\text{ar}})+w(\text{M}_{\text{ar}})]/100}\quad(\text{kJ/kg})\tag{3.22}$$

式中 $Q_{\text{gr,ar}}$——燃料的(固体燃料用“收到基”，液体燃料则将下角标“ar”删除)高位发热量，kJ/kg；

η——燃烧室考虑到炉体散热损失等因素以后的热效率，一般为 0.75～0.85；

c_{f}，t_{f}——分别为燃料的比热容[kJ/(kg · ℃)]和温度(℃)。

燃烧**气体燃料**时：

$$x_{\text{f1}}=\frac{1.293\alpha V_{\text{a}}^{0}x_0+\sum\frac{0.09y}{12x+y}w(\text{C}_x\text{H}_y)+\frac{0.09}{17}w(\text{H}_2\text{S})+0.01w(\text{H}_2\text{O})}{1.293\alpha V_{\text{a}}^{0}+1-\sum\frac{0.09y}{12x+y}w(\text{C}_x\text{H}_y)-\frac{0.09}{17}w(\text{H}_2\text{S})-0.01w(\text{H}_2\text{O})}\quad(\text{kg/kg})\tag{3.23}$$

$$I_{\text{f1}}=\frac{\eta Q_{\text{gr}}+c_{p,\text{f}}t_{\text{f}}+1.293\alpha V_{\text{a}}^{0}I_0}{1.293\alpha V_{\text{a}}^{0}+1-\sum\frac{0.09y}{12x+y}w(\text{C}_x\text{H}_y)-\frac{0.09}{17}w(\text{H}_2\text{S})-0.01w(\text{H}_2\text{O})}\quad(\text{kJ/kg})\tag{3.24}$$

式中 $w(\text{C}_x\text{H}_y)$，$w(\text{H}_2\text{S})$，$w(\text{H}_2\text{O})$——分别为气体燃料中相应成分的含量(质量分数，%)；

$c_{p,\text{f}}$——气体燃料的定压比热容，$\text{kJ/(m}^3\cdot℃)$(这里，m^3 为标准状态体积单位)；

其他符号的意义如上所述。

通常，气体燃料的组成含量以体积分数 $\varphi(i)$ 给出。当已知气体燃料组成含量的体积分数 $\varphi(i)$ 时，其组成含量的质量分数 $w(i)$ 则可以用下式来求得：

$$w(i)=\frac{\varphi(i)M_{\text{r},i}}{\sum\varphi(i)M_{\text{r},i}}\times100\%\tag{3.25}$$

式中 $M_{\text{r},i}$——气体燃料中所对应成分的相对分子质量。

已知 x_{f1} 和 I_{f1} 后，燃烧产物的其他参数就可以通过 $I\text{-}x$ 图来求得。

【例 3.4】 已知煤气的组成含量(体积分数，%)为：$\varphi(H_2)$，25%；$\varphi(CH_4)$，20%；$\varphi(C_3H_6)$，15%；$\varphi(N_2)$，40%。求此煤气的组成含量(质量分数，%)$w(i)$以及每 1 kg 煤气燃烧所生成的水蒸气量。

【解】 已知 $\varphi(H_2)=25\%$，$\varphi(CH_4)=20\%$，$\varphi(C_3H_6)=15\%$，$\varphi(N_2)=40\%$

$$\sum\varphi(i)M_{r,i}=25\times2+20\times16+15\times42+40\times28=2120(\%)$$

$$H_2(\text{hydrogen}):w(H_2)=\frac{\varphi(H_2)M_{r,\text{hydr}}}{\sum\varphi(i)M_{r,i}}\times100\%=\frac{25\times2}{2120}\times100\%=2.358(\%)$$

$$CH_4(\text{methane}):w(CH_4)=\frac{\varphi(CH_4)M_{r,\text{meth}}}{\sum\varphi(i)M_{r,i}}\times100\%=\frac{20\times16}{2120}\times100\%=15.094(\%)$$

$$C_3H_6(\text{propene}):w(C_3H_6)=\frac{\varphi(C_3H_6)M_{r,\text{prop}}}{\sum\varphi(i)M_{r,i}}\times100\%=\frac{15\times42}{2120}\times100\%=29.717(\%)$$

$$N_2(\text{nitrogen}):w(N_2)=\frac{\varphi(N_2)M_{r,\text{nitr}}}{\sum\varphi(i)M_{r,i}}\times100\%=\frac{40\times28}{2120}\times100\%=52.831(\%)$$

$$\sum w(i)=2.358\%+15.094\%+29.717\%+52.831\%=100(\%)$$

由该煤气燃烧所生成的水蒸气量为：

$$\sum\frac{0.09y}{12x+y}w(C_xH_y)=\frac{0.09\times2}{12\times0+2}\times2.358+\frac{0.09\times4}{12\times1+4}\times15.094+\frac{0.09\times6}{12\times3+6}\times29.717$$
$$=0.9339(\text{kg/kg})$$

—毕—

② 热烟气与冷空气混合以后的状态参数之图解法

设高温烟气的状态参数为 x_{f1}、I_{f1}、t_{f1}，掺入冷空气的状态参数为 x_0、I_0、φ_0、t_0，在 $I\text{-}x$ 图上可以标出相应的状态点，即如图 3.6 所示的点 B、点 A。高温烟气与冷空气混合以后的温度 t_{m1} 通常根据干燥工艺的要求而定，这也就是说，t_{m1} 是作为已知数而给定的。所需求得的则是冷空气的掺入量以及混合气的状态参数 x_{m1}、I_{m1} 等。

设 1 kg 高温干烟气与 n kg 干冷空气相混合，n 被称为：混合比。混合前、后的水蒸气量的平衡关系式以及热焓量的平衡关系式分别为：

$$x_{f1}+nx_0=(1+n)x_{m1} \tag{3.26}$$

$$I_{f1}+nI_0=(1+n)I_{m1} \tag{3.27}$$

由上述两式进行联立求解，可以得到：

$$n=\frac{x_{f1}-x_{m1}}{x_{m1}-x_0}=\frac{I_{f1}-I_{m1}}{I_{m1}-I_0}=\frac{\overline{PB}}{\overline{PA}}\quad(\text{kg/kg}) \tag{3.28}$$

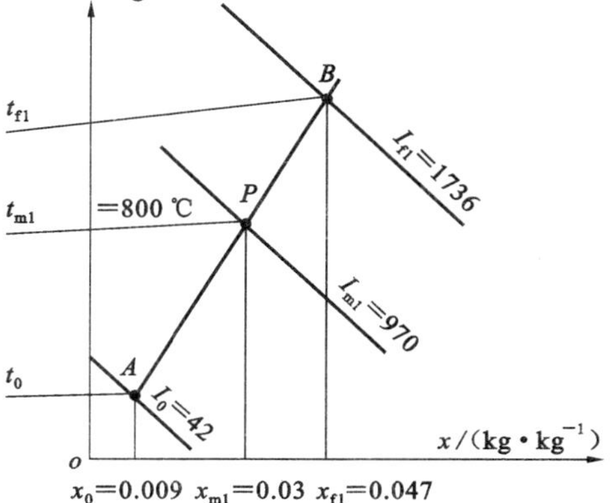

图 3.6 混合气状态参数的图解

上式就是关于热烟气与冷空气混合后有关参数的图解法之"杠杆规则"。它表明：作为混合气的状态点 P 是线段 $\overline{AB}$ 的内分点。点 P 由 $t=t_{m1}$ 的等温线与 $\overline{AB}$ 线的相交点来确定(参见图 3.6)。

【例 3.5】 某厂的烘干机使用专用燃烧室所产生的高温热烟气作为干燥介质。该燃烧室所用的燃料是煤粉，其空气干燥基煤的成分如下(注：粉磨煤时也要烘干，所以其空气干燥基 ad 就是其收到基 ar)：

元素组成	C_{ad}	H_{ad}	O_{ad}	N_{ad}	S_{ad}	M_{ad}	A_{ad}
$w(i)$(%)	65	5.0	6.0	2.0	0.2	2.0	19.8

该类煤的比热容 $c_f=1.26$ kJ/(kg·℃)，煤粉进炉温度 $t_f=50$ ℃，煤粉燃烧时的空气过剩系数 $\alpha=1.1$，该燃烧室的热效率 $\eta=0.85$，助燃空气的温度 $t_0=50$ ℃，助燃空气的相对湿度 $\varphi_0=60\%$，要求

混合气进入烘干机的温度 $t_{m1}=800$ ℃。求混合气的其余状态参数以及混合比 n。

【解】 第一步,计算煤的发热量[参考式(1.10b)与式(1.8a₂)]

$$
\begin{aligned}
Q_{gr,ad} &= Q_{net,ad}+207w(H_{ad})+23w(C_{ad}) \\
&= [12807.6+216.6w(C_{ad})+734.2w(H_{ad})-199.7w(O_{ad})-132.8w(A_{ad})-188.3w(M_{ad})] \\
&\quad +207w(H_{ad})+23w(M_{ad}) \\
&= 12807.6+216.6w(C_{ad})+941.2w(H_{ad})-199.7w(O_{ad})-132.8w(A_{ad})-165.3w(M_{ad}) \\
&= 12807.6+216.6\times 65.0+941.2\times 5.0-199.7\times 6.0-132.8\times 19.8-165.3\times 2.0 \\
&= 27434(\text{kJ/kg})
\end{aligned}
$$

第二步,计算每 1 kg 煤燃烧所需要的理论空气量[标准状态体积,参见式(1.21)]

$$
\begin{aligned}
V_a^0 &= 0.089w(C_{ad})+0.267w(H_{ad})+0.033[w(S_{ad})-w(O_{ad})] \\
&= 0.089\times 65+0.267\times 5.0+0.033\times(0.2-6.0)=6.9286(\text{m}^3/\text{kg})
\end{aligned}
$$

第三步,由 $t_0=50$℃,$\varphi_0=60\%$,在附录 8 的高温 I-x 图上便可以求得冷空气的状态(点 A),由此可知:$x_0\approx 0.050$ kg/kg;$I_0\approx 180$ kJ/kg。

第四步,高温烟气(燃烧产物)的含湿量 x_{f1} 和热焓量 I_{f1}

$$
\begin{aligned}
x_{f1} &= \frac{1.293\alpha V_a^0 x_0+[9w(H_{ad})+w(M_{ad})]/100}{1.293\alpha V_a^0+1-[w(A_{ad})+9w(H_{ad})+w(M_{ad})]/100} \\
&= \frac{1.293\times 1.1\times 6.9286\times 0.050+(9\times 5.0+2.0)/100}{1.293\times 1.1\times 6.9286+1-(19.8+9\times 5.0+2.0)/100} \\
&= 0.095(\text{kg/kg})
\end{aligned}
$$

$$
\begin{aligned}
I_{f1} &= \frac{\eta Q_{gr,ad}+c_f t_f+1.293\alpha V_a^0 I_0}{1.293\alpha V_a^0+1-[w(A_{ad})+9w(H_{ad})+w(M_{ad})]/100} \\
&= \frac{0.85\times 27434+1.138\times 50+1.293\times 1.1\times 6.9286\times 180}{1.293\times 1.1\times 6.9286+1-(19.8+9\times 5.0+2.0)/100} \\
&= 2469(\text{kJ/kg})
\end{aligned}
$$

第五步,由 x_{f1} 和 I_{f1} 在 I-x 图上相交于点 B,点 B 即为高温烟气的状态点。

连接点 A、点 B 得到直线 $\overline{AB}$,此直线与 $t_{m1}=800$ ℃的等温线相交于点 P,点 P 即为高温烟气与冷空气混合后的状态点(参见图 3.6),具体查附录 9 中的 I-x 图(注:本例题在寻找高温烟气状态点时,还需要用外推法)便可以得到点 P 的有关参数为:

$x_{m1}\approx 0.090$ kg/kg,$I_{m1}=1220$ kJ/kg,混合气的比体积 $v_{m1}\approx 3.5$ m³/kg。

根据上述所获得的有关参数的数据,就可以计算出混合比 n 的大小为:

$$
n=\frac{x_{f1}-x_{m1}}{x_{m1}-x_0}=\frac{0.095-0.090}{0.090-0.050}\approx 0.125(\text{kg/kg})
$$

— 毕 —

3.1.3 干燥过程的物料平衡计算与热量平衡计算

对于干燥过程,进行物料平衡计算与热量平衡计算之目的就在于根据被干燥物料的产量以及含水率来确定干燥设备中每小时所蒸发的水量、干燥介质的消耗量以及热耗等技术经济指标,这些指标用以衡量干燥设备的结构以及操作等方面是否合理。当然,这些指标也能为设计新的干燥设备而提供参考依据。

3.1.3.1 物料平衡计算

(1) 干燥流程

干燥流程如图 3.7 所示,其中,图 3.7(a)是利用空气作为干燥介质、物料与干燥介质顺向运动的干燥流程;图 3.7(b)则是利用热烟气掺入冷空气后的混合气来作为干燥介质、物料与干燥介质逆向流动的干燥过程。

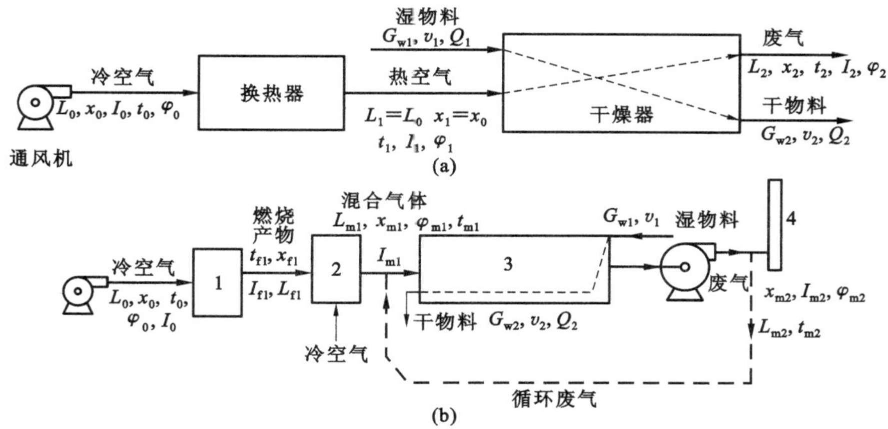

图 3.7 干燥流程的示意图

(a) 以空气为干燥介质的流程图；(b) 以烟气为干燥介质的流程图

1—燃烧室；2—混合室；3—干燥器；4—烟囱

(2) 物料中水分的表示方法

质量为 G_w(kg)的湿物料可以看作是由质量为 G_d(kg)的绝干物料与 W(kg)的水所组成，即：

$$G_w = G_d + W \qquad (kg) \tag{3.29}$$

湿物料中水分的表示方法有两种：

第一种是以绝干物料为计算基准，被称为：干基水分(或称：绝对水分)，用符号 u(%)来表示：

$$u = \frac{W}{G_d} \times 100\% \tag{3.30}$$

绝干物料的质量 G_d 在干燥过程中是不变的，故而，由于式(3.30)中分母不变，所以干燥计算中的干基水分就可以直接加减，这样计算起来比较方便，例如，100 kg 湿物料中含水 20 kg，经过干燥后其含水 1.6 kg，则干基初水分为：$u_1 = \frac{20}{80} \times 100\% = 25\%$；干基终水分为：$u_2 = \frac{1.6}{80} \times 100\% = 2\%$。于是，干燥过程中的脱水率为：$u_1 - u_2 = 25\% - 2\% = 23\%$。

第二种是以湿物料为计算基准，被称为：湿基水分(或称：相对水分)，用符号 v(%)来表示：

$$v = \frac{W}{G_w} = \frac{W}{G_d + W} \times 100\% \tag{3.31}$$

在物料的干燥过程中，没有必要也是不可能将物料烘干至绝对干燥的程度，这也就是说，物料在离开干燥器时，或多或少都含有一些水分，因此，在对于物料进行含水率分析时，通常是用湿基水分 v(%)表示。由于湿基水分在干燥过程中在不断变化[即式(3.31)中的分母不恒定]，故而不能直接加减，这样运算起来很不方便。所以，在进行干燥计算时，便常常需要将湿基水分换算成干基水分 u(%)。干基水分与湿基水分之间的换算关系如下：

$$u = \frac{100v}{100 - v} \times 100\% \tag{3.32}$$

$$v = \frac{100u}{100 + u} \times 100\% \tag{3.33}$$

(3) 干燥过程中水分蒸发量的计算

① 用干基水分进行计算

令 u_1(%)和 u_2(%)为干燥前、后物料的干基水分，G_d 为绝干物料量(kg/h)，则每 1 h 干燥设备中所蒸发的水量为：

$$m_w = G_d \cdot \frac{u_1 - u_2}{100} \qquad (kg/h) \tag{3.34}$$

② 用湿基水分进行计算

令 G_{w1} 和 G_{w2} 分别代表干燥前、后的湿物料量(kg/h)，相应的湿基水分为 v_1(%)和 v_2(%)，于是，每 1 h 的水分蒸发量为：

$$m_w = G_{w1} - G_{w2} = G_{w1} \cdot \left(1 - \frac{G_{w2}}{G_{w1}}\right) = G_{w2} \cdot \left(\frac{G_{w1}}{G_{w2}} - 1\right) \quad (\text{kg/h}) \tag{3.35}$$

另外，因为干燥前、后的绝干物料量 G_d 应当相等，故而有以下的等式成立：

$$G_d = G_{w1} \cdot \frac{100 - v_1}{100} = G_{w2} \cdot \frac{100 - v_2}{100}$$

$$\frac{G_{w2}}{G_{w1}} = \frac{100 - v_1}{100 - v_2} \quad 及 \quad \frac{G_{w1}}{G_{w2}} = \frac{100 - v_2}{100 - v_1}$$

将上述关系式代入式(3.35)，便得到每 1 h 的水分蒸发量为：

$$m_w = G_{w1} \cdot \frac{v_1 - v_2}{100 - v_2} = G_{w2} \cdot \frac{v_1 - v_2}{100 - v_1} \quad (\text{kg/h}) \tag{3.36}$$

【例 3.6】 某种待烘干的黏土进入某干燥机之前的湿基水分 $v_1 = 10\%$，出干燥机时的湿基水分 $v_2 = 1\%$，该干燥机的出料量为 20 t/h，求该干燥机内每小时的水分蒸发量。

【解】

$$m_w = G_{w2} \cdot \frac{v_1 - v_2}{100 - v_1} = 20000 \times \frac{10 - 1}{100 - 10} = 2000 (\text{kg/h})$$

—毕—

(4) 干燥介质消耗量的计算

假设干燥介质通过干燥设备时既无泄漏也无额外补充，则绝干的干燥介质在进入干燥设备时与离开干燥设备时的质量应该相等。

① 用热空气作为干燥介质时

设每 1 h 通过干燥设备的绝干空气量为 L(kg/h)，那么，根据水分的质量平衡关系式，则有：

$$m_w = L(x_2 - x_1) = L(x_2 - x_0) \quad (\text{kg/h}) \tag{3.37}$$

故而，得：

$$L = \frac{m_w}{x_2 - x_1} = \frac{m_w}{x_2 - x_0} \quad (\text{kg/h}) \tag{3.38}$$

令蒸发每 1 kg 水所需要的干空气量为 l，那么，根据式(3.38)，则有：

$$l = \frac{L}{m_w} = \frac{1}{x_2 - x_0} \quad (\text{kg/kg}) \tag{3.39}$$

② 用高温烟气与冷空气的混合气体作为干燥介质时

蒸发每 1 kg 水所需要的干混合气用量 l_{m1} 为：

$$l_{m1} = \frac{L_{m1}}{m_w} = \frac{1}{x_{m2} - x_{m1}} \quad (\text{kg/kg}) \tag{3.40}$$

式中　L_{m1}——每 1 h 的干混合气消耗量(kg/h)；

x_{m2}，x_{m1}——分别为离开与进入干燥设备的混合气之含湿量(kg/kg)。

于是，蒸发每 1 kg 水所需要的高温烟气(燃烧产物)用量为：

$$l_{f1} = \frac{l_{m1}}{1 + n} \quad (\text{kg/kg}) \tag{3.41}$$

令蒸发每 1 kg 水所需要的干冷空气(冷空气掺入烟气中起到降温作用)用量为 l_a，则有：

$$l_a = n l_{f1} \quad (\text{kg/kg}) \tag{3.42}$$

3.1.3.2　热量平衡计算

(1) 热量平衡项目

首先，需要指出：在以下的热量平衡计算中，以干燥设备为平衡系统；以蒸发每 1 kg 水以及 0 ℃为计算基准。分别以“下角标 1”及“下角标 2”表示进入与离开干燥设备的物料或干燥介质的状态。干燥设备的热量平衡项目则如图 3.8 所示。

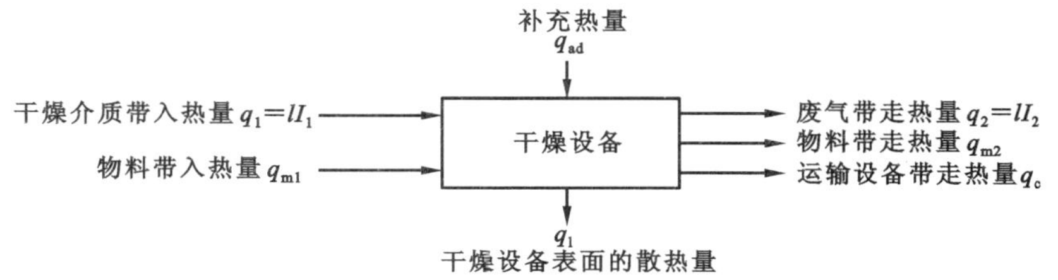

图 3.8 干燥设备表面的散热量

对于如图 3.8 所示的**干燥设备**而言，**输入热量**有：

① 干燥介质带入的热量 q_1

$$q_1 = lI_1 \qquad (\text{kJ/kg}) \tag{3.43}$$

式中 l——蒸发每 1 kg 水所需要的干燥介质用量，kg/kg；

I_1——干燥介质进入干燥设备时的热焓量，kJ/kg。

② 湿物料带入干燥器的热量 q_{ma1}

此项热量可以看成是由两部分所组成：一部分是在干燥过程中可蒸发的水分所带入的热量 $c_{w1}t_{ma1}$；另一部分是脱水物料所带入的热量，即：

$$q_{ma1} = c_{w1}t_{ma1} + \frac{G_{w2}}{m_w}c_{ma1}^{v_2}t_{ma1} \qquad (\text{kJ/kg}) \tag{3.44}$$

式中 t_{ma1}——物料进入干燥设备时的温度，℃；

c_{w1}——水的比热容，可以查附录 4 中附表 4.1，c_{w1} 的值一般近似为 4.19 kJ/(kg · ℃)；

G_{w2}——离开干燥设备的物料量，kg/h；

$c_{ma1}^{v_2}$——湿基水分为 v_2(%)、温度为 t_{ma1}(℃)时物料的比热容，kJ/(kg · ℃)，可以近似地看作是(此温度时)绝干物料的比热容与相应水分的比热容之加权平均值，即：

$$c_{ma1}^{v_2} = c_{ma1} \cdot \frac{100 - v_2}{100} + c_{w1} \cdot \frac{v_2}{100} \qquad [\text{kJ/(kg} \cdot ℃)] \tag{3.45}$$

③ 在干燥设备中给予干燥介质的补充热量 q_{ad}

在干燥设备中，干燥介质中往往还会有一些补充热量，例如，设备内所设置的电加热装置释放的热量或者烘干兼粉磨系统中由于研磨体摩擦、撞击所产生的热量等。

对于图 3.8 所示的**干燥设备**来说，干燥设备的**输出热量**有：

① 废气带走的热量

$$q_2 = lI_2 \qquad (\text{kJ/kg}) \tag{3.46}$$

式中 I_2——干燥介质离开干燥设备时的热焓量，kJ/kg。

② 物料离开干燥设备时带走的热量 q_{ma2}

$$q_{ma2} = \frac{G_{w2}}{m_w} \cdot c_{ma2}^{v_2} \cdot t_{ma2} \qquad (\text{kJ/kg}) \tag{3.47}$$

式中 t_{ma2}——物料离开干燥设备时的温度，℃；

c_{ma2}^{v2}——物料离开干燥设备时[湿基水分为 v_2(%)、温度为 t_{ma2}(℃)]的比热容，kJ/(kg · ℃)，可以近似地看作是(此温度时)绝干物料的比热容 c_{ma2} 与相应水分的比热容 c_{w2} 之加权平均值，即：

$$c_{ma2}^{v_2} = c_{ma2} \cdot \frac{100 - v_2}{100} - c_{w2} \cdot \frac{v_2}{100} \quad [\text{kJ/(kg} \cdot ℃)] \tag{3.48}$$

③ 运输设备在干燥设备中吸收的热量 q_c：

$$q_c = \frac{G_c}{m_w} \cdot c_c \cdot (t_{c2} - t_{c1}) \qquad (\text{kJ/kg}) \tag{3.49}$$

式中 G_c——运输设备的质量,kg/h;

c_c——运输设备的平均比热容,kJ/(kg·℃);

t_{c1}、t_{c2}——分别为运输设备进入以及离开干燥设备时的温度,℃。

④ 干燥设备表面向周围环境的散热量 q_l:

$$q_l = 3.6 \cdot \frac{\kappa A \Delta t}{m_w} \quad (\text{kJ/kg}) \tag{3.50}$$

式中 κ——干燥设备表面与环境之间的综合传热系数(参见第 2.4 节),W/(m^2·℃);

Δt——干燥设备表面与环境之间的温度差,℃;

A——干燥设备的外表面积,m^2。

干燥设备的热量平衡关系式为:热量收入=热量支出,即:

$$q_1 + q_{ma1} + q_{ad} = q_2 + q_{ma2} + q_c + q_l \quad (\text{kJ/kg}) \tag{3.51}$$

经过整理后,得:

$$q_1 - q_2 = (q_{ma2} - q_{ma1}) + q_c + q_l - q_{ad} \quad (\text{kJ/kg}) \tag{3.52}$$

令 $q_{ma} = (q_{ma2} - q_{ma1})$表示物料从干燥设备获得的净热量,然后,再利用 $q_1 - q_2 = l(I_1 - I_2)$这个函数关系式,则上式便改写为:

$$l(I_1 - I_2) = q_{ma} + q_c + q_l - q_{ad} = \Delta \quad (\text{kJ/kg}) \tag{3.53}$$

上式中

$$\Delta = q_{ma} + q_c + q_l - q_{ad} \quad (\text{kJ/kg}) \tag{3.54}$$

(2) 干燥过程的讨论以及热耗的计算

按照 Δ 值的不同,干燥过程可以分为以下三种情况:

① 理论干燥过程

若 $\Delta = 0$,则 $I_1 = I_2$,这就表示在干燥过程中,干燥介质的热焓量是不变的。

从式(3.54)可知,$\Delta = 0$ 的可能性有以下两种:

第一,物料在干燥过程中,干燥设备的所有热损失($q_{ma} + q_c + q_l$)恰好等于所补充的热量 q_{ad}。

第二,物料在干燥过程中,干燥设备既无补充热量亦无任何热损失,即干燥是在理想条件下进行,这就意味着物料以及运输设备进入和离开干燥器时的温度相等,干燥器是绝热体,所以干燥介质传给物料的热量恰好等于水分蒸发所需要的热量。该干燥过程就被称为:理论干燥过程。因为理论干燥过程没有热损失,所以干燥介质的消耗量以及热耗都最小,即热效率最高。

为了便于区别,以下就将理论干燥过程中干燥介质离开干燥设备的状态参数都用上角标"0"来表示,例如 x_2^0,I_2^0 等。

当用热空气作为干燥介质时,在理论干燥过程中,蒸发每 1 kg 水所需的干燥介质用量以及热耗分别为:

$$l^0 = \frac{1}{x_2^0 - x_1} = \frac{1}{x_2^0 - x_0}$$

$$q^0 = l^0 (I_2^0 - I_0)$$

式中 x_0,I_0——进入空气预热器的冷空气之两个状态参数。

若用高温热烟气与冷空气的混合气作为干燥介质时,在理论干燥过程中,干混合气、高温热烟气以及冷空气的消耗量分别为:

$$l_{m1}^0 = \frac{1}{x_{m2}^0 - x_{m1}}$$

$$l_{f1}^0 = \frac{l_{m1}^0}{1 + n}$$

$$l_a^0 = n l_{f1}^0$$

在这种情况下,蒸发每 1 kg 水的固体燃料煤消耗量以及热耗分别为:

$$m_f^0=\frac{l_{f\,\mathrm{II}}^0}{1.293\alpha V_a^0+1-[w(A_{ar})+9w(H_{ar})+w(M_{ar})]/100}\quad (kg/kg)\tag{3.55}$$

$$q=m_f^0\cdot Q_{gr}\quad (kJ/kg)\tag{3.56}$$

② $\Delta<0$ 的实际干燥过程

若 $\Delta<0$ 时，这就表示在干燥设备中补充的热量大于热损失之和，此时干燥介质离开干燥设备时的热焓量大于其进入干燥设备时的热焓量，即 $I_2>I_1$。

③ $\Delta>0$ 的实际干燥过程

$\Delta>0$ 时，表示干燥过程中干燥设备的所有热损失之和大于补充的热量，或者干燥设备内根本就没有补充热量。大多数实际干燥设备内的干燥过程都属于这种情况，此时干燥介质离开干燥设备时的终态热焓量 I_2 小于其进入干燥设备时的初态值 I_1。在这种情况下，蒸发 1 kg 水的热耗可以用式(3.57)或式(3.58)来进行计算：

若用空气作为干燥介质时，耗热量的计算公式为：

$$q=l(I_1-I_0)=l(I_2-I_0)+\Delta\quad (kJ/kg)\tag{3.57}$$

若用(燃煤产生的)高温烟气与冷空气的混合气作为干燥介质时，耗热量的计算公式为：

$$q=m_fQ_{gr}=\frac{l_{m\,\mathrm{II}}Q_{gr}}{\{1.293\alpha V_a^0+1-[w(A_{ar})+9w(H_{ar})+w(M_{ar})]/100\}\cdot(1+n)}\quad (kJ/kg)\tag{3.58}$$

3.1.3.3 干燥过程的图解法

(1) 理论干燥过程的图解法

设干燥介质进入干燥设备时的状态参数 x_1、t_1 以及离开干燥设备时的温度 t_2 都为已知参数，则离开干燥设备时的状态参数 x_2^0、I_2^0 等可以由 I-x 图通过图解法求得，具体为：

① 由等温线 t_1 与等含湿量线 x_1 在 I-x 图上得到相交点(点 B)，如图 3.9 所示。

② 由点 B 再作等热焓量线 I_1，该线与等温线 t_2 相交于点 C，点 C 即为理论干燥过程的终态点，点 C 所对应的坐标为 x_2^0 与 I_2^0($I_2^0=I_1$)。

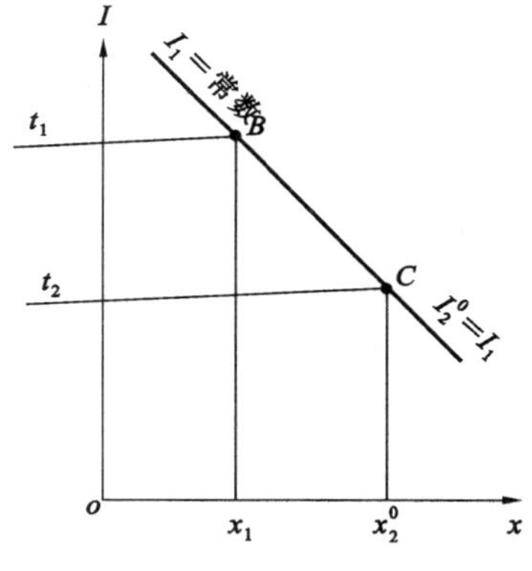

图 3.9 理论干燥过程图解

(2) 实际干燥过程的图解法

对于 $\Delta>0$ 的实际干燥过程，按照式(3.53)，得：

$$I_2=I_1-\frac{\Delta}{l}=I_1-\Delta(x_2-x_1)\quad (kJ/kg)\tag{3.59}$$

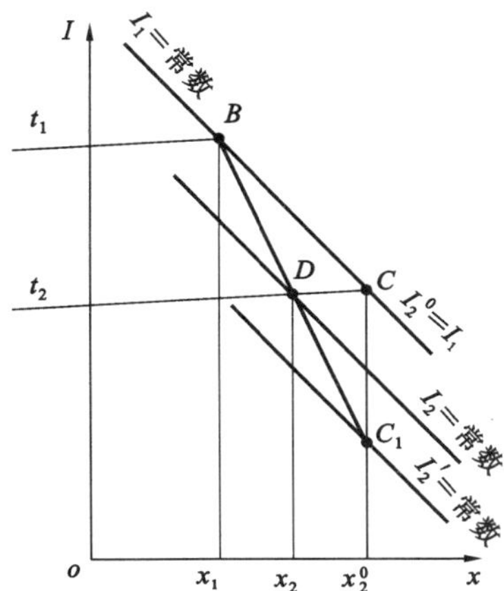

图 3.10 实际干燥过程的图解

上式就表明：当进入干燥设备的干燥介质之初始状态点[点 $B(x_1,I_1)$]以及 Δ 值均为已知时，实际干燥过程在 I-x 图上是一条比理论干燥过程线更陡的直线，该直线与斜横轴 ox' 的斜率为 $-\Delta$；对于初态和终态之间的任一状态点，式(3.59)便可以写成：

$$I=I_1-\Delta(x-x_1)\quad (kJ/kg)\tag{3.60}$$

如果令 $I_1(=I_2^0)$、x_2^0 表示理论干燥过程的终态点(点 C)之参数，于是，在同一含湿量 x_2^0 时，实际干燥过程的终态点之热焓量 I_2' 为：

$$\begin{aligned}I_2'&=I_1-\Delta(x_2^0-x_1)\\&=I_2^0-\Delta(x_2^0-x_1)\quad (kJ/kg)\end{aligned}\tag{3.61}$$

这表明：当理论干燥过程的终态点 $C(x_2^0,I_2^0)$ 已知时，对应于 x_2^0 时的实际干燥过程终态点 $C_1(x_2^0,I_2')$ 也是确定的，点 C_1 的位置在等含湿量线 Cx_2^0 上的点 C 下方，具体是等含湿量线 x_2^0=常数与等热焓

量线 I_2'=常数这两条线的交点，如图 3.10所示。再连接点 B 与点 C_1，则$\overline{BC_1}$线与 $t=t_2$ 的等温线之交点 $D(x_2,I_2)$就是实际干燥过程的终态点，即实际干燥过程是沿着$\overline{BD}$线进行的。由该图便可以看出：实际干燥过程的终态点 D 之参数(x_2,I_2)都小于理论干燥过程的终态点 C 之参数(x_2^0,I_2^0)，所以实际干燥过程的干燥介质用量和热耗均高于理论干燥过程。

实际干燥过程的状态点 $C_1(x_2^0,I_2^0)$也可以在等湿线 Cx_2^0 上直接用比例尺量取，因为：

$$I_2^0 - I_2' = R_I \cdot \overline{CC_1} = \Delta \cdot (x_2^0 - x_1) = \Delta \cdot R_x \cdot \overline{x_2^0 x_1}$$

故而，得：

$$\overline{CC_1} = \frac{\Delta}{\dfrac{R_I}{R_x}} \cdot \overline{x_2^0 x_1} = \frac{\Delta}{R_m} \cdot \overline{x_2^0 x_1} \qquad (\text{mm}) \tag{3.62}$$

上式中，$R_m=\dfrac{R_I}{R_x}$是 I-x 图中的坐标比例尺之比，通常为 2000，线段$\overline{x_2^0 x_1}$以 mm 计。

【例 3.7】 每小时进入某干燥设备的湿坯体 $G_{w1}=100$ kg，坯体的湿基初水分 $v_1=20\%$，干燥至终水分 $v_2=2\%$，以热空气作为干燥介质。冷空气的温度 $t_0=20$ ℃，相对湿度 $\varphi_0=70\%$，在加热器中加热至 85 ℃后进入干燥设备，离开干燥设备的气体温度 $t_2=60$ ℃，而且已知 $\Delta=1200$ kJ/kg。试用 I-x图求解该干燥过程所需要的空气量及热耗。

【解】 第一步，计算每小时的水分蒸发量：

$$m_w = G_{m1} \cdot \frac{v_1 - v_2}{100 - v_2} = 100 \times \frac{20-2}{100-2} = 18.4(\text{kg/h})$$

第二步，由等 t_0 线($t_0=20$ ℃)和等 φ_0 线($\varphi_0=70\%$)在 I-x 图上得到交点 A(参见图 3.11)，由点 A 便可以得到空气进入加热器前的含湿量和热焓量为：$x_0\approx0.0105$ kg/kg；$I_0\approx45$ kJ/kg。

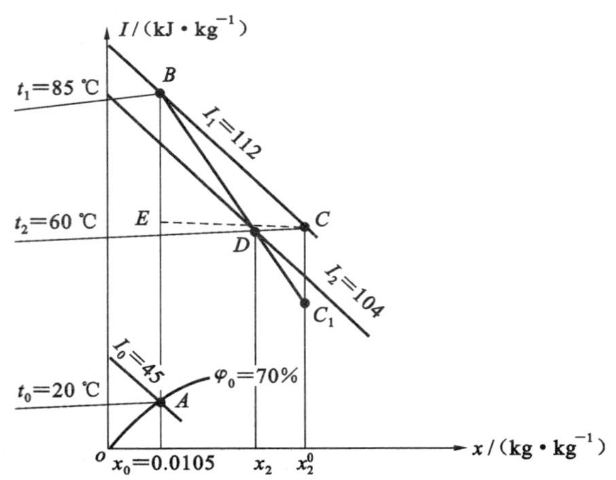

图 3.11 【例 3.7】的图解

第三步，等含湿量线($x_0=0.0105$ kg/kg)与等温线($t_1=85$ ℃)相交于点 B，由点 B 可以得到离开加热器即将进入干燥器时空气的初态参数为：$x_1=x_0\approx0.0105$ kg/kg；$I_1\approx112$ kJ/kg。

第四步，由点 B 作等热焓量线 I_1，并与等温线 $t_2=60$ ℃相交于 C 点(x_2^0,I_2^0)；在等含湿量线 Cx_2^0 上用比例尺量取线段$\overline{CC_1}$，使其满足：

$$\overline{CC_1} = \frac{\Delta}{2000} \cdot \overline{x_2^0 x_0} = \frac{1200}{2000} \cdot \overline{x_2^0 x_0} = 0.6\,\overline{x_2 x_0}(\text{mm})$$

这样，就得到点 C_1；连接 B、C_1 两点便可以得到线段$\overline{BC_1}$与等温线 $t_2=60$ ℃的交点 D，点 D 所对应的参数：$x_2\approx0.017$ kg/kg；$I_2\approx104$ kJ/kg，以上所述的图解过程如图 3.11 所示。

第五步，计算空气用量

干空气的用量 L 为：

$$L=\frac{m_w}{x_2-x_1}=\frac{18.4}{0.017-0.0105}=2830(kg/h)$$

蒸发每 1 kg 水所需用的空气量 l 为：

$$l=\frac{1}{x_2-x_1}=\frac{1}{0.017-0.0105}=153.8(kg/kg)$$

湿空气的用量 l' 为：

$$l'=l(1+x_0)=153.8\times(1+0.0105)=155.4(kg/kg)$$

第六步，热耗的计算结果为：

$$q=l(I_2-I_0)+\Delta=153.8\times(104-45)+1200=10274(kJ/kg)$$

或
$$Q=m_w q=18.4\times10274=189042(kJ/h)$$
—毕—

【例 3.8】 某回转烘干机每 1 h 烘干矿渣 $G_{w2}=10000$ kg/h；矿渣的湿基初水分 $v_1=20\%$，烘干后的水分 $v_2=1\%$，利用【例 3.5】中的热烟气作为干燥介质，干燥介质出干燥器的温度 $t_{m2}=150$℃，$\Delta=400$ kJ/kg。求干燥介质的用量及热耗。

【解】 第一步，每 1 h 的水分蒸发量 m_w 为：

$$m_w=G_{w2}\cdot\frac{v_1-v_2}{100-v_1}=10000\times\frac{20-1}{100-20}=2375(kg/h)$$

第二步，由【例 3.5】中的数据可知：干燥介质进入烘干机的温度为 $t_{m1}=800$ ℃，含湿量 $x_{m1}=0.090$ kg/kg；热焓量 $I_{m1}=1220$ kJ/kg；由 $x=x_{m1}$ 的等含湿量线与 $t=t_{m1}$ 的等温线在高温 I-x 图（参见附录 9）上相交，从而得到交点 B；由经过点 B 的等热焓量线 $I=I_{m1}$ 与等温线 $t=t_{m2}$ 相交于点 $C(I_{m1},x_{m3}^0)$，由此可以得到 $x_{m2}^0=0.395$ kg/kg，如图 3.12所示。

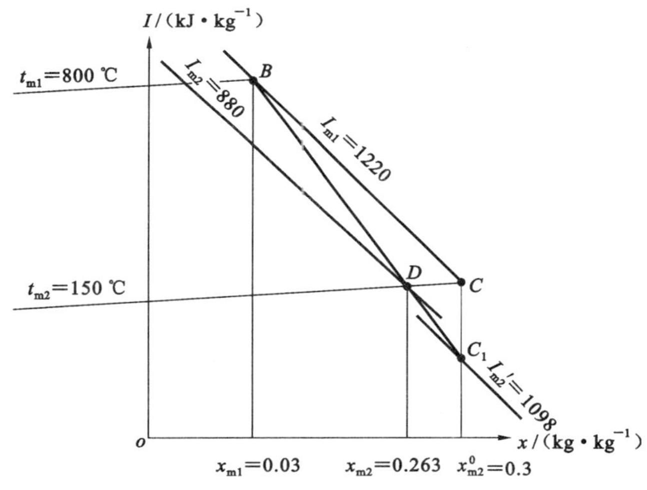

图 3.12 【例 3.8】的图解

第三步，由式(3.61)可以得到对应于 C_1 点的热焓值 I_{m2}'

$$I_{m2}'=I_{m1}-\Delta\cdot(x_{m2}^0-x_{m1})=1220-400\times(0.395-0.090)\approx1098(kJ/kg)$$

第四步，由等热焓量线 $I=I_{m2}'$与等含湿量线 $x=x_{m2}^0$ 得到其交点 C_1；连接 B、C_1 两点，线段 $\overline{BC_1}$ 与等温线 t_{m2} 的交点 D 即为干燥介质离开烘干机的状态点，其相应的参数为：$x_{m2}\approx0.345$ kg/kg；$I_{m2}\approx1110$ kJ/kg。

第五步，蒸发每 1kg 水所需要的干燥介质（混合气）之用量为：

$$l_{m1}=\frac{1}{x_{m2}-x_{m1}}=\frac{1}{0.345-0.090}=3.92(kg/kg)$$

每 1 h 所需要的干燥介质用量为：

$$L_{m1}=m_{w}l_{m1}=2375\times3.92=9310(kg/h)$$

第六步，蒸发每 1 kg 水所需热耗的计算

由【例 3.5】中的数据可知，1 kg 燃料煤完全燃烧后所生成的干烟气量为：$1.293\alpha V_a^0+1-[w(A_{ad})+9w(H_{ad})+w(M_{ad})]/100=1.293\times1.1\times6.9286+1-(19.8+9\times5.0+2.0)/100=10.187(kg/kg)$，混合比 $n=0.125$；燃料煤的高位发热量为：$Q_{gr}=27434(kJ/kg)$。

于是，按照式(3.58)进行计算，便可以得到热耗 q 的计算结果如下：

$$\begin{aligned}q&=\frac{l_{m1}Q_{gr}}{\{1.293\alpha V_a^0+1-[w(A_{ar})+9w(H_{ar})+w(M_{ar})]/100\%\}(1+n)}\\&=\frac{3.92\times27434}{10.187\times(1+0.125)}\\&=9384(kJ/kg)\end{aligned}$$

每 1 h 的热耗为：

$$Q=m_{w}q=2375\times9384=2.229\times10^{7}(kJ/h)$$

— 毕 —

(3) 具有废气循环的干燥过程及其图解法

在无机非金属材料工业中，某些物料或者某些半成品在干燥过程中需要较低的干燥温度，例如，煤在干燥及粉磨时其温度不宜高于 200 ℃，否则煤中的挥发分会在干燥设备内大量逸出而引起爆炸；陶瓷以及耐火材料等不规则形状坯体不仅要求较低的干燥温度而且还要求干燥介质具有一定的湿度以降低干燥速率。

当使用高温烟气作为干燥介质时，采用一部分干燥设备排出的废气在干燥过程中进行循环，可以降低干燥介质的温度、增加湿度，以满足具体的工艺要求。用循环废气取代部分冷空气来掺入到干燥介质中还能够降低热耗，当然，其干燥能力也有所降低。具有废气循环的干燥过程如图 3.7(b)所示。令 x_{m1}、I_{m1}、t_{m1} 表示未采用废气循环时干燥介质进入干燥设备时的状态参数；而 x_{m1}'、I_{m1}'、t_{m1}' 表示采用废气循环时进入干燥设备时的干燥介质参数；n' 表示 1 kg 干混合气(参数为 x_{m1}、I_{m1})所需的干循环废气量(状态参数为 x_{m2}、I_{m2}、t_{m2})，这样，废气、循环废气、混合废气之间的含湿量 x 平衡关系式以及热焓量 I 平衡关系式分别为：

$$x_{m1}+n'x_{m2}=(1+n')x_{m1}' \quad (kJ/kg) \tag{3.63}$$

$$I_{m1}+n'I_{m2}=(1+n')I_{m1}' \quad (kJ/kg) \tag{3.64}$$

由以上两式，可以得到：

$$n'=\frac{x_{m1}'-x_{m1}}{x_{m2}-x_{m1}'}=\frac{I_{m1}'-I_{m1}}{I_{m2}-I_{m1}'} \tag{3.65}$$

上式表明：具有废气循环的干燥介质之热焓量 I_{m1}' 与含湿量 x_{m1}' 之间的关系在 I-x 图上是线性的，并且状态点 $M'(x_{m1}',I_{m1}')$ 是无废气循环时实际干燥过程线 $\overline{MD}$ 的内分点，如图 3.13所示。因为循环的废气没有干燥作用，所以蒸发每 1 kg 水所需要的干混合气(即高温烟气与冷空气的混合气)量为：

$$l_{m1}=\frac{1}{x_{m2}-x_{m1}} \quad (kg/kg) \tag{3.66}$$

干循环废气量为：

$$l_{w}=n'l_{m1} \quad (kg/kg) \tag{3.67}$$

高温干烟气量则可以通过式(3.41)来进行计算：

$$l_{f1}=\frac{l_{m1}}{1+n} \quad (kg/kg)$$

具有废气循环且 $\Delta>0$ 的实际干燥过程之图解法步骤如下(参见图 3.13)：

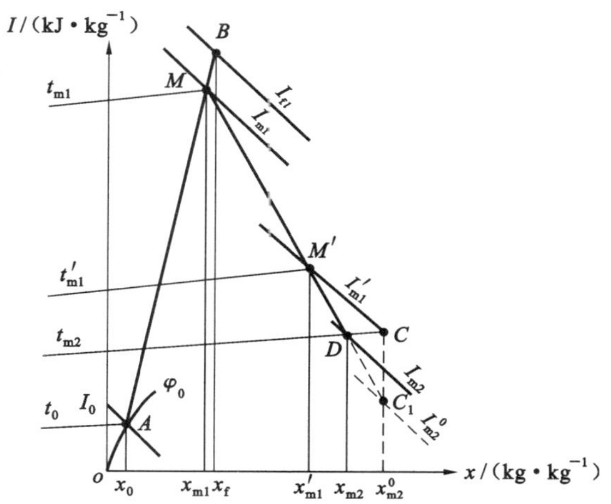

图 3.13 具有废气循环的干燥过程之图解

第一步，由冷空气的状态点 $A(t_0,\varphi_0)$ 和高温烟气的状态点 $B(x_{f1},I_{f1})$，在高温 I-x 图（参见附录 9）上可以得到线段$\overline{AB}$，线段$\overline{AB}$与等温线 $t=t_{m1}$ 相交于点 $M(x_{m1},I_{m1})$。

第二步，干燥介质进入干燥设备的温度 t_{m1}'、湿度 x_{m1}' 由具体的工艺要求来给定，由此可以确定其状态点$M'(x_{m1}',I_{m1}')$。

第三步，连接 M 点、M'点得线段$\overline{MM'}$ 并且向右下方延长，与等温线 $t=t_{m2}$ 相交于点 $D(x_{m2},I_{m2})$，点 D 即为干燥介质出干燥设备的状态点。于是，便知道：干燥设备中的实际干燥过程是按照线段$\overline{M'D}$来进行的。

3.1.4 干燥的物理过程

以上讨论的干燥过程中之物料平衡计算和热量平衡计算只能够说明在静态条件下，干燥系统的初态与终态之间的关系，而没有涉及到干燥速率等干燥动力学问题。但是，在实际工业生产过程中，干燥介质与物料是相对运动的，因为接触时间较短，彼此的物理参数还处于连续变化的状态。因此，了解动态条件下干燥过程的规律以及影响干燥速率的因素，对于指导具体的干燥过程作业有着重要的意义。

3.1.4.1 物料中水分的性质

物料中水分性质的分类方式是包括：水在物料中存在的形式，水与物料结合的强弱，物料在干燥过程中水分排出的难易程度以及限度等。具体分类的方法、内容和名称等在相关著作中则不尽相同。

(1) 按照水与物料结合方式的不同而划分的三种水分

① 化学结合水

化学结合水（也称：化学结构水，简称：化学水，或称：结晶水）通常以结晶水的形态存在于物料的矿物分子结构当中，例如，高岭石（$Al_2O_3\cdot 2SiO_2\cdot 2H_2O$）中的结晶水等。化学结合水与物料结合得最为牢固，一般需要在很高的温度才能够排出，例如，高岭土中的结晶水需要在 400～500 ℃时才能够被分解出来，但是，这已经不属于干燥的范围，所以在干燥工艺中可以不考虑化学结合水。

② 物理化学结合水

物理化学结合水包括：由于物料表面的吸附作用而形成的水膜以及水与物料颗粒形成的多分子吸附层水膜或单分子吸附层水膜（统称：吸附水）、通过细胞半透壁的渗透水、微孔（半径小于10^{-5} cm）毛细管水与结构水等。物理化学结合水中以吸附水与物料的结合最强，吸附水中又以单分子水膜与物料结合得最牢固，其次是多分子水膜和表面吸附水膜。吸附水膜的厚度约为 0.1 μm，它是在很大的压力下与物料结合，这种坚固的结合改变了水分很多物理性质，例如，冰点下降、密度增大、蒸气压下降等。干物料在吸收吸附水时呈现放热效应，借助此现象可以用实验的方法来测定物料中吸附水的含量。渗透水是由于物料组织壁的内、外之间水分浓度差而产生的渗透压所造成的，例如，纤维皮壁中所含的水分。微孔毛细管水与物料结合的牢固程度是随着毛细管半径的缩小而加强，因为毛细管力的作用，重力便不能够使微孔毛细管水向下流动。结构水则存在于物料组织内部，例如，胶体中的水分。

物理化学结合水与物料结合的牢固程度比化学结合水弱，在干燥过程中可以排除，所以有些相关文献资料中又将物理化学结合水称为：大气吸附水。

物理化学结合水所产生的蒸气分压小于同温度下自由液面的饱和蒸气压。黏土质原料或坯体在干燥过程中的物理化学结合水排除阶段，基本上不产生收缩，因此可以用较高的干燥速率进行干燥，而不必担心坯体会产生变形或开裂的问题。

③ 机械结合水

机械结合水是包括物料的润湿水、孔隙水以及粗孔（半径大于 10^{-5} cm）毛细管水等。这类水分基本上与物料呈机械混合状态，与物料结合的牢固性最弱，干燥过程中首先被排除。机械结合水蒸发时，物料表面的水蒸气分压等于同温度下的饱和水蒸气压。即湿物料在干燥过程的初始阶段，物料的表面一直处于湿润状态，其水分的蒸发与处于物料表面温度时（即在湿球温度时）自由液面上水分的蒸发规律一样。

机械结合水中的孔隙水和粗孔毛细管水被排出后，物料颗粒之间相互靠拢，体积收缩，从而产生收缩应力。所以，这部分水又被称为：收缩水。因此，陶瓷或耐火材料等黏土质制品的坯体在干燥的初期阶段，如果干燥速率过大，就会产生较大的收缩应力从而会导致变形或开裂。

物料中含水形式的种类与物料的性质及结构有关。有的物料（例如，黏土等）中，上述三种形式的水都存在。而有些物料（例如，砂子、石灰石等）中，仅含有一种或两种形式的水分。

(2) 按照是否能够用干燥方式来排除而划分的两种水分

湿物料在干燥过程中，其表面的水蒸气分压与干燥介质中的水蒸气分压达到动态平衡时，物料中的水分就不会继续减少且与时间无关，此时物料中的干基水分就被称为：平衡水分，高于平衡水分的水分被称为：自由水分。

① 平衡水分

平衡水分不是一个定值，它是与干燥介质的温度及其相对湿度有关。当干燥介质的温度一定时，平衡水分仅与其相对湿度有关：相对湿度越低，物料的平衡水分就越低。两者之间的关系曲线叫做：平衡水分曲线，该曲线是可以通过实验来获得。图 3.14 给出某种黏土在不同温度空气中的四条平衡水分曲线。例如，该图表明，空气温度为75 ℃，相对湿度 $\varphi=60\%$时，黏土的平衡水分 $u\approx3\%$。如果黏土的干基水分大于 3%，在此空气中，这种黏土的干基水分可以干燥至约 3%；对于那些干基水分低于 3%的黏土，则在此空气中不仅不能够脱水，反而还会从空气中吸收水分，直至平衡为止。如果想使该黏土的干基水分低于3%而空气温度不变，则空气的相对湿度 φ 就必需要低于 60%。由此可见，当干燥介质的状态一定时，物料的平衡水分是通过干燥过程可能达到的最低水分。干燥介质在达到饱和状态时（$\varphi=100\%$），物料的平衡水分就被称为：最大可能平衡水分，在图 3.14中，如果空气温度为 75 ℃，则物料的最大可能平衡水分约为 7.5%。

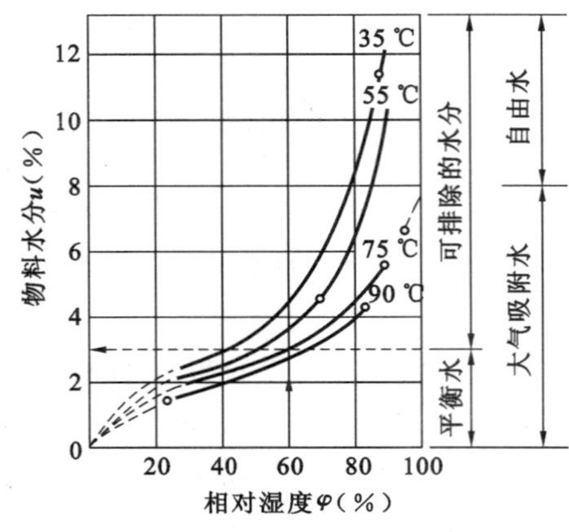

图 3.14 黏土的平衡水分曲线

② 自由水分

自由水分是属于可排除水分。自由水分中高于最大平衡水分的水被称为:非结合水,该水分主要是机械结合水。物料在排除非结合水分时会收缩,所以该水分也被称为:收缩水分,它与上述的机械结合水相对应。物料自由水分中低于最大可能平衡水分的水被称为:大气吸附水,主要是物理化学结合水,在排除时不会发生收缩。

3.1.4.2 物料(坯体)的干燥过程

假设干燥介质的温度 t、相对湿度 φ、流速 w 均保持一定,则物料在此干燥介质中的干燥过程就如图 3.15 所示。于是,整个干燥过程可以分为以下三个阶段。

(1) 加热阶段

在加热阶段,因为干燥介质在单位时间内传给物料的热量大于物料表面水分蒸发所消耗的热量,所以物料表面的温度会不断地升高,水分蒸发量也会随之增大。至点 A 时,表示干燥介质传给物料的热量等于物料表面水分蒸发所消耗的热量,故而物料表面的温度停止升高并等于干燥介质的湿球温度,此后开始等速蒸发阶段。

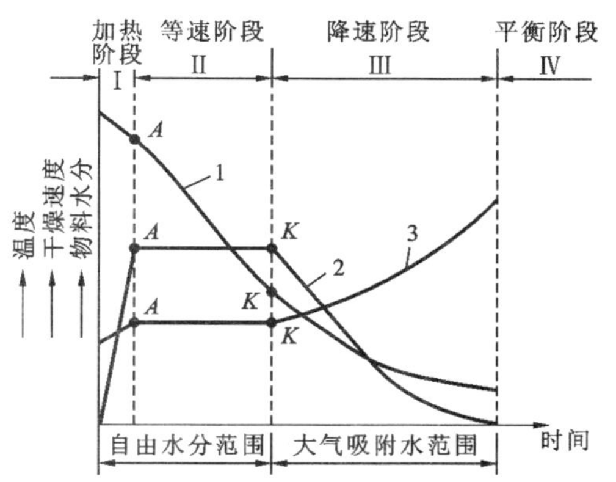

图 3.15 干燥过程曲线

曲线 1—物料中的水分随时间的变化关系;
曲线 2—干燥速度与时间的关系;
曲线 3—物料表面温度变化与时间的关系

(2) 等速干燥阶段

在等速干燥阶段,物料表面水分的蒸发过程就如同自由液面上水的蒸发一样,其水蒸气分压等于湿球温度对应的饱和水蒸气压;在外扩散的同时,物料内部的水分在水分浓度梯度的推动下,也会扩散至物料表面,使得物料的表面始终保持有自由水。在此阶段的干燥速率取决于水蒸气的外扩散速率,故而便称之为:外扩散控制阶段。自由液面上水的蒸发速率与干燥介质的参数以及流速有关,当干燥介质的参数和流速一定时,干燥速率为常数,从而进入稳定干燥阶段(即等速干燥阶段)。在等速干燥阶段,随着自由水排除,物料(或坯体)会发生体积收缩并产生收缩应力。图 3.15 中的点 K 表示物料表面的自由水不再保持连续的水膜,自由水开始消失,此后,物料表面的水蒸气分压低于干燥介质在湿球温度时所对应的饱和水蒸气压。对应于点 K 的物料干基水分 u_{cr} 被称为:临界水分,此时物料表面的水分为大气吸附水而内部仍为非结合水,所以临界水分总是大于大气吸附水。

(3) 降速干燥阶段

点 K 以后即进入降速干燥阶段,该阶段是大气吸附水排除阶段。在此阶段,因为物料中水分的减少,内扩散速率会小于外扩散速率,所以物料表面不再维持连续的水膜,个别部位已出现"干斑点",物料表面水蒸气分压低于同温度下水的饱和蒸气压,其蒸发面积便会小于物料或坯体的几何表面积,甚至蒸发面积移至物料内部。此阶段的干燥速率受到内扩散速率的限制,故而便称之为:内扩散控制阶段。在降速干燥阶段,因为物料表面水分逐渐减少,水分蒸发所需的热量也在逐渐减少,所以物料表面温度逐渐升高,干燥速率逐渐下降直至为零,此时物料的干基水分即为平衡水分,干燥过程终止。

以上所述的干燥过程,对于水分含量多的物料具有完整的干燥过程曲线;但是,对于水分含量少的物料,干燥过程曲线的等速干燥阶段不明显。

各种黏土坯体的线收缩系数在 0.0048~0.007 之间。对于薄壁坯体,因为内部的水分浓度不大,实验表明,其线收缩系数与干燥条件无关,即在不同的干燥介质参数下,在干燥同一种黏土质坯体时,线收缩系数几乎相同。但是,对于厚壁坯体,因为内部水分浓度梯度大,所以,干燥条件对于其线收缩系数就会有显著影响。当内部水分不均匀或者坯体各向厚薄不均时,不同部位的收缩便不一致,于是就产生不均匀的收缩应力。通常,表面和棱角处比内部干燥更快,壁薄处比壁厚处干燥快,因而收缩尺寸相对较大。因为坯体内部水分排出滞后于坯体表面,收缩尺寸也较表面要小,这样就阻止了表面收缩,从而使得坯体内部受到压应力而坯体表面受到张应力,当张应力超过材料的极限抗拉强度时就产生开裂。不均匀收缩也会造成坯体变形。为了防止坯体在干燥过程中变形和开裂,所以应当限制坯体中心与坯体表面的水分差并严格控制干燥速度。在最大允许水分差条件下的干燥速度被称为：最大安全干燥速度。黏土质坯体的最大安全干燥速度是与原料的性质，坯体的几何形状、大小、水分含量以及干燥方法等因素有关，具体需要通过实验来确定。

3.1.5　干燥设备简介

3.1.5.1　干燥设备的分类以及干燥作业对于干燥设备的要求

关于干燥设备分类，按照作业循环来分，有：间歇式和连续式；按照传热方式来分，有：传导传热式、对流传热式、辐射传热式、对流-辐射传热式和介电式；按照载热体的类型来分，有：热空气干燥、直接烟气干燥、水蒸气干燥和电流干燥等；按照工艺类型来分，有：粉体或颗粒体的干燥、块状物料的干燥、坯体的干燥、浆体的干燥等；按照干燥设备的结构以及物料在其中移动的特点来分，有：炕式、室式、回转筒式、传送带式、喷雾式和流态化式等。

干燥作业对于干燥设备的要求是：

(1) 在保证物料或坯体干燥质量的前提下，要具有较高的干燥速度和单位容积蒸发强度；

(2) 要具有较低的单位能耗（即蒸发每 1 kg 水所消耗的燃料以及所消耗的电能要低）；

(3) 易于调整干燥介质参数，易于改变干燥作业制度；

(4) 在干燥设备的容积空间内，物料或坯体的干燥均匀性要好；

(5) 干燥作业要便于实现机械化和自动化；

(6) 干燥设备周围的卫生状况要符合环保要求。

3.1.5.2　回转烘干机

回转烘干机也称为：转筒式干燥器，可以用于连续干燥砂子、矿渣、黏土等颗粒状或小块状物料，属于对流加热式干燥设备。回转烘干机的应用较为广泛，其结构如图 3.16 所示。为了改善其内的料流分布以及提高干燥效率，回转筒内还设置有扬料板、格板、链条等附属装置。

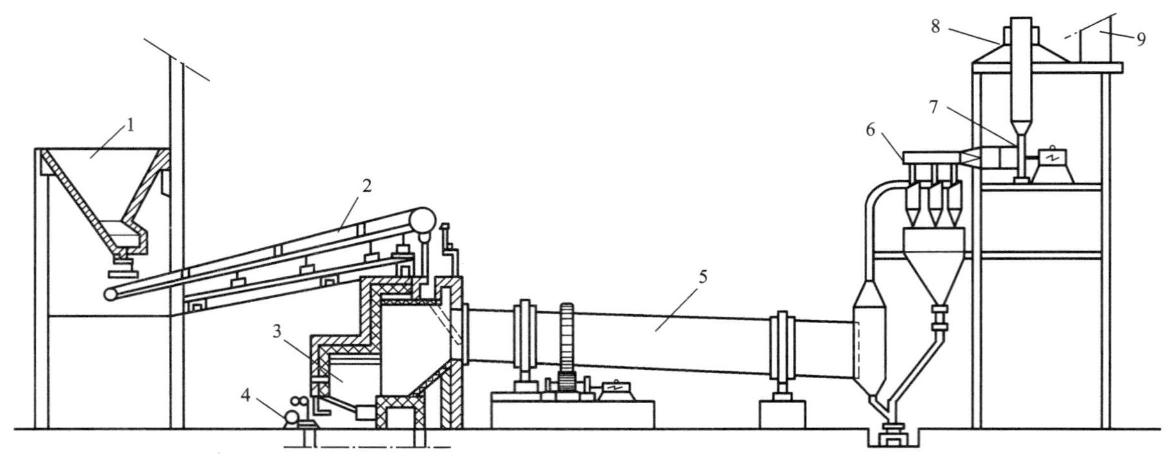

图 3.16　回转烘干机的流程

1—料仓；2—皮带运输机；3—燃烧室；4—鼓风机；5—烘干机；
6—旋风收尘器；7—排风机；8—袋式收尘器；9—烟囱

按照料流与气流的相对方向来分，回转式烘干机也是有逆流式和顺流式之分，如图 3.17 所示。前者的特点是出料温度较高，但是干燥速率均匀；后者的特点与前者相反。

3.1.5.3　隧道式干燥机

隧道式干燥机用于干燥陶瓷、砖瓦或耐火砖等制品的坯体，是连续式干燥设备，属于对流加热式干燥设备，如图 3.18 所示。它通常由 3～8 条隧道并列组成，其长度为 24～38 m，内宽约为 1 m，每条隧道内铺有铁轨，轨距为 600 mm，轨面至干燥机顶部的净高约为1.65 m。

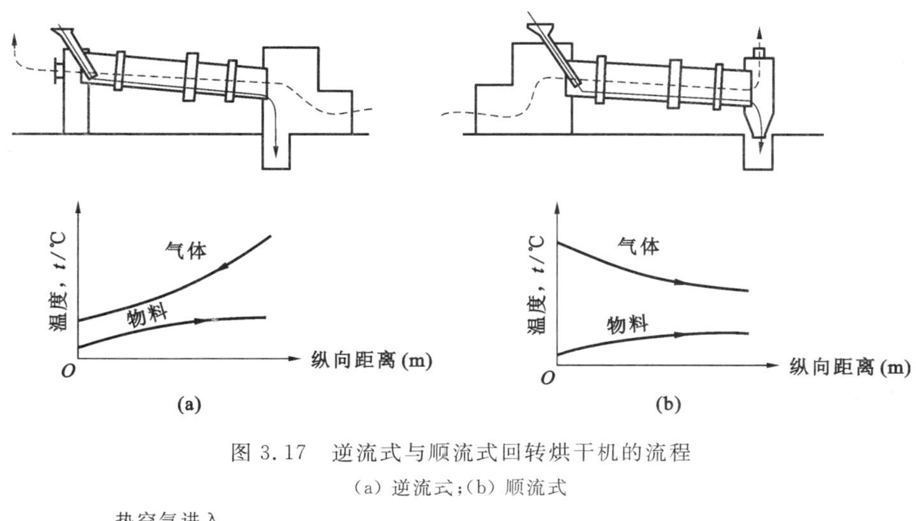

图 3.17 逆流式与顺流式回转烘干机的流程

(a) 逆流式；(b) 顺流式

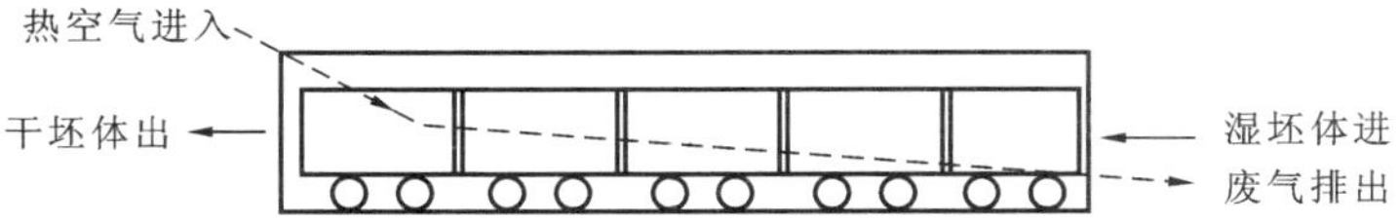

热空气进入

干坯体出

湿坯体进

废气排出

图 3.18 逆流式隧道干燥器的流程

3.1.5.4 传送带式干燥器

传送带式干燥器是一种对流加热式、连续作业的干燥设备。该设备是由干燥室和链式传送带(或链带+吊篮运输机)所组成。链式传送机按照传送带运动方向的不同，又可以分为卧式(链带水平运动)、立式(链带垂直运动)和综合式(链带既有水平运动又有垂直运动)这三种类型，其结构如图 3.19 所示。

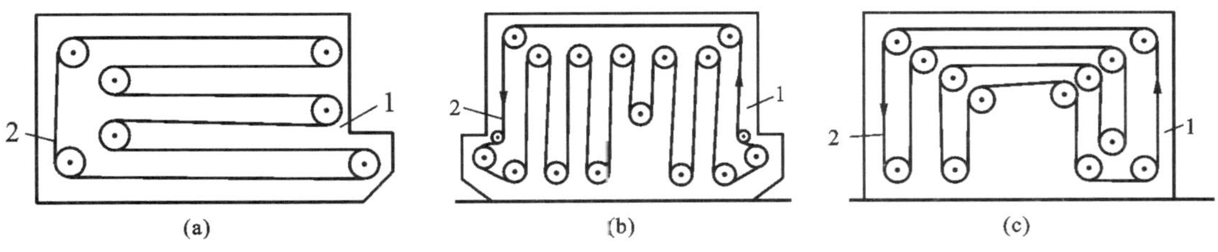

图 3.19 链式干燥器的示意图

(a) 卧式；(b) 立式；(c) 综合式

1—干燥机；2—链式传送带

3.1.5.5 流态化烘干机

流态化烘干机也称：沸腾式烘干机。它属于对流加热式干燥设备，用于连续干燥小块状或颗粒状物料[①]，例如，砂子、黏土、矿渣、白云石等，其烘干效率很高。以黏土为例，含水分 14%～18%的黏土由提升机输送到湿料仓(大块黏土要先破碎至 40 mm 以下)，再经过两层斜度不同的篦板，而且与来自篦板下方的热烟气接触。于是，在两层篦板上形成流态化，在黏土被干燥至含水分 1%～2%后，经封料管由振动式输送斜槽送至干料库。燃烧室产生的高温烟气在混合室内与冷空气混合至 600 ℃左右后再进入烘干机。出烘干机的废气温度约 80 ℃，最后，经过旋风收尘器、袋式收尘器等除尘设备的净化处理以后由排风机通过烟囱排入大气。图 3.20 和图3.21分别是双层流态化烘干机的流程与结构简图。图 3.22 为某(圆形)流态化烘干机的外观。图 3.23 为某单层流态化烘干机的结构图。

---

① 流态化烘干机也可以用于粉状物料的干燥，但是其操作控制的精度却要求很高。对于粉料或小颗粒料具有很高干燥效率的烘干设备(干燥设备)，还有：重力式烘干机、气流式烘干机、悬浮式烘干机等，对其感兴趣的读者可以查阅其专门的资料。

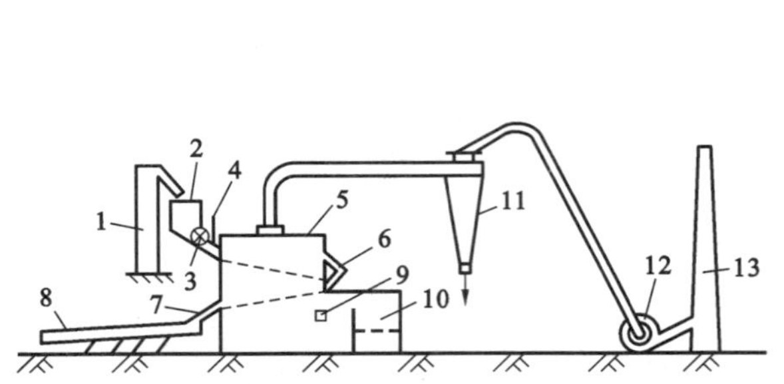

图 3.20　双层流态化烘干机的流程

1—提升机；2—料仓；3—破碎机；4—闸板；5—烘干机；6—溢流管；7—封料管；8—空气输送斜槽；9—冷风口；10—燃烧室；11—旋风收尘器；12—风机；13—烟囱

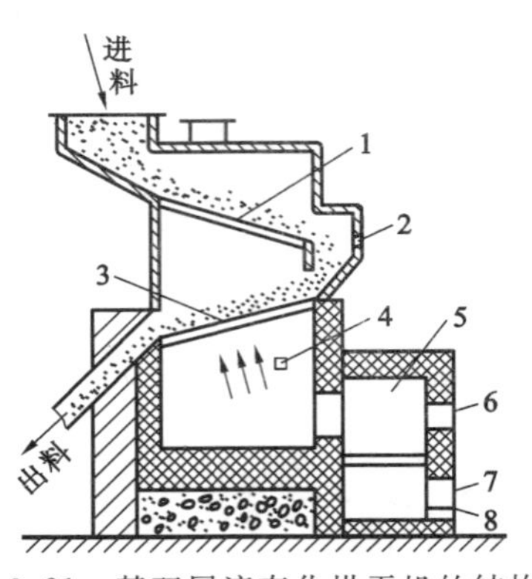

图 3.21　某双层流态化烘干机的结构

1—布风板；2—捅料口；3—布风板；4—冷风口；5—燃烧室；6—喷火口；7—鼓风孔；8—掏灰口

图 3.22　某(圆形)流态化烘干机的外形

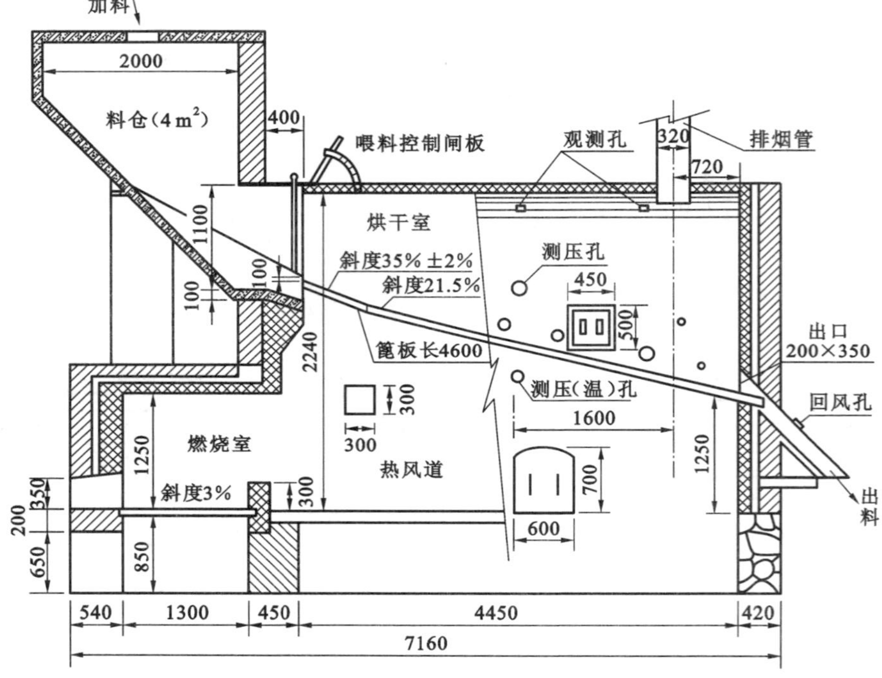

图 3.23　某单层流态化烘干机的构造

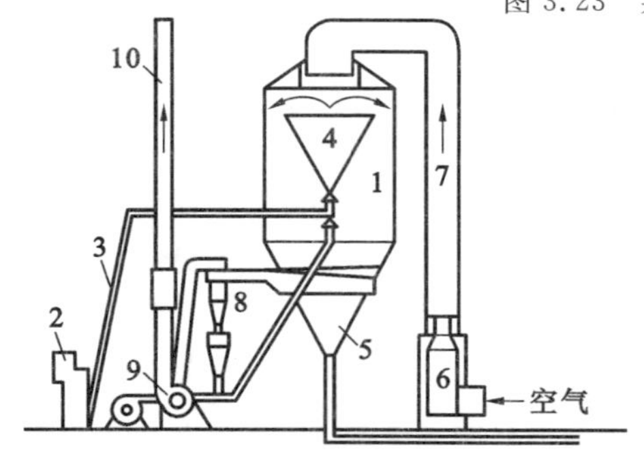

图 3.23　喷雾干燥机的流程

1—干燥塔；2—隔膜泵[参见第 4.5 节中关于隔膜泵的介绍]；3—送浆管道；4—喷射雾化器；5—卸料仓；6—热风炉；7—热风道；8—旋风收尘器；9—排风机；10—烟囱

3.1.5.6　喷雾干燥机

喷雾干燥机用于浆体的干燥，是对流加热式、连续作业的干燥设备。例如，水分为 40% 左右的泥浆，它由泥浆泵送入雾化器后，被雾化成直径为 50～300 μm 的液滴群后再与干燥介质接触，于是便进行着剧烈的热交换与质量交换。泥浆液滴脱水迅速，最终干燥至含水分 5%～10% 的细粉料，再在重力作用下集聚于塔底，由卸料装置卸出。含有微细粉尘的废气则经过旋风收尘器等收尘设备除尘后，再由排风机经排风管排入大气。如图 3.24所示的是喷雾干燥机的流程。

喷雾干燥的优点是：

(1) 大大简化了工序，可以连续操作，从而节省了设备以及劳动力；

(2) 可以实现自动化操作；

(3) 喷雾干燥的粉料颗粒呈球形(其他工艺制备的粉料多为棱角形)，流动性好，能够很好地填充压模，因而能够适应压坯的连续式、自动、快速生产；

(4) 所制得的粉料还可以与泥浆混合，从而获得质量均匀、含水量准确的可塑泥料来用于日用陶瓷、电瓷等制造工艺。这是由于细粉(<5 μm)未流失，因此泥料的可塑性较好。

泥浆的雾化方法有三种：机械雾化法(也称：压力雾化法)、介质雾化法与离心雾化法。按照干燥介质与雾滴的流向不同，喷雾干燥机还可以分为顺流、逆流以及复合流这三种类型。

3.1.5.7 闪蒸干燥器

顾名思义，“闪蒸”意味着“快速蒸发”(即快速干燥)。闪蒸干燥器适合于干燥那些膏状料、滤饼、稀泥浆以及经过压滤或经过离心脱水的湿物料等，其流程及其设备外观如图 3.25 所示，其工作原理是：热空气沿切线方向被引入干燥室内的底部，湿物料或湿浆体则用螺旋加料机送入干燥室内。进入干燥器的切向气流在强力搅拌器高速旋转搅拌桨的带动下便形成了强大的旋转气流场。湿物料或者湿浆体也在高速旋转搅拌桨的作用下，受到撞击力、磨擦力以及剪切力的作用分散为块状。块状物料又被迅速粉碎。粉碎的湿料粒与热空气充分接触后便被高效地加热与快速干燥。干燥后的气料流则在旋流场以及排风机抽力的作用下呈螺旋线上升到达干燥室顶部排出，出干燥器后的气料流被两级旋风分离器进行气固分离，成品料被收集包装，废气再经袋式除尘器除尘后由排风机、烟囱排向大气。

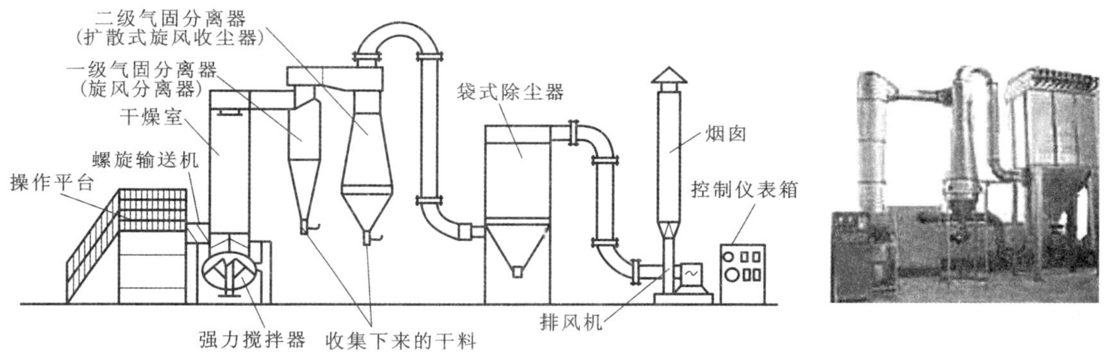

图 3.25 闪蒸干燥器的系统流程及其设备外观

湿物料在干燥室内的干燥时间仅为 5～8 s，其干燥产品的质量是与风温、风速、风量以及物料的破碎速度有很大的关系。闪蒸干燥器的特点是：**第一**，干燥室内的切向流速很高，物料停留时间较短，这样可以有效地防止物料粘壁或热敏性物料变质，并且可以一次干燥而成为均匀的粉状产品，从而就省去粉碎、筛分等工序。**第二**，干燥室内装有分级环与旋流片，这就使得成品料的细度与终水分都是可调。另外，所设置的特殊分风装置可以有效地降低气流的流动阻力，并且也能够有效地提高物料的干燥均匀度。**第三**，在干燥室底部设置的特殊冷却装置与气压密封装置能够避免物料在底部高温区发生变质现象。**第四**，能够有效地控制终水分和细度，而且，通过对加料量、热风温度、分级器的调节，可以确保产品的湿度以及细度均匀一致。

3.1.5.8 其他干燥方法

(1) 红外线干燥

红外线加热原理参见第 1.3.3。红外线干燥原理是基于物质对于红外线的吸收率具有选择性。水是非对称的极性分子，其固有振动频率大部分位于红外波段。只要入射的红外线频率与含水物质的固有振动频率相一致，物质就会吸收红外线，从而产生分子的剧烈共振并且转变为热能，于是，温度升高，使得水分蒸发而实现干燥。但是，由于物体吸收红外线是在其表面进行，所以其表面温度高于内部温度，这就使得热传导的方向与湿传导的方向相反，从而降低了坯体的最大安全干燥速度。因此，红外线辐射干燥不适用于厚壁坯体，仅适合于薄壁坯体。

最简单的红外辐射源是红外线灯泡，但是其发射的主要是 0.76～3 μm 的近红外线、中红外线与可见光，不易被物质吸收。炽热金属板（或金属管）所产生的红外线波长也在 6 μm 以下，而大部分的含水物质之吸收率峰值是在远红外区，而且远红外线的穿透深度较近红外线、中红外线更深，所以说，远红外线的干燥速率比近红外线、中红外线的干燥速率更高，而且能耗也较低，因此，远红外线干燥法正得到越来越广泛的应用。远红外辐射元件可以用氧化钛、氧化锆、氧化铬、碳化硅等材料制成，它们既可以单独使用，也可以混合使用；它们既可以直接用作加热器，也可以作为涂敷材料。其中，碳化硅在整个辐射波段内都有相当大的辐射力，在约为 10 μm 的波段内，其辐射能力相当于 1250 K 时黑体辐射力的 80%～90%，而在远红外区，其辐射能力也很强，加之工作温度不高，使用方便，寿命长，故而得到了广泛的应用。在碳化硅基体表面上涂敷金属氧化物涂层，并且使其发射率接近于 1，可以大大增强其辐射力。锆英石以及由锆英石添加金属氧化物烧成的黑色陶瓷加热器也获得了广泛应用。

远红外辐射元件可以制成板状、管状、灯状或特殊形状，它利用电加热、煤气加热、高温烟气加热或水蒸气加热，当辐射面的温度在 400～500 ℃时，其辐射效果最好。辐射元件的布置原则是：应当使被干燥物质更好地接受辐射能。干燥设备内要注意排湿，以免水蒸气吸收红外线后降低辐射强度。

（2）工频电干燥

工频电干燥的原理是将湿坯体作为电阻并联于工频电路中，用焦耳热效应（$I^2R=U^2/R$）产生热量使其内水分蒸发而干燥。通常以 0.02 mm 厚的锡箔或铜丝布作为引电极，用泥浆或树脂将其黏贴在坯体的两端，然后通电。但是，随着坯体干燥过程的进行，其导电性能降低，电流减少，这就需要逐渐增大电压，使电流基本不变。一般来说，干燥初期的电压为 30～40 V，到了干燥后期需要增至 220 V。工频电干燥时，坯体整个断面上被同时加热，然而，坯体表面由于水分的蒸发以及热量散失，其表面的水分浓度和温度均低于坯体中心，因而热、湿传导方向一致，从而提高了最大安全干燥速度，也缩短了干燥周期。工频电干燥适用于大型坯体的干燥，例如，玻璃熔窑所用大砖的坯体或者大型电瓷坯体的干燥等。该方法的优点是：方法简便，干燥速度较快，干燥均匀，单位产品的热耗少；其缺点是：在干燥形状复杂的大型坯体时，安装电极较为困难，而且，在干燥后期，当坯体中的水分低于 6%时，能耗会有所增大。

（3）高频电干燥

高频电干燥的原理就是将待干燥的湿坯体放置在 500～600 kHz 的高频电场中，因为电磁场的高频振荡，使得坯体中的分子发生非同步的振荡，于是产生热效应，这就使得水分蒸发而得到干燥。坯体含水分越多或者电场频率越高，介电损耗就越大，热效应亦越大，干燥速度相对也越快。高频电干燥使得坯体内部与表面的热、湿传导方向一致，从而提高了最大安全干燥速度。高频电干燥的优点是不需要电极，可以用于干燥形状复杂的大型坯体；其缺点是：设备复杂，电能消耗大，而且干燥坯体的终水分也不够均匀。

（4）微波干燥

微波是介于红外线与无线电波之间的电磁波，参见第 1.3.4。微波干燥的原理与高频电干燥的原理相似，但是其频率更高、波长更短，故而透热深度和加热效果均比高频电干燥要好，可以用于形状复杂的坯体干燥，但是，微波干燥的设备复杂，耗电量大。

（5）导热干燥

片状物体（例如，纸张、纸板、纺织品等）采用导热干燥的方式较为有效，也很高效。该干燥方法的要点是：将具有一定挠度的薄钢板通电加热后，再直接贴在片状物体表面，片状物体因为受到薄钢板的加热而使其内的水分很快蒸发从而实现快速干燥，例如，打印机或复印机中纸张的干燥就是如此。

3.2 水泥生产过程中热量的应用

在水泥生产过程之中，热量的应用主要体现在两个方面：一是应用于物料的干燥过程（也称为：烘干过程）；二是应用于水泥熟料的烧成系统。由于第一个方面在第3.1节中已经介绍过了，因此，在本节中只涉及第二个方面——水泥熟料烧成系统。

目前，在水泥生产过程中，是广泛使用"新型干法水泥生产系统"，该系统也被称为：窑外预分解窑系统，这是先进且成熟的水泥生产技术。图3.26就是新型干法水泥生产线的流程。在该生产线中，水泥熟料烧成系统的结构以及工作原理如图3.27所示。

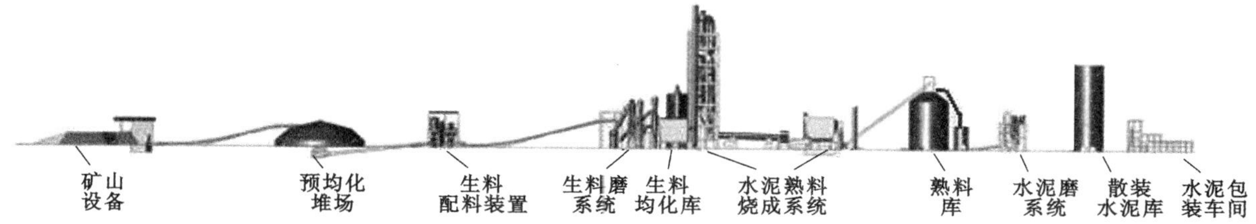

图3.26 新型干法水泥生产系统的流程

在新型干法水泥生产系统之中，热量最主要的应用已经在图3.27中显示出来，具体来说，就是：在预热/预分解系统内以及在回转窑内，通过燃料燃烧产生热量，该热量再利用对流换热、辐射换热与传导传热的方式传递给水泥生料，使其经过一系列的物理、化学变化后变成合格的水泥熟料。其后，水泥熟料还要与适量的石膏、混合材料共同粉磨以后，才能够变为水泥产品。

所以，关于水泥生产过程中热量的应用，首先介绍的是"水泥熟料形成热"的概念与计算。

3.2.1 "水泥熟料形成热"的计算

水泥熟料形成热（符号：Q_{sh}）是指：用基准温度（0 ℃）的干生料，在没有任何物料损失和没有任何热量损失的假想条件下，制成每1 kg而且其温度仍为基准温度（0 ℃）的水泥熟料所需要的净热量，其单位是：kJ/kg。

3.2.1.1 理论计算法

水泥熟料形成热 Q_{sh} 的理论计算法是根据 Q_{sh} 的定义，再考虑到干生料烧成为水泥熟料过程中的各种热效应，按照"净热量＝吸收热量之和－放出热量之和"的热量守恒原理来进行计算。其具体的计算原理以及计算公式如下所述[34]（**注**：在本节中，以下计算式中的符号是按照国家出版物最新规范而编辑的，而这些符号与相关国家标准[34]有些差异，具体用哪种符号体系，请读者自选）：

通常，水泥生产过程是以石灰质原料、黏土质原料和铁质原料为原料来配置水泥生料，以煤粉为燃料来烧制水泥熟料。在该情况下，可以使用如下方法计算 Q_{sh}（注：若有矿渣参加配料，以下公式中还应当扣除来自于矿渣中的各成分含量；若使用液体燃料或气体燃料，则以下公式中的 $m_A=0$）。

（1）烧成每1 kg熟料所需理论干生料消耗量 m_{gy} 的计算

① 烧成的每1 kg熟料中煤灰掺入量 m_A 的计算

$$m_A=m_r\times w(A_{ar})\times G_A\times\frac{1}{10000}\qquad(kg/kg)\tag{3.68}$$

式中 m_r——烧成每1 kg熟料所需要的燃料消耗量，kg/kg；

$w(A_{ar})$——煤粉的收到基灰分组成含量（质量分数，%）[对于水泥回转窑系统而言，由于所用煤在粉磨过程中已经被烘干过，所以其收到基可以近似地按照"空气干燥基"计]；

G_A——煤灰掺入率，%，一般来说，G_A 按100%计。

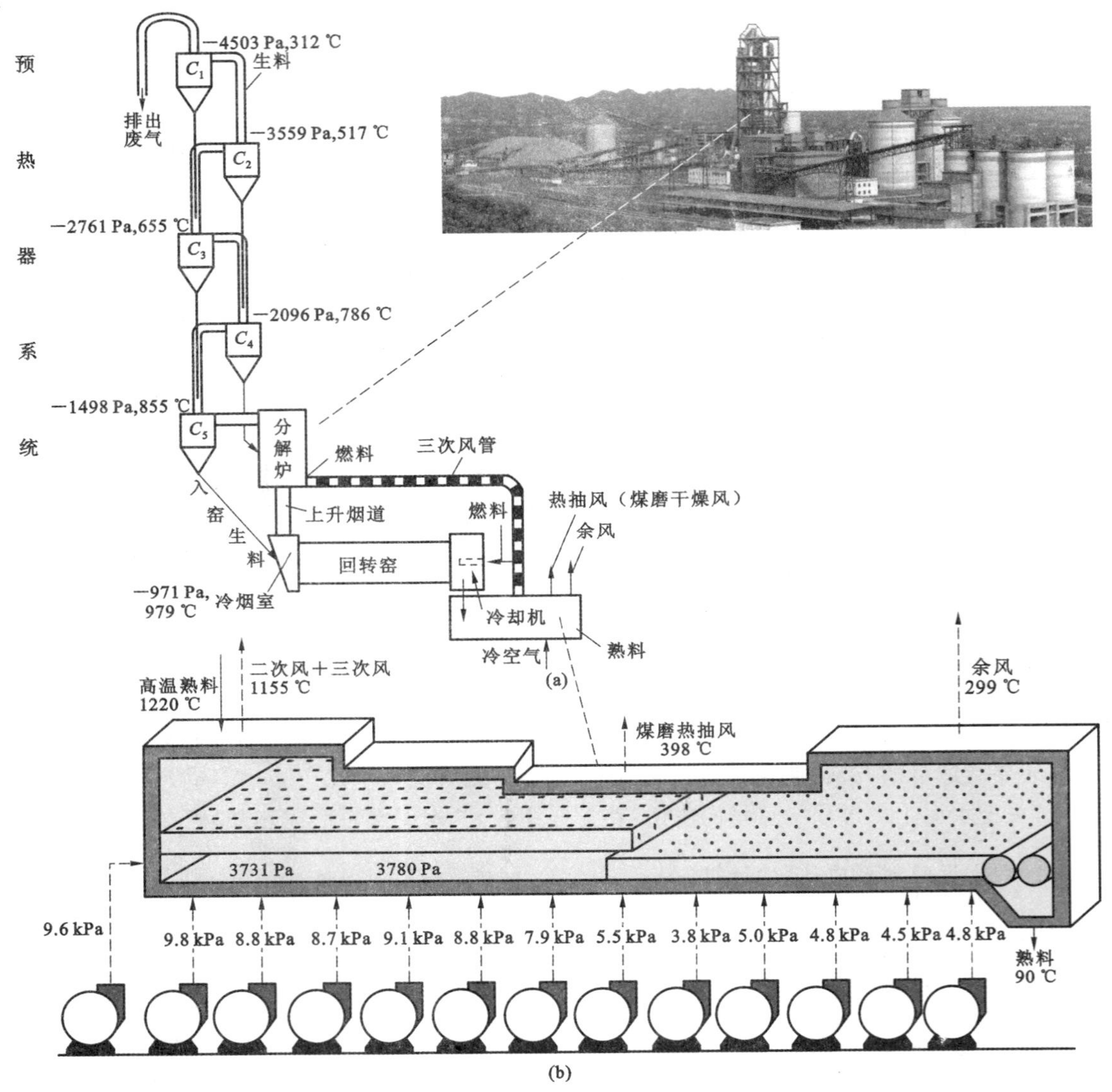

图 3.27　新型干法水泥熟料烧成系统的原理

（图中标记的压强值与温度值为某熟料烧成系统的瞬态记录值，仅供读者在设计计算时参考）

(a) 整个系统；(b) 篦式熟料冷机部分

② 烧成每 1 kg 熟料所需的生料中碳酸钙消耗量 $m(CaCO_3)$ 的计算

$$m(CaCO_3)=\frac{w^{sh}(CaO)-w^{A}(CaO)\times m_A}{100}\times\frac{100}{56}\qquad (kg/kg)\tag{3.69}$$

式中　$w^{sh}(CaO)$——熟料中 CaO 的含量（质量分数，%）；

$w^{A}(CaO)$——煤灰中 CaO 的含量（质量分数，%）。

③ 生成每 1 kg 熟料所需的生料中碳酸镁消耗量 $m(MgCO_3)$ 的计算

$$m(MgCO_3)=\frac{w^{sh}(MgO)-w^{A}(MgO)\times m_A}{100}\times\frac{84.3}{40.3}\qquad (kg/kg)\tag{3.70}$$

式中　$w^{sh}(MgO)$——熟料中 MgO 的含量（质量分数，%）；

$w^{A}(MgO)$——煤灰中 MgO 的含量（质量分数，%）。

④ 烧成每 1 kg 熟料所需的生料中高岭石消耗量 $m(AS_2H_2)$ 的计算

$$m(AS_2H_2)=\frac{w^{sh}(Al_2O_3)-w^{A}(Al_2O_3)\times m_A}{100}\times\frac{258}{102}\qquad (kg/kg)\tag{3.71}$$

式中 $w^{sh}(Al_2O_3)$——熟料中 Al_2O_3 的含量(质量分数,%);

$w^{A}(Al_2O_3)$——煤灰中 Al_2O_3 的含量(质量分数,%)。

⑤ 烧成每 1 kg 熟料所需的生料中二氧化碳释放量 $m(CO_2)$的计算

$$m(CO_2)=\frac{w^{sh}(CaO)-w^{A}(CaO)\times m_A}{100}\times\frac{44}{56}+\frac{w^{sh}(MgO)-w^{A}(MgO)\times m_A}{100}\times\frac{44}{40.3}\quad(kg/kg)\tag{3.72}$$

⑥ 烧成每 1 kg 熟料所需的生料中结晶水释放量 $m(H_2O)$的计算

$$m(H_2O)=\frac{w^{sh}(Al_2O_3)-w^{A}(Al_2O_3)\times m_A}{100}\times\frac{36}{102}\quad(kg/kg)\tag{3.73}$$

于是,就可以得到烧成每 1 kg 熟料所需要的理论干生料消耗量 m_{gy},具体为:

$$m_{gy}=1+m(CO_2)+m(H_2O)\quad(kg/kg)\tag{3.74}$$

(2) 吸收热量的计算(以每 1 kg 熟料为计算基准)

① 干生料从 0 ℃加热到 450 ℃过程中吸热量 q_1 的计算

$$q_1=m_{gy}\cdot c_{s,1}\cdot(t_1-t_0)=m_{gy}\times1.058\times(450-0)\quad(kJ/kg)\tag{3.75}$$

式中 $c_{s,1}$——干生料在 0~450 ℃温度范围内的平均比热容,$c_{s,1}\approx1.058$ kJ/(kg·℃),生料中的部分成分在 0~t ℃温度范围内的平均比热容,可以查阅表 3.2[34]。

表 3.2 物料成分的平均比热容 $c_{s,1}$/(kJ·kg^{-1}·℃$^{-1}$)

温度 t/℃	SiO_2	CaO	$CaCO_3$	MgO	$MgCO_3$	高岭石	脱水高岭石	矿渣
100	0.799	0.786	0.874	0.979	1.075	0.991	0.841	
200	0.824	0.820	0.928	1.004	1.154	1.066	0.899	
300	0.920	0.841	0.979	1.029	1.217	1.121	0.941	0.903
400	0.970	0.853	1.020	1.054	1.267	1.158	0.979	0.933
500	1.025	0.861	1.050	1.079	1.313	1.184	1.008	0.945
600	1.066	0.870	1.079	1.100	1.347		1.029	0.962
700	1.083	0.878	1.096	1.121	1.368		1.046	0.991
800	1.092	0.887	1.104	1.142	1.380		1.062	1.008
900	1.100	0.891	1.112	1.158			1.079	1.016
1000	1.108	0.895		1.171			1.092	1.029
1100	1.112	0.899					1.108	1.046
1200	1.117	0.903					1.117	1.075
1300	1.129	0.907					1.121	1.158
1400	1.133	0.912					1.129	
1500	1.138	0.916						

② 高岭石脱水吸热量 q_2 的计算

$$q_2=m(H_2O)\cdot q(AS_2H_2)=m(H_2O)\times6690\quad(kJ/kg)\tag{3.76}$$

式中 $q(AS_2H_2)$——高岭石的脱水热,$q(AS_2H_2)=6690$ kJ/kg(注:对于水泥生产过程而言,一般来说,所用的黏土质原料中主要成分是高岭石,高岭石的简洁分子式为:$Al_2O_3\cdot2SiO_2\cdot2H_2O$,通常简写为:$AS_2H_2$。因此,人们常说的黏土脱水就是指:高岭石脱水)。

③ 脱水后的生料由 450 ℃加热到 900 ℃过程中吸热量 q_3 的计算

$$q_3=[m_{gy}-m(H_2O)]\cdot c_{s,2}\cdot(t_2-t_1)=[m_{gy}-m(H_2O)]\times 1.184\times(900-450)\quad(kJ/kg)\tag{3.77}$$

式中 $c_{s,2}$——脱水后的生料在 450～900 ℃温度范围内的平均比热容，$c_{s,2}\approx 1.184$ kJ/(kg·℃)：脱水后的生料中其部分成分在 0～t ℃温度范围内的平均比热容，可以查阅表 3.2。

④ 碳酸盐分解吸热量 q_4 的计算

$$\begin{aligned}q_4&=m(CaCO_3)\cdot q(CaCO_3)+m(MgCO_3)\cdot q(MgCO_3)\\&=m(CaCO_3)\times 1660+m(MgCO_3)\times 1420\quad(kJ/kg)\end{aligned}\tag{3.78}$$

式中 $q(CaCO_3)$——碳酸钙分解热，$q(CaCO_3)=1660$ kJ/kg；

$q(MgCO_3)$——碳酸镁分解热，$q(MgCO_3)=1420$ kJ/kg。

⑤ 分解后的生料由 900 ℃加热到 1400 ℃过程中吸热量 q_5 的计算

$$\begin{aligned}q_5&=[m_{gy}-m(H_2O)-m(CO_2)]\cdot c_{s,3}\cdot(t_3-t_2)\\&=[m_{gy}-m(H_2O)-m(CO_2)]\times 1.033\times(1400-900)\quad(kJ/kg)\end{aligned}\tag{3.79}$$

式中 $c_{s,3}$——分解后的生料在 900～1400 ℃温度范围内的平均比热容，$c_{s,3}\approx 1.033$ kJ/(kg·℃)：分解后的生料中其部分成分在 0～t ℃温度范围内的平均比热容，可以查阅表 3.2。

⑥ 在 1400 ℃时，液相形成时的吸热量 q_6 的确定

$$q_6\approx 109\ kJ/kg\tag{3.80}$$

(3) 放出热量的计算(以每 1 kg 熟料为计算基准)

① 在 1000～1400 ℃温度范围内，熟料矿物形成热 q_7 的计算

$$\begin{aligned}q_7&=\frac{1}{100}[w^{sh}(C_3S)\cdot q(C_3S)+w^{sh}(C_2S)\cdot q(C_2S)+w^{sh}(C_3A)\cdot q(C_3A)+w^{sh}(C_4AF)\cdot q(C_4AF)]\\&=\frac{1}{100}[w^{sh}(C_3S)\times 465+w^{sh}(C_2S)\times 610+w^{sh}(C_3A)\times 88+w^{sh}(C_4AF)\times 105]\quad(kJ/kg)\end{aligned}\tag{3.81}$$

式中 $q(C_3S)$——C_3S 矿物的形成热，$q(C_3S)=465$ kJ/kg；

$q(C_2S)$——C_2S 矿物的形成热，$q(C_2S)=610$ kJ/kg；

$q(C_3A)$——C_3A 矿物的形成热，$q(C_3A)=88$ kJ/kg；

$q(C_4AF)$——C_4AF 矿物的形成热，$q(C_4AF)=105$ kJ/kg。

在式(3.81)中，$w^{sh}(C_3S)$、$w^{sh}(C_2S)$、$w^{sh}(C_3A)$、$w^{sh}(C_4AF)$分别是指熟料中对应矿物的含量(质量分数，%)。根据熟料的化学成分，便可以按照式(3.82)～式(3.85)分别计算出各个矿物的含量(质量分数，%)：

$$w^{sh}(C_3S)=4.07w^{sh}(CaO)-7.60w^{sh}(SiO_2)-6.72w^{sh}(Al_2O_3)-1.43w^{sh}(Fe_2O_3)\tag{3.82}$$

$$w^{sh}(C_2S)=8.60w^{sh}(SiO_2)-3.07w^{sh}(CaO)+5.10w^{sh}(Al_2O_3)+1.07w^{sh}(Fe_2O_3)\tag{3.83}$$

$$w^{sh}(C_3A)=2.65w^{sh}(Al_2O_3)-1.69w^{sh}(Fe_2O_3)\tag{3.84}$$

$$w^{sh}(C_4AF)=3.04w^{sh}(Fe_2O_3)\tag{3.85}$$

② 黏土质原料中无定形物质结晶热 q_8 的计算

$$q_8=m(AS_2H_2)\cdot\frac{M_{r,AS_2}}{M_{r,AS_2H_2}}\cdot q(AS_2)=m(AS_2H_2)\times 0.86\times 301\quad(kJ/kg)\tag{3.86}$$

式中 $\frac{M_{r,AS_2}}{M_{r,AS_2H_2}}$——脱水后的高岭石(称为：偏高岭石，它的简洁化学式为：$Al_2O_3\cdot 2SiO_2$，简写为：AS_2)的相对分子质量与高岭石(简洁化学式为：$Al_2O_3\cdot 2SiO_2\cdot 2H_2O$，简写为：$AS_2H_2$)的相对分子质量之比，$\frac{M_{r,AS_2}}{M_{r,AS_2H_2}}=\frac{222}{258}=0.86$；

$q(AS_2)$——偏高岭石的结晶热，$q(AS_2)=301$ kJ/kg。

③ 熟料由 1400 ℃冷却到 0 ℃过程中放热量 q_9 的计算

$$q_9 = m_{sh} \cdot c_{sh} \cdot (t_3 - t_0) = 1 \times 1.092 \times (1400 - 0) \quad (kJ/kg) \tag{3.87}$$

式中 m_{sh}——熟料量,$m_{sh}=1$ kg(计算基准);

c_{sh}——熟料在 0～1400 ℃温度范围内的平均比热容,$c_{sh}\approx 1.092$ kJ/(kg·℃),熟料在 0～t ℃温度范围内的平均比热容,可以查阅表 3.3[34],熟料中部分矿物在 0～t ℃温度范围内的平均比热容,可以查阅表 3.4[34]。

表 3.3 熟料与窑灰的平均比热容 c_i/(kJ·kg^{-1}·℃$^{-1}$)

温度 t/℃	比热容		温度 t/℃	比热容	
	熟料	窑灰		熟料	窑灰
0	0.736		900	0.979	1.046
20	0.736		1000	0.991	1.046
100	0.782	0.836	1100	1.008	
200	0.824	0.878	1200	1.033	
300	0.861	0.878	1300	1.058	
400	0.895	0.920	1400	1.092	
500	0.916	0.962	1500	1.121	
600	0.937	0.962			
700	0.953	1.004			
800	0.970	1.004			

注:① 1200 ℃以上的比热容已经包含了熔融热;

② 窑灰的比热容是按照一般成分概算的。

表 3.4 熟料中有关矿物成分的平均比热容 c_i/(kJ·kg^{-1}·℃$^{-1}$)

温度 t/℃	C_3S	β-C_2S	γ-C_2S	C_3A	C_5A_3	CA	C_2AS
100			0.790			0.853	
200							
300	0.866		0.866	0.887	0.907	0.928	0.920
400	0.891		0.891			0.953	0.941
450	0.903		0.903			0.966	0.949
500	0.912	0.933	0.916	0.924	0.953	0.979	0.958
600	0.933	0.949	0.933		0.974	0.995	0.974
675	0.945	0.966	0.949			1.008	0.987
700	0.949	0.974		0.945	0.983	1.012	0.991
800	0.966	0.995			0.995	1.029	1.004
900	0.979	1.012		0.958	1.004	1.046	1.016
1000	0.995	1.025			1.012	1.054	1.029
1100	1.008	1.041		0.970	1.020	1.066	1.041
1200	1.012	1.054			1.029	1.071	1.054
1300	1.020	1.062		0.983	1.037	1.079	1.071
1400	1.029				1.046	1.083	
1500	1.037						

④ 碳酸盐分解而释放出的 CO_2 由 900 ℃冷却到 0 ℃过程中放热量 q_{10} 的计算

$$q_{10}=m(CO_2)\cdot c_{p,\mathrm{cdox}}\cdot(t_2-t_0)=m(CO_2)\times 1.104\times(900-0) \quad (\mathrm{kJ/kg}) \tag{3.88}$$

式中 $c_{p,\mathrm{cdox}}$——CO_2（carbon dioxide）在 0～900 ℃温度范围内的平均定压比热容，$c_{p,\mathrm{cdox}}\approx$ 1.104 kJ/(kg·℃)，CO_2 在 0～t ℃温度范围内的平均定压比热容，可以查阅附录 3 中附表 3.2，但是，要注意不同单位之间的换算（或者直接查阅附录 3 中附表 3.8）。

⑤ 生料脱水而释放出来的化合水由 450 ℃水蒸气冷却到 0 ℃液态水过程中放热量 q_{11} 的计算

$$\begin{aligned} q_{11}&=m(H_2O)\cdot[c_{p,\mathrm{v}}\cdot(t_1-t_0)+q(H_2O)] \\ &=m(H_2O)\times[1.960\times(450-0)+2497.5] \quad (\mathrm{kJ/kg}) \end{aligned} \tag{3.89}$$

式中 $c_{p,\mathrm{v}}$——水蒸气（vapor）在 0～450 ℃温度范围内的平均定压比热容，$c_{p,\mathrm{v}}\approx$1.960 kJ/(kg·℃)，水蒸气在0～t ℃温度范围内的平均定压比热容，可以查阅附录 4 中附表 4.2，但是，要注意不同单位之间的换算（或者直接查阅附录 4 中附表 4.5）；

$q(H_2O)$——0 ℃时水的汽化潜热，$q(H_2O)$=2497.5 kJ/(kg·℃)。

（3）熟料形成热 Q_{sh} 的计算（以每 1 kg 熟料为计算基准）

$$Q_{\mathrm{sh}}=(q_1+q_2+q_3+q_4+q_5+q_6)-(q_7+q_8+q_9+q_{10}+q_{11}) \quad (\mathrm{kJ/kg}) \tag{3.90}$$

3.2.1.2 简洁计算法

（1）烧成每 1 kg 熟料所需理论干生料消耗量 m_{gy} 的计算公式

$$m_{\mathrm{gy}}=\frac{100-m_{\mathrm{r}}\cdot w(\mathrm{A_{ar}})\cdot G_{\mathrm{A}}/100}{100-w^{\mathrm{s}}(\mathrm{LOI})} \quad (\mathrm{kg/kg}) \tag{3.91}$$

式中 $w^{\mathrm{s}}(\mathrm{LOI})$——水泥生料的灼烧减量（Loss on Ignition）①，%；

其他符号的意义与第 3.2.1.1 中的对应符号相同。

（2）水泥熟料形成热 Q_{sh} 的经验计算公式

$$\begin{aligned} Q_{\mathrm{sh}}=&17.19w^{\mathrm{sh}}(Al_2O_3)+27.10w^{\mathrm{sh}}(MgO)+32.01w^{\mathrm{sh}}(CaO)- \\ &21.40w^{\mathrm{sh}}(SiO_2)-2.47w^{\mathrm{sh}}(Fe_2O_3) \quad (\mathrm{kJ/kg}) \end{aligned} \tag{3.92}$$

式中 $w^{\mathrm{sh}}(Al_2O_3)$，$w^{\mathrm{sh}}(MgO)$，$w^{\mathrm{sh}}(CaO)$，$w^{\mathrm{sh}}(SiO_2)$，$w^{sh}(Fe_2O_3)$——熟料中所对应各个成分的含量（质量分数，%）。

如果考虑碱、硫的影响，则还需要对式(3.92)的计算结果进行修正，其计算公式为：

$$\begin{aligned} Q'_{\mathrm{sh}}=&Q_{\mathrm{sh}}-107.90[w^{\mathrm{s}'}(Na_2O)-w^{\mathrm{sh}}(Na_2O)]-71.09[w^{\mathrm{s}'}(K_2O)-w^{\mathrm{sh}}(K_2O)]+ \\ &83.64[m^{\mathrm{s}'}(SO_3)-w^{\mathrm{sh}}(SO_3)] \quad (\mathrm{kJ/kg}) \end{aligned} \tag{3.93}$$

式中 $w^{\mathrm{s}'}(Na_2O)$，$w^{\mathrm{s}'}(K_2O)$，$w^{\mathrm{s}'}(SO_3)$，$w^{\mathrm{sh}}(Na_2O)$，$w^{\mathrm{sh}}(K_2O)$，$w^{\mathrm{sh}}(SO_3)$——分别为灼烧基生料中与熟料中 Na_2O、K_2O、SO_3 含量（质量分数，%）（具体为：带上角标 s′的量可以通过水泥生料的配料计算结果来得到或者通过取样分析得到；带上角标 sh 的量就是熟料中的含量值）。

需要指出的是：计算 Q_{sh} 的经验式(3.92)、经验式(3.93)只适合于以石灰石、黏土和铁粉等普通原料来配置水泥生料的情况。若是引入矿渣配料，则只能利用第 3.2.1.1 中所介绍的理论计算法。

由式(3.92)与式(3.93)也可以看出：水泥生料的化学成分与水泥熟料的化学成分决定着水泥熟料形成热的大小。水泥生料、水泥熟料的成分含量不同，会造成水泥熟料形成热有所差异。但是，在通常的情况下，由于各个水泥生产厂家的生料成分、熟料成分差别不大，所以，其水泥熟料形成热也相差不大，一般为 1670～1790 kJ/kg。

【例 3.9】 正在设计建造的某新型干法水泥厂所用原料以及所用燃料的资料见表 3.5、表 3.6。假定其熟料的烧成热耗为 3015 kJ/kg。

---

① 灼烧减量（Loss on Ignition，缩写为 LOI，简称：灼减），在我国水泥行业中则普遍称之为“烧失量”，是指将样品在高温下灼烧后，所失去物质的质量在样品物质原质量中的含量（质量分数，%）

试计算该水泥厂熟料烧成系统的理论干生料消耗量 m_{gy} 与水泥熟料形成热 Q_{sh}。

表 3.5 某水泥厂所用原料的化学分析结果(w_i,%)

干物料＼成分	烧失量	SiO_2	Al_2O_3	Fe_2O_3	CaO	MgO	SO_3	K_2O	Na_2O
石灰石	43.05	1.79	0.64	0.71	53.10	0.71			
黏土	4.74	65.47	16.94	5.99	4.04	0.91		1.01	0.81
铁粉	1.02	38.01	2.05	52.97	3.95	1.99			
煤灰		57.11	27.15	9.11	3.41	1.26	1.97		

表 3.6 某水泥厂所用煤粉的工业分析结果

组分	Fc_{ad}	V_{ad}	M_{ad}	A_{ad}	焦渣特性(简称:CRC)
$w(i)/\%$	50.46	25.48	1.19	22.87	5#

【解】 第一步,计算所用煤粉的发热量 $Q_{net,ad}$ 和煤粉的消耗量 m_r

$$w(V_{daf})=w(V_{ad})\cdot\frac{100}{100-[w(M_{ad})+w(A_{ad})]}$$

$$=25.48\times\frac{100}{100-(1.19+22.87)}=33.55(\%)$$

查阅附录 1 中附图 1.1 或附表 1.1,判断此煤粉为烟煤。于是,选择附录 1 中式(6)来计算所用煤粉的发热量 $Q_{net,ad}$:

$$\begin{aligned}Q_{net,ad}&=35860-73.7w(V_{ad})-395.7w(A_{ad})-702.0w(M_{ad})+173.6CRC\\&=35860-73.7\times25.48-395.7\times22.87-702.0\times1.19+173.6\times5\\&=24965(\text{kJ/kg})\end{aligned}$$

于是,可以计算出烧成每 1 kg 熟料所需的煤粉消耗量(燃料量)m_r 为:

$$m_r=\frac{q}{Q_{net,ad}}=\frac{3015}{24965}=0.1208(\text{kg/kg})$$

第二步,列出配料计算的结果:

经过配料计算[7,9,13,14,17]后,其原料配合比[$w(i)$,质量分数,%]、生料成分[$w(i)$,质量分数,%]、熟料成分[$w(i)$,质量分数,%]的计算结果见表 3.7。

表 3.7 配料计算的结果(%)

名称	配合比	烧失量	SiO_2	Al_2O_3	Fe_2O_3	CaO	MgO	SO_3	K_2O	Na_2O
石灰石	81.11	34.92	1.45	0.52	0.58	43.07	0.58			
黏土	17.82	0.84	11.67	3.02	1.07	0.72	0.16		0.18	0.14
铁粉	1.07	0.01	0.41	0.02	0.57	0.04	0.02			
生料	100	35.77	13.53	3.56	2.22	43.83	0.76		0.18	0.14
灼烧基生料	100		21.06	5.54	3.46	68.24	1.18		0.28	0.22
灼烧基生料	97.24		20.48	5.39	3.36	66.36	1.15		0.27	0.21
煤灰	2.76		1.58	0.75	0.25	0.09	0.03	0.05		
熟料	100		22.06	6.14	3.61	66.45	1.18	0.05	0.27	0.21

由表 3.7 中的数据，可以计算出熟料的三个率值 KH[①]（石灰饱和系数）、SM（硅率）和铝率（IM）：

$$KH=\frac{w^{sh}(CaO)-1.65w^{sh}(Al_2O_3)-0.35w^{sh}(Fe_2O_3)}{2.8w^{sh}(SiO_2)}=\frac{66.45-1.65\times6.14-0.35\times3.61}{2.8\times22.06}=0.89$$

$$SM=\frac{w^{sh}(SiO_2)}{w^{sh}(Al_2O_3)+w^{sh}(Fe_2O_3)}=\frac{22.06}{6.14+3.61}=2.26$$

$$IM=\frac{w^{sh}(Al_2O_3)}{w^{sh}(Fe_2O_3)}=\frac{6.14}{3.61}=1.70$$

第三步，计算理论干生料消耗量 m_{gy}

方法一　（理论计算法）：

取煤灰掺入率 $G_A=100\%$，则煤灰掺入量 m_A 为：

$$m_A=m_r\times w(A_{ad})\times G_A\times\frac{1}{10000}=0.1208\times22.87\times100\times\frac{1}{10000}=0.0276(\text{kg/kg})$$

于是，烧成每 1 kg 熟料所需的生料中碳酸钙消耗量 $m(CaCO_3)$ 为：

$$m(CaCO_3)=\frac{w^{sh}(CaO)-w^{A}(CaO)\times m_A}{100}\times\frac{100}{56}=\frac{66.45-3.41\times0.0276}{100}\times\frac{100}{56}=1.1849(\text{kg/kg})$$

烧成每 1 kg 熟料所需的生料中碳酸镁消耗量 $m(MgCO_3)$ 为：

$$m(MgCO_3)=\frac{w^{sh}(MgO)-w^{A}(MgO)\times m_A}{100}\times\frac{84.3}{40.3}=\frac{1.18-1.26\times0.0276}{100}\times\frac{84.3}{40.3}$$
$$=0.0240(\text{kg/kg})$$

烧成每 1 kg 熟料所需的生料中高岭石消耗量 $m(AS_2H_2)$ 为：

$$m(AS_2H_2)=\frac{w^{sh}(Al_2O_3)-w^{A}(Al_2O_3)\times m_A}{100}\times\frac{258}{102}=\frac{6.14-27.15\times0.0276}{100}\times\frac{258}{102}$$
$$=0.1364(\text{kg/kg})$$

烧成每 1 kg 熟料所需的生料中二氧化碳的释放量 $m(CO_2)$ 为：

$$m(CO_2)=\frac{w^{sh}(CaO)-w^{A}(CaO)\times m_A}{100}\times\frac{44}{56}+\frac{w^{sh}(MgO)-w^{A}(MgO)\times m_A}{100}\times\frac{44}{40.3}$$
$$=\frac{66.45-3.41\times0.0276}{100}\times\frac{44}{56}+\frac{1.18-1.26\times0.0276}{100}\times\frac{44}{40.3}=0.5339(\text{kg/kg})$$

烧成每 1 kg 熟料所需生料中化合水的释放量 $m(H_2O)$ 为：

$$m(H_2O)=\frac{w^{sh}(Al_2O_3)-w^{A}(Al_2O_3)\times m_A}{100}\times\frac{36}{102}=\frac{6.14-27.15\times0.0276}{100}\times\frac{36}{102}=0.0190(\text{kg/kg})$$

这样，便可以通过计算得到烧成每 1 kg 熟料所需要的理论干生料消耗量 m_{gy} 为：

$$m_{gy}=1+m(CO_2)+m(H_2O)=1+0.5339+0.0190=1.5529(\text{kg/kg})$$

方法二　（简洁计算法）：

$$m_{gy}=\frac{100-m_r\cdot w(A_{ad})\cdot G_A/100}{100-w^{s}(LOI)}=\frac{100-0.1208\times22.87\times100/100}{100-35.77}=1.5139(\text{kg/kg})$$

第四步，计算水泥熟料形成热 Q_{sh}

方法一　（理论计算法）：

吸收热量的计算

① 干生料从 0 ℃加热到 450 ℃过程中的吸热量 q_1 为：

$$q_1=m_{gy}\cdot c_{s,1}\cdot(t_1-t_0)=m_{gy}\times1.058\times(450-0)=1.5529\times1.058\times(450-0)=739.34(\text{kJ/kg})$$

---

① “KH”原为俄文缩写字母“KH”（读作：克埃恩，国际音标：kəɛn）。而在一些不是很严格的场合，也有人将其约定俗成地写成英文字母“KH”。

② 高岭石脱水的吸热量 q_2 为：

$$q_2 = m(H_2O) \times 6690 = 0.0190 \times 6690 = 127.11(kJ/kg)$$

③ 脱水后的生料由 450 ℃加热到 900 ℃过程中的吸热量 q_3 为：

$$\begin{aligned} q_3 &= [m_{gy} - m(H_2O)] \cdot c_{s,2} \cdot (t_2 - t_1) = [m_{gy} - m(H_2O)] \times 1.184 \times (900 - 450) \\ &= (1.5529 - 0.0190) \times 1.184 \times (900 - 450) \\ &= 817.26(kJ/kg) \end{aligned}$$

④ 碳酸盐分解的吸热量 q_4 为：

$$\begin{aligned} q_4 &= m(CaCO_3) \cdot q(CaCO_3) + m(MgCO_3) \cdot q(MgCO_3) \\ &= m(CaCO_3) \times 1660 + m(MgCO_3) \times 1420 = 1.1849 \times 1660 + 0.0240 \times 1420 \\ &= 2001.01(kJ/kg) \end{aligned}$$

⑤ 分解后的生料由 900 ℃加热到 1400 ℃过程中的吸热量 q_5 为：

$$\begin{aligned} q_5 &= [m_{gy} - m(H_2O) - m(CO_2)] \cdot c_{s,3} \cdot (t_3 - t_2) \\ &= [m_{gy} - m(H_2O) - m(CO_2)] \times 1.033 \times (1400 - 900) \\ &= (1.5529 - 0.0190 - 0.5339) \times 1.033 \times (1400 - 900) \\ &= 516.5(kJ/kg) \end{aligned}$$

1400 ℃液相形成时的吸热量 q_6 为：

$$q_6 \approx 109\ kJ/kg$$

放出热量的计算

① 在 1000～1400 ℃温度范围内熟料矿物形成热 q_7 的计算结果为：

$$\begin{aligned} w^{sh}(C_3S) &= 4.07w^{sh}(CaO) - 7.60w^{sh}(SiO_2) - 6.72w^{sh}(Al_2O_3) - 1.43w^{sh}(Fe_2O_3) \\ &= 4.07 \times 66.45 - 7.60 \times 22.06 - 6.72 \times 6.14 - 1.43 \times 3.61 \\ &= 56.37(\%) \end{aligned}$$

$$\begin{aligned} w^{sh}(C_2S) &= 8.60w^{sh}(SiO_2) - 3.07w^{sh}(CaO) + 5.10w^{sh}(Al_2O_3) + 1.07w^{sh}(Fe_2O_3) \\ &= 8.60 \times 22.06 - 3.07 \times 66.45 + 5.10 \times 6.14 + 1.07 \times 3.61 \\ &= 20.89(\%) \end{aligned}$$

$$\begin{aligned} w^{sh}(C_3A) &= 2.65w^{sh}(Al_2O_3) - 1.69w^{sh}(Fe_2O_3) = 2.65 \times 6.14 - 1.69 \times 3.61 \\ &= 10.17(\%) \end{aligned}$$

$$w^{sh}(C_4AF) = 3.04w^{sh}(Fe_2O_3) = 3.04 \times 3.61 = 10.97(\%)$$

$$\begin{aligned} q_7 &= \frac{1}{100}[w^{sh}(C_3S) \cdot q(C_3S) + w^{sh}(C_2S) \cdot q(C_2S) + w^{sh}(C_3A) \cdot q(C_3A) + w^{sh}(C_4AF) \cdot q(C_4AF)] \\ &= \frac{1}{100}[w^{sh}(C_3S) \times 465 + w^{sh}(C_2S) \times 610 + w^{sh}(C_3A) \times 88 + w^{sh}(C_4AF) \times 105] \\ &= \frac{1}{100} \times (56.37 \times 465 + 20.89 \times 610 + 10.17 \times 88 + 10.97 \times 105) \\ &= 410.02(kJ/kg) \end{aligned}$$

② 黏土中无定形物质的结晶热 q_8 为：

$$\begin{aligned} q_8 &= m(AS_2H_2) \cdot \frac{M_{r,AS_2}}{M_{r,AS_2H_2}} \cdot q(AS_2) \\ &= m(AS_2H_2) \times 0.86 \times 301 = 0.1364 \times 0.86 \times 301 \\ &= 35.31(kJ/kg) \end{aligned}$$

③ 熟料由 1400 ℃冷却到 0 ℃过程中的放热量 q_9 为：

$$q_9 = m_{sh} \cdot c_{sh} \cdot (t_3 - t_0) = 1 \times 1.092 \times (1400 - 0) = 1528.8(kJ/kg)$$

④ 碳酸盐分解而释放出的 CO_2(carbon dioxide)由 900 ℃冷却到 0 ℃过程中的放热量 q_{10} 为：

$$q_{10}=m(CO_2)\cdot c_{p,\mathrm{cdox}}\cdot(t_2-t_0)=m(CO_2)\times1.104\times(900-0)=0.5339\times1.104\times(900-0)$$
$$=530.48(\mathrm{kJ/kg})$$

⑤ 生料脱水释放出来的化合水由 450 ℃水蒸气冷却为 0 ℃液态水过程中的放热量 q_{11} 为：

$$q_{11}=m(H_2O)\cdot[c_{p,v}\cdot(t_1-t_0)+q(H_2O)]$$
$$=m(H_2O)\times[1.960\times(450-0)+2497.5]=0.0190\times[1.960\times(450-0)+2497.5]$$
$$=64.21(\mathrm{kJ/kg})$$

这样，就得到水泥熟料形成热 Q_{sh} 为：

$$Q_{sh}=(q_1+q_2+q_3+q_4+q_5+q_6)-(q_7+q_8+q_9+q_{10}+q_{11})$$
$$=(739.34+127.11+817.26+2001.01+516.5+109)-(410.02+35.31+1528.8+530.48+64.21)$$
$$=1741.4(\mathrm{kJ/kg})$$

方法2 （简洁计算法）：

$$Q_{sh}=17.19w^{sh}(Al_2O_3)+27.10w^{sh}(MgO)+32.01w^{sh}(CaO)-21.40w^{sh}(SiO_2)-2.47w^{sh}(Fe_2O_3)$$
$$=17.19\times6.14+27.10\times1.18+32.01\times66.45-21.40\times22.06-2.47\times3.61$$
$$=1783.59(\mathrm{kJ/kg})$$

考虑碱、硫的影响，则可以得到：

$$Q'_{sh}=Q_{sh}-107.90[w^{s\prime}(Na_2O)-w^{sh}(Na_2O)]-71.09[w^{s\prime}(K_2O)-w^{sh}(K_2O)]+83.64[w^{s\prime}(SO_3)-w^{sh}(SO_3)]$$
$$=1783.59-107.90\times(0.22-0.21)-71.09\times(0.28-0.27)+83.64\times(0-0.05)$$
$$=1777.62(\mathrm{kJ/kg})$$

—毕—

3.2.2　水泥熟料烧成系统的热平衡计算

正如本章的开始所述，热工系统进行热平衡计算的目的有三个：一是为了设计的需要；二是为了测量的需要；三是为了操作、控制以及管理的需要。

关于水泥熟料烧成系统，这里只就目前最先进而且成熟的“新型干法水泥熟料烧成系统”在设计与测量方面的热平衡计算之原理进行介绍。这是因为关于操作、控制以及管理方面的热平衡计算，则需要针对某个具体过程与设备，而且还需要经验以及自动控制系统的帮助，所以只有在具体工作中根据热平衡的基本原理，面对具体的热工过程与设备及其控制系统，具备长期的工作经验以后才能够不断地丰富这方面的知识与技能。

以下就分别介绍上述两种情况下(设计计算与测试计算)的热平衡计算方法。

3.2.2.1　*以设计为目的之热平衡计算*

对于以设计计算为目的之“新型干法水泥熟料烧成系统”的热平衡计算，其平衡体系的划分，应该以较为合理地选取有关的热平衡参数为出发点，所以往往以“预热器＋分解炉＋回转窑”为平衡体系。这里通过列举一个例题来说明其计算方法。

【例 3.10】　利用【例 3.9】中的有关数据，对于某新型干法水泥熟料烧成系统来进行热平衡的设计计算。

【解】　第一步，进行燃料燃烧的计算

进行燃料燃烧计算的主要目的就是为了获得空气量和烟气量(参见第 1.1.4.1)。最好能使用“分析计算法”来进行计算，然而，由于【例 3.9】中关于燃料(煤粉)的数据是“工业分析”结果，而不是“元素分析”结果，所以，不能够利用“分析计算法”进行相应的燃烧计算，而只能够利用“近似计算法”来近似地计算理论空气量与理论烟气量。

按照表 1.5 中的推荐公式，可知：

$$\text{理论空气量(标准状态体积)}V_a^0=0.241\times\frac{Q_{net,ad}}{1000}+0.5=0.241\times\frac{24965}{1000}+0.5=6.517(m^3/kg)$$

$$\text{理论烟气量(标准状态体积)}V^0=0.213\times\frac{Q_{net,ad}}{1000}+1.65=0.213\times\frac{24965}{1000}+1.65=6.968(m^3/kg)$$

另外，在实际工程设计时，还需要进行回转窑内燃烧温度的计算，以验证回转窑内燃烧温度能否满足熟料烧成温度(>1450 ℃)的要求，具体计算过程可参考【例 1.6】、【例 3.15】或【例 3.17】。注意：回转窑内的助燃空气为入窑二次空气(本例题中，其温度为 1150 ℃)。

第二步，获取热平衡计算的原始资料

根据【例 3.9】中所给出的已知条件及其计算结果，再查阅有关的参考资料[4,8]，最后决定采用窑气在炉前入分解炉的"同线型[8]"预热/预分解系统，并且选取以下相关参数的数据作为本次热平衡计算的原始资料：

① 环境温度：30 ℃；

② 入预热器系统的生料粉[其水分 $w(M_s)=1.0\%$，温度 $t_s=50$ ℃]使用提升机与气力输送斜槽来输送(喂料系统带入的空气量按照理论空气量的 3%来考虑)；

③ 入窑回灰的温度：50 ℃；

④ 入窑一次空气的温度：30 ℃；

⑤ 入窑二次空气的温度：1150 ℃；

⑥ 入窑、入炉煤粉的温度：60 ℃；

⑦ 入分解炉三次空气的温度：950 ℃；

⑧ 气力输送煤粉入分解炉所用高压空气的温度：50 ℃(另外，由此所带入分解炉的空气量可以按照分解炉内理论空气量的0.7%来考虑)；

⑨ 出回转窑熟料的温度：1360 ℃；

⑩ 出预热器废气的温度：300 ℃；

⑪ 出预热器飞灰的温度：300 ℃；

⑫ 入窑的风量比(%)：一次风量/二次风量/窑头漏风量=8/90/2；

⑬ 入回转窑内与入分解炉内的燃料比：40/60；

⑭ 出预热器的飞灰量(以每 1 kg 熟料为计算基准)：0.1 kg/kg；

⑮ 出预热器飞灰的烧失量：35.50%[该数值应当略小于生料的烧失量 w^s(LOI)]；

⑯ 回转窑内的空气过剩系数 $\alpha_y=1.08$；

⑰ 分解炉出口处的空气过剩系数 $\alpha_F=1.15$；

⑱ 预热器出口处的空气过剩系数 $\alpha_f=1.3$；

⑲ 收尘系统的综合收尘效率：99.9%；

⑳ 熟料形成热 $Q_{sh}=1777.62$ kJ/kg[参见【例 3.9】，简洁计算法的计算结果]；

㉑ 每 1 kg 熟料所对应的整个系统表面的散热损失：按照以往的生产数据，近似取 300 kJ/kg。

第三步，确定平衡系统以及平衡计算的基准

平衡系统(或称：平衡范围)：

回转窑+分解炉+预热器系统

(以下，为了叙述的简洁性与方便性，将"回转窑"简称：窑，将"分解炉"简称：炉)

平衡基准：计算基准——每 1 kg 熟料；温度基准——0 ℃

第四步，进行物料平衡计算

首先绘制出物料平衡图，如图 3.28 所示。

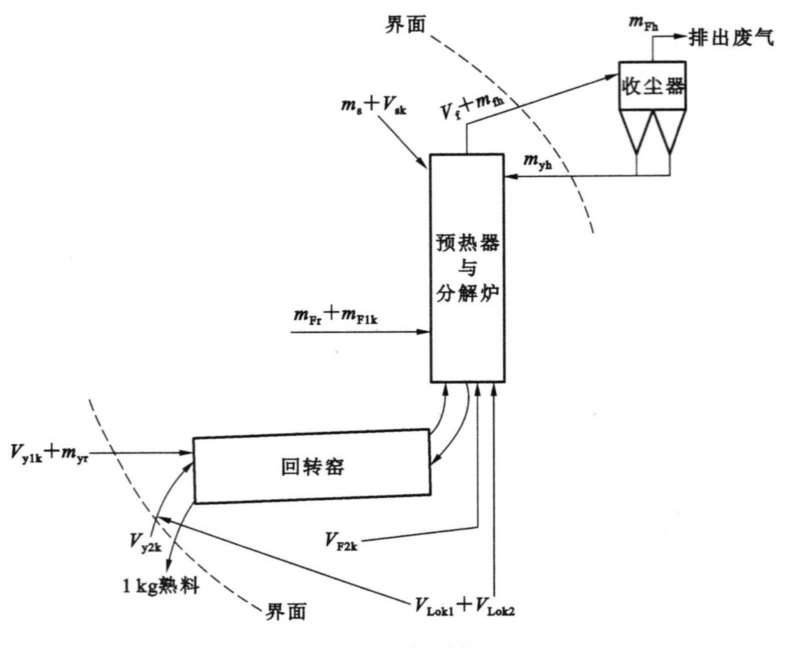

图 3.28 物料平衡图

输入项目

① 燃料的总消耗量

窑内与炉内生产每 1 kg 熟料的煤粉总消耗量为 m_r(kg/kg)

其中,入窑煤粉量 $m_{yr}=0.4m_r$(kg/kg)

入炉燃料量 $m_{Fr}=0.6m_r$(kg/kg)

② 入预热器的生料量

其中,干生料的理论消耗量 m_{gy}(取煤灰掺入率 $G_A=100\%$)为:

$$m_{gy}=\frac{100-m_r\cdot w(A_{ad})\cdot G_A/100}{100-w^s(LOI)}=\frac{100-m_r\times 22.87\times 100/100}{100-35.77}=1.557-0.356m_r\text{(kg/kg)}$$

出收尘系统的飞灰飞损量 m_{Fh} 以及回灰量 m_{yh} 为:

$$m_{Fh}=m_{fh}(1-\eta)=0.1\times(1-0.999)=0.0001\text{(kg/kg)}$$

$$m_{yh}=m_{fh}-m_{Fh}=0.1-0.0001=0.100\text{(kg/kg)}$$

于是,得到考虑飞灰飞损后的干生料实际消耗量 m_{gs} 为:

$$m_{gs}=m_{gy}+m_{Fh}\cdot\frac{1-L_{fh}}{1-L_s}=(1.557-0.356m_r)+0.0001\times\frac{100-35.50}{100-35.77}$$

$$=1.557-0.356m_r\text{(kg/kg)}$$

换算为考虑飞灰飞损后的湿生料实际消耗量 m_s 为:

$$m_s=m_{gs}\times\frac{100}{100-w(M_s)}=(1.557-0.356m_r)\times\frac{100}{100-1.0}$$

$$=1.573-0.360m_r\text{(kg/kg)}$$

这样,就得到入预热器系统的生料量(m_s+m_{yh})为:

$$m_s+m_{yh}=(1.573-0.360m_r)+0.100=1.673-0.360m_r\text{(kg/kg)}$$

③ 入窑的空气量

入窑的实际空气量 V_{yk}(标准状态体积)与 m_{yk} 分别为:

$$V_{yk}=\alpha_y V_a^0 m_{yr}=\alpha_y V_a^0\times 0.4m_r=1.08\times 6.517\times 0.4m_r=2.815m_r\text{(m}^3\text{/kg)}$$

$$m_{yk}=1.293V_{yk}=1.293\times 2.815m_r=3.640m_r\text{(kg/kg)}$$

其中，入窑一次空气量 V_{1k}（标准状态体积）、二次空气量 V_{2k}（标准状态体积）以及它们所对应的质量 m_{y1k}、m_{y2k}，还有窑头的漏风量 $V_{Lok,1}$（标准状态体积）分别为：

$$V_{y1k}=0.08V_{yk}=0.08\times2.815m_r=0.225m_r(m^3/kg)$$

$$m_{y1k}=1.293V_{y1k}=1.293\times0.225m_r=0.291m_r(kg/kg)$$

$$V_{y2k}=0.90V_{yk}=0.90\times2.815m_r=2.534m_r(m^3/kg)$$

$$m_{y2k}=1.293V_{y2k}=1.293\times2.534m_r=3.276m_r(kg/kg)$$

$$V_{Lok,1}=0.02V_{yk}=0.02\times2.815m_r=0.056m_r(m^3/kg)$$

④ 入炉的空气量

入分解炉的总空气量 V_{Fk}（标准状态体积）为：

$$\begin{aligned}V_{Fk}&=V_a^0\times0.6m_r+(\alpha_F-1)V_a^0\times m_r \quad \text{（注：理论空气量＋过剩空气量）}\\&=6.517\times0.6m_r+(1.15-1)\times6.517m_r\\&=4.888m_r(m^3/kg)\end{aligned}$$

这里，需要指出的是：从燃烧角度来说，要实现分解炉内煤粉的完全燃烧，就像在回转窑内一样，只需要过剩空气系数在1.08左右。之所以在分解炉出口处的过剩空气系数较大，是因为在回转窑的窑尾冷烟室、上升烟道、分解炉这些地方有漏风，漏风量 $V_{lok,2}$（标准状态体积）可以利用过剩空气系数的差值（参见第1.1.4.3）来计算：

$$\begin{aligned}V_{Lok,2}&=(\alpha_F-\alpha_y)V_a^0m_r=(1.15-1.08)\times6.517m_r=0.07\times6.517m_r\\&=0.456m_r(m^3/kg)\end{aligned}$$

另外，对于“同线型”预热/预分解系统[8]，窑气中的过剩空气量 V_{yFk}（标准状态体积）也是被带入分解炉内。V_{yFk}的计算结果为：

$$V_{yFk}=(\alpha_y-1)V_a^0\times0.4m_r=(1.08-1)\times6.517\times0.4m_r=0.209m_r(m^3/kg)$$

煤粉气力输送泵带入分解炉内的空气量 V_{F1k}（标准状态体积）、m_{F1k}分别为：

$$V_{F1k}=0.007\times V_a^0\times0.6m_r=0.007\times6.517\times0.6m_r=0.027m_r(m^3/kg)$$

$$m_{F1k}=1.293V_{F1k}=1.293\times0.027m_r=0.035m_r(kg/kg)$$

于是，可以通过计算得到入分解炉的三次风量 V_{F3k}（标准状态体积，从冷却机抽来的热空气）和 m_{F3k}分别为：

$$V_{F3k}=V_{Fk}-V_{Lok2}-V_{yFk}-V_{F1k}=4.888m_r-0.456m_r-0.209m_r-0.027m_r=4.196m_r(m^3/kg)$$

$$m_{F3k}=1.293V_{F3k}=1.293\times4.196m_r=5.425m_r(kg/kg)$$

⑤ 喂料带入的空气量 V_{sk}（标准状态体积）与 m_{sk}分别为：

$$V_{sk}=K_{sk}V_a^0m_r=0.03\times6.517m_r=0.196m_r(m^3/kg)$$

$$m_{sk}=1.293V_{sk}=1.293\times0.196m_r=0.253m_r(kg/kg)$$

⑥ 漏入的空气量

预热器系统的漏风量 $V_{Lok,3}$（标准状态体积）可以利用预热器出口处与分解炉出口处之间的过剩空气系数之差值（参见第1.1.4.3）来计算：

$$V_{Lok,3}=(\alpha_f-\alpha_F)V_a^0\times m_r=(1.3-1.15)\times6.517m_r=0.978m_r(m^3/kg)$$

于是，整个水泥熟料烧成系统的漏风量 V_{Lok}（标准状态体积）、m_{Lok}分别为：

$$V_{Lok}=V_{Lok,1}+V_{Lok,2}+V_{Lok,3}=0.056m_r+0.456m_r+0.978m_r=1.49m_r(m^3/kg)$$

$$m_{Lok}=1.293V_{Lok}=1.293\times1.49m_r=1.927m_r(kg/kg)$$

综合上述各项，输入量的总计为：

$$\begin{aligned}&m_r+(m_s+m_y)+(m_{y1k}+m_{y2k})+(m_{F1k}+m_{F3k})+m_{sk}+m_{lok}\\&=m_r+(1.673-0.360m_r)+(0.291m_r+3.276m_r)+(0.035m_r+5.425m_r)+0.253m_r+1.927m_r\\&=1.673+11.847m_r(kg/kg)\end{aligned}$$

输出项目

① 熟料量

$$m_{sh}=1\ \mathrm{kg/kg}$$

② 出预热器系统的飞灰量

$$m_{fh}=0.1\ \mathrm{kg/kg}$$

③ 出预热器系统的废气量

生料中的物理水量 m_{ws}、V_{ws} 为：

$$m_{ws}=m_s\frac{M_s}{100}=(1.573-0.360m_r)\times\frac{1}{100}=0.016-0.004m_r(\mathrm{kg/kg})$$

$$V_{ws}=\frac{m_{ws}}{0.804}=\frac{0.016-0.004m_r}{0.804}=0.020-0.005m_r(\mathrm{m^3/kg})$$

生料中的化学水量 m_{hs}、V_{hs}（标准状态体积）分别为：

$$\begin{aligned}m_{hs}&=0.00353m_{gs}\cdot w^s(Al_2O_3)=0.00353\times(1.557-0.356m_r)\times3.58\\&=0.020-0.004m_r(\mathrm{kg/kg})\end{aligned}$$

$$V_{hs}=\frac{m_{hs}}{0.804}=\frac{0.020-0.004m_r}{0.804}=0.025-0.005m_r(\mathrm{m^3/kg})$$

生料中因为碳酸盐分解而释放出的 CO_2 气体量 $m^s(CO_2)$、$V^s(CO_2)$（标准状态体积）的计算：

生料中分解释放出的 CO_2 量占生料的质量百分比为：

$$w^s(CO_2)=m^s(CaO)\frac{M_{r,CO_2}}{M_{r,CaO}}+m^s(MgO)\frac{M_{r,CO_2}}{M_{r,MgO}}=43.83\times\frac{44}{56}+0.76\times\frac{44}{40.3}=35.3(\%)$$

于是，得到：

$$\begin{aligned}m^s(CO_2)&=m_{gs}\frac{w^s(CO_2)}{100}-m_{Fh}\frac{L_{fh}}{100}=(1.557-0.356m_r)\times\frac{35.3}{100}-0.0001\times\frac{35.50}{100}\\&=0.550-0.126m_r(\mathrm{kg/kg})\end{aligned}$$

$$V^s(CO_2)=\frac{m^s(CO_2)}{1.977}=\frac{0.550-0.126m_r}{1.977}=0.278-0.064m_r(\mathrm{m^3/kg})$$

燃料燃烧生成的理论烟气量 V^R（标准状态体积）、m^R 的计算：

$$V^R=V^0\cdot m_r=6.968m_r(\mathrm{m^3/kg})$$

根据燃烧过程中所遵守的“质量守恒原理”：

助燃空气量＋燃料量＝烟气量＋灰分量

就可以得到 m^R 的计算式为：

$$\begin{aligned}m^R&=\left[V_a^0\times1.293+1-\frac{w(A_{ad})}{100}\right]m_r=\left(6.517\times1.293+1-\frac{22.87}{100}\right)m_r\\&=9.198m_r(\mathrm{kg/kg})\end{aligned}$$

出预热器系统的废气中过剩空气量 V^k（标准状态体积）、m^k 分别为：

$$V^k=(\alpha_f-1)V_a^0\times m_r=(1.3-1)\times6.517m_r=1.955m_r(\mathrm{m^3/kg})$$

$$m^k=1.293V^k=1.293\times1.955m_r=2.528m_r(\mathrm{kg/kg})$$

总废气量 V_f（标准状态体积）、m_f 分别为：

$$\begin{aligned}V_f&=V_{ws}+V_{hs}+V^s(CO_2)+V^R+V^k=(0.020-0.005m_r)+(0.025-0.005m_r)\\&\quad+(0.278-0.064m_r)+6.968m_r+1.955m_r\\&=0.323+8.849m_r(\mathrm{m^3/kg})\end{aligned}$$

$$m_f = m_{ws} + m_{hs} + m^s(CO_2) + m^R + m^k = (0.016 - 0.004m_r) + (0.020 - 0.004m_r) + (0.550 - 0.126m_r) + 9.198m_r + 2.528m_r = 0.586 + 11.592m_r \text{(kg/kg)}$$

综合上述各项,输出量的总计为:

$$m_{sh} + m_{fh} + m_f = 1 + 0.1 + 0.586 + 11.592m_r = 1.686 + 11.592m_r$$

第五步,进行热量平衡计算

首先绘制出热量平衡图,如图 3.29 所示。

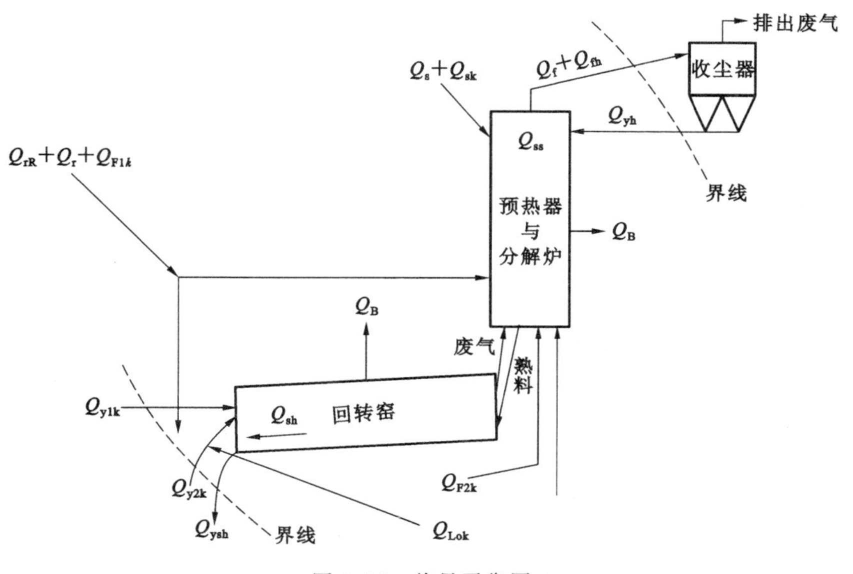

图 3.29 热量平衡图

输入项目

① 煤粉的燃烧热 Q_{rR}

$$Q_{rR} = m_r Q_{net,ad} = 24965m_r \text{(kJ/kg)}$$

② 煤粉带入的物理热 Q_r

$$Q_r = m_r \cdot c_r \cdot t_r$$ (煤的比热容 c_r 可以查阅附录 1 中附表 1.7)

$$= m_r \times 1.154 \times 60 = 69.24m_r \text{(kJ/kg)}$$

③ 生料带入的物理热 Q_s

$$Q_s = (m_{gs} \cdot c_s + m_{ws} \cdot c_w)t_s$$

(干生料的比热容 c_s 参考表 3.2 上方的一行字;水的比热容 c_w 查阅附录 4 中附表 4.2)

$$= [(1.557 - 0.356m_r) \times 0.878 + (0.016 - 0.004m_r) \times 4.174] \times 50 = 71.692 - 16.463m_r \text{(kJ/kg)}$$

④ 回灰带入的物理热 Q_{yh}

$$Q_{yh} = m_{yh} \cdot c_{yh} \cdot t_{yh}$$ (回灰也是窑灰,它的比热容 c_{yh} 可以查表 3.3)

$$= 0.100 \times 0.836 \times 50 = 4.18 \text{(kJ/kg)}$$

⑤ 空气带入的物理热

入窑一次空气带入的物理热 Q_{y1k}:

$$Q_{y1k} = V_{y1k} \cdot c_{p,y1k} \cdot t_{y1k}$$ (一次空气的定压比热容 $c_{p,y1k}$ 可以查附录 3 中附表 3.2)

$$= 0.225m_r \times 1.298 \times 30 = 8.762m_r \text{(kJ/kg)}$$

入窑二次空气带入的物理热 Q_{y2k}:

$Q_{y2k}=V_{y2k}\cdot c_{p,y2k}\cdot t_{y2k}$ （二次空气的定压比热容 $c_{p,y2k}$ 可以查附录 3 中附表 3.2）

$=2.534m_r\times1.4275\times1150$

$=4159.878m_r(kJ/kg)$

入炉三次空气带入的物理热 Q_{F3k}：

$Q_{F3k}=V_{F3k}\cdot c_{p,F3k}\cdot t_{F3k}$ （三次空气的定压比热容 $c_{p,F3k}$ 可以查附录 3 中附表 3.2）

$=4.196m_r\times1.404\times950$

$=5596.625m_r(kJ/kg)$

气力输送煤粉入炉时空气带入的物理热 Q_{F1k}

$Q_{F1k}=V_{F1k}\cdot c_{p,F1k}\cdot t_{F1k}$

$=0.027m_r\times1.299\times50$ （入炉煤风的定压比热容 $c_{p,F1k}$ 可以查附录 3 中附表 3.2）

$=1.754m_r(kJ/kg)$

喂料时带入空气所带入的物理热 Q_{sk}：

$Q_{sk}=V_{sk}\cdot c_{p,sk}\cdot t_{sk}$

$=0.196m_r\times1.299\times50$ （加料空气的定压比热容 $c_{p,sk}$ 可以查附录 3 中附表 3.2）

$=12.730m_r(kJ/kg)$

系统总漏风所带入的物理热 Q_{Lok}：

$Q_{Lok}=V_{Lok}\cdot c_{p,Lok}\cdot t_{Lok}$

$=1.49m_r\times1.298\times30$ （漏风的定压比热容 $c_{p,Lok}$ 可以查附录 3 中附表 3.2）

$=58.021m_r(kJ/kg)$

综合上述各项，输入热量的之和为：

$Q_{ZR}=Q_{rR}+Q_r+Q_s+Q_{yh}+Q_{y1k}+Q_{y2k}+Q_{F3k}+Q_{F1k}+Q_{sk}+Q_{lok}$

$=24965m_r+69.24m_r+(71.692-16.463m_r)+4.18+8.762m_r$

$+4159.878m_r+5596.625m_r+1.754m_r+12.730m_r+58.021m_r$

$=75.872+34855.547m_r(kJ/kg)$

输出项目

① 熟料形成热 Q_{sh}

$$Q_{sh}=1777.62\ kJ/kg$$

② 蒸发生料中水分的耗热量 Q_{ss}

$Q_{ss}=(m_{ws}+m_{hs})q_{qh}$ （水的汽化热 q_{qh} 可以查附录 4 中附表 4.3）

$=(0.016-0.004m_r+0.020-0.004m_r)\times2380$

$=85.68-19.04m_r(kJ/kg)$

③ 废气带走的物理热 Q_f

$Q_f=m_f\cdot c_{p,f}\cdot t_f$ [烟气的定压比热容 $c_{p,f}$ 可以查附录 3 中附表 3.7。注：若是已知煤的元素分析结果，还可以利用燃料燃烧计算以及生料配料计算来得到废气中各成分的含量，再利用附表 3 中附录 3.2 通过(加权)求和法来得到废气的比热容。但是，需要注意：附表 3.2 中与附表 3.7 中的单位是不同的]

$=(0.586+11.592m_r)\times1.122\times300$

$=197.248+3901.867m_r(kJ/kg)$

④ 出窑熟料带走的物理热 Q_{ysh}

$Q_{ysh}=1\times c_{sh}\cdot t_{sh}$ （熟料的比热容 c_{sh} 可以查表 3.3）

$=1\times1.078\times1360=1466.08(kJ/kg)$

⑤ 出预热器飞灰带走的物理热 Q_{fh}

$$Q_{fh}=m_{fh}\cdot c_{fh}\cdot t_{fh}\quad（窑灰的比热容 c_{fh}可以查表 3.3）$$
$$=0.100\times0.895\times330=26.85(kJ/kg)$$

⑥ 系统表面的散热损失 Q_B

当今，由于保温材料技术的不断进步，热工系统的表面散热损失已经大大降低，根据实际的经验，近似取 $Q_B\approx300$ kJ/kg。

综合上述各项，输出热量的之和为：

$$Q_{ZC}=Q_{sh}+Q_{ss}+Q_f+Q_{ysh}+Q_{fh}+Q_B$$
$$=1777.62+(85.68-19.04m_r)+(197.24+3901.867m_r)+1466.08+26.85+300$$
$$=3853.478+3882.827m_r(kJ/kg)$$

根据输入热量之和与输出热量之和，列出热平衡方程式：

$$Q_{ZR}=Q_{ZC}$$

即

$$75.872+34855.547m_r=3853.478+3882.827m_r$$

求解，得：

$$m_r=0.1220\ (kg/kg)$$

即烧成每 1 kg 熟料需要消耗 0.1220 kg 煤粉，于是，可以计算出水泥熟料的实际烧成热耗q为：

$$q=Q_{rR}=m_rQ_{net,ad}=0.1220\times24965=3045.73(kJ/kg)$$

该计算值(3045.73 kJ/kg)与【例 3.9】中所假定的熟料烧成热耗 3015 kJ/kg 相差不大[相对误差为：(｜3045.73－3015｜/3045.73)×100％＝1.0％]，故而不必重新设定。

依照上述计算数据，根据式(3.95)也可以计算出该水泥熟料烧成系统的热效率为：

$$\eta=\frac{Q_{sh}}{q}\times100\%=\frac{1777.62}{3045.73}\times100\%=58.4\%$$

根据以上的物料平衡和热量平衡之计算结果，便能够列出物料平衡表(见表 3.8)和热量平衡表(见表 3.9)。

表 3.8 物料平衡表

输入项目	质量 /(kJ·kg^{-1})	比率 (％)	输出项目	质量 /(kJ·kg^{-1})	比率 (％)
① 燃料总消耗量	0.1220	3.9	① 熟料量	1	32.3
② 入预热器的生料量	1.6291	52.2	② 出预热器的飞灰量	0.1	3.2
③ 入窑的空气量			③ 出预热器的废气量		
入窑一次空气量	0.0355	1.1	生料中的物理水量	0.0155	0.5
入窑二次空气量	0.3997	12.8	生料中的化学水量	0.0195	0.6
④ 入炉的空气量			生料中碳酸盐分解的 CO_2 量	0.5346	17.2
喂煤带入炉内的空气量	0.0043	0.1	燃料燃烧生成的理论烟气量	1.1222	36.2
入分解炉的三次空气量	0.6619	21.2	废气中的过剩空气量	0.3084	9.9
⑤ 喂料带入的空气量	0.0309	1.0			
⑥ 漏入的总空气量	0.2351	7.5			
合计	3.1185	99.8	合计	3.1002	99.9

表 3.9 热量平衡表(单位:kJ/kg-熟料)

输入项目	热量/($kJ \cdot kg^{-1}$)	比率(%)	输出项目	热量/($kJ \cdot kg^{-1}$)	比率(%)
① 煤粉的燃烧热	3045.7	70.4	① 熟料形成热	1777.6	41.1
② 煤粉带入的物理热	8.4	0.2	② 蒸发生料中水分的耗热量	83.4	1.9
③ 生料带入的物理热	69.7	1.6	③ 废气带走的物理热	673.3	15.6
④ 回灰带入的物理热	4.2	0.1	④ 出窑熟料带走的物理热	1466.1	33.9
⑤ 空气带入的物理热			⑤ 出预热器飞灰带走的物理热	26.9	0.6
入窑一次空气带入的物理热	1.1	0.0	⑥ 系统表面的散热损失	300	6.9
入窑二次空气带入的物理热	507.5	11.7			
入炉三次空气带入的物理热	682.8	15.8			
喂煤风所带入的物理热	0.2	0.0			
喂料风所带入的物理热	1.6	0.0			
系统总漏风所带入的物理热	7.1	0.2			
合计	4328.3	100	合计	4328.7	99.9

—毕—

在通过热平衡计算得到燃料消耗量 m_r 和烧成热耗 q 的数据以后,再结合具体水泥熟料烧成系统的生产规模(即熟料产量)等参数就可以进行有关热工设备(预热器、分解炉、回转窑)的结构尺寸设计计算了,具体可以参考“热工设备”方面的图书资料[8]。

3.2.2.2 以测量为目的之热平衡计算

对于以测量为目的之“新型干法水泥熟料烧成系统”的热平衡计算,其平衡体系的划分,应该以能够较为准确地获得有关测量参数为出发点,具体是以“预热器+分解炉+回转窑+冷却机”为平衡体系。关于该平衡体系的热平衡计算方法,参见国家标准 GB/T 26281—2010《水泥回转窑热平衡、热效率、综合能耗计算方法》[34],具体测量方法参见国家标准 GB/T 26282—2010《水泥回转窑热平衡测定方法》[35](这里,提醒读者注意:上述第 3.2.1 与第 3.2.2.1 中的符号是按照国家最新的出版物规范而编撰的,该符号体系与这里所列的两个国家标准中的符号体系有所差异,具体使用时选用哪个符号体系,请读者自选)。

3.2.3 水泥熟料烧成系统的热效率计算

3.2.3.1 水泥熟料实际烧成热耗 q 的计算

水泥熟料的实际烧成热耗 q(Actual Heat Consumption),通常是用烧成每 1 kg 熟料所需要消耗的热量来表示。

$$q=m_r Q_{net,ar} \quad (kJ/kg) \tag{3.94}$$

式中 m_r——烧成每 1 kg 熟料所需要消耗的燃料量,kg/kg;

$Q_{net,ar}$——燃料的收到基(如果燃料是煤粉,则用空气干燥基 ad,因为入窑煤粉在其粉磨过程中已经被烘干过)低位发热量,kJ/kg。

关于式(3.94),需要注意的是:对于窑外预分解窑,水泥熟料的实际烧成热耗是包括回转窑内的耗热量和分解炉内的耗热量。此外,如果水泥生料中含有可燃成分,其发热量(折算为以 1 kg 熟料为计算基准的发热量,单位:kJ/kg)也应该计算在内。

另外,有时也需要将“实际烧成热耗”换算为“标准煤耗”m_{br},$m_{br}=q/29300$,其中,29300 是每1 kg

标准煤(也称:煤当量)的低位发热量,即 7000 kcal/kg≈29300 kJ/kg(参见第 1.1.2.2)。

3.2.3.2 水泥熟料烧成系统热效率 η 的计算

$$\eta=\frac{Q_{sh}}{q}\times 100\% \tag{3.95}$$

式中 Q_{sh}——每 1 kg 水泥熟料的形成热(俗称:理论热耗),kJ/kg,参见第 3.2.1;

q——每 1 kg 水泥熟料的实际烧成热耗,kJ/kg,参见式(3.94)。

若将式(3.94)代入式(3.95)中,便可以得到:

$$\eta=\frac{Q_{sh}}{m_r Q_{net,ar}}\times 100\% \tag{3.96}$$

再考虑到:燃料燃烧过程中,可能会有机械不完全燃烧热损失 Q_{me}、化学不完全燃烧热损失 Q_{ch},于是式(3.96)就可以改写为:

$$\begin{aligned}\eta &= \frac{m_r(Q_{net,ar}-Q_{me}-Q_{ch})}{m_r Q_{net,ar}}\cdot\frac{Q_{sh}}{m_r(Q_{net,ar}-Q_{me}-Q_{ch})}\times 100\% \\ &= \frac{Q_{net,ar}-Q_{me}-Q_{ch}}{Q_{net,ar}}\times 100\%\cdot\frac{Q_{sh}}{m_r(Q_{net,ar}-Q_{me}-Q_{ch})}\times 100\% \\ &= \eta_{com}\cdot\eta_{tr}\end{aligned} \tag{3.97}$$

式(3.97)等号右边的第 1 个因子被称为:燃烧效率 $\eta_{com}=\frac{Q_{net,ar}-Q_{me}-Q_{ch}}{Q_{net,ar}}\times 100\%$;

式(3.97)等号右边的第 2 个因子被称为:传热效率 $\eta_{tr}=\frac{Q_{sh}}{m_r(Q_{net,ar}-Q_{me}-Q_{ch})}\times 100\%$。

关于 η_{com},深入地掌握燃料燃烧的本质,合理地组织好燃料的燃烧,使燃料在其燃烧过程中具有更高的燃烧效率,这也正是学习第 1 章中第 1.1 节的有关内容之重要意义所在。

关于 η_{tr},就要正确地掌握传热的根本规律,以优化传热过程,提高传热过程中有益传热的效率。从而提高整个生产过程的热效率,这也就是学习第 2 章的重要性所在。

3.3 玻璃生产过程中热量的应用

在众多玻璃产品的生产过程中,玻璃熔窑(Melting Glass Furnace)的作用至关重要。玻璃熔窑分为“玻璃池窑(Tank Glass Furnace)”与“玻璃坩埚窑(Crucible Glass Furnace)”两大类。目前,除了一些特种玻璃(例如,光学玻璃)仍需要使用玻璃坩埚窑来熔制以外,大宗的玻璃产品都是用玻璃池窑来熔制。因此,本教材(第 3.3 节)就是以玻璃池窑为计算的对象。

玻璃产品一般也分为两大类——“平板玻璃”产品与“日用玻璃”产品。前者使用“平板玻璃池窑”来熔制,后者多使用“马蹄焰玻璃池窑”来熔制。就平板玻璃池窑而言,目前最先进且成熟的生产方式是浮法平板玻璃生产线,如图 3.30 所示的是该生产线的流程。图 3.31 所示的则是浮法玻璃池窑的工作原理与结构剖析。图 3.32 所示的则为马蹄焰玻璃池窑的结构。

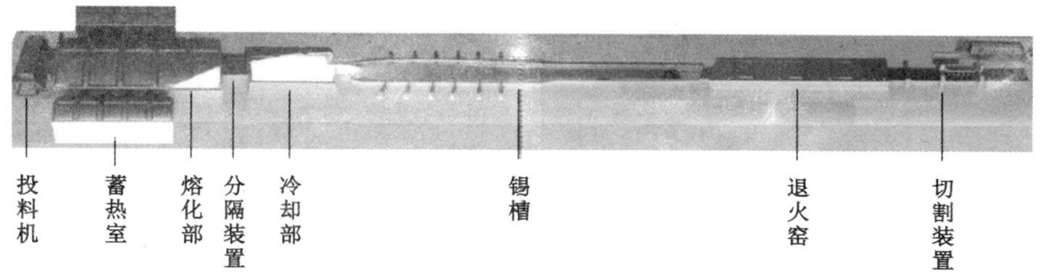

图 3.30 浮法平板玻璃生产线的流程

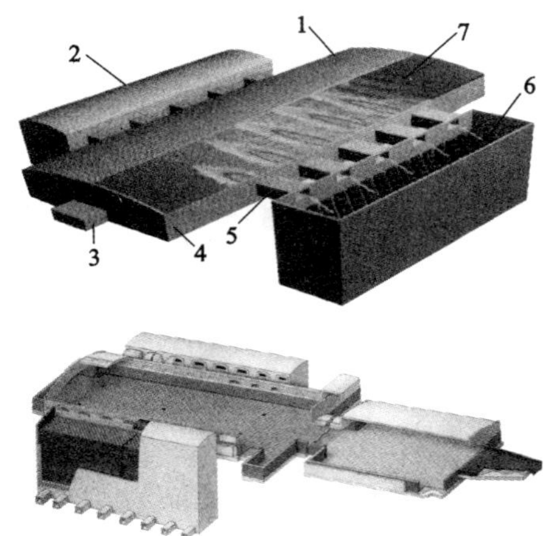

图 3.31　浮法玻璃池窑的工作原理与结构剖析

1—大碹；2—蓄热室；3—卡脖；
4—窑池；5—小炉；6—格子体；
7—0# 氧枪喷火

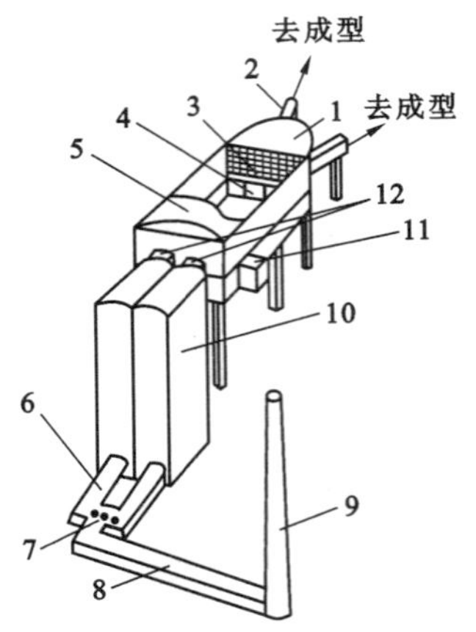

图 3.32　马蹄焰玻璃池窑的结构示意图

1—冷却部；2—供料道；3—花格墙；4—流液洞；
5—熔化部；6—支烟道；7—换向器；8—总烟道；
9—烟囱；10—蓄热室；11—投料口；12—小炉

3.3.1　"玻璃形成热"的计算

玻璃形成热（符号：q_g）是指：用基准温度为 0 ℃的配合料（包括：粉料与碎玻璃）来熔制每1 kg 玻璃液，在理论上所需要的热量时单位：kJ/kg。

3.3.1.1　理论计算法

理论计算法也称为"齐明（Зимин В Н）法"，具体的计算过程有以下 7 个步骤：

① 硅酸盐生成热 q_1 的计算

硅酸盐形成热 q_1 是指：原料中各种氧化物与 SiO_2 进行化学反应而生成硅酸盐所需要的热量：

$$q_1 = q_b G_b \qquad (\text{kJ/kg}) \tag{3.98}$$

式中　q_b——每 1 kg 湿粉料（Batch Charge）生成硅酸盐所需要的热量，kJ/kg；

$$q_b = \sum q_S G_O \qquad (\text{kJ/kg}) \tag{3.99}$$

其中　q_S——各种氧化物（Oxide）生成硅酸盐（Silicate）所需要的热量，被称为：各种硅酸盐的生成热，参见表 3.10；

G_O——各种原料中的氧化物质量，kg/kg，G_O 需要根据所生产玻璃的原料配方、原料的化学成分以及粉料的水分含量等而列表计算出来，参见【例 3.11】。

G_b——熔制每 1 kg 玻璃所需要的湿粉料质量，kg/kg，可以按下式计算：

$$G_b = \frac{100}{100 + 100A_c - G_{gas}} = \frac{1}{G_g} \qquad (\text{kg/kg}) \tag{3.100}$$

其中　A_c——玻璃配合料中碎玻璃（cullet）与湿粉料（batch）的质量之比，kg/kg；

G_{gas}——每 100 kg 湿粉料中的气体（Gas）逸出量，kg，它也需要根据所生产玻璃的原料配方、原料的化学成分、粉料中的水分等技术资料通过列表后再计算出来，参见【例 3.11】；

G_g——熔化每 1 kg 湿粉料所得到的玻璃（glass）的质量，kg/kg。

② 玻璃形成热 q_2 的计算

玻璃形成热是指：固态硅酸盐熔化成玻璃液所消耗的热量，其计算公式为：

$$q_2 = 347G_b\left(1 - \frac{G_{gas}}{100}\right) \qquad (\text{kJ/kg}) \tag{3.101}$$

表 3.10 各种硅酸盐的生成热

组分		分解产物	最终产物	耗热量(kJ)		分解放出气体	气体量(标准状态体积,m^3)		质量比	
名称	化学式			每 1 kg 分解物	每 1 kg 组分		每 1 kg 产物	每 1 kg 组分	组分/分解物	分解物/组分
石灰石	$CaCO_3$	CaO	$CaSiO_3$	1536.6	860.4	CO_2	0.400	0.224	1.785	0.560
纯碱	Na_2CO_3	Na_2O	Na_2SiO_3	951.7	556.8	CO_2	0.360	0.210	0.710	0.586
芒硝	Na_2SO_4	Na_2O	Na_2SiO_3	3467.1	1514	SO_2 O_2	0.363 0.186	0.158 0.079	2.090	0.436
硝酸钠	$NaNO_3$	Na_2O	Na_2SiO_3	4144.9	1507.3	NO_2 O_2				
冰晶粉	Na_3AlF_6	Na_2O	Na_2SiO_3	951.7		F_2				
碳酸钾	K_2CO_3	K_2O	K_2SiO_3	996.5	578.7	CO_2	0.236	0.160	1.470	0.680
硝石	KNO_3	K_2O	K_2SiO_3	3166.1	1473.3	NO_2 O_2	0.239	0.111	2.150	0.465
菱镁石	$MgCO_3$	MgO	$MgSiO_3$	3466.7	1657.1	CO_2	0.553	0.264	2.090	0.479
白云石	$CaCO_3 \cdot$ $MgCO_3$	CaO MgO	$CaSiO_3 \cdot$ $MgSiO_3$	2757.4	1441.5	CO_2	0.463	0.241	1.920	0.523
硼酸	H_3BO_3	B_2O_3	B_2O_3	3018.7	1693.6	H_2O	0.960	0.541	1.770	0.565
硼砂	$Na_2B_4O_7$ $\cdot 10H_2O$	Na_2O B_2O_3	Na_2SiO_3	1364.9		H_2O				
碳酸钡	$BaCO_3$	BaO	$BaSiO_3$	988.1	768.3	CO_2	0.146	0.113	1.290	0.775
硝酸钡	$Ba(NO_3)_2$	BaO	$BaSiO_3$	2260.9	1327.2	NO_2 O_2	0.146	0.085	1.710	0.585
硫酸钡	$BaSO_4$	BaO	$BaSiO_3$	2260.9		SO_2				
红丹	PbO		$PbSiO_3$	1256.0						
氢氧化铝	$Al(OH)_3$	Al_2O_3	Al_2O_3	1766.8	1155.6	H_2O	0.656	0.430	1.530	0.655

③ 配合料中的玻璃成分被加热到玻璃熔化温度 t_{melt} 过程中耗热量 q_3 的计算

$$q_3 = 1 \times c_g \cdot t_{melt} \quad (kJ/kg) \tag{3.102}$$

式中 t_{melt}——玻璃液的熔化温度,℃,t_{melt} 被定义为玻璃液被加热到其动力黏度降低至 10 Pa·s 时所对应的温度,该温度值与玻璃成分等因素有关,它可以通过在玻璃工业早期提出的基于玻璃熔化速度常数 τ 的"沃尔夫经验判别法"以及后来有人提出的适合光学玻璃的"澄清温度计算法"、适合硅酸盐玻璃的"参考熔化温度计算法"、"奥霍金"法、"莱克托斯"法等经验计算方法计算出来[2,25,26,28],具体参见附录 10(1)。

c_g——玻璃的高温比热容,kJ/(kg·℃),可以按照下式进行计算:

$$c_g = 0.672 + 4.6 \times 10^{-4} t_{melt} \quad [kJ/(kg \cdot ℃)] \tag{3.103}$$

式(3.103)是前苏联学者波特维金(Вотвинкин)很早提出来的。而美国学者夏普与金瑟(Sharp D E and Ginther L B)于 1951 年也提出了玻璃平均比热容的计算公式[2,19,30],具体如下:

$$c_g = \frac{1}{0.00146t + 1} \sum_{i=1}^{n} w(i) \cdot [a(i)t + c(i)] \quad [kJ/(kg \cdot ℃)] \tag{3.104}$$

式中 $w(i)$——玻璃中各种氧化物的含量(质量分数,%);

$a(i)$,$c(i)$——经验常数,参见表 3.11。

表 3.11　关于玻璃平均比热容的夏普与金瑟计算公式中两个经验常数的值

氧化物	系数		氧化物	系数	
	$a(i)$	$c(i)$		$a(i)$	$c(i)$
SiO_2	0.000468	0.1657	MgO	0.000514	0.2142
B_2O_3	0.000598	0.1935	PbO	0.000013	0.0490
Al_2O_3	0.000453	0.1765	Na_2O	0.000829	0.2229
SO_3	0.000830	0.1890	K_2O	0.000445	0.1756
CaO	0.000410	0.1709			

对于以上两种计算玻璃比热容的方法，如果进行比较，由于夏普与金瑟法方法所考虑的影响因素比较多，因此其计算结果较为精确。

④ 逸出气体被加热到玻璃液熔化温度 t_{melt} 过程中耗热量 q_4 的计算

$$q_4=\frac{V_{\text{gas}}\cdot G_{\text{b}}\cdot c_{p,\text{gas}}\cdot t_{\text{melt}}}{100}\qquad(\text{kJ/kg})\tag{3.105}$$

式中　V_{gas}——每 100 kg 湿粉料中逸出的气体量（标准状态体积），m^3，与 G_{gas} 一样，V_{gas} 也要根据生产玻璃的原料配方、原料的化学成分、粉料的水分等通过列表计算出来，参见【例 3.11】；

$c_{p,\text{gas}}$——逸出气体的定压比热容，kJ/(m^3·℃)（这里，m^3 为标准状态体积单位），这可以根据逸出气体中各种成分的含量（体积分数，%）及其比热容（参见附录 3 中附表 3.2）再利用（加权）加和法计算出来。

⑤ 蒸发水耗热量 q_5 的计算

$$q_5=2491G_{\text{b}}\cdot\frac{w^{\text{b}}(H_2O)}{100}\qquad(\text{kJ/kg})\tag{3.106}$$

式中　$w^{\text{b}}(H_2O)$——湿粉料中的水分含量（质量分数，%）；

2491——每 1 kg 水分蒸发所需的热量，kJ/kg。

⑥ 配合料中粉料与碎玻璃带入物理热 q_6 的计算

$$q_6=G_{\text{b}}\cdot c_{\text{b}}\cdot t_{\text{b}}+G_{\text{c}}\cdot c_{\text{c}}\cdot t_{\text{c}}\qquad(\text{kJ/kg})\tag{3.107}$$

式中　c_{b}——湿粉料的比热容，一般来说，$c_{\text{b}}\approx 0.963$ kJ/(kg·℃)；

t_{b}——湿粉料的温度，℃；

G_{c}——熔制每 1 kg 玻璃需要加入的碎玻璃量，kg/kg，可以按照下式来进行计算：

$$G_{\text{c}}=G_{\text{b}}\cdot A_{\text{c}}=\frac{A_{\text{c}}}{G_{\text{g}}}\qquad(\text{kg/kg})\tag{3.108}$$

c_{c}——碎玻璃的比热容，可以按照下式计算，也可以按照式(3.104)来进行计算：

$$c_{\text{c}}=0.7511+2.65\times10^{-4}t_{\text{c}}\qquad[\text{kJ/(kg·℃)}]\tag{3.109}$$

t_{c}——碎玻璃的温度，℃。

⑦ 综合上述各项，于是，得到每 1 kg 玻璃形成热 q_{g} 的计算公式为：

$$q_{\text{g}}=q_1+q_2+q_3+q_4+q_5-q_6\qquad(\text{kJ/kg})\tag{3.110}$$

由此，可以看出：用理论计算法来计算玻璃形成热的过程较为复杂，有些硅酸盐反应的热效应以及某些气体的比热容还有可能查不到而需估算。为此，人们也提出一些近似计算法（例如，查表法、查图法），现将它们分述如下。

3.3.1.2　*查表法*

查表法也被称为“马特维耶夫（Матвеев М А）法”，其要点是：主要考虑化学热（硅酸盐形成热与熔化热）和物理热（加热参与反应的粉料、加热逸出气体以及加热残余的石英砂所需要的热量），估计这两项热量约占总耗热量的 90%～95%，如果再考虑到加热碎玻璃的耗热量以及蒸发水的耗热量，便可以得到每 1 kg 玻璃形成热的计算公式为：

$$q_g = k\left[\sum w(i) \cdot \Delta H_i + w^{res}(SiO_2) \cdot \Delta H_S\right] + G_c \cdot c_c \cdot t_{melt} + 2491 G_b \cdot \frac{w^b(H_2O)}{100} \quad (kJ/kg) \tag{3.111}$$

式中 k——换算为总耗热量的校正系数，为 1.05～1.1；

$w(i)$——玻璃中各个成分的含量（质量分数，%）；

ΔH_i——硅酸盐形成热与熔化热以及加热参与反应的粉料、加热逸出气体之耗热量（这里是以每1 kg具体成分计），kJ/kg，在 900～1500 ℃温度范围内，ΔH_i 的值参见表 3.12。

$w^{res}(SiO_2)$——残留的（residual）SiO_2 含量（质量分数，%）；

ΔH_s——加热每 1 kg 残留 SiO_2 的耗热量，kJ/kg，在 900～1500 ℃温度范围内时，ΔH_s 的值参见表 3.12。

表 3.12 在 900～1500 ℃温度范围内 ΔH_i 与 ΔH_s 的计算式

耗热量	生成的硅酸盐	反应方程式	耗热量 ΔH_i 的计算式
ΔH_i	$Al_2O_3 \cdot SiO_2$	$Al_2O_3 + SiO_2 = Al_2O_3 \cdot SiO_2$	每 1 kg Al_2O_3：$2015.1 \times 10^{-3} t - 351.7$ (kJ/kg)
	$BaO \cdot 2SiO_2$	$BaCO_3 + 2SiO_2 = BaO \cdot 2SiO_2 + CO_2 \uparrow$	每 1 kg BaO：$1620.3 \times 10^{-3} t + 451.8$ (kJ/kg)
	$CaO \cdot SiO_2$	$CaCO_3 + SiO_2 = CaO \cdot SiO_2 + CO_2 \uparrow$	每 1 kg CaO：$3322.4 \times 10^{-3} t + 2098$ (kJ/kg) (900～1127 ℃) 每 1 kg CaO：$2589 \times 10^{-3} t + 2084.2$ (kJ/kg) (1127～1500 ℃)
	$K_2O \cdot 4SiO_2$	$K_2CO_3 + 4SiO_2 = K_2O \cdot 4SiO_2 + CO_2 \uparrow$	每 1 kg K_2O：$4982.3 \times 10^{-3} t + 631.6$ (kJ/kg)
	$K_2O \cdot 4SiO_2$	$2KNO_3 + 4SiO_2 = K_2O \cdot 4SiO_2 + O_2 \uparrow$	每 1 kg K_2O：$5690.7 \times 10^{-3} t + 5002.8$ (kJ/kg)
	$MgO \cdot SiO_2$	$MgCO_3 + SiO_2 = MgO \cdot SiO_2 + CO_2 \uparrow$	每 1 kg MgO：$3242.7 \times 10^{-3} t + 1954.4$ (kJ/kg)
	$2MgO \cdot SiO_2$	$2MgCO_3 + SiO_2 = 2MgO \cdot SiO_2 + 2CO_2 \uparrow$	每 1 kg MgO：$4340.5 \times 10^{-3} t + 4589.6$ (kJ/kg)
	$Na_2O \cdot SiO_2$	$Na_2CO_3 + SiO_2 = Na_2O \cdot SiO_2 + CO_2 \uparrow$	每 1 kg Na_2O：$6023 \times 10^{-3} t + 1027$ (kJ/kg)
	$PbO \cdot SiO_2$	$PbO + SiO_2 = PbO \cdot SiO_2$	每 1 kg PbO：$583.35 \times 10^{-3} t - 27.2$ (kJ/kg)
ΔH_S	每 1 kg SiO_2：$\Delta H_S = 1204.1 \times 10^{-3} t + 100$ (kJ/kg)		

另外，德国人克罗格 C（Kröger C）也提出过关于玻璃形成热的计算方法[2,22]。

3.3.1.3 查图法

为了方便玻璃技术人员快速地获得玻璃形成热，前人还专门制作了一些计算图[19,23]可以供人们直接查得，具体参见附录 10 中附图 10.1 与附图 10.2。这些计算图考虑了玻璃原料配方内的纯碱与芒硝的比例、配合料的水分、掺入的碎玻璃量以及加热配合料与加热逸出气体所需热量等因素，所以较为全面、合理，其结果也较为接近于理论计算结果，尤其适合于平板玻璃池窑。

【例 3.11】 某平板玻璃产品的原料配方（简称：料方）及其原料组成如表 3.13 所示。另外，它的碎玻璃量与粉料量之比为 0.3 kg/kg，粉料的水分为 5%，玻璃的熔化温度为 1400 ℃。

表 3.13 某平板玻璃产品的原料配方及其原料组成（质量分数，%）

原料名称	原料配方（以湿粉料计）（质量分数，%）	化学组成及其含量（质量分数，%）						
		SiO_2	Al_2O_3	Fe_2O_3	CaO	MgO	Na_2O	C
砂岩	56.98	98.40	0.76	0.17		0.04	0.21	
长石	4.65	68.37	16.88	0.33		0.55	12.96	
白云石	15.36	1.92	0.17	0.14	30.79	21.09		

续表 3.13

原料名称	原料配方（以湿粉料计）（质量分数，%）	化学组成及其含量（质量分数，%）						
		SiO_2	Al_2O_3	Fe_2O_3	CaO	MgO	Na_2O	C
石灰石	2.34	0.79	0.03	0.03	55.44	0.48		
纯碱	18.70						58.14	
芒硝	1.79	1.62	0.11	0.16	0.64	0.48	40.53	
煤粉	0.18							78.88
合计	100							

试计算：该玻璃产品的玻璃形成热（以 1 kg 玻璃为计算基准，单位：kJ/kg）。

【解】 第一步，计算每 100 kg 的湿粉料会形成的氧化物量，参见表 3.14。

表 3.14　100 kg 湿粉料中形成氧化物量的计算

原料	形成玻璃的氧化物质量(kg)计算	氧化物的质量(kg)						
		SiO_2	Al_2O_3	Fe_2O_3	CaO	MgO	Na_2O	总数
砂岩	56.98×0.95×0.9840=53.2649	53.2649						
	56.98×0.95×0.0076=0.4114		0.4114					
	56.98×0.95×0.0017=0.0920			0.0920				
	56.98×0.95×0.0004=0.0217					0.0217		
	56.98×0.95×0.0021=0.1136						0.1136	53.9036
长石	4.65×0.95×0.6837=3.0202	3.0202						
	4.65×0.95×0.1688=0.7457		0.7457					
	4.65×0.95×0.0033=0.0146			0.0146				
	4.65×0.95×0.0055=0.0243					0.0243		
	4.65×0.95×0.1296=0.5725						0.5725	4.3773
白云石	15.36×0.95×0.0192=0.2802	0.2802						
	15.36×0.95×0.0017=0.0248		0.0248					
	15.36×0.95×0.0014=0.0204			0.0204				
	15.36×0.95×0.3079=4.4929				4.4929			
	15.36×0.95×0.2109=3.0775					3.0775		7.8958
石灰石	2.34×0.95×0.0079=0.0176	0.0176						
	2.34×0.95×0.0003=0.0007		0.0007					
	2.34×0.95×0.0003=0.0007			0.0007				
	2.34×0.95×0.5544=1.2324				1.2324			
	2.34×0.95×0.0048=0.0107					0.0107		1.2621
纯碱	18.70×0.95×0.5814=10.3286						10.3286	10.3286
芒硝	1.79×0.95×0.0162=0.0275	0.0275						
	1.79×0.95×0.0011=0.0019		0.0019					
	1.79×0.95×0.0016=0.0027			0.0027				
	1.79×0.95×0.0064=0.0109				0.0109			
	1.79×0.95×0.0048=0.0082					0.0082		
	1.79×0.95×0.4053=0.6890						0.6890	0.7402
合计		56.6104	1.1845	0.1304	5.7362	3.1424	11.7037	78.5076
玻璃成分（质量分数，%）		72.1082	1.5088	0.1661	7.3066	4.0027	14.9077	100

第二步，生成硅酸盐所需耗热量(以每 1 kg 湿粉料计，单位：kJ/kg)的计算

查阅表 3.10 可以得到以下的计算结果：

由 $CaCO_3$ 生成 $CaSiO_3$ 反应的耗热量 q_{I} 为：

$$q_{\mathrm{I}}=1536.6\times G(\mathrm{CaO})=1536.6\times(0.012324+0.000109)=19.1045(\mathrm{kJ/kg})$$

由 $MgCO_3$ 生成 $MgSiO_3$ 反应的耗热量 q_{II} 为：

$$q_{\mathrm{II}}=3466.7\times G(\mathrm{MgO})=3466.7\times(0.000217+0.000107+0.000082)$$
$$=1.4075(\mathrm{kJ/kg})$$

由 $CaCO_3 \cdot MgCO_3$ 生成 $CaSiO_3 \cdot MgSiO_3$ 反应的耗热量 q_{III} 为：

$$q_{\mathrm{III}}=2757.4\times[G'(\mathrm{CaO})+G'(\mathrm{MgO})]=2757.4\times(0.044929+0.030775)=208.7462(\mathrm{kJ/kg})$$

由 Na_2CO_3 生成 Na_2SiO_3 反应的耗热量 q_{IV} 为：

$$q_{\mathrm{IV}}=951.7\times G(\mathrm{Na_2O})=951.7\times0.103286=98.2973(\mathrm{kJ/kg})$$

由 Na_2SO_4 生成 Na_2SiO_3 反应的耗热量 q_{V} 为：

$$q_{\mathrm{V}}=3467.1\times G'(\mathrm{Na_2O})=3467.1\times0.00689=23.8883(\mathrm{kJ/kg})$$

由上可知，每 1 kg 湿粉料生成硅酸盐所需的耗热量 q_b 为：

$$q_{\mathrm{b}}=q_{\mathrm{I}}+q_{\mathrm{II}}+q_{\mathrm{III}}+q_{\mathrm{IV}}+q_{\mathrm{V}}=19.1045+1.4075+208.7462+98.2973+23.8883$$
$$=351.4438(\mathrm{kJ/kg})$$

第三步，计算每 100 kg 湿粉料中所逸出气体的组成，参见表 3.15。

表 3.15 每 100 kg 湿粉料中所逸出气体组成的计算

来源	逸出气体量计算(下列乘式中的第 3 个因子是根据相对分子质量换算而来)	逸出气体量			
		CO_2	SO_2	H_2O	合计
白云石分解	15.36×0.95×0.4589=6.6963 kg	6.6963 kg			6.6963 kg
石灰石分解	2.34×0.95×0.4402=0.9786 kg	0.9786 kg			0.9786 kg
纯碱分解	18.70×0.95×0.4186=7.4364 kg	7.4364 kg			7.4364 kg
芒硝分解	1.79×0.95×0.5646=0.9601 kg		0.9601 kg		0.9601 kg
煤粉燃烧	$0.18\times0.95\times\frac{44}{12}\times0.7888=0.4946$ kg	0.4946 kg			0.4946 kg
湿粉料蒸发	100×0.05=5.0			5.0 kg	5.0 kg
质量 $G_{\mathrm{gas},i}$(kg)		15.6059	0.9601	5.0	21.5660
标准状态体积 $V_{\mathrm{gas},i}$=(质量/相对分子质量)×22.4(m^3)		7.9448	0.3360	6.2222	14.5030
含量(体积分数，%)		54.78	2.32	42.90	100

第四步，粉料量、碎玻璃量、配合料量的计算

由本例题的已知条件可知，每 1 kg 粉料中加入碎玻璃 0.3 kg。另外，再由表 3.15 中的计算结果可知，粉料中的挥发分占 21.5660%≈21.57%，于是，参照式(3.100)便得到(熔化每 1 kg 湿粉料获得的)玻璃量 G_g 的计算结果为：

$$G_{\mathrm{g}}=1+0.3-1\times21.57/100=1.084(\mathrm{kg})$$

由此可知，熔制成每 1 kg 玻璃所需要的湿粉料量 G_b 为：

$$G_{\mathrm{b}}=\frac{1}{G_{\mathrm{g}}}=\frac{1}{1.084}=0.923(\mathrm{kg/kg})$$

同样，可以计算出熔制成每 1 kg 玻璃所需要的碎玻璃量 G_c 为：

$$G_c = \frac{A_c}{G_g} = \frac{0.3}{1.084} = 0.277(\mathrm{kg/kg})$$

所以，熔制成每 1 kg 玻璃所需要的配合料量 G_b' 为：

$$G_b' = G_b + G_c = 0.923 + 0.277 = 1.2(\mathrm{kg/kg})$$

第五步，玻璃形成热 q_g 的计算（以每 1 kg 玻璃计）

① 硅酸盐生成热为：

$$q_1 = q_b G_b = 351.4438 \times 0.923 = 324.4(\mathrm{kJ/kg})$$

② 玻璃形成热为：

$$q_2 = 347 G_b (1 - G_{gas}/100) = 347 \times 0.923 \times (1 - 0.01 \times 21.5660) = 251.2(\mathrm{kJ/kg})$$

③ 加热配合料中的玻璃成分到玻璃熔化温度（1400 ℃）所需要耗热量 q_3 的计算：

$$c_g = 0.672 + 4.6 \times 10^{-4} t_{melt} = 0.672 + 4.6 \times 10^{-4} \times 1400 = 1.316[\mathrm{kJ/(kg \cdot ℃)}]$$

$$q_3 = c_g \cdot t_{melt} = 1.316 \times 1400 = 1842.4(\mathrm{kJ/kg})$$

④ 加热所逸出气体到玻璃熔化温度（1400 ℃）所需要耗热量 q_4 的计算：

$$c_{p,gas} \approx \{c_{p,cdox} \cdot [\varphi(CO_2) + \varphi(SO_2)] + c_{p,v} \cdot \varphi(H_2O)\} \times \frac{1}{100}$$ ［$c_{p,cdox}$ 为 CO_2（carbon dioxide）的比热容］

$$= [2.325 \times (54.78 + 2.32) + 1.824 \times 42.90] \times \frac{1}{100}$$ ［$c_{p,v}$ 为水蒸气（vapor）的比热容］

$= 2.110[\mathrm{kJ/(m^3 \cdot ℃)}]$（这里，$m^3$ 为标准状态体积单位）

$$q_4 = \frac{V_{gas} \cdot G_b \cdot c_{p,gas} \cdot t_{melt}}{100} = \frac{14.5030 \times 0.923 \times 2.110 \times 1400}{100} = 395.4(\mathrm{kJ/kg})$$

⑤ 蒸发水的耗热量：

$$q_5 = 2491 G_b \cdot \frac{w^b(H_2O)}{100} = 2491 \times 0.923 \times \frac{5}{100} = 115.0(\mathrm{kJ/kg})$$

⑥ 粉料和碎玻璃所带入物理热 q_6 的计算（假设配合料入窑时的温度为 20 ℃）：

$$c_c = 0.7511 + 2.65 \times 10^{-4} \times 20 = 0.7564(\mathrm{kJ/kg})$$

$$q_6 = G_b \cdot c_b \cdot t_b + G_c \cdot c_c \cdot t_c = 0.923 \times 0.963 \times 20 + 0.277 \times 0.7564 \times 20 = 22.0(\mathrm{kJ/kg})$$

⑦ 综合上述各项，得到本题中玻璃产品的每 1 kg 玻璃形成热 q_g 为：

$$q_g = q_1 + q_2 + q_3 + q_4 + q_5 - q_6 = 324.4 + 251.2 + 1842.4 + 395.4 + 115.0 - 22.0 = 2906.4(\mathrm{kJ/kg})$$

—毕—

3.3.2 玻璃池窑的热平衡计算

如前所述，对热工设备进行热平衡计算的目的有三个：一是为了设计的需要，二是为了测量的需要，三是为了操作、控制及管理的需要。

关于玻璃池窑热平衡体系的划分，有三种划分方法，即“熔化部的热平衡”、“蓄热室的热平衡”和“整个熔制系统的热平衡”。

关于“熔化部的热平衡”计算，其着重点在于计算玻璃液熔制过程中的燃料消耗量，或者着重考察燃料燃烧热在玻璃熔制过程中的热流分配。关于“蓄热室的热平衡”计算，其重点在于考察蓄热室的预热效果。关于“整个熔制系统的热平衡”计算，它能够全面地反映出玻璃液熔制过程中的热流分配，并绘制出热流分配图（或称：全窑热平衡图）。

对于玻璃池窑的设计计算而言，其重点在于熔化部的热平衡；而对于玻璃池窑的热平衡测试以及操作、控制及管理而言，以上三个平衡系统的热平衡计算都很重要。

基于和在第 3.2.2 中相同的理由，以下就分别介绍“设计计算”与“测试计算”这两种情况下的“热平衡计算”方法。

3.3.2.1 以设计为目的之热平衡计算

对于以设计计算为目的之玻璃池窑的热平衡计算，往往是以其熔化部的窑体为平衡体系，即“以燃料、助燃空气及配合料入窑为始，以高温废气离开小炉口、玻璃液离开熔化部为止”的平衡体系。另外，以 1 h 为计算基准，以 0 ℃为温度基准。这里，还是列举一个例题来说明其计算的方法。

【例 3.12】 某日用玻璃产品设计要求利用马蹄焰池窑来熔制玻璃液（设计产量：16.5 t/d），其原料配方（简称：料方）参见表 3.16。碎玻璃掺入量占配合料的 23.97%（换算成碎玻璃量与粉料量之比则为 0.3153 kg/kg），粉料中水分由石英砂中水分和纯碱中水分带入（不再另加水），其玻璃熔化温度为 1530 ℃。另外，要求：熔化部火焰空间的温度为 1600 ℃，冷却部玻璃液的温度为 1300 ℃，冷却部内气体空间的温度为 1360 ℃，而且以重油作为燃料（其元素分析的结果参见表 3.17），在入燃烧器之前该重油需要预热到 120 ℃，该重油所用的雾化介质是被预热到60 ℃的压缩空气（它的用量大约按照助燃空气量的 5%～10%计）。重油燃烧器（俗称：油枪）的喷嘴砖空隙处吸入的空气量设定为大约占助燃空气量的 5%～10%，被吸入空气的温度则设定为 40 ℃。重油燃烧时的空气过剩系数 $\alpha=1.1$。废气进小炉口时的温度为 1350 ℃，助燃空气经过蓄热室预热后的温度设定为1150 ℃。

表 3.16 某日用玻璃产品的原料配方及其原料组成（质量分数，%）

原料名称	原料配方（%）（以湿粉料计）	化学组成（%）							
		SiO_2	Al_2O_3	CaO	MgO	Na_2O	K_2O	B_2O_3	水分
石英砂	53.081	99.50							11.0
长石	21.730	65.31	18.52	0.70	0.18	14.63			
方解石	7.875			55.50					
硼砂	4.545					16.40		36.00	
纯碱	8.394					58.10			5.0
硝酸钠	2.731					71.56			
萤石粉	1.238		2.95	6.50	萤石粉中的 CaF_2 含量为 90.53%				
钴粉	0.0016				钴粉中的 Co 含量为 98.05%				
白砒	0.299				白砒中的 As_2O_3 含量为 99.12%				
白锑	0.100				白锑中的 Sb 含量为 96.10%				
硒粉	0.002				硒粉中的 Se 含量为 97.65%				

表 3.17 重油的元素分析结果

组分	C	H	O	N	S	A	M
质量分数（%）	85.78	12.80	0.47	0.20	0.13	0.02	0.60

请对于所设计马蹄焰玻璃池窑的熔化部进行热平衡计算，并最终确定该玻璃池窑的燃料（Fuel）——重油的消耗量 m_f（单位：kg/h）。

【解】 第一步，计算玻璃形成热 q_g

粉料中的水分（热量分数）$w^b(H_2O)$＝石英砂中的水分×11.0%＋纯碱中的水分×5.0%

＝53.081×11.0%＋8.394×5.0%＝6.3（%）

每 100 kg 湿粉料中所逸出的 CO_2 量 $=7.875\times\frac{100-55.5}{100}$(方解石)$+8.394\times\frac{100-5}{100}\times\frac{100-58.1}{100}$(纯碱)$=6.8$(kg)

即 $w^b(CO_2)=6.8\%$

由本例题的已知条件，可知：每 1 kg 湿粉料中加入碎玻璃 0.3153 kg；另外，为了简化计算，这里只考虑水分以及 CO_2 的逸出量，于是，粉料中的挥发分含量近似为 6.3%+6.8%=13.1%，即式(3.100)中的 $G_{gas}=13.1$ kg。这样就可以参照式(3.100)，得：熔化每 1 kg 湿粉料所得到的玻璃量 G_g 的计算结果为：

$$G_g=1+0.3153-13.1/100=1.1843(\text{kg/kg})$$

因此，熔制成每 1 kg 玻璃液所需要的湿粉料量 G_b 为：

$$G_b=\frac{1}{G_g}=\frac{1}{1.1843}=0.844(\text{kg/kg})$$

再通过一系列的计算(其计算步骤可以参考【例 3.11】)，就可以得到玻璃形成热为：

$$\begin{aligned}q_g&=q_1+q_2+q_3+q_4+q_5-q_6=164.2+250.5+1873.6+184.0+413.5-26.4\\&=2859.4(\text{kJ/kg})\end{aligned}$$

第二步，进行燃料燃烧的计算

根据式(1.11)，可以计算出 1 kg 所用重油的低位发热量 Q_{net}，具体为：

$$\begin{aligned}Q_{net}&=339w(C)+1030w(H)-109[w(O)-w(S)]-25w(M)\\&=339\times85.78+1030\times12.80-109\times(0.47-0.13)-25\times0.60\\&=42211.36(\text{kJ/kg})\end{aligned}$$

再利用第 1.1.4.1 中的一系列公式就可以计算出空气量、烟气量及其组成，其具体计算过程与计算结果如表 3.18 所示。

表 3.18 空气量、烟气量及其组成的计算

重油化学组成(%)		每 1 kg 重油燃烧时的需氧量(标准状态体积，m^3/kg)	燃烧反应的化学方程式	每 1 kg 重油燃烧后的产物量(标准状态体积，m^3/kg)				
				CO_2	O_2	N_2	H_2O	SO_2
C	85.78	1.60	$C+O_2=CO_2$	1.60				
H	12.80	0.72	$H_2+0.5O_2=H_2O$				1.44	
S	0.13	0.00	$S+O_2=SO_2$					0.00
N	0.20					0.00		
M	0.60						0.01	
可燃物的需氧量(标准状态体积，m^3)		2.32						
O	0.47	−0.00						
理论氧气量(标准状态体积，m^3)		2.32						
过剩氧气量(标准状态体积，m^3)		0.23	过剩空气系数为 1.1		0.23			
实际氧气量(标准状态体积，m^3)		2.55						
被引入的氮气量(标准状态体积，m^3)		9.59				9.52		
实际空气量(标准状态体积，m^3)		12.14						
实际烟气量(标准状态体积，m^3)			合计：12.80	1.60	0.23	9.52	1.45	0.00
烟气中各成分的含量(体积分数，%)			合计：100	12.5	1.8	74.4	11.3	0.0

由表3.18中的计算结果，可以得到：实际空气量(标准状态体积)$V_a=12.14\ m^3/kg$；实际烟气量(标准状态体积)$V=12.80\ m^3/kg$；实际烟气组成的含量为(体积分数，%)：CO_2 12.5%、O_2 1.8%、N_2 74.4%、H_2O 11.3%。

另外，实际工程设计还需要进行燃料燃烧温度的计算(具体计算过程可以参考【例1.6】、【例3.15】或【例3.17】，请注意：玻璃池窑内的助燃空气是经过蓄热室预热后的高温空气，在本题中，它的温度为1150 ℃)，以验证燃烧温度能否满足玻璃液熔化温度的要求，也可以利用燃烧温度来检验熔化部火焰空间内的温度能否达到本题中要求的1600 ℃以上。

第三步，确定平衡系统与平衡计算的基准

平衡系统(或称：平衡范围)：熔化部(以燃料、助燃空气以及配合料入窑为始，以烟气离开小炉口、玻璃液离开熔化部为止)

平衡基准：计算基准——每1 h；温度基准——0 ℃

第四步，进行热平衡计算

设定该玻璃池窑的重油消耗量为m_f(kg/h)。

输入项目

① 重油的燃烧热Q_1

$$Q_1=m_f\cdot Q_{net}=m_f\times 42211.36\qquad (kJ/h)$$

② 重油带入的物理热Q_2

$$\begin{aligned}Q_2&=m_f\cdot c_{oil}\cdot t_{oil}\qquad [\text{重油的比热容}c_{oil}\text{按照式(1.14)来进行计算}]\\&=m_f\times(1.74+0.0025\times120)\times120\\&=m_f\times244.8(kJ/h)\end{aligned}$$

③ 雾化介质(压缩空气)带入的物理热Q_3

$$\begin{aligned}Q_3&=(0.05\sim0.1)\times V_a\cdot m_f\cdot c_{p,1a}\cdot t_{1a}\quad(\text{空气的定压比热容}c_{p,1a}\text{可以查附录3中附表3.2})\\&=0.05\times12.14\times m_f\times1.298\times60\quad(\text{选取雾化介质用量约为助燃空气量的5\%})\\&=m_f\times47.27(kJ/h)\end{aligned}$$

④ 喷嘴砖吸入空气所带入的物理热Q_4

$$\begin{aligned}Q_4&=(0.05\sim0.1)\times V_a\cdot m_f\cdot c_{p,air}\cdot t_{air}\quad(\text{空气的定压比热容}c_{p,air}\text{可以查附录3中附表3.2})\\&=0.05\times12.14\times m_f\times1.297\times40\quad(\text{选取喷嘴砖漏风量约为助燃空气量的5\%})\\&=m_f\times31.49(kJ/h)\end{aligned}$$

⑤ 助燃二次空气带入的物理热Q_5

二次空气量(标准状态体积)：$V_{2a}=12.14-0.05\times12.14-0.05\times12.14=10.93\ (m^3/kg)$

$$\begin{aligned}Q_5&=10.93\times m_f\cdot c_{p,2a}\cdot t_{2a}\qquad(\text{空气的定压比热容}c_{p,2a}\text{可以查附录3中附表3.2})\\&=10.93\times m_f\times1.4385\times1150=m_f\times18081.23(kJ/h)\end{aligned}$$

综合上述各项，于是，便得到输入热量的总计为：

$$\begin{aligned}Q_{ZR}&=m_f\times42211.36+m_f\times244.8+m_f\times47.27+m_f\times31.49+m_f\times18081.23\\&=m_f\times60616.15(kJ/h)\end{aligned}$$

输出项目

① 玻璃形成过程的耗热量Q_1'

$$\begin{aligned}Q_1'&=G\times\frac{1000}{24}\cdot q_g\qquad(G\text{为玻璃池窑的日产量},1\ t=1000\ kg,1\ d=24\ h)\\&=16.5\times\frac{1000}{24}\times2859.4=1965837.5(kJ/h)\end{aligned}$$

② 加热从冷却部回流玻璃液的耗热量Q_2'

按照生产要求，选用沉降式流液洞[8]，对于此型式的流液洞，根据经验其回流系数$n=1.4$，于是得到回流的玻璃液量 $G_{return}=16.5\times1000/24\times(1.4-1)=275$(kg/h)。

再按照算术平均值来计算回流玻璃液的温度 $t_{return}=(1530+1300)/2=1415$(℃)。于是，按照式(3.103)来计算回流玻璃液的比热容 $c_{return}=0.672+4.6\times10^{-4}\times1415=1.3229$[kJ/(kg·℃)]，这样，便可以计算出加热回流玻璃液的所需耗热量 Q_2' 为：

$$Q_2'=275\times1.3229\times1415=514773.5(\text{kJ/h})$$

③ 窑体的表面散热量 Q_3'

依据在类似规模马蹄焰玻璃池窑上的现场测试结果，经过传热计算的表面散热量结果如表 3.19 所示。

表 3.19　表面散热量 Q_3' 的计算结果

表面散热的部位	耐火砖的材质	砖材厚度 δ/m	内表面温度 $t_{w,1}$/℃	外表面温度 $t_{w,2}$/℃	热导率 κ/(kJ·℃$^{-1}$·h^{-1})*	$\frac{\kappa}{\delta}$	散热面积 A/m²	散热量/(kJ·h^{-1}) $\frac{\kappa}{\delta}\cdot(t_{w,1}-t_{w,2})\cdot A$
窑顶	硅砖	0.3	1550	350	5.706	19.02	17.8	406267.2 kJ/h
胸墙	硅砖	0.3	1550	280	5.6178	18.726	6.48	154107.5 kJ/h
池壁	电熔莫来石砖	0.3	1500	240	8.8985	29.6617	7.12	266101.0 kJ/h
池底	黏土砖	0.3	1250	175	4.4937	14.979	15.00	241536.4 kJ/h
流液洞底和侧壁	黏土砖	0.3	1250	175	4.4937	14.979	1.93	31077.7 kJ/h
流液洞盖板	电熔莫来石砖	0.3	1265	200	8.8178	29.3927	0.61	19095.0 kJ/h
表面散热量合计(即 Q_3')								1118184.8 kJ/h

* 关于耐火材料的热导率 κ，请查阅附录 2 中附表 2.3 或者查阅其他相关资料。

④ 通过孔口辐射热损失 Q_4' 的计算

利用孔口辐射热损失的计算方法[参见式(2.194)以及图 2.91]，其计算结果参见表 3.20。

表 3.20　通过孔口辐射热损失 Q_4' 的计算结果

辐射的部位	孔口面积 A/m²	辐射处的热端温度 t_1/℃	辐射处的冷端温度 t_2/℃	$\frac{孔口高}{孔口深}=\frac{D}{x}$	门孔系数 Φ	通过孔口的辐射热损失/(kJ·h^{-1}) $5.67\times\Phi\left[\left(\frac{t_1+273.15}{100}\right)^4-\left(\frac{t_2+273.15}{100}\right)^4\right]\times A\times3.6$
通过加料口的辐射	0.082	1600	50	$\frac{0.12}{0.72}=0.17$	0.42	86467.7 kJ/h
通过喷嘴砖的辐射	0.015	1600	60	$\frac{0.06}{0.14}=0.43$	0.32	12049.9 kJ/h
通过测温口的辐射	0.012	1600	50	$\frac{0.08}{0.4}=0.2$	0.18	5423.1 kJ/h
向小炉口的辐射	0.75	1600	$\frac{1350+1150}{2}=1250$	$\frac{0.34}{0.4}=0.85$	0.62	657631.5 kJ/h
向冷却部的辐射	2.44	1600	1360	$\frac{0.28}{0.9}=0.31$	0.45	1164786.6 kJ/h
孔口辐射热损失合计(即 Q_4')						1926358.8 kJ/h

⑤ 通过孔口溢流热损失 Q_5' 的计算

假设由熔化部溢流出的气体温度为 1550 ℃，熔化部窑体周围的空气温度为 40 ℃。查附录 3 中附表 3.7，得到 0～1550 ℃温度范围内烟气的平均定压比热容为：$c_{p,gas}=1.6425$ kJ/(m³·℃)(这里，

m^3 为标准状态体积单位)；再查附录 3 中附表 3.7，得到 0 ℃时烟气的密度为 $\rho_0=1.295\ kg/m^3$。然后，根据由理想气体状态方程推导出的计算公式 $\rho_t=\rho_0\cdot\frac{273.15}{t+273.15}$，便可以通过详细计算而得到 40 ℃时的空气密度、1550 ℃时的烟气密度分别为：$\rho_a=1.128\ kg/m^3$，$\rho=0.194\ kg/m^3$。

于是，参考有关的测试数据，再经过一系列的计算而得到从孔口的溢流热损失，其计算结果参见表 3.21[注：孔口溢气量的计算方法参见第 4 章中式(4.53)以及表(4.5)]。

表 3.21 通过孔口的溢流热损失 Q_5' 的计算结果

孔口的部位	溢气温度 t/℃	溢气的密度 ρ/(kg·m^{-3})	周围的气温 t_a/℃	周围空气的密度 ρ_a/(kg·m^{-3})	窑压 p/Pa	溢流系数 μ	孔口面积 A/m^2	溢气量 V/(m^2·s^{-1})	溢气量(标准状态体积) V_0/(m^3·s^{-1})	溢流热损失/(kJ·h^{-1})
加料口	1550	0.194	40	1.128	5	0.62	0.154	0.686	0.103	944.0
观察孔	1550	0.194	40	1.128	5	0.62	0.041	0.183	0.027	247.5
测温孔	1550	0.194	40	1.128	5	0.62	0.01	0.045	0.007	64.2
溢流热损失合计(即 Q_5')									0.137	1255.7

注：按照第 4.3.6.2 中的计算公式，本表中，$V=\mu\cdot A\cdot\sqrt{\frac{2p}{\rho}}$(m^3/s)，$V_0=V\cdot\frac{273.15}{t+273.15}$(m^3/s)(该式中的 m^3 为标准体积单位)，$Q_{5,i}'=3600\cdot V_0\cdot c_{p,gas}\cdot t$(kJ/h)

⑥ 废气带走物理热 Q_6' 的计算

高温废气通过小炉排出的流量(标准状态体积)V_{ex} 为：

V_{ex}＝燃烧产生的烟气量(标准状态体积)＋粉料中逸出的气体量(标准状态体积)－溢气量(标准状态体积)

$$=m_f\cdot V+16.5\times(1000/24)\times G_b\cdot\left[\frac{w^b(CO_2)}{100}\cdot\frac{1}{\rho_{o,cdox}}+\frac{w^b(H_2O)}{100}\cdot\frac{1}{\rho_{o,v}}\right]-0.137$$

[这里，$\rho_{o,cdox}$ 为 CO_2(carbon dioxide)在标准状态下的密度，$\rho_{o,cdox}=1.977\ kg/m^3$；$\rho_{o,v}$ 为水蒸气(vapor)在标准状态下的密度，$\rho_{o,v}=0.804\ kg/m^3$]

$$\approx m_f\cdot V+16.5\times(1000/24)\times G_b\cdot[w^b(CO_2)/\rho_{o,cdox}+w^b(H_2O)/\rho_{o,v}]/100$$

(注：这里，忽略溢气量，假定它与粉料中除 CO_2、H_2O 以外的气体量近似相等)

$$=12.80m_f+16.5\times(1000/24)\times0.844\times(6.8/1.977+6.3/0.804)/100\qquad(m^3)$$

由于废气离开熔化部进入小炉口时的温度为 1350 ℃，查附录 3 中表 3.2 可以获得各个组分在 0～1350 ℃温度范围内的平均定压比热容如下(这里，单位中的 m^3 为标准状态体积单位)：

CO_2：$c_{p,cdox}=2.3130$ kJ/(m^3·℃)　　O_2(oxygen)：$c_{p,oxyg}=1.5155$ kJ/(m^3·℃)

N_2(nitrogen)：$c_{p,nitr}=1.4130$ kJ/(m^3·℃)　　H_2O：$c_{p,v}=1.8135$ kJ/(m^3·℃)

于是，便可以得到废气带走的物理热 Q_6' 为：

$$Q_6'=12.80m_f\times[(2.3130\times12.5+1.5155\times1.8+1.4130\times74.4+1.8135\times11.3)/100]\times1350$$
$$+16.5\times(1000/24)\times0.844\times[(2.3130\times6.8/1.977+1.8135\times6.3/0.804)/100]\times1350$$
$$=27174.5539m_f+173634.2(kJ/h)$$

一般来说，关于玻璃池窑熔化部的热量输出项目只有上述 6 项，然而，有时因为生产工艺的还原气氛要求，可能还会有化学不完全燃烧热损失 $Q_{ch,loss}'$，如果有的话，可以按照下式计算：

$$Q_{ch,loss}'=[126\times\varphi(CO)+108\times\varphi(H_2)]\cdot V\cdot m_f\qquad(kJ/h)$$

式中 $\varphi(CO)$，$\varphi(H_2)$——分别为烟气中 CO、H_2 的含量(体积分数，%)；

V——实际烟气量(每 1kg 燃料燃烧实际产生的烟气的标准状态体积)，m^3/kg。

综合上述各项，本例题中，输出热量的总计为：

$$Q_{ZC}=1965837.5+514773.5+1118184.8+1926358.8+1255.7+(27174.5539m_f+173634.2)=27174.5539m_f+5700044.5(kJ/h)$$

第五步，计算燃料消耗量

根据第四步的计算结果，列出“热量输入”与“热量输出”之间的平衡方程式：

$$输入总量总计\ Q_{ZR}=输出热量总计\ Q_{ZC}$$

即：

$$60616.15m_f=27174.5539m_f+5700044.5$$

于是，进行求解，便可以得到理论耗油量 $m_f=170.4$ kg/h。

由于生产中还会有一些难以预料的热损失存在，所以实际的耗油量比理论耗油量要多 10%～20%。因此，本题中的实际耗油量 $m_f'=(1.1\sim1.2)\times170.4=187.4\sim204.5$(kg/h)。这里，近似地取 $m_f'=1.15\times172=196$ kg/h$=4.704$ t/d。(**注**：在现行的技术水平下，这个数据指标并不是很先进。但是，作为设计计算的数据却是合理的，这是因为在设计时，通常需要留有一定的余地，以使在其后的生产中还会有节能降耗的潜力可挖。例如，在本例题中，如果辅助以保温、堵漏以及废气余热更充分利用等节能降耗新技术就可以将该油耗值进一步降低。请读者注意：无论是什么热工设备，设计指标往往都会有所保留，玻璃窑是如此，水泥窑、陶瓷窑等热工设备等也都是如此)。

第六步，列出热平衡表

根据第四步、第五步的计算结果，可以得到所设计马蹄焰玻璃池窑熔化部的热平衡表，如表 3.22 所示。

表 3.22 所设计的马蹄焰玻璃池窑熔化部的热平衡表

输入热量			输出热量		
项目	热量/(kJ·h⁻¹)	比率(%)	项目	热量/(kJ·h⁻¹)	比率(%)
① 重油的燃烧热	8273426.6	69.6	① 玻璃形成过程的耗热量	1965837.5	16.5
② 重油带入的物理热	47980.8	0.4	② 加热回流玻璃液的耗热量	514773.5	4.3
③ 雾化介质带入的物理热	9264.9	0.1	③ 窑体表面的散热量	1118184.8	9.4
④ 喷嘴砖吸入空气所带入的物理热	6172.0	0.1	④ 通过孔口的辐射热损失	1926358.8	16.2
⑤ 助燃二次空气所带入的物理热	3543921.1	29.8	⑤ 孔口的溢流热损失	1255.7	0.0
			⑥ 废气带走的物理热	5499846.8	46.3
			⑦ 其他不可预计的热损失	854508.3	7.2
合计	11880765.4	100	合计	11880765.4	99.9

—毕—

以上是根据热平衡的方法来计算玻璃池窑的燃料消耗量，这种方法较为科学、合理，但是，其计算过程比较繁琐。实际上，人们也基于长期的生产统计数据而总结出了一些图表可以供工程技术人员进行方便地快速查取，这就是所谓的燃料消耗量“简洁计算法”，或者称为：近似计算法。

近似计算法的本质就是抓住问题的核心，只考虑全窑热平衡计算中的重点几项，具体来说，就是：对于全窑系统的热输入项目而言，只考虑与燃料有关的几项——燃料的燃烧热、燃料的物理热、雾化介质的物理热；关于全窑系统的热输出项目，也只考虑其中重要的三项——玻璃形成过程的耗热量、整个窑体的表面散热量(提醒：这里是包括蓄热室等在内的“整个窑体”而不仅仅是“熔化部的窑体”)、出蓄热室废气带走的物理热(注意：这里是“出蓄热室”而不是“出熔化部”)。然后，再经过相关的推导过程[19,22,23]后，便得到了以下三个计算公式：

$$Q=\frac{P\cdot q_g+K_2\cdot W}{1-K_1K_2}\quad [\mathrm{kJ/(m^2\cdot h)}] \tag{3.112}$$

如果所用的燃料是重油，则单位熔化部面积所对应的燃料消耗量 m_{oil}' 为：

$$m_{oil}'=\frac{Q}{Q_{net}+c_{oil}\cdot t_{oil}+V_{1a}\cdot c_{p,1a}\cdot t_{1a}}\quad [\mathrm{kg/(m^2\cdot h)}] \tag{3.113}$$

若所用的燃料是发生炉煤气，则单位熔化部面积所对应的燃料消耗量(标准状态体积) V_{gas}' 为：

$$V_{gas}'=\frac{Q}{Q_{net}+1.3c_{p,gas}\cdot t_{gas}}\quad [\mathrm{m^3/(m^2\cdot h)}] \tag{3.114}$$

式中　Q——玻璃池窑单位熔化部面积所对应的总耗热量，$\mathrm{kJ/(m^2\cdot h)}$；

P——玻璃池窑单位熔化部面积所对应的玻璃液熔化量，$\mathrm{kg/(m^2\cdot h)}$；

K_1——系数，无量纲量，$K_1=0.2\sim0.3$[若设置余热锅炉(俗称：汽包)，K_1 则为 $0.2\sim0.25$]；

W——玻璃池窑单位熔化部面积所对应的散热量，$\mathrm{kJ/(m^2\cdot h)}$，可以通过图 3.33 来查取；

K_2——系数，无量纲量，可以通过表 3.23 或图 3.34 来得到；

Q_{net}——所用燃料的低位发热量，kJ/kg 或 $\mathrm{kJ/m^3}$(这里，$\mathrm{m^3}$ 为标准状态体积单位)；

c_{oil}——所用重油在 $0\sim t_{oil}$℃温度范围内的平均比热容，kJ/(kg·℃)；

t_{oil}——所用重油的温度，℃；

V_{1a}——1 kg 重油所消耗的雾化介质量(标准状态体积)，$\mathrm{m^3/kg}$；

$c_{p,1a}$——雾化介质在 $0\sim t_{1a}$℃温度范围内的平均定压比热容，$\mathrm{kJ/(m^3\cdot ℃)}$(这里，$\mathrm{m^3}$ 为标准状态体积单位)；

t_{1a}——雾化介质的温度，℃；

$c_{p,gas}$——所用煤气在 $0\sim t_{gas}$℃温度范围内的平均定压比热容，$\mathrm{kJ/(m^3\cdot ℃)}$(这里，$\mathrm{m^3}$ 为标准状态体积单位)；

t_{gas}——所用煤气的温度，℃。

表 3.23　K_2 与玻璃池窑火焰空间内壁面温度 t 之间的关系

t/℃	1300	1350	1400	1500	1600
K_2	0.88	0.93	1.0	1.15	1.3

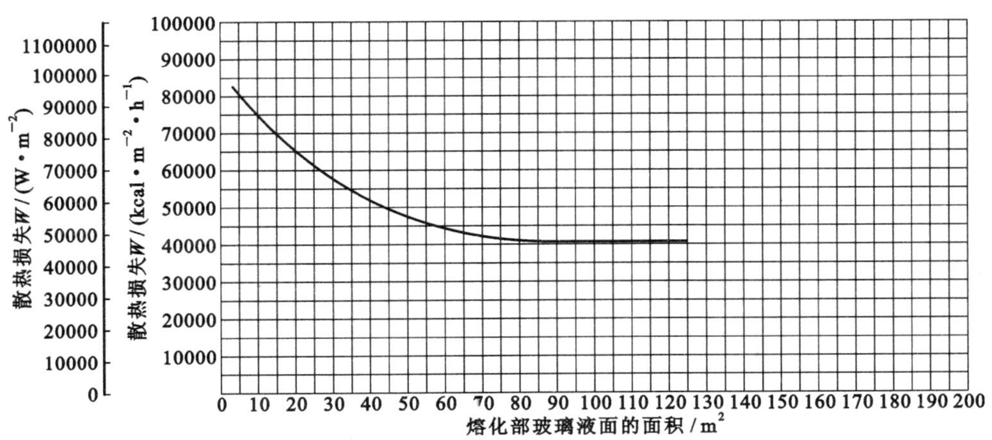

图 3.33　玻璃池窑窑体的散热量 W 与其熔化部面积之间的关系

(1) 由该图查得的 W 值，其单位为 $\mathrm{W/m^2}$ 或 $\mathrm{kcal/(m^2\cdot h)}$，计算时要将其转化成单位为 $\mathrm{kJ/(m^2\cdot h)}$ 的 W 值；

(2) 由该图所查得的 W 值只可以作为设计计算的参考数据，这是因为该图的数据来源较早。随着窑体保温技术以及保温材料性能不断发展与改进 就目前的玻璃池窑而言，其散热量(W 值)已大为降低。

对于式(3.113)或式(3.114)中的总耗热量 Q 值，也可以根据前人基于生产上的一些统计数据

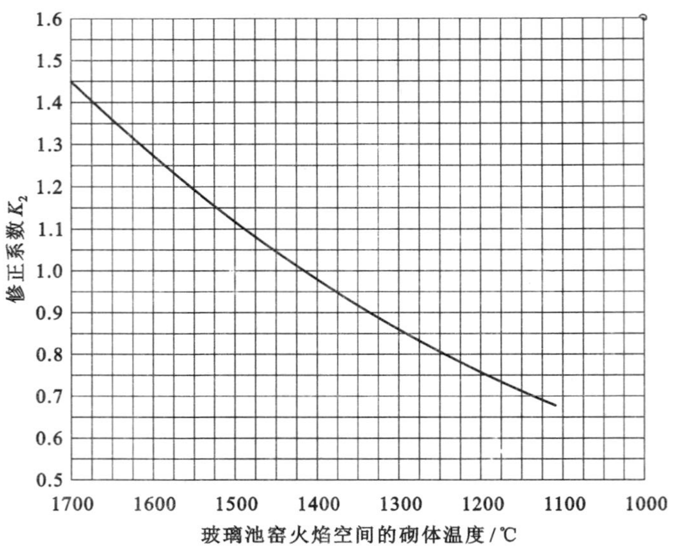

图 3.34　K_2 值与玻璃池窑火焰空间内壁面温度之间的关系

所总结出的以下两个经验公式①的计算结果 Q_d 换算出来[$Q=Q_d/A_m'$，这里，A_m' 则为玻璃池窑熔化部玻璃液面的面积（简称：熔化部面积，单位：m^2），这里所说的玻璃液也包括窑内的配合料]。

对于蓄热式平板玻璃池窑：

$$Q_d=(52.75+0.0588A_m)+5.69G_d \quad (GJ/d) \tag{3.115}$$

对于单元窑：

$$Q_d=(13.19+0.0147A_m)+10.66G_d \quad (GJ/d) \tag{3.116}$$

式中　Q_d——玻璃池窑每天的耗热量，GJ/d（注：1 GJ＝10^6 kJ）；

A_m——玻璃池窑的加热面积，m^2：对于马蹄焰玻璃池窑，A_m 也就是熔化部玻璃液面的面积，即 $A_m=A_m'$；对于平板玻璃池窑，A_m 是熔化部内熔化区[8]的玻璃液面面积（简称：熔化部的熔化区面积，这里所说的玻璃液包括窑内的配合料），即 $A_m<A_m'$；

G_d——玻璃池窑每天熔制的玻璃液量，t/d。

当然，除了上述经验式(3.115)与式(3.116)以外，读者也可以通过查阅图 3.35 大概地确定式(3.113)或式(3.114)中的总耗热量（Q 值）。

此外，读者通过查表 3.24～表 3.26，还可以了解到常见烧发生炉煤气玻璃池窑的熔化部热负荷、常见玻璃池窑的单位耗热量以及常见玻璃池窑燃料消耗量的大致范围。

表 3.24　烧发生炉煤气玻璃池窑熔化部热负荷值的统计数据

窑　型		热负荷值/($W \cdot m^{-2}$)
平板玻璃池窑	大、中型窑	150000～170000
	小型窑	135000～175000
瓶罐玻璃池窑		90000～115000
器皿玻璃池窑		93000～118000
硬质玻璃池窑		110000～130000

注：(1) 熔化部热负荷是指：单位时间内单位熔化部玻璃液面面积上所对应的耗热量，这里所说的玻璃液包括窑内的配合料；

(2) 烧油时，该表中的数据会增大 20%～30%。

(3) 本表中的数据来源比较早，而现代玻璃池窑的熔化部热负荷值则会超出本表中的范围。

① 式(3.115)、式(3.116)的资料来源较久，其计算结果只能够作为设计计算的参考数据，这是因为随着科技的不断进步，目前实际生产玻璃池窑的 Q_d 值比这两个公式的计算结果大约会降低 10%～30%。

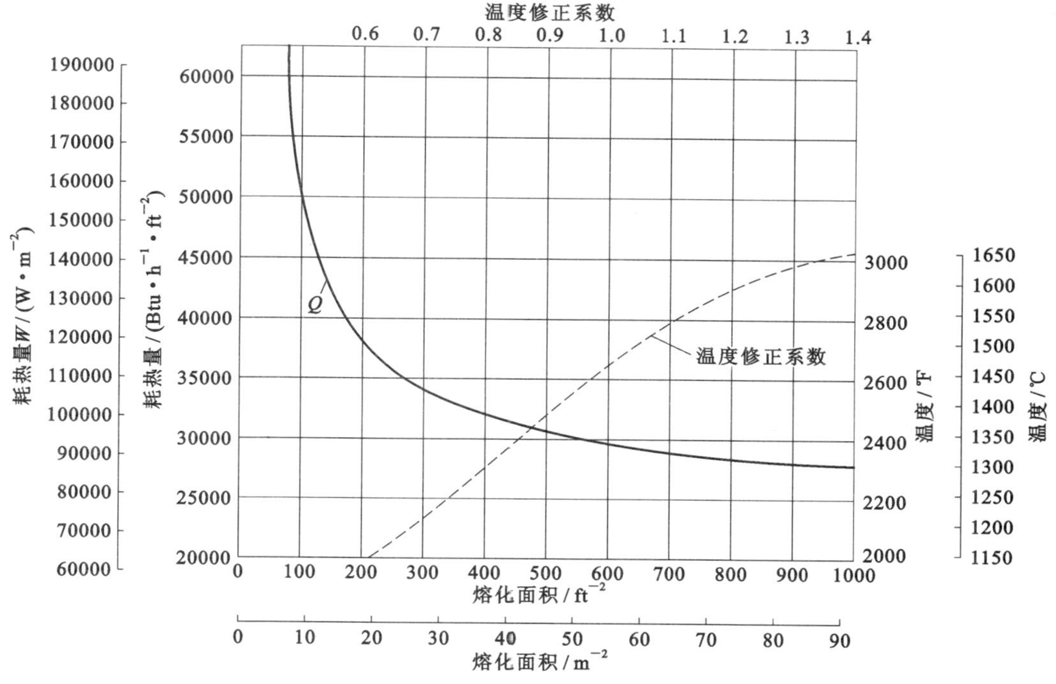

图 3.35 玻璃熔化部的耗热量

注：(1) 池壁选用电熔砖时，耗热量 Q 会增加 15%～20%；胸墙选用电熔砖时，耗热量 Q 会增加 5%；池底选用电熔砖时，耗热量 Q 会增加8%；池底保温时，耗热量 Q 会降低 4%；如果玻璃池窑全保温，耗热量 Q 则会降低 10%～40%；

(2) 由该图查得的 Q 值，其单位为：W/m^2 或 $Btu/(ft^2 \cdot h)$，计算时要将其转化成单位为 $kJ/(m^2 \cdot h)$ 的 Q 值；

(3) 该图中，关于 Q 的曲线，则是以熔化温度是 1460 ℃ 为基础绘制的，如果熔化温度与之不同，还需要再乘以一个温度修正系数，温度修正系数曲线如该图中的虚线所示。

表 3.25 单位耗热量统计①

所熔化玻璃的品种	单位耗热量/$(kJ \cdot kg^{-1})$
平板玻璃(浮法玻璃池窑熔制)	7000～8000
瓶罐玻璃(大型日用玻璃池窑熔制)	4400～5500
器皿玻璃	8300～10500
保温瓶胆	8500～10000

表 3.26 燃料消耗量统计②

所熔化玻璃的品种	烧发生炉煤气窑：耗煤量/$(kg \cdot kg^{-1})$	烧重油窑：耗油量/$(kg \cdot kg^{-1})$
平板玻璃(浮法玻璃池窑熔制)	0.4～0.5	0.2～0.24
瓶罐玻璃(大型日用玻璃池窑熔制)	0.35～0.45	0.115～0.14
器皿玻璃	0.45～0.75	0.2～0.22
保温瓶胆	0.45～0.7	0.21～0.23
特种玻璃(例如，硬料玻璃)	1～1.5(个别 1.8)	0.5～0.7(少数 1.1～1.2)

① 该表中的数据来源较早，随着玻璃窑炉技术的不断进步，目前的单位耗热量会比该表中的数据降低 10%～30%。

② 类同表 3.25 的注释(即，注释①)。

在得到燃料消耗量 m_r 的数据以后，再结合所选定玻璃池窑的熔化率 K[8]，并且根据生产规模(即玻璃液的产量)等参数就可以进行有关热工设备(熔化部、冷却部、成型部)的结构尺寸设计计算，具体可以参考“热工设备”方面的图书资料[8,19,22,23]。

3.3.2.2　以测量为目的之热平衡计算

对于以测量为目的之玻璃池窑的热平衡计算而言，“熔化部”的热平衡计算、“蓄热室”的热平衡计算、“整个熔制系统”的热平衡计算一般都需要，尤其是必需进行“整个熔制系统”的热平衡计算。具体内容请参见我国建材行业标准 JC/T 488—1992《玻璃池窑热平衡测定与计算方法》[37]（这里，提醒读者注意：上述第 3.3.1 中与第 3.3.2.1 中的符号是按照国家最新的出版物规范而编撰，该符号体系与该行业标准中的符号体系有所差异，具体选用哪个符号体系，请诸者自选）。

3.3.3　玻璃池窑的热效率计算

玻璃池窑热效率 η 的计算公式为：

$$\eta=\frac{G\cdot q_g}{m_f\cdot Q_{net}+m_f\cdot c_f\cdot t_f}\times 100\% \tag{3.117}$$

式中　G——玻璃池窑的小时产量，kg/h；

q_g——玻璃形成热（参见第 3.3.1），kJ/kg；

m_f——玻璃池窑每 1 h 的燃料消耗量，液体燃料为：kg/h；气体燃料为 m^3/h（这里，m^3 为标准状态体积单位）；

Q_{net}——所用燃料的低位发热量，kJ/kg；

c_f——这里，或者是所用液体燃料在 0～t_f℃温度范围内的平均比热容，符号：c_f，kJ/(kg·℃)，或者是气体燃料在 0～t_f℃温度范围内的平均定压比热容，符号：$c_{p,f}$，kJ/(m^3·℃)（这里，m^3 为标准状态体积单位）；

t_f——所用燃料的温度，℃。

对于上式所表述的玻璃池窑热效率 η，也可以转换成燃烧效率 η_{com} 与传热效率 η_{tr} 连乘积的形式，关于这种转换可以参考式(3.97)。

在玻璃工业中，除非有特殊的工艺要求（例如，某些部位需要有 CO 来维持还原气氛），否则现代燃烧技术已经能够保证玻璃池窑上燃烧器的燃烧效率很高了，或者说，其燃烧效率已经提高到极致。所以，对于玻璃池窑来说，如果想进一步提升其热效率，我们的侧重点就应该放在怎样更有效地提高玻璃池窑内的传热效率（即怎样更有效地来增加玻璃池窑内的有益传热量）。为此，也就有必要对于玻璃池窑内的传热规律进行理论分析，进而再提出有关的“节能减排”途径。

3.3.4　玻璃池窑内的传热分析与节能措施

就有效传热而言，这里简单地将火焰式玻璃池窑内[8]划分为三个传热体，它们分别是：火焰（作为热源）、胸墙与大碹（统称：窑墙，作为中间传热体）、配合料与玻璃液（统称：物料，作为受热体）。对于这三个传热体之间及其内部的传热过程，导热、对流、辐射这三种传热方式都存在。然而，玻璃池窑内的导热过程与对流换热过程，由于受到玻璃品种与操作参数的限制，一般来说，很难再进一步地提高其传热效率。这也就是说，玻璃池窑内很有效而且最有可能提高传热效率的传热方式是辐射换热。因此，以下仅就玻璃池窑内的辐射换热规律进行理论分析[24]。

为了简化所研究的辐射换热问题，首先就需要进行几个有用并且合理的假设：

① 火焰在窑内各处的温度都相同，符号为 T_f（单位：K，下角标 f 表示火焰，即 flame）；

② 火焰的发射率与其吸收率相等，即 $\varepsilon_f=\alpha_f$，其数值可以根据 T_f 来计算（参见第 2.3.7）；

③ 火焰完全充满玻璃池窑内的火焰空间，因此可以利用火焰空间的容积来计算火焰的有效厚度

(也称:平均射线行程)与辐射角系数;

④ 物料表面各处的温度均相同,符号为 T_m(单位:K,下角标 m 表示物料,即 matter);

⑤ 物料表面的发射率为一个定值,其大小为 ε_m;

⑥ 窑墙内表面各处的温度均相同,符号为 T_w(单位:K,下角标 w 表示窑墙,即 wall);

⑦ 窑墙表面的发射率为一个定值,其大小为 ε_w;

⑧ 窑墙散失于周围环境的热量 Q_{loss} 恰好等于火焰以对流换热的方式传给窑墙的热量 Q_c。

3.3.4.1 火焰与物料之间的辐射换热

在图 3.36 中,可以简单地表示出火焰、物料与窑墙之间的传热情况,该图中的 A_w、A_m 分别表示窑墙与物料的表面积。

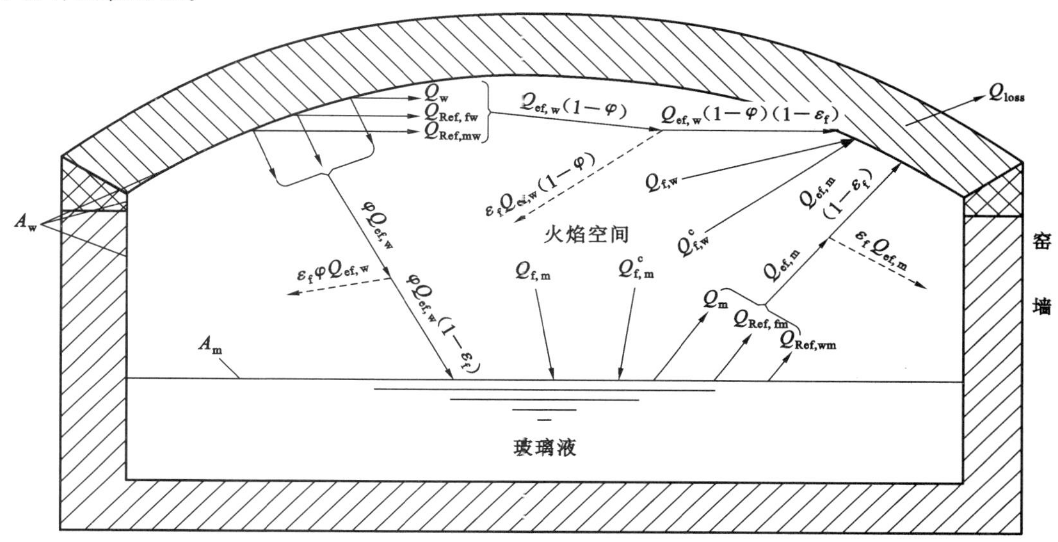

图 3.36 玻璃池窑内的传热效果分析

(1) 投射到窑墙上的辐射以及窑墙的有效辐射

① 火焰向窑墙的辐射为:

$$Q_{fw}=\varepsilon_f c_b\left(\frac{T_f}{100}\right)^4 A_w$$

② 物料通过火焰空间向窑墙的辐射为:

$$Q_{mw}=Q_{ef,w}(1-\varepsilon_f)$$

式中 $Q_{ef,w}$——物料的有效辐射,W。

③ 窑墙通过火焰空间投射在自身上的辐射为:

$$Q_{ww}=Q_{ef,w}(1-\varepsilon_f)\varphi_{ww}=(Q_w+Q_{Ref,fw}+Q_{Ref,mw})(1-\varepsilon_f)(1-\varphi_{wm})$$

式中 $Q_{ef,w}$——窑墙的有效辐射,W;

φ_{wm}——窑墙对物料的辐射角系数,$\varphi_{wm}=\dfrac{A_m}{A_w}$,以下简写为 φ;

φ_{ww}——窑墙对窑墙本身的辐射角系数:$\varphi_{ww}=1-\varphi_{wm}=\dfrac{A_w-A_m}{A_w}$;

Q_w——窑墙的本身辐射,W:

$$Q_w=\varepsilon_w c_b\left(\frac{T_w}{100}\right)^4 A_w$$

$Q_{Ref,fw}$——被窑墙反射回来的火焰辐射,W:

$$Q_{Ref,fw}=\varepsilon_f c_b\left(\frac{T_f}{100}\right)^4 A_w(1-\varepsilon_w)$$

$Q_{\mathrm{Ref,mw}}$——被窑墙反射回来的物料辐射，W：

$$Q_{\mathrm{Ref,mw}}=\varepsilon_{\mathrm{m}}c_{\mathrm{b}}\left(\frac{T_{\mathrm{m}}}{100}\right)^4 A_{\mathrm{m}}(1-\varepsilon_{\mathrm{f}})(1-\varepsilon_{\mathrm{w}})$$

根据窑墙的热平衡原理，它接收到的辐射应该等于它的有效辐射，所以：

$$Q_{\mathrm{ef,w}} = Q_{\mathrm{fw}} + Q_{\mathrm{mw}} + Q_{\mathrm{ww}}$$

$$Q_{\mathrm{ef,w}} = \varepsilon_{\mathrm{f}}c_{\mathrm{b}}\left(\frac{T_{\mathrm{f}}}{100}\right)^4 A_{\mathrm{w}} + Q_{\mathrm{ef,m}}(1-\varepsilon_{\mathrm{f}}) + Q_{\mathrm{ef,w}}(1-\varepsilon_{\mathrm{f}})(1-\varphi)$$

$$Q_{\mathrm{ef,w}} = \frac{\varepsilon_{\mathrm{f}}c_{\mathrm{b}}\left(\frac{T_{\mathrm{f}}}{100}\right)^4 A_{\mathrm{w}} + Q_{\mathrm{ef,m}}(1-\varepsilon_{\mathrm{f}})}{1-(1-\varepsilon_{\mathrm{f}})(1-\varphi)} \quad (\mathrm{W}) \tag{3.118}$$

(2) 投射到物料表面上的辐射

① 火焰向物料表面的辐射为：

$$Q_{\mathrm{fm}} = \varepsilon_{\mathrm{f}}c_{\mathrm{b}}\left(\frac{T_{\mathrm{f}}}{100}\right)^4 A_{\mathrm{m}}$$

② 窑墙通过火焰空间向物料表面的辐射为：

$$Q_{\mathrm{wm}} = Q_{\mathrm{ef,w}}(1-\varepsilon_{\mathrm{f}})\cdot\varphi$$

投射到物料表面上的总辐射为：

$$Q_{\mathrm{fm}} + Q_{\mathrm{wm}} = \varepsilon_{\mathrm{f}}c_{\mathrm{b}}\left(\frac{T_{\mathrm{f}}}{100}\right)^4 A_{\mathrm{m}} + Q_{\mathrm{ef,w}}(1-\varepsilon_{\mathrm{f}})\cdot\varphi$$

(3) 物料表面的有效辐射 $Q_{\mathrm{ef,m}}$

① 物料表面的本身辐射为：

$$Q_{\mathrm{m}} = \varepsilon_{\mathrm{m}}c_{\mathrm{b}}\left(\frac{T_{\mathrm{m}}}{100}\right)^4 A_{\mathrm{m}}$$

② 物料表面反射出去的火焰辐射为：

$$Q_{\mathrm{Ref,fm}} = \varepsilon_{\mathrm{f}}c_{\mathrm{b}}\left(\frac{T_{\mathrm{f}}}{100}\right)^4 A_{\mathrm{m}}\cdot(1-\varepsilon_{\mathrm{m}})$$

③ 物料表面反射出去的窑墙辐射为：

$$Q_{\mathrm{Ref,wm}} = Q_{\mathrm{ef,w}}(1-\varepsilon_{\mathrm{f}})\cdot\varphi\cdot(1-\varepsilon_{\mathrm{m}})$$

所以

$$\begin{aligned}Q_{\mathrm{ef,m}} &= Q_{\mathrm{m}} + Q_{\mathrm{Ref,fm}} + Q_{\mathrm{Ref,wm}} = \varepsilon_{\mathrm{m}}c_{\mathrm{b}}\left(\frac{T_{\mathrm{m}}}{100}\right)^4 A_{\mathrm{m}} + \varepsilon_{\mathrm{f}}c_{\mathrm{b}}\left(\frac{T_{\mathrm{f}}}{100}\right)^4 A_{\mathrm{m}}\cdot(1-\varepsilon_{\mathrm{m}}) \\ &\quad + Q_{\mathrm{ef,w}}(1-\varepsilon_{\mathrm{f}})\cdot\varphi\cdot(1-\varepsilon_{\mathrm{m}}) \quad (\mathrm{W})\end{aligned} \tag{3.119}$$

物料得到的净辐射应该等于投射到物料表面上的总辐射减去物料表面的有效辐射，即：

$$\begin{aligned}Q_{\mathrm{net,fm}} &= Q_{\mathrm{fm}} + Q_{\mathrm{wm}} - Q_{\mathrm{ef,m}} \\ &= \varepsilon_{\mathrm{f}}c_{\mathrm{b}}\left(\frac{T_{\mathrm{f}}}{100}\right)^4 A_{\mathrm{m}} + Q_{\mathrm{ef,w}}(1-\varepsilon_{\mathrm{f}})\varphi - \varepsilon_{\mathrm{m}}c_{\mathrm{b}}\left(\frac{T_{\mathrm{m}}}{100}\right)^4 A_{\mathrm{m}} \\ &\quad - \varepsilon_{\mathrm{f}}c_{\mathrm{b}}\left(\frac{T_{\mathrm{f}}}{100}\right)^4 A_{\mathrm{m}}(1-\varepsilon_{\mathrm{m}}) - Q_{\mathrm{ef,w}}(1-\varepsilon_{\mathrm{f}})\cdot\varphi\cdot(1-\varepsilon_{\mathrm{m}}) \\ &= \varepsilon_{\mathrm{f}}c_{\mathrm{b}}\left(\frac{T_{\mathrm{f}}}{100}\right)^4 A_{\mathrm{m}}\cdot\varepsilon_{\mathrm{m}} + Q_{\mathrm{ef,w}}(1-\varepsilon_{\mathrm{f}})\cdot\varphi\cdot\varepsilon_{\mathrm{m}} - \varepsilon_{\mathrm{m}}c_{\mathrm{b}}\left(\frac{T_{\mathrm{m}}}{100}\right)^4 A_{\mathrm{m}} \quad (\mathrm{W})\end{aligned} \tag{3.120}$$

联立求解方程式(3.118)、式(3.119)、式(3.120)，可以得到：

$$Q_{\mathrm{net,fm}} = \varepsilon_{\mathrm{f}}\varepsilon_{\mathrm{m}}c_{\mathrm{b}}\frac{1+\varphi\cdot(1-\varepsilon_{\mathrm{f}})}{\varepsilon_{\mathrm{f}}+\varphi\cdot(1-\varepsilon_{\mathrm{f}})[\varepsilon_{\mathrm{m}}+\varepsilon_{\mathrm{f}}(1-\varepsilon_{\mathrm{m}})]}\times\left[\left(\frac{T_{\mathrm{f}}}{100}\right)^4-\left(\frac{T_{\mathrm{m}}}{100}\right)^4\right]\cdot A_{\mathrm{m}} \quad (\mathrm{W}) \tag{3.121}$$

令

$$c_{\mathrm{fm}} = \frac{\varepsilon_{\mathrm{f}}\varepsilon_{\mathrm{m}}[1+\varphi\cdot(1-\varepsilon_{\mathrm{f}})]\cdot c_{\mathrm{b}}}{\varepsilon_{\mathrm{f}}+\varphi\cdot(1-\varepsilon_{\mathrm{f}})[\varepsilon_{\mathrm{m}}+\varepsilon_{\mathrm{f}}(1-\varepsilon_{\mathrm{m}})]} \quad [\mathrm{W/(m^2\cdot K^4)}] \tag{3.122}$$

则

$$Q_{net,fm} = c_{fm}\left[\left(\frac{T_f}{100}\right)^4 - \left(\frac{T_m}{100}\right)^4\right]A_m \qquad (W) \tag{3.123}$$

式中 c_{fm}——火焰与物料之间的导来辐射系数，$W/(m^2 \cdot K^4)$，在这其中，已经考虑到了窑墙在辐射换热中所起到的作用。

如果再考虑到火焰与物料之间的对流换热，则物料所得到的净热量为：

$$\begin{aligned} Q_{net,fm} &= c_{fm}\left[\left(\frac{T_f}{100}\right)^4 - \left(\frac{T_m}{100}\right)^4\right]\cdot A_m + q_{fm}^c \cdot A_m \\ &= c_{fm}\left[\left(\frac{T_f}{100}\right)^4 - \left(\frac{T_m}{100}\right)^4\right]\cdot A_m + h_c(t_f - t_m)\cdot A_m \\ &= \frac{c_{fm}\left[\left(\frac{T_f}{100}\right)^4 - \left(\frac{T_m}{100}\right)^4\right]\cdot(t_f - t_m)}{t_f - t_m}\cdot A_m + h_c(t_f - t_m)\cdot A_m \\ &= h_r(t_f - t_m)A_m + h_c(t_f - t_m)A_m = (h_r + h_c)\cdot(t_f - t_m)\cdot A_m \\ &= h(t_f - t_m)A_m \qquad (W) \end{aligned} \tag{3.124}$$

在 ε_m 一定的情况下，式(3.122)中所述的函数关系可以用图 3.37 来表征。

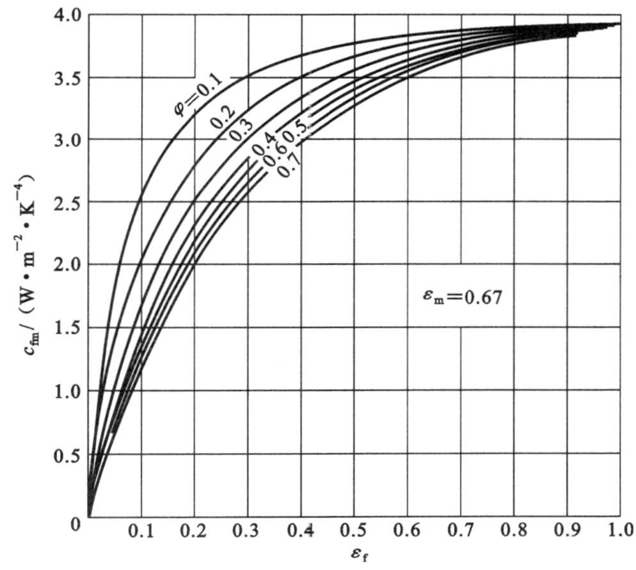

图 3.37 c_{fm} 与 ε_f 和 φ 之间的关系

由图 3.37 可以看出：

① 火焰与物料之间的导来辐射系数 c_{fm} 与 φ 有关：φ 愈小（即窑墙表面愈大），则火焰以辐射方式参与热交换的作用就愈大，于是，辐射换热也就愈强。此外，随着火焰空间高度的增加，不仅窑墙的表面积增加，而且火焰辐射的有效厚度（也称：平均射线行程）也在增加，因此辐射换热就增强，但是，这只是在火焰充满整个窑内火焰空间时才是正确的，如果火焰不能够充满整个窑内火焰空间，则窑墙表面积增加不仅不能够增加辐射换热，相反还会使其散热损失增加。因此，从传热的观点看，合理的窑顶位置应该使火焰完全被窑墙的内表面所包围。

② 在 φ 为一定值时，若 $\varepsilon_f < 0.4$，则 c_{fm} 与 ε_f 也有着密切的关系，随着 ε_f 稍微增加，c_{fm} 会有较大的增加；然而，当 $\varepsilon_f > 0.4$ 时，随着 ε_f 增加，c_{fm} 的增加幅度则较小。因此，当火焰发射率 $\varepsilon_f > 0.4$ 时，也就没有必要采用增碳的方法来提高火焰的发射率。

3.3.4.2 窑墙内表面的温度

在整个窑内火焰空间的传热过程中，虽然最终的结果是火焰将热量传递给物料，但是窑墙在整个传热过程中仍起着相当重要的传热媒介作用。此外，窑墙内表面温度 t_w 也是窑炉热工计算与操作的重要参数。因此，确定窑墙的内表面温度有重要的意义。

根据窑墙的热平衡关系式，可以推导出窑墙内表面温度的计算公式，具体为：

$$T_w^4 = T_m^4 + \frac{\varepsilon_f[1+\varphi\cdot(1-\varepsilon_f)(1-\varepsilon_m)]}{\varepsilon_f+\varphi\cdot(1-\varepsilon_f)\cdot[\varepsilon_m+\varepsilon_f(1-\varepsilon_m)]}(T_f^4 - T_m^4) \quad (K^4) \tag{3.125}$$

或

$$T_w^4 = T_m^4 + \frac{Q_{net,fm}[1+\varphi\cdot(1-\varepsilon_f)(1-\varepsilon_m)]}{\varepsilon_m c_b[1+\varphi\cdot(1-\varepsilon_f)]\cdot A_m}\times 10^8 \quad (K^4) \tag{3.126}$$

如果将式(3.125)中的 ε_m 看作常数，则窑墙的内表面温度 T_w 与火焰的发射率 ε_f、火焰温度 T_f、物料温度 T_m 以及窑墙对于物料的辐射角系数 φ 有关，此关系被表征在图 3.38 之中。

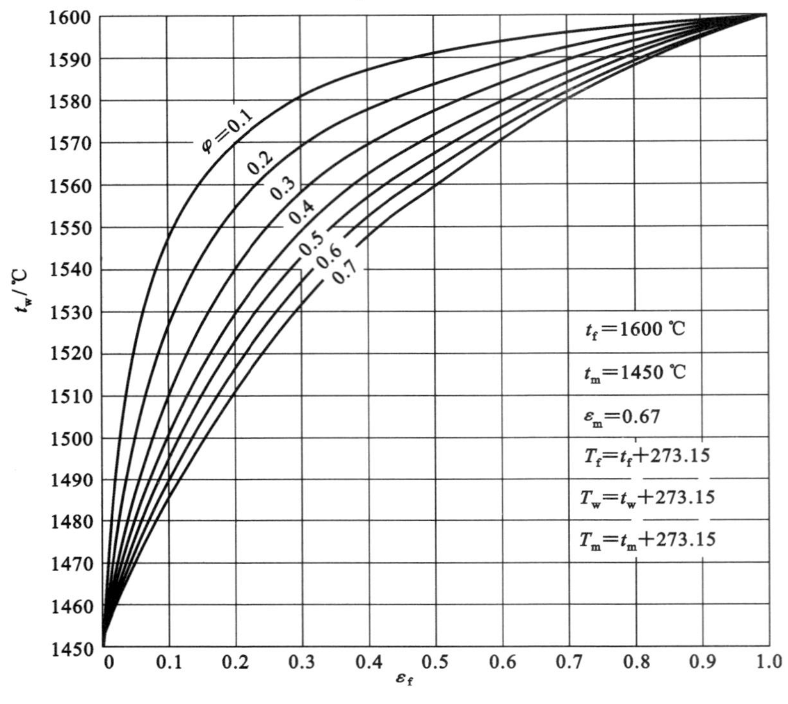

图 3.38　t_w 与 ε_f 以及 φ 之间的关系

由式(3.125)与图 3.38 可以看出：

① 火焰温度 T_f 和物料表面温度 T_m 愈高，窑墙内表面温度 T_m 也就愈高。例如，在实际生产中，当窑炉在点火烤窑时，可以不必担心窑顶有被烧坏的危险，因为此时的物料温度很低。但是，当窑炉转入正常生产后，就必需十分小心，因为此时的物料温度很高，窑墙的内壁温度也很容易升高。

② 当火焰温度 T_f、物料温度 T_m 和辐射角系数 φ 一定时，火焰的发射率 ε_f 愈大，窑墙的内表面温度就愈高，这是因为火焰发射率 ε_f 愈大时，传给窑墙的热量就愈多。

③ 在其他条件相同时，辐射角系数 φ 愈小，则窑墙的内表面温度就愈高。然而，由于此时的窑墙内表面积 A_w 相对较大，物料的表面积 A_m 相对较小，故而火焰对于窑墙的影响较对于物料的影响大。

④ 当 $\varepsilon_f=0$ 时，$T_w=T_m$；当 $\varepsilon_f=1$ 时，$T_w=T_f$，实际上 $0<\varepsilon_f<1$，因此 $T_f>T_w>T_m$，这也就是说，在火焰窑内，火焰温度高于窑墙的内表面温度，窑墙的内表面温度又高于物料温度。

⑤ 从式(3.121)～式(3.123)中还可以看出，窑墙的发射率 ε_w 对于火焰以及窑墙传递给物料的热量没有影响，这是因为：当窑墙的发射率降低时，虽然窑墙传递给物料的热量减少，但是窑墙以反射方式传递给物料的辐射热却相应地增加了，所以传递给物料的总辐射热并没有变化。根据这个道理，在选择耐火材料时便可以不考虑其发射率的大小，甚至在某些部位处还可以利用带有水冷却保护的

高反射率金属壁。

火焰向窑墙传递辐射热以后，其中的小部分散失到窑外，大部分热量则是以热辐射形式传递给物料，图3.39展示的是窑墙在火焰空间有关的辐射传热效果的曲线，该图中的曲线则表示当火焰充满窑内火焰空间（且$\varphi=0.25$）时，火焰以及窑墙辐射给物料的热量随ε_f的变化规律。在该图中，当$\varepsilon_f=0.35$时，物料所得到的全部辐射热是$\varepsilon_f=1$时的76%，其中，窑墙直接辐射给物料的热量占36%/76%=47.4%，火焰辐射给物料的热量则占52.6%，此例说明窑墙在火焰空间内的辐射换热作用不可忽视。但是，随着火焰发射率改变，窑墙的辐射传热作用也有较大变化，当$\varepsilon_f<0.35$时，窑墙的辐射传热量随着ε_f增大而增加；当$\varepsilon_f>0.35$时，窑墙的辐射传热量则随着ε_f的增大而减少。

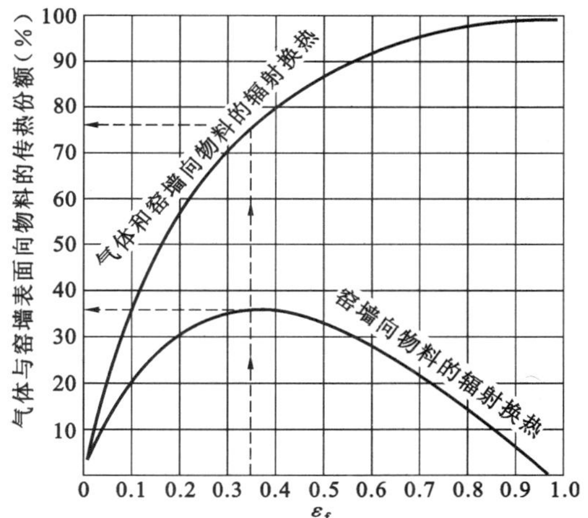

图3.39 窑墙在火焰空间内的辐射传热作用（$\varphi=0.25$时）

【例3.13】 某玻璃池窑的水平截面积为12 m×6 m，火焰空间的高度为1.8 m，火焰的平均温度$t_f=1600$ ℃，火焰的发射率$\varepsilon_f=0.2$；配合料及玻璃液面的平均温度$t_m=1450$ ℃，其发射率$\varepsilon_m=0.67$，火焰与配合料及玻璃液面之间的对流传热系数$h_c=11.36\ \mathrm{W/(m^2\cdot ℃)}$。求：火焰及窑墙传递给配合料及玻璃液面的热量$Q_{net,fm}$以及窑墙的内表面温度$t_w$(℃)。

【解】

$$\varphi=\frac{A_m}{A_w}=\frac{6\times12}{12\times6+2\times12\times1.8+2\times6\times1.8}=\frac{72}{136.8}=0.526$$

$$Q_{net,fm}=c_{fm}\left[\left(\frac{T_f}{100}\right)^4-\left(\frac{T_m}{100}\right)^4\right]\cdot A_m+h_c(t_f-t_m)A_m$$

查图3.37，得：$c_{fm}=2.14\ \mathrm{W/(m^2\cdot K^4)}$，于是，通过计算得：

$$Q_{net,fm}=2.14\times\left[\left(\frac{1600+273.15}{100}\right)^4-\left(\frac{1450+273.15}{100}\right)^4\right]\times72+11.36\times(1600-1450)\times72=5506999(\mathrm{W})$$

$$T_w^4=T_m^4+\frac{\varepsilon_f[1+\varphi\cdot(1-\varepsilon_f)(1-\varepsilon_m)]}{\varepsilon_f+\varphi\cdot(1-\varepsilon_f)\cdot[\varepsilon_m+\varepsilon_f(1-\varepsilon_m)]}(T_f^4-T_m^4)$$

$$=1723.15^4+\frac{0.2\times(1+0.526\times0.8\times0.33)}{0.2+0.526\times(1-0.2)\times(0.67+0.2\times0.33)}\times(1873.15^4-1723.15^4)=10.378\times10^{12}(\mathrm{K^4})$$

由于，$T_w=t_w+273.15$(K)，求解后，得：$t_w=1521.7$ ℃≈1522 ℃。 —毕—

针对玻璃池窑内传热特点的分析，有以下几项措施可以供读者参考：

第一，由以上的理论分析及其推导结果可以看出：火焰以及窑墙辐射给配合料、玻璃液面的有益传热量与火焰的发射率ε_f密切相关。因此，提高火焰发射率ε_f能够强化火焰向配合料、向玻璃液的有效传热。这一点可以通过“增碳法”来实现。

火焰增碳会使暗火焰变为亮火焰。其效果视炭粒大小（炭粒直径为1～4 μm时，火焰的辐射能力最强）以及火焰温度而定。燃烧天然气时常用自身增碳法，即在缺氧情况下天然气会裂化生成炭粒。该方法的增碳效果与火焰温度之间的关系式为：

$$\frac{q'}{q}=\frac{E'}{E}\left(1-\frac{\Delta T_f}{T_f}\right) \tag{3.127}$$

式中 q',q——增碳前、后火焰向玻璃液的辐射传热量，W；

E',E——增碳前、后火焰在可见光波段的辐射力，$\mathrm{W/m^2}$；

ΔT_f——增碳前、后火焰的温度差,K;

T_f——增碳前火焰的温度,K。

使用自身增碳法时,请注意:当火焰温度较高时,增碳效果较好;但是,当火焰温度较低时,因为会影响到燃烧速度和完全燃烧的程度,所以,如果在这种情况下进行增碳,有可能会起到相反的效果。

当燃料为发生炉煤气时,则常用外加增碳法(例如,滴注重油),这时,不论火焰温度的高低,外加增碳的效果总是好的。

第二,作为中间传热体,窑墙传热面积 A_w 的大小需要重视,目前在玻璃池窑上所使用的蜂窝状碹顶技术就是这方面的一个例证。所谓的"蜂窝状碹顶[8]"就是在每块碹砖的内表面挖一个深约70 mm的空穴,从而形成蜂窝状的大碹内表面。这样就增加了大碹的内表面向玻璃液的有效传热面积,但是,其外表面因为温度升高会增大散热损失。为此,可以将碹砖增厚或者在其外表面要增设保温层。

第三,从式(3.121)~式(3.123)可知:窑墙的发射率 ε_w 对于火焰与窑墙传递给配合料及玻璃液的有益辐射热没有影响,但是这只是在某些前提条件下的理论分析结论。该理论分析时并没有考虑"窑墙内表面单色发射率的频谱分布是否与玻璃液的吸收频谱相匹配"的问题。实际上,耐火黏土砖和硅砖的发射率随着温度变化的规律为:室温时发射率为 0.85,1000 ℃时发射率为 0.61~0.62,1200 ℃时发射率为 0.52~0.53,1400 ℃时发射率为 0.47~0.49;电熔锆刚玉砖在高温时的发射率为0.4~0.5。而且,在高温时,长波波段的发射率比短波波段的发射率要大。这种频谱特性与玻璃液的吸收频谱是不匹配的。为此,可以考虑在玻璃池窑的内壁上增涂发射涂料这一方法来改善其高温时的辐射频谱。辐射涂料一般是由碳化物、金属氧化物和黏结剂所组成,涂层厚度约为 0.2 mm(关于辐射涂料,我国颁布了冶金行业标准 YB/T 131—1998《高温红外辐射涂料》)。国内研制的发射涂料在高温时的发射率可达0.82~0.92,这已经被用于小炉和蓄热室上部空间的内壁,而且还在不断改进其性能,扩大其应用的范围。

第四,上述理论分析是在"窑墙散失于周围环境的热量恰好等于火焰以对流换热的方式传给窑墙的热量"这一前提下进行的,这就是说,它并没有涉及窑墙保温的问题。实际上,增强窑体保温,对于提高向配合料、玻璃液的辐射传热效果也非常重要。这是因为目前的玻璃池窑大量采用电熔浇铸的耐火材料,这类耐火材料的热导率较大,所以要加强窑体保温来减少窑体向外界的散热损失。而且,加强窑体保温还有其他方面的一些优点:① 改善了操作人员的工作环境;② 增大了窑体的热容量,从而更好地保持玻璃池窑内温度制度的稳定;③ 有利于提高玻璃液的温度,使玻璃池窑内玻璃液的温度分布及其流动状态更趋合理;④ 有利于提高玻璃池窑的熔化率,提高玻璃产品的质量,降低燃料的消耗。据有关统计,全保温玻璃池窑与未保温时相比,节能效果可以达到 15%~20%。

当然,以上这四条节能措施仅仅是针对如何提高玻璃池窑内有益辐射热量而提出的,可以供读者参考。实际上,关于玻璃池窑"节能环保"方面的新技术还有很多,感兴趣的读者可以阅读一些具体的文献资料[8,23]。

3.3.4.3　玻璃液内传热规律的探讨

玻璃液内的传热是以玻璃液的对流作用与热传导作用为主,热辐射的透射作用次之。因此,其规律是:第一,玻璃液的温度越高,其热导率越大,玻璃液内的对流效果也就越强烈,从而传热效果就越好;第二,气泡的排出有利于玻璃液内的对流,也有利于提高玻璃液的热导率,所以玻璃池窑设置鼓泡装置的优点很多;第三,火焰的含碳量越高,透过玻璃液的热辐射量就越大;第四,玻璃液的着色程度对于热辐射透射玻璃液的影响很大,尤其是玻璃液内氧化铁的含量及其价位的影响颇大:Fe^{3+}对于紫外线的吸收能力较强而对于红外线的吸收能力较差,Fe^{2+} 则是对于红外线的吸收能力很强,尤其是对于波长在 1.5 μm 附近的红外辐射能的吸收能力特别强。

如果想更具体地探讨玻璃液内的传热规律,也可以利用第 2.1.5.5 中提到的、由捷克 GSL 公司研发的、用于玻璃工业数值仿真计算的 GS 软件包来进行具体的仿真计算(参见 www.gsl.cz)。

3.3.4.4 配合料内传热规律的探讨

配合料从火焰空间吸收热辐射的能力比玻璃液大 2.5 倍多，因此玻璃池窑进行薄层投料、宽断面投料的传热效果较好。至于配合料内的传热，则以导热为主，因此采用密实技术（也就是将粉料压制成为密实的料球或料块）的配合料，其传热效果较好，也有利于玻璃熔制车间操作环境的改善。

3.4 陶瓷生产过程中热量的应用

这里所说的陶瓷是指普通的陶瓷制品，因为关于具有特殊性能或特殊功能的特种陶瓷制品，需要使用一些高科技的技术手段[8]进行热制备。普通陶瓷制品的生产就是所谓的陶瓷工业。陶瓷工业中热量的应用主要是在原料或者坯体的干燥过程与陶瓷工业热工设备之中。关于前者，参见第 3.1 节；所以，后者则是本节的重点内容。

在陶瓷工业中，烧成陶瓷制品最常用的热工设备是"隧道窑"与"辊道窑"。两者相比，辊道窑在节能环保、自动控制、提高劳动生产率等方面更具有优势，但是，它对于产品的尺寸却有一定的限制。该窑型在烧制薄件制品、小件制品方面具有很大的优势，但是，对于生产大件制品、厚件制品，其优势将大打折扣，有时甚至无法与隧道窑相匹敌。所以，隧道窑在烧制大件制品、厚件制品方面仍然具有优势。不仅如此，隧道窑还被广泛用于烧制砖、瓦等结构型建筑材料制品以及品种众多的烧结型耐火材料制品，也被用作微晶玻璃的晶化设备或烧结设备。因此，使用隧道窑烧成的陶瓷制品实质上是更广范围内的陶瓷质产品。

鉴于以上所述，本节的重点将放在"隧道窑"与"辊道窑"上。

3.4.1 隧道窑的热平衡计算

如图 3.40 所示的是隧道窑（Tunnel Kiln）的生产流程图；如图 3.41 所示的则是某隧道窑的整体结构图。图 3.42 是两个隧道窑的局部外观图；图 3.43 是隧道窑所用几种窑具的照片。在隧道窑内，被分为三大区域：预热带（Preheating Zone）、烧成带（Burning Zone）和冷却带（Cooling Zone）。

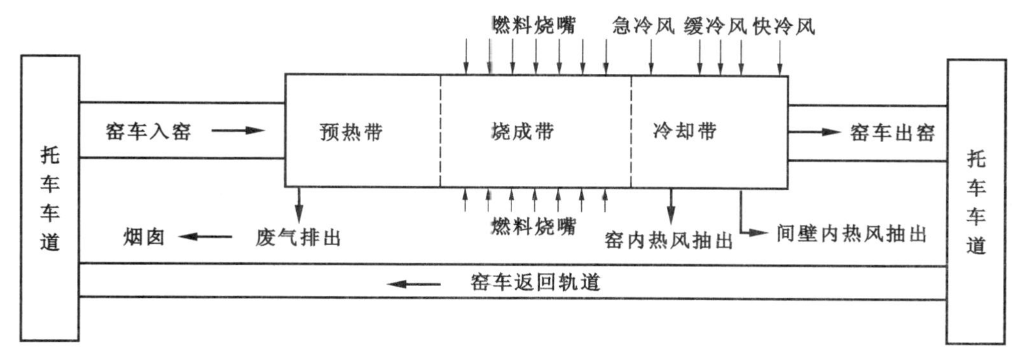

图 3.40 隧道窑的生产流程

图 3.41 某隧道窑的整体结构

3.4.1.1 陶瓷烧成过程中物化过程耗热量 Q_{pc} 的计算

在陶瓷的烧成过程中，其物理化学过程（Physical and Chemical Process，简称：物化过程）较为复杂[1,8,10,11,13,15]，主要有：物理水分的排出过程、化学结合水的脱水过程、盐类的分解过程、晶型转变

图 3.42　两座隧道窑的局部外观

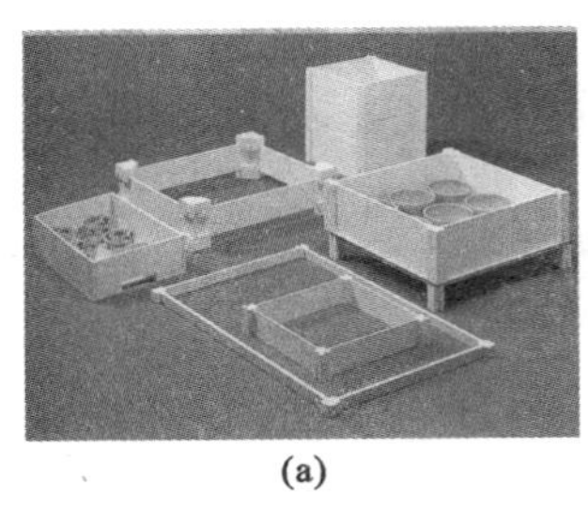
(a)
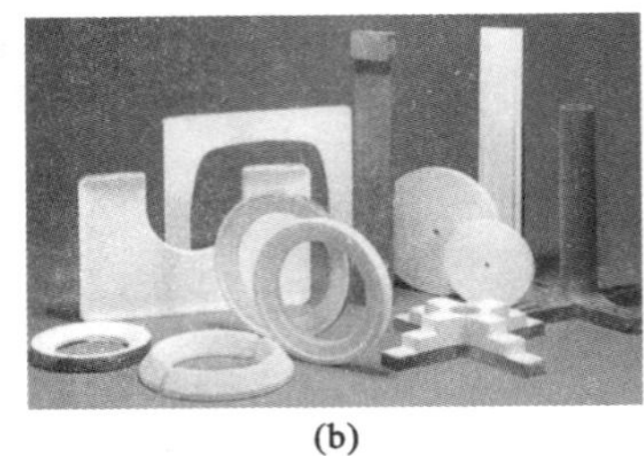
(b)
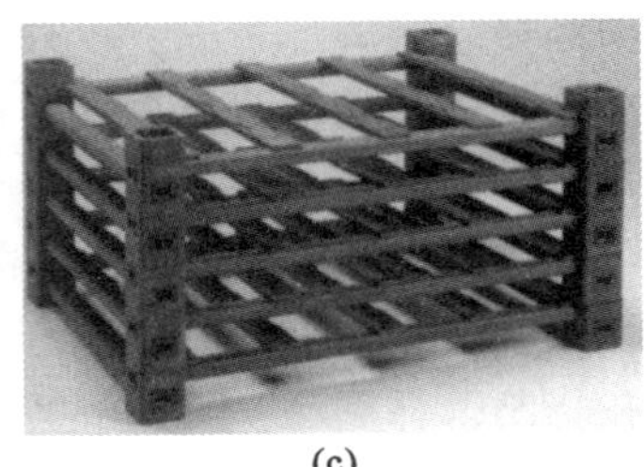
(c)

图 3.43　隧道窑所用的几种典型的窑具

(a) 优质匣钵;(b) 支柱垫砖;(c) 重结晶碳化硅质的棚架

过程等。在陶瓷烧成过程中,有关物理化学过程耗热量 Q_{pc} 的计算方法如下所述。

① 物理水分蒸发过程吸热量 Q_M 的计算

$$Q_M = G_M[q(H_2O) + c_{p,t_g} \cdot t_g] = G_M(2497.5 + c_{p,t_g} \cdot t_g) \qquad (kJ/h) \qquad (3.128)$$

式中　G_M——入窑坯体中所含水分(Moisture)的质量,kg/h;

$q(H_2O)$——0 ℃时,每 1 kg 水的蒸发热,$q(H_2O)=2497.5$ kJ/kg;

c_{p,t_g}——在 0～t_g℃ 温度范围内的水蒸气平均定压比热容,kJ/(kg · ℃),可以查附录 3 中附表 3.2(但是,需要注意单位的换算);

t_g——废气离窑的温度,℃。

② 化学结合水脱水过程吸热量 Q_M' 的计算

$$Q_M' = G_M' \cdot q'(H_2O) = G_M' \times 6700 \qquad (kJ/h) \qquad (3.129)$$

式中　G_M'——入窑坯体中所含化学结合水(或简称:化学水,也称:结晶水)的质量,kg/h;

$q'(H_2O)$——每 1 kg 化学结合水的脱水热,$q'(H_2O)=6700$ kJ/kg。

③ 其余物理化学过程吸热量的计算

严格地讲,其余物化过程的吸热量需要根据原料情况,依据具体的物理热、化学反应热来计算。但是,由于陶瓷烧成反应极为复杂,因此人们通常是根据经验数据来进行大致的估算,或者是利用 Al_2O_3 的反应热 Q_r 来近似地代替(如下式所述)。

$$Q_r = G_d \cdot q(Al_2O_3) \cdot \frac{w(Al_2O_3)}{100} = G_d \times 2100 \times \frac{w(Al_2O_3)}{100} \qquad (kJ/h) \qquad (3.130)$$

式中　G_d——入窑干坯体的质量,kg/h;

$q(Al_2O_3)$——每 1 kg Al_2O_3 的反应热,$q(Al_2O_3)=2100$ kJ/kg;

$w(Al_2O_3)$——干坯体中 Al_2O_3 的含量(质量分数,%)。

综合上述各项,便得到了陶瓷产品在烧成过程中有关物理化学过程的耗热量 Q_{pc} 为:

$$Q_{pc} = Q_M + Q_M' + Q_r \qquad (kJ/h) \qquad (3.131)$$

【例 3.14】　一座正在设计的年产 7 万件卫生洁具的陶瓷隧道窑,请计算其产品烧成过程中有关物理化学过程的耗热量 Q_{pc}。一些具体的设计条件如下:

年工作日：350 d；

成品率：90%；

燃料：天然气，其低位发热量 $Q_{net}=35500\ kJ/m^3$（这里，m^3 为标准状态体积单位）；

入窑坯体的水分：2.0%，入窑干坯体中 Al_2O_3 的含量为 25%；

入窑坯体的温度、入窑天然气的温度、入窑助燃空气的温度均按 20 ℃计；

每 1 h 向窑内的推车数为 1.68 车/h，每辆车上的干坯体质量为 55 kg/车；

烧成方式为明焰裸烧，最高烧成温度为 1280 ℃，烧成周期为 25 h；

烧成曲线为：20～970 ℃、8 h，970～1280 ℃、2 h，1280 ℃保温 1.2 h，1280～80 ℃、12.5 h；

废气离窑的温度一般为 200～300 ℃，这里以 250 ℃计。

【解】 第一步，计算每 1 h 入窑坯体中的含水量 G_M

每 1 h 入窑干坯体(Dry Greenbody)的质量 G_d 为：

$$G_d=1.68\ 车/h\times 55\ kg/车=92.4(kg/h)$$

每 1 h 入窑湿坯体(Wet Green Body)的质量 G_w 为：

$$G_w=\frac{92.4}{100-2}\times 100=94.3(kg/h)$$

每 1 h 入窑坯体中水分(Moisture)的质量 G_M 为：

$$G_M=G_w-G_d=94.3-92.4=1.9(kg/h)$$

第二步，计算物理水蒸发过程的吸热量 Q_M

$Q_M=G_M(2497.5+c_{p,t_g}\cdot t_g)$ ［查附录 3 中附表 3.2，得：$c_{p,t_g}=1.532\ kJ/(m^3\cdot ℃)$，这里 m^3 为标准状态体积单位］

$=1.9\times\left(2497.5+\frac{1.532}{0.804}\times 250\right)$ （查附录 3 中附表 3.1，得到水蒸气的标准状态密度 $\rho_{0,v}=0.804\ kg/m^3$）

$=5649.8(kJ/h)$

第三步，计算化学结合水脱水过程的吸热量 Q_M'

本题中，忽略坯体中所含化学结合水的量，因此，$Q_M'\approx 0$。

第四步，其余物理化学过程吸热量的计算

本题中，其余物理化学过程的吸热量用 Al_2O_3 的反应热 Q_r 来近似地代替：

$$Q_r=G_d\times 2100\times\frac{w(Al_2O_3)}{100}=92.4\times 2100\times\frac{25}{100}=48510(kJ/h)$$

第五步，计算陶瓷烧成过程中有关物理化学过程的耗热量 Q_{pc}

$$Q_{pc}=Q_M+Q_M'+Q_r=5649.8+0+48510=54159.8(kJ/h)$$

—毕—

3.4.1.2 以设计为目的之热平衡计算

如前所述，热工设备进行热平衡计算的目的有三个：一是为了设备设计的需要，二是为了测量的需要；三是为了操作、控制及管理的需要。

基于和在第 3.2.2 中相同的理由，以下分别介绍“设计计算”与“测试计算”这两种情况下隧道窑的热平衡计算方法。首先介绍的是：以设计为目的之热平衡计算。

就以设计为目的之热平衡计算而言，其热平衡体系的划分，应该以较为合理地选取有关的热平衡参数为出发点。为此，在进行隧道窑的热平衡设计计算时，其热平衡体系分为两个部分：“预热带＋烧成带”与“冷却带”。前者进行热平衡计算之目的就是为了计算隧道窑每小时的燃料消耗量（也可以换算为该隧道窑每小时的热耗）；而后者进行热平衡计算之目的则是为了计算冷空气鼓入量（也可以计算出热风抽出量）。当然，这两个热平衡计算的一些数据也需要相互借用。

为什么需要把预热带与烧成带合并进行热平衡计算，而必需把冷却带分开进行热平衡计算呢？

这是因为：隧道窑内燃料燃烧放出的热量是用于自坯体入窑起至最高烧成温度为止的全部物理化学过程耗热。然而，一旦烧好的陶瓷制品进入冷却带，不但不需要供给热量，反而还有产品冷却过程中放出的热量。若把“冷却带”合并到“预热带＋烧成带”中进行热平衡计算，则有些项目会算不出来。所以，应该把预热带和烧成带合并进行热平衡计算，而要将冷却带的热平衡计算单独分开。另外，就预热带和烧成带而言，若将预热带和烧成带再分开进行热平衡计算，则计算过程十分繁杂，也是没有必要的。

(1)预热带和烧成带的热平衡计算

在进行热平衡计算之前，还需要确定有关的基准：以每 1 h 为计算基准，以 0 ℃为温度基准。

对于预热带和烧成带的热平衡计算当然是以“预热带＋烧成带”为平衡体系，具体为“以燃料、助燃空气及坯体入窑为始，以废气离开排烟口、产品离开烧成带为止”的热平衡体系。其计算项目则如图 3.44 所示，这里还是列举一个例题来说明其计算方法。

【例 3.15】 对于【例 3.14】中隧道窑的“预热带＋烧成带”来进行热平衡计算，进而再计算出它的燃料(Fuel，本题中的燃料为天然气)消耗量 V_f(单位：m^3/h，这里，m^3 为标准状态体积单位)。

【解】 第一步，进行燃料燃烧的计算

进行燃料燃烧计算的主要目的是为了获得空气量、烟气量(参见第 1.1.4)。然而，由于【例 3.14】中所给出的燃料(天然气)的数据是“低位发热量 Q_{net}”，而没有给出燃料的“化学组成”数据，所以不能利用“分析计算法”来进行相应的燃烧计算，而只能够利用“近似计算法”来近似地计算其理论空气量与理论烟气量。

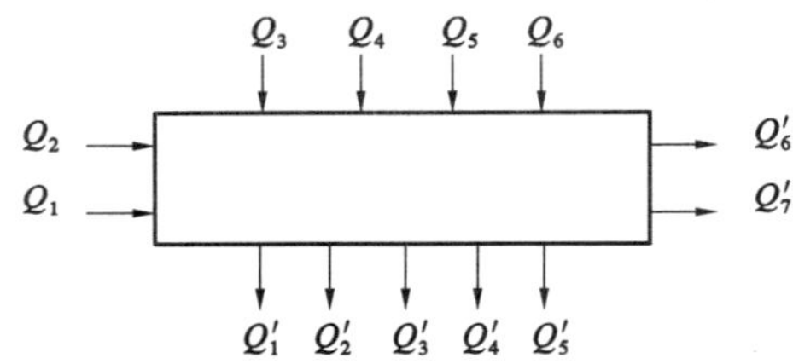

图 3.44　隧道窑预热带与烧成带的热平衡图

热量输入项：Q_1—坯体带入的物理热；Q_2—窑具带入的物理热；Q_3—燃料带入的化学热和物理热；Q_4—助燃空气带入的物理热；Q_5—漏风带入的物理热；Q_6—气幕空气带入的物理热

热量输出项：Q_1'—烧制品带出的物理热；Q_2'—窑车的蓄热量；Q_3'—窑具带出的物理热；Q_4'—预热带与烧成带的窑体散热量；Q_5'—有关物理化学过程的耗热量；Q_6'—排出废气带走的物理热；Q_7'—其他不可预计的热量损失

按照表 1.5 中的推荐公式，当以天然气为燃料时，可以根据以下公式进行计算：

$$理论空气量(标准状态体积)V_a^0 = 0.264\times\frac{Q_{net}}{1000}+0.02 = 0.264\times\frac{35500}{1000}+0.02 = 9.392(m^3/m^3)$$

$$理论烟气量(标准状态体积)V^0 = 0.264\times\frac{Q_{net}}{1000}+1.02 = 0.264\times\frac{35500}{1000}+1.02 = 10.392(m^3/m^3)$$

参考第 1.1.4.1 中空气过剩系数 α 的合理范围，选取空气过剩系数 $\alpha=1.03$。于是，得：

$$实际空气量(标准状态体积)V_a = \alpha V_a^0 = 1.03\times9.392 = 9.6738(m^3/m^3)$$

$$实际烟气量(标准状态体积)V = V^0+(\alpha-1)V_a^0 = 10.392+(1.03-1)\times9.392 = 10.6738(m^3/m^3)$$

另外，基于最高烧成温度的要求，这里也需要进行燃料燃烧温度的计算：

根据式(1.37a)，先计算理论燃烧温度 t_{th}：

$$t_{th}=\frac{Q_{net}+c_{p,f}\cdot t_f+V_a\cdot c_{p,a}\cdot t_a}{V\cdot c_p}$$ （关于 $c_{p,f}$、$c_{p,a}$，分别查附录 3 中附表 3.5、附表 3.2）

$$=\frac{35500+1.55\times 20+9.6738\times 1.296\times 20}{10.6738\times c_p}=\frac{35781.7449}{10.6738\times c_p}(℃)$$

由于燃烧产物（俗称：烟气）的比热容与燃烧温度有关，所以需要利用"内插法"来近似计算（参见第 1.1.4.1），为此，要先假定一个理论燃烧温度值，假设 $t_{th1}=2000$ ℃，查附录 3 中附表 3.5（天然气、重油都属于高热值燃料，因此，关于天然气燃烧产物的比热容，可以查重油燃烧产物的该参数值），得：$c_p=1.67$ kJ/(m³ · ℃)（这里，m³ 为标准状态体积单位）。于是，就可以计算出：

$Q=35500+1.55\times 20+9.6738\times 1.296\times 20=35781.7449$(kJ/m³)（这里，m³ 为标准状态体积单位）

$Q_1=10.6738\times 1.67\times 2000=35650.492$(kJ/m³)（这里，m³ 为标准状态体积单位）

即 $Q_1<Q$，于是再假设 $t_{th2}=2010$ ℃，查附录 3 中附表 3.5，得 $c_p=1.671$ kJ/(m³ · ℃)，再计算出：

$Q_2=10.6738\times 1.671\times 2010=35850.1988$(kJ/m³)（这里，m³ 为标准状态体积单位）

即 $Q_2>Q$，于是，得：

$$t_{th}=2000+\frac{35781.7449-35650.492}{35850.1988-35650.492}\times(2010-2000)=2006.6(℃)$$

查表 1.7，选取高温系数 $\eta=0.8$。于是，得到实际燃烧温度 t_p 为：

$$t_p=\eta t_{th}=0.8\times 2006.6=1605(℃)$$

该温度值高出最高烧成温度 1605－1280＝325(℃)，所以完全能够满足烧成该陶瓷产品的温度要求，而且还有很大的调节范围。

第二步，确定平衡系统与平衡计算的基准

平衡系统（或称：平衡范围）：预热带＋烧成带（以燃料、助燃空气以及坯体入窑为始，以废气离开隧道窑的排烟口、产品离开隧道窑的烧成带为止）

平衡基准：计算基准——每 1 h；温度基准——0 ℃

第三步，进行热平衡计算

设定该隧道窑的燃料消耗量为 V_f（单位：m³/h，这里，m³ 为标准状态体积单位）。

输入项目

① 坯体带入的物理热 Q_1

在【例 3.14】中已经通过计算而得到：每 1 h 入窑湿坯体的质量 $G_w=94.3$ kg/h。关于入窑坯体的比热容 c_{body}，它随着原料成分以及配方的不同而异，一般在 0.84～1.26 kJ/(kg · ℃)的范围，这里，取 $c_{body}=0.92$ kJ/(kg · ℃)。于是，得：

$$Q_1=G_w\cdot c_{body}\cdot t_{body}=94.3\times 0.92\times 20=1735(kJ/h)$$

② 窑具带入的物理热 Q_2

由【例 3.14】中的已知条件可知：该隧道窑的烧成方式为明焰裸烧，因此该窑内无匣钵；由于卫生洁具的尺寸较大，所以亦不用棚板。当然，为了避免火焰直接冲击制品，窑车上设置有使用耐火黏土板以及支柱组成的火焰通道。由此便知道：该隧道窑的窑具(Kiln Furniture)只有垫板与支柱，根据经验，每个窑车需垫板与支柱 158.1 kg(换算成每 1 h 入窑的窑具质量为 $G_{kf}=158.1\times 1.68=265.608$ kg/h)，而且其材质一般为黏土砖。于是，查附录 2 中附表 2.3，便得到其比热容 $c_{kf}=0.84+0.26\times 10^{-3}\times 20=0.8452$ kJ/(kg · ℃)。于是，得：

$$Q_2=G_{kf}\cdot c_{kf}\cdot t_{kf}=265.608\times 0.8452\times 20=4490(kJ/h)$$

③ 燃料带入的化学热和物理热 Q_3

$$Q_3=V_f\cdot(Q_{net}+c_{p,f}\cdot t_f)=V_f\times(35500+1.55\times 20)=V_f\times 35531(kJ/h)$$

④ 助燃空气带入的物理热 Q_4

$$Q_4=V_f\cdot V_a\cdot c_{p,a}\cdot t_a=V_f\times 9.6738\times 1.296\times 20=V_f\times 250.744896(kJ/h)$$

对于本题中设计的隧道窑，其燃料燃烧所需要的助燃空气（其总量在第一步中已经算出）全部为常温空气（称为：一次空气）。如果助燃空气是来自冷却带的热空气（称为：二次空气），则二次空气的流量与温度还需要通过冷却带的热平衡计算结果来得到（参见【例 3.16】输出项目中的⑥项）。另外，空气的平均定压比热容 $c_{p,a}$ 可以通过附表 3 中附表 3.2 来获得。

⑤ 漏风带入的物理热 Q_5

根据经验，取预热带出口处废气中的空气过剩系数 $\alpha'=2.25$，于是，按照式（1.48），便可以得到该隧道窑预热带的漏风（Air Leak）总量 $V_{al}=V_f\cdot(\alpha'-\alpha)V_a^0=V_f\cdot(\alpha'-\alpha)V_a^0$。

$$\begin{aligned}Q_5&=V_{al}\cdot c_{p,al}\cdot t_{al}\\&=V_f\cdot(\alpha'-\alpha)V_a^0\cdot c_{p,a}\cdot t_{al}\\&=V_f\times(2.25-1.03)\times 9.392\times 1.296\times 20\\&=V_f\times 296.997581(\text{kJ/h})\end{aligned}$$

⑥ 气幕空气带入的物理热 Q_6

用作气幕（Air Curtain）的空气是由冷却带的间壁冷却风抽出来，其带入的物理热可以由冷却带的热平衡计算出来（参见【例 3.16】输出项目中的⑤项）：

$$Q_6=Q_{ac}=214398(\text{kJ/h})$$

综合上述各项，输入热量的总和为：

$$\begin{aligned}Q_{ZR}&=1735+4490+V_f\times 35531+V_f\times 250.744896+V_f\times 296.997581+214398\\&=V_f\times 36078.742477+220623(\text{kJ/h})\end{aligned}$$

输出项目

① 烧制品带出的物理热 Q_1'

如果近似地不考虑坯体的灼烧减量[LOI，Loss on Ignition，简称：灼减，也称：烧失量，它是指在烧成过程中因为化学结合水蒸发以及盐类分解所导致的产品质量与干坯体质量相比较的减少量（质量分数，%）]，则烧制品（烧制品冷却后就是产品，Product）的质量就等于干坯体的质量。于是，出烧成带的产品质量 $G_{pr}=G_d=92.4$ kg/h。

由【例 3.14】中所述的烧成曲线可知：出烧成带的产品温度 $t_{pr}=1280$ ℃，而关于陶瓷产品的平均比热容 c_{pr} 则一般可以按 1.20 kJ/(kg·℃)来考虑。于是，得：

$$Q_1'=G_{pr}\cdot c_{pr}\cdot t_{pr}=92.4\times 1.2\times 1280=141926(\text{kJ/h})$$

② 窑车的蓄热量 Q_2'

依据以往的生产经验，窑车的蓄热量 Q_2' 约占输入热量总和的 25%，所以，得

$$Q_2'=(V_f\times 36078.742477+220623)\times 25\%=V_f\times 9019.68562+55156(\text{kJ/h})$$

③ 窑具带出的物理热 Q_3'

在输入项目②中已经计算过：窑具（垫板、支柱）的质量 $G_{kf}=265.608$ kg。再由【例 3.14】中具体设计条件可以知道：出烧成带的垫板以及支柱温度 $t_{kf}'=1280$ ℃，于是，查附录 2 中附表 2.3 可以得到该隧道窑黏土质垫板、支柱的平均比热容 $c_{kf}'=0.84+0.26\times 10^{-3}\times 1280=1.1728$ [kJ/(kg·℃)]。再通过计算可得：

$$Q_3'=G_{kf}\cdot c_{kf}'\cdot t_{kf}'=265.608\times 1.1728\times 1280=398726(\text{kJ/h})$$

④ 预热带与烧成带的窑体散热量 Q_4'

通过窑墙、窑顶的散热量与窑体的砌筑材料有关，若将"预热带＋烧成带"的窑墙按照温度段分为四段，再来分别计算其散热损失，计算方法参见第 2.4 节。

一侧窑墙散热量的计算结果为：

第一段：窑内温度＝20～750 ℃　　长 15 m　　散热：8200 kJ/h

第二段：窑内温度＝750～970 ℃　　长 5.1 m　　散热：7160 kJ/h

第三段：窑内温度＝970～1280 ℃　　长 8.4 m　　散热：13600 kJ/h

第四段：窑内温度＝1280 ℃　　长 3.0 m　　散热：5800 kJ/h

一侧窑墙的散热量总计：34760 kJ/h

两侧窑墙的散热量之和为：34760×2＝69520(kJ/h)

按照同样的计算方法，可以计算出窑顶的散热量为：112500 kJ/h

于是，便可以得到预热带与烧成带窑体散热量 Q_4' 的计算结果为：

$$Q_4' = 69520 + 112500 = 182020(\text{kJ/h})$$

⑤ 有关物理化学过程的耗热量 Q_5'

根据【例 3.14】中的计算结果，得：

$$Q_5' = Q_{pc} = 54159.8 \approx 54160(\text{kJ/h})$$

⑥ 出窑废气带走的物理热 Q_6'

出窑废气量包括：燃烧生成的烟气量（参见本例题第一步中的计算结果）、预热带的漏风量（参见本例题输入项目⑤中的计算公式）、气幕（air curtain）带入的空气量（气幕风量 V_{ac} 的计算参见【例 3.16】中的输出项目⑤，$V_{ac}=1550.8\ \text{m}^3/\text{h}$）。于是，出窑废气量（标准状态体积）$V_g$ 为：

$$\begin{aligned} V_g &= V_f \cdot [V^0 + (\alpha-1)V_a^0] + V_f \cdot (\alpha'-\alpha)V_a^0 + V_{ac} = V_f \cdot [V^0 + (\alpha'-1)V_a^0] + V_{ac} \\ &= V_f \times [10.392 + (2.25-1)\times 9.392] + 1550.8 \\ &= V_f \times 22.132 + 1550.8(\text{m}^3/\text{h}) \end{aligned}$$

由【例 3.14】中的设计条件，可知：$t_g=250$ ℃，查附录 3 中附表 3.7，便近似地得到：出窑废气的平均定压比热容为：$c_{p,g}=1.1095\ \text{kJ}/(\text{kg}\cdot ℃)\times 1.295\ \text{kg/m}^3 = 1.4368\ \text{kJ}/(\text{m}^3\cdot ℃)$，注：这里，$\text{m}^3$ 为标准状态体积单位。

于是，就得到：出窑废气带走的物理热 Q_6' 为：

$$\begin{aligned} Q_6' &= V_g \cdot c_{p,g} \cdot t_g = (V_f \times 22.132 + 1550.8) \times 1.4368 \times 250 \\ &= V_f \times 7949.8144 + 557047(\text{kJ/h}) \end{aligned}$$

⑦ 其他不可预计的热量损失 Q_7'

根据经验，隧道窑"预热带＋烧成带"其他不可预计的热损失 Q_7' 约占输入热量总和的 5%，于是，得：

$$Q_7' \approx (V_f \times 36078.742477 + 220623) \times 5\% = V_f \times 1803.93712 + 11031(\text{kJ/h})$$

综合上述几项，输出热量的总和为：

$$\begin{aligned} Q_{ZC} &= 141926 + V_f \times 9019.68562 + 55156 + 398726 + 182020 + 54160 \\ &\quad + V_f \times 7949.8144 + 557047 + V_f \times 1803.93712 + 11031 \\ &= V_f \times 18773.43714 + 1400066(\text{kJ/h}) \end{aligned}$$

第四步，计算燃料消耗量 V_f

根据第三步中的计算结果，列出热量输入与热量输出之间的平衡关系式，具体为：

$$\text{输入热量总和 } Q_{ZR} = \text{输出热量总和 } Q_{ZC}$$

$$V_f \times 36078.742477 + 220623 = V_f \times 18773.43714 + 1400066$$

对上式进行求解，便得到所设计隧道窑所用燃料（天然气）的消耗量（标准状态体积）V_f 为：

$$V_f = 68.155\ \text{m}^3/\text{h}$$

即本次设计的隧道窑每 1 h 需要消耗天然气 68.155 m^3（标准状态体积）。

通过计算得到燃料消耗量 V_f 以后，再结合生产规模（或称：产量）等技术参数就可以进行隧道窑有关参数的设计计算了，具体请参考"热工设备"方面的图书资料[8]。

第五步，列出热平衡表

根据第三步、第四步中得到的计算公式或计算结果，便可以得到隧道窑"预热带＋烧成带"的热平衡表，如表 3.27所示。

表 3.27　所设计隧道窑“预热带＋烧成带”的热平衡表

输入热量			输出热量		
项　　目	热量 /(kJ·h^{-1})	比率 (%)	项　　目	热量 /(kJ·h^{-1})	比率 (%)
① 坯体带入的物理热	1735	0.1	① 烧制品带出的物理热	141926	5.3
② 窑具带入的物理热	4490	0.2	② 窑车的蓄热量	669893	25.0
③ 燃料带入的化学热和物理热	2421615	90.4	③ 窑具带出的物理热	398726	14.9
④ 助燃空气带入的物理热	17090	0.6	④ “两带”窑体的散热损失	182020	6.8
⑤ 漏风带入的物理热	20242	0.8	⑤ 有关物化过程的耗热量	54160	2.0
⑥ 气幕空气带入的物理热	214398	8.0	⑥ 排出废气带走的物理热	1098867	41.0
合　　计	2679570	100.1	⑦ 其他不可预计的热损失	133978	5.0
			合　　计	2679570	100

—毕—

(2)冷却带的热平衡计算

关于冷却带的热平衡计算，其计算方法与预热带、烧成带的热平衡计算方法相同，其计算基准为每 1 h，温度基准为 0 ℃，平衡体系如图 3.45 所示。但是，通过冷却带热平衡方程式求解出来的是所需要的冷却空气量 V_x。此冷却空气量在冷却带内将“高温烧制品”冷却后，本身被预热为热空气。该热空气的用途主要有两个：一是作为烧成带的助燃空气，二是作为湿坯体干燥的热干燥介质。当然，也可以直接排向大气(俗称：排空)。

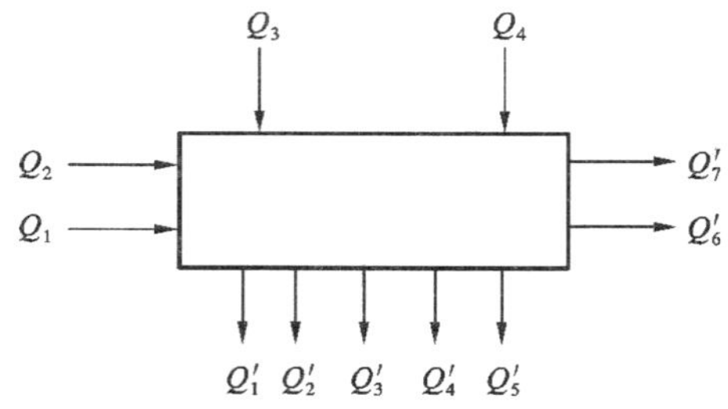

图 3.45　隧道窑冷却带的热平衡图

热量输入项：Q_1—烧制品带入的物理热；Q_2—窑具带入的物理热；Q_3—窑车带入的物理热；Q_4—冷却空气带入的物理热

热量输出项：Q_1'—产品带出的物理热；Q_2'—窑具带出的物理热；Q_3'—窑车带走热及向车下的散热量；Q_4'—冷却带窑体的散热量；Q_5'—间壁冷却风带走的热量；Q_6'—抽出的热空气所带走的物理热；Q_7'—其他不可预计的热量损失

以下还是列举一个例题来说明其计算的方法。

【例 3.16】　对于【例 3.14】中隧道窑“冷却带”进行热平衡计算，进而计算出所需要的冷却空气量 V_x(标准状态体积，单位：m^3/h)。

【解】　第一步，确定平衡系统与平衡计算的基准

平衡系统(或称：平衡范围)：冷却带(以烧制品随窑车和窑具入冷却带、冷空气鼓入冷却带为始，以热空气从窑内排出、产品出窑为止)

平衡基准：计算基准——每 1 h；温度基准——0 ℃

第二步，进行热平衡计算

输入项目

① 烧制品带入的物理热 Q_1

该项为【例 3.15】输出项目中的①项，所以 $Q_1=141926$ kJ/h。

② 窑具带入的物理热 Q_2

该项为【例 3.15】输出项目中的③ 项，所以 $Q_2=398726$ kJ/h。

③ 窑车带入的物理热 Q_3

在【例 3.15】输出项目的②项中，给出了窑车蓄热量的大小($V_f\times9019.68562+55156=68.155\times9019.68562+55156=669893$ kJ/h)。根据经验，窑车的蓄热量在进冷却带之前约散失 5%，这就是说，只有大约 95%的窑车蓄热量被带到了冷却带。因此，便得到以下的计算结果：

$$Q_3=0.95\times669893=636398(\text{kJ/h})$$

④ 冷却空气带入的物理热 Q_4

在冷却带，被送入的空气量为 V_x(标准状态体积，单位：m^3/h)，空气温度 $t_a=20$ ℃，查附录 3 中附表 3.2，得 $c_{p,a}=1.296$ kJ/(m^3 · ℃)(这里，m^3 为标准状态体积单位)。于是，得：

$$Q_4=V_x\cdot c_{p,a}\cdot t_a=V_x\times1.296\times20=V_x\times25.92(\text{kJ/h})$$

综合上述几项，输入热量的总和为：

$$Q_{ZR}=141926+398726+636398+V_x\times25.92=V_x\times25.92+1177050(\text{kJ/h})$$

输出项目

① 产品带出的物理热 Q_1'

按照【例 3.15】输出项目中①项的计算结果，每 1 h 的出窑产品量 $G_{pr}=92.4$ kg/h，出窑产品温度 t_{pr}'一般是控制在 80 ℃以下，这里取 80 ℃。陶瓷产品在 0～80 ℃温度范围内的平均比热容 c_{pr}一般为 0.896 kJ/(kg · ℃)。于是，得到：

$$Q_1'=G_{pr}\cdot c_{pr}'\cdot t_{pr}'=92.4\times0.896\times80=6623(\text{kJ/h})$$

② 窑具带出的物理热 Q_2'

按照【例 3.15】输出项目中③项的计算结果，可知：窑具(垫板、支柱)的质量 $G_{kf}=265.608$ kg。而出窑的垫板、支柱之温度与产品的温度相同，即 $t_{kf}''=80$ ℃，查附录 2 中附表 2.3 可以得到该隧道窑黏土质垫板、支柱的平均比热容 $c_{kf}''=0.84+0.26\times10^{-3}\times80=0.8608$ kJ/(kg · ℃)。于是，可得：

$$Q_2'=G_{kf}\cdot c_{kf}''\cdot t_{kf}''=265.608\times0.8608\times80=18291(\text{kJ/h})$$

③ 窑车带走的热量以及向车下的散热量 Q_3'

根据以往的生产经验，此项热量约占窑车带入物理热的 55%，于是，得：

$$Q_3'=0.55\times636398=350019(\text{kJ/h})$$

④ 冷却带窑体的散热量 Q_4'

隧道窑冷却带窑体的散热量计算方法与其预热带和烧成带窑体的散热量计算方法基本上相同(参见【例 3.15】输出项目中④)，也就是需要根据窑体的结构、材料，并且考虑温度范围，将窑顶、窑墙分成若干段来分段计算。

最后，通过计算来确定所设计隧道窑之冷却带中的窑墙、窑顶向周围环境的散热量 Q_4'，具体为：

$$Q_4'=100000\ \text{kJ/h}$$

⑤ 间壁冷却风带走的热量 Q_5'

这里需要指出的是：本设计隧道窑缓冷段的冷却方式采用间壁冷却方式，即部分冷却风在冷却段两侧窑墙中及窑顶中的间壁层内流动，从而实现对烧制品的间接冷却，而其本身被加热。并且，这部分冷却风在间壁层内被加热后再被抽出，而送到预热带与烧成带来作为气幕用的热空气。对于间壁冷却段的散热计算，可以使用换热器中传热量的计算方法，现在以该段为例来说明其计算要点。

该段隧道内的温度范围为 1190～710 ℃，该段的长度为 7 m，内侧墙高度为 0.6 m。每侧窑墙中有间壁通道 2 条，壁厚 0.04 m，每条空隙宽 0.15 mm、高 0.22 m。于是，就可以计算出一侧间壁通道的横断面积 $A_w=2\times0.15\times0.22=0.066\ m^2$，它的周长 $P_{L,w}=2\times2\times(0.15+0.22)=1.48$ m，它的当量直径 $d_{e,w}=4\times$面积/周长$=0.178$ m。

设间壁内空气的(标准状态)流速 $w=1.5$ m/s，于是，一侧间壁内的空气流量(标准状态体积)V_w

$=1.5\times0.066=0.099\ m^3/s=356.4\ m^3/h$。

为了进行以下的间壁层散热量计算，需要先假定：间壁内的空气通过冷却烧制品而从 $t_{a,1}=20$ ℃被加热至 $t_{a,2}=160$ ℃，于是，空气的平均温度为(20+160)/2=90 ℃，再按照第 2 章中式(2.117)和表 2.9，则可以计算间壁通道内的对流传热系数 h，具体为：

$$h=A_n\cdot\frac{w^{0.8}}{d^{0.2}}=4.1275\times\frac{1.5^{0.8}}{0.178^{0.2}}=8.0626[\mathrm{W/(m^2\cdot ℃)}]$$

$$=29.02536\ \mathrm{kJ/(m^2\cdot h\cdot ℃)}$$

基于以上的有关温度，该黏土质通道壁的平均温度近似为(1190+710+160+20)/4=520 ℃，查附录 2 中附表 2.3，可以得到黏土质通道壁的热导率 $\kappa_w=0.835+0.58\times10^{-3}\times520=1.1366\ \mathrm{W/(m\cdot ℃)}=4.09176\ \mathrm{kJ/(m\cdot h\cdot ℃)}$。

所以，综合传热系数 K_{av} 为：

$$K_{av}=\frac{1}{\frac{1}{h}+\frac{\delta}{\kappa}}=\frac{1}{\frac{1}{29.02536}+\frac{0.04}{4.09176}}=22.61[\mathrm{kJ/(m^2\cdot h\cdot ℃)}]$$

由于间壁中的气流与隧道中的气流呈顺流的流向，因此按照下式来求其“对数平均温度差”Δt_{av}：

$$\Delta t_{av}=\frac{(t_{w,1}-t_{a,1})-(t_{w,2}-t_{a,2})}{\ln\frac{t_{w,1}-t_{a,1}}{t_{w,2}-t_{a,2}}}=\frac{(1190-20)-(710-160)}{\ln\frac{1190-20}{710-160}}=821(℃)$$

再根据间壁的高度与长度，可以得到：一侧间壁的换热面积 $A_{ex}=0.6\times7=4.2(\mathrm{m^2})$。

取空气换热效率 $\eta=85\%$(另外的 15%由窑墙向周围环境散失掉)，于是，间壁层内热空气所获得的热量为：

$$Q_w=\eta\cdot A_{ex}\cdot K_{av}\cdot t_{av}=0.85\times4.2\times22.61\times821=66269(\mathrm{kJ/h})$$

验算：$Q_w=V_w\cdot(c_{p,a2}t_{a2}-c_{p,a1}t_{a1})$，这里，$V_w=356.4\ m^3/h$，$t_{a1}=20$ ℃，$t_{a2}=160$ ℃，再来查附录 3 中附表 3.2，得 $c_{p,a1}=1.296\ \mathrm{kJ/(m^3\cdot ℃)}$，$c_{p,a2}=1.3048\ \mathrm{kJ/(m^3\cdot ℃)}$。于是，可以计算出温度 t_{a2}，具体为：

$$t_{a2}=\frac{Q_w+V_w\cdot c_{p,a1}t_{a1}}{V_w\cdot c_{p,a2}}=\frac{66269+356.4\times1.296\times20}{356.4\times1.3048}=162(℃)$$

t_{a2} 的计算值与以上 t_{a2} 的假定值 $t_{a2}=160$ ℃相差不大，所以原假定是合理的。

再利用与上述侧墙间壁层内热交换计算相同的计算方法，通过计算后，得到：窑顶双层拱通道内的气流量(标准状态体积)$V_{top}=838\ m^3/h$，该气流所带走的热量 $Q_{top}=81860$ kJ/h，该空气被加热至 94 ℃。

于是，间壁冷却风(也就是：抽送到预热带及烧成带作为气幕所用的热空气)的气流量(标准状态体积)及其获得的热量为：

$$V_m=2\times356.4+838=1550.8(\mathrm{m^3/h})$$

$$Q_5'=2\times66269+81860=214398(\mathrm{kJ/h})$$

⑥ 抽出的热空气所带走的物理热 Q_6'

按照隧道窑冷却带“冷空气鼓入量必需与热空气抽出量相等”的原则[8]，也就是：热空气抽出量即为“冷却空气鼓入量 V_x”。这里，设定所抽出热空气的温度为 200 ℃，查附录 3 中附表3.2，得到温度在 0～200 ℃范围内空气的平均定压比热容 $c_{p,a}$ 为：$c_{p,a}=1.308\ \mathrm{kJ/(m^3\cdot ℃)}$。于是，得：

$$Q_6'=V_x\cdot c_{p,a}\cdot t_a=V_x\times1.308\times200=V_x\times261.6(\mathrm{kJ/h})$$

这里，需要特别指出的是：对于本题中所设计的隧道窑而言，抽出的热空气并没有到烧成带用作燃料燃烧的助燃热空气(称为：二次空气)，而是抽送去干燥(湿法成型的)坯体。只有冷却带间壁层中抽出的热空气被送到预热带及烧成带作为气幕用的空气。当然，如果冷却带抽出的热空气也被送到烧成带作为燃料燃烧之助燃热空气的话，则 Q_6' 应该在【例 3.15】输入项目中④项内有所体现。

⑦ 其他不可预计的热损失 Q_7'

根据以往生产经验，隧道窑冷却带的其他不可预计热量损失 Q_7' 约占输入热量总和的 5%，即：

$$Q_7' \approx (V_x \times 25.92 + 1177050) \times 5\% = V_x \times 1.296 + 58853 (\text{kJ/h})$$

综合上述各项，输出热量的总和为：

$$Q_{ZC} = 6623 + 18291 + 350019 + 100000 + 214398 + V_x \times 261.6 + V_x \times 1.296 + 58853$$
$$= V_x \times 262.896 + 748184 (\text{kJ/h})$$

第三步，计算冷却空气量 V_x

根据第二步中的计算结果，列出热量输入与热量输出之间的热平衡关系方程式，具体为：

$$\text{输入热量总计 } Q_{ZR} = \text{输出热量总计 } Q_{ZC}$$

$$V_x \times 25.92 + 1177050 = V_x \times 262.896 + 748184$$

对于上述热平衡方程式求解后，便得到所设计隧道窑的冷却带内所需要的冷却空气量（标准状态体积）V_x 为：

$$V_x = 1809.7 \text{ m}^3/\text{h}$$

就本题而言，也可以说是：每 1 h 就有 1809.7 m^3（标准状态体积）、200 ℃的热空气被抽送去干燥待烧成的坯体。

第四步，列出热平衡表

根据第二步、第三步的计算结果，便可以得到隧道窑冷却带的热平衡表，如表 3.28 所示。

表 3.28 隧道窑“冷却带”的热平衡表

输入热量			输出热量		
项目	热量/(kJ·h^{-1})	比率(%)	项目	热量/(kJ·h^{-1})	比率(%)
① 烧制品带入的物理热	141926	11.6	① 产品带出的物理热	6623	0.5
② 窑具带入的物理热	398726	32.6	② 窑具带出的物理热	18291	1.5
③ 窑车带入的物理热	636398	52.0	③ 窑车带走的热量及车下散热	350019	28.6
④ 冷却空气带入的物理热	46907	3.8	④ 冷却带窑体的散热量	100000	8.2
			⑤ 间壁冷却风带走的热量	214398	17.5
			⑥ 抽出热空气带走的物理热	473418	38.7
			⑦ 其他不可预计的热损失	61198	5.0
合计	1211275	99.9	合计	1223947	100

—毕—

最后需要指出的是：上述以设计为目的之热平衡计算，无论是“预热带＋烧成带”的热平衡计算，还是“冷却带”的热平衡计算，其计算过程都比较烦琐。如果使用人工计算则较为耗时，也容易出错。为此，有一些专门的计算机软件包被开发出来，用这些软件包可以进行计算机辅助计算与辅助设计，这样既能够节约时间，也便于优化采用相关的数据。

3.4.1.3 以测量为目的之热平衡计算

对于以测量为目的之隧道窑的热平衡计算，其平衡体系的划分，应该以能够较为准确地获得有关测量参数为出发点，例如，以“全窑（预热带＋烧成带＋冷却带）”为平衡体系。参见我国的国家标准 GB/T 23459—2009《陶瓷工业窑炉热平衡、热效率测定与计算方法》[36] 以及建材行业标准 JC/T 428—2007《砖瓦工业隧道窑热平衡、热效率测定与计算方法》[38]（这里，提醒读者注意：上述在第 3.4.1.1 中与第 3.4.1.2 中的符号是按照国家最新的出版物规范而编撰的，该符号体系与这里所列的两个标准中的符号体系有所差异，具体选用哪个符号体系，请读者自选）。

3.4.2 辊道窑的热平衡计算

辊道窑(Roller Hearth Kiln)也可以说是一种更为先进的无窑车式隧道窑,它是利用可自身转动但是位置固定的空心辊子(Roller,参见图 3.46)取代在窑内移动前进的窑车(Kiln Car)。这样就可以消除由于窑车不断进窑与出窑而损失的窑车蓄热量,因此辊道窑更为节能。辊道窑的横断面为高度较小的扁平状,因此,窑内的断面温度分布更为均匀。这样也就使得辊道窑能够烧制出更优质陶瓷产品以及实现快速烧成而提高产量,但是,也因此而限制了制品的尺寸(对于大件、厚件的陶瓷产品而言,辊道窑的优点会大打折扣)。为了进一步确保其产品的优质、稳定,现代化辊道窑广泛使用优质、洁净的燃料,所以其环境污染程度大为降低。因此说,辊道窑是无机非金属材料工业按照节能、优质、高产、环保模式生产的一个成功范例,这符合社会可持续化发展的要求。

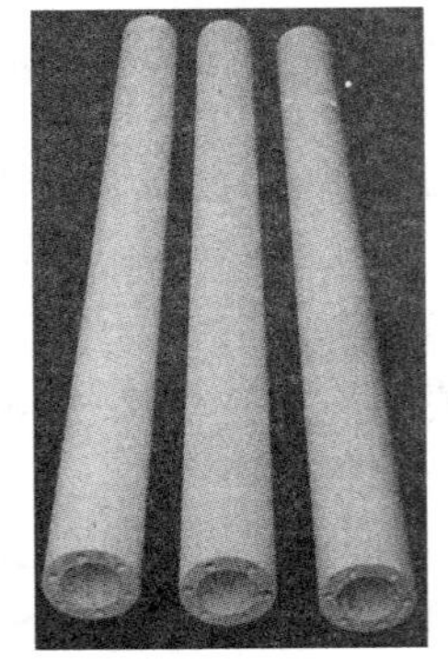

图 3.46　辊道窑所用辊子的外观

如图 3.47 所示的是某现代化辊道窑工作系统的简图,如图 3.48 所示的是三条现代化辊道窑的局部外观。与隧道窑一样,辊道窑内也分为:预热带、烧成带及冷却带。

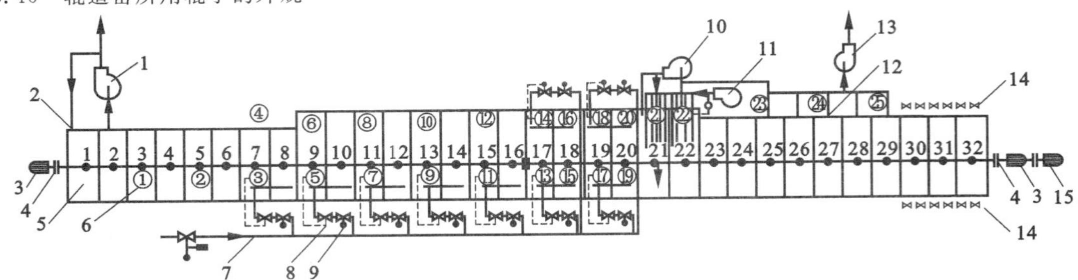

图 3.47　现代化辊道窑的工作系统

1—排烟机;2—窑头封闭气幕;3—可调速电动机;4—电磁离合器;5—窑体模块;6—测温热电偶;7—燃气管道;8—下游电磁阀;9—上游电磁阀(最小量电磁阀);10—热风循环风机;11—急冷风机;12—抽热风口;13—抽热风机;14—窑尾轴流冷却风机;15—备用电动机系统

图 3.48　三条现代化辊道窑的局部外观

以下只介绍以设计计算为目的之辊道窑的热平衡计算方法。而在“测试计算”情况下热平衡计算方法的原理与之类同(只是前者分别以“预热带+烧成带”、“冷却带”为平衡体系;后者以全窑“预热带+烧成带+冷却带”为平衡体系),具体可以参考我国的国家标准 GB/T 23459—2009《陶瓷工业窑炉热平衡、热效率测定与计算方法》[36] 以及我国轻工总会发布的行业标准 QB/T 2130—1995《日用陶瓷彩烤辊道窑热平衡、热效率测定与计算方法》[39](但是,请读者注意:以下第 3.4.2.1 中的符号是按照国家最新的出版物规范而编撰的,该符号体系与上述两个标准中的符号体系有所差异,具体选用哪个符号体系,请读者自选)。

与隧道窑的热平衡计算方法一样,辊道窑的热平衡计算也分为两部分——“预热带和烧成带”的热平衡计算与“冷却带”的热平衡计算。就以设计为目的之热平衡计算而言,前者的目的就是为了计算所设计辊道窑每 1 h 的燃料消耗量(也可以换算出该辊道窑每小时的热耗);而后者的目的则是为了计算出每小时的冷空气鼓入量(也可以计算出每小时的热风抽出量)。当然,这两个热平衡计算的一些数据也需要相互借用。

3.4.2.1 预热带及烧成带的热平衡计算

在进行热平衡计算之前,还需要确定有关的基准:每 1 h 为计算基准,0 ℃为温度基准。

对于以设计计算为目的之“预热带和烧成带”的热平衡计算,以“预热带+烧成带”为平衡体系,即“以燃料、助燃空气及坯体入窑为始,以废气离开排烟口、产品离开烧成带为止”的热平衡体系。这里还是列举一个例题来说明其计算方法。

【例 3.17】 一条正在设计的年产 27 万 m^2 的瓷砖生产线使用辊道窑烧成,其烧成周期要求为 72 min,各段温度的划分与升温速率参见表 3.29,其预热带排出的废气温度按400 ℃计。该辊道窑为全窑氧化气氛制度,其压强制度是:预热带为-40~-25 Pa、烧成带需要小于 8 Pa。该瓷砖生产线的年工作日为 300 d;所用的燃料为半水煤气,其热值为5233.8 kJ/m^3(这里,m^3 为标准状态体积单位),供气压强为 0.1~0.16 MPa,最大供气量(标准状态体积)为 800 m^3/h;所用原料组成为:中黏性土、低黏性土、风化长石各占 30%,还有适量的低温助熔原料;湿坯体的入窑水分≤2%,干坯体的灼烧减量(或称:烧失量)为 5%,干坯体中 Al_2O_3 含量为 20%,每 1 m^2 干坯体的质量为 17.87 kg;产品烧成的合格率为 90%。另外,入窑煤气的温度、入窑助燃空气的温度均按20 ℃计。要求通过热平衡计算来确定该辊道窑每 1 h 的燃料烧耗量(标准状态体积,单位:m^3/h)。

表 3.29 所设计辊道窑各段温度的划分与升温速率

名 称	温度/℃	时间/min	升温速度/(℃·min^{-1})	长度比率(%)
窑前段	40~250	9.2	22.8	13
预热带	400~1050	25	26	33
烧成带	1050~1245	12	16.25	18
冷却带	1245~80	25.8	45.16	36
合 计		72		100

【解】 第一步,产品烧成过程中有关物理化学过程耗热量的计算

由于干坯体的灼烧减量(也称为:烧失量)为 5%,每 1 m^2 干坯体的质量为 17.87 kg,产品烧成的合格率为 90%。这样,就可以计算出每 1 h 入窑干坯体的质量 G_d 为:

$$G_d=\frac{270000}{300\times24\times90/100}\times\frac{17.87}{1-5/100} \quad \text{(1 年工作日 300 d,1 d=24 h)}$$
$$=783.8(\text{kg/h})$$

湿坯体的入窑水分≤2%,这里按最大值(2%)计算,换算为每 1 h 入窑的湿坯体质量 G_w 为:

$$G_w=\frac{783.8}{1-2/100}=799.8(\text{kg/h})$$

这样,便可以得到每 1 h 入窑坯体中物理水分的质量 G_M 为:

$$G_M=G_w-G_d=799.8-783.8=16.0(\text{kg/h})$$

于是,通过计算所得到的入窑坯体中物理水分蒸发的吸热量 Q_M 为:

$$Q_M=G_M(2497.5+c_{p,t_g}\cdot t_g)$$ [查附录 3 中附表 3.2,得:c_{p,t_g}=1.532 kJ/(m^3·℃),这里,m^3 为标准状态体积单位]

$$=16.0\times\left(2497.5+\frac{1.532}{0.804}\times400\right)$$ (查附录 3 中附表 3.1,得:水蒸气的标准状态密度 $\rho_{0,v}$=0.804 kg/m^3)

$$=52155(\text{kJ/h})$$

本例题中，忽略坯体中所含化学结合水（也称：结晶水）的量，因此，$Q_M' \approx 0$。

其余物理化学过程的吸热量用 Al_2O_3 的反应热 Q_r 来近似地代替：

$$Q_r = G_d \times 2100 \times \frac{w(Al_2O_3)}{100} = 783.8 \times 2100 \times \frac{20}{100} = 329196(\text{kJ/h})$$

综合上述计算结果，便得到该陶瓷产品烧成过程中有关物理化学过程的耗热量 Q_{pc} 为：

$$Q_{pc} = Q_M + Q_M' + Q_r = 52155 + 329196 = 381351(\text{kJ/h})$$

第二步，进行燃料燃烧计算

进行燃料燃烧计算的主要目的是为了获得空气量、烟气量（参见第 1.1.4.1）。然而，由于本题中给出的是燃料（半水煤气）的"低位发热量 Q_{net}"，而没有给出该燃料的化学组成，因此不能够利用分析计算法来进行相应的燃烧计算，而只能够利用近似计算法来近似地计算理论空气量与理论烟气量。

按照表 1.5 中的推荐公式，可知：当 $Q_{net} \leqslant 12560$ kJ/m^3（这里，m^3 为标准状态体积单位）时，可以根据以下公式来计算理论空气量 V_a^0 和理论烟气量 V^0：

$$\text{理论空气量(标准状态体积)}V_a^0 = 0.209 \times \frac{Q_{net}}{1000} = 0.209 \times \frac{5233.8}{1000} = 1.094(\text{m}^3/\text{m}^3)$$

$$\text{理论烟气量(标准状态体积)}V^0 = 0.173 \times \frac{Q_{net}}{1000} + 1 = 0.173 \times \frac{5233.8}{1000} + 1 = 1.905(\text{m}^3/\text{m}^3)$$

参考第 1.1.4.1 中空气过剩系数 α 的合理范围，选取空气过剩系数 $\alpha = 1.05$。于是，得：

实际空气量（标准状态体积）$V_a = \alpha V_a^0 = 1.05 \times 1.094 = 1.1487(\text{m}^3/\text{m}^3)$

实际烟气量（标准状态体积）$V = V^0 + (\alpha - 1)V_a^0 = 1.905 + (1.05 - 1) \times 1.094 = 1.9597(\text{m}^3/\text{m}^3)$

另外，基于最高烧成温度的要求，这里，也进行燃料燃烧温度的计算：

根据式(1.37a)，先来计算理论燃烧温度 t_{th}：

$$t_{th} = \frac{Q_{net} + c_{p,f} \cdot t_f + V_a \cdot c_{p,a} \cdot t_a}{V \cdot c_p} \quad (c_{p,f}\text{、}c_{p,a}\text{分别查阅附录 3 中的附表 3.2、附表 3.5})$$

$$= \frac{5233.8 + 1.323 \times 20 + 1.1487 \times 1.296 \times 20}{1.9597 \times c_p} \quad (\text{半水煤气为发生炉煤气的一种})$$

$$= \frac{5290.0343}{1.9597 \times c_p}(℃)$$

由于燃烧产物（俗称：烟气）的比热容与燃烧温度有关，所以需要利用"内插法"来近似地计算[参见第 1.1.4.1(2)]。为此，就需要先假定一个理论燃烧温度值，这里先假设 $t_{th1} = 1630$ ℃，再查阅附录 3 中附表 3.5，得 $c_p = 1.6545$ kJ/(m^3 · ℃)（这里，m^3 为标准状态体积单位）。于是，便计算出：

$$Q = Q_{net} + c_{p,f} \cdot t_f + V_a \cdot c_{p,a} \cdot t_a$$

$= 5233.8 + 1.323 \times 20 + 1.1487 \times 1.296 \times 20 = 5290.0343$ (kJ/m^3)（这里，m^3 为标准状态体积单位）

$Q_1 = V \cdot c_p \cdot t_{th1} = 1.9597 \times 1.6545 \times 1630 = 5284.9876$ (kJ/m^3)（这里，m^3 为标准状态体积单位）

即 $Q_1 < Q$。再假设 $t_{th2} = 1640$ ℃，查附录 3 中附表 3.5，得 $c_p = 1.656$ kJ/(m^3 · ℃)（这里，m^3 为标准状态体积单位）。于是，再计算出：

$Q_2 = V \cdot c_p \cdot t_{th2} = 1.9597 \times 1.656 \times 1640 = 5322.2317$ (kJ/m^3)（这里，m^3 为标准状态体积单位）

即 $Q_2 > Q$。

这样，便可以得到：

$$t_{th} = t_{th1} + \frac{Q_2 - Q}{Q_2 - Q_1} \times (t_{th2} - t_{th1}) = 1630 + \frac{5322.2317 - 5290.0343}{5322.2317 - 5284.9876} \times (1640 - 1630) = 1638.6(℃)$$

查表 1.7，且考虑到辊道窑的热效率比隧道窑要高，所以其高温系数也应该比隧道窑要高。所以，这里选取高温系数 $\eta = 0.85$。于是，得到实际燃烧温度 t_p 为：

$$t_p = \eta t_{th} = 0.85 \times 1638.6 = 1393(℃)$$

该温度值高出最高烧成温度 1393－1245＝148(℃)，所以能够满足烧成该品种瓷砖的温度要求。

第三步，确定平衡系统与平衡计算的基准

平衡系统(或称：平衡范围)：预热带＋烧成带(以燃料、助燃空气及坯体入窑为始，以废气离开排烟口、产品离开烧成带为止)

平衡基准：计算基准——每 1 h；温度基准——0 ℃

为了让读者能够更清楚地了解到上述平衡系统的本质，下面就来简单地介绍一下该辊道窑[5]的概况。

本次所设计辊道窑的内宽按照并排 6 片瓷砖放置来设计(具体为 1.5 m)、窑内的制品容量按照“50 m^2/窑”设计，同一排制品的间距按照 40 mm 考虑，于是，窑长的制品装窑密度设计为“1 m^2/m”，由此便计算出窑长大约为 50/1＝50(m)。该辊道窑采用窑炉工厂预制、生产现场组装的“装配式”筑炉方式，设计每节的长度为 2120 mm，节间连接长度为 8 mm，于是全窑分为 50000/2128≈23.5 节，再经过取整数后全窑分为 24 节，这样，总长度为 24×2120＋(24－1)×8＝51064(mm)，其中，各段的长度按照“窑前段 13%、预热带 33%、烧成带 17%、冷却带 37%”的原则进行设计，在节数取整数后最终确定的各段长度及其节数为：窑前段 6376 mm(3 节)、预热带 17024 mm(8 节)、烧成带 8512 mm(4 节)、冷却带 19152 mm(9 节)。再考虑到瓷砖尺寸以及传热效率、燃烧效率、坯体烧结收缩等因素，该辊道窑的内高确定为：1～3 节为 582 mm、4～18 节为 837 mm、19～24 节为 582 mm。辊子采用 ϕ40×2316 mm 的刚玉莫来石质辊子，为了保证每块瓷砖制品始终都由 3 个辊子支撑，辊距设定为 53 mm。

该辊道窑的排烟通风系统如下：

在预热带，第 4 节的窑顶及两侧窑墙的下方各设置一个排烟口，侧墙上的排烟孔叫做：主排烟口，排烟机经过其抽出(在抽烟管的中部还设置有换热器)约 400 ℃的废气：一部分被送入窑前段(在窑体第 3 节的窑顶以及辊道下部的侧墙上设置有进气口)来引热气用以预热将要入窑的坯体(简称：窑前坯体)，其余的废气则是经过烟囱排向大气。在窑体第 1 节的窑顶以及辊道下部的侧墙上也都设置有排烟口，窑前段的排烟机将预热窑前段坯体后的废气从排烟口抽出后送至烟囱再排向大气。

在烧成带，煤气经过升压风机升压后，通过管道、阀门、总煤气管的处理系统(该系统的设置为：汽水分离系统→过滤器→过滤器→调压器。总煤气管的内径为 200 mm)被送至各个烧嘴。由助燃风机提供的助燃空气也经过管道、阀门被送至各个烧嘴。在窑体的第 5～16 节、第 18 节之区段，每节分别在辊上、辊下的侧墙上各设置两对烧嘴，辊上烧嘴、辊下烧嘴以及对侧烧嘴之间要相互错开排列。在每个烧嘴对面窑墙的辊道上方还设置了一个火焰观察孔。

在冷却带，急冷风是由急冷风机供给，位于缓冷带的窑体第 19～21 节之区段的窑顶及两侧窑墙下部各设置一个抽热风口，位于窑体第 21 节的抽热风孔被称为：主抽风口。抽热风机抽出热风以后，一部分送入辊道窑下面的辊道干燥器内(在窑下辊道干燥器第 19 节的一侧窑墙上，设置了一个热风进口)，其余的热风则经过烟囱排向大气。位于急冷带的窑体第 24 节的窑顶以及窑底各设置了一排轴流式风机(俗称：排风扇，以 45°的角度向窑内鼓入冷空气)。

对于设置在窑前段排烟管道上的换热器，由专用风机将冷空气送入，空气被加热后送入窑下的辊道干燥器(在窑下辊道干燥器第 3 节的一侧窑墙上设置了一个热风进口)。对于完成干燥任务后的热湿空气，被干燥器的抽风机抽出后排向大气。此外，窑下辊道干燥器第 24 节的一侧还有吹冷风机。

为了便于调节以及均化气流，该辊道窑还设置有挡板、挡墙以及闸板，如图 3.49 所示。具体为：第5～8节的窑体，其节间辊道的上方、下方各自设置挡板或挡墙(上方为耐火纤维板制作的吊挂挡板，下方为高铝砖砌筑的挡墙)。在窑体的第 12 节、第 16 节、靠近窑尾处再各自增设一个挡板。在窑体进窑口处、窑体第 3 节、靠近窑尾处、窑体第 3 节和第 4 节之间、第 18 节和第 19 节之间、窑体第 21 节和第 22 节之间还都设置有闸板。

该辊道窑的测控系统如下：

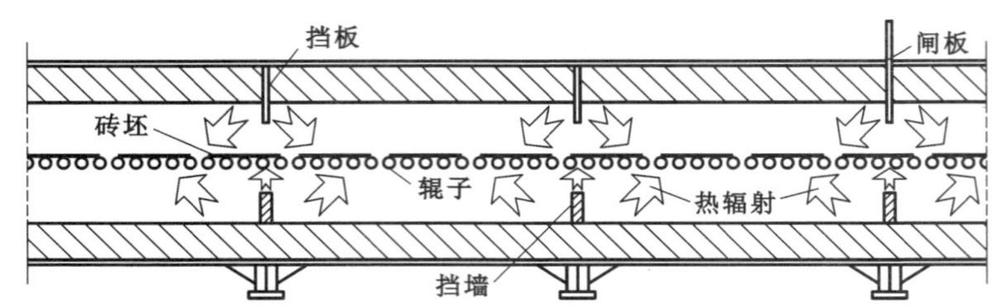

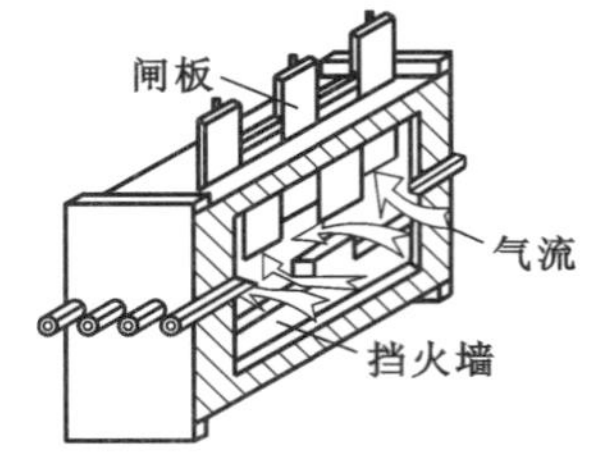

图 3.49　辊道窑内设置的挡板、挡墙以及闸板

（注：该图中，只显示的挡板、挡墙与闸板的工作原理，而不表示它们实际的位置）

第 5～16 节和第 18 节的窑体，每节窑体的窑顶中部各插入一根热电偶，在每节窑体一侧的窑墙中部之辊道下方也插入一根热电偶。在窑下辊道干燥器的第 2 节、第 22 节一侧窑墙之辊道上方也是各插入一根热电偶。热电偶的类型为：高温区用铂铑-铂热电偶（分度号为 S），低温区则用镍铬-镍硅热电偶（分度号为 K）。

第 12～16 节的窑体，每节窑体都是由两套控制装置来分别控制辊上烧嘴、辊下烧嘴的供气量。辊上、辊下都是 4 个烧嘴共用一套控制装置，在窑体的第 5～11 节、第 18 节之区段，每节窑体也都是由一套控制装置来控制该节窑体上的全部 8 个烧嘴。因此，被描述为：基于许多烧嘴群控制来有效地优化窑内的温度。窑体第 17 节则独享一套控制装置。急冷区的窑体第 21 节也单独有一套控制装置。

另外，在窑前段还设置有进窑坯体间距的控制装置。在窑头处、窑尾处各自设置一个激光探测器来对于坯体或制品在辊道上运行过程中可能发生的堵塞现象进行报警。另外，也要设置对于辊道窑主传动轴进行探测与显示的装置。

该辊道窑“事故处理口”的设置为：在第 1～3 节的窑体上，每节窑体分别在两侧窑墙的辊道上方、下方各自设置一对事故处理口，上、下以及对侧的事故处理口则要互相错开；第 4～18 节的窑体，则是在两侧窑墙的辊道下方各自设置一个事故处理口，对侧错开；第 19～23 节的窑体，每节窑体则分别在两侧墙的下方各自设置三个事故处理口，对侧相错。

第四步，进行热平衡计算

设定该隧道窑的煤气消耗量（标准状态体积）为 V_f，单位：m^3/h。

输入项目

① 坯体带入的物理热 Q_1

瓷砖的坯体（Green Body）入窑前在窑前段（窑体第 1～3 节）已经得到了预热，入窑（窑体第 4 节）的温度 t_{body} 近似地按照 250 ℃计算。关于比热容，因为成分相类似，故而入窑坯体的比热容 c_{body} 可以近似地按照附录 2 中附表 2.3 内的黏土砖来考虑：

$$c_{body}=0.84+0.26\times10^{-3}\times250=0.905\ [\text{kJ}/(\text{kg}\cdot℃)]$$

另外，根据本例题第一步的计算结果，每 1 h 入窑干坯体的质量 $G_d=783.8$ kg/h，于是，得：

$$Q_1=G_d\cdot c_{body}\cdot t_{body}=783.8\times0.905\times250=177335(\text{kJ/h})$$

② 燃料带入的化学热和物理热 Q_2

所用燃料（半水煤气）的低位热值 $Q_{net}=5233.8$ kJ/m^3（这里，m^3 为标准状态体积单位），入窑煤气的温度 $t_f=20$ ℃，查附录 3 中附表 3.5 可知：作为发生炉煤气的半水煤气在 0～20 ℃温度范围内的平均定压比热容为 $c_{p,f}=1.323$ kJ/(m^3 · ℃)（这里，m^3 为标准状态体积单位）。另外，由于燃料（半水煤气）消耗量（标准状态体积）为 V_f（单位：m^3/h），所以 Q_2 的计算结果为：

$$Q_2=V_f\cdot(Q_{net}+c_{p,f}\cdot t_f)=V_f\times(5233.8+1.323\times20)=V_f\times5260.26(\text{kJ/h})$$

③ 助燃空气带入的物理热 Q_3

助燃空气温度 $t_a=20$ ℃，查附录 3 中附表 3.2 可知：0～20 ℃温度范围内空气的平均定压比热容

$c_{p,a}=1.296$ kJ/(m³ · ℃)。(这里,m³ 为标准状态体积单位)再按照本例题第二步的计算结果,每 1 h 的助燃空气量(标准状态体积)为 $V_f\times1.1487$(m³/h),于是,得:

$$Q_3=V_f\times1.1487\cdot c_{p,a}\cdot t_a=V_f\times1.1487\times1.296\times20=V_f\times29.7743(\text{kJ/h})$$

④ 漏风带入的物理热 Q_4

根据经验,取预热带出口处废气的空气过剩系数 $\alpha'=2.0$,于是按照式(1.48),可以得到该辊道窑预热带的漏风(Air Leak)总量(标准状态体积)$V_a=V_f\cdot(\alpha'-\alpha)V_a^0$。

$$\begin{aligned}Q_4&=V_{al}\cdot c_{p,al}\cdot t_{al}=V_f\cdot(\alpha'-\alpha)\cdot V_a^0\cdot c_{p,a}\cdot t_{al}\\&=V_f\times(2.0-1.05)\times1.094\times1.296\times20\\&=V_f\times26.9387(\text{kJ/h})\end{aligned}$$

综合上述各项,输入热量的总和为:

$$\begin{aligned}Q_{ZR}&=177335+V_f\times5260.26+V_f\times29.7743+V_f\times26.9387\\&=V_f\times5316.973+177335(\text{kJ/h})\end{aligned}$$

输出项目

① 烧制品带出的物理热 Q_1'

由本题的已知条件可知,干坯体的灼烧减量(也称:烧失量)为 5%,因此,烧制品(烧制品冷却后就是产品,Product)每 1 h 的产量 $G_{pr}=G_d\times(1-5/100)=783.8\times95/100=744.61$(kg/h)。本例题所设计辊道窑的烧制品出烧成带(第 16 节)的温度 $t_{pr}=1245$ ℃。关于比热容,因为成分相类似,故而烧制品的比热容 c_{pr} 可以近似地按照附录 2 中附表 2.3 内的黏土砖来考虑:$c_{pr}=0.84+0.26\times10^{-3}\times1245=1.1637$ kJ/(kg · ℃)。于是,得:

$$Q_1'=G_{pr}\cdot c_{pr}\cdot t_{pr}=744.61\times1.1637\times1245=1078796(\text{kJ/h})$$

② 预热带、烧成带的窑体散热损失 Q_2'

为了便于计算,将预热带、烧成带的窑体先分开计算,最后再求和:第 4~11 节(预热带):400~1000 ℃,取平均值700 ℃;第 12~15 节(烧成带):1000~1245 ℃,取平均值 1123 ℃。

以下关于窑体表面的散热计算将近似地按照无限大平壁的导热规律来进行[参见第 2.1.4.1(1)①]。每节窑体的长度为2.120+0.008= 2.128(m)。然而,由于窑顶的内宽、外宽不相同,因此需要取其平均值。同理,关于窑墙的计算高度也取其内高和外高的平均值;窑底的计算宽度同样也取其内宽和外宽的平均值。

(a) 第 4~11 节的散热计算

窑体外表面的平均温度为 40 ℃,窑体内表面的平均温度为 700 ℃。窑体内宽为 1.5 m,窑体外宽为:窑体内宽+2×窑墙厚度=1.5+2×(0.113+0.197)=2.12(m)。窑体内高为 0.837 m,窑体外高为:窑体内高+窑顶厚度+窑底厚度=0.837+(0.3+0.15)+(0.065+0.161+0.10)=1.613(m)。

窑顶:

高铝砖的平均热导率① $\kappa_{11a}=0.706$ kJ/(kg · ℃),其厚度 $\delta_{11a}=0.3$ m

耐火纤维的平均热导率 $\kappa_{11f}=0.2$ kJ/(kg · ℃),其厚度 $\delta_{11f}=0.15$ m

所以,由式(2.19),通过计算便得到通过窑顶的热流量为:

$$q_{top,1}=\frac{t_{12}-t_{11}}{\dfrac{\delta_{11a}}{\kappa_{11a}}+\dfrac{\delta_{11f}}{\kappa_{11f}}}=\frac{700-40}{\dfrac{0.3}{0.706}+\dfrac{0.15}{0.2}}=561.7360(\text{W/m}^2)$$

窑顶的散热面积为:

① 关于高铝砖、耐火纤维的热导率,请查阅附录 2 中附表 2.3 或其他参考文献。当然,所查到的热导率则是一个与温度有关的公式。由于篇幅所限,本教材只列出热导率的计算结果。至于怎样计算两种耐火材料界面的温度,再求出每种耐火材料的平均温度,最后再来计算每种耐火材料的平均热导率,其计算过程请读者自己演算,其计算原理参见第 2 章中【例 2.2】。以下同。

$$A_{top,1}=\text{宽度}\times\text{长度}\times\text{节数}=\frac{1.5+2.12}{2}\times2.128\times8=30.8134(\mathrm{m}^2)$$

窑顶的散热量为：

$$\begin{aligned}Q_{top,1}&=q_{top,1}\cdot A_{top,1}\\&=561.7360\times30.8134=17308.9961(\mathrm{W})\\&=17308.9961\times\frac{3600}{1000}=62312(\mathrm{kJ/h})\end{aligned}$$

窑墙：

高铝砖的平均热导率 $\kappa_{12a}=0.713\ \mathrm{kJ/(kg\cdot ℃)}$，其厚度 $\delta_{12a}=0.113\ \mathrm{m}$

耐火纤维的平均热导率 $\kappa_{12f}=0.15\ \mathrm{kJ/(kg\cdot ℃)}$，其厚度 $\delta_{12f}=0.197\ \mathrm{m}$

所以，由式(2.19)，可以计算得到通过每一侧窑墙的热流量为：

$$q_{wall,1}=\frac{t_{12}-t_{11}}{\frac{\delta_{12a}}{\kappa_{12a}}+\frac{\delta_{12f}}{\kappa_{12f}}}=\frac{700-40}{\frac{0.113}{0.713}+\frac{0.197}{0.15}}=448.4248(\mathrm{W/m^2})$$

每一侧窑墙的散热面积为：

$$\begin{aligned}A_{wall,1}&=\text{高度}\times\text{长度}\times\text{节数}=\frac{0.837+1.613}{2}\times2.128\times8\\&=20.8544(\mathrm{m}^2)\end{aligned}$$

两侧窑墙的散热量为：

$$\begin{aligned}Q_{wall,1}&=2q_{wall,1}\cdot A_{wall,1}\\&=2\times448.4248\times20.8544=18703.2603(\mathrm{W})\\&=18703.2603\times\frac{3600}{1000}=67332(\mathrm{kJ/h})\end{aligned}$$

窑底(在窑底下与干燥器之间装填了 100 mm 厚的耐火纤维来作为保温层)：

高铝砖的平均热导率 $\kappa_{13a}=0.715\ \mathrm{kJ/(kg\cdot ℃)}$，其厚度 $\delta_{13a}=0.065\ \mathrm{m}$

硅藻土砖的平均热导率 $\kappa_{13d}=0.214\ \mathrm{kJ/(kg\cdot ℃)}$，其厚度 $\delta_{13d}=0.13+0.031=0.161\ (\mathrm{m})$

耐火纤维的平均热导率 $\kappa_{13f}=0.15\ \mathrm{kJ/(kg\cdot ℃)}$，其厚度 $\delta_{13f}=0.10\ \mathrm{m}$

所以，由式(2.19)，通过计算得到通过窑底的热流量为：

$$q_{bottom,1}=\frac{t_{12}-t_{11}}{\frac{\delta_{13a}}{\kappa_{13a}}+\frac{\delta_{13d}}{\kappa_{13d}}+\frac{\delta_{13f}}{\kappa_{13f}}}=\frac{700-40}{\frac{0.065}{0.715}+\frac{0.161}{0.214}+\frac{0.10}{0.15}}=437.1115(\mathrm{W/m^2})$$

窑底的散热面积为：

$$A_{bottom,1}=\text{宽度}\times\text{长度}\times\text{节数}=\frac{1.5+2.12}{2}\times2.128\times8=30.8134(\mathrm{m}^2)$$

窑底的散热量为：

$$\begin{aligned}Q_{bottom,1}&=q_{bottom,1}\cdot A_{bottom,1}\\&=437.1115\times30.8134=13468.8915(\mathrm{W})\\&=13468.8915\times\frac{3600}{1000}=48488(\mathrm{kJ/h})\end{aligned}$$

(b) 第 12～15 节的散热计算

窑体外表面的平均温度为 80 ℃，窑体内表面的平均温度为 1123 ℃。窑体内宽为1.5 m，窑体外宽为：窑体内宽＋2 倍的窑墙厚度＝1.5＋2×(0.113＋0.197)＝2.12(m)。窑体内高为 0.837 m，窑体外高为：窑体内高＋窑顶厚度＋窑底厚度＝0.837＋(0.3＋0.15)＋(0.13＋0.13＋0.10)＝1.647(m)。

窑顶：

高铝砖的平均热导率 $\kappa_{21a}=0.735$ kJ/(kg·℃)，其厚度 $\delta_{21a}=0.3$ m

耐火纤维的平均热导率 $\kappa_{21f}=0.25$ kJ/(kg·℃)，其厚度 $\delta_{21f}=0.15$ m

所以，由式(2.19)，通过计算得到通过窑顶的热流量为：

$$q_{top,2}=\frac{t_{22}-t_{21}}{\dfrac{\delta_{21a}}{\kappa_{21a}}+\dfrac{\delta_{21f}}{\kappa_{21f}}}=\frac{1123-80}{\dfrac{0.3}{0.735}+\dfrac{0.15}{0.25}}=1034.5547(\mathrm{W/m^2})$$

窑顶的散热面积为：

$$A_{top,2}=\text{宽度}\times\text{长度}\times\text{节数}=\frac{1.5+2.12}{2}\times 2.128\times 4=15.4067(\mathrm{m^2})$$

窑顶的散热量为：

$$\begin{aligned}Q_{top,2}&=q_{top,2}\cdot A_{top,2}\\&=1034.5547\times 15.4067=15939.0739(\mathrm{W})\\&=15939.0739\times\frac{3600}{1000}=57381(\mathrm{kJ/h})\end{aligned}$$

窑墙：

高铝砖的平均热导率 $\kappa_{22a}=0.74$ kJ/(kg·℃)，其厚度 $\delta_{22a}=0.113$ m

耐火纤维的平均热导率 $\kappa_{22f}=0.25$ kJ/(kg·℃)，其厚度 $\delta_{22f}=0.197$ m

所以，由式(2.19)，得到通过每一侧窑墙的热流量为：

$$q_{wall,2}=\frac{t_{22}-t_{21}}{\dfrac{\delta_{22a}}{\kappa_{22a}}+\dfrac{\delta_{22f}}{\kappa_{22f}}}=\frac{1123-80}{\dfrac{0.113}{0.74}+\dfrac{0.197}{0.25}}=1108.7456(\mathrm{W/m^2})$$

每一侧窑墙的散热面积为：

$$A_{wall,2}=\text{高度}\times\text{长度}\times\text{节数}=\frac{0.837+1.647}{2}\times 2.128\times 4=10.5719(\mathrm{m^2})$$

两侧窑墙的散热量为：

$$\begin{aligned}Q_{wall,2}&=2\cdot q_{wall,2}\cdot A_{wall,2}\\&=2\times 1108.7456\times 10.5719=23443.0952(\mathrm{W})\\&=23443.0952\times\frac{3600}{1000}=84395(\mathrm{kJ/h})\end{aligned}$$

窑底(在窑底下与干燥器之间装填 100 mm 厚的耐火纤维来作为保温层)：

高铝砖的平均热导率 $\kappa_{23a}=0.74$ kJ/(kg·℃)，其厚度 $\delta_{23a}=0.13$ m

硅藻土砖的平均热导率 $\kappa_{23d}=0.4$ kJ/(kg·℃)，其厚度 $\delta_{23d}=0.13$ m

耐火纤维的平均热导率 $\kappa_{23f}=0.20$ kJ/(kg·℃)，其厚度 $\delta_{23f}=0.10$ m

所以，由式(2.19)，通过计算得到通过窑底的热流量为：

$$\begin{aligned}q_{bottom,2}&=\frac{t_{22}-t_{21}}{\dfrac{\delta_{23a}}{\kappa_{23a}}+\dfrac{\delta_{23d}}{\kappa_{23d}}+\dfrac{\delta_{23f}}{\kappa_{23f}}}=\frac{1123-80}{\dfrac{0.13}{0.74}+\dfrac{0.13}{0.4}+\dfrac{0.10}{0.20}}\\&=1042.2958(\mathrm{W/m^2})\end{aligned}$$

窑底的散热面积为：

$$A_{bottom,2}=\text{宽度}\times\text{长度}\times\text{节数}=\frac{1.5+2.12}{2}\times 2.128\times 4=15.4067(\mathrm{m^2})$$

窑底的散热量为：

$$Q_{bottom,2}=q_{bottom,2}\cdot A_{bottom,2}$$
$$=1042.2958\times15.4067=16058.3387(\text{W})$$
$$=16058.3387\times\frac{3600}{1000}=57810(\text{kJ/h})$$

于是，窑体的总散热量为：

$$Q_2'=Q_{top,1}+Q_{wall,1}+Q_{bottom,1}+Q_{top,2}+Q_{wall,2}+Q_{bottom,2}$$
$$=62312+67332+48488+57381+84395+57810$$
$$=377718(\text{kJ/h})$$

③ 有关物理化学过程的耗热量 Q_3'

根据本例题第一步的计算结果，得：

$$Q_3'=Q_{pc}=381351(\text{kJ/h})$$

④ 出窑废气带走的物理热 Q_4'

出窑废气量包括：燃料燃烧生成的烟气量（参见本例题第二步的计算）、预热带的漏风量（参见本例题输入项目④的计算）、干坯体内盐类分解逸出的气体量[按灼烧减量（也称：烧失量）来计算]。于是，出窑废气量（标准状态体积）V_g 为：

$$V_g=[V^0+(\alpha-1)V_a^0]\cdot V_f+(\alpha'-\alpha)V_a^0\cdot V_f+G_d\times5/100$$
$$=[V^0+(\alpha'-1)V_a^0]\cdot V_f+G_d\times5/100$$
$$=[1.905+(2.0-1)\times1.094]\cdot V_f+783.8\times5/100$$
$$=V_f\times2.999+39.19(\text{m}^3/\text{h})$$

由本题的已知条件，可知 $t_g=400$ ℃。查附录 3 中附表 3.7，就可以近似地得到出窑废气的平均定压比热容为：$c_{p,g}=1.151$ kJ/(kg · ℃)×1.295 kg/m³ = 1.4905 kJ/(m³ · ℃)（这里，m³ 为标准状态体积单位）。

于是，就得到了本例题中所设计辊道窑排出废气所带走的物理热 Q_6' 为：

$$Q_4'=V_g\cdot c_{p,g}\cdot t_g=(V_f\times2.999+39.19)\times1.4905\times400$$
$$=V_f\times1788.0038+23365(\text{kJ/h})$$

⑤ 其他不可预计的热损失 Q_5'

根据经验，辊道窑“预热带＋烧成带”的其他不可预计热损失 Q_7' 约占输入热量总和的 5%，于是，得：

$$Q_5'\approx(V_f\times5316.973+177335)\times5/100=V_f\times265.8487+8867(\text{kJ/h})$$

综合上述各项，输出热量的总和为：

$$Q_{ZC}=1078796+377718+381351+(V_f\times1788.0038+23365)+(V_f\times265.8487+8867)$$
$$=V_f\times2053.8525+1870097$$

第五步，计算燃料消耗量

根据第四步中的计算结果，列出热量输入与热量输出之间的平衡方程式，具体为：

$$\text{输入热量总计 }Q_{ZR}=\text{输出热量总计 }Q_{ZC}$$
$$V_f\times5316.973+177335=V_f\times2053.8525+1870097$$

通过求解，便可以得到所设计辊道窑所用燃料（半水煤气）的消耗量（标准状态体积）V_f 为：

$$V_f=518.8\ \text{m}^3/\text{h}$$

即本设计辊道窑每 1 h 需要消耗半水煤气 518.8 m³（这里，m³ 为标准状态体积单位）。

通过计算得到燃料消耗量 V_f 以后，再结合生产规模（或称：产量）等技术参数就可以进行辊道窑有关参数的设计计算了，具体请参考“热工设备”方面的文献资料[8]。

第六步，列出热平衡表

根据第四步、第五步的计算结果，可以得到所设计辊道窑“预热带＋烧成带”的热平衡表，如表 3.30 所示。

表 3.30 所设计辊道窑“预热带＋烧成带”的热平衡表

输入热量			输出热量		
项目	热量 /(kJ·h^{-1})	比率 (%)	项目	热量 /(kJ·h^{-1})	比率 (%)
① 坯体带入的物理热	177335	6.0	① 烧制品带出的物理热	1078796	36.7
② 燃料带入的化学热和物理热	2729023	93.0	② “两带”窑体的散热损失	377718	12.9
③ 助燃空气带入的物理热	15447	0.5	③ 有关物化过程的耗热量	381351	13.0
④ 漏风带入的物理热	13976	0.5	④ 排出废气带走的物理热	950981	32.4
			⑤ 其他不可预计的热损失	146789	5.0
合计	2935781	100	合计	2935635	100

—毕—

3.4.2.2 冷却带的热平衡计算

关于冷却带的热平衡计算，这里作为一个练习环节，请读者自己组织完成。其计算方法与上述第 3.4.1.2(2) 中所述的隧道窑冷却带热平衡计算方法相类似，而且更简单，这是因为辊道窑不需要间壁层（即辊道窑没有设置间接冷却风）和窑车；除了小件物品需要垫板以外，辊道窑也几乎不需要窑具。

3.4.3 隧道窑或辊道窑的热效率计算

隧道窑或辊道窑热效率 η 的计算公式为：

$$\eta=\frac{G\cdot Q_{\mathrm{pc}}}{m_{\mathrm{f}}\cdot Q_{\mathrm{net}}+m_{\mathrm{f}}\cdot c_{\mathrm{f}}\cdot t_{\mathrm{f}}}\times 100\% \tag{3.132}$$

式中 G——隧道窑或辊道窑的小时产量，kg/h；

Q_{pc}——产品烧成过程中有关物理化学过程的耗热量，kJ/kg；

m_{f}（或 V_{f}）——隧道窑或者辊道窑每 1 h 的燃料消耗量，kg/h（使用液体燃料时）或 m^3/h（使用气体燃料时，这里，m^3 为标准状态体积单位）；

Q_{net}——所用燃料的低位发热量，kJ/kg（使用液体燃料时）或 kJ/m^3（使用气体燃料时，这里，m^3 为标准状态体积单位）；

c_{f}——所用燃料在 0～t_{f}℃温度范围内的平均比热容 c_{f}，kJ/(kg·℃)（液体燃料）或者平均定压比热容 $c_{p,\mathrm{f}}$，kJ/(m^3·℃)（作用气体燃料时，这里，m^3 为标准状态体积单位）；

t_{f}——所用燃料的温度，℃。

同样按照第 3.2.3.2 中的有关推导，对于式(3.132)所表述的隧道窑或辊道窑的热效率 η，也可以转换成燃烧效率 η_{com} 与传热效率 η_{tr} 连乘积的形式，参见式(3.97)。

在陶瓷工业中，除非有特殊的工艺要求（例如，某些部位需要 CO 来维持还原气氛），否则现代燃料燃烧技术已经能够保证隧道窑或辊道窑上燃烧器的燃烧效率几乎为 100%，或者说，其燃烧效率已经提高到极致。所以，对于隧道窑或辊道窑来说，如果想进一步提升其热效率，其侧重点应该放在怎样更有效地提高窑内的传热效率（即怎样更有效地增加窑内有益的传热量），从而有利于陶瓷工业的“节能减排”。

3.5 高技术加热方法在新材料制备方面的应用概要

热量在新材料热制备方面的应用，主要是利用一些高科技加热方法(参见第 1.2 节、第 1.3节)。一些具体的新材料热制备方法有：电阻加热法或电极加热法、感应加热法、电弧加热法或弧像加热法、等离子体加热法或 SPS 法、电子束加热法、太阳能加热法、红外线加热法、微波加热法、激光烧结法、热压烧结法、热等静压烧结法(即 HIP 法)、RB 法或 SHS 法、电场辅助烧结法、活化烧结法、真空烧结法、气氛烧结法、爆炸烧结法等。在这些高科技的新材料热制备方法中，所涉及的知识面是较为广泛，限于篇幅，这里就不再介绍具体的概念与规律，感兴趣的读者可以阅读有关的文献资料[8]。

3.6 其他一些无机非金属材料生产过程中的热量应用概要

其他的一些无机非金属材料主要是指石灰、石膏、保温材料、混凝土、特种玻璃、搪瓷、釉料、色素、碳素材料、磨料等。这些材料在它们的生产过程中都需要热量参与其中，这才能够最终得到所需要的产品。由于其内容繁多，这里就不再逐一介绍其中的规律，具体请读者参考有关的文献资料[8]。

以上所介绍的是热量在无机非金属材料领域中应用的大体概况。然而，作为能量的一种，热量的实际应用及其利用范围非常广泛。这也就是说，除了上述之外，在无机非金属材料领域内的热量利用案例还有很多，例如，利用中、低温废气的余热来发电[8]；利用中、低温废气的余热或废热进行吸收式制冷[8]；将无机非金属材料产品生产过程中的余热或废热用于生物材料或生物过程等[31]。

本章小结

本章的要点是热量在无机非金属材料领域中的具体应用。热量应用是热工过程的最终目的，为此本章选择了“干燥”、“水泥”、“玻璃”、“陶瓷”这四个典型领域中的热量应用而作为本章重点介绍内容，具体介绍干燥行业内的干燥介质、干燥过程、干燥原理、干燥设备以及后三个行业内重点热工设备的热平衡计算。热量在无机非金属材料领域其他方面的应用只是简单地掠过。

然而，读者也要意识到：热量在无机非金属材料领域内的应用非常广泛。可以说，“热”已经渗透到无机非金属材料领域的方方面面。这也就是说，几乎所有无机非金属材料产品的研制、开发、生产、加工都离不开“热”的存在。因此，希望读者能够以本章为借鉴，再以第 1 章、第 2 章中的知识与原理为基础，具体地对待、研究与解决以后在具体工作中遇到的各种有关“热”的问题。

另外，本章中所有使用楷体字印刷的内容则为更深层次的内容，在教学上可以不作要求，仅供读者将来需要时阅读参考。

思 考 题

3.1 关于热量在无机非金属材料行业中的应用，具体体现在哪些方面？

3.2 你对于“热平衡计算”在热工设备设计计算过程中的基础作用，在热工测试中的验证作用，在热工设备操作、控制及管理方面的指导作用有什么深刻的理解与体会？

3.3 湿空气为什么会有绝对湿度、相对湿度、含湿量这三个湿度的概念？

3.4 湿空气的干、湿球温度差越大，则它的湿度是越大还是越小？

3.5 当相对湿度 $\varphi<100\%$时，t、t_{wb}、t_d 哪个最大，哪个最小？

3.6 当相对湿度 $\varphi=100\%$，t、t_{wb}、t_d 之间的大小关系如何？

3.7 将湿空气加热升温，这一过程有什么特点？将湿空气冷却到温度 t_0($t_0>t_d$)，这一过程又有什么特点？

3.8 测量热气体的干、湿球温度时，为什么要求气体的干球温度 t 满足以下的不等式：$t_d<t<$沸点温度？

3.9 如果气体的温度超过了100 ℃,如何用干、湿球温度测量法(Psychrometry)来测量热气体的湿度?

3.10 利用在 I-x 图上关于热气体与冷空气混合的杠杆规则,就可以来确定干冷空气与干热气体之比 n,那么,湿冷空气与湿热气体之比 n' 又如何确定?

3.11 如何将物料的绝对水分(干基水分)与相对水分(湿基水分)之间的关系推导出来?

3.12 利用 I-x 图进行实际干燥过程的图解,主要是为了确定哪一个状态参数?为什么?

3.13 对于本教材中所列举的干燥设备,它们各有什么特点?

3.14 你对于提高热工设备的热利用率有什么理解?

3.15 你是怎样理解热工过程在无机非金属材料生产或制备过程中的核心作用?

习题

3.1 已知湿空气的温度为25 ℃,相对湿度为70%,利用 I-x 图确定该湿空气的其他状态参数。

3.2 用干、湿球温度计测量出空气的 t=30 ℃,t_{wb}=25 ℃,利用 I-x 图确定该湿空气的其他状态参数(已知外界大气压强为720 mmHg=95.992 kPa,而不是 I-x 图上标出的99.321 kPa)。

3.3 某陶瓷坯体需要在逆流隧道干燥器内干燥,进料量为1000 kg/h,初水分(相对水分)v_1=60%,出干燥器时的水分(相对水分)v_2=1.5%。利用预热空气作为干燥介质,冷空气的温度为20 ℃,相对湿度为60%,进入干燥器的预热空气温度为140 ℃,出干燥器废气的相对湿度为60%,大气压强为745 mmHg,Δ=3188 kJ/kg,求:(1) 每1 h的水分蒸发量;(2) 每1 h的干空气需求量;(3) 每1 h的热耗。

3.4 某水泥厂用沸腾燃烧室产生的热烟气作为干燥介质,在回转烘干机(水泥行业,称"干燥"为"烘干")内顺流烘干湿矿渣,湿矿渣的相对水分 v_1=20%,干矿渣的相对水分 v_2=2%,烘干机的产量为4000 kg/h,出烘干机废气的温度为150 ℃,Δ=800 kJ/kg,当地的平均大气压强为99.321 kPa。另外,沸腾燃烧室的热效率为0.9,燃料为煤矸石,其比热容为 c_f=0.95 kJ/(kg·℃),燃烧时的空气过剩系数 α 为1.10。求:(1) 每1 h的干烟气消耗量;(2) 每1 h的干空气和湿空气的用量各为多少?(3) 每1 h的燃料消耗量。

3.5 某物料用多余的热空气(余风)作为干燥介质,因为其温度较高(450 ℃),故而不适合该物料的干燥工艺要求,为此要求使用掺冷空气的方法来使其降温至250 ℃。已知冷空气的相对湿度为70%,温度为25 ℃,物料的初水分(相对水分)v_1=8%,出干燥器时的水分(相对水分)v_2=2%,每1 h的产量折合为绝对干物料是9200 kg/h,Δ=200 kJ/kg,求每1 h热空气、冷空气的消耗量各为多少?

3.6 结合一个具体的水泥回转窑系统,收集足够的数据后,计算其水泥熟料形成热。然后,进行该系统的物料平衡计算与热平衡计算。

3.7 找到一个具体的玻璃池窑,充分收集资料后,计算其玻璃形成热,进而对于该玻璃池窑熔化部进行具体的热平衡计算。

3.8 针对一个具体的隧道窑,在获得必要的数据资料以后,计算其产品烧成过程中的有效耗热量,并且对于其"预热带+烧成带"体系、"冷却带"体系分别进行热平衡计算。

3.9 对于一个具体的辊道窑,在收集到足够的数据资料后,计算其产品烧成过程中的有效耗热量,并且针对其"预热带+烧成带"体系、"冷却带"体系分别进行热平衡计算。

参考文献

[1] 曹文聪,杨树森.普通硅酸盐工艺学[M].武汉:武汉工业大学出版社,1996.

[2] 国家建材局生产办公室.硅酸盐工厂热平衡(内部资料)[R],1982.

[3] 锅田恒之.TunnelKiln.日本:JICA研修班"陶瓷烧成技术及窑炉"课程系列资料[R].1995.

[4] 胡道和.水泥工业热工设备[M].武汉:武汉工业大学出版社,1992.

[5] 胡国林.建陶工业辊道窑[M].北京:中国轻工业出版社,1998.

[6] 华南工学院,清华大学.硅酸盐工业热工过程及设备:下册——陶瓷工业热工设备[M].北京:中国建筑工业出版社,1980.

[7] 黄文熙,闵盘荣,沈威.水泥工艺学[M].武汉:武汉工业大学出版社,1991.

[8] 姜洪舟.无机非金属材料热工设备[M].5版.武汉理工大学出版社,2015.

[9]　李坚利.水泥工艺学[M].武汉:武汉工业大学出版社,1999.

[10]　李家驹.日用陶瓷工艺学[M].武汉:武汉工业大学出版社,1991.

[11]　李家驹.陶瓷工艺学[M].北京:中国轻工业出版社,2001.

[12]　李启云.热工基础及设备[M].南京:南京工学院出版社,1998.

[13]　林宗寿.无机非金属材料工学[M].3版.武汉:武汉理工大学出版社,2006.

[14]　刘笃新.水泥生料配料的率值公式法[M].北京:中国建材工业出版社,1992.

[15]　刘振群.陶瓷工业热工设备[M].武汉:武汉工业大学出版社,1989.

[16]　南京化工学院,武汉建材学院.硅酸盐工业热工过程及设备:下册——水泥工业热工设备[M].北京:中国建筑工业出版社,1980.

[17]　南京化工学院,武汉建材学院,同济大学,等.水泥工艺原理[M].北京:中国建筑工业出版社,1980.

[18]　曲祖源.工程研究基础[M].武汉:武汉理工大学出版社,2002.

[19]　上海化工学院,浙江大学,武汉建筑材料工业学院.硅酸盐工业热工过程及设备:下册——玻璃工业热工设备[M].北京:中国建筑工业出版社,1980.

[20]　沈慧贤,胡道和.硅酸盐热工工程[M].武汉:武汉工业大学出版社,1991.

[21]　蒋欣之,宋崙.陶瓷窑炉热工分析与模拟[M].北京:中国轻工业出版社,1992.

[22]　孙承绪,陈润生,孙晋涛,等.玻璃窑炉热工计算与设计[M].北京:中国建筑工业出版社,1983.

[23]　孙承绪.玻璃工业热工设备[M].武汉:武汉工业大学出版社,1996.

[24]　孙晋涛.硅酸盐工业热工基础[M].武汉:武汉工业大学出版社,1992.

[25]　田英良,孙诗兵.新编玻璃工艺学[M].北京:中国轻工业出版社,2009.

[26]　王承遇,陈敏,陈建华.玻璃制造工艺[M].北京:化学工业出版社,2006.

[27]　王琦.无机非金属材料工艺学[M].北京:中国建材工业出版社,2007.

[28]　张锐,许红亮,王海龙.玻璃工艺学[M].北京:化学工业出版社,2008.

[29]　王君伟,李祖尚.水泥生产工艺计算手册[M].北京:中国建筑工业出版社,2001.

[30]　日本硝子制品工业会.ガテスの溶解技术[R].1988.

[31]　胡道和,蔡玉良.中国水泥工业畅想曲[J].水泥工程,2010,(2):1-4,23.

[32]　李志进,陈奇.浮法玻璃熔窑内玻璃液温度的测量[J].玻璃与搪瓷,2010,38(3):10-12.

[33]　孙承绪.试论我国玻璃池窑的可持续发展的途径[J].玻璃与搪瓷,2003,31(5):51-54;31(6):47-52.

[34]　全国水泥标准化技术委员会.水泥回转窑热平衡、热效率、综合能耗计算方法:GB/T 26281—2010[S].北京:中国标准出版社,2011:1-33.

[35]　全国水泥标准化技术委员会.水泥回转窑热平衡测定方法:GB/T 26282—2010[S].北京:中国标准出版社,2011:1-36.

[36]　全国建筑卫生陶瓷标准化技术委员会.陶瓷工业窑炉热平衡、热效率测定与计算方法:GB/T 23459—2009[S].北京:中国标准出版社,2009:1-25.

[37]　国家建筑材料工业局蚌埠玻璃工业设计研究院.玻璃池窑热平衡测定与计算方法:JC/T 488—1992[S].北京:中国标准出版社,1992:1-44.

[38]　全国墙体屋面及道路用建筑材料标准化技术委员会.砖瓦工业隧道窑热平衡、热效率测定与计算方法:JC/T 428—2007[S].北京:中国标准出版社,2008:1-8.

[39]　全国陶瓷标准化中心.日用陶瓷彩烤辊道窑热平衡、热效率测定与计算方法:QB/T 2130—1995[S].北京:中国标准出版社,1995:1-39.

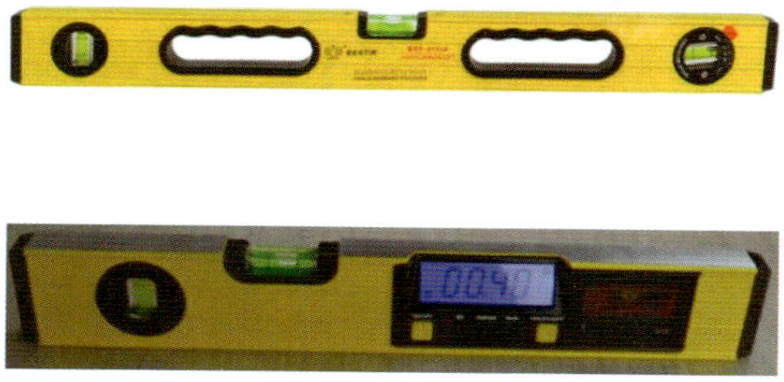

第4章

水平仪（利用等压面）

千斤顶（帕斯卡原理）

万吨水压机（帕斯卡原理）

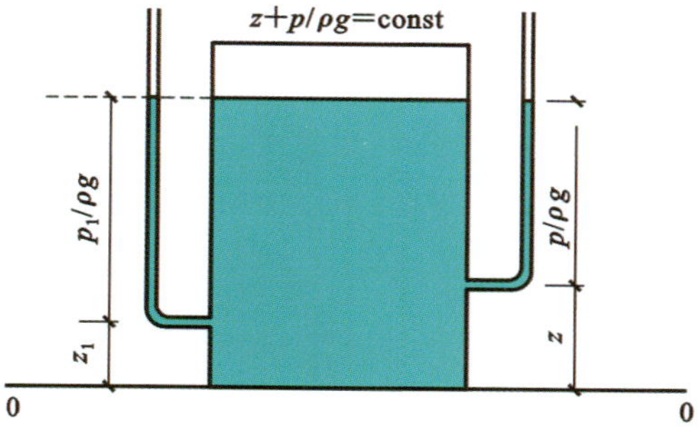

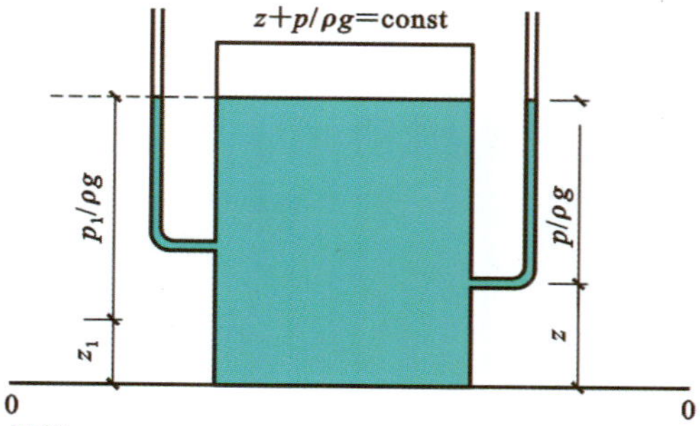

$z+p/\rho g=\text{const}$

$p_1/\rho g$ z_1 $p/\rho g$ z 0 0

$z+p/\rho g=\text{const}$

$p_1/\rho g$ z_1 $p/\rho g$ z 0 0

流体静力学的基本规律

各种闸门

舰艇（浮体）

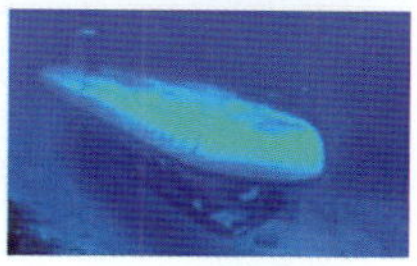

潜水艇（潜体）

流体静力学

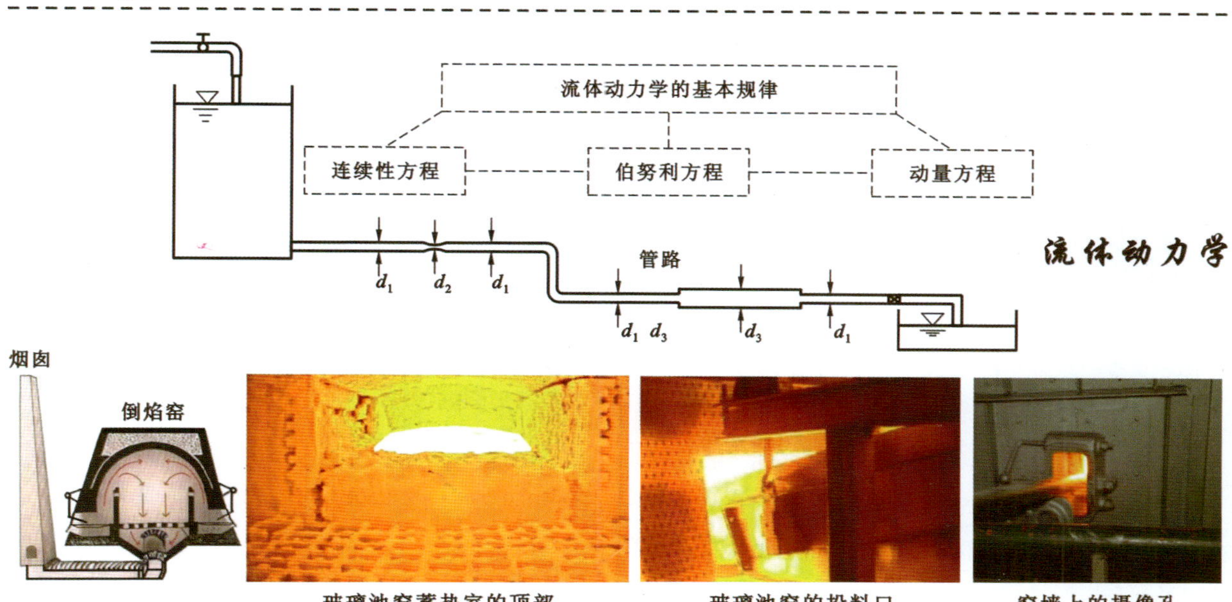

玻璃池窑蓄热室的顶部

玻璃池窑的投料口

窑墙上的摄像孔

上善若水。水善利万物而不争，……

在地球上空自然流动的气流（风）

地面上自然流动的水流

湍流

层流

自然上升的烟雾

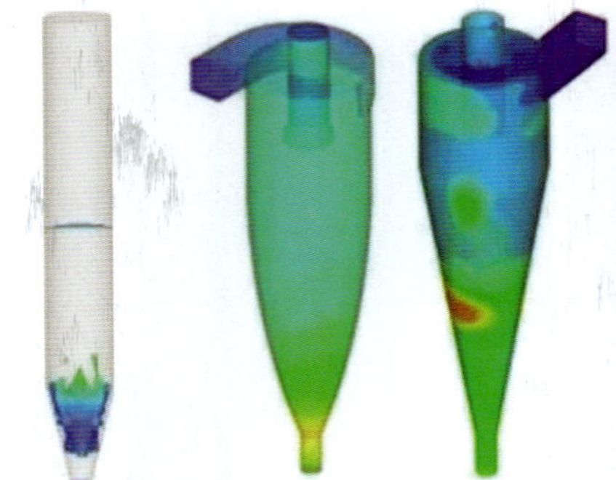

某分解炉内的流型　两种旋风筒内的流型

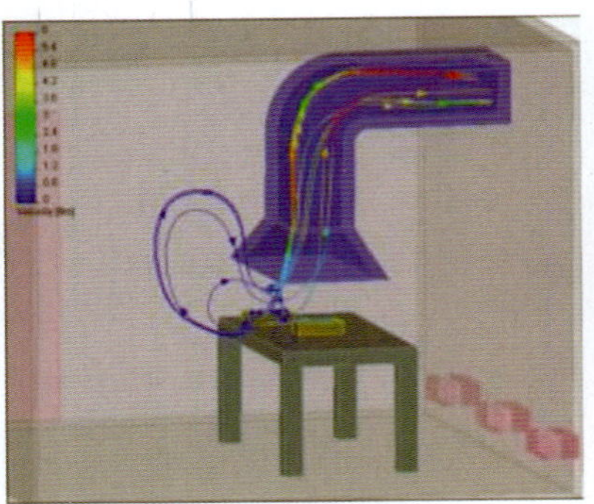

通风管道内的流型

离心式风机内的流型

逆止阀的外观与其内的流型

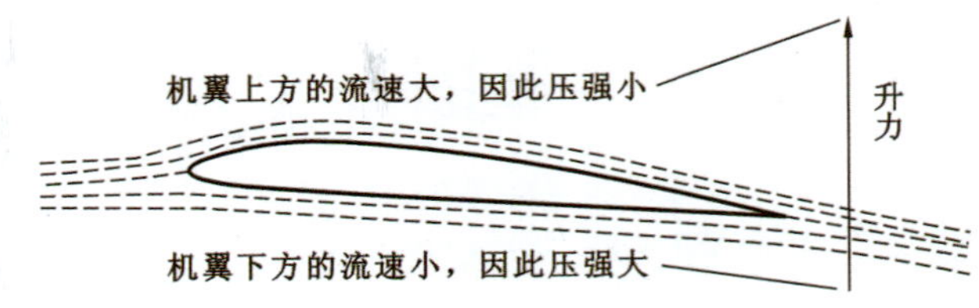

飞机的机翼能够产生升力的基本原理

欧拉（Leonhard Euler）

伯努利（Daniel Bernoulli）

雷诺（Osborne Reynolds）

达西（Henry Darcy）

阅读材料 1

4　工程流体力学简介

本章作为阅读材料1，其内容是重点介绍"工程流体力学"的研究方法、根本规律及其在管路系统及热工系统中的应用，也适当地介绍相关的流体机械、测试装置与计量装置等。

热工过程离不开流体的参与，尤其对于传热过程中"对流换热"过程（参见第2.2节）而言。这就是本教材设置本章（阅读材料1）的初衷所在。

流体力学是研究流体的平衡规律与运动规律以及流体和固体之间相互作用规律的一门学科。工程流体力学是从工程应用的角度来研究流体的这些规律，它非常注重流体力学规律的实际应用。

4.1　概论

4.1.1　流体的连续介质模型

作为物质，流体当然是由大量的分子所组成，而且流体分子总是处于不断的、无规则的运动状态，况且分子之间还存在着间隙。然而，假如从分子的角度来研究整个流体的规律，那将是十分困难的。然而，流体工程实际的状况是：流体所占据空间的尺度远远大于分子尺度（前者的尺度是后者的尺度所无法比拟的，其倍数在 $10^9 \sim 10^{12}$ 的数量级）。因此，直接研究分子的运动对于实际的流体工程问题来说，没有实际意义。所以，在"流体力学"领域，人们通常采用"连续介质模型"（Continuum Model 或 Continuous Medium Model）①来代替实际的流体分子状态。

连续介质模型的本质是：流体被看作是由无数个紧紧挨着的连续"质点"所构成的连续介质。在其具体的研究过程中，以"质点"作为流体的最小单元，而实质上每个"质点"处却包含有数量非常之多的运动分子，于是就造成这样的效果：即便是个别分子离开或者进入该"质点"所在的微小区域，也不会造成其物理性质的瞬时改变。这也就是说，"流体力学"中所说的"质点"，是"宏观上无限小、微观上无限大"。

基于连续介质模型，"工程流体力学"就可以从宏观的角度来研究流体规律。这样，能够反映流体宏观特性的参数（例如，密度、黏度、压强、温度、速度等），就可以看成是连续分布的②，这在"数学"上

---

① 在实际"流体力学"领域之中，也存在气体很稀薄的情况，这时"连续介质模型"便不再适用，例如，在高真空泵内的气体；处于极高空（120～150 km）外层空间中的气体等。

② 在实际"工程流体力学"中，也存在着不连续分布的情况，例如，激波（Shock 或 Shock Wave 或 Shock-wave 或 Shockwave）。激波就是指在高速气流中出现的间断面，在该间断面上存在着密度、压强、温度、流速的突变。其具体的表现为：经过激波时，气体的压强、密度、温度均会突然升高，流速则突然下降。理想气体的激波没有厚度，是真正的间断面；实际气体因为黏性与传热性的影响，使其激波成为连续式骤变而且具有微小厚度（波前的速度越大，激波越薄）。激波有正激波、斜激波之分，也有附体激波（也称为：圆锥激波）、脱体激波之分。激波可视（可以用高速摄影机拍摄下来）、也可闻（超音速飞机在低空飞行时，地面上可以听到其剧烈响声，即所谓的"音爆"）。实际上，火药爆炸时产生的冲击波、原子弹或氢弹爆炸时产生的蘑菇云冲击波，都属于激波。

便可以用连续可微的函数来描述。于是,“数学”也就成为解决“工程流体力学”问题的强有力工具。例如,在“解析数学”方法中,可以进行连续微分、连续求导和连续积分,来寻求实际流体的流动规律;在“数值计算”方法之中,可以利用有限差分法(FDM)、有限元法(FEM)和有限容积法(FVM)来求解各种实际情况下的流体流动问题①,参见第 2.1.5。

4.1.2 流体动力学的研究方法

流体力学通常被分为“流体静力学(参见第 4.2 节)”和“流体动力学(参见第 4.3 节)”这两部分既有联系又有区别的分支。在流体动力学中,要涉及流体运动的两种表征方法,或者说是:流体动力学的两种研究方法——“拉格朗日法”和“欧拉法”。

就宏观领域内粒子的运动规律而言,人们通常采用拉格朗日法(Lagrange② Method)进行研究,即:以每个单一粒子为一个质点,从而将每个质点的运动规律作为研究对象。例如,在直角坐标系中,如果将每个质点以其初始坐标(a,b,c)为标记来进行区分,则每个质点的坐标(x,y,z)随时间τ变化规律的函数关系则为:$x=f_x(a,b,c,\tau)$;$y=f_y(a,b,c,\tau)$;$z=f_z(a,b,c,\tau)$。进而讲,将质点坐标对于时间τ求一阶导数、二阶导数,便可以得到每个质点的速度、加速度,例如,$u_x=\partial x/\partial\tau$、$u_y=\partial y/\partial\tau$、$u_z=\partial z/\partial\tau$以及$a_x=\partial^2 x/\partial\tau^2$、$a_y=\partial^2 y/\partial\tau^2$、$a_z=\partial^2 z/\partial\tau^2$,$\boldsymbol{u}=u_x\mathbf{i}+u_y\mathbf{j}+u_z\mathbf{k}$,$\boldsymbol{a}=a_x\mathbf{i}+a_y\mathbf{j}+a_z\mathbf{k}$(这里,**i**、**j**、**k** 分别为x、y、z这三个坐标轴上的单位矢量)。这样一来,如果每个质点(a,b,c)的上述函数关系式都能够找到(即每个粒子的运动规律都找到),则整个粒子群的运动规律就都找到了。简言之,拉格朗日法追踪的是每个质点的运动规律。如果利用“数值计算”的方法来求解,对于使用拉格朗日法来研究的问题则可以利用离散元法(Distinct Element Method)或者间断有限元法(Discontinuous finite Element Method)来求解。

然而,对于流体而言,人们采用的是连续介质模型(参见第 4.1.1),这也就是说,流体被设想成“由无数个连续分布的质点所构成”。这样,在“流体动力学”中,如果仍使用拉格朗郎日法来进行研究,就需要研究无数个质点的规律,这显然会给“流体动力学”的理论研究带来很大的不便。为此,人们就选用另一种方法来研究流体的流动规律,这便是所谓的欧拉法(Euler③ Method)。欧拉法是以流场为研究对象,所研究的是流场中每一个位置点上其流体参数随时间的变化规律。例如,在直角坐标系中,每个位置点如果用其坐标(x,y,z)作为标记来进行区分,那么在每个位置点上流速的变化规律就可以用以下的函数来表征:

$$u_x=f_{u_x}(x,y,z,\tau),u_y=f_{u_y}(x,y,z,\tau),u_z=f_{u_z}(x,y,z,\tau) \quad \Rightarrow \quad \boldsymbol{u}=u_x\mathbf{i}+u_y\mathbf{j}+u_z\mathbf{k}$$

当然,每一个位置点上的其他流体参数也是用类似的函数关系来表征,例如:

$$\rho=f_\rho(x,y,z,\tau),\mu=f_\mu(x,y,z,\tau)$$

简言之,欧拉法研究的是每个坐标点处流体参数的变化规律。如果是利用“数值计算”的方法来求解,那么,对于使用欧拉法来研究的问题便可以利用有限差分法(FDM)、有限元法(FEM)或者有限容积法(FVM)来求解,参见第 2.1.5。

综上所述,“流体动力学”的研究方法普遍采用欧拉法,即利用流场中的参量来作为“流体力学”的研究对象。当然,有时也不尽然,例如,对于某些两相流动问题(Two-phase Flow,比如,含有粉尘的

---

① 当然,对于高速气流之中的激波问题,这些适用于“连续介质模型”的“数值计算”方法便不能够求解。为此,也就需要求助于离散元法、间断有限元法等“数值计算”方法来求解。

② 约瑟夫·拉格朗日(Joseph Lagrange,1736—1813 年,伯爵),意大利裔法国科学家。他在数学、物理学和天文学等领域成绩非凡。他的成就包括:创建拉格朗日中值定理,创建拉格朗日力学体系等。

③ 莱昂哈德·欧拉(Leonhard Euler,1707—1783 年),瑞士科学家。他在数学和物理学领域取得了非凡成就。1753 年,他首次提出“连续介质模型”[参见第 4.1.1]。另外,他也首次使用了“函数”一词及其表达式,例如,$y=f(x)$,尽管关于函数的定义早在 1694 年就由德国数学家戈特弗里德·威廉·莱布尼兹(Gottfried Wilhelm Leibniz,1646—1716 年,男爵)给出。

气流），如果使用拉格朗日法（或欧拉—拉格朗日法）进行研究可能会更方便些，因为这时粉尘颗粒的数目是有限多的，而不像流体质点那样是无限多个。

4.1.3　工程流体力学中的一些简化处理

4.1.3.1　关于压强的处理

在“流体静力学”中，通过相关的理论推导可以知道（参见第 4.2.1）：流体静压强的大小与其作用的方向无关，因此流体静压强可以看作是一个标量（只有大小，没有方向）。但是，在“流体动力学”中，该结论本不成立。这也就是说，在涉及“流体动力学”的压强时原本需要考虑压力方向。然而，相关的理论推导结果表明：无论流场中 x、y、z 这三个相互垂直的坐标轴怎样围绕着坐标原点 o 转动，这三个坐标轴方向上的压强平均值 $\bar{p}=(p_x+p_y+p_z)/3$ 始终保持不变。基于此规律，也为了方便“工程流体力学”问题的求解，在“流体动力学”中，将流体的压强与流体静压强在概念上则不加以区分，而且也都使用小写英文字母符号 p 来表示这个概念。

4.1.3.2　关于流体压缩性与膨胀性的处理

液体压缩性系数和膨胀性系数都很小［表 4.1 与表 4.2 所示的分别是水的压缩性系数（参见第 2.2.1.1）与膨胀性系数（参见第 2.2.1.1）］。所以，工程上一般是不考虑液体的压缩性和膨胀性，除非在高压和高温时。但是，请读者注意：水击（例如，水阀突然关闭时，因为流向骤变会引起“水击”现象，它的冲击力极大，对于阀门等部件的破坏力很大）、水中爆破、液压冲击等极端现象也需要考虑液体的压缩性。

表 4.1　0 ℃时水的压缩性系数 β_p

p/Pa	5×10^5	10×10^5	20×10^5	40×10^5	80×10^5
β_p/Pa^{-1}	5.38×10^{-10}	5.36×10^{-10}	5.31×10^{-10}	5.28×10^{-10}	5.15×10^{-10}

表 4.2　水的膨胀性系数 β_T/K^{-1}

p/Pa ＼ T/K	273.15～283.15	283.15～293.15	313.15～323.15	333.15～343.15	363.15～373.15
0.981×10^5	0.14×10^{-4}	1.50×10^{-4}	4.22×10^{-4}	5.56×10^{-4}	7.19×10^{-4}
98.1×10^5	0.43×10^{-4}	1.65×10^{-4}	4.22×10^{-4}	5.48×10^{-4}	7.04×10^{-4}
196.2×10^5	0.72×10^{-4}	1.83×10^{-4}	4.26×10^{-4}	5.39×10^{-4}	—

关于气体则必需考虑它们的压缩性与膨胀性。然而，低速气流（＜100 m/s）的流速变化所引起的气体密度变化量很小，因此可以把低速气流中的气体当作“不可压缩流体”处理（即忽略其压缩性）。进而，若不可压缩流体处于等温过程或准等温过程中，那么其膨胀性也可以被忽略，这时气体的密度就可以看作是常数。反之，若高速气流的压缩系数大到不可以忽略，那样就不得不按照“可压缩流体”来进行研究。在本章中，等温的不可压缩流体是其中大部分内容的前提条件（第 4.3.11 除外）。可压缩流体的流动规律只作为辅助内容（参见第 4.3.11）以供读者需要了解时再阅读所用。

4.1.3.3　关于黏度与黏滞阻力的处理

根据牛顿黏性定律（参见第 2.2.1.1），流体在静止时并不表现出其黏度与黏滞力，因此，在“流体静力学”中不必考虑黏度与黏滞阻力的问题。但是，在“流体动力学”中，则必需考虑黏度与黏滞阻力带来的影响。然而，由于黏度与黏滞阻力对于流体流动规律的影响非常复杂、涉及的因素很多，这就对于流体流动规律的研究带来了很大的困难。为了深入浅出、化繁就简，人们便在“工程流体力学”中使用了无黏度"理想流体"的概念及其简化问题的方法：理想流体(Ideal Fluid)是一种假想的①、完全没有黏滞性的流体，所以其黏度为0。在"工程流体力学"中，引进理想流体②的假设是有实际意义的。因为这样一来，就可以先研究理想流体的流动规律，在找出其具体方程后再考虑黏度的影响(也就是对于理想流体的流动规律再进行一些修正后，便使之适合于实际的黏性流体)。

该方法的具体研究思路为：首先，从理论上研究无黏度(因此，也就没有黏滞阻力)的理想流体在流动过程中的能量转换规律，表述该规律的数学方程式就是经理论推导出的"关于理想流体的伯努利方程"(参见第4.3.3.2)。然后，在该方程式的右边增加一个因为黏滞阻力存在所导致的能量损失项 h_w(参见第4.3.4.1)，而且还要设法找到 h_w 的相关计算方法(参见第4.3.5.3)。于是，这样就会间接地得到了"关于实际黏性流体的伯努利方程"。

如果从纯理论的角度来看，这种研究方法不是很严格，但是这种处理方法却是抓住了主要矛盾，又使问题本身得到了大大简化，使得人们能够较为容易地和方便地找出问题的规律。因此，由该研究方法得到的伯努利方程非常实用，它几乎可以解决所有不可压缩流体流动的工程实践问题，所以说：伯努利方程就构成了工程流体力学的核心内容，它能够可靠地为工程流体力学实践提供指导服务。

4.2　流体静力学简介

4.2.1　流体静力学的两个基本特性

流体静力学的前提是流体处于相对静止的状态(或言之，流体处于力的平衡状态)，所以说：流体静力学主要研究流体的平衡规律以及这些规律的实际应用。在流体静力学中，最重要的概念也就是流体的压强(即流体静压强)。关于流体压强与其作用表面的概念，参见第2.2.1.2(1)。

流体静力学的两个基本特性是：第一，流体静压强必然垂直指向其作用面(或者说，流体的静压强总是沿着其作用面的内法线方向)；第二，流体内任意一点上静压强的大小与其作用面的方向无关。根据上述"流体静力学"的第二个基本特性，我们就可以知道：流体中某一点上静压强的大小与其作用的方向无关，于是，就可以将流体的静压强看作是一个标量(只有大小，没有方向)。

关于"流体静力学"第一个基本特性，可以利用反证法来证明：首先，假设流体静压强不是垂直于其作用的面，于是流体静压强所对应的压力就可以分解成法向力和切向力。再按照第2.2.1中关于流体"流动性"的描述——任何微小剪切力都会引起流体的流动，这样就与流体静力学的前提不相符。所以，流体静压强必然垂直于其作用的面。其次再假设流体静压强是沿着其作用面的外法线方向，这样，流体将会受到拉力的作用，众所周知，相对静止流体是不能承受任何拉力的作用。于是，就证明了流体静压强必然垂直指向其作用的面(即流体静压强沿着其作用面的内法线方向)。

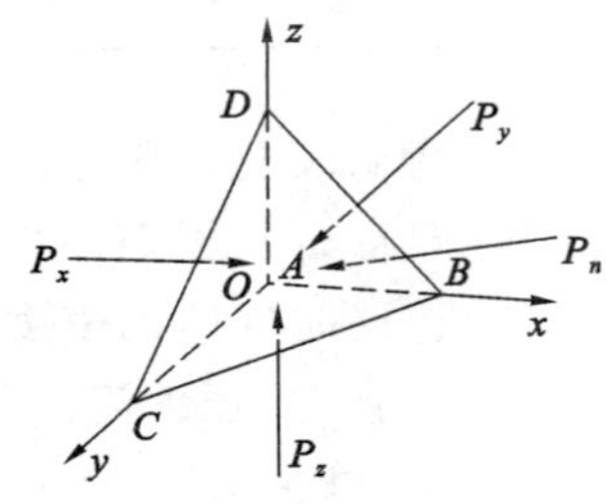

图4.1　微元四面体示意图

关于"流体静力学"的第二个基本特性，则可以用以下的方法来证明：如图4.1所示，在相对静止流体中任取一个点 A，以该点为核心再取一个微元四面体 $OBCD$，其三条相互垂直的棱长分别为 dx、dy、dz，其与 x 轴、y 轴、z 轴相垂直的三个微元面面积分别为 A_x、A_y、A_z，其斜面微元面面积

① 尽管"理想流体"是"工程流体力学"中假想的流体，但是，在科研工作中却也发现了类似的流体——超流体(Superfluid)。例如，按照一定比例配制的 ^3He 与 ^4He，可以产生无限趋近于绝对零度(0 K)的温度。温度低于2 K的液氦就成为无黏滞性的超流体(其黏度为0)，同时其熵值为0(超规范性)、热导率为∞(超热导性)、电阻为0(超导性)，这就是所谓的"玻色-爱因斯坦凝聚态(Bose Einstein Condensate，简称：BEC)"。例如，将一根细管插入超流体池内，在温度差与表面张力的作用下，超流体便会自动地从该细管中溢流出来，这便是"超流动"现象。

② 在流体力学领域，为了将"理想流体"与物理学中"理想气体"相区别，有的文献也将后者改称为：完全气体(Perfect Gas)。

为 A_n。令 P_x、P_y、P_z、P_n 分别表示作用在上述四个微元面上的压力。因为各个微元面的面积极小，因此近似地认为它们受的压力是均匀地作用在微元面的各个质点上。于是，得：$P_x = p_xA_x$；$P_y = p_yA_y$；$P_z = p_zA_z$；$P_n = p_nA_n$。在这四个式子中，p_x、p_y、p_z、p_n 分别表示各自所对应微元面上的平均压强。

作用在各个微元面上的压力是表面力。对于图 4.1 中所示的微元四面体而言，除了表面力以外，还有质量力（参见第 2.2.1.2 的介绍）。然而，微元四面体的棱长为无穷小，所以其质量力是比表面力更高阶的无穷小量（因为质量与体积成正比，而微元四面体的体积比其面积多了一个无穷小的因子），这样在取无穷小的极限时便可以忽略这个高阶无穷小量。

在流体静力学中，流体处于平衡状态（合外力为零），因此，上述微元四面体也是处于平衡状态，即合外力为零。于是，在忽略质量力以后，便可以得到：

$$p_xA_x - p_nA_n\cos(n,x) = 0$$
$$p_yA_y - p_nA_n\cos(n,y) = 0$$
$$p_zA_z - p_nA_n\cos(n,x) = 0$$

再根据相关的几何关系，得：

$$A_x = A_n\cos(n,x);\quad A_x = A_n\cos(n,x);\quad A_x = A_n\cos(n,x)$$

将这三个面积的几何关系式代入上述三式后，便得到：

$$p_x = p_y = p_z = p_n$$

再取极限 $dx\to 0$，$dy\to 0$，$dz\to 0$（即上述微元四面体无限趋于其核心点 A），则 $p_x = p_y = p_z = p_n$，这个结论适用于点 A。由于点 A 是任取的，于是，该关系式就适用于相对静止流体中的每一点。

由此可知，在相对静止的流体中，沿任何方向作用于某一点上的压强都相等，即流体的静压强表现出它作为标量的基本特点——与方向无关。

这里，还需要特别指出的是：尽管在同一点上，各个方向上的压强相等，然而，在不同点上，流体的静压强还是有差异的。如果再考虑到“流体的连续介质模型”（参见第 4.1.1），则可以得到一个非常重要的推论，这就是：流体静压强的大小是所在流场空间坐标的单值且连续可微函数，即

$$p = f(x,y,z)\qquad (\text{Pa})\tag{4.1}$$

4.2.2　流体静力学基本方程式的推导

为了求得式(4.1)中的具体函数关系式（也就是：流体静力学基本方程），需要先来推导出流体静力学中的流体平衡微分方程。为此，在处于平衡状态的流体中任取一点 M，首先将该点的静压强设定为 p，按照上述的“流体静力学”第二个基本特性，该点在各个方向上的压强均等于 p。围绕点 M，再取一个微元六面体，其边长分别为 dx、dy、dz，如图 4.2 所示。现在来分析一下该微元六面体的受力情况。

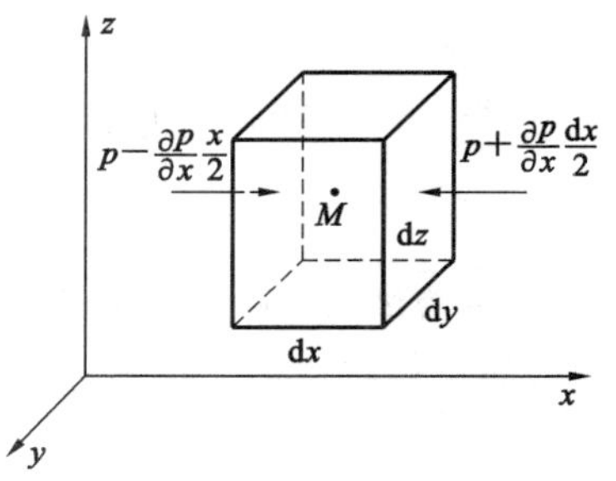

图 4.2　微元六面体的示意图

先分析**表面力**：作用在该微元六面体的表面力只有压力，而且沿 x 轴方向上的压力只是作用于该微元六面体的左、右两个侧面上。根据偏导数的定义，作用于其左侧面上的压力大小为 $\left(p-\frac{\partial p}{\partial x}\frac{dx}{2}\right)dydz$，其方向为正；作用于其右侧面上的压力大小为 $\left(p+\frac{\partial p}{\partial x}\frac{dx}{2}\right)dydz$，其方向为负。于是，沿 x 轴方向上作用于该微元六面体的总压力为：

$$\left(p-\frac{\partial p}{\partial x}\frac{dx}{2}\right)dydz-\left(p+\frac{\partial p}{\partial x}\frac{dx}{2}\right)dydz=-\frac{\partial p}{\partial x}dxdydz$$

同理可得，沿 y 轴、沿 z 轴方向上作用于该微元六面体的总压力分别为：$-\frac{\partial p}{\partial y}dxdydz$、$-\frac{\partial p}{\partial z}dxdydz$。

再来分析**质量力**，假设单位质量力[即单位质量流体所受到的质量力，参见第 2.2.1.2(2)]在 x、y、z 这三个坐标轴方向上的分量分别为 R_x、R_y、R_z，再假设流体的密度为 ρ[参见第 2.2.1.1(1)]，则上述微元六面体在 x 轴、y 轴、z 轴方向上受到的质量力分别为 $R_x\cdot\rho\cdot\mathrm{d}x\mathrm{d}y\mathrm{d}z$、$R_y\cdot\rho\cdot\mathrm{d}x\mathrm{d}y\mathrm{d}z$、$R_z\cdot\rho\cdot\mathrm{d}x\mathrm{d}y\mathrm{d}z$。

根据牛顿第二定律，在力的平衡状态时，合外力为零。故而，得：

$$R_x\cdot\rho\cdot\mathrm{d}x\mathrm{d}y\mathrm{d}z-\frac{\partial p}{\partial x}\mathrm{d}x\mathrm{d}y\mathrm{d}z=0$$

$$R_y\cdot\rho\cdot\mathrm{d}x\mathrm{d}y\mathrm{d}z-\frac{\partial p}{\partial y}\mathrm{d}x\mathrm{d}y\mathrm{d}z=0$$

$$R_z\cdot\rho\cdot\mathrm{d}x\mathrm{d}y\mathrm{d}z-\frac{\partial p}{\partial z}\mathrm{d}x\mathrm{d}y\mathrm{d}z=0$$

将以上三式的左右两边同除 $\rho\cdot\mathrm{d}x\mathrm{d}y\mathrm{d}z$，然后再取 $\mathrm{d}x\to0$，$\mathrm{d}y\to0$，$\mathrm{d}z\to0$ 的极限(即上述的微元六面体无限地趋向于其中心点 M)，则得：

$$\left.\begin{aligned}R_x-\frac{1}{\rho}\frac{\partial p}{\partial x}\mathrm{d}x\mathrm{d}y\mathrm{d}z=0\\R_y-\frac{1}{\rho}\frac{\partial p}{\partial y}\mathrm{d}x\mathrm{d}y\mathrm{d}z=0\\R_z-\frac{1}{\rho}\frac{\partial p}{\partial z}\mathrm{d}x\mathrm{d}y\mathrm{d}z=0\end{aligned}\right\}\qquad(\mathrm{m/s^2})\tag{4.2}$$

式(4.2)所述的三式就被称为：流体平衡微分方程式，也被称为：欧拉平衡微分方程式。

式(4.2)是微分方程式，为了求得其积分方程，从而得到式(4.1)的具体函数关系式，这里特将式(4.2)所述的三个微分方程式的两边各自乘 $\mathrm{d}x$、$\mathrm{d}y$、$\mathrm{d}z$，于是，得：

$$(R_x\mathrm{d}x+R_y\mathrm{d}y+R_y\mathrm{d}z)-\frac{1}{\rho}\left(\frac{\partial p}{\partial x}\mathrm{d}x+\frac{\partial p}{\partial y}\mathrm{d}y+\frac{\partial p}{\partial z}\mathrm{d}z\right)=0\qquad(\mathrm{m/s^2})\tag{4.3}$$

按照在第 4.2.1 中所得到的推论，可知：流体静压强是连续、可微的，于是根据“高等数学”中关于全微分的定义，得：

$$\mathrm{d}p=\frac{\partial p}{\partial x}\mathrm{d}x+\frac{\partial p}{\partial y}\mathrm{d}y+\frac{\partial p}{\partial z}\mathrm{d}z$$

这样，式(4.3)就可以更改为：

$$(R_x\mathrm{d}x+R_y\mathrm{d}y+R_y\mathrm{d}z)-\frac{\mathrm{d}p}{\rho}=0$$

工程流体力学中最常见的情况是质量力只有重力[即 $R_x=0$，$R_y=0$，$R_z=-g$，参见第 2.2.1.2(2)]，这时，如果再将流体作为不可压缩流体(参见第 4.1.3.2)，于是，得：

$$-g\mathrm{d}z-\frac{\mathrm{d}p}{\rho}=0$$

即

$$\mathrm{d}z+\frac{\mathrm{d}p}{\rho g}=0\qquad(\mathrm{m})\tag{4.4}$$

积分后，得：

$$z+\frac{p}{\rho g}=c\quad(c\text{ 表示积分常数})\quad(\mathrm{m})\tag{4.5}$$

式(4.5)便是流体静力学基本方程式，也就是式(4.1)所述的不可压缩流体在重力场中(即质量力只有重力)静压强分布的具体函数关系式。

如果再按照流体的密度与其重度之间的关系 $\gamma=\rho g$[参见式(2.63)]，则式(4.5)也可以转换为：

$$z+\frac{p}{\gamma}=c\qquad(\mathrm{m})\tag{4.5a}$$

式(4.5)是将式(4.4)进行不定积分而得到的公式，如果对于式(4.4)进行定积分，则可以得到另一种形式的"流体静力学"基本方程式，具体如下：

$$z_1 + \frac{p_1}{\rho g} = z_2 + \frac{p_2}{\rho g} \qquad (\mathrm{m}) \tag{4.6}$$

4.2.3 流体静力学基本方程式的应用及其讨论

流体静力学基本方程式就构成了流体静力学计算的理论基础，该方程式中的各项则被称为：压头(Head，关于压头概念的探讨参见第4.3.5.2)，其中，z 是几何压头，$p/\rho g$ 是静压头。

对于液体，流体静力学基本方程式(4.6)还可以简化为另一个计算公式：

$$p = p_0 + \rho g h \qquad (\mathrm{Pa}) \tag{4.7}$$

这是因为，根据式(4.6)可以得到：$p_1 = p_0 + \rho g(z_0 - z_1)$，这里，$p_0$ 为液体表面[①]的压强，于是，$z_0 - z_1$ 便是液体中某点到液体表面的垂直高度，也就是该点的"深度"，其符号为 h(即，$h = z_0 - z_1$)。如果液体的表面为大气中的空气，则式(4.7)就变为：

$$p = p_a + \rho g h \qquad (\mathrm{Pa}) \tag{4.8}$$

这里，p_a 为当地当时的大气压强，单位：Pa。

在工程流体力学领域，人们将流体的真实压强称为：绝对压强 p(Absolute Pressure)；而将绝对压强与(当地当时的)大气压强之差 $p - p_a$ 称为：相对压强 p'(Relative Pressure)。这是因为：除了大气压力表(Barometer)以外，所有测压仪器(参见第4.4节)显示的压强都是相对压强，因此，相对压强也称为：表压。如果相对压强大于零，人们便称之为：正压；如果相对压强小于零，人们则称为：负压，在这种情况下，负压的负值(也就是相对压强的绝对值)被称为：真空度，上述三种压强之间的关系则如图4.3所示。这里，还要提醒读者注意：为了书写方便，人们通常将相对压强 p' 中的上角标′忽略不写，这也就是说：在本教材中，如果不特加说明，压强 p 都表示相对压强。

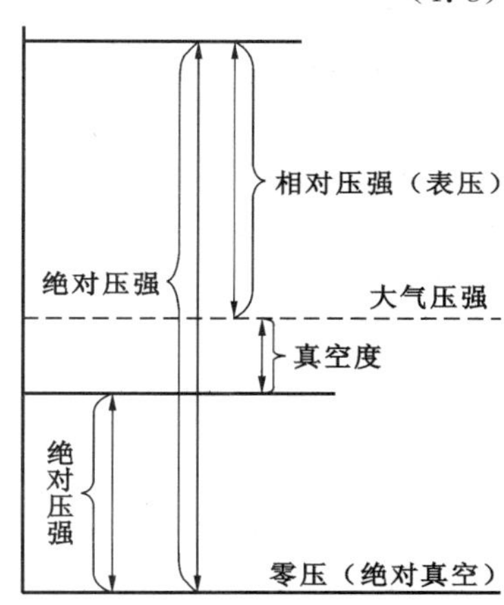

图 4.3 三种压强之间的关系

以下就是关于上述流体静力学基本方程式的应用及其讨论。

【讨论1】 寻找液体等压面：等压面是指压强相等的点所组成的面，由相关的流体力学理论可知：等压面一定与质量力的方向相垂直。在重力场中(即质量力只有重力)，重力的方向垂直向下，因此，其等压面必然是水平面。同理，在重力场中，两种互不相混的流体之交界面也必然为水平面[②]。

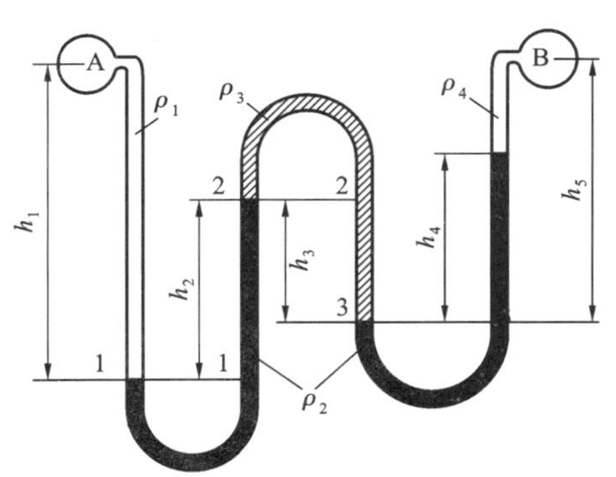

图 4.4 寻找液体等压面的示意图

在液体容器内，寻找液体等压面的的依据则是静止(指：涉及到的所有液体都处于静止状态)、水平(指：两个平面均为水平面)、连续(指：两个平面之间是用同一种液体相联而没有间断)、同质(指：两个平面处都为同一种液体)。

例如，在图4.4中，1—1为等压面、2—2为等压面、3—3为等压面。根据这个关系也就可以计算点 A 与点 B 之间的压强差，具体如下：

$$p_1 = p_A + \rho_1 g h_1$$

$$p_2 = p_1 - \rho_2 g h_2$$

$$p_3 = p_2 + \rho_3 g h_3$$

① 这里所说的"液体表面"，是指液体与其上面的气体之交界面，也被称为：**自由面**(Free Surface)。

② 这里不包括在细管内由于液体的表面张力所引起的毛细管现象，因为那种情况，液体表面(或：分界面)会呈现凹面或凸面。

$$p_B = p_3 - \rho_2 g h_4 - \rho_4 g(h_5 - h_4)$$

整理后，得：

$$p_A - p_B = -\rho_1 g h_1 + \rho_2 g h_2 - \rho_3 g h_3 + \rho_2 g h_4 + \rho_4 g(h_5 - h_4)$$

所以，只要掌握了上述寻找液体等压面的方法，也就能够很容易地进行相关的压强计算或压强差计算。当然，上述寻找液体等压面的方法仅仅限于质量力只有重力的情况。如果除了重力以外，还有其他类型的质量力（例如，惯性力、离心力、电磁力等），那么这时的等压面也将不再呈现水平面，例如，参见以下的【讨论 7】、【讨论 8】。

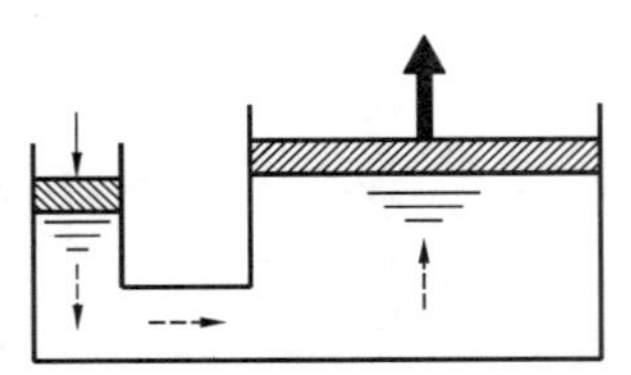

图 4.5　帕斯卡原理的示意图

【讨论 2】　利用帕斯卡原理：由式(4.7)可知，如果液体表面的压强 p_0 有一个增值 Δp，则液体中的每一点都会有相同的增值 Δp，即液体具有等压强传递的能力，这便是帕斯卡原理(Pascal Principle)，该原理也叫做：液压原理。根据该原理，在一个较小液体表面施加一个很小的力，经过液体的等压强传递就会在另一个较大液体表面产生一个很大的力，参见图 4.5。该原理在各行各业中几乎都有应用，例如，液压千斤顶(Hydraulic Jack)、液压传动(Hydraulic Drive)、液压成型机(Hydraulic Press)等。

【讨论 3】　静止液体内某点的压强与其容器的形状无关：由式(4.7)可知，在静止液体内某点的压强只与表面压强、液体密度以及该点的深度有关。所以，它与液体容器的形状无关。

例如，安放在同一桌面上的几个开口容器，其形状不同但是其底面面积相等。而且，容器内盛有同一液体并且液体高度相等，如图 4.6 所示：因为开口，所以液体表面的压强都相等。再由于是同一液体（其密度相同）以及液体的高度相等，因此这些容器底面所承受的液体压强便相等。由于容器的底面面积也相等，所以这些容器底面所承受的液体压力便相等。然而，由于容器形状不同，所以整体（容器＋液体）的重力便有所差异，这就使得这些容器因为重力而对桌面所产生的压力就不再相等。

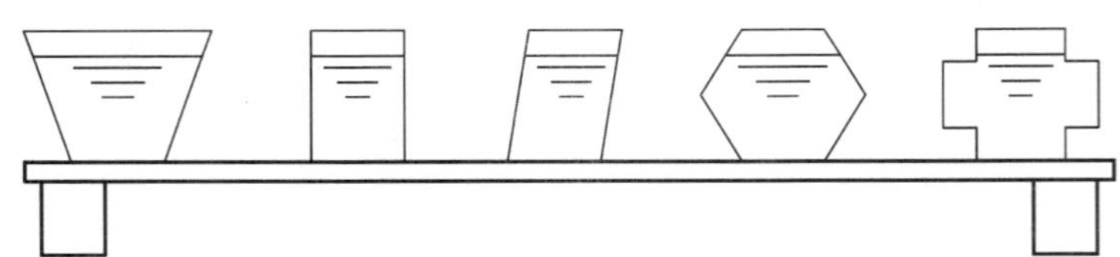

图 4.6　放在同一桌面上的几个开口容器

【讨论 4】　液体对于平面压力的计算：在实际工程问题中，时常会遇到一个固体平板浸没在液体中的情况，如图 4.7 所示。

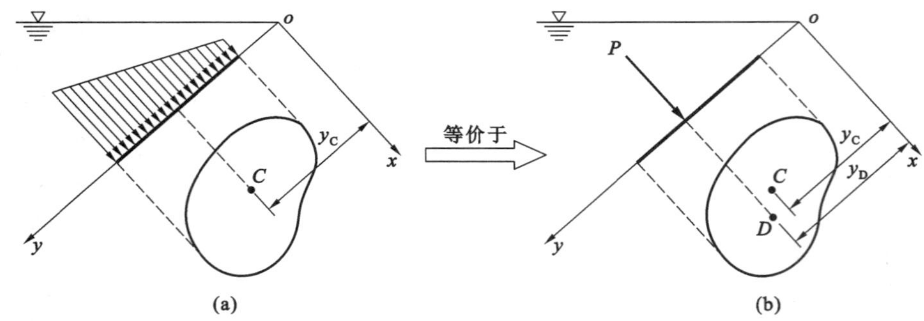

图 4.7　液体对于平板表面压力的计算图

(a) 实质的压强分布(各个分力)；(b)用合力代替分力计算

按照流体静力学第一个基本特性以及式(4.7)或式(4.8)所描述的压强分布规律，固体表面受到的液体压强是垂直指向该表面，而且在液体中的位置越深，压强就越大，于是就有了如图 4.7(a)所示的压强分布。然而，在计算液体对于固体表面的压力时，若用无数个分力进行计算则很难计算，为此，常用其合力来计算，参见图 4.7(b)。按照力的三要素(方向、大小、作用点)，在该问题中，合力的方向与各分力的方向相同；合力的大小等于各分力大小之和(无数个分力相加＝分力的积分运算)；合力对于某点的力矩等于各分力对于同一点的力矩之和(无数个力矩相加＝力矩的积分运算)。按照这三个计算原理，再经过进一步推导，就可以得到图 4.7(b)中合力的方向、大小与作用点，具体如下：

合力的方向：垂直指向(与液体接触的)平板表面。

合力的大小 P：等于该平板形心点 C 处的压强 p_C(单位：Pa)与该平板(与液体接触的)面积 A(单位：m^2)之乘积，即

$$P = p_C \cdot A \qquad (N) \tag{4.9}$$

合力的作用点 D(也称：压力中心)：在该平板形心点 C 的下方，具体的计算公式为：

$$y_D = y_C + \frac{J_C}{y_C \cdot A} \qquad (m) \tag{4.10}$$

这里，y_D 为合力作用点 D 的 y 轴坐标，单位：m；y_C 为该平板形心点 C 的 y 轴坐标，单位：m；J_C 为该平板浸没部分(与液体相接触部分)的惯性矩，单位：m^4，参见表 4.3。

表 4.3　几种常用形状的惯性矩、形心高度及面积

图形		惯性矩 J_C	形心高度 S_C	面积 A
等边梯形		$\frac{h^3(a^2+4ab+b^2)}{36(a+b)}$	$\frac{h(a+2b)}{3(a+b)}$	$\frac{h(a+b)}{2}$
圆形		$\frac{\pi R^4}{4}$	R	πR^2
半圆		$\frac{(9\pi^2-64)R^4}{72\pi}$	$\frac{4R}{3\pi}$	$\frac{\pi R^2}{2}$
圆环		$\frac{\pi(R^4-r^4)}{4}$	R	$\pi(R^2-r^2)$
矩形		$\frac{bh^3}{12}$	$\frac{h}{2}$	bh
三角形		$\frac{bh^3}{36}$	$\frac{2h}{3}$	$\frac{bh}{2}$

续表 4.3

图形		惯性矩 J_C	形心高度 S_C	面积 A
等边梯形		$\dfrac{h^3(a^2+4ab+b^2)}{36(a+b)}$	$\dfrac{h(a+2b)}{3(a+b)}$	$\dfrac{h(a+b)}{2}$
椭圆		$\dfrac{\pi a^3 b}{4}$	a	πab

以下就列举三个实例来说明此类问题计算的应用。

【例 4.1】 一个圆形闸门的相关尺寸如图 4.8 所示，在闸门的外侧，其上方悬挂在铰链上，其下方用一个锁扣锁紧。请确定该闸门所受到的水压力 $\boldsymbol{P}$ 以及将该闸门贴紧排水口所需要的最小锁紧力 $\boldsymbol{P}'$。

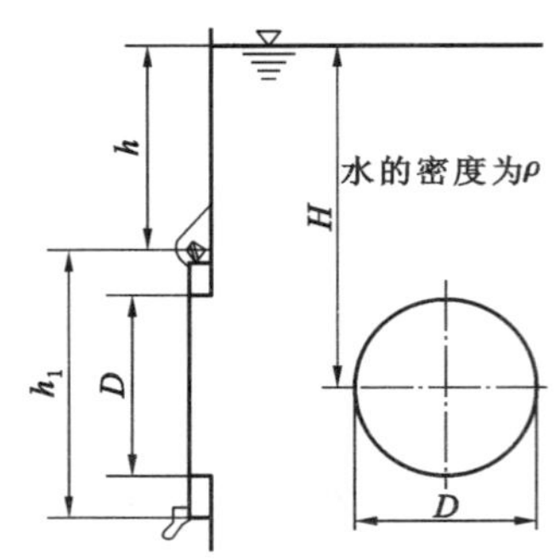

图 4.8 【例 4.1】的图示

在这个实例中，y 轴为沿闸板右侧表面垂直向下的线，其坐标原点 o 位于水面（oy 轴在图 4.8 中未画，而在具体做题时则需要画出）。由式(4.9)可知，闸门所受到的水压力 $P=p_C \cdot A=\rho gH \cdot \dfrac{\pi}{4}D^2$，单位：N。再根据“锁扣对于铰链的力矩至少等于水压力 $\boldsymbol{P}$ 对于铰链的力矩”（即 $P' \cdot h_1=P \cdot L_D$，这里，L_D 为水压力 $\boldsymbol{P}$ 对于铰链的力臂）便求得将该闸门贴紧排水口所需的最小锁紧力 $P'=P \cdot L_D/h_1$，具体的计算过程为：由图 4.8 中的几何关系可知，$y_C=H$，$L_D=\dfrac{h_1}{2}+(y_D-y_C)$，而由式(4.10)，得：$y_D=y_C+\dfrac{J_C}{y_C \cdot A}$，查表 4.3 可知：$J_C=\dfrac{\pi R^4}{4}=\dfrac{\pi D^4}{64}$，所以，$y_D-y_C=\dfrac{J_C}{y_C \cdot A}=\dfrac{D^2}{16H}$，进而得到：$L_D=\dfrac{h_1}{2}+\dfrac{D^2}{16H}$，最后得到：$P'=\dfrac{P}{h_1} \cdot \left(\dfrac{h_1}{2}+\dfrac{D^2}{16H}\right)$，单位：N。

—毕—

【例 4.2】 位于某液体中的某矩形闸门，其宽度为 B，其自重为 G，其余尺寸参见图 4.9。在该图中，点 a 的位置为转轴，通过点 b 有一条垂直拉线，问通过该拉线至少需要多大拉力 T 才可以将闸门打开？

在这个实例中，要以表示转轴位置的点 a 为支点。若想将闸门打开，至少要保证：“垂直拉线对于点 a 的力矩”=“液体给予闸门的压力对于点 a 的力矩”+“闸门自重对于点 a 的力矩”。以下就按照该力矩方程式来进行计算。首先建立如图 4.9 中所示的 y 轴（坐标原点 o 在液面），再按照上述力矩等式，便可以建立以下方程：

$$T \cdot \frac{h_2}{\tan 45^\circ}=P \cdot \left(y_D-\frac{h_1}{\sin 45^\circ}\right)+G \cdot \frac{0.5h_2}{\tan 45^\circ}$$

整理后，得：

$$T=\frac{P \cdot (y_D-\sqrt{2}h_1)+G \cdot 0.5h_2}{h_2}$$

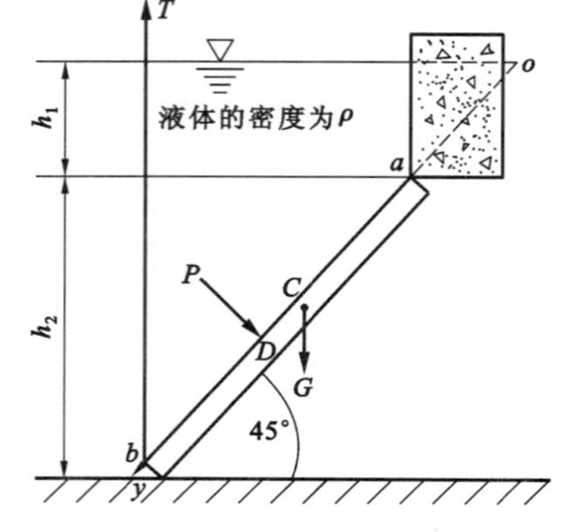

图 4.9 【例 4.2】的图示

这里，$P=p_C A=\rho g(h_1+0.5h_2)A$，且 $y_D=y_C+\dfrac{J_C}{y_C \cdot A}$，关于这两个计算式中的几个变量，查表 4.3 后再整理，得：

$$A=B \cdot \frac{h_2}{\sin 45^\circ}=\sqrt{2}Bh_2,\ y_C=\frac{h_1}{\sin 45^\circ}+\frac{0.5h_2}{\sin 45^\circ}=\sqrt{2}(h_1+0.5h_2),\ J_C=\frac{B}{12}\left(\frac{h_2}{\sin 45^\circ}\right)^3=\frac{\sqrt{2}Bh_2^3}{6}$$

—毕—

【例 4.3】 一个矩形闸板位于两个不同水位的水池之间，水的密度为 ρ。该闸板的宽度为 b，其他尺寸如图 4.10 所示。求：该闸板所承受的两个水池中水压力的合力 $\boldsymbol{P}$。

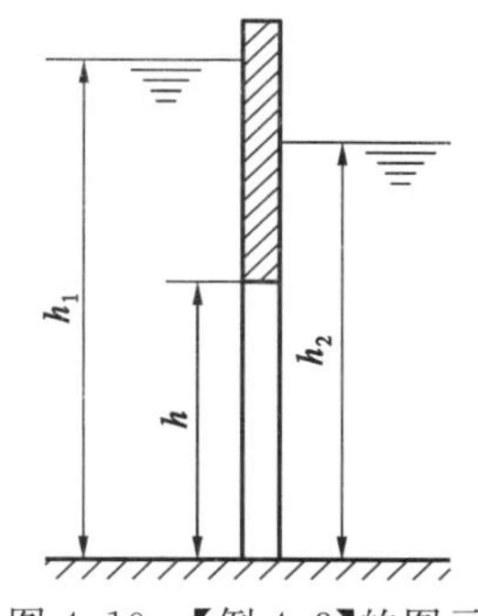

图 4.10 【例 4.3】的图示

在这个实例中，需要建立两个坐标轴（这两个坐标轴在图 4.10 中未画，具体做题时则需要画出），左侧水池的坐标轴为 o_1y_1（y_1 轴为沿着坝体左侧表面垂直向下的线，它的坐标原点 o_1 位于左侧水池的水面，）；右侧水池的坐标轴为 o_2y_2（y_2 轴为沿着坝体右侧表面垂直向下的线，它的坐标原点 o_2 位于右侧水池的水面）。

对于左侧的水池，由式(4.9)与式(4.10)，得：

$$P_1 = p_{C1} \cdot A = \rho g(h_1 - h + h/2) \cdot bh = \rho g(h_1 - h/2) \cdot bh$$

$$y_{D1} = y_{C1} + \frac{J_{C1}}{y_{C1} \cdot A} = (h_1 - \frac{h}{2}) + \frac{bh^3/12}{(h_1 - h/2) \cdot bh} = h_1 - \frac{h}{2} + \frac{h^2}{12(h_1 - h/2)}$$

同理，对于右侧的水池，得：

$$P_2 = p_{C2} \cdot A = \rho g(h_2 - h - h/2) \cdot bh = \rho g(h_2 - h/2) \cdot bh$$

$$y_{D2} = y_{C2} + \frac{J_{C2}}{y_{C2} \cdot A} = (h_2 - \frac{h}{2}) + \frac{bh^3/12}{(h_2 - h/2) \cdot bh} = h_2 - \frac{h}{2} + \frac{h^2}{12(h_2 - h/2)}$$

关于该闸板所受的两个水池中水压力的合力 $\boldsymbol{P}$，由于 $\boldsymbol{P}_1$ 和 $\boldsymbol{P}_2$ 的方向相反，且 $P_1 > P_2$ 所以，其大小 $P = P_1 - P_2$，其方向与 $\boldsymbol{P}_1$ 的相同（$\boldsymbol{P}$、$\boldsymbol{P}_1$ 和 $\boldsymbol{P}_2$ 在图 4.10 中未画，具体做题时则需要画出）。合力 $\boldsymbol{P}$ 的作用点可以根据合力矩定理进行计算，在本实例中，选择左侧的坐标原点 o_1 为支点，于是，得：合力 $\boldsymbol{P}$ 对于 o_1 点的力矩 $=\boldsymbol{P}_1$ 对于 o_1 点的力矩 $-$ $\boldsymbol{P}_2$ 对于 o_1 点的力矩，即合力矩方程为：$P \cdot y_D = P_1 \cdot y_{D1} - P_2 \cdot (y_{D2} + h_1 - h_2)$，由该方程便可以计算合力 $\boldsymbol{P}$ 作用点坐标 y_D 的值。 —毕—

以上便是液体对于平面压力的计算方法。然而，需要提醒读者注意：上述计算公式是在液面的相对压强为零（即液面为大气压）的情况下所推导的。如果液面的相对压强不为零，上述公式就不再适用。如果进行类似的推导，所得到的计算公式却较为复杂。为此，这里介绍该情况的一种简便计算方法——虚拟液面法，如图 4.11 所示。该方法的要点是：设想一个其相对压强为零的虚拟液面，再将坐标原点建立在该虚拟液面上，就可以按照上述液面的相对压强为零的计算公式来计算了。该虚拟液面与实际液面之间的高度为：$|p_0|/\rho g$}[如果 $p_0 > 0$，虚拟液面就在实际液面的上方，参见图 4.11(b)；反之，若 $p_0 < 0$，虚拟液面则位于实际液面的下方，参见图 4.11(c)]。

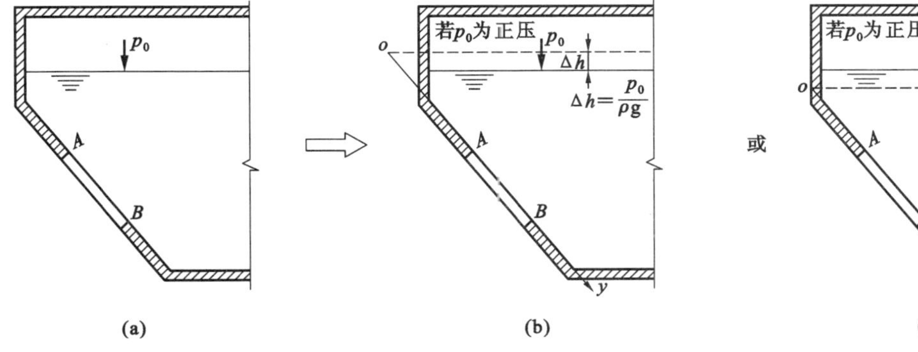

图 4.11 虚拟液面法的图示

为了让读者详细地了解“虚拟液面法”，这里举一个实例，如图 4.12(a)所示。在该实例中，对于上部的油，参见图 4.12(b)，其表面的相对压强为零，因此在油面建立坐标原点即可；然而，对于下部的水，其液面的相对压强不为零，所以需要利用虚拟液面法（将坐标原点建立在虚拟液面上），参见图 4.12(c)。在分别计算出油对其接触平面的压力 $\boldsymbol{P}_1$ 与水对其接触平面的压力 $\boldsymbol{P}_2$ 以后，就可以

计算其合力 $\boldsymbol{P}$，参见图 4.12(d)，其大小 $P=P_1+P_2$，其方向与 $\boldsymbol{P}_1$、$\boldsymbol{P}_2$ 相同，其作用点按照合力矩定理计算，本实例中，选择坐标原点 o_1 为支点，于是，合力 $\boldsymbol{P}$ 对 o_1 点的力矩 $=\boldsymbol{P}_1$ 对 o_1 点的力矩 $+\boldsymbol{P}_2$ 对于 o_1 点的力矩。

—毕—

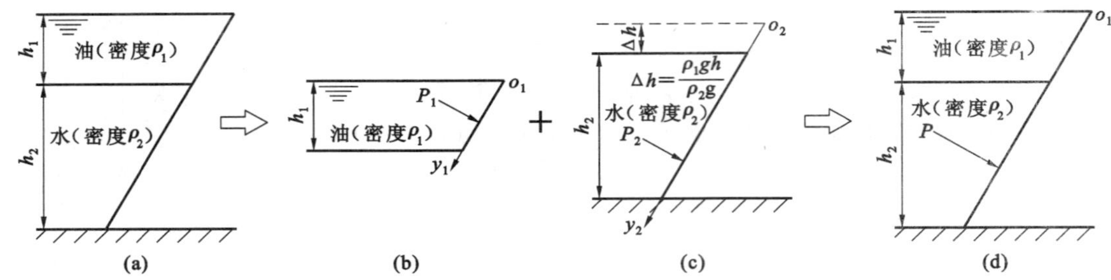

图 4.12 虚拟液面法计算的实例

当然，关于液体对平面压力的求解方法还有图解法，为了与之区别，【讨论 4】中的上述计算方法便被称为：解析法。由于解析法完全能够解决相关的问题，而且也较为严谨与精确，因此，在本教材中只介绍解析法。对于图解法感兴趣的读者，请查阅其他参考文献[12]。

【讨论 5】 液体对于曲面压力的计算：曲面有二向曲面与三向曲面之分。关于液体对这两种曲面总压力的计算方法，其原理是相同的。为了简化问题，先来探讨液体对于二向曲面总压力的计算（二向曲面也称为：柱体曲面）。

如图 4.13 所示，有一个二向曲面体是作为某液体容器的闸门。为了便于计算，可以将液体对于曲面的压力 $\boldsymbol{P}$（合力）分解为两个分力：水平分力 $\boldsymbol{P}_x$ 和垂直分力 $\boldsymbol{P}_z$。

经过有关的理论推导，得到以下结论：水平分力的大小 P_x 等于液体对于该曲面的垂直投影面的压力，其计算方法参见上述的【讨论 4】；垂直分力的大小 P_z 等于其压力体内[图 4.13(a)中阴影部分]的液体重力。关于这里所说的“压力体”，它一般是由三个面所围成（特殊的压力体请参见图 4.15）：其底面是受压曲面，其侧面是通过受压曲面的边界线所构成的垂直投射面，其顶面是相对压强为零的实际液面（或者是【讨论 4】的最后所介绍的“虚拟液面”）。

在计算出水平分力 $\boldsymbol{P}_x$ 与垂直分力 $\boldsymbol{P}_z$ 以后，便可以计算其合力 $\boldsymbol{P}$[参见图 4.13(b)]，其大小为：$P=\sqrt{P_x^2+P_z^2}$；其方向：$\tan\theta=\dfrac{P_z}{P_x}$；其作用点可以按照合力矩定理进行计算（例如，对于图 4.13 中所述的曲面，$\boldsymbol{P}$ 对点 A 的力矩 $=\boldsymbol{P}_x$ 对点 A 的力矩 $+\boldsymbol{P}_z$ 对点 A 的力矩），但是却较为烦琐，较为简便的确定方法是：将图 4.13(a)中 $\boldsymbol{P}_x$ 的指示线延长，而与 $\boldsymbol{P}_z$ 的指示线相交，通过该交点沿 $\boldsymbol{P}$ 的反方向作直线，该直线与曲面 AB 的交点即为合力 $\boldsymbol{P}$ 的作用点。

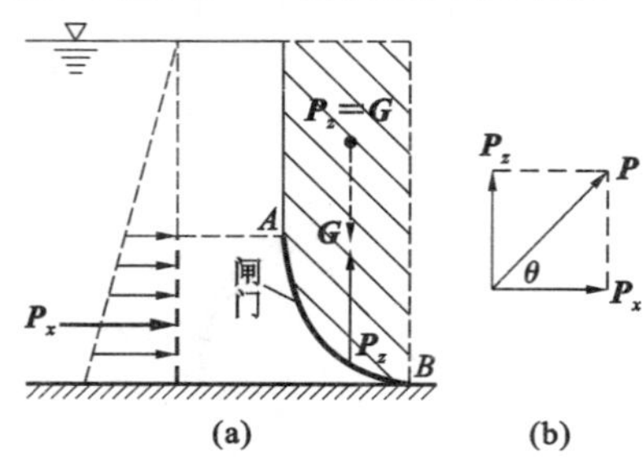

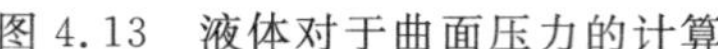

图 4.13 液体对于曲面压力的计算

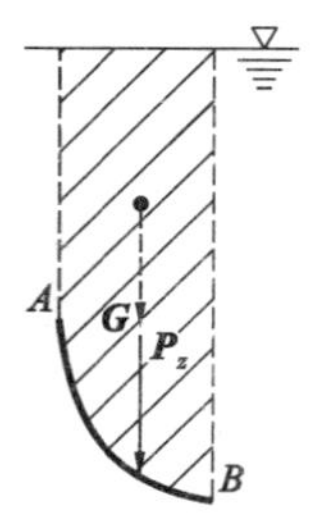

图 4.14 实压力体

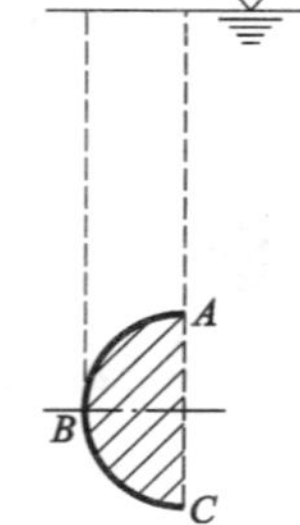

图 4.15 特殊压力体

由上述介绍可知，计算合力 $\boldsymbol{P}$ 的关键之一是相关压力体的绘制。压力体也分两种情况，如果压力体与实际液体不在同一侧[参见图 4.13(a)]，则压力体内的液体便是虚拟液体，该类型的压力体被称为：虚压力体；若是压力体与实际液体位于同一侧（参见图 4.14），压力体内液体便是实际液体，被称为：实压力体。请注意：虚压力体的 $\boldsymbol{P}_z$ 方向朝上，实压力体的 $\boldsymbol{P}_z$ 方向朝下。

图 4.15 所示的看起来是一种特殊压力体，实际上却是两个压力体(曲面 AB 的虚压力体与曲面 BC 的实压力体)的综合效果，这是因为曲面 AB 的 $\boldsymbol{P}_z$ 方向朝上，曲面 BC 的 $\boldsymbol{P}_z$ 朝下，于是，这两段的曲面压力体重合部分就相互抵消，于是便形成如图 4.15 所示的压力体。关于该压力体在【讨论 6】中还要作进一步的探究。

上述二向曲面所受液体压力的计算方法也能够推广到三向曲面，只是三向曲面是有两个水平分力——$\boldsymbol{P}_x$ 和 $\boldsymbol{P}_y$，因此需要向两个方向投影来计算 $\boldsymbol{P}_x$ 和 $\boldsymbol{P}_y$。所以，上述关于液体对于曲面压力的计算方法适用于任意形状的空间曲面。

【讨论 6】 浮力的作用与阿基米德原理

将一个任意形状的物体放入液体当中，便会呈现两种情况——物体全部沉入液体之中或者物体部分沉入液体之中。前者被称为：潜体；后者被称为：浮体，如图 4.16 所示。

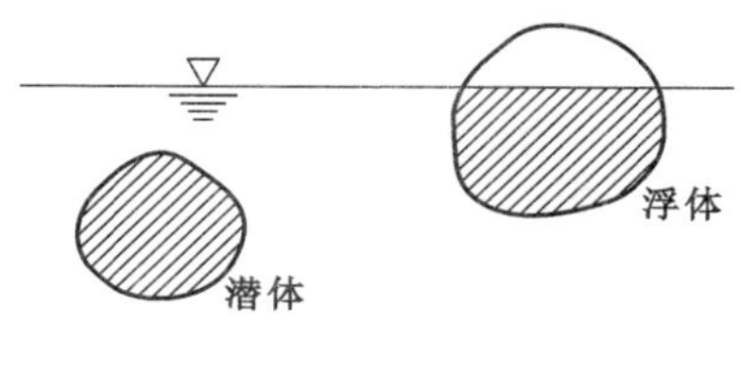

图 4.16 潜体与浮体

下面就对浸入液体之中的潜体与浮体来进行受力分析。

对于潜体或浮体的任意一个水平截面而言，按照式(4.7)或式(4.8)可知，各点的压强相等，于是，各个方向上的水平分力相互抵消，即其水平分力的合力为零。若利用【讨论 5】中压力体的概念进行描述，那就是：由于封闭的表面没有垂直边界线，所以其垂直投影面积为零。

然而，对于潜体或浮体的垂直截面而言，按照式(4.7)或式(4.8)，其下方的压强大，上方的压强小，这样便会产生一个方向朝上的净压力。这个方向朝上的净压力就是人们常说的流体的浮力 $\boldsymbol{F}$ (Bouyance)，浮力的作用点被称为：浮心。

利用类似于【讨论 5】中对于图 4.15 的讨论，图 4.16 中的阴影部分便是潜体或浮体的压力体。再按照【讨论 5】中关于垂直分力 $\boldsymbol{P}_z$ 的计算方法，便可以知道：这个方向朝上的净压力大小等于压力体内的液体重力。由图 4.16 则可以看出，潜体或浮体的压力体体积便是它们所排开的液体体积。由此，可以得到结论：液体对于浸入其中的物体之浮力大小等于该物体所排开液体的重力(浮力的方向垂直向上；浮力的作用点被称为：浮心，浮心与物体所排开液体的重心相重合)，这便是阿基米德原理。

按照阿基米德原理，任何一个浸入液体中的物体会同时受到其自身重力 G 与液体浮力 F 的共同作用：若重力 $G >$ 浮力 F，则物体便会沉入底面；若重力 $G=$ 浮力 F，则物体可以在液体中的任意一个位置保持平衡状态，如图 4.16 的潜体所示(潜水艇便是其具体实例)；若重力 $G<$ 浮力 F，该物体则会上浮而使其部分的体积位于在液面以上，直到重力 G 与浮力 F 相等，如图 4.16 中的浮体所示(船、舰、艇、舟、舢便是其具体实例)。

【讨论 7】 匀加速移动液体内的相关规律

以上所探讨的“流体静力学”规律只是针对处于静止状态的普通流体，或者说只是在“质量力只有重力”这个前提条件下才适用。然而，在实际工程中，也会遇到“除了重力以外，还有其他一些质量力(例如，惯性力、离心力)存在的情况”。【讨论 7】以及【讨论 8】便是针对这方面的两种典型情况。

这两种情况都属于流体处于相对平衡的状态(即尽管流体在整体上有运动，但是，流体质点之间、流体质点与器壁之间都没有相对运动)。

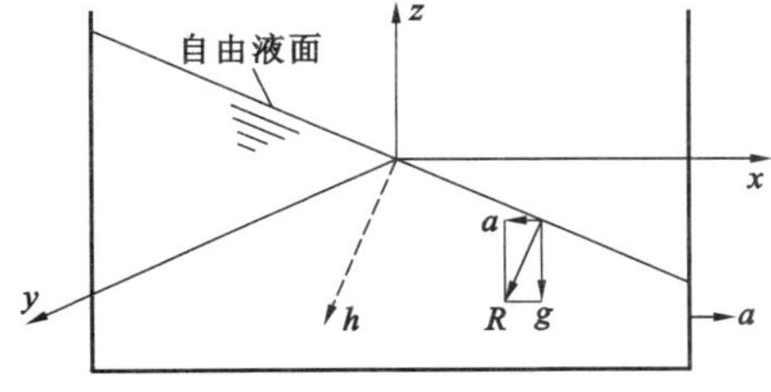

图 4.17 以匀加速 a 移动的液体

本讨论是关于“重力与惯性力共存”时液体的平衡规律——匀加速移动的液体内压强分布。

一个容器以均匀加速度 a 移动，该容器内盛有液体。在这种情况下，液体内的等压面不再是水平面而是倾斜的平面，其方程为 $z+\dfrac{a}{g}x=$ 常数。由此可以得到其自由液面的方程为 $z=-\dfrac{a}{g}x$，如图 4.17 所示。

如果以液体等压面的内法线方向为“深度 $h=-\frac{a}{g}x-z$”的方向，深度坐标 h 的原点仍设置在自由液面上，则上述关于重力场中的压强计算公式(4.7)或(4.8)仍然适用，其具体计算公式为：

$$p=p_0+\rho g\left(-\frac{a}{g}x-z\right)\quad(\mathrm{Pa})\tag{4.11}$$

或

$$p=p_a+\rho g\left(-\frac{a}{g}x-z\right)\quad(\mathrm{Pa})\tag{4.12}$$

【讨论 8】 旋转液体内的相关规律

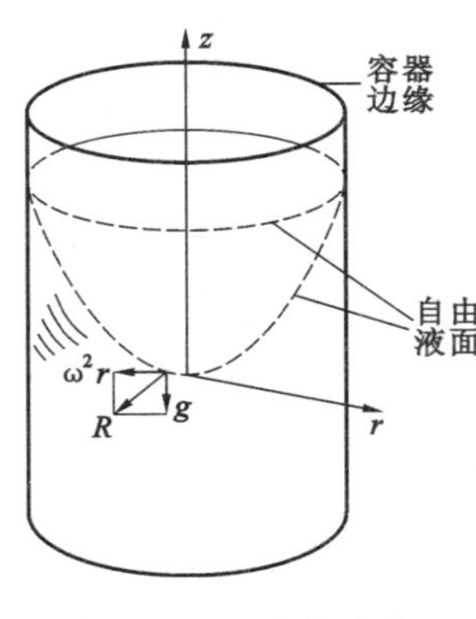

图 4.18　以匀角速度 ω 旋转的液体

一个盛有液体的容器，以匀角速度 ω 旋转，在这种情况下，液体内的等压面形状不再是水平面而是抛物面，其方程为：$\frac{\omega^2r^2}{2g}-z=$常数。由此可以得到其自由液面的方程为 $z=\frac{\omega^2r^2}{2g}$，如图 4.18 所示。

对于旋转的液体，如果以液体内等压面的内法线方向为“深度 $h=\frac{\omega^2r^2}{2g}-z$”的方向，深度坐标的原点设置在自由液面上，则上述关于重力场中的压强计算公式(4.7)或(4.8)仍然适用，其具体的计算公式为：

$$p=p_0+\rho g\left(\frac{\omega^2r^2}{2g}-z\right)\quad(\mathrm{Pa})\tag{4.13}$$

或

$$p=p_a+\rho g\left(\frac{\omega^2r^2}{2g}-z\right)\quad(\mathrm{Pa})\tag{4.14}$$

4.3　流体动力学简介

流体动力学的前提是流体处于流动状态(或言之，流体具有一定的流速)，所以，流体动力学主要研究流体的流动规律以及这些规律的实际应用。

在流体动力学中，最重要的概念便是流体的流速(流速乘其横截面积就是流量)，至于压强与黏度等概念，参见第 4.1.3.1 与第 4.1.3.3 中的叙述。另外，正如在 4.1.2 中所述，“流体动力学”的研究方法有两种——“拉格朗日法”和“欧拉法”。如果是利用拉格朗日法来研究，则注重每个流体质点在不同时刻所形成的流动轨迹线，被称为：**迹线**(Track)；若利用欧拉法来研究，则注重不同流体质点在同一时刻、不同位置所形成的流动趋势线，这便是**流线**(Streamline)。

人们普遍采用欧拉法来研究流体动力学的问题。所以，在流体动力学中，更加注重流线。由流线的定义不难理解，流线上每点的方向矢量($\mathrm{d}\boldsymbol{s}=x\mathbf{i}+y\mathbf{j}+z\mathbf{k}$)与该点的速度矢量($\boldsymbol{u}=u_x\mathbf{i}+u_y\mathbf{j}+u_z\mathbf{k}$)是重合的，即这两个矢量的矢量积为零($\mathrm{d}\boldsymbol{s}\times\boldsymbol{u}=0$)，这样便可以得到如式(4.15)所示的流线微分方程式。

$$\begin{vmatrix}\mathbf{i} & \mathbf{j} & \mathbf{k}\\ \mathrm{d}x & \mathrm{d}y & \mathrm{d}z\\ u_x & u_y & u_z\end{vmatrix}=0 \Longrightarrow \frac{\mathrm{d}x}{u_x}=\frac{\mathrm{d}y}{u_y}=\frac{\mathrm{d}z}{u_z}\quad(\mathrm{s})\tag{4.15}$$

对于流体动力学而言，则有“恒定流动”与“非恒定流动”之分。如果流场中各点处的所有参量都是不随时间而变化，这便是**恒定流动**(或称：定常流动、稳定流动、稳态流动，Steady Flow)。对于恒定流动，便可以不考虑时间这个自变量，而且，在恒定流动的流场内，流线与迹线是相互重合的。反之，若流场中至少有一点处的至少一个参量随时间而变，就变为**非恒定流动**(或称为：非定常流动、不稳定流动、非稳态流动，Unsteady Flow)。非恒定流动时，时间这个自变量则不能被忽略。

严格意义上的恒定流动很少存在[在湍流时就根本不存在恒定流动,参见图 2.38(b)]。然而,在工程流体力学中,时均流场往往可以当作恒定流动来处理。为了简化工程流体动力学问题,以下的讨论都是针对恒定流动。

在流体动力学中,还有流管、流束、元流的概念。按照流线的定义,流线上每一点的正切线方向为该点的流速方向。由于流场中的每一点都只有一个流速,因此流场中的任意一点都只会有一条流线通过。这就是说,流场中的流线是不会相交。为比,在垂直流动方向的截面上任取一个微小的封闭曲线,而且经过该封闭曲线上的每个点都作流线,这些流线所组成的管状流体表面被称为:流管,如图 4.19 所示。流管以内的流动总体被称为:流束。垂直于流束的断面则被称为:流束的过流断面(或称:流动截面)。如果过流断面的面积趋于零(上述封闭曲线趋于一点),其流束便被称为:元流。显然,在同一时刻(恒定流动的任何时刻),外部流体不能流入元流,元流内部的流体也不能流出。于是,如果沿元流的流动方向取坐标 s,则元流就简化为一维流动问题,即流速 $u=f(s)$。

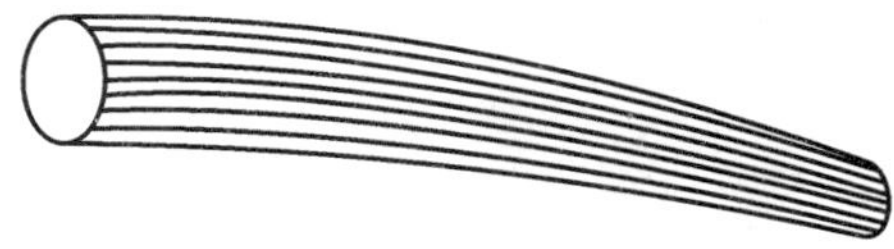
图 4.19 流管与流束

在实际的流体流动中,会遇到很多的长形流动问题(例如,管道内部的流动),对于这些情况,整体流束(简称:总流)可以看作是由无数个元流并联叠加而成。于是,可以把整个流动简化为一维流动。当然,尽管是一维流动,但是,在同一流动截面上各点的流速还是有所差异的(参见图 4.31)。于是,体积流量 V(简称:流量,它是指:单位时间内流过某截面 A 的流体体积,单位:m^3/s)为:

$$V = \iint_A u\,\mathrm{d}A \qquad (\mathrm{m^3/s}) \tag{4.16}$$

该截面上的平均流速 w 为:

$$w = \frac{\iint_A u\,\mathrm{d}A}{A} \qquad (\mathrm{m/s}) \tag{4.17}$$

上式中,A 为过流断面(流动截面)的面积,单位:m^2。对比式(4.16)与式(4.17),得:

$$V = wA \qquad (\mathrm{m^3/s}) \tag{4.18}$$

式(4.18)也就是体积流量 V 与平均流速 w 之间的关系。由此可见,当体积流量不变时,截面积越小,则流速越大,反之依然。当流速不变时,截面积越大,则流量越大,反之依然。

4.3.1 流体动力学中的连续性方程

流体动力学中的连续性方程(Continuity Equation)在实质上是质量守恒的原理在工程流体力学中应用的具体体现。关于流体连续性方程的微分形式,参见式(2.80)。就不可压缩流体而言,该微分方程就可以简化为式(2.80a)。然而,在工程流体力学之中,更为实用的流体连续性方程则是其代数方程形式的基本方程,其简洁的推导过程如下:

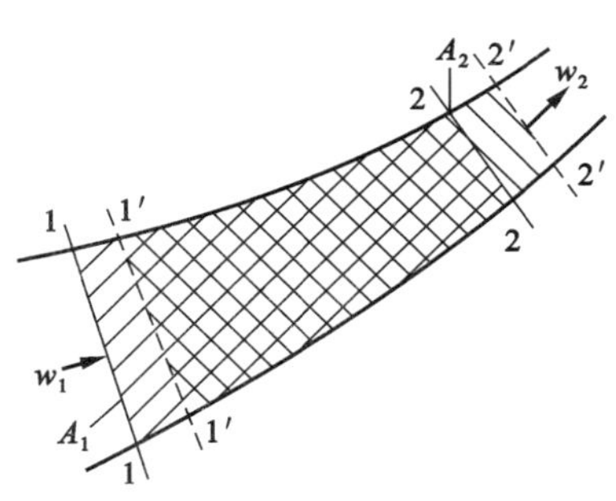

图 4.20 连续性方程的推导原理

如图 4.20 所示,在 τ 时刻,以管流中的 1—1 截面(其截面积为 A_1)与 2—2 截面(其截面积为 A_2)之间为控制体,经过 $\mathrm{d}\tau$ 时间后,该控制体内的流体变为 1′—1′截面与 2′—2′截面之间的流体。如果换个说法,这便是:按照式(4.18),在 $\mathrm{d}\tau$ 这一时间间隔内,进入上述控制体的流体质量为 $\rho_1 V_1 \mathrm{d}\tau=\rho_1 w_1 A_1 \mathrm{d}\tau$,离开该控制体的流体质量为 $\rho_2 V_2 \mathrm{d}\tau=\rho_2 w_2 A_2 \mathrm{d}\tau$。再根据质量守恒的原理,若流动处于恒定流动,则进入该控制体的流体质量与离开该控制体的流体质量应该相等。于是,得:$\rho_1 w_1 A_1 \mathrm{d}\tau=\rho_2 w_2 A_2 \mathrm{d}\tau$,将该方程的两边同除 $\mathrm{d}\tau$,便可以得到:

$$\rho_1 w_1 A_1 = \rho_2 w_2 A_2 \qquad (\text{kg/s}) \tag{4.19}$$

如果流体是不压缩流体(流体的密度 ρ 为常量,即 $\rho_1=\rho_2$),则上式就可以简化为:

$$w_1 A_1 = w_2 A_2 \qquad (\text{m}^3/\text{s}) \tag{4.20}$$

式(4.20)便是流体连续性方程的代数方程形式。在该式中,w_1、w_2 分别为 1—1 截面与 2—2 截面上的平均流速,单位:m/s,[请注意:本教材中,符号 u 表示流场中某点的流速(简称:点速度),符号 w 表示某截面上的平均流速(简称:平均速度)]。

由该式(4.20)可知:对于不可压缩流体,流体的截面平均流速与该截面的面积成反比,即截面积越大,流速越小;截面积越小,流速就越大。该推论在实际工程领域中有着广泛的应用。但是,读者也应当注意到:式(4.20)是在 1—1 截面与 2—2 截面之间是没有流体流入或流出这个前提下而获得的,如图 4.20所示。如果在1—1截面与 2—2 截面之间还有流体的渗漏或补充,则式(4.20)便不再成立,下面以一个具体的实例来说明这个问题。

【例 4.4】 一个截面积为 A(单位:m²)的送风管。它通过四个送风口向室内送风,总风量为 V_0,如图 4.21 所示。每个送风口的流量为 V(单位:m³/s),求通过 1—1、2—2、3—3 这三个截面的风量 V_1、V_2、V_3(单位:m³/s)及其平均风速 w_1、w_1、w_1(单位:m/s)。

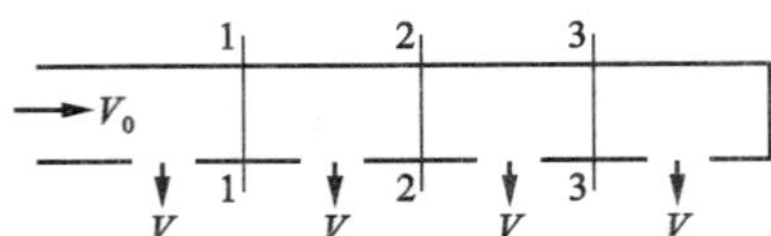

图 4.21 【例 4.4】的图例

在这个实例中,由于各个截面之间有流体流出,所以该实例就不能够简单地来套用式(4.20),而需要考虑各个截面之间的流体质量收支平衡。按照图 4.21 中的指示,得:$V_0=4V$,即 $V=\dfrac{V_0}{4}$。再考虑各个截面之间的质量收支平衡,于是,便得到通过截面 1—1 的风量 $V_1=V_0-V=\dfrac{3V_0}{4}$、通过截面 2—2 的风量 $V_2=V_0-2V=\dfrac{V_0}{2}$、通过截面 3－3 的风量 $V_3=V_0-3V=\dfrac{V_0}{4}$,所对应的平均风速分别为 $w_1=\dfrac{V_1}{A}$、$w_2=\dfrac{V_2}{A}$、$w_3=\dfrac{V_3}{A}$。 —毕—

4.3.2 理想流体动力学微分方程式的推导

按照第 4.1.3.3 中关于黏度与黏滞阻力处理方法的叙述,下面就来研究一下理想流体的运动规律。为此,先来探讨一下"理想流体动力学微分方程式"的推导过程。

理想流体就是指黏度为 0 的流体(参见第 4.1.3.3),理想流体的动力学微分方程也被称为:欧拉运动微分方程,这是因为它最早是由瑞士科学家欧拉经过数学推导出来的。推导该微分方程的基本原理便是根据物理学中的"牛顿第二定律"。

若以 u_x、u_y、u_z 表示点速度 $\boldsymbol{u}$ 在 x、y、z 这三个坐标轴方向上的分量(单位:m/s),ρ 表示流体的密度(单位:kg/m³),R_x、R_y、R_z 表示单位质量力(作用在单位质量流体上的质量力,单位:m/s²)在 x、y、z 这三个坐标轴方向上的分量,p 表示压强(单位:Pa),τ 表示时间(单位:s)。然后,在流场中任取一点 M,再围绕点 M 取一个微元六面体(长方体),其边长分别为 dx、dy、dz,如图4.22 所示。下面就来进行该微元六面体的受力分析。

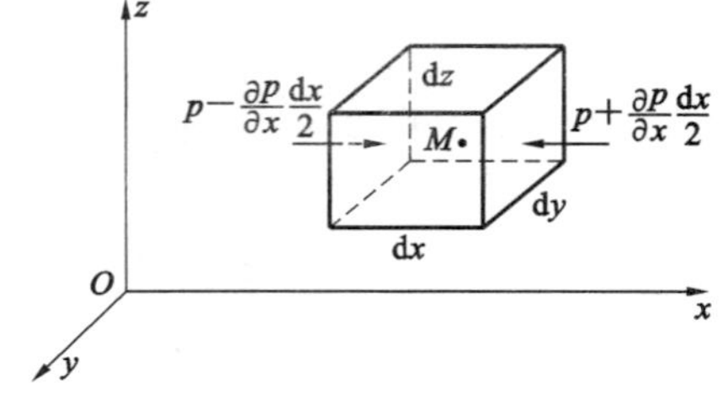

图 4.22 微元六面体的示意图

先分析**表面力**:作用在该微元六面体上的表面力只有压力,而且沿 x 轴方向上的压力只是作用于该微元六面体的左、右两个侧面上。根据高等数学中偏导数的定义,作用于其左侧面上的压力大小为 $\left(p-\dfrac{\partial p}{\partial x}\dfrac{\mathrm{d}x}{2}\right)\mathrm{d}y\mathrm{d}z$,其方向为正;作用于其右侧面上的压力大小为 $\left(p+\dfrac{\partial p}{\partial x}\dfrac{\mathrm{d}x}{2}\right)\mathrm{d}y\mathrm{d}z$,其方向为负。于是,沿 x 轴方向上作用于该微元六面体的总压力为:

$$\left(p-\frac{\partial p}{\partial x}\frac{\mathrm{d}x}{2}\right)\mathrm{d}y\mathrm{d}z-\left(p+\frac{\partial p}{\partial x}\frac{\mathrm{d}x}{2}\right)\mathrm{d}y\mathrm{d}z=-\frac{\partial p}{\partial x}\mathrm{d}x\mathrm{d}y\mathrm{d}z$$

同理，可以得到，沿 y 轴方向上、沿 z 轴方向上作用于该微元六面体的总压力分别为：$-\frac{\partial p}{\partial y}\mathrm{d}x\mathrm{d}y\mathrm{d}z$、$-\frac{\partial p}{\partial z}\mathrm{d}x\mathrm{d}y\mathrm{d}z$。

再来分析**质量力**，由于单位质量力[即单位质量流体所受到的质量力，参见第 2.2.1.2(2)]在 x、y、z 这三个坐标轴方向上的分量分别为 R_x、R_y、R_z，流体的密度为 ρ[参见第 2.2.1.1(1)]，则上述微元六面体在 x、y、z 这三个坐标轴方向上所受到的质量力分别为 $R_x \cdot \rho \cdot \mathrm{d}x\mathrm{d}y\mathrm{d}z$、$R_y \cdot \rho \cdot \mathrm{d}x\mathrm{d}y\mathrm{d}z$、$R_z \cdot \rho \cdot \mathrm{d}x\mathrm{d}y\mathrm{d}z$。

将表面力与质量力相加，便得到该微元六面体所受合力在 x、y、z 三个坐标轴方向上的分量分别为：

$$R_x \cdot \rho \cdot \mathrm{d}x\mathrm{d}y\mathrm{d}z-\frac{\partial p}{\partial x}\mathrm{d}x\mathrm{d}y\mathrm{d}z$$

$$R_y \cdot \rho \cdot \mathrm{d}x\mathrm{d}y\mathrm{d}z-\frac{\partial p}{\partial y}\mathrm{d}x\mathrm{d}y\mathrm{d}z$$

$$R_z \cdot \rho \cdot \mathrm{d}x\mathrm{d}y\mathrm{d}z-\frac{\partial p}{\partial z}\mathrm{d}x\mathrm{d}y\mathrm{d}z$$

由于该微元六面体在 x、y、z 这三个坐标轴方向上的速度分量分别为 u_x、u_y、u_z，所以该微元六面体在 x、y、z 这三个坐标轴方向上的加速度分量分别为 $\frac{\mathrm{d}u_x}{\mathrm{d}\tau}$、$\frac{\mathrm{d}u_y}{\mathrm{d}\tau}$、$\frac{\mathrm{d}u_z}{\mathrm{d}\tau}$。于是，根据牛顿第二定律，便可以得到：

$$R_x \cdot \rho \cdot \mathrm{d}x\mathrm{d}y\mathrm{d}z-\frac{\partial p}{\partial x}\mathrm{d}x\mathrm{d}y\mathrm{d}z=\rho \cdot \mathrm{d}x\mathrm{d}y\mathrm{d}z \cdot \frac{\mathrm{D}u_x}{\mathrm{d}\tau}$$

$$R_y \cdot \rho \cdot \mathrm{d}x\mathrm{d}y\mathrm{d}z-\frac{\partial p}{\partial y}\mathrm{d}x\mathrm{d}y\mathrm{d}z=\rho \cdot \mathrm{d}x\mathrm{d}y\mathrm{d}z \cdot \frac{\mathrm{D}u_y}{\mathrm{d}\tau}$$

$$R_z \cdot \rho \cdot \mathrm{d}x\mathrm{d}y\mathrm{d}z-\frac{\partial p}{\partial z}\mathrm{d}x\mathrm{d}y\mathrm{d}z=\rho \cdot \mathrm{d}x\mathrm{d}y\mathrm{d}z \cdot \frac{\mathrm{D}u_z}{\mathrm{d}\tau}$$

将以上三式的左右两边同除 $\rho \cdot \mathrm{d}x\mathrm{d}y\mathrm{d}z$，然后取 $\mathrm{d}x\to 0$，$\mathrm{d}y\to 0$，$\mathrm{d}z\to 0$ 的极限(即上述微元六面体无限地趋向于其中心点 M)，而后，经过移项，再整理，得：

$$\left.\begin{aligned}\frac{\mathrm{D}u_x}{\mathrm{d}\tau}&=R_x-\frac{1}{\rho}\frac{\partial p}{\partial x}\\\frac{\mathrm{D}u_y}{\mathrm{d}\tau}&=R_y-\frac{1}{\rho}\frac{\partial p}{\partial y}\\\frac{\mathrm{D}u_z}{\mathrm{d}\tau}&=R_z-\frac{1}{\rho}\frac{\partial p}{\partial z}\end{aligned}\right\}\quad (\mathrm{m/s^2}) \tag{4.21}$$

式(4.21)所述的三式便是理想流体运动微分方程式，也称为：欧拉运动微分方程式。由该式可以看出：对于静止流体(即 $u_x=0$、$u_y=0$、$u_z=0$)，该式就简化为式(4.2)所示的流体平衡微分方程式，这也可以理解为：流体静力学是流体动力学的一个特例。

当然，在式(4.21)中，三个加速度分量则是全微分的表示形式。如果想展开的话，则要按照高等数学中全微分的定义。例如，$u_x=f(x,y,z,\tau)$的全微分为：

$$\mathrm{D}u_x=\frac{\partial u_x}{\partial \tau}\mathrm{d}\tau+\frac{\partial u_x}{\partial x}\mathrm{d}x+\frac{\partial u_x}{\partial y}\mathrm{d}y+\frac{\partial u_x}{\partial z}\mathrm{d}z$$

将该式的两边同除时间的微分 $\mathrm{d}\tau$，再按照速度的定义 $\frac{\mathrm{d}x}{\mathrm{d}\tau}=u_x$、$\frac{\mathrm{d}y}{\mathrm{d}\tau}=u_y$、$\frac{\mathrm{d}z}{\mathrm{d}\tau}=u_z$，于是，得：

$$\frac{\mathrm{D}u_x}{\mathrm{d}\tau}=\frac{\partial u_x}{\partial \tau}+u_x\frac{\partial u_x}{\partial x}+u_y\frac{\partial u_x}{\partial y}+u_z\frac{\partial u_x}{\partial z}$$

同理，可以求得 $u_y=f(x,y,z,\tau)$、$u_z=f(x,y,z,\tau)$的全导数相应表达式。于是，式(4.21)就变为：

$$\left.\begin{aligned}\frac{\partial u_x}{\partial \tau}+u_x\frac{\partial u_x}{\partial x}+u_y\frac{\partial u_x}{\partial y}+u_z\frac{\partial u_x}{\partial z}&=R_x-\frac{1}{\rho}\frac{\partial p}{\partial x}\\\frac{\partial u_y}{\partial \tau}+u_x\frac{\partial u_y}{\partial x}+u_y\frac{\partial u_y}{\partial y}+u_z\frac{\partial u_y}{\partial z}&=R_y-\frac{1}{\rho}\frac{\partial p}{\partial y}\\\frac{\partial u_z}{\partial \tau}+u_x\frac{\partial u_z}{\partial x}+u_y\frac{\partial u_z}{\partial y}+u_z\frac{\partial u_z}{\partial z}&=R_z-\frac{1}{\rho}\frac{\partial p}{\partial z}\end{aligned}\right\}\quad (\mathrm{m/s^2})\qquad(4.22)$$

式(4.22)便是理想流体动力学微分方程式(或称:欧拉运动微分方程式)的另一种数学表示形式。

提示:如果将质量守恒的原理用于上述图 4.22 中的微元六面体,也可以得到连续性方程的微分形式[参见式(2.80)]。当然,对于不可压缩流体,则得到式(2.80a)。

当然,经过上述推导而得到的式(4.21)或(4.22)是理想流体动力学微分方程式的分量形式。若将其写成矢量的形式,则是:

$$\rho\frac{\mathrm{D}\boldsymbol{u}}{\mathrm{d}\tau}=\rho\boldsymbol{R}-\nabla p\qquad[\mathrm{kg/(m^2\cdot s^2)}]\qquad(4.23)$$

式中 $\boldsymbol{u}=u_x\mathbf{i}+u_y\mathbf{j}+u_z\mathbf{k}$——流速矢量,m/s,$\mathbf{i}$、$\mathbf{j}$、$\mathbf{k}$ 分别为 x 轴、y 轴、z 轴这三个坐标轴方向上的单位矢量;

$\boldsymbol{R}=R_x\mathbf{i}+R_y\mathbf{j}+R_z\mathbf{k}$——单位质量力,$\mathrm{m/s^2}$。

$\frac{\mathrm{D}\boldsymbol{u}}{\mathrm{d}\tau}=\frac{\partial \boldsymbol{u}}{\partial \tau}+u_x\frac{\partial \boldsymbol{u}}{\partial x}+u_y\frac{\partial \boldsymbol{u}}{\partial y}+u_z\frac{\partial \boldsymbol{u}}{\partial z}$——流速矢量 $\boldsymbol{u}$ 的全导数,$\mathrm{m/s^2}$;

$\nabla p=\frac{\partial p}{\partial x}\mathbf{i}+\frac{\partial p}{\partial y}\mathbf{j}+\frac{\partial p}{\partial z}\mathbf{k}$——压强的梯度,Pa/m;

其他符号的意义同前所述。

式(4.23)是理想流体动力学微分方程式的矢量形式。然而,如果所研究的对象不是理想流体而是实际的牛顿型黏性流体(参见第 2.2.1.1),对应的动力学微分方程式便是纳维-斯托克斯方程①,参见第 2.2.1.4。反之,若令动力黏度 $\mu=0$(即理想流体),纳维-斯托克斯方程[式(2.76)或式(2.76a)]就简化为理想流体动力学微分方程式[式(4.23)]。

4.3.3 理想流体的元流伯努利方程之推导

以下就来探讨如图 4.23 所示的一股元流流动的伯努利方程。为此,需要假定四个前提条件:

第一,流体为理想流体(即 $\mu=0$);

第二,流体为不可压缩流体(即 ρ 为常量);

第三,流动为恒定流动$\left(\text{即}\frac{\partial}{\partial \tau}=0\right)$;

第四,质量力只有重力(即 $R_x=0$、$R_y=0$、$R_z=-g$,这里 g 为重力加速度)。

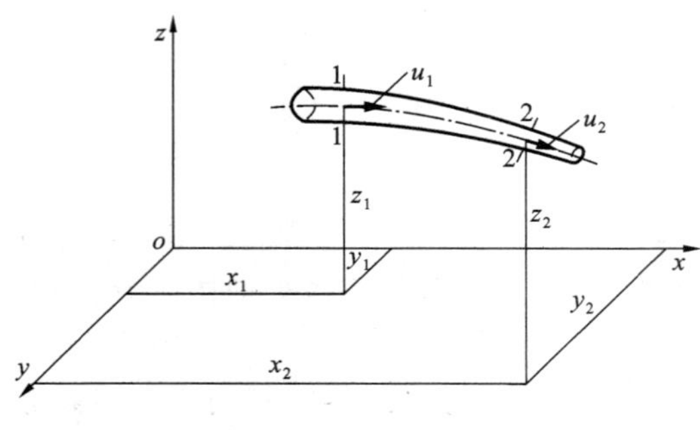

图 4.23 一股元流流动的示意图

按照上述的第一个前提条件,可以利用式(4.22)。按照上述的第二个前提条件,流体密度 ρ 为常量。按照上述的第三个前提条件,式(4.22)中三式左侧的第一项都等于 0。按照上述的第四个前提条件,单位质量力的大小为 $-g$。于是,式(4.22)便简化为:

---

① 该微分方程式是因为法国力学家纳维(Claud-Louis Navier,1785—1836)于 1821 年的相关推导以及英国力学家斯托克斯(George Gabriel Stokes)于 1845 年的相关推导而得此名(Navier-Stokes Equation,简称:N-S 方程):纳维考虑到分子间相互作用力而将欧拉所推导的理想流体动力学微分方程式进行了扩展,斯托克斯又从连续介质模型出发对其进行了改进。当然,后来又有人对其进一步改进而使其适合于可压缩流体。然而,该微分方程很复杂,直接求解很难,直到计算机技术充分发展后,它的实际应用才有了巨大突破,参见第 2.1.5.5。

$$\left.\begin{aligned} u_x\frac{\partial u_x}{\partial x}+u_y\frac{\partial u_x}{\partial y}+u_z\frac{\partial u_x}{\partial z} &= -\frac{1}{\rho}\frac{\partial p}{\partial x}\\ u_x\frac{\partial u_y}{\partial x}+u_y\frac{\partial u_y}{\partial y}+u_z\frac{\partial u_y}{\partial z} &= -\frac{1}{\rho}\frac{\partial p}{\partial y}\\ u_x\frac{\partial u_z}{\partial x}+u_y\frac{\partial u_z}{\partial y}+u_z\frac{\partial u_z}{\partial z} &= -g-\frac{1}{\rho}\frac{\partial p}{\partial z} \end{aligned}\right\}\quad (\mathrm{m/s^2})\qquad (4.22\mathrm{a})$$

将上述三式分别乘以 $\mathrm{d}x$、$\mathrm{d}y$、$\mathrm{d}z$，然后将这三式相加，便可以得到一个新方程。

$$\text{新方程的左边}=\left(u_x\frac{\partial u_x}{\partial x}\mathrm{d}x+u_y\frac{\partial u_x}{\partial y}\mathrm{d}x+u_z\frac{\partial u_x}{\partial z}\mathrm{d}x\right)+\left(u_x\frac{\partial u_y}{\partial x}\mathrm{d}y+u_y\frac{\partial u_y}{\partial y}\mathrm{d}y+u_z\frac{\partial u_y}{\partial z}\mathrm{d}y\right)$$
$$+\left(u_x\frac{\partial u_z}{\partial x}\mathrm{d}z+u_y\frac{\partial u_z}{\partial y}\mathrm{d}z+u_z\frac{\partial u_z}{\partial z}\mathrm{d}z\right)$$

再根据元流的定义以及如式(4.15)所示的流线方程式，得：

$$u_y\mathrm{d}x=u_x\mathrm{d}y,\ u_z\mathrm{d}x=u_x\mathrm{d}z,\ u_z\mathrm{d}y=u_y\mathrm{d}z$$

于是，得：

$$\text{新方程的左边}=u_x\left(\frac{\partial u_x}{\partial x}\mathrm{d}x+\frac{\partial u_x}{\partial y}\mathrm{d}y+\frac{\partial u_x}{\partial z}\mathrm{d}z\right)+u_y\left(\frac{\partial u_y}{\partial x}\mathrm{d}x+\frac{\partial u_y}{\partial y}\mathrm{d}y+u_z\frac{\partial u_y}{\partial z}\mathrm{d}z\right)$$
$$+u_z\left(\frac{\partial u_z}{\partial x}\mathrm{d}x+\frac{\partial u_z}{\partial y}\mathrm{d}y+\frac{\partial u_z}{\partial z}\mathrm{d}z\right)$$
$$=u_x\mathrm{d}u_x+u_y\mathrm{d}u_y+u_Z\mathrm{d}u_z=u\mathrm{d}u=\mathrm{d}\left(\frac{u^2}{2}\right)$$

$$\text{新方程的右边}=-g\mathrm{d}z-\frac{1}{\rho}\left(\frac{\partial p}{\partial x}\mathrm{d}x+\frac{\partial p}{\partial y}\mathrm{d}y+\frac{\partial p}{\partial z}\mathrm{d}z\right)=-g\mathrm{d}z-\frac{1}{\rho}\mathrm{d}p$$

任何方程的两边都相等，于是，建立新方程后，再移项，得：$\mathrm{d}\left(\frac{u^2}{2}\right)+g\mathrm{d}z+\frac{1}{\rho}\mathrm{d}p=0$，将该方程的两边同除重力加速度 g，则得到：$\mathrm{d}\left(z+\frac{p}{\rho g}+\frac{u^2}{2g}\right)=0$。积分后，得：$z+\frac{p}{\rho g}+\frac{u^2}{2g}=c$，这里，$c$ 乃是通过不定积分所得到的积分常数。如果将微分方程 $\mathrm{d}\left(z+\frac{p}{\rho g}+\frac{u^2}{2g}\right)=0$ 针对图 4.23 中的 1—1 截面与 2—2截面进行定积分运算，则可以得到：

$$z_1+\frac{p_1}{\rho g}+\frac{u_1^2}{2g}=z_2+\frac{p_2}{\rho g}+\frac{u_2^2}{2g}\qquad(\mathrm{m})\qquad(4.24)$$

式中 z_1、z_2——分别为 1—1 截面、2—2 截面的中心点到 xoy 平面的垂直高度，m(请注意：在直角坐标系中的 xoy 平面在工程流体力学中被称为：水平基准面，简称：基准面，或称：参考面)；

p_1、p_2——分别为 1—1 截面、2—2 截面处的压强(绝对压强)，Pa；

ρ——流体的密度，$\mathrm{kg/m^3}$；

g——重力加速度，约为 9.807 $\mathrm{m/s^2}$；

u_1、u_2——分别为 1—1 截面、2—2 截面处的流速，m/s；

式(4.24)便是一股元流流动的伯努利方程(也被译作：柏努利方程，Bernoulli's Theorem 或 Bernoulli's Equation)，该方程最早是由伯努利[①]基于能量守恒的原理从“功能转换”的角度出发从而

① 丹尼尔·伯努利(Daniel Bernoulli，1700—1782)，荷兰裔的瑞士科学家。他所研究的领域极为广泛，几乎对于他所在时代的数学和物理学的研究前沿问题都有所涉及。例如，在数学方面，他的研究工作涉及到代数、微积分、级数理论、微分方程、概率论等。另外，他在医学、解剖学、植物学、生理学等方面也很有造诣。当然，他最出色的工作就是将微积分、微分方程应用到各个物理学领域之中用来研究流体流动、物体振动和机械摆动等。因此，他被后人推崇为数学物理方法的奠基人。他一生所撰写的数学和力学著作以及论文超过 80 种，1738 年他出版了他一生中最重要的著作《流体动力学》(用拉丁文撰写，书名为：Hydrodynamica)。

推导出来的(以下在第 4.3.5.2 中,将会获知:伯努利方程实质上就是能量守恒的原理在工程流体力学中的具体应用)。

4.3.4 实际流体流动的伯努利方程及其推广

4.3.4.1 实际流体流动的总流伯努利方程

正如在关于式(4.16)的解释中所述的那样,在实际流体流动问题中,经常会遇到长形流动的问题(例如,在管道内部的流动),对于这些情况,整体流束(简称:总流)可以看作是由无数个元流并联叠加而成。无数个元流并联叠加那就意味着积分运算,所以,总流的伯努利方程可以利用对于元流伯努利方程进行积分运算的方法来得到。

对于式(4.24)所述的元流伯努利方程进行积分运算后,便可以得到以下形式的总流伯努利方程。

$$z_1+\frac{p_1}{\rho g}+\frac{\alpha_1 w_1^2}{2g}=z_2+\frac{p_2}{\rho g}+\frac{\alpha_2 w_2^2}{2g} \qquad (\mathrm{m}) \tag{4.25}$$

在该式中,与式(4.24)相对比,w_1、w_2 分别为 1—1 截面上的平均流速与 2—2 截面上的平均流速,m/s;α_1、α_2 分别称为 1—1 截面上与 2—2 截面上的动能修正系数(Kinetic Energy Coefficient,或称:科里奥里斯[①]系数,Coriolis'Coefficient,无量纲量):$\alpha_1=\dfrac{\iint_{A_1}{u_1}^3\mathrm{d}A}{{w_1}^3A_1}$,$\alpha_2=\dfrac{\iint_{A_2}{u_2}^3\mathrm{d}A}{{w_2}^3A_2}$。

但是,请注意:由于急变流段的压强分布、流速分布较为复杂,不符合式(4.25)所述的规律,所以,1—1 截面与 2—2 截面都要选在均匀流段之中或渐变流段之中。

4.3.4.2 实际黏性流体伯努利方程的产生

工程流体力学面对的是实际黏性流体。对于实际黏性流体,有以下两个问题需要解决:

其一是关于动能修正系数 α 的问题:有关的理论计算结果表明,对于圆管内均匀流段或缓变流段的截面,层流时(参见第 2.2.1.3),$\alpha=2$(参见第 4.3.5.4),湍流时(参见第 2.2.1.3),$\alpha=1.05\sim1.10$。在流体工程中,普遍是湍流流态,因此,工程流体力学中的动能修正系数 α 一般都是近似为 1。这样,式(4.25)就简化为式(4.26),该式中各项的意义参见式(4.24)。该式也是以下讨论的理论基础。

$$z_1+\frac{p_1}{\rho g}+\frac{w_1^2}{2g}=z_2+\frac{p_2}{\rho g}+\frac{w_2^2}{2g} \qquad (\mathrm{m}) \tag{4.26}$$

其二是关于实际黏性流体在流动过程中的能量损失问题。正如在第 4.1.3.3 中所阐述的那样,对于这个问题,就需要在式(4.26)的右侧增加一个能够表征流体在流动过程中能量损失的修正项 h_w(单位:m,关于 h_w 的讨论参见第 4.3.5.3)。该方法的要点在第 4.1.3.3 中就有所介绍。于是,实际黏性流体的伯努利方程就是如式(4.27)所述的形式。

$$z_1+\frac{p_1}{\rho g}+\frac{w_1^2}{2g}=z_2+\frac{p_2}{\rho g}+\frac{w_2^2}{2g}+h_{\mathrm{w}} \qquad (\mathrm{m}) \tag{4.27}$$

式(4.27)也就是在工程流体力学领域中人们所熟知的而且应用最为广泛的伯努利方程,该方程实质上就构成了工程流体动力学的核心。该式中各项的物理意义参见式(4.24)与第 4.3.5.2。

4.3.4.3 实际黏性流体伯努利方程的推广

式(4.27)是作为实际黏性流体的伯努利方程(简称:伯努利方程)的基本形式之一。以下在第 4.3.5.2中将会看到,伯努利方程表征的正是流体流动过程中的能量守恒原理。当然,式(4.27)是在流体流动过程中无外界能量补充的情况下所得到的能量守恒方程。如果流体流动过程中在 1—1

---

① 加斯帕德-古斯塔夫·德·科里奥里斯(Gaspard-Gustave de Coriolis,1792—1843),法国数学家、力学工程师以及科学家。他对于摩擦学、水力学、动能与机械功、旋转体系中惯性力的研究颇有建树,其中,最为人们所熟知的就是旋转体系中的科氏效应(Coriolis Effect)与科氏力(Coriolis Force)。

截面和 2—2 截面之间还有外界能量输入的话(例如,气流管路中有风机运行、液体管路中有泵运行,参见第 4.3.8),则式(4.27)所述的伯努利方程左侧还要再增加一个能量输入项 H_I(其物理意义是外界动力源通过流体机械给予单位重力流体的能量),具体参见式(4.28)。

$$z_1+\frac{p_1}{\rho g}+\frac{w_1^2}{2g}+H_I=z_2+\frac{p_2}{\rho g}+\frac{w_2^2}{2g}+h_w \quad (\mathrm{m}) \tag{4.28}$$

$P_e=\rho gVH_I$ 便是流体从有关流体机械所获得的有效功率(单位时间内,流体从外界获得的有效能量),$P_I=P_e/\eta$ 则是流体机械的输入功率,单位:W。这里,ρ、V 分别为流体的密度($\mathrm{kg/m^3}$)与流量($\mathrm{m^3/s}$),g 为重力加速度($9.807\ \mathrm{m/s^2}$),η 为流体机械的总效率($\eta=\eta_H\cdot\eta_V\cdot\eta_M$,式中,$\eta_H$、$\eta_V$、$\eta_M$ 分别为流体机械的水力效率、容积效率、机械效率)[11],%。

4.3.4.4 *更广泛形式的伯努利方程*

式(4.28)所述的伯努利方程是较为广泛形式的柏努利方程,在实际上还有更广泛形式的伯努利方程,这就是:在流体流动过程中除了有能量输入以外,还会有能量输出(例如,由流体驱动其他机械装置、利用流体动能对外发电)。在该情况下的柏努利方程其右侧还要增加一个输出项 H_o(它的物理意义是单位重力流体对外输出的能量),这样,就得到了更广泛形式的伯努利方程,参见式(4.29)。

$$z_1+\frac{p_1}{\rho g}+\frac{w_1^2}{2g}+H_I=z_2+\frac{p_2}{\rho g}+\frac{w_2^2}{2g}+H_o+h_w \quad (\mathrm{m}) \tag{4.29}$$

$P_{out}=\rho gVH_o$ 便是流体通过有关流体机械装置向外输出的总功率,单位:W;$P_o=\eta P_{out}$ 则是流体向外输出的有效功率,单位:W。这里,ρ、V、g、η 的意义同式(4.28)。

然而,在无机非金属材料领域的实际流体工程中,既有能量输入也有能量输出的情况极为罕见。因此,式(4.29)的应用较为鲜见。

4.3.5 关于伯努利方程的讨论

4.3.5.1 *关于 p_1、p_2 的讨论*

在经过理论推导所得到的伯努利方程[式(2.24)~式(2.29)]中,其左侧第二项中的 p_1 与右侧第二项中的 p_2 都是绝对压强。但是,在实际流体工程中,所测得的压强则是相对压强。绝对压强与相对压强之间的差异便是当时、当地、所在海拔高度处的大气压强值,具体参见图 4.3。

为了在工程流体力学中能够利用相对压强进行计算,人们有必要将伯努利方程中的压强 p 转换为相对压强 p'。这里,以最常用的式(4.27)为例,该式经过转换后就变为式(4.30)或式(4.30a)。

$$z_1+\frac{p_1'+p_{a1}}{\rho g}+\frac{w_1^2}{2g}=z_2+\frac{p_2'+p_{a2}}{\rho g}+\frac{w_2^2}{2g}+h_w \quad (\mathrm{m}) \tag{4.30}$$

或

$$z_1+\frac{p_1'}{\rho g}+\frac{p_{a1}}{\rho g}+\frac{w_1^2}{2g}=z_2+\frac{p_2'}{\rho g}+\frac{p_{a2}}{\rho g}+\frac{w_2^2}{2g}+h_w \quad (\mathrm{m}) \tag{4.30a}$$

众所周知,大气压强是由于周围环境空气的压强所产生。假定环境空气是处于静止状态,那么,按照式(4.6)所表述的流体静压强计算公式,在海拔高度差也不是太大时,不同高度处(参见图 4.24)大气压强之间的关系为:

$$p_{a1}=p_{a2}+(z_2-z_1)\rho_a g \quad (\mathrm{Pa}) \tag{4.31}$$

将式(4.31)代入式(4.30a)中,再经过整理后,得:

$$z_1+\frac{p_1'}{\rho g}+\frac{(z_2-z_1)\rho_a}{\rho}+\frac{w_1^2}{2g}=z_2+\frac{p_2'}{\rho g}+\frac{w_2^2}{2g}+h_w \quad (\mathrm{m}) \tag{4.32}$$

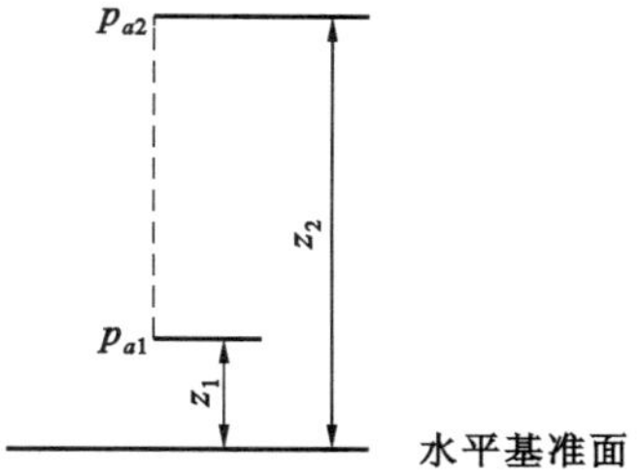

图 4.24 不同高度处的大气压强变化

以下分两种情况来对于式(4.32)或式(4.30a)进行讨论:

(1) 关于液体流动或气体强制流动的情况

对于流动的液体,由于其密度 ρ 远大于空气的密度 ρ_a(接近一千倍),因此,无论是液体自然流动时还是液体强制流动时，式(4.32)中的$\frac{(z_2-z_1)\rho_a}{\rho}$这一项都可以忽略，于是，式(4.32)就变为式(4.33)。

对于气体在风机等流体机械作用下的强制流动，由于外界能源提供了能量，这就使得 p_1'远大于 p_{a1}、p_2'远大于 p_{a2}，所以，式(4.30a)中的$\frac{p_{a1}}{\rho g}$与$\frac{p_{a2}}{\rho g}$这两项都可以忽略，于是式(4.30a)也是变为式(4.33)：

$$z_1+\frac{p_1'}{\rho g}+\frac{w_1^2}{2g}=z_2+\frac{p_2'}{\rho g}+\frac{w_2^2}{2g}+h_w \qquad (\mathrm{m}) \qquad (4.33)$$

该式中，p_1'、p_2'分别为为 1—1 截面、2—2 截面处的相对压强(或称：表压)，单位：Pa。然而，为了书写简便，通常忽略 p_1'、p_2'的上角标′，即式(4.33)一般书写为：

$$z_1+\frac{p_1}{\rho g}+\frac{w_1^2}{2g}=z_2+\frac{p_2}{\rho g}+\frac{w_2^2}{2g}+h_w \qquad (\mathrm{m}) \qquad (4.34)$$

式(4.34)便是使用相对压强来表征的伯努利方程，它既适合于液体(牛顿型流体)流动时的计算，也适合于气体强制流动时的计算。只是对于气体流动，一般使用如式(4.35)所示的伯努利方程形式[将式(4.34)的两边同乘 ρg 便可以得到式(4.35)，该式中的 $p_w=\rho g h_w$][①]。

$$\rho g z_1+p_1+\frac{w_1^2}{2g}=\rho g z_2+p_2+\frac{w_2^2}{2g}+p_w \qquad (\mathrm{Pa}) \qquad (4.35)$$

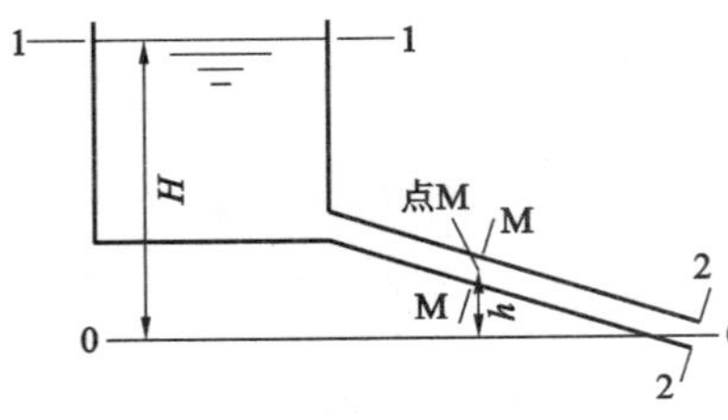

图 4.25　【例 4.5】图

【例 4.5】 某个水管从一个大水箱中引水，如图 4.25 所示，该水管的内直径 $d=100$ mm$=0.1$ m。利用相关的自动控制装置能够控制大水箱内水位的稳定。经过测量后，获知：大水箱内的水面与水管排水口中点的垂直高度 $H=4$ m；经过相关的计算后，得知：从水面流向排水口过程中的能量损失 $h_w=3\frac{w^2}{2g}$。① 计算该管道内水流的流速 w 及其流量 V；② 该管道上点 M 处安装了压力表，流体从点 M 到排水口的能量损失 $h_w=1.5\frac{w^2}{2g}$，点 M 与排水口中点的垂直高度 $h=1$ m，请问该压力表的读数为多少？(水的密度按 1000 kg/m^3 计算)

【解】 ① 如图 4.25 所示，取 1—1 截面和 2—2 截面以及水平基准面 0—0，再按照式(4.34)建立 1—1 截面和 2—2 截面之间的伯努利方程，具体如下：

$$z_1+\frac{p_1}{\rho g}+\frac{w_1^2}{2g}=z_2+\frac{p_2}{\rho g}+\frac{w_2^2}{2g}+h_w \qquad (1)$$

由原题中的已知条件，可知，$z_1=H=4$ m，$z_2=0$(位于基准面上)；$p_1=0$(与大气接触，其表压为零)，$p_2=0$(与大气相接触，其表压为零)；$w_1\approx 0$[大水箱的截面积很大，根据式(4.20)所述的规律(流动截面积越大，流速越小)，1—1 截面处的流速近似为零]，$w_2=w$；$h_w=h_{w,1-2}=3\frac{w^2}{2g}$。将这些已知条件代入上述伯努利方程[式(1)]之中，得：

$$4+0+0=0+0+\frac{w_2^2}{2g}+3\frac{w^2}{2g}$$

整理后，得：$\frac{w^2}{2g}=1$，于是求得该管道内水流的流速 $w=\sqrt{2\times 9.807\times 1}=4.429$(m)；

同时，可以求得该管道内水流的流量 $V=w\cdot\frac{\pi}{4}d^2=4.429\times\frac{3.142}{4}\times 0.1^2=0.0348$(m^3/s)

① 气体的伯努利方程进行这种变换的理由是为了测量的方便，具体是：如式(4.34)所示的伯努利方程形式，它的每一项都具有“高度”的量纲(参见第 4.3.5.2)，对于液体而言，液柱高度很容易测量。但是，对于气体而言，无法测量气体柱的高度，然而气体的压强很容易测量(参见第 4.4.1)，所以，将气体的伯努利方程变换为每一项都具有“压强”量纲的方程形式，式(4.35)就是这其中的一个。

② 如图4.25所示，过点 M 取 $M—M$ 截面，而2—2截面以及水平基准面0—0不变。这样，按照式(4.34)建立 $M—M$ 截面和2—2截面之间的伯努利方程如下：

$$z_M+\frac{p_M}{\rho g}+\frac{w_M{}^2}{2g}=z_2+\frac{p_2}{\rho g}+\frac{w_2^2}{2g}+h_{w,M-2} \tag{2}$$

由原题中的已知条件，则可以知道，$z_M=h=1$ m，$z_2=0$(位于基准面上)；$p_2=0$(与大气接触，其表压为零)；$w_M=w_2$[由流动的连续性方程可知：流动截面积相等，流速就相等，参见式(4.20)]；$h_{w,M-2}=1.5\dfrac{w^2}{2g}$。将这些已知条件代入上述伯努利方程[式(2)]之中，得：

$$1+\frac{p_M}{\rho g}+\frac{w^2}{2g}=0+0+\frac{w^2}{2g}+1.5\frac{w^2}{2g}$$

整理后，得：$\dfrac{p_M}{\rho g}=1.5\times\dfrac{w^2}{2g}-1=1.5\times1-1=0.5$，于是，便求得点 M 处所安装压力表的读数 $p_M=1000\times9.807\times0.5=4.9035(\text{Pa})\approx4.9$ kPa。　—毕—

(2) 关于气体自然流动的情况

当气体自然流动时，由于气体的密度与空气的密度相当，而且 p_1'、p_2' 也不大，于是式(4.32)中 $\dfrac{(z_2-z_1)\rho_a}{\rho}$ 这一项[即式(4.30a)中 $\dfrac{p_{a1}}{\rho g}$、$\dfrac{p_{a2}}{\rho g}$ 这两项]就不能被忽略。尤其是对于热气体的自然流动，它的密度甚至比周围空气的密度还要低，在这种情况下，$\dfrac{(z_2-z_1)\rho_a}{\rho}$ 这一项就显得更为重要。于是，将式(4.32)的两边同乘以 ρg 以后，再将 $z_2\rho_a g$ 这一项移到方程的右边，这样，便可以得到：

$$(\rho-\rho_a)gz_1+p_1'+\frac{\rho w_1^2}{2}=(\rho-\rho_a)gz_2+p_2'+\frac{\rho w_2^2}{2}+p_w \quad (\text{Pa}) \tag{4.36}$$

这就是所谓的"二气体柏努利方程"，式(4.36)中的 $p_w=\rho g h_w$。

这里还需要特别注意的是：对于热气流而言，由于 $\rho-\rho_a<0$，所以习惯上用 $z_1'=-z_1$ 来代替上式中的 z_1，用 $z_2'=-z_2$ 来代替上式中的 z_2，于是式(4.36)就改写为：

$$(\rho_a-\rho)gz_1'+p_1'+\frac{\rho w_1^2}{2}=(\rho_a-\rho)gz_2'+p_2'+\frac{\rho w_2^2}{2}+p_w \quad (\text{Pa}) \tag{4.37}$$

式(4.37)是用于热气流的自然流动，需要提醒读者注意：利用该公式时，z_1'、z_2' 的"水平基准面"需要由位于下方移到位于上方。

另外，具体计算时，为了书写简便，一般将上角标′忽略，也就是：将 z_1' 简写成 z_1，将 z_2' 简写成 z_2；将 p_1' 简写成 p_1，将 p_2' 简写成 p_2。

关于二气体伯努利方程的应用实例参见第4.3.6.2(1)～(7)。

4.3.5.2　关于伯努利方程中各项意义的讨论

在式(4.24)～式(4.34)所表述的伯努利方程中，共有四项 z、$\dfrac{p}{\rho g}$、$\dfrac{w^2}{2g}$、h_w，先来讨论前三项的意义：

第一项可以改写为：$z=\dfrac{mgz}{mg}$，因此，伯努利方程中第一项 z 的物理意义为：单位重力的流体具有的势能。

第二项可以改写为：$\dfrac{p}{\rho g}=\dfrac{p\cdot A\cdot l}{\rho Vg}=\dfrac{P\cdot l}{mg}$，所以，伯努利方程中第二项的物理意义为：单位重力流体具有的压力能(这是因为，体积 V 等于面积 A 乘长度 l，压强 p 乘面积 A 则为压力 P，压力 P 乘长度 l 便是在压力的作用下所做的功，再按照功能转换的原理，$P\cdot l$ 也就是：压力能，或简称为：压能)。

第三项可以改写为：$\frac{w^2}{2g}=\frac{\frac{1}{2}mw^2}{mg}$，所以，伯努利方程中第三项的物理意义为：单位重力流体具有的动能。

由上述分析可知，没有能量损失时，流体的伯努利方程[式(4.24)～式(4.26)]就表示：单位重力流体所具有的三种能量(势能、压力能、动能)之间可以相互转换，而且其总和保持不变。这是能量守恒原理的本质，所以，伯努利方程就是能量守恒的原理在流体力学中的具体应用。然而，另一方面，实际流体流动时不可避免地会存在能量损失，这便是实际流体的伯努利方程[式(4.27)～式(4.34)]中第四项 h_w。既然，伯努利方程中前三项都表示单位重力流体具有的各种能量，那么，它的第四项 h_w 的物理意义就应该表示"单位重力流体在流动过程中损失的能量"。

以上所述的是伯努利方程中各项的物理意义，即它们都表征着单位重力流体所具有的相应能量或能量损失。如果再从数学的角度来分析，则伯努利方程中各项的意义还可以得到另外的解释。

从数学的角度来看，伯努利方程中前三项的意义都代表着高度：第一项 z 代表着所在截面中心点距离水平基准面的垂直高度(该水平基准面在数学上就是 xoy 平面)；第二项$\frac{p}{\rho g}$代表的是所在截面的测压管高度；第三项$\frac{w^2}{2g}$则是代表流体以 w 为初速度垂直向上喷射时所能够达到的理论高度。既然，伯努利方程中的前三项都代表着某一高度，那么其第四项也应该代表着某一高度(实质上，该项也是具有高度的量纲与单位)。

我们知道，人的高度用"头"来衡量，"头"的英语表述为 head。所以，head 是用来表征伯努利方程中各项的科技术语。在汉语中，这个科技术语被雅化地译作：压头(水流时，也称为：水头[①])。于是，对于伯努利方程中的四项：

z 被称为：几何压头(或称：位压头，potential head 或 elevation head 或 geometrical head)，符号：h_g 或 h_{ge}。

$\frac{p}{\rho g}$被称为：静压头(static head 或 pressure head)，符号：h_s。

$\frac{w^2}{2g}$被称为：动压头(kinetic head 或 dynamic head，或称：速度头，velocity head)，符号：h_k 或 h_d。

h_w(或用符号 h_l)被称为：压头损失或阻力损失[②]或能量损失(head loss 或 head waste，水流时也称为：水头损失)。

另外，$\frac{p}{\rho g}+\frac{w^2}{2g}$被称为：全压头(total head)；$z+\frac{p}{\rho g}+\frac{w^2}{2g}$被称为：总压头(sum of head)。

这里，还要指出：对于式(4.35)～式(4.37)中所述的伯努利方程，其各项的物理意义分别是单位体积的流体具有的势能、压力能、动能、能量损失。然而，这几项却是具有压强的量纲而不是具有高度的量纲。因此，这几项的正式名称就应该是：位压(potential energy density)、静压(static pressure)、动压(dynamic pressure)、压损(pressure loss)。"静压＋动压"叫做：全压；"位压＋静压＋动压"则为总压。当然，习惯上也有个别文献仍然将它们称为压头[10]。

伯努利方程中的前三项 h_g、h_s、h_k 可以相互可逆转换(任何一项的数值增加就会使其他项的数值减少；反之，任何一项的数值减少则会造成其他项的数值增加)。然而，一旦变为第四项 h_w，那就是

① 在汉语中，"压头"是雅化的译法，"水头"也较为文雅。然而，其他流体则普遍称为"压头"，这是因为其他流体用其名称与"头"相结合则不太文雅，例如，"油头"、"空头"、"气头"、"汞头"都缺乏雅意。

② "阻力损失"这是延续下来的文言文表述，它是指"由于阻力存在所造成的能量损失"。所以，阻力损失实质上表示能量损失，而不是阻力本身的损失。

单向的、不可逆的。这四个压头之间的相互转换关系及其特点可以用图 4.26 来表征。

对于液体流动，上述压头也可以利用液柱高度通过直接测量而得到，如图 4.27 所示。

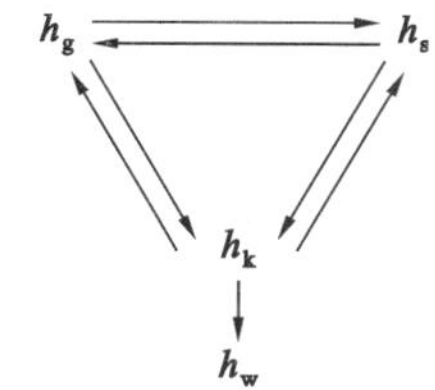

图 4.26　四个压头之间的相互转换

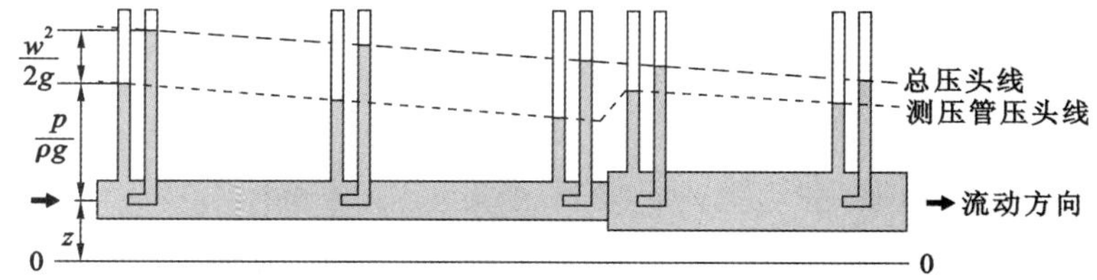

图 4.27　用液柱高度直接测量液流中各个压头的原理

4.3.5.3　关于 h_w 的讨论

在式(4.27)～式(4.34)中，都有 h_w 这个物理量，h_w 表示从 1—1 截面到 2—2 截面之间因为流动阻力所造成的压头损失(即能量损失)，被称为：阻力损失，单位：m。

从图 4.26 可以看出：阻力损失 h_w 是由流体流动所引起，这是因为静止流体没有能量损失。如果用函数关系式来表述，这便是：$h_w=f(w,d,l,\cdots)$。为了便于着重探讨 w 对于 h_w 的贡献，这里，将 $h_w=f(w,d,l,\cdots)$ 简写为：$h_w=f(w)$。

再根据数学上函数本身的规律，函数式 $h_w=f(w)$ 及其变量可以进行以下的转换：

$$h_w = h_{w0} + \Delta h_w, \quad w = w_0 + \Delta w \quad \Longrightarrow \quad h_{w0} = f(w_0); \quad \Delta h_w = f(\Delta w)$$

这里，h_w、w 为变量[Variable，前者是因变量(Dependent Variable)，后者是自变量(Independent Variable)]；w_0 为常量(Constant)，h_{w0} 是 w_0 的函数；Δw 为增量(Increment)，Δh_w 是 Δw 的函数。

经过上述的转换(变量＝常量＋增量)以后，阻力损失 h_w 便被分为两项：h_{w0}、Δh_w。以下就来分别探讨这两项阻力损失。

(1) 关于 h_{w0}

针对常量 w_0 的函数 $h_{w0}=f(w_0)$，首先来分析一下流速为常量时流动阻力是哪种类型的力：

第一，作为矢量的流速为常量，那就意味着“流速的大小与方向都不变”。由于流速的方向不变，便不存在旋转运动所导致的离心力，也不存在各个方向的膨胀力或收缩力；第二，“普通流体力学”则不涉及电磁力(“等离子体流体力学”才涉及电磁力)；第三，流动的流体会受到惯性力、压力差、重力、浮力、液体表面张力的作用(流体没有弹性力)。然而，就流动本身而言，这些力往往是动力而非阻力。

若用排除法，在流速为常量的前提下，排除了上述力以后，作为阻力的力只有摩擦力①(Friction Force)，所以，在英语中 h_{w0} 便被称为“摩擦阻力损失(Friction Head Loss)”，符号为：h_f，即 $h_{w0}=h_f$。关于摩擦阻力损失 h_f，达西与韦斯巴赫②创立了达西公式(Darcy-Weisbach Equation)，具体为：

$$h_f = \lambda \frac{l}{d} \frac{w^2}{2g} \qquad (\mathrm{m}) \tag{4.38}$$

式中　λ——摩擦阻力系数(Friction Factor 或 Darcy-Weisbach Friction Factor)，无量纲量；

d——流动截面的直径[非圆形流动截面用当量直径 d_e 来替代，参见式(2.74)]，m；

其他符号的意义同前所述。

这里，再来分析一下式(4.38)的本质：在常量函数 $h_{w0}=f(w_0)$中，$w=w_0$ 的大小是常量。$2g$ 当然也是常量，因此，$\frac{w^2}{2g}$为常量。按照式(4.20)所述的连续性方程，若 w 为常量，则 A 必为常量(即 d 也为常量)。在工程流体力学领域内，λ 通常在 0.02～0.04 之间，所以一般也将其近似为常数。经过

---

① 因为有流速 w，所以这里的摩擦是指动摩擦。动摩擦来源于相对运动(速度差)，在这一问题上，流体与固体有着本质区别：固体内部无速度差，因此，固体只有表面摩擦(滑动摩擦与滚动摩擦)；而流体的黏滞性会使流体表面黏附在固体壁面上或者与其他流体共有其界面，因此流体无表面速度差，但是，流体的内部有速度差，所以，流体具有内摩擦阻力。

② 亨利·菲利波特·加斯帕德·达西(Henry Philibert Gaspard Darcy，1803—1858)，法国工程师，他对于水力学做出了很多贡献；竺琉斯·路德维格·韦斯巴赫(Julius Ludwig Weisbach，1806—1871)，德国数学家、工程师，他的主要贡献在力学领域。

了上述分析，式(4.38)的本质便是：

$$h_f \propto l \quad \text{(m)} \tag{4.39}$$

式(4.39)如果用现代汉语来表述的话，那就是“流体进行稳态直线流动时[①]，由于流体的内摩擦阻力所导致的能量损失（压头损失）与流体流经的长度成正比”。这段话如果是用文言文来表述的话，那便是“沿程阻力损失”。这里，沿表示与某变量成正比[②]；程表示流体流动的长度（路程）；阻力表示流体流动的内摩擦阻力；损失表示能量损失（压头损失）。

基于上述汉语分析，所以，国内普遍将 h_f 称为“沿程阻力损失”（个别资料称为：摩擦阻力损失）。λ 也因此被称为：沿程阻力系数。

按照式(4.38)所述的沿程阻力损失规律，就可以将沿程阻力损失的重点转变为如何获得沿程阻力系数的问题，这是因为其他的几个物理量很容易确定。所以，下面的探讨主要围绕着如何确定沿程阻力系数来进行。

为了寻求沿程阻力系数的规律，尼古拉兹[③]将若干组直径均匀的砂粒粘接在光滑管内壁上，从而制作出了若干个具有均匀粗糙度的人工粗糙管。而利用人工粗糙管实验所得到的尼古拉兹实验结果如图 4.28所示。

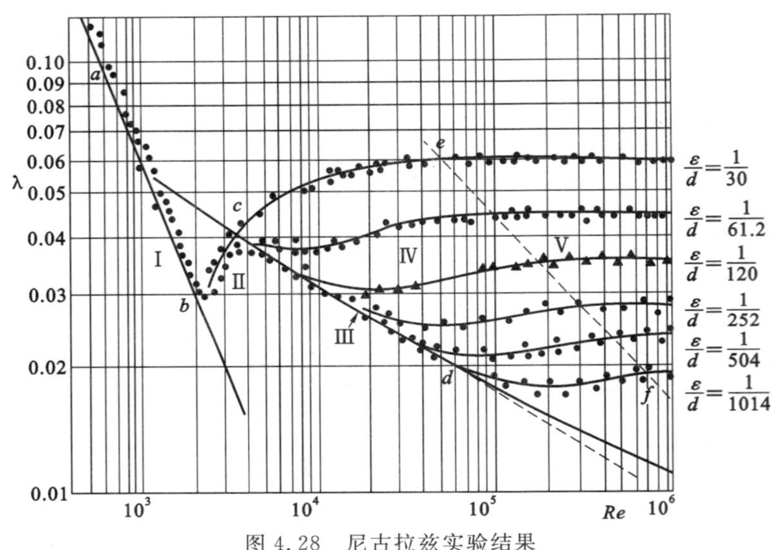

图 4.28　尼古拉兹实验结果

根据图 4.28 所示的 λ 变化规律，可以把该图中的 λ 变化曲线分为五个阻力区（Five Ranges），具体如下：

Ⅰ区（层流区）：$\lambda = f_1(Re)$

Ⅱ区（临界过渡区，简称：临界区）：$\lambda = f_2(Re)$

Ⅲ区（湍流光滑管区，简称：光滑管区）：$\lambda = f_3(Re)$

Ⅳ区（湍流过渡区，简称：过渡区）：$\lambda = f_4(Re, \varepsilon/d)$

Ⅴ区（湍流粗糙管区，简称：粗糙管区）：$\lambda = f_5(\varepsilon/d)$

这里，ε 为管道内壁的粗糙凸起高度（简称：粗糙度，人工粗糙管的 ε 便是砂粒的直径），m；d 为管道的内直径，m；ε/d 为管道的相对粗糙度（Relative Roughness），无量纲量。

λ 变化曲线存在着上述五个阻力区是层流流动的特点所决定的，层流内的各个流层是各自流动、

① 这里，“稳态”表示流体流动时的截面平均流速 w 的大小不变；“直线流动”表示流体流速 w 的方向不变。

② 在汉语的文言文中，含有成正比意思的汉字还有“随”、“跟”等。但是，在流体力学中，优先选用“沿”字，这是因为“沿”字含有表示流体的偏旁“三点水”。

③ 约翰 • 尼古拉兹（Johann Nikuradse，1894—1979），是出生于格鲁吉亚的德国物理学家、教授与工程师，普朗特（Ludwig Prandtl）的博士生，主要从事水力学方面的研究。他最突出的贡献便是 1933 年所进行的尼古拉兹实验。

互不掺混(参见第 2.2.1.3),因此,粗糙凸起物对于层流流动没有影响。这里,参照图 4.29 来具体且简单地介绍一下这五个阻力区形成的缘由。

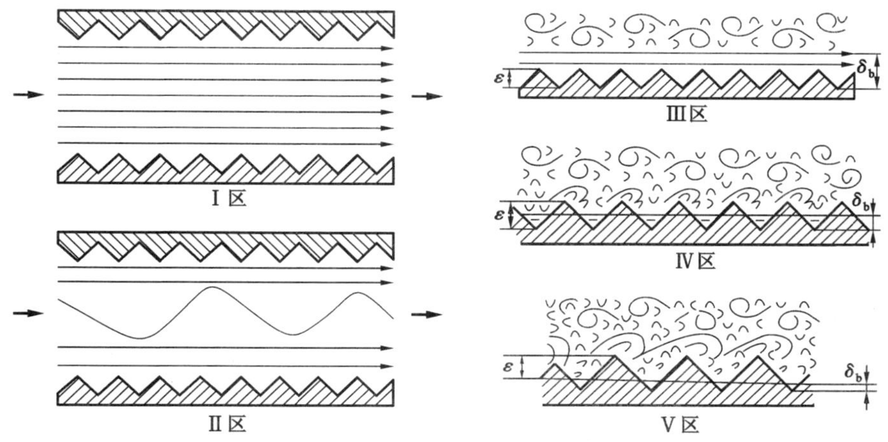

图 4.29　尼古拉兹实验结果中五个阻力区的流型图示

第一,若流动在Ⅰ区(层流区,Laminar Flow),整个管内都是层流区,位于层流区内的粗糙凸起不会造成能量损失。这时的能量损失只是流体内摩擦力所导致,所以 λ 只与雷诺数 Re 有关,具体见式(4.48);第二,若流动在Ⅱ区(临界过渡区,Critical Zone),尽管有零星的漩涡存在,但是粗糙凸起仍位于层流底层,所以,λ 仍然只与雷诺数 Re 有关,只是具体函数式发生了变化;第三,若流动在Ⅲ区(湍流光滑管区,也称:水力光滑管区,Smooth Pipes),其主流区确实是湍流流态,但是,其层流底层仍然覆盖着粗糙凸起,因此,λ 还是只与 Re 有关,当然,具体函数式又发生变化。第四,按照式(2.89),雷诺数 Re 越大,层流底层的厚度 δ_b 越薄。当层流底层薄到不能够完全覆盖粗糙凸起高度 ε 时,粗糙凸起的扰动便对于能量损失也有贡献,于是,λ 既与雷诺数 Re 有关,也会与相对粗糙度 ε/d 有关,这就是当流动在Ⅳ区(湍流过渡区,Transition Zone)的情况。第五,随着雷诺数 Re 的增大,当层流底层减薄到只是在粗糙凸起物的根部时,惯性力导致流体冲击凸起物及其产生的漩涡所造成的能量损失便会远大于黏滞力导致流体内摩擦力所造成的能量损失,这样,λ 便仅仅与相对粗糙度 ε/d 有关,这就是流动在Ⅴ区(湍流粗糙管区,Complete Turbulence,Rough Pipes)的情况。

但是,请注意:尼古拉兹实验的结果只是针对其内壁具有均匀粗糙度的人工粗糙管而得到的。然而,实际工业管道的边壁上却是呈现不均匀的粗糙度。因此,实际工业管道内的 λ 变化规律还需要进行进一步的探讨。在工业管道内与在人工粗糙管内,λ 变化规律的本质都是一样的,都是具有五个阻力区,只是在各区中的具体规律需要一些修正。Ⅰ区(层流区),λ 与 ε/d 无关,所以这两种管道内的 λ 变化规律相同,符合理论分析结果[式(4.48)];Ⅱ区(临界过渡区),λ 也与 ε/d 无关,因此,这两种管道内的 λ 变化规律也相同;Ⅲ区(湍流光滑管区),λ 仍然与 ε/d 无关,所以,这两种管道内的 λ 变化规律还是相同;Ⅴ区(湍流粗糙管区),工业管道内壁的粗糙度是不均匀,所以不能够以某个部位的粗糙度来代表整个管壁的粗糙度,为此,人们也就用Ⅴ区内与人工粗糙管具有相同 λ 的 ε 来作为工业管道内壁的当量粗糙度 ε'(习惯上,上角标′忽略不写,表 4.4 为常用材质的工业管道内壁当量粗糙度的有关数据[4,9,12])。按照该处理方法,工业管道与人工管道在Ⅴ区也就自然而然地具有相同的 λ 变化规律。

表 4.4　常用工业管道内壁的当量粗糙度 ε

管道种类	ε/mm	管道种类	ε/mm
钢板制成的风管	0.15	木条拼合而成的圆管	0.18～0.9
塑料板制成的风管	0.01	铜管、铅管、不锈钢管、玻璃管	0.01～0.02
矿渣石膏板制成的风管	1.0	镀锌钢管	0.15

续表 4.4

管道种类	ε/mm	管道种类	ε/mm
表面光滑的砖风道	4.0	新钢管	0.046
矿渣混凝土板构筑的风道	1.5	中度生锈的焊接钢管	0.5
铁丝网抹灰构筑的风道	10～15	铆接管	0.914～9.14
胶合板构筑的风道	1.0	表面涂有沥青的铸铁管	0.12
在地面沿墙砌筑的风道	3～6	新铸铁管	0.2～0.4
墙内砌筑的风道	5～10	旧铸铁管	0.5～1.5
竹片构筑的风道	0.8～1.2	混凝土管	0.3～3.0

按照以上所述，工业管道在Ⅰ区、Ⅱ区、Ⅲ区与Ⅴ区的 λ 变化规律都容易解决。然而，工业管道与人工粗糙管的最大差别就在于Ⅳ区（湍流过渡区）。所以，如何解决工业管道内湍流过渡区的 λ 变化规律成为一个难题，为此，柯列布洛克（Colebrook C F）做出了很大贡献，他通过分析与总结，提出了工业管道在Ⅳ区之内计算沿程阻力系数 λ 的柯氏公式（参见表 4.4）。后来，在柯氏公式的基础上，还有人提出了各自的经验公式。表 4.4[9,12] 是前人根据尼古拉兹实验结果与普朗特混合长度理论而提出的一些半理论、半经验公式（注：层流区却是理论公式，也得到尼古拉兹实验结果的验证）。

表 4.5　圆管内五个阻力区内的有关公式

流态	经验公式
Ⅰ区	理论公式：$\lambda=64/Re$（注：有些油类[8]，$\lambda=75/Re$）
Ⅱ区	$\lambda=0.0025\sqrt[3]{Re}$（扎依琴柯公式）
Ⅲ区	$1/\sqrt{\lambda}=2\lg(Re\sqrt{\lambda}-0.80)$（柯氏公式在Ⅲ区的近似式） $\lambda=0.0032+0.221/Re^{0.237}$（尼古拉兹公式） $\lambda=0.3164/Re^{0.25}$（布拉休斯公式）
Ⅳ区	$\dfrac{1}{\sqrt{\lambda}}=-2\lg\left(\dfrac{\varepsilon}{3.7d}+\dfrac{3.51}{Re\sqrt{\lambda}}\right)$（柯式公式） $\lambda=0.0055\left[1+\left(20000\dfrac{\varepsilon}{d}+\dfrac{10^6}{Re}\right)^{\frac{1}{3}}\right]$（莫迪公式） $\lambda=0.11\left(\dfrac{\varepsilon}{d}+\dfrac{68}{Re}\right)$（阿里特苏里公式）
Ⅴ区	$1/\sqrt{\lambda}=2\lg(3.7d/\varepsilon)$（柯氏公式在Ⅴ区的近似式） $\lambda=1/[1.74+2\lg(0.5d/\varepsilon)]^2$ $\lambda=0.11(\varepsilon/d)^{0.25}$（希弗林松公式） 注：按照式(4.38)，若 λ 与 Re 无关，则 λ 与 w^2 成正比，所以，Ⅴ区俗称为：阻力平方区，这是流体工程中最常用的阻力区。

需要特别指出的是：莫迪①以柯式公式为基础绘制了沿程阻力系数 λ 与 Re 及 ε/d 之间变化规律的莫迪图（该图参见附录 11 中附图 11.1），可以供我们方便地查取沿程阻力系数 λ 的值。

（2）关于 Δh_w

关于增量函数 $\Delta h_w=f(\Delta w)$，首先就需要弄清楚流速增量 Δw 的本质是什么？

增量意味着变化，流速增量当然也就是流速发生了变化。作为矢量的流速，其变化有三种状况：

① 莱伟斯·费里·莫迪（Lewis Ferry Moody，1880—1953），美国普林斯顿工程学院首任水力学教授、工程师。他共获得 23 项发明专利，他的最突出成就也就是莫迪图。

其一是流速大小发生变化(例如,突扩管、渐扩管、突缩管、渐缩管等部位);其二是流速方向发生变化(例如,弯管、阀门等部位);其三则是流速的大小与方向都发生了变化(例如,三通管、歧管等部位)。当流体流过上述流速有变化的部位时,就会破坏原来的均匀流,从而使得流速分布发生重组而且伴随漩涡区出现。当然,流速分布的重组以及出现漩涡区只会发生在局部区域,这是因为流体在流经这些导致流速发生变化的部位以后,又会很快地进入新的均匀流之中。

这种在局部区域发生的流速分布重组以及伴随的漩涡区也会造成能量损失(压头损失)。该能量损失被称为:局部阻力损失(Minor Head Loss),符号为 h_ζ,即 $\Delta h_w = h_\zeta$。有关的研究结果表明:局部阻力损失 h_ζ 的大小与动压头成正比,其比例系数 ζ 被称为:局部阻力系数,如式(4.40)所示。

$$h_\zeta = \zeta_1 \frac{w_i^2}{2g} \qquad (\mathrm{m}) \tag{4.40}$$

式中 ζ_i——与速度 w_i 相对应的局部阻力系数(流体流经局部阻力时,由于流速有变化,因此,对于局部阻力系数,需要指定与那个流速相对应),无量纲量。

其他符号的意义同前所述。

关于局部阻力系数 ζ,只有极少数的情况可以通过理论推导来得到其理论计算公式,例如,突扩管(参见【例 4.15】)。然而,大多数情况下的局部阻力系数 ζ 则是需要通过相关实验来总结出其经验公式,当然,这项工作前人已完成,对此我们表示深深的敬意。请查阅本教材附录 11 中附表11.5与附表11.6便可以获得无机非金属材料工程领域中大多数情况下的局部阻力系数 ζ 或者(综合)局部阻力系数 ζ[提示:某些情况的 ζ 则有一定的关联,例如,由附表 11.5(1)中突扩管 ζ 计算式可以推演出该表(22)中管道出口处$\zeta=1$;由附表 11.5(2)中突缩管 ζ 计算式可以推演出该表(23)中尖锐边缘入口处$\zeta=0.5$]。

(3) 关于阻力损失 h_w 的小结

综上所述,阻力损失通过理论分析而被分为两个部分,即 $h_w = h_f + h_\zeta$ 其中,h_f 被称为:沿程阻力损失,h_ζ 被称为:局部阻力损失。

对于一个具有相同截面积且流量也不变的管段[简称:简单管道,参见第 4.3.6.1(1)],阻力损失的计算公式为:

$$h_w = \lambda \frac{l}{d} \frac{w^2}{2g} - \sum \zeta \frac{w^2}{2g} \qquad (\mathrm{m}) \tag{4.41}$$

在式(4.41)中,等号右边的第一项是该管段上的沿程阻力损失;等号右边的第二项为该管段上所有的局部阻力损失之和。

式(4.41)中的沿程阻力系数 λ 可以通过查附录 11 中附图 11.1 所示的莫迪图得到。式(4.41)中各个局部阻力系数 ζ_i 可以从附录 11 中附表 11.5 与附表 11.6 来查得。式(4.41)中的 d 为圆管流动截面的直径[非圆管则用当量直径 d_e 来代替,参见式(2.74)]。在工程流体力学中,式(4.41)在管路计算等问题的计算过程中起到了很大作用,参见第 4.3.6。

4.3.5.4 关于圆管内层流流态的有关规律

在第 2.2.1.3 中已经介绍过,流体流动时的流态有层流与湍流之分,两者之间为临界过渡流态。

在湍流流态与临界过渡流态时,由于流速 u 高频脉动而且还有漩涡存在,所以,无法应用解析方法来进行理论分析求解,而不得不借助于模型实验方法(参见第 2.2.2.4)或数值解法(参见第 2.1.5.5)来寻求其规律。

然而,在层流流态时,流速是稳定而且也没有漩涡存在。所以,就能够利用受力分析方法来寻求层流流态的规律。为此,首先对于圆管内的均匀流进行一些探讨。

均匀流是指所有的流线都相互平行,在过流截面上的流速分布会沿程不变,如图 4.30 所示。由此获知,均匀流只有沿程阻力损失,没有局部阻力损失,即 $h_w = h_f$。

在图 4.30 中,取 1—1 截面、2—2 截面以及水平基准面 0—0,然后,综合式(4.25)以及式(4.27)

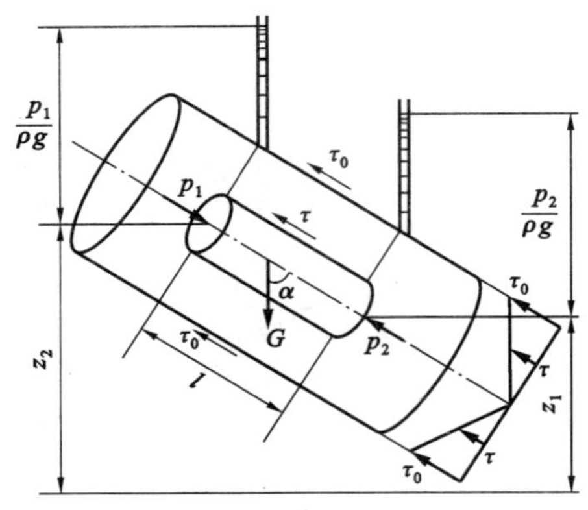

图 4.30　圆管内均匀流中的一个流体段

来建立1—1截面与 2—2 截面之间的柏努利方程,具体为:

$$z_1 + \frac{p_1}{\rho g} + \frac{\alpha_1 w_1^2}{2g} = z_2 + \frac{p_2}{\rho g} + \frac{\alpha_2 w_2^2}{2g} + h_w$$

移项后,得:

$$h_w = h_f = \left(z_1 + \frac{p_1}{\rho g} + \frac{\alpha_1 w_1^2}{2g}\right) - \left(z_2 + \frac{p_2}{\rho g} + \frac{\alpha_2 w_2^2}{2g}\right)$$

由于均匀流的流速分布沿程不变,所以$\frac{\alpha_1 w_1^2}{2g} = \frac{\alpha_2 w_2^2}{2g}$,于是,上式就可以简化为:

$$h_f = \left(z_1 + \frac{p_1}{\rho g}\right) - \left(z_2 + \frac{p_2}{\rho g}\right) \tag{1}$$

下面再来分析 1—1 截面与 2—2 截面之间流体段的受力状况(以流动方向为力的正方向)。该流体段的长度为 l,半径为 r_0,所以,其截面积为 $\pi r_0{}^2$,侧面积为 $2\pi r_0 l$,体积为 $\pi r_0{}^2 l$。

作用在该流体段上的外力在流动方向上的分量有以下四项:第一项,1—1 截面上的压力 $p_1 \pi r_0{}^2$(正方向);第二项,2—2 截面上的压力 $p_2 \pi r_0{}^2$(负方向);第三项,侧面上的阻力 $\tau_0 \cdot 2\pi r_0 l$(负方向,τ_0 为侧面上的切应力);第四项,该流体段的重力在流动方向上的分量 $\rho g \pi r_0{}^2 l \cdot \cos\alpha$(正方向)。

由于均匀流是流体作等速流动,按照牛顿第二定律,其合外力为零,即

$$p_1 \pi r_0{}^2 - p_2 \pi r_0{}^2 - \tau_0 \cdot 2\pi r_0 l + \rho g \pi r_0{}^2 l \cdot \cos\alpha = 0$$

由图 4.30 可以看出:$\cos\alpha = \frac{z_1 - z_2}{l}$,即 $l \cdot \cos\alpha = z_1 - z_2$,将此关系式带入上式中,并且将上式等号的两边同除以 $\rho g \pi r_0{}^2$,得:

$$\left(z_1 + \frac{p_1}{\rho g}\right) - \left(z_2 + \frac{p_2}{\rho g}\right) = \frac{2\tau_0 l}{\rho g r_0} \tag{2}$$

将式(1)与式(2)比较,得:$h_f = \frac{2\tau_0 l}{\rho g r_0}$,将该式整理后,得:

$$\tau_0 = \rho g \cdot \frac{r_0}{2} \cdot \frac{h_f}{l} \tag{3}$$

同理,如果在图 4.30 中取一个半径为 r,长度为 l 的流体段,设其侧面的切应力为 τ,则按照相同的步骤,便可以得到下列公式:

$$\tau = \rho g \cdot \frac{r}{2} \cdot \frac{h_f}{l} \tag{4}$$

对比式(3)与式(4),得:

$$\frac{\tau}{\tau_0} = \frac{r}{r_0} \tag{5}$$

该式表示:在圆管内均匀流的截面上,切应力是按照线性关系分布的,参见图 4.30 的右下角。

在层流流态时,黏滞力起主导作用,这就使得各个流层的质点呈平行运动,各个流层之间互不掺混。这样的流动可以看成为:无数个无限薄的圆筒层在一层套一层地滑动,各层之间的切应力可以按照牛顿黏性定律来进行计算,具体参见式(2.67),即

$$\tau = -\mu \frac{du}{dr} \quad \text{(该式中有负号是因为}\frac{du}{dr} < 0\text{,参见图 4.31)} \tag{6}$$

将式(4)与式(6)对比后,得:$-\mu \frac{du}{dr} = \rho g \cdot \frac{r}{2} \cdot \frac{h_f}{l}$,整理后,得:

$$du = -\frac{\rho g}{2\mu} \cdot \frac{h_f}{l} \cdot r dr \tag{7}$$

将上式再进行积分，得：

$$u=-\frac{\rho g}{4\mu}\cdot\frac{h_f}{l}r^2+c \tag{8}$$

由于式(8)中还有积分常数，所以还要确定边界条件。在管壁上，因为流体的粘滞性而必然会有一层流体被黏附在管壁上，这就是边界条件，即，在 $r=r_0$ 处，$u=0$。将此边界条件代入式(8)中，得到它的积分常数 $c=\frac{\rho g}{4\mu}\cdot\frac{h_f}{l}r_0^2$。于是，得：

$$u=\frac{\rho g}{4\mu}\cdot\frac{h_f}{l}(r_0^2-r^2)\qquad(\mathrm{m/s}) \tag{4.42}$$

式(4.42)所表示的层流流态时圆管均匀流内的流速分布如图 4.31 所示(为了表示得更为清楚，特将图 4.30 中的流体段改为水平绘制)。

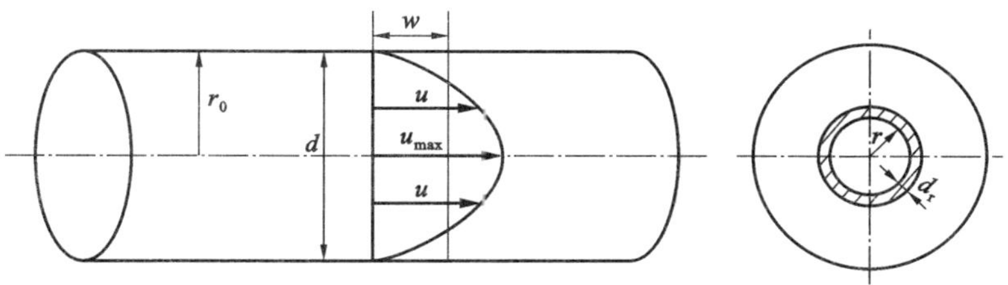

图 4.31　层流流态时圆管内均匀流的流速分布

式(4.42)则表明：在层流流态时，圆管内均匀流的流速分布乃是一个以管道中心线为中心轴的旋转抛物面。该抛物线型的流速分布表示在图 4.31 之中，它的最大流速 u_{max} 在中心轴上(即 $r=0$ 处)，其大小为：

$$u_{max}=\frac{\rho g}{4\mu}\cdot\frac{h_f}{l}r_0^2=\frac{\rho g}{16\mu}\cdot\frac{h_f}{l}\cdot d^2\quad(\mathrm{m/s}) \tag{4.43}$$

式中　d——管道的内直径，m；

其他符号的意义同前所述。

根据式(4.16)与式(4.42)，再参考图 4.31，也可以求得圆管内层流流态时的流量 V：

$$V=\iint_A u\,\mathrm{d}A=\int_0^{r_0}u\cdot 2\pi r\mathrm{d}r=\int_0^{r_0}\frac{\rho g}{4\mu}\cdot\frac{h_f}{l}(r_0^2-r^2)\cdot 2\pi r\mathrm{d}r$$

$$=\frac{\rho g\pi}{8\mu}\cdot\frac{h_f}{l}r_0^4=\frac{\rho g\pi}{128\mu}\cdot\frac{h_f}{l}d^4\qquad(\mathrm{m^3/s}) \tag{4.44}$$

再根据式(4.17)，就可以得到圆管内层流流态时的截面平均流速 w：

$$w=\frac{\iint_A u\,\mathrm{d}A}{A}=\frac{\int_0^{r_0}u\cdot 2\pi r\mathrm{d}r}{\pi r_0^2}=\frac{\rho g}{8\mu}\cdot\frac{h_f}{l}r_0^2=\frac{\rho g}{32\mu}\cdot\frac{h_f}{l}d^2\qquad(\mathrm{m/s}) \tag{4.45}$$

对比式(4.43)与式(4.45)，可以看出，圆管内层流流态时的截面平均流速为其截面上最大流速的一半，即 $w=\frac{u_{max}}{2}$。

上述各式中的$\frac{h_f}{l}$在工程流体力学中被称为：水力坡度，一般用符号 J 表示，即 $J=\frac{h_f}{l}$，无量纲量。该参量表示单位长度上的沿程阻力损失，它表征着沿程阻力损失的强度。

按照式(4.45)，则可以得到圆管内层流流态时的水力坡度 J 之计算公式为：

$$J=\frac{h_f}{l}=\frac{32\mu w}{\rho g d^2} \tag{4.46}$$

式(4.46)也可以改写为：

$$h_f = \frac{32\mu w}{\rho g d^2} l = \frac{64}{\rho w d/\mu} \cdot \frac{l}{d} \cdot \frac{w^2}{2g} = \frac{64}{Re} \cdot \frac{l}{d} \cdot \frac{w^2}{2g} \tag{4.47}$$

对比式(4.47)与式(4.38)，便可以得到圆管内层流流态时沿程阻力系数 λ 的计算公式为：

$$\lambda = \frac{64}{Re} \tag{4.48}$$

利用式(4.42)也可以通过积分计算得到圆管内层流流态时式(4.25)中动能修正系数 α 的计算结果以及式(4.77)中动量修正系数 α_0 的计算结果。

$$\alpha_1 = \frac{\iint_A u^3 \mathrm{d}A}{w^3 A} = \frac{\int_0^{r_0} \left[\frac{\rho g}{4\mu} \cdot \frac{h_f}{l}(r_0^2 - r^2)\right]^3 \cdot 2\pi r \mathrm{d}r}{\left(\frac{\rho g}{8\mu} \cdot \frac{h_f}{l} r_0^2\right)^3 \cdot \pi r_0^2} = 2$$

$$\alpha_0 = \frac{\iint_A u^2 \mathrm{d}A}{w^2 A} = \frac{\int_0^{r_0} \left[\frac{\rho g}{4\mu} \cdot \frac{h_f}{l}(r_0^2 - r^2)\right]^2 \cdot 2\pi r \mathrm{d}r}{\left(\frac{\rho g}{8\mu} \cdot \frac{h_f}{l} r_0^2\right)^2 \cdot \pi r_0^2} = \frac{4}{3}$$

湍流流态时，由于各个流层之间的相互掺混以及漩涡的搅拌作用，就使得流动截面上主流区内流速分布很均匀，参见图 2.40，从而造成 $\alpha \approx 1$、$\alpha_0 \approx 1$，于是，伯努利方程与动量方程中可以忽略 α、α_0 这两个参数。然而，层流流态时，由于各个流层之间互不掺混，就使得流动截面上流速分布很不均匀，参见图 4.31。因此，在利用伯努利方程、动量方程进行层流流态的“流体力学”问题计算时，动能修正系数 α、动量修正系数 α_0 这两个参数绝对不能忽略。

4.3.6　伯努利方程的应用

伯努利方程在工程流体力学中的具体应用就是利用上述的连续性方程与伯努利方程来针对各种具体的工程流体力学问题进行数学求解后而得到一些有用的公式或结论。

需要提醒读者注意：上述的连续性方程与伯努利方程都是在一定的条件下推导出来的，这些条件为：① 恒定流动(或称：定常流动，也称：稳态流动 或 稳定流动)；② 不可压缩流体[参见第 2.2.1.1(3)中的讨论]；③ 质量只有重力；④ 1—1 截面、2—2 截面需要位于均匀流段或缓变流段。这些条件也就是上述的连续性方程与柏努利方程应用范围的限制。

如果想突破这些限制，则需要更广范围的流体力学方面的方程式，而且其方程的形式将有很大的改变，例如，关于流体“射流”的规律参见第 4.3.9 与第 4.3.10；关于可压缩气体的流动规律则请参见第4.3.11。当然，如果想获得更广范围的工程流体力学知识，也还需要阅读更多方面的流体力学资料或者有关专著。

4.3.6.1　伯努利方程在管路系统中的应用简介

在无机非金属材料领域，流体在管道内流动是很常见的。因此，利用伯努利方程来掌握管路系统(Pipelines)计算方面的知识是十分必要的。

从管路计算的角度来说，管路可以分为“简单管路”与“复杂管路”。简单管路是管径 d(内直径)相同而且流体流量也相同的管段。复杂管路则是将简单管路经过串联或并联或复联后而形成的管路。

(1) 简单管路的计算

简单管路是构成各种复杂管路的基本单元。根据简单管路的结构特点(一个等直径、等流量而且有各种局部阻力的直管段)，其计算阻力损失 h_w 的公式是式(4.41)，具体为：

$$h_w = \lambda \frac{l}{d} \frac{w^2}{2g} + \sum \zeta \frac{w^2}{2g} = \left(\lambda \frac{l}{d} + \sum \zeta\right) \frac{w^2}{2g}$$

按照式(4.18)，流体的流速等于其流量与管道截面积之比，即 $w=\dfrac{V}{A}$。将该式代入上式，得：

$h_w=\dfrac{\lambda\dfrac{l}{d}+\sum\zeta}{2gA^2}\cdot V^2$。如果令 $S_h=\dfrac{\lambda\dfrac{l}{d}+\sum\zeta}{2gA^2}$，则可以得到下式：

$$h_w=S_hV^2 \qquad (\mathrm{m}) \tag{4.49}$$

式中，$S_h=\dfrac{\lambda\dfrac{l}{d}+\sum\zeta}{2gA^2}$ 被称为：简单管路的“综合阻力系数”[如果是非圆管道，d 为当量直径 d_e，参见式(2.74)；若是圆管道，则 $S_h=\dfrac{8\left(\lambda\dfrac{l}{d}+\sum\zeta\right)}{g\pi^2d^4}$]，单位：$\mathrm{s^2/m^5}$；

其他符号的意义同前所述。

如果是气体的强制流动，则习惯上使用式(4.35)所表述的伯努利方程形式。仿照上述推导过程，也可以得到下式：

$$p_w=S_pV^2 \qquad (\mathrm{m}) \tag{4.50}$$

式中，$S_p=\dfrac{\left(\lambda\dfrac{l}{d}+\sum\zeta\right)\rho}{2A^2}$ 也被称为：简单管路的“综合阻力系数”[若是非圆管道，d 为当量直径 d_e，参见式(2.74)；若是圆管道，则 $S_p=\dfrac{8\left(\lambda\dfrac{l}{d}+\sum\zeta\right)\rho}{\pi^2d^4}$]，单位：$\mathrm{kg/m^7}$；

其他符号的意义同前所述。

以下将会看到，利用综合阻力系数(S_h 或 S_p)所表述的式(4.49)或式(4.50)，不仅对于简单管路的计算带来方便，而且对于复杂管路的计算也带来了很大的方便。

另外，按照式(4.49)或式(4.50)，任何管路的计算问题(不管是针对简单管路还是关于复杂管路)都可以归纳为三类：第一类，已知其他条件，求阻力损失 h_w 或压损 p_w(或者进一步计算其他参量值)；第二类，已知其他条件，求流量 V(或者进一步计算其他参量值)；第三类，已知其他条件，通过计算 S_h 或 S_p 来求得管道尺寸(对于圆形管道，主要是计算管径 d)。

【例 4.6】 一个由矿渣混凝土板(其粗糙度 $\varepsilon=1.5$)制成的矩形风道，它的截面积 $A=1\ \mathrm{m}\times1.2\ \mathrm{m}=1.2\ \mathrm{m^2}$，长度 $l=50$ m。该风道的所有局部阻力系数之和 $\sum\zeta=2.5$，风量 $V=14\ \mathrm{m^3/s}$，空气温度为 20 ℃。请计算空气流经该风道时的压损 p_w。(这是一个第一类管路计算问题)

【解】 由该风道的截面尺寸，按照式(2.74)求得其当量直径 $d_e=4\times\dfrac{1\times1.2}{2(1+1.2)}=1.091(\mathrm{m})$，该风管内的平均风速 $w=\dfrac{V}{A}=\dfrac{14}{1.2}=11.667(\mathrm{m/s})$，查附录 3 中附表 3.6 可知，20 ℃空气的密度 $\rho=1.205\ \mathrm{kg/m^3}$，动力黏度 $\mu=18.1\times10^{-6}$ Pa·s，根据上述数据便可以求得该风道内气流的雷诺数 $Re=\dfrac{\rho wd}{\mu}=\dfrac{1.205\times11.667\times1.091}{18.1\times10^{-6}}=8.474\times10^5$。

由 $Re=8.474\times10^5$ 与相对粗糙度 $\dfrac{\varepsilon}{d_e}=\dfrac{1.5/1000}{1.091}=0.0014$，查附录 11 中附图 11.1(莫迪图)，便得到该风道的沿程阻力系数 $\lambda=0.022$。

作为气体的空气，通常是利用式(4.50)来计算其压损，按照其综合阻力系数 S_p 的计算式，便可以得到：

$$S_p=\frac{\left(\lambda\dfrac{l}{d_e}+\sum\zeta\right)\rho}{2A^2}=\frac{\left(0.022\times\dfrac{50}{1.091}+2.5\right)\times1.205}{2\times1.2^2}=1.468(\mathrm{kg/m^7})$$

于是，根据式(4.50)，得：$p_w = S_pV^2 = 1.468 \times 14^2 = 288(\text{Pa})$　　—毕—

(2) 复杂管路的计算

① 串联管路的计算

串联管路是由若干支管段(简单管路)首尾相接来组合而成，如图4.32所示。

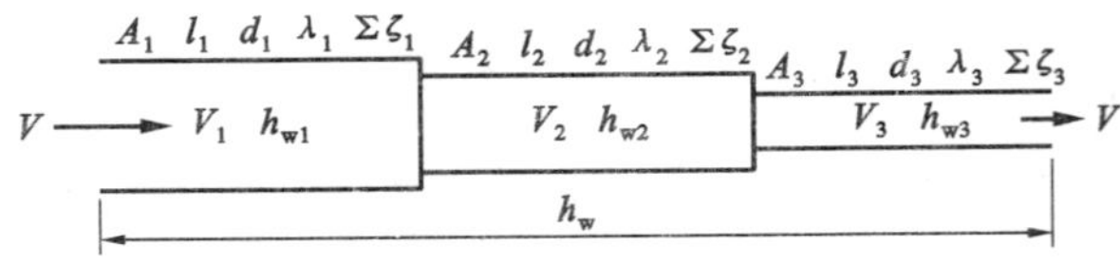

图4.32　串联管路的结构

串联管路的特点是：第一，各个支管段的流量相等；第二，串联管路的总阻力损失(或压损)则等于各个支管段的阻力损失(或压损)之和。

以如图4.32所示的三个支管段之串联管路为例，按照串联管路的上述特点，则有以下等式成立：

$$V_1 = V_2 = V_3 = V \tag{1}$$

$$h_w = h_{w1} + h_{w2} + h_{w3} = S_{h1}V_1{}^2 + S_{h2}V_2{}^2 + S_{h3}V_3{}^2 = (S_{h1} + S_{h2} + S_{h3})V^2$$

由此，可以得到：

$$h_w = S_hV^2 \tag{2}$$

该式中，$S_h = S_{h1} + S_{h2} + S_{h3}$。　　(3)

各个支管段的阻力损失之比：

$$h_{w1} : h_{w2} : h_{w3} = S_{h1} : S_{h2} : S_{h3} \tag{4}$$

同理，可以通过推导而得到：

$$p_w = S_pV^2 \tag{2a}$$

该式中，$S_p = S_{p1} + S_{p2} + S_{p3}$。　　(3a)

各个支管段的压损之比：

$$p_{w1} : p_{w2} : p_{w3} = S_{p1} : S_{p2} : S_{p3} \tag{4a}$$

以上所表述的便是串联管路的计算原理。

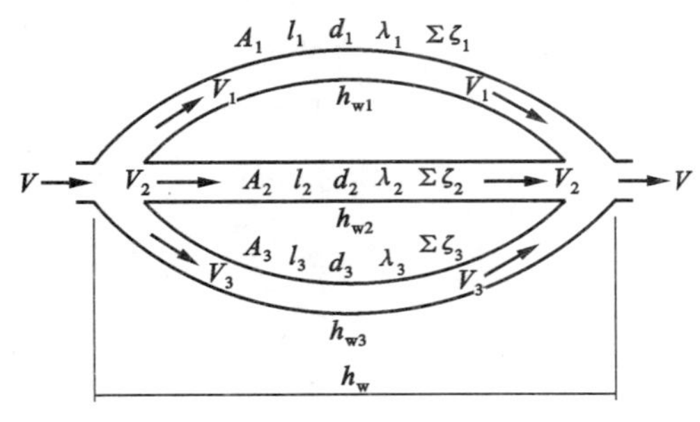

图4.33　并联管路的结构

② 并联管路的计算

并联管路是指：总管道首先分流为若干支管道(简单管路)，各个分流支管道最终又汇流为总管道，如图4.33所示。

串联管路的特点就是：第一，各个分流支管道的阻力损失(或者压损)相等；第二，串联管路的总流量等于各个分流支管道的流量之和。

以如图4.33所示的三个分流支管道的并联管路为例，按照并联管路的上述特点，则应当有以下等式成立：

$$h_{w1} = h_{w2} = h_{w3} = h_w \tag{1}$$

$$V = V_1 + V_2 + V_3 = \frac{\sqrt{h_{w1}}}{\sqrt{S_{h1}}} + \frac{\sqrt{h_{w2}}}{\sqrt{S_{h2}}} + \frac{\sqrt{h_{w3}}}{\sqrt{S_{h3}}}$$

由此，可以得到：

$$h_w = S_hV^2 \tag{2}$$

该式中，$S_h = \left(\frac{1}{\sqrt{S_{h1}}} + \frac{1}{\sqrt{S_{h2}}} + \frac{1}{\sqrt{S_{h3}}}\right)^{-2}$　　(3)

通过各个分流管道的流量之比：

$$V_1 : V_2 : V_3 = \frac{1}{\sqrt{S_{h1}}} : \frac{1}{\sqrt{S_{h2}}} : \frac{1}{\sqrt{S_{h3}}} \tag{4}$$

并联管路的这种流量分配规律就是人们常说的“阻力平衡”之实质。

同理，也可以通过推导而得到：

$$p_w = S_p V^2 \tag{2a}$$

该式中，$S_p = \left(\frac{1}{\sqrt{S_{p1}}} + \frac{1}{\sqrt{S_{p2}}} + \frac{1}{\sqrt{S_{p3}}}\right)^{-2}$。　　(3a)

通过各个分流管道的气流量之比：

$$V_1 : V_2 : V_3 = \frac{1}{\sqrt{S_{p1}}} : \frac{1}{\sqrt{S_{p2}}} : \frac{1}{\sqrt{S_{p3}}} \tag{4a}$$

以上所表述的就是并联管路之计算原理。

③ 复联管路的计算

复联是指串联与并联的组合。所以，复联管路就是指简单管路通过串联、并联的方式组合而成的管路系统。这里，通过一个例题来介绍一下复联管路计算的要点。

【例 4.7】 某输水管路的简图如图 4.34 所示。已知该图中的一些参数值为：两个水池中水面之间的高度差 $H=24$ m，各个支管道的长度 $l_1=l_2=l_3=l_4=100$ m；各个支管道的内直径 $d_1=d_2=d_4=100$ mm，$d_3=200$ mm；各个支管道的沿程阻力系数 $\lambda_1=\lambda_2=\lambda_4=0.025$，$\lambda_3=0.02$；第三个支管道中阀门的局部阻力系数 $\zeta_{valve}=30$；该输水管路中的弯管因为有减阻措施而忽略其局部阻力损失。请计算该管路系统中的输水量（单位：m^3/s）。（这是一个第二类管路计算问题）

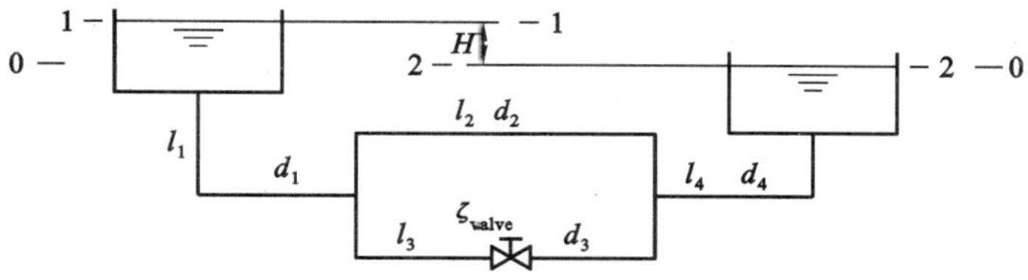

图 4.34 【例 4.7】图

【解】 如图 4.34 所示，取 1—1 截面和 2—2 截面以及水平基准面 0—0，再按照式(4.34)建立 1—1 截面和 2—2 截面之间的伯努利方程如下：

$$z_1 + \frac{p_1}{\rho g} + \frac{w_1^2}{2g} = z_2 + \frac{p_2}{\rho g} + \frac{w_2^2}{2g} + h_w$$

由原题中的已知条件可知，$z_1=H=24$ m，$p_1=0$（因为水池开口，故而其水面的相对压强为零），$w_1\approx 0$（水池的截面积很大从而导致池内流速很小，所以忽略之）；$z_2=0$，$p_2=0$（因为水池开口，故而其水面的相对压强为零），$w_2\approx 0$（水池的截面积很大会导致池内流速很小，故而忽略之）。于是，得：$24+0+0=0+0+0+h_w$，即 $h_w=24$(m)

针对图 4.34 中的串、并联关系，得：

$$S_h = S_{h1} + \left(\frac{1}{\sqrt{S_{h2}}} + \frac{1}{\sqrt{S_{h3}}}\right)^{-2} + S_{h4}$$

其中　$S_{h1} = \dfrac{8\left(\lambda_1 \dfrac{l_1}{d_1} + \sum \zeta_1\right)}{g\pi^2 d_1^4} = \dfrac{8 \times \left(0.025 \times \dfrac{100}{0.1} + 0.5\right)}{9.807 \times 3.142^2 \times 0.1^4}$　［查附录 11 中附表 11.5(22)，尖锐边缘入口处 $\zeta=0.5$］

$= 21071(s^2/m^5)$

$$S_{h2} = \frac{8\left(\lambda_2 \dfrac{l_2}{d_2} + \sum \zeta_2\right)}{g\pi^2 d_2^4} = \frac{8 \times \left(0.025 \times \dfrac{100}{0.1} + 0\right)}{9.807 \times 3.142^2 \times 0.1^4} = 20658(s^2/m^5)$$

$$S_{h3}=\frac{8\left(\lambda_3\dfrac{l_3}{d_3}+\sum\zeta_3\right)}{g\pi^2d_1^4}=\frac{8\times\left(0.02\times\dfrac{100}{0.2}+30\right)}{9.807\times3.142^2\times0.2^4}\ \left[按照本题的已知条件,\sum\zeta_3=\zeta_{valve}=0.5\right]$$

$$=2066(s^2/m^5)$$

$$S_{h4}=\frac{8\left(\lambda_4\dfrac{l_4}{d_4}+\sum\zeta_4\right)}{g\pi^2d_4^4}=\frac{8\times\left(0.025\times\dfrac{100}{0.1}+1\right)}{9.807\times3.142^2\times0.1^4}\ [查附录11中附表11.5(23),管道出口处\zeta=1]$$

$$=21484(s^2/m^5)$$

$$S_h=S_{h1}+\left(\frac{1}{\sqrt{S_{h2}}}+\frac{1}{\sqrt{S_{h3}}}\right)^{-2}+S_{h4}=21071+\left(\frac{1}{\sqrt{20658}}+\frac{1}{\sqrt{2066}}\right)^{-2}+21484$$

$$=43747(s^2/m^5)$$

$$V=\sqrt{\frac{h_w}{S_h}}=\sqrt{\frac{24}{43747}}=0.0234(m^3/s)$$

—毕—

4.3.6.2 伯努利方程在窑炉系统中的应用简介

(1) 气体通过窑墙上小孔流出流量或吸入流量的计算

当窑炉系统内为正压时,窑内气体会通过窑墙上设置的小孔①流出;而当窑炉系统内为负压时,则会有环境空气通过窑墙上设置的小孔被吸入窑内。该问题可以简化为:气体从较大空间经过一个小孔流向另一个较大空间的情况,如图 4.35 所示。在这种情况下,气体的静压头转变为动压头,于是气体的压强降低,流速增加,而且在流出气体的惯性作用下,气流发生收缩,这样就在Ⅱ—Ⅱ截面处形成一个最小截面 A_2,该现象被称为:缩流。气体最小截面的面积 A_2 与小孔截面的面积 A 之比被称为:缩流系数 k,即:

$$k=\frac{A_2}{A} \tag{4.51}$$

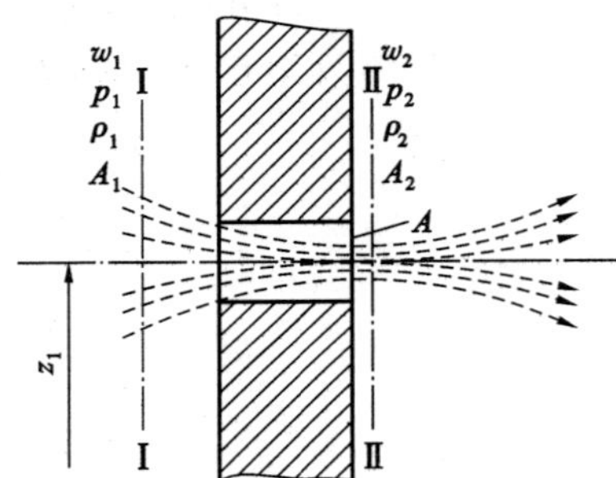

图 4.35 通过小孔溢气流量的图示

在图 4.35 中,Ⅰ—Ⅰ截面取在窑内,Ⅱ—Ⅱ截面取在气流最小截面上,这两个截面上的物理参数分别为 w_1、p_1、ρ_1 和 w_2、p_2、ρ_2。由于气流通过小孔的流动是在压强差很小的情况下进行的,因此便可以认为是不可压缩流体的流动,即 $\rho_1=\rho_2=\rho$(窑内气体的密度,单位:kg/m³);另外,$z_1=z_2$,$p_2=0$(相对压强为零);又因为 $A_2\ll A_1$,所以 $w_1\ll w_2$,因而 w_1 就可以忽略;再因为流动距离很短,因此,也可以忽略沿程阻力损失。于是,经过上述简化后,关于热气流的伯努利方程式(4.37)就被简化为:

$$p_1=0+\frac{\rho w_2^2}{2}+p_\zeta \Longrightarrow p_1=\frac{\rho w_2^2}{2}+\zeta\frac{\rho w_2^2}{2} \Longrightarrow w_2=\frac{1}{\sqrt{1+\zeta}}\sqrt{\frac{2p_1}{\rho}}$$

令 $\varphi=\dfrac{1}{\sqrt{1+\zeta}}$($\varphi$ 被称为:速度系数,它与气体流出时的阻力损失有关),于是,得:

$$w_2=\varphi\sqrt{\frac{2p_1}{\rho}}\qquad(m/s) \tag{4.52}$$

式中 ζ——局部阻力系数;

p_1——窑内的压强(相对压强),Pa。

由式(4.52)以及式(4.51)便推导出通过小孔(其截面积为 A_2)流出时的气体流量 $V=A_2w_2$ 为:

$$V=A_2\varphi\sqrt{\frac{2p_1}{\rho}}=kA\varphi\sqrt{\frac{2p_1}{\rho}}$$

① 设置在窑墙上的这些小孔是作为观察孔、摄像孔、测量孔等来使用的[6]。

即

$$V=\mu A\sqrt{\frac{2p_1}{\rho}} \qquad (\mathrm{m^3/s}) \tag{4.53}$$

式中 μ——流量系数，$\mu=k\varphi$。

缩流系数 k、速度系数 φ 和流量系数 μ 的大小可以由实验来确定。在几种典型情况下，这三个系数的值可以从表 4.6 中来查得。在该表中，所谓“薄壁”和“厚壁”是按照气流最小截面 A_2 所在的位置来区分的，若 A_2 在孔口壁面以外，则该壁就称为：薄壁；若 A_2 在孔口壁面之内，则该壁就称为：厚壁。一般来说，可以按照式(4.54)来判别是厚壁还是薄壁。

$$若\ \delta>3.5d_e，则为厚壁；若\ \delta\leqslant 3.5d_e，则为薄壁 \tag{4.54}$$

式中 δ——壁的厚度，m；

d_e——孔口的当量直径[参见式(2.74)]，m。

表 4.6 在几种典型情况下，气体通过孔口流出时的三个系数值

孔嘴类型	示意图	k	φ	μ
薄壁型的孔口（圆形或正方形）	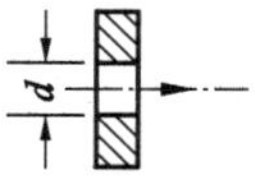 d	0.64	0.97	0.62
厚壁孔口型的（圆形或正方形）	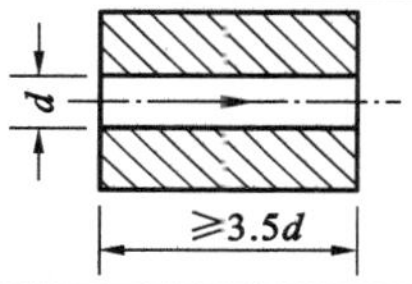 d；$\geqslant 3.5d$	1	0.82	0.82
棱角圆柱形的外管嘴	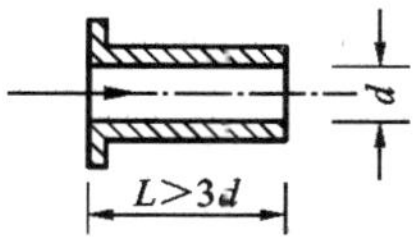 d；$L>3d$	0.82	1	0.82
圆角圆柱形的外管嘴	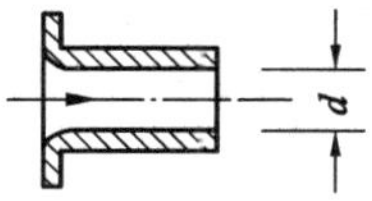 d	1	0.9	0.9
流线型圆柱形的外管嘴	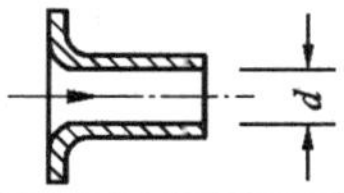 d	1	0.97	0.97
棱角圆柱形的内管嘴	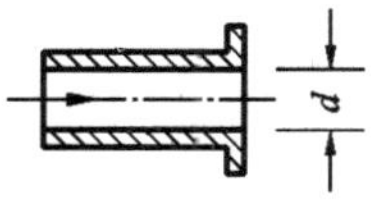 d	1	0.71	0.71
圆锥形收缩的外管嘴	d；$L=3d$；$=13°$	0.98	0.96	0.945
	$=30°$	0.92	0.975	0.896
	$=45°$	0.87	0.98	0.85
	$=90°$	—	—	0.75
圆锥形扩散的外管嘴	d；$=8°$	1	0.98	0.98
	$=45°$	1	0.55	0.55
	$=90°$	1	0.58	0.58

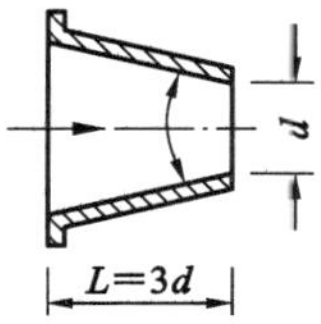

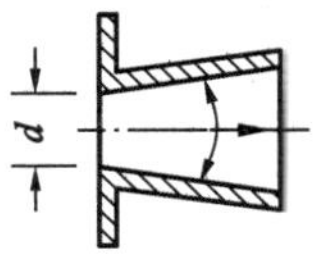

由于厚壁的缩流系数 k 比薄壁的缩流系数 k 要大，因此厚壁的流量系数 μ 要比薄壁流量系数 μ 更大。

同理可证，若窑内为负压 p_1(相对压强)，则窑炉通过截面积为 A 的小孔所吸入的气体流量 V 为：

$$V=\mu A\sqrt{\frac{-2p_1}{\rho_a}} \quad (m^3/s) \tag{4.55}$$

式中 ρ_a——周围空气的密度，kg/m^3。

这里，提醒读者注意：上述公式是在假定 $w_1 \ll w_2$ 这个前提下而推导出来的，然而，实际窑炉内的气体都是处于流动状态，因此，利用上述公式计算出来的气流量与实际数据会有一定的误差。另外，当窑内为正压时，若孔口处的气流速度较大(例如，燃油喷嘴或煤气烧嘴的入口处)，还有可能在孔口附近产生负压，从而出现倒吸周围空气的现象。

(2) 气体通过炉门流出流量或吸入流量的计算

气体通过炉门的流出流量(当窑内为正压时)或吸入流量(当窑内为负压时)的计算原理与上述(1)中“气体通过窑墙上小孔流出流量或吸入流量”的计算原理相似。区别是：因为孔口的直径较小，所以在计算时可以认为沿小孔高度方向上气体的压强不变；然而，炉门具有一定的高度，所以，在计算气流的流出量或吸入量时，就必需考虑沿炉门高度方向上压强的变化，其具体的计算方法为：

无论是哪种形状的炉门，对于其中位于高度 z 的一个微元面积 dA 而言，通过其流出气流量 dV 的计算则可以利用通过小孔气流量的计算公式[即式(4.53)]来进行计算：

$$dV=\mu_z \cdot dA \cdot \sqrt{\frac{2p_1}{\rho}}$$

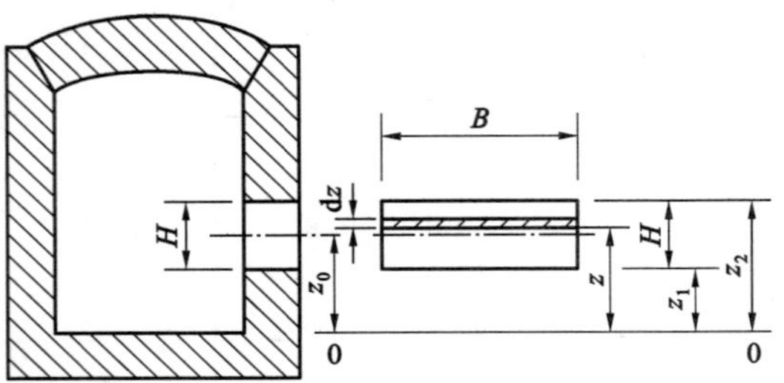

图 4.36 通过炉门气流量的图示

对于一个矩形炉门，假设炉门的宽度为 B，高度为 H，假定窑底处为零压(即该处有缝隙而使得窑内、窑外相通)，再在距离窑底 z 的地方取一个高度为 dz 的微小单元带(其面积为 $dA=Bdz$)，如图 4.36 所示。

由于窑底处($z=0$)为零压，所以，窑底处与高度为 z 处之间的热气体伯努利方程就简化为：$zg(\rho_a-\rho)=-p_z$，将该式以及 $dA=Bdz$ 代入以上关于 dV 的计算式，得：

$$dV=\mu_z \cdot Bdz \cdot \sqrt{\frac{2zg(\rho_a-\rho)}{\rho}}=\mu_z \cdot B\sqrt{\frac{2g(\rho_a-\rho)}{\rho}} \cdot z^{\frac{1}{2}}dz$$

再通过积分，便可以得到通过整个炉门的气体流出量为：

$$V=\int_{z_1}^{z_2}\mu_z \cdot B\sqrt{\frac{2g(\rho_a-\rho)}{\rho}} \cdot z^{\frac{1}{2}}dz$$

实际上，在不同炉门高度处的流量系数 μ_z 是不相等的。然而，为了简化计算，将上式中的流量系数μ_z 来当作常数处理(即 $\mu_z=\mu$)，于是，经过积分后，便可以得到：通过矩形炉门的气体流出量(简称：溢气量)之计算公式为：

$$V=\frac{2}{3}\mu \cdot B\sqrt{\frac{2g(\rho_a-\rho)}{\rho}}\left(z_2^{\frac{3}{2}}-z_1^{\frac{3}{2}}\right) \quad (m^3/s) \tag{4.56}$$

式中 μ——炉门的流量系数，该系数值由实验来确定，一般可以取 0.52～0.6；

B——炉门的宽度，m；

z_1, z_2——分别为炉门下边缘和上边缘至零压面的垂直高度，m。

式(4.56) 中的$\left(z_2^{\frac{3}{2}}-z_1^{\frac{3}{2}}\right)$还可以用牛顿二项式展开，具体为：

$$z_2^{\frac{3}{2}}-z_1^{\frac{3}{2}}=\frac{3}{2}H\sqrt{z_0}\left[1-\frac{1}{96}\left(\frac{H}{z_0}\right)^2-\cdots\right]$$

将上式代入式(4.56)中，便得到通过炉门的气体流出流量(简称：溢气量)之近似计算式为：

$$V=\mu \cdot BH\sqrt{\frac{2gz_0(\rho_a-\rho)}{\rho}}=\mu A\sqrt{\frac{2gz_0(\rho_a-\rho)}{\rho}} \quad (m^3/s) \tag{4.57}$$

式中 A——炉门的截面积($A=BH$),m^2;

z_0——炉门的中心线至零压面的垂直高度,$z_0=\frac{z_1+z_2}{2}$,m。

另外,如果已知炉门下边缘处的正压为 p_s(单位:Pa),也可以利用下式[该式也来自式(4.56)]来计算通过炉门的溢气量。

$$V=\frac{2}{3}\times(0.52\sim0.62)\times\frac{B}{g(\rho_a-\rho)}\cdot\sqrt{\frac{2}{\rho}}\left(\sqrt{[p_s+Hg(\rho_a-\rho)]^3}-\sqrt{p_s^3}\right) \qquad (m^3/s) \quad (4.58)$$

【例 4.8】 有一个矩形炉门,其宽度 $B=0.5$ m,其高度 $H=0.5$ m。窑内气体的温度 $t=1600$ ℃,该气体的标准状态密度 $\rho_0=1.315\ kg/m^3$;外界空气的温度 $t_a=20$ ℃,其标准状态密度 $\rho_{a,0}=1.293\ kg/m^3$。零压面在炉门的下边缘以下,距离炉门中心的垂直高度为 0.75 m。该炉门的流量系数 $\mu=0.6$。求开启该炉门时的溢气量。

【解】 由该题中的已知条件可知:$\rho_0=1.315\ kg/m^3$(这里,m^3 为标准状态体积单位),$\rho_{a,0}=1.293\ kg/m^3$(这里,m^3 为标准状态体积单位),$z_0=0.75$ m,由此,便可以计算出以下几个参量:

$$\rho=\rho_0\cdot\frac{273.15}{t+273.15}=1.315\times\frac{273.15}{273.15+1600}=0.192(kg/m^3)$$

$$\rho_a=\rho_{a,0}\cdot\frac{273.15}{t_a+273.15}=1.293\times\frac{273.15}{273.15+20}=1.205(kg/m^3)$$

$$z_2=z_0+\frac{H}{2}=0.75+\frac{0.5}{2}=1(m)$$

$$z_1=z_0-\frac{H}{2}=0.75-\frac{0.5}{2}=0.5(m)$$

溢气量 V 若利用式(4.56)来进行计算,则可以得到:

$$\begin{aligned}V&=\frac{2}{3}\mu\cdot B\sqrt{\frac{2g(\rho_a-\rho)}{\rho}}(z_2^{\frac{3}{2}}-z_1^{\frac{3}{2}})\\&=\frac{2}{3}\times0.6\times0.5\times\sqrt{\frac{2\times9.81\times(1.205-0.192)}{0.192}}\times(1^{\frac{3}{2}}-0.5^{\frac{3}{2}})\\&=1.31(m^3/s)\end{aligned}$$

而溢气量 V 如果利用式(4.57)来计算,则计算结果为:

$$\begin{aligned}V&=\mu\cdot BH\sqrt{\frac{2gz_0(\rho_a-\rho)}{\rho}}\\&=0.6\times0.5\times0.5\times\sqrt{\frac{2\times9.81\times0.75\times(1.205-0.192)}{0.192}}=1.32(m^3/s)\end{aligned}$$

由上述的计算结果可以看出:当 z_0 较大时,式(4.56)与式(4.57)之间的计算误差是很小的,本题利用这两个公式的计算结果很接近就表明了这一点。 —毕—

(3) 分散垂直气流法则

在工程上,有时会遇到这样的流型:一股气流在垂直通道中被分隔成多股平行小气流,这种流型就叫做:分散垂直气流。分散垂直气流往往伴随着与周围边壁的热交换现象,在这种现象中,如果气流的阻力损失(沿程阻力损失与局部阻力损失之和)比流体的几何压头要小得多,则流动方向对于横断面上温度分布的均匀性有着很大的影响:热气体(被固体壁冷却的气体)要使其自上而下流动;冷气体(被固体壁加热的气体)要使其自下而上流动,这就是"分散垂直气流法则",简称:分流法则。在无机非金属材料工业领域内,该法则的应用较为广泛,例如,气体在传统的陶瓷倒焰窑内(这种窑型后来更新为"梭式窑")料垛之间的流动,再比如说,玻璃池窑蓄热室格子体内的气体流动,都是要遵循"分散垂直气流法则"。

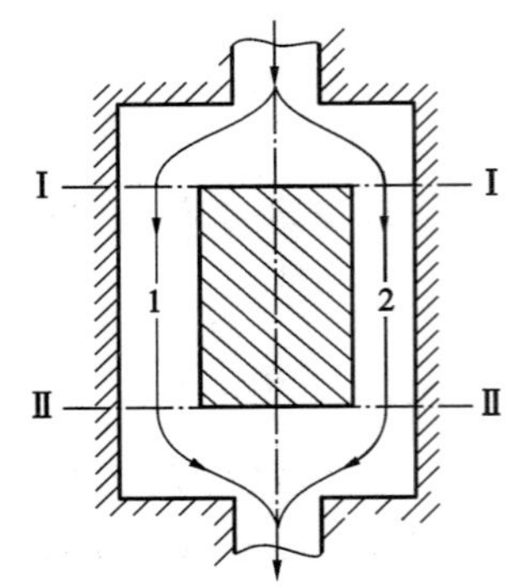

图 4.37　分散垂直气流的情况

以下利用伯努利方程来说明此法则的推导过程：如图 4.37 所示，热气流在垂直通道中自上而下流动，至Ⅰ-Ⅰ截面后又分成两股气流，分别在通道 1 中和通道 2 中流动，在Ⅱ-Ⅱ截面后又汇合成一股气流而流出通道。下面就来寻求是怎样的条件才能够使得气流在通道 1 与通道 2 之间均匀分布。为此，按照式(4.37)分别列出通道 1、通道 2 在Ⅰ-Ⅰ截面与Ⅱ-Ⅱ截面之间热气流的伯努利方程式(为了表述的方便，假设通道 1、通道 2 都为等截面的通道。另外，还选择Ⅰ-Ⅰ截面所在的水平面为水平基准面)。

对于通道 1，式(4.37)所对应的伯努利方程为：

$$(\rho_a-\rho_1)gz_{\mathrm{I},1}+p_{\mathrm{I},1}+\frac{\rho w_{\mathrm{I},1}^2}{2}=(\rho_a-\rho_1)gz_{\mathrm{II},1}+p_{\mathrm{II},1}+\frac{\rho w_{\mathrm{II},1}^2}{2}+p_{w,1}$$

由于 $w_{\mathrm{I}}=w_{\mathrm{II}}$(这是等截面通道的缘故)，$z_{\mathrm{I},1}=0$(这是因为Ⅰ-Ⅰ截面也为水平基准面)，所以，上式就可以简化为：

$$p_{\mathrm{I},1}-p_{\mathrm{II},1}=(\rho_a-\rho_1)gz_{\mathrm{II},1}+p_{w,1}\qquad(\mathrm{Pa})\tag{4.59}$$

对于通道 2，同样可以根据热气流的伯努利方程而推导出：

$$p_{\mathrm{I},2}-p_{\mathrm{II},2}=(\rho_a-\rho_2)gz_{\mathrm{II},2}+p_{w,2}\qquad(\mathrm{Pa})\tag{4.60}$$

同理，如果气体在垂直通道内自下而上流动，利用与上述相同的方法也可以推导出在这种情况下通道 1 内和通道 2 内的气流规律为：

$$p_{\mathrm{I},1}-p_{\mathrm{II},1}=(\rho_a-\rho)gz_{\mathrm{II},1}-p_{w,1}\qquad(\mathrm{Pa})\tag{4.61}$$

$$p_{\mathrm{I},2}-p_{\mathrm{II},2}=(\rho_a-\rho)gz_{\mathrm{II},2}-p_{w,2}\qquad(\mathrm{Pa})\tag{4.62}$$

要使温度在通道 1 内与通道 2 内相互之间能够均匀地分布，就必需使通道 1 和通道 2 两端的静压差相等，这是因为：只有这样才能够保证这两个通道内的气流量相等，进而来保证其气、固换热量相等，从而保证同一断面上的温度相等，最终保证气流在横断面上的温度均匀分布。所以，通道 1 内与通道 2 内相互之间，确保气流温度均匀分布的前提条件为：

$$p_{\mathrm{I},1}-p_{\mathrm{II},1}=p_{\mathrm{I},2}-p_{\mathrm{II},2}\qquad(\mathrm{Pa})\tag{4.63}$$

这样，根据式(4.63)与式(4.59)及式(4.60)，便可以推导出：当气体自上而下流动时，在通道 1 内与通道 2 内相互之间，确保气流温度均匀分布的条件是：

$$(\rho_a-\rho_1)gz_{\mathrm{II},1}+p_{w,1}=(\rho_a-\rho_2)gz_{\mathrm{II},2}+p_{w,2}\qquad(\mathrm{Pa})\tag{4.64}$$

同理，根据式(4.63) 与式(4.61) 及式(4.62)，也可以推导出：当气体自下而上流动时，通道 1 内与通道 2 内相互之间均匀分布的条件是：

$$(\rho_a-\rho_1)gz_{\mathrm{II},1}-p_{w,1}=(\rho_a-\rho_2)gz_{\mathrm{II},2}-p_{w,2}\qquad(\mathrm{Pa})\tag{4.65}$$

由式(4.64) 或式(4.65) 可以看出，保证通道 1 内与通道 2 内相互之间气流温度均匀分布的条件是：两个通道内的几何压头 $(\rho_a-\rho)gz$(其正式称呼是：**位压**)及阻力损失 p_w(其正式称呼是：**压损**)彼此对应相等。以下再就两种极限的情况进行讨论：

情况 1：当 $(\rho_a-\rho)gz\ll p_w$ 时，即位压 $(\rho_a-\rho)gz$ 对于气体温度均匀分布的影响可以忽略不计时。在这种情况下，气流温度在通道 1 与通道 2 之间是否均匀分布便与气流的方向无关，而是主要决定于这两个通道内压损 p_w 的大小：p_w 越大，气流温度分布也就越均匀。例如，水泥立窑内(当然，该窑型已经被淘汰)、石灰立窑内、煤气发生炉内、流化床内的气体流型就属于这种情况。

情况 2：当 $(\rho_a-\rho)gz\gg p_w$ 时，即压损 p_w 对于气流温度均匀分布的影响可以忽略不计时，气流温度是否均匀分布便主要取决于几何压头的作用[例如，玻璃窑蓄热室内、陶瓷倒焰窑内(该窑型属于传统型陶瓷窑)或者陶瓷梭式窑内的情况]。在这种情况下，气流温度在通道 1 内与在通道 2 内相互之间是否均匀分布也就与气流的方向密切相关，具体分析如下：

如果热气体自下而上流过，热气体会被通道壁吸热而逐渐冷却，若偶然因素使得 $t_1<t_2$，则 $\rho_1>\rho_2$，即 $(\rho_a-\rho_1)gz_{Ⅱ,1}<(\rho_a-\rho_2)gz_{Ⅱ,2}$。当热气体自下而上流动时，由式(4.61)、式(4.62)则可知，位压 $(\rho_a-\rho)gz$ 为流动的动力，因而通道 1 内的气流量 V_1 会减少，通道 2 内的气流量 V_2 增加。由于热气体是给热体，它向通道壁传热，因此减少 V_1 会导致 t_1 更低，从而造成 ρ_1 更大，这样 $(\rho_a-\rho_1)gz_{Ⅱ,1}$ 更小，V_1 就更小，t_1 便更低。于是，气体温度在通道 1 内和通道 2 内相互之间的分布更不均匀。由此得到结论：热气体自下向上流动时，分散气流在各个通道内相互之间不可能保持均匀分布。

如果热气体自上而下流过，热气体也会被通道壁吸热而逐渐冷却，但是气流的分布情况将会完全不同，如果偶然因素使得 $t_1<t_2$，则 $\rho_1>\rho_2$，$(\rho_a-\rho_1)gz_{Ⅱ,1}<(\rho_a-\rho_2)gz_{Ⅱ,2}$。热气体自上向下流动时，由式(4.59)、式(4.60)可知：位压 $(\rho_a-\rho)gz$ 为流动的阻力，因而通道 1 内的气流量 V_1 增加，通道 2 内的气流量 V_2 减少。同理，V_2 减少将会使得 t_2 降低，它一直降低到与 t_1 相同，从而保持通道 1 内和通道 2 内相互之间的气体温度均一。由此，可以得到结论：热气体自上向下流动时，分散气流在各个通道之间能够自动地保持均匀分布。

当然，以上两段话所讨论的是热气体(被冷却气体)情况，若是冷气体(被加热气体)，通过类似的推导后，结论为：冷气体自上向下流动时，分散气流在各个通道内相互之间不可能保持均匀分布。但是，若冷气体自下向上流动，则分散气流在各个通道内相互之间就能够自动地保持均匀分布。这种情况以及热气体自上而下流动时的规律就是以上所述的“分散垂直气流法则”，或称为：分流法则。

【例 4.9】 通过逻辑的思路来论证“分散垂直气流法则”。

【解】 为了论述方便，这里选用两股热气流(热气体会被固体壁吸热而逐渐冷却)来进行论证：

先来论证热气体从下向上流动的情况：请参考图 4.37，有热气流在垂直通道中是自下而上流动，至Ⅱ-Ⅱ截面后又分成为两股气流，分别在通道 1 内和通道 2 内中流动，在Ⅰ-Ⅰ截面后又汇合为一股气流而流出通道。假设刚开始时，通道 1 内的气沆温度 t_1 和通道 2 内的气流温度 t_2 相同，如果因为某种偶然的因素使得 $t_1<t_2$，则会导致 $\rho_1>\rho_2$，于是 $(\rho_a-\rho_1)gz_{Ⅱ,1}<(\rho_a-\rho_2)gz_{Ⅱ,2}$。热气体自下而上流动时，位压 $(\rho_a-\rho)gz$ 是流动的动力，因此通道 1 内的气流量 V_1 减少，通道 2 内的气流量 V_2 增加。由于传热的因素而造成 V_1 减少后会导致 t_1 更低，从而 ρ_1 更大，位压 $(\rho_a-\rho_1)gz_{Ⅱ,1}$ 更小，V_1 更小，t_1 更低。这意味着 t_1 会越来越低，而 t_2 会越来越高。由此，便得到结论：当热气体自下向上流动时，分散气流在各个通道内相互之间不可能保持均匀分布。

再来论证热气体从上向下流动的情况：如图 4.37 所示，假设刚开始时，通道 1 内的气流温度 t_1 与通道 2 内的气流温度 t_2 相同，如果因为某种偶然因素使得 $t_1<t_2$，则会导致 $\rho_1>\rho_2$，于是，$(\rho_a-\rho_1)gz_{Ⅱ,1}<(\rho_a-\rho_2)gz_{Ⅱ,2}$。在热气体自上向下流动时，位压 $(\rho_a-\rho)gz$ 则是流动的阻力，因而通道 1 内的气流量 V_1 增加，通道 2 内的气流量 V_2 减少。由于传热的因素而造成 V_2 减少后会导致 t_2 降低，一直下降到与 t_1 相同，从而保持 t_1 与 t_2 均一。由此得到结论：热气体自上向下流动时，分散气流在各个通道内相互之间能够自动地保持均匀分布。

当然，以上只是针对热气流的情况而展开论证，对于冷气体(被固体壁加热而逐渐升温的气体)，通过类似的逻辑论证则可以得到以下结论：冷气体自上向下流动时，分散气流在各个通道内相互之间不可能保持均匀分布；但是，如果冷气体是自下向上流动，则分散气流在各个通道内相互之间就能够自动地保持均匀分布。 —毕—

这样，就用逻辑的语言将“分散垂直气流法则”论证完毕。简言之，在分散的垂直通道内，热气体自上而下流动(或者冷气体自下而上流动)才能够使得气流在各个通道内相互之间来保持温度的均匀分布。最后，需要提醒读者的是：“分散垂直气流法则”只适合于几何压头占主导地位的气流通道内(例如，玻璃池窑蓄热室内的气流流动、陶瓷倒焰窑内或陶瓷梭式窑内的气流流动)。但是，如果气流通道内的气流阻力很大，此法则便不再适用(例如，水泥立窑内的气流流动、石灰立窑内的气流流动、煤气发生炉内的气流流动和流化床内的气流流动，该法则就不再适用)。

(4) 玻璃窑排烟系统阻力的计算方法

这里用一个实例来简单地介绍玻璃窑排烟系统阻力的计算方法。

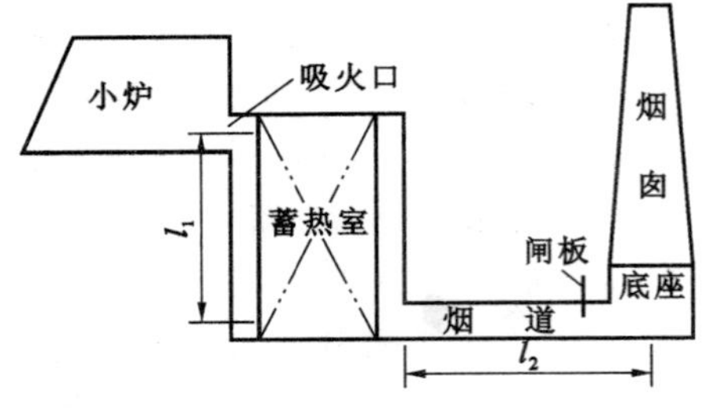

图 4.38　某玻璃窑排烟系统的结构简图

【例 4.10】　某玻璃池窑的排烟系统如图 4.38所示，该图中各个具体尺寸为：$l_1=3$ m，$l_2=10$ m，吸火口截面积 $A_{port}=0.3$ m^2，烟道截面积 $A_{stack}=0.6$ m^2(宽0.75 m，高 0.8 m)，烟囱底部的截面积 $A_{bottom}=1.5$ m^2。该图中的闸门开度按 50%计；沿程阻力系数 λ 按照 0.05 计；蓄热室的局部阻力损失与沿程阻力造成的压损共计30 Pa；零压面的位置是在吸火口平面。请计算该排烟系统的总阻力损失(或称：总压损)。

几个相关部位的温度值，如表 4.7 所示。

表 4.7　几个相关部位的温度值

进吸火口 废气温度 t_{g1}	蓄热室内 废气平均温度 t_{g2}	烟道内 废气平均温度 t_{g3}	烟囱底部 废气温度 t_{g4}	外界的 空气温度 t_a
1350 ℃	850 ℃	400 ℃	350 ℃	20 ℃

几个相关部位的废气标准状态密度，如表 4.8 所示。

表 4.8　几个相关部位的废气标准状态密度

吸火口到蓄热室的一段($\rho_{0,1}$)	烟道的内部($\rho_{0,2}$)	烟囱的内部($\rho_{0,3}$)
1.34 kg/m^3	1.33 kg/m^3	1.32 kg/m^3

几个相关部位的废气流量(标准状态体积，注：这里需要考虑烟囱的漏气)与流速(按标准状态计)如表 4.9 所示。

表 4.9　几个相关部位的废气流量(标准状态体积)与流速(按标准状态计)

部位	标准状态流量 $V_0/(\mathrm{m^3\cdot s^{-1}})$	漏风量占废气的 比例/%	计入漏风量后的标准 状态流量 $V'_0/(\mathrm{m^3\cdot s^{-1}})$	截面积 $A/\mathrm{m^2}$	标准状态流速 $w_0/(\mathrm{m\cdot s^{-1}})$
吸火口处(1 处)	0.6	0	0.6	0.3	2.0
烟道内部(2 处)	0.6	15	0.69	0.6	1.15
闸板处(3 处)	0.6	20	0.72	0.3	2.4
烟囱底部(4 处)	0.6	25	0.75	1.5	0.5

【解】　第一步，计算进吸火口时的突然收缩阻力损失 p_1

由附录 11 中附表 11.5(23)可知，由一个很大的流通面积突然收缩到一个很小流通面积时，其局部阻力系数$\zeta_1=0.5$，于是，得：

$$p_{w1}=\zeta_1\frac{\rho_1 w_1^2}{2}=\zeta_1\cdot\rho_{0,1}\frac{w_{0,1}^2}{2}\cdot\frac{t_{g1}+273.15}{273.15}=0.5\times1.34\times\frac{2.0^2}{2}\times\frac{1350+273.15}{273.15}=8.0(\mathrm{Pa})$$

第二步，计算蓄热室内的阻力损失 p_2

$$蓄热室的位压\ p_2=l_1 g(\rho_a-\rho_1)=l_1 g\cdot\left(\rho_{0,a}\cdot\frac{273.15}{t_a+273.15}-\rho_{0,1}\cdot\frac{273.15}{t_{g2}+273.15}\right)$$
$$=3\times9.807\times\left(1.293\times\frac{273.15}{20+273.15}-1.34\times\frac{273.15}{850+273.15}\right)$$
$$=25.9(\mathrm{Pa})$$

于是，得：

$$p_{w2}=位压+(局部阻力+沿程阻力)造成的压损=25.9+30=55.9(\mathrm{Pa})$$

第三步，计算烟道内的沿程阻力损失 p_3

$$烟道当量直径\ d_e=\frac{4\times0.6}{2\times(0.75+0.8)}=0.744(\mathrm{m})$$

于是，得：

$$p_{w3}=\lambda\frac{l_2}{d_e}\frac{\rho_2 w^2}{2}=\lambda\frac{l_2}{d_e}\cdot\rho_{0,2}\frac{w_{0,2}^2}{2}\cdot\frac{t_{g3}+273.15}{273.15}=0.05\times\frac{10}{0.774}\times1.33\times\frac{1.15^2}{2}\times\frac{400+273.15}{273.15}=1.4(\mathrm{Pa})$$

第四步，计算经过闸板时的局部阻力损失 p_4

查附录 11 中附表 11.5(33)可知，当矩形闸板的开度为 50%时，$\zeta_2=4$。于是，得：

$$p_{w4}=\zeta_2\frac{\rho_2 w_3^2}{2}=\zeta_2\cdot\rho_{0,2}\frac{w_{0,3}^2}{2}\cdot\frac{t_{g3}+273.15}{273.15}=4\times1.33\times\frac{2.4^2}{2}\times\frac{400+273.15}{273.15}=37.8(\mathrm{Pa})$$

第五步，计算进入烟囱底部 90°急转弯时的局部阻力损失 p_5

对于截面积有变化的 90°急转弯，由 $\frac{A_0}{A}=\frac{0.6}{1.5}=0.4$，查附录 11 中附表 11.5(8)，得：$\zeta_3=1.0$。于是，得：

$$p_{w5}=\zeta_3\frac{\rho_3 w_2^2}{2}=\zeta_3\cdot\rho_{0,3}\frac{w_{0,2}^2}{2}\cdot\frac{t_{g4}+273.15}{273.15}=1.0\times1.32\times\frac{1.15^2}{2}\times\frac{350+273.15}{273.15}=2.0(\mathrm{Pa})$$

第六步，计算该排烟系统的总阻力损失 $\sum p_w$

若考虑到排烟系统阻力损失的余量为 30%，则可以得到：

该排烟系统的总阻力损失（或称：总压损）为：

$$\begin{aligned}\sum p_w &= (p_{w1}+p_{w2}+p_{w3}+p_{w4}+p_{w5})\times1.3\\ &=(8.0+55.9+1.4+37.8+2.0)\times1.3\\ &=137(\mathrm{Pa})\end{aligned}$$

— 毕 —

(5) 隧道窑排烟系统阻力的计算方法

这里，也是用一个实例来简单地介绍一下隧道窑排烟系统阻力的计算方法。

【例 4.11】 已知某陶瓷隧道窑以天然气为燃料，该窑每 1 h 的燃料消耗量（标准状态体积）为 $V_{0,f}=159.2\ \mathrm{m^3/h}$，在预热带排烟口处的空气过剩系数 $\alpha=2.5$，其燃料燃烧计算结果（关于燃料燃烧计算方法参见第 1.1.4.1）：理论空气量（标准状态体积）$V_a^0=3.730\ \mathrm{m^3/m^3}$，理论烟气量（标准状态体积）$V^0=4.450\ \mathrm{m^3/m^3}$。另外，已知坯体在烧成过程中，每 1 h 分解逸出的气体量（标准状态体积）为 $V_{0,eg}=1545\ \mathrm{m^3/h}$[可以按照该隧道窑产量以及坯体的灼烧减量（或称：烧失量）之测量数据计算出 $V_{0,eg}$]。该隧道窑采用传统的分散排烟方式[6]，窑体两侧各有 9 个排烟口，更具体的流程参见本例题**【解】**中的第七步。排烟的平均温度 t_g 按 250 ℃计，排烟的标准状态密度 ρ_0 按 1.30 kg/m³ 计。车下冷却风量（标准状态体积）为1730 m³/s。所用烟囱是直径为 0.535 m、高度为 15 m 的钢板烟囱，这个烟囱内气流的流速 $w=6$ m/s（按标准状态计）；烟囱内的气流平均温度按 200 ℃计，其他数据则根据该隧道窑的设计图纸来确定。请对该隧道窑的排烟系统进行阻力损失的设计计算。

【解】 第一步，计算该隧道窑排烟系统的排烟量（标准状态体积）$V_{0,g}$

$$\begin{aligned}V_{0,g}&=[V^0+(\alpha-1)V_a^0]V_{0,f}+V_{0,eg}=[4.450+(2.5-1)\times3.730]\times159.2+1545\\ &=3144(\mathrm{m^3/h})\end{aligned}$$

第二步，确定排烟口的尺寸以及水平支烟道的尺寸

该隧道窑共有 9 对排烟口，于是，可以得到每个排烟口的气流量（标准状态体积）$V_{0,1}$ 为：

$$V_{0,1}=\frac{3144}{2\times9}=175(\mathrm{m^3/h})$$

烟气（严格地讲，应该叫做：高温废气）在砖砌管道中的流速（按标准状态计）一般为 1～2.5 m/s（这是因为，流速太大则阻力损失太大，这会导致排风机的电耗很大；流速太小则导致管道直径过大，

这会造成材料浪费，而且占地太多）。这里取流速（按标准状态计）为 1.5 m/s，于是，就可以得到每个排烟口的截面积 A_1 为：

$$A_1=\frac{175}{1.5\times 3600}=0.0324(\mathrm{m}^2)$$

每个排烟口的高度取三个砖厚，即 0.204 m（一块常用耐火砖的厚度为 65 mm，即0.065 m，另外，砖缝厚度一般为 2～3 mm）。

于是，就可以通过计算而得到每个排烟口的宽度为：

$$\frac{0.0324}{0.204}=0.159\ \mathrm{m}$$

考虑砖型（常用耐火砖的尺寸为 230 mm×114 mm×65 mm）与砖缝（一般为 1～2 mm），每个排烟口的宽度取“一砖长”，即 0.232 m。

另外，排烟口的水平深度设定为 0.46 m。

第三步，确定垂直支烟道、水平烟道

关于垂直支烟道：烟气由排烟口至垂直支烟道，其流量不变，流速又相同，所以截面积本应该相等。但是，考虑到砖型，于是取垂直支烟道的尺寸为：宽×长＝0.230 m×0.234 m，垂直深度确定为0.9 m。

关于水平烟道：水平烟道内烟气的流量为排烟口处烟气流量的 4 倍（这是由垂直烟道的位置所决定的），如果流速不变，则水平烟道的截面积应当为排烟口的 4 倍，即：4×0.0324＝0.130（m²）。若取宽度为“一砖半长”，即 0.345 m，则其高度应该为 0.130/0.345＝0.377（m），考虑到砖型，取其高度为0.347 m，其长度确定为 6.75 m。

关于垂直烟道：若烟气流速不变，垂直烟道又设置在水平烟道的中部，则其内的气流量会增加一倍，因此截面积应该为水平烟道的 2 倍。但是，从窑体结构强度来考虑，如果墙内通道过大，则窑的结构强度会变低。由于是采用排风机排烟，因此流速可以适当地取大些，于是，取垂直烟道的截面积与水平烟道的截面积相等，再考虑到砖型，于是确定垂直烟道的截面尺寸为 0.345 m×0.347 m，高度确定为1.5 m，此时垂直烟道内气流的流速（按标准状态计）为3 m/s。另外，在垂直烟道上还连接有金属管道，其直径为0.350 m，长度为 8 m。

第五步，料垛阻力 p_w' 的计算

根据经验，每 1 m 窑长的料垛阻力一般为 1 Pa。设定“零压位”在第一对烧嘴（即 15 号车位）处，最末一对排烟口在第 2 号车位处。每个车位的长度按 1.5 m 计。于是，得：

$$p_w'=[(15-2)\times 1.5]\times 1=20(\mathrm{Pa})$$

第六步，位压阻力 p_g 的计算

从排烟口中心线至烟囱底部，其位置升高了 1.5 m（该隧道窑的烟囱与风机都设置在窑顶的一个平台上），于是，得：

$$\begin{aligned}p_g&=-H(\rho_a-\rho_g)g=-H\left(\rho_{0,a}\cdot\frac{273.15}{t_a+273.15}-\rho_0\cdot\frac{273.15}{t_g+273.15}\right)\\&=-1.5\times\left(1.293\times\frac{273.15}{20+273.15}-1.30\times\frac{273.15}{250+273.15}\right)\times 9.807=-8(\mathrm{Pa})\end{aligned}$$

第七步，局部阻力损失 p_ζ 的计算

查附录 11 中附表 11.5 可得：由隧道进入排烟口时突然缩小的局部阻力系数 $\zeta_1=0.5$；然后，90°转弯至垂直支烟道时的局部阻力系数 $\zeta_2=2$；再 90°转弯至水平烟道时的局部阻力系数 $\zeta_3=2$；在水平烟道中与另三个排烟口（2 号、3 号、4 号排烟口）处的烟气经过三次 90°合流时的局部阻力系数 $\zeta_4=3\times 2$；再与同一水平烟道另一边的烟气进行 180°合流时的局部阻力系数 $\zeta_5=3$；至垂直烟道，然后 90°转弯的局部阻力系数 $\zeta_6=2$；与另一侧垂直烟道进行 180°合流时的局部阻力系数 $\zeta_7=3$；然后进行 90°转弯时的局部阻力系数 $\zeta_8=2$；与车下冷却风 90°合流时的局部阻力系数 $\zeta_9=2$[烟气与车下冷却风合流后至风机这一段的气流量（标准状态体积）增加了 1730 m³/s，但是管径未变，于是气流的流速

(按标准状态计)增加到 5 m/s]。

经过以上分析,便得到该隧道窑排烟系统局部阻力损失 p_ζ 的计算结果为:

$$\begin{aligned}p_\zeta &= \sum_{i=1}^{5}\zeta_i\frac{\rho w_1^2}{2}+\sum_{j=6}^{8}\zeta_j\frac{\rho w_2^2}{2}+\zeta_9\frac{\rho w_3^2}{2}\\ &=\sum_{i=1}^{5}\zeta_i\rho_0\frac{w_{0,1}^2}{2}\cdot\frac{t_g+273.15}{273.15}+\sum_{j=6}^{8}\zeta_j\rho_0\frac{w_{0,2}^2}{2}\cdot\frac{t_g+273.15}{273.15}+\zeta_9\rho_0\frac{w_{0,3}^2}{2}\cdot\frac{t_g+273.15}{273.15}\\ &=(0.5+2+2+3\times2+3)\times1.30\times\frac{1.5^2}{2}\times\frac{250+273.15}{273.15}\\ &\quad+(2+3+2)\times1.30\times\frac{3^2}{2}\times\frac{250+273.15}{273.15}+2\times1.30\times\frac{5^2}{2}\times\frac{250+273.15}{273.15}\\ &=178(\text{Pa})\end{aligned}$$

第八步,沿程阻力损失 p_f 的计算

由于上述由耐火砖砌成的排烟通道都为非圆形通道,按照式(2.74),对于非圆形通道,应当计算其当量直径 d_e:

$$d_e=\frac{4\times\text{通道的截面积}}{\text{通道的边长}}$$

于是,得:

排烟口的当量直径和长度分别为:

$$d_{e,1}=\frac{4\times(0.204\times0.232)}{2\times(0.204+0.232)}=0.217\ \text{m},\quad l_1=0.45\ \text{m}$$

垂直支烟道的当量直径和长度分别为:

$$d_{e,2}=\frac{4\times(0.230\times0.232)}{2\times(0.230+0.232)}=0.231\ \text{m},\quad l_2=0.8\ \text{m}$$

水平烟道的当量直径和长度分别为:

$$d_{e,3}=\frac{4\times(0.345\times0.347)}{2\times(0.345+0.347)}=0.346\ \text{m},\quad l_3=6.75\ \text{m}$$

垂直烟道的当量直径和长度分别为:

$$d_{e,4}=\frac{4\times(0.345\times0.347)}{2\times(0.345+0.347)}=0.346\ \text{m},\quad l_4=1.5\ \text{m}$$

金属管道直径以及长度分别为:

$$d_5=0.350\ \text{m},\quad l_5=8\ \text{m}$$

砖砌烟道的沿程阻力系数按 $\lambda_1=0.05$ 计,金属管道的沿程阻力系数按 $\lambda_2=0.03$ 计。

经过上述的分析与计算,得到该隧道窑排烟系统沿程阻力损失 p_f 的计算结果为:

$$\begin{aligned}p_f &=\lambda_1\left(\frac{l_1}{d_{e,1}}+\frac{l_2}{d_{e,2}}+\frac{l_3}{d_{e,3}}\right)\frac{\rho w_1^2}{2}+\lambda_1\frac{l_4}{d_{e,4}}\frac{\rho w_2^2}{2}+\lambda_2\frac{l_5}{d_5}\frac{\rho w_3^2}{2}\\ &=\lambda_1\left(\frac{l_1}{d_{e,1}}+\frac{l_2}{d_{e,2}}+\frac{l_3}{d_{e,3}}\right)\rho_0\frac{w_{0,1}^2}{2}\cdot\frac{t_g+273.15}{273.15}+\lambda_1\frac{l_4}{d_{e,4}}\rho_0\frac{w_{0,2}^2}{2}\cdot\frac{t_g+273.15}{273.15}+\lambda_2\frac{l_5}{d_{e,5}}\rho_0\frac{w_{0,3}^2}{2}\cdot\frac{t_g+273.15}{273.15}\\ &=0.05\times\left(\frac{0.45}{0.217}+\frac{0.8}{0.231}+\frac{6.75}{0.346}\right)\times1.30\times\frac{1.5^2}{2}\times\frac{250+273.15}{273.15}\\ &\quad+0.05\times\frac{1.5}{0.346}\times1.30\times\frac{3^2}{2}\times\frac{250+273.15}{273.15}-0.03\times\frac{8}{0.35}\times1.30\times\frac{5^2}{2}\times\frac{250+273.15}{273}\\ &=28(\text{Pa})\end{aligned}$$

第九步,该隧道窑排烟系统总阻力损失 p_1 的计算

对于隧道窑来说,由于烟气的温度不高,而且因为烟囱较矮以及烟囱内流速较大等因素的限制,造成烟囱的抽力不能够克服排烟系统的总阻力损失而完成不了排烟的任务。因此,隧道窑往往采用

排烟机(又称:耐高温排风机,设计时要设置两个:一个使用,一个备用)进行机械排烟。机械排烟需要烟囱(Chimney)的目的是通过烟囱将废气排向高空从而能够分散废气的污染程度。

当采用排烟机进行机械排烟时,排烟机应当克服的总阻力除了局部阻力 p_ζ 与沿程阻力 p_f 以外,还应当考虑上述的料垛阻力 p_w'(本题为 20 Pa)、位压阻力 p_g(本题为−8 Pa)、烟囱的阻力 p_{ch}(具体包括:气流在烟囱内流动的沿程阻力损失以及烟囱出口损失,并要考虑烟囱抽力的辅助输送作用)。于是,在本题中,烟囱阻力 p_{ch}的计算结果为:

$$
\begin{aligned}
p_{ch} &= \lambda \frac{H}{d}\frac{\rho w^2}{2} + \frac{\rho w^2}{2} - H(\rho_a - \rho)g \\
&= \lambda \frac{H}{d} \cdot \rho_0 \frac{w_0^2}{2} \cdot \frac{t_g + 273.15}{273.15} + \rho_0 \frac{w_0^2}{2} \cdot \frac{t_g + 273.15}{273.15} - H\left(\rho_{0,a}\frac{273.15}{t_a + 273.15} - \rho_0 \frac{273.15}{t_{g,ch} + 273.15}\right)g \\
&= 0.03 \times \frac{15}{0.535} \times 1.30 \times \frac{6^2}{2} \times \frac{200 + 273.15}{273.15} + 1.30 \times \frac{6^2}{2} \times \frac{200 + 273.15}{273.15} \\
&\quad - 15 \times \left(1.293 \times \frac{273.15}{20 + 273.15} - 1.30 \times \frac{273.15}{200 + 273.15}\right) \times 9.81 \\
&= 8(\text{Pa})
\end{aligned}
$$

于是,排烟机应当克服的总阻力(也称:所需的全压)$\sum p_w$ 为:

$$\sum p_w = 20 - 8 + 178 + 28 + 8 = 226(\text{Pa})$$

—毕—

(6) 辊道窑排烟系统阻力的计算方法

这里仍然用一个实例来简单地介绍一下辊道窑排烟系统阻力的计算方法。

【例 4.12】 已知某陶瓷辊道窑以半水煤气为燃料,其每 1 h 的燃料消耗量(标准状态体积)为 $V_{0,f}=517\ m^3/h$,在预热带排烟口处的空气过剩系数 $\alpha=2.0$,其燃料燃烧的计算结果(关于燃料燃烧计算方法见第 1.1.4.1)为:理论空气量(标准状态体积)$V_a^0=3.730\ m^3/m^3$(这里,m^3 为标准状态体积单位),理论烟气量(标准状态体积)$V^0=4.450\ m^3/m^3$(这里,m^3 为标准状态体积单位)。该辊道窑是采用集中排烟方式[6],它的更具体流程参见本例题【例】中的第六步。关于预热带排烟口处的废气量(简称:排烟量,标准状态体积)$V_{0,g}$,则近似地按照燃料燃烧所产生的烟气量计,排烟口处的废气温度 t_g 按 400 ℃计。请对于该辊道窑的排烟系统进行阻力损失的设计计算。

【解】 第一步,计算该辊道窑排烟系统的排烟量(标准状态体积)$V_{0,g}$

$$V_{0,g} = [V^0 + (\alpha - 1)V_a^0] \cdot V_{0,f} = [1.905 + (2.0 - 1) \times 1.094] \times 517 = 1550(\text{m}^3/\text{h})$$

于是,废气被排出时的实际状态流量 V_g 为:

$$V_g = V_{0,g} \cdot \frac{400 + 273.15}{273.15} = 1550 \times \frac{400 + 273.15}{273.15} = 3820(\text{m}^3/\text{h}) = 1.061\ \text{m}^3/\text{s}$$

第二步,确定排烟管道的尺寸

辊道窑的排烟管道为金属管道。根据经验,选取废气在金属管道中的合理流速 w 为10 m/s。于是,总烟道的内径(直径)d 为:

$$d = \sqrt{\frac{4 \times V_g}{\pi \cdot w}} = \sqrt{\frac{4 \times 1.061}{3.142 \times 10}} = 0.36(\text{m})$$

由此,确定总烟道的内径(直径)为 360 mm,长度为 4 m。

在该辊道窑的排烟系统中,有 3 个分烟道,每个分烟道内废气的实际状态流量 V'为:

$$V_g' = \frac{V_g}{3} = \frac{1.061}{3} = 0.354(\text{m}^3/\text{s})$$

于是,分烟道的内径(直径)d'为:

$$d' = \sqrt{\frac{4 \times V_g'}{\pi \cdot w}} = \sqrt{\frac{4 \times 0.354}{3.142 \times 10}} = 0.211(\text{m})$$

由此,确定分烟道的内径(直径)为 210 mm,长度为 3.2 m。

在该辊道窑的排烟系统中，有6个支烟道，每个支烟道内废气的实际状态流量 V''_g 为：

$$V''_g=\frac{V_g}{6}=\frac{1.061}{6}=0.177(m^3/s)$$

于是，支烟道的内径（直径）d'' 为：

$$d''=\sqrt{\frac{4\times V''_g}{\pi\cdot w}}=\sqrt{\frac{4\times 0.177}{3.142\times 10}}=0.150(m)$$

由此，确定支烟道的内径（直径）为150 mm，顶部支烟道的长度确定为1.1 m，两侧支烟道的长度确定为0.5 m。

第三步，热交换管的设计计算

本辊道窑的热交换管选用 ϕ83 mm×3.5 m 的无缝钢管，其内径 d''' 为76 mm，长度取2 m。考虑到粉尘阻塞等因素以及热交换的需要，热交换管内的合理流速 w' 取作2 m/s。

于是，热交换管的数目为；

$$n=\frac{V_g}{\pi\cdot\left(\frac{d'''}{2}\right)^2\cdot w'}=\frac{1.061}{3.142\times\left(\frac{0.076}{2}\right)^2\times 2}=117(条)$$

由此，取热交换管的数目为118条。热交换管的外表面积 $S=3.14\times 0.083\times 2\times 118=61.5(m^2)$。

第四步，料垛阻力 p_w' 的计算

根据经验，每1 m窑长的料垛阻力一般为0.5 Pa。设定排烟口在第4节，“零压位”在第11节与12节的交界处，于是，得：

$$p_w'=(7+0.5)\times 2.13\times 0.5=8(Pa)$$

第五步，位压阻力 p_g 的计算

从排烟口的中心线至风机的中心线，其高度升高 $H=1.8$ m，于是，得：

$$p_g=-H(\rho_a-\rho_g)g=-H\left(\rho_{0,a}\frac{273.15}{t_a+273.15}-\rho_{0,g}\frac{273.15}{t_g+273.15}\right)$$

$$=-1.8\times\left(1.293\times\frac{273.15}{20+273.15}-1.30\times\frac{273.15}{400+273.15}\right)\times 9.807=-12(Pa)$$

第六步，局部阻力损失 p_ζ 的计算

查附录11中附表11.5，得：烟气从窑内进入支烟道管处的局部阻力系数 $\zeta_1=1$；从支烟道管进入分烟道处的局部阻力系数 $\zeta_2=1.5$；分烟道90°急转弯的局部阻力系数 $\zeta_3=1.5$；分烟道90°急转弯的局部阻力系数 $\zeta_4=1.5$；分烟道90°圆弧转弯（$r/d=2$）局部阻力系数 $\zeta_5=0.35$；分烟道连接总烟道处局部阻力系数 $\zeta_6=1.5$；总烟道90°急转弯的局部阻力系数 $\zeta_7=1.5$；总烟道进入交换管处的局部阻力系数 $\zeta_8=0.28$。

为了简化计算，排烟管道中废气流速 w_1 按10 m/s计，热交换管内废气流速 w_2 取作2 m/s，废气的标准状态密度 $\rho_{0,g}$ 按1.3 kg/m³计，废气温度 t_g 则按400 ℃计。还需要指出的是，尽管废气在流动过程中会有温度降，但是，此时的流速略小，而且实际中所取的排烟管道截面积均比理论计算值偏大，故而按此计算值而计算出来的局部阻力只会略微偏大，所以能够满足实际操作的需要。

经过以上的分析与叙述，得到该辊道窑排烟系统局部阻力损失 p_ζ 的计算结果为：

$$p_\zeta=(1+1.5+1.5+1.5+0.35+1.5+1.5)\times 1.3\times\frac{10^2}{2}\times\frac{273.15}{400+273.15}$$

$$+0.28\times 1.3\times\frac{2^2}{2}\times\frac{273.15}{400+273.15}=234(Pa)$$

第七步，沿程阻力损失 p_f 的计算

金属管道内沿程阻力系数取作 $\lambda_1=0.03$，热交换管内的沿程阻力系数取作 $\lambda_2=0.05$（这是因为热交换管内的粉尘黏壁现象较为严重）。再根据以上第二步、第三步中获得的管径以及长度，便得到该辊道窑排烟系统沿程阻力损失 p_f 的计算结果为：

$$p_f = \lambda_1\left(\frac{L_{支}}{d_{支}}+\frac{L_{分}}{d_{分}}+\frac{L_{总}}{d_{总}}\right)\frac{\rho_g w_1^2}{2}+\lambda_2\frac{L_{交}}{d_{交}}\frac{\rho_g w_2^2}{2}$$

$$=\lambda_1\left(\frac{L_{支}}{d_{支}}+\frac{L_{分}}{d_{分}}+\frac{L_{总}}{d_{总}}\right)\rho_{0,g}\frac{w_1^2}{2}\cdot\frac{273.15}{t_g+273.15}+\lambda_2\frac{L_{交}}{d_{交}}\cdot\rho_{0,g}\frac{w_2^2}{2}\cdot\frac{273.15}{t_g+273.15}$$

$$=0.03\times\left(\frac{1.6}{0.15}+\frac{3.2}{0.21}+\frac{4}{0.36}\right)\times1.3\times\frac{10^2}{2}\times\frac{273.15}{400+273.15}$$

$$+0.05\times\frac{2}{0.076}\times1.3\times\frac{2^2}{2}\times\frac{273.15}{400+273.15}=26(\text{Pa})$$

第八步，该辊道窑排烟系统总阻力损失 p_w 的计算

辊道窑是采用排烟机（也称：耐高温排风机，往往设置两个：一个使用、一个备用）进行机械排烟，机械排烟时通过烟囱将废气排向高空可以分散废气的污染程度。

机械排烟时，排烟机应当克服的总阻力除了局部阻力损失 p_ζ 与沿程阻力损失 p_f 以外，还要考虑上述料垛阻力 p_w'（本题中为 8 Pa）、位压阻力 p_g（本题为－12 Pa）、烟囱的阻力 p_{ch}。

若将烟囱内的阻力忽略不计（即近似地认为：烟囱内沿程阻力损失与烟囱出口损失可以由烟囱的抽力来克服），于是，得到排烟机应当克服的总阻力（也称：所需的全压）$\sum p_w$ 为：

$$\sum p_w = 8-12+234+26 = 256(\text{Pa})$$

— 毕 —

(7) 烟囱的设计计算方法

烟囱是利用其位压[曾称为：几何压头[11]，参见式(4.37)]所产生的“烟囱抽力”来实现热气体的输送与高空排放。烟囱几何压头的本质是：外界空气对于烟囱内热气体的浮力与烟囱内热气体自身的重力之差。所以，烟囱的抽力所依靠的正是“热气体的温度”与“烟囱的高度”。

在无机非金属材料工业中，这个热气体通常就是高温烟气完成有效传热后所变成的热废气（简称：废气，俗称：烟气），其温度范围通常是 300～400 ℃。所以，烟囱排烟也被称为：自然排烟方式。“自然排烟方式”意味着不需要外界提供能量就能够实现排烟，这也就是说：自然排烟方式不消耗动力而且维护费用低、工作可靠，这是烟囱排烟的优点。但是，烟囱排烟方式也有一些缺点，主要是烟囱的一次投资费用较高，另外，若废气的温度较低（<300 ℃），烟囱的抽力就不够了，在这种情况下就无法正常排烟，这时需要利用排风机进行机械排烟（参见第 4.3.8），或者利用喷射器（参见第 4.3.9）辅助烟囱排烟。另外，如果窑炉排烟系统的阻力过大（例如，在设置有除尘装置、余热锅炉时），烟囱的抽力则无法满足其排烟要求，这时也需要机械排烟。还有，如果烟囱所在工厂的周围环境不允许建造高大的烟囱，也必需机械排烟。在机械排烟时，仍需要烟囱配合排风机进行排烟，只不过此时的烟囱较低、较小。从流体力学的角度来看，机械排烟时的烟囱可以当作是一段垂直的排烟管来帮助排烟。

烟囱的工作原理是：烟囱抽力会在烟囱底部造成一定的“负压”，从而使窑内热烟气源源不断地流入烟囱底部，即把窑炉内的高温废气连续不断地排到烟囱底部。这样，才能够保证燃料与助燃空气源源不断地输入窑炉内而燃烧。然后，烟囱抽力（其本质为周围的空气对于烟囱内热废气的净浮力）再将烟囱底部的热废气排向烟囱的顶部（即排向高空大气之中）。烟囱将烟气排至高空，不仅实现了排烟目的，还能够减轻窑炉对于附近空气的污染程度。

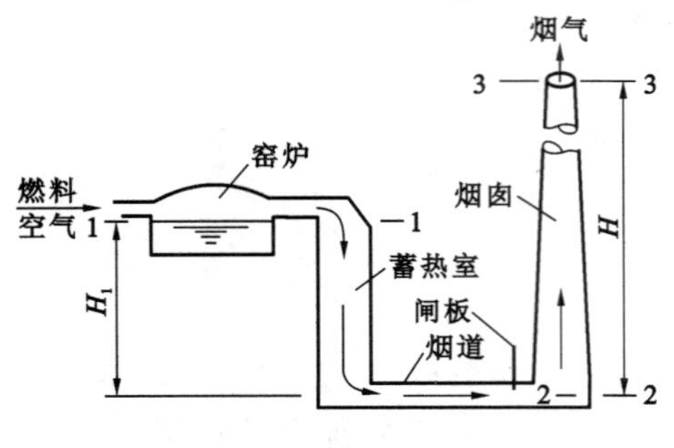

图 4.39 炉排烟系统的示意图

图 4.39 为某窑炉排烟系统的示意图，其窑内火焰空间的压强近似为大气压强（单位：Pa）。然后，根据式(4.37)而列出窑内火焰空间（1—1 截面）和烟囱底部（2—2 截面）之间的“二气体伯努利方程”为：

$$0+p_1+\frac{\rho w_1^2}{2}=H_1 g(\rho_a-\rho)+p_2+\frac{\rho w_2^2}{2}+p_w \qquad (a)$$

式中 ρ——两截面之间热废气的平均密度，kg/m³；

p_w——从 1—1 截面到 2—2 截面之间的压损（它是指沿程阻力损失和局部阻力损失之和），Pa。

将式(a)移项，并且令 $p_1=0$（因为窑炉内往往是微正压，可以近似为"零压"），于是，有：

$$-p_2=H_1 g(\rho_a-\rho)+\frac{\rho(w_2^2-w_1^2)}{2}+p_w \tag{b}$$

若令 $\sum p_w=H_1 g(\rho_a-\rho)+\frac{\rho(w_2^2-w_1^2)}{2}+p_w$，该参数表示单位体积的废气在窑炉排烟系统中的总能量损失（或称：总压损），包括：气体的动压头增量、位压阻力、沿程阻力损失、局部阻力损失，于是，式(b)就可以简化为：

$$-p_2=\sum p_w \quad (\text{Pa}) \tag{4.66}$$

再按照式（4.37）来列出烟囱底部（2—2 截面）和烟囱顶部（3—3 截面）之间的"二气体伯努利方程"：

$$Hg(\rho_a-\rho_m)+p_2+\frac{\rho_m w_2^2}{2}=0+p_3+\frac{\rho_m w_3^2}{2}+p_w' \tag{c}$$

式中 ρ_m——烟囱中热烟气的平均密度，kg/m³；

$p_w'=p_f'$——烟气在烟囱内流动的沿程阻力损失：$p_f'=\lambda\frac{H}{d_{av}}\frac{\rho_m w_{av}^2}{2}$ (Pa)，这里，λ 为烟囱内的沿程阻力系数（对于砖烟囱或者混凝土烟囱，$\lambda\approx0.05$；对于钢板烟囱，$\lambda\approx0.02$），d_{av} 为烟囱的平均内径（单位：m），d_{av} 通常可以近似为烟囱出口直径 d_T 和烟囱底部直径 d_B 的平均值，w_{av} 为烟囱内废气流动的平均流速（单位：m/s），w_{av} 也可以近似为烟囱顶部的流速和烟囱底部的流速之平均值。

然后，将式(c)移项，并考虑 $p_3=0$（因为烟囱顶部即为烟囱出口，该截面与外界大气相通）以及 $p_w'=p_f'$，于是得：

$$-p_2=Hg(\rho_a-\rho_m)-\frac{\rho_m(w_3^2-w_2^2)}{2}-p_f' \tag{d}$$

式(d)等号右边的第一项（称为：烟囱抽力）比第二、第三两项大很多。由式(d)也看出：烟囱底部负压的绝对值表征着烟囱抽力大小。烟囱抽力是由其位压（曾称：几何压头[11]）所形成的（抽力越大，烟囱的排烟能力就越强）：烟囱越高、废气温度越高、外界空气温度越低、外界空气的湿度越小，则烟囱抽力就越大；反之则小。

将式(4.66)带入式(d)中，则有：

$$Hg(\rho_a-\rho_m)=\sum p_w+\frac{\rho_m(w_3^2-w_2^2)}{2}+\lambda\frac{H}{d_{av}}\frac{\rho_m w_{av}{}^2}{2} \quad (\text{Pa}) \tag{4.67}$$

由式(4.67)则可以看出：烟囱的抽力就等于它所需要克服的废气在窑炉系统中的总压损 $\sum p_w$ 以及动压增量，还有废气在烟囱内的沿程阻力损失，当然，后两项的大小比第一项要小很多。

烟囱的热工计算：烟囱的热工计算主要是指烟囱高度与烟囱内径（直径）的计算。

① 烟囱顶部内径的计算：烟囱顶部内径 d_T 可以根据烟囱排出的废气量（标准状态体积）V_0（单位：m³/s）以及排烟速度 w_T（按标准状态计，m/s）来计算，其计算公式为：

$$w=\sqrt{\frac{4V_0}{\pi w_T}} \quad (\text{m}) \tag{4.68}$$

该式中的 w_T 实质上也就是式(4.67)中的 w_3：自然通风时，$w_T=2.0\sim4.0$ m/s（按标准状态计），这是因为，若 w_T 过大，烟囱本身的阻力损失将变得很大，从而影响到烟囱的排烟能力；然而，如果 w_T 过小，则容易产生倒风现象，使烟囱排气不畅而影响正常生产。机械排烟时，由于排烟机提供了很大的动力，因而排烟速度可以很大，一般来说，$w_T=8\sim15$ m/s(按标准状态计)。

另外，在进行烟囱的设计计算时，为了保证结构的安全，砖烟囱或混凝土烟囱的顶部内径通常是不小于0.7 m，砖烟囱顶部的厚度应当不小于1砖厚(这里所说的“1砖厚”是指一块建筑红砖的长度，即240 mm)。

② 烟囱底部内径的计算：小型烟囱通常是采用钢板烟囱(用钢板卷焊成为等直径的圆筒形烟囱，即底部内径 d_B 与顶部内径 d_T 相等)。但是，就砖烟囱或者混凝土烟囱而言，为了建筑结构的稳定，则通常是采用“上小下大”锥形的结构(即顶部直径小而底部直径大的锥体形)，其斜率为1%～2%，对于这种结构的烟囱，其底部内径一般可以按照下式来进行计算：

$$d_B=d_T+2\times(0.01\sim0.02)H \qquad (\mathrm{m}) \tag{4.69}$$

式中　H——烟囱的高度[参见式(4.70)、式(4.71)、式(4.72)]，m。

另外，也有个别的砖砌烟囱砌筑成为上下为等截面的方形烟囱，但是，这在工业上并不常见。

③ 烟囱高度的计算：在窑炉系统的总阻力损失 $\sum p_w$ 计算出来以后[参见上述条目(4)～条目(6)]，烟囱的高度就可以由来自于式(4.67)的式(4.70)来求出：

$$H=\frac{\sum p_w+\frac{\rho_m(w_3^2-w_2^2)}{2}}{g(\rho_a-\rho_m)-\lambda\frac{1}{d_{av}}\frac{\rho_m w_{av}^2}{2}} \qquad (\mathrm{m}) \tag{4.70}$$

在确定烟囱的高度时，还应当考虑到窑炉在其使用后期其阻力会增大，也要考虑到窑炉生产能力有需要扩大的可能，故而要对上述计算值加大15～20%，以作为储备能力(即再乘储备系数 $K=1.15\sim1.2$)。

式(4.70)较为复杂，在设计计算烟囱的高度时还需要一个更简洁的计算公式，为此，来进行一些简化：在式(4.67)中，动压头增量 $\frac{\rho_m(w_3^2-w_2^2)}{2}$ 以及烟囱内的沿程阻力损失 $\lambda\frac{H}{d_{av}}\frac{\rho_m w_{av}^2}{2}$ 比窑炉排烟系统的总阻力损失 $\sum p_w$ 要小很多，故而，式(4.70)可以用式(4.71)近似地代替。

$$H=\frac{\sum p_w}{g(\rho_a-\rho_m)} \qquad (\mathrm{m}) \tag{4.71}$$

因为，$\rho_a=1.293\times\frac{p_a}{p_0}\cdot\frac{T_0}{T_a}$，$\rho_m=\rho\cdot\frac{p_a}{p_0}\cdot\frac{T_0}{T_m}$，将这两式代入式(4.71)中，得：

$$H=\frac{\sum p_w}{g\left(\frac{\rho_{0,a}}{T_a/T_0}-\frac{\rho_0}{T_m/T_0}\right)}\cdot\frac{p_0}{p_a}=\frac{\sum p_w}{g\left(\frac{\rho_{0,a}}{1+\beta_T t_a}-\frac{\rho_0}{1+\beta_T t_m}\right)}\cdot\frac{p_0}{p_a} \qquad (\mathrm{m}) \tag{4.72}$$

式中　ρ_0——废气的标准状态密度，kg/m³；

$\rho_{0,a}$——当地空气的标准状态密度，kg/m³：在海平面处，$\rho_{0,a}=1.293$ kg/m³；

p_0——标准大气压强值，Pa：$p_0=101325$ Pa；

T_0——标准状态下的温度，$T_0=273.15$ K；

p_a——当地的最低大气压强，Pa；

T_a——当地的最高空气温度，K：$T_a=t_a+273.15$，t_a 的单位为℃；

T_m——废气的平均温度，K：$T_m=t_m+273.15$，t_m 的单位为℃；

β_T——气体的体膨胀系数，K^{-1}：对于理想气体，$\beta_T=\frac{1}{273.15}$(1/K)。

通常，人们只知道烟囱底部的废气温度，烟囱顶部的废气温度则需要根据废气沿烟囱高度方向上的温度降值(请查阅表4.10)来计算出，从而可以求得烟囱内废气的平均温度 t_m。

表 4.10　烟囱单位高度上的废气温度降值

烟囱类别		不同的废气温度范围内，烟囱单位高度上的温度降值/(℃·m^{-1})			
		300～400 ℃	400～500 ℃	500～600 ℃	600～800 ℃
砖烟囱及混凝土烟囱		1.5～2.5	2.5～3.5	3.5～4.5	4.5～6.5
铁板烟囱	内衬耐火砖	2～3	3～4	4～5	5～7
	无耐火衬砖	4～6	6～8	8～10	10～14

利用式(4.72)计算烟囱高度时，可以先将烟囱底部的烟气温度代入该式中来求出高度的近似值，然后再按照表 4.9 中的数据求出烟囱顶部的废气温度与废气的平均温度 t_m，再代入式(4.72)中求出所需要的烟囱高度。传统的烟囱用砖砌筑而成，而现在的烟囱多用耐热混凝土构筑而成。为了结构的安全起见，砖砌烟囱的高度一般不要超过 80 m。

因为当地大气压强 p_a 与海拔高度有关，所以在其他条件相同的情况下，烟囱抽力随着海拔高度的增大而减少。因此，在同样的条件下，某一高度的烟囱在沿海地区能够正常工作，但是在高原地区却往往不能够正常工作。

当地大气压强值以及大气中空气密度与海拔高度之间的关系，则可以近似地利用有关国际标准规定的大气层中对流层内(≤11 km的范围)的计算公式来计算，如式(4.73)、式(4.74)所示[10]。

$$p_a = p_{a,0} \cdot \left(1 - \frac{0.0065h}{T_{a,0}}\right)^{5.256} \quad (\text{Pa}) \tag{4.73}$$

$$\rho_a = \rho_{0,a} \cdot \left(1 - \frac{0.0065h}{T_{a,0}}\right)^{5.256} \quad (\text{kg/m}^3) \tag{4.74}$$

式中　p_a, ρ_a——分别为海拔高度 h 处的大气压强值与空气标准状态密度值；

$p_{a,0}, \rho_{0,a}$——分别为海平面处的大气压强(其标准值为 101325 Pa)与空气的标准状态密度(其标准值为1.293 kg/m^3)；

$T_{a,0}$——海平面处的空气温度，K：$T_{a,0} = t_{a,0} + 273.15$，$t_{a,0}$的单位为℃；

h——当地的海拔高度，m。

烟囱的高度也可以近似地按图 4.40 来查得，该图的使用条件是：周围空气温度 t_a = 30 ℃，废气的标准状态密度 ρ_0 = 1.32 kg/m^3，烟气出口流速(以标准状态计)w_T = 4 m/s，大气压强为 99805 Pa(即 0.985 atm)。当与上述条件不符时，还要将查得的烟囱高度值再乘相应的修正系数(查阅表 4.11、表 4.12)。另外，提醒读者注意：烟囱尺寸已经逐渐形成了标准化，即工业窑炉系列的规格不同、烟囱材料不同，出口直径与高度便有相对应的范围，关于这一问题，请读者查阅有关的技术手册。

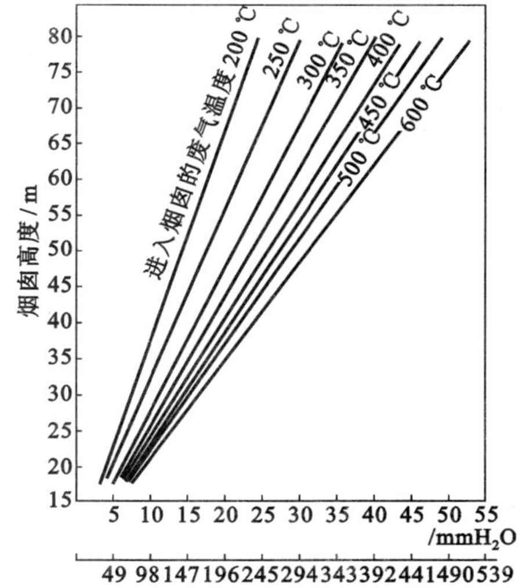

图 4.40　窑炉排烟系统的示意图

表 4.11　烟气出口速度的修正系数 K_1

w_T/(m·s^{-1})	2.0	2.5	3.0	3.5	4.0	4.5
K_1	0.75～0.80	0.80～0.85	0.85～0.90	0.90～0.95	1.0	1.05～1.10

表 4.12　大气压强的修正系数 K_2

p_a/Pa	99805～101325	93219～98792	86633～92205	80047～85620
K_2	0.98～1.0	1.02～1.10	1.12～1.20	1.22～1.30

关于烟囱尺寸的设计计算，还需要提醒读者再注意以下几点：

第一，为了保证烟囱在任何时候都具有足够的抽力，在进行设计计算时应该基于当地夏季的最高温度来计算当地空气的密度。

第二，如果当地的空气湿度较大，在进行烟囱的设计计算时必须基于湿空气的密度。

第三，若当地的地理条件是地处高原或山区，还应当考虑当地大气压的影响（也要以夏季最低的大气压强值为计算依据）。当地大气压强值可以近似地按照海拔高度近似地从图 4.41 中来查得。

第四，如果烟囱的附近有飞机场，还应当不妨碍飞机的升降，此时烟囱高度一般不应超过20 m。

第五，烟囱高度应当符合国家规定的有害物质排放标准[请具体参考 GB 20426—2006《煤炭工业污染物排放标准》]，以尽量减弱当地的集中污染程度。这是因为烟囱的作用不仅是将窑炉内热废气排出，而且也在于将废气排至高空后能够分散与减轻当地的集中污染程度。所以，实际设计烟囱时，要从排烟与减弱污染程度这两个角度来进行设计计算。在减弱污染程度方面，也需要把出烟囱后的热废气在惯性力以及浮力的作用下而继续上升的高度考虑在内，如图 4.42 所示。因而，烟囱的有效高度等于烟囱本身的高度 H 与热废气上升高度 H_s 之和。若在开阔地带，平稳气流之中 H_s 的经验计算式如式(4.75)所示。但是，请读者注意，在达到一定的高度后，如果烟囱再继续增高，则对于地面污染降低程度不大，然而烟囱增高却会大大增大其造价。一些大型工厂的烟囱高度通常为 150～200 m。

$$H_s = \frac{1.5w_T d_T + 9.55\times10^{-3}Q}{w_a} \quad \text{(m)} \tag{4.75}$$

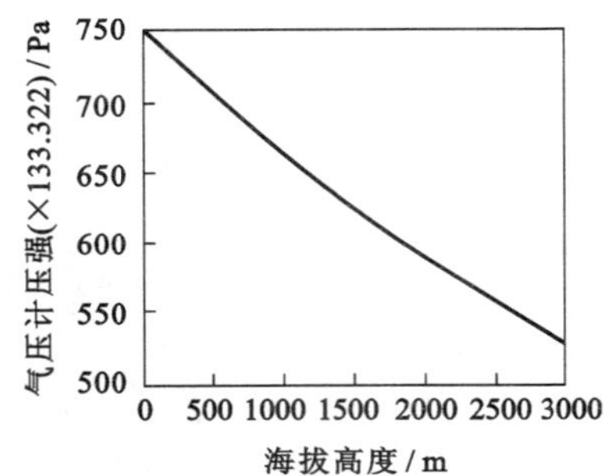

图 4.41 大气压强值与海拔高度之间的关系

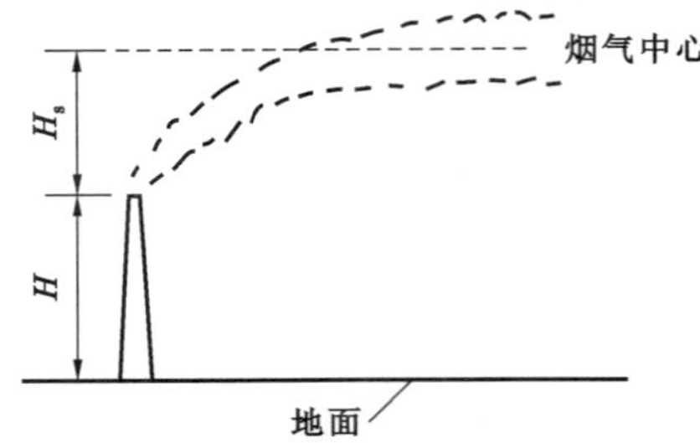

图 4.42 窑炉排烟系统的示意图

式中 w_a——当地的风速，m/s；

Q——热废气的热焓量，kJ/s；

w_T，d_T——烟囱顶部的排烟速度(单位：m/s)以及烟囱的内直径(单位：m)。

第六，要考虑烟囱所排放的热废气对于附近农作物的不利影响。如果所排放的热废气对于周围的农作物有危害，除了需要增高烟囱以外，还应当尽可能采取烟气净化措施。

第七，要充分地估计到烟道积水、积灰以及烟囱严密程度对于烟囱抽力的影响。

第八，如果是几台窑炉合用一个烟囱，则各个窑炉的烟道之间应当呈并联关系，并且要防止各个烟道之间相互干扰，以保证各个窑炉的独立操作。在这种情况下，计算烟囱高度时，关于烟囱底部的负压值，要基于排烟系统中总阻力损失 $\sum p_w$ 最大的那座窑来进行计算。但是，在计算烟囱内径、烟囱内的动压头以及烟囱内的沿程阻力损失时，计算所需的烟气量则要取这几座窑的总烟气量。

这里，还是用一个实例来说明烟囱的具体设计计算方法。

【例 4.13】 针对【例 4.10】以及图 4.38 中所述的排烟系统进行所需烟囱的设计计算（注：该烟囱为砖烟囱）。

【解】 在【例 4.10】中，已经通过计算而得到了在考虑余量 30%以后，该排烟系统的总阻力损失（或称：总压损）$\sum p_w = 137$ Pa。

第一步，烟囱顶部内直径 d_T 的确定

取废气排出烟囱口的速度(按标准状态计) $w_T=2$ m/s，则：

$$d_T=\sqrt{\frac{4\times0.75}{\pi\times2}}=0.7(\text{m})$$

第二步，烟囱高度 H 的确定

首先，根据式(4.72)来估算所设计烟囱的高度 H 为：

$$H=\frac{137}{9.807\times\left(1.293\times\frac{273.15}{20+273.15}-1.32\times\frac{273.15}{350+273.15}\right)}=22.3(\text{m})$$

基于该烟囱高度来估算烟囱底部的内直径 d_B 为：

$$d_B=0.02\times22.3+0.7=1.15(\text{m})$$

于是，可以得到所设计烟囱内的平均直径 d_{av} 为：

$$d_{av}=\frac{0.7+1.15}{2}=0.925(\text{m})$$

然后，再来详细地计算烟囱高度 H：

烟囱内废气的温降值取 2.5 ℃/m，于是，便按照上述估算的烟囱高度来估算废气在烟囱高度上的温度降值为 2.5×22.3≈56 ℃，这样，就得到了以下计算结果：

烟囱出口处的废气温度为：

$$350-56=294\ ℃$$

烟囱内的废气平均温度为：

$$\frac{350+294}{2}=322\ ℃$$

烟囱底部的废气流速(按标准状态计) w_B：

$$w_B=\frac{4V_0'}{\pi d_B^2}=\frac{4\times0.75}{3.142\times1.15^2}=0.722(\text{m/s})$$

烟囱内的废气平均流速(按标准状态计) w_{av}：

$$w_{av}=\frac{4V_0'}{\pi d_{av}^2}=\frac{4\times0.75}{3.142\times0.925^2}=1.116(\text{m/s})$$

这样，便可以计算烟囱的高度 H，具体为：

$$H=\frac{137+\frac{1}{2}\times1.32\times(2^2-0.722^2)\times\frac{322+273.15}{273.15}}{9.807\times\left(1.293\times\frac{273.15}{20+273.15}-1.32\times\frac{273.15}{322+273.15}\right)-0.05\times\frac{1}{0.925}\times1.32\times\frac{1.116^2}{2}\times\frac{322+273.15}{273.15}}$$

$$=24.5(\text{m})$$

再考虑到：烟囱高度需要有 15%～20%的储备能力，于是，得：$H=(1.15\sim1.2)\times24.5=28.2\sim29.4(\text{m})$。据此，最后便确定所设计烟囱的高度为 29 m。

第三步，烟囱底部直径(内径) d_B 的确定

$$d_B=0.02\times29+0.7=1.28(\text{m})$$

—毕—

4.3.7 动量方程及其应用

牛顿第二定律可以转换为动量定律，即 $\sum \boldsymbol{F}\cdot d\tau=d(m\boldsymbol{u})$。现在，在某恒定流场中，任取一个流束，在该流束上取一个流体段。这个流体段的前、后分别为 1—1 截面和 2—2 截面，如图 4.43 所示。经过 $d\tau$ 时间之后，1—1 截面到达 1′—1′截面；2—2 截面到达 2′—2′截面。于是，经过 $d\tau$ 后，该流体段的动量变化为：

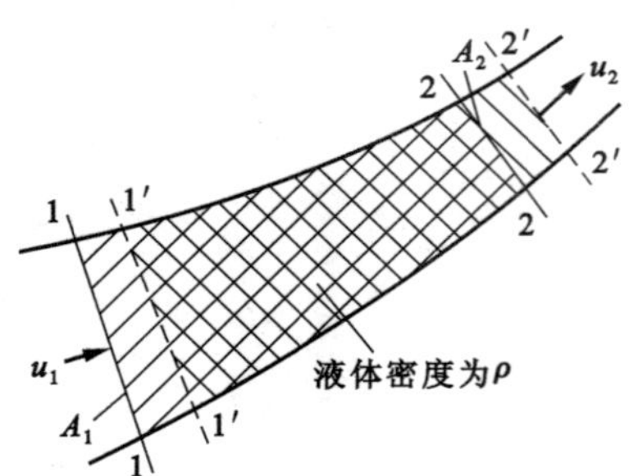

图 4.43 推导动量方程的元流

$$\begin{aligned}\mathrm{d}(m\boldsymbol{u}) &= (1'—1' \rightarrow 2'—2')\text{动量}—(1—1\rightarrow 2—2)\text{动量}\\ &= (2—2\rightarrow 2'—2')\text{的动量}—(1—1\rightarrow 1'—1')\text{动量}\\ &= \rho u_2 A_2\,\mathrm{d}\tau \cdot \boldsymbol{u}_2 - \rho u_1 A_1 \mathrm{d}\tau \cdot \boldsymbol{u}_1 = \rho V(\boldsymbol{u}_2 - \boldsymbol{u}_1)\mathrm{d}\tau\end{aligned}$$

这样，根据动量定律 $\sum \boldsymbol{F}\cdot \mathrm{d}\tau = \mathrm{d}(m\boldsymbol{u})$，于是，得：$\sum \boldsymbol{F}\cdot \mathrm{d}\tau = \rho V(\boldsymbol{u}_2 - \boldsymbol{u}_1)\mathrm{d}\tau$。再将该式等号的两边同除 $\mathrm{d}\tau$，然后，再取 $\mathrm{d}\tau\rightarrow 0$ 的极限后，得：

$$\sum \boldsymbol{F} = \rho V(\boldsymbol{u}_2 - \boldsymbol{u}_1) \quad (\mathrm{N}) \tag{4.76}$$

当然，式(4.76)只是元流的动量方程，若对于该式再进行积分运算便可以得到总流的动量方程，如式(4.77)所示。

$$\sum \boldsymbol{F} = \rho V(\alpha_{02}\boldsymbol{w}_2 - \alpha_{01}\boldsymbol{w}_1) \quad (\mathrm{N}) \tag{4.77}$$

与式(4.76)相对比，在式(4.77)中，w_1、w_2 则分别为 1—1 截面上的平均流速与 2—2 截面上的平均流速，m/s；α_{01}、α_{02} 分别称为 1—1 截面与 2—2 截面上的动量修正系数(Momentum Coefficient，无量纲量)：$\alpha_{01} = \dfrac{\iint_{A_1} {u_1}^2\mathrm{d}A}{w_1^2 A_1}$，$\alpha_{02} = \dfrac{\iint_{A_2} {u_2}^2\mathrm{d}A}{w_2^2 A_2}$。

式(4.77)就是在恒定流动条件下的动量方程(积分形式)。注意：伯努利方程是关于两个截面之间的方程，动量方程则是关于一个流体段的方程。动量方程表示的是：作用于某流体段的所有外力之矢量和等于单位时间内该流体段流出截面上的动量与流入界面上的动量之矢量差。

当然，式(4.77)是矢量形式的动量方程，为了便于进行代数运算，通常要将矢量形式的动量方程改写为分量形式的动量方程，如式(4.78)所示。

$$\left.\begin{aligned}\sum F_x &= \rho V(\alpha_{02}w_{2x} - \alpha_{01}w_{1x})\\ \sum F_y &= \rho V(\alpha_{02}w_{2y} - \alpha_{01}w_{1y})\\ \sum F_z &= \rho V(\alpha_{02}w_{2z} - \alpha_{01}w_{1z})\end{aligned}\right\} \quad (\mathrm{N}) \tag{4.78}$$

有关的理论计算结果表明，对于圆管内的流体流动，层流时(参见第 2.2.1.3)，动量修正系数 $\alpha_0 = 4/3$(参见第 4.3.5.4)，湍流时(参见第 2.2.1.3)，$\alpha_0 = 1.02\sim 1.05$。在流体工程中，普遍是湍流流态。因此，工程流体力学中的动量修正系数 α_0 一般近似为 1。这样，式(4.78)就简化为式(4.79)。式(4.79)便是工程流体力学中最常见的动量方程形式。

$$\left.\begin{aligned}\sum F_x &= \rho V(w_{2x} - w_{1x})\\ \sum F_y &= \rho V(w_{2y} - w_{1y})\\ \sum F_z &= \rho V(w_{2z} - w_{1z})\end{aligned}\right\} \quad (\mathrm{N}) \tag{4.79}$$

由式(4.77)～式(4.79)便可以看出，只有在某流体段前、后两个截面之间的流速有变化时，才会用到动量方程。这也就是说，动量方程主要用于有局部阻力存在时的工程流体力学问题之求解计算。

对于上述动量方程组，便可以用代数方法求解。另外，如果将式(4.77)改写为以下的方程形式：$\sum \boldsymbol{F} + \rho V\alpha_{02}(-\boldsymbol{w}_2) + \rho V\alpha_{01}\boldsymbol{w}_1 = 0$，则基于该方程也能够利用几何方法来求解，具体步骤请参考其他相关文献[12]。

【例 4.14】 如图 4.44 所示，水在内直径 $d=10$ cm 的 60°水平弯管内部以 5 m/s 的流速流动，已知：进入弯管前的水流压强为 9807 Pa。在以下的前提条件下：① 忽略水流经时弯管的阻力损失；② 水的密度 ρ 按1000 kg/m³计，请计算：水流对于弯管的作用力 F_{imp}。

【解】 如图 4.44 所示，首先取 1—1 截面与 2—2 截面，由于是水平弯管，那么其水平基准面就是通过弯管中心线的水平面，即 $z_1=0, z_2=0$。

由于管道的内径不变（$d_1=d_2=d$），所以其截面积也不变（$A_1=A_2=\frac{\pi}{4}d^2=\frac{3.142}{4}\times 0.1^2=0.007855\ \text{m}^2$），于是，便按照如式(4.20)所述的连续性方程，可知：水在弯管中的流速不变，即 $w_1=w_2=5$ m/s。然后，再来建立 1—1 截面与 2—2 截面之间的伯努利方程。

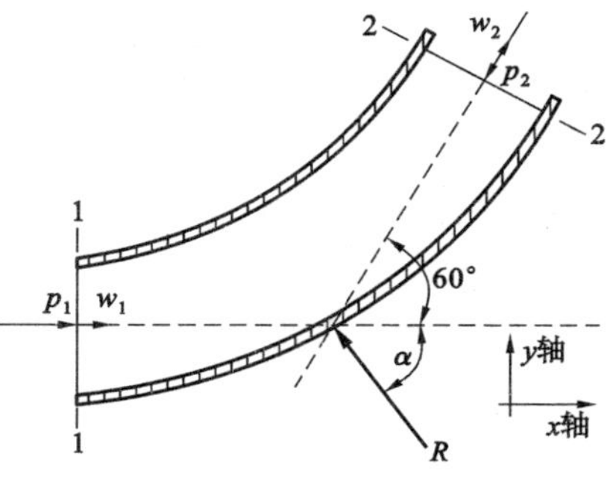

图 4.44 【例 4.14】图

根据伯努利方程（本题中，忽略了阻力损失，水的密度 ρ 按 1000 kg/m³ 计），这样得到以下方程：$0+\frac{p_1}{1000\times 9.807}+\frac{5^2}{2\times 9.807}=0+\frac{p_2}{1000\times 9.807}+\frac{5^2}{2\times 9.807}$，求解后，得：$p_1=p_2=9807$ Pa。

最后，按照上述的式(4.79)，对于该弯管内的水流段建立动量方程（由于是水平弯管，所以只需要写出 x 轴、y 轴方向上的动量方程）：

$$\sum F_x=\rho V(w_{2x}-w_{1x})$$

$$\sum F_y=\rho V(w_{2y}-w_{1y})$$

设弯管侧面对于水流的作用力为 $\boldsymbol{R}$，$\boldsymbol{R}$ 与 x 轴方向的夹角为 α，如图 4.44 所示。在对于弯管内的流体段进行受力分析与流速方向分析之后，可以得到：

$$\begin{aligned}\sum F_x&=p_1A_1-p_2A_2\cos 60°-R\cos\alpha\\&=9807\times 0.007855-9807\times 0.007855\times\cos 60°-R\cos\alpha\\&=38.5-R\cos\alpha\end{aligned}$$

$$\begin{aligned}\sum F_y&=R\sin\alpha-p_2\sin 60°\\&=R\sin\alpha-9807\times 0.007855\times\sin 60°=R\sin\alpha-66.7\end{aligned}$$

$$\begin{aligned}\rho V(w_{2x}-w_{1x})&=\rho w_1A_1(w_2\cos 60°-w_1)\\&=1000\times 5\times 0.007855\times(5\times\cos 60°-5)=-98.2\end{aligned}$$

$$\begin{aligned}\rho V(w_{2y}-w_{1y})&=\rho w_1A_1(w_2\sin 60°-0)\\&=1000\times 5\times 0.007855\times\sin 60°=170\end{aligned}$$

根据上述计算结果，便得到了以下的方程组：

$$38.5-R\cos\alpha=-98.2$$

$$R\sin\alpha-66.7=170$$

联立求解，得：$R=272$N，$\alpha=60°$。水流对于弯管的作用力 F_{imp} 则与 R 大小相等、方向相反。

—毕—

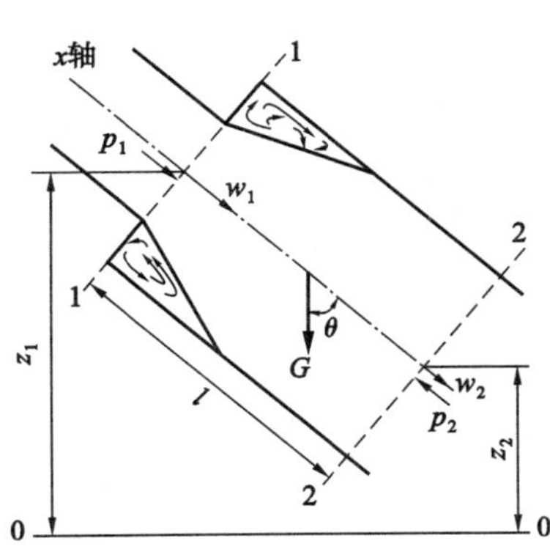

图 4.45 【例 4.15】图

【例 4.15】 如图 4.45 所示，流体在圆管内通过突然扩大管区段（简称：突扩管）流动（该区段较短，所以忽略它的沿程阻力损失）。请利用动量方程再结合伯努利方程与连续性方程，通过理论推导来得到突扩管局部阻力系数的理论计算公式。

【解】 如图 4.45 所示，取 1—1 截面、2—2 截面以及水平基准面 0—0。于是，根据这两个截面之间的伯努利方程，便得到这两个截面之间的阻力损失计算公式（忽略其沿程阻力损失）为：

$$\begin{aligned}h_w=h_\zeta&=\left(z_1+\frac{p_1}{\rho g}+\frac{w_1^2}{2g}\right)-\left(z_2+\frac{p_2}{\rho g}+\frac{w_2^2}{2g}\right)\\&=\left(z_1+\frac{p_1}{\rho g}\right)-\left(z_2+\frac{p_2}{\rho g}\right)+\frac{w_1^2}{2g}-\frac{w_2^2}{2g}\end{aligned}$$

然后，对于这两个截面以及它们之间管道侧面所围成的流体段建立动量方程(沿管轴的流动方向为 x 轴方向)，具体为：$\sum F_x=\rho V(w_{2x}-w_{1x})$

参考图 4.45 来对于上述流体段进行受力分析：由于沿程阻力损失可以忽略(即摩擦阻力可以忽略)，因此，$\sum F_x$ 就只包括三项：① 截面 1—1 上的压力 p_1A_2(沿 x 轴正方向)；② 截面 2—2 上的压力 p_2A_2(沿 x 轴反方向)；③ 该流体段的重力在 x 轴方向上的投影 $mg\cos\theta=\rho A_2 l\cdot g\cdot\frac{z_1-z_2}{l}=\rho g A_2(z_1-z_2)$(沿 x 轴正方向)。这样，便得到了以下方程：$\sum F_x= p_1A_2-p_2A_2+\rho gA_2(z_1-z_2)$。

再结合图 4.45 中的流向进行分析，也可以得到：$\rho V(w_{2x}-w_{1x})= \rho w_2A_2(w_2-w_1)$。

综上所述，再利用上述的动量方程 $\sum F_x=\rho V(w_{2x}-w_{1x})$，便得到以下方程式：

$$p_1A_2-p_2A_2+\rho gA_2(z_1-z_2)=\rho w_2A_2(w_2-w_1)$$

将上式等号的两边同除 ρgA_2，然后整理，得：

$$\left(z_1+\frac{p_1}{\rho g}\right)-\left(z_2+\frac{p_2}{\rho g}\right)=2\,\frac{w_2^2}{2g}-\frac{2w_1w_2}{2g}$$

再将上式代入以上的阻力损失计算公式之中，得：

$$h_\zeta=2\,\frac{w_2^2}{2g}-\frac{2w_1w_2}{2g}+\frac{w_1^2}{2g}-\frac{w_2^2}{2g}=\frac{w_1^2}{2g}-\frac{2w_1w_2}{2g}+\frac{w_2^2}{2g}=\frac{(w_1-w_2)^2}{2g}$$

进而利用连续性方程 $w_1A_1=w_2A_2$，上式$\left(\text{即，}h_\zeta=\frac{(w_1-w_2)^2}{2g}\right)$便可以转换为以下两个计算公式：

$$h_\zeta=\left(1-\frac{A_1}{A_2}\right)^2\frac{w_1^2}{2g}=\zeta_1\frac{w_1^2}{2g}\quad\text{或}\quad h_\zeta=\left(\frac{A_2}{A_1}-1\right)^2\frac{w_2^2}{2g}=\zeta_2\frac{w_2^2}{2g}$$

这样，经过上述的一系列推导过程，最后得到突扩管局部阻力系数 ζ 的理论计算公式为：

$$\zeta_1=\left(1-\frac{A_1}{A_2}\right)^2\text{，与之相对应的流速为 }w_1$$

$$\zeta_2=\left(\frac{A_2}{A_1}-1\right)^2\text{，与之相对应的流速为 }w_2$$

— 毕 —

4.3.8 风机、泵的简介

风机、泵都是将外界的能量通过其机械结构转换为流体本身的压力能(高压强)来实现流体的输送(一般来说，输送气体的称为：风机，也称：通风机；输送液体的叫做：泵)。因此，由风机、泵所导致的流动被称为：机械流动，或称：有压流动，也称：强制流动，或叫做：受迫流动。

作为无机非金属材料领域内的科技人员，应该是风机、泵的使用者而非制造者，因此这里只是从有效且高效地利用风机、泵的角度来介绍它们的使用性能与选型原则。

风机、泵通常分为“叶片式”和“容积式”这两大类。叶片式又被分为“离心式”和“轴流式”；容积式包括“活塞式”与“旋转式”。在这些类型当中，离心式风机、离心泵的使用最为广泛，只是在特殊情况或者需要特高压强或特高真空度的情况下，才需要其他类型的风机、泵。

离心式风机、离心泵：图 4.46 是离心式风机的主体结构图，离心泵的结构与之类似，只是体积更小，这是因为液体的体积远小于气体的体积。

对于含有风机或泵的管路系统，需要利用如式(4.28)所示的伯努利方程，即

$$z_1+\frac{p_1}{\rho g}+\frac{w_1^2}{2g}+H_1=z_2+\frac{p_2}{\rho g}+\frac{w_2^2}{2g}+h_w\qquad(\text{m})\tag{4.33}$$

该式中的 H_1 为管路系统中的风机或泵给予单位重力流体的有效能量，特别是，需要为管路选用风机或泵时，H_1 就是管路系统要求风机或泵给予单位重力流体的能量(对于风机，$p=\rho gH_1$ 被称为：

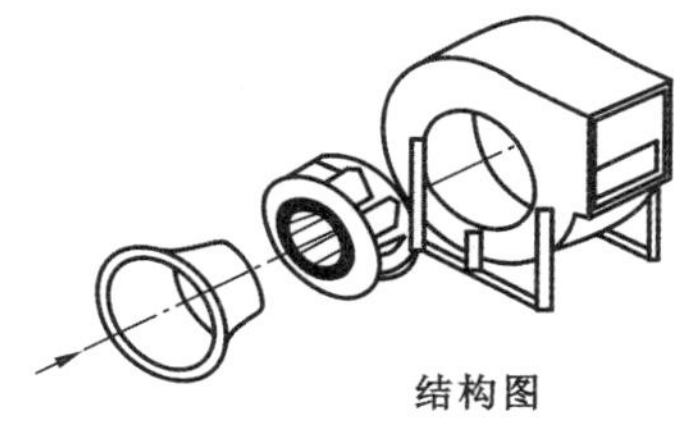

结构图　　叶片构成的叶轮　　外观图

图 4.46　离心式风机的主体结构图

风机的全压；对于泵，$H_e=H_1$ 被称为：泵的扬程。请注意："扬程"与"扬程高度"是两个不同的概念，前者是能量的概念，后者则是高度的概念）。

基于式(4.28)所述的伯努利方程以及式(4.20)所述的连续性方程 $w_1A_1=w_2A_2=V$（这里，V 表示流量，单位：m^3/s)，则可以得到以下的方程形式[参考式(4.49)与式(4.50)来理解下式]：

$$H_1=a+KV^2 \qquad (m) \tag{4.80}$$

该方程是抛物线型方程，它对应的曲线（称为：管路系统的工作曲线）是一个抛物线，如图 4.47 中的曲线 3 所示。实际上，风机所能够提供的全压（全压＝静压＋动压）曲线就是该图中的曲线 2（即全压 p～流量 V 曲线）。在图 4.47中，曲线 3 与曲线 2 的交点被称为风机在管路系统中的"工作点"。工作点所对应的流量也就是：工作流量（或称：操作流量），工作点所对应的压强就称为：工作全压（或称：操作全压）。

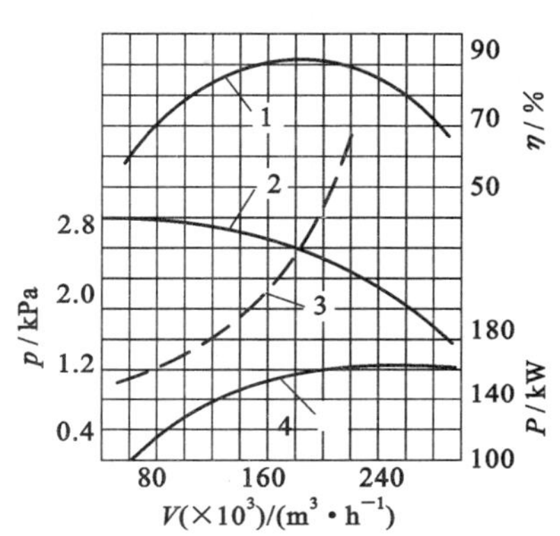

图 4.47　管路系统曲线与离心式风机的性能曲线

1—η-V 曲线；2、3—p-V 曲线；4—P-V 曲线

在图 4.47 中还有一条效率曲线[曲线 1，即效率 η～流量 V 曲线，关于效率 η 参见式(4.28)下面的解释]与一条功率曲线（曲线 4，即功率 P～流量 V 曲线）。在效率曲线上，效率最高点对应的流量为该风机的"设计流量"，效率最高点所对应的全压则是该风机的"设计全压"。

风机的选型就是根据管路系统要求的全压曲线以及风机所能够提供的全压曲线，使这两条曲线的交点所对应的工作流量在设计流量的附近，即让风机的工作点位于效率较高的范围。为了便于选型，风机制造厂家也往往会向用户提供一张方便用户选型的风机选择曲线图，例如，图 4.48 就是这样一张选型图。在其他条件都能够满足的情况下，用户只需要根据其管路系统所需要的风量、全压也就可以选择到合理型号的风机。这里，需要指出：为了生产上调节方便以及能够适应生产上一些不可避免的工况变动，在进行风机选型时，风量、全压都要有一定的储备，即要把所计算的风量、全压再乘以各自的储备系数（也称：安全系数）。风量的储备系数在 1.5 左右，全压的储备系数也在 1.3～1.5 的范围。关于全压的计算参见【例 4.11】与【例 4.12】。

关于泵的选型原理，与风机的选型原理相同，都是使"工作点"对应的工作流量位于"最高效率点"所对应的设计流量附近，从而实现在较高效率下的运行。只是泵的选择曲线图与风机的选择曲线图有一些差异（参见图 4.49），但是，用户都可以很容易地看懂。

除了选型以外，在实际使用过程中，风机、泵都存在着需要调节流量的问题。由于工作流量是管路系统曲线与风机（泵）性能曲线的交点（即工作点）所对应的流量。因此，调节流量的方法有两类，其一是改变管路系统的工作曲线（该方法有两种：一是在管路中设立阀门，二是在进风口设立轴向式或径向式的导流装置）；其二是改变风机（泵）的性能曲线，为此，这里也就需要介绍"相似律"的概念。根据有关的推导，离心式风机关于风量 V、全压 p、功率 P 的"相似律"为：

$$\frac{V''}{V'}=\frac{n''}{n'}\cdot\left(\frac{D_2''}{D_2'}\right)^3,\quad \frac{p''}{p'}=\frac{\rho''}{\rho'}\cdot\left(\frac{n''}{n'}\right)^2\cdot\left(\frac{D_2''}{D_2'}\right)^2,\quad \frac{P''}{P'}=\frac{\rho''}{\rho'}\cdot\left(\frac{n''}{n'}\right)^3\cdot\left(\frac{D_2''}{D_2'}\right)^5$$

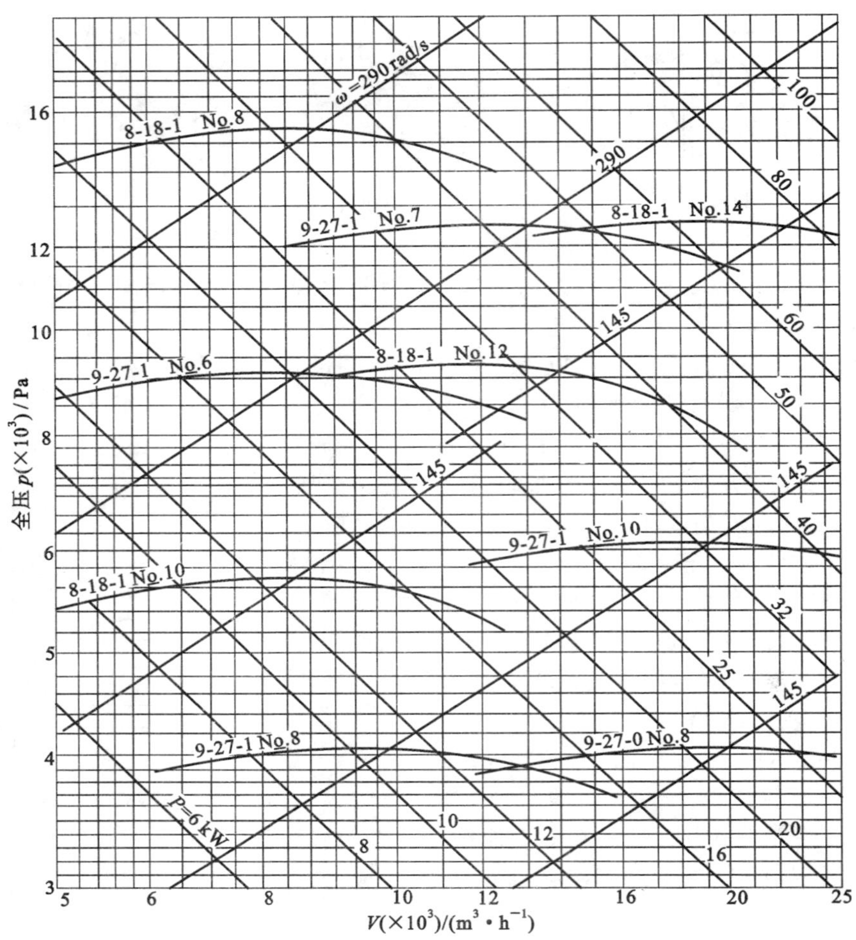

图 4.48 高压离心式通风机的部分选择曲线

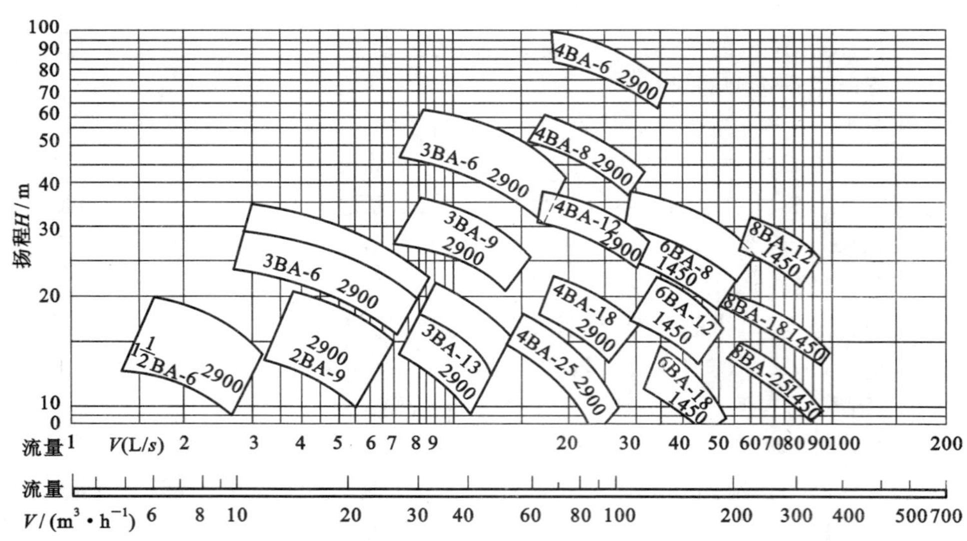

图 4.49 BA 型离心泵的选择曲线

离心泵关于流量 V、扬程 H、功率 P 的“相似律”为：

$$\frac{V''}{V'}=\frac{n''}{n'}\cdot\left(\frac{D_2''}{D_2'}\right)^3,\quad \frac{H''}{H'}=\left(\frac{n''}{n'}\right)^2\cdot\left(\frac{D_2''}{D_2'}\right)^2,\frac{P''}{P'}=\frac{\rho''}{\rho'}\cdot\left(\frac{n''}{n'}\right)^3\cdot\left(\frac{D_2''}{D_2'}\right)^5$$

由此可知：改变离心式风机或离心泵的转速 n、切削离心泵的叶轮外直径 D_2 均可以调整其流量。

上述几种调节方法相互对比，设立的阀门方法简便可行，然而，利用改变转数 n 的方法最为节能，因此，现在广泛使用变频（调速）风机或泵。另外，离心式风机（泵）进行串、并联也能改变流量，但是，串、并联后风机或泵的工作效率较低，因此，不推荐风机或泵进行串、并联的运行方式。

除了流量 V、风机的全压 p（或泵的扬程 H）、效率 η、功率 P 以外，离心式风机（泵）的重要参数还有：流量系数 $\overline{V}$、全压系数 $\overline{p}$、功率系数 $\overline{P}$（这三个系数都是关于离心式风机的无量纲量）、比转数 n_s① 等。

当然，以上讨论的是离心式风机与泵的一些相同点，以下再来分别讨论它们各自的一些特点。

关于风机，按照排气压强[简称：风压，通常用表压（或称：相对压强，参见图 4.3）来表示，表压＝绝对压强－当时、当地的大气压强]的不同，风机又分为：排风机（也称：引风机，其风压＜0.15 atm）、鼓风机（其风压＝0.15～3.0 atm）、空气压缩机（简称：空压机，其风压＞3.0 atm）、真空泵（在当时、当地大气压下排气，其抽气空间可以产生 50 kPa 以上的真空度，真空度＝当时、当地的大气压－绝对压强，参见图 4.3）。

根据所产生风压的高低，离心式鼓风机也可以再分为：低压离心式风机（简称：低压风机，其风压＜1.0 kPa）、中压离心式风机（简称：中压风机，其风压＝1.0～3.0 kPa）、高压离心式风机（简称：高压风机，其风压＝3.0～15.0 kPa）。如果需要再高的风压，那就要使用容积式风机，尤其是罗茨风机。当然，更高的风压则是由空气压缩机产生的。

关于离心式风机（或简称：离心风机），下面就来简单地介绍其型号的表示方法，例如，T4-72-11No. 8C型离心式通风机中的符号依次表示：该型号的风机为一般用途的通风机②，它在最高效率点的状态工作时，其全压系数 $\overline{p}$ 在 0.4 左右、其比转数 n_s 为 72 左右，单侧吸风（双侧吸风则用 0 表示，二级串联吸风是用 2 表示），通风机设计顺序为第一次，机号为 8 号（表示其叶轮的外直径为800 mm），传动方式为 C 式（A 式指无轴承箱装置，即与电动机直联传动；B 式表示悬臂支承装置，皮带传动，且皮带轮在轴承的中间；C 式同 B 式，但是皮带轮在轴承的外侧；D 式表示悬臂支承装置，用联轴器联接传动）。

关于离心泵（或称：离心式泵），需要首先弄清“汲程”的概念、“气缚”现象与“气蚀”现象。离心泵的汲程也称为：离心泵的安装高度。离心式泵的启动与离心式风机不同，后者通电即可吸气、排气。然而，前者在启动之前，却是需要在泵的中心处造成足够大的负压值（真空度）才可以将更低处的液体吸入泵内，而后再泵压出去。在泵中心处造成负压的方法通常有两种：一是用气体真空泵将吸入管内抽成真空；二是先向泵壳与吸入管内注满待泵送的液体，然后，泵内叶轮旋转时的离心力作用就可以产生足够大的负压值。若用第二种产生负压方法，如果无法将很低处的液体吸入泵内，这便是所谓的“气缚”现象（就好像泵内被空气“缚住”）；若汲程过大，则所产生的负压值过大（即压强值过低），低到可能等于或低于该温度下所泵送液体的饱和蒸气压，这时蒸气以及溶解在液体中的气体便会大量地从液体中逸出，从而形成其内含有许多蒸气与其他气体混合体的小气泡。这些小气泡随着液体漂流到高压区时，气泡会马上凝结。在凝结的瞬间，从周围向气泡中心高速运动的液体质点便会骤然停下，从而产生很高的局部压力。如果这种凝结发生在金属表面的附近，则该局部压力便作用在金属叶

① 就一个系列的离心式风机或者泵而言，尽管规格大小会有所不同，但是其比转数 n_s 一定相同。然而，也应当知道：比转数 n_s 并不决定离心式风机的类型，由于风机的叶片有前弯、后弯或径向这三种型式（前弯型也称“前向式”，其结构紧凑，产生的压强较大，但是其效率较低；后弯型也称“后向式”，其效率较高，主要用于大型离心式风机），所以有时尽管比转数 n_s 可能相等或相近，但是风机的结构却差别很大。而一般来说，n_s 越大，离心式风机或泵的机体就越宽（俗称“较胖”），反之亦然。

② 离心式通风机的用途代号包括[13]：B 表示防爆（炸）型通风机；C 表示排尘型通风机；CD 表示隧道通风换气型通风机；DL 表示空气动力所用风机；F 表示防腐（蚀）型通风机；G 表示锅炉道风机；GL 表示高炉鼓风机；GY 表示工业炉用通风机；K 表示矿井通风机；KT 表示空调用通风机；L 表示工业冷却水用通风机；M 表示煤粉输送用鼓风机；R 表示热风吹吸型通风机；T 表示一般用途的通风机；TE 表示特殊场所进行换气所用的通风机；TQ 表示天然气输送所用的通风机；Y 表示锅炉引风机。

片或壳体的表面上。在这种局部压力的频繁作用下，金属表面会逐渐因为疲劳而遭到破坏，这种破坏被称为：剥蚀。气泡内的活泼气体(像 O_2 等)在气泡凝结时所释放热量的影响下，也会对金属有化学腐蚀作用。化学腐蚀与机械剥蚀的共同作用就加快了泵内金属件的损坏速度，该现象就叫做“气蚀”现象。离心泵如果在严重的气蚀状态下运转，气蚀部位会很快被破坏成蜂窝状或海绵状，更严重时，会大量产生气泡，从而影响正常液流，甚至造成液流中断、发生震动与噪声，其流量、扬程和效率便会因此而大大下降，甚至不能正常工作。

离心式泵型号的传统表示法与现在表示法有些差异，例如，传统表示法 2BA-6 型离心式泵中的 2 表示其吸入管的内直径为 2 英寸①(约 2×25.4＝51 mm)。BA 型或 B 型离心式泵是最常用清水泵②(BA 型指单吸式、叶轮悬挂安装在轴上)。6 表示其比转数 n_s 为 6×10＝60。若离心泵还有几种尺寸的叶轮(调节流量所用)，将拥有更小直径叶轮的离心泵用字母 A、B 来表示，例如 2BA-6A、2BA-6B。

其他型式的风机、泵：其他型式风机包括“轴流式通风机”(参见图 4.50，其效率比离心式风机高，结构紧凑，适合于大风量、低风压的情况下使用)、活塞式空气压缩机、刮板式空气压缩机、活塞式气体真空泵(气体真空泵简称：真空泵)、液环式气体真空泵、刮板式气体真空泵(该真空泵所产生的真空度比前两种真空泵更高，约 720～750 mmHg，但是仍属于机械泵，如果要产生更高真空度则要串联使用“分子泵”)、“罗茨风机”(Roots Blower)、“叶氏风机”(也称：叶式风机，或称：三叶式罗茨风机)。

罗茨风机的应用较为广泛，图 4.51是罗茨风机的原理图。罗茨风机所产生的风压通常在 10～30 kPa。由于其内的转子是将吸入其中的风“挤出”，因此，罗茨风机排出的是“硬风”，其流量也不变(它属于定容式风机)。罗茨风机不允许设立阀门来调节风量(尤其禁止在其出风管道上设置阀门，否则会因为风压急剧增大而引起安全事故)；传统调节方法是设置并联的排空管放风来减少向供风系统的排风量，但是这会造成很大的浪费，现在则采用变频调速的方法来调节罗茨风机的鼓风量。叶氏风机为罗茨风机的一种变体，它将罗茨风机的“8”字形转子改为“三叶片”转子，参见图 4.52。

图 4.50　轴流式通风机的外观

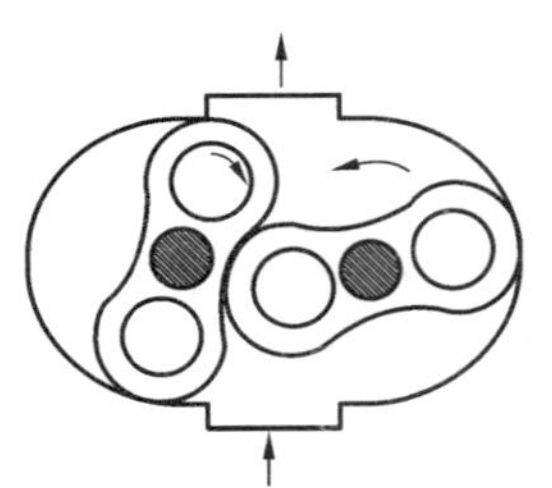

图 4.51　罗茨风机的原理

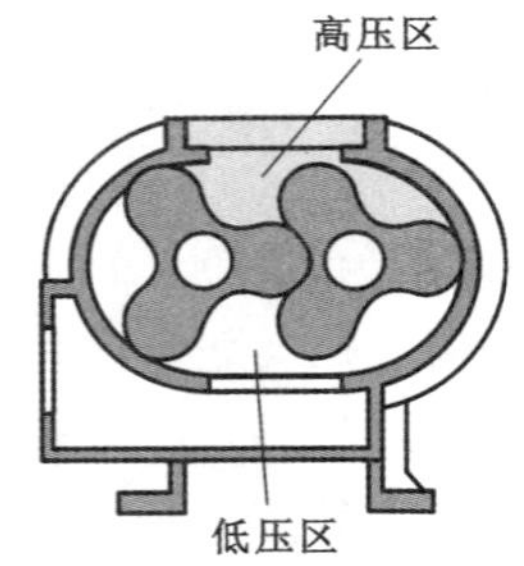

图 4.52　叶氏风机的原理

其他型式的泵包括“轴流泵”(参见图 4.53)、“往复泵”(按照泵筒工作体的不同，又分为：活塞泵或柱塞泵；按照动作次数的差异，还分为：单动泵、双动泵、差动泵、三效泵)、“隔膜泵”(Diaphragm Pump，常用来输送陶瓷厂的浆体，泵内用弹性隔膜将料浆与活塞隔开，以免活塞和泵筒的磨损。泵筒的一侧与带有橡皮隔膜的空室相通，泵筒内的柱塞在电动机的带动下往复运动，这就使得隔膜交替地左右弯曲从而引起隔膜与空室相联一侧的压强变化，于是浆体经过汲入管、汲入阀被吸入泵内，再经压出阀、排浆空气室排送到所需的设备内。泵筒内储存有清水，泵筒的另一侧与压强调节机构相通，

① 在离心式泵的型号表示法中，关于吸入管的内直径，传统上以英寸为单位，而现在则直接用 mm 为单位，例如，100D45×8 表示其吸入口的直径为 100 mm，单级扬程为 45 mm 水柱，总扬程为 45×8＝360 mm 水柱的 8 级分段式。

② 其他类型的离心泵包括[12]：D 型或 DA 型离心泵为分段式多级离心泵；GB 型或 GC 型或 DG 型离心泵为多级锅炉给水泵；DL 型离心泵为离心式吊泵；PS 型离心泵为离心式砂泵；PN 型离心泵为离心式泥浆泵；S(SH、SA)离心泵型为单级双吸离心泵；DK 型离心泵为中开式多级离心泵；J 型或 JD 型离心泵为离心式深井泵；Y 型离心泵为单级离心式油泵；PH 型离心泵为离心式灰渣泵；PW 型离心泵为离心式污水泵)。

当排出管内的压强过高时，泵筒内的压强也会随之升高，由弹簧压紧的进水阀便被推开，部分的清水便从泵筒流入调节机构内而使隔膜的位移量减少，于是排出料浆量减少，管内压强就不会继续升高。当泵筒内的清水减少时，在吸浆过程中，泵筒内便会产生较大的真空度，这样弹簧就会将出水阀拉开，清水便从调节机构流回到泵筒，排浆量又恢复正常）、“齿轮泵”（参见图 4.54）。

图 4.53 轴流泵的原理

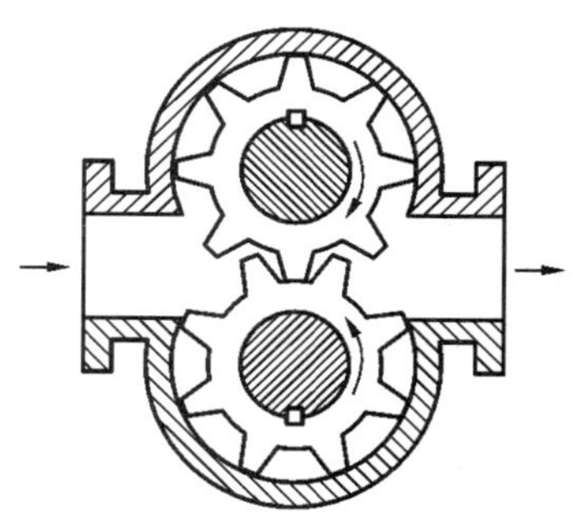

图 4.54 齿轮泵的原理

4.3.9 喷射器的设计计算方法

喷射器具有结构简单、设备低廉的优点，但是作为气体输送装置，其能量损失较大（即其动力效率较低）。因此，排烟时一般不用喷射器排烟，而是用烟囱进行自然排烟或者用排风机进行机械排烟。然而，若烟囱的排烟能力不够，而且使用排风机又得不偿失时，“喷射器辅助烟囱排烟”却是一个可以考虑的排烟方式。另外，输送腐蚀性气体、有毒气体、摩擦时易发生爆炸气体时，用喷射器提供输送的动力也是一个可以考虑的选择。在某些隧道窑上，也利用喷射器抽引冷却带内 300 ℃左右的热空气到烧成带作为助燃空气；隧道窑预热带的循环气幕有时也用到喷射泵。在测温领域，还利用喷射器来做成“抽气电热偶”，从而提高测量气体温度的精度（见【例 2.25】中的讨论）。另外，一些简单的煤气燃烧器也会利用喷射器的原理。

喷射器是利用从喷嘴喷射出的高速流体，该流体吸入并且带动另一种流体共同流动。该高速流体被称为：喷射流体，被引射流体叫做：被喷射流体。因此，喷射器工作的本质就是喷射流体将能量传递给静止的或低速流动的被喷射流体，使其动能提高，以达到输送流体或流体混合的目的。由于气体喷射器的应用更为广泛，因此以下就以气体喷射器为例来对于喷射器的结构及其设计原理进行简单的介绍。

喷射器按照其结构来分，可以分为：带扩张管的喷射器和不带扩张管的喷射器。

带扩张管的喷射器主要由四部分来构成：喷嘴、吸气管、混合管（也称：喉部）和扩张管，如图 4.55 所示。

吸气管位于喷射气体的入口处，其结构是要有利于降低被喷射气体进入喷射器时的阻力，为此，它被制作成“流线形”或“锥形”，有关的实验表明：这两种形状吸气管的阻力损失差别不大。为了制造方便，一般将其做成锥形收缩管。

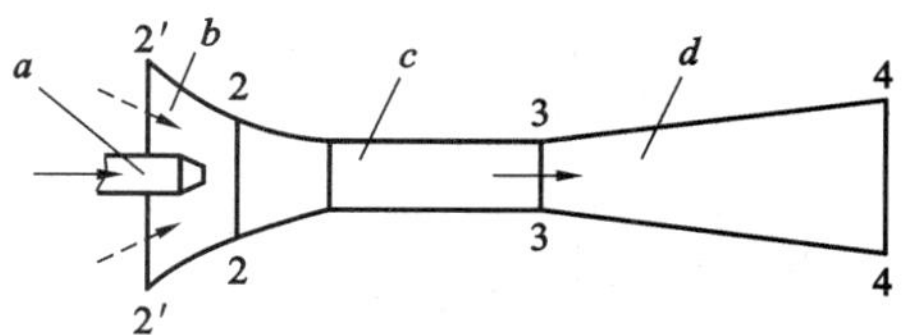

图 4.55 气体喷射器的结构

a—喷嘴；*b*—吸气管（2′—2′至 2—2）；*c*—混合管（2—2 至 3—3）；*d*—扩张管（3—3 至 4—4）

混合管是喷射器的主要部分，其作用是使喷射气体流速与被喷射气体流速趋于均匀，结果使其动量降低，在混合管内产生压强差，从而提高喷射效率。混合管有圆柱形、收缩形或两者相结合的形式，实验表明：收缩形的混合管有利于其内流速均匀分布，但是不利于浓度和温度的均匀分布；圆柱形混合管则可以使流速、浓度和温度都达到一定程度的均匀分布。

扩张管的作用是为了增加喷射器的出口与吸气管之间的压强差，以便吸入被喷射气体，从而提高喷射效率。

喷射器按照喷射气体压强的差异来分，可以分为低压、中压、高压这三种类型。当喷射气体压强 $p_1<20$ kPa 时，其压强的影响可以忽略不计，该喷射器被称为：低压喷射器；若喷出后压强 p_2' 与喷射气体压强 p_1 的比值 $\frac{p_2'}{p_1}>\left(\frac{2}{\gamma+1}\right)^{\frac{\gamma}{\gamma+1}}$，即“亚临界状态”，该喷射器则被称为：中压喷射器；若 $\frac{p_2'}{p_1}<\left(\frac{2}{\gamma+1}\right)^{\frac{\gamma}{\gamma+1}}$，即“超临界状态”，则该喷射器便被称为：高压喷射器。高、中压喷射器的设计计算就需要考虑气体的可压缩性，而低压喷射器则可以将气体当作不可压缩流体。因此，高、中压喷射器的设计计算与低压喷射器的设计计算是有区别的。

按照被喷射气体吸入速度的不同，气体喷射器又可以分为：常压吸气式与负压吸气式。若喷射器的吸气管较大，则被喷射气体在吸入管内的流速很小，几乎可以忽略，这种喷射器就叫做：常压吸气式喷射器（也称：第二类喷射器）。常压吸气喷射器由于吸气管较大，不会破坏喷射气体的自由射流流型，因此可以按照自由射流的规律对其进行计算，在吸气管内的流动也可以视为等压流动。反之，如果喷射器的吸气管较小，则被喷射气体在吸气管内的流速较大，该气流在吸气管内就会发生扰动，因此被喷射气体的流速不能忽略，这种喷射器被称为：负压吸气式喷射器（也称：第一类喷射器），设计这种喷射器要求吸气管的形状合理，否则将增加吸入气体的流动阻力，从而降低该喷射器的喷射效率。

低压喷射器一般为常压吸气式喷射器；高、中压喷射器则一般为负压吸气式喷射器。图 4.56 为常压式喷射器的工作原理图。该图中的 q_{m1}、w_1、p_1、ρ_1 与 q_{m2}、w_2、p_2、ρ_2 以及 q_{m3}、w_3、p_3、ρ_3 分别表示喷射气体和被喷射气体以及混合气体的质量流量（单位：kg/s）、流速（单位：m/s）、压强（单位：Pa）、密度（单位：kg/m^3）。当质量流量为 q_{m1} 的喷射气体从喷嘴喷出后进入吸气管时，压强由 p_1 降至 p_2'，流速为 w_1，喷射气体将其部分的动能赋予静止的被喷射气体使其流速增加，而喷射气体本身的流速会降低。由于喷射气体在吸气管内的流动属于自由射流，因此可以认为在吸气管内的静压不变（等于大气压），即 $p_2'=p_2=p_a$。当然，喷射气体与被喷射气体刚刚进入混合管时，其流速很不均匀，在流动过程中才渐渐均匀起来，混合管末端混合气体的平均流速为 w_3，静压由 p_2' 升高至 p_3。在扩张管内，混合气体的流速由 w_3 降至 w_4，静压由 p_3 升至 p_4。

负压吸气式喷射器的工作原理如图 4.57 所示。在这种喷射器内，被喷射气体从吸入口进入吸气管时的速度 w_2' 较大，所以在吸气管内就会产生较大的阻力损失，这使得 $p_2<p_a$（即吸气管内的静压强小于大气压强），因为如此，而被称为：负压吸气式喷射器。在该种喷射器内，由于喷射气体与被喷射气体的速度相差较小，从而减少了气流的碰撞损失，这有利于提高喷射器的效率。

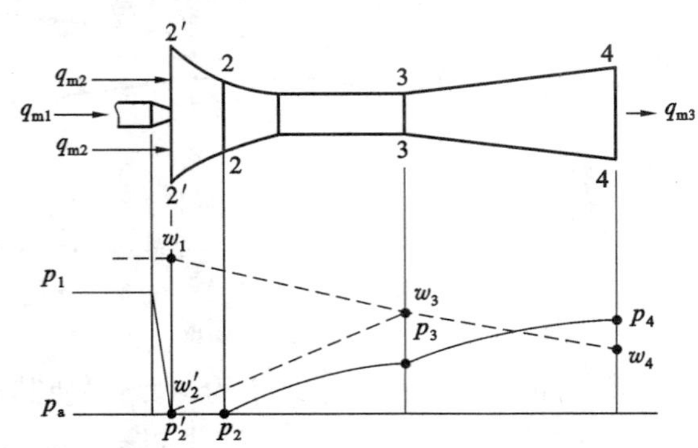

图 4.56 常压吸气喷射器的工作原理

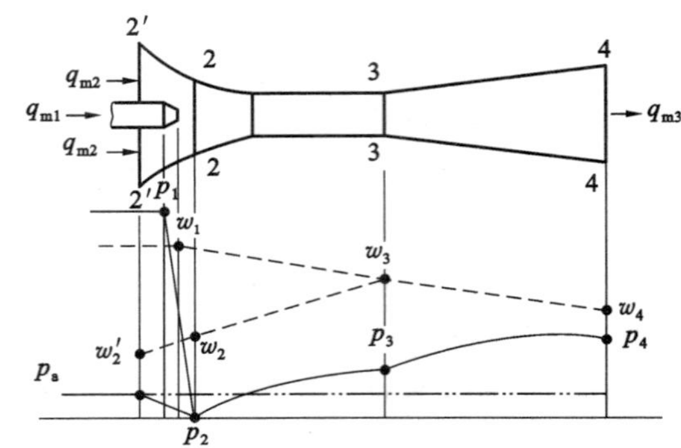

图 4.57 负压吸气喷射器的工作原理

气体喷射器在稳态工作时，它的各个参数之间的关系可以由混合管内的动量方程、吸气管段的伯努利方程和连续性方程以及扩张管段的伯努利方程和连续性方程推导出来，被称为：喷射器的参数方程，具体为：

$$\Delta p=\left\{2\frac{A_1}{A_2}+\left[2-(1+\zeta_1)\cdot\frac{A_3}{A_2}\right]\cdot\left(\frac{A_1}{A_3}\right)^2\cdot\frac{A_3}{A_2}\cdot\frac{\rho_1}{\rho_2}\cdot\left(\frac{q_{m2}}{q_{m1}}\right)^2\right.$$
$$\left.-(1+\zeta_2+\zeta_3)\cdot\left(\frac{A_1}{A_3}\right)^2\cdot\left(1+\frac{q_{m2}}{q_{m1}}\right)\cdot\left(1+\frac{q_{m2}}{q_{m1}}\cdot\frac{\rho_1}{\rho_2}\right)\right\}\cdot\frac{\rho_1 w_1^2}{2}\quad(\text{Pa})\tag{4.81}$$

在该式中，q_{m1}、w_1、p_1、ρ_1、q_{m2}、p_2、ρ_2 与 q_{m3}、p_3、ρ_3 的含义如前所述。A_1、A_2 与 A_3 分别为喷嘴的出口面积、吸气管的进口面积、混合管的横断面积，单位：m^2，可以参考图 4.55。ζ_1、ζ_2、ζ_3 分别为气流在吸气管中、混合管中、扩张管中的局部阻力系数，无量纲量，可以参考图 4.55。$\Delta p=\left(p_4+\frac{\rho_3 w_4^2}{2}\right)-\left(p_2'+\frac{\rho_2 w_2'^2}{2}\right)$为气体喷射器的出口断面与进口断面之间的全压差。

由式(4.81)可知，当喷射气体与被喷射气体的参数给定时，气体喷射器的全压差与其各部分的面积比有关。当喷射器尺寸及气体密度给定后，其全压差与质量流量比 q_{m2}/q_{m1} 有关。

气体喷射器的效率 η 是单位时间内被喷射气体所获得的有效能与喷射气体的动能之百分比，即：

$$\eta=\frac{\Delta p\cdot V_2}{\frac{\rho_1 w_1^2}{2}\cdot V_1}=\frac{\Delta p}{\frac{\rho_1 w_1^2}{2}}\cdot\frac{q_{m2}}{q_{m1}}\cdot\frac{\rho_1}{\rho_2}\times 100\%\quad(\%)\tag{4.82}$$

式中 V_2，V_1——分别为喷射气体与被喷射气体的体积流量，m^3/s。

将式(4.81)代入式(4.82)，则得：

$$\eta=2\cdot\frac{A_1}{A_3}\cdot\frac{q_{m2}}{q_{m1}}\cdot\frac{\rho_1}{\rho_2}+\left[2\cdot\frac{A_1}{A_2}-(1+\zeta_1)\cdot\left(\frac{A_3}{A_2}\right)^2\right]\cdot\left(\frac{A_1}{A_3}\right)^2\cdot\left(\frac{q_{m2}}{q_{m1}}\right)^3\cdot\left(\frac{\rho_1}{\rho_2}\right)^3\times 100\%$$
$$-2(1+\zeta_2+\zeta_3)\cdot\left(\frac{A_1}{A_3}\right)^2\cdot\left(1+\frac{q_{m2}}{q_{m1}}\cdot\frac{\rho_1}{\rho_2}\right)\cdot\frac{q_{m2}}{q_{m1}}\cdot\frac{\rho_1}{\rho_2}\cdot\left(1+\frac{q_{m2}}{q_{m1}}\right)\times 100\%\quad(\%)\tag{4.83}$$

使气体喷射器效率能够达到最大化的参数比，被称为：最佳参数比，以下用下角标“op”来表示。对于最佳参数比，可以通过令一阶导数为零从而求得极大值来获得。

为此，令$\frac{\partial\eta}{\partial\left(\frac{A_3}{A_2}\right)}=0$，$\frac{\partial\eta}{\partial\left(\frac{A_1}{A_3}\right)}=0$，$\frac{\partial\eta}{\partial\left(\frac{q_{m2}}{q_{m1}}\right)}=0$，于是通过推导，就可以得到：

$$\left(\frac{A_3}{A_2}\right)_{op}=\frac{1}{1+\zeta_1}\tag{4.84}$$

$$\left(\frac{A_1}{A_3}\right)_{op}=\frac{1+\zeta_1}{(1+\zeta_2+\zeta_3)\cdot\left(1+\frac{q_{m2}}{q_{m1}}\right)\cdot\left(1+\frac{q_{m2}}{q_{m1}}\cdot\frac{\rho_1}{\rho_2}\right)\cdot(1+\zeta_1)-\left(\frac{q_{m2}}{q_{m1}}\right)^2\cdot\frac{\rho_1}{\rho_2}}\tag{4.85}$$

$$\left(\frac{q_{m2}}{q_{m1}}\right)_{op}=\frac{1}{\sqrt{\left[1-\frac{1}{(1+\zeta_1)\cdot(1+\zeta_2+\zeta_3)}\right]\cdot\frac{\rho_1}{\rho_2}}}\tag{4.86}$$

由式(4.82)可以看出：获得最高效率就需要得到最大全压差。于是，将式(4.84)、式(4.85)、式(4.86)代入式(4.81)、式(4.82)中，就可以得到最大全压差 Δp_{max} 及最高效率 η_{max} 的计算公式为：

$$\Delta p_{max}=\left(\frac{A_1}{A_3}\right)_{op}\cdot\frac{\rho_1 w_1^2}{2}\quad(\text{Pa})\tag{4.87}$$

$$\eta_{max}=\left(\frac{A_1}{A_3}\right)_{op}\cdot\left(\frac{q_{m2}}{q_{m1}}\right)_{op}\cdot\frac{\rho_1}{\rho_2}\times 100\%\quad(\%)\tag{4.88}$$

喷射器的基本尺寸 A_3 和 A_2 可以按照式(4.84)和式(4.85)来进行计算，其余各部分的尺寸则需要依据实验来确定。但是，各种实验研究结果常常会有一些出入。为此，推荐以下关于气体喷射器尺寸的设计计算方法以供读者参考(其中各个尺寸的标注参见图 4.58)。

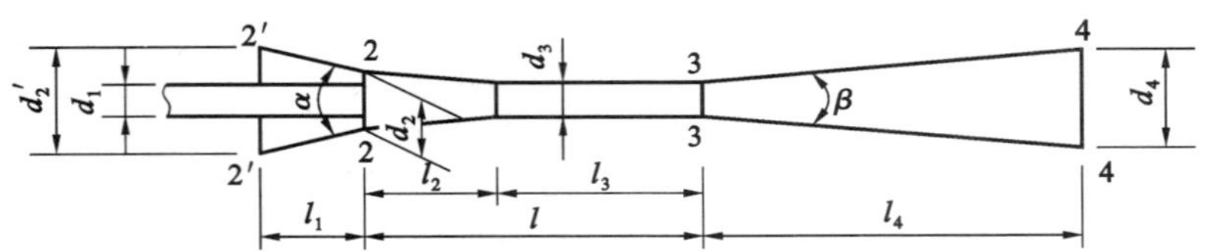

图 4.58 气体喷射器的主要结构尺寸

第一，喷射气体出口面积 A_1 的计算：A_1 可以按照气体通过小孔流出的计算公式计算出来[参见式(4.53)]，于是，对于低压气体，则有：

$$A_1=\frac{q_{m1}}{\rho_1\mu\sqrt{2(p_1-p_2)/\rho_1}}=\frac{q_{m1}}{\mu\sqrt{2p'_1\cdot\rho_1}}\quad(m^2)\tag{4.89}$$

式中 p'_1——喷射气体的表压，Pa；

μ——流量系数，参见表 4.5，当喷口呈 30°～45°的收缩锥度时，可以取 $\mu=0.95\sim0.84$。

第二，吸气管尺寸 A_2 的计算：A_2 可以按照式(4.84)来进行计算，即 $A_2=(1+\zeta_1)A_3$。为了减少能量损失，吸气管应当做成逐渐收缩的喇叭形，收缩角 α 在 25°左右。关于吸气管的末端与混合管直筒部分前缘之间的距离 l_2，其波动范围较大，一般取 $l_2=(0.3\sim2.0)d_3$。该距离应当考虑到被喷射气体流过时的压头损失最小。吸气管的阻力系数 ζ_1 依照吸入口形状的不同而变化较大，在最佳尺寸附近进行气体喷射器的设计计算时，可以取 $\zeta_1=0.15\sim0.25$。

第三，混合管的设计计算：混合管的作用是使喷射介质 q_{m1} 与被喷射气体 q_{m2} 相互混合并且要使得断面上的速度分布均匀，也在混合管两端产生压强差(负压)。混合管的关键尺寸是 A_3，可以按照式(4.85)来计算，然后，利用式(4.90)来计算出混合管的内径 d_3。为了使气体流速分布均匀，混合管应当具有足够的长度。通过实验得到了以下结论：混合管的长度 $l_2+l_3\geqslant5d_3$。

$$d_3=\sqrt{\frac{4A_3}{\pi}}\quad(m)\tag{4.90}$$

混合管的阻力系数 ζ_2 可以利用式(4.91)来进行计算：

$$\zeta_2=\lambda\cdot\frac{l_2+l_3}{d_3}>5\lambda\tag{4.91}$$

式中 λ——混合管中的沿程阻力系数，当 $Re=10^5\sim10^8$ 时，便处于湍流光滑管区，$\lambda=0.006\sim0.02$，将 λ 代入式(4.91)中，则可以得到以下结论：$\zeta_2>0.03\sim0.1$。

第四，扩张管的设计计算：扩张角 β 一般取 6°～8°，如果该角度更大，将会使气体脱离管壁而造成较大的压头损失。通常，取 $d_4/d_3=1.5\sim2$。扩张管的长度为 $l_4=\dfrac{d_4-d_3}{2\tan\dfrac{\beta}{2}}=(7\sim10)d_3$。在上述条件下，扩张管的阻力系数 $\zeta_3=0.10\sim0.15$，通常，取 $\zeta_2+\zeta_3=0.2\sim0.3$。

喷射器的效率 η 与流量比 $m=\dfrac{q_{m2}}{q_{m1}}$ 及密度比 $n=\dfrac{\rho_1}{\rho_2}$ 之间的关系如图 4.59 所示。由该图可知，流量比 m 在最佳值 $\left(\dfrac{q_{m2}}{q_{m1}}\right)_{op}$ 附近变化时，效率变化很小。这也就是说：在设计喷射器时，可以不限于采用最佳流量比 $\left(\dfrac{q_{m2}}{q_{m1}}\right)_{op}$。若采用较大的流量比，便会减少喷射介质的消耗量并且使喷射器的结构更加紧凑、合理。

【例 4.16】 某窑炉使用喷射器排烟，所排放废气的最大流量为 $q_{m2}=3.35$ kg/s，废气的温度为 $t_2=500$ ℃，密度 $\rho_2=0.473$ kg/m³；喷射介质为 20 ℃的空气，它的密度 $\rho_1=1.205$ kg/m³。另外，已知该喷射器内的阻力系数为 $\zeta_1=0.15$，$\zeta_3+\zeta_3=0.3$；窑炉系统的总阻力损失则为 $\sum p_w=98.1$ Pa，请设计计算该气体喷射器的主要尺寸。

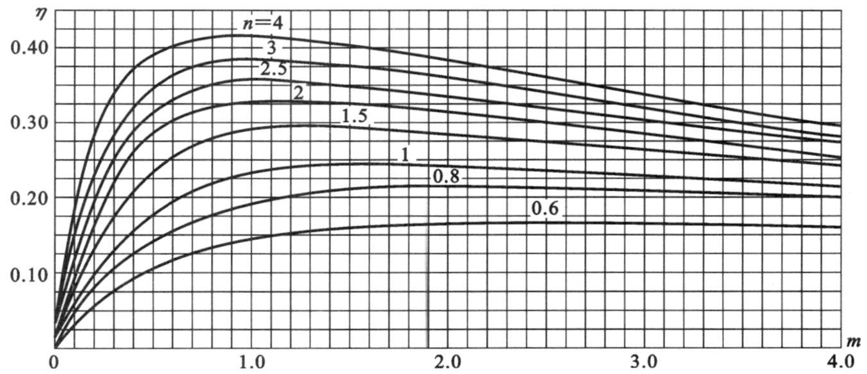

图 4.59 喷射器的效率 η 与流量比 m 及密度比 n 之间的关系

【解】 由式(4.86)可以算出：

$$\left(\frac{q_{m2}}{q_{m1}}\right)_{op}=\frac{1}{\sqrt{\left[1-\frac{1}{(1+0.15)\times(1+0.3)}\right]\times\frac{1.205}{0.473}}}=1.089$$

$$q_{m1}=\frac{q_{m2}}{1.089}=\frac{3.35}{1.089}=3.076(\mathrm{kg/s})$$

将 $\left(\frac{q_{m2}}{q_{m1}}\right)_{op}$ 值代入式(4.85)，则得：

$$\left(\frac{A_1}{A_3}\right)_{op}=\frac{1+0.15}{(1+0.3)\times(1+1.089)\times\left(1+1.089\times\frac{1.205}{0.473}\right)\times(1+0.15)-1.089^2\times\frac{1.205}{0.473}}$$

$$=0.1312$$

令 $\Delta p_{max}=\sum p_w=98.1\ \mathrm{Pa}$，则由式(4.87)，得：

$$\Delta p_{max}=\sum p_w=\left(\frac{A_1}{A_3}\right)_{op}\cdot\frac{\rho_1 w_1^2}{2}=\left(\frac{A_1}{A_3}\right)_{op}\cdot\frac{q_{m1}^2}{2\rho_1\cdot A_1^2}$$

由此可以算出：

$$A_1=q_{m1}\cdot\sqrt{\frac{\left(\frac{A_1}{A_3}\right)_{op}}{2\rho_1\cdot\sum p_w}}=3.076\times\sqrt{\frac{0.1312}{2\times1.205\times98.1}}=0.0725(\mathrm{m}^2)$$

于是，喷射管内径 d_1 为：

$$d_1=\sqrt{\frac{4A_1}{\pi}}=\sqrt{\frac{4\times0.0725}{3.142}}=0.304(\mathrm{m})=304\ \mathrm{mm}$$

设喷射管的壁厚 $\delta=3$ mm，则喷射管的外径为：

$$d_1'=d_1+2\delta=304+2\times3=310(\mathrm{mm})$$

由 $\left(\frac{A_1}{A_3}\right)_{op}=0.1312$，可得：

$$A_3=\frac{A_1}{0.1312}=\frac{0.0725}{0.1312}=0.553(\mathrm{m})$$

这样，就可以计算出混合管的内径 d_3 为：

$$d_3=\sqrt{\frac{4A_3}{\pi}}=\sqrt{\frac{4\times0.553}{3.142}}=0.839(\mathrm{m})\approx840\ \mathrm{mm}$$

由式(4.84)，得：

$$A_2=(1+\zeta_1)\cdot A_3=1.15\times0.553=0.6360(\mathrm{m}^2)$$

由此也可以计算出吸气管末端的横截面面积 A_2' 为：

$$A_2'=A_2+\frac{\pi}{4}d'^2_1=0.6360+\frac{3.142}{4}\times 0.310^2=0.7115(\mathrm{m}^2)$$

于是，吸气管末端内径 d_2 为：

$$d_2=\sqrt{\frac{4A_2'}{\pi}}=\sqrt{\frac{4\times 0.7115}{3.142}}\approx 0.952(\mathrm{m})\approx 950\ \mathrm{mm}$$

令吸气管的始端内径为 d_2'，且

$$d_2'=2d_3=2\times 840=1680(\mathrm{mm})$$

则该气体喷射器的其余尺寸为：

$$d_4=2d_3=2\times 840=1680(\mathrm{mm})$$

$$l_2=2d_3=2\times 840=1680(\mathrm{mm})$$

$$l_3=3d_3=3\times 840=2520(\mathrm{mm})$$

$$l_4=(7\sim 10)d_3=(7\sim 10)\times 840\approx 6000(\mathrm{mm})$$

于是，也可以计算出喷射器的效率为 $\eta_{\max}$：

$$\eta_{\max}=\left(\frac{A_1}{A_3}\right)_{\mathrm{op}}\cdot\left(\frac{q_{\mathrm{m2}}}{q_{\mathrm{m1}}}\right)\cdot\frac{\rho_1}{\rho_2}=0.1312\times 1.089\times\frac{1.205}{0.473}\times 100\%=36.4\%$$

若取喷射器的流量系数 $\mu=0.95$，那么由式(4.89)便可求出喷射气体所需要的表压强 p_1'为：

$$p_1'=\frac{q_{\mathrm{m1}}^2}{2\mu^2\rho_1A_1^2}=\frac{3.076^2}{2\times 0.95^2\times 1.205\times 0.0725^2}=828(\mathrm{Pa})$$

于是，也可以计算出喷射气体的出口速度 w_1 为：

$$w_1=\frac{q_{\mathrm{m1}}}{A_1\cdot\rho_1}=\frac{3.076}{0.0725\times 1.205}=35.2(\mathrm{m/s})$$

—毕—

4.3.10　气体射流的概念简介

气流从某管嘴喷射到更大空间继续扩散流动的情况就是所谓的“气体射流”，其典型情况就是在燃料燃烧领域内十分常见的喷射火焰。气体射流也有“层流”与“湍流”之分。

按照其轨迹来分，射流又分为：自由射流、受限射流、射流交汇、同心射流混合、射流与平面相遇、弯管喷出的射流、旋转射流等几种情况[9]。另外，较为常见的特殊射流也包括温差射流、浓差射流等情况[9]。

在自由射流的流动过程中，喷射气体会带动越来越多的周围气体一起流动，于是，参与流动的气体量会越来越多。根据有关的研究结果，在自由射流的流动过程当中，压强近似不变，气流的动量也保持不变，由于流动的气体量逐渐增多，因此射流的流速会越来越低，最后射流淹没在周围的气体之中，即形成所谓的“向周围扩散”的锥形体流型，如图 4.60 所示。

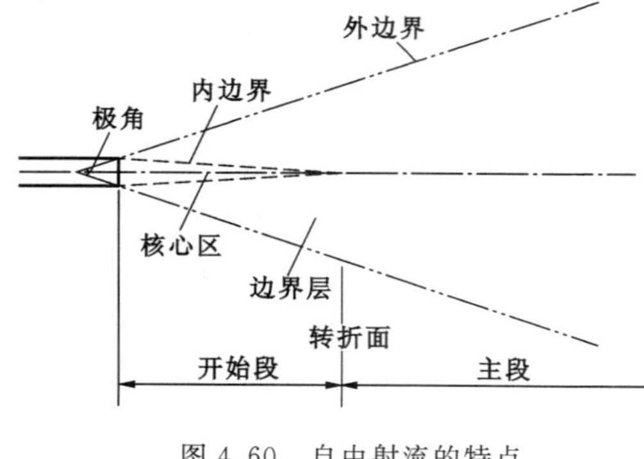

图 4.60　自由射流的特点

人们通常将流速为零的锥面称之为射流的“外边界”，将仍保持为初速度的最外层面称为射流的“内边界”。内边界以内称为：核心区；内、外边界之间则称为：边界层。射流外边界的交汇点称为：极点，极点的位置在喷管以内；外边界与极点之间形成的锥角被称为：极角。射流内边界消失点所在的截面被称为：转折面。从喷管的出口到转折面的射流段被称为：开始段；从转折面再到射流消失的射流段被称为：主段。显然，开始段内有“核心区”与“边界层”，而主段内只有“边界层”。

在无机非金属材料工业领域，经常遇到的射流是湍流射流、受限射流，而且射流的初速度特别大，从而能够保持射流的“平、顺、直”[或者说，是为了保持射流的“刚度”。在国外则言之，为了保持火焰的“活泼度”(Vigor)]。这样，由于射流“刚度”大，从而可以避免由于浮力或重力的影响而使得射流发生弯曲(浮力大于重力时会使射流向上弯曲，重力大于浮力时会使射流向下弯曲)。高速射流也会有利于对流换热过程，还可以起到搅拌作用而使周圄气流的温度、成分更加均匀。

在工程流体力学中，射流是一种特殊的、然而却是常用的流型。实质上，关于射流的规律是非常复杂的，感兴趣的读者可以查阅有关的文献资料[10]。

4.3.11 可压缩气体流动的特点以及拉伐尔管简介

以上所讨论的流动，主要是针对不可压缩流体的流动情况而言。在实际的工程流体力学问题中，可压缩流体流动的现象也是存在的，尤其是可压缩气体流动的情况。

对于可压缩气体流动而言，首先就需要了解声速(或称：音速)的概念。因为当时当地声速的大小能够反映出气体的可压缩程度：当时当地声速越大，表示气体的可压缩程度越小。这就是说，气体的压缩性对于流动性能的影响程度是由气流速度接近于声速的程度来决定的。

声波就是指微弱扰动(简称：小扰动)所产生的压力波，属于纵波。声波在弹性介质中的传播速度便是声速，其符号为：a，其计算公式为：

$$a=\sqrt{\frac{E}{\rho}} \qquad (\mathrm{m/s}) \tag{4.92}$$

式中 E——介质的弹性模量，Pa；

ρ——介质的密度，$\mathrm{kg/m^3}$。

声波在气体中传播时所引起的温度变化很小而且传播速度很快，因此可以近似地看作是可逆绝热过程，即等熵过程。于是，可以推导出声波在静止流体中的传播速度计算公式，如式(4.93)所示，声波在理想气体中传播速度的计算公式则如式(4.94)所示。

$$a=\sqrt{\left(\frac{\mathrm{d}p}{\mathrm{d}\rho}\right)_s} \qquad (\mathrm{m/s}) \tag{4.93}$$

$$a=\sqrt{\left(\frac{\gamma\cdot p}{\rho}\right)_s}=\sqrt{\gamma\cdot RT} \qquad (\mathrm{m/s}) \tag{4.94}$$

由此可以看出：气体中的声速与气体的状态有关，它是一个状态参数，是空间坐标以及时间坐标的函数。因此，人们所提到的声速实质上是指当时、当地的声速，或称：局部声速。对于空气而言，$\gamma=1.4$，$R=287\ \mathrm{J/(kg\cdot K)}$，因此 $a=\sqrt{1.4\times287T}\approx20.04\sqrt{T}$。

气流的速度 w 与当时当地的声速 a 之比被称为：马赫数 Ma。而在迎气流方向上的声速则称为：相对声速 a'，显然，$a'=a-w$。

按照马赫数 Ma 的大小，气流可以作以下的分类：$Ma<1$ 为亚音速流动，此时 $a'>0$(特别是，当 $w<0.3Ma$时，则为不可压缩气体的流动，此时 $a'\approx a$)；$Ma\approx1$ 为跨音速流动，此时 $a'\approx0$；$Ma>1$ 为超音速流动，此时 $a'<0$。对于跨音速流动与超音速流动，声波已经不可能再逆流而传播。

对于不可压缩气体的流动，人们常用缩小截面面积的方法来提高其流速。然而，该渐缩增速方法的极限流速就是声速。这是因为，根据可逆绝热流动(即等熵流动)时的能量守恒方程、理想气体状态方程以及连续性方程，可以推导出以下的函数关系式[10]：

$$\frac{1}{A}\cdot\frac{\mathrm{d}A}{\mathrm{d}x}=(Ma^2-1)\cdot\frac{1}{w}\cdot\frac{\mathrm{d}w}{\mathrm{d}x} \qquad (1/\mathrm{m}) \tag{4.95}$$

式中 A——气流的横截面面积，$\mathrm{m^2}$；

x——流动方向上的坐标值，m。

由式(4.95)可知:对于亚音速流动,由于 $Ma<1$(即 $Ma^2-1<0$),所以,如果 $\frac{dA}{dx}<0$,则 $\frac{dw}{dx}>0$,这就是说:亚音速流动可以利用渐缩来增速,这与不可压缩气体的结论相同。然而,对于超音速流动,由于 $Ma>1$(即 $Ma^2-1>0$),所以,若$\frac{dA}{dx}>0$,则$\frac{dw}{dx}>0$,换言之,即:超音速流动要渐扩才能够增速。由此,人们也知道跨音速流动阶段是一个由量变到质变的过程,该阶段存在着激波(Shock)。根据这个特点,人们发明了拉伐尔管(De Laval Nozzle,或简称:Laval Nozzle),如图 4.61 所示。

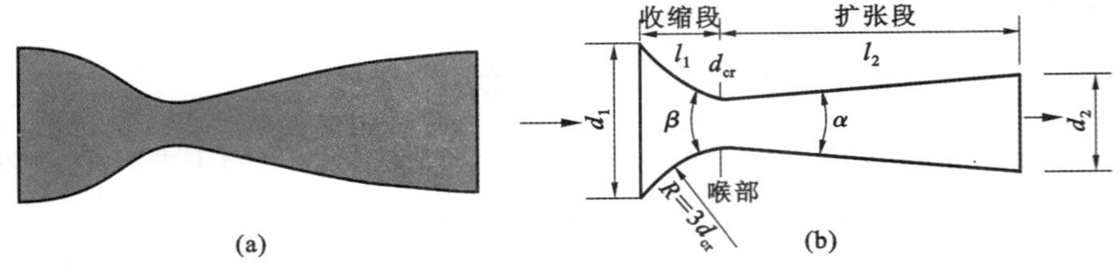

图 4.61　拉伐尔管的结构与原理

(a) 结构图;(b) 原理图(图中:$\alpha=6°\sim8°$;$\beta=30°\sim45°$)

拉伐尔管在本质上就是一个渐缩-渐扩式喷嘴,其最小截面处(即为渐缩管与渐扩管的结合部)被称为:喉管。通过渐缩管(或称:渐缩段)要在喉管处达到当时当地声速,然后再通过渐扩管(或称:渐扩段)来获得超音速气流。

由式(4.95)可以看出:拉伐尔管能够获得超音速气流的前提条件就是“要保证在喉管处达到当时当地声速”,否则拉伐尔管就变成为一个文氏管[参见图 4.68(c)]。

关于可压缩气体流动的更详细介绍,请参考有关的文献资料[10]。

4.4　工程流体力学测试装置简介

“工程流体力学”测试装置可以简单地分为三大类:测量压强的仪器;测量流速的仪器;测量流量的仪器。

4.4.1　测量压强的仪器

在“工程流体力学”中,测量压强的仪器有三大类:机械式、电子式和液柱式。

机械式压力表(Pressure Gauge,大气压力表则称为:Barometer)如图 4.62 所示。它是利用其内弹性敏感元件的形变来实现压强(表压,或称:相对压强)或压强差的测量。机械式压力表可以测量的压强值较大,可以测量的压强范围也很大。只要正确地安装到位,就可以直接读数,使用起来也很方便。

电子式压力表通常称为:数显压力表(Digit-Display Pressure Gauge),如图 4.63 所示。它是利用压力传感器来实现对于压强或压强差的测量。电子式压力表的特点与机械式压力表基本相同,而且使用起来也更方便。

图 4.62　某机械式压力表

图 4.63　某数显式压力表

液柱式压力计(Manometer)是利用“流体静力学”的基本原理来测量压强差(若其中的一个压强为大气压强,则该压强差就是表压,或称:相对压强)的大小。液柱式压力计适合用在“压强不是很大、压强差也不很大”的测量场合。常用的液柱式压力计则包括:U 型压力计、单管压力计、斜管压力计,如图 4.64所示。另外,还有一种所谓的补偿式压力计,由于其内有一套光学系统,因此,其测量精度较高,但是,其操作过程颇为复杂,使用起来很不方便。

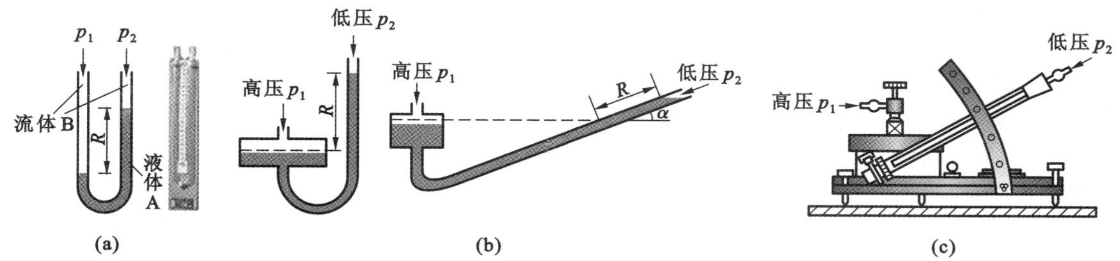

图 4.64 三种典型的液柱式压力计

(a) U 型压力计;(b) 单管压力计;(c) 斜管压力计

对于图 4.64(a)所示的 U 型压力计,根据其液面高度差的读数 R(m),按照下式便可以计算出所测量的压强差 $\Delta p = p_1 - p_2$:

$$\Delta p = (\rho_A - \rho_B) g \cdot R \qquad (\text{Pa}) \tag{4.96}$$

特别是,如果图 4.64(a)中的流体 B 为气体,由于气体的密度远小于液体的密度,于是式(4.96)便可以简化为式(4.96a)。

$$\Delta p = \rho_A g \cdot R \qquad (\text{Pa}) \tag{4.96a}$$

U 型压力计需要测试者同时读取两个液面高度,这在压强值波动较大时,显得非常不便。这时则可以考虑如图 4.64(b)所示的单管压力计。单管压力计一端的截面积很大,于是,它的液面高度变化可以忽略,这样测试者只需要读取一个液面高度。其压强差计算公式仍是式(4.96)或式(4.96a)。请注意,单管压力计有极性:高压只能接在大截面的一端,低压只能接在小截面的一端。

斜管压力计(也称:倾斜微压计)的测量结果比单管压力计更精确,而且,在斜管压力计上也安装有调节水平的旋钮,如图 4.64(c)所示。但是,斜管压力计只能够用来测量气体的压强或者压强差,其压强差的计算公式为式(4.97)。只是要注意,该式中 R 的单位为:mm。另外,请注意,斜管压力计也有极性:高压只能接在大截面的接口,低压只能接在小截面的接口。

$$\Delta p = K \cdot R \qquad (\text{Pa}) \tag{4.97}$$

式中的 K 为仪器常数,无量纲。K 的大小与斜管的倾斜度有关,其数值在仪器上有标记。

此外,关于压强测量还需要注意压强的单位:尽管目前在科技领域内已经普遍使用国际单位制(即 SI 制),然而在英、美等国家仍在沿用英制单位,尤其在一些进口仪器、仪表上。为此,有必要对于它们之间的单位换算关系有所了解,参见表 4.13。

表 4.13 各种压强单位之间的换算关系*

单位	Pa	bar	kgf/cm²	PSI	atm	mmHg(毛)	mmH_2O
1 Pa	1	10^{-5}	1.01972×10^{-5}	1.45038×10^{-4}	9.86923×10^{-6}	7.5006×10^{-3}	0.10197162
1 bar	10^5	1	1.01972	14.5038	0.986923	750.06	10196.8
1 kgf/cm²	98066.5	0.98070	1	14.2233	0.967841	73.57212	10000
1 PSI	6894.76	0.0689476	0.070307	1	0.068046	52.0296	703.07
1 atm	101325	1.01325	1.03322757	14.695943	1	760	10330

续表 4.13

单位	Pa	bar	kgf/cm^2	PSI	atm	mmHg(乇)	mmH_2O
1 mmHg	133.3224	1.3332237 $\times 10^{-3}$	1.35921×10^{-3}	0.01922	1.31519×10^{-3}	1	13.5951
1 mmH_2O	9.80665	9.807×10^{-5}	0.0001	0.00142233	0.968054×10^{-4}	0.07355591	1

注 *：在该表中，各种单位的汉语名称为：

Pa—帕[另外，1 kPa(千帕)＝10^3 Pa，1 MPa(兆帕)＝10^6 Pa，1 GPa(吉帕)＝10^9 Pa]；

bar—巴[另外，1mbar(毫巴)＝10^{-3} bar]；

kgf/cm^2—千克力/厘米^2，1 kgf/cm^2＝1 at(工程大气压)；

PSI—磅力/英寸^2；

atm—标准大气压(或称：物理大气压)[另外，1 at(工程大气压)＝10 m 水柱＝0.967841 atm，即 1 atm＝1.03322757 at]；

mmHg—毫米汞柱(1 乇＝1 mmHg)；

mmH_2O—毫米水柱[国内的符号是 mmH_2O，国外的符号则是 mmAq，另外，1 mH_2O(或 1 mAq)＝10^3 mmH_2O(或 mmAq)]。

4.4.2 测量流速的仪器

尽管在科研工作中，较为精密的测速仪器很多，像 LDV(Laser Doppler Velocimeter，激光多普勒测速仪)、HWA(Hot-wire Anemometer，热线风速仪)、HFA(Hot-film Anemometer，热膜风速仪)等。但是，在“工程流体力学”中，最常用的测速仪器则是“皮托管”。

皮托管(Pitot Tube，测量空气流速时也叫做：风速管或空速管)，如图 4.65 所示。它具体适用于不可压缩流体的测速，其原理是：通过测量流体流动时的全压与静压之差来确定其动压值(动压 Δp＝全压－静压)。再根据动压的定义：$\Delta p=\frac{\rho u^2}{2}$，便可以得到测量点处的流速 u。

$$u=\sqrt{\frac{2\Delta p}{\rho}} \qquad (\mathrm{m/s}) \tag{4.98}$$

实际上，任何皮托管都有制造误差，为此需要引进校正系数 k，于是式(4.98)就变为：

$$u=k\sqrt{\frac{2\Delta p}{\rho}} \qquad (\mathrm{m/s}) \tag{4.98a}$$

式中　ρ——流体的密度，kg/m^3。

普通的皮托管是 L 型皮托管，如图 4.65(a)所示，但是，因为其内部的测量管很细，极易堵塞。于是，在含有粉尘的场合，要使用防堵型皮托管，如图 4.65(b)、(c)所示。

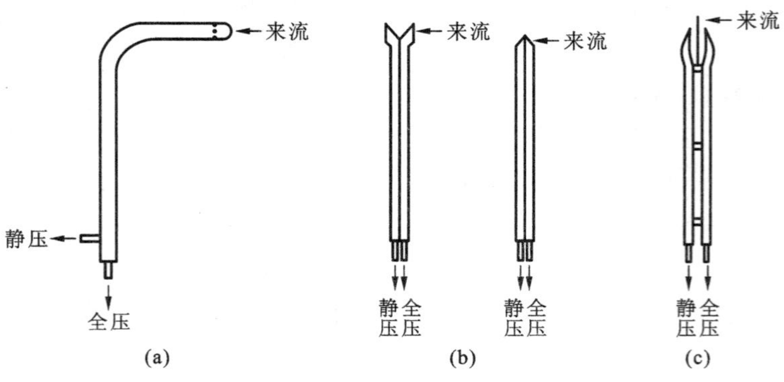

图 4.65　三种最典型的皮托管

(a) 普通型——L 型皮托管；(b)、(c) 防堵型——(b) 为 S 型皮托管，(c) 为遮板型皮托管

皮托管所测量的是所在断面上某一点处的流速(简称：点速度)。然而，由于流速在横断面上呈现不均匀的分布(参见图 4.31)。所以，在实际测量时，就需要先将截面划分为若干个等面积、小面积的小区域。由于小区域的面积较小，所以可以近似地认为各个小区域内的速度呈均匀分布，于是将每个小区域的中心选定为测量点(简称：测点)，最后再将每个测点处的流速取平均值便是该截面处的平均

流速，即 $w=\frac{1}{n}\sum_{i=1}^{n}u_i$ 。对于圆形管道，各个小区域则为等面积的同心圆环区，如图 4.66 所示，按照有关国家标准[14]规定，所取测点数见表 4.14；对于矩形管道，各个小区域为等面积的小矩形区，参见图 4.67，按照有关国家标准[14]的规定，所取测定数见表 4.15。对于图 4.66 中的各个测量点 r_i，可以按照式(4.99)来进行计算。

$$r_i=R\sqrt{\frac{2i-1}{2N}}\qquad(\mathrm{m})\tag{4.99}$$

式中　R——圆形管道的内半径($R=D/2$，D 为圆形管道的内直径)，m；

i——等面积圆环的序号(从内圆向外数)，无量纲量；

N——圆形管道截面上所划分的(等面积同心)圆环的数目，无量纲量。

在工程流体力学中，除了使用皮托管测速以外，也使用其他一些测速仪器，像笛形测速管(Flute-shaped Tube Flowmeter)、气象风速计(Anemometer)、热球风速仪(Hot-ball Anemometer)等。

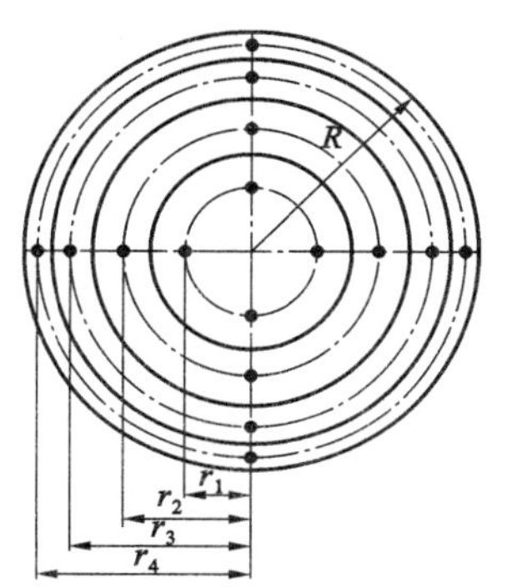

图 4.66　圆形截面上的测点位置

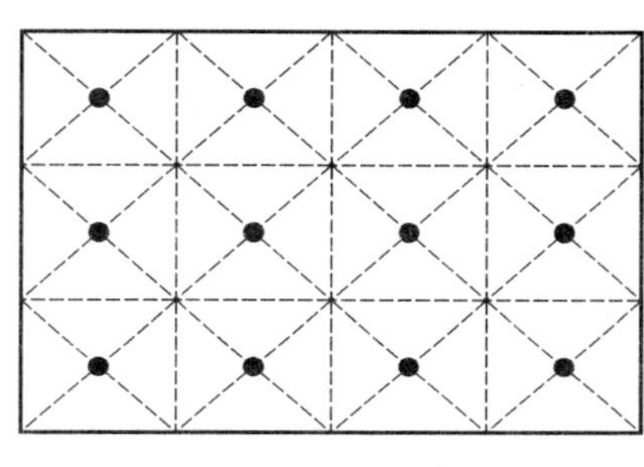

图 4.67　矩形截面上的测点位置

表 4.14　圆形管道测点数的确定

管道内直径/m	圆环数(等面积圆环)	测点直径的数量	测点数
<0.3			1(管道中心点)
0.3～0.6	1～2	1～2	2～8
0.6～1.0	2～3	1～2	4～12
1.0～2.0	3～4	1～2	6～16
2.0～4.0	4～5	1～2	8～20
>4.0	5	1～2	10～20

注：在该表中，测点数＝2×圆环数×测点直径数

表 4.15　矩形管道测点数的确定

管道面积/m³	等面积小矩形的长边长度/m	测点总数
<0.1	<0.32	1(管道中心点)
0.1～0.5	<0.35	1～4
0.5～1.0	<0.50	4～6
1.0～4.0	<0.67	6～9
4.0～9.0	<0.75	9～16
>9.0	≤1.0	≤20

4.4.3　测量流量的仪器

在“工程流体力学”中，最常用的流量测定仪器则是“差压式流量计”以及“转子流量计”。差压式流量计又分为三种：孔板流量计、喷嘴流量计和文氏流量计，如图 4.68 所示。

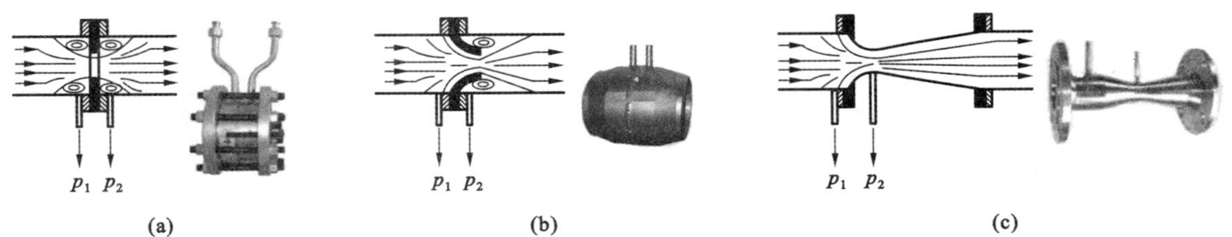

图 4.68　三种典型的差压式流量计

(a) 孔板流量计的原理与外观；(b) 喷嘴流量计的原理与外观；(c) 文氏流量计的原理与外观

孔板流量计[Orifice Plate Flowmeter，参见图 4.68(a)]的流量 V 计算公式可以利用连续性方程与伯努利方程推导出来，具体为：

$$V=\mu\cdot A\cdot\sqrt{\frac{2(p_1-p_2)}{\rho}}\qquad (\mathrm{m^3/s})\tag{4.100}$$

式中　μ——流量系数，无量纲量，由具体的仪器给出；

A——孔口的面积，m^2。

另外，喷嘴流量计(Nozzle Flowmeter)、文氏流量计(也称：文丘里流量计，或称：文特利流量计，Venturi Flowmeter)的流量计算公式也是式(4.100)，只是该式中 A 分别为喷嘴的喷口面积、文氏管的喉管(最细处)内截面积。当然，流量系数 μ 的大小也会有所差异。

管道上若能够安装这三种流量计，则都可以测量管道内的流体流量，但是，孔板流量计的缺点是：孔板的局部阻力损失太大[主要是其上游、下游的旋涡区引起的能量损失，参见图 4.68(a)]，后两种流量计则是它在这一方面的改进型：喷嘴流量计的局部阻力损失比孔板流量计减少了许多[这是因为其旋涡区大大减少了，参见图 4.68(b)]；文氏流量计的局部阻力损失更小，这是因为它的流线体形状几乎不会产生旋涡区[参见图 4.68(c)]。

转子流量计(Rotameter)也是一种应用广泛的流量计，如图 4.69 所示。转子流量计的内部有一个转子，当流体自下而上通过时，该转子会受到三个力的作用：一是重力；二是浮力；三是由于转子所在部位流通面积缩小所产生的下大上小的压强差，该压强差对于转子将会产生一个方向朝上的附加力。当这三个力达到平衡时，转子将悬停在某一高度。在该流量计的外表面上有刻度。观察转子顶面的位置，便可以读取瞬态流量值，称为：读数流量。

图 4.69　转子流量计的原理和外观

转子流量计测量值的影响因素较多，也与流体的种类有关。对于我国所生产的转子流量计而言：对于液体，是以 20 ℃的水作为刻度条件；对于气体，是以 20 ℃的空气作为刻度条件。如果所测量的流体不符合这些条件，则需要根据下面的公式来进行校正。

关于液体，其校正公式为：

$$\frac{V}{V_{\text{read}}}=\sqrt{\frac{(\rho_{\text{r}}-\rho)\cdot\rho_{\text{water}}}{(\rho_{\text{r}}-\rho_{\text{water}})\cdot\rho}} \tag{4.101}$$

式中　V,V_{read}——分别为所测流体的真实流量与读数流量，L/min；

ρ_{r}——转子的密度，m^3/kg；

ρ_{water}——20 ℃水的密度，约为 998.2 kg/m^3；

ρ——所测量液体的密度，m^3/kg。

关于气体，其校正公式为：

$$\frac{V}{V_{\text{read}}}=\sqrt{\frac{(\rho_{\text{r}}-\rho)\cdot\rho_{\text{air}}}{(\rho_{\text{r}}-\rho_{\text{air}})\cdot\rho}} \tag{4.102}$$

式中　ρ_{air}——20 ℃空气的密度，约为 1.205 kg/m^3；

ρ——所测量气体的密度，m^3/kg。

由于转子的密度 ρ_{r} 远大于气体的密度，因此，式(4.102)可以简化为：

$$\frac{V}{V_{\text{read}}}=\sqrt{\frac{\rho_{\text{air}}}{\rho}} \tag{4.102a}$$

此外，在“工程流体力学”领域，常用的测量流量仪器还包括其他一些流量计，例如，利用卡门涡街原理的涡街流量计(参见图 4.70)，可以累积地计量流经管道的高黏度液体(例如，重油)体积的椭圆齿轮流量计(参见图 4.71)，可以累积地计量流经管道气体体积的湿式流量计(参见图 4.72)，可以用作水表、油表、煤气表等累积地计量流体流经体积的涡轮流量计(参见图 4.73，左图用于气体)，可以在脏污环境或高粉尘浓度中用的靶式流量计(参见图 4.74)，可以实现精确测量的电磁流量计(参见图 4.75)，使用方便的超声波流量计(参见图 4.76)等。

最后，需要指出的是：在较细的管道上可以直接安装流量计来测量流量。但是，如果管道的尺寸太大(例如，烟道等)，则无法在其上直接安装流量计，在这种情况下，就不得不采用以下测量方法：先用皮托管(参见图 4.65)测量各个测点(参见图 4.66 与图 4.67)的“点流速”u，再计算截面平均流速 w，最后，将平均流速 w 乘以管道的横截面面积 A 就是流量 V。

图 4.70　涡街流量计

图 4.71　椭圆齿轮流量计

图 4.72　湿式流量计

图 4.73　涡轮流量计

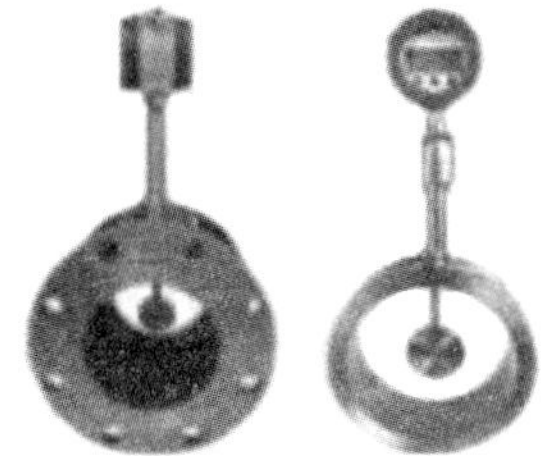

图 4.74　靶式流量计

图 4.75　电磁流量计

图 4.76　超声波流量计

本章小结

本章(阅读材料1)主要内容是关于流体力学的基本规律及其应用以及常用的流体机械、流体计量装置、流体测量装置等。其重点内容当然是流体力学知识在热工系统中的应用,其中大多数的计算公式都来自于“工程流体力学”中的最重要公式“伯努利方程”,该方程与另外两个方程——“连续性方程”以及“动量方程”共同构成工程流体力学的核心方程组。利用该方程组就可以来求解大多数的“工程流体力学”问题(这里是指:针对不可压缩流体的问题)。清楚了这一思路非常有利于读者对于阅读材料1中有关内容的阅读、理解与掌握。

另外,读者还可以依据以前是否学过工程流体力学方面的相关知识而自行决定本章中有关内容的取舍。

参考文献

[1] 白铭声,王维新,陈祖苏. 流体力学及流体机械[M]. 北京:煤炭工业出版社,1980.

[2] 蔡增基,龙天渝. 流体力学,泵与风机[M]. 北京:化学工业出版社,2006.

[3] 贺五洲,李玉柱. 工程流体力学[M]. 北京:清华大学出版社,2006.

[4] 华南工学院,上海化工学院. 流体力学,风机及泵[M]. 北京:中国建筑工业出版社,1980.

[5] 贾尔斯 R V. 流体力学和水力学理论及习题[M]. 波拉德 D J,威尔逊 E H,改编. 周显初,译. 戴世强,校. 北京:科学出版社,1986.

[6] 姜洪舟. 无机非金属材料热工设备[M]. 5版. 武汉理工大学出版社,2015.

[7] 李启云. 热工基础及设备[M]. 南京:南京工学院出版社,1988.

[8] 李诗久. 工程流体力学[M]. 北京:机械工业出版社,1980.

[9] 罗大海,诸葛茜. 流体力学简明教程[M]. 北京:机械工业出版社,1986.

[10] 孙晋涛. 硅酸盐工业热工基础[M]. 武汉:武汉工业大学出版社,1992.

[11] 郑洽馀,鲁钟琪. 流体力学[M]. 北京:机械工业出版社,1980.

[12] 周谟仁. 流体力学,泵与风机[M]. 北京:中国建筑工业出版社,1979.

[13] 左明扬. 热工基础[M]. 武汉:武汉理工大学出版社,2006.

[14] 全国水泥标准化技术委员会. 水泥回转窑热平衡测定方法:GB/T 26282—2010[S]. 北京:中国标准出版社,2011:1-36.

第5章

阅读材料2

几种类型的块状耐火材料制品之外观

耐火纤维制品的外观

几种不定形耐火材料

典型耐火材料构筑体的局部

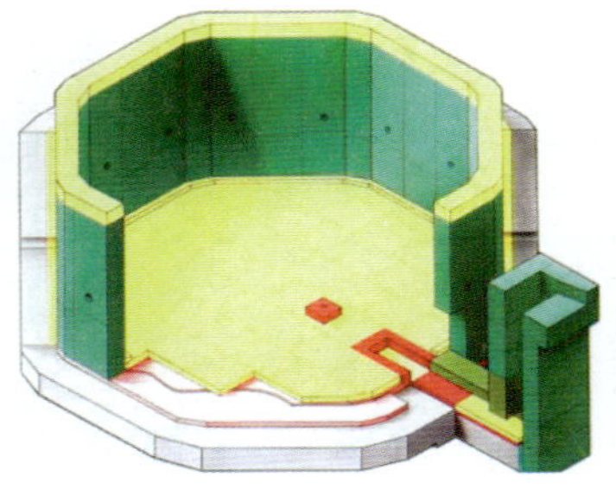
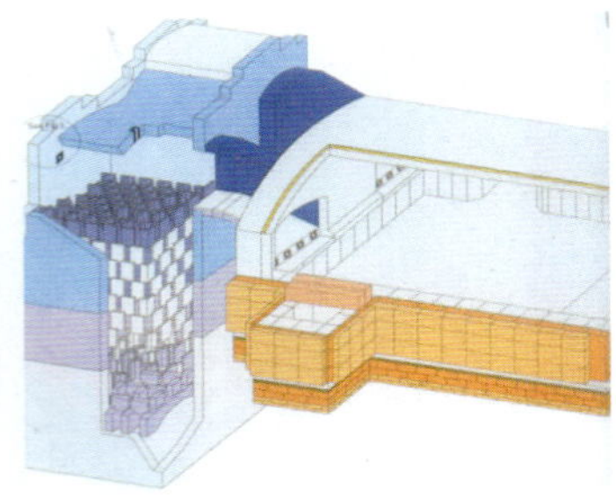

阅读材料 2

5 热工材料基本知识

本章作为“阅读材料 2”，将着重介绍热工材料方面的基本知识。

热工材料是指那些服务于“热工过程”的材料。具体来说，就是为热量产生、热量传递和热量应用而服务的材料，包括：耐火材料、保温材料、部分建筑材料等。

正如本教材《绪论》中所述，热量产生、热量传递和热量应用这三个阶段构成了“热工过程”。进行热工过程的便是“热工系统”，服务于热工系统的设备就是“热工设备”（大型热工设备也被称为：热工装备；小型热工设备也叫做：热工装置；最典型的热工设备就是人们常说的“窑炉”）。热工材料是构筑热工设备的材料，不仅如此，实际上，热工材料本身也会参与到热工过程之中，至于是“正”作用还是“负”作用，则要具体视之。我们的目标当然是增“正”减“负”，这也正是编写本教材初衷所在。

热工材料，具体包括：耐火材料、导热材料、热绝缘材料以及部分建筑材料等。

耐火材料（Refractory），是指能够承受高温的材料，通常属于无机非金属材料的范畴。

导热材料（Thermal Conductive Materials），一般是金属质材料（个别为非金属材料），它在无机非金属材料热工过程中的应用很少，因此，本章不予介绍，读者可以参考本教材的第 2.1.2.2(1)以及附表 2.1 和附表 2.2，也可以查阅其他有关文献资料[7]。

热绝缘材料（Thermal Insulate Materials）是学术名词，它通常被称为：保温材料（也被称为：隔热材料，或叫做：隔热保温材料，还被称为：绝热材料）。保温材料会大大降低物质的散热损失（保温材料往往是多孔材料体。另外，对于那些既能够保温又可以耐高温的保温材料，则被归类于耐火材料）。

建筑材料（Building Materials），这里是指“热工设备”外层的部分构筑材料，例如，建筑砖材、建筑钢材等。

综上所述，在无机非金属材料领域，热工材料通常包括：耐火材料、保温材料以及部分建筑材料。

5.1 耐火材料简介

5.1.1 耐火材料概述

关于耐火材料，世界各国的规定大同小异。在我国，耐火材料是指耐火度大于 1580 ℃的无机非金属材料[10]。国际标准化组织（International Organization for Standardization，简称：ISO）规定，耐火材料是指耐火度至少为 1500 ℃的非金属材料（但是，也不排除那些含有一定比例金属的耐高温材料）。耐火度不是耐火材料的熔点，它是指耐火材料在无荷重的条件下抵抗高温而不熔化的特性。耐火度也是判断所用材料能否作为耐火材料使用的依据，但是，决不能将耐火度作为耐火材料的使用温度。当然，除了耐火度以外，耐火材料还有很多其他性能指标（参见第 5.1.3）。

我国的国家标准(GB/T 7322—2007)与国际标准(ISO528)以及其他国家的国家标准都规定了耐火度的测定方法——测温锥法。其要点是:将被测耐火材料样品,制成与标准测温锥形状以及尺寸都相同的截头三角测温锥,然后在规定的加热条件下,同时加热测试锥与若干标准测温锥,当加热到测试锥的顶部刚好弯曲到接触底盘时(如图 5.1 中 b 情况所示),而与测试锥同时弯曲至其顶部刚好接触底盘的那个标准测温锥所对应的耐火度,就作为被测耐火材料的耐火度。

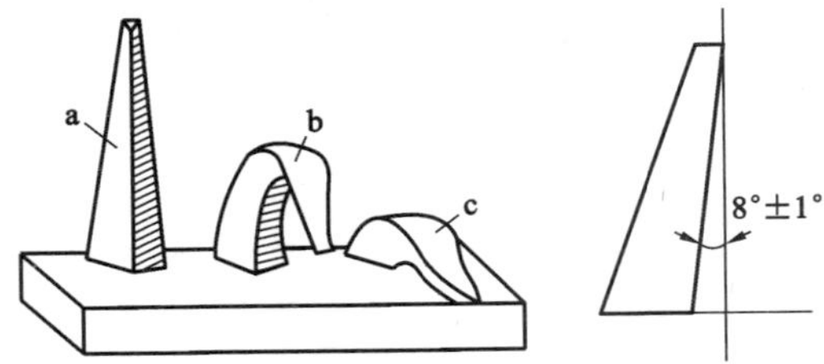

图 5.1　测温锥的弯倒情况

a—测温锥未弯倒;b—测温锥的顶点刚好接触底盘;c—测温锥摊倒

世界各国标准测温锥的规格尺寸并不相同。我国标准测温锥的规格尺寸为:其上平面是边长为 2 mm 的等边三角形、下底面是边长为 8 mm 的等边三角形,其高度是 30 mm。世界各国标准测温锥的型号也不尽相同。我国标准测温锥的型号为 CN(以前的型号为 WZ),德国标准测温锥的型号为 SK(塞格尔锥,Seger Cone)、俄罗斯标准测温锥的型号为 ЦК(读作:茨克),ISO 规定的标准测温锥型号为 ISO,这其中 CN、ЦК、ISO 都是锥号乘以 10,即为其耐火度(摄氏温度),其他锥号所对应的耐火度(摄氏温度)则参见表 5.1。

从热工的角度来看,往往是注重耐火材料的使用而不是注重耐火材料的生产,因此,以下将从耐火材料的使用角度而不是从其生产角度介绍有关耐火材料的基本知识。另外,需要提醒读者的是:在某些热工设备[3]中(例如,水泥窑系统),耐火材料是镶衬在其金属内壁上,在这种热工设备中,耐火材料则被称为“耐火衬料”(Lining 或 Lining Layer)。

表 5.1　几种标准测温锥的部分标号对照表

CN 标号	ЦК 标号	SK 标号	德国标准 /℃	美国标准 /℃	CN 标号	ЦК 标号	SK 标号	德国标准 /℃	美国标准 /℃
低温部分					低温部分				
60	60	022	600		88	88	011	880	
65	65	021	650		90	90	010	900	
67	67	020	670		92	92	09	920	
69	69	019	690		94	94	08	940	
71	71	018	710		96	96	07	960	
73	73	017	730		98	98	06	980	
75	75	016	750		100	100	05	1000	
79	79	015	790		102	102	04	1020	
81	81	014	815		104	104	03	1040	
83	83	013	835		106	106	02	1060	
85	85	012	855		108	108	01	1080	

续表 5.1

CN 标号	ЦК 标号	SK 标号	德国标准/℃	美国标准/℃	CN 标号	ЦК 标号	SK 标号	德国标准/℃	美国标准/℃
中温部分					高温部分				
110	110	1	1100	1160	153	153	20	1530	
		2	1110		154	154		1540	
112	112		1120		158	158	26	1580	1595
114	114	3	1140	1165	161	161	27	1610	1605
116	116	4	1160	1170	163	163	28	1630	1616
118	118	5	1180	1190	165	165	29	1650	1640
120	120	6	1200	1205	167	167	30	1670	1660
123	123	7	1230	1230	169	169	31	1690	1680
125	125	8	1250	1250	171	171	32	1710	1700
128	128	9	1280	1285	173	173	33	1730	1745
130	130	10	1300	1305	175	175	34	1750	1760
132	132	11	1320	1325	177	177	35	1770	1785
135	135	12	1350	1355	179	179	36	1790	1790
138	138	13	1380	1380	182	182		1820	
141	141	14	1410	1400	183	183	37	1830	1820
143	143	15	1430	1430	185	185	38	1850	1835
146	146	16	1460		188	188	39	1880	
148	148	17	1480		192	192	40	1920	
150	150	18	1500		196	196	41	1960	
152	152	19	1520		200	200	42	2000	

注：CN 锥、ISO 锥规定的升温速度为：先在 1.5～2 h 之内加热至低于耐火度 200℃，然后，再按 2.5 ℃/min 的速度升温。ЦК 锥、SK 锥规定的升温速度为：600 ℃/h。美国标准测温锥规定的升温逗度为：中温部分，15 ℃/h；高温部分，1000℃/h。

5.1.2　耐火材料的分类

耐火材料种类繁多、形状复杂、大小不一、性能各异，所以，其分类方法很多。

(1) 按照耐火材料耐火度高低来分类，可以分为：普通耐火材料(耐火度为 1580～1770 ℃)、高级耐火材料(耐火度为 1170～2000 ℃)和特级耐火材料(耐火度在 2000 ℃以上)。当然，等级越高、价格越高。

(2) 按照耐火材料外观形态不同来分类，可以分为：块状耐火材料制品、耐火纤维制品和不定形耐火材料。

块状耐火材料制品(简称：块状制品)，主要是耐火砖(包括：标准砖[①]、通用砖、异形砖、特形砖、超特形砖)，参见图 5.2(a)。另外，还包括耐火管和耐火器皿等。

---

① 通用砖中，型号为 T—3 的耐火砖往往被当作"标准耐火砖"，它的尺寸为 230×114×65(mm)。而关于更多耐火砖的形状与尺寸，请参见国家标准 GB/T 2992.1—2011 与 GB/T 2992.2—2014(这两个国际标准的具体名称，请在附录 12 中寻找)。

耐火纤维制品（简称：纤维制品），具体包括：低温耐火纤维和高温耐火纤维。低温耐火纤维属于保温材料（参见第 5.2）。所以，这里所说的耐火纤维则是指可以取代耐火砖的高温耐火纤维制品，参见图 5.2(b)。

不定形耐火材料具体包括：耐火浇注料[参见图 5.2(c)，也称为：耐火混凝土]、耐火可塑料、耐火捣打料、耐火喷射料、耐火投射料以及耐火泥[参见图 5.2(d)]等。

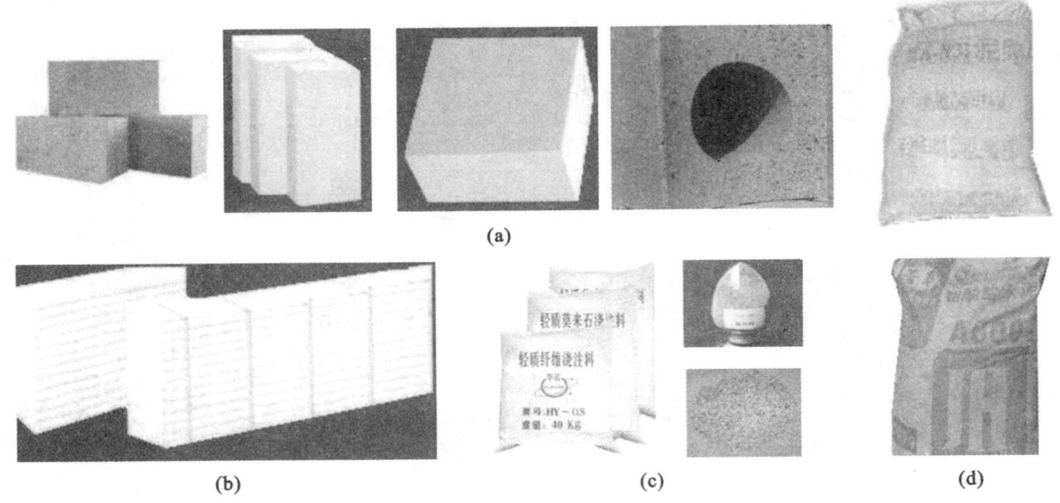

图 5.2　常用的耐火材料产品

(a) 耐火砖；(b) 耐火纤维制品；(c) 耐火浇注料；(d) 耐火泥

(3) 按照耐火材料热制备方法的不同来分类，可以分为：免烧型耐火材料、烧结型耐火砖和熔铸型耐火砖。

免烧型耐火材料（也称：天然耐火材料，俗称：不烧耐火材料）：它由精选天然耐火原料加工而成，它既可以借助各种结合剂来成型为块状制品，也可以直接制成不定形耐火材料。

烧结型耐火砖：需要先机械成型，而后再经过高温烧结而成，大部分耐火砖都是烧结型耐火砖。

熔铸型耐火砖：这是工作条件要求其使用性能较高的优质耐火砖，它在电弧炉中经过约 2500 ℃的高温熔化以后再浇铸而成。在无机非金属材料工业领域，玻璃窑使用熔铸型耐火砖（也称：电熔型耐火砖）最普遍。铸孔是熔铸型耐火砖的很大危害，应当设法去除。所以，少铸孔或无铸孔的电熔型耐火砖都是更优质的耐火砖。

(4) 按照耐火材料用途的不同来分类，可以分为：水泥窑系统用耐火材料、玻璃窑用耐火材料、陶瓷窑用耐火材料等。

(5) 按照耐火材料功能的差异来分类，可以分为：耐火材料和保温耐火材料。

耐火材料：其主要功能就是承受热工设备内的高温。

保温耐火材料：既能够承受高温，又具有良好的保温隔热效果，主要包括：轻质耐火砖、耐火纤维与空心球耐火制品。使用保温耐火材料，会大大减少窑墙的散热损失与蓄热损失，也可以减薄窑壁，从而达到轻质、节能、美观的效果。但是，保温耐火材料要求有较高的孔隙率，这会大大降低其强度与抗渣性，因此，在受压较大的部位或者与被加热物料接触的部位，都不能使用保温耐火材料。

(6) 按照耐火材料密度的差异来分类，可以分为：重质耐火材料和轻质耐火材料。

重质耐火材料：就是上述只具有耐高温性能的耐火材料。这里，“重质”是相对轻质耐火材料的“轻质”而言。重质耐火材料的强度比轻质耐火材料大很多，它们能够承受较大的压力，它们的抗渣性也远优于轻质耐火材料，因此，受压较大的部位或者与高温料接触的部位，必须使用重质耐火材料。

轻质耐火材料：就是上述的保温耐火材料，因为保温需要用空隙来保证（参见第 2.1.2.2），所以保温耐火材料必然具有较高的气孔率，这便会大大降低其密度而使其成为“轻质”。

(7) 按照耐火材料化学性质的不同来分类，可以分为：酸性耐火材料、中性耐火材料和碱性耐火材料。一般来说，生产碱性产品的热工设备，应当尽可能选用碱性或中性或弱酸性的耐火材料；生产酸性产品的热工设备，应当尽可能选用酸性或中性或弱碱性的耐火材料，从而尽可能地降低酸碱反应对于耐火材料的侵蚀作用以及对于产品的污染程度。

(8) 按照耐火材料矿物组成的不同来分类，可以分为：氧化硅质耐火材料、硅酸铝质耐火材料、镁质耐火材料、碳质耐火材料、锆质耐火材料和其他耐火材料等。关于这些耐火材料的具体介绍，参见第5.1.4。

5.1.3 耐火材料的性能

耐火材料的性能，包括五大类：物理性能、力学性能、热学性能、使用性能与外观特性。前三类是材料的共有性能，这里的第四类则是指耐火材料的专用性能，第五种则是针对耐火砖而言。这些性能指标便是决定耐火材料质量的技术指标。

5.1.3.1 耐火材料的物理性能

耐火材料的物理性质，包括：气孔率、密度、吸水率和透气率等。

(1) 气孔率

气孔率(也称：孔隙率，或称：空隙率)是指材料体中气孔体积占材料体总体积的体积分数(%)。

如图 5.3 所示，材料体中的气孔有三类：闭口气孔(Close Pore，封闭在材料体中，不与外界相通)、开口气孔(Open Pore，一端封闭，另一端与外界相通)、贯通气孔(Interlocking Pore，贯通材料体)，通常将开口气孔与贯通气孔统称为“开口气孔”。

于是，就有三个“气孔率”：总气孔率(也称：真气孔率 P_t，True Porosity)、闭口气孔率 P_c(Closed Porosity)、开口气孔率(Open Porosity，也称：显气孔率 P_a，Apparent Porosity)。显然，$P_t=P_c+P_a$。

耐火材料的气孔率，对其几乎所有性能都有影响，参见图 5.4。重质耐火材料的显气孔率为10%～30%，轻质耐火砖的真气孔率大于 45%。

关于“耐火材料气孔率测试”的国家标准有：GB/T 2997—2000 和 GB/T 2998—2001。

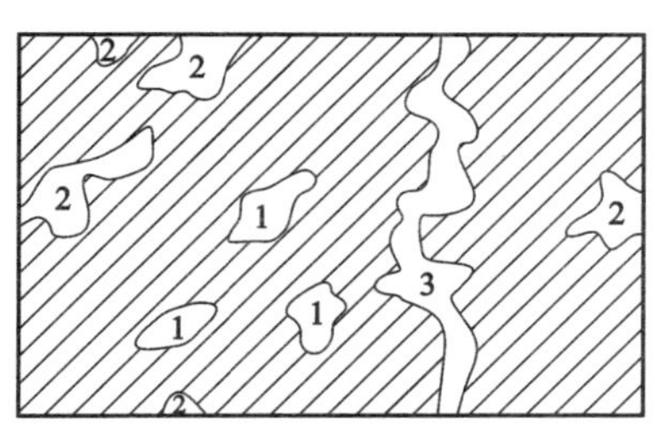

图 5.3 材料体中三种类型的气孔

1—封闭气孔；2—开口气孔；3—贯通气孔

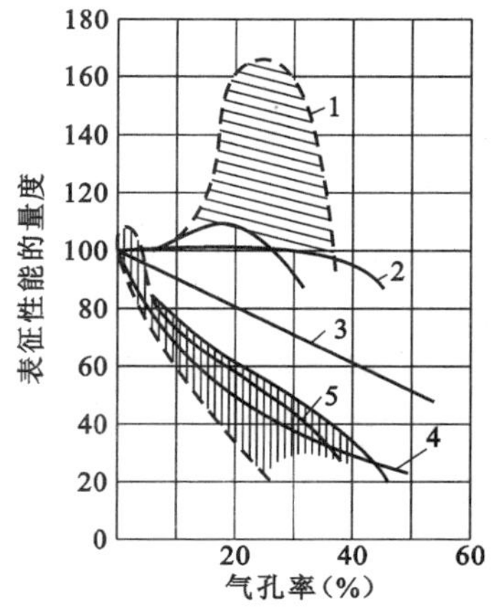

图 5.4 耐火材料部分性能与气孔率之间的关系

1—抗热震性；2—热膨胀性；3—体积密度；4—热导率；5—强度

(2) 密度

材料体的密度有两种——体积密度与真密度。

体积密度 D_b(Bulk Density)，是指制品的质量与其总体积(含气孔)之比，单位：kg/m³。

真密度 D_t(True Density)，是指制品的质量与其真体积(不含气孔)之比，单位：kg/m³。

耐火制品的体积密度表征它的致密程度：气孔率越大，则体积密度越小，参见图 5.4。氧化硅质耐火砖的真密度还表征着其内的石英晶型的转化程度：鳞石英的真密度最小，方石英的真密度次之，石英的真密度最大。

关于“耐火材料体积密度与真密度测试”的国家标准有：GB/T 2997—2000、GB/T 2998—2001、GB/T 5071—1997、GB/T 2999—2002(2004)、GB/T 17911.3—1999(具体见附录 12)。

(3) 吸水率

材料体试样的全部开口气孔所吸收的水量与其干燥试样质量的百分比，被称为：吸水率 W_a (Water Absorption)(%)。耐火材料的吸水率一般小于 5%，它经常被用来表征其煅烧的致密度，吸水率越大，则致密度越差。关于“耐火材料吸水率测试”的国家标准是 GB/T 3007—2006。

(4) 透气度

在规定的压强降和时间条件下，在规定的试样面积上做测试，所获得的受单位压强差作用、单位时间内气流垂直通过单位试样面积的体积，就被称为：透气度 K(Air Permeability)，单位：$m^3/(m^2 \cdot kPa \cdot h)$。耐火制品的透气度，主要是由贯通气孔的大小、数量及其结构所决定，它表征着气体在压强差的作用下透过耐火制品的能力。耐火砖透气则会引起窑墙溢气或漏风，因此，耐火砖的透气度越小越好。只是个别耐火制品，由于工艺要求而需要具有一定的透气率。

关于“耐火材料透气度测试”的国家标准是 GB/T 3000—1999。

(5) 气孔孔径分布

这是指：各种孔径的气孔体积占气孔总体积的体积百分数(%)。若气孔率相同，则大孔径制品的强度低；熔铸型耐火砖或保温耐火砖的气孔孔径，可以大于 1 mm(前者被称为：缩孔，后者被称为：大气孔)；重质耐火材料的气孔，主要是毛细孔(孔径为 1～30 μm)；气孔微细化的铝碳耐火制品或致密高铝砖，其平均气孔孔径≤1～2 μm。

关于“耐火材料气孔孔径分布测试”的行业标准是 YB/T 118—1997(2008)。

5.1.3.2　耐火材料的热学性能

热工设备的设计与操作都要用到耐火材料的热学性能，具体包括：比热容、热膨胀性、热导率等。耐火材料的热学性能与其成分、微观结构以及显微结构都有关系。

(1) 比热容

这是指：每 1 kg 耐火材料每升温 1 ℃所吸收的热量，单位：kJ/(kg · ℃)。常用耐火材料的比热容 c(Specific Heat Capacity)参见附录 2 中附表 2.3。

(2) 热膨胀性

耐火材料的热膨胀性是用其线膨胀系数 α(Linear Expansion Coefficient)来表征，它是指从室温至实验温度的温度范围之内，温度每升高 1 ℃，试样长度的相对变化率(试样长度的增量与试样长度之比)，单位：$℃^{-1}$。耐火材料的线膨胀系数与其晶体结构以及键强度有关，结构紧密型晶体的线膨胀系数较大，非晶态玻璃体的线膨胀系数较小。

关于“耐火材料线膨胀系数测试方法”的国家标准是 GB/T 7320—2008。

耐火材料砌体在常温下砌筑、高温时使用，为了抵消热膨胀所造成的热应力，任何耐火材料砌体都要预留膨胀缝。膨胀缝大小要根据耐火砖的线膨胀系数与砌体尺寸等参数来计算得到。表 5.2、表 5.3 分别是几种材质耐火砖与几种材质耐火浇注料的平均线膨胀系数值。

表 5.2　常用材质耐火砖的平均线膨胀系数(20～1000 ℃)

耐火砖的材质	硅砖	半硅砖	黏土砖	莫来石砖	莫来石刚玉砖	刚玉砖	镁砖
$\alpha(\times10^{-6})/℃^{-1}$	11.5～13.0	7.0～7.9	4.5～6.0	5.5～5.8	7.0～7.5	8.0～8.5	14.0～15.0

表 5.3 常用材质耐火浇注料的平均线膨胀系数

浇筑料的材质	胶结剂的种类	温度范围/℃	线膨胀系数 α/℃$^{-1}$
黏土质	水玻璃	20～1000	4.0～6.0
黏土质	硅酸盐水泥	20～1000	4.0～7.0
黏土质	矾土水泥	20～1200	5.0～6.5
高铝质			4.5～6.0
黏土质	磷酸	20～1300	4.5～6.5
高铝质			4.0～6.0

(3) 热导率

关于热导率 κ(也称:导热系数,或用符号 λ)的概念,参见第 2.1.2.2。耐火材料的热导率与耐火材料砌体的散热损失密切相关。常用耐火材料的热导率参见附录 2 中附表 2.3。耐火材料的热导率与它的气孔率关系很大(参见图 5.3):气孔率越大,热导率就越小;具有大气孔的耐火制品,其热导率也大;扁平气孔还会使耐火制品在不同方向上的热导率有差异。

关于"耐火材料热导率测试方法(热线法)"的国家标准是 GB/T 5990—2006;关于"耐火材料热导率测试方法(水流量平板法)"的行业标准是 YB/T 4130—2005。另外,关于"用闪光法测量材料热导率"的国家标准是 GB/T 22588—2008(尽管该标准不是专门针对耐火材料的,但是也可以作为参考)。

5.1.3.3 耐火材料的力学性能

在运输或使用过程中,耐火材料的力学性能可以抵抗在外力作用下所导致的形变与破坏。这些力学性能,具体包括:抗压强度、抗折强度、高温蠕变性、弹性模量、硬度等。

(1) 抗压强度

抗压强度,也称:耐压强度,它是指:在一定的温度下,单位面积的耐火材料试样所能够承受的极限载荷,单位:MPa。耐火材料的抗压强度,包括:常温抗压强度(Cold Compressive Strength)以及高温抗压强度(Hot Compressive Strength)。

关于"耐火材料常温抗压强度测试"的国家标准是 GB/T 5072—2008;而关于"耐火浇注料高温抗压强度测试"的行业标准是 YB/T 2208—1998(2008)。

(2) 抗折强度

抗折强度,也称:抗弯强度,它是指:在一定的温度下,试样承受弯矩时,单位面积试样所能够承受的极限折断应力,单位:MPa。耐火材料的抗折强度,包括:常温抗折强度(Modulus of Rupture at Ambient Temperature)与高温抗折强度(Hot Modulus of Rupture)。

关于"各种耐火材料常温抗折强度测试"的国家标准有:GB/T 3001—2007、GB/T 22459.4—2008;关于"各种耐火材料高温抗折强度测试"的国家标准有:GB/T 3002—2004、GB/T 13243—1991,这些标准的具体名称请在附录 12 中寻找。

(3) 黏结强度

黏结强度,它是指:两种材料黏结在一起时,单位面积界面之间的黏结力。耐火材料的黏结强度主要是表征不定形耐火材料在各种温度及特定条件下(主要是使用条件)的强度指标,单位:MPa。这是因为不定形耐火材料在使用时需要有一定的黏结力,以便于有效地黏结在它的基体上。

关于"耐火泥浆常温抗折黏接强度测试"的国家标准是 GB/T 22459.4—2008。

(4) 高温性蠕变性

材料体在承受小于其极限强度的某一恒定载荷时,会产生塑性变形,其变形量会随着时间增加而逐渐变大，甚至会使材料体破坏，这种现象被称为：蠕变（或称：徐变，Creep）。

耐火材料的高温蠕变性是指：耐火材料制品在高温时受到应力作用会随着时间变化而发生等温形变。按照所施加外力方式的不同，耐火材料的高温蠕变性可以分为：高温压缩蠕变、高温拉伸蠕变、高温弯曲蠕变、高温扭曲蠕变。其中，高温压缩蠕变最为常用。

关于"耐火制品压缩蠕变测试"的国家标准是 GB/T 5073—2005。

测试耐火材料的蠕变性，可以检验所选用耐火材料的质量以及评价其生产工艺；测定不同温度下耐火材料的蠕变值，可以了解到所用耐火制品发生蠕变的最低温度、不同温度时的蠕变速率以及高温应力作用下的变形特征，从而确定所选用耐火制品能够保持弹性状态的温度范围以及呈现高温塑性的温度范围等。

影响耐火材料高温蠕变性的因素包括：使用条件（温度、气氛、时间等）、化学性质（化学组成、矿物组成）与显微组织结构。

（5）弹性模量

弹性模量（Elastic Modulus，也称：杨氏模量，Young's Modulus），是指：材料体在外力的作用下所导致的压应力（或拉应力）与压缩弹性应变（或伸长弹性应变）之比，单位：MPa。弹性模量是表征着材料体抵抗变形的能力，它与材料体的强度、变形、断裂都有关系。

（6）耐磨性

材料的耐磨性好，表示其硬度较高。

关于"耐火材料常温耐磨性测试"的国家标准是 GB/T 18301—2012；关于"耐磨耐火材料"的国家标准是 GB/T 23294—2009。

5.1.3.4　耐火材料的使用性能

对于耐火材料来说，其使用性能最为重要，因为它们是选用耐火材料时最直接的性能指标，具体包括：耐火度、荷重软化温度、高温体积稳定性、抗热震性、抗渣性、抗碱性、抗氧化性、抗水化性、抗 CO侵蚀性以及形状规整性和尺寸准确性等。

（1）耐火度

正如在第 5.1.1 中所述，耐火度（Refractoriness）指耐火材料在高温作用下达到特定软化程度时的温度，单位：℃。它表征着耐火制品在使用过程中能够承受高温而不被熔化的程度。

关于"耐火材料耐火度测试"的国家标准是 GB/T 7322—2007。

按照"物理化学"课程中所述的低共熔（Eutectic）之基本原理，耐火材料基础成分的纯度就是决定耐火材料耐火度的最基本因素。这也就是说，各种杂质成分（特别是具有强熔剂作用的杂质）的存在，会严重地影响耐火材料的耐火度。所以，提高耐火材料耐火度的主要途径是采取适当的措施来保证与提高耐火原料的纯度。常用耐火原料与耐火砖的耐火度，如表 5.4 所示。

表 5.4　常用耐火原料与耐火砖的耐火度范围

品种	耐火度范围/℃	品种	耐火度范围/℃
结晶硅石	1730～1770	高铝砖	1750～2000
硅砖	1690～1730	镁砖	＞2000
硬质黏土	1750～1770	白云石砖	＞2000
黏土砖	1610～1750		

（2）荷重软化温度

关于耐火材料的耐火度，它既不同于熔点，又不是使用温度，它只是便于对比不同耐火材料的耐高温程度。所以，不能以耐火度作为标准来选用热工设备所用的耐火材料。

在选用耐火材料方面，荷重软化温度(Refractoriness under Load)则是最重要的考察指标之一。这是因为耐火制品在使用过程中，不仅要耐高温，也要抵抗火焰、灰渣、熔体、气流的冲刷侵蚀，而且还要承载着各种结构件的重压，具备以上性能的极限温度，被称作：高温荷重软化点(简称：荷重软化温度)。一般认为：如果耐火砖在使用过程中所承受的最高工作温度，比其荷重软化温度低100～200 ℃，那么选用该耐火砖将是安全的。

荷重软化温度，具体是指耐火制品在一定的载重负荷和热负荷的共同作用下，达到某一特定收缩变形时所对应的温度，单位：℃。该指标表征了耐火制品抵抗载重负荷和高温热负荷共同作用而保持稳定的能力。这在一定程度上也表示了在与其使用条件相仿的情况下耐火制品的结构强度。影响耐火材料荷重软化温度的主要因素是其化学组成、矿物组成与显微结构。提高耐火原料的纯度、减少低熔物或熔剂的含量、增加耐火制品的成型压力、提高耐火制品的致密度，都会显著提高耐火制品的荷重软化温度。测定荷重软化温度时，要在承受恒定载荷的条件下，按照规定的加热速度持续升温，然后将荷重软化变形情况绘制成“以温度为横坐标、以变形率为纵坐标”的曲线，叫做：荷重变形温度曲线(参见图5.5)，这样便可以找出耐火材料的各级荷重变形温度(参见表5.5)。一般以 $T_{0.6}$(收缩变形率为0.6%时所对应的温度)作为“荷重开始软化温度[①]”，或称：荷重软化温度。

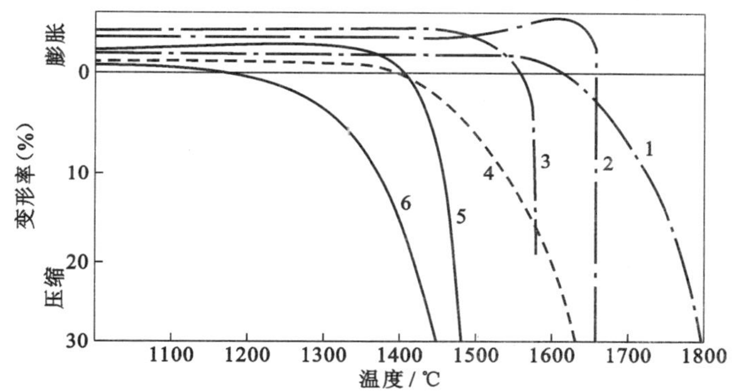

图5.5 常用耐火砖的荷重变形温度曲线

1—高铝砖(70% Al_2O_3)；2—硅砖；3—镁砖；4—一等黏土砖；5—半硅砖；6—三等黏土砖

表5.5 常用耐火砖的0.2 MPa荷重变形温度/℃

品种	0.6%变形温度 $T_H=T_{0.6}$	4%变形温度	40%变形温度 $T_K=T_{40}$	T_K-T_H
硅砖(耐火度1730 ℃)	1650	—	1670	20
二等黏土砖(Al_2O_3 40%，耐火度1730 ℃)	1400	1470	1600	200
三等黏土砖(Al_2O_3 35%，耐火度1670 ℃)	1250	1320	1500	250
莫来石砖(Al_2O_3 70%)	1600	1660	1800	200
刚玉砖(Al_2O_3 98%)	1870	1900	—	—
镁砖(耐火度>2000 ℃)	1550	—	1580	30

① 某些耐火材料被加热到某温度时会突然溃裂或破裂，这样就无法测定其变形温度。若是这种情况，则以发生此现象的温度为“溃裂点”或“破裂点”。另外，$T_{0.6}$为开始变形温度 T_H，T_{40}为终了变形温度 T_K。

关于“耐火材料荷重软化温度测试(示差-升温法)”的国家标准是 GB/T 5989—2008;关于“耐火浇注料荷重软化温度强度试验(非示差-升温法)”的行业标准有:YB/T 2203—1998。

(3) 高温体积稳定性

耐火材料的高温体积稳定性是指耐火制品在热负荷的作用下其外形体积或线度保持稳定的性能,一般是以耐火制品的重烧体积变化率(%)和重烧线变化率(%)来表示,具体如下:

$$\Delta V = \frac{V_1 - V_0}{V_0} \times 100\% \qquad (\%) \tag{5.1}$$

$$\Delta L = \frac{L_1 - L_0}{L_0} \times 1000\% \qquad (\%) \tag{5.2}$$

式中　$\Delta V,\Delta L$——分别为耐火制品的重烧体积变化率和重烧线变化率,%;

V_0,V_1——分别为重烧(Reheating)前、后耐火制品的体积,m^3;

L_0,L_1——分别为重烧前、后耐火制品的长度,m。

如果 ΔV、ΔL 为正(+),则为膨胀性。如果 ΔV、ΔL 为负(-),则为收缩,而当 ΔV 较小时,可以近似地认为:$\Delta V = 3\Delta L$。

关于“耐火制品重烧线变化率(加热永久线变化率)测试”的国家标准是 GB/T 5988—2007;而关于“耐火纤维制品重烧线变化率(加热永久线变化率)测试”的国家标准是 GB/T 17911.4—1999。

关于**重烧线变化率**,它乃是评价耐火制品质量的最重要指标之一。化学组成相同的耐火制品,其重烧线变化率之所以有差异,主要是由于在烧制耐火制品的过程中,温度不均或煅烧时间不足而导致烧成不充分。这种烧成不充分的耐火制品在使用时,高温作用会使一些物理化学变化继续进行,从而导致较大的重烧线变化率。高温下使用的耐火砖,如果产生较大的重烧收缩,便会使砖缝增大,这样既影响砌体的整体性(严重时还会损坏砌体,例如,拱状窑顶就会因此而塌落),也会造成砌体的漏风(窑内为负压时)或溢气(窑内为正压时)。相对来说,重烧膨胀性的危害较小,如果是微膨胀,这对于延长耐火砌体的使用寿命有益,但是,过大的膨胀也会破坏砌体的形状,严重时还会将耐火砖挤碎。大多数耐火砖产生重烧收缩,少数产生重烧膨胀(例如,硅砖)。为了降低耐火制品的重烧线变化率,烧成时,可以适当地提高烧成温度以及适当地延长保温时间。当然,烧成温度也不能过高、保温时间也不要过长,否则会引起耐火砖变形,也会产生玻璃化而降低耐火砖的抗热震性能。表 5.6 是常用耐火制品的重烧线变化率指标值。

表 5.6　常用耐火制品的重烧线变化率指标

材质	品种	测试条件	指标值(%)
硅质	JG-94	1450 ℃,2 h	≤0.2
黏土质	N-1	1400 ℃,2 h	+0.1　-0.4
	N-2a	1400 ℃,2 h	+0.1　-0.5
黏土质	N-2b	1400 ℃,2 h	+0.2　-0.5
	N-3a、N-3b、N-4、N-5	1350 ℃,2 h	+0.2　-0.5
高铝质	LZ-75、LZ-65、LZ-55	1500 ℃,2 h	+0.1　-0.4
	LZ-48	1450 ℃,2 h	+0.1　-0.4
镁质及镁硅质	MZ-91	1650 ℃,2 h	≤0.5
	MZ-89	1650 ℃,2 h	≤0.5

在设计热工设备而需要选用耐火砖时(尤其是选用轻质耐火制品时),关于它的高温体积稳定性,可以按照下述原则来考虑:

最高工作温度＝最高使用温度×(1%～10%)－40 ℃

其中,最高工作温度是指:热工设备内耐火砖承受的最高温度,℃;最高使用温度则是指:耐火砖连续高温保温 24 h、重烧线变化率≥2% 时,所对应的试验温度,也称:分类温度,℃。

(4) 抗热震性

热工设备在运行当中,经常会受到急冷急热作用(例如,每一次停窑检修都是从高温到低温再到高温的过程;回转窑旋转使其内耐火衬料经历周期性的温度急剧变化;玻璃池窑蓄热室内在每个换火周期中都有急冷急热的经历;窑具和窑车每次进、出陶瓷窑都要经历急剧的温度升降;间隙式的窑在每个生产周期内也要经受急冷急热变化)。当急冷急热作用所造成的温差应力超过耐火制品的结构强度时,就会使其开裂、剥落,甚至造到破坏而崩塌。因此,耐火制品也就需要具有抗热震性能(或称:耐急冷急热性能)。

耐火材料的抗热震性(Thermal Shock Resistance,也称:耐热震性,或称:热震稳定性)是指耐火制品对于温度迅速变化而产生的温差应力所拥有的抵抗性能。抗热震性优良的耐火制品在经历温度迅速变化后,可能会因为温差应力而造成损伤,但是,不会被破坏。

耐火制品的抗热震性,通常以其试样经受快速加热和快速冷却的循环次数来衡量。

关于"耐火材料抗热震性测试(水冷法)"的国家标准是 GB/T 30873—2014;而关于"耐火浇注料抗热震性测试(压缩空气流急冷法)"的行业标准是 YB/T 2206.1—1998。

耐火制品的气孔率会影响其抗热震性,参见图 5.3。另外,耐火制品的热膨胀性对于其热震性也有直接影响。

(5) 抗渣性

关于耐火材料的抗渣性(Slag Resistance),它是指耐火制品在高温下抵抗炉渣(或物料或熔体)侵蚀和冲刷作用而不破坏的能力。耐火材料受侵蚀的机理很复杂,可以简略分为两个阶段:

第一阶段,炉渣等侵蚀物与耐火材料接触以及侵入物向耐火材料渗透;

第二阶段,炉渣等侵蚀物与耐火材料反应与溶解(包括:单纯溶解、反应溶解、侵入变质溶解)。

炉渣类侵蚀是耐火材料最常见的损坏形式之一。在无机非金属材料工业领域中,表现最严重的是水泥窑和玻璃窑。因此,这两种窑炉的设计和操作都非常重视耐火材料的抗渣性这一指标。

关于"耐火材料抗渣性测试"的国家标准就是 GB/T 8931—2007。另外,关于"耐火材料耐硫酸侵蚀性测试"的国家标准是 GB/T 17601—2008;关于"玻璃熔窑用耐火材料抗玻璃液侵蚀测试"的国家标准是 GB 10204—1988;关于"玻璃熔窑用耐火材料气泡析出率测试"的行业标准是JC/T 639—1996。

耐火材料的抗渣性主要与耐火材料的化学组成以及微观组织结构有关,也与熔渣等侵蚀物的性质以及侵蚀物和耐火材料组分的相似程度有关。选用高纯度耐火原料(尽量减少低熔相和杂质的含量)以及改善耐火制品的矿物组成,会提高侵蚀物与耐火材料的反应温度,从而提高耐火制品的抗渣性。选用与侵蚀物成分相近的耐火材料,便可以减弱它们界面上的反应强度,这样也可以改善耐火制品的抗渣性。

(6) 抗碱性

关于抗碱性(Alkaline Resistance),这是指耐火材料在高温时抵抗碱侵蚀的能力。在无机非金属材料领域,水泥熟料会呈碱性,钠-钙-硅玻璃液也呈碱性,它们对于硅铝系耐火材料以及碳质耐火材料的碱侵蚀程度会受到碱浓度、温度以及水蒸气的影响,这关系到耐火材料的使用寿命。

测定耐火材料抗碱性的方法,通常是以无水 K_2CO_3 为侵蚀介质。具体分为两种方法:直接接触熔融侵蚀法与混合侵蚀法。美国标准(ASTM C544)规定了测试碳质耐火材料受碱侵蚀崩解的标准规程(使用直接接触熔融侵蚀法)。我国关于耐火材料抗碱性测试(混合侵蚀法)的国家标准是 GB/T 14983—2008。它的原理就是:在 1100 ℃时,K_2CO_3 与木炭反应生成的碱蒸气,对于耐火材料试样有侵蚀作用，从而生成新的碱金属碳酸盐与碳酸盐化合物。这会使试样的性能发生变化。然后，用肉眼、显微结构检验与计算方法来评定其抗碱性的等级。

用肉眼来评定，等级有 3 类：

第一类，表面黑色无缺损，断口仅侵蚀 1～4 mm；第二类，表面黑色但是边角缺损严重，有细小的裂缝，整个断口为灰黑色，只有核心部位有少量的未侵蚀物；第三类，表面黑色而且有明显裂缝，边角缺损严重，整个断口为黑色。

通过显微结构检验进行评定，等级也有 3 类：

第一类，大多数空隙被无定形碳所充填，试样多为碱侵蚀后生成的含钾硅酸或含钾碳酸盐化合物（试样保持原状，裂纹较小）；第二类，大多数空隙被无定形碳、K_2CO_3 所充填，试样的局部与颗粒料的周边被碱侵蚀而生成钾霞石和石榴子石化合物（试样的裂缝较大）；第三类，大多数空隙被无定形碳、K_2CO_3、铝酸钾所充填，试样几乎完全为碱侵蚀后生成的钾霞石和石榴子石化合物（试样破裂）。

利用计算方法进行评定：

关于强度的下降率 P_r(%)，可以按照式(5.3)来进行计算；关于线变化率的下降率 L_c(%)，则是按照式(5.4)来进行计算（关于 L_c，线膨胀为"＋"；线收缩为"－"）。

提示：取若干试样，对于每个试样都计算 P_r、L_c，然后分别取其算术平均值。

关于强度下降率 P_r，它是评价抗碱性等级的主要依据；线变化率下降率 L_c 则为辅助依据。

$$P_r = \frac{P_0 - P_1}{P_0} \times 100\% \tag{5.3}$$

式中 P_0——试样抗碱试验前的抗压强度，MPa；

P_1——试样抗碱试验后的抗压强度，MPa。

$$L_c = \frac{L_0 - L_1}{L_0} \times 100\% \tag{5.4}$$

式中 L_0——试样抗碱试验前的试样长度，mm；

L_1——试样抗碱试验后的试样长度，mm。

(7) 抗氧化性

关于抗氧化性(Oxidation Resistance)，它是指含碳的耐火材料在高温氧化气氛下抵抗被氧化的能力。含碳耐火材料因为具有优良的抗渣性以及抗热震性而使其应用越来越广泛。但是，碳在高温时容易被氧化，这是含碳耐火材料损坏的主要原因之一。

提高含碳耐火材料抗氧化性的具体措施，主要有以下四点：第一，可以选用抗氧化能力强的碳素原料；第二，改善耐火制品的微观结构特征；第三，提高耐火制品的致密度（降低气孔率）；第四，使用微量添加剂（例如，Si、Al、Mg、Zr、SiC、B_4C 等）。

关于"含碳耐火材料抗氧化性测试"的国家标准是 GB/T 13244—1991。

(8) 抗水化性

关于抗水化性(Hydration Resistance)，它就是指碱性耐火材料在大气中抵抗水化的能力。这是碱性耐火材料是否烧结良好的重要指标之一。碱性耐火材料烧结不良时，其中的 CaO、MgO（特别是 CaO）在大气中极易吸潮水化而生成氢氧化物，这使耐火制品疏松而损坏，具体的化学反应为：

$$CaO + H_2O = Ca(OH)_2 \qquad MgO + H_2O = Mg(OH)_2$$

关于提高碱性耐火材料抗水化性的措施，则主要有以下三点：第一，提高其烧成温度，使其死烧；第二，使 CaO、MgO 生成稳定的化合物；第三，增加保护层，减少其表面与大气相接触的机会。这样，就能够使碱性耐火材料得以长时间地存放而不至于水化损坏。

(9) 抗 CO 侵蚀性

关于耐火材料的抗一氧化碳侵蚀性(Resistance to CO Erosion)，它是指耐火制品在 CO 气氛中抵抗开裂或崩解的能力。耐火制品在 400～600 ℃的温度范围内遇到强烈的 CO 气氛时，由于 CO 分解，游离 C 便会沉积在耐火制品表面的铁点周围，这会使耐火制品崩裂损坏。降低耐火制品的显气孔率以及氧化铁含量，便可以增强其抗 CO 侵蚀性。

(10) 耐真空性

耐火材料的耐真空性(Vacuum Resistance)就是指耐火材料在真空中和高温下使用时的耐久性。在常温下，耐火材料的蒸气压通常都很低，所以可以认为是极其稳定的而不易挥发。但是，耐火材料在高温减压的条件下使用时，其中的一些组分极易挥发。而且，在真空下，熔渣沿耐火材料中毛细管渗透的速度会明显地加快，这会加速损毁耐火制品。因此，要提高耐火材料的耐真空性，就需要选择蒸气压低而且化学稳定性高的化合物来作为耐火材料的组分，而且耐火制品的致密度也要高。

(11) 形状的规整性和尺寸的准确性

对于耐火砖而言，规整形状和准确尺寸对于确保耐火材料砌体的严密性和使用寿命有着很大的影响。这对于砌筑施工也提供了有利的条件：在耐火材料砌体中，砖缝是最薄弱以及最易损坏的部分，炉渣等侵蚀物很容易通过砖缝渗入砌体进行侵蚀。如果耐火砖的形状不规整、尺寸不准确，不仅会造成砌筑施工不便，而且砖缝也会因此而过大。砖缝过大，会造成砌体质量低劣，使砌体因为砖缝干缩和烧缩而造成结构不稳、砖体脱落或开裂，甚至局部倒塌。砖缝过大，也扩大了侵蚀物以及有害气流与耐火砖的接触面积，从而加速侵蚀耐火砖，缩短其使用寿命。为了便于施工，也为了确保耐火砌体的质量，耐火砖的形状必须规整，尺寸必须准确。该问题看似简单，实则十分重要，必须引起足够的重视。

关于"耐火砖的形状和尺寸"之相关标准，可以参考以下的国家标准与行业标准：GB/T 2992.1—2011、GB/T 2992.2—2014、GB/T 17912—1999、GB/T 18257—2000、YB/T 4016—1991(2006)、YB/T 4017—1991(2006)，这些标准的具体名称请在附录 12 中寻找。

按照耐火砖的种类和使用条件的不同，关于其尺寸公差、扭曲变形度、缺边掉角深度、熔洞限度、裂纹长度等重要的指标，都规定有各自的最高限定值，据此来评价耐火砖质量是否合格与划分等级。当然，耐火砖的形状规整性和尺寸准确性，除了与制备加工有关以外，其储存与运输也有影响。精心包装、小心装卸和合理储存，可以避免耐火砖再遭损坏。每种耐火材料都有各自的验收标准。

5.1.4 常用材质的耐火制品

常用材质的耐火制品包括：氧化硅质耐火制品、硅酸铝质耐火制品、镁质耐火制品、碳质耐火制品、锆质耐火制品、其他耐火制品。在这些耐火制品中，关于部分材质耐火砖的体积密度、安全使用温度、比热容以及热导率，可以参见附录 2 中的附表 2.3。

5.1.4.1 氧化硅质耐火制品

氧化硅质耐火制品简称：硅质耐火制品。它是以硅砖为典型的代表，而其他的氧化硅质耐火制品还包括半硅砖、白泡石砖等。

(1) 硅砖

它是指 SiO_2 含量(质量分数，%)$w(SiO_2)\geqslant 93\%$的烧结型耐火砖，即硅砖基本上就是由单一的氧化物组成，所以，它是一种较为优质的酸性耐火砖。

关于"硅砖"的相关标准，可以参考以下的国家标准以及行业标准：GB/T 2608—2012、JC/T 616—2003、YB/T 4017—1991(2006)、YB/T 147—2007，这些标准的具体名称参见附录 12。

硅砖的耐火度虽然不是很高(1690～1730 ℃)，但是其荷重软化温度较高(1620～1670 ℃，个别优质硅砖可达 1705 ℃)。硅砖对于酸性或者弱碱性的气相以及酸性熔体的抵抗性能较好，但是，它的抗碱性熔体的冲刷能力较差。硅砖的耐磨性好，但是保温效果不高。硅砖的低温耐热震性不高(这是由于 SiO_2 在 200～300 ℃与 573 ℃时会发生晶型转变而导致体积骤变)，高于 600 ℃时硅砖的高温耐热震性尚可。在无机非金属材料工业中，硅砖常用在玻璃池窑的大碹、胸墙以及小炉、蓄热室等处，因为这些部位不与玻璃液相接触。

(2) 半硅砖

这是指 SiO_2 含量(质量分数，%)$w(SiO_2)$为 65%～93%、Al_2O_3 含量(质量分数，%)$w(Al_2O_3)$为 15%～30%的烧结型耐火砖。半硅砖是一种半酸性耐火材料，其耐火度为 1650～1710 ℃。半硅砖的性能介于硅砖与黏土砖之间，可以代替二等黏土砖、三等黏土砖来作为烟道、烟囱等处的耐火材料。

关于"半硅砖"的行业标准是 YB/T 4168—2007。

(3) 白泡石砖

这是一种天然耐火材料，所以曾经被称为：天然硅砖。它实际上是一种高级的半硅砖，其性能介于硅砖和半硅砖之间，它的耐火度为 1650～1730 ℃，其荷重软化温度为 1570～1630 ℃，可以在 1450 ℃使用。白泡石砖膨胀性呈各向异性，有时不同方向的线膨胀系数会相差一倍以上。白泡石砖的耐玻璃液侵蚀性能较好，尤其对于低碱或无碱玻璃，因此，可以用作低碱或无碱玻璃池窑的池壁砖和池底砖。但是，Fe_2O_3 等杂质含量较高的浅黄色白泡石砖，则不宜使用；有色斑、孔洞以及质地疏松的白泡石砖，也不宜使用。

至于其他的硅质耐火制品，还包括一些特殊用途的硅砖与熔融石英制品，由于其应用并不广泛，这里就不再介绍。

关于硅质耐火砖，需要专门提醒的是：由于 SiO_2 在 200～300 ℃温度范围内或 573 ℃时会有晶型转变，因此，选用硅质耐火砖的窑炉在烤窑时，低于 600 ℃阶段要缓慢地加热，以适应 SiO_2 晶型转变所导致的体积骤增。当然，如果窑炉冷却至 600 ℃以下，也要避免剧烈的温度变化。

5.1.4.2　硅酸铝质耐火制品

关于硅酸铝质耐火制品，这里是指以 Al_2O_3 和 SiO_2 为基本化学组成的耐火材料。根据矿物组成的不同，硅酸铝质耐火制品可以分为：黏土质[$w(Al_2O_3)$为 30%～48%，莫来石占矿物组成的 20%～50%]、低莫来石质(包括：硅线石质)以及莫来石质[$w(Al_2O_3)$为 48%～71.8%]、莫来石-刚玉质或刚玉-莫来石质[$w(Al_2O_3)$为 71.8%～95%]、刚玉质[$w(Al_2O_3)$为 95%～100%]。

具体的硅酸铝质耐火砖主要包括：黏土砖、高铝砖、莫来石砖、刚玉砖、刚玉-莫来石砖等。其中，黏土砖中 Al_2O_3 含量 $w(Al_2O_3)$为 30%～48%[如果 $w(Al_2O_3)$<30%，则为半硅砖]，高铝砖中 $w(Al_2O_3)$为 48%～98%，莫来石砖中 $w(Al_2O_3)$为 60%～80%，刚玉砖中 $w(Al_2O_3)$>98%。黏土砖和高铝砖为烧结型，莫来石砖则为电熔型，刚玉砖是有烧结型和电熔型，刚玉-莫来石砖是属于再烧结电熔型。

(1) 黏土砖

关于"黏土砖"的行业标准有：YB/T 5106—2009、YB/T 4168—2007，具体名称见附录 12。

从原料的角度来看，黏土砖包括：普通黏土砖、多熟料黏土砖、全生料黏土砖(无熟料黏土砖)与高硅质黏土砖。

普通黏土砖，按照 Al_2O_3 含量的不同分为四个等级：特等品[$w(Al_2O_3)$>45%、耐火度≥1750 ℃]；一等品[$w(Al_2O_3)$>40%～45%、耐火度为 1730～1750 ℃]；二等品[$w(Al_2O_3)$>35%～40%、耐火度为 1670～1730 ℃]；三等品[$w(Al_2O_3)$>30%～35%、耐火度 1610～1670℃]。各个等级黏土砖的荷重软化温度均在 1250～1450 ℃之间。YB/T 5106—2009 规定的黏土砖代号是 N，其牌号有：N-1、N-2a、N-2b、N-3a、N-3b、N-4、N-5、N-6。

黏土砖为烧结型，这是一种弱酸性耐火砖，耐弱酸性熔渣性较强，抗强酸性或碱性熔渣的侵蚀性较差，抗热震性较好。由于具有价格的优势，黏土砖在无机非金属材料领域的各个行业中均有应用。特种黏土砖，包括：耐碱砖(关于水泥窑用耐碱砖的行业标准是 JC/T 496—2007)、耐碱隔热砖。

(2) 高铝砖

关于"高铝砖"的国家标准是GB/T 2988—2012。

按照Al_2O_3含量的不同，高铝砖分为四个等级：特等品[牌号：LZ-75，$w(Al_2O_3)>75\%$，耐火度>1790 ℃]；一等品[牌号：LZ-65，$w(Al_2O_3)>65\%\sim75\%$，耐火度>1770 ℃]；二等品[牌号：LZ-55，$w(Al_2O_3)>55\%\sim65\%$，耐火度>1760 ℃]；三等品[牌号：LZ-48，$w(Al_2O_3)>48\%\sim55\%$，耐火度>1750 ℃]。各个等级高铝砖的荷重软化温度分别大于1520 ℃、1500 ℃、1470 ℃、1420 ℃。

高铝砖为烧结型，它接近于中性耐火材料，它的抗熔渣侵蚀性较强，但是，它的耐热震性较差。在无机非金属材料工业中，高铝砖的应用较为广泛。

特种高铝砖，包括：磷酸盐结合高铝砖、化学结合高铝砖、抗剥落高铝砖以及铝铬砖等。

磷酸盐结合高铝砖，这也是烧结型，有两种：其一，磷酸盐结合的高铝质砖（简称：磷酸盐砖，代号：P，锁缝砖代号：PC），关于"水泥窑用磷酸盐结合高铝质砖"的行业标准是JC 350—1993；其二，磷酸铝结合的高铝耐磨砖（简称：耐磨砖，代号：PA）。

这两种耐火砖的骨料相同（均为矾土熟料），都是机压成型，也都需要约500 ℃的热处理。但是，它们所用的结合剂不同：前者是用42.5%～50%的磷酸，后者则用由工业磷酸与工业氢氧化铝配制而成的磷酸铝溶液。这两种磷酸盐结合高铝砖的性能也有所不同：磷酸盐砖的耐热震性较好，而它的弹性模量低；耐磨砖的强度与耐磨性较好，但是它的耐热震性较差。

化学结合高铝砖（代号：PH），其耐热震性良好、荷重软化温度较高、常温抗压强度很高、有一定的抗化学侵蚀能力。

抗剥落高铝砖，它是以高铝矾土为主要原料，引入少量ZrO_2（单斜型ZrO_2与四方型ZrO_2之间的相变会有助于提高耐热震性），加入一定量的复合结合剂与添加剂以后便制成合理颗粒级配的泥料，再经过成型与烧结而成。抗剥落高铝砖的荷重软化温度高、耐热震性好、抗渣性较强，抗剥落性能优、抗碱性侵蚀性好、保温性能较好。

关于"水泥窑用抗剥落高铝砖"的行业标准是JC/T 1063—2007。

铝铬砖，它是以Al_2O_3为主要成分再加入少量Cr_2O_3的高铝质烧结型耐火砖（以铝铬渣为原料的烧结型耐火砖也是铝铬砖）。它的耐侵蚀性能好、荷重软化温度高。

(3) 莫来石砖

这是电熔型耐火砖，所以也称为：电熔莫来石砖，莫来石为它的主晶相。它的耐火度是在1850 ℃左右，它的荷重软化温度高、高温蠕变率低、耐热震性好、耐酸性熔渣侵蚀性强。但是，电熔莫来石砖在1450 ℃以上时，莫来石砖不宜与碱性物质接触，否则会使莫来石分解。请注意：莫来石在1370 ℃以上的还原气氛中，也会发生分解（部分SiO_2变为气态SiO）；若温度高于1650 ℃，即便不是在还原气氛中而是在低O_2分压下，莫来石也会分解。

(4) 刚玉砖

这是优质的耐火制品，它有烧结型，然而更多则是电熔型。电熔刚玉砖的特点是：耐火度高、荷载软化温度高、致密度大、抗熔渣侵蚀能力强，它的使用温度可达1750～1850 ℃。电熔刚玉砖能够用于高温窑炉（烧制特种陶瓷所用），在玻璃行业中也得到了广泛应用。

关于"刚玉砖"的行业标准是YB/T 4348—2013。

制备电熔刚玉砖时，如果使用纯氧化铝熔液而无添加剂，会因为其黏度太低而快速结晶。于是，由于熔液中大多数气体来不及排除而使产品中含有大量气孔。为此，需要在熔液中加入少量的碱性氧化物以生成β-$Al_2O_3$①，这样就可以减慢结晶速度，从而减少产品中的气孔率，以获得致密且均匀的电熔型耐火砖。含有6.5%碱性氧化物的电熔刚玉砖，只有一个结晶相β-Al_2O_3，它的结晶相组成与

① β-Al_2O_3实质上是铝酸钠的一系列层状化合物，而不是纯Al_2O_3。

熔液组成相同。关于电熔β-刚玉砖，它表面处的晶粒大小与其中心处的晶粒大小大致相同，只是它在熔液中结晶时会呈现体积增大。因此，电熔β-刚玉砖不会析出液相，它对于碱蒸气和温度变化是稳定的。但是，电熔β-刚玉砖与玻璃液接触时，则会很快遭到破坏，因此，电熔β-刚玉砖只能够用于玻璃池窑的上部结构（胸墙与大碹）[3]。电熔α-刚玉砖与电熔$\alpha+\beta$-刚玉砖的纯度高、杂质少，玻璃相的含量低，不会污染玻璃液，所以，通常用于会与玻璃液直接接触的玻璃池窑下部结构（池壁与池底）。

关于“玻璃熔窑用熔铸氧化铝耐火制品”的行业标准是JC/T 494—1992(1996)。

(5) 刚玉-莫来石砖

这是再烧结电熔型耐火砖。它是以板状刚玉或高纯度的电熔刚玉为主要原料，还添加了超微粉，混料与成型后再烧制而成。刚玉莫来石砖具有耐火度高、荷载软化温度高、耐热震性好、高温强度大、抗熔渣侵蚀能力强、线膨胀系数小、高温蠕变低、抗剥落等特点，在玻璃行业有所应用。

关于“刚玉-莫来石砖”的行业标准是YB/T 4381—2014。

5.1.4.3 镁质耐火制品

镁质耐火制品是包括：氧化镁质砖、白云石砖、橄榄石砖、镁质尖晶石砖。镁质耐火制品属于碱性耐火材料，因此，这类耐火制品也称被为：碱性耐火制品。

(1) 氧化镁质砖

它是以方镁石(MgO)为主晶相。镁砖就是此类耐火砖的典型代表。

镁砖是碱性烧结型耐火砖，其MgO含量$w(\text{MgO})\geqslant 80\%\sim 85\%$。镁砖是以天然镁矿($MgCO_3$)或海水镁砂[$Mg(OH)_2$]为原料烧制而成。

关于“镁砖”的国家标准是GB/T 2275—2007；关于“玻璃窑用镁砖”的行业标准是JC/T 924—2003。

镁砖的耐火度较高(>2000 ℃)，耐碱侵蚀性好。但是，它的荷载软化温度较低(1500～1550 ℃)、高温强度较低、耐热震性较差，保温性能较差、线膨胀系数较大。请注意：氧化镁质砖如果长时间与水蒸气接触，则会发生水合反应。所以，这类砖在贮存期间要保持干燥。镁砖所具有的良好抗碱性、抗熔渣侵蚀性，使其常用作水泥回转窑的高温带衬砖或玻璃蓄热室内格子砖。但是，请注意：镁砖中通常含有变价氧化铁，因此它不能用于煤气蓄热室中，否则，就会加速镁砖的损害（甲烷等气体会破坏镁砖，SO_3在800～1000 ℃的温度范围内也会与MgO发生反应）。

上述镁砖为硅酸盐结合的镁砖，也称：普通镁砖。其他的特种氧化镁质耐火砖，则包括：聚磷酸钠结合镁砖、高镁砖、直接结合镁砖、镁钙砖（或称：普通镁钙砖，以示区别于白云石砖）、镁硅砖、镁铝砖（或称：普通镁铝砖，以区别于镁铝尖晶石砖）、镁铬砖（也称：普通镁铬砖，以区别于镁铬尖晶石砖）、镁碳砖、镁锆砖等。这些耐火砖的某些性能都优于镁砖，只是它们的价格偏高。

聚磷酸钠结合镁砖，它是以高钙合成的镁砂为骨料、以聚磷酸钠为结合剂、以造纸厂废液为水化抑制剂的化学结合镁砖，不需要烧结。其高温力学性能较好、抗侵蚀性强，使用寿命也比磷酸盐砖长。

高镁砖，它是以高纯度的烧结镁砂或者电熔镁砂为原料，以方镁石为单一主晶相的镁砖。高镁砖既有烧结型，也有电熔型。高镁砖的价格昂贵，所以一般只用于特别用途。

直接结合镁砖，它是以高纯度烧结镁砂为原料，再经过高温烧结而达到晶粒间直接结合的镁砖，其MgO含量$w(\text{MgO})>95\%$。相对于上述镁砖而言，直接结合镁砖的高温强度很高，抗渣性有所改善，而且，还具有高达1800 ℃的体积稳定性，但是，其价格较高。

关于“建材工业窑炉用直接结合镁铬砖”的行业标准是JC 497—1992。

镁钙砖，它是以高钙的烧结镁石为原料烧结而成，它的CaO含量$w(\text{CaO})$为6%～10%，它的CaO与SiO_2的物质的量之比$n(\text{CaO})/n(\text{SiO}_2)\geqslant 2$。它是硅酸二钙结合镁质砖，其荷重软化温度与高温强度较高，抗碱性渣侵蚀的能力较强，只是耐热震性较差。它常用于钢铁工业，而在无机非金属材料行业较为鲜见。

关于“镁钙砖”的行业标准是 YB/T 4116—2003。

镁硅砖，它是以高硅的烧结镁石为原料，经过烧结而成的镁砖，其 SiO_2 含量 $w(SiO_2)$ 为 5%～11%，CaO 与 SiO_2 的物质的量之比 $n(CaO)/n(SiO_2)\leqslant 1$。它是镁橄榄石结合的镁质砖，其高温强度较高，荷重软化点也较高，抗碱性渣侵蚀的能力较强，但是它的耐热震性较差。

镁铝砖和镁铬砖，它们属于同类。但是，请注意：由于重金属 Cr 的环境危害较大，因此，无铬化是耐火材料的一个发展方向。

关于“镁铝砖”的国家标准是 GB/T 2275—2007；关于“镁铬砖”的行业标准是YB/T 5011—2014。它们都是既有电熔型，也有烧结型，还有免烧型。烧结型砖又被划分为：硅酸盐结合的、直接结合的、再结合的、半再结合的、预反应的；免烧型砖主要是聚磷酸钠结合的镁铝砖或镁铬砖。其中，电熔型砖的熔制温度最高，直接结合烧结型砖的烧结温度较高，因此，它们的价格较高。较为常用的是硅酸盐结合的烧结型砖，硅酸盐相则分别为镁橄榄石和钙镁橄榄石。镁铝砖以及镁铬砖的抗碱性熔渣侵蚀能力强、抗酸性熔渣能力比镁砖强、荷重软化温度比镁砖高，高温体积稳定性好，常用于水泥回转窑内的烧成带或者玻璃池窑蓄热室内的格子砖，这样就可以大大提高这些部位耐火砖的使用寿命。但是，与普通镁砖一样，这两种耐火砖由于含有变价的氧化铁，因此不能用于煤气蓄热室。

镁铝砖和镁铬砖的主要区别：铝镁砖以烧结镁石为主要原料，再加入适量含有 Al_2O_3 的原料后，经过烧结而成。它的组成为：MgO 含量 $w(MgO)$ 约为 85%，Al_2O_3 含量 $w(Al_2O_3)$ 为 5%～10%；其主要矿物是方镁石、镁铝尖晶石。镁铬砖以烧结镁石为主要原料，加入适量铬矿后再烧结而成。它的组成为：MgO 含量 $w(MgO)$ 为 55%～80%，Cr_2O_3 含量 $w(Cr_2O_3)$ 为 8%～20%；其主要矿物是方镁石、镁铬尖晶石。

镁碳砖，它是以烧结镁石或电熔镁石为主要原料，再加入适量石墨或含碳有机结合剂，经过高压成型制成。它的碳含量 $w(C)$ 约为 10%～40%，它是碳结合镁砖，其抗渣性良好，不易产生剥落，而且耐热震性好，不易产生热崩裂，所以，适用于熔渣侵蚀严重或温度急变之处。

关于“镁碳砖”的国家标准是 GB/T 22589—2008。

镁锆砖（也称：锆镁砖，参见第 5.1.4.5），其耐火度较高（氧化锆的熔点是 2715 ℃）、常温强度与高温强度都较大（氧化锆颗粒周围的微裂纹会吸收外部应力）、抗 SO_3、CO_2、碱氯蒸气等有害气体侵蚀的能力强、抗熔渣侵蚀的能力强（氧化锆颗粒在 1660 ℃以上才会被熔渣侵蚀）、抗氧化气氛或者抗还原气氛的能力强。特别是 ZrO_2 含量 $w(ZrO_2)$ 为 4%～7%的镁锆砖，其热导率有较大程度降低。另外，镁钙锆耐火砖的强度适宜、抗热震性优良、荷重软化温度也较高、抗水泥熟料的侵蚀性也优异，所以，镁锆耐火砖常用于水泥窑。

关于“镁钙锆砖”的行业标准是 JC/T 0107—2012。

（2）白云石砖

这是由煅烧后的白云石所制成的碱性耐火砖，通常含有 40%以上的 CaO 以及 35%以上的 MgO，另外，还有少量 SiO_2、Al_2O_3、Fe_2O_3 等杂质。若 CaO 与 MgO 的物质的量之比 $n(CaO)/n(MgO)<1.39$，则称为：镁质白云石砖。白云石砖的抗碱侵蚀能力强，其他性能基本类同于镁砖。

按照是否含有游离 CaO，白云石砖又分为以下两类：

第一类是含有游离 CaO 的白云石耐火砖，这类白云石砖按照生产工艺来分，还分为：焦油（沥青）结合的免烧白云石砖、轻烧油浸白云石砖、烧成油浸白云石砖、烧成油浸镁质白云石砖等。由于游离 CaO 会发生水化，所以这类白云石砖的防潮性能较差，可以通过浸没再处理来解决该问题，从而延长其存放寿命而且保持其特性不变。

第二类是不含有游离 CaO 的白云石耐火砖，被称为：稳定性白云石砖，或称：防水化型白云石砖，这类白云石砖可以代替镁砖用于水泥回转窑的高温带。

关于“水泥窑用白云石砖”的行业标准是 JC/T 2272—2014。

(3) 橄榄石砖

这是以镁橄榄石($2MgO \cdot SiO_2$)为主晶相的碱性耐火砖,它的性能和镁砖基本相同,其荷重软化温度比镁砖高(1600～1630 ℃),它的抗碱性熔渣侵蚀能力较强。镁橄榄石砖可以代替镁砖用于水泥回转窑内的高温带或者玻璃池窑蓄热室内的格子砖。但是,与镁砖一样,由于它含有变价的氧化铁,因此,不能用于煤气蓄热室。

(4) 镁质尖晶石砖

这主要包括:镁尖晶石砖、镁铝尖晶石砖、镁铬尖晶石砖、镁铁尖晶石砖、镁铁铝尖晶石砖、镁锰尖晶石砖。镁质尖晶石砖,有烧结型、电熔型和电熔合成再结合型,后两类耐火砖的价格较高。所以,应用较广的便是烧结型尖晶石砖。镁质尖晶石砖是碱性耐火砖(但是,那些不含有方镁石矿物而富含其他元素的尖晶石耐火砖,则属于中性耐火砖)。

20 世纪 90 年代中期问世的第三代镁尖晶石砖,具有抗碱、硫蒸气侵蚀能力强、抗熔渣侵蚀能力强、耐热震能力强、高温抗折能力强等优点,对于水泥回转窑而言,它的挂窑皮能力较强,也能够承受较大的热负荷。总之,它的性能优于铬镁砖,可以取代有环境危害的铬镁砖。

镁铝尖晶石砖,具有较高的高温强度和常温强度、较高的荷重软化温度,抗碱性熔渣侵蚀性较好,耐热震性虽然优于镁砖,但是也不高。可以用它代替镁砖而用于水泥回转窑内的高温带或石灰窑内的高温带或玻璃池窑蓄热室内的格子砖。请注意:尽管该耐火砖中的变价氧化铁含量较低,但是,也仍然不能用于煤气蓄热室。

关于“水泥窑用镁铝尖晶石砖”的行业标准是 JC/T 2036—2010;关于“石灰窑用镁铝尖晶石砖”的行业标准是 YB/T 4446—2014。

镁铝尖晶石($MgO \cdot Al_2O_3$)的理论组成是:$w(MgO)=28.3\%$,$w(Al_2O_3)=71.7\%$。通常,镁铝尖晶石砖中还固溶有方镁石(MgO)或刚玉(Al_2O_3)。如果这种耐火砖中的 $w(MgO)$ 达到 28%～38%,则称为:富镁尖晶石砖。

如果用 Cr^{3+} 代替 Al^{3+},则镁铬尖晶石砖的组分基本类同于镁铝尖晶石砖,镁铬尖晶石砖的性能也类同于镁铝尖晶石砖。另外,还有一种镁铬尖晶石砖,被称为:铬砖。其主要组成为铬尖晶石[$(Fe,Mg)O \cdot (Cr,Fe)AlO_3$],这种砖在金属冶金行业中有所应用。但是,需要注意:由于铬的环境危害大,所以,应当尽可能避免使用含铬的耐火砖。

镁铁尖晶石砖,它是利用特殊的弹性结构制造技术,由二价的镁铁尖晶石制备而成。它的耐火度较高、强度较高、抗碱性优,也具有较强的抗氧化能力或抗还原能力。对于水泥回转窑而言,由于镁铁尖晶石砖的热表面生成有一层黏性极高的钙铁化合物和钙铝铁化合物,因此,它非常有利于挂窑皮。

镁铁铝尖晶石砖,其主要性能与镁铁尖晶石砖很接近,但是,镁铁铝尖晶石砖的热导率却有大大降低,这对于减少窑体的散热损失有益。对于水泥回转窑而言,热导率降低还可以显著地减少筒体的热应力,从而有效地降低筒体的扭曲变形。

关于“水泥窑用镁铁铝尖晶石砖”的行业标准是 JC/T 2231—2014。

镁锰尖晶石砖,其主要性能也与镁铁尖晶石砖接近。

5.1.4.4 碳质耐火制品

碳质耐火制品,这是指以碳或碳化物为主要组成的耐火制品。其中,以无定形碳为主要组成的,被称为:碳素耐火制品;以石墨晶体为主要组成的,则称为:石墨耐火制品;以 SiC 晶体为主要组成的,便称为:碳化硅耐火制品。请注意:碳质耐火制品的抗氧化性能差,所以,使用时要小心。

关于“致密定形含炭耐火制品试验方法”的国家标准是 GB/T 17732—2008。

碳素耐火制品,这主要是碳砖(俗称:炭块)和炭素糊。由于碳的耐酸性、耐碱性及耐盐性都很好,而且碳对于金属增碳有促进作用,因此,碳素耐火制品在金属冶金行业中有所应用。

石墨耐火制品,它也是主要在金属冶金行业中应用,在无机非金属行业应用最多的也就是电加热用的石墨电极[3]。这是因为石墨的导电性能较好。另外，由于石墨抗玻璃液侵蚀以及抗熔融金属液侵蚀的能力都很强，因此，石墨砖常用作浮法玻璃生产线中锡槽内关键部位的耐火砖。

碳化硅耐火制品，它在无机非金属材料领域中得到了较为广泛的应用[3]，例如，电炉用的碳化硅电热体（硅碳棒）、陶瓷窑的窑具（匣钵、棚板、隔焰板等）。碳化硅耐火制品的热导率较高、抗压强度很高、高温抗折强度较高、荷重软化点较高、耐热震性较好。

按照结合方式的不同，碳化硅耐火制品又分为：黏土和氧化物结合 SiC 制品、碳结合 SiC 制品、反应烧结 SiC 制品、氮化物结合 SiC 制品、重结晶型 SiC 制品。后三种 SiC 制品的性能更为优异。

关于"氮化物结合耐火制品及其配套耐火泥浆"的国家标准是 GB/T 23293—2009。

另外，还有所谓的半碳化硅耐火制品（包括：黏土熟料 SiC 制品、高铝 SiC 制品、莫来石 SiC 制品、锆英石 SiC 制品、刚玉 SiC 制品、石墨 SiC 制品等）。半碳化硅制品中的 SiC 含量 $w(\mathrm{SiC})<50\%$，它的热导率较高、强度较高、耐热震性较好。

5.1.4.5 锆质耐火制品

锆质耐火制品，主要包括：锆刚玉砖、锆英石砖、锆莫来石砖与锆镁砖等。当然，也有纯 ZrO_2 耐火制品，但是，其价格昂贵，只能够用于一些特殊用途。

锆刚玉砖，也称：AZS 砖（A、Z、S 分别代表 Al_2O_3、ZrO_2、SiO_2），这是因为它的主要成分及含量为：$w(Al_2O_3)=40\%\sim70\%$、$w(ZrO_2)=20\%\sim50\%$和 $w(SiO_2)\approx10\%$。它既有电熔型，也有烧结型（关于玻璃熔窑用烧结AZS砖的行业标准是 JC/T 925—2003）。由于电熔锆刚玉砖的致密度大（气孔率低），所以，其抗玻璃液侵蚀的能力特别强。于是，它在玻璃窑上获得了广泛应用。另外，由于电熔锆刚玉砖（或称：电熔 AZS 砖，或简称：锆刚玉砖）的外观类似白铁，因此，俗称：白铁转。按照 ZrO_2 含量不同，电熔锆刚玉砖也分为若干档次（例如，AZS-30# 砖、AZS-31# 砖、AZS-33# 砖、AZS-35# 砖、AZS-40# 砖、AZS-41# 砖、AZS-50# 砖）。电熔锆刚玉砖的荷重软化温度在 1700 ℃以上，其耐热震性也较好。但是，由于 ZrO_2 在 1000 ℃时有可逆晶型转化，因此在 900～1150 ℃范围时，应当注意加热速度不能太快，冷却速度也不能太快（≤15 ℃/h）。

关于"玻璃熔窑用熔铸锆刚玉耐火制品"的行业标准是 JC/T 493—2001。

锆英石砖，它是一种酸性烧结型耐火砖，主要用于低碱或无碱玻璃池窑上，以代替电熔锆刚玉砖、电熔刚玉砖、硅砖。锆英石砖的性能几乎是介于电熔刚玉砖和硅砖之间，所以，可以把它作为强化型硅砖。锆英石砖在温度低于 1650 ℃时的电绝缘性好，因此，经常代替电熔 α-刚玉砖来作为电极砖。但是，锆英石砖的抗热震性较差。

关于"玻璃熔窑用致密锆英石砖"的行业标准是 JC/T 495—1992(96)。

锆莫来石砖，它既有烧结砖，也有电熔型。电熔锆莫来石砖的抗玻璃液侵蚀能力强、抗热震性好、保温性好、线性膨胀系数低、分解相中无条纹或结石、纹理均匀且无孔、不会污染玻璃液、易加工、耐磨性能好，所以获得了广泛应用（尤其用于玻璃池窑的低温部位）。

锆镁砖（也称：镁锆砖，参见第 5.1.4.3），它是以电熔镁砂、烧结镁砂、锆英砂、特种添加剂为基本原料（部分原料为细微粉），再采用非常规的颗粒级配，经过 1600 ℃烧结而成。锆镁砖可以取代污染较大的镁铬砖来使用。

5.1.4.6 其他耐火制品

其他耐火材料是指上述未提到的一些的耐火材料，例如，硅线石砖、氧化铬砖、堇青石耐火制品、合成莫来石-堇青石耐火制品等。

硅线石砖，它是由硅线石类矿物制成。硅线石（Silimanite）高温煅烧后转变为莫来石和游离 SiO_2。硅线石砖的耐火度为 1770～1830 ℃，它的荷重软化温度为 1500～1650 ℃。硅线石砖对于玻璃液的污染程度低，所以，常用于日用玻璃窑的冷却部和成型部，硅线石耐火制品也可以用作陶瓷窑的窑具。

氧化铬砖，它是以氧化铬为主的烧结型耐火砖。常用于无碱玻璃窑，这是因为它的抗无碱玻璃液侵蚀能力特别强。当它用于硼硅酸盐玻璃窑时，其抗蚀性比电熔锆刚玉砖或锆英石砖还要好。它的缺点是：它有极强的变色性，这会影响玻璃液的质量。另外，它的抗热震性特别差、电绝缘性也差。

对于堇青石（$MgO \cdot Al_2O_3 \cdot SiO_2$）含量比较高的堇青石耐火制品，它的抗热震性效果优异，而且机械强度高、导热性好、热膨胀系数低，常用以制作陶瓷窑的窑具。堇青石耐火制品是可以利用滑石、α-Al_2O_3以及黏土来制得。但是，请注意：堇青石的生成温度范围很窄：在欠烧时，堇青石的含量不足；而过烧时，又会分解成为莫来石和玻璃体。

关于“热风炉陶瓷燃烧器用堇青石砖”的行业标准是 YB/T 4128—2005。

合成堇青石-莫来石质耐火制品，它是以人工合成的莫来石和堇青石为原料，从而克服了传统生产工艺中尽管莫来石和堇青石这两种矿物的高温性能都是很优异，然而它们的含量却都又很少之缺点。人工合成的堇青石-莫来石质耐火制品是具有优异的耐热震性和高温力学性能，其价格比碳化硅制品低，可以用来制作陶瓷窑的窑具。

5.1.4.7　烧结型耐火砖与电熔型耐火砖的应用区别

电熔型耐火砖，其熔制温度较高，所以，其制备成本较高（价格较高）；相对来讲，烧结型耐火砖，其制备成本较低。但是，由于其致密度大（气孔率低），因此，电熔型耐火砖的抗熔渣侵蚀性明显地优于烧结型耐火砖。电熔型耐火砖相对于烧结型耐火砖而言，还有其他一些特点，这包括：电熔型耐火砖的密度大、常温强度与高温强度也都很高。

在无机非金属材料行业中，水泥窑、陶瓷窑普遍选用烧结型耐火砖。对于玻璃窑来说，与玻璃液直接接触的池壁与池底，则是广泛地选用电熔型耐火砖，这具体包括：电熔锆刚玉砖、电熔α-刚玉砖或电熔$\alpha+\beta$-刚玉砖①、电熔莫来石砖、电熔铝铬砖、电熔高铝砖、电熔石英砖等。其中，以电熔锆刚玉砖的应用最为广泛。当然，再烧结电熔型耐火砖，在玻璃窑上也有应用（例如，刚玉-莫来石砖等）。

5.1.5　不定形耐火材料

不定形耐火材料（Bulk Refractory），这是指由合理级配的颗粒料、粉料以及结合剂共同组成的不需成型和烧成就可以直接使用的耐火材料。其中，颗粒料，被称为：骨料（也称：集料，Aggregate）；粉料，被称为：掺合料（Refractory Powder）；结合剂，也被称为：胶结剂（Binder）。不定形耐耐火材料也称为：散状耐火材料。这是因为这类耐火材料没有固定的外形，可以制成浆料、泥膏料以及松散料。另外，不定形耐火材料也被称为：整体耐火材料（Monolithic Refractory）。这是因为利用此类耐火材料可以制成无接缝的整体耐火构筑物。

关于“不定形耐火材料的包装、标志、运输和储存”的国家标准是 GB/T 15545—1995。

关于“不定形耐火材料分类”的国家标准是 GB/T 4513—2000。

按照其施工方式的不同，不定形耐火材料可以分为：耐火浇注料、耐火可塑料、耐火捣打料、耐火喷射料、耐火投射料、耐火泥等。

5.1.5.1　耐火浇注料

耐火浇注料（简称：浇注料），其全称为：浇筑耐火材料（Refractory Castable）。由于它的基本组成、施工过程以及硬化过程，与混凝土类同，因此，耐火浇注料也被称为：耐火混凝土。

使用耐火浇注料时，则要加入一定量的结合剂和水分，以提高它的和易性。为了改善它的性能，还可以另外添加塑化剂、减水剂、促硬剂等。

耐火浇注料最常用的骨料是铝矾土熟料（Bauxite Chamotte 或 Bauxite Grog 或 Calcined Bauxite）。此外，黏土质骨料、半硅质骨料、硅质骨料、镁质骨料（海水镁砂、电熔镁砂、白云石等）、叶腊石质骨料、蓝晶石质原料、刚玉质骨料、工业氧化铝、碳化硅、氮化硅、铬铁矿、锆英石等，也都可以

---

①　β-刚玉砖只能用于不与玻璃液相接触的玻璃池窑上部结构（胸墙与大碹）[3]，参见第 5.1.4.2(4)。

作为耐火浇注料的骨料使用。耐火浇注料常用的结合剂包括:高铝水泥、水玻璃、硅酸乙酯、磷酸以及磷酸盐等。

由于耐火浇注料中骨料与掺合料的强度比结合剂硬化后的强度更高,因此,其构筑体的常温强度以及高温强度都取决于结合剂硬化体的强度。浇注料构筑体的耐高温性能在很大程度上也是取决于结合剂:增加浇注料中结合剂量通常会降低其构筑体的高温体积稳定性以及抗渣性。浇注料构筑体的抗热震性要比同材质的烧结型耐火砖更好,因为浇注料硬化体能够吸收或缓冲热应力与热应变。

关于特种耐火浇筑料,这包括:钢纤维增强型耐火浇筑料、利用超微粉技术的低水泥耐火浇筑料、超低水泥浇筑料与无水泥耐火浇筑料、耐碱型耐火浇筑料、隔热耐火浇筑料等。

关于"耐火浇注料"的行业标准有:JC/T 498—92(96)、JC/T 2160—2012、JC/T 708—1989(1996)、JC/T 807—1989(96)、JC/T 499—1992(96)、YB/T 5083—1997(2005)、YB/T 4110—2009,关于这些标准的具体名称,请在附录12中寻找。

5.1.5.2 耐火可塑料

耐火可塑料(简称:可塑料),其全称为:可塑耐火材料(Plastic Refractory)。这是一种在较长的时间内都具有较高塑性而且呈软泥状的不定形耐火材料。它是由合理级配的颗粒和细粉料并且加入适量的结合剂以及增塑剂与水混练而成。耐火可塑料的颗粒料和细粉料一般占其总量的70%~85%,它们可以用各种耐火原料来制备,最常用的是硅酸铝质耐火原料。

耐火可塑料的结合剂多为黏土和其他化学结合剂(水玻璃、硫酸、硫酸铝等)。可塑料的凝结硬化程度主要取决于结合剂的作用。为了改善以软质黏土作结合剂的可塑料在施工后硬化缓慢和强度低这一缺点,便经常使用气硬性结合剂与热硬性结合剂(磷酸铝是使用最广泛的热硬性结合剂,用其作结合剂的可塑料在施工后经过干燥就可以获得很高的强度)。

可塑料在高温下具有良好的烧结性与较高的体积稳定性。

关于"黏土质和高铝质耐火可塑料"的行业标准是YB/T 5115—1993。

由于耐火可塑料在硬化之前的可塑性较高,而且在硬化后便具有一定的强度,所以常用于窑炉的捣打内衬,也可以用于窑炉内衬的局部修补。

5.1.5.3 耐火捣打料

耐火捣打料(简称:捣打料,Ramming Refractory),这是一种呈松散状、以强力捣打方法进行施工成型的不定形耐火材料。它主要由合理级配的耐火颗粒料、细粉料以及适量的结合剂组成。颗粒料与细粉料则由耐火原料来制成。

耐火捣打料中颗粒料与细粉料所占的比例很高,而结合剂和其他组分所占的比例很低,甚至有的耐火捣打料全部是由颗粒料与细粉料组成。耐火捣打料可以在常温下施工,主要用作与熔融物料直接接触部位的窑衬。这要求颗粒料和细粉料必须具有很高的体积稳定性、致密性和抗渣性,必要时还要求有绝缘性。通常,都是采用经过高温烧结或熔融的原料。结合剂根据颗粒料与细粉料的材质要求和使用要求来选择,可以选用硅酸钠、硅酸乙酯、硅胶、氯化镁、硫酸镁、磷酸镁、沥青、树脂、软质黏土、磷酸、磷酸铝等。但是,在耐火捣打料中不用任何水泥来作结合剂。

5.1.5.4 干式耐火振动料

干式耐火振动料(简称:干式振动料,俗称:干式料,Dry Vibratable Refractory),它较多含有某些临时结合剂。使用时,先使用振动或捣打的方法在干状态下施工,然后再经过烘烤后脱模。使用干式振动料往往是临时措施。类似的还有接缝耐火材料(简称:接缝料)、压入耐火材料(简称:压入料,俗称:炮泥)以用于修补,堵漏等临时措施。

5.1.5.5 耐火喷射料与耐火投射料

耐火喷射料(简称:喷射料,Gunning Mix Refractory),它主要由合理级配的耐火颗粒料和细粉料以及适量的结合剂所组成。颗粒料与细粉料的材质根据使用要求而确定。喷射料是采用以压缩空气为动力的喷射机具来进行喷射施工，主要用于冷态下修补和修筑窑衬，也适用于热态下修补窑衬。

关于“水泥窑用耐火喷射料”的行业标准是 JC/T 0232—2013；关于“水泥窑用耐火材料抗附着性试验”的行业标准有：JC/T 0110—2012。

耐火喷射料的附着性是其最重要性质之一。影响附着性的最主要因素是喷射料本身的黏结性：黏结性好的喷射料，其附着性也强。喷射料的耐火性以及抗渣性与其材质有关。与耐火浇筑料相比，耐火喷射料由于是喷射施工而使其构筑物的密度得到提高，因而耐火喷射料的抗渣性也较好。

耐火投射料（简称：投射料，Slinger Mix），其组成及性质与耐火喷射料相同，只是将喷射施工法改为高速旋转的投射机具（线速度为 50～60 m/s），这样就直接将耐火料投射到基底之上，从而构成高致密度的耐火构筑物。

5.1.5.6　耐火涂抹料

耐火涂抹料（简称：涂抹料，Coating Refractory），它是由细耐火骨料、细粉与结合剂混合而成。它多呈膏状或泥浆状，可以用手工涂抹或机械涂抹的方法将其涂抹或喷涂在高温工作表面上。

5.1.5.7　耐火泥

耐火泥（Refractory Mortar）是由耐火粉料与结合剂组成的、供调制泥浆所用的不定形耐火材料。耐火泥主要用作砌筑耐火砖时的砖缝料和涂层材料。

关于“耐火泥”的相关标准，可以参考：GB/T 14982—2008、GB/T 2994—2008、GB/T 22459.1～7—2008、YB/T 384—1991(2005)、YB/T 114—1997(2005)、YB/T 5009—1993、YB/T 150—1998，关于这些标准的具体名称，请在附录 12 中寻找。

配制耐火泥的关键主要是制备和选用粉料以及结合料。粉料可以选用其材质与砌筑砖材或者基底材料相同或相近的熟料（充分烧结的熟料）以及其他体积稳定的耐火原料，再将其磨制成细粉。按照粉料材质的差异，通常将耐火泥划分为：黏土质、高铝质、硅质和镁质等。粉料的粒度依据耐火泥的使用要求而定，其极限粒度一般小于 1 mm，有的会小于 0.5 mm 或者更细（具体的粒度一般不超过砖缝或涂层厚度的 1/3）。制备普通耐火泥所用的结合剂为塑性黏土。如果要求耐火泥在常温或者中温时具有较快的硬化速度与较高的强度，同时又要求其在高温下仍具有优良性质，则应当掺入适当的化学结合剂（例如，水玻璃、水泥、磷酸），然后，再配制成为化学结合的耐火泥或复合耐火泥。耐火泥浆在硬化后，除了在各种温度下具有较高的强度以外，还具有收缩率小、接缝严密、抗渣性强等优点。

5.1.6　保温耐火材料

保温耐火材料，其保温功能是利用它的空隙来实现，其原理是气体的热导率很低（参见第 2.1.2.2），所以，保温耐火材料就是气孔率很高（40%～85%）的多孔结构材料。多孔结构也会显著降低耐火材料的体积密度，因此保温耐火材料也叫做：轻质耐火材料。当然，多孔结构也造成耐火材料的其他性能降低，例如，强度降低、耐磨性变差、抗渣性变差（熔渣会很快侵入气孔内破坏）、热稳定性变差等。“强度降低”使其不能用于承重部位，“耐磨性变差”使其不能用于热气流冲刷大的部位或机械振动大的部位，“抗渣性变差”使其不能用于耐火材料会直接接触物料的那些窑炉内（例如，水泥窑、玻璃窑），而只能用于耐火材料不会与物料接触的那些窑炉内（例如，陶瓷窑）。“热稳定性变差”则需要在设计窑炉时认真核算砖缝宽度。但是，多孔结构也有优点，例如，能够显著地降低耐火材料的热导率以及比热容，这样就会大大降低窑墙的散热损失与蓄热损失，也可以因此来减薄窑墙从而改变传统窑炉的笨重形象。所以，使用保温耐火材料已经成为现代陶瓷窑的重要标志之一。

保温耐火材料主要有三类：轻质耐火砖、耐火纤维以及空心球耐火制品。

5.1.6.1　轻质耐火砖

轻质耐火砖，这是气孔率很大的耐火砖，其生产方法主要有：泡沫法、化学法、多孔原料法。无论是采用哪种方法，其根本都是在耐火砖内产生较多的气孔。

几种常用的轻质耐火砖包括：轻质硅砖、轻质黏土砖、轻质高铝砖、轻质刚玉砖、轻质莫来石砖。关于这些轻质耐火砖的体积密度、安全使用温度、比热容以及热导率，参见附录2中的附表2.3。

轻质硅砖，其体积密度为900～1100 kg/m³，常温耐压强度为1.96～5.83 MPa，350 ℃时热导率为3.49～4.19 W/(m·℃)，耐热震性比硅砖要高，高温时略有膨胀，1450℃时它的膨胀率<0.2%。

关于"轻质硅砖"的行业标准是YB/T 386—1994(2005)。

轻质黏土砖，其体积密度为750～1200 kg/m³，常温耐压强度为0.98～5.88 MPa，300 ℃时它的热导率为0.795～2.93 W/(m·℃)，使用温度一般为1450 ℃，最高使用温度为1200～1400 ℃。

关于"轻质黏土砖"的国家标准是GB/T 3994—2013。

轻质高铝砖，其气孔率为66%～76%，体积密度为400～1500 kg/m³，常温耐压强度为1.45～7.84 MPa，350 ℃与500 ℃时它的热导率分别为0.2～0.5 W/(m·℃)与2.9～5.82 W/(m·℃)，耐热震性较好，重烧线变化率小，可以长期在1250～1350 ℃的温度范围内使用，最高使用温度为1350～1650 ℃(使用工业氧化铝以及高铝矾土等原料所生产的轻质高铝砖或轻质刚玉砖之耐火度高达1800 ℃，最高使用温度可以达到1650 ℃)。

关于"轻质高铝砖"的国家标准是GB/T 3995—2006。

当该砖材中的Fe_2O_3和SiO_2的含量很少时，它能够抵抗H_2、CO等还原气体的破坏作用，所以用该砖材砌筑的窑炉内允许通入H_2、N_2、CH_4等保护性气体[3]。

轻质刚玉砖，它是以电熔刚玉、烧结氧化铝与工业氧化铝为主要原料制备而成。其生产工艺主要有两种：泡沫法和烧烬加入物法。轻质刚玉砖中Al_2O_3含量$w(Al_2O_3)$为90.2%～91.6%，体积密度为1200 kg/m³，常温耐压强度为8～10 MPa，重烧线变化率(1600 ℃，3 h)为0.01～0.03，1000 ℃时的热导率为0.6～0.8 W/(m·℃)，0.1 MPa荷重软化温度为1530～1590 ℃，耐热震性(1000 ℃时空气冷却)≥50次。

关于"轻质刚玉砖"的行业标准是YB/T 4134—2005。

轻质莫来石砖，它是以莫来石为专用原料制备而成，具有耐高温、强度高、保温效果好、可以直接接触火焰等特点。

5.1.6.2 耐火纤维

耐火纤维(Refractory Fiber)，这是指由无机纤维所构成的耐火材料产品，具有耐火保温效果。具体来说，它可以耐高温(最高使用温度达到1250～2500 ℃)、体积密度低(仅为100～200 kg/m³，约是黏土砖的1/10～1/20、约为轻质黏土砖的1/5～1/10)、保温效果好(例如，硅酸铝质耐火纤维的热导率仅为黏土砖的20%或轻质黏土砖的38%)、比热容低(约为耐火砖的1/72、约为轻质耐火砖的1/42)、耐腐蚀、柔软性好、易加工、施工方便等优点。生产耐火纤维的方法则包括：熔融喷吹法、熔融提炼法和回炉法、高速离心法、胶体法、载体法、单晶拉丝法、先驱体法与化学法等。

关于"耐火纤维"的国家标准有：GB/T 17911—2006、GB/T 3003—2006、GB/T 17911.1～6—1999、GB/T 17911.7—2000、GB/T 3008—1982.关于这些标准的名称，请在附录2中寻找。

具体的耐火纤维包括：

非晶质纤维，例如，玻璃质石英纤维，其使用温度为1000～1200 ℃；硅酸铝质纤维，其使用温度为1200～1400 ℃。

多晶纤维，例如，硅酸铝质高铝纤维，其使用温度<1400 ℃；莫来石质纤维，其使用温度<1500 ℃；氧化锆纤维，其使用温度<1600 ℃；钛酸钾纤维，其使用温度为1100～1200 ℃；碳化硼纤维，其使用温度<1500 ℃；碳纤维，其使用温度<2500 ℃；硼纤维，其使用温度<1500 ℃。

单晶纤维，例如，碳化硅纤维，其使用温度<2000℃；氧化铝纤维，其使用温度<1800 ℃；氧化镁纤维，其使用温度<2000 ℃。

复合多相纤维,例如,硼-钨纤维,其使用温度<1700 ℃;碳化硅-钨纤维,其使用温度<1900 ℃;碳化硼-钨纤维,其使用温度<2000 ℃。

金属纤维,例如,碳素钢纤维,其使用温度<1400 ℃;钨纤维,其使用温度<3400 ℃;钼纤维,其使用温度<2600 ℃;铍纤维,其使用温度<1280 ℃。

从耐火温度、保温效果以及购置成本等综合效益指标来考虑,在陶瓷窑炉上广泛应用的耐火纤维包括:(硅酸铝质)高铝纤维、莫来石质纤维、氧化锆纤维、氧化铝纤维以及复合多相纤维。由于它们在成分上属于陶瓷,因此这类纤维又叫做:陶瓷棉(Ceramics Wool)。具体使用时,常作为散状填充材料使用,也可以制成为带(Belt)、绳(Rope)、毯(Blanket)、毡(Felt)、板(Board)、布(Paper)、砖(Brick)、单层折叠板(又称:Z 形砌块,Z-Block)、双层折叠块(又称:G 形砌块,G-Block)等各种耐火制品使用。

5.1.6.3　空心球耐火制品

随着科学技术的发展,已经有玻璃材质、陶瓷材质以及碳素材质的空心球材料相继问世,而且也应用到许多科技领域中。在无机非金属材料领域,将其作为高温窑炉的衬料可以有效地提高窑炉的热效率,缩短生产周期,还能够大大减轻炉体自重。除此以外,空心球耐火制品也可以作为耐火材料的轻质骨料(粗颗粒)、填料(细颗粒)以及化工生产的催化剂载体。主要应用的空心球耐火制品是氧化铝空心球耐火制品与氧化锆空心球耐火制品。

(1) 氧化铝空心球耐火制品

用氧化铝空心球制成的耐火制品,除了耐高温、保温性能好以外,还具有较好的热震稳定性与较高的强度。空心球材料的体积密度小、比热容小。氧化铝空心球制品能够在 1800 ℃以下长时间地使用,在高温下也具有较好的化学稳定性和耐侵蚀性,在 H_2 气氛中使用也非常稳定。

氧化铝原料用电弧炉熔融至约 2000 ℃,将熔液倾倒出来,其液流同时用高压空气吹散为小液滴,这些小液滴在空气中冷却时便在表面张力的作用下成为氧化铝空心球,然后还需要除去细粉、碎片、颗粒以及使用磁力除铁,还要剔除破球后才能够成为合格品。将 70%的合格氧化铝空心球料与 30%的氧化铝细粉利用硫酸铝为结合剂,混料均匀后用木模架加压振动成型为坯体,坯体干燥后,再高温烧成或轻烧为氧化铝空心球制品。它的化学成分及含量为:$w(Al_2O_3)\geqslant 98\%$,$w(SiO_2)\leqslant 0.5\%$,$w(Fe_2O_3)\leqslant 0.2\%$;体积密度约为 1310 kg/m^3,显气孔率为 60%～70%,常温热导率为 0.7～0.8 W/(m·℃),常温耐压强度≥9.8 MPa,耐火度≥1790 ℃,0.2 MPa 荷重软化温度≥1700 ℃,使用温度在 1800 ℃以下。

(2) 氧化锆空心球耐火制品

由于氧化锆的熔点高达 2700 ℃,所以氧化锆空心球耐火制品能够在更高的温度下使用,在 2200 ℃下可以长时间使用。但是,在某些温度范围内,氧化锆会发生晶型转变而不能稳定使用。氧化锆制品可以作为 2200～2400 ℃超高温炉的内衬以及真空感应炉的炉壁填充材料,还可以制作(烧成耐高压电容器用的)耐火架子砖。

将锆英石砂与一定量的焦炭、铁屑以及稳定剂(CaO 或 MgO)在电弧炉中熔融后,用压缩空气吹制氧化锆空心球,这样能够让 50%以上的氧化锆成为立方晶型 ZrO_2。将冷却后的熔块进行粉碎,便可以得到以下成分稳定的氧化锆原料:$w(ZrO_2+CaO)=97\%\sim 99\%$,$w(SiO_2)=0.1\%\sim 0.7\%$,$w(Fe_2O_3)=0.20\%\sim 0.70\%$,$w(TiO_2)=0.30\%\sim 1.00\%$。将氧化锆原料再在倾注式电弧炉中熔融到一定程度时便倾倒熔液,同时用 30 m/s、0.45 MPa 的高压高速水流冲散熔液,经过磁选、筛分后便获得了合格的氧化锆空心球料。若以氧化锆空心球料(65%～70%)与氧化锆细粉(35%～30%)为原料,再以硼酸水溶液为结合剂,混料均匀后加压振动成型,便可以在坯体干燥后烧成(1700～1800 ℃)为氧化锆空心球制品。它的显气孔率为 55%～60%,体积密度为 2500～3000 kg/m^3,常温热导率为 0.23～0.35 W/(m·℃),常温耐压强度≥4.9 MPa,耐火度>2400 ℃,安全使用温度可以达到 2200 ℃。

5.1.7 特种耐火材料简介

特种耐火材料是相对于普通耐火材料而言的。正如以上所述，普通耐火材料主要用于热工设备（尤其是窑炉）。而特种耐火材料，则远超出了热工设备的应用范围。它除了应用于特高温热工设备与特殊热工设备以外，还应用于更广阔的领域（例如，航空航天领域、核能发电领域、磁流体发电装置与电气体发电装置、电子领域与微电子领域、激光应用领域等）。因此，特种耐火材料也就被称之为：耐高温材料（简称：高温材料，High Temperature Materials），或称：高温陶瓷（High Temperature Ceramics），还被称之为：超高温陶瓷（Ultra-high-temperature ceramics ，简称：UHTCs）。特种耐火材料的问世则是由于科技发展对于材料制备提出了更高要求，研制具有纯度高、熔点高（1700～4000 ℃）、抗热震性优良、高温强度大以及致密度高的特种耐火材料，也就成为必然。这些高纯度的材料，主要就是一些高熔点的氧化物材料、碳化物材料、氮化物材料、硼化物材料、硅化物材料、硫化物材料、金属陶瓷、玻璃陶瓷、陶瓷涂层、陶瓷纤维以及纤维增强材料。

高熔点的氧化物材料，一般从超过 SiO_2 熔点（1728 ℃）的金属氧化物中选取。高熔点的氧化物，大约有 60 多种，但是，作为特种耐火材料，除了要具有高熔点以外，还必需具备多种高温性能与较为成熟的制造工艺。迄今，大约约有 11 种高熔点氧化物可以用来制备特种耐火材料制品。它们是：Al_2O_3（刚玉）、MgO、BeO、ZrO_2、CaO、SiO_2（熔融石英）、ThO_2、UO_2、$3Al_2O_3 \cdot 2SiO_2$（莫来石）、$ZrO_2 \cdot SiO_2$（锆英石）、$MgO \cdot Al_2O_3$（镁铝尖晶石）等。

氧化物之外的高熔点碳化物、氮化物、硼化物、硅化物、硫化物，统称为难熔化合物。用来制备特种耐火材料的难熔化合物有：SiC、TiC、B_4C、HfC、Cr_3C_2、Si_3O_4、BN、AlN、TiB_2、ZrB_2、LaB_6、$MoSi_2$、$TaSi_2$、TaS、CeS 等。其中，HfC 的熔点最高（3887 ℃）。这些难熔化合物既可以作为特种耐火材料，又因为它们硬度高（耐磨性好）而作为磨料（Abrasive）。在特种陶瓷领域，这些难熔化合物属于“结构陶瓷”的范畴。在制备方面，制备难熔化合物所用的原料几乎都是人工合成的。其中，SiC、B_4C、AlN、ZrB_2、LaB_6、$MoSi_2$、Sialon（赛隆，Silicon Aluminuet Oxynitncle，硅铝氧氮聚合固溶体）的制备工艺较为成熟。

与直接利用自然矿物作为原料的普通耐火材料所不同，特种耐火材料所用的原料则是通过人工合成或者人工提纯而得到。相对于普通耐火材料，特种耐火材料具有以下几个特点：

第一，特种耐火材料的组成不再限于硅酸盐的范围，而且其原料的品位高、纯度高（＞95％，个别＞99％），熔点高（＞1728 ℃）。

第二，特种耐火材料坯体的制备工艺也不限于制备普通耐火材料坯体的干压法，而利用注浆法、可塑法、等静压法、热压注浆法、气相沉积法、化学蒸镀法、热压法、熔铸法、等离子体喷涂、轧膜法、爆炸法等成型工艺，用于成型的原料大多是微米级或纳米级的细微粉。

第三，特种耐火材料坯体需要在更高温（＞1600～2000 ℃）以及各种气氛中烧成，烧成设备也是多种多样。

第四，特种耐火材料的体型也更丰富，既有砖、棒、罐、管、板、片、坩埚等传统形状，也有中空球状、纤维状，甚至还有高度分散的不定形制品、透明或半透明制品、宝石般的单晶以及硬度仅次于金刚石的超硬制品。

第五，除了耐高温以外，特种耐火材料还具有更优良的热性能、电性能、机械性能、化学性能，它的应用范围也更广泛，几乎在各行各业都有应用。

5.2 保温材料简介

保温材料，其学术名称为：热绝缘材料（Thermal Insulate Material）。保温材料的其他名称还有：保温隔热材料、隔热材料、绝热材料。保温材料的最重要性能指标，就是其热导率 κ。

气体的热导率很低(参见第 2.1.2.2),因此,气孔可以作为保温介质。所以,保温材料常为多孔结构,当然,多孔结构也会造成材料的体积密度较低,因此,保温材料也叫做:轻质保温材料。如果将保温材料进行抽真空处理,那么其保温效果将会更好。

在日常生活中,保温材料的应用非常广泛。从人们穿的棉衣或保暖内衣到建筑物外墙的保温砖,到处都可以看到保温材料的应用实例。在常温下,最好的保温材料就是经过抽真空处理后的保温体,其保温性能十分优异,只是其价格较高。

筑炉材料中的保温材料,则要承受一定的温度(1000 ℃以下)。然而,其主要功能仍然是隔热保温。当然,保温材料的多孔结构,也使其机械强度变低、耐磨性变差、抗渣性变差。

作为筑炉材料的保温材料,按照其形状来分,可以分为:轻质保温制品、隔热浇筑料、轻质保温板、耐火纤维制品等。

(1) 轻质保温制品(Lightweight Thermal Insulation Product)

关于轻质保温制品,主要有:硅藻土砖、膨胀蛭石制品、膨胀珍珠岩制品、漂珠砖、泡沫玻璃制品、加气耐火混凝土砖等。

硅藻土砖(Diatomite Brick):它是以天然硅藻土为原料制备而成。天然硅藻土是藻类的有机体腐败后所形成的一种松软多孔矿物,具有良好的隔热保温性能。它的主要成分是 SiO_2,主要杂质有 MgO、Al_2O_3、Fe_2O_3 和 CaO 等,硅藻土砖的气孔率>72%,常温耐压强度较低(0.39～3.0 MPa)。关于硅藻土砖的体积密度、安全使用温度、比热容以及热导率,参见附录 2 中的附表 2.4。

关于“硅藻土隔热制品”的国家标准是 GB/T 3996—1983。

膨胀蛭石制品(Expanded Vermiculite Product):它是一种铁质、镁质的含水硅酸盐矿物。它的化学组成为$(Mg \cdot Fe) \cdot H_2O \cdot (Si \cdot Al \cdot Fe)_4 \cdot O_{10} \cdot 4H_2O$,具有薄片状结构,其层间含水 5%～10%,受热后的体积膨胀形如蠕动的水蛭,故取名:蛭石。蛭石的体积膨胀率为 10～30 倍。膨胀后蛭石的吸水率高达 40%,常温耐压强度为 0.2～0.5 MPa,耐火度为 1300～1370 ℃,使用温度为 900～1000 ℃,关于膨胀蛭石制品的体积密度、安全使用温度、比热容以及热导率,参见附录 2 中的附表 2.4。

关于“膨胀蛭石制品”的行业标准是 JC/T 442—2009。

膨胀珍珠岩制品(Expanded Pearlite Product):它是以珍珠岩为原料制备而成。珍珠岩是酸性的玻璃质火山熔岩,将其在 400～500 ℃的温度下脱水后,再急热至 1150～1380 ℃,便会急剧膨胀,这样可以得到体积密度为 40～65 kg/m^3、耐火度为 1280～1360 ℃的膨胀珍珠岩,它具有化学稳定性好、隔热、隔音、防火、阻燃等特性。按照胶结剂的不同,膨胀珍珠岩制品又可以分为:普通珍珠岩制品、水泥结合珍珠岩制品、水玻璃结合珍珠岩制品、磷酸盐结合珍珠岩制品与沥青结合珍珠岩制品,关于它们的体积密度、安全使用温度、比热容以及热导率,参见附录 2 中的附表 2.4。

关于“膨胀珍珠岩制品”的国家标准中 GB/T 10303—2001。

漂珠砖(Floating Bead Product):它是由火力发电厂锅炉燃烧煤粉时产生的高温熔融煤灰骤冷后所形成的玻璃质球体。它的质地轻、中空、壁薄、光滑、耐高温、隔热效果好,也能够漂浮于水面,因此得名:漂珠。其矿物组成包括:80%～85%的玻璃相、10%～15%的莫来石相以及大约 5%的其他相。由于漂珠的主要相为玻璃体,因此,在高温下容易析晶(开始析晶的温度一般为 1100 ℃)。漂珠可以制成各种类型隔热保温制品,其体积密度为 500～900 kg/m^3,常温耐压强度为 2.4～5 MPa,耐火度为 1610～1730 ℃,软化变形温度为 1050～1250 ℃,最高使用温度为 900～1200 ℃。

泡沫玻璃制品:它是多气孔的玻璃产品[3],有保温(闭口气孔多时)、吸音(开口气孔多时)、阻燃、耐侵蚀、易加工等特点。其基本生产过程是:细研磨的玻璃粉末,在添加碳酸盐或碳粉等发泡剂后,再添加“发泡促进剂”和“改性促进剂”,然后,混合为配合料。装有配合料的模具在高温炉中经过预热(≤400 ℃)、烧结(约 700 ℃)、发泡(约 850 ℃保温)、退火(快冷到 600 ℃后再慢冷退火)。最后,切割、加工、检验与包装后成为产品。0 ℃以上时，泡沫玻璃制品的热导率参见附录 2 中的附表 2.4。

关于“泡沫玻璃绝热制品”的行业标准是 JC/T 647—2014。

加气耐火混凝土砖：它是将耐火原料、胶结剂与外加剂按照一定的比例配制，再利用化学法制备而成。它具有保温效果好、强度高、体积密度低以及使用温度较高的优点。

关于“蒸压加气混凝土砌块”的国家标准是 GB 11968—2006；而关于“水泥窑用陶粒轻质耐火混凝土砌块”的行业标准是 JC/T 804—1987(1996)。

(2) 隔热浇筑料 (Thermal Insulation Castable)

隔热浇筑料主要包括：普通型隔热浇筑料、高强型隔热浇筑料、普通型耐碱浇筑料以及低水泥型耐碱浇筑料。

隔热浇筑料，通常都采用高铝水泥为结合剂，但是，它们的骨料却有所差异：普通型隔热浇筑料是采用膨胀珍珠岩、膨胀蛭石和废弃的轻质砖等原料为骨料；高强型隔热浇筑料则采用耐火黏土陶粒、粉煤灰陶粒、页岩陶粒等原料为骨料；耐碱浇筑料所采用的是耐碱的轻质骨料。

(3) 轻质保温板(Lightweight Thermal Insulation Plate)

轻质保温板，主要是硅钙板。

硅酸钙板(简称：硅钙板)，它是以硅藻土与石灰为主要原料，然后再加入增强纤维制备而成的保温制品，具有工作温度高、质地轻、保温性能好、强度合适、使用方便等优点。硅酸钙板可锯可钉，也能够制成板、块或套管等各种形状。可以用作电力、化工、冶金、船舶、建材等行业中的热力管道以及工业窑炉的保温材料，也可以作为仪器、仪表及设备的防火隔热材料。在建筑领域，还将硅酸钙板的两面粘贴熟料饰面板、胶合板、石棉水泥板等，从而做成各种复合板，它们兼备装饰、防火作用，还可以作为隔音材料。

关于“硅酸钙绝热制品”的国家标准是 GB/T 10699—1998；而关于“纤维增强硅酸钙板”的行业标准是 JC/T 564—2000。

在国外，硅酸钙板主要有两大发展方向：

第一，以欧洲产品为代表的高温高强型，其特点为：使用温度高(最高 1000 ℃)、机械强度高(抗折强度＞0.8 MPa)、高温性能好(高温下使用后其强度损失很小甚至还略有提高)、体积密度适中(260～290 kg/m^3)。

第二，以日本产品为代表的超轻型，其特点为：体积密度低(＜130 kg/m^3)、热导率低、机械强度适中(抗折强度＞0.2 MPa)、使用温度有高有低(高温性能能够满足基本要求)。

这样，硅酸钙板的应用将更加广泛。美国标准(ASTM C588—85)规定了硅酸钙板的物理性能以及尺寸允许偏差。

(4) 耐火纤维制品(Refractory Fiber Product)

作为保温材料的耐火纤维制品，属于低温耐火纤维(高温耐火纤维则属于耐火材料)。包括各种类型的玻璃棉、石棉(或称：岩棉)、矿渣棉以及一些散状物质，它们的使用温度一般不超过 900 ℃。

玻璃棉，这是将熔融玻璃拉成玻璃纤维后，再形成棉状材料[3]。其化学成分属于玻璃，具有体积密度小、保温性能好、吸音性能好、耐腐蚀、化学性能稳定等特点。关于超细玻璃棉制品的体积密度、安全使用温度、比热容以及热导率，参见附录 2 中的附表 2.4。

关于“玻璃棉及其绝热制品”的国家标准是 GB/T 13350—2008。

石棉(或称：岩棉)：这是具有纤维状结构而且可以剥成细微柔软状纤维的一类物质之总称。常用的石棉是蛇纹石石棉(或称：温石棉)，其化学组成为 $3MgO \cdot 2SiO_2 \cdot 2H_2O$，并含有少量 Fe、Al、Ca 等杂质。石棉纤维的轴向抗拉强度可以达到 294 MPa。加热到 600～700 ℃时，石棉的结构水会全部逸出而使其强度降低，进而变脆、粉化和剥落，到 1500 ℃时便被熔融。关于石棉及其制品体积密度、安全使用温度、比热容与热导率，参见附录 2 中的附表 2.4。石棉的介电性能好，也具有耐热、耐碱、隔热、绝缘和防腐等性能，也可以制成各种型材，它们的最高使用温度为 500～550 ℃。然而，石棉对于人身体的危害很大，因此，通常禁止使用。

关于“温石棉”的国家标准是 GB/T 8071—2008。

矿渣棉：这是将熔融后的高炉矿渣利用高压水蒸气喷射成雾状后再冷却而成。它是纤维状渣棉，它的主要特点是：耐高温、保温效果好。关于矿渣棉及其制品的体积密度、安全使用温度、比热容以及热导率，参见附录 2 中的附表 2.4。

关于“矿渣棉”的国家标准是 GB/T 11835—2007。

散状物质的实例之一就是水渣，它是将冶金熔渣用冷水冲入水池急冷后而得到的轻质与疏松的散粒状物料，可以作为保温材料使用。

5.3 筑炉材料中的建筑材料简介

正如在第 5.2 中所述，保温材料是利用其内部的空隙来实现保温。因此，保温材料也是多孔结构材料。也正是因为它具有多孔结构，因此，保温材料的强度很低，它在热工设备中需要依附在像建筑砖材、建筑钢材这样的建筑结构材料体上。

就筑炉材料而言，耐火材料耐高温、保温材料减少散热、建筑砖材抗压、建筑钢材抗拉与抗折。上述材料各有特长、各负其责、各尽其能，于是它们便构成传统窑炉的窑墙结构。但是，请注意：现代陶瓷窑的窑墙结构，则广泛使用轻质保温耐火材料来取代“耐火材料与保温材料”的组合，这样就可以减薄窑墙，以减少蓄热损失。

筑炉材料中的建筑材料，尽管不需要耐高温，但是也应当具有一定的耐热能力。在耐热方面，有机材料的表现较差。因此，筑炉用的建筑材料主要是无机非金属材料类（抗压）与金属材料类（抗拉与抗折）。前者包括：建筑砖材、水泥及混凝土（水泥与混凝土是本专业核心课程“无机非金属材料工学”[5]或“无机非金属材料工艺学”[9]中的核心内容，对此本教材不再重述）；后者则包括：工字钢、槽钢、方钢、钢板、圆钢、钢管、螺栓与螺母等。另外，请读者注意：在现代化窑炉中，由于广泛使用轻质耐火保温材料、金属钢架、金属钢板或金属薄板，因此，建筑砖材的作用越来越小。

5.3.1 建筑砖材

传统的陶瓷窑，使用建筑红砖或青砖一类的建筑砖材，如图 5.6 所示。其目的是利用它所具有的较高常温抗压强度来提高窑炉的结构强度。另外，建筑砖材也被用来砌筑窑炉的围护墙、砌体基础以及低温段烟道（<500 ℃的烟道段）。

图 5.6 筑炉用的建筑砖材

按照抗压强度大小（单位：MPa）的不同，建筑红砖①被分为六个强度等级：MU30、MU25、MU20、MU15、MU10、MU7.5 。

一块标准建筑红砖的尺寸为 240×115×53(mm)，体积密度在 1600～1700 kg/m^3 的范围，每块砖的自重约为 2.5 kg。作为筑炉材料而言，为了保证砖缝尽可能小，对于其尺寸的要求应当比民用建筑高。按照其尺寸允许的偏差，筑炉用建筑红砖又被分为两个等级品，如表 5.7 所示。另外，筑炉时要求建筑红砖在外观上没有弯曲、缺愣、掉角以及裂纹等缺陷。剖开其断面，也应当没有影响强度的有害杂质或者过大的孔洞。

① 为了与耐火材料中的黏土砖相区别，这里将建筑用的普通黏土砖，称作：建筑红砖。

表 5.7 筑炉用建筑红砖的等级规定

等级指标	一等品	二等品
尺寸允许偏差 长度偏差 宽度偏差 厚度偏差	 ≤±5 mm ≤±3 mm ≤±2 mm	 ≤±7 mm ≤±5 mm ≤±3 mm
弯曲度 大面的弯曲度 侧面的弯曲度	 ≤3 mm ≤3 mm	 ≤5 mm ≤5 mm
对于缺陷砖的要求 欠火砖占总砖数的百分比	不允许有黑砖、酥砖 0	不允许有黑砖、酥砖 ≤3%
强度等级 机制砖 手工砖	≥MU10 ≥MU7.5	≥MU7.5 ≥MU7.5

筑炉用建筑红砖的吸水率应当在 8%～16%的范围。对于其抗冻性的要求是：含水饱和后的砖在经受－15 ℃的反复冻融试验后，其自重损失≤2%，其抗压强度损失≤25%。关于建筑红砖的体积密度、安全使用温度、比热容以及热导率，参见附录 2 中的附表 2.4。

5.3.2 金属材料

金属材料的抗拉性能与韧性较好。在热工设备中，使用金属构件的主要目的是：

第一，可以用来承担一定的载荷。

第二，可以用来限制窑体在受热升温过程中的热膨胀，从而使热工设备始终处于结构稳定状态，使其不会自行塌落。

热工设备中常用的金属件(型钢)有：角钢、立柱(工字钢、槽钢等)、方钢、扁钢、钢板、拉杆(两端带有螺纹与螺帽的圆钢)、圆钢管、方钢管、螺栓与螺帽、锚固件等，参见图 5.7。

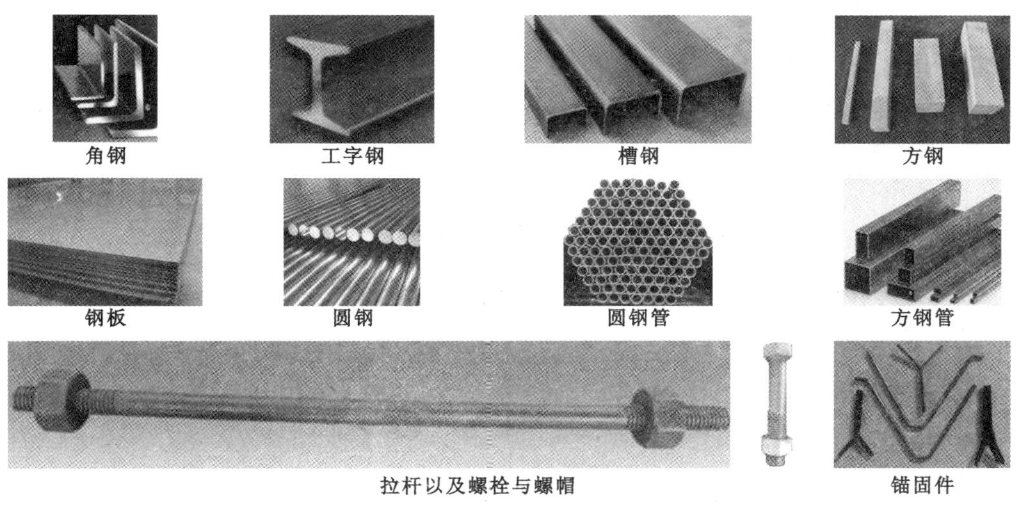

图 5.7 筑炉材料中的部分金属件(型钢)

关于钢板，需要特别指出：现代陶瓷窑炉的表面上都覆盖有一层表面光洁(因而其表面的辐射率很低)的薄型钢板。这样既减少了窑体的表面散热，又给人们以视觉上的美感。

表 5.9 是根据国家标准(GB/T 50105—2010)中的规定而列出的上述部分型钢在设计图纸中的标注方法。

表 5.9　在设计图纸中型钢的标注方法

名称	截面界面	标注方法	标注说明
等边角钢	∟	∟ $b\times t$	b 为肢宽度(mm)，t 为肢厚度(mm)
等边角钢	∟	∟ $B\times b\times t$	B 为长肢宽度(mm)，b 为肢宽度(mm)，t 为肢厚度(mm)
工字钢	I	Q I N 或 I N	轻型工字钢加注 Q 字； N 为工字钢的具体型号
槽钢	[	Q [N　　[N	轻型槽钢加注 Q 字； N 为槽钢的具体型号
方钢	▨	□b	
扁钢	b	—$b\times t$	t 为厚度(mm)
钢 板	——	$\frac{—b\times t}{l}$	$\frac{宽度\times厚度(mm)}{板长(mm)}$
圆钢	◍	ϕd	
圆钢管	○	$DNxx$ $d\times t$	内径为 xx(mm) 外径×壁厚(mm)
薄壁方钢管	□	B□$b\times t$	

在热工设备的钢结构中，型钢的连接方法主要有三种：焊接、铆接和螺栓连接。这其中，焊接比较方便，也较为常用，为了使焊接质量能够符合设计要求，从而达到牢固可靠的目的，在所设计图纸上，还应当对于焊缝的位置、尺寸及其形式等要求标注清楚。

本章小结

本章作为“阅读材料 2”，它是关于热工材料方面的基本知识。

热工材料就是服务于热工系统的材料，它具体包括：耐火材料、保温材料以及部分建筑材料。本章的重点就是让读者能够掌握这些材料的基本知识。至于更为详细的内容，在教学上可以不作要求，如果将来有需要，再详细地读之、学之、消化之。

另外，读者可以根据自己是否学过“热工材料”方面的知识(例如，是否学过有关耐火材料的课程)，自行决定具体内容的取舍。

参考文献

[1]　陈正树等. 浮法玻璃[M]. 武汉：武汉工业大学出版社，1997.
[2]　胡国林，陈功备. 窑炉砌筑与安装[M]. 武汉：武汉理工大学出版社，2005.
[3]　姜洪舟. 无机非金属材料热工设备[M]. 5 版. 武汉：武汉理工大学出版社，2015.
[4]　李楠，顾华志，赵惠忠. 耐火材料学[M]. 北京：冶金工业出版社，2010.
[5]　林宗寿. 无机非金属材料工学[M]. 4 版. 武汉：武汉理工大学出版社，2014.
[6]　隋良志，王兆国，姚春林. 水泥工业耐火材料[M]. 北京：中国建材工业出版社，2005.
[7]　任泽霖，蔡睿贤. 热工手册[M]. 北京：机械工业出版社，2002.
[8]　宋希文，安胜利等. 耐火材料概论[M]. 2 版. 北京：化学工业出版社，2015.
[9]　王琦. 无机非金属材料工艺学[M]. 北京：中国建材工业出版社，2007.
[10]　薛群虎，徐维忠. 耐火材料[M]. 2 版. 北京：冶金工业出版社，2009.
[11]　张战营，刘缙，谢军. 浮法玻璃生产技术与设备[M]. 2 版. 北京：化学工业出版社，2010.
[12]　左明扬. 建材工业用耐火材料[M]. 武汉：武汉工业大学出版社，1995.

附　录

附录 1　关于煤、重油以及其他燃料的资料

附录 2　常用固体材料的物性参数

附录 3　常用流体(气体与液体)的物性参数

附录 4　水与水蒸气的物性参数

附录 5　某些物质的若干辐射参数

附录 6　某些典型情况下辐射角系数与核算面积的计算公式及其简图

附录 7　湿空气的相对湿度 φ(%)

附录 8　湿空气的 I-x 图(p=99.3 kPa,t=−10～200 ℃)

附录 9　湿空气的 I-x 图(p=99.3 kPa,t=0～1450 ℃)

附录 10　有关玻璃熔化的资料

附录 11　有关工程流体力学的技术资料

附录 12　关于耐火材料的部分标准列举

附录1　关于煤、重油以及其他燃料的资料

附 1.1　中国煤炭的分类方法

关于煤炭的分类，世界上各国的划分方法不尽相同，附图 1.1 和附表 1.1 是根据我国的国家标准(GB/T 5751—2009)所绘制与编辑的我国煤炭的分类情况。关于其他国家以及国际标准化组织(ISO)所制定的各种煤炭分类方法，读者可以查阅其他有关的文献资料。

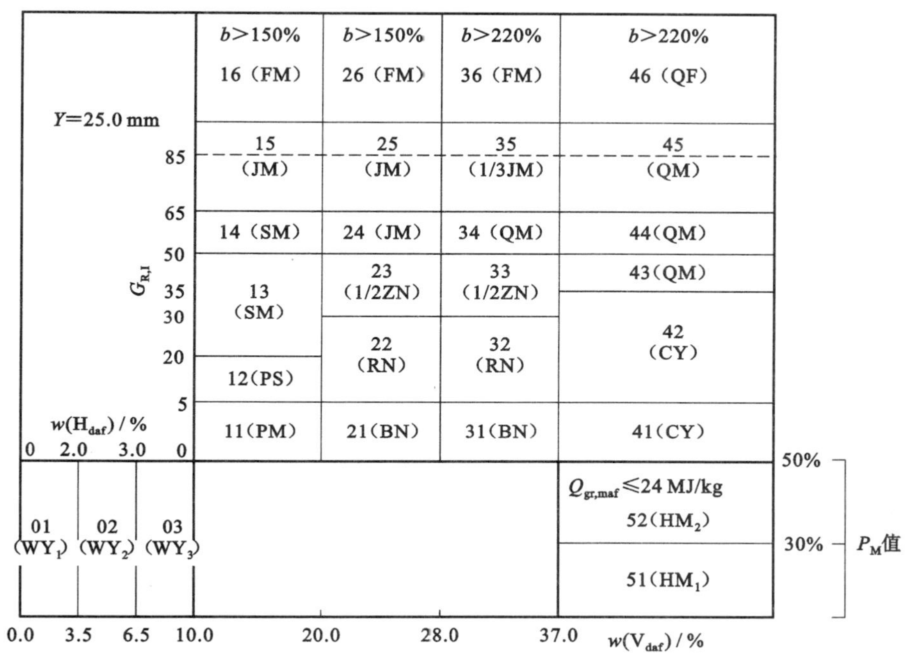

附图 1.1　中国煤炭的分类图

注：① 当 $G_{R,1}>85$ 时，再用 Y 值(或 b 值)来作为区分气肥煤、肥煤和其他煤种的界限(Y 为煤矿煤层中胶质层的最大厚度，mm；b 为煤矿煤层中胶质层的奥亚膨胀度，%)。当 $Y>25.0$ mm 时，如果 $w(\mathrm{V_{daf}})\leqslant 37\%$，该煤被划分为肥煤；若 $w(\mathrm{V_{daf}})>37\%$，则该煤被划分为气肥煤。如果 $Y\leqslant 25.00$ mm，则需要根据煤 $w(\mathrm{V_{daf}})$ 的大小来划分相应的其他煤种。当利用 b 值来划分肥煤、气肥煤以及其他煤种时，若 $w(\mathrm{V_{daf}})\leqslant 28\%$，则暂定 $b>150\%$ 的煤为肥煤；若 $w(\mathrm{V_{daf}})>28\%$，则暂定 $b>220\%$ 的煤为肥煤。当然，$w(\mathrm{V_{daf}})>37\%$ 且 $b>220\%$ 的煤为气肥煤。请注意，当按照 Y 值所划分的煤类别与按照 b 值所划分的煤类别有矛盾时，以前者为准。

② 如果根据 $w(\mathrm{V_{daf}})$ 与根据 $w(\mathrm{H_{daf}})$ 而划分出的小类有矛盾时，则以 $w(\mathrm{H_{daf}})$ 划分出的小类为准。对于已经确定了无烟煤小类的生产厂矿，在日常检测中，可以按照 $w(\mathrm{V_{daf}})$ 来分类。而在煤田的勘测工作中，对于新矿区确定小类时或者生产厂矿需要重新核定小类时，应该同时测定 $w(\mathrm{V_{daf}})$ 的值和 $w(\mathrm{H_{daf}})$ 的值，然后再按照规定确定出煤种的小类。

③ 对于 $w(\mathrm{V_{daf}})>37\%$、$G_{R,1}\leqslant 5$ 的煤($G_{R,1}$ 为烟煤的黏结指数，或简写为：G)，则要用 P_M 来确定其为长焰煤或褐煤(P_M 是区分长焰煤和褐煤时采用目视比色法所得到的透光率，%)。如果 $P_M>30\%\sim50\%$，则需要再测出 $Q_{gr,maf}$ 的值($Q_{gr,maf}$ 为煤的恒湿无灰基高位发热量，$Q_{gr,maf}=Q_{gr,ad}\times\dfrac{100\times[100-w(\mathrm{MHC})]}{100\times[100-w(\mathrm{M_{ad}})]-w(\mathrm{A_{ad}})[100-w(\mathrm{MHC})]}$，这里，$w(\mathrm{MHC})$ 为煤样中的最高内在水分(质量分数，%)；其他符号的意义同前所述：若 $Q_{gr,maf}>24$ MJ/kg，则该煤种应该为长焰煤。另外，请注意，关于地质勘测的煤样，对于 $w(\mathrm{V_{daf}})>37\%$、焦渣特征为 1～2 号的煤，则要求在不压饼的条件下测定，然后再以 P_M 大小来区分烟煤和褐煤。

附表 1.1　中国煤炭的分类总表

类别	代号	数码	分类指标						
			$w(V_{daf})$(%)	$G_{R.I}$（简写：G）	Y/mm	b(%)	$w(H_{daf})$(%)	P_M(%)	$Q_{gr,maf}/(MJ\cdot kg^{-1})$
无烟煤	WY	01	≤3.5				≤2.0		
		02	>3.5～6.5				>2.0～3.0		
		03	>6.5～10.0				>3.0		
贫煤	PM	11	>10.0～20.0	0～5					
贫瘦煤	PS	12	>10.0～20.0	>5～20					
瘦煤	SM	13	>10.0～20.0	>20～50					
		14	>10.0～20.0	>50～65					
焦煤	JM	15	>10.0～20.0	>65*	≤25.0	(≤150)			
		24	>20.0～28.0	>50～65					
		25	>20.0～28.0	>65*	≤25.0	(≤150)			
1/3 焦煤	1/3JM	35	>28.0～37.0	>65*	≤25.0	(≤220)			
肥煤	FM	16	>10.0～20.0	>85*	>25.0	(>150)			
		26	>20.0～28.0	>85*	>25.0	(>150)			
		36	>28.0～37.0	>85*	>25.0	(>220)			
气肥煤	QF	46	>37.0	>85*	>25.0	(>220)			
气煤	QM	34	>28.0～37.0	>50～65	≤25.0	(≤220)			
		43	>37.0	>35～50					
		44	>37.0	>50～65					
		45	>37.0	>65*					
1/2 中黏煤	1/2ZN	23	>20.0～28.0	>30～50					
		33	>28.0～37.0	>30～50					
弱黏煤	RN	22	>20.0～28.0	>5～30					
		32	>28.0～37.0	>5～30					
不黏煤	BN	21	>20.0～28.0	0～5					
		31	>28.0～37.0	0～5					
长焰煤	CY	41	>37.0	0～5				(>50)	
		42	>37.0	>5～35					
褐煤	HM	51	>37.0					≤30	≤24
		52	>37.0					>30～50	

注：① 实际上，上述类别的煤按照其煤化程度来分，分为无烟煤、烟煤和褐煤三大类。由附图 1.1 和附表 1.1 可知，无烟煤又分为 3 个小类；而烟煤的划分则从贫煤一直到长焰煤，即这其中的 12 个小煤种均属于烟煤；当然，褐煤也分为 2 个小类。这里需要特别指出的是，烟煤按照挥发分 $w(V_{daf})$ 的高低又可以分为四个档次，具体为：低挥发分烟煤（>10%～20%）、中挥发分烟煤（>20%～28%）、中高挥发分烟煤（>28%～37%）、高挥发分烟煤（>37%）。而关于烟煤的黏结性，则按照黏结指数 $G_{R.I}$ 的大小来分，可以分为五个档次，它们是：0～5 为不黏结和微黏结；>5～20 为弱黏结；>20～50 为中等偏弱黏结；>65 为强黏结。

② 上述分类方法所用的煤样，除了 $w(A_{adf})$≤10.0%的煤样是采用原煤以外，凡 $w(A_{daf})$>10.0%的各种煤样，均应当采用 $ZnCl_2$ 重液选煤后的浮煤（对于易泥化的、低煤化度的褐煤，可以采用灰分尽可能低的原煤样），详见《煤的制备方法》(GB 474—2008)。

③ 上述分类方法中的代号是以具体煤名称汉语拼音的首写字母来命名的，例如，贫煤的符号为 PM，意为 Pin Mei。

④ 上述分类方法中所采用的数码编号，其十位数代表煤干燥无灰基挥发分的大小。其中，无烟煤的挥发分含量最小，其十位数字为 0；褐煤的挥发分含量最高，其十位数字为 5。关于编号中的个位数：对于无烟煤和褐煤来说，每一个编码的个位数字均代表一个小类别，例如，01、02、03 分别代表 1 号无烟煤、2 号无烟煤和 3 号无烟煤；而 51、52 分别代表 1 号褐煤和 2 号褐煤；而对于烟煤而言，数码编号中的个位数表征烟煤的黏结性，个位上的数字越小，其黏结性越差。

⑤ 在附表 1.1 中，$w(V_{daf})$ 为煤的干燥无灰基挥发分含量；$G_{R.I}$ 为烟煤的黏结指数；Y 为煤矿煤层中胶质层的最大厚度；b 为煤矿煤层中胶质层的奥亚膨胀度；$w(H_{daf})$ 为煤的干燥无灰基氢含量；P_M 是区分长焰煤和褐煤时采用目视比色法所得到的透光率；$Q_{gr,maf}$ 为煤的恒湿无灰基高位发热量，其中，gr 表示高位发热量（是英语单词 gross 的缩写）。

* 关于这些数据范围的情况参见附图 1.1 中的注释①。

附 1.2　根据煤的工业分析测定结果计算煤的发热量

对于所使用的煤，如果已知其元素分析的测定结果便可以利用式(1.10a)或式(1.10b)来计算该煤的低位发热量。然而，如果没有元素分析的测定数据而只有其工业分析的测定数据，这时对于国内的煤，也可以利用有关国家标准所推荐的经验公式(参见附 1.2.1 和附 1.2.2)来计算煤的低位发热量。

附 1.2.1　煤、烟煤、褐煤根据其工业分析测定结果计算其发热量

有关国家标准[4]推荐使用以下计算公式(1)、(2)、(3)来分别计算煤、烟煤、褐煤的低位发热量。只是要注意：如果是 $w(A_d)>40\%$ 的劣质煤，则需要改用"附 1.2.2"中的相关计算式。

(1) 无烟煤[$w(V_{daf})\leqslant 10\%$]

$$Q_{net,ad}=34814-24.7w(V_{ad})-382.2w(A_{ad})-563.0w(M_{ad})\quad (kJ/kg) \tag{1}$$

式中　$Q_{net,ad}$——空气干燥基时无烟煤的低位发热量，kJ/kg。

(2) 烟煤

$$Q_{net,ad}=35860-73.7w(V_{ad})-395.7w(A_{ad})-702.0w(M_{ad})+173.6CRC\quad (kJ/kg) \tag{2}$$

式中　$Q_{net,ad}$——空气干燥基时烟煤的低位发热量，kJ/kg；

CRC——烟煤的焦渣特征值，参见附表 1.5 下面的注释。

(3) 褐煤

$$Q_{net,ad}=31733-70.5w(V_{ad})-321.6w(A_{ad})-388.4w(M_{ad})\quad (kJ/kg) \tag{3}$$

式中　$Q_{net,ad}$——空气干燥基时褐煤的低位发热量，kJ/kg。

参考资料

计算公式的发展史：关于利用煤工业分析的测定数据来计算煤发热量的经验公式，最早是由我国原煤炭研究院(现更名为：国家煤炭科学研究总院)于 20 世纪 60 年代而推荐，按照以前习惯上所用符号体系，这些经验公式①如下：

(1) 无烟煤($V_{daf}\leqslant 10\%$)

$$Q_{net,ad}=K_0-360M_{ad}-385A_{ad}-100V_{ad}\quad (kJ/kg\text{-煤}) \tag{4}$$

式中　K_0——系数，从附表 1.2 中查出，或者从附表 1.4 中查出。

附表 1.2　K_0 与 V'_{daf} 之间的对应关系

V'_{daf}(%)	≤3.0	3.0~5.5	5.5~8.0	>8.0
K_0	34289	34707	35125	35544

在附表 1.2 中，$V'_{daf}=aV_{daf}-bA_d$，系数 a、b 的值参见附表 1.3。

附表 1.3　系数 a、b 与 A_d 之间的关系

A_d(%)	30~40	25~30	20~25	15~20	10~15	≤10
a	0.80	0.85	0.95	0.80	0.90	0.95
b	0.10	0.10	0.10	0	0	0

附表 1.4　系数 K_0 与 H_{daf} 之间的对应关系

H_{daf}	≤0.6	0.6~1.2	1.2~1.5	1.5~2.0	2.0~2.5	2.5~3.0	3.0~3.5	3.5~4.1
K_0	32198	33035	33662	34289	34707	34916	35335	35753

① 我国原煤炭研究院曾经介绍，对于国内的煤，约有 75%的实验煤样，按照这些经验公式所得到的计算值与测定值之间的误差≤400 kJ/kg。

（2）烟煤

$$Q_{net,ad}=100K_1-(K_1+25.12)[M_{ad}+A_{ad}]-12.56V_{ad}[-167M_{ad}] \quad (kJ/kg) \tag{5}$$

式中　K_1——系数，可从附表 1.5 中查出。

该式中的最后一项$[-167M_{ad}]$，只有在 $V_{daf}<35$ 且 $M_{ad}>3$ 时才予以考虑。

附表 1.5　K_1 与 V_{daf} 及焦渣特征(符号:CRC)之间的关系

V_{daf}(%) / K_1 / 焦渣特征	10～13.5	13.5～17	17～20	20～23	23～29	29～32	32～35	35～38	38～42	>42
1#	352	337	335	329	320	320	306	306	306	304
2#	352	350	343	339	329	327	325	320	316	312
3#	354	354	350	345	339	335	331	329	327	320
4#	354	356	352	348	343	339	335	333	331	325
5#～6#	354	356	356	352	350	345	341	339	335	333
7#	354	356	356	356	354	352	348	345	343	339
8#	354	356	356	358	356	354	350	348	345	343

注：* 根据测定烟煤挥发分时所残留焦渣外形特征的不同，烟煤的焦渣特征（符号：CRC）通常分成八类，即 1#—粉状；2#—黏着；3#—弱黏着；4#—不熔融黏结；5#—不膨胀熔融黏结；6#—微膨胀熔融黏结；7#—膨胀熔融黏结；8#—强膨胀熔融黏结。

（3）褐煤

$$Q_{net,ad}=100K_2-(K_2+25)(M_{ad}+A_{ad})-4.18V_{ad} \quad (kJ/kg\text{-煤}) \tag{6}$$

式中　K_2——系数，可从附表 1.6 中查出。

附表 1.6　K_2 与 V_{daf} 之间的关系

V_{daf}(%)	38～45	45～49	49～56	56～62	>62
K_2	286	280	272	263	257

然而，后来在使用过程中发现，上述公式(4)～(6)却存在一定局限。例如，计算烟煤的 $Q_{net,ad}$ 时没有把焦渣特征定量化地纳入公式，而是需要查表。这不仅麻烦，而且由于 K_1 值呈台阶式的变化，所以，处于变化边缘处煤样的误差较大。为此，国家煤炭科学研究总院的陈文敏教授科技小组，在对于大量的煤样数据进行了多元回归分析以后，便推导出了计算精度大为提高的新经验公式，具体为：

无烟煤：　$Q_{net,ad}=34813.7-24.7V_{ad}-382.2A_{ad}-563.0M_{ad}$；

烟煤：　$Q_{net,ad}=35859.9-73.7V_{ad}-395.7A_{ad}-702.0M_{ad}+173.6CRC$；

褐煤：　$Q_{net,ad}=31732.9-70.5V_{ad}-321.6A_{ad}-388.4M_{ad}$。

若使用现在的符号体系，这三个公式就变成上述的式(1)～(3)。

附 1.2.2　一些劣质煤根据其工业分析测定结果计算其发热量的方法

（1）石煤

$$Q_{gr,ad}=335w(Fc_{ad})+167w(V_{ad})-13w(A_{ad}) \quad (kJ/kg) \tag{7}$$

式中　$Q_{gr,ad}$——空气干燥基时石煤的高位发热量，kJ/kg。

（2）高灰分$[w(A_d)>45\%]$的无烟煤（或煤矸石）

$$Q_{gr,ad}=335w(Fc_{ad})+209w(V_{ad})-13w(A_{ad}) \quad (kJ/kg) \tag{8}$$

式中　$Q_{gr,ad}$——空气干燥基时高灰分无烟煤（或煤矸石）的高位发热量，kJ/kg。

附 1.2.3　按照煤的发热量测定结果计算煤的发热量

按照国家标准《GB/T 213—2008　煤的发热量测定方法》直接测定而得到的是煤的(空气燥基)弹筒发热量 $Q_{b,ad}$。然后,将 $Q_{b,ad}$ 换算为煤的(空气干燥基)恒容高位发热量 $Q_{gr,v,ad}$,其换算公式为:

$$Q_{gr,v,ad} = Q_{b,ad} - [94.1w(S_{b,ad}) + \alpha Q_{b,ad}] \quad (kJ/kg) \tag{9}$$

式中　$w(S_{b,ad})$——由弹筒洗液测出的含硫量(质量分数,%),当全硫含量低于 4.00%或发热量 $Q_{b,ad}$ 大于 14.60 MJ/kg 时,则可以用全硫(按国家标准《GB/T 214—2007　煤中全硫的测定方法》测定)来代替 $S_{t,ad}$;

α——硝酸形成热校正系数:当 $Q_{b,ad} \leqslant 16.70$ MJ/kg 时,$\alpha = 0.0010$,当 16.70MJ/kg$< Q_{b,ad} \leqslant$ 25.10 MJ/kg 时,$d = 0.0012$,当 $Q_{b,ad} > 25.10$ MJ/kg 时,$d = 0.0016$。

当获得 $Q_{gr,v,ad}$ 的值以后,再利用各自的换算公式将其分别转换为(收到基)恒容低位发热量 $Q_{net,v,ar}$ 与(收到基)恒压低位发热量 $Q_{net,p,ar}$,具体的换算公式分别为:

$$Q_{net,v,ar} = [Q_{gr,v,ad} - 206w(H_{ad})] \times \frac{100 - w(M_t)}{100 - w(M_{ad})} - 23w(M_t) \quad (kJ/kg) \tag{10}$$

$$Q_{net,p,ar} = [Q_{gr,v,ad} - 212w(H_{ad}) - 0.8w(O_{ad}) - 0.8w(N_{ad})] \times \frac{100 - w(M_t)}{100 - w(M_{ad})} - 24.4w(M_t) \quad (kJ/kg) \tag{11}$$

在上面两个公式中,$w(M_t)$是煤中的全水分(total moisture in coal,质量分数,%),在本教材中,其符号为 $w(M_{ar})$;其他符号的意义同前所述。

附 1.3　煤中成分对其比热容的影响

在不同的温度下,关于燃料煤中的挥发分对其比热容的影响,参见附表 1.7[3]。

附表 1.7　燃料煤在 0～t ℃温度范围内的平均比热容 c/(kJ·kg^{-1}·℃$^{-1}$)

挥发分 / c / 温度 t/℃	煤中的挥发分 $w(V_{daf})$ (%)					
	10	15	20	25	30	35
0	0.953	0.987	1.025	1.058	1.096	1.129
10	0.966	0.999	1.037	1.075	1.112	1.146
20	0.979	1.016	1.054	1.092	1.125	1.163
30	0.991	1.033	1.071	1.108	1.142	1.179
40	1.008	1.046	1.083	1.121	1.158	1.196
50	1.025	1.062	1.100	1.138	1.175	1.213
60	1.037	1.079	1.112	1.154	1.192	1.230
70	1.050	1.087	1.129	1.167	1.209	1.246
80	1.066	1.104	1.146	1.184	1.225	1.267
90	1.079	1.121	1.158	1.200	1.242	1.284
100	1.092	1.133	1.175	1.217	1.259	1.301
110	1.108	1.150	1.192	1.234	1.276	1.317
120	1.121	1.163	1.209	1.250	1.288	1.334
130	1.138	1.179	1.225	1.267	1.305	1.351
140	1.154	1.196	1.242	1.284	1.322	1.368
150	1.167	1.209	1.255	1.296	1.338	1.384
160	1.184	1.225	1.271	1.313	1.355	1.401
170	1.196	1.242	1.284	1.330	1.372	1.418

附 1.4 重油的恩氏黏度 E 与温度 t 之间的关系

我国重油常用的黏度标准是以恩氏黏度(符号:E)来表示。恩氏黏度的定义是:200 cm^3 的黏性液态物质从恩氏黏度计中流出所需要的时间 τ 与 200 cm^3 的 20 ℃蒸馏水从同一仪器中流出所需要的时间 τ_0(大约为 52 s)之比。恩氏黏度 E(单位:°E)与运动黏度 ν 之间的换算关系(经验公式)为:

$$\nu=\left(0.0732E-\frac{0.036}{E}\right)\times 10^{-4} \qquad (m^2/s) \tag{12}$$

我国重油的牌号就是以其 50 ℃时的恩氏黏度来划分的。重油的黏度不仅与原油的产地及加工过程有关,还主要受到温度的影响(温度上升,其黏度下降),如附图 1.2 所示[1]。该图便给出了不同牌号的重油在不同情况下所要求控制的黏度和温度。

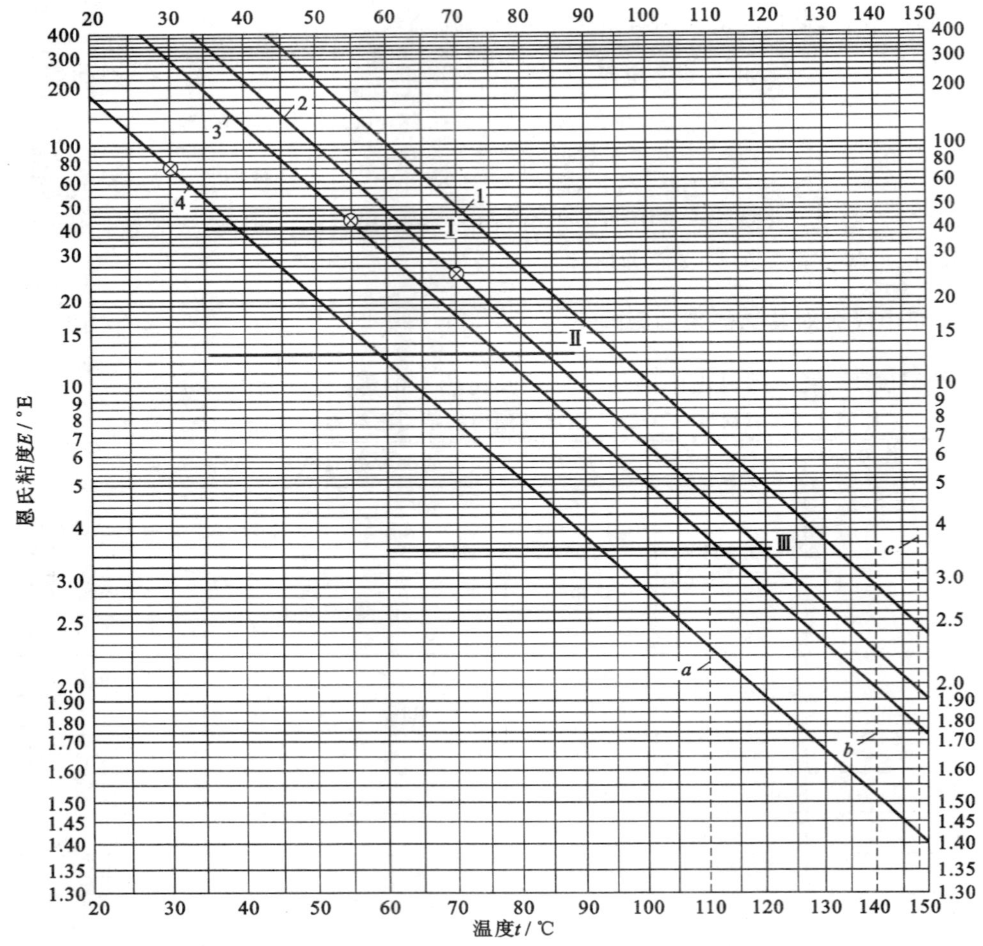

附图 1.2 不同牌号重油的黏度与温度之间的关系

1—200 号重油;2—100 号重油;3—60 号重油;4—20 号重油

Ⅰ—重油用于泵送或抽吸的平均黏度;Ⅱ—主重油管路中允许的最大黏度;Ⅲ—低压雾化重油时的最大黏度

a—加热重油的最高温度;b—加热器中的最高水蒸气温度;

c—加热沉淀的界限温度(在该温度时,碳素在加热器表面上的每月沉淀量为 0.5 mm)

附 1.5 重油的体积膨胀系数 β_T 与密度 ρ 之间的关系

重油的体积膨胀系数 β_T 与密度 ρ 之间的关系,如附表 1.8 所示[1]。

附表 1.8　重油的体积膨胀系数 β_T 与重油密度 ρ 之间的关系

密度 ρ_{20}/(t·m^{-3})	β_T 值/℃$^{-1}$	密度 ρ_{20}/(t·m^{-3})	β_T 值/℃$^{-1}$
0.93～0.9399	0.000635	0.98～0.9899	0.000536
0.94～0.9499	0.000615	0.99～0.9999	0.000518
0.95～0.9599	0.000594	1.00～1.0099	0.000499
0.96～0.9699	0.000574	1.01～1.0199	0.000482
0.97～0.9799	0.000555	1.02～1.0299	0.000464

附 1.6　重油的热导率

有关重油热导率的部分资料，参见附表 1.9[1]。

附表 1.9　重油热导率 κ 的部分资料

温度 t/℃	32	65	100
热导率 κ/(W·m^{-1}·℃$^{-1}$)	0.1185	0.1150	0.1105

附 1.7　其他一些油类的有关物性参数

常用燃料油的一些物性参数参见附表 1.10[2]。

附表 1.10　常用燃料油的某些物性参数

名称	t/℃	ρ/(kg·m^{-3})	c/(kJ·kg^{-1}·℃$^{-1}$)	κ/(W·m^{-1}·℃$^{-1}$)	$a(\times10^{-6})$/(m^2·s^{-1})	μ/(Pa·s)	$\nu(\times10^{-6})$/(m^2·s^{-1})	Pr
汽油	0	900	1.800	0.145	0.090			
	50	791	1.842	0.137	0.094			
煤油	−1	782	1.909	0.140	0.0938	0.0119	15.2	162
	16	770	1.985	0.139	0.0912	0.00893	11.6	127
	27	762	2.056	0.138	0.0884	0.00729	9.6	109
	38	756	2.114	0.138	0.0863	0.00625	8.3	96.2
	66	738	2.261	0.136	0.0817	0.00476	6.5	79.5
柴油	20	908.4	1.838	0.128	0.0767	0.5629	620	8083
	40	895.5	1.909	0.126	0.0737	0.1209	135	1832
	60	882.4	1.980	0.124	0.0710	0.03972	45	634
	80	870	2.052	0.123	0.0689	0.01736	20	290
	100	857	2.123	0.122	0.0671	0.009248	10.8	161

附 1.8　其他一些可燃物质的常用参数

其他一些可燃物质的常用参数，如附表 1.11 所示[3]。

附表 1.11　其他一些可燃物的常用参数

名称	化学式	相对分子质量	标准状态密度/(kg·m^{-3})		热值(也称:发热量)			
					/(kJ·m^{-3}) 这里,m^3 为标准状态体积单位		/(kJ·kg^{-1})	
			计算值	实测值	Q_{gr}	Q_{net}	Q_{gr}	Q_{net}
氢气	H_2	2	0.08994	0.08994	12755.1	10789.6	141719.6	119897.9
一氧化碳	CO	28	1.2495	1.2500	12629.6	12629.6	10099.5	10099.5
硫化氢	H_2S	34	1.5179	1.5392	25108.7	23143.2	16075.6	15205.8

续附表 1.11

名称	化学式	相对分子质量	标准状态密度 /(kg·m^{-3})		热值(也称:发热量)			
					/(kJ·m^{-3}) 这里,m^3 为标准状态体积单位		/(kJ·kg^{-1})	
			计算值	实测值	Q_{gr}	Q_{net}	Q_{gr}	Q_{net}
甲烷	CH_4	16	0.7152	0.7163	39729.0	35802.1	55474.2	49991.6
乙烷	C_2H_6	30	1.3406	1.3560	69605.2	63712.8	51852.6	47465.7
丙烷	C_3H_8	44	1.9634	2.0037	99063.2	91205.2	50326.2	46332.4
丁烷	C_4H_{10}	58	2.5893	2.703	128441.8	118250.2	49385.2	45600.5
戊烷	C_5H_{12}	72	3.2143	3.457	157786.9	146006.2	48992.1	45332.9
乙烯	C_2H_4	28	1.2506	1.2604	62960.0	59033.1	50276.0	47139.5
丙烯	C_3H_6	42	1.875	1.915	91853.4	85961.0	48895.9	45759.4
丁烯	C_4H_8	56	2.5	2.50	121307.3	113453.5	48431.7	45295.2
戊烯	C_5H_{10}	70			150635.6	140816.3	48113.9	44977.4
乙炔	C_2H_2	26	1.1607	1.1709	57991.8	56026.3	49891.3	48201.7
苯	C_6H_6	78	3.4821	3.3	147331.0	141426.9	42246.6	40557.0
碳	C	12	2.26(固态)				33874.2	33874.2
硫	S	32	1.96(固态,单斜)				10455.0	10455.0
			2.07(固态,斜方)					

附 1.9　氢气的物性参数

在不同温度下,氢气(H_2)的一些物性参数如附表 1.12 所示[2]。

附表 1.12　氢气在不同温度时的物性参数

t/℃	$\rho(\times10^{-3})$/(kg·m^{-3})	c_p/(kJ·kg^{-1}·℃$^{-1}$)	κ/(W·m^{-1}·℃$^{-1}$)	$a(\times10^{-6})$/(m^2·s^{-1})	$\mu(\times10^{-6})$/(Pa·s)	$\nu(\times10^{-6})$/(m^2·s^{-1})	Pr
−23	98.218	14.055	0.015609	113.07	7.9232	80.67	0.714
27	81.850	14.311	0.018166	155.09	8.9594	109.46	0.706
77	70.165	14.429	0.020554	203.02	9.9393	141.66	0.698
127	61.392	14.480	0.022808	256.57	10.8670	177.01	0.690
177	54.578	14.503	0.025028	316.19	11.7754	215.75	0.683
227	49.113	14.513	0.027181	381.34	12.6417	257.40	0.675
277	44.655	14.530	0.029317	451.84	13.4744	301.74	0.668
327	40.934	14.546	0.031470	528.53	14.2903	349.11	0.664

附 1.10　关于燃料的部分标准列举

(1) 国家标准

[1]　GB/T 5751—2009 中国煤碳分类

[2]　GB/T 16772—1997 中国煤碳编码系统

[3]　GB/T 476—2001 煤的元素分析方法

[4]　GB/T479—2000 烟煤胶质层指数测定方法

[5]　GB/T 211—2007 煤中全水分的测定方法
[6]　GB/T 212—2008 煤的工业分析方法
[7]　GB/T 5447—1997 烟煤粘结指数测定方法
[8]　GB/T 213—2008 煤的发热量的测定方法
[9]　GB/T 1573—2001 煤的热稳定性测定方法
[10]　GB/T 1574—2007 煤灰成分分析方法
[11]　GB/T 1572—2001 煤的结渣性测定方法
[12]　GB /T 219—2008 煤灰熔融性的测定方法
[13]　GB/T 214—2007 煤中全硫的测定方法
[14]　GB 9143—88 常压固定床燃气发生炉用煤质量标准
[15]　GB/T 17608—2006 煤炭产品品种和等级划分
[16]　GB 474—2008 煤样的制备方法
[17]　GB 483—1987 煤质分析试验方法一般规定
[18]　GB 7561—1987 合成氨用煤质量标准
[19]　GB/T 2540—1981 石油产品密度测定法(比重瓶法)
[20]　GB/T 266—1988 石油产品的恩氏粘度测定法
[21]　GB/T 267—1988 石油产品闪点与燃点测定法(开口杯法)
[22]　GB/T 3536—2008 石油产品闪点与燃点测定法(克利夫兰开口杯法)
[23]　GB/T 384—1981 石油产品热值测定法
[24]　GB/T 510—1983 石油产品的凝点测定法
[25]　GB /T8023—1987 液体石油产品粘度温度计算图
[26]　GB/T268—1987 石油产品残碳测定法
[27]　GB/T 260—1977 石油产品水分测定法
[28]　GB/T 388—1964 石油产品硫含量测定法(氧弹法)
[29]　GB/T 508—1985 石油产品灰分测定法
[30]　GB 11174—1997 液化石油气
[31]　GB/T12206—2006 城镇燃气热值和相对密度测定方法
(2) 煤炭行业标准
[1]　MT/T—2007 商品煤含矸率和限下率煤样的采取及测定方法
(3)石油化工行业标准
[1]　SH/T 0656—1998 石油产品及润滑剂中碳、氢、氮测定法(元素分析仪法)

资料来源：

[1]　孙晋涛.硅酸盐工业热工基础[M].武汉:武汉工业大学出版社,1992.

[2]　威尔蒂 J R.任泽霈,罗棣庵,等译.工程传热学[M].北京:人民教育出版社,1983.

[3]　全国水泥标准化技术委员会.水泥回转窑热平衡、热效率、综合能耗计算方法:GB/T 26281—2010[S].北京:中国标准出版社,2011:1-33.

[4]　全国水泥标准化技术委员会.水泥回转窑热平衡测定方法:GB/T 26282—2010[S].北京:中国标准出版社,2011:1-36.

附录 2　常用固体材料的物性参数

附 2.1　某些金属材料的物性参数

关于一些常用金属材料的物性参数值，如附表 2.1、附表 2.2 所示[3-5]。

附表 2.1　部分典型单质金属的一些物性参数值

名称	20 ℃时的 3 个物性参数值			不同温度 t/℃时的热导率 κ/(W・m^{-1}・℃$^{-1}$)									
	ρ/(kg・m^{-3})	c/(kJ・kg^{-1}・℃$^{-1}$)	κ/(W・m^{-1}・℃$^{-1}$)	−100/℃	0/℃	100/℃	200/℃	300/℃	400/℃	600/℃	800/℃	1000/℃	1200/℃
铂	21450	0.133	71.4	73.3	71.5	71.6	72.0	72.8	73.6	76.6	80.0	84.2	88.9
金	19300	0.127	315	331	318	313	310	305	300	287			
银	10500	0.234	427	431	428	422	415	407	399	384			
铝	2710	0.902	236	243	236	240	238	234	228	215			
铜	8930	0.386	398	421	401	393	389	384	379	366	352		
铍	1850	1.758	219	382	218	170	145	129	118				
锡	7310	0.228	67	75	68.2	63.2	60.9						
钨	19350	0.134	179	204	182	166	153	142	134	125	119	114	110
锆	6570	0.276	22.9	26.5	23.2	21.8	21.2	20.9	21.4	22.3	24.5	26.4	28.0
锌	7140	0.388	121	123	122	117	112						
铀	19070	0.116	27.4	24.3	27	29.1	31.1	33.4	35.7	40.6	45.6		
钛	4500	0.520	22	23.3	22.4	20.7	19.9	19.5	19.4	19.9			
镍	8900	0.444	91.4	144	94	82.8	74.2	67.3	64.6	69.0	73.3	77.6	81.9
钼	9590	0.255	138	146	139	135	131	127	123	116	109	103	93.7
镁	1730	1.020	156	160	157	154	152	150					
铅	11340	0.128	35.3	37.2	35.5	34.3	32.8	31.5					
铁	7870	0.455	81.1	96.7	83.5	72.1	63.5	56.5	50.3	39.4	29.6	29.4	31.6

附表 2.2　某些金属合金的一些物性参数值

名称	20 ℃时的 3 个物性参数值			不同温度 t(/℃)时的热导率 κ/(W・m^{-1}・℃$^{-1}$)									
	ρ/(kg・m^{-3})	c/(kJ・kg^{-1}・℃$^{-1}$)	κ/(W・m^{-1}・℃$^{-1}$)	−100/℃	0/℃	100/℃	200/℃	300/℃	400/℃	600/℃	800/℃	1000/℃	1200/℃
杜拉铝：95Al-4Cu＋微量 Mg	2790	0.881	169	124	160	188	188	193					
铝合金：92Al-8Mg	2610	0.904	107	86	102	123	148						
铝合金：87Al-13Si	2660	0.871	162	139	158	173	176	180					
铝合金 2024	2770	0.963	122										

续附表 2.2

名　称	20 ℃时的 3 个物性参数值			不同温度 t(/℃)时的热导率 κ/(W·m^{-1}·℃$^{-1}$)									
	ρ/(kg·m^{-3})	c/(kJ·kg^{-1}·℃$^{-1}$)	κ/(W·m^{-1}·℃$^{-1}$)	−100 /℃	0 /℃	100 /℃	200 /℃	300 /℃	400 /℃	600 /℃	800 /℃	1000 /℃	1200 /℃
青铜：89Cu-11Sn	8800	0.343	24.8		24	28.4	33.2						
青铜：75Cu-25Sn	8665	1.256	95		95								
铝青铜：90Cu-10Al	8360	0.420	56		49	57	66						
黄铜：70Cu-30Zn	8440	0.377	109	90	106	131	143	145	148				
康铜：60Cu-40Ni	8920	0.410	22.7	19	22.2	26.7							
镍铬合金	8490	0.444	12.2			13.8		17.2					
不锈钢	7820	0.461	16.3			17.3		22.5					
钨钢：w(W)≈5%～6%	8070	0.436	18.7		18.4	19.7	21.0	22.3	23.6	24.9	26.3		
锰钢：w(Mn)≈0.4%	7860	0.440	51.2			51.0	50.0	47.0	43.5	35.5	27		
锰钢：w(Mn)≈12%～13% w(Ni)≈3%	7800	0.487	13.6			14.8	16.0	17.1	18.3				
镍钢：w(Ni)≈50%	8260	0.460	19.6	17.3	19.4	20.5	21.0	21.1	21.3	25.5			
镍钢：w(Ni)≈44%	8190	0.460	15.8		15.7	16.1	16.5	16.9	17.1	17.8	18.4		
镍钢：w(Ni)≈35%	8110	0.460	13.8	10.9	13.4	15.4	17.1	18.6	20.1	23.1			
镍钢：w(Ni)≈25%	8030	0.460	13.0										
镍钢：w(Ni)≈3.5%	7910	0.460	36.5	30.7	36.0	38.8	39.7	39.2	37.8				
镍钢：w(Ni)≈1%	7900	0.460	45.5	40.8	45.2	46.8	46.1	44.1	41.2	35.7			
镍铬钢：(17～19)Cr/(9～13)Ni	7830	0.460	14.7	11.8	14.3	16.1	17.5	18.8	20.2	22.8	25.5	28.2	30.9
镍铬钢：(18～20)Cr/(8～12)Ni	7820	0.460	15.2	12.2	14.7	16.6	18.0	19.4	20.8	23.5	26.3		
铬钢：w(Cr)≈26%	7650	0.460	22.6		22.6	23.8	25.5	27.2	28.5	31.8	35.1	38	

续附表 2.2

名　称	20 ℃时的 3 个物性参数值			不同温度 t(/℃)时的热导率 κ/(W · m^{-1} · ℃$^{-1}$)									
	ρ/(kg · m^{-3})	c/(kJ · kg^{-1} · ℃$^{-1}$)	κ/(W · m^{-1} · ℃$^{-1}$)	−100/℃	0/℃	100/℃	200/℃	300/℃	400/℃	600/℃	800/℃	1000/℃	1200/℃
铬钢：$w(Cr)\approx17\%$	7710	0.460	22		22	22.2	22.6	22.6	23.3	24.0	24.8	25.5	
铬钢：$w(Cr)\approx13\%$	7740	0.460	26.8		26.5	27.0	27.0	27.0	27.6	28.4	29.0	29.0	
铬钢：$w(Cr)\approx5\%$	7830	0.460	36.1		36.3	35.2	34.7	33.5	31.4	28.0	27.2	27.2	27.2
碳钢：$w(C)\approx1.5\%$	7750	0.470	36.7		36.8	36.6	36.2	35.7	34.7	31.7	27.8		
碳钢：$w(C)\approx1.0\%$	7790	0.470	43.2		43.0	42.8	42.2	41.5	40.6	36.7	32.2		
碳钢：$w(C)\approx0.5\%$	7840	0.465	49.8		50.5	47.5	44.8	42.0	39.4	34.0	29.0		
灰铸铁：$w(C)\approx3\%$	7570	0.470	39.2		28.5	32.4	35.8	37.2	36.6	20.8	19.2		
阿姆口铁	7860	0.455	73.2	82.9	74.7	67.5	61.0	54.8	49.9	38.6	29.3	29.3	31.1

附 2.2　一些常用耐火材料的物性参数

关于一些常用耐火材料的物性参数值，参见附表 2.3[1,3]。

附表 2.3　常用耐火材料的物性参数值

名　称	体积密度 ρ/(kg · m^{-3})	最高使用温度 t/℃	平均比热容 c/(kJ · kg^{-1} · ℃$^{-1}$)	热导率 κ/(W · m^{-1} · ℃$^{-1}$)
黏土砖	2070	1300～1400	$0.84+0.26\times10^{-3}t$	$0.835+0.58\times10^{-3}t$
硅砖	1600～1900	1850～1950	$0.79+0.29\times10^{-3}t$	$0.92+0.7\times10^{-3}t$
高铝砖	2200～2500	1500～1600	$0.84+0.23\times10^{-3}t$	$1.52+0.18\times10^{-3}t$
镁砖	2800	2000	$0.94+0.25\times10^{-3}t$	$4.3-0.51\times10^{-3}t$
滑石砖	2100～2200		1.25(300 ℃时)	$0.69+0.63\times10^{-3}t$
烧结莫来石砖	2200～2400	1600～1700	$0.84+0.25\times10^{-3}t$	$1.68+0.23\times10^{-3}t$
铝矾土砖	2000～2350	1550～1800		1.3(1200 ℃时)
高岭土耐火砖	～304			0.089(300 ℃时)
烧结刚玉砖	2600～2900	1650～1800	$0.79+0.42\times10^{-3}t$	$2.1+1.85\times10^{-3}t$
电熔莫来石砖	2850	1600		$2.33+0.163\times10^{-3}t$
烧结白云石砖	2600	1700	1.07(20～760 ℃时)	3.23(2000 ℃时)
镁橄榄石砖	2700	1600～1700	1.13	8.7(400 ℃时)
熔融镁砖	2700～2800			$4.63+5.75\times10^{-3}t$

续附表 2.3

名　称	体积密度 ρ/(kg·m^{-3})	最高使用温度 t/℃	平均比热容 c/(kJ·kg^{-1}·℃$^{-1}$)	热导率 κ/(W·m^{-1}·℃$^{-1}$)
铬砖	3000～3200		$1.05+0.29\times10^{-3}t$	$1.2+0.41\times10^{-3}t$
铬镁砖	2800	1750	$0.71+0.39\times10^{-3}t$	1.97
碳化硅砖(甲等)	>2650	1700～1800	$0.96+0.146\times10^{-3}t$	9～10(1000 ℃时)
碳化硅砖(乙等)	>2500	1700～1800	$0.96+0.146\times10^{-3}t$	7～8(1000 ℃时)
碳素砖	1350～1500	2000	0.837	$23+34.7\times10^{-3}t$
石墨砖	1600	2000	0.837	$162-40.5\times10^{-3}t$
锆英石砖	3300	1900	$0.54+0.125\times10^{-3}t$	$1.3+0.64\times10^{-3}t$
硅酸铝耐火纤维毡		1260～1800		0.05～0.5
Saffil 耐火纤维黏合的预制板(95% Al_2O_3)		1600		0.077～0.131
泡沫氧化铝砖(94.23% Al_2O_3)		1500		～0.25
刚玉空心球砖		1800		～0.80
轻质黏土砖	～1300 ～1000 ～800 ～400	1400 1300 1250 1150	$0.84+0.26\times10^{-3}t$	$0.41+0.35\times10^{-3}t$ $0.29+0.26\times10^{-3}t$ $0.26+0.23\times10^{-3}t$ $0.092+0.16\times10^{-3}t$
轻质高铝砖	～770 ～1020 ～1330 ～1500	1250 1400 1450 1500	$0.84+0.23\times10^{-3}t$	$0.66+0.08\times10^{-3}t$
轻质硅砖	～1200	1500	$0.22+0.93\times10^{-3}t$	$0.58+0.43\times10^{-3}t$

附 2.3　一些常用保温材料的物性参数

一些常用保温材料的物性参数值,参见附表 2.4[1,3]。

附表 2.4　常用保温隔热材料的物性参数值

名　称	体积密度 ρ/(kg·m^{-3})	允许使用温度 t/℃	平均比热容 c/(kJ·kg^{-1}·℃$^{-1}$)	热导率 κ/(W·m^{-1}·℃$^{-1}$)
硅藻土砖	～450 ～500 ～550 ～600 ～650 ～700	900	$0.113+0.23\times10^{-3}t$	$0.063+0.14\times10^{-3}t$ $0.093+0.224\times10^{-3}t$ $0.11+0.145\times10^{-3}t$ $0.145+0.314\times10^{-3}t$ $0.10+0.228\times10^{-3}t$ $0.198+0.268\times10^{-3}t$
膨胀蛭石制品 水玻璃蛭石制品 石棉蛭石制品 水泥蛭石制品	60～280 400～450 250～300 400～450	1100 800 600 600	～0.66	$0.058+0.256\times10^{-3}t$ $0.093+0.256\times10^{-3}t$ $0.815+0.232\times10^{-3}t$ $0.104+0.198\times10^{-3}t$

续附表 2.4

名　称	体积密度 ρ/($kg\cdot m^{-3}$)	允许使用温度 t/℃	平均比热容 c/($kJ\cdot kg^{-1}\cdot ℃^{-1}$)	热导率 κ/($W\cdot m^{-1}\cdot ℃^{-1}$)
石棉	～577	10.5		～0.157
石棉粉	600～860			0.082～0.093
硅藻土石棉粉	～450	300		$0.07+0.31\times10^{-3}t$
石棉绳	590～800		～0.82	$0.073+0.31\times10^{-3}t$
石棉板	～1150	600～900		$0.16+0.17\times10^{-3}t$
石棉砖	～384			～0.099
矿渣棉	150～180	400～500	～0.75	$0.058+0.16\times10^{-3}t$
矿渣棉砖	350～450	750～800		$0.07+0.16\times10^{-3}t$
普通珍珠岩制品	～220	1000		$0.052+0.029\times10^{-3}t$
水泥珍珠岩制品	350～400	600	～0.84	$0.065+0.105\times10^{-3}t$
水玻璃珍珠岩制品	250～300	600	～0.88	$0.065+0.14\times10^{-3}t$
磷酸盐珍珠岩制品	200～250	800～1000		$0.0524+0.291\times10^{-3}t$
粉煤灰泡沫混凝土	～500	300		$0.099+0.198\times10^{-3}t$
水泥泡沫混凝土	～450	250		$0.10+0.198\times10^{-3}t$
超细玻璃棉制品	18～20	350～400		$0.0326+0.232\times10^{-3}t$
泡沫玻璃制品	150～350	−200～450		0 ℃以上时：(0.040～0.045)$+0.18\times10^{-3}t$
玻璃纤维	120～492	～450		0.058～0.07
玻璃棉	100～200	～450	～0.75	0.052～0.06

附 2.4　一些常用建筑材料的物性参数

一些常用建筑材料的物性参数值，参见附表 2.5[1,3]。

附表 2.5　常用建筑材料的物性参数值

名　称	体积密度 ρ/($kg\cdot m^{-3}$)	平均比热容 c/($kJ\cdot kg^{-1}\cdot ℃^{-1}$)	热导率 κ/($W\cdot m^{-1}\cdot ℃^{-1}$)
水泥砂浆	～1800	～0.84	～0.93
石灰砂浆	～1600	～0.84	～0.81
混凝土	2300～3210	0.88～1.67	1.20～1.28
加气轻质混凝土	600～1200	0.75～1.05	0.21～0.52
钢筋混凝土	2200～2500	～0.837	$1.55+2.9\times10^{-3}t$
块石砌体	1800～7000	～0.88	～1.28
石棉水泥块或板	～1900	～0.84	～0.35
混凝土板	～1930	～0.75	～0.79
隔热水泥板	～500	～0.84	～0.13
建筑红砖	1750～2100	$0.80+0.31\times10^{-3}t$	$0.47+0.51\times10^{-3}t$
玻璃	～2500		0.7～1.04
窗玻璃	～2500	～0.84	～0.76
耐热玻璃	～2240	～9.21	～1.08

续附表 2.5

名　称	体积密度 $\rho/(kg\cdot m^{-3})$	平均比热容 $c/(kJ\cdot kg^{-1}\cdot ℃^{-1})$	热导率 $\kappa/(W\cdot m^{-1}\cdot ℃^{-1})$
充填纤维	～160	～8.4	～0.039
石膏	～1650		～0.29
硅藻土粉	～2090		～0.051
瓷砖	～1670		～1.1
建筑用砖			～0.650
粉煤灰砖	～1800	458～589	0.12～0.22
普通黏土砖墙	～1600	0.88	～0.81
土坯墙		1.05	～0.70
锅炉渣	～1000		～0.29
普通泥土	～1500		～0.83
干泥土	1500～1670	8.4	0.138～0.63
砂壤土(含水4%)	～1940	16.7	～0.92
砂壤土(含水10%)	～1700		～1.85
湿土	～1700	2.01	～0.69
苦土粉(含85%MgO)	216～272	0.84	0.065～0.08
鹅卵石	～1840		～0.36
干沙	～1500	0.795	～0.32
湿沙	～1650	2.05	～1.13
花岗石	～2643		1.73～3.98
大理石	2499～2707		～2.70
云母	～290		～0.58
蛭石	395～467		0.10～0.13
沥青蛭石板管	350～400		0.081～0.10
铺地沥青	～2110	2.09	～0.7
干木板	～250		0.06～0.21
软木板	～50		0.07
木丝板	～730		0.83
木纤维板	～600		0.16
硬泡沫塑料板	29.5～56.3		0.04～0.048
软泡沫塑料板	41～62		0.043～0.056
聚四氟乙烯	～2240		～0.19
聚氯乙烯泡沫塑料	70～200		～0.048
脲醛泡沫塑料	<20		～0.0138
聚苯乙烯	24.7～37.8		0.04～0.043
橡木(垂直木纹)	～820	23.9	～0.21
橡木(平行木纹)	～820	23.9	～0.39
松木(垂直木纹)	～496		～0.150
松木(平行木纹)	～527		～0.347
棉花	～117		～0.049

续附表 2.5

名　称	体积密度 ρ/(kg·m^{-3})	平均比热容 c/(kJ·kg^{-1}·℃$^{-1}$)	热导率 κ/(W·m^{-1}·℃$^{-1}$)
锯木屑	179～200		0.07～0.083
木丝纤维板	～245		～0.048
稻草浆板	325～365		0.068～0.084
麻杆板	108～147		0.056～0.11
甘蔗板	～282		0.067～0.072
葵芯板	～95.5		～0.05
玉米梗板	～25.2		～0.065

注：在该表中，除了钢筋混凝土与建筑红砖的热导率是温度的函数以外，其余材质的热导率均为 20 ℃或室温时的热导率值。

附 2.5　几种典型玻璃制品的热导率

几种典型玻璃制品的热导率，如附表 2.6 所示[2]。

附表 2.6　几种典型玻璃制品的热导率 κ/(W·m^{-1}·℃$^{-1}$)

玻璃制品的名称	热导率 κ	玻璃制品的名称	热导率 κ
平板玻璃	0.75	充氮的中空玻璃（24.42 mm 厚，两层氮气）	0.0916
玻璃砖	0.81		
化学玻璃	0.93	充氮的中空玻璃（29.81 mm 厚，三层氮气）	0.0893
石英玻璃 1	2.71		
石英玻璃 2	1.35	干空气的中空玻璃（12.06 mm 厚，一层干空气）	0.0963
石英玻璃 3	0.71		
泡沫玻璃 1	0.116	干空气的中空玻璃（29.83 mm 厚，三层干空气）	0.0863
泡沫玻璃 2	0.087		
泡沫玻璃 3	0.052	中空玻璃（8.6 mm 厚，中间空气 3 mm，四周玻璃条）	0.103
充氮的中空玻璃（12.03 mm 厚，一层氮气）	0.097	中空玻璃（15.92 mm 厚，中间空气 10 mm，四周玻璃条）	0.094

资料来源：

[1]　李启云. 热工基础及设备[M]. 南京：南京工学院出版社，1988.

[2]　刘经强. 玻璃工程施工现场技术与实例[M]. 北京：化学工业出版社，2011.

[3]　孙晋涛. 硅酸盐工业热工基础[M]. 武汉：武汉工业大学出版社，1992.

[4]　威尔蒂 J R. 任泽霈，罗棣庵，等译. 工程传热学[M]. 北京：人民教育出版社，1983.

[5]　杨世铭. 传热学[M]. 2 版. 北京：高等教育出版社，1987.

附录3 常用流体(气体与液体)的物性参数

附3.1 典型气体的有关物理参数

一些典型气体的有关物性参数参见附表3.1[4]。

附表3.1 一些典型气体的有关物理参数值

名称	化学式	相对分子质量	标准状态密度/($kg \cdot m^{-3}$)		热值(也称:发热量)			
					/($kJ \cdot m^{-3}$),这里,m^3 为标准状态体积单位		/($kJ \cdot kg^{-1}$)	
			计算值	实测值	Q_{gr}	Q_{net}	Q_{gr}	Q_{net}
空气		29	1.2922	1.2928				
氧气	O_2	32	1.4276	1.42895				
氢气	H_2	2	0.08994	0.08994	12755.1	10789.6	141719.6	119897.9
氮气	N_2	28	1.2499	1.2505				
一氧化碳	CO	28	1.2495	1.2500	12629.6	12629.6	10099.5	10099.5
二氧化碳	CO_2	44	1.9634	1.9768				
二氧化硫	SO_2	64	2.8581	2.9265				
三氧化硫	SO_3	80	3.5714	(3.575)				
硫化氢	H_2S	34	1.5179	1.5392	25108.7	23143.2	16075.6	15205.8
一氧化氮	NO	30	1.3388	1.3402				
氧化二氮	N_2O	44	1.9637	1.9878				
水蒸气	H_2O	18	0.8036	0.804				

附3.2 常用气体的定压比热容 c_p 与热导率 κ

关于常用气体在 $0 \sim t$ ℃温度范围内的平均定压比热容 c_p,参见附表3.2[1,4]。几种常用气体的热导率 κ,参见附表3.3[1]。

附表3.2 一些常用气体在 $0 \sim t$ ℃温度范围内的平均定压比热容 c_p/($kJ \cdot m^{-3} \cdot ℃^{-1}$),这里 m^3 为标准状态体积单位

温度 t/℃	CO_2	N_2	O_2	水蒸气	干空气	H_2	CO	H_2S	SO_2
0	1.593 (1.606)	1.293 (1.296)	1.305 (1.305)	1.494 (1.489)	1.295 (1.296)	1.277 (1.280)	1.302 (1.296)	1.264 (1.464)	1.733 (1.736)
100	1.713 (1.736)	1.296 (1.301)	1.317 (1.313)	1.506 (1.497)	1.300 (1.301)	1.290 (1.292)	1.302 (1.301)	1.541 (1.510)	1.813 (1.819)
200	1.796 (1.802)	1.300 (1.305)	1.338 (1.334)	1.522 (1.514)	1.308 (1.309)	1.298 (1.296)	1.311 (1.309)	1.574 (1.552)	1.888 (1.894)
300	1.871 (1.878)	1.306 (1.313)	1.357 (1.355)	1.542 (1.535)	1.318 (1.317)	1.302 (1.301)	1.319 (1.317)	1.608 (1.598)	1.959 (1.961)
400	1.938 (1.940)	1.317 (1.322)	1.378 (1.376)	1.565 (1.556)	1.329 (1.330)	1.302 (1.301)	1.331 (1.330)	1.645 (1.644)	2.018 (2.024)
500	1.997 (2.007)	1.329 (1.334)	1.398 (1.397)	1.585 (1.581)	1.343 (1.342)	1.306 (1.305)	1.344 (1.342)	1.683 (1.681)	2.073 (2.074)

续附表 3.2

温度 t/℃	CO_2	N_2	O_2	水蒸气	干空气	H_2	CO	H_2S	SO_2
600	2.049 (2.058)	1.341 (1.347)	1.417 (1.414)	1.613 (1.606)	1.357 (1.355)	1.311 (1.309)	1.361 (1.355)	1.721 (1.719)	2.114 (2.116)
700	2.097 (2.104)	1.354 (1.355)	1.432 (1.434)	1.641 (1.1631)	1.371 (1.372)	1.315 (1.313)	1.373 (1.372)	1.759 (1.756)	2.152 (2.154)
800	2.140 (2.145)	1.367 (1.368)	1.450 (1.451)	1.668 (1.660)	1.335 (1.384)	1.319 (1.317)	1.390 (1.388)	1.796 (1.794)	2.186 (2.187)
900	2.179 (2.183)	1.380 (1.384)	1.465 (1.464)	1.696 (1.685)	1.398 (1.397)	1.323 (1.322)	1.403 (1.401)	1.830 (1.828)	2.215 (2.216)
1000	2.214 (2.216)	1.392 (1.397)	1.478 (1.476)	1.722 (1.715)	1.410 (1.409)	1.327 (1.330)	1.415 (1.414)	1.863 (1.861)	2.240 (2.242)
1100	2.245 (2.233)	1.404 (1.405)	1.490 (1.489)	1.750 (1.748)	1.422 (1.422)	1.336 (1.334)	1.428 (1.426)	1.892	2.261 (2.258)
1200	2.275 (2.258)	1.415 (1.418)	1.501 (1.501)	1.777 (1.777)	1.433 (1.434)	1.344 (1.338)	1.440 (1.439)	1.922	2.278 (2.279)
1300	2.301 (2.292)	1.426 (1.430)	1.511 (1.510)	1.803 (1.802)	1.444 (1.443)	1.352 (1.347)	1.449 (1.451)	1.947	
1400	2.325 (2.313)	1.436 (1.439)	1.520 (1.518)	1.824 (1.823)	1.454 (1.455)	1.361 (1.355)	1.461 (1.460)	1.972	
1500	2.345 (2.334)	1.446 (1.447)	1.529 (1.531)	1.853 (1.848)	1.463 (1.464)	1.369 (1.363)	1.465 (1.458)	1.997	
1600	2.368	1.454	1.538	1.877	1.472	1.378	1.470		
1700	2.387	1.458	1.546	1.900	1.480	1.386	1.478		
1800	2.405	1.470	1.554	1.922	1.487	1.394	1.486		
1900	2.422	1.478	1.562	1.943	1.495	1.398	1.495		
2000	2.437	1.484	1.569	1.963	1.501	1.407	1.507		
2100	2.451	1.491	1.575	1.983	1.508	1.415	1.511		
2200	2.465	1.496	1.583	2.001	1.514	1.424	1.520		
2300	2.478	1.502	1.589	2.019	1.520	1.432	1.524		
2400	2.490	1.508	1.595	2.037	1.526	1.440	1.528		
2500	2.501	1.513	1.602	2.053	1.531	1.449	1.537		

注*：参考文献[4]相关表格中的数据与参考文献[1]相关表格中的数据略有差异，本表中括号内的数据为参考文献[4]中的数据。

附表 3.3　几种常用气体的热导率 κ

种类	$\kappa(\times 10^{-3})/(W \cdot m^{-1} \cdot ℃^{-1})$												
	0	100	200	300	400	500	600	700	800	900	1000	1100	1200
空气	24.3	31.4	38.3	45.4	51.6	57.0	62.1	66.8	70.6	74.1	77.0	80.2	84.3
氧气	24.6	32.8	40.6	48.0	54.9	61.5	67.3	72.7	77.7	81.8	85.7	93.6	98.2
废气*	22.8	31.3	40.1	48.4	57.0	65.6	74.2	82.7	91.5	100	109	117	126
水蒸气		23.0	33.4	44.1	55.8	68.3	81.6	95.4	110	124	140.5		

注*：该表中的废气成分为：CO_2，13%；N_2，76%；H_2O，11%。

附 3.3　常用烃类气体的定压比热容 c_p

常用烃类气体在 0～t ℃温度范围内的平均定压比热容 c_p，参见附表 3.4[1,4]。

附表 3.4　常用烃类气体在 0～t ℃温度范围内的平均定压比热容 c_p/(kJ·m^{-3}·$℃^{-1}$)*

(这里，m^3 为标准状态体积单位)

温度/℃	CH_4	C_2H_2	C_2H_4	C_2H_6	C_3H_8	C_4H_8	C_4H_{10}	C_5H_{12}
0	1.566 (1.539)	1.871 (1.869)	1.716 (1.869)	2.198 (2.196)	3.069 (3.065)	3.831	4.207	5.212
100	1.658 (1.614)	2.047 (2.045)	2.106 (2.104)	2.504 (2.501)	3.533 (3.530)	4.295	4.752	5.924
200	1.767 (1.752)	2.185 (2.183)	2.328 (2.325)	2.797 (2.794)	3.970 (3.973)	4.743	5.233	6.631
300	1.892 (1.886)	2.290 (2.288)	2.529 (2.530)	3.077 (3.074)	4.400 (4.395)	5.162	5.715	7.293
400	2.022 (2.007)	2.370 (2.367)	2.721 (2.718)	3.337 (3.333)	4.798 (4.743)	5.564	6.196	7.929
500	2.144 (2.129)	2.437 (2.438)	2.893 (2.890)	3.571 (3.576)	5.129 (5.144)	5.916	6.627	8.474
600	2.269 (2.246)	2.508 (2.505)	3.048 (3.049)	3.806 (3.801)	5.455 (5.449)	6.271	7.058	9.022
700	2.357 (2.354)	2.575 (2.572)	3.190 (3.187)	4.015 (4.011)	5.769 (5.763)	6.589	7.452	9.319
800	2.470 (2.459)	2.629 (2.626)	3.341 (3.341)	4.207 (4.203)	6.041 (6.047)	6.887	7.812	9.901
900	2.596 (2.551)	2.684 (2.681)	3.450 (3.446)	4.379 (4.374)	6.305 (6.298)	7.159	8.139	10.265
1000	2.709 (2.643)	2.734 (2.731)	3.567 (3.559)	4.542 (4.537)	6.523 (6.516)	7.410	8.444	10.600

注*：参考文献[4]相关表格中的数据与参考文献[1]相关表格中的数据略有差异，本表中括号内的数据为参考文献[4]中的数据。

附 3.4　一些常用气体燃料及燃烧产物的定压比热容 c_p

常用气体燃料及其燃烧产物在 0～t ℃温度范围内的平均定压比热容 c_p，参见附表 3.5[1]。这里说的**燃烧产物**(Combustion Product)是指燃料燃烧后产生的高温气体，俗称：**烟气**。

附表 3.5　常用气体燃料及燃烧产物在 0～t ℃温度范围内的平均定压比热容 c_p/(kJ·m^{-3}·$℃^{-1}$)

(这里，m^3 为标准状态体积单位)

温度/℃	天然气	发生炉煤气	焦炉煤气	燃烧产物			
				煤	重油	发生炉煤气	焦炉煤气
0	1.55	1.32	1.41	1.36	1.36	1.36	1.36
200	1.76	1.35	1.46	1.41	1.41	1.41	1.39
400	2.01	1.38	1.55	1.45	1.44	1.45	1.43
600	2.26	1.41	1.63	1.49	1.47	1.49	1.46
800	2.51	1.45	1.70	1.53	1.52	1.53	1.50
1000	2.72	1.49	1.78	1.56	1.55	1.56	1.54
1200	2.89	1.53	1.87	1.59	1.59	1.60	1.57

续附表 3.5

温度/℃	天然气	发生炉煤气	焦炉煤气	燃烧产物			
				煤	重油	发生炉煤气	焦炉煤气
1400	3.01	1.57	1.96	1.62	1.62	1.62	1.60
1600				1.65	1.63	1.65	1.62
1800				1.68	1.65	1.68	1.64
2000				1.69	1.67	1.69	1.66
2200				1.70	1.69	1.70	1.68
2400				1.72	1.71	1.72	1.70

注：天然气、城市煤气、重油都属于高热值燃料，因此，关于天然气、城市煤气燃烧产物的平均定压比热容 c_p，可以查阅重油燃烧产物的该参数值。

附 3.5　干空气的物性参数

干空气的一些物性参数值，参见附表 3.6[1]。注意：该表中的干空气是指在绝对压强为 1 个物理大气压(即等于 101325 Pa，或等于 760 mmHg)时的干空气。

附表 3.6　干空气的物性参数值

t/℃	ρ/ $(kg \cdot m^{-3})$	c_p/ $(kJ \cdot kg^{-1} \cdot ℃^{-1})$	κ/ $(W \cdot m^{-1} \cdot ℃^{-1})$	$a(\times 10^{-6})$/ $(m^2 \cdot s^{-1})$	$\mu(\times 10^{-6})$/ $(Pa \cdot s)$	$\nu(\times 10^{-6})$/ $(m^2 \cdot s^{-1})$	Pr
−50	1.584	1.013	0.0204	12.7	14.6	9.24	0.728
−40	1.515	1.013	0.0212	13.8	15.2	10.04	0.728
−30	1.453	1.013	0.0220	14.9	15.7	10.80	0.723
−20	1.395	1.009	0.0228	16.2	16.2	11.61	0.716
−10	1.342	1.009	0.0236	17.4	16.7	12.43	0.712
0	1.293	1.005	0.0244	18.8	17.2	13.28	0.707
10	1.247	1.005	0.0251	20.0	17.6	14.16	0.705
20	1.205	1.005	0.0259	21.4	18.1	15.06	0.703
30	1.165	1.005	0.0267	22.9	18.6	16.00	0.701
40	1.128	1.005	0.0276	24.3	19.1	16.96	0.699
50	1.093	1.005	0.0283	25.7	19.6	17.95	0.698
60	1.060	1.005	0.0290	27.2	20.1	18.97	0.696
70	1.029	1.009	0.0296	28.8	20.6	20.02	0.694
80	1.000	1.009	0.0305	30.2	21.1	21.09	0.692
90	0.972	1.009	0.0313	31.9	21.5	22.10	0.690
100	0.946	1.009	0.0321	33.6	21.9	23.13	0.688
120	0.898	1.009	0.0334	36.8	22.8	25.45	0.686
140	0.854	1.013	0.0349	40.3	23.7	27.80	0.684
160	0.815	1.017	0.0364	43.9	24.5	30.09	0.682
180	0.779	1.022	0.0378	47.5	25.3	32.49	0.681
200	0.746	1.026	0.0393	51.4	26.0	34.85	0.680
250	0.674	1.038	0.0427	61.0	27.4	40.61	0.677
300	0.615	1.047	0.0460	71.6	29.7	48.33	0.674
350	0.566	1.059	0.0491	81.9	31.4	55.46	0.676
400	0.524	1.068	0.0521	93.1	33.0	63.09	0.678

续附表 3.6

t/℃	ρ/(kg·m^{-3})	c_p/(kJ·kg^{-1}·℃$^{-1}$)	κ/(W·m^{-1}·℃$^{-1}$)	a(×10^{-6})/(m^2·s^{-1})	μ(×10^{-6})/(Pa·s)	ν(×10^{-6})/(m^2·s^{-1})	Pr
500	0.456	1.093	0.0574	115.3	36.2	79.38	0.687
600	0.404	1.114	0.0622	138.3	39.1	96.89	0.698
700	0.362	1.135	0.0671	163.4	41.8	115.4	0.700
800	0.329	1.156	0.0718	188.8	44.3	134.8	0.713
900	0.301	1.172	0.0763	216.2	46.7	155.1	0.717
1000	0.277	1.185	0.0807	245.9	49.0	177.1	0.719
1100	0.257	1.197	0.0850	276.2	51.2	199.3	0.722
1200	0.239	1.210	0.0915	316.5	53.5	233.7	0.724

附 3.6　烟气的一些物性参数

烟气的一些物性参数值，参见附表 3.7[1]。应当注意的是：该表中的烟气是指在绝对压强等于 1 个标准大气压(简称：atm，1 atm＝101325 Pa＝760 mmHg)时的烟气，而且其体积组成为：CO_2，13％；H_2O，11％；O_2，76％。

附表 3.7　有关烟气的物性参数值

t/℃	ρ/(kg·m^{-3})	c_p/(kJ·kg^{-1}·℃$^{-1}$)	κ/(W·m^{-1}·℃$^{-1}$)	a(×10^{-6})/(m^2·s^{-1})	μ(×10^{-6})/(Pa·s)	ν(×10^{-6})/(m^2·s^{-1})	Pr
0	1.295	1.042	0.0228	16.9	15.8	12.20	0.72
100	0.950	1.068	0.0313	30.8	20.4	21.54	0.69
200	0.748	1.097	0.0401	48.9	24.5	32.80	0.67
300	0.617	1.122	0.0484	69.9	28.2	45.81	0.65
400	0.525	1.151	0.0570	94.3	31.7	60.38	0.64
500	0.457	1.185	0.0656	121.1	34.8	76.30	0.63
600	0.405	1.214	0.0742	150.9	37.9	93.61	0.62
700	0.363	1.239	0.0827	183.8	40.7	112.1	0.61
800	0.330	1.264	0.0915	219.7	43.4	131.8	0.60
900	0.301	1.290	0.1000	258.0	45.9	152.5	0.59
1000	0.275	1.306	0.1090	303.4	48.4	174.3	0.58
1100	0.257	1.323	0.1175	345.5	50.7	197.1	0.57
1200	0.240	1.340	0.1262	392.4	53.0	221.0	0.56

附 3.7　其他几种常用气体的物性参数

其他几种常用气体的一些物性参数值，参见附表 3.8[2]。

附表 3.8　几种常用气体的物性参数值

名称	t/℃	ρ/(kg·m^{-3})	c_p/(kJ·kg^{-1}·℃$^{-1}$)	κ(×10^{-3})/(W·m^{-1}·℃$^{-1}$)	a(×10^{-6})/(m^2·s^{-1})	μ(×10^{-6})/(Pa·s)	ν(×10^{-6})/(m^2·s^{-1})	Pr
O_2	−23	1.5620	0.9150	22.586	15.803	17.887	11.451	0.725
	27	1.3007	0.9199	26.760	22.365	20.633	15.863	0.709
	77	1.1144	0.9291	30.688	29.639	23.176	20.797	0.702
	127	0.9749	0.9417	34.616	37.705	25.556	26.214	0.695
	177	0.8665	0.9564	38.298	46.216	27.798	32.081	0.694
	227	0.7798	0.9721	41.735	55.056	29.930	38.382	0.697
	277	0.7089	0.9879	45.172	64.502	31.966	45.092	0.700
	327	0.6498	1.0032	48.364	74.192	33.931	52.218	0.704

续附表 3.8

名称	t/℃	ρ/(kg·m⁻³)	c_p/(kJ·kg⁻¹·℃⁻¹)	κ(×10⁻³)/(W·m⁻¹·℃⁻¹)	a(×10⁻⁶)/(m²·s⁻¹)	μ(×10⁻⁶)/(Pa·s)	ν(×10⁻⁶)/(m²·s⁻¹)	Pr
N_2	−23	1.3668	1.0415	22.268	15.643	15.528	11.361	0.729
	27	1.1383	1.0412	26.052	21.981	17.855	15.686	0.713
	77	0.9754	1.0421	29.691	29.210	20.000	20.504	0.701
	127	0.8533	1.0449	33.186	37.220	21.995	25.776	0.691
	177	0.7584	1.0495	36.463	45.811	23.890	31.501	0.688
	227	0.6826	1.0564	39.645	54.979	25.702	37.653	0.684
	327	0.5688	1.0751	45.549	74.485	29.127	51.208	0.686
	427	0.4875	1.0980	50.947	95.179	32.120	65.887	0.691
	527	0.4266	1.1222	55.864	116.692	34.896	81.800	0.700
	727	0.3413	1.1672	64.419	161.708	40.000	117.199	0.724
CO_2	−23	2.1652	0.8052	12.891	7.394	12.590	5.815	0.793
	27	1.7967	0.8526	16.572	10.818	14.948	8.320	0.770
	77	1.5369	0.8989	20.457	14.808	17.208	11.197	0.756
	127	1.3432	0.9416	24.604	19.454	19.318	14.382	0.738
	177	1.1931	0.9803	28.955	24.756	21.332	17.879	0.721
	227	1.0733	1.0153	33.523	30.763	23.251	21.663	0.702
	277	0.9756	1.0470	38.208	37.406	25.073	25.700	0.685
	327	0.8941	1.0761	43.097	44.793	26.827	30.004	0.668
CO	−23	1.3669	1.0425	21.432	15.040	15.408	11.272	0.749
	27	1.1382	1.0422	25.240	21.277	17.854	15.686	0.737
	77	0.9753	1.0440	28.839	28.323	20.097	20.606	0.728
	127	0.8532	1.0484	32.253	36.057	22.201	26.021	0.722
	177	0.7583	1.0550	35.527	44.408	24.189	31.899	0.718
	227	0.6824	1.0642	38.638	53.205	26.078	38.215	0.718
	277	0.6204	1.0751	41.587	62.350	27.884	44.945	0.721
	327	0.5687	1.0870	44.443	71.894	29.607	52.061	0.724

附 3.8 几种液体的物性参数

几种常见液体的一些物性参数值，参见附表 3.9[3]、附表 3.10[3]、附表 3.11[3]及附表 3.12[2]。

附表 3.9 几种液态金属的物性参数值

名 称	t/℃	ρ/(kg·m⁻³)	c_p/(kJ·kg⁻¹·℃⁻¹)	κ/(W·m⁻¹·℃⁻¹)	a(×10⁻⁶)/(m²·s⁻¹)	ν(×10⁻⁶)/(m²·s⁻¹)	Pr(×10⁻²)
汞(水银) 熔点:−38.9 ℃ 沸点:357 ℃	20	13550	0.1390	7.90	4.36	0.114	2.72
	100	13350	0.1373	8.95	4.89	0.094	1.92
	150	13230	0.1373	9.65	5.30	0.086	1.62
	200	13120	0.1373	10.3	5.72	0.080	1.40
	300	12880	0.1373	11.7	6.64	0.071	1.07

续附表 3.9

名　称	t/℃	ρ/(kg·m^{-3})	c_p/(kJ·kg^{-1}·℃$^{-1}$)	κ/(W·m^{-1}·℃$^{-1}$)	a(×10^{-6})/(m^2·s^{-1})	ν(×10^{-6})/(m^2·s^{-1})	Pr(×10^{-2})
锡液 熔点:231.9 ℃ 沸点:2270 ℃	250	6980	0.255	34.1	19.2	0.270	1.41
	300	6940	0.255	33.7	19.0	0.240	1.26
	400	6865	0.255	33.1	18.9	0.200	1.06
	500	6790	0.255	32.6	18.8	0.173	0.92
铋液 熔点:271 ℃ 沸点:1477 ℃	300	10030	0.151	13.0	8.61	0.171	1.98
	400	9910	0.151	14.4	9.72	0.142	1.46
	500	9785	0.151	15.8	10.8	0.122	1.13
	600	9660	0.151	17.2	11.9	0.108	0.91
锂液 熔点:179 ℃ 沸点:1317 ℃	200	515	4.187	37.2	17.2	1.110	6.43
	300	505	4.187	39.0	18.3	0.927	5.03
	400	495	4.187	41.9	20.3	0.817	4.04
	500	484	4.187	45.3	22.3	0.734	3.28
铋铅合金液 (56.5%Bi) 熔点:123.5 ℃ 沸点:1670 ℃	150	10550	0.146	9.8	6.39	0.289	4.50
	200	10490	0.146	10.3	6.67	0.243	3.64
	300	10360	0.146	11.4	7.50	0.187	2.50
	400	10240	0.146	12.6	8.33	0.157	1.87
	500	10120	0.146	14.0	9.44	0.136	1.44
钠钾合金液 (25%Na) 熔点:−11 ℃ 沸点:784 ℃	100	852	1.143	23.2	23.9	0.607	2.51
	200	828	1.072	24.5	27.6	0.452	1.64
	300	808	1.038	25.8	31.0	0.366	1.18
	400	778	1.005	27.1	34.7	0.308	0.89
	500	753	0.967	28.4	39.0	0.267	0.69
	600	729	0.934	29.6	43.6	0.237	0.54
	700	704	0.900	30.9	48.8	0.214	0.44
钠液 熔点:97.8 ℃ 沸点:883 ℃	150	916	1.356	84.9	68.3	0.594	0.87
	200	903	1.327	81.4	67.8	0.506	0.75
	300	878	1.281	70.9	63.0	0.394	0.63
	400	854	1.273	63.9	58.9	0.330	0.56
	500	829	1.273	57.0	54.2	0.289	0.53
钾液 熔点:64 ℃ 沸点:760 ℃	100	819	0.805	46.6	70.7	0.550	0.78
	250	783	0.783	44.8	73.1	0.385	0.53
	400	747	0.769	39.4	68.6	0.296	0.43
	750	678	0.775	28.4	54.2	0.202	0.37

附表 3.10 两种饱和液体的物性参数值

名称	t/℃	ρ/ (kg · m^{-3})	c/ (kJ · kg^{-1} · ℃$^{-1}$)	κ/ (W · m^{-1} · ℃$^{-1}$)	a($\times10^{-6}$)/ (m^2 · s^{-1})	ν($\times10^{-6}$)/ (m^2 · s^{-1})	β_T($\times10^{-3}$)/ (K^{-1})	Pr
氨液 (NH_3)	−50	703.69	4.463	0.547	0.1742	0.435	1.69	2.60
	−40	691.68	4.467	0.547	0.1775	0.406	1.78	2.28
	−30	679.34	4.476	0.549	0.1801	0.387	1.88	2.15
	−20	666.69	4.509	0.547	0.1819	0.381	1.96	2.09
	−10	653.55	4.564	0.543	0.1825	0.378	2.04	2.07
	0	640.10	4.635	0.540	0.1819	0.373	2.16	2.05
	10	626.16	4.714	0.531	0.1801	0.368	2.28	2.04
	20	611.75	4.798	0.521	0.1775	0.359	2.42	2.02
	30	596.37	4.890	0.507	0.1742	0.349	2.57	2.01
	40	580.99	4.999	0.493	0.1701	0.340	2.76	2.00
	50	564.33	5.116	0.476	0.1654	0.330	3.07	1.99
干冰 (CO_2)	−50	1156.34	1.84	0.0855	0.04021	0.119		2.96
	−40	1117.77	1.88	0.1011	0.04810	0.118		2.46
	−30	1076.76	1.97	0.1116	0.05272	0.117		2.22
	−20	1032.39	2.05	0.1151	0.05445	0.115		2.12
	−10	983.38	2.18	0.1099	0.05133	0.113		2.20
	0	926.99	2.47	0.1045	0.04578	0.108		2.38
	10	860.03	3.14	0.0971	0.03608	0.101		2.80
	20	772.57	5.0	0.0872	0.02219	0.091	14.0	4.10
	30	597.81	36.4	0.0703	0.00279	0.080		28.7

附表 3.11 两种油类的物性参数值

名称	t/℃	ρ/ (kg · m^{-3})	c/ (kJ · kg^{-1} · ℃$^{-1}$)	κ/ (W · m^{-1} · ℃$^{-1}$)	a($\times10^{-6}$)/ (m^2 · s^{-1})	μ/ (Pa · s)	ν($\times10^{-6}$)/ (m^2 · s^{-1})	Pr
润滑油 (机油) (未使用)	0	899.12	1.796	0.147	0.0911	3.8482	4280	47100
	20	888.23	1.880	0.145	0.0872	0.7994	900	10400
	40	876.05	1.964	0.144	0.0834	0.2103	240	2870
	60	864.04	2.047	0.140	0.0800	0.0725	83.9	1050
	80	852.02	2.131	0.138	0.0769	0.0320	37.5	490
	100	840.01	2.219	0.137	0.0738	0.0171	20.3	276
	120	828.96	2.307	0.135	0.0710	0.0103	12.4	175
	140	816.94	2.395	0.133	0.0686	0.0065	8.0	116
	160	805.89	2.483	0.132	0.0663	0.0045	5.6	84
变压器油	20	866	1.897	0.124	0.0758	0.03158	36.5	481
	40	852	1.993	0.123	0.0725	0.01422	16.7	230
	60	842	2.093	0.122	0.0692	0.007316	8.7	126
	80	830	2.198	0.120	0.0656	0.004315	5.2	79.4
	100	818	2.294	0.119	0.0633	0.003099	3.8	60.3

附表 3.12　其他一些液体的物性参数值

名称	t/℃	ρ/(kg·m^{-3})	c/(kJ·kg^{-1}·℃$^{-1}$)	κ/(W·m^{-1}·℃$^{-1}$)	$a(\times10^{-6})$/(m^2·s^{-1})	$\mu(\times10^{-6})$/(Pa·s)	$\nu(\times10^{-6})$/(m^2·s^{-1})	$\beta_T(\times10^{-3})$/(K^{-1})	Pr
液氢(H_2)	−259	77.5	7.080	0.103	0.188	24.3	0.313		1.67
	−258	76.4	7.450	0.106	0.186	22.6	0.296		1.60
	−257	75.4	7.830	0.108	0.183	20.8	0.276	12.8	1.51
	−256	74.3	8.210	0.111	0.182	19.0	0.256		1.41
	−255	73.4	8.580	0.113	0.180	17.4	0.237		1.32
	−254	72.2	9.000	0.116	0.178	15.6	0.216		1.21
液氧(O_2)	−212	1283	1.675	0.00537	0.00250	566	0.441		177
	−206	1257	1.679	0.00589	0.00279	417	0.331		119
	−201	1230	1.683	0.00640	0.00309	324	0.264	5.74	85.3
	−195	1203	1.691	0.00692	0.00340	259	0.215		63.2
	−190	1176	1.696	0.00744	0.00373	220	0.187		50.1
	−184	1149	1.700	0.00796	0.00408	193	0.168		41.2
氨水	−51	703	4.480	0.547	0.174	306	0.436	1.70	2.51
	−34	684	4.480	0.549	0.179	271	0.396	1.84	2.21
	−17	662	4.522	0.545	0.182	251	0.380	1.98	2.09
	−1	641	4.647	0.540	0.181	241	0.376	2.14	2.07
	16	617	4.773	0.526	0.179	223	0.362	2.34	2.03
	27	601	4.857	0.512	0.176	211	0.352	2.52	2.01
	38	583	4.982	0.497	0.171	201	0.345	2.70	2.02
	49	565	5.108	0.476	0.165	188	0.332	3.02	2.01
甘油	−1	1277	2.261	0.291	0.101	10.7×10^6	8390		83300
	16	1267	2.357	0.289	0.097	2.08×10^6	1640		16900
	27	1261	2.428	0.287	0.094	0.893×10^6	710	0.30	7600
	38	1253	2.504	0.286	0.091	0.149×10^6	120		1320
MIL-M-5606液压油	−17	881	1.675	0.135	0.0915	82590	93.7	1.37	1024
	−1	865	1.758	0.131	0.0859	33030	38.2	1.22	444
	16	849	1.838	0.127	0.0812	16520	19.5	1.08	240
	27	841	1.897	0.123	0.0770	10340	12.3	0.94	160
	38	833	1.955	0.119	0.0733	8270	9.93	0.85	135
	66	817	2.089	0.112	0.0654	4140	5.06	0.58	77.3
	94	801	2.219	0.104	0.0584	3720	4.64	0.36	79.4
n-丁醇	16	809	2.303	0.173	0.0929	3350	4.14		44.6
	27	801	2.428	0.171	0.0881	2680	3.34	0.45	37.9
	38	795	2.554	0.170	0.0835	1930	2.43	0.77	29.1
	66	777	2.847	0.170	0.0767	1010	1.30		17.0
苯	16	884	1.654	0.148	0.101	662	0.749		7.39
	27	875	1.717	0.145	0.0963	566	0.646	1350	6.71
	38	859	1.758	0.141	0.0933	491	0.572	1300	6.13
	66	830	1.884	0.132	0.0844	365	0.439	1220	5.20
	94	799	2.010	0.123	0.0766	289	0.361		4.71

续附表 3.12

名称	t/℃	ρ/($kg \cdot m^{-3}$)	c/($kJ \cdot kg^{-1} \cdot ℃^{-1}$)	κ/($W \cdot m^{-1} \cdot ℃^{-1}$)	a($\times 10^{-6}$)/($m^2 \cdot s^{-1}$)	μ($\times 10^{-6}$)/($Pa \cdot s$)	ν($\times 10^{-6}$)/($m^2 \cdot s^{-1}$)	β_T($\times 10^{-3}$)/(K^{-1})	Pr
苯胺	16	1025	2.010	0.175	0.085	4540	4.43	0.81	52.1
	27	1017	2.031	0.173	0.084	3570	3.51		41.9
	38	1009	2.052	0.173	0.084	2680	2.65		31.7
	66	987	2.106	0.170	0.082	1490	1.51		18.5
	94	964	2.156	0.167	0.080	923	0.96		11.9
	121	943	2.206	0.164	0.079	625	0.66		8.4
	149	921	2.261	0.161	0.077	446	0.48		6.2

资料来源：

[1] 孙晋涛.硅酸盐工业热工基础[M].武汉：武汉工业大学出版社，1992.

[2] 威尔蒂 J R.任泽霈，罗棣庵，等译.工程传热学[M].北京：人民教育出版社，1983.

[3] 杨世铭.传热学[M].2版.北京：高等教育出版社，1987.

[4] 全国水泥标准化技术委员会.水泥回转窑热平衡、热效率、综合能耗计算方法：GB/T 26281—2010[S].北京：中国标准出版社，2011：1-33.

附录 4　水与水蒸气的物性参数

将水加热到其沸点温度时，就会呈现水、水蒸气共存的状态，该状态便被称为：饱和状态(Saturation State)或饱和沸腾(Saturation Boiling)。饱和状态时的水被称为：**饱和水**，在饱和状态时从饱和水中大量蒸发出来的水蒸气则被称为：**饱和水蒸气**。

在饱和状态时，由于热量被大量地用于相变吸热过程，所以液相温度、气相温度均不变[等于沸点温度(Boiling Temperature)，也称：饱和温度(Saturation Temperature)]。这就是说，水的最高温度就是饱和水的温度，它也等于饱和水蒸气的温度，即饱和水蒸气的温度就是水的沸点温度。如果对于饱和水蒸气再加热，则可以得到温度高于沸点温度的“**过热水蒸气**”。当然，在低于饱和温度的情况下所蒸发出来的水蒸气，则称为“**过冷水蒸气**”。

附 4.1　水在不同温度时的物性参数

1 atm(称为：标准大气压，1 atm＝101325 Pa＝760 mmHg＝10.33m 水柱)下的未饱和水，在不同温度时的一些物性参数值，参见附表 4.1[4]。

附表 4.1　在 1 atm 下未饱和水(100 ℃为饱和水)在不同温度下的物性参数值

t/℃	p/MPa	ρ/(kg·m^{-3})	c_p/(kJ·kg^{-1}·℃$^{-1}$)	κ/(W·m^{-1}·℃$^{-1}$)	a(×10^{-6})/(m^2·s^{-1})	μ(×10^{-3})/(Pa·s)	ν(×10^{-6})/(m^2·s^{-1})	β_T(×10^{-3})/(K^{-1})	Pr
0	0.1013	999.9	4.212	0.551	0.131	1.788	1.789	−0.063	13.67
10	0.1013	999.7	4.191	0.575	0.137	1.306	1.306	0.070	9.52
20	0.1013	998.2	4.183	0.599	0.143	1.004	1.006	0.182	7.02
30	0.1013	995.7	4.174	0.618	0.149	0.802	0.805	0.321	5.42
40	0.1013	992.2	4.174	0.634	0.153	0.654	0.659	0.387	4.31
50	0.1013	988.1	4.174	0.643	0.157	0.549	0.556	0.449	3.54
60	0.1013	983.2	4.179	0.659	0.161	0.470	0.478	0.511	2.98
70	0.1013	977.8	4.187	0.668	0.163	0.406	0.415	0.570	2.55
80	0.1013	971.8	4.195	0.675	0.166	0.355	0.365	0.632	2.21
90	0.1013	965.3	4.208	0.680	0.168	0.315	0.326	0.695	1.95
100	0.1013	958.4	4.220	0.683	0.169	0.283	0.295	0.752	1.75

附 4.2　水在不同温度时的汽化热

对于温度＜100 ℃且在 1 工程大气压下(简称：at，1 at＝10 m 水柱＝98070 Pa＝735.5 mmHg)的未饱和水或者温度≥100 ℃的加压饱和水，在不同温度时的汽化热参见附表 4.2[5]。

附表 4.2　水在不同温度时的汽化热

温度/℃	汽化热/(kJ·kg^{-1})	温度/℃	汽化热/(kJ·kg^{-1})	温度/℃	汽化热/(kJ·kg^{-1})	温度/℃	汽化热/(kJ·kg^{-1})
0	2497.5	40	2403.4	80	2305.5	120	2198.5
5	2485.8	45	2391.3	85	2292.6	125	2184.7
10	2474.1	50	2380.0	90	2279.6	130	2170.0
15	2462.4	55	2367.4	95	2266.6	135	2155.0
20	2450.7	60	2355.7	100	2253.7	140	2140.8
25	2438.9	65	2343.2	105	2239.9	145	2125.3
30	2427.2	70	2331.0	110	2226.5	150	2110.2
35	2415.1	75	2318.5	115	2212.7	200	1957.2

附 4.3　饱和水、饱和水蒸气以及过热水蒸气的物性参数

饱和水的物性参数值参见附表 4.3[1,2]；饱和水蒸气的物性参数值参见附表 4.4[1,2]；在 1 标准大气压(1 atm=101325 Pa=760 mmHg)下，过热水蒸气的有关物性参数值参见附表 4.5[4]。

附表 4.3　在饱和状态下水(100 ℃以下为未饱和水)的物性参数值

t/℃	p/ MPa	ρ/(kg·m^{-3})	i/(kJ·kg^{-1})	c_p/(kJ·kg^{-1}·℃$^{-1}$)	κ/(W·m^{-1}·℃$^{-1}$)	$a(\times10^{-6})$/(m^2·s^{-1})	$\mu(\times10^{-6})$/(Pa·s)	$\nu(\times10^{-6})$/(m^2·s^{-1})	$\beta_T(\times10^{-3})$/K^{-1}	$\sigma(\times10^{-3})$/(N·m^{-1})	Pr
0	0.1013	999.9	0	4.212	0.551	0.131	1788	1.789	−0.063	75.64	13.67
10	0.1013	999.7	42.04	4.191	0.574	0.137	1306	1.306	0.070	74.16	9.52
20	0.1013	998.2	83.91	4.183	0.599	0.143	1004	1.006	0.182	72.69	7.02
30	0.1013	995.7	125.7	4.174	0.618	0.149	801.5	0.805	0.321	71.22	5.42
40	0.1013	992.2	167.5	4.174	0.635	0.153	653.3	0.659	0.387	69.65	4.31
50	0.1013	988.1	209.3	4.174	0.648	0.157	549.4	0.556	0.449	67.69	3.54
60	0.1013	983.2	251.1	4.179	0.659	0.160	469.9	0.478	0.511	66.22	2.98
70	0.1013	977.8	293.0	4.187	0.668	0.163	406.1	0.415	0.570	64.35	2.55
80	0.1013	971.8	335.0	4.195	0.674	0.166	355.1	0.365	0.632	62.59	2.21
90	0.1013	965.3	377.0	4.208	0.680	0.168	314.9	0.325	0.695	60.72	1.95
100	0.1013	958.4	419.1	4.220	0.683	0.169	282.5	0.295	0.752	58.86	1.75
110	0.143	951.0	461.4	4.233	0.685	0.170	259.0	0.272	0.808	56.90	1.60
120	0.198	943.1	503.7	4.250	0.686	0.171	237.4	0.252	0.864	54.84	1.47
130	0.270	934.8	546.4	4.266	0.686	0.172	217.8	0.233	0.919	52.88	1.36
140	0.361	926.1	589.1	4.287	0.685	0.172	201.1	0.217	0.972	50.72	1.26
150	0.476	917.0	632.2	4.313	0.684	0.173	186.4	0.203	1.03	48.66	1.17
160	0.618	907.4	675.4	4.346	0.683	0.173	173.6	0.191	1.07	46.60	1.10
170	0.792	897.3	719.3	4.380	0.679	0.173	162.8	0.181	1.13	44.34	1.05
180	1.003	886.9	763.3	4.417	0.674	0.172	153.0	0.173	1.19	42.28	1.00
190	1.255	876.0	807.8	4.459	0.670	0.171	144.2	0.165	1.26	40.02	0.96
200	1.555	863.0	852.5	4.505	0.663	0.170	136.4	0.158	1.33	37.67	0.93
210	1.908	852.3	897.7	4.555	0.655	0.169	130.5	0.153	1.41	35.41	0.91
220	2.320	840.3	943.7	4.614	0.645	0.166	124.6	0.148	1.48	33.16	0.89
230	2.798	827.3	990.2	4.681	0.637	0.164	119.7	0.145	1.59	31.00	0.88
240	3.348	813.6	1037.5	4.756	0.628	0.162	114.8	0.141	1.68	28.55	0.87
250	3.978	799.0	1085.7	4.844	0.618	0.159	109.9	0.137	1.81	26.19	0.86
260	4.694	784.0	1135.1	4.949	0.605	0.156	105.9	0.135	1.97	23.74	0.87
270	5.505	767.9	1185.3	5.070	0.590	0.151	102.0	0.133	2.16	21.48	0.88
280	6.419	750.7	1236.8	5.230	0.574	0.146	98.1	0.131	2.37	19.13	0.90
290	7.445	732.3	1290.0	5.485	0.558	0.139	94.2	0.129	2.62	16.87	0.93
300	8.592	712.5	1344.9	5.736	0.540	0.132	91.2	0.128	2.92	14.42	0.97
310	9.870	691.1	1402.2	6.071	0.523	0.125	88.3	0.128	3.29	12.07	1.03
320	11.290	667.1	1462.1	6.574	0.506	0.115	85.3	0.128	3.82	9.810	1.11
330	12.865	640.2	1526.2	7.244	0.484	0.104	81.4	0.127	4.33	7.671	1.22
340	14.608	610.1	1594.8	8.165	0.457	0.0917	77.5	0.127	5.34	5.670	1.39
350	16.537	574.4	1671.4	9.504	0.430	0.0788	72.6	0.126	6.68	3.816	1.60
360	18.674	528.0	1761.5	13.984	0.395	0.0536	66.7	0.126	10.9	2.021	2.35
370	21.053	450.5	1892.5	40.321	0.337	0.0186	56.9	0.126	26.4	0.4709	6.79

附表 4.4　在饱和状态下水蒸气的物性参数值

t/℃	p/MPa	ρ''/(kg·m^{-3})	i''/(kJ·kg^{-1})	r/(kJ·kg^{-1})	c_p/(kJ·kg^{-1}·℃$^{-1}$)	κ/(W·m^{-1}·℃$^{-1}$)	a/(×10^{-3})/(m^2·h^{-1})	μ(×10^{-6})/(Pa·s)	ν(×10^{-6})/(m^2·s^{-1})	Pr
0	0.000611	0.004847	2501.6	2501.6	1.8543	0.0183	7313.0	8.022	1655.01	0.815
10	0.001227	0.009396	2520.0	2477.7	1.8594	0.0188	3881.3	8.424	896.54	0.831
20	0.002338	0.01729	2538.0	2454.3	1.8661	0.0194	2167.2	8.84	509.90	0.847
30	0.004241	0.03037	2556.5	2430.9	1.8744	0.0200	1265.1	9.218	303.53	0.863
40	0.007375	0.05116	2574.5	2407.0	1.8853	0.0206	768.45	9.620	188.04	0.883
50	0.012335	0.08302	2592.0	2382.7	1.8987	0.0212	483.59	10.022	120.72	0.896
60	0.019920	0.1302	2609.6	2358.4	1.9155	0.0219	315.55	10.424	80.07	0.913
70	0.03116	0.1982	2626.8	2334.1	1.9364	0.0225	210.57	10.817	54.57	0.930
80	0.04736	0.2933	2643.5	2309.0	1.9615	0.0233	145.53	11.219	38.25	0.947
90	0.07011	0.4235	2660.3	2283.1	1.9921	0.0240	102.22	11.621	27.44	0.966
100	0.10130	0.5977	2676.2	2257.1	2.0281	0.0248	73.57	12.023	20.12	0.984
110	0.14327	0.8265	2691.3	2229.9	2.0704	0.0256	53.83	12.425	15.03	1.00
120	0.19854	1.122	2705.9	2202.3	2.1198	0.0265	40.15	12.798	11.41	1.02
130	0.27013	1.497	2719.7	2173.8	2.1763	0.0276	30.46	13.170	8.80	1.04
140	0.3614	1.967	2733.1	2144.1	2.2408	0.0285	23.28	13.543	6.89	1.06
150	0.4760	2.548	2745.3	2113.1	2.3142	0.0297	18.10	13.896	5.45	1.08
160	0.6181	3.260	2756.6	2081.3	2.3974	0.0308	14.20	14.249	4.37	1.11
170	0.7920	4.123	2767.1	2047.8	2.4911	0.0321	11.25	14.612	3.54	1.13
180	1.0027	5.160	2776.3	2013.0	2.5958	0.0336	9.03	14.965	2.90	1.15
190	1.2551	6.397	2784.2	1976.6	2.7126	0.0351	7.29	15.298	2.39	1.18
200	1.5549	7.864	2790.9	1938.5	2.8428	0.0368	5.92	15.651	1.99	1.21
210	1.9077	9.593	2796.4	1898.3	2.9877	0.0387	4.86	15.995	1.67	1.24
220	2.3198	11.62	2799.7	1856.4	3.1497	0.0407	4.00	16.338	1.41	1.26
230	2.7976	14.00	2801.8	1811.6	3.3310	0.0430	3.32	16.701	1.19	1.29
240	3.3478	16.76	2802.2	1764.7	3.5366	0.0454	2.76	17.073	1.02	1.33
250	3.9776	19.99	2800.6	1714.5	3.7723	0.0484	2.31	17.446	0.873	1.36
260	4.6943	23.73	2796.4	1661.3	4.0470	0.0518	1.94	17.848	0.752	1.40
270	5.5058	28.10	2789.7	1604.8	4.3735	0.0555	1.63	18.280	0.651	1.44
280	6.4202	33.19	2780.5	1543.7	4.7675	0.0600	1.37	18.750	0.565	1.49
290	7.4461	39.16	2767.5	1477.5	5.2528	0.0655	1.15	19.270	0.492	1.54
300	8.5927	46.19	2751.1	1405.9	5.8632	0.0722	0.96	19.839	0.430	1.61
310	9.8700	54.54	2730.2	1327.6	6.6503	0.0802	0.80	20.691	0.380	1.71
320	11.289	64.60	2703.8	1241.0	7.7217	0.0865	0.62	21.691	0.336	1.94
330	12.863	76.99	2670.3	1143.8	9.3613	0.0961	0.48	23.093	0.300	2.24
340	14.605	92.76	2626.0	1030.8	12.2108	0.1070	0.34	24.692	0.266	2.82
350	16.535	113.6	2567.8	895.6	17.1504	0.1190	0.22	26.594	0.234	3.83
360	18.675	144.1	2485.3	721.4	25.1162	0.1370	0.14	29.193	0.203	5.34
370	21.054	201.1	2342.9	452.6	81.1025	0.1660	0.04	33.989	0.169	15.7
374.15	22.120	315.5	2107.2	0.0*	∞	0.2380	0.00	44.992	0.143	∞

注*：在 374.15 ℃、22.120 MPa 的条件下，水蒸气呈现超临界状态(既有气体的性质，也有液体的性质)，被称为：**超临界水**。

注：在附表 4.3 和附表 4.4 中，t 表示饱和状态的温度；p 表示饱和状态的压强；ρ 表示饱和水的密度(ρ''表饱和水蒸气的密度)；i 表示饱和水所具有的焓(i''表示饱和水蒸气所具有的焓)；r 表示在饱和状态下水的汽化热($r\approx i''-i$)；c 表示饱和水(或饱和水蒸气)的比热容；κ 表示饱和水(或饱和水蒸气)的热导率；a 表示饱和水(或饱和水蒸气)的热扩散率；μ 表示饱和水(或饱和水蒸气)的动力黏度；ν 表示饱和水(或饱和水蒸气)的运动黏度；β_T 表示饱和水的热膨胀系数；σ 表示饱和水的表面张力；Pr 表示饱和水(或饱和水蒸气)的普朗特数。

附表 4.5　在 1 atm 下过热水蒸气的物性参数值

t/℃	ρ/ (kg·m^{-3})	c_p/ (kJ·kg^{-1}·℃$^{-1}$)	κ/ (W·m^{-1}·℃$^{-1}$)	a(×10^{-6})/ (m^2·s^{-1})	μ(×10^{-6})/ (kg·m^{-1}·s^{-1})	ν(×10^{-6})/ (m^2·s^{-1})	Pr
107	0.5863	2.060	0.0246	20.36	12.71	21.6	1.060
127	0.5542	2.014	0.0261	23.38	13.44	24.2	1.040
177	0.4902	1.980	0.0299	30.7	15.25	31.1	1.010
227	0.4405	1.985	0.0339	38.7	17.04	38.6	0.996
277	0.4005	1.997	0.0379	47.5	18.84	47.0	0.991
327	0.3852	2.026	0.0422	57.3	20.67	56.6	0.986
377	0.3380	2.056	0.0464	66.6	22.47	66.4	0.995
427	0.3140	2.085	0.0505	77.2	24.26	77.2	1.000
477	0.2931	2.119	0.0549	83.3	26.04	88.8	1.005
527	0.2730	2.152	0.0592	100.1	27.86	102.0	1.010
577	0.2579	2.186	0.0637	113.0	29.69	115.2	1.019

注：在附表 4.5 中，t 表示过热水蒸气的温度；ρ 表示过热水蒸气的密度；c 表示过热水蒸气的比热容；κ 表示过热水蒸气的热导率；a 表示过热水蒸气的热扩散率；μ 表示过热水蒸气的动力黏度；ν 表示过热水蒸气的运动黏度；Pr 表示过热水蒸气的普朗特数。

资料来源：

[1]　李启云. 热工基础及设备[M]. 南京：南京工学院出版社，1988.

[2]　孙晋涛. 硅酸盐工业热工基础[M]. 武汉：武汉工业大学出版社，1992.

[3]　威尔蒂 J R. 任泽霈，罗棣庵，等译. 工程传热学[M]. 北京：人民教育出版社，1983.

[4]　杨世铭. 传热学[M]. 2 版. 北京：高等教育出版社，1987.

[5]　全国水泥标准化技术委员会. 水泥回转窑热平衡、热效率、综合能耗计算方法：GB/T 26281—2010[S]. 北京：中国标准出版社，2011：1-33.

附录 5　某些物质的若干辐射参数

附 5.1　常用物质在其法线方向上的发射率 ε_n

物质的“发射率”也被称为“辐射率”，以前曾经被称为：黑度。一些常用物质在其法线方向上的发射率 ε_n 参见附表 5.1[1,3,4]。

附表 5.1　一些常用物质在其法线方向上的发射率 ε_n

材料名称(表面)	适用温度范围 t/℃	法向发射率 ε_n
金属材料		
铂		
抛光后的纯铂板	230～630	0.054～0.104
铂带	930～1630	0.12～0.17
铂制品	1000～1500	0.14～0.18
铂丝	230～1380	0.073～0.182
铂细丝	30～1230	0.036～0.192
金		
精抛光后的纯金	230～630	0.018～0.035
银		
抛光后的纯银	230～630	0.020～0.032
银制品	38～375	0.020～0.031
银制品	20	0.02
铝		
纯度为 98.3%的精抛光铝	230～580	0.039～0.057
表面磨光的铝	20～50	0.06～0.07
从市场采购的铝皮	100	0.09
在 600 ℃氧化后的铝	200～600	0.11～0.19
严重氧化的铝	95～505	0.20～0.31
黄铜		
抛光的黄铜	38～316	0.10
磨光的黄铜	38～115	0.10
无光泽发暗的黄铜	20～350	0.22
在 600 ℃氧化后的黄铜	200～600	0.61～0.59
铜		
抛光的铜	100	0.052
磨光的铜	20	0.03
在 600 ℃加热氧化后的铜板	200～600	0.57
氧化后变黑的铜	50	0.88
氧化铜	800～1100	0.66～0.54
铸铜	1080～1280	0.16～0.13
钼	1370～2760	0.20～0.30

续附表 5.1

材料名称(表面)	适用温度范围 t/℃	法向发射率 ε_n
钨		
抛光后的钨涂层	100	0.066
细钨丝	3316	0.39
过期的细钨丝	27～3316	0.032～0.35
锌		
从市场采购的、纯度为 99.1%的抛光锌	230～330	0.045～0.053
光亮的锌皮(俗称:马口铁)	38	0.23
在 400 ℃加热氧化后的锌	400	0.11
铅		
未氧化的、纯度为 99.96%的铅	130～230	0.057～0.075
已氧化为灰色的铅	25	0.28
镁	38～538	0.07～0.18
钼	538～2760	0.08～0.29
镍		
纯,抛光	260～538	0.07～0.10
纯,氧化	38～538	0.39～0.67
镍合金		
铬镍合金	52～1035	0.64～0.76
抛光后的铜镍合金	100	0.059
光亮的镍铬丝	50～1000	0.65～0.79
氧化后的镍铬丝	50～500	0.95～0.98
不锈钢		
抛光的因康镍(Inconel)合金 X	16～483	0.19～0.20
抛光的因康镍(Inconel)合金 B	16～483	0.19～0.22
抛光的 301 型不锈钢	25	0.16
光滑的 310 型不锈钢	816	0.39
抛光的 316 型不锈钢	205～1038	0.24～0.31
磨光的不锈钢制品	100	0.074
钢		
18Cr-8Ni 合金钢	500	0.35
抛光后的 Ni-Cr 合金钢	40～1095	0.08～0.36
镀锌钢板	20	0.28
镀镍钢板	20	0.11
磨光的钢板	100	0.066
轧制的钢板	50	0.56
生锈的钢板	20	0.69
生锈的粗糙钢板	38～370	0.94～0.97
低碳钢	1600～1800	0.28
铁		
精抛光后的熟铁	38～250	0.28
抛光后的铁	430～1030	0.14～0.38
粗糙磨光的铁	100	0.17
磨光过的铸铁	200	0.21

续附表 5.1

材料名称(表面)	适用温度范围 t/℃	法向发射率 ε_n
铸铁	1300～1400	0.29
车削过的铸铁	800～1025	0.60～0.70
未加工的铸铁	900～1100	0.87～0.95
镀锌发亮的铁皮	30	0.23
市场出售的涂锡铁皮	100	0.07
生锈的铁	20	0.61～0.85
非金属材料		
石墨	38～2760	0.41～0.73
碳		
碳细丝	1038～1405	0.526
灯烟/水玻璃的涂层	100～227	0.96～0.95
铁板表面上很薄的碳层	21	0.927
磨光木料	20	0.5～0.7
橡胶		
光滑的硬橡胶板	24	0.94
再生的、粗糙的灰色软橡胶	25	0.86
硬橡皮	20	0.95
刨平后的橡木	21	0.90
糊棚纸	21	0.91
煤	100～600	0.81～0.79
焦油		0.79～0.84
石油		0.8
沥青	太阳光照下	0.85
水泥		0.54
水泥板	1000	0.63
粗糙的混凝土	38	0.94
混凝土砖		
未着色的混凝土砖	太阳光照下	0.65
棕色的混凝土砖	太阳光照下	0.85
锅炉炉渣	0～100	0.97～0.93
锅炉炉渣	200～500	0.89～0.78
锅炉炉渣	600～1200	0.78～0.76
锅炉炉渣	1400～1800	0.69～0.67
硅粉		0.3
硅藻土粉		0.25
高岭土粉		0.3
水玻璃	20	0.96
焙烧过的黏土	70	0.91
石膏	20	0.8～0.9
石灰		0.3～0.4
灰浆、粗石灰	10～88	0.91
砂子		0.6
磨光的浅色大理石	20	0.93

续附表 5.1

材料名称(表面)	适用温度范围 t/℃	法向发射率 ε_n
石棉粉		0.4～0.6
石棉布		0.78
石棉纸	38～370	0.93～0.94
石棉板	20～25	0.96
石棉水泥板	20	0.96
在光滑或变黑的平板上涂 0.05 cm 厚的石膏	21	0.903
光滑的玻璃制品	23	0.94
普通玻璃	20～100	0.94～0.91
加热后的玻璃	250～1000	0.87～0.72
玻璃液	1100～1500	0.70～0.67
Pyrex 玻璃、铅玻璃等特种玻璃	260～834	0.95～0.85
不透明玻璃	20	0.96
磨光的石英玻璃	20	0.93
不透明石英	300～835	0.92～0.68
上釉的陶瓷制品	21	0.92
白色光亮的陶瓷制品		0.70～0.75
釉面砖	1100	0.75
在铁表面上的白色搪瓷	20	0.90
颜料、漆、釉		
黑漆或白漆	38～94	0.80～0.95
无光泽的黑漆	38～94	0.96～0.98
所有 16 种不同颜色的油颜料	100	0.92～0.96
加热到 327 ℃以上的铝颜料	149～316	0.35
耐火黏土砖	20	0.85
耐火黏土砖	1000	0.75
耐火黏土砖	1200	0.59
耐火刚玉砖	1000	0.46
硅砖	1000	0.66
镁砖(镁砂制耐火砖)	1000～1300	0.38
黏土质普通砖		
红色砖	太阳光照下	0.71
暗紫色砖	太阳光照下	0.82
普通建筑砖	1000	0.45
表面粗糙的红砖	20	0.88～0.93
抹灰的砖体	20	0.94
石板	38	0.67～0.80
浅灰色、抛光后的大理石	23	0.93
自然物质		
水	0～100	0.95～0.963
冰	0	0.97
雪	0	0.8

附 5.2　几种金属材料在不同方向上的定向发射率 ε_ϕ

几种金属材料的定向发射率 ε_ϕ 与方向之间的关系，如附图 5.1 所示[2]。

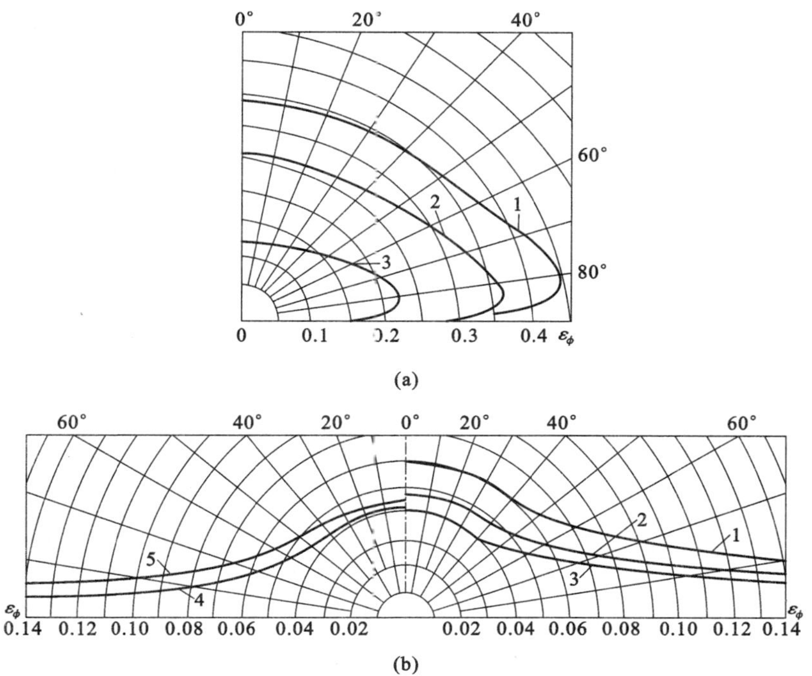

附图 5.1　几种金属材料的定向发射率 ε_ϕ 与方向 ϕ 之间的关系

(a) 曲线 1—铋；曲线 2—铝、青铜；曲线 3—铁(已钝化后的铁)

(b) 曲线 1—Cr；曲线 2—Mn；曲线 3—Al；曲线 4—无光泽的 Ni；曲线 5—磨光的 Ni

附 5.3　几种非金属物质在不同方向上的定向发射率 ε_ϕ

几种非金属物质的定向发射率 ε_ϕ 与方向之间的关系，如附图 5.2 所示[2]。

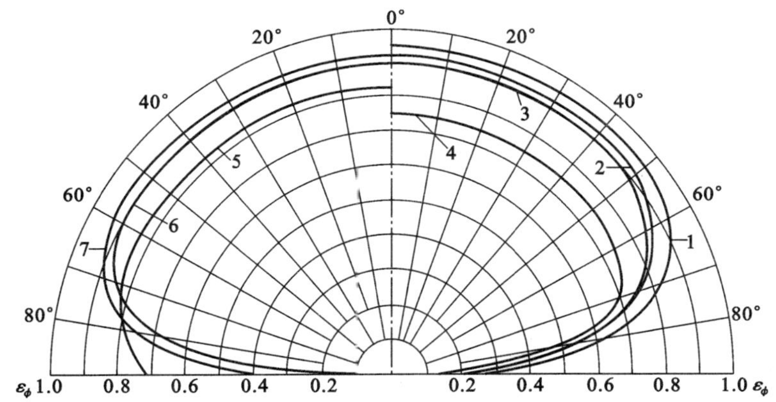

附图 5.2　几种非金属材料的定向发射率 ε_ϕ 与方向之间的关系(表面温度：0～93.3 ℃)

曲线 1—潮湿的冰；曲线 2—玻璃；曲线 3—黏土；曲线 4—氧化铜；曲线 5—氧化铝；曲线 6—纸；曲线 7—木材

附 5.4　一些材料的单色吸收率 α_λ

一些典型材料的单色吸收率 α_λ 与投射辐射波长 λ 之间的关系，如附图 5.3[2]、附图 5.4[2]、附图 5.5所示[2]。

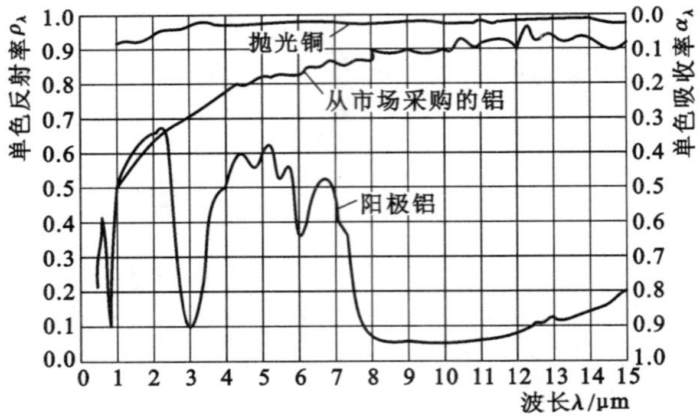

附图 5.3　三种金属材料的单色反射率 ρ_λ 及单色吸收率 α_λ 沿波长 λ 的分布

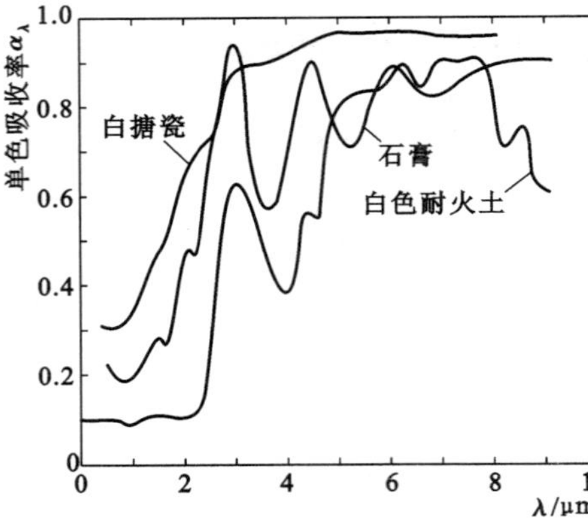

附图 5.4　三种非金属材料的单色吸收率 α_λ 沿波长 λ 的分布

(a)　(b)

(c)　(d)

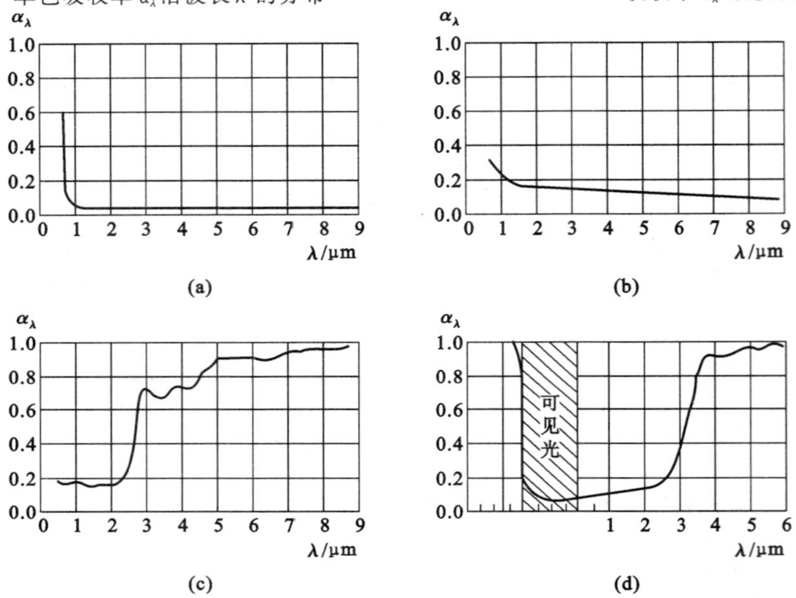

附图 5.5　四种典型材料的单色吸收率 α_λ 沿波长 λ 的分布

附 5.5　两种玻璃的单色透射率 τ_λ

两种玻璃在可见光以及部分红外波段的单色透射率 τ_λ 与辐射波长 λ 之间的关系，如附图 5.6 所示[2]。

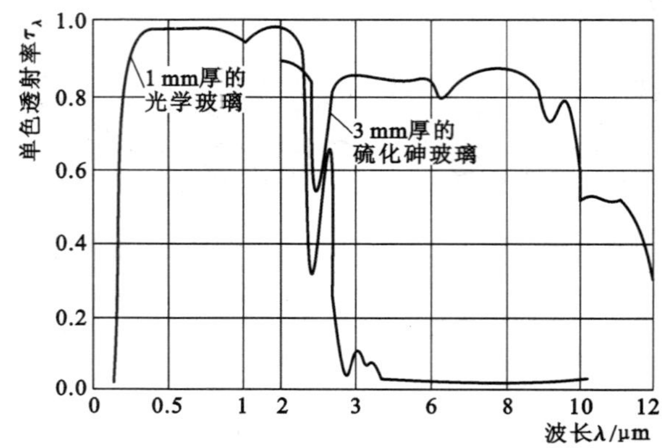

附图 5.6　两种特种玻璃在可见光及部分红外波段的单色透射率（也称：单色透过率）τ_λ

附 5.6　某些材料表面对黑体辐射的吸收率 α_λ

一些典型材料的表面对于黑体辐射的吸收率 α_λ 与辐射源温度之间的关系，如附图 5.7 所示[3]。请读者注意：在附图 5.7 中，两条虚线之间是灰色铺地砖、石棉纸、木柴、各类布料、熟石膏、立德粉①、纸张的有关数据。

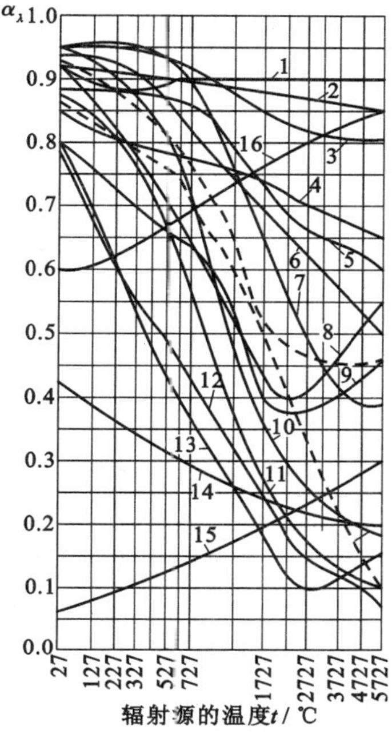

附图 5.7　一些常用材料的表面(温度：21 ℃)对于黑体辐射的吸收率 α_λ 与辐射源温度之间的关系

1—房顶的板材组合材料；2—红褐色的漆布；3—石棉板；4—灰色的软橡皮；5—混凝土；6—瓷器；7—白色的涂釉搪瓷；8—红砖；9—软木塞；10—白色的荷兰砖②；11—白色的烧结熟料；12—干燥脱水后的 MgO；13—经过阳极处理的铝材(表面有一层氧化铝保护膜)；14—铝涂料；15—抛光铝；16—石墨

附 5.7　太阳的辐射能分布以及水面对于太阳能辐射的反射率

太阳的辐射能分布，如附图 5.8 所示[2]；水面对于太阳能辐射的反射率，如附图 5.9 所示[2]。

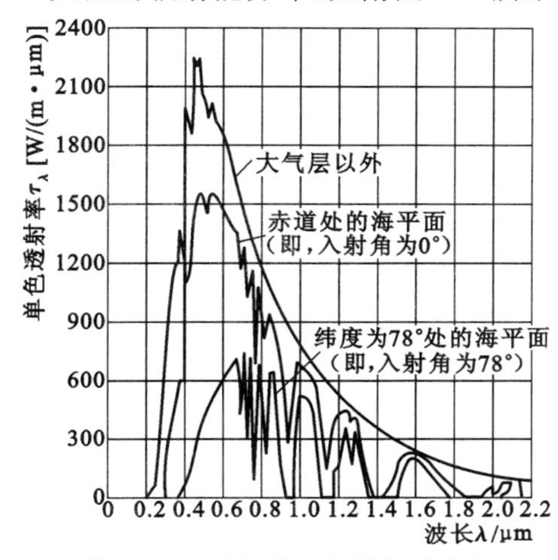

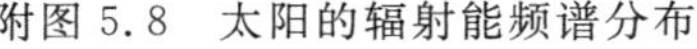

附图 5.8　太阳的辐射能频谱分布

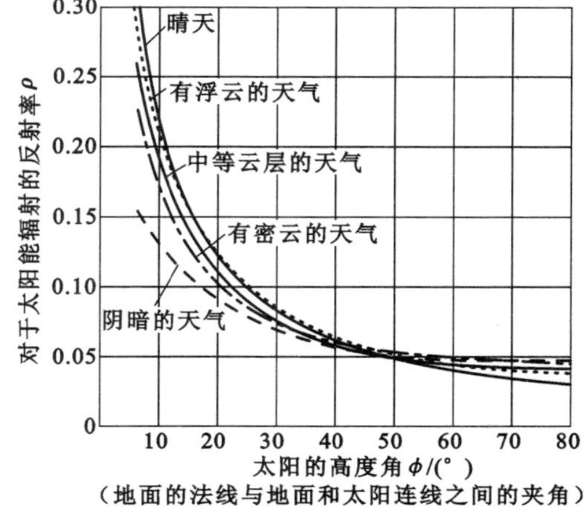

附图 5.9　水面对太阳能辐射的反射率

① 立德粉(Lithopone，也称：锌钡白)是一种建筑物装修的涂料。

② 荷兰砖(Dutch Tile，也称：面包砖)是一种透水性很好的铺地砖，下雨时，水会迅速透过砖体而渗入地下，从而保持地面不积水。对于荷兰砖，以美国舒布洛克公司(Sureblock，请登录：www.sureblock.com)的产品最有名，因此这种铺地砖也称为：舒布洛克砖，或称：SB 砖。

附 5.8　CO_2、H_2O 的吸收能谱

CO_2、H_2O 的吸收能谱分别如附图 5.10、附图 5.11 所示[2]。

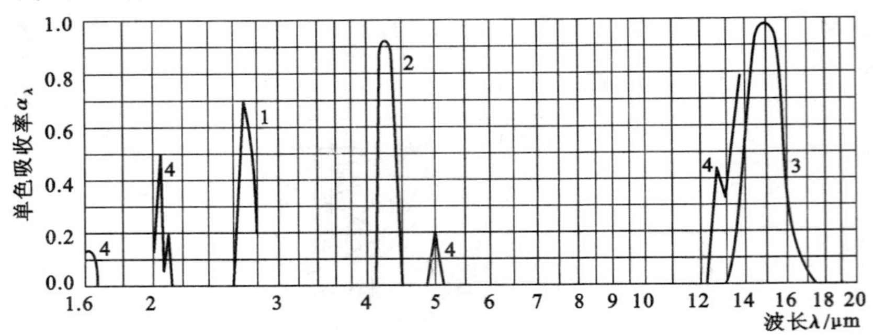

附图 5.10　CO_2 的吸收能谱

气层的厚度 l_g：1—0.05 m；2—0.03 m；3—0.063 m；4—1 m

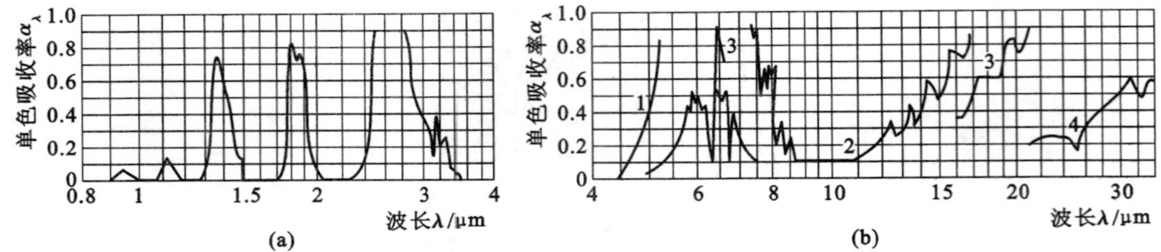

附图 5.11　H_2O 的吸收能谱

对于图(a)，温度 $t=127$ ℃，气层厚度 $l_g=0.109$ m。

对于图(b)，1—温度 $t=127$ ℃，气层厚度 $l_g=1.09$ m；

2—温度 $t=127$ ℃，气层厚度 $l_g=1.04$ m；

3—温度 $t=127$ ℃，气层厚度 $l_g=0.324$ m；

4—水蒸气-空气混合物：温度 $t=81$ ℃，气层厚度 $l_g=0.0324$ m，折算为纯水蒸气，则气层厚度 $l_g=0.04$ m；

5—湿空气：室温，气层厚度 $l_g=2.2$ m，折算为纯 H_2O，则气层厚度 $l_g=0.07$ m

资料来源：

[1]　孙晋涛. 硅酸盐工业热工基础[M]. 武汉：武汉工业大学出版社，1992.

[2]　王补宣. 工程传热传质学[M]：上册. 北京：科学出版社，1982.

[3]　威尔蒂 J R. 任泽霈，罗棣庵，等译. 工程传热学[M]. 北京：人民教育出版社，1983.

[4]　杨世铭. 传热学[M]. 2 版. 北京：高等教育出版社，1987.

附录 6　某些典型情况下辐射角系数与核算面积的计算公式及其简图

在某些典型情况下，辐射角系数与核算面积的计算公式及其简图如附表 6.1 所示[1]。

附表 6.1　某些典型情况下辐射角系数与核算面积的计算公式及其简图

相互位置和表面形状	辐射角系数和核算面积
(1) ① 两个表面形成封闭系统，其中一个是凹面，另一个是平面或凸面 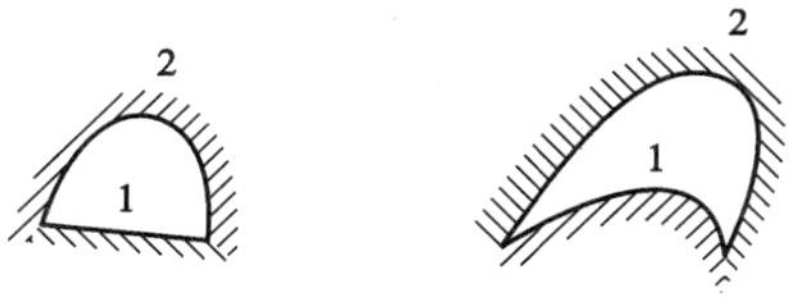 ② 一个凸面位于另一物体内 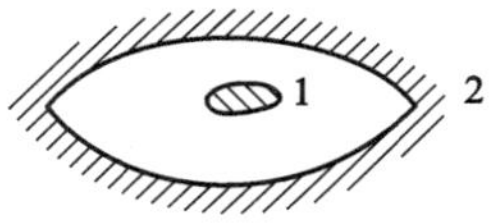	$\varphi_{12}=1$ $\varphi_{21}=\frac{A_1}{A_2}$ $A_{12}=A_{21}=A_1$
(2) 两个任意位置的平面，它们之间的距离与它们的面积尺寸相比是很大的，而且它们的表面中心法线在一个平面中 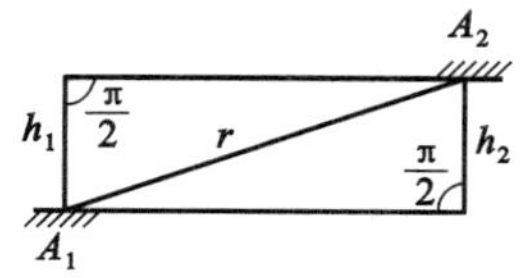 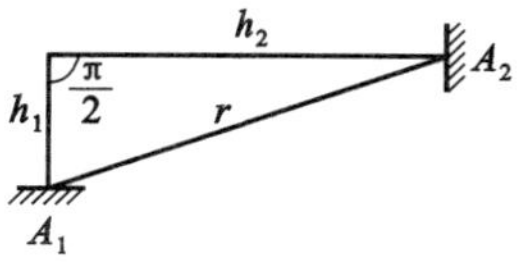 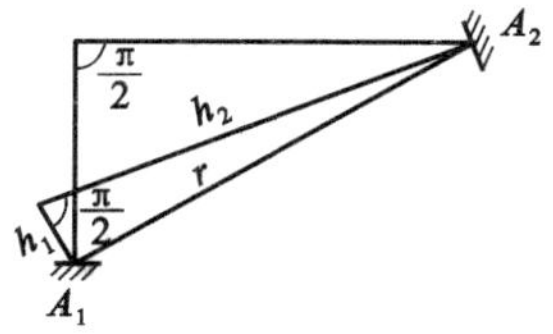	$\varphi_{12}=\frac{h_1h_2}{\pi r^4}A_2$ $\varphi_{21}=\frac{h_1h_2}{\pi r^4}A_1$ $A_{12}=A_{21}=\frac{h_1h_2}{\pi r^4}A_1A_2$

续附表 6.1

<table>
<tr><th>相互位置和表面形状</th><th>辐射角系数和核算面积</th></tr>
<tr><td>(3) 两个无限大的平行平面</td><td>

$\varphi_{12}=\varphi_{21}=1$

$A_{12}=A_{21}=A_1=A_2$

</td></tr>
<tr><td>(4) 两个彼此平行而且相等的矩形

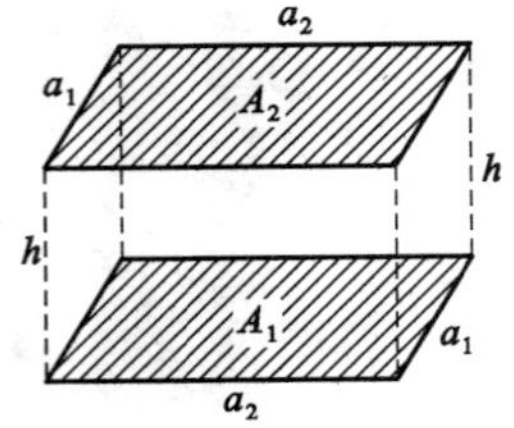

</td><td>

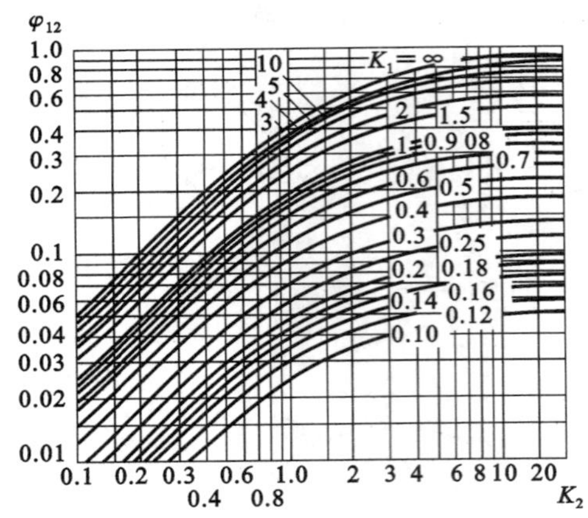

$$\varphi_{12}=\varphi_{21}=\frac{2}{\pi}\left[\frac{\sqrt{1+K_1^2}}{K_1}\arctan\frac{K_2}{\sqrt{1+K_1^2}}+\frac{\sqrt{1+K_2^2}}{K_2}\arctan\frac{K_1}{\sqrt{1+K_2^2}}-\frac{1}{K_1}\arctan K_2-\frac{1}{K_2}\arctan K_1+\frac{1}{2K_1K_2}\ln\frac{(1+K_1^2)(1+K_2^2)}{1+K_1^2+K_2^2}\right]$$

式中　$K_1=\frac{a_1}{h}, K_2=\frac{a_2}{h}$

$A_{12}=A_{21}=A_1\varphi_{12}=A_2\varphi_{21}$，其中 $A_1=A_2=a_1a_2$

</td></tr>
<tr><td>(5) 两个不同宽度的无限大平行平面

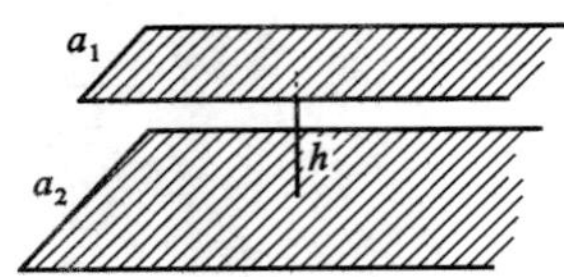

</td><td>

$$\varphi_{12}=\frac{1}{2K_1}\left[\sqrt{4+(K_1+K_2)^2}-\sqrt{4+(K_2-K_1)^2}\right]$$

$$\varphi_{21}=\frac{1}{2K_2}\left[\sqrt{4+(K_1+K_2)^2}-\sqrt{4+(K_2-K_1)^2}\right]$$

式中　$K_1=\frac{a_1}{h}, K_2=\frac{a_2}{h}$

单位长度的核算面积：

$$A_{12}=A_{21}=\frac{h}{2}\left[\sqrt{4+(K_1+K_2)^2}-\sqrt{4+(K_2-K_1)^2}\right]$$

</td></tr>
</table>

续附表 6.1

相互位置和表面形状	辐射角系数和核算面积
(6) 两个相互垂直而且具有共同边线的矩形 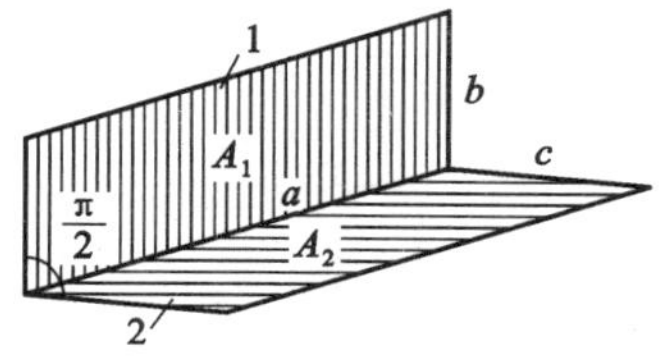 	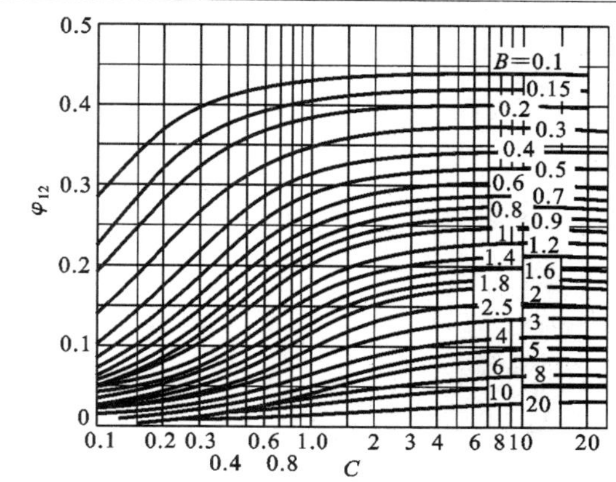 $\varphi_{12}=\frac{1}{\pi}\Big[\arctan\frac{1}{B}+\frac{C}{B}\arctan\frac{1}{C}-\sqrt{C^2-1}\arctan\frac{1}{\sqrt{B^2+C^2}}$ $+\frac{C}{4B}\ln\frac{C^2(1+B^2+C^2)}{(1+C^2)(B^2+C^2)}+\frac{B}{4}\ln\frac{B^2(1+B^2+C^2)}{(1+C^2)(B^2+C^2)}$ $-\frac{1}{4B}\times\ln\frac{1+B^2+C^2}{(1+B^2)(1+C^2)}\Big]$ 式中　$B=\frac{b}{a},C=\frac{c}{a}$ $A_{12}=ab\varphi_{12}$
(7) 两个相互垂直的矩形，它们无共同的边线 ① 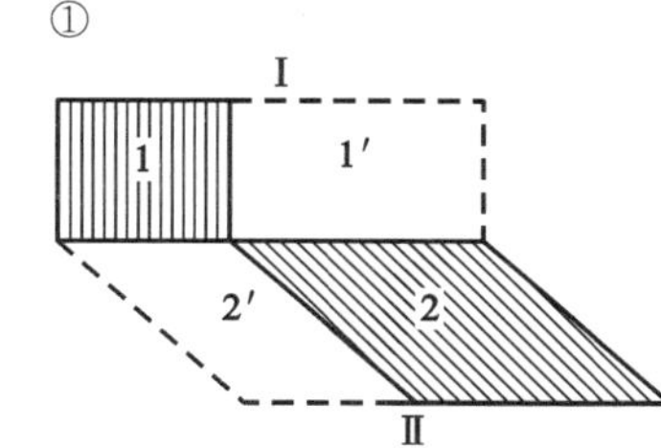 ② 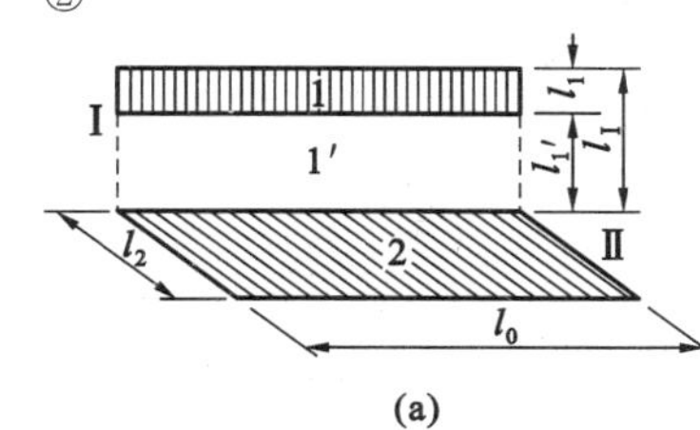 (a) 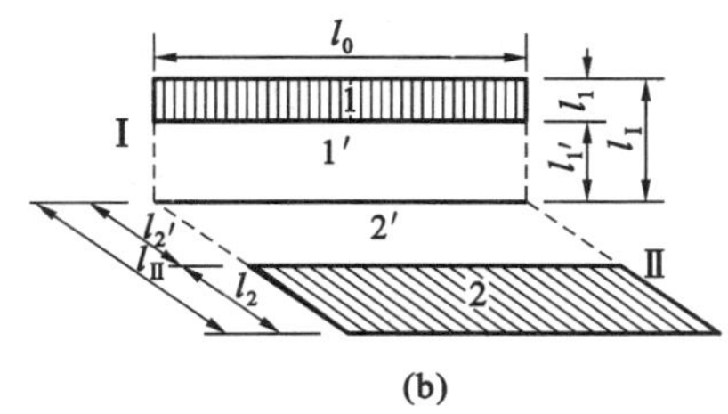 (b)	①　$\varphi_{12}=\frac{A_{12}}{A_1}$ $A_{12}=\frac{1}{2}(A_{ⅠⅡ}-A_{12'}-A_{1'2})$ 式中　$Ⅰ=1+1',Ⅱ=2+2'$ ② (a) $A_{12}=A_{12}-A_{1'2}$ $\varphi_{12}=\frac{A_{12}}{l_1l_0}=\varphi_{21}\frac{l_2}{l_1}-\varphi_{1'2}\frac{l_1'}{l_1}$ (b) $\varphi_{12}=(\varphi_{ⅠⅡ}-\varphi_{12'})\frac{l_1+l_1'}{l}-(\varphi_{Ⅰ'Ⅱ}-\varphi_{1'2'})\frac{l_1'}{l_1}$ $A_{12}=\varphi_{12}l_1l_0=A_{ⅠⅡ}-A_{12'}-A_{1'2'}-A'_{ⅠⅡ}$

续附表 6.1

<table>
<tr><th>相互位置和表面形状</th><th>辐射角系数和核算面积</th></tr>
<tr><td>(8) 微元面 dA 与矩形 A 相互平行，而且矩形 A 的一个顶点在 dA 面中心的法线方向上
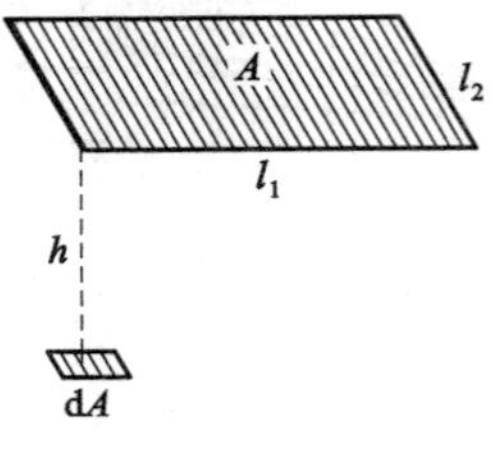
</td><td>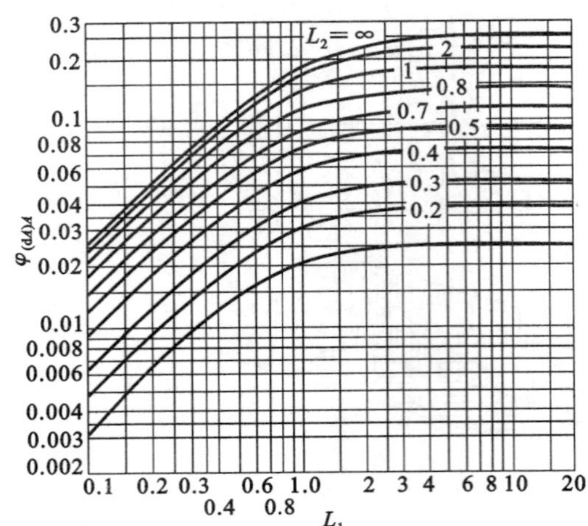

$$\varphi_{(dA)A}=\frac{1}{2\pi}\left[a_1\arctan\frac{a_1}{L_1}L_2+a_2\arctan\frac{a_2}{L_2}L_1\right]$$
式中　$L_1=\frac{l_1}{h},L_2=\frac{l_2}{h}$
$$a_1=\frac{L_1}{\sqrt{1+L_1^2}},a_2=\frac{L_2}{\sqrt{1+L_2^2}}$$
$$\varphi_{A(dA)}=\varphi_{(dA)A}\cdot dA\cdot\frac{1}{A}$$
$$A_{(dA)A}=\varphi_{(dA)A}\cdot dA=\varphi_{A(dA)}\cdot A$$
当 $L_2=\infty$ 时，$\varphi_{(dA)A}=\frac{L_1}{4\sqrt{1+L_1^2}}=\frac{a_1}{4}$；
当 $L_1=\infty$ 和 $L_2=0$ 时，$\varphi_{(dA)A}=\frac{1}{4}$</td></tr>
<tr><td>(9) 微元面积 dA 与矩形 A 相互垂直
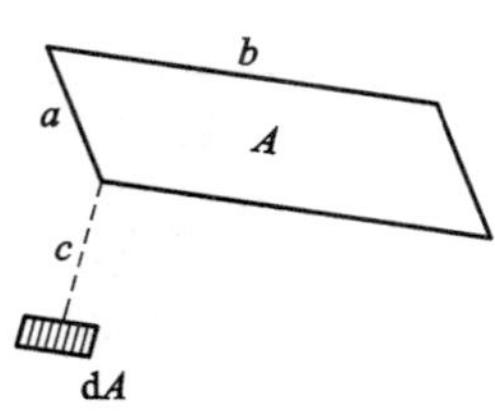
</td><td>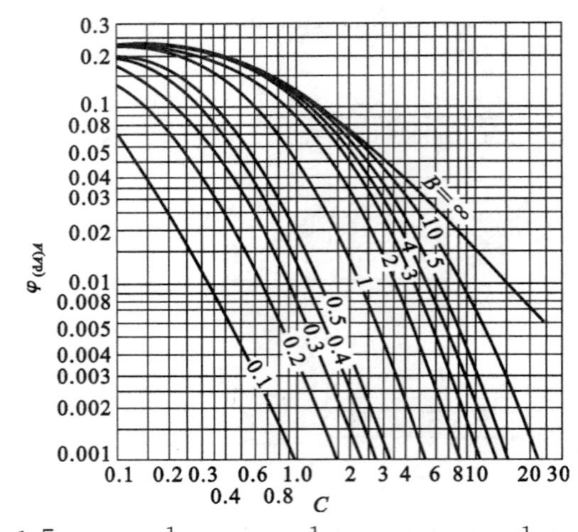

$$\varphi_{(dA)A}=\frac{1}{2\pi}\left[\arcsin\frac{1}{\sqrt{1+C^2}}-\frac{1}{\sqrt{1+(BC)^2}}\arcsin\frac{1}{\sqrt{1+B^2+C^2}}\right]$$
式中　$B=\frac{b}{a},C=\frac{c}{a}$</td></tr>
</table>

续附表 6.1

<table>
<tr><th>相互位置和表面形状</th><th>辐射角系数和核算面积</th></tr>
<tr><td>(10) 微元面积 dA 与矩形 A 相互平行
① 微元面积 dA 的法线通过矩形A 内
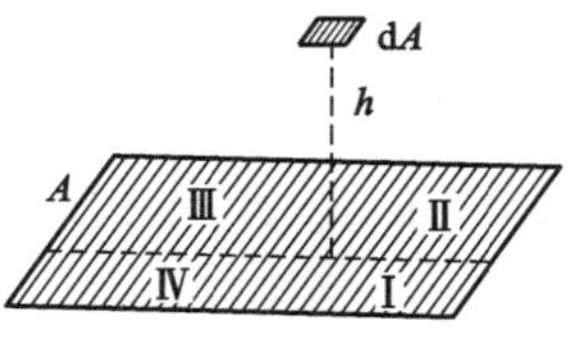

② 微元面 dA 的法线在矩形 A 之外
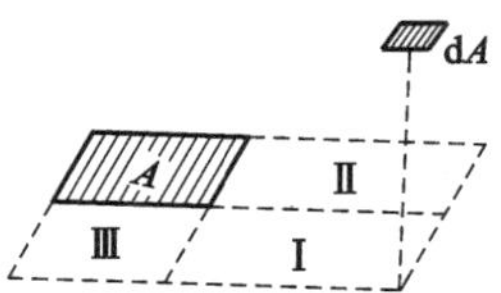
</td><td>① $\varphi_{(dA)A}=\varphi_{(dA)Ⅰ}+\varphi_{(dA)Ⅱ}+\varphi_{(dA)Ⅲ}+\varphi_{(dA)Ⅳ}$
$\varphi_{A(dA)}=\varphi_{(dA)A}\cdot\frac{dA}{A}$
$A_{(dA)A}=\varphi_{(dA)A}\cdot dA$
$\varphi_{(dA)Ⅰ}$、$\varphi_{(dA)Ⅱ}$等参见第(8)条

② $\varphi_{(dA)A}=\varphi_{(dA)(Ⅰ+Ⅱ+Ⅲ+A)}-\varphi_{(dA)(Ⅰ+Ⅱ)}-\varphi_{(dA)(Ⅰ+Ⅲ)}+\varphi_{(dA)Ⅰ}$
$\varphi_{(dA)(Ⅰ+Ⅱ+Ⅲ+A)}$、$\varphi_{(dA)(Ⅰ+Ⅱ)}$、$\varphi_{(dA)(Ⅰ+Ⅲ)}$、$\varphi_{(dA)Ⅰ}$参见第(8)条</td></tr>
<tr><td>(11) 微元球面 dA 中心的法线通过矩形的一个顶点
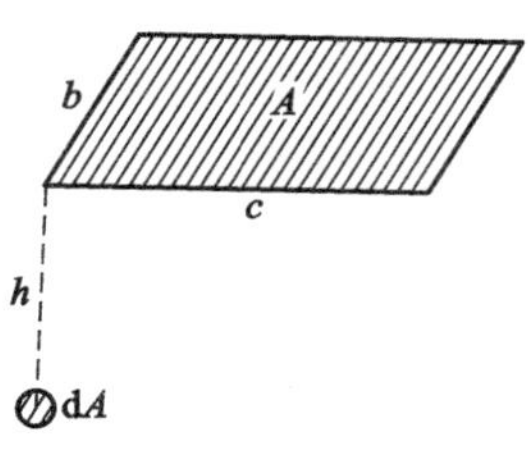
</td><td>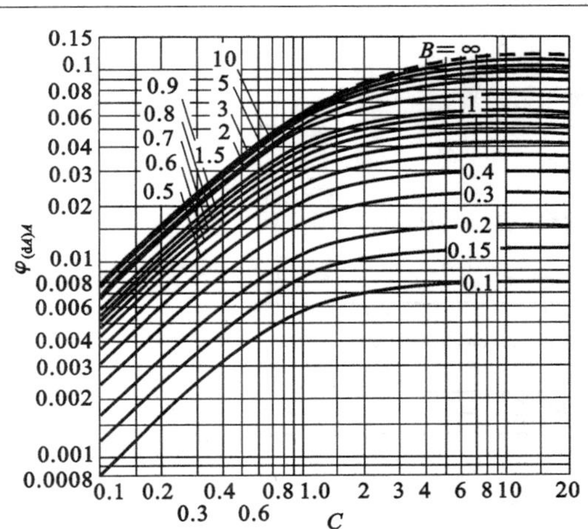

$$\varphi_{(dA)A}=\frac{1}{4\pi}\arcsin\frac{BC}{\sqrt{1+B^2+C^2+B^2C^2}}$$
式中　$B=\frac{b}{h}$，$C=\frac{c}{h}$
对于无限大平面，当 $B=\infty$ 时：
$$\varphi_{(dA)A}=\frac{1}{4\pi}\arcsin\frac{C}{\sqrt{1+C^2}}$$
对于无限大平面，当 $B=\infty$，$C=\infty$ 时：
$$\varphi_{(dA)A}=\frac{1}{8}$$</td></tr>
</table>

续附表 6.1

相互位置和表面形状	辐射角系数和核算面积
(12) 两个平行圆，而且其圆心在同一法线上	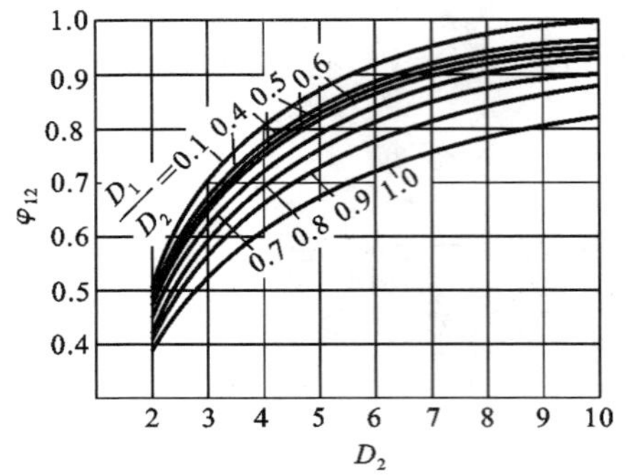 $\varphi_{12}=\frac{4+D_1^2+D_2^2-\sqrt{(4+D_1^2+D_2^2)^2-4D_1^2D_2^2}}{2D_1^2}$ $\varphi_{21}=\frac{4+D_1^2+D_2^2-\sqrt{(4+D_1^2+D_2^2)^2-4D_1^2D_2^2}}{2D_2^2}$ 式中 $D_1=\frac{d_1}{h},D_2=\frac{d_2}{h}$ $A_{12}=\frac{\pi h^2}{4}\left[\sqrt{1+\left(\frac{D_2+D_1}{2}\right)^2}-\sqrt{\left(\frac{D_2-D_1}{2}\right)^2-1}\right]$ 当两个圆的直径相等(即 $d_1=d_2=d$)时 $\varphi_{12}=\varphi_{21}=\frac{2+D^2-2\sqrt{1+D^2}}{D^2}$ $A_{12}=A_{21}=\frac{\pi h^2}{4}(\sqrt{1+D^2}-1)^2$
(13) 两个直径相同的平行圆柱体 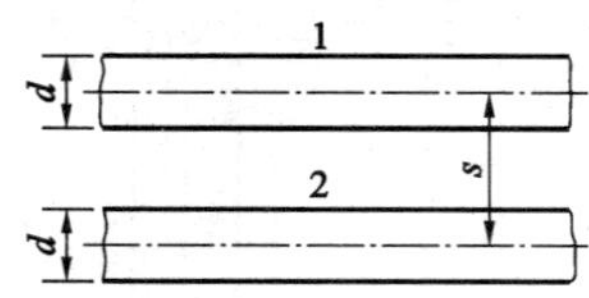	$\varphi_{12}=\varphi_{21}=\frac{1}{\pi}\left[\arcsin D+\sqrt{\frac{1}{D^2}-1}-\frac{1}{D}\right]$ 式中 $D=\frac{d}{s}$ 单位长度的核算面积： $A_{12}=A_{21}=s[D\arcsin D+\sqrt{1-D^2}-1]$
(14) 一个无限大平面与一个管簇相互平行 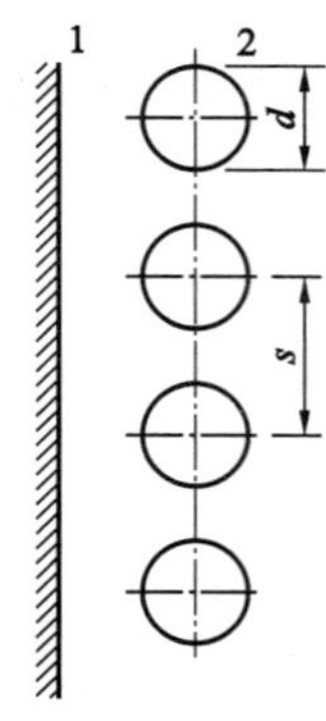	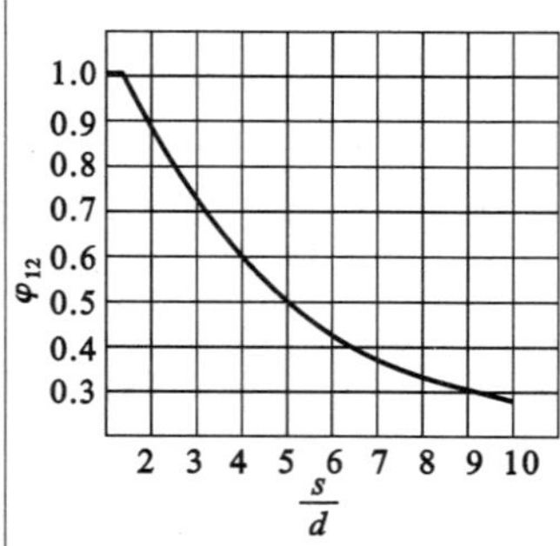 $\varphi_{12}=1-\sqrt{1-\left(\frac{d}{s}\right)^2}+\frac{d}{s}\arctan\sqrt{\left(\frac{s}{d}\right)^2-1}$ $\varphi_{21}=\frac{1}{\pi}\left[\frac{s}{d}-\sqrt{\left(\frac{s}{d}\right)^2-1}+\arctan\sqrt{\left(\frac{s}{d}\right)^2-1}\right]$ 单位宽度的核算面积： $A_{12}=A_{21}=\varphi_{12}s=\varphi_{21}\cdot\pi d$

续附表 6.1

相互位置和表面形状	辐射角系数和核算面积
(15) 一个无限大平面与两个管簇互相平行 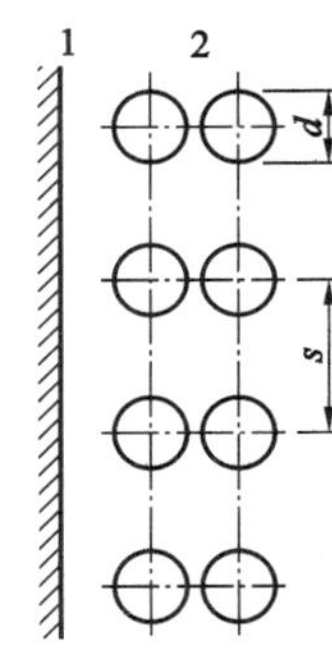	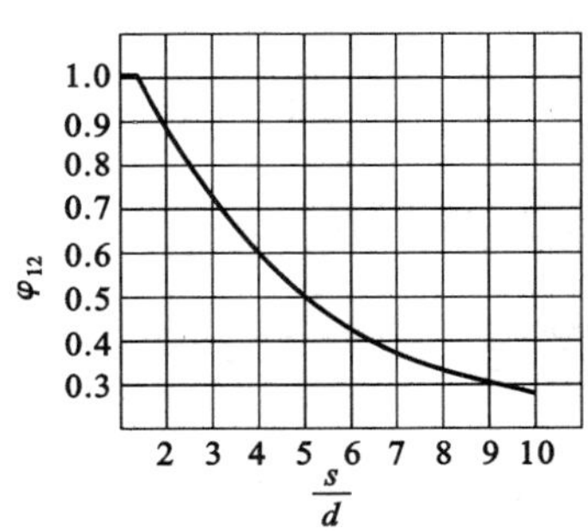 $\varphi_{12}=1-(1-\varphi_{12}')^2$ $A_{12}=\varphi_{12}\cdot s$ 式中　φ_{12}'——一个管簇的角系数，参见第(14)条， 对于 n 个管簇：$\varphi_{12}=1-(1-\varphi_{12}')^n$
(16) 一个凸面位于两平行平面之间，凸面的尺寸与平行平面相比较是很小的 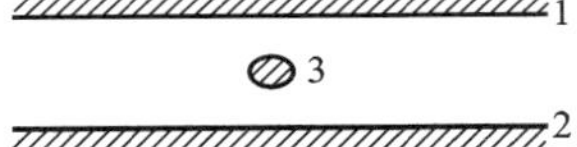	$\varphi_{12}=\varphi_{21}=1$ $\varphi_{23}=\varphi_{13}=0$ $\varphi_{31}=\varphi_{32}=\frac{1}{2}$ $A_{13}=A_{31}=A_{23}=A_{32}=\frac{1}{2}A_3$ $A_{12}=A_1=A_2$
(17) 两个凹形表面形成封闭系统 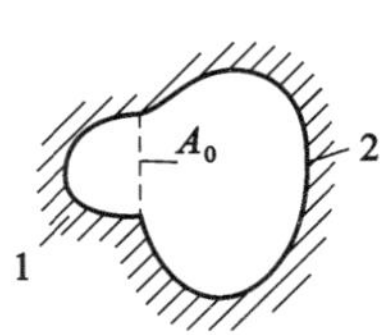	$\varphi_{12}=\frac{A_0}{A_1}$ $\varphi_{21}=\frac{A_0}{A_2}$ $A_{12}=A_{21}=A_0$ 式中　A_0——相当于拉紧的表面，即“等效表面”
(18) 三个无限延伸的凸面组成的封闭体系 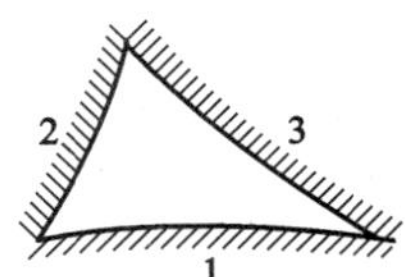	$\varphi_{12}=\frac{1}{2}\left(1+\frac{A_2}{A_1}-\frac{A_3}{A_1}\right)$ $A_{12}=\frac{1}{2}(A_1+A_2-A_3)$ $\varphi_{21}=\frac{1}{2}\left(1+\frac{A_1}{A_2}-\frac{A_3}{A_2}\right)$ $A_{21}=\frac{1}{2}(A_1+A_2-A_3)$ $\varphi_{13}=\frac{1}{2}\left(1+\frac{A_3}{A_1}-\frac{A_2}{A_1}\right)$ $A_{13}=\frac{1}{2}(A_1+A_3-A_2)$ 用类似的方法可以得到 φ_{23}、A_{23}、φ_{32}、A_{32}、φ_{31}、A_{31} 的计算式。

续附表 6.1

相互位置和表面形状	辐射角系数和核算面积
(19) 四个无限延伸的凸面所组成的系统 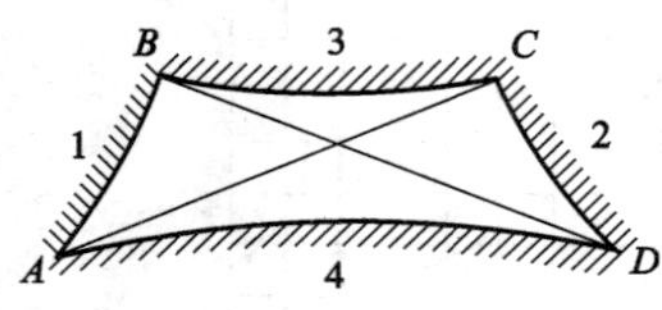 	$A_{12}=\frac{1}{2}(A_{AC}+A_{BD}-A_3-A_4)$ $A_{13}=\frac{1}{2}(A_1+A_3-A_{AC})$ $A_{14}=\frac{1}{2}(A_1+A_4-A_{BD})$ ……… $\varphi_{kn}=\frac{A_{kn}}{A_k}$,参看第(18)条
(20) 根据几何分析法确定辐射角系数和核算面积(平面系统) 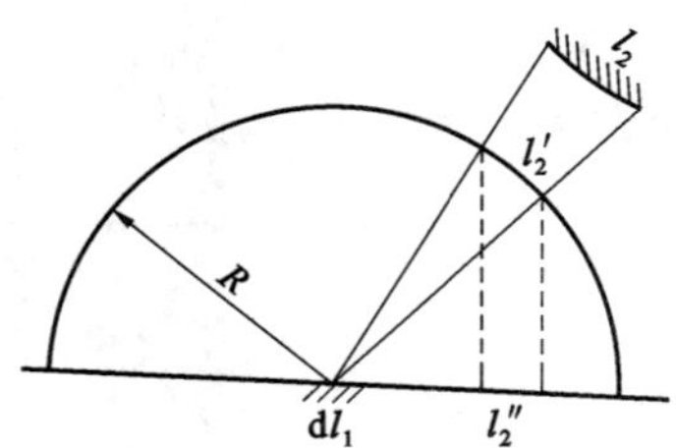 	$\varphi_{(dl_1)l_2}=\frac{l_2''}{2R}$ $\varphi_{l_1l_2}=\frac{1}{l_1}\int l_1\varphi_{(dl_1)l_2}\,dl_1$ $A_{(dl_1)l_2}=\varphi_{(dl_1)l_2}\,dA_2$
(21) 根据几何分析法确定辐射角系数和核算面积(空间系统) 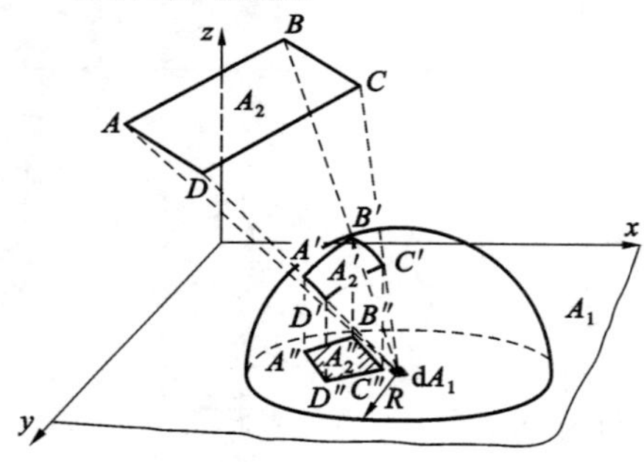 	$\varphi_{(dA_1)A_2}=\frac{A_2''}{\pi R^2}$ $\varphi_{A_1A_2}=\frac{1}{A_1}\int A_1\varphi_{(dA_1)A_2}\,dA_1$ $A_{(dA_1)A_2}=\varphi_{(dA_1)A_2}\,dA_1$
(22) 在一个方向无限延伸的两个凸面(“用拉紧细线”法推导) 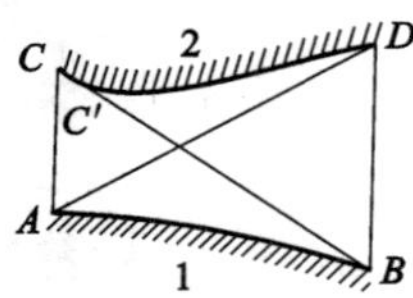 	$\varphi_{12}=\frac{AD+BC'C}{2AB}-\frac{BD+AC}{2AB}$ $A_{12}=\frac{1}{2}(AD+BC'C-BD-AC)$

资料来源:

[1]　孙晋涛. 硅酸盐工业热工基础[M]. 武汉:武汉工业大学出版社,1992.

附录7 湿空气的相对湿度 φ

根据所测出的湿空气干球温度以及干、湿球温度差，便可以确定湿空气的相对湿度 φ(单位：%)，具体见附表 7.1[1]。

附表 7.1 湿空气的相对湿度 φ(%)

干球温度计的温度/℃	干、湿球温度计的温度差/℃																						
	0.6	1.1	1.7	2.2	2.8	3.3	3.9	4.4	5.0	5.6	6.1	6.7	7.2	7.8	8.3	8.9	9.4	10.0	10.6	11.1	11.7	12.2	12.8
23.9	96	91	87	82	78	74	70	66	63	59	55	51	48	44	41	38	34	31	28	25	22	—	—
24.4	96	91	87	83	78	74	70	67	63	59	55	52	48	45	42	38	35	32	29	26	23	—	—
25.0	96	91	87	83	79	75	71	67	63	60	56	52	49	46	42	39	36	33	30	27	24	—	—
25.6	96	91	87	83	79	75	71	67	64	60	57	53	59	46	43	40	37	34	31	28	25	—	—
26.1	96	91	87	83	79	75	71	68	64	60	57	54	50	47	44	41	37	34	31	29	26	—	—
27.7	96	91	87	83	79	76	72	68	64	61	57	54	51	47	44	41	38	35	32	29	27	24	21
27.8	96	92	88	84	80	76	72	69	65	62	58	55	52	49	46	43	40	37	34	31	28	25	23
28.9	96	92	88	84	80	77	73	70	66	63	59	56	53	50	47	44	41	38	35	32	30	27	23
30.0	96	92	88	85	81	77	73	70	66	63	60	57	54	51	48	45	42	39	37	34	31	29	23
31.1	96	92	88	85	81	78	74	71	69	64	61	58	55	52	48	46	43	41	38	35	32	29	23
32.2	96	92	89	85	81	78	75	71	68	65	62	59	56	53	50	47	44	42	39	37	34	32	29
33.3	96	92	89	85	82	78	75	72	69	65	62	59	57	54	51	48	45	43	40	38	35	33	30
34.4	96	93	89	86	82	79	75	72	70	66	63	60	57	54	52	49	40	44	41	39	36	34	32
35.6	96	93	89	86	82	79	76	73	70	67	64	61	58	55	53	50	47	45	42	49	37	35	33
36.7	96	93	89	86	83	79	76	73	70	67	64	61	59	56	53	51	48	46	43	41	39	36	34
37.8	96	93	90	86	83	80	77	74	71	68	65	62	59	57	54	52	49	47	44	42	40	37	35
38.9	96	93	90	86	83	80	77	74	71	68	66	63	60	57	55	52	50	47	45	43	41	38	36
40.1	96	93	90	86	84	80	77	74	72	69	66	63	61	58	56	53	51	48	46	44	41	39	37
41.1	96	93	90	87	84	81	78	75	72	69	66	64	61	59	56	54	51	49	47	45	42	40	38
42.2	96	93	90	87	84	81	78	75	72	70	67	64	62	59	57	54	52	50	47	45	43	41	39
43.3	97	94	90	87	84	81	78	76	73	70	67	65	62	60	57	55	53	50	48	46	44	42	40
44.4	97	94	90	87	84	82	79	76	73	70	68	66	63	60	58	56	53	51	49	47	45	43	41
45.6	97	94	91	88	85	82	79	76	74	71	68	66	63	61	59	56	54	52	50	48	45	43	41
46.7	97	94	91	88	85	82	79	77	74	71	69	66	64	61	59	57	55	52	50	48	46	44	42
47.8	97	94	91	88	85	82	79	77	74	72	69	67	64	61	60	57	55	53	51	49	47	47	43
48.9	97	94	91	88	85	82	80	77	74	72	69	67	65	62	60	58	56	54	51	49	47	47	44
50.0	97	94	91	88	85	83	80	77	75	72	70	67	65	63	61	58	56	54	52	50	48	48	44
51.1	97	94	91	88	86	83	80	78	75	73	70	68	65	63	61	59	57	55	53	51	49	48	45
52.2	97	94	91	89	86	85	81	78	75	73	71	68	66	64	62	59	57	55	53	51	49	48	46
53.3	97	94	91	89	86	86	81	78	76	73	71	69	66	64	62	60	58	56	54	52	50	48	46
54.3	97	94	92	89	86	84	81	78	76	74	71	69	67	65	62	60	58	56	54	52	50	49	47
55.6	97	94	92	89	86	84	81	79	76	74	72	69	67	65	63	61	59	57	55	53	51	49	47
56.7	97	94	92	89	86	84	81	79	76	74	72	70	67	66	63	61	59	57	55	53	51	50	48
57.8	97	94	92	89	87	84	82	79	77	74	73	70	68	66	64	61	59	58	56	54	52	50	49
58.9	97	94	92	89	87	84	82	79	77	75	73	70	68	66	64	61	60	58	56	55	52	51	49
60.0	97	94	92	89	87	84	82	79	77	75	73	70	68	66	64	62	60	58	56	55	52	51	49

资料来源：

[1] 孙晋涛.硅酸盐工业热工基础[M].武汉：武汉工业大学出版社，1992

附录 8　湿空气的 I-x 图（$p=99.3$ kPa，$t=-10\sim200$ ℃）

（注：***I*-*x*** 图，也称：***H*-*d*** 图）

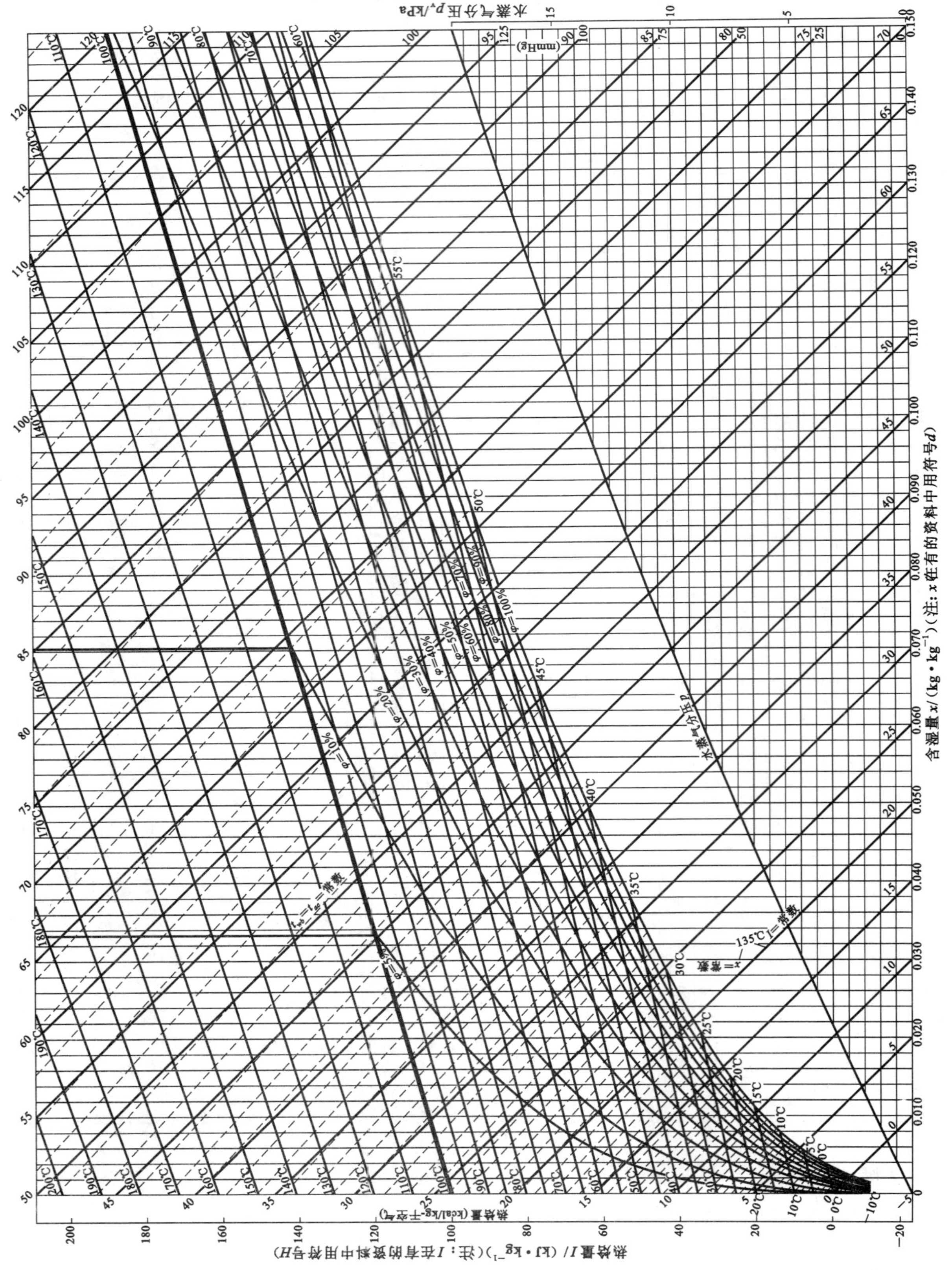

附录 9　湿空气的 I-x 图(p=99.3 kPa,t=0～1450 ℃)

(注:I-x 图,也称:H-d 图)

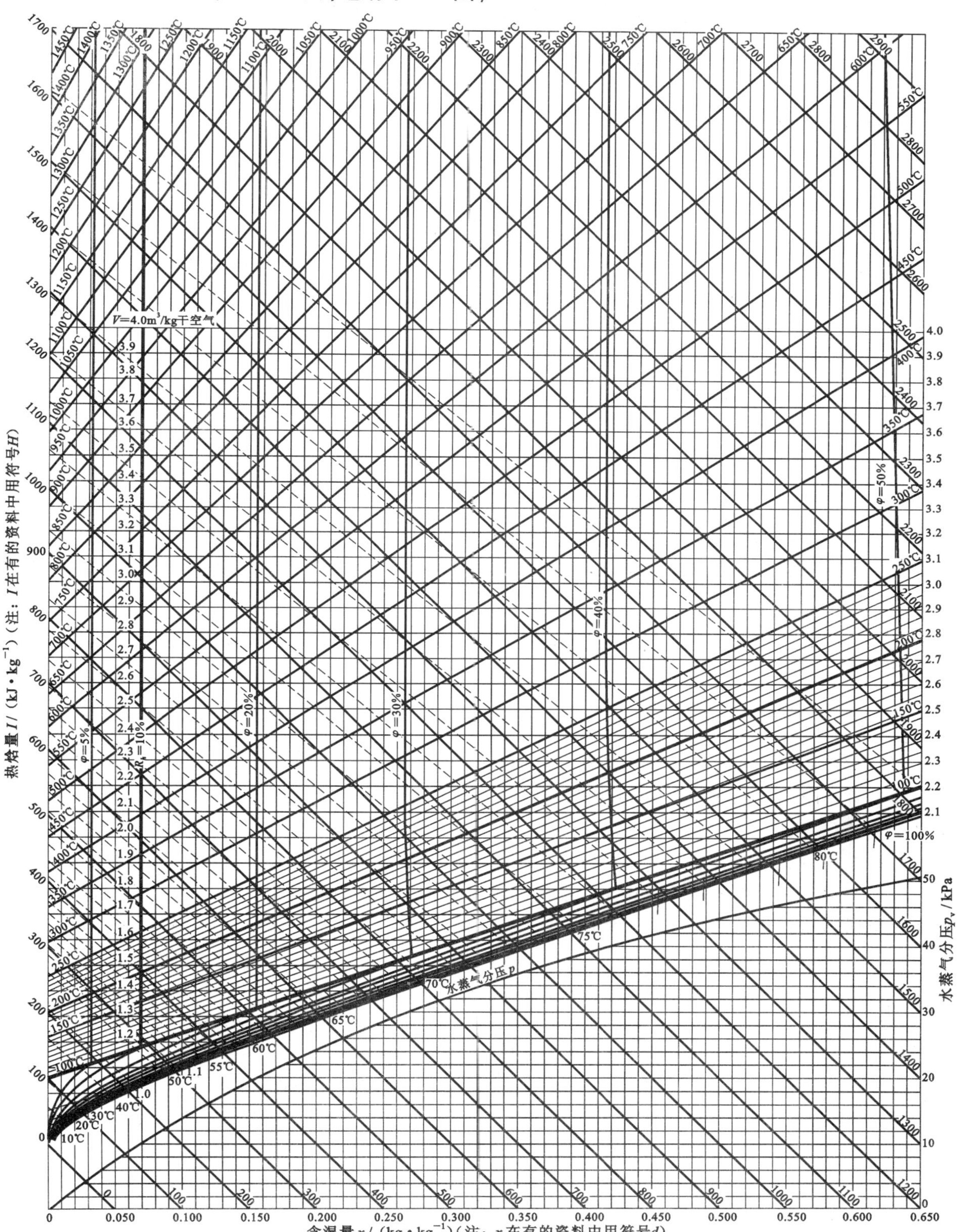

附录 10　有关玻璃熔化的资料

附 10.1　玻璃熔化温度的确定方法

玻璃是非晶态物质，没有固定的熔点。但是，玻璃却具有一定的熔融温度范围。一般规定玻璃的动力黏度 $\mu=10\ \mathrm{Pa\cdot s}$ 时所对应的温度为玻璃的熔化温度。

玻璃的熔化温度与玻璃成分有关。玻璃形成速度则是与玻璃成分、石英颗粒度的大小、熔化温度有关。合理的熔化温度对于提高玻璃熔窑的质量、产量，降低热耗，延长玻璃熔窑的使用寿命等都是十分重要。因此，正确地确定玻璃的熔化温度十分重要。

确定玻璃熔化温度的方法通常有下列几种：

(1) 沃尔夫经验判别法

沃尔夫经验判别法是通过计算熔化速度常数 τ 的大小来确定玻璃熔化温度的大致范围(参见附表10.1[1,2])。熔化速度常数 τ 的计算公式如式(1)所示：

$$\tau=\frac{w(SiO_2)+w(Al_2O_3)}{w(R_2O)+\frac{1}{2}w(B_2O_3)+\frac{1}{8}w(PbO)} \tag{1}$$

式中　τ——熔化速度常数，它是表示玻璃相对难熔性的一个特性值，无量纲量；

$w(SiO_2)$，$w(Al_2O_3)$，$w(R_2O)$，$w(B_2O_3)$，$w(PbO)$——相对应的氧化物在玻璃中的含量(质量分数，%)，另外，$R_2O=Na_2O+K_2O$。

附表 10.1　熔化速度常数 τ 与熔化温度 t_{melt} 之间的关系

τ	6	5.5	4.8	4.2
t_{melt}/℃	1450～1460	1420	1380～1400	1320～1340

沃尔夫经验判别法是较为传统的确定玻璃液熔化温度的方法。此方法适用于从配合料熔化一直到石英砂粒熔尽为止的第一阶段，但是却没有包括澄清阶段、均化阶段。所以，利用该方法所得到的熔化温度值偏低。

(2) 澄清温度计算法

澄清温度直接关系到澄清速度。澄清温度一般采用玻璃动力黏度为 10 Pa・s 时所对应的温度。光学玻璃的澄清温度可以用以下的经验公式来计算。

$$t_{refine}=1400+w(a)\cdot S(a)+w(b)\cdot S(b)+\cdots+w(n)\cdot S(n)\quad (℃) \tag{2}$$

式中　t_{refine}——玻璃液澄清温度(这里是指玻璃液表面的温度)，℃；

$w(a)$，$w(b)$，…，$w(n)$——氧化物 a，b，…，n 在玻璃中的含量(质量分数，%)；

$S(a)$，$S(b)$，…，$S(n)$——相对应的各种氧化物的校正系数，见附表 10.2。

附表 10.2　各种氧化物对于澄清温度的校正系数

$w(SiO_2)$	$S(SiO_2)$	$S(Al_2O_3)$	$S(B_2O_3)$	$S(R_2O)$	$w(BaO)$	$S(B_2O_3)$	$S(CaO)$	$S(ZnO)$	$S(MgO)$	$S(PbO)$
<60%	+5	+7	−7	−11	<18%	−5	−5	−3.5	−2	−3.5
60%～70%	+4.7				18%～25%	−4				
>70%	+4.3									

经验公式(2)对于计算光学玻璃澄清温度的准确度相当高。但是,对于普通玻璃来说,由于含有杂质等因素,所以根据该式所计算出的澄清温度值偏高。

(3) 硅酸盐玻璃熔化温度的计算法

硅酸盐玻璃熔化温度 t_m 的经验计算公式为:

$$t_m = 1400 + \sum_{i=1}^{n} k(i)w(i) \tag{3}$$

式中　$k(i)$——氧化物的计算系数,℃,参见附表10.3[1,2];

$w(i)$——氧化物的含量(质量分数,%)。

附表10.3　各种氧化物的计算系数

$w(SiO_2)$	>75%	70%~75%	60%~70%	50%~60%	40%~50%	30%~40%
$k(SiO_2)$	3.3	3.6	4.4	5.1	5.5	5.9
$w(Al_2O_3)$	>20%	15%~20%	10%~15%	5%~10%	<5%	
$k(Al_2O_3)$	3	4.5	5.5	6	6.5	
$w(B_2O_3)$	>15%	10%~15%	<10%			
$k(B_2O_3)$	−3.5	−6	−7			
$k(CaO)$	−5					
$k(MgO)$	−3					
$w(PbO)$	>60%	15%~60%	<10%			
$k(PbO)$	−3.5	−4	−3.5			
$w(BaO)$	>15%	10%~15%	<10%			
$k(BaO)$	−3	−3.9	−4.5			
$w(ZnO_2)$	>5%	<5%				
$k(ZnO)$	−5	−3.5				
$k(SrO)$	−5					
$k(Li_2O)$	−12					
$w(Na_2O)$	>15%	<15%				
$k(Na_2O)$	−10	−11				
$w(K_2O)$	>15%	5%~5%	<5%			
$k(K_2O)$	−9	−10	−8			

此计算法对于计算日用玻璃的熔化温度具有一定的准确性而且较为简单,因此,就可以作为日用玻璃熔化温度计算的一种基本方法。

(4) 奥霍金温度——黏度计算法

此计算方法适合于接近平板玻璃化学成分及含量范围[$w(Al_2O_3)$:0~5%,$w(CaO)$:3%~13%,$w(Na_2O)$:10%~17%,$w(MgO)$=3%]的温度-黏度(即 t-μ)之计算(在该方法中,玻璃动力黏度 μ 的范围为 10^2~10^{12} Pa·s)。

$$t = ax + by + cz + D \tag{4}$$

式中 t——$\mu=10^2\sim10^{12}$ Pa·s范围内的温度,℃;

x,y,z——Na_2O、($CaO+MgO$)、Al_2O_3 的含量(质量分数,%);

a,b,c,D——Na_2O、($CaO+MgO$)、Al_2O_3、SiO_2 的特性常数。

当 MgO 的含量 $w(MgO)\neq3\%$时,则需要用附表 10.4[1,2]中的校正值 δ 加以校正,"δ"的意义为1% MgO 被 1% CaO 代替时所引入的校正值。

附表 10.4 玻璃相应黏度的温度常数

动力黏度值 μ/(Pa·s)	a	b	c	D	δ
10^3	−22.87	−16.1	+6.5	+1700.4	+9
10^4	−17.49	−9.95	+5.9	+1381.4	+6
10^5	−15.37	−6.25	+5.0	+1194.27	+5
10^6	−12.11	−2.19	+4.58	+980.72	+3.5
10^7	−10.36	−1.18	+4.35	+910.96	+2.6
10^8	−8.71	+0.47	+4.24	+815.89	+1.4
10^9	−2.05	+2.3	+3.6	+656.75	0
10^{10}	−8.61	+2.64	+3.56	+715.46	−1
10^{11}	−7.99	+3.34	+3.39	+669.41	−2
10^{12}	−7.43	+3.2	+3.52	+637.27	−3
10^{13}	−6.14	+3.15	+3.78	+598.03	−4

(5) 莱克托斯计算法

莱克托斯(Lakatos T)计算法适用于实际使用的工业玻璃,计算时需要用物质的量来表示其成分,该计算法的适用成分范围:$n(SiO_2)=1.00$ mol,$n(Na_2O)=0.15\sim0.22$ mol,$n(K_2O)=0.0002\sim0.088$ mol,$n(CaO)=0.12\sim0.20$ mol,$n(MgO)=0\sim0.0592$ mol,$n(Al_2O_3)=0.0015\sim0.073$ mol。在莱克托斯计算法中,黏度-温度的计算式为:

$$t=t_0+\frac{B}{\lg\mu+A}\quad (℃) \tag{5}$$

式中 $A=-1.4788n(Na_2O)+0.8350n(K_2O)+1.6030n(CaO)+5.4936n(MgO)-1.5183n(Al_2O_3)+1.4550$

$B=-6039.7n(Na_2O)-1439.6n(K_2O)-3919.3n(CaO)+6285.3n(MgO)+2253.4n(Al_2O_3)+5736.4$

$t_0=-25.07n(Na_2O)-321.0n(K_2O)+544.3n(CaO)-384.0n(MgO)+294.4n(Al_2O_3)+198.1$

此方法适用黏度范围为 $10\sim10^{12}$ Pa·s,而且其偏差较小。

附 7.2 确定玻璃形成热的图解法

玻璃形成热(符号为 q_g)是指:利用基准温度为 0 ℃的配合料(包括:粉料与碎玻璃)熔制每1 kg的玻璃液在理论上所需要的热量,单位:kJ/kg。

确定玻璃形成热的方法主要有理论计算法、查表法、查图法。关于前两种方法参见第 3.3.1.1与第 3.3.1.2,关于查图法参见附图 7.1 与附图 7.2(这两个图都是以 kcal/kg 为单位,1 kcal≈4.2 kJ,参见第 1.1.2.1 中的注释)[1]。

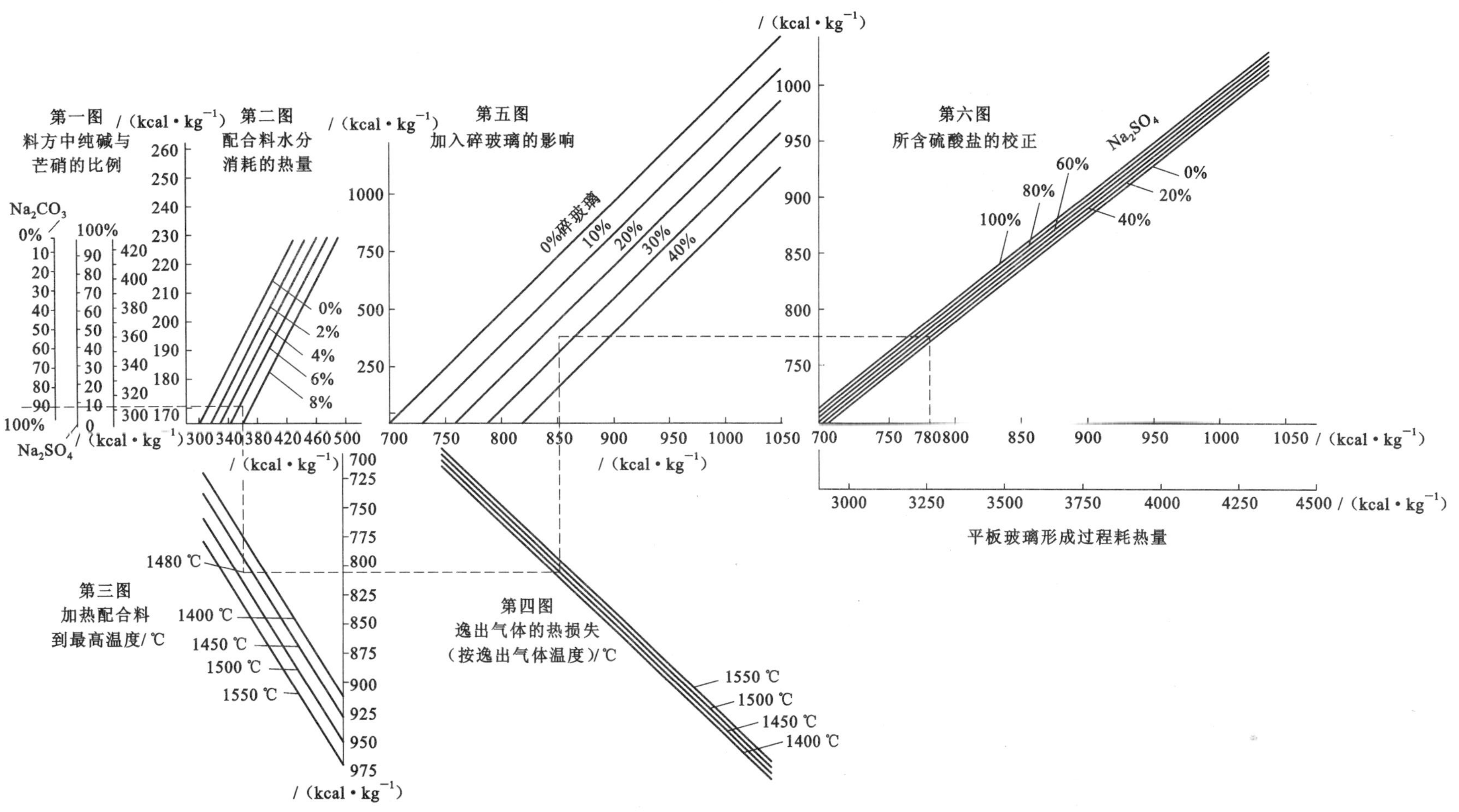

附图10.1　玻璃形成热的计算图之一

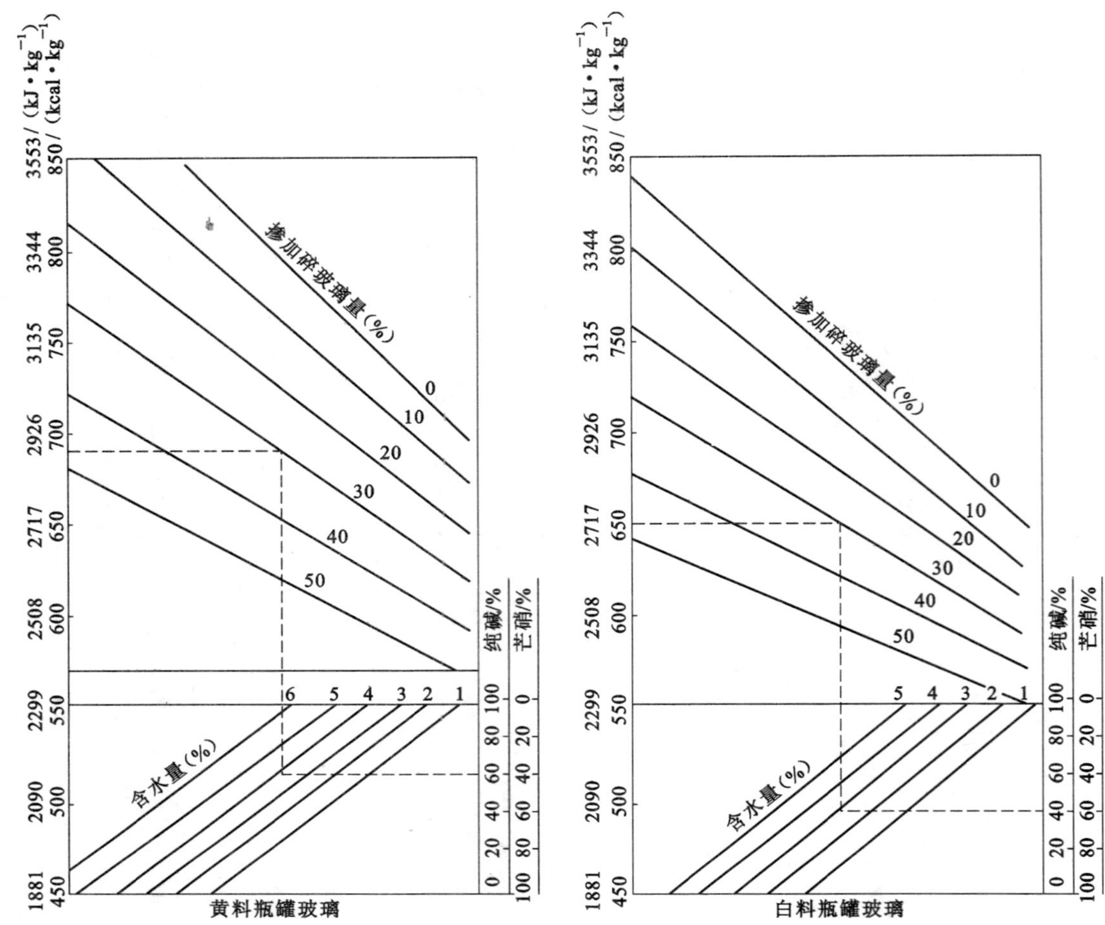

附图 10.2 玻璃形成热的计算图之二

资料来源：

[1] 上海化工学院，浙江大学，武汉建筑材料工业学院．硅酸盐工业热工过程及设备[M]：下册——玻璃工业热工设备．北京：中国建筑工业出版社，1980.

[2] 孙承绪．玻璃工业热工设备[M]．武汉：武汉工业大学出版社，2009.

附录 11　有关工程流体力学的技术资料

附 11.1　关于管道的部分技术资料

工程上的管道是由管子、管件与阀件等部件组装而成。

管子按其材质来分，可以分为：铸铁管、有缝钢管（表面镀锌的俗称：白铁管，表面未镀锌的俗称：黑铁管）、无缝钢管、不锈钢管、铜管、铝管、铅管、陶管、玻璃管、混凝土管、纤维增强的水泥管、塑料管、橡胶管、塑钢管等。

管件包括：内牙管、外牙管、活管接头、法兰盘、弯头、弯管、回弯头、异径弯头、异径管（俗称：大小头）、内外牙管、三通管、异径三通管、四通管（俗称：十字管）、叉形三通（俗称：Y 字管）等连接组件。

阀件包括控制流量的阀件（例如，旋塞、球心阀、闸阀、蝶阀等）、控制流向的阀件（例如，逆止阀，也称：单向阀）以及安全阀、减压阀等。

在无机非金属材料工业领域，较为常用的是铸铁管、有缝钢管、无缝钢管、塑钢管。而且，因为塑钢管具有洁净、光滑、耐腐蚀等优点，所以其应用越来越普遍。

铸铁管①常用作埋于地下的给水总管、煤气管及污水管等，其优点是：比钢管更耐腐蚀，价格较为低廉。其缺点是：笨重且强度较低，不适合输送蒸气以及有压输送爆炸性气体或有毒性气体。传统上，铸铁管的规格一般用公称管径（英制②）来表示。部分铸铁管的规格见附表 11.1[1]。

附表 11.1　部分铸铁管的规格尺寸

公称管径/″	外径/mm	内径/mm	厚度/mm	内截面积的计算值/mm²
1/8（俗称：1 分管）	10.5	6.5	2.0	0.33
1/4（俗称：2 分管）	13.8	9.2	2.3	0.66
3/8（俗称：3 分管）	17.3	12.7	2.3	1.26
1/2（俗称：4 分管）	21.7	16.1	2.8	2.04
3/4（俗称：6 分管）	27.2	21.6	2.8	3.66
1（俗称：1 吋管）	34.0	27.6	3.2	5.98
$1\frac{1}{4}$	42.7	35.7	3.5	10.01
$1\frac{1}{2}$	48.6	41.6	3.5	13.59
$1\frac{3}{4}$	54.6	47.0	3.8	21.98
$2\frac{1}{2}$	76.3	67.9	4.2	36.21

① 目前，铸铁管逐渐被塑钢管所取代。

② 在英制单位制中，对于具有长度量纲的单位包括：1 英寸，简称：吋，英文为 inch，写作：″，约为 25.4 mm，1 吋＝8 分（写作：′）；1 英尺（简称：呎，英语单数为 foot，英语复数为 feet，写作：ft，约 0.305 m）＝12 吋；1 码（yard，约 0.915 m）＝3 英尺；1 英里（mile，约 1609 m）＝1760 码。

续附表 11.1

公称管径/″	外径/mm	内径/mm	厚度/mm	内截面积的计算值/mm²
3	89.1	80.7	4.2	51.15
$3\frac{1}{2}$	101.6	93.2	4.2	68.22
4	114.3	105.3	4.5	87.09
$4\frac{1}{2}$	127.0	118.0	4.5	109.36
5	139.8	130.8	4.5	134.30
$5\frac{1}{2}$	152.5	142.5	5.0	159.43
6	165.2	155.2	5.0	189.08
7	190.8	177.8	6.5	248.16
8	216.3	203.2	6.5	324.13
9	241.7	228.6	6.5	410.23
10	267.1	254.0	6.5	506.33
12	318.1	304.8	6.5	729.27

有缝钢管通常用于低压管道(工作压强≤1600 kPa)。

小直径(公称直径为 10～160 mm)的有缝钢管又称为:水管、煤气管,其规格可以用“ϕ 公称直径×厚度”来表示,但是,传统上习惯用“英制的公称直径”来表示,附表 11.2 是其部分的规格尺寸。传统的水管、煤气管是用低碳钢制成(现在则多用塑钢制成),常用作水、煤气、空气、低压水蒸气以及其他无侵蚀性流体的管道,其使用温度因材质而异(0～200 ℃)。按照厚度来分,水、煤气管又分为“普通型”与“加厚型”:前者的工作压强不大于 1 MPa,后者的工作压强不大于1.6 MPa。

附表 11.2　部分水、煤气管的规格尺寸

公称尺寸		外径	普通型		加厚型	
/″	/mm	/mm	壁厚/mm	内径/mm	壁厚/mm	内径/mm
1/4(俗称:2 分管)	8	13.50	2.25	9.00	2.75	8.00
3/8(俗称:3 分管)	10	17.00	2.25	12.50	2.75	11.50
1/2(俗称:4 分管)	15	21.25	2.75	15.75	3.25	14.75
3/4(俗称:6 分管)	20	26.75	2.75	21.25	3.50	19.75
1(俗称:1 吋管)	25	33.50	3.25	27.00	4.00	25.50
$1\frac{1}{4}$	32	42.25	3.25	35.75	4.00	34.25
$1\frac{1}{2}$	40	48.00	3.50	41.00	4.25	39.50
2	50	60.00	3.50	53.00	4.50	51.00
$2\frac{1}{2}$	70	75.50	3.75	68.00	4.50	66.50
3	80	88.50	4.00	80.50	4.75	79.00
4	100	114.00	4.00	106.00	5.00	104.00
5	125	140.00	4.50	131.00	5.50	129.00
6	150	165.00	4.50	156.00	5.50	154.00

大直径的有缝钢管包括螺旋缝电焊管(公称直径为 200～700 mm)与直缝电焊管(公称直径为 200～1200 mm),其使用温度因材质而异,最高可以达到 475 ℃。

无缝钢管的优点是:材质均匀,强度高,可以输送高压流体(例如,高压水、高压水蒸气等)或具有可燃性、爆炸性的流体以及有毒流体。中、低压无缝钢管的公称尺寸为 6～600 mm,使用温度为－40～475 ℃。高温、高压、超低温、强腐蚀等条件下的管道可以使用由合金钢或耐热钢制成的无缝钢管。无缝钢管的规格是用"ϕ 公称直径×厚度"来表示。部分无缝钢管的规格尺寸参见附表 11.3 和附表 11.4。

附表 11.3　部分冷拔无缝钢管的规格尺寸

外径/mm	壁厚/mm		外径/mm	壁厚/mm		外径/mm	壁厚/mm	
	最小值	最大值		最小值	最大值		最小值	最大值
6	1.0	2.0	18	1.0	5.0	34	1.0	8.0
8	1.0	2.5	19	1.0	6.0	35	1.0	8.0
10	1.0	3.5	22	1.0	6.0	36	1.0	8.0
12	1.0	4.0	24	1.0	7.0	38	1.0	8.0
14	1.0	4.0	25	1.0	7.0	48	1.0	8.0
15	1.0	5.0	27	1.0	7.0	51	1.0	8.0
16	1.0	5.0	28	1.0	7.0			
17	1.0	5.0	32	1.0	8.0			

* 壁厚有 1.0 mm、1.2 mm、1.5 mm、2.0 mm、2.5 mm、3.0 mm、3.5 mm、4.0 mm、4.5 mm、5.0 mm、5.5 mm、6.0 mm、7.0 mm、8.0 mm。

附表 11.4　部分热轧无缝钢管

外径/mm	壁厚/mm		外径/mm	壁厚/mm		外径/mm	壁厚/mm	
	最小值	最大值		最小值	最大值		最小值	最大值
32	2.5	8	89	3.5	24	168	5.0	35
38	2.5	8	102	3.5	28	180	5.0	35
45	2.5	10	108	4.0	28	194	5.0	35
57	3.0	13	114	4.0	28	219	6.0	35
60	3.0	14	121	4.0	32	245	7.0	35
68	3.0	16	127	4.0	32	273	7.0	35
70	3.0	16	133	4.0	32	325	8.0	35
73	3.0	19	140	4.5	35	377	9.0	35
76	3.0	19	152	4.5	35	426	9.0	35
83	3.5	24	159	4.5	35			

附 11.2　查阅管内流动时沿程阻力系数 λ 的莫迪图

根据管内流体流动的雷诺数 Re 以及管道内壁的相对粗糙度 ε/d,查阅附图 11.1 所示的莫迪图,就可以得到管内流体流动时具体的沿程阻力系数 λ。

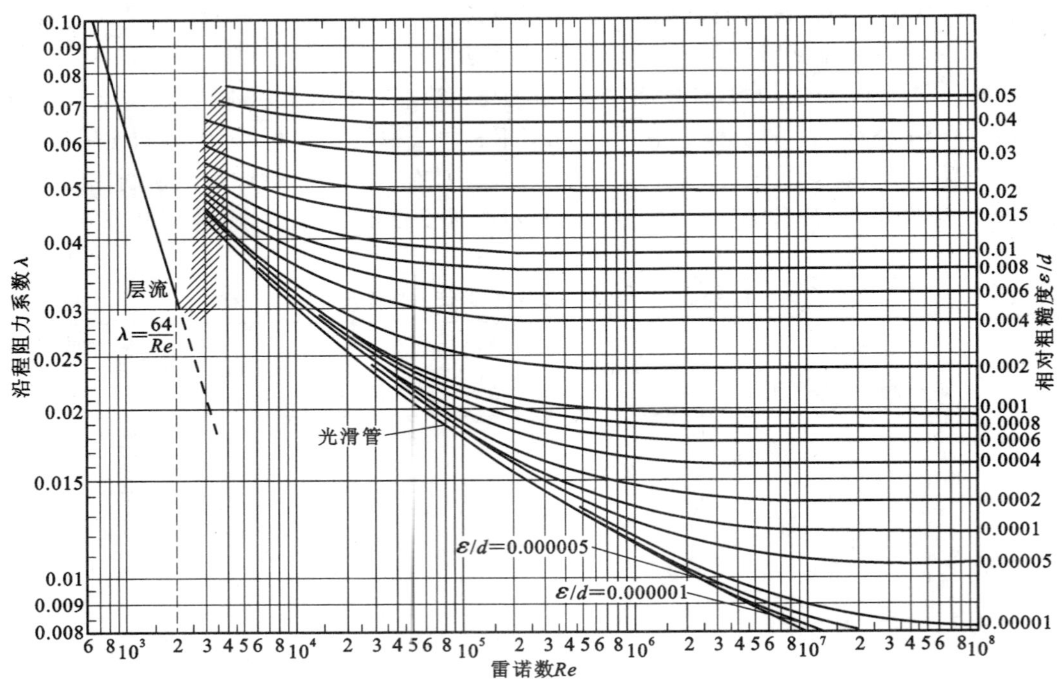

附图 11.1　管内流体流动时关于获得沿程阻力系数 λ 的莫迪图

附 11.3　常用的局部阻力系数及综合阻力系数

在无机非金属材料工程领域内，常月的局部阻力系数参见附表 11.5[1,2]，常用的(综合)局部阻力系数参见附表 11.6[2]。

附表 11.5　常用的局部阻力系数 ζ

序号	阻力类型	简　图	计算速度	局　部　阻　力　系　数　ζ											
1	突然扩大	A_0, w_0, A, w	w_0	$\zeta=\left(1-\frac{A_0}{A}\right)^2$											
				A_0/A	0	0.1	0.2	0.3	0.4	0.5	0.6	0.7	0.8	0.9	1.0
				ζ	1.0	0.81	0.64	0.49	0.36	0.25	0.16	0.09	0.04	0.01	0
2	突然收缩	A, w, A_0, w_0	w_0	$\zeta=0.7\left(1-\frac{A_0}{A}\right)-0.2\left(1-\frac{A_0}{A}\right)^2$											
				A_0/A	0	0.1	0.2	0.3	0.4	0.5	0.6	0.7	0.8	0.9	1.0
				ζ	0.5	0.47	0.42	0.38	0.34	0.30	0.25	0.20	0.15	0.09	0

续附表 11.5

<table>
<tr><th>序号</th><th>阻力类型</th><th>简 图</th><th>计算速度</th><th colspan="8">局部阻力系数 ζ</th></tr>
<tr><td rowspan="21">3</td><td rowspan="21">逐渐扩大</td><td rowspan="21">A_0 w_0 α A w</td><td rowspan="21">w_0</td><td colspan="8">$\zeta=\left(1-\frac{A_0}{A}\right)^2\cdot\left(1-\cos\frac{\alpha}{2}\right)$</td></tr>
<tr><td rowspan="2">断面形状</td><td rowspan="2">A/A_0</td><td colspan="6">α</td></tr>
<tr><td>10°</td><td>15°</td><td>20°</td><td>25°</td><td>30°</td><td>45°</td></tr>
<tr><td rowspan="6">圆形管</td><td>1.25</td><td>0.01</td><td>0.02</td><td>0.03</td><td>0.04</td><td>0.05</td><td>0.06</td></tr>
<tr><td>1.50</td><td>0.02</td><td>0.03</td><td>0.05</td><td>0.08</td><td>0.11</td><td>0.13</td></tr>
<tr><td>1.75</td><td>0.03</td><td>0.05</td><td>0.07</td><td>0.11</td><td>0.15</td><td>0.20</td></tr>
<tr><td>2.00</td><td>0.04</td><td>0.06</td><td>0.10</td><td>0.15</td><td>0.21</td><td>0.27</td></tr>
<tr><td>2.25</td><td>0.05</td><td>0.08</td><td>0.13</td><td>0.19</td><td>0.27</td><td>0.34</td></tr>
<tr><td>2.50</td><td>0.06</td><td>0.10</td><td>0.15</td><td>0.23</td><td>0.32</td><td>0.40</td></tr>
<tr><td rowspan="6">方形管</td><td>1.25</td><td>0.02</td><td>0.03</td><td>0.05</td><td>0.06</td><td>0.07</td><td></td></tr>
<tr><td>1.50</td><td>0.03</td><td>0.06</td><td>0.10</td><td>0.12</td><td>0.13</td><td></td></tr>
<tr><td>1.75</td><td>0.05</td><td>0.08</td><td>0.14</td><td>0.17</td><td>0.19</td><td></td></tr>
<tr><td>2.00</td><td>0.06</td><td>0.13</td><td>0.20</td><td>0.23</td><td>0.26</td><td></td></tr>
<tr><td>2.25</td><td>0.08</td><td>0.16</td><td>0.26</td><td>0.30</td><td>0.33</td><td></td></tr>
<tr><td>2.50</td><td>0.09</td><td>0.19</td><td>0.30</td><td>0.36</td><td>0.39</td><td></td></tr>
<tr><td rowspan="6">矩形管</td><td>1.25</td><td>0.02</td><td>0.02</td><td>0.02</td><td>0.03</td><td>0.04</td><td></td></tr>
<tr><td>1.50</td><td>0.03</td><td>0.03</td><td>0.05</td><td>0.07</td><td>0.08</td><td></td></tr>
<tr><td>1.75</td><td>0.05</td><td>0.05</td><td>0.06</td><td>0.09</td><td>0.11</td><td></td></tr>
<tr><td>2.00</td><td>0.07</td><td>0.07</td><td>0.09</td><td>0.13</td><td>0.15</td><td></td></tr>
<tr><td>2.25</td><td>0.09</td><td>0.08</td><td>0.12</td><td>0.17</td><td>0.19</td><td></td></tr>
<tr><td>2.50</td><td>0.10</td><td>0.10</td><td>0.14</td><td>0.20</td><td>0.23</td><td></td></tr>
<tr><td rowspan="9">4</td><td rowspan="9">逐渐收缩</td><td rowspan="9">A w α A_0 w_0</td><td rowspan="9">w</td><td colspan="8">$\zeta=0.47\sqrt{\tan\frac{\alpha}{2}\cdot\left(\frac{A}{A_0}\right)^2}$</td></tr>
<tr><td rowspan="2">A/A_0</td><td colspan="7">α</td></tr>
<tr><td>5°</td><td>10°</td><td>15°</td><td>20°</td><td>25°</td><td>30°</td><td>45°</td></tr>
<tr><td>1.25</td><td>0.15</td><td>0.22</td><td>0.27</td><td>0.31</td><td>0.33</td><td>0.38</td><td>0.47</td></tr>
<tr><td>1.50</td><td>0.22</td><td>0.31</td><td>0.38</td><td>0.44</td><td>0.48</td><td>0.55</td><td>0.68</td></tr>
<tr><td>1.75</td><td>0.30</td><td>0.43</td><td>0.52</td><td>0.61</td><td>0.65</td><td>0.75</td><td>0.93</td></tr>
<tr><td>2.00</td><td>0.39</td><td>0.56</td><td>0.68</td><td>0.79</td><td>0.85</td><td>0.98</td><td>1.21</td></tr>
<tr><td>2.25</td><td>0.50</td><td>0.70</td><td>0.86</td><td>1.00</td><td>1.08</td><td>1.23</td><td>1.53</td></tr>
<tr><td>2.50</td><td>0.62</td><td>0.87</td><td>1.07</td><td>1.24</td><td>1.33</td><td>1.52</td><td>1.89</td></tr>
<tr><td rowspan="3">5</td><td rowspan="3">恒截面的几种角度急转弯</td><td rowspan="3">w α</td><td rowspan="3">w</td><td>α</td><td><7°~10°</td><td>20°</td><td>30°</td><td>45°</td><td>60°</td><td>80°</td><td>100°</td></tr>
<tr><td>圆管</td><td>可不计</td><td>0.05</td><td>0.11</td><td>0.30</td><td>0.50</td><td>0.90</td><td>1.2</td></tr>
<tr><td>方管</td><td>可不计</td><td>0.11</td><td>0.20</td><td>0.38</td><td>0.53</td><td>0.93</td><td>1.3</td></tr>
</table>

续附表 11.5

序号	阻力类型	简图	计算速度	局部阻力系数 ζ								
6	恒截面的几种角度圆滑转弯	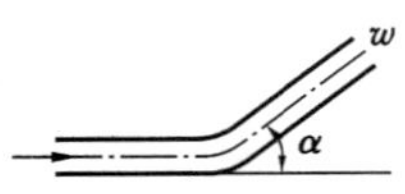	w	ζ=90°圆滑转弯的ζ×修正系数 k								
				α	20	40	80	120	160	180		
				k	0.4	0.65	0.95	1.13	1.27	1.33		
7	恒截面的90°转弯	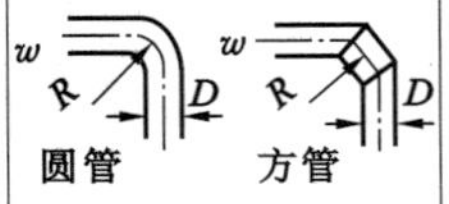	w	R/D	0.5	0.6	0.8	1.0	2.0	3.0	4.0	5.0
				圆管	1.2	1.0	0.52	0.26	0.20	0.16	0.12	0.10
				方管	1.5	1.0	0.80	0.70	0.35	0.23	0.18	0.15
8	变截面的90°转弯	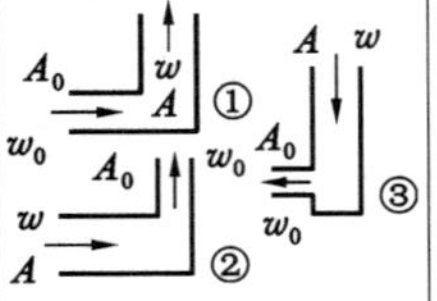	w_0	A_0/A	0	0.2	0.4	0.6	0.8	1.0		
				ζ_1	1.0	1.0	1.0	1.02	1.04	1.10		
				ζ_2	0.42	0.44	0.52	0.66	0.85	1.10		
				ζ_3	0.77	0.80	0.86	1.02	1.20	1.45		
9	恒截面的180°急转弯	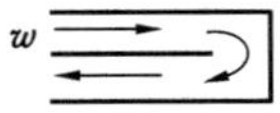	w	ζ=4.5(与管道的截面形状无关)								
10	连续两个45°转弯	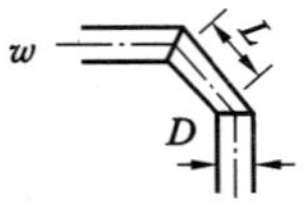	w	L/D	1	2	3	4	5	6		
				ζ	0.37	0.28	0.35	0.38	0.40	0.42		
11	连续两个90° 转弯(U形)	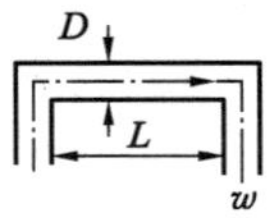	w	L/D	1	2	3	6	>8			
				ζ	1.2	1.3	1.6	1.9	2.2			
12	连续两个90°转弯(Z形)	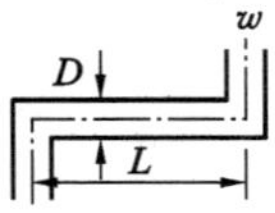	w	L/D	1.0	1.5	2.0	>5.0				
				ζ	1.9	2.0	2.1	2.2				
13	叉管90°分流	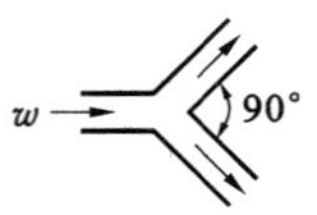	w	ζ=1.0								
14	叉管90°汇流	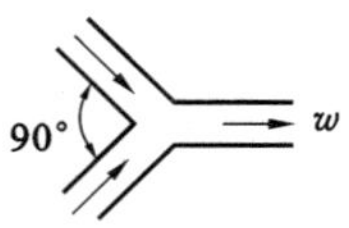	w	ζ=1.5								
15	等径三通分流	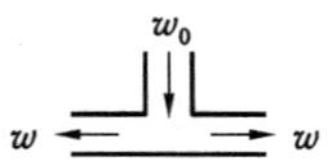	w_0	ζ=1.5								

续附表 11.5

序号	阻力类型	简　图	计算速度	局部阻力系数 ζ
16	等径的三通汇流		w	$\zeta_1=3.0$ $\zeta_2=2.0$
17	异径的三通		w	ζ=等径三通管的 ζ+突扩(或突缩)管的 ζ
18	集流与分流		w	$\zeta_{集流}=1.5$ $\zeta_{分流}=0$

序号	阻力类型	简　图	计算速度	α	ζ	A_3/A_1 \ V_3/V_1	0.1	0.2	0.3	0.4	0.5	0.6	0.8	1.0
19	不对称的合流三通	$(A_1=A_2)$	w_1	$\leqslant 45°$	$\zeta_{1,3}$	0.2	2.4	0.5	0					
						0.4		2.9	1.2	0.7	0.5	0.32	0.2	0.08
						0.6			2.8	1.6	1.18	0.8	0.55	0.4
						0.8				2.6	1.7	1.2	0.8	0.5
					$\zeta_{1,2}$	0.2～0.8	$\leqslant 0.4$							
				60°	$\zeta_{1,3}$	0.2	2.2	0.6	0					
						0.4		3.4	1.5	0.8	0.6	0.4	0.3	0.16
						0.6			3.4	2.0	1.4	1.0	0.75	0.47
						0.8			5.5	3.3	2.1	1.6	1.0	0.65
					$\zeta_{1,2}$	0.2～0.8	$\leqslant 0.4$							
				90°	$\zeta_{1,3}$	0.2	3.0	0.8	0.2	0.15				
						0.4		4.4	2.0	1.2	1.0	0.62	0.58	0.25
						0.6			6.0	2.9	2.1	1.6	1.2	0.7
						0.8				5.5	3.5	2.6	1.9	1.1
					$\zeta_{1,2}$	0.2～0.8	0.35～0.95							

本表中,V——流量,单位:m^3/s。

续附表 11.5

序号	阻力类型	简图	计算速度	α	w_0/w \ A_0/A	0.3	0.4	0.5	0.6	0.7	0.8	1.0	1.5	2.0
20	对称的合流三通		w	≤45°	0.2								0	0.3
					0.6			−0.3	0.1	0.3	0.4	0.5	0.5	0.5
					1.0	−0.6	0.2	0.35	0.5	0.5	0.5	0.5	0.5	0.5
				60°	0.2							0	0.5	0.7
					0.6		0	0.5	0.7	0.8	0.85	0.85	0.85	0.85
					1.0	0.5	0.8	0.85	0.85	0.85	0.85	0.85	0.85	0.85
				90°	0.2							15	4	1.8
					0.6		15	9	6	3.5	2.7	2	1.7	1
					1.0	13	8	5	3.2	2.8	2.4	1.8	1.2	1.3

序号	阻力类型	简图	计算速度		w_3/w_1 \ α	0.4	0.5	1.0	1.5	2.0
21	不对称的分流三通		w_2（直通管）w_3（旁通管）	$\zeta_{1,3}$	15°	2.1	1.00	0.06	0.10	0.25
					30°	3.0	1.40	0.21	0.23	0.36
					45°	3.8	2.25	0.50	0.44	0.47
					60°	5.2	2.75	0.90	0.89	0.65
					90°	7.8	4.00	1.31	0.72	0.53

	w_2/w_1	0.1	0.2	0.3	0.5	0.8	>1.0
$\zeta_{1,2}$	ζ	10.5	5.0	2.0	0.36	0.03	0

序号	阻力类型	简图	计算速度	局部阻力系数 ζ
22	管道出口		w	$\zeta=1.0$
23	尖锐边缘入口		w	$\zeta=0.5$

序号	阻力类型	简图	计算速度	R/D	0.01	0.03	0.05	0.08	0.12	0.16	>0.2
24	圆滑边缘入口		w	ζ	0.44	0.31	0.22	0.15	0.09	0.06	0.03

序号	阻力类型	简图	计算速度	局部阻力系数 ζ
25	流入伸出的管道		w	$L/D\leqslant4$ 时　$\zeta=0.2\sim0.56$； $L/D\geqslant4$ 时　$\zeta=0.56$

续附表 11.5

序号	阻力类型	简图	计算速度	局部阻力系数 ζ
26	流入斜管口		w	见下表
27	进入一群通道		w	方形孔口 $\zeta=2.0\sim2.5$ 圆形孔口 $\zeta=2.5\sim3.5$ 矩形孔口 $\zeta=1.5\sim2.0$
28	进入平行的直分道		w_2	见下表
29	流经孔板		w_1	见下表
30	交换器		w	$\zeta_1=2.5$ $\zeta_2=4.0$
31	阀门	d 为阀门的直径	w	见下表
32	蝶阀		w	见下表
33	烟道的闸板		w	见下表

26 流入斜管口（计算速度 w）

α	10°	20°	30°	40°	50°	60°	70°	80°	90°
ζ	1.0	0.96	0.91	0.85	0.78	0.70	0.63	0.56	0.50

28 进入平行的直分道（计算速度 w_2）

A_1/A_2	0.2	0.4	0.5	0.6	0.7	0.8	0.9	1.0
ζ	33	6.0	3.8	2.2	1.3	0.79	0.52	0.50

29 流经孔板（计算速度 w_1）

A_0/A_1	0.1	0.2	0.3	0.4	0.5	0.6	0.7	0.8	0.9	1.0
ζ	280	57	30	15	9	6.2	3.9	2.7	1.9	1.0

31 阀门（计算速度 w）

h/d	0.15	0.20	0.25	0.30	0.35	0.40	0.45
ζ	9.0	4.5	3.0	2.1	1.7	1.6	1.5

32 蝶阀（计算速度 w）

α	5°	10°	15°	20°	25°	30°	40°	50°	60°	70°	80°	90°
圆管 ζ	0.24	0.52	0.90	1.54	2.51	3.91	10.8	32.6	118	256	751	∞
方管 ζ	0.28	0.45	0.77	1.34	2.16	3.54	9.3	24.9	77.4	158	568	∞

33 烟道的闸板（计算速度 w）

h/D	0.1	0.2	0.3	0.4	0.5	0.6	0.7	0.8	0.9	1.0
矩形闸板 ζ	200	40	20	8.4	4.0	2.2	1.0	0.4	0.12	0.01
圆形闸板 ζ	155	35	10	4.6	2.06	0.98	0.44	0.17	0.06	0.01
平行式闸阀 ζ			22	12	5.3	2.8	1.5	0.8	0.3	0.15

附表 11.6 常用的(综合)局部阻力系数 ζ

<table>
<tr><th>序号</th><th>阻力类型</th><th>简　图</th><th>计算速度</th><th>综 合 阻 力 系 数</th></tr>
<tr><td>1</td><td>蓄热室内格子体</td><td></td><td>w</td><td>西门子式　$\zeta=\frac{1.14}{d_e^{0.25}}H$
李赫特式　$\zeta=\frac{1.57}{d_e^{0.25}}H$
式中　H——格子体高度,m;
d_e——格孔当量直径,m。</td></tr>
<tr><td>2</td><td>换热器内顺排管簇</td><td></td><td>w</td><td>当$Re\geqslant 5\times10^4$ 时,
$\zeta_{直}=n\frac{s}{b}\alpha+\beta$
式中　n——沿流动方向上的排数;
$\alpha=0.028\left(\frac{b}{\delta}\right)^2$;
$\beta=\left(\frac{b}{\delta}-1\right)^2$。
当 $Re<5\times10^4$ 时,
$\zeta'=k_1\zeta_{直}$
<table><tr><td>Re</td><td>3×10^4</td><td>10^4</td><td>6×10^3</td><td>4×10^3</td></tr><tr><td>k_1</td><td>1.08</td><td>1.37</td><td>1.55</td><td>1.70</td></tr></table></td></tr>
<tr><td>3</td><td>换热器内叉排管簇</td><td></td><td>w</td><td>当$Re\geqslant 5\times10^4$ 时,
$\zeta_{叉}=(0.8\sim0.9)\zeta_{顺}$
当 $Re<5\times10^4$ 时,
$\zeta=k_2\zeta_{叉}$
<table><tr><td>Re</td><td>3×10^4</td><td>10^4</td><td>6×10^3</td><td>4×10^3</td></tr><tr><td>k_2</td><td>1.05</td><td>1.22</td><td>1.32</td><td>1.40</td></tr></table></td></tr>
</table>

续附表 11.6

<table>
<tr><th>序号</th><th>阻力类型</th><th>简　图</th><th>计算速度</th><th>综 合 阻 力 系 数</th></tr>
<tr><td>4</td><td>散料层</td><td></td><td>空腔流速 w</td><td>$$\zeta=2.2\cdot\frac{H}{d}\cdot\frac{(1-\varepsilon)^2}{\varepsilon^3}\cdot\frac{1}{\varphi^2}$$
式中　d——料粒度，m；
ε——堆料孔隙率，对球状物料，$\varepsilon=0.263$；
φ——形状系数，对球状物料，$\varphi=1$；
对其他形状的物料，$\varphi<1$。

Re: <30 / $30\sim700$ / $700\sim7000$ / >7000
ζ: $220Re^{-1}$ / $28Re^{-0.4}$ / $7Re^{-0.2}$ / 1.26</td></tr>
<tr><td>5</td><td>料垛</td><td></td><td>料垛空隙中的流速 w</td><td>经验数据：料垛每米长的阻力为 1 Pa。
不同坯件、不同码法时，料垛阻力的计算式可以参阅参考文献《烧结砖瓦工艺设计》(中国建筑工业出版社，1983 年)</td></tr>
</table>

资料来源：

[1]　华南工学院，上海化工学院．流体力学、风机及泵[M]．北京：中国建筑工业出版社，1980.
[2]　孙晋涛．硅酸盐工业热工基础[M]．武汉：武汉工业大学出版社，1992.

附录 12　关于耐火材料的部分标准列举

附 12.1　相关的国家标准

[1]　GB/T 18930—2002 耐火材料术语
[2]　GB/T 7322—2007 耐火材料 耐火度试验方法
[3]　GB/T 13794—2008 标准测温锥
[4]　GB/T 20511—2006 耐火制品分型规则
[5]　GB/T 17105—1997 致密定形耐火制品分类
[6]　GB/T 2992.1—2011 耐火砖形状尺寸 第 1 部分:通用砖
[7]　GB/T 2992.2—2014 耐火砖形状尺寸 第 2 部分:耐火砖砖形及砌体术语
[8]　GB/T 2997—2000 致密定形耐火制品 体积密度、显气孔率和真气孔率试验方法
[9]　GB/T 2998—2001 定形隔热耐火制品体积密度和真气孔率试验方法
[10]　GB/T 5071—1997 耐火材料真密度试验方法
[11]　GB/T 3007—2006 耐火材料含水量试验方法
[12]　GB/T 3000—1999 致密定形耐火制品透气度试验方法
[13]　GB/T 7320—2008 耐火材料 热膨胀试验方法
[14]　GB/T 5990—2006 耐火材料导热系数试验方法(热线法)
[15]　GB/T 5072—2008 耐火材料 常温耐压强度试验方法
[16]　GB/T 3001—2007 耐火材料 常温抗折强度试验方法
[17]　GB/T 3002—2004 耐火材料 高温抗折强度试验方法
[18]　GB/T 13243—1991 含碳耐火材料高温抗折强度试验方法
[19]　GB/T 5073—2005 耐火材料 压蠕变试验方法
[20]　GB/T 18301—2012 耐火材料 常温耐磨性试验方法
[21]　GB/T 23294—2009 耐磨耐火材料
[22]　GB/T 5989—2008 耐火材料 荷重软化温度试验方法 示差升温法
[23]　GB/T 5988—2007 耐火材料 加热永久线变化试验方法
[24]　GB/T 30873—2014 耐火材料 抗热震性试验方法
[25]　GB/T 8931—2007 耐火材料 抗渣性试验方法
[26]　GB/T 17601—2008 耐火材料耐硫酸侵蚀性试验方法
[27]　GB 10204—1988 玻璃熔窑用耐火材料静态下抗玻璃液侵蚀试验方法
[28]　GB/T 14983—2008 耐火材料 抗碱性试验方法
[29]　GB/T 13244—1991 含碳耐火材料抗氧化性试验方法
[30]　GB/T 10326—2001 定形耐火制品尺寸、外观及断面的检查方法
[31]　GB/T 17912—1999 回转窑用耐火砖形状尺寸
[32]　GB/T 18257—2000 回转窑用耐火砖热面标记
[33]　GB/T 2608—2012 硅砖
[34]　GB/T 17105—2008 铝硅系致密定形耐火制品分类
[35]　GB/T 2988—2012 高铝砖
[36]　GB/T 2275—2007 镁砖和镁铝砖
[37]　GB/T 22589—2008 镁碳砖
[38]　GB/T 17732—2008 致密定形含炭耐火制品试验方法

[39] GB/T 23293—2009 氮化物结合耐火制品及其配套耐火泥浆
[40] GB/T 15545—1995 不定形耐火材料包装、标志、运输和储存
[41] GB/T 4513—2000 不定形耐火材料分类
[42] GB/T 2999—2002(2004) 耐火材料颗粒体积密度试验方法
[43] GB/T 14982—2008 粘土质耐火泥浆
[44] GB/T 2994—2008 高铝质耐火泥浆
[45] GB/T 22459.1—2008 耐火泥浆第 1 部分:稠度试验方法(锥入度法)
[46] GB/T 22459.2—2008 耐火泥浆第 2 部分:稠度试验方法(跳桌法)
[47] GB/T 22459.3—2008 耐火泥浆第 3 部分:粘接时间试验方法
[48] GB/T 22459.4—2008 耐火泥浆第 4 部分:常温抗折粘接强度试验方法
[49] GB/T 22459.5—2008 耐火泥浆第 5 部分:粒度分布(筛分析)试验方法
[50] GB/T 22459.6—2008 耐火泥浆第 6 部分:预搅拌泥浆含水量试验方法
[51] GB/T 22459.7—2008 耐火泥浆第 7 部分:高温性能试验方法
[52] GB/T 3994—2013 粘土质隔热耐火砖
[53] GB/T 3995—2006 高铝质隔热耐火砖
[54] GB/T 17911—2006 耐火材料 陶瓷纤维制品试验方法
[55] GB/T 3003—2006 耐火材料 陶瓷纤维及制品
[56] GB/T 17911.1—1999 耐火陶瓷纤维制品 试样制备方法
[57] GB/T 17911.2—1999 耐火陶瓷纤维制品 厚度试验方法
[58] GB/T 17911.3—1999 耐火陶瓷纤维制品 体积密度试验方法
[59] GB/T 17911.4—1999 耐火陶瓷纤维制品 加热永久线变化试验方法
[60] GB/T 17911.5—1999 耐火陶瓷纤维制品 抗拉强度试验方法
[61] GB/T 17911.6—1999 耐火陶瓷纤维制品 渣球含量试验方法
[62] GB/T 17911.7—2000 耐火陶瓷纤维制品 回弹性试验方法
[63] GB/T 3008—1982 普通硅酸铝耐火纤维毡检验制样规定
[64] GB/T 3996—1983 硅藻土隔热制品
[65] GB/T 10303—2001 膨胀珍珠岩绝热制品
[66] GB 11968—2006 蒸压加气混凝土砌块标准
[67] GB/T 10699—1998 硅酸钙绝热制品
[68] GB/T 13350—2008 绝热玻璃棉及其制品国家标准
[69] GB/T 8071—2008 温石棉
[70] GB/T 11835—2007 绝热用岩棉、矿渣棉及其制品
[71] GB/T 5101—2003 烧结普通砖
[72] GB/T 50105—2010 建筑结构制图标准
[73] GB/T 22588—2008 闪光法测量热扩散系数或导热系数

附 12.2 相关的建材行业标准

[1] JC/T 639—1996 玻璃熔窑用耐火材料气泡析出率试验方法
[2] JC/T 616—2003 玻璃窑用优质硅砖
[3] JC/T 496—2007 水泥窑用耐碱砖
[4] JC 350—1993 水泥窑用磷酸盐结合高铝质砖
[5] JC/T 1063—2007 水泥窑用抗剥落高铝砖
[6] JC/T 494—1992(1996) 玻璃熔窑用熔铸氧化铝耐火制品
[7] JC/T 924—2003 玻璃窑用镁砖(MgO>95%)
[8] JC/T 497—1992(96) 建材工业窑炉用直接结合镁铬砖
[9] JC/T 0107—2012 水泥窑用镁钙锆质碱性耐火砖

[10] JC/T 2272—2014 水泥窑用白云石砖
[11] JC/T 2036—2010 水泥窑用镁铝尖晶石砖
[12] JC/T 2231—2014 水泥窑用镁铁铝尖晶石耐火砖
[13] JC/T 925—2003 玻璃熔窑用烧结 AZS 砖
[14] JC 493—2001 玻璃熔窑用熔铸锆刚玉耐火制品
[15] JC/T 495—1992(96) 玻璃熔窑用致密锆英石砖
[16] JC/T 498—92(96) 高强度耐火浇注料
[17] JC/T 2160—2012 水泥窑用高强莫来石浇注料
[18] JC/T 708—1989(1996) 耐碱耐火浇注料
[19] JC/T 807—1989(96) 轻质耐碱耐火浇注料
[20] JC/T 499—1992(96) 钢纤维增强耐火浇注料
[21] JC/T 0232—2013 水泥窑用湿法耐火喷射料
[22] JC/T 0110—2012 水泥窑用耐火材料挂窑皮性及抗附着性试验方法 静态法
[23] JC/T 442—2009 膨胀蛭石制品
[24] JC/T 647—2014 泡沫玻璃绝热制品
[25] JC/T 804—1987(1996)水泥窑用陶粒轻质耐火混凝土砌块
[26] JC/T 564—2000 纤维增强硅酸钙板

附 12.3　相关的冶金行业标准

[1] YB/T 118—1997(2008) 耐火材料气孔孔径分布试验方法
[2] YB/T 4130—2005 耐火材料导热系数试验方法(水流量平板法)
[3] YB/T 2208—1998(2008) 耐火浇注料高温耐压强度试验方法
[4] YB/T 2203—1998 耐火浇注料荷重软化温度强度试验方法(非示差-升温法)
[5] YB/T 2206.1—1998 耐火浇注料抗热震性试验方法(压缩空气流急冷法)
[6] YB/T 4014—1991(2006) 玻璃窑用致密定形耐火制品分类
[7] YB/T 4016—1991(2006) 玻璃窑用耐火制品抽样和验收方法
[8] YB/T 4017—1991(2006) 玻璃窑用耐火制品形状尺寸 硅砖
[9] YB/T 147—2007 玻璃窑用硅砖
[10] YB/T 5106—2009 粘土质耐火砖
[11] YB/T 4168—2007 焦炉用粘土砖及半硅砖
[12] YB/T 4348—2013 刚玉砖
[13] YB/T 4381—2014 刚玉-莫来石砖
[14] YB/T 4116—2003(2008) 镁钙砖
[15] YB/T 5011—2014(2005) 镁铬砖
[16] YB/T 4446—2014 石灰窑用镁铝尖晶石砖
[17] YB/T 4128—2005 热风炉陶瓷燃烧器用堇青石砖
[18] YB/T 5083—1997(2005) 粘土质和高铝质致密耐火浇注料
[19] YB/T 4110—2009 镁铝耐火浇注料
[20] YB/T 5115—1993 粘土质和高铝质耐火可塑料
[21] YB/T 384—1991(2005) 硅质耐火泥浆
[22] YB/T 114—1997(2005) 硅酸铝质隔热耐火泥浆
[23] YB/T 5009—1993 镁质耐火泥浆
[24] YB/T 150—1998 耐火缓冲泥浆
[25] YB/T 386—1994(2005) 硅质隔热耐火砖
[26] YB/T 4134—2005 微孔刚玉砖